# 中国安全生产年鉴

# CHINA'S WORK SAFETY YEARBOOK

## (2011)

煤 炭 工 业 出 版 社

·北 京·

**图书在版编目（CIP）数据**

中国安全生产年鉴.2011/国家安全生产监督管理总局组织编写.--北京：煤炭工业出版社，2012

ISBN 978-7-5020-4134-2

Ⅰ.①中… Ⅱ.①国… Ⅲ.①安全生产—中国—2011—年鉴 Ⅳ.①X93-54

中国版本图书馆CIP数据核字(2012)第246338号

煤炭工业出版社 出版
（北京市朝阳区芍药居35号 100029）
网址：www.cciph.com.cn
煤炭工业出版社印刷厂 印刷
新华书店北京发行所 发行
*
开本 889mm×1194mm 1/16 印张 34 插页 36
字数 1028 千字 印数 1—1 200
2012年12月第1版 2012年12月第1次印刷
社内编号 6958 定价 168.00元

# 编辑委员会成员

# 编辑部成员

（以姓氏笔画为序）

| | | | | | |
|---|---|---|---|---|---|
| 王　玉 | 田　园 | 曲光宇 | 向仁军 | 杨乃莲 | 张晓学 |
| 郭金晶 | 廖永平 | | | | |

# 特约撰稿人名单

（以姓氏笔画为序）

| | | | | | |
|---|---|---|---|---|---|
| 丁仕华 | 于钦建 | 王　甲 | 王　宝 | 王天祥 | 王志远 |
| 王政新 | 牛　军 | 牛金杰 | 卢玉龙 | 白同发 | 白秋艳 |
| 白雪松 | 丛红军 | 包培忠 | 冯文彬 | 冯国祥 | 冯晓建 |
| 毕湘薇 | 曲毓良 | 朱江雄 | 朱宝颖 | 华　钢 | 庄清发 |
| 刘　平 | 刘　波 | 刘　涛 | 刘松林 | 刘建红 | 刘洪波 |
| 刘晓延 | 齐俊良 | 江洪清 | 许　文 | 孙　愉 | 贠　文 |
| 杜红岩 | 李　华 | 李　洋 | 李广渊 | 李永红 | 李运强 |
| 李承奇 | 李彦平 | 李维升 | 李朝贵 | 杨艳群 | 杨琳琳 |
| 吴凡奎 | 吴学海 | 何　兵 | 宋超英 | 张　刚 | 张江辉 |
| 张远刚 | 张志斌 | 张国顺 | 陈　鸣 | 陈　博 | 陈佳元 |
| 陈春杰 | 卓腾飞 | 季普东 | 周　华 | 周建昀 | 郑　珂 |
| 郑晓辉 | 赵　坤 | 赵　鹏 | 赵玉辉 | 赵龙生 | 赵同立 |
| 赵兴灿 | 赵春健 | 赵歌今 | 胡力军 | 胡文婷 | 胡敏优 |
| 柳志国 | 饶　爽 | 饶祥林 | 贺建生 | 袁　杨 | 倪克祥 |
| 徐克生 | 高丽兰 | 郭凤美 | 郭成刚 | 郭俊琦 | 郭新平 |
| 唐　陶 | 黄　昊 | 黄经攀 | 黄爱兴 | 黄捷芬 | 黄强华 |
| 常　虹 | 常红涛 | 崔　筠 | 韩　平 | 韩晓鹏 | 傅　翔 |
| 谢云凯 | 强少辉 | 靳晓勇 | 虞柏林 | 樊　伟 | 薛芳跃 |

2011 年 6 月 9 日，张德江副总理在山西中煤集团平朔井工一矿综采工作面考察煤矿安全生产工作

2011 年 6 月 8—11 日，张德江副总理到山西省太原市、忻州市、朔州市和湖南省长沙市、岳阳市、浏阳市等地深入煤炭、钢铁、有色、公路、铁路、化工、烟花爆竹等企业调研安全生产工作

2011 年 1 月 12 日，全国安全生产电视电话会议在北京召开

2011 年 1 月 13—14 日，全国安全生产工作会议在北京召开

2011年6月12日，由中宣部、国家安全监管总局、公安部、国家广电总局、中华全国总工会、共青团中央、全国妇联和北京市政府共同主办的2011年全国安全生产月宣传咨询日活动在北京市经济技术开发区举行

2011年6月16日，由中宣部、国家安全监管总局、公安部、国家广电总局、中华全国总工会、共青团中央、全国妇联和河南省人民政府共同主办的2011年安全生产万里行出发仪式在河南省郑州市举行

2011 年 10 月 26—27 日，全国安全隐患排查治理现场会在北京市顺义区召开

2011 年 7 月 12 日，由国家安全监管总局、中华全国总工会、国家煤矿安监局联合召开的全国煤矿班组安全建设先进事迹巡回演讲总结会在北京举行

2011 年 6 月 10 日，职业病防治工作部际联席会议第二次全体会议在国家安全监管总局召开

2011 年 10 月 24 日，由国家安全监管总局主办的第五届国际矿山救援大会暨第三届中国国际安全生产应急管理论坛及应急救援技术与装备展览会在北京开幕

# 中建三局第二建设工程有限责任公司

ZHONGJIANSANJU

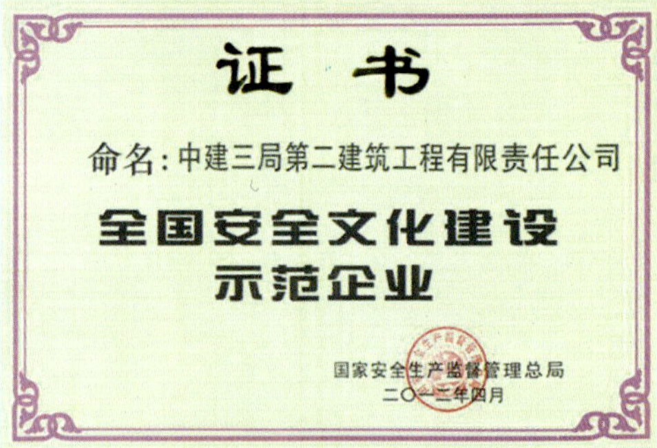
证　书

命名：中建三局第二建筑工程有限责任公司

全国安全文化建设示范企业

国家安全生产监督管理总局
二〇一二年四月

中建三局第二建设工程有限责任公司始建于1954年重庆市，20世纪70年代初移师湖北，现总部设在湖北省武汉市。公司是世界500强中国建筑股份有限公司的重要骨干企业之一，　公司拥有职工3280名，其中国家一级注册建造师240名，教授级高级工程师及其他高级职称人员216名，中级专业技术职称人员553名。目前在全国20多个省（市、自治区）承担施工任务，并在印尼、也门、科威特等国家和地区承担工程建设、总包管理等业务。2011年，公司实现合约额366亿元，产值116.8亿元，承接施工的武汉绿地中心项目以606米的高度位居世界第三，荣膺2011年度“全国文明单位”。

公司始终贯彻“安全第一、预防为主、综合治理”　的工作方针，秉承“中国建筑，和谐环境为本；生命至上，安全运营第一”的安全理念，以构建和谐企业、珍重生命和追求科学发展为强烈的社会责任感，连续三年荣获全国“安康杯竞赛优胜企业”、2011年获得“全国安全文化建设示范企业”称号，所施工的工程荣获中国建设工程质量最高荣誉——鲁班（国优）奖18项。

近年来，公司围绕“品质提升”主题，合理调整经营布局，主攻高端项目，促进经营质量优化；坚持总承包管理理念，打造新时期品牌工程，促进项目管理水平提高；加大精细化管理力度，提高降本增效水平，促进经济效益大幅度提升；加强“四好”班子建设，打造优秀团队，促进人才队伍建设全面进步；弘扬优秀文化，关注员工发展，促进企业文化建设深入推进，企业呈现出勃勃生机。

凭籍日益强大的综合实力、敢为人先的企业团队和不断创新的核心技术，公司将继续践行“以人为本，重在预防，遵章守法，确保安康”的安全价值观，进一步落实安生生产四个责任，加强安全防范工作前移，与社会各界朋友携手共进，挑战自我，超越自我，努力为城市发展、国家建设和社会进步奉献更多优秀的建筑精品！

200米以上超高层建筑工程安全管理研讨会

消防应急救援演练现场观摩会

公司开展安康杯知识竞赛

安全宣誓

# 华润（集团）有限公司

与您携手 改变生活

董事长宋林检查煤矿安全生产工作

总经理乔世波检查食品质量安全工作

总经理乔世波检查基层企业安全生产工作

## 以人为本　安全发展

**创造环保安全的工作环境是员工实现体面劳动的基本要求**

**与您携手 改变生活，健康的食品、安全的环境是高品质生活的基本要素**

华润(集团)有限公司(以下简称华润集团)归属国家国有资产监督管理部门直接管理，是一家管理科学、营运稳健、资本雄厚、整合能力强、整体效益高的多元化大型企业集团，是关系国计民生的53家国有重点骨干企业之一。公司目前下设7大战略业务单元(SBU)、21家一级利润中心(BU)，共有1200多家实体企业。华润集团的多元化业务具有良好的产业基础和市场竞争优势，其中零售、啤酒、电力、地产、燃气、医药已位居行业领先地位。

华润(集团)在香港拥有5家上市公司，其中3家(华润创业、华润电力、华润置地)位列香港恒生指数成分股，在内地拥有6家上市公司。2010年，华润集团位列《财富》全球500强第346位。2011年营业额为3387亿港元，经营利润为362亿港元。截至2011年12月底，华润集团总资产为7439亿港元。

华润集团召开2011年安全生产工作年会

厦门华润燃气模拟住宅小区燃气泄漏应急救援演练

华润集团召开2011年安全生产工作年会

# 神东煤炭集团公司

## 一、公司概况

神东煤炭集团公司是中国神华能源股份有限公司的核心煤炭生产企业，地跨晋陕蒙三省区。现有大型现代化安全高效矿井16个，产能2亿吨，员工总数4.3万人，总资产1317亿元。

## 二、安全管理特点

多年来，神东始终坚持以先进的安全管理理念引领安全生产，集成了国内外先进的安全生产管理经验，坚持走新型工业化道路，创建了本质安全管理体系，在运营体制和管理模式上不断开拓创新，形成了独具神东特色的“四化”管理模式，将自然资源优势逐步转变为生产优势、效益优势和安全优势，取得了良好的安全生产业绩，在煤炭行业中树立了良好的企业形象。

神东的安全管理特点集中体现为“五个一”，即一个理念、一条道路、一套体系、一种模式、一支队伍。

（一）贯彻落实安全生产理念，引领安全发展方向

思想决定行动，理念指导实践。在传统的煤炭企业生产过程中，“煤矿各类隐患难以控制、事故不可避免、煤矿发生事故是正常的”等一些思想认识普遍存在。神华集团公司认真贯彻落实国家“安全第一、预防为主、综合治理”的安全生产方针，在对传统安全管理理念进行深刻反思后，从解决安全思想认识、提高对安全隐患的重视程度和加大安全管理力度入手，提出了“煤矿可以做到不死人”、“瓦斯超限就是事故”的安全理念。 神东作为神华煤炭生产的主战场，在积极落实这一理念的过程中，形成了“生命无价、安全为天” 、“无人则安”、“零事故生产”等安全文化。

（二）建立专业化管理模式，促进企业安全健康发展

现代化装备和信息化管理需要专业化队伍来支撑。加强人才队伍建设，实现生产队伍专业化，是安全生产工作的重要基础。

1. 全面推行专业化管理模式

为适应安全高效矿井建设，神东坚持“有所为，有所不为”的原则，充分发挥生产规模化优势，创建了高度集约化、专业化的管理模式，将不同专业领域内的业务进行优化整合，先后成立了生产服务中心、洗选中心、设备维修中心、开拓准备中心等10个专业化机构，对搬家倒面、矿井掘进、设备维修、洗选加工、地质测量、工程设计、物资采供、后勤服务、环境保护、资金结算等20多项业务进行了专业化管理。对非核心业务，积极开展外部技术协作，充分利用外部力量，提高了安全生产服务水平。例如与西安华光公司、太原益源公司共同研究开发了煤矿自动化控制和顶板锚索支护技术，并委托他们实行专业化服务。

2. 专业化管理优势凸显

通过推行这种“积木式”的专业化管理模式，有效消除了传统煤矿粗放式管理带来的机构设置多、管理人员多、安全管理难度大等弊端，充分激活了设备、人力资源的潜能，提高了设备、人员工作效率。同时，也打造了一支专业化技术队伍，为安全生产奠定了良好基础，解决了矿井各自独立管理、安全管理精力不集中、安全技术力量不足的问题。以煤矿搬家倒面为例，矿井建设初期，综采工作面设备搬家由矿井独自完成，设备回撤采用采煤机自掘通道、绞车牵引轨道运输设备的传统工艺进行，每次综采工作面回撤安装用时近30天，而且安全事故频发。实行专业化后，回撤效率明显提升。目前，1万吨的装备搬家倒面仅用1周时间，比传统工艺平均缩短20多天，大大提高了设备利用率，减少了搬家倒面对生产的影响，有效促进了矿井的安全生产。截至目前，生产服务中心安全生产周期已达1550天，轻重伤发生率下降了68%。

## 三、安全发展成果

在多年的发展过程中，神东始终以“为国家做贡献，为社会促和谐，为员工谋幸福”为使命，在保障国民经济发展能源需求的基础上，努力带动区域经济发展，始终注重节能和环保，为员工提供健康、安全的工作环境，以自身的发展成就为中国煤炭行业的发展做出自己的贡献。

（一）神东安全发展成果惠及全体员工

神东始终坚持“以人为本”的发展理念，在企业快速发展的同时，从改善作业环境、提高劳动保护、降低劳动强度、提高幸福指数等多方面开展工作，使全体员工能够共享企业安全发展成果。

（1）公司坚持先进的建矿理念，在井型设计、井下工作面布置、防护设施配置和生产组织等方面，努力为员工创造了相对安全的井下作业环境。

（2）公司煤炭生产采用高度机械化、自动化和信息化的装备技术，使井下员工由纯体力劳动转变为技术操作，劳动强度大大降低。

（3）以高度机械化、自动化和信息化组织生产，大大降低作业人员受到伤害的可能性，切实保障了员工的生命安全。

（二）神东安全发展成果惠及周边地区

神东通过自身的快速发展带动了晋陕蒙三省五县地方区域经济的发展，截至2011年累计上缴税费859亿元。

（1）在矿区开发建设初期，神东矿区紧邻的内蒙古伊金霍洛旗和陕西省神木县均为国家级贫困县，现在已经位列国家百强县第29位、36位。

（2）神东从矿区开建以来始终大力支援地方建设，加大扶贫帮困力度，帮助地方修建公路、学校、农用电网等生产生活设施项目158个，支付地方助困资金250多亿元。

（3）公司主动承担社会责任，积极开展地方救援。自1997年以来，共参与地方煤矿井下救援150多起，抢救人员102人，挽回直接经济损失1.2亿元，有效促进了地企关系的进一步融合。2011年，公司建设落成了国家矿山救援鄂尔多斯基地，成为全国23个国家级矿山救援基地之一。

（4）从矿区开建以来，公司始终坚持从吨煤成本中提取0.45元作为环保生态建设资金，用于环保绿化项目实施。截至2011年底，累计投入资金17亿元，大大改善了矿区的生态环境。

作为全国大型的煤炭生产基地，神东将深入贯彻落实国家安全生产法律、法规，贯彻落实党中央、国务院关于煤炭工业科学发展、安全发展的一系列重大战略决策，贯彻落实国家安监总局、国家煤矿安监局关于安全生产的一系列重要指导方针，贯彻落实神华集团“五年经济总量再翻番，建设具有国际竞争力的世界领先煤炭综合能源企业”的战略目标，在总结自身安全高效新型现代化煤炭生产基地建设经验的基础上，以“提升四化五型发展水平，建设世界先进煤炭企业”为目标，开拓创新，持续改进，增强自主创新能力，为促进国民经济又好又快发展做出新的更大的贡献！

# 山西煤炭运销集团有限公司

SHANXI COAL TRANSPORTATION AND SALES GROUP CO.,LTD.

集团董事长刘建中
检查指导工作

集团领导曹耀丰、韩振贵、刘平
检查安全工作

山西煤炭运销集团有限公司(简称山西煤销集团)是2007年7月经山西省有关部门批准，由山西省国资部门和11个市国资部门出资，在原山西省煤炭运销总公司的基础上改制重组，组建以煤炭生产、煤炭物流为主业，辅之以煤炭加工转化、煤化工、房地产、旅游酒店等多元产业为一体的现代大型煤炭产业集团。

集团现下设11个市级子公司、98个县级子公司、25个全资控股企业、165座煤矿、140多个铁路发运站、300多个储配煤场及一批煤炭超市，1家上市公司（太工天成，控股20%）。截至2011年底，集团资产总额达1103.2亿元，现有员工10万多人。

2011年，山西煤销集团紧紧围绕山西省“实施转型跨越，再造一个新山西”的重大战略部署，按照“12345”发展思路和“三步走”战略步骤，以发展三大支柱产业为主线，以推进重点项目建设为抓手，以强化内部管理为重点，奋力负重赶超，奋发转型跨越，主要经济指标再创新高：营业收入为1580亿元；煤炭产量为4100万吨；煤炭总运量为3.5亿吨；焦炭总运量为6400万吨。煤炭总经销量为2.5亿吨；焦炭总经销量890万吨;非煤产业实现营业收入为230亿元，利税为144.8亿元。

# 抚顺泰和煤炭开发有限公司

董事长兼总经理　韩宝英

抚顺泰和煤炭开发有限公司成立于2000年4月28日，是原抚顺矿务局龙凤矿破产后由部分职工筹资入股组建的民营股份制煤矿企业，隶属抚顺市东洲区。企业现有员工1800人，全部为安置破产职工和失业待业人员。矿井核定生产能力90万吨/年，为国有一级标准化矿井。

公司成立12年来，经过全体员工的艰苦奋斗，企业从弱到强，变化巨大，发展迅速，员工生活水平年年提升。截至2011年末，矿井累计生产商品煤炭651万吨；上缴各种税费近6亿，为社会稳定、地区经济发展做出了突出贡献。

从2006年开始，公司在以韩宝英为董事长的董事会的领导下，以科学发展观为统领，坚持科技兴矿，大上质量标准化，大搞系统改造和设备技术更新，矿井逐步向安全本质性迈进，综合实力和防灾抗灾能力不断增强，连年实现安全生产。特别是近三年，公司认真贯彻党和国家的法律法规，坚持从严依法治矿，坚持安全第一方针，严格落实责任制，杜绝了重伤以上的各类人身事故，杜绝了一通三防、机电运输等各类事故，实现了安全事故零死亡的目标，队伍稳定，风清气正，员工爱岗敬业，企业日新月异，蒸蒸日上，温馨和谐。

在矿井瓦斯治理方面，企业本着致力民生，节能减排，净化环境的原则，在矿井生产能力和综合实力增大增强前提下，不断加大矿井瓦斯治理和综合利用的力度，多次进行瓦斯抽采系统改造，取得了显著的经济效益和环保效应。现矿井抽采瓦斯不仅保证了安全生产需要，而且供抚顺市燃气公司瓦斯量达30万～40万立方米/日，占全市居民煤气用量的85%以上，解决了市民生活燃气难的问题，得到了市民和政府的高度赞誉。仅2011年矿井抽采瓦斯达到7200多万立方米，除供企业员工浴池、冬季供暖自身燃用外，供市燃气达6200多万立方米。

目前，公司在董事会的领导下，全体员工认真贯彻落实党和国家关于煤矿安全生产的各项法律法规，坚定不移地坚持“安全第一，预防为主，综合治理”的生产方针，发扬“艰苦奋斗，锐意改革，顽强拼搏，积极向上”的企业精神和理念，正豪情满怀，信心百倍，向着更高更远的目标奋进。

地址：抚顺浑河南路东段18号　　邮编：113008　　电话(传真)：0413-52568746

公司领导班子研究安全生产

公司机关院

公司正门

泰和公司一日兵活动

安全知识竞赛名列前茅

员工拔河比赛

员工技术比武练兵活动

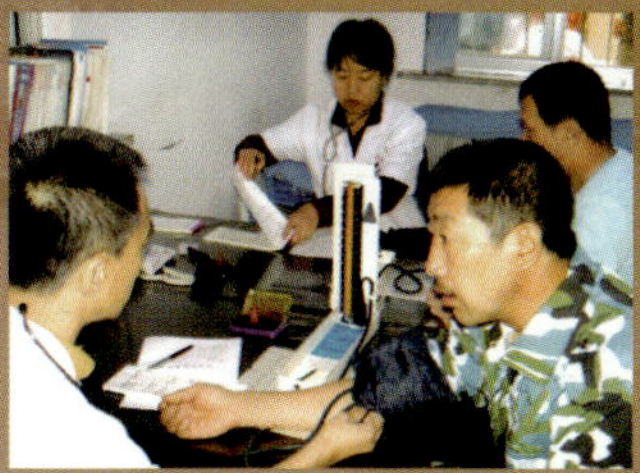

定期为员工体检

# 神华乌海能源有限责任公司

SHENHUA WUHAI COAL GROUP CORPORATION LIMITED

神华乌海能源有限责任公司是神华集团公司为打造千万吨级煤焦化板块，在原海勃湾矿业公司、乌达矿业公司、乌海煤焦化公司、蒙西煤化公司的基础上，于2008年10月26日重组整合而成的。是一个集煤炭生产、洗选、焦化、煤化工及矸石发电为一体的多业并举、综合开发的能源企业，也是内蒙古大型的焦煤生产基地。

公司生产单位分布在内蒙古乌海各区及鄂尔多斯、阿拉善境内，煤炭生产能力为1460万吨，洗煤生产能力为2815万吨，焦炭生产能力为560万吨，煤焦油加工30万吨，粗苯加工5万吨,甲醇生产能力为40万吨，发电29.74亿千瓦时。产品主要以主焦煤、1/3焦煤、高热混、二级治金焦及煤化工产品为主，是治金、化工等行业的理想原料，市场前景十分广阔。目前，公司在册职工2.63万人，总资产245亿元，工业总产值198亿元。公司名列自治区年产值超百亿企业。

2011年，在面对煤炭市场波动，生产经营困难的严峻形势下，公司在神华集团公司党组、神华集团公司的正确领导下，在地方党委、政府的大力支持下，以科学发展观为指导，以“安全、稳定、发展”为主要任务，攻坚克难，锐意进取，实现了全公司经济平稳运行。

2011年，公司认真贯彻落实神华集团公司“3·1”安全生产警钟常鸣座谈会精神，不断深化安全生产“两个理念”，强力推进本安体系达标建设，全面加强煤矿水、火、瓦斯、煤尘、顶板和煤化工重大危险源的管控，积极开展重大隐患的排查和整治。全公司9对生产矿井，8对矿井无井下死亡事故。路天矿业公司被神华集团公司评为安全生产10周年以上单位。

焦炭出炉

人机合一

# 珠海翔翼航空技术有限公司

珠海翔翼

ZHUHAI XIANGYI AVIATION TECHNOLOGY COMPANY LIMITED

珠海翔翼航空技术有限公司由中国南方航空股份有限公司与加拿大CAE国际控股有限公司共同投资组建，于2003年1月1日正式开业，是中国大型的跨国合资飞行培训机构。

公司的安全生产管理主要分为飞行训练安全和自身运行安全两大部分。飞行训练安全主要是依赖科技发展，不断提高飞行训练实际效果，从而夯实安全堡垒；自身运行安全主要是推行程序化管理，从规章制度、质量审计、教育与培训等多方面予以保障。

合资以来，公司充分发挥自身优势，积极整合企业运作与管理理念，高度重视应用高科技训练设备及训练方法以提高培训效果，目前正在运作的模拟机数量总共已达到17台。此外还购进了Simfinity产品中的VSIM（虚拟模拟机）、MFTD/IPT（综合程序训练器）、TCIS等高科技训练设备，建立了“机组概念”的全新训练模式，研发了模拟机视景数据库和各种教学课件，高科技技术的发展为公司飞行训练质量的提高注入了源源不绝的活力。

训练质量的不断提升，为翔翼在海内外航空公司中赢得了很高的声誉，公司先后为30多家国内外大型航空公司提供过训练。公司的训练量长年超饱和，但训练设备一直保持良好运行状态，全动模拟机的完好率超过99%，及时排故率达到100%，顺利通过了CAAC的历次鉴定，并获得其高度评价。

公司有志于成为“亚洲领先，世界先进”的飞行训练中心，严格按照国际及行业标准进行管理，已获得CCAR-142部训练机构资格和CCAR-61部运输航空飞行教员理论培训资格，更于2010年成为国内CCAR-60部飞行模拟设备质量保证系统认证机构。按40个模拟机位设计的位于珠海保税区的子公司，预计建成后将成为亚洲乃至国际领先的飞行训练和飞行软件开发基地。

# 湖北宝源集团

湖北宝源集团成立于1996年，坐落在矿产资源与森林资源丰富的山城湖北省荆门市，现有资产总额12亿元，职工3458人，年产值13.8万元，创利税2亿元，经营范围涉及煤炭、人造板、建材三大行业，由湖北宝源集团有限公司、湖北宝源广得资源有限公司、荆门市金锅煤矿有限公司等组成，生产规模为年产原煤36万吨、人造板50万立方米、强化木地板80万平方米、玻璃30万平方米、实木门2万樘，是湖北省荆门市重点调度企业。

集团自成立以来，坚持“资源就是财富”的经营理念，牢固树立“质量第一，用户至上”的经营方针，坚持全心全意依靠职工办企业，深化体制改革，强化内部管理，利用区位优势和资源优势，着力调整产业结构，集团迈入了健康快速发展的快车道。集团从2002年开始，在巩固传统产业的基础上，投资10多亿元，成立了湖北宝源木业有限公司和湖北宝源装饰材料有限公司，开始进军人造板、建材行业。实现了从单一煤炭经济向复合式经济过渡的战略性转变，其中年产22万立方米精木板(OSB)生产线为亚洲较早的生产线。

湖北宝源集团将优异的品质始终贯穿到生产经营的全过程，所属企业及相关产品先后通过了ISO9001质量管理体系认证，ISO14001环保体系认证、CQC产品认证、ISO18001职业健康与安全管理体系认证，共获得21项国家专利。湖北宝源木业有限公司已成为我国纤维板生产的重点企业之一，产品畅销二十多个省、市、自治区，深受客户青睐。

同煤集团 DATONG COAL MINE GROUP

# 大同煤矿集团公司

集团董事长、党委书记 张有喜

集团副董事长、总经理 郭金刚

集团副总经理 王存权

2011年，同煤集团以打造本质安全型企业为目标，以安全质量标准化为主线，以强化安全管理为抓手，以提升安全素质为手段，强化责任，注重落实，安全生产管理水平得到显著提升，企业生产百万吨死亡率为0.017，为历史上较低水平，安全生产实现了健康平稳发展。

## 一、强化落实，提升安全管理水平

一是严格贯彻执行上级有关安全指示精神。有效开展“安全生产年”活动，认真落实“四个敬畏”要求，实施领导干部联点承包及煤矿包保监督管理，严格执行矿领导带班下井制度，将各级安全责任落到了实处，形成了全员、全方位、全过程、全覆盖的立体化安全管理格局。

二是轰轰烈烈举办“安全生产月”活动，隆重举行“安全宣传咨询日”活动，宣传贯彻落实党和国家安全生产方针政策和集团公司安全管理措施、要求，营造了良好的安全工作氛围。

三是深入开展“安全生产拾缺行动”、“六防”专项整治、“打非治违”、百日安全、强化后50天安全工作等一系列活动，治理隐患，保证了安全生产。

四是强化特殊时期的安全工作。针对节日、“两会”期间及季节变化期的安全工作，采取专项检查、矿际交叉互检、重点督察等形式开展大检查60多次，有力促进了安全工作。

## 二、创新发展，提升安全质量标准化建设水平

以安全质量标准化大会确定的工作部署为引领，以采煤、掘进、通风、机电、防尘等专业现场会出台的措施为指导，引进运用科技手段，推广标准化创新项目，开展标准化示范矿井、队组建设，评选“十佳”采掘工作面，有效提升了矿井安全质量标准化建设水平。2011年，集团公司有14座矿井被命名为国家安全质量标准化矿井，有20座矿井达省一级标准。

## 三、突出重点，提升预防预控能力

一是实施瓦斯防治“一矿一策、一面一策”，增强了瓦斯治理的针对性和有效性。二是围绕顶板管理、“一通三防”、防治水等专业系统中存在的重大危险源和重大安全隐患，通过引进先进设备，推广使用先进技术，治理重大安全隐患58项，有效提升了安全预防预控能力。三是推进建设井下安全避险“六大系统”，提高了矿井防灾抗灾能力。四是突出防范公共突发事件，编制了突发公共事件总体应急预案及28个专项预案，强化预案培训与演练，增强了处置事故的应变能力。

同煤集团副总经理王存权(中)深入井下现场检查指导工作

## 四、完善制度，提升资源整合煤矿安全管理水平

建立完善对资源整合矿井“三级运作、分级管理、分级负责”的安全管理体系，实施生产矿井与资源整合矿井“一帮一”帮扶工程，开展安全质量标准化建设与考评，大力推进隐患治理工程，摸排、治理重大安全隐患56项，矿井安全管理面貌得到明显改善，实现了矿井的安全平稳整合与技改。

## 五、加强培训，提升全员安全素质

在开展全员安全知识培训的基础上，重点开展“一通三防”、防治水、机电等专业的培训、考试，提高了培训的针对性，促进了学以致用。积极推广“岗位描述”操作法和“手指口述”法，进一步规范员工操作行为，实现了“上标准岗，干标准活，交标准班”的良性循环。大力开展准军事化培训，提升了全员安全执行力。

## 六、营造氛围，安全理念进一步拓展延伸

开展“人人都是通风员”安全理论体系研讨、讲座、论文征集等系列宣传、践行活动，举办“安全理念煤海行”信旗传递活动，推动了“人人都是通风员”安全理念进矿井、进工厂、进社区。拓展延伸安全理念，实现了“会采取避灾措施”向“会应用应急预案”拓展延伸、“瓦斯超限不作业”向“作业现场无瓦斯超限”拓展延伸、“粉尘超标不作业”向“作业现场无粉尘”拓展延伸。

## 广东省安全生产技术中心成立30周年成果揽略

技术中心承接港珠澳大桥
主体工程建设期安全顾问

广东省安全生产技术中心（以下简称“技术中心”），成立于1982年。2012年5月7日，技术中心迎来成立30周年的纪念日。30年来，技术中心紧跟经济社会发展步伐，伴随改革开放逐步发展，科研实力稳步增强，支撑能力日益增长，服务水平不断提高，为全省乃至全国安全发展做出了应有的贡献。

**参与多项国家、省级重点工程，成为全省安全生产重要技术支撑。**完成了矿山安全、非矿山安全和重大危险源监控、职业危害检测与鉴定三个省级中心实验室建设；成为国家重点项目工程——港珠澳大桥建设期的安全顾问单位；成为华南理工大学校外研究生培养基地；2012年，在国家重要石化基地大亚湾成立了对外技术定点服务站。此外，“十二五”时期，技术中心将参与广东省安全生产“十二五”规划“技术支撑体系建设”、“职业危害防控”、“安全文化与教育培训建设”等重点工程项目建设。

技术中心人员正在开展矿山
在用设备安全检测检验工作

**承担多项科研项目，取得系列科研成果。**技术中心承担和完成了国家、省“八五”至“十一五”等安全科学领域40多项研究课题；先后获得国家安全生产科技成果奖等十多项荣誉，获得各类省部级科技奖8项；起草标准4部，著书8部，获得计算机软件版权7项，申请发明专利两项，申请实用新型专利两项，累积发表论文近两百篇。由技术中心承担的多项科研项目，取得了一系列科研成果，通过技术成果转化应用，积极服务企业安全生产。

**拥有多项安全资质，提供各种安全技术咨询服务。**技术中心是广东省较早具有安全评价甲级资质、安全生产检测检验乙级资质、二级安全培训资质的机构，主要开展安全评价与咨询、安全检测检验、标准化考评、危险化学品登记、安全技术评审、安全科研、安全培训、安全考核、安全生产资料发行等业务。依托多年丰富的行业领域经验，较好的服务意识，较强的科研实力，为全省各行各业提供了优质的专业技术服务。此外，由技术中心主办的《广东安全生产》杂志办刊10年，其质量、专业影响力、发行普及率等指标居全国同类刊物前列，充分发挥了安全宣传主阵地作用。

感谢各界对技术中心的支持，欢迎前来洽谈业务，也欢迎有志人士加入我们的技术团队。技术中心将以30年的良好基础为新的起点，在安全生产科技事业上再续辉煌。

**联系电话：020-83740540，传真：020-83135412　网址：http://www.gtcws.com**

**地址：广州市越秀区建设大马路19号广东安监大厦4～6楼　邮编：510060**

# 阳泉煤业(集团)有限责任公司

近年来，在山西省转型跨越发展战略鼓舞下，阳煤集团抢抓机遇，追求跨越，形成了煤炭和煤炭化工两大主导产业，铝电、装备制造、建筑地产、贸易服务四大辅助产业强劲发展的产业格局。目前，集团拥有包括阳泉煤业、山西三维和太化股份3个上市公司在内的502个分、子公司，总资产达1050亿元，职工17.6万人。2010年位列中国企业500强第108位，中国煤炭企业100强第10位。2011年，企业营业收入达到1187亿元，其中非煤收入比重占到77%，利税突破100亿元，煤炭产量达到5851万吨。

阳煤集团总部

与此同时，阳煤集团始终把安全工作作为压倒一切的首要任务，投巨资提高通风能力和抽采能力，不断强化矿井防治水工作力度，强化各系统的安全质量标准化建设，调整安全机构设置和监管方式，创新“干部上讲台，培训到现场”培训模式，深化隐患排查治理，严格界定煤矿和非煤产业“安全红线”，强化逐级责任落实，实现了安全生产形势的明显好转。2011年，百万吨死亡率控制在0.07，瓦斯治理取得了具有里程碑意义的成果，在高突矿井全面建立瓦斯地质预测预报体系，瓦斯超限次数呈几何级数下降，70%以上的煤矿稳定实现零超限。

集团公司董事长、党委书记赵石平(中)在基层调研

“十二五”期间，阳煤集团将完成投资1000亿元以上，建成亿吨煤炭基地，建成“山西大型、中国五强”煤炭化工企业，打造晋东百万吨铝工业循环基地，打造山西大型的地产开发企业，建设山西大型的煤机化机制造企业，建成山西大型的综合贸易商社，提前实现“双千亿”目标，并实现企业的“全面安全、本质安全、持久安全”。

集团公司总经理、党委副书记裴西平在晋南公司调研

集团公司总经理、党委副书记裴西平在阳煤丰喜化机制造基地调研

集团公司总经理、党委副书记裴西平在开元公司调研

# 大唐国际发电股份有限公司陡河发电厂

陡河发电厂位于河北省唐山市开平区，是全国特大型火力发电企业，隶属于中国大唐集团公司大唐国际发电股份有限公司，始建于1973年，在役机组6台，总容量1300兆瓦。

奉献社会铸就了她的品格。陡河发电厂曾被列为国家“四五”计划的重点工程，破土动工之日便承载着振兴中国电力事业的光荣责任。作为华北电网的主力电厂，陡河发电厂以保首都用电为己任，自1975年至2010年，累计发电逾2900亿千瓦时，为京津唐地区经济发展做出了巨大贡献。始终坚持“安全第一、预防为主”方针不动摇，不断完善安全生产管理体制机制，提高设备健康水平，实现了保人身、保电网、保设备的目标。同时，坚持依靠自身力量不断实施节能改造和环境治理，致力推进“资源节约型、环境友好型”企业建设，相继完成了灰场治理、污水治理、电除尘增容改造等工程，完成了6台在役机组烟气脱硫技术改造，脱硫效率全部达到国家标准，有效改善了唐山市市区及周边环境大气质量。2008年底关停了2台125兆瓦机组，2009年对2台250兆瓦机组实施了供热改造，成功替代了200余台小锅炉，为唐山市北部地区及开平区900万平米供热，实现了经济效益和社会效益“双赢”，树立了“中国大唐”履行社会责任的良好形象。提前三个半月完成国家“十一五”节能减排任务。

坚持季度安全分析会制度

举办安全生产咨询日活动

定期组织反违章联查，及时纠正违章现象

开展春检活动，杜绝安全隐患

文明和谐陶铸了她的精神。陡河发电厂秉承“务实和谐，同心跨越”的企业精神，将自身发展融于集团公司和大唐国际整体发展战略之中，坚持以党建工作服务保障企业发展，以文化引领助力企业发展，从理念变革中寻求改革新突破和发展新思路，走出了一条文化入位、观念更新、和谐发展之路。

荣誉加身催发了她的进取。陡河发电厂曾获得“全国先进集体”、“全国五一劳动奖状”等荣誉。陡河发电厂以荣誉为动力，继续用思路去拓宽脚下的路，深化内涵发展，推进外延发展，以创先争优活动为抓手，努力争创全国文明单位，在实践科学发展观的道路上不断开创新的辉煌。

召开创建本质安全型企业推进会

# 黑龙江龙煤矿业控股集团有限责任公司

HEILONGJIANG LONGMAY MINING HOILING GROUP CO.,LTD.

2011年，龙煤集团认真贯彻省领导有关加强煤矿安全生产的一系列重要批示，全面实施“强基固本、安全发展”总体战略，深入落实“一个提升、两个围绕、三个不要”的安全发展理念，强力推进瓦斯治理、安全补欠和安全高效矿井“三大工程”建设，切实加强煤矿安全基础管理，积极创新安全管理体制机制，着力破解矿井地质条件复杂、自然灾害加剧、安全生产基础薄弱等主要矛盾和突出问题。安全生产实现了重大突破。全年原煤生产完成5287万吨，同比增产263万吨，增幅为5.2%；总进尺完成95.95万米，同比增掘4.63万米，增幅为6.3%；发生事故8起、死亡10人，事故起数和人数同比分别下降50%和58%；百万吨死亡率为0.19，同比下降59.5%，安全生产创出龙煤集团组建以来较好水平。

**1. 创新安全发展理念，构建安全发展战略体系**

龙煤集团所属四个矿区地质构造复杂，煤层赋存条件较差，瓦斯、煤尘、突出、冲击、水火等灾害非常严重。加之开采历史较长（鸡西、鹤岗矿区开发已有百年），开采深度多为800米左右，甚至深达1230米。随着矿井开采深度不断增加，矿井灾害越来越重，安全生产基础相对比较薄弱。为了扭转安全生产被动局面，创建安全稳定、和谐发展新龙煤。新一届领导班子在认真分析企业安全生产现状和集中全龙煤智慧的基础上，确定了“强基固本、安全发展”总体战略，提出了“一个提升、两个围绕、三个不要”的安全发展理念。

**2. 强力推进“三大工程”建设，进一步打牢矿井安全基础**

针对集团所属矿井历史安全欠账较多、生产准备相对滞后、矿井装备投入不足等客观实际，制定了瓦斯治理、安全补欠和安全高效矿井“三大工程”建设3年规划，计划投入资金56.86亿元，进一步提高矿井防灾抗灾能力，打牢安全生产基础。

**3. 突出瓦斯灾害治理，坚决防范和控制重特大事故**

龙煤集团的重点安全隐患是瓦斯，瓦斯不治，矿无宁日。坚持把瓦斯治理做好企业的“天字号”工程。

**4. 大力实施“科技兴安”，提高安全发展科技含量**

坚持用科技创新和技术进步解决安全生产工作中存在的突出问题和主要矛盾，加快生产工艺的更新与换代。

**5. 创新安全监察方式，强力推进隐患排查整改**

为了进一步强化煤矿现场安全监察，深化生产过程中的安全监管，促进煤矿安全主体责任落实，建立超前预防监察体系。

**6. 落实安全生产主体责任，深化现场安全管理**

按照黑龙江省关于落实企业安全生产主体责任的总体要求，明确集团领导责任、分公司管理责任和煤矿安全生产主体责任，建立了安全生产三级责任体系。

**7. 强化安全思想教育和技能培训，提高职工队伍综合素质**

坚持把高素质的职工队伍作为推动企业安全和可持续发展的前提和保障，切实加大职工安全思想教育和培训。深入开展安全生产月和安全生产警示教育月等活动，全国优秀共产党员宋德金深入到煤矿采区班前开展现场说法近百余次，受教育职工达14000人，极大地调动了基层干部职工安全生产和自主保安意识。

安全生产是煤矿的永恒主题，只有起点，没有终点。龙煤集团一定以灾害治理为核心，以瓦斯防治为主线，强化科技装备投入、重点课题攻关、高新技术引进和安全基础管理力度，加速推进“三大工程”建设，全力以赴抓好安全生产工作，坚决消灭瓦斯煤尘事故，遏制较大事故，杜绝重、特大事故；为全省经济快速发展、社会和谐稳定做出新的贡献。

# 内蒙古博源煤化工有限责任公司

内蒙古博源煤化工有限责任公司成立于2005年2月3日，是一家股份合作企业，是内蒙古博源控股集团有限公司旗下六十五家企业之一。股东发起人为：远兴能源股份有限公司、香港能源投资有限责任公司和鄂尔多斯维创投资有限公司。主要从事煤炭的生产、销售和洗煤经营。

井田总面积约21.8196平方公里，可采储量为25338万吨；设计生产能力300万吨/年；矿井设计服务年限为60.5年。主斜井、副斜井、回风斜井开拓方式，长壁综合机械化采煤法。选煤厂洗选能力为500万吨/年，洗选工艺为块煤重介浅槽分选+粗煤泥螺旋分选+细煤泥板框压滤。

项目设计总投资11.48亿元人民币，于2007年2月开工，到2011年8月18日通过国家竣工验收，五证一照齐全。

内蒙古博源煤化工有限责任公司严格执行矿井安全管理的法律法规，认真落实煤监及安监部门的各项规章制度，始终将安全工作放在全矿各项工作的首位来抓。从2007年至今未发生任何人身及设备事故，安全生产管理实现了零死亡、零重伤、零污染、零职业病的安全环保和职业卫生目标。

矿井及选煤厂项目在设计规划之初就立意高远，遵循高效率、高效益的集约化建设理念，按照高标准、高等级、高配置的要求来建设矿井。公司在水土保持、环保绿化等方面投入巨资，被国家水利部黄河水利委员会评为“晋陕蒙接壤地区大型生产建设项目水土保持工作先进单位”。

博源煤化工从项目建设到现在，不忘所肩负的社会责任，积极为当地农牧民及村、社、集体提供创业、就业、兴业的条件和项目，将企业所在地从一个相对贫困的村社帮扶为一个相对富裕的群体，被当地政府授予“扶贫帮困有功单位”，公司“村企共建、扶贫帮困”的模式和业绩先后被旗、市电视台及内蒙古电视台等多家新闻媒体报导，并被有关部门作为典型模式进行宣传和推广。

董事长 李晋平

总经理 翟红

副总经理王观昌在井下现场检查指导工作

2011年是“十二五”规划的开局之年。集团安监体系在公司党政的正确领导下，以科学发展观为指导，坚持“安全第一、预防为主、综合治理”的安全生产方针，以构建高端化的源头安全、高标准的动态安全、高可靠的变化安全为抓手，全面推进了多产业、跨区域、全方位、立体化的大安全管理体系建设。2011年集团公司煤炭产量达到7718.2011万吨，创历史新好水平，百万吨死亡率为零。

一是围绕大安全管理体系，进一步落实安全责任、强化安全意识。集团公司围绕大安全管理格局的总体要求，深入贯彻落实上级安全文件指示精神，强化职工安全教育，深化实施三个百分之百，进一步落实各方安全责任，提升了职工安全意识。

二是狠抓源头治理、变化控制、动态达标，推进了大安全管理三大支撑系统建设。

三是坚持重金、重锤、重心，提升了重大事故预防水平。集团坚持“安全是第一投资序列”理念，加大安全投入力度，使用重锤，狠抓一通三防、矿井防治水、顶板管理、供电安全、电气设备防爆等重点工作，进一步完善了高标准的重大事故预防管理体系。

四是加快证照办理、深化隔离开采，提升了整合矿安全生产能力。

五是健全机构、整章建制，积极探索新兴产业安全管理新模式。

六是提升装备水平、强化队伍建设，进一步完善了应急救援响应机制。

七是强化检查、深化监察，确保了稳定的安全生产秩序。

八是创新方法、拓宽载体，提升了安全文化建设水平 。

集团按照构建以“安全”为核心的大安全管理体系要求，进一步强化系统建设和“两堂一舍”建设，加大安全文化理念宣传力度，深化各项活动，做到了安全文化建设“有安排、有落实、有监督、有考核”。

2012年安全工作会议现场

大采高自动化综放工作面

瓦斯抽采系统

# 东风发电厂

厂领导班子共谋策略

东风发电厂隶属贵州乌江水电开发有限责任公司，为乌江流域梯级开发的第二级，地处贵州省清镇市与黔西县交界的鸭池河段上，距省会城市贵阳88公里。电站水库控制流域面积18161平方公里，库容为10.25亿立方米，电站大坝为双曲率薄拱坝，坝高162米，底宽25米，顶宽6米。电站原装机容量3×170兆瓦，3台机组相继于1994年8月、1994年12月、1995年12月投产发电；2003年11月至2005年5月3日经改造增容装机容量增至3×190兆瓦；2004年3月至2005年12月又增扩1台单机容量为125兆瓦水轮发电机，总装机容量达695兆瓦。

近年来，东风发电厂在中国华电集团公司、乌江公司（贵州公司）的正确领导下，紧紧围绕创造可持续价值思维这一核心思想，坚持安全生产为中心，逐步完善东风发电厂安全生产管理十大体系，对设备进行更新改造，对员工生产、生活环境进行治理，坚

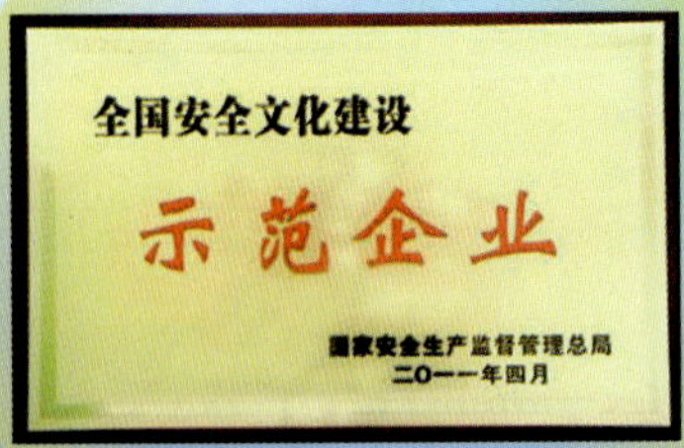

2011年安全生产暨防汛工作会

地下厂房

夕日荒礁滩 今日展雄姿

持科技兴安，实现设备、人员、环境和管理四者之间的和谐统一，确保安全生产的可控在控，建立了安全生产长效机制。坚持精益管理为手段，以人的精益为本，以价值流为管理关注重点，充分实现企业价值。坚持管理创新为推动力，通过树立全员创新理念，构建企业创新文化，加强创新活动组织领导，制定企业创新活动规划，再造创新体系管理流程，构建创新活动良性促进循环机制。坚持“创先争优"促和谐发展，以“创先争优、科学发展”活动为载体，扎实开展作风建设活动、“六比六争”活动、“五个一”活动、“六个一”活动、“四强四优”、“四好”领导班子创建、领导干部民主生活会等活动，加强和改进党的建设,确保党建工作融入中心，服务大局，为完成企业各项任务保驾护航。

通过全厂上下顽强拼搏，极力争先，着力筑牢企业安全基石，着力提升企业整体管理水平，实现了企业综合竞争力的全面发展。企业先后荣获了全国“五一劳动奖状”、全国“安康杯”竞赛优胜单位、全国安全文化建设示范企业等多项荣誉。

# 河南理工大學

河南理工大学始创于1909年，其前身焦作路矿学堂是中国矿业高等教育发源地和河南省成立较早的高等学校。学校先后历经焦作路矿学堂、私立焦作工学院、西北工学院、国立焦作工学院、焦作矿业学院、河南理工大学等重要历史时期，是河南省与国家安全监管部门共建高校、河南省重点建设的骨干高校和教育部本科教学工作评估优秀学校。

学校占地面积4000亩，建筑面积115万平方米，设有25个学院和1个独立学院。现有专任教师1718人，其中具有高级职称教师671人，具有硕士以上学位教师1519人，占专任教师总数的88.4%；建有2个博士后科研流动站，26个博士点，81个硕士点，17个工程硕士授权领域，1个工商管理（MBA）硕士专业学位授权点；70个本科专业，覆盖理、工、管、文、法、经、教、艺、医9大学科门类，全日制在校生达3.7万人，毕业生就业率达94%以上；拥有37个省级重点学科、28个国家级本科教学工程项目、38个包括国家地方联合工程实验室、国家重点实验室培养基地、教育部重点实验室等在内的科技创新平台与创新团队，并在采矿、安全、地质、测绘、矿山机电等方面形成了鲜明优势和特色。2011年学校获得国家科技进步二等奖1项，年度科研经费达2.72亿元。

2011年6月16日，在国家安全监管部门和河南省的大力支持下，省部共建河南理工大学协议签字仪式在郑州会展中心隆重举行。河南省及国家安全监管部门有关领导出席协议签字仪式，并签署共建协议。共建协议的签署，标志学校为国家安全生产领域服务的特殊地位已经形成，为学校进一步凝练学科特色、发挥办学优势、提升服务能力，加快特色鲜明的高水平多科性大学建设步伐赢得新的发展环境与重大机遇。同年12月7日，河南省有关领导莅校调研，对学校坚持服务煤炭工业的办学方向给予充分肯定，并批示河南省有关部门和焦作市积极支持河南理工大学创建“瓦斯地质与瓦斯治理”国家重点实验室，极大地鼓舞了全校师生加快特色发展的决心和信心。

百年理工、世纪风华。站在新的历史起点的河南理工大学，正按照学校“十二五”事业发展规划描绘的宏伟蓝图，深入贯彻落实科学发展观，解放思想、深化改革，全面推进发展方式转变，着力提升人才培养质量、科学研究水平和服务经济社会发展的能力，奋力开创特色鲜明的高水平大学建设新局面，谱写无愧于民族的时代华章。

地球科学馆

河南理工大学通风安全仿真实验室

# 福建鑫海冶金有限公司

## 构建安全网络 抓好“源头”管理

有关领导莅临鑫海指导

福建鑫海冶金有限公司创建于2002年12月，是福建省重点民营企业、长乐市“回归经济”的标志性项目。现有总资产35.67亿元，占地面积1841.2亩。集制氧、烧结、炼铁、炼钢、轧钢为一体的连续生产线，主要生产400兆帕高强度钢坯、HRB400螺纹钢筋和HPB235、HPB335光圆盘条钢筋。公司配套功能齐全的物流园区和发展循环经济的专营实体经济组织，是打造福建省东部沿海临港先进制造业基地的省重点建设项目。

鑫海冶金秉承“和谐诚信、安全环保、低耗高效、创新发展”的企业精神，先后通过质量、环境、职业健康安全管理三体系和国家测量管理体系认证，建立了程序化、规范化的管理体系。

董事长与副总经理签订安全生产责任状

每年年初，公司总经理与各厂、部室负责人层层签订安全生产责任状，确立全年的安全生产目标和工作内容，同时各生产厂负责人与车间领导签订安全生产责任状，班组成员之间建立安全联保确认制度，形成“横向到边、纵向到底”的安全生产管理格局，做到：企业控制事故，部门控制隐患，班组控制异常，保障公司安全生产工作平稳运行。

公司注重“源头”管理，实行“四级”安全教育（公司、厂部、车间、班组），努力提升员工安全意识，做到岗前危险告知；每周组织安全例会、安全联查，不定期开展其他专项检查，发现隐患及时整改，并落实到人，将安全隐患消灭在萌芽状态，有效遏制了各类重大事故的发生，实现了预定的安全生产目标。

救援演练

2011年公司积极响应国家政策，以管理标准化为基础、现场标准化为条件、操作标准化为核心，全面开展安全生产标准化创建工作，争取2013年通过二级达标，力争通过一级达标，使鑫海公司的安全生产工作更上一个台阶。

办公大楼

# 编辑说明

《中国安全生产年鉴》（2011）是由国家安全生产监督管理总局政策法规司组织编写的。它全面反映了2011年全国安全生产工作情况，是一本资料性工具书。

本年鉴共分十七部分，即全国安全生产工作综述，安全生产法律、行政法规和国务院重要文件，党和国家领导人关于安全生产工作的讲话，国家安全生产监督管理总局负责人关于安全生产工作的讲话，安全生产综合监督管理，煤矿安全监察，安全生产应急管理，工会劳动保护，相关行业或领域安全生产工作，各省、自治区、直辖市及计划单列市安全生产工作，主要产煤省（自治区、直辖市）煤矿安全监察工作，重点中央企业安全生产工作，安全生产协会、学会工作，重特大事故案例，国务院办公厅、国务院安委会文件，有关部门规章文件和地方性法规、规章及文件，安全生产大事记，全国事故与职业病统计资料。

# 大力实施安全发展战略

（代序言）

在党中央、国务院的正确领导和全党、全社会的共同努力下，安全生产工作不断得到加强。“十一五”时期全国事故死亡人数年均减少约1万人。“十二五”开局之年也即2011年，事故总量持续减少，亿元GDP事故死亡率等相对指标进一步趋好。2012年1—10月，全国安全生产继续保持了总体稳定、趋向好转的发展态势。

安全生产工作尽管取得了显著成就，但我国目前仍处在社会主义初级阶段，处在工业化、城镇化快速发展和生产安全事故易发多发的特殊历史时期。采掘业、重化工和建筑业等在经济结构中所占比例过大，生产安全事故的发生几率较高。大量的小矿、小厂技术落后，安全保障能力相对低下。个别基层干部和企业负责人安全生产法制观念淡薄，社会公众和从业人员安全防范意识、安全技能有待进一步增强，非法违法、违规违章行为在少数地方和单位仍然比较严重，由此导致的事故频发。当前以及今后一个相当长的时期里，我国安全生产的基本特征都将表现为总体稳定、趋向好转的发展趋势与依然严峻的现状并存。对于安全生产的长期性、艰巨性和复杂性，我们必须有清醒的认识，必须警钟长鸣、常抓不懈。

党中央、国务院高度重视安全生产。中央领导同志从贯彻落实以人为本的科学发展观、促进经济社会全面协调发展的高度，对安全发展作出了深刻论述。胡锦涛总书记指出：把安全发展作为一个重要理念纳入社会主义现代化建设的总体战略，这是我们对科学发展观认识的深化。温家宝总理指出：安全发展既是科学发展的重要内容，又是科学发展的重要保证。党的十六届五中全会《中共中央关于制定国民经济和社会发展第十一个五年规划的建议》首次提出了安全发展的科学理念。党的十七大报告强调要坚持安全发展。2011年12月下发的《国务院关于坚持科学发展安全发展促进安全生产形势持续稳定好转的意见》，明确提出要“大力实施安全发展战略”。安全发展从科学理念、指导原则上升为战略举措，反映了我们对安全生产重要性的认识不断深化，为做好新时期安全生产工作指明了方向，提供了强大精神动力。

要深刻认识安全发展战略的丰富内涵。实施安全发展战略，就是要从全局和长远出发来对待安全生产问题，正确处理经济社会发展与安全生产的关系，自觉贯彻“安全第一、预防为主、综合治理”的方针，统筹解决安全生产领域存在的突出矛盾和深层次、结构性问题，把发展真正建立在劳动者生命安全和身体健康得到切实保障、煤矿等重点行业领域安全生产水平持续提高的基础之上，确保人民群众平安幸福地享有经济发展和社会进步的成果。实施安全发展战略，要求我们在谋划发展思路时，必须尊重发展规律，充分体现转变经济发展方式的要求，坚持速度、质量、效益与安全的有机统一；在制定发展目标时，要充分考虑安全生产因素，不能脱离实际、盲目追求过高目标，不能以牺牲安全谋求发展；在推进发展过程中，要始终强调以安全为基础和前提，充分运用安全生产严把准入、严格监管、严肃事故责任追究所形成的"倒逼"机制，加快淘汰落后生产力，调整优化产业结构布局，总体提升各行业领域的安全发展能力。

要明确安全发展战略目标和战略步骤。2004 年《国务院关于进一步加强安全生产工作的决定》（国发〔2004〕2 号）提出了我国安全生产状况稳定好转、明显好转和根本好转三个阶段性目标。经过努力，到"十一五"期末，前两个阶段性目标已经实现。目前正在向着到 2020 年实现根本好转的目标迈进。届时，事故总量将进一步大幅度下降，重特大事故将得到有效遏制，各项指标将达到世界中等发达国家水平。2011 年底国务院办公厅印发的《安全生产"十二五"规划》确定到"十二五"期末，亿元国内生产总值事故死亡率要下降 36% 以上；工矿商贸就业人员十万人事故死亡率要下降 26% 以上；煤矿百万吨死亡率下降 28% 以上；道路交通万车死亡率下降 32% 以上，为到 2020 年实现安全生产状况的根本好转奠定具有决定性意义的基础。上述战略目标和步骤，既反映了经济社会科学发展、安全发展的必然要求，也符合我国安全生产领域的实际；既是积极的也是切实可行的。我们一定要坚定信心，扎扎实实抓工作，全力向前推进。

要着力构建安全发展战略体系，推动安全生产长效机制建设。遵循综合治理方针和标本兼治、重在治本的要求，抓紧建立健全以下五个体系：一是安全生产责任体系。按照"四位一体"的要求，积极推动安全生产综合监管、行业监管、属地监管和企业主体责任落实到位，形成齐抓共管的合力。二是安全生产法律和政策体系。继续做好《中华人民共和国安全生产法》等法律法规和部门规章、行业标准的制修订工作，坚持有法必依、执法必严、违法必究，依法规范企业安全生产活动和政府安全监管行为，增强安全生产法律法规和各项规章制度的执行力；加强政策研究，完善整顿关闭、安全技术改造、安全投入等经济政策，强化政策的导向作用。三是安全科学技术和信息支撑体系。完善和落实"十二五"安全生产科技规划，抓紧实施"四个一批"（即一批当前急需的科研课题、一批可转化为现实安全保障能力的科研项目、一批先进适用技术、一批重点示范工程）。运用现代通讯信息技术，按照基础信息规范完整、动态信息随时调取、执法过程便捷可溯、应急处置快捷可视的思路和要求，抓紧建立具有监测监控、事故预防、指挥协调等功能的安全监管信息体系，提高安全监管效率效能。四是安全生产宣教培训体系。继续面向社会公众，深入宣传党和国家安全生产方针政策，灌输安全生产法律法规知识和安全避险常识，营造关爱生命、关注安全的社会氛围，提高社会公众安全法律意识和安全素质。实施以农民工、班组长为重点的安全生产全员培训工程。严格安全生产资质管理，凡关系安全生产的岗位和工种，从厂矿长到一般人员，都必须经严格培训、持证上岗。加强安全文化建设，大力发展安全文化产业。加快推进安全社区建设。五是安全生产应急救援体系。加快安全生产应急救援基地和队伍建设，尽快建成7个国家级、14个区域矿山救援队，配备最先进、最可靠的技术与装备，提升应对处置矿山重特大事故的能力。加快建立健全各行业（领域）专业应急救援基地和队伍。完善应急响应、协调联动机制。上述五个体系所包含的都是长远性、基础性工作，必须持之以恒、常抓不懈。

要切实解决好当前存在的突出矛盾和问题，扎扎实实迈好安全发展每一步。一是要持续不懈地抓好“打非治违”工作。非法违法、违规违章是导致各类事故尤其重特大事故发生的主要原因，也是当前安全生产领域里最突出、最严重的问题，为此我们必须牢牢牵住“打非治违”这个安全生产工作的“牛鼻子”，在集中开展专项行动以及“回头看”的基础上，不断完善对策、加大力度，实现打击治理的制度化和常态化。二是整顿关闭安全生产条件差的小煤矿和小非煤矿山。抓住煤炭产量过剩的时机，行政手段与市场机制相结合，再关闭淘汰一批安全和技术手段落后、竞争能力低下的小煤矿，巩固发展前些年煤矿整顿关闭攻坚战成果；推动煤炭企业兼并重组，加快形成以大基地、大集团、大煤矿为主的新型煤炭工业格局；加快推进煤矿安全技术改造，推进小煤矿机械化，大力提升防灾抗灾能力；严格新建煤矿安全准入，防止产生新的关闭淘汰对象；严防已关闭小煤矿死灰复燃。借鉴煤矿经验，认真组织实施非煤小矿山整顿关闭攻坚战，大致上用3年左右的时间，在全国取缔关闭2万座以上非法违法、不符合国家和地方产业政策、安全保障能力低下的小矿山，基本解决我国非煤矿山“多、小、散、差”和事故多发问题。三是深入排查治理重点行业领域安全隐患。所有事故都是由于隐患引起的。隐患不除，事故难绝。要认真落实重大安全隐患治理逐级挂牌督办和公告制度，切实做到治理措施、责任、资金、时限和预案“五到位”。对那些严重威胁生产安全和公众安全、暂时难以根治根除的隐患，要通过适当方式予以公告，动员和依靠人民群众来防范各类事故。

安全发展既是我国经济社会发展的必然趋势和宏伟战略，也是一个脚踏实地、埋头苦干和循序渐进、逐步实现的奋斗过程。我们决心在即将召开的党的十八大精神指导下，认真贯彻党中央、国务院的决策部署，高举中国特色社会主义伟大旗帜，落实“以人为本”的科学发展观，牢记肩负的职责使命，求真务实、真抓实干，尽职尽责、尽心尽力做好工作，一步一个脚印地推动我国的安全生产和安全发展事业。

杨栋梁

2012 年 10 月 30 日

# 目　次

## 第五部分　安全生产综合监督管理



## 第六部分　煤矿安全监察



## 第七部分　安全生产应急管理



## 第八部分　工会劳动保护



## 第九部分　相关行业或领域安全生产工作

## 第十部分　各省、自治区、直辖市及计划单列市安全生产工作

## 第十一部分　主要产煤省（自治区、直辖市）煤矿安全监察工作



## 第十二部分　重点中央企业安全生产工作

## 第十三部分 安全生产协会、学会工作



## 第十四部分 重特大事故案例

## 第十五部分　国务院办公厅、国务院安委会文件，有关部门规章、文件和地方性法规、规章及文件



## 第十六部分　安全生产大事记



## 第十七部分　全国事故与职业病统计资料

# 第一部分

# 全国安全生产工作综述

## 2011 年全国安全生产工作综述

2011 年，党中央、国务院继续采取一系列重大举措全面加强安全生产工作。《中共中央国务院关于加强和创新社会管理的意见》（中发〔2011〕11 号），将全面加强安全生产工作纳入加强和创新社会管理的大格局之中。国务院制定下发了《关于坚持科学发展安全发展促进安全生产形势持续稳定好转的意见》（国发〔2011〕40 号）。胡锦涛总书记在党的十七届六中全会上指出，安全生产要在思想认识上警钟长鸣、制度保障上严密有效、技术支撑上坚强有力、监督检查上严格细致、事故处理上严肃认真的总体要求；在中央经济工作会议上强调，要全面排查和消除交通、煤矿、建筑施工、危险化学品、城市消防等重点行业和重点领域的安全隐患，有效防范和坚决遏制重特大事故发生。温家宝总理多次主持召开国务院常务会议，专题研究部署以交通、煤矿、建筑施工、危险化学品为重点全面排查和消除安全隐患，部署开展高速铁路及其在建项目安全大检查，审议通过《安全生产“十二五”规划》，听取“7·23”甬温线铁路交通等特别重大事故调查情况汇报。张德江副总理年初主持召开国务院安委会和全国安全生产电视电话会，就统筹安排“十二五”时期安全生产工作和扎实做好 2011 年工作作出了全面部署；下半年又两次主持召开国务院安委会全体会议，分析工作进展情况，研究解决突出矛盾问题，部署有关重点工作。各地区、各部门和各单位认真贯彻落实党中央、国务院关于安全生产工作的决策部署和重要指示精神，以预防为主、加强监管、落实责任为重点，继续深入开展“安全生产年”活动。所有这些，都有力地推动了安全生产工作。

**一、2011 年安全生产工作取得了积极进展和明显成效**

在党中央、国务院的高度重视和正确领导下，经过各部门、各地区和各单位共同努力，2011 年全国安全生产继续保持了总体稳定、持续好转的发展态势，总体上实现了“十二五”时期安全生产工作的良好开局。

（一）事故总量和死亡人数持续下降

据国家安全监管总局调度统计，2011 年全国发生各类事故 347728 起、死亡 75572 人，同比减少 15655 起、3980 人，分别下降 4.3% 和 5%。工矿商贸领域事故死亡人数首次降到 1 万人以下，其中煤矿事故死亡人数首次降到 2000 人以下。

（二）防范遏制重特大事故取得明显成效

全国一次死亡 3～9 人的较大事故同比减少 98 起、403 人，分别下降 5.7% 和 5.9%。一次死亡 10 人以上的重特大事故同比减少 13 起、325 人，分别下降 15.3% 和 22.6%；其中一次死亡 30 人以上的特别重大事故同比减少 7 起、251 人，分别下降 63.6% 和 61.2%。通过有效防范和全力救援，全国没有发生一次死亡 50 人以上的事故。

（三）反映安全发展水平的各项主要指标进一步趋好

反映安全生产整体水平的四项相对指标同比降

幅均在10%以上，其中亿元GDP生产安全事故死亡率由0.201降到0.173，降幅13.9%；工矿商贸十万就业人员生产安全事故死亡率由2.13降到1.88，降幅11.7%；道路交通万车死亡率由3.2降到2.8，降幅12.5%；煤矿百万吨死亡率由0.749降到0.564，降幅24.7%。

（四）重点行业领域安全生产状况普遍改善

工矿商贸事故起数和死亡人数同比分别下降7.3%和8.6%，其中煤矿分别下降14.4%和18.9%，金属与非金属矿山分别下降13.7%和16.6%，危险化学品事故死亡人数下降5.2%，烟花爆竹分别下降12.9%和22.6%，建筑施工分别下降4.5%和4.9%，冶金机械建材等工商贸其他分别下降4.8%和1.3%。道路交通分别下降4%和4.4%，水上交通分别下降10%和11.6%，铁路交通分别下降5.7%和4.2%，消防火灾分别下降5.4%和8.2%。农业机械事故死亡人数下降20.1%，渔业船舶事故死亡人数下降10.7%。民航没有发生运输飞行事故。

（五）大部分地区安全生产形势比较稳定

全国32个省级统计单位中，有24个单位事故起数和死亡人数双下降，21个单位重特大事故起数下降或持平，其中内蒙古、安徽、青海、新疆生产建设兵团4个单位没有发生重特大事故，北京、天津、河北、上海、浙江、福建、江西、湖北、广东、海南、西藏、宁夏12个单位的工矿商贸领域没有发生重特大事故。

（六）安全生产控制指标实施情况良好

年度指标实施进度低于控制目标4个百分点。工矿商贸领域的煤矿、金属与非金属矿山、危险化学品、烟花爆竹、建筑施工，以及生产经营性道路交通和水上交通、消防火灾、铁路交通、农业机械、渔业船舶等行业领域事故死亡人数，均在控制目标以内。全国32个省级统计单位事故死亡人数均在控制考核指标之内。

## 二、2011年安全生产主要工作

一年来，各地区、各部门和各单位认真贯彻落实党中央国务院关于加强安全生产工作的决策部署，按照“三深化、三推进”的总体要求，突出抓了以下8个方面的工作。

（一）加强组织领导，加大宣传教育力度

各地区、各部门和各单位认真贯彻《中共中央国务院关于加强和创新社会管理的意见》，把安全生产纳入社会管理总体布局，在安排部署经济建设、社会建设等工作时，同时对安全生产工作作出部署。北京市委市政府联合制定下发了关于进一步加强首都安全生产工作的实施意见。重庆市建立了党政领导班子安全生产工作联席会议制并深入推进安全保障型城市创建活动。河南省颁布了“安全河南”创建纲要。江苏省积极开展安全监控体系和安全生产责任网、监督网和保障网“三网”建设。广东、山东、山西、四川等省严格实行安全生产一岗双责和重特大事故一票否决。第10个“安全生产月”活动期间，各地以“安全责任、重在落实”为主题，开展了形式多样的宣传教育活动。在各地党委政府的重视和推动下，安全社区、安全文化示范企业、安全诚信企业创建工作取得新进展，目前全国已有1280个街道和乡镇启动了安全社区建设工程，229个单位被命名为全国安全社区，85家企业被命名为安全文化示范企业。

（二）深化企业主体责任落实，切实加强安全生产管理和监督

各地区、各部门深入贯彻《国务院关于进一步加强企业安全生产工作的通知》（国发〔2010〕23号，简称《通知》）精神。交通、建设、工信、铁道、水利、农业、电力、民航等国家主管部门结合行业特点，就加强安全管理和监督作出了具体规定。上海市建立健全了国有企业领导安全生产履职考核制度。安徽省将企业负责人绩效考核中的安全生产权重提高到50%。吉林、江西、陕西等省建立健全了企业安全生产警示约谈、黄牌警告等制度。河北省坚持企业安全生产承诺制度。新疆维吾尔自治区探索建立安监、工商、信贷、保险等相关部门参加的企业安全诚信约束联动机制。各地认真贯彻落实国家安全监管总局和国资委《关于进一步加强中央企业安全生产分级属地监管的意见》，切实加强对中央企业、省属企业在地方所属单位安全生产的监督管理。国务院安委会和安委办先后组织开展了5次全国范围的检查督查，向事故多发、问题突出的地区和企业发出了210份安全隐患整改通知函和78份警示通报。国家安全监管总局继续实施安全生产情况日报告、周调度、月通报、季发布、年考核制度，加强调度运行调节，先后约谈了13个地方政府和7个大型企业负责人，共同研究

加强和改进安全防范的措施。各类企业尤其中央企业的安全生产主体意识进一步增强，安全生产总体水平有新的提高。

（三）深化依法监管，严厉打击非法违法行为，严肃事故调查处理和责任追究

国务院安委会部署在全国范围内集中开展了打击非法违法生产经营建设行为专项行动。各地区和有关部门明确了本地区，本行业领域依法打击的重点。贵州省将区域内非法违法行为细化为 90 小项，分别明确了 97 项依法惩处的办法措施。湖南省针对烟花爆竹生产转包分包等典型非法违法行为组织开展专项执法。黑龙江省把煤矿安全执法向依法惩治习惯性违法违章行为拓展延伸。内蒙古、云南、甘肃等省（区）进一步健全完善了联合执法机制，依法加大打击力度。全国查处各类非法违法行为共计 455.97 万起，其中无证或证照不全从事生产经营和建设 48.43 万起。因非法违法所造成的重特大事故比例由上年的 72%，下降到 61%。

健全完善、认真执行事故查处督办制度。国务院安委会和地方各级安委会层层挂牌督办，依法严格事故查处，并及时予以公告，接受社会监督。国务院安委办在做好重大事故查处挂牌督办的同时，针对存在的突出问题，制定了对非法违法较大事故、瞒报谎报事故查处实行跟踪督办的办法。该项制度建立以来共督办非法违法较大事故 35 起。国家安全监管总局共接到事故举报 4444 件，其中核查证实的占 42.9%，并对谎报瞒报事故的相关责任人依法予以了严惩。北京、吉林、湖北、湖南、江苏、山东等省市对国务院安委会挂牌督办的查处事项严肃认真负责，及时沟通反馈并发布公告。国务院事故调查组 2011 年查处了 13 起特别重大事故（包括 2010 年发生的 9 起和 2011 年发生的 4 起），目前已办理结案 9 起，共有 107 名涉嫌犯罪人员被移送司法机关追究刑事责任，217 名责任人受到党纪政纪处分，其中受到撤销职务以上处分的 70 人。严格按照“科学严谨、依法依规、实事求是、注重实效”的原则，扎实深入开展了“7·23”甬温线特别重大铁路交通事故的调查处理并全文公布了事故调查报告。2011 年全国事故查处结案率 94.1%，累计追究处理 4799 人，其中移送司法机关追究刑事责任 808 人，给予党纪政纪处分 3991 人。

（四）深化重点行业领域安全专项整治，认真排查治理隐患

各地区、各重点煤炭企业认真贯彻张德江副总理在全国煤矿瓦斯防治电视电话会和现场会上的重要讲话精神，按照国务院办公厅转发的《关于进一步加强煤矿瓦斯防治工作若干意见》，全面落实瓦斯抽采利用各项政策措施。2011 年全国煤矿瓦斯抽采量同比提高 22.7%，利用量同比提高 32.5%，煤矿瓦斯事故起数和死亡人数分别下降 17.9% 和 14.7%。煤矿特别重大事故发生周期年内延长至 390 天，创出 1988 年以来最好记录。深入开展非煤矿山安全专项整治，查处无证勘探开采等非法违法行为 6200 多起，关闭取缔非法和不具备安全生产条件的矿点 6500 多处。各地运用中央预算内投资和中央财政专项资金，加大尾矿库隐患综合治理力度。对安全防护距离不够的 1057 户化工企业进行了搬迁，基本完成了危险工艺自动化控制改造。全国烟花爆竹生产企业由约 7000 户减少到 5000 户，礼花弹生产企业由 300 户减少到 95 户，现存企业全部完成了改造提升。开展了冶金煤气、有限空间作业和工业粉尘等专项整治。联合组织开展了职业病防治督查和专项整治。各级安监机构积极会同相关部门，深入开展道路交通、水上交通、建筑施工、农机、渔船、消防等行业领域，以及针对城市轨道交通、电梯和承压设备、校舍校车、京沪高铁沿线等方面安全隐患的专项整治。

按照国务院第 165 次常务会议和国务院安委会的要求，从 7 月下旬开始，部署在以铁路、公路、桥梁为重点的交通运输领域，以煤矿为重点的矿山领域，以危险化学品为重点的工业领域，以在建住房项目为重点的建筑领域，全面组织开展了安全隐患排查治理攻坚战。天津等省（区市）对排查的隐患进行清理分类，严格执行重大隐患治理挂牌督办和整改效果评价制度。广西壮族自治区制定出台了隐患排查治理条例等地方法规。国家安全监管总局及时召开现场会，总结推广了北京顺义等地建立隐患排查治理体系、推动隐患排查治理规范化信息化的经验做法。2011 年国家安全监管总局共接到群众举报安全隐患 13835 件，其中核查证实 7779 件，查实率 58.9%。全国工矿、交通运输行业领域共排查出安全隐患 881.28 万项，其中重大隐患 16630 项，已整改销号 14951 项，整改率 89.9%；

已列入治理计划的1601项，落实治理资金约55.98亿元。

（五）大力推进安全生产科技进步，不断提高应急救援能力

组织开展了第五届安全生产科技成果奖评审，评选出一批安全生产优秀科研成果、先进适用技术和装备。大力推广应用矿山井下救生舱等安全避险设施，目前全国已建成429处“六大系统”示范矿井。浙江省采取资金扶持政策，鼓励化工企业自动化改造、尾矿库在线等监控技术推广。大力推进交通运输动态监管系统建设，国家投入2055万元，带动地方投入67亿元，目前全国“两客一危”车辆卫星定位装置安装率达到90%；将水上交通动态监管试点范围扩大到沿海15省（区市），海洋运输船舶和60马力以上机动渔船防撞自动识别系统安装率分别达到60%和40%。加快安全生产“金安”信息化工程建设，启动了安全生产远程监管监察和事故处置系统建设试点工作。

安全生产应急管理体系进一步健全。列入统计的所有中央企业（54户）和占87%的市（290个）建立了应急管理机构。中央预算内基本建设投资14亿元，7个国家矿山应急救援队和基地建设工作全面启动，14个区域基地建设取得积极进展。在中央国有资本经营预算内设立了安全生产保障能力建设专项资金，2011年安排9.55亿元，用于14家中央企业所属15家应急救援队伍、11个培训演练基地建设。成功举办了第五届国际矿山救援大会暨第三届中国国际安全生产应急管理论坛及展览会。2011年全国矿山、危化、消防、水上等应急救援队伍共参与事故救援41万余起，抢救遇险被困人员近12万人（119635人）。通过及时救援有效遏制重特大事故近10起。

（六）大力推进企业安全生产标准化建设，务实安全生产基础

国务院安委会下发了《关于深入开展企业安全生产标准化建设的指导意见》，分行业制定了实施方案。2011年国家安全监管总局制定颁布了153项安全生产和煤炭行业安全标准、40项安全达标评定标准，进一步建立健全了安全生产标准规范体系。国家安全监管总局会同中华全国总工会、团中央联合部署开展群众性岗位达标活动，组织开展了班组安全建设工作；总结推广了有关地区、企业的先进经验和有效做法；举办了38期安全生产标准化专题培训班，培养了一批企业标准化建设的骨干力量。福建省自我加压，将企业达标时限提前了一年。辽宁等省市将达标创建活动与行政许可等挂钩。各中央企业充分发挥技术、人才和基础建设方面的优势，率先做好达标创建工作。

全年全国各类培训机构累计培训高危行业“三项岗位”人员561.6万人次，班组长178万人次，农民工1322.2万人次，进一步夯实了企业安全生产基础。印发了《安全生产人才中长期发展规划（2011—2020）》，“安全科学与工程”学科已列为工学门类一级学科。落实对口单招政策，2011年煤矿主体专业招生人数同比增加45%。加强安全生产职业资格工作，全国取得注册安全工程师执业资格人数达16.9万人，取得安全评价师执业资格人数达1.77万人。

（七）大力推进长效机制建设，做好安全规划、法制和政策等方面的工作

国务院审议通过并发布实施了《安全生产“十二五”规划》，明确了“十二五”时期安全生产工作的奋斗目标、主要任务、重点工程和保障措施。国家安全监管总局就“十二五”时期的煤矿等重点行业领域安全生产、安全文化建设、安全教育培训、安全科技、应急管理、尾矿库治理、中央企业安全保障能力、监管监察能力建设等，制定和编制了12部专项规划。各地重视抓好区域安全生产规划工作，有20个区域规划被列为省级重点专项规划。各部门和各中央企业也都在行业企业发展规划中设置了安全生产专篇专章。《安全生产法》的修订工作取得积极进展，修订后的《危险化学品安全管理条例》、《职业病防治法》已经发布施行。国家安全监管总局制定出台了《危险化学品重大危险源监督管理暂行规定》等34个部门规章和规范性文件。在相关部门大力支持下，煤矿安全技术改造和瓦斯治理示范矿井建设、煤层气抽采利用、购置安全生产专用设备所得税优惠、安全风险抵押和责任保险制度、安全生产事故社会应急救援补偿等经济政策进一步落实和完善，中央财政对煤矿整顿关闭、安全改造和瓦斯治理、中央企业安全保障能力建设等继续给予资金扶持。

（八）大力推进安监队伍建设，深化创先争优活动

通过创建学习型党组织和“五型机关”，开展纪念建党90周年系列活动，以及评选表彰先进、组织先进事迹报告团巡回演讲等，把以“争做安全发展忠诚卫士，创建为民务实清廉安监机构”为主题的创先争优活动推向深入。人力资源社会保障部与国家安全监管总局部署开展了全国安全生产监管监察系统先进集体和先进工作者评选活动。开展多层次、多形式的监管监察业务培训，运用视频系统对县级安监局长进行了集中培训。建立了安全生产工作创新奖评选制度，在各地、各单位上报的120多个项目中，有30项成果获得首届安全生产理论和实践应用创新奖。加强预防和惩治腐败体系建设，坚持反腐倡廉“警示教育周”制度，在煤矿安全监管监察领域开展了“深化执政为民教育、规范安全执法行为、整治突出问题”活动，促进了严格执法、公正执法、科学执法和廉洁执法。

**三、存在的主要问题和差距**

2011年安全生产工作虽然取得了积极进展和明显成效，但与党中央、国务院的要求和人民群众的期望相比还存在较大差距。事故总量仍然较大，重特大事故时有发生，安全生产形势依然严峻。尤其是相继发生了4起特别重大事故和68起重大事故，造成人民生命财产的重大损失和严重的社会影响。全国32个统计单位中有6个单位事故总量同比有所上升，11个单位重特大事故起数同比上升。全年工作起伏波动较大。一、二季度相对稳定，三季度交通运输重特大事故多发，进入四季度后工矿商贸、交通运输、消防火灾、校车等事故集中反弹。10月发生重特大事故14起，为2008年以来重特大事故发生最多的月份。张德江副总理在全国安全生产电视电话会议上的重要讲话，深刻分析了原因，指出主要是安全发展理念尚未牢固树立，没有做到发展以安全为前提和基础；非法违法行为屡禁不止，一些地方和单位“打非”态度不坚决，措施不得力；安全管理和监督存在漏洞；隐患治理整顿和应急处置不力；职业危害防治相对薄弱。张德江副总理的分析符合实际，切中要害，一定要引起我们的高度重视并在下一步工作中切实加以解决。

# 第二部分

# 安全生产法律、行政法规和国务院重要文件

## 中华人民共和国主席令

第四十五号

《全国人民代表大会常务委员会关于修改〈中华人民共和国煤炭法〉的决定》已由中华人民共和国第十一届全国人民代表大会常务委员会第二十次会议于2011年4月22日通过，现予公布，自2011年7月1日起施行。

中华人民共和国主席　胡锦涛

2011年4月22日

## 中华人民共和国煤炭法

（1996年8月29日第八届全国人民代表大会常务委员会第二十一次会议通过　根据2009年8月27日第十一届全国人民代表大会常务委员会第十次会议《关于修改部分法律的决定》第一次修正　根据2011年4月22日第十一届全国人民代表大会常务委员会第二十次会议《关于修改〈中华人民共和国煤炭法〉的决定》第二次修正）

### 目　　录



### 第一章　总　　则

**第一条**　为了合理开发利用和保护煤炭资源，规范煤炭生产、经营活动，促进和保障煤炭行业的发展，制定本法。

**第二条**　在中华人民共和国领域和中华人民共和国管辖的其他海域从事煤炭生产、经营活动，适用本法。

**第三条** 煤炭资源属于国家所有。地表或者地下的煤炭资源的国家所有权，不因其依附的土地的所有权或者使用权的不同而改变。

**第四条** 国家对煤炭开发实行统一规划、合理布局、综合利用的方针。

**第五条** 国家依法保护煤炭资源，禁止任何乱采、滥挖破坏煤炭资源的行为。

**第六条** 国家保护依法投资开发煤炭资源的投资者的合法权益。

国家保障国有煤矿的健康发展。

国家对乡镇煤矿采取扶持、改造、整顿、联合、提高的方针，实行正规合理开发和有序发展。

**第七条** 煤矿企业必须坚持安全第一、预防为主的安全生产方针，建立健全安全生产的责任制度和群防群治制度。

**第八条** 各级人民政府及其有关部门和煤矿企业必须采取措施加强劳动保护，保障煤矿职工的安全和健康。

国家对煤矿井下作业的职工采取特殊保护措施。

**第九条** 国家鼓励和支持在开发利用煤炭资源过程中采用先进的科学技术和管理方法。

煤矿企业应当加强和改善经营管理，提高劳动生产率和经济效益。

**第十条** 国家维护煤矿矿区的生产秩序、工作秩序，保护煤矿企业设施。

**第十一条** 开发利用煤炭资源，应当遵守有关环境保护的法律、法规，防治污染和其他公害，保护生态环境。

**第十二条** 国务院煤炭管理部门依法负责全国煤炭行业的监督管理。国务院有关部门在各自的职责范围内负责煤炭行业的监督管理。

县级以上地方人民政府煤炭管理部门和有关部门依法负责本行政区域内煤炭行业的监督管理。

**第十三条** 煤炭矿务局是国有煤矿企业，具有独立法人资格。

矿务局和其他具有独立法人资格的煤矿企业、煤炭经营企业依法实行自主经营、自负盈亏、自我约束、自我发展。

## 第二章 煤炭生产开发规划与煤矿建设

**第十四条** 国务院煤炭管理部门根据全国矿产资源勘查规划编制全国煤炭资源勘查规划。

**第十五条** 国务院煤炭管理部门根据全国矿产资源规划规定的煤炭资源，组织编制和实施煤炭生产开发规划。

省、自治区、直辖市人民政府煤炭管理部门根据全国矿产资源规划规定的煤炭资源，组织编制和实施本地区煤炭生产开发规划，并报国务院煤炭管理部门备案。

**第十六条** 煤炭生产开发规划应当根据国民经济和社会发展的需要制定，并纳入国民经济和社会发展计划。

**第十七条** 国家制定优惠政策，支持煤炭工业发展，促进煤矿建设。

煤矿建设项目应当符合煤炭生产开发规划和煤炭产业政策。

**第十八条** 开办煤矿企业，应当具备下列条件：

（一）有煤矿建设项目可行性研究报告或者开采方案；

（二）有计划开采的矿区范围、开采范围和资源综合利用方案；

（三）有开采所需的地质、测量、水文资料和其他资料；

（四）有符合煤矿安全生产和环境保护要求的矿山设计；

（五）有合理的煤矿矿井生产规模和与其相适应的资金、设备和技术人员；

（六）法律、行政法规规定的其他条件。

**第十九条** 开办煤矿企业，必须依法向煤炭管理部门提出申请；依照本法规定的条件和国务院规定的分级管理的权限审查批准。

审查批准煤矿企业，须由地质矿产主管部门对其开采范围和资源综合利用方案进行复核并签署意见。

经批准开办的煤矿企业，凭批准文件由地质矿产主管部门颁发采矿许可证。

**第二十条** 煤矿建设使用土地，应当依照有关法律、行政法规的规定办理。征收土地的，应当依法支付土地补偿费和安置补偿费，做好迁移居民的安置工作。

煤矿建设应当贯彻保护耕地、合理利用土地的原则。

地方人民政府对煤矿建设依法使用土地和迁移居民，应当给予支持和协助。

**第二十一条** 煤矿建设应当坚持煤炭开发与环境治理同步进行。煤矿建设项目的环境保护设施必须与主体工程同时设计、同时施工、同时验收、同时投入使用。

## 第三章 煤炭生产与煤矿安全

**第二十二条** 煤矿投入生产前，煤矿企业应当依照本法规定向煤炭管理部门申请领取煤炭生产许可证，由煤炭管理部门对其实际生产条件和安全条件进行审查，符合本法规定条件的，发给煤炭生产许可证。

未取得煤炭生产许可证的，不得从事煤炭生产。

**第二十三条** 取得煤炭生产许可证，应当具备下列条件：

（一）有依法取得的采矿许可证；

（二）矿井生产系统符合国家规定的煤矿安全规程；

（三）矿长经依法培训合格，取得矿长资格证书；

（四）特种作业人员经依法培训合格，取得操作资格证书；

（五）井上、井下、矿内、矿外调度通讯畅通；

（六）有实测的井上、井下工程对照图、采掘工程平面图、通风系统图；

（七）有竣工验收合格的保障煤矿生产安全的设施和环境保护设施；

（八）法律、行政法规规定的其他条件。

**第二十四条** 国务院煤炭管理部门负责下列煤矿企业的煤炭生产许可证的颁发管理工作：

（一）国务院和依法应当由国务院煤炭管理部门审查批准开办的煤矿企业；

（二）跨省、自治区、直辖市行政区域的煤矿企业。

省、自治区、直辖市人民政府煤炭管理部门负责前款规定以外的其他煤矿企业的煤炭生产许可证的颁发管理工作。

省、自治区、直辖市人民政府煤炭管理部门可以授权设区的市、自治州人民政府煤炭管理部门负责煤炭生产许可证的颁发管理工作。

**第二十五条** 煤炭生产许可证的颁发管理机关，负责对煤炭生产许可证的监督管理。

依法取得煤炭生产许可证的煤矿企业不得将其煤炭生产许可证转让或者出租给他人。

**第二十六条** 在同一开采范围内不得重复颁发煤炭生产许可证。

煤炭生产许可证的有效期限届满或者经批准开采范围内的煤炭资源已经枯竭的，其煤炭生产许可证由发证机关予以注销并公告。

煤矿企业的生产条件和安全条件发生变化，经核查不符合本法规定条件的，其煤炭生产许可证由发证机关予以吊销并公告。

**第二十七条** 煤炭生产许可证管理办法，由国务院依照本法制定。

省、自治区、直辖市人民代表大会常务委员会可以根据本法和国务院的规定制定本地区煤炭生产许可证管理办法。

**第二十八条** 对国民经济具有重要价值的特殊煤种或者稀缺煤种，国家实行保护性开采。

**第二十九条** 开采煤炭资源必须符合煤矿开采规程，遵守合理的开采顺序，达到规定的煤炭资源回采率。

煤炭资源回采率由国务院煤炭管理部门根据不同的资源和开采条件确定。

国家鼓励煤矿企业进行复采或者开采边角残煤和极薄煤。

**第三十条** 煤矿企业应当加强煤炭产品质量的监督检查和管理。煤炭产品质量应当按照国家标准或者行业标准分等论级。

**第三十一条** 煤炭生产应当依法在批准的开采范围内进行，不得超越批准的开采范围越界、越层开采。

采矿作业不得擅自开采保安煤柱，不得采用可能危及相邻煤矿生产安全的决水、爆破、贯通巷道等危险方法。

**第三十二条** 因开采煤炭压占土地或者造成地表土地塌陷、挖损，由采矿者负责进行复垦，恢复到可供利用的状态；造成他人损失的，应当依法给予补偿。

**第三十三条** 关闭煤矿和报废矿井，应当依照有关法律、法规和国务院煤炭管理部门的规定办理。

**第三十四条** 国家建立煤矿企业积累煤矿衰老期转产资金的制度。

国家鼓励和扶持煤矿企业发展多种经营。

**第三十五条** 国家提倡和支持煤矿企业和其他企业发展煤电联产、炼焦、煤化工、煤建材等，进行煤炭的深加工和精加工。

国家鼓励煤矿企业发展煤炭洗选加工，综合开发利用煤层气、煤矸石、煤泥、石煤和泥炭。

**第三十六条** 国家发展和推广洁净煤技术。

国家采取措施取缔土法炼焦。禁止新建土法炼焦窑炉；现有的土法炼焦限期改造。

**第三十七条** 县级以上各级人民政府及其煤炭管理部门和其他有关部门，应当加强对煤矿安全生产工作的监督管理。

**第三十八条** 煤矿企业的安全生产管理，实行矿务局长、矿长负责制。

**第三十九条** 矿务局长、矿长及煤矿企业的其他主要负责人必须遵守有关矿山安全的法律、法规和煤炭行业安全规章、规程，加强对煤矿安全生产工作的管理，执行安全生产责任制度，采取有效措施，防止伤亡和其他安全生产事故的发生。

**第四十条** 煤矿企业应当对职工进行安全生产教育、培训；未经安全生产教育、培训的，不得上岗作业。

煤矿企业职工必须遵守有关安全生产的法律、法规、煤炭行业规章、规程和企业规章制度。

**第四十一条** 在煤矿井下作业中，出现危及职工生命安全并无法排除的紧急情况时，作业现场负责人或者安全管理人员应当立即组织职工撤离危险现场，并及时报告有关方面负责人。

**第四十二条** 煤矿企业工会发现企业行政方面违章指挥、强令职工冒险作业或者生产过程中发现明显重大事故隐患，可能危及职工生命安全的情况，有权提出解决问题的建议，煤矿企业行政方面必须及时作出处理决定。企业行政方面拒不处理的，工会有权提出批评、检举和控告。

**第四十三条** 煤矿企业必须为职工提供保障安全生产所需的劳动保护用品。

**第四十四条** 煤矿企业应当依法为职工参加工伤保险缴纳工伤保险费。鼓励企业为井下作业职工办理意外伤害保险，支付保险费。

**第四十五条** 煤矿企业使用的设备、器材、火工产品和安全仪器，必须符合国家标准或者行业标准。

## 第四章 煤炭经营

**第四十六条** 依法取得煤炭生产许可证的煤矿企业，有权销售本企业生产的煤炭。

**第四十七条** 设立煤炭经营企业，应当具备下列条件：

（一）有与其经营规模相适应的注册资金；

（二）有固定的经营场所；

（三）有必要的设施和储存煤炭的场地；

（四）有符合标准的计量和质量检验设备；

（五）符合国家对煤炭经营企业合理布局的要求；

（六）法律、行政法规规定的其他条件。

**第四十八条** 设立煤炭经营企业，须向国务院指定的部门或者省、自治区、直辖市人民政府指定的部门提出申请；由国务院指定的部门或者省、自治区、直辖市人民政府指定的部门依照本法第四十七条规定的条件和国务院规定的分级管理的权限进行资格审查；符合条件的，予以批准。申请人凭批准文件向工商行政管理部门申请领取营业执照后，方可从事煤炭经营。

**第四十九条** 煤炭经营企业从事煤炭经营，应当遵守有关法律、法规的规定，改善服务，保障供应。禁止一切非法经营活动。

**第五十条** 煤炭经营应当减少中间环节和取消不合理的中间环节，提倡有条件的煤矿企业直销。

煤炭用户和煤炭销区的煤炭经营企业有权直接从煤矿企业购进煤炭。在煤炭产区可以组成煤炭销售、运输服务机构，为中小煤矿办理经销、运输业务。

禁止行政机关违反国家规定擅自设立煤炭供应的中间环节和额外加收费用。

**第五十一条**　从事煤炭运输的车站、港口及其他运输企业不得利用其掌握的运力作为参与煤炭经营、谋取不正当利益的手段。

**第五十二条**　国务院物价行政主管部门会同国务院煤炭管理部门和有关部门对煤炭的销售价格进行监督管理。

**第五十三条**　煤矿企业和煤炭经营企业供应用户的煤炭质量应当符合国家标准或者行业标准，质级相符，质价相符。用户对煤炭质量有特殊要求的，由供需双方在煤炭购销合同中约定。

煤矿企业和煤炭经营企业不得在煤炭中掺杂、掺假，以次充好。

**第五十四条**　煤矿企业和煤炭经营企业供应用户的煤炭质量不符合国家标准或者行业标准，或者不符合合同约定，或者质级不符、质价不符，给用户造成损失的，应当依法给予赔偿。

**第五十五条**　煤矿企业、煤炭经营企业、运输企业和煤炭用户应当依照法律、国务院有关规定或者合同约定供应、运输和接卸煤炭。

运输企业应当将承运的不同质量的煤炭分装、分堆。

**第五十六条**　煤炭的进出口依照国务院的规定，实行统一管理。

具备条件的大型煤矿企业经国务院对外经济贸易主管部门依法许可，有权从事煤炭出口经营。

**第五十七条**　煤炭经营管理办法，由国务院依照本法制定。

## 第五章　煤矿矿区保护

**第五十八条**　任何单位或者个人不得危害煤矿矿区的电力、通讯、水源、交通及其他生产设施。

禁止任何单位和个人扰乱煤矿矿区的生产秩序和工作秩序。

**第五十九条**　对盗窃或者破坏煤矿矿区设施、器材及其他危及煤矿矿区安全的行为，一切单位和个人都有权检举、控告。

**第六十条**　未经煤矿企业同意，任何单位或者个人不得在煤矿企业依法取得土地使用权的有效期间内在该土地上种植、养殖、取土或者修建建筑物、构筑物。

**第六十一条**　未经煤矿企业同意，任何单位或者个人不得占用煤矿企业的铁路专用线、专用道路、专用航道、专用码头、电力专用线、专用供水管路。

**第六十二条**　任何单位或者个人需要在煤矿采区范围内进行可能危及煤矿安全的作业时，应当经煤矿企业同意，报煤炭管理部门批准，并采取安全措施后，方可进行作业。

在煤矿矿区范围内需要建设公用工程或者其他工程的，有关单位应当事先与煤矿企业协商并达成协议后，方可施工。

## 第六章　监督检查

**第六十三条**　煤炭管理部门和有关部门依法对煤矿企业和煤炭经营企业执行煤炭法律、法规的情况进行监督检查。

**第六十四条**　煤炭管理部门和有关部门的监督检查人员应当熟悉煤炭法律、法规，掌握有关煤炭专业技术，公正廉洁，秉公执法。

**第六十五条**　煤炭管理部门和有关部门的监督检查人员进行监督检查时，有权向煤矿企业、煤炭经营企业或者用户了解有关执行煤炭法律、法规的情况，查阅有关资料，并有权进入现场进行检查。

煤矿企业、煤炭经营企业和用户对依法执行监督检查任务的煤炭管理部门和有关部门的监督检查人员应当提供方便。

**第六十六条**　煤炭管理部门和有关部门的监督检查人员对煤矿企业和煤炭经营企业违反煤炭法律、法规的行为，有权要求其依法改正。

煤炭管理部门和有关部门的监督检查人员进行监督检查时，应当出示证件。

## 第七章　法律责任

**第六十七条**　违反本法第二十二条的规定，未取得煤炭生产许可证，擅自从事煤炭生产的，由煤炭管理部门责令停止生产，没收违法所得，可以并处违法所得一倍以上五倍以下的罚款；拒不停止生产的，由县级以上地方人民政府强制停产。

**第六十八条**　违反本法第二十五条的规定，转让或者出租煤炭生产许可证的，由煤炭管理部门吊销煤炭生产许可证，没收违法所得，并处违法所得一倍以上五倍以下的罚款。

**第六十九条** 违反本法第二十九条的规定，开采煤炭资源未达到国务院煤炭管理部门规定的煤炭资源回采率的，由煤炭管理部门责令限期改正；逾期仍达不到规定的回采率的，吊销其煤炭生产许可证。

**第七十条** 违反本法第三十一条的规定，擅自开采保安煤柱或者采用危及相邻煤矿生产安全的危险方法进行采矿作业的，由劳动行政主管部门会同煤炭管理部门责令停止作业；由煤炭管理部门没收违法所得，并处违法所得一倍以上五倍以下的罚款，吊销其煤炭生产许可证；构成犯罪的，由司法机关依法追究刑事责任；造成损失的，依法承担赔偿责任。

**第七十一条** 违反本法第四十八条的规定，未经审查批准，擅自从事煤炭经营活动的，由负责审批的部门责令停止经营，没收违法所得，可以并处违法所得一倍以上五倍以下的罚款。

**第七十二条** 违反本法第五十三条的规定，在煤炭产品中掺杂、掺假，以次充好的，责令停止销售，没收违法所得，并处违法所得一倍以上五倍以下的罚款，可以依法吊销煤炭生产许可证或者取消煤炭经营资格；构成犯罪的，由司法机关依法追究刑事责任。

**第七十三条** 违反本法第六十条的规定，未经煤矿企业同意，在煤矿企业依法取得土地使用权的有效期间内在该土地上修建建筑物、构筑物的，由当地人民政府动员拆除；拒不拆除的，责令拆除。

**第七十四条** 违反本法第六十一条的规定，未经煤矿企业同意，占用煤矿企业的铁路专用线、专用道路、专用航道、专用码头、电力专用线、专用供水管路的，由县级以上地方人民政府责令限期改正；逾期不改正的，强制清除，可以并处五万元以下的罚款；造成损失的，依法承担赔偿责任。

**第七十五条** 违反本法第六十二条的规定，未经批准或者未采取安全措施，在煤矿采区范围内进行危及煤矿安全作业的，由煤炭管理部门责令停止作业，可以并处五万元以下的罚款；造成损失的，依法承担赔偿责任。

**第七十六条** 有下列行为之一的，由公安机关依照治安管理处罚法的有关规定处罚；构成犯罪的，由司法机关依法追究刑事责任：

（一）阻碍煤矿建设，致使煤矿建设不能正常进行的；

（二）故意损坏煤矿矿区的电力、通讯、水源、交通及其他生产设施的；

（三）扰乱煤矿矿区秩序，致使生产、工作不能正常进行的；

（四）拒绝、阻碍监督检查人员依法执行职务的。

**第七十七条** 对不符合本法规定条件的煤矿企业颁发煤炭生产许可证或者对不符合本法规定条件设立煤炭经营企业予以批准的，由其上级主管机关或者监察机关责令改正，并给予直接负责的主管人员和其他直接责任人员行政处分；构成犯罪的，由司法机关依法追究刑事责任。

**第七十八条** 煤矿企业的管理人员违章指挥、强令职工冒险作业，发生重大伤亡事故的，依照刑法有关规定追究刑事责任。

**第七十九条** 煤矿企业的管理人员对煤矿事故隐患不采取措施予以消除，发生重大伤亡事故的，依照刑法有关规定追究刑事责任。

**第八十条** 煤炭管理部门和有关部门的工作人员玩忽职守、徇私舞弊、滥用职权的，依法给予行政处分；构成犯罪的，由司法机关依法追究刑事责任。

## 第八章　附　　则

**第八十一条** 本法自 1996 年 12 月 1 日起施行。

## 中华人民共和国主席令

第四十六号

《全国人民代表大会常务委员会关于修改〈中华人民共和国建筑法〉的决定》已由中华人民共和国第十一届全国人民代表大会常务委员会第二十次会议于2011年4月22日通过，现予公布，自2011年7月1日起施行。

中华人民共和国主席　胡锦涛

2011年4月22日

# 中华人民共和国建筑法

（1997年11月1日第八届全国人民代表大会常务委员会第二十八次会议通过　根据2011年4月22日第十一届全国人民代表大会常务委员会第二十次会议《关于修改〈中华人民共和国建筑法〉的决定》修正）

## 目　录



## 第一章　总　则

**第一条**　为了加强对建筑活动的监督管理，维护建筑市场秩序，保证建筑工程的质量和安全，促进建筑业健康发展，制定本法。

**第二条**　在中华人民共和国境内从事建筑活动，实施对建筑活动的监督管理，应当遵守本法。

本法所称建筑活动，是指各类房屋建筑及其附属设施的建造和与其配套的线路、管道、设备的安装活动。

**第三条**　建筑活动应当确保建筑工程质量和安全，符合国家的建筑工程安全标准。

**第四条**　国家扶持建筑业的发展，支持建筑科学技术研究，提高房屋建筑设计水平，鼓励节约能源和保护环境，提倡采用先进技术、先进设备、先进工艺、新型建筑材料和现代管理方式。

**第五条**　从事建筑活动应当遵守法律、法规，不得损害社会公共利益和他人的合法权益。

任何单位和个人都不得妨碍和阻挠依法进行的建筑活动。

**第六条** 国务院建设行政主管部门对全国的建筑活动实施统一监督管理。

## 第二章 建筑许可

### 第一节 建筑工程施工许可

**第七条** 建筑工程开工前，建设单位应当按照国家有关规定向工程所在地县级以上人民政府建设行政主管部门申请领取施工许可证；但是，国务院建设行政主管部门确定的限额以下的小型工程除外。

按照国务院规定的权限和程序批准开工报告的建筑工程，不再领取施工许可证。

**第八条** 申请领取施工许可证，应当具备下列条件：

（一）已经办理该建筑工程用地批准手续；

（二）在城市规划区的建筑工程，已经取得规划许可证；

（三）需要拆迁的，其拆迁进度符合施工要求；

（四）已经确定建筑施工企业；

（五）有满足施工需要的施工图纸及技术资料；

（六）有保证工程质量和安全的具体措施；

（七）建设资金已经落实；

（八）法律、行政法规规定的其他条件。

建设行政主管部门应当自收到申请之日起十五日内，对符合条件的申请颁发施工许可证。

**第九条** 建设单位应当自领取施工许可证之日起三个月内开工。因故不能按期开工的，应当向发证机关申请延期；延期以两次为限，每次不超过三个月。既不开工又不申请延期或者超过延期时限的，施工许可证自行废止。

**第十条** 在建的建筑工程因故中止施工的，建设单位应当自中止施工之日起一个月内，向发证机关报告，并按照规定做好建筑工程的维护管理工作。

建筑工程恢复施工时，应当向发证机关报告；中止施工满一年的工程恢复施工前，建设单位应当报发证机关核验施工许可证。

**第十一条** 按照国务院有关规定批准开工报告的建筑工程，因故不能按期开工或者中止施工的，应当及时向批准机关报告情况。因故不能按期开工超过六个月的，应当重新办理开工报告的批准手续。

### 第二节 从业资格

**第十二条** 从事建筑活动的建筑施工企业、勘察单位、设计单位和工程监理单位，应当具备下列条件：

（一）有符合国家规定的注册资本；

（二）有与其从事的建筑活动相适应的具有法定执业资格的专业技术人员；

（三）有从事相关建筑活动所应有的技术装备；

（四）法律、行政法规规定的其他条件。

**第十三条** 从事建筑活动的建筑施工企业、勘察单位、设计单位和工程监理单位，按照其拥有的注册资本、专业技术人员、技术装备和已完成的建筑工程业绩等资质条件，划分为不同的资质等级，经资质审查合格，取得相应等级的资质证书后，方可在其资质等级许可的范围内从事建筑活动。

**第十四条** 从事建筑活动的专业技术人员，应当依法取得相应的执业资格证书，并在执业资格证书许可的范围内从事建筑活动。

## 第三章 建筑工程发包与承包

### 第一节 一般规定

**第十五条** 建筑工程的发包单位与承包单位应当依法订立书面合同，明确双方的权利和义务。

发包单位和承包单位应当全面履行合同约定的义务。不按照合同约定履行义务的，依法承担违约责任。

**第十六条** 建筑工程发包与承包的招标投标活动，应当遵循公开、公正、平等竞争的原则，择优选择承包单位。

建筑工程的招标投标，本法没有规定的，适用有关招标投标法律的规定。

**第十七条** 发包单位及其工作人员在建筑工程发包中不得收受贿赂、回扣或者索取其他好处。

承包单位及其工作人员不得利用向发包单位及其工作人员行贿、提供回扣或者给予其他好处等不正当手段承揽工程。

**第十八条** 建筑工程造价应当按照国家有关规定，由发包单位与承包单位在合同中约定。公开招标发包的，其造价的约定，须遵守招标投标法律的规定。

发包单位应当按照合同的约定，及时拨付工程款项。

## 第二节 发 包

**第十九条** 建筑工程依法实行招标发包，对不适于招标发包的可以直接发包。

**第二十条** 建筑工程实行公开招标的，发包单位应当依照法定程序和方式，发布招标公告，提供载有招标工程的主要技术要求、主要的合同条款、评标的标准和方法以及开标、评标、定标的程序等内容的招标文件。

开标应当在招标文件规定的时间、地点公开进行。开标后应当按照招标文件规定的评标标准和程序对标书进行评价、比较，在具备相应资质条件的投标者中，择优选定中标者。

**第二十一条** 建筑工程招标的开标、评标、定标由建设单位依法组织实施，并接受有关行政主管部门的监督。

**第二十二条** 建筑工程实行招标发包的，发包单位应当将建筑工程发包给依法中标的承包单位。建筑工程实行直接发包的，发包单位应当将建筑工程发包给具有相应资质条件的承包单位。

**第二十三条** 政府及其所属部门不得滥用行政权力，限定发包单位将招标发包的建筑工程发包给指定的承包单位。

**第二十四条** 提倡对建筑工程实行总承包，禁止将建筑工程肢解发包。

建筑工程的发包单位可以将建筑工程的勘察、设计、施工、设备采购一并发包给一个工程总承包单位，也可以将建筑工程勘察、设计、施工、设备采购的一项或者多项发包给一个工程总承包单位；但是，不得将应当由一个承包单位完成的建筑工程肢解成若干部分发包给几个承包单位。

**第二十五条** 按照合同约定，建筑材料、建筑构配件和设备由工程承包单位采购的，发包单位不得指定承包单位购入用于工程的建筑材料、建筑构配件和设备或者指定生产厂、供应商。

## 第三节 承 包

**第二十六条** 承包建筑工程的单位应当持有依法取得的资质证书，并在其资质等级许可的业务范围内承揽工程。

禁止建筑施工企业超越本企业资质等级许可的业务范围或者以任何形式用其他建筑施工企业的名义承揽工程。禁止建筑施工企业以任何形式允许其他单位或者个人使用本企业的资质证书、营业执照，以本企业的名义承揽工程。

**第二十七条** 大型建筑工程或者结构复杂的建筑工程，可以由两个以上的承包单位联合共同承包。共同承包的各方对承包合同的履行承担连带责任。

两个以上不同资质等级的单位实行联合共同承包的，应当按照资质等级低的单位的业务许可范围承揽工程。

**第二十八条** 禁止承包单位将其承包的全部建筑工程转包给他人，禁止承包单位将其承包的全部建筑工程肢解以后以分包的名义分别转包给他人。

**第二十九条** 建筑工程总承包单位可以将承包工程中的部分工程发包给具有相应资质条件的分包单位；但是，除总承包合同中约定的分包外，必须经建设单位认可。施工总承包的，建筑工程主体结构的施工必须由总承包单位自行完成。

建筑工程总承包单位按照总承包合同的约定对建设单位负责；分包单位按照分包合同的约定对总承包单位负责。总承包单位和分包单位就分包工程对建设单位承担连带责任。

禁止总承包单位将工程分包给不具备相应资质条件的单位。禁止分包单位将其承包的工程再分包。

## 第四章　建筑工程监理

**第三十条**　国家推行建筑工程监理制度。

国务院可以规定实行强制监理的建筑工程的范围。

**第三十一条**　实行监理的建筑工程，由建设单位委托具有相应资质条件的工程监理单位监理。建设单位与其委托的工程监理单位应当订立书面委托监理合同。

**第三十二条**　建筑工程监理应当依照法律、行政法规及有关的技术标准、设计文件和建筑工程承包合同，对承包单位在施工质量、建设工期和建设资金使用等方面，代表建设单位实施监督。

工程监理人员认为工程施工不符合工程设计要求、施工技术标准和合同约定的，有权要求建筑施工企业改正。

工程监理人员发现工程设计不符合建筑工程质量标准或者合同约定的质量要求的，应当报告建设单位要求设计单位改正。

**第三十三条**　实施建筑工程监理前，建设单位应当将委托的工程监理单位、监理的内容及监理权限，书面通知被监理的建筑施工企业。

**第三十四条**　工程监理单位应当在其资质等级许可的监理范围内，承担工程监理业务。

工程监理单位应当根据建设单位的委托，客观、公正地执行监理任务。

工程监理单位与被监理工程的承包单位以及建筑材料、建筑构配件和设备供应单位不得有隶属关系或者其他利害关系。

工程监理单位不得转让工程监理业务。

**第三十五条**　工程监理单位不按照委托监理合同的约定履行监理义务，对应当监督检查的项目不检查或者不按照规定检查，给建设单位造成损失的，应当承担相应的赔偿责任。

工程监理单位与承包单位串通，为承包单位谋取非法利益，给建设单位造成损失的，应当与承包单位承担连带赔偿责任。

## 第五章　建筑安全生产管理

**第三十六条**　建筑工程安全生产管理必须坚持安全第一、预防为主的方针，建立健全安全生产的责任制度和群防群治制度。

**第三十七条**　建筑工程设计应当符合按照国家规定制定的建筑安全规程和技术规范，保证工程的安全性能。

**第三十八条**　建筑施工企业在编制施工组织设计时，应当根据建筑工程的特点制定相应的安全技术措施；对专业性较强的工程项目，应当编制专项安全施工组织设计，并采取安全技术措施。

**第三十九条**　建筑施工企业应当在施工现场采取维护安全、防范危险、预防火灾等措施；有条件的，应当对施工现场实行封闭管理。

施工现场对毗邻的建筑物、构筑物和特殊作业环境可能造成损害的，建筑施工企业应当采取安全防护措施。

**第四十条**　建设单位应当向建筑施工企业提供与施工现场相关的地下管线资料，建筑施工企业应当采取措施加以保护。

**第四十一条**　建筑施工企业应当遵守有关环境保护和安全生产的法律、法规的规定，采取控制和处理施工现场的各种粉尘、废气、废水、固体废物以及噪声、振动对环境的污染和危害的措施。

**第四十二条**　有下列情形之一的，建设单位应当按照国家有关规定办理申请批准手续：

（一）需要临时占用规划批准范围以外场地的；

（二）可能损坏道路、管线、电力、邮电通讯等公共设施的；

（三）需要临时停水、停电、中断道路交通的；

（四）需要进行爆破作业的；

（五）法律、法规规定需要办理报批手续的其他情形。

**第四十三条**　建设行政主管部门负责建筑安全生产的管理，并依法接受劳动行政主管部门对建筑安全生产的指导和监督。

**第四十四条** 建筑施工企业必须依法加强对建筑安全生产的管理，执行安全生产责任制度，采取有效措施，防止伤亡和其他安全生产事故的发生。

建筑施工企业的法定代表人对本企业的安全生产负责。

**第四十五条** 施工现场安全由建筑施工企业负责。实行施工总承包的，由总承包单位负责。分包单位向总承包单位负责，服从总承包单位对施工现场的安全生产管理。

**第四十六条** 建筑施工企业应当建立健全劳动安全生产教育培训制度，加强对职工安全生产的教育培训；未经安全生产教育培训的人员，不得上岗作业。

**第四十七条** 建筑施工企业和作业人员在施工过程中，应当遵守有关安全生产的法律、法规和建筑行业安全规章、规程，不得违章指挥或者违章作业。作业人员有权对影响人身健康的作业程序和作业条件提出改进意见，有权获得安全生产所需的防护用品。作业人员对危及生命安全和人身健康的行为有权提出批评、检举和控告。

**第四十八条** 建筑施工企业应当依法为职工参加工伤保险缴纳工伤保险费。鼓励企业为从事危险作业的职工办理意外伤害保险，支付保险费。

**第四十九条** 涉及建筑主体和承重结构变动的装修工程，建设单位应当在施工前委托原设计单位或者具有相应资质条件的设计单位提出设计方案；没有设计方案的，不得施工。

**第五十条** 房屋拆除应当由具备保证安全条件的建筑施工单位承担，由建筑施工单位负责人对安全负责。

**第五十一条** 施工中发生事故时，建筑施工企业应当采取紧急措施减少人员伤亡和事故损失，并按照国家有关规定及时向有关部门报告。

## 第六章 建筑工程质量管理

**第五十二条** 建筑工程勘察、设计、施工的质量必须符合国家有关建筑工程安全标准的要求，具体管理办法由国务院规定。

有关建筑工程安全的国家标准不能适应确保建筑安全的要求时，应当及时修订。

**第五十三条** 国家对从事建筑活动的单位推行质量体系认证制度。从事建筑活动的单位根据自愿原则可以向国务院产品质量监督管理部门或者国务院产品质量监督管理部门授权的部门认可的认证机构申请质量体系认证。经认证合格的，由认证机构颁发质量体系认证证书。

**第五十四条** 建设单位不得以任何理由，要求建筑设计单位或者建筑施工企业在工程设计或者施工作业中，违反法律、行政法规和建筑工程质量、安全标准，降低工程质量。

建筑设计单位和建筑施工企业对建设单位违反前款规定提出的降低工程质量的要求，应当予以拒绝。

**第五十五条** 建筑工程实行总承包的，工程质量由工程总承包单位负责，总承包单位将建筑工程分包给其他单位的，应当对分包工程的质量与分包单位承担连带责任。分包单位应当接受总承包单位的质量管理。

**第五十六条** 建筑工程的勘察、设计单位必须对其勘察、设计的质量负责。勘察、设计文件应当符合有关法律、行政法规的规定和建筑工程质量、安全标准、建筑工程勘察、设计技术规范以及合同的约定。设计文件选用的建筑材料、建筑构配件和设备，应当注明其规格、型号、性能等技术指标，其质量要求必须符合国家规定的标准。

**第五十七条** 建筑设计单位对设计文件选用的建筑材料、建筑构配件和设备，不得指定生产厂、供应商。

**第五十八条** 建筑施工企业对工程的施工质量负责。

建筑施工企业必须按照工程设计图纸和施工技术标准施工，不得偷工减料。工程设计的修改由原设计单位负责，建筑施工企业不得擅自修改工程设计。

**第五十九条** 建筑施工企业必须按照工程设计要求、施工技术标准和合同的约定，对建筑材料、建筑构配件和设备进行检验，不合格的不得使用。

**第六十条** 建筑物在合理使用寿命内，必须确保地基基础工程和主体结构的质量。

建筑工程竣工时，屋顶、墙面不得留有渗漏、开裂等质量缺陷；对已发现的质量缺陷，建筑施工企业应当修复。

**第六十一条** 交付竣工验收的建筑工程，必须符合规定的建筑工程质量标准，有完整的工程技术经济资料和经签署的工程保修书，并具备国家规定的其他竣工条件。

建筑工程竣工经验收合格后，方可交付使用；未经验收或者验收不合格的，不得交付使用。

**第六十二条** 建筑工程实行质量保修制度。

建筑工程的保修范围应当包括地基基础工程、主体结构工程、屋面防水工程和其他土建工程，以及电气管线、上下水管线的安装工程，供热、供冷系统工程等项目；保修的期限应当按照保证建筑物合理寿命年限内正常使用，维护使用者合法权益的原则确定。具体的保修范围和最低保修期限由国务院规定。

**第六十三条** 任何单位和个人对建筑工程的质量事故、质量缺陷都有权向建设行政主管部门或者其他有关部门进行检举、控告、投诉。

## 第七章 法律责任

**第六十四条** 违反本法规定，未取得施工许可证或者开工报告未经批准擅自施工的，责令改正，对不符合开工条件的责令停止施工，可以处以罚款。

**第六十五条** 发包单位将工程发包给不具有相应资质条件的承包单位的，或者违反本法规定将建筑工程肢解发包的，责令改正，处以罚款。

超越本单位资质等级承揽工程的，责令停止违法行为，处以罚款，可以责令停业整顿，降低资质等级；情节严重的，吊销资质证书；有违法所得的，予以没收。

未取得资质证书承揽工程的，予以取缔，并处罚款；有违法所得的，予以没收。

以欺骗手段取得资质证书的，吊销资质证书，处以罚款；构成犯罪的，依法追究刑事责任。

**第六十六条** 建筑施工企业转让、出借资质证书或者以其他方式允许他人以本企业的名义承揽工程的，责令改正，没收违法所得，并处罚款，可以责令停业整顿，降低资质等级；情节严重的，吊销资质证书。对因该项承揽工程不符合规定的质量标准造成的损失，建筑施工企业与使用本企业名义的单位或者个人承担连带赔偿责任。

**第六十七条** 承包单位将承包的工程转包的，或者违反本法规定进行分包的，责令改正，没收违法所得，并处罚款，可以责令停业整顿，降低资质等级；情节严重的，吊销资质证书。

承包单位有前款规定的违法行为的，对因转包工程或者违法分包的工程不符合规定的质量标准造成的损失，与接受转包或者分包的单位承担连带赔偿责任。

**第六十八条** 在工程发包与承包中索贿、受贿、行贿，构成犯罪的，依法追究刑事责任；不构成犯罪的，分别处以罚款，没收贿赂的财物，对直接负责的主管人员和其他直接责任人员给予处分。

对在工程承包中行贿的承包单位，除依照前款规定处罚外，可以责令停业整顿，降低资质等级或者吊销资质证书。

**第六十九条** 工程监理单位与建设单位或者建筑施工企业串通，弄虚作假、降低工程质量的，责令改正，处以罚款，降低资质等级或者吊销资质证书；有违法所得的，予以没收；造成损失的，承担连带赔偿责任；构成犯罪的，依法追究刑事责任。

工程监理单位转让监理业务的，责令改正，没收违法所得，可以责令停业整顿，降低资质等级；情节严重的，吊销资质证书。

**第七十条** 违反本法规定，涉及建筑主体或者承重结构变动的装修工程擅自施工的，责令改正，处以罚款；造成损失的，承担赔偿责任；构成犯罪的，依法追究刑事责任。

**第七十一条** 建筑施工企业违反本法规定，对建筑安全事故隐患不采取措施予以消除的，责令改正，可以处以罚款；情节严重的，责令停业整顿，降低资质等级或者吊销资质证书；构成犯罪的，依法追究刑事责任。

建筑施工企业的管理人员违章指挥、强令职工冒险作业，因而发生重大伤亡事故或者造成其他严重后果的，依法追究刑事责任。

**第七十二条** 建设单位违反本法规定，要求建筑设计单位或者建筑施工企业违反建筑工程质量、安全标准，降低工程质量的，责令改正，可以处以罚款；构成犯罪的，依法追究刑事责任。

**第七十三条** 建筑设计单位不按照建筑工程质量、安全标准进行设计的，责令改正，处以罚款；造成工程质量事故的，责令停业整顿，降低资质等级或者吊销资质证书，没收违法所得，并处罚款；造成损失的，承担赔偿责任；构成犯罪的，依法追究刑事责任。

**第七十四条** 建筑施工企业在施工中偷工减料的，使用不合格的建筑材料、建筑构配件和设备的，或者有其他不按照工程设计图纸或者施工技术标准施工的行为的，责令改正，处以罚款；情节严重的，责令停业整顿，降低资质等级或者吊销资质证书；造成建筑工程质量不符合规定的质量标准的，负责返工、修理，并赔偿因此造成的损失；构成犯罪的，依法追究刑事责任。

**第七十五条** 建筑施工企业违反本法规定，不履行保修义务或者拖延履行保修义务的，责令改正，可以处以罚款，并对在保修期内因屋顶、墙面渗漏、开裂等质量缺陷造成的损失，承担赔偿责任。

**第七十六条** 本法规定的责令停业整顿、降低资质等级和吊销资质证书的行政处罚，由颁发资质证书的机关决定；其他行政处罚，由建设行政主管部门或者有关部门依照法律和国务院规定的职权范围决定。

依照本法规定被吊销资质证书的，由工商行政管理部门吊销其营业执照。

**第七十七条** 违反本法规定，对不具备相应资质等级条件的单位颁发该等级资质证书的，由其上级机关责令收回所发的资质证书，对直接负责的主管人员和其他直接责任人员给予行政处分；构成犯罪的，依法追究刑事责任。

**第七十八条** 政府及其所属部门的工作人员违反本法规定，限定发包单位将招标发包的工程发包给指定的承包单位的，由上级机关责令改正；构成犯罪的，依法追究刑事责任。

**第七十九条** 负责颁发建筑工程施工许可证的部门及其工作人员对不符合施工条件的建筑工程颁发施工许可证的，负责工程质量监督检查或者竣工验收的部门及其工作人员对不合格的建筑工程出具质量合格文件或者按合格工程验收的，由上级机关责令改正，对责任人员给予行政处分；构成犯罪的，依法追究刑事责任；造成损失的，由该部门承担相应的赔偿责任。

**第八十条** 在建筑物的合理使用寿命内，因建筑工程质量不合格受到损害的，有权向责任者要求赔偿。

## 第八章 附 则

**第八十一条** 本法关于施工许可、建筑施工企业资质审查和建筑工程发包、承包、禁止转包，以及建筑工程监理、建筑工程安全和质量管理的规定，适用于其他专业建筑工程的建筑活动，具体办法由国务院规定。

**第八十二条** 建设行政主管部门和其他有关部门在对建筑活动实施监督管理中，除按照国务院有关规定收取费用外，不得收取其他费用。

**第八十三条** 省、自治区、直辖市人民政府确定的小型房屋建筑工程的建筑活动，参照本法执行。

依法核定作为文物保护的纪念建筑物和古建筑等的修缮，依照文物保护的有关法律规定执行。

抢险救灾及其他临时性房屋建筑和农民自建低层住宅的建筑活动，不适用本法。

**第八十四条** 军用房屋建筑工程建筑活动的具体管理办法，由国务院、中央军事委员会依据本法制定。

**第八十五条** 本法自 1998 年 3 月 1 日起施行。

# 中华人民共和国主席令

第四十七号

《全国人民代表大会常务委员会关于修改〈中华人民共和国道路交通安全法〉的决定》已由中华人民共和国第十一届全国人民代表大会常务委员会第二十次会议于2011年4月22日通过，现予公布，自2011年5月1日起施行。

**中华人民共和国主席** 胡锦涛

2011年4月22日

# 全国人民代表大会常务委员会关于修改《中华人民共和国道路交通安全法》的决定

（2011年4月22日第十一届全国人民代表大会常务委员会第二十次会议通过）

第十一届全国人民代表大会常务委员会第二十次会议决定对《中华人民共和国道路交通安全法》作如下修改：

一、将第九十一条修改为："饮酒后驾驶机动车的，处暂扣六个月机动车驾驶证，并处一千元以上二千元以下罚款。因饮酒后驾驶机动车被处罚，再次饮酒后驾驶机动车的，处十日以下拘留，并处一千元以上二千元以下罚款，吊销机动车驾驶证。

"醉酒驾驶机动车的，由公安机关交通管理部门约束至酒醒，吊销机动车驾驶证，依法追究刑事责任；五年内不得重新取得机动车驾驶证。

"饮酒后驾驶营运机动车的，处十五日拘留，并处五千元罚款，吊销机动车驾驶证，五年内不得重新取得机动车驾驶证。

"醉酒驾驶营运机动车的，由公安机关交通管理部门约束至酒醒，吊销机动车驾驶证，依法追究刑事责任；十年内不得重新取得机动车驾驶证，重新取得机动车驾驶证后，不得驾驶营运机动车。

"饮酒后或者醉酒驾驶机动车发生重大交通事故，构成犯罪的，依法追究刑事责任，并由公安机关交通管理部门吊销机动车驾驶证，终生不得重新取得机动车驾驶证。"

二、将第九十六条第一款修改为："伪造、变造或者使用伪造、变造的机动车登记证书、号牌、行驶证、驾驶证的，由公安机关交通管理部门予以收缴，扣留该机动车，处十五日以下拘留，并处二千元以上五千元以下罚款；构成犯罪的，依法追究刑事责任。

"伪造、变造或者使用伪造、变造的检验合格标志、保险标志的，由公安机关交通管理部门予以收缴，扣留该机动车，处十日以下拘留，并处一千元以上三千元以下罚款；构成犯罪的，依法追究刑事责任。

"使用其他车辆的机动车登记证书、号牌、行驶证、检验合格标志、保险标志的，由公安机关交通管理部门予以收缴，扣留该机动车，处二千元以上五千元以下罚款。"

原第九十六条第二款作为第四款。

三、本决定自2011年5月1日起施行。

《中华人民共和国道路交通安全法》根据本决定作相应的修改，重新公布。

## 中华人民共和国主席令

第五十二号

《全国人民代表大会常务委员会关于修改〈中华人民共和国职业病防治法〉的决定》已由中华人民共和国第十一届全国人民代表大会常务委员会第二十四次会议于2011年12月31日通过，现予公布，自公布之日起施行。

中华人民共和国主席　胡锦涛

2011年12月31日

# 全国人民代表大会常务委员会关于修改《中华人民共和国职业病防治法》的决定

（2011年12月31日第十一届全国人民代表大会常务委员会第二十四次会议通过）

第十一届全国人民代表大会常务委员会第二十四次会议决定对《中华人民共和国职业病防治法》作如下修改：

一、将第二条第二款修改为：“本法所称职业病，是指企业、事业单位和个体经济组织等用人单位的劳动者在职业活动中，因接触粉尘、放射性物质和其他有毒、有害因素而引起的疾病。”

第三款修改为：“职业病的分类和目录由国务院卫生行政部门会同国务院安全生产监督管理部门、劳动保障行政部门制定、调整并公布。”

二、将第三条修改为：“职业病防治工作坚持预防为主、防治结合的方针，建立用人单位负责、行政机关监管、行业自律、职工参与和社会监督的机制，实行分类管理、综合治理。”

三、在第四条中增加一款，作为第三款：“工会组织依法对职业病防治工作进行监督，维护劳动者的合法权益。用人单位制定或者修改有关职业病防治的规章制度，应当听取工会组织的意见。”

四、增加一条，作为第六条：“用人单位的主要负责人对本单位的职业病防治工作全面负责。”

五、将第七条改为第八条，修改为：“国家鼓励和支持研制、开发、推广、应用有利于职业病防治和保护劳动者健康的新技术、新工艺、新设备、新材料，加强对职业病的机理和发生规律的基础研究，提高职业病防治科学技术水平；积极采用有效的职业病防治技术、工艺、设备、材料；限制使用或者淘汰职业病危害严重的技术、工艺、设备、材料。

“国家鼓励和支持职业病医疗康复机构的建设。”

六、将第八条改为第九条，第二款修改为：“国务院安全生产监督管理部门、卫生行政部门、劳动保障行政部门依照本法和国务院确定的职责，负责全国职业病防治的监督管理工作。国务院有关部门在各自的职责范围内负责职业病防治的有关监督管理工作。”

第三款修改为："县级以上地方人民政府安全生产监督管理部门、卫生行政部门、劳动保障行政部门依据各自职责，负责本行政区域内职业病防治的监督管理工作。县级以上地方人民政府有关部门在各自的职责范围内负责职业病防治的有关监督管理工作。"

增加一款，作为第四款："县级以上人民政府安全生产监督管理部门、卫生行政部门、劳动保障行政部门（以下统称职业卫生监督管理部门）应当加强沟通，密切配合，按照各自职责分工，依法行使职权，承担责任。"

七、将第九条改为第十条，增加一款，作为第二款："县级以上地方人民政府统一负责、领导、组织、协调本行政区域的职业病防治工作，建立健全职业病防治工作体制、机制，统一领导、指挥职业卫生突发事件应对工作；加强职业病防治能力建设和服务体系建设，完善、落实职业病防治工作责任制。"

第二款作为第三款，修改为："乡、民族乡、镇的人民政府应当认真执行本法，支持职业卫生监督管理部门依法履行职责。"

八、将第十条改为第十一条，修改为："县级以上人民政府职业卫生监督管理部门应当加强对职业病防治的宣传教育，普及职业病防治的知识，增强用人单位的职业病防治观念，提高劳动者的职业健康意识、自我保护意识和行使职业卫生保护权利的能力。"

九、将第十一条改为第十二条，修改为："有关防治职业病的国家职业卫生标准，由国务院卫生行政部门组织制定并公布。

"国务院卫生行政部门应当组织开展重点职业病监测和专项调查，对职业健康风险进行评估，为制定职业卫生标准和职业病防治政策提供科学依据。

"县级以上地方人民政府卫生行政部门应当定期对本行政区域的职业病防治情况进行统计和调查分析。"

十、将第十二条改为第十三条，第一款修改为："任何单位和个人有权对违反本法的行为进行检举和控告。有关部门收到相关的检举和控告后，应当及时处理。"

十一、增加一条，作为第十四条："用人单位应当依照法律、法规要求，严格遵守国家职业卫生标准，落实职业病预防措施，从源头上控制和消除职业病危害。"

十二、将第十四条改为第十六条，修改为："国家建立职业病危害项目申报制度。

"用人单位工作场所存在职业病目录所列职业病的危害因素的，应当及时、如实向所在地安全生产监督管理部门申报危害项目，接受监督。

"职业病危害因素分类目录由国务院卫生行政部门会同国务院安全生产监督管理部门制定、调整并公布。职业病危害项目申报的具体办法由国务院安全生产监督管理部门制定。"

十三、将第十五条改为第十七条，第三款修改为："建设项目职业病危害分类管理办法由国务院安全生产监督管理部门制定。"

十四、将第十六条改为第十八条，第二款修改为："职业病危害严重的建设项目的防护设施设计，应当经安全生产监督管理部门审查，符合国家职业卫生标准和卫生要求的，方可施工。"

十五、将第十八条改为第二十条，修改为："国家对从事放射性、高毒、高危粉尘等作业实行特殊管理。具体管理办法由国务院制定。"

十六、增加一条，作为第二十二条："用人单位应当保障职业病防治所需的资金投入，不得挤占、挪用，并对因资金投入不足导致的后果承担责任。"

十七、增加一条，作为第二十八条："职业卫生技术服务机构依法从事职业病危害因素检测、评价工作，接受安全生产监督管理部门的监督检查。安全生产监督管理部门应当依法履行监督职责。"

十八、将第三十一条改为第三十五条，第一款修改为："用人单位的主要负责人和职业卫生管理人员应当接受职业卫生培训，遵守职业病防治法律、法规，依法组织本单位的职业病防治工作。"

第三款修改为："劳动者应当学习和掌握相关的职业卫生知识，增强职业病防范意识，遵守职业病防治法律、法规、规章和操作规程，正确使用、维护职业病防护设备和个人使用的职业病防护用品，发现职业病危害事故隐患应当及时报告。"

十九、将第三十四条改为第三十八条，第一款修改为：“发生或者可能发生急性职业病危害事故时，用人单位应当立即采取应急救援和控制措施，并及时报告所在地安全生产监督管理部门和有关部门。安全生产监督管理部门接到报告后，应当及时会同有关部门组织调查处理；必要时，可以采取临时控制措施。卫生行政部门应当组织做好医疗救治工作。”

二十、将第三十七条改为第四十一条，第一款修改为：“工会组织应当督促并协助用人单位开展职业卫生宣传教育和培训，有权对用人单位的职业病防治工作提出意见和建议，依法代表劳动者与用人单位签订劳动安全卫生专项集体合同，与用人单位就劳动者反映的有关职业病防治的问题进行协调并督促解决。”

二十一、增加一条，作为第四十三条：“职业卫生监督管理部门应当按照职责分工，加强对用人单位落实职业病防护管理措施情况的监督检查，依法行使职权，承担责任。”

二十二、将第三十九条改为第四十四条，修改为：“医疗卫生机构承担职业病诊断，应当经省、自治区、直辖市人民政府卫生行政部门批准。省、自治区、直辖市人民政府卫生行政部门应当向社会公布本行政区域内承担职业病诊断的医疗卫生机构的名单。

“承担职业病诊断的医疗卫生机构应当具备下列条件：

“（一）持有《医疗机构执业许可证》；

“（二）具有与开展职业病诊断相适应的医疗卫生技术人员；

“（三）具有与开展职业病诊断相适应的仪器、设备；

“（四）具有健全的职业病诊断质量管理制度。

“承担职业病诊断的医疗卫生机构不得拒绝劳动者进行职业病诊断的要求。”

二十三、将第四十条改为第四十五条，修改为：“劳动者可以在用人单位所在地、本人户籍所在地或者经常居住地依法承担职业病诊断的医疗卫生机构进行职业病诊断。”

二十四、将第四十二条改为第四十七条，第一款第二项修改为：“职业病危害接触史和工作场所职业病危害因素情况”。

第二款修改为：“没有证据否定职业病危害因素与病人临床表现之间的必然联系的，应当诊断为职业病。”

二十五、将第四十三条改为第五十一条，修改为：“用人单位和医疗卫生机构发现职业病病人或者疑似职业病病人时，应当及时向所在地卫生行政部门和安全生产监督管理部门报告。确诊为职业病的，用人单位还应当向所在地劳动保障行政部门报告。接到报告的部门应当依法作出处理。”

二十六、将第四十八条修改为：“用人单位应当如实提供职业病诊断、鉴定所需的劳动者职业史和职业病危害接触史、工作场所职业病危害因素检测结果等资料；安全生产监督管理部门应当监督检查和督促用人单位提供上述资料；劳动者和有关机构也应当提供与职业病诊断、鉴定有关的资料。

“职业病诊断、鉴定机构需要了解工作场所职业病危害因素情况时，可以对工作场所进行现场调查，也可以向安全生产监督管理部门提出，安全生产监督管理部门应当在十日内组织现场调查。用人单位不得拒绝、阻挠。”

二十七、增加一条，作为第四十九条：“职业病诊断、鉴定过程中，用人单位不提供工作场所职业病危害因素检测结果等资料的，诊断、鉴定机构应当结合劳动者的临床表现、辅助检查结果和劳动者的职业史、职业病危害接触史，并参考劳动者的自述、安全生产监督管理部门提供的日常监督检查信息等，作出职业病诊断、鉴定结论。

“劳动者对用人单位提供的工作场所职业病危害因素检测结果等资料有异议，或者因劳动者的用人单位解散、破产，无用人单位提供上述资料的，诊断、鉴定机构应当提请安全生产监督管理部门进行调查，安全生产监督管理部门应当自接到申请之日起三十日内对存在异议的资料或者工作场所职业病危害因素情况作出判定；有关部门应当配合。”

二十八、增加一条，作为第五十条：“职业病诊断、鉴定过程中，在确认劳动者职业史、职业病危害接触史时，当事人对劳动关系、工种、工作岗位或者在岗时间有争议的，可以向当地的劳动人事争议仲裁委员会申请仲裁；接到申请的劳动人事争议仲裁委员会应当受理，并在三十日内作出裁决。

“当事人在仲裁过程中对自己提出的主张，有责任提供证据。劳动者无法提供由用人单位掌握管理的与仲裁主张有关的证据的，仲裁庭应当要求用人单位在指定期限内提供；用人单位在指定期限内不提供的，应当承担不利后果。

“劳动者对仲裁裁决不服的，可以依法向人民法院提起诉讼。

“用人单位对仲裁裁决不服的，可以在职业病诊断、鉴定程序结束之日起十五日内依法向人民法院提起诉讼；诉讼期间，劳动者的治疗费用按照职业病待遇规定的途径支付。”

二十九、将第五十条改为第五十七条，第一款修改为：“用人单位应当保障职业病病人依法享受国家规定的职业病待遇。”

三十、将第五十三条改为第六十条，修改为：“劳动者被诊断患有职业病，但用人单位没有依法参加工伤保险的，其医疗和生活保障由该用人单位承担。”

三十一、将第五十四条改为第六十一条，第二款修改为：“用人单位在发生分立、合并、解散、破产等情形时，应当对从事接触职业病危害的作业的劳动者进行健康检查，并按照国家有关规定妥善安置职业病病人。”

三十二、增加一条，作为第六十二条：“用人单位已经不存在或者无法确认劳动关系的职业病病人，可以向地方人民政府民政部门申请医疗救助和生活等方面的救助。

“地方各级人民政府应当根据本地区的实际情况，采取其他措施，使前款规定的职业病病人获得医疗救治。”

三十三、将第五十五条改为第六十三条，修改为：“县级以上人民政府职业卫生监督管理部门依照职业病防治法律、法规、国家职业卫生标准和卫生要求，依据职责划分，对职业病防治工作进行监督检查。”

三十四、将第六十二条改为第七十条，第一项修改为：“未按照规定进行职业病危害预评价或者未提交职业病危害预评价报告，或者职业病危害预评价报告未经安全生产监督管理部门审核同意，开工建设的”。

第三项修改为：“职业病危害严重的建设项目，其职业病防护设施设计未经安全生产监督管理部门审查，或者不符合国家职业卫生标准和卫生要求施工的”。

三十五、将第六十四条改为第七十二条，增加一项，作为第五项：“未依照本法规定在劳动者离开用人单位时提供职业健康监护档案复印件的。”

三十六、将第六十五条改为第七十三条，将第九项修改为：“拒绝职业卫生监督管理部门监督检查的”。

增加二项，作为第十项、第十一项：“（十）隐瞒、伪造、篡改、毁损职业健康监护档案、工作场所职业病危害因素检测评价结果等相关资料，或者拒不提供职业病诊断、鉴定所需资料的；

“（十一）未按照规定承担职业病诊断、鉴定费用和职业病病人的医疗、生活保障费用的。”

三十七、将第七十五条改为第八十三条，修改为：“卫生行政部门、安全生产监督管理部门不按照规定报告职业病和职业病危害事故的，由上一级行政部门责令改正，通报批评，给予警告；虚报、瞒报的，对单位负责人、直接负责的主管人员和其他直接责任人员依法给予降级、撤职或者开除的处分。”

三十八、增加一条，作为第八十四条：“违反本法第十七条、第十八条规定，有关部门擅自批准建设项目或者发放施工许可的，对该部门直接负责的主管人员和其他直接责任人员，由监察机关或者上级机关依法给予记过直至开除的处分。”

三十九、将第七十六条改为第八十五条，修改为：“县级以上地方人民政府在职业病防治工作中未依照本法履行职责，本行政区域出现重大职业病危害事故、造成严重社会影响的，依法对直接负责的主管人员和其他直接责任人员给予记大过直至开除的处分。

“县级以上人民政府职业卫生监督管理部门不履行本法规定的职责，滥用职权、玩忽职守、徇私舞弊，依法对直接负责的主管人员和其他直接责任人员给予记大过或者降级的处分；造成职业病危害事故或者其他严重后果的，依法给予撤职或者开除的处分。”

四十、增加一条，作为第八十六条：“违反本法规定，构成犯罪的，依法追究刑事责任。”

四十一、将第七十八条改为第八十八条，增加一款，作为第二款：“劳务派遣用工单位应当履行本法规定的用人单位的义务。”

四十二、增加一条，作为第八十九条：“对医疗机构放射性职业病危害控制的监督管理，由卫生行政部门依照本法的规定实施。”

四十三、将第一条中的“促进经济发展”修改为“促进经济社会发展”。

将第六条、第五十一条、第五十二条中的“工伤社会保险”修改为“工伤保险”。

将第十九条第一项中的“职业卫生专业人员”修改为“职业卫生管理人员”。

将第二十一条中的“新技术、新工艺、新材料”修改为“新技术、新工艺、新设备、新材料”。将第二十一条、第二十九条、第六十八条第一项中的“技术、工艺、材料”修改为“技术、工艺、设备、材料”。

删去第三十条第三款中的“或者终止”。

将第三十二条第一款、第六十四条第四项中的“如实告知”修改为“书面告知”。

将第四十六条第三款中的“职业病诊断鉴定费用”修改为“职业病诊断、鉴定费用”。

将第七十二条、第七十三条中的“认证”修改为“认可”。

四十四、将第十三条第六项、第二十六条第二款中的“国务院卫生行政部门”修改为“国务院卫生行政部门、安全生产监督管理部门”。

将第十五条第一款、第十六条第三款、第五十六条、第五十七条、第六十条、第六十二条、第六十三条、第六十四条、第六十五条、第六十六条、第六十八条、第七十条中的“卫生行政部门”修改为“安全生产监督管理部门”。

将第十七条、第二十四条第三款中的“省级以上人民政府卫生行政部门资质认证的”修改为“国务院安全生产监督管理部门或者设区的市级以上地方人民政府安全生产监督管理部门按照职责分工给予资质认可的”。

将第二十四条第二款中的“国务院卫生行政部门”修改为“国务院安全生产监督管理部门”，“所在地卫生行政部门”修改为“所在地安全生产监督管理部门”。

将第三十二条第一款中的“国务院卫生行政部门”修改为“国务院安全生产监督管理部门、卫生行政部门”。

将第六十一条第二款中的“卫生行政部门”修改为“职业卫生监督管理部门”。

将第六十七条中的“卫生行政部门”修改为“有关主管部门依据职责分工”。

将第七十二条、第七十三条中的“卫生行政部门”修改为“安全生产监督管理部门和卫生行政部门依据职责分工”。

四十五、将第六十三条中的“二万元以下”修改为“十万元以下”。

将第六十四条中的“二万元以上五万元以下”修改为“五万元以上十万元以下”。

将第七十条中的“三十万元以下”修改为“五十万元以下”。

本决定自公布之日起施行。本决定施行前，职业卫生技术服务机构已经取得资质认可的，该资质认可继续有效。

《中华人民共和国职业病防治法》根据本决定作相应修改，重新公布。

# 中华人民共和国国务院令

第 591 号

《危险化学品安全管理条例》已经2011年2月16日国务院第144次常务会议修订通过，现将修订后的《危险化学品安全管理条例》公布，自2011年12月1日起施行。

**总理** 温家宝

二〇一一年三月二日

# 危险化学品安全管理条例

（2002年1月26日中华人民共和国国务院令第344号公布 2011年2月16日国务院第144次常务会议修订通过）

## 第一章 总 则

**第一条** 为了加强危险化学品的安全管理，预防和减少危险化学品事故，保障人民群众生命财产安全，保护环境，制定本条例。

**第二条** 危险化学品生产、储存、使用、经营和运输的安全管理，适用本条例。

废弃危险化学品的处置，依照有关环境保护的法律、行政法规和国家有关规定执行。

**第三条** 本条例所称危险化学品，是指具有毒害、腐蚀、爆炸、燃烧、助燃等性质，对人体、设施、环境具有危害的剧毒化学品和其他化学品。

危险化学品目录，由国务院安全生产监督管理部门会同国务院工业和信息化、公安、环境保护、卫生、质量监督检验检疫、交通运输、铁路、民用航空、农业主管部门，根据化学品危险特性的鉴别和分类标准确定、公布，并适时调整。

**第四条** 危险化学品安全管理，应当坚持安全第一、预防为主、综合治理的方针，强化和落实企业的主体责任。

生产、储存、使用、经营、运输危险化学品的单位（以下统称危险化学品单位）的主要负责人对本单位的危险化学品安全管理工作全面负责。

危险化学品单位应当具备法律、行政法规规定和国家标准、行业标准要求的安全条件，建立、健全安全管理规章制度和岗位安全责任制度，对从业人员进行安全教育、法制教育和岗位技术培训。从业人员应当接受教育和培训，考核合格后上岗作业；对有资格要求的岗位，应当配备依法取得相应资格的人员。

**第五条** 任何单位和个人不得生产、经营、使用国家禁止生产、经营、使用的危险化学品。

国家对危险化学品的使用有限制性规定的，任何单位和个人不得违反限制性规定使用危险化学品。

**第六条** 对危险化学品的生产、储存、使用、经营、运输实施安全监督管理的有关部门（以下统称负有危险化学品安全监督管理职责的部门），依照下列规定履行职责：

（一）安全生产监督管理部门负责危险化学品

安全监督管理综合工作，组织确定、公布、调整危险化学品目录，对新建、改建、扩建生产、储存危险化学品（包括使用长输管道输送危险化学品，下同）的建设项目进行安全条件审查，核发危险化学品安全生产许可证、危险化学品安全使用许可证和危险化学品经营许可证，并负责危险化学品登记工作。

（二）公安机关负责危险化学品的公共安全管理，核发剧毒化学品购买许可证、剧毒化学品道路运输通行证，并负责危险化学品运输车辆的道路交通安全管理。

（三）质量监督检验检疫部门负责核发危险化学品及其包装物、容器（不包括储存危险化学品的固定式大型储罐，下同）生产企业的工业产品生产许可证，并依法对其产品质量实施监督，负责对进出口危险化学品及其包装实施检验。

（四）环境保护主管部门负责废弃危险化学品处置的监督管理，组织危险化学品的环境危害性鉴定和环境风险程度评估，确定实施重点环境管理的危险化学品，负责危险化学品环境管理登记和新化学物质环境管理登记；依照职责分工调查相关危险化学品环境污染事故和生态破坏事件，负责危险化学品事故现场的应急环境监测。

（五）交通运输主管部门负责危险化学品道路运输、水路运输的许可以及运输工具的安全管理，对危险化学品水路运输安全实施监督，负责危险化学品道路运输企业、水路运输企业驾驶人员、船员、装卸管理人员、押运人员、申报人员、集装箱装箱现场检查员的资格认定。铁路主管部门负责危险化学品铁路运输的安全管理，负责危险化学品铁路运输承运人、托运人的资质审批及其运输工具的安全管理。民用航空主管部门负责危险化学品航空运输以及航空运输企业及其运输工具的安全管理。

（六）卫生主管部门负责危险化学品毒性鉴定的管理，负责组织、协调危险化学品事故受伤人员的医疗卫生救援工作。

（七）工商行政管理部门依据有关部门的许可证件，核发危险化学品生产、储存、经营、运输企业营业执照，查处危险化学品经营企业违法采购危险化学品的行为。

（八）邮政管理部门负责依法查处寄递危险化学品的行为。

**第七条** 负有危险化学品安全监督管理职责的部门依法进行监督检查，可以采取下列措施：

（一）进入危险化学品作业场所实施现场检查，向有关单位和人员了解情况，查阅、复制有关文件、资料；

（二）发现危险化学品事故隐患，责令立即消除或者限期消除；

（三）对不符合法律、行政法规、规章规定或者国家标准、行业标准要求的设施、设备、装置、器材、运输工具，责令立即停止使用；

（四）经本部门主要负责人批准，查封违法生产、储存、使用、经营危险化学品的场所，扣押违法生产、储存、使用、经营、运输的危险化学品以及用于违法生产、使用、运输危险化学品的原材料、设备、运输工具；

（五）发现影响危险化学品安全的违法行为，当场予以纠正或者责令限期改正。

负有危险化学品安全监督管理职责的部门依法进行监督检查，监督检查人员不得少于2人，并应当出示执法证件；有关单位和个人对依法进行的监督检查应当予以配合，不得拒绝、阻碍。

**第八条** 县级以上人民政府应当建立危险化学品安全监督管理工作协调机制，支持、督促负有危险化学品安全监督管理职责的部门依法履行职责，协调、解决危险化学品安全监督管理工作中的重大问题。

负有危险化学品安全监督管理职责的部门应当相互配合、密切协作，依法加强对危险化学品的安全监督管理。

**第九条** 任何单位和个人对违反本条例规定的行为，有权向负有危险化学品安全监督管理职责的部门举报。负有危险化学品安全监督管理职责的部门接到举报，应当及时依法处理；对不属于本部门职责的，应当及时移送有关部门处理。

**第十条** 国家鼓励危险化学品生产企业和使用危险化学品从事生产的企业采用有利于提高安全保障水平的先进技术、工艺、设备以及自动控制系统，鼓励对危险化学品实行专门储存、统一配送、集中销售。

## 第二章　生产、储存安全

**第十一条**　国家对危险化学品的生产、储存实行统筹规划、合理布局。

国务院工业和信息化主管部门以及国务院其他有关部门依据各自职责，负责危险化学品生产、储存的行业规划和布局。

地方人民政府组织编制城乡规划，应当根据本地区的实际情况，按照确保安全的原则，规划适当区域专门用于危险化学品的生产、储存。

**第十二条**　新建、改建、扩建生产、储存危险化学品的建设项目（以下简称建设项目），应当由安全生产监督管理部门进行安全条件审查。

建设单位应当对建设项目进行安全条件论证，委托具备国家规定的资质条件的机构对建设项目进行安全评价，并将安全条件论证和安全评价的情况报告报建设项目所在地设区的市级以上人民政府安全生产监督管理部门；安全生产监督管理部门应当自收到报告之日起45日内作出审查决定，并书面通知建设单位。具体办法由国务院安全生产监督管理部门制定。

新建、改建、扩建储存、装卸危险化学品的港口建设项目，由港口行政管理部门按照国务院交通运输主管部门的规定进行安全条件审查。

**第十三条**　生产、储存危险化学品的单位，应当对其铺设的危险化学品管道设置明显标志，并对危险化学品管道定期检查、检测。

进行可能危及危险化学品管道安全的施工作业，施工单位应当在开工的7日前书面通知管道所属单位，并与管道所属单位共同制定应急预案，采取相应的安全防护措施。管道所属单位应当指派专门人员到现场进行管道安全保护指导。

**第十四条**　危险化学品生产企业进行生产前，应当依照《安全生产许可证条例》的规定，取得危险化学品安全生产许可证。

生产列入国家实行生产许可证制度的工业产品目录的危险化学品的企业，应当依照《中华人民共和国工业产品生产许可证管理条例》的规定，取得工业产品生产许可证。

负责颁发危险化学品安全生产许可证、工业产品生产许可证的部门，应当将其颁发许可证的情况及时向同级工业和信息化主管部门、环境保护主管部门和公安机关通报。

**第十五条**　危险化学品生产企业应当提供与其生产的危险化学品相符的化学品安全技术说明书，并在危险化学品包装（包括外包装件）上粘贴或者拴挂与包装内危险化学品相符的化学品安全标签。化学品安全技术说明书和化学品安全标签所载明的内容应当符合国家标准的要求。

危险化学品生产企业发现其生产的危险化学品有新的危险特性的，应当立即公告，并及时修订其化学品安全技术说明书和化学品安全标签。

**第十六条**　生产实施重点环境管理的危险化学品的企业，应当按照国务院环境保护主管部门的规定，将该危险化学品向环境中释放等相关信息向环境保护主管部门报告。环境保护主管部门可以根据情况采取相应的环境风险控制措施。

**第十七条**　危险化学品的包装应当符合法律、行政法规、规章的规定以及国家标准、行业标准的要求。

危险化学品包装物、容器的材质以及危险化学品包装的型式、规格、方法和单件质量（重量），应当与所包装的危险化学品的性质和用途相适应。

**第十八条**　生产列入国家实行生产许可证制度的工业产品目录的危险化学品包装物、容器的企业，应当依照《中华人民共和国工业产品生产许可证管理条例》的规定，取得工业产品生产许可证；其生产的危险化学品包装物、容器经国务院质量监督检验检疫部门认定的检验机构检验合格，方可出厂销售。

运输危险化学品的船舶及其配载的容器，应当按照国家船舶检验规范进行生产，并经海事管理机构认定的船舶检验机构检验合格，方可投入使用。

对重复使用的危险化学品包装物、容器，使用单位在重复使用前应当进行检查；发现存在安全隐患的，应当维修或者更换。使用单位应当对检查情况作出记录，记录的保存期限不得少于2年。

**第十九条**　危险化学品生产装置或者储存数量构成重大危险源的危险化学品储存设施（运输工具加油站、加气站除外），与下列场所、设施、区域的距离应当符合国家有关规定：

（一）居住区以及商业中心、公园等人员密集场所；

（二）学校、医院、影剧院、体育场（馆）等公共设施；

（三）饮用水源、水厂以及水源保护区；

（四）车站、码头（依法经许可从事危险化学品装卸作业的除外）、机场以及通信干线、通信枢纽、铁路线路、道路交通干线、水路交通干线、地铁风亭以及地铁站出入口；

（五）基本农田保护区、基本草原、畜禽遗传资源保护区、畜禽规模化养殖场（养殖小区）、渔业水域以及种子、种畜禽、水产苗种生产基地；

（六）河流、湖泊、风景名胜区、自然保护区；

（七）军事禁区、军事管理区；

（八）法律、行政法规规定的其他场所、设施、区域。

已建的危险化学品生产装置或者储存数量构成重大危险源的危险化学品储存设施不符合前款规定的，由所在地设区的市级人民政府安全生产监督管理部门会同有关部门监督其所属单位在规定期限内进行整改；需要转产、停产、搬迁、关闭的，由本级人民政府决定并组织实施。

储存数量构成重大危险源的危险化学品储存设施的选址，应当避开地震活动断层和容易发生洪灾、地质灾害的区域。

本条例所称重大危险源，是指生产、储存、使用或者搬运危险化学品，且危险化学品的数量等于或者超过临界量的单元（包括场所和设施）。

**第二十条** 生产、储存危险化学品的单位，应当根据其生产、储存的危险化学品的种类和危险特性，在作业场所设置相应的监测、监控、通风、防晒、调温、防火、灭火、防爆、泄压、防毒、中和、防潮、防雷、防静电、防腐、防泄漏以及防护围堤或者隔离操作等安全设施、设备，并按照国家标准、行业标准或者国家有关规定对安全设施、设备进行经常性维护、保养，保证安全设施、设备的正常使用。

生产、储存危险化学品的单位，应当在其作业场所和安全设施、设备上设置明显的安全警示标志。

**第二十一条** 生产、储存危险化学品的单位，应当在其作业场所设置通信、报警装置，并保证处于适用状态。

**第二十二条** 生产、储存危险化学品的企业，应当委托具备国家规定的资质条件的机构，对本企业的安全生产条件每3年进行一次安全评价，提出安全评价报告。安全评价报告的内容应当包括对安全生产条件存在的问题进行整改的方案。

生产、储存危险化学品的企业，应当将安全评价报告以及整改方案的落实情况报所在地县级人民政府安全生产监督管理部门备案。在港区内储存危险化学品的企业，应当将安全评价报告以及整改方案的落实情况报港口行政管理部门备案。

**第二十三条** 生产、储存剧毒化学品或者国务院公安部门规定的可用于制造爆炸物品的危险化学品（以下简称易制爆危险化学品）的单位，应当如实记录其生产、储存的剧毒化学品、易制爆危险化学品的数量、流向，并采取必要的安全防范措施，防止剧毒化学品、易制爆危险化学品丢失或者被盗；发现剧毒化学品、易制爆危险化学品丢失或者被盗的，应当立即向当地公安机关报告。

生产、储存剧毒化学品、易制爆危险化学品的单位，应当设置治安保卫机构，配备专职治安保卫人员。

**第二十四条** 危险化学品应当储存在专用仓库、专用场地或者专用储存室（以下统称专用仓库）内，并由专人负责管理；剧毒化学品以及储存数量构成重大危险源的其他危险化学品，应当在专用仓库内单独存放，并实行双人收发、双人保管制度。

危险化学品的储存方式、方法以及储存数量应当符合国家标准或者国家有关规定。

**第二十五条** 储存危险化学品的单位应当建立危险化学品出入库核查、登记制度。

对剧毒化学品以及储存数量构成重大危险源的其他危险化学品，储存单位应当将其储存数量、储存地点以及管理人员的情况，报所在地县级人民政府安全生产监督管理部门（在港区内储存的，报港口行政管理部门）和公安机关备案。

**第二十六条** 危险化学品专用仓库应当符合国家标准、行业标准的要求，并设置明显的标志。储存剧毒化学品、易制爆危险化学品的专用仓库，应当按照国家有关规定设置相应的技术防范设施。

储存危险化学品的单位应当对其危险化学品专用仓库的安全设施、设备定期进行检测、检验。

**第二十七条** 生产、储存危险化学品的单位转产、停产、停业或者解散的，应当采取有效措施，及时、妥善处置其危险化学品生产装置、储存设施以及库存的危险化学品，不得丢弃危险化学品；处置方案应当报所在地县级人民政府安全生产监督管理部门、工业和信息化主管部门、环境保护主管部门和公安机关备案。安全生产监督管理部门应当会同环境保护主管部门和公安机关对处置情况进行监督检查，发现未依照规定处置的，应当责令其立即处置。

## 第三章 使用安全

**第二十八条** 使用危险化学品的单位，其使用条件（包括工艺）应当符合法律、行政法规的规定和国家标准、行业标准的要求，并根据所使用的危险化学品的种类、危险特性以及使用量和使用方式，建立、健全使用危险化学品的安全管理规章制度和安全操作规程，保证危险化学品的安全使用。

**第二十九条** 使用危险化学品从事生产并且使用量达到规定数量的化工企业（属于危险化学品生产企业的除外，下同），应当依照本条例的规定取得危险化学品安全使用许可证。

前款规定的危险化学品使用量的数量标准，由国务院安全生产监督管理部门会同国务院公安部门、农业主管部门确定并公布。

**第三十条** 申请危险化学品安全使用许可证的化工企业，除应当符合本条例第二十八条的规定外，还应当具备下列条件：

（一）有与所使用的危险化学品相适应的专业技术人员；

（二）有安全管理机构和专职安全管理人员；

（三）有符合国家规定的危险化学品事故应急预案和必要的应急救援器材、设备；

（四）依法进行了安全评价。

**第三十一条** 申请危险化学品安全使用许可证的化工企业，应当向所在地设区的市级人民政府安全生产监督管理部门提出申请，并提交其符合本条例第三十条规定条件的证明材料。设区的市级人民政府安全生产监督管理部门应当依法进行审查，自收到证明材料之日起45日内作出批准或者不予批准的决定。予以批准的，颁发危险化学品安全使用许可证；不予批准的，书面通知申请人并说明理由。

安全生产监督管理部门应当将其颁发危险化学品安全使用许可证的情况及时向同级环境保护主管部门和公安机关通报。

**第三十二条** 本条例第十六条关于生产实施重点环境管理的危险化学品的企业的规定，适用于使用实施重点环境管理的危险化学品从事生产的企业；第二十条、第二十一条、第二十三条第一款、第二十七条关于生产、储存危险化学品的单位的规定，适用于使用危险化学品的单位；第二十二条关于生产、储存危险化学品的企业的规定，适用于使用危险化学品从事生产的企业。

## 第四章 经营安全

**第三十三条** 国家对危险化学品经营（包括仓储经营，下同）实行许可制度。未经许可，任何单位和个人不得经营危险化学品。

依法设立的危险化学品生产企业在其厂区范围内销售本企业生产的危险化学品，不需要取得危险化学品经营许可。

依照《中华人民共和国港口法》的规定取得港口经营许可证的港口经营人，在港区内从事危险化学品仓储经营，不需要取得危险化学品经营许可。

**第三十四条** 从事危险化学品经营的企业应当具备下列条件：

（一）有符合国家标准、行业标准的经营场所，储存危险化学品的，还应当有符合国家标准、行业标准的储存设施；

（二）从业人员经过专业技术培训并经考核合格；

（三）有健全的安全管理规章制度；

（四）有专职安全管理人员；

（五）有符合国家规定的危险化学品事故应急预案和必要的应急救援器材、设备；

（六）法律、法规规定的其他条件。

**第三十五条** 从事剧毒化学品、易制爆危险化学品经营的企业，应当向所在地设区的市级人民政府安全生产监督管理部门提出申请，从事其他危险化学品经营的企业，应当向所在地县级人民政府安全生产监督管理部门提出申请（有储存设施的，应当向所在地设区的市级人民政府安全生产监督管理部门提出申请）。申请人应当提交其符合本条例第三十四条规定条件的证明材料。设区的市级人民政府安全生产监督管理部门或者县级人民政府安全生产监督管理部门应当依法进行审查，并对申请人的经营场所、储存设施进行现场核查，自收到证明材料之日起30日内作出批准或者不予批准的决定。予以批准的，颁发危险化学品经营许可证；不予批准的，书面通知申请人并说明理由。

设区的市级人民政府安全生产监督管理部门和县级人民政府安全生产监督管理部门应当将其颁发危险化学品经营许可证的情况及时向同级环境保护主管部门和公安机关通报。

申请人持危险化学品经营许可证向工商行政管理部门办理登记手续后，方可从事危险化学品经营活动。法律、行政法规或者国务院规定经营危险化学品还需要经其他有关部门许可的，申请人向工商行政管理部门办理登记手续时还应当持相应的许可证件。

**第三十六条** 危险化学品经营企业储存危险化学品的，应当遵守本条例第二章关于储存危险化学品的规定。危险化学品商店内只能存放民用小包装的危险化学品。

**第三十七条** 危险化学品经营企业不得向未经许可从事危险化学品生产、经营活动的企业采购危险化学品，不得经营没有化学品安全技术说明书或者化学品安全标签的危险化学品。

**第三十八条** 依法取得危险化学品安全生产许可证、危险化学品安全使用许可证、危险化学品经营许可证的企业，凭相应的许可证件购买剧毒化学品、易制爆危险化学品。民用爆炸物品生产企业凭民用爆炸物品生产许可证购买易制爆危险化学品。

前款规定以外的单位购买剧毒化学品的，应当向所在地县级人民政府公安机关申请取得剧毒化学品购买许可证；购买易制爆危险化学品的，应当持本单位出具的合法用途说明。

个人不得购买剧毒化学品（属于剧毒化学品的农药除外）和易制爆危险化学品。

**第三十九条** 申请取得剧毒化学品购买许可证，申请人应当向所在地县级人民政府公安机关提交下列材料：

（一）营业执照或者法人证书（登记证书）的复印件；

（二）拟购买的剧毒化学品品种、数量的说明；

（三）购买剧毒化学品用途的说明；

（四）经办人的身份证明。

县级人民政府公安机关应当自收到前款规定的材料之日起3日内，作出批准或者不予批准的决定。予以批准的，颁发剧毒化学品购买许可证；不予批准的，书面通知申请人并说明理由。

剧毒化学品购买许可证管理办法由国务院公安部门制定。

**第四十条** 危险化学品生产企业、经营企业销售剧毒化学品、易制爆危险化学品，应当查验本条例第三十八条第一款、第二款规定的相关许可证件或者证明文件，不得向不具有相关许可证件或者证明文件的单位销售剧毒化学品、易制爆危险化学品。对持剧毒化学品购买许可证购买剧毒化学品的，应当按照许可证载明的品种、数量销售。

禁止向个人销售剧毒化学品（属于剧毒化学品的农药除外）和易制爆危险化学品。

**第四十一条** 危险化学品生产企业、经营企业销售剧毒化学品、易制爆危险化学品，应当如实记录购买单位的名称、地址、经办人的姓名、身份证号码以及所购买的剧毒化学品、易制爆危险化学品的品种、数量、用途。销售记录以及经办人的身份证明复印件、相关许可证件复印件或者证明文件的保存期限不得少于1年。

剧毒化学品、易制爆危险化学品的销售企业、购买单位应当在销售、购买后5日内，将所销售、购买的剧毒化学品、易制爆危险化学品的品种、数量以及流向信息报所在地县级人民政府公安机关备案，并输入计算机系统。

**第四十二条** 使用剧毒化学品、易制爆危险化学品的单位不得出借、转让其购买的剧毒化学品、易制爆危险化学品；因转产、停产、搬迁、关闭等确需转让的，应当向具有本条例第三十八条第一款、第二款规定的相关许可证件或者证明文件的单位转让，并在转让后将有关情况及时向所在地县级人民政府公安机关报告。

## 第五章 运 输 安 全

**第四十三条** 从事危险化学品道路运输、水路运输的，应当分别依照有关道路运输、水路运输的法律、行政法规的规定，取得危险货物道路运输许可、危险货物水路运输许可，并向工商行政管理部门办理登记手续。

危险化学品道路运输企业、水路运输企业应当配备专职安全管理人员。

**第四十四条** 危险化学品道路运输企业、水路运输企业的驾驶人员、船员、装卸管理人员、押运人员、申报人员、集装箱装箱现场检查员应当经交通运输主管部门考核合格，取得从业资格。具体办法由国务院交通运输主管部门制定。

危险化学品的装卸作业应当遵守安全作业标准、规程和制度，并在装卸管理人员的现场指挥或者监控下进行。水路运输危险化学品的集装箱装箱作业应当在集装箱装箱现场检查员的指挥或者监控下进行，并符合积载、隔离的规范和要求；装箱作业完毕后，集装箱装箱现场检查员应当签署装箱证明书。

**第四十五条** 运输危险化学品，应当根据危险化学品的危险特性采取相应的安全防护措施，并配备必要的防护用品和应急救援器材。

用于运输危险化学品的槽罐以及其他容器应当封口严密，能够防止危险化学品在运输过程中因温度、湿度或者压力的变化发生渗漏、洒漏；槽罐以及其他容器的溢流和泄压装置应当设置准确、起闭灵活。

运输危险化学品的驾驶人员、船员、装卸管理人员、押运人员、申报人员、集装箱装箱现场检查员，应当了解所运输的危险化学品的危险特性及其包装物、容器的使用要求和出现危险情况时的应急处置方法。

**第四十六条** 通过道路运输危险化学品的，托运人应当委托依法取得危险货物道路运输许可的企业承运。

**第四十七条** 通过道路运输危险化学品的，应当按照运输车辆的核定载质量装载危险化学品，不得超载。

危险化学品运输车辆应当符合国家标准要求的安全技术条件，并按照国家有关规定定期进行安全技术检验。

危险化学品运输车辆应当悬挂或者喷涂符合国家标准要求的警示标志。

**第四十八条** 通过道路运输危险化学品的，应当配备押运人员，并保证所运输的危险化学品处于押运人员的监控之下。

运输危险化学品途中因住宿或者发生影响正常运输的情况，需要较长时间停车的，驾驶人员、押运人员应当采取相应的安全防范措施；运输剧毒化学品或者易制爆危险化学品的，还应当向当地公安机关报告。

**第四十九条** 未经公安机关批准，运输危险化学品的车辆不得进入危险化学品运输车辆限制通行的区域。危险化学品运输车辆限制通行的区域由县级人民政府公安机关划定，并设置明显的标志。

**第五十条** 通过道路运输剧毒化学品的，托运人应当向运输始发地或者目的地县级人民政府公安机关申请剧毒化学品道路运输通行证。

申请剧毒化学品道路运输通行证，托运人应当向县级人民政府公安机关提交下列材料：

（一）拟运输的剧毒化学品品种、数量的说明；

（二）运输始发地、目的地、运输时间和运输路线的说明；

（三）承运人取得危险货物道路运输许可、运输车辆取得营运证以及驾驶人员、押运人员取得上岗资格的证明文件；

（四）本条例第三十八条第一款、第二款规定的购买剧毒化学品的相关许可证件，或者海关出具的进出口证明文件。

县级人民政府公安机关应当自收到前款规定的材料之日起 7 日内，作出批准或者不予批准的决定。予以批准的，颁发剧毒化学品道路运输通行证；不予批准的，书面通知申请人并说明理由。

剧毒化学品道路运输通行证管理办法由国务院公安部门制定。

**第五十一条** 剧毒化学品、易制爆危险化学品在道路运输途中丢失、被盗、被抢或者出现流散、泄漏等情况的，驾驶人员、押运人员应当立即采取相应的警示措施和安全措施，并向当地公安机关报告。公安机关接到报告后，应当根据实际情况立即向安全生产监督管理部门、环境保护主管部门、卫生主管部门通报。有关部门应当采取必要的应急处置措施。

**第五十二条** 通过水路运输危险化学品的，应当遵守法律、行政法规以及国务院交通运输主管部门关于危险货物水路运输安全的规定。

**第五十三条** 海事管理机构应当根据危险化学品的种类和危险特性，确定船舶运输危险化学品的相关安全运输条件。

拟交付船舶运输的化学品的相关安全运输条件不明确的，应当经国家海事管理机构认定的机构进行评估，明确相关安全运输条件并经海事管理机构确认后，方可交付船舶运输。

**第五十四条** 禁止通过内河封闭水域运输剧毒化学品以及国家规定禁止通过内河运输的其他危险化学品。

前款规定以外的内河水域，禁止运输国家规定禁止通过内河运输的剧毒化学品以及其他危险化学品。

禁止通过内河运输的剧毒化学品以及其他危险化学品的范围，由国务院交通运输主管部门会同国务院环境保护主管部门、工业和信息化主管部门、安全生产监督管理部门，根据危险化学品的危险特性、危险化学品对人体和水环境的危害程度以及消除危害后果的难易程度等因素规定并公布。

**第五十五条** 国务院交通运输主管部门应当根据危险化学品的危险特性，对通过内河运输本条例第五十四条规定以外的危险化学品（以下简称通过内河运输危险化学品）实行分类管理，对各类危险化学品的运输方式、包装规范和安全防护措施等分别作出规定并监督实施。

**第五十六条** 通过内河运输危险化学品，应当由依法取得危险货物水路运输许可的水路运输企业承运，其他单位和个人不得承运。托运人应当委托依法取得危险货物水路运输许可的水路运输企业承运，不得委托其他单位和个人承运。

**第五十七条** 通过内河运输危险化学品，应当使用依法取得危险货物适装证书的运输船舶。水路运输企业应当针对所运输的危险化学品的危险特性，制定运输船舶危险化学品事故应急救援预案，并为运输船舶配备充足、有效的应急救援器材和设备。

通过内河运输危险化学品的船舶，其所有人或者经营人应当取得船舶污染损害责任保险证书或者财务担保证明。船舶污染损害责任保险证书或者财务担保证明的副本应当随船携带。

**第五十八条** 通过内河运输危险化学品，危险化学品包装物的材质、型式、强度以及包装方法应当符合水路运输危险化学品包装规范的要求。国务院交通运输主管部门对单船运输的危险化学品数量有限制性规定的，承运人应当按照规定安排运输数量。

**第五十九条** 用于危险化学品运输作业的内河码头、泊位应当符合国家有关安全规范，与饮用水取水口保持国家规定的距离。有关管理单位应当制定码头、泊位危险化学品事故应急预案，并为码头、泊位配备充足、有效的应急救援器材和设备。

用于危险化学品运输作业的内河码头、泊位，经交通运输主管部门按照国家有关规定验收合格后方可投入使用。

**第六十条** 船舶载运危险化学品进出内河港口，应当将危险化学品的名称、危险特性、包装以及进出港时间等事项，事先报告海事管理机构。海事管理机构接到报告后，应当在国务院交通运输主管部门规定的时间内作出是否同意的决定，通知报告人，同时通报港口行政管理部门。定船舶、定航线、定货种的船舶可以定期报告。

在内河港口内进行危险化学品的装卸、过驳作业，应当将危险化学品的名称、危险特性、包装和作业的时间、地点等事项报告港口行政管理部门。港口行政管理部门接到报告后，应当在国务院交通运输主管部门规定的时间内作出是否同意的决定，通知报告人，同时通报海事管理机构。

载运危险化学品的船舶在内河航行，通过过船建筑物的，应当提前向交通运输主管部门申报，并接受交通运输主管部门的管理。

**第六十一条** 载运危险化学品的船舶在内河航行、装卸或者停泊，应当悬挂专用的警示标志，按照规定显示专用信号。

载运危险化学品的船舶在内河航行，按照国务院交通运输主管部门的规定需要引航的，应当申请引航。

**第六十二条** 载运危险化学品的船舶在内河航行，应当遵守法律、行政法规和国家其他有关饮用水水源保护的规定。内河航道发展规划应当与依法经批准的饮用水水源保护区划定方案相协调。

**第六十三条** 托运危险化学品的，托运人应当向承运人说明所托运的危险化学品的种类、数量、危险特性以及发生危险情况的应急处置措施，并按照国家有关规定对所托运的危险化学品妥善包装，在外包装上设置相应的标志。

运输危险化学品需要添加抑制剂或者稳定剂的，托运人应当添加，并将有关情况告知承运人。

**第六十四条** 托运人不得在托运的普通货物中夹带危险化学品，不得将危险化学品匿报或者谎报为普通货物托运。

任何单位和个人不得交寄危险化学品或者在邮件、快件内夹带危险化学品，不得将危险化学品匿报或者谎报为普通物品交寄。邮政企业、快递企业不得收寄危险化学品。

对涉嫌违反本条第一款、第二款规定的，交通运输主管部门、邮政管理部门可以依法开拆查验。

**第六十五条** 通过铁路、航空运输危险化学品的安全管理，依照有关铁路、航空运输的法律、行政法规、规章的规定执行。

## 第六章　危险化学品登记与事故应急救援

**第六十六条** 国家实行危险化学品登记制度，为危险化学品安全管理以及危险化学品事故预防和应急救援提供技术、信息支持。

**第六十七条** 危险化学品生产企业、进口企业，应当向国务院安全生产监督管理部门负责危险化学品登记的机构（以下简称危险化学品登记机构）办理危险化学品登记。

危险化学品登记包括下列内容：

（一）分类和标签信息；

（二）物理、化学性质；

（三）主要用途；

（四）危险特性；

（五）储存、使用、运输的安全要求；

（六）出现危险情况的应急处置措施。

对同一企业生产、进口的同一品种的危险化学品，不进行重复登记。危险化学品生产企业、进口企业发现其生产、进口的危险化学品有新的危险特性的，应当及时向危险化学品登记机构办理登记内容变更手续。

危险化学品登记的具体办法由国务院安全生产监督管理部门制定。

**第六十八条** 危险化学品登记机构应当定期向工业和信息化、环境保护、公安、卫生、交通运输、铁路、质量监督检验检疫等部门提供危险化学品登记的有关信息和资料。

**第六十九条** 县级以上地方人民政府安全生产监督管理部门应当会同工业和信息化、环境保护、公安、卫生、交通运输、铁路、质量监督检验检疫等部门，根据本地区实际情况，制定危险化学品事故应急预案，报本级人民政府批准。

**第七十条** 危险化学品单位应当制定本单位危险化学品事故应急预案，配备应急救援人员和必要的应急救援器材、设备，并定期组织应急救援演练。

危险化学品单位应当将其危险化学品事故应急预案报所在地设区的市级人民政府安全生产监督管理部门备案。

**第七十一条** 发生危险化学品事故，事故单位主要负责人应当立即按照本单位危险化学品应急预案组织救援，并向当地安全生产监督管理部门和环境保护、公安、卫生主管部门报告；道路运输、水路运输过程中发生危险化学品事故的，驾驶人员、船员或者押运人员还应当向事故发生地交通运输主管部门报告。

**第七十二条** 发生危险化学品事故，有关地方人民政府应当立即组织安全生产监督管理、环境保护、公安、卫生、交通运输等有关部门，按照本地区危险化学品事故应急预案组织实施救援，不得拖延、推诿。

有关地方人民政府及其有关部门应当按照下列规定，采取必要的应急处置措施，减少事故损失，防止事故蔓延、扩大：

（一）立即组织营救和救治受害人员，疏散、撤离或者采取其他措施保护危害区域内的其他人员；

（二）迅速控制危害源，测定危险化学品的性质、事故的危害区域及危害程度；

（三）针对事故对人体、动植物、土壤、水源、大气造成的现实危害和可能产生的危害，迅速采取封闭、隔离、洗消等措施；

（四）对危险化学品事故造成的环境污染和生态破坏状况进行监测、评估，并采取相应的环境污染治理和生态修复措施。

**第七十三条** 有关危险化学品单位应当为危险化学品事故应急救援提供技术指导和必要的协助。

**第七十四条** 危险化学品事故造成环境污染的，由设区的市级以上人民政府环境保护主管部门统一发布有关信息。

## 第七章 法律责任

**第七十五条** 生产、经营、使用国家禁止生产、经营、使用的危险化学品的，由安全生产监督管理部门责令停止生产、经营、使用活动，处20万元以上50万元以下的罚款，有违法所得的，没收违法所得；构成犯罪的，依法追究刑事责任。

有前款规定行为的，安全生产监督管理部门还应当责令其对所生产、经营、使用的危险化学品进行无害化处理。

违反国家关于危险化学品使用的限制性规定使用危险化学品的，依照本条第一款的规定处理。

**第七十六条** 未经安全条件审查，新建、改建、扩建生产、储存危险化学品的建设项目的，由安全生产监督管理部门责令停止建设，限期改正；逾期不改正的，处50万元以上100万元以下的罚款；构成犯罪的，依法追究刑事责任。

未经安全条件审查，新建、改建、扩建储存、装卸危险化学品的港口建设项目的，由港口行政管理部门依照前款规定予以处罚。

**第七十七条** 未依法取得危险化学品安全生产许可证从事危险化学品生产，或者未依法取得工业产品生产许可证从事危险化学品及其包装物、容器生产的，分别依照《安全生产许可证条例》、《中华人民共和国工业产品生产许可证管理条例》的规定处罚。

违反本条例规定，化工企业未取得危险化学品安全使用许可证，使用危险化学品从事生产的，由安全生产监督管理部门责令限期改正，处10万元以上20万元以下的罚款；逾期不改正的，责令停产整顿。

违反本条例规定，未取得危险化学品经营许可证从事危险化学品经营的，由安全生产监督管理部门责令停止经营活动，没收违法经营的危险化学品以及违法所得，并处10万元以上20万元以下的罚款；构成犯罪的，依法追究刑事责任。

**第七十八条** 有下列情形之一的，由安全生产监督管理部门责令改正，可以处5万元以下的罚款；拒不改正的，处5万元以上10万元以下的罚款；情节严重的，责令停产停业整顿：

（一）生产、储存危险化学品的单位未对其铺设的危险化学品管道设置明显的标志，或者未对危险化学品管道定期检查、检测的；

（二）进行可能危及危险化学品管道安全的施工作业，施工单位未按照规定书面通知管道所属单位，或者未与管道所属单位共同制定应急预案、采取相应的安全防护措施，或者管道所属单位未指派专门人员到现场进行管道安全保护指导的；

（三）危险化学品生产企业未提供化学品安全技术说明书，或者未在包装（包括外包装件）上粘贴、拴挂化学品安全标签的；

（四）危险化学品生产企业提供的化学品安全技术说明书与其生产的危险化学品不相符，或者在包装（包括外包装件）粘贴、拴挂的化学品安全标签与包装内危险化学品不相符，或者化学品安全技术说明书、化学品安全标签所载明的内容不符合国家标准要求的；

（五）危险化学品生产企业发现其生产的危险化学品有新的危险特性不立即公告，或者不及时修订其化学品安全技术说明书和化学品安全标签的；

（六）危险化学品经营企业经营没有化学品安全技术说明书和化学品安全标签的危险化学品的；

（七）危险化学品包装物、容器的材质以及包装的型式、规格、方法和单件质量（重量）与所包装的危险化学品的性质和用途不相适应的；

（八）生产、储存危险化学品的单位未在作业场所和安全设施、设备上设置明显的安全警示标志，或者未在作业场所设置通信、报警装置的；

（九）危险化学品专用仓库未设专人负责管理，或者对储存的剧毒化学品以及储存数量构成重大危险源的其他危险化学品未实行双人收发、双人保管制度的；

（十）储存危险化学品的单位未建立危险化学品出入库核查、登记制度的；

（十一）危险化学品专用仓库未设置明显标志的；

（十二）危险化学品生产企业、进口企业不办理危险化学品登记，或者发现其生产、进口的危险化学品有新的危险特性不办理危险化学品登记内容变更手续的。

从事危险化学品仓储经营的港口经营人有前款规定情形的，由港口行政管理部门依照前款规定予以处罚。储存剧毒化学品、易制爆危险化学品的专用仓库未按照国家有关规定设置相应的技术防范设施的，由公安机关依照前款规定予以处罚。

生产、储存剧毒化学品、易制爆危险化学品的单位未设置治安保卫机构、配备专职治安保卫人员的，依照《企业事业单位内部治安保卫条例》的规定处罚。

**第七十九条** 危险化学品包装物、容器生产企业销售未经检验或者经检验不合格的危险化学品包装物、容器的，由质量监督检验检疫部门责令改正，处10万元以上20万元以下的罚款，有违法所得的，没收违法所得；拒不改正的，责令停产停业整顿；构成犯罪的，依法追究刑事责任。

将未经检验合格的运输危险化学品的船舶及其配载的容器投入使用的，由海事管理机构依照前款规定予以处罚。

**第八十条** 生产、储存、使用危险化学品的单位有下列情形之一的，由安全生产监督管理部门责令改正，处5万元以上10万元以下的罚款；拒不改正的，责令停产停业整顿直至由原发证机关吊销其相关许可证件，并由工商行政管理部门责令其办理经营范围变更登记或者吊销其营业执照；有关责任人员构成犯罪的，依法追究刑事责任：

（一）对重复使用的危险化学品包装物、容器，在重复使用前不进行检查的；

（二）未根据其生产、储存的危险化学品的种类和危险特性，在作业场所设置相关安全设施、设备，或者未按照国家标准、行业标准或者国家有关规定对安全设施、设备进行经常性维护、保养的；

（三）未依照本条例规定对其安全生产条件定期进行安全评价的；

（四）未将危险化学品储存在专用仓库内，或者未将剧毒化学品以及储存数量构成重大危险源的其他危险化学品在专用仓库内单独存放的；

（五）危险化学品的储存方式、方法或者储存数量不符合国家标准或者国家有关规定的；

（六）危险化学品专用仓库不符合国家标准、行业标准的要求的；

（七）未对危险化学品专用仓库的安全设施、设备定期进行检测、检验的。

从事危险化学品仓储经营的港口经营人有前款规定情形的，由港口行政管理部门依照前款规定予以处罚。

**第八十一条** 有下列情形之一的，由公安机关责令改正，可以处1万元以下的罚款；拒不改正的，处1万元以上5万元以下的罚款：

（一）生产、储存、使用剧毒化学品、易制爆危险化学品的单位不如实记录生产、储存、使用的剧毒化学品、易制爆危险化学品的数量、流向的；

（二）生产、储存、使用剧毒化学品、易制爆危险化学品的单位发现剧毒化学品、易制爆危险化学品丢失或者被盗，不立即向公安机关报告的；

（三）储存剧毒化学品的单位未将剧毒化学品的储存数量、储存地点以及管理人员的情况报所在地县级人民政府公安机关备案的；

（四）危险化学品生产企业、经营企业不如实记录剧毒化学品、易制爆危险化学品购买单位的名称、地址、经办人的姓名、身份证号码以及所购买的剧毒化学品、易制爆危险化学品的品种、数量、用途，或者保存销售记录和相关材料的时间少于1年的；

（五）剧毒化学品、易制爆危险化学品的销售企业、购买单位未在规定的时限内将所销售、购买的剧毒化学品、易制爆危险化学品的品种、数量以及流向信息报所在地县级人民政府公安机关备案的；

（六）使用剧毒化学品、易制爆危险化学品的单位依照本条例规定转让其购买的剧毒化学品、易制爆危险化学品，未将有关情况向所在地县级人民政府公安机关报告的。

生产、储存危险化学品的企业或者使用危险化学品从事生产的企业未按照本条例规定将安全评价报告以及整改方案的落实情况报安全生产监督管理部门或者港口行政管理部门备案，或者储存危险化学品的单位未将其剧毒化学品以及储存数量构成重大危险源的其他危险化学品的储存数量、储存地点以及管理人员的情况报安全生产监督管理部门或者港口行政管理部门备案的，分别由安全生产监督管理部门或者港口行政管理部门依照前款规定予以处罚。

生产实施重点环境管理的危险化学品的企业或者使用实施重点环境管理的危险化学品从事生产的企业未按照规定将相关信息向环境保护主管部门报告的，由环境保护主管部门依照本条第一款的规定予以处罚。

**第八十二条** 生产、储存、使用危险化学品的单位转产、停产、停业或者解散，未采取有效措施及时、妥善处置其危险化学品生产装置、储存设施以及库存的危险化学品，或者丢弃危险化学品的，由安全生产监督管理部门责令改正，处5万元以上10万元以下的罚款；构成犯罪的，依法追究刑事责任。

生产、储存、使用危险化学品的单位转产、停产、停业或者解散，未依照本条例规定将其危险化学品生产装置、储存设施以及库存危险化学品的处置方案报有关部门备案的，分别由有关部门责令改正，可以处1万元以下的罚款；拒不改正的，处1万元以上5万元以下的罚款。

**第八十三条** 危险化学品经营企业向未经许可违法从事危险化学品生产、经营活动的企业采购危险化学品的，由工商行政管理部门责令改正，处10万元以上20万元以下的罚款；拒不改正的，责令停业整顿直至由原发证机关吊销其危险化学品经营许可证，并由工商行政管理部门责令其办理经营范围变更登记或者吊销其营业执照。

**第八十四条** 危险化学品生产企业、经营企业有下列情形之一的，由安全生产监督管理部门责令改正，没收违法所得，并处10万元以上20万元以下的罚款；拒不改正的，责令停产停业整顿直至吊销其危险化学品安全生产许可证、危险化学品经营许可证，并由工商行政管理部门责令其办理经营范围变更登记或者吊销其营业执照：

（一）向不具有本条例第三十八条第一款、第二款规定的相关许可证件或者证明文件的单位销售剧毒化学品、易制爆危险化学品的；

（二）不按照剧毒化学品购买许可证载明的品种、数量销售剧毒化学品的；

（三）向个人销售剧毒化学品（属于剧毒化学品的农药除外）、易制爆危险化学品的。

不具有本条例第三十八条第一款、第二款规定的相关许可证件或者证明文件的单位购买剧毒化学品、易制爆危险化学品，或者个人购买剧毒化学品（属于剧毒化学品的农药除外）、易制爆危险化学品的，由公安机关没收所购买的剧毒化学品、易制爆危险化学品，可以并处5000元以下的罚款。

使用剧毒化学品、易制爆危险化学品的单位出借或者向不具有本条例第三十八条第一款、第二款规定的相关许可证件的单位转让其购买的剧毒化学品、易制爆危险化学品，或者向个人转让其购买的剧毒化学品（属于剧毒化学品的农药除外）、易制爆危险化学品的，由公安机关责令改正，处10万元以上20万元以下的罚款；拒不改正的，责令停产停业整顿。

**第八十五条** 未依法取得危险货物道路运输许可、危险货物水路运输许可，从事危险化学品道路运输、水路运输的，分别依照有关道路运输、水路运输的法律、行政法规的规定处罚。

**第八十六条** 有下列情形之一的，由交通运输主管部门责令改正，处5万元以上10万元以下的罚款；拒不改正的，责令停产停业整顿；构成犯罪的，依法追究刑事责任：

（一）危险化学品道路运输企业、水路运输企业的驾驶人员、船员、装卸管理人员、押运人员、申报人员、集装箱装箱现场检查员未取得从业资格上岗作业的；

（二）运输危险化学品，未根据危险化学品的危险特性采取相应的安全防护措施，或者未配备必要的防护用品和应急救援器材的；

（三）使用未依法取得危险货物适装证书的船舶，通过内河运输危险化学品的；

（四）通过内河运输危险化学品的承运人违反国务院交通运输主管部门对单船运输的危险化学品数量的限制性规定运输危险化学品的；

（五）用于危险化学品运输作业的内河码头、泊位不符合国家有关安全规范，或者未与饮用水取水口保持国家规定的安全距离，或者未经交通运输主管部门验收合格投入使用的；

（六）托运人不向承运人说明所托运的危险化学品的种类、数量、危险特性以及发生危险情况的应急处置措施，或者未按照国家有关规定对所托运的危险化学品妥善包装并在外包装上设置相应标志的；

（七）运输危险化学品需要添加抑制剂或者稳定剂，托运人未添加或者未将有关情况告知承运人的。

**第八十七条** 有下列情形之一的，由交通运输主管部门责令改正，处10万元以上20万元以下的罚款，有违法所得的，没收违法所得；拒不改正的，责令停产停业整顿；构成犯罪的，依法追究刑事责任：

（一）委托未依法取得危险货物道路运输许可、危险货物水路运输许可的企业承运危险化学品的；

（二）通过内河封闭水域运输剧毒化学品以及国家规定禁止通过内河运输的其他危险化学品的；

（三）通过内河运输国家规定禁止通过内河运输的剧毒化学品以及其他危险化学品的；

（四）在托运的普通货物中夹带危险化学品，或者将危险化学品谎报或者匿报为普通货物托运的。

在邮件、快件内夹带危险化学品，或者将危险化学品谎报为普通物品交寄的，依法给予治安管理处罚；构成犯罪的，依法追究刑事责任。

邮政企业、快递企业收寄危险化学品的，依照《中华人民共和国邮政法》的规定处罚。

**第八十八条** 有下列情形之一的，由公安机关责令改正，处5万元以上10万元以下的罚款；构成违反治安管理行为的，依法给予治安管理处罚；构成犯罪的，依法追究刑事责任：

（一）超过运输车辆的核定载质量装载危险化学品的；

（二）使用安全技术条件不符合国家标准要求的车辆运输危险化学品的；

（三）运输危险化学品的车辆未经公安机关批准进入危险化学品运输车辆限制通行的区域的；

（四）未取得剧毒化学品道路运输通行证，通过道路运输剧毒化学品的。

**第八十九条** 有下列情形之一的，由公安机关责令改正，处1万元以上5万元以下的罚款；构成违反治安管理行为的，依法给予治安管理处罚：

（一）危险化学品运输车辆未悬挂或者喷涂警示标志，或者悬挂或者喷涂的警示标志不符合国家标准要求的；

（二）通过道路运输危险化学品，不配备押运人员的；

（三）运输剧毒化学品或者易制爆危险化学品途中需要较长时间停车，驾驶人员、押运人员不向当地公安机关报告的；

（四）剧毒化学品、易制爆危险化学品在道路运输途中丢失、被盗、被抢或者发生流散、泄漏等情况，驾驶人员、押运人员不采取必要的警示措施和安全措施，或者不向当地公安机关报告的。

**第九十条** 对发生交通事故负有全部责任或者主要责任的危险化学品道路运输企业，由公安机关责令消除安全隐患，未消除安全隐患的危险化学品运输车辆，禁止上道路行驶。

**第九十一条** 有下列情形之一的，由交通运输主管部门责令改正，可以处1万元以下的罚款；拒不改正的，处1万元以上5万元以下的罚款：

（一）危险化学品道路运输企业、水路运输企业未配备专职安全管理人员的；

（二）用于危险化学品运输作业的内河码头、泊位的管理单位未制定码头、泊位危险化学品事故应急救援预案，或者未为码头、泊位配备充足、有效的应急救援器材和设备的。

**第九十二条** 有下列情形之一的，依照《中华人民共和国内河交通安全管理条例》的规定处罚：

（一）通过内河运输危险化学品的水路运输企业未制定运输船舶危险化学品事故应急救援预案，或者未为运输船舶配备充足、有效的应急救援器材和设备的；

（二）通过内河运输危险化学品的船舶的所有人或者经营人未取得船舶污染损害责任保险证书或者财务担保证明的；

（三）船舶载运危险化学品进出内河港口，未将有关事项事先报告海事管理机构并经其同意的；

（四）载运危险化学品的船舶在内河航行、装卸或者停泊，未悬挂专用的警示标志，或者未按照规定显示专用信号，或者未按照规定申请引航的。

未向港口行政管理部门报告并经其同意，在港口内进行危险化学品的装卸、过驳作业的，依照《中华人民共和国港口法》的规定处罚。

**第九十三条** 伪造、变造或者出租、出借、转让危险化学品安全生产许可证、工业产品生产许可证，或者使用伪造、变造的危险化学品安全生产许可证、工业产品生产许可证的，分别依照《安全生产许可证条例》、《中华人民共和国工业产品生产许可证管理条例》的规定处罚。

伪造、变造或者出租、出借、转让本条例规定的其他许可证，或者使用伪造、变造的本条例规定的其他许可证的，分别由相关许可证的颁发管理机关处10万元以上20万元以下的罚款，有违法所得的，没收违法所得；构成违反治安管理行为的，依法给予治安管理处罚；构成犯罪的，依法追究刑事责任。

**第九十四条** 危险化学品单位发生危险化学品事故，其主要负责人不立即组织救援或者不立即向有关部门报告的，依照《生产安全事故报告和调查处理条例》的规定处罚。

危险化学品单位发生危险化学品事故，造成他人人身伤害或者财产损失的，依法承担赔偿责任。

**第九十五条** 发生危险化学品事故，有关地方人民政府及其有关部门不立即组织实施救援，或者不采取必要的应急处置措施减少事故损失，防止事故蔓延、扩大的，对直接负责的主管人员和其他直接责任人员依法给予处分；构成犯罪的，依法追究刑事责任。

**第九十六条** 负有危险化学品安全监督管理职责的部门的工作人员，在危险化学品安全监督管理工作中滥用职权、玩忽职守、徇私舞弊，构成犯罪的，依法追究刑事责任；尚不构成犯罪的，依法给予处分。

## 第八章 附 则

**第九十七条** 监控化学品、属于危险化学品的药品和农药的安全管理，依照本条例的规定执行；法律、行政法规另有规定的，依照其规定。

民用爆炸物品、烟花爆竹、放射性物品、核能物质以及用于国防科研生产的危险化学品的安全管理，不适用本条例。

法律、行政法规对燃气的安全管理另有规定的，依照其规定。

危险化学品容器属于特种设备的，其安全管理依照有关特种设备安全的法律、行政法规的规定执行。

**第九十八条** 危险化学品的进出口管理，依照有关对外贸易的法律、行政法规、规章的规定执行；进口的危险化学品的储存、使用、经营、运输的安全管理，依照本条例的规定执行。

危险化学品环境管理登记和新化学物质环境管理登记，依照有关环境保护的法律、行政法规、规章的规定执行。危险化学品环境管理登记，按照国家有关规定收取费用。

**第九十九条** 公众发现、捡拾的无主危险化学品，由公安机关接收。公安机关接收或者有关部门依法没收的危险化学品，需要进行无害化处理的，交由环境保护主管部门组织其认定的专业单位进行处理，或者交由有关危险化学品生产企业进行处理。处理所需费用由国家财政负担。

**第一百条** 化学品的危险特性尚未确定的，由国务院安全生产监督管理部门、国务院环境保护主管部门、国务院卫生主管部门分别负责组织对该化学品的物理危险性、环境危害性、毒理特性进行鉴定。根据鉴定结果，需要调整危险化学品目录的，依照本条例第三条第二款的规定办理。

**第一百零一条** 本条例施行前已经使用危险化学品从事生产的化工企业，依照本条例规定需要取得危险化学品安全使用许可证的，应当在国务院安全生产监督管理部门规定的期限内，申请取得危险化学品安全使用许可证。

**第一百零二条** 本条例自2011年12月1日起施行。

# 中华人民共和国国务院令

第 593 号

《公路安全保护条例》已经2011年2月16日国务院第144次常务会议通过，现予公布，自2011年7月1日起施行。

总理　温家宝

二〇一一年三月七日

# 公路安全保护条例

## 第一章　总　　则

**第一条**　为了加强公路保护，保障公路完好、安全和畅通，根据《中华人民共和国公路法》，制定本条例。

**第二条**　各级人民政府应当加强对公路保护工作的领导，依法履行公路保护职责。

**第三条**　国务院交通运输主管部门主管全国公路保护工作。

县级以上地方人民政府交通运输主管部门主管本行政区域的公路保护工作；但是，县级以上地方人民政府交通运输主管部门对国道、省道的保护职责，由省、自治区、直辖市人民政府确定。

公路管理机构依照本条例的规定具体负责公路保护的监督管理工作。

**第四条**　县级以上各级人民政府发展改革、工业和信息化、公安、工商、质检等部门按照职责分工，依法开展公路保护的相关工作。

**第五条**　县级以上各级人民政府应当将政府及其有关部门从事公路管理、养护所需经费以及公路管理机构行使公路行政管理职能所需经费纳入本级人民政府财政预算。但是，专用公路的公路保护经费除外。

**第六条**　县级以上各级人民政府交通运输主管部门应当综合考虑国家有关车辆技术标准、公路使用状况等因素，逐步提高公路建设、管理和养护水平，努力满足国民经济和社会发展以及人民群众生产、生活需要。

**第七条**　县级以上各级人民政府交通运输主管部门应当依照《中华人民共和国突发事件应对法》的规定，制定地震、泥石流、雨雪冰冻灾害等损毁公路的突发事件（以下简称公路突发事件）应急预案，报本级人民政府批准后实施。

公路管理机构、公路经营企业应当根据交通运输主管部门制定的公路突发事件应急预案，组建应急队伍，并定期组织应急演练。

**第八条**　国家建立健全公路突发事件应急物资储备保障制度，完善应急物资储备、调配体系，确保发生公路突发事件时能够满足应急处置工作的需要。

**第九条**　任何单位和个人不得破坏、损坏、非法占用或者非法利用公路、公路用地和公路附属设施。

## 第二章　公 路 线 路

**第十条**　公路管理机构应当建立健全公路管理档案，对公路、公路用地和公路附属设施调查核实、登记造册。

**第十一条** 县级以上地方人民政府应当根据保障公路运行安全和节约用地的原则以及公路发展的需要，组织交通运输、国土资源等部门划定公路建筑控制区的范围。

公路建筑控制区的范围，从公路用地外缘起向外的距离标准为：

（一）国道不少于20米；

（二）省道不少于15米；

（三）县道不少于10米；

（四）乡道不少于5米。

属于高速公路的，公路建筑控制区的范围从公路用地外缘起向外的距离标准不少于30米。

公路弯道内侧、互通立交以及平面交叉道口的建筑控制区范围根据安全视距等要求确定。

**第十二条** 新建、改建公路的建筑控制区的范围，应当自公路初步设计批准之日起30日内，由公路沿线县级以上地方人民政府依照本条例划定并公告。

公路建筑控制区与铁路线路安全保护区、航道保护范围、河道管理范围或者水工程管理和保护范围重叠的，经公路管理机构和铁路管理机构、航道管理机构、水行政主管部门或者流域管理机构协商后划定。

**第十三条** 在公路建筑控制区内，除公路保护需要外，禁止修建建筑物和地面构筑物；公路建筑控制区划定前已经合法修建的不得扩建，因公路建设或者保障公路运行安全等原因需要拆除的应当依法给予补偿。

在公路建筑控制区外修建的建筑物、地面构筑物以及其他设施不得遮挡公路标志，不得妨碍安全视距。

**第十四条** 新建村镇、开发区、学校和货物集散地、大型商业网点、农贸市场等公共场所，与公路建筑控制区边界外缘的距离应当符合下列标准，并尽可能在公路一侧建设：

（一）国道、省道不少于50米；

（二）县道、乡道不少于20米。

**第十五条** 新建、改建公路与既有城市道路、铁路、通信等线路交叉或者新建、改建城市道路、铁路、通信等线路与既有公路交叉的，建设费用由新建、改建单位承担；城市道路、铁路、通信等线路的管理部门、单位或者公路管理机构要求提高既有建设标准而增加的费用，由提出要求的部门或者单位承担。

需要改变既有公路与城市道路、铁路、通信等线路交叉方式的，按照公平合理的原则分担建设费用。

**第十六条** 禁止将公路作为检验车辆制动性能的试车场地。

禁止在公路、公路用地范围内摆摊设点、堆放物品、倾倒垃圾、设置障碍、挖沟引水、打场晒粮、种植作物、放养牲畜、采石、取土、采空作业、焚烧物品、利用公路边沟排放污物或者进行其他损坏、污染公路和影响公路畅通的行为。

**第十七条** 禁止在下列范围内从事采矿、采石、取土、爆破作业等危及公路、公路桥梁、公路隧道、公路渡口安全的活动：

（一）国道、省道、县道的公路用地外缘起向外100米，乡道的公路用地外缘起向外50米；

（二）公路渡口和中型以上公路桥梁周围200米；

（三）公路隧道上方和洞口外100米。

在前款规定的范围内，因抢险、防汛需要修筑堤坝、压缩或者拓宽河床的，应当经省、自治区、直辖市人民政府交通运输主管部门会同水行政主管部门或者流域管理机构批准，并采取安全防护措施方可进行。

**第十八条** 除按照国家有关规定设立的为车辆补充燃料的场所、设施外，禁止在下列范围内设立生产、储存、销售易燃、易爆、剧毒、放射性等危险物品的场所、设施：

（一）公路用地外缘起向外100米；

（二）公路渡口和中型以上公路桥梁周围200米；

（三）公路隧道上方和洞口外100米。

**第十九条** 禁止擅自在中型以上公路桥梁跨越的河道上下游各1000米范围内抽取地下水、架设浮桥以及修建其他危及公路桥梁安全的设施。

在前款规定的范围内，确需进行抽取地下水、架设浮桥等活动的，应当经水行政主管部门、流域管理机构等有关单位会同公路管理机构批准，并采取安全防护措施方可进行。

**第二十条** 禁止在公路桥梁跨越的河道上下游

的下列范围内采砂：

（一）特大型公路桥梁跨越的河道上游500米，下游3000米；

（二）大型公路桥梁跨越的河道上游500米，下游2000米；

（三）中小型公路桥梁跨越的河道上游500米，下游1000米。

**第二十一条** 在公路桥梁跨越的河道上下游各500米范围内依法进行疏浚作业的，应当符合公路桥梁安全要求，经公路管理机构确认安全方可作业。

**第二十二条** 禁止利用公路桥梁进行牵拉、吊装等危及公路桥梁安全的施工作业。

禁止利用公路桥梁（含桥下空间）、公路隧道、涵洞堆放物品，搭建设施以及铺设高压电线和输送易燃、易爆或者其他有毒有害气体、液体的管道。

**第二十三条** 公路桥梁跨越航道的，建设单位应当按照国家有关规定设置桥梁航标、桥柱标、桥梁水尺标，并按照国家标准、行业标准设置桥区水上航标和桥墩防撞装置。桥区水上航标由航标管理机构负责维护。

通过公路桥梁的船舶应当符合公路桥梁通航净空要求，严格遵守航行规则，不得在公路桥梁下停泊或者系缆。

**第二十四条** 重要的公路桥梁和公路隧道按照《中华人民共和国人民武装警察法》和国务院、中央军委的有关规定由中国人民武装警察部队守护。

**第二十五条** 禁止损坏、擅自移动、涂改、遮挡公路附属设施或者利用公路附属设施架设管道、悬挂物品。

**第二十六条** 禁止破坏公路、公路用地范围内的绿化物。需要更新采伐护路林的，应当向公路管理机构提出申请，经批准方可更新采伐，并及时补种；不能及时补种的，应当交纳补种所需费用，由公路管理机构代为补种。

**第二十七条** 进行下列涉路施工活动，建设单位应当向公路管理机构提出申请：

（一）因修建铁路、机场、供电、水利、通信等建设工程需要占用、挖掘公路、公路用地或者使公路改线；

（二）跨越、穿越公路修建桥梁、渡槽或者架设、埋设管道、电缆等设施；

（三）在公路用地范围内架设、埋设管道、电缆等设施；

（四）利用公路桥梁、公路隧道、涵洞铺设电缆等设施；

（五）利用跨越公路的设施悬挂非公路标志；

（六）在公路上增设或者改造平面交叉道口；

（七）在公路建筑控制区内埋设管道、电缆等设施。

**第二十八条** 申请进行涉路施工活动的建设单位应当向公路管理机构提交下列材料：

（一）符合有关技术标准、规范要求的设计和施工方案；

（二）保障公路、公路附属设施质量和安全的技术评价报告；

（三）处置施工险情和意外事故的应急方案。

公路管理机构应当自受理申请之日起20日内作出许可或者不予许可的决定；影响交通安全的，应当征得公安机关交通管理部门的同意；涉及经营性公路的，应当征求公路经营企业的意见；不予许可的，公路管理机构应当书面通知申请人并说明理由。

**第二十九条** 建设单位应当按照许可的设计和施工方案进行施工作业，并落实保障公路、公路附属设施质量和安全的防护措施。

涉路施工完毕，公路管理机构应当对公路、公路附属设施是否达到规定的技术标准以及施工是否符合保障公路、公路附属设施质量和安全的要求进行验收；影响交通安全的，还应当经公安机关交通管理部门验收。

涉路工程设施的所有人、管理人应当加强维护和管理，确保工程设施不影响公路的完好、安全和畅通。

## 第三章　公路通行

**第三十条** 车辆的外廓尺寸、轴荷和总质量应当符合国家有关车辆外廓尺寸、轴荷、质量限值等机动车安全技术标准，不符合标准的不得生产、销售。

**第三十一条** 公安机关交通管理部门办理车辆登记，应当当场查验，对不符合机动车国家安全技术标准的车辆不予登记。

**第三十二条** 运输不可解体物品需要改装车辆的，应当由具有相应资质的车辆生产企业按照规定的车型和技术参数进行改装。

**第三十三条** 超过公路、公路桥梁、公路隧道限载、限高、限宽、限长标准的车辆，不得在公路、公路桥梁或者公路隧道行驶；超过汽车渡船限载、限高、限宽、限长标准的车辆，不得使用汽车渡船。

公路、公路桥梁、公路隧道限载、限高、限宽、限长标准调整的，公路管理机构、公路经营企业应当及时变更限载、限高、限宽、限长标志；需要绕行的，还应当标明绕行路线。

**第三十四条** 县级人民政府交通运输主管部门或者乡级人民政府可以根据保护乡道、村道的需要，在乡道、村道的出入口设置必要的限高、限宽设施，但是不得影响消防和卫生急救等应急通行需要，不得向通行车辆收费。

**第三十五条** 车辆载运不可解体物品，车货总体的外廓尺寸或者总质量超过公路、公路桥梁、公路隧道的限载、限高、限宽、限长标准，确需在公路、公路桥梁、公路隧道行驶的，从事运输的单位和个人应当向公路管理机构申请公路超限运输许可。

**第三十六条** 申请公路超限运输许可按照下列规定办理：

（一）跨省、自治区、直辖市进行超限运输的，向公路沿线各省、自治区、直辖市公路管理机构提出申请，由起运地省、自治区、直辖市公路管理机构统一受理，并协调公路沿线各省、自治区、直辖市公路管理机构对超限运输申请进行审批，必要时可以由国务院交通运输主管部门统一协调处理；

（二）在省、自治区范围内跨设区的市进行超限运输，或者在直辖市范围内跨区、县进行超限运输的，向省、自治区、直辖市公路管理机构提出申请，由省、自治区、直辖市公路管理机构受理并审批；

（三）在设区的市范围内跨区、县进行超限运输的，向设区的市公路管理机构提出申请，由设区的市公路管理机构受理并审批；

（四）在区、县范围内进行超限运输的，向区、县公路管理机构提出申请，由区、县公路管理机构受理并审批。

公路超限运输影响交通安全的，公路管理机构在审批超限运输申请时，应当征求公安机关交通管理部门意见。

**第三十七条** 公路管理机构审批超限运输申请，应当根据实际情况勘测通行路线，需要采取加固、改造措施的，可以与申请人签订有关协议，制定相应的加固、改造方案。

公路管理机构应当根据其制定的加固、改造方案，对通行的公路桥梁、涵洞等设施进行加固、改造；必要时应当对超限运输车辆进行监管。

**第三十八条** 公路管理机构批准超限运输申请的，应当为超限运输车辆配发国务院交通运输主管部门规定式样的超限运输车辆通行证。

经批准进行超限运输的车辆，应当随车携带超限运输车辆通行证，按照指定的时间、路线和速度行驶，并悬挂明显标志。

禁止租借、转让超限运输车辆通行证。禁止使用伪造、变造的超限运输车辆通行证。

**第三十九条** 经省、自治区、直辖市人民政府批准，有关交通运输主管部门可以设立固定超限检测站点，配备必要的设备和人员。

固定超限检测站点应当规范执法，并公布监督电话。公路管理机构应当加强对固定超限检测站点的管理。

**第四十条** 公路管理机构在监督检查中发现车辆超过公路、公路桥梁、公路隧道或者汽车渡船的限载、限高、限宽、限长标准的，应当就近引导至固定超限检测站点进行处理。

车辆应当按照超限检测指示标志或者公路管理机构监督检查人员的指挥接受超限检测，不得故意堵塞固定超限检测站点通行车道、强行通过固定超限检测站点或者以其他方式扰乱超限检测秩序，不得采取短途驳载等方式逃避超限检测。

禁止通过引路绕行等方式为不符合国家有关载运标准的车辆逃避超限检测提供便利。

**第四十一条** 煤炭、水泥等货物集散地以及货运站等场所的经营人、管理人应当采取有效措施，防止不符合国家有关载运标准的车辆出场（站）。

道路运输管理机构应当加强对煤炭、水泥等货物集散地以及货运站等场所的监督检查，制止不符合国家有关载运标准的车辆出场（站）。

任何单位和个人不得指使、强令车辆驾驶人超限运输货物，不得阻碍道路运输管理机构依法进行监督检查。

**第四十二条** 载运易燃、易爆、剧毒、放射性等危险物品的车辆，应当符合国家有关安全管理规定，并避免通过特大型公路桥梁或者特长公路隧道；确需通过特大型公路桥梁或者特长公路隧道的，负责审批易燃、易爆、剧毒、放射性等危险物品运输许可的机关应当提前将行驶时间、路线通知特大型公路桥梁或者特长公路隧道的管理单位，并对在特大型公路桥梁或者特长公路隧道行驶的车辆进行现场监管。

**第四十三条** 车辆应当规范装载，装载物不得触地拖行。车辆装载物易掉落、遗洒或者飘散的，应当采取厢式密闭等有效防护措施方可在公路上行驶。

公路上行驶车辆的装载物掉落、遗洒或者飘散的，车辆驾驶人、押运人员应当及时采取措施处理；无法处理的，应当在掉落、遗洒或者飘散物来车方向适当距离外设置警示标志，并迅速报告公路管理机构或者公安机关交通管理部门。其他人员发现公路上有影响交通安全的障碍物的，也应当及时报告公路管理机构或者公安机关交通管理部门。公安机关交通管理部门应当责令改正车辆装载物掉落、遗洒、飘散等违法行为；公路管理机构、公路经营企业应当及时清除掉落、遗洒、飘散在公路上的障碍物。

车辆装载物掉落、遗洒、飘散后，车辆驾驶人、押运人员未及时采取措施处理，造成他人人身、财产损害的，道路运输企业、车辆驾驶人应当依法承担赔偿责任。

## 第四章 公路养护

**第四十四条** 公路管理机构、公路经营企业应当加强公路养护，保证公路经常处于良好技术状态。

前款所称良好技术状态，是指公路自身的物理状态符合有关技术标准的要求，包括路面平整，路肩、边坡平顺，有关设施完好。

**第四十五条** 公路养护应当按照国务院交通运输主管部门规定的技术规范和操作规程实施作业。

**第四十六条** 从事公路养护作业的单位应当具备下列资质条件：

（一）有一定数量的符合要求的技术人员；

（二）有与公路养护作业相适应的技术设备；

（三）有与公路养护作业相适应的作业经历；

（四）国务院交通运输主管部门规定的其他条件。

公路养护作业单位资质管理办法由国务院交通运输主管部门另行制定。

**第四十七条** 公路管理机构、公路经营企业应当按照国务院交通运输主管部门的规定对公路进行巡查，并制作巡查记录；发现公路坍塌、坑槽、隆起等损毁的，应当及时设置警示标志，并采取措施修复。

公安机关交通管理部门发现公路坍塌、坑槽、隆起等损毁，危及交通安全的，应当及时采取措施，疏导交通，并通知公路管理机构或者公路经营企业。

其他人员发现公路坍塌、坑槽、隆起等损毁的，应当及时向公路管理机构、公安机关交通管理部门报告。

**第四十八条** 公路管理机构、公路经营企业应当定期对公路、公路桥梁、公路隧道进行检测和评定，保证其技术状态符合有关技术标准；对经检测发现不符合车辆通行安全要求的，应当进行维修，及时向社会公告，并通知公安机关交通管理部门。

**第四十九条** 公路管理机构、公路经营企业应当定期检查公路隧道的排水、通风、照明、监控、报警、消防、救助等设施，保持设施处于完好状态。

**第五十条** 公路管理机构应当统筹安排公路养护作业计划，避免集中进行公路养护作业造成交通堵塞。

在省、自治区、直辖市交界区域进行公路养护作业，可能造成交通堵塞的，有关公路管理机构、公安机关交通管理部门应当事先书面通报相邻的省、自治区、直辖市公路管理机构、公安机关交通管理部门，共同制定疏导预案，确定分流路线。

**第五十一条** 公路养护作业需要封闭公路的，或者占用半幅公路进行作业，作业路段长度在2公里以上，并且作业期限超过30日的，除紧急情况外，公路养护作业单位应当在作业开始之日前5日向社会公告，明确绕行路线，并在绕行处设置标志；不能绕行的，应当修建临时道路。

**第五十二条** 公路养护作业人员作业时，应当穿着统一的安全标志服。公路养护车辆、机械设备作业时，应当设置明显的作业标志，开启危险报警闪光灯。

**第五十三条** 发生公路突发事件影响通行的，公路管理机构、公路经营企业应当及时修复公路、恢复通行。设区的市级以上人民政府交通运输主管部门应当根据修复公路、恢复通行的需要，及时调集抢修力量，统筹安排有关作业计划，下达路网调度指令，配合有关部门组织绕行、分流。

设区的市级以上公路管理机构应当按照国务院交通运输主管部门的规定收集、汇总公路损毁、公路交通流量等信息，开展公路突发事件的监测、预报和预警工作，并利用多种方式及时向社会发布有关公路运行信息。

**第五十四条** 中国人民武装警察交通部队按照国家有关规定承担公路、公路桥梁、公路隧道等设施的抢修任务。

**第五十五条** 公路永久性停止使用的，应当按照国务院交通运输主管部门规定的程序核准后作报废处理，并向社会公告。

公路报废后的土地使用管理依照有关土地管理的法律、行政法规执行。

## 第五章 法律责任

**第五十六条** 违反本条例的规定，有下列情形之一的，由公路管理机构责令限期拆除，可以处5万元以下的罚款。逾期不拆除的，由公路管理机构拆除，有关费用由违法行为人承担：

（一）在公路建筑控制区内修建、扩建建筑物、地面构筑物或者未经许可埋设管道、电缆等设施的；

（二）在公路建筑控制区外修建的建筑物、地面构筑物以及其他设施遮挡公路标志或者妨碍安全视距的。

**第五十七条** 违反本条例第十八条、第十九条、第二十三条规定的，由安全生产监督管理部门、水行政主管部门、流域管理机构、海事管理机构等有关单位依法处理。

**第五十八条** 违反本条例第二十条规定的，由水行政主管部门或者流域管理机构责令改正，可以处3万元以下的罚款。

**第五十九条** 违反本条例第二十二条规定的，由公路管理机构责令改正，处2万元以上10万元以下的罚款。

**第六十条** 违反本条例的规定，有下列行为之一的，由公路管理机构责令改正，可以处3万元以下的罚款：

（一）损坏、擅自移动、涂改、遮挡公路附属设施或者利用公路附属设施架设管道、悬挂物品，可能危及公路安全的；

（二）涉路工程设施影响公路完好、安全和畅通的。

**第六十一条** 违反本条例的规定，未经批准更新采伐护路林的，由公路管理机构责令补种，没收违法所得，并处采伐林木价值3倍以上5倍以下的罚款。

**第六十二条** 违反本条例的规定，未经许可进行本条例第二十七条第一项至第五项规定的涉路施工活动的，由公路管理机构责令改正，可以处3万元以下的罚款；未经许可进行本条例第二十七条第六项规定的涉路施工活动的，由公路管理机构责令改正，处5万元以下的罚款。

**第六十三条** 违反本条例的规定，非法生产、销售外廓尺寸、轴荷、总质量不符合国家有关车辆外廓尺寸、轴荷、质量限值等机动车安全技术标准的车辆的，依照《中华人民共和国道路交通安全法》的有关规定处罚。

具有国家规定资质的车辆生产企业未按照规定车型和技术参数改装车辆的，由原发证机关责令改正，处4万元以上20万元以下的罚款；拒不改正的，吊销其资质证书。

**第六十四条** 违反本条例的规定，在公路上行驶的车辆，车货总体的外廓尺寸、轴荷或者总质量超过公路、公路桥梁、公路隧道、汽车渡船限定标准的，由公路管理机构责令改正，可以处3万元以下的罚款。

**第六十五条** 违反本条例的规定，经批准进行超限运输的车辆，未按照指定时间、路线和速度行驶的，由公路管理机构或者公安机关交通管理部门责令改正；拒不改正的，公路管理机构或者公安机关交通管理部门可以扣留车辆。

未随车携带超限运输车辆通行证的，由公路管理机构扣留车辆，责令车辆驾驶人提供超限运输车辆通行证或者相应的证明。

租借、转让超限运输车辆通行证的，由公路管理机构没收超限运输车辆通行证，处1000元以上5000元以下的罚款。使用伪造、变造的超限运输车辆通行证的，由公路管理机构没收伪造、变造的超限运输车辆通行证，处3万元以下的罚款。

**第六十六条** 对1年内违法超限运输超过3次的货运车辆，由道路运输管理机构吊销其车辆营运证；对1年内违法超限运输超过3次的货运车辆驾驶人，由道路运输管理机构责令其停止从事营业性运输；道路运输企业1年内违法超限运输的货运车辆超过本单位货运车辆总数10%的，由道路运输管理机构责令道路运输企业停业整顿；情节严重的，吊销其道路运输经营许可证，并向社会公告。

**第六十七条** 违反本条例的规定，有下列行为之一的，由公路管理机构强制拖离或者扣留车辆，处3万元以下的罚款：

（一）采取故意堵塞固定超限检测站点通行车道、强行通过固定超限检测站点等方式扰乱超限检测秩序的；

（二）采取短途驳载等方式逃避超限检测的。

**第六十八条** 违反本条例的规定，指使、强令车辆驾驶人超限运输货物的，由道路运输管理机构责令改正，处3万元以下的罚款。

**第六十九条** 车辆装载物触地拖行、掉落、遗洒或者飘散，造成公路路面损坏、污染的，由公路管理机构责令改正，处5000元以下的罚款。

**第七十条** 违反本条例的规定，公路养护作业单位未按照国务院交通运输主管部门规定的技术规范和操作规程进行公路养护作业的，由公路管理机构责令改正，处1万元以上5万元以下的罚款；拒不改正的，吊销其资质证书。

**第七十一条** 造成公路、公路附属设施损坏的单位和个人应当立即报告公路管理机构，接受公路管理机构的现场调查处理；危及交通安全的，还应当设置警示标志或者采取其他安全防护措施，并迅速报告公安机关交通管理部门。

发生交通事故造成公路、公路附属设施损坏的，公安机关交通管理部门在处理交通事故时应当及时通知有关公路管理机构到场调查处理。

**第七十二条** 造成公路、公路附属设施损坏，拒不接受公路管理机构现场调查处理的，公路管理机构可以扣留车辆、工具。

公路管理机构扣留车辆、工具的，应当当场出具凭证，并告知当事人在规定期限内到公路管理机构接受处理。逾期不接受处理，并且经公告3个月仍不来接受处理的，对扣留的车辆、工具，由公路管理机构依法处理。

公路管理机构对被扣留的车辆、工具应当妥善保管，不得使用。

**第七十三条** 违反本条例的规定，公路管理机构工作人员有下列行为之一的，依法给予处分：

（一）违法实施行政许可的；

（二）违反规定拦截、检查正常行驶的车辆的；

（三）未及时采取措施处理公路坍塌、坑槽、隆起等损毁的；

（四）违法扣留车辆、工具或者使用依法扣留的车辆、工具的；

（五）有其他玩忽职守、徇私舞弊、滥用职权行为的。

公路管理机构有前款所列行为之一的，对负有直接责任的主管人员和其他直接责任人员依法给予处分。

**第七十四条** 违反本条例的规定，构成违反治安管理行为的，由公安机关依法给予治安管理处罚；构成犯罪的，依法追究刑事责任。

## 第六章　附　　则

**第七十五条** 村道的管理和养护工作，由乡级人民政府参照本条例的规定执行。

专用公路的保护不适用本条例。

**第七十六条** 军事运输使用公路按照国务院、中央军事委员会的有关规定执行。

**第七十七条** 本条例自2011年7月1日起施行。1987年10月13日国务院发布的《中华人民共和国公路管理条例》同时废止。

# 中华人民共和国国务院令

第 599 号

《电力安全事故应急处置和调查处理条例》已经2011年6月15日国务院第159次常务会议通过，现予公布，自2011年9月1日起施行。

**总理** 温家宝

二○一一年七月七日

# 电力安全事故应急处置和调查处理条例

## 第一章 总 则

**第一条** 为了加强电力安全事故的应急处置工作，规范电力安全事故的调查处理，控制、减轻和消除电力安全事故损害，制定本条例。

**第二条** 本条例所称电力安全事故，是指电力生产或者电网运行过程中发生的影响电力系统安全稳定运行或者影响电力正常供应的事故（包括热电厂发生的影响热力正常供应的事故）。

**第三条** 根据电力安全事故（以下简称事故）影响电力系统安全稳定运行或者影响电力（热力）正常供应的程度，事故分为特别重大事故、重大事故、较大事故和一般事故。事故等级划分标准由本条例附表列示。事故等级划分标准的部分项目需要调整的，由国务院电力监管机构提出方案，报国务院批准。

由独立的或者通过单一输电线路与外省连接的省级电网供电的省级人民政府所在地城市，以及由单一输电线路或者单一变电站供电的其他设区的市、县级市，其电网减供负荷或者造成供电用户停电的事故等级划分标准，由国务院电力监管机构另行制定，报国务院批准。

**第四条** 国务院电力监管机构应当加强电力安全监督管理，依法建立健全事故应急处置和调查处理的各项制度，组织或者参与事故的调查处理。

国务院电力监管机构、国务院能源主管部门和国务院其他有关部门、地方人民政府及有关部门按照国家规定的权限和程序，组织、协调、参与事故的应急处置工作。

**第五条** 电力企业、电力用户以及其他有关单位和个人，应当遵守电力安全管理规定，落实事故预防措施，防止和避免事故发生。

县级以上地方人民政府有关部门确定的重要电力用户，应当按照国务院电力监管机构的规定配置自备应急电源，并加强安全使用管理。

**第六条** 事故发生后，电力企业和其他有关单位应当按照规定及时、准确报告事故情况，开展应急处置工作，防止事故扩大，减轻事故损害。电力企业应当尽快恢复电力生产、电网运行和电力（热力）正常供应。

**第七条** 任何单位和个人不得阻挠和干涉对事故的报告、应急处置和依法调查处理。

## 第二章 事 故 报 告

**第八条** 事故发生后，事故现场有关人员应当立即向发电厂、变电站运行值班人员、电力调度机构值班人员或者本企业现场负责人报告。有关人员接到报告后，应当立即向上一级电力调度机构和本企业负责人报告。本企业负责人接到报告后，应当立即向国务院电力监管机构设在当地的派出机构（以下称事故发生地电力监管机构）、县级以上人民政府安全生产监督管理部门报告；热电厂事故影响热力正常供应的，还应当向供热管理部门报告；事故涉及水电厂（站）大坝安全的，还应当同时向有管辖权的水行政主管部门或者流域管理机构报告。

电力企业及其有关人员不得迟报、漏报或者瞒报、谎报事故情况。

**第九条** 事故发生地电力监管机构接到事故报告后，应当立即核实有关情况，向国务院电力监管机构报告；事故造成供电用户停电的，应当同时通报事故发生地县级以上地方人民政府。

对特别重大事故、重大事故，国务院电力监管机构接到事故报告后应当立即报告国务院，并通报国务院安全生产监督管理部门、国务院能源主管部门等有关部门。

**第十条** 事故报告应当包括下列内容：

（一）事故发生的时间、地点（区域）以及事故发生单位；

（二）已知的电力设备、设施损坏情况，停运的发电（供热）机组数量、电网减供负荷或者发电厂减少出力的数值、停电（停热）范围；

（三）事故原因的初步判断；

（四）事故发生后采取的措施、电网运行方式、发电机组运行状况以及事故控制情况；

（五）其他应当报告的情况。

事故报告后出现新情况的，应当及时补报。

**第十一条** 事故发生后，有关单位和人员应当妥善保护事故现场以及工作日志、工作票、操作票等相关材料，及时保存故障录波图、电力调度数据、发电机组运行数据和输变电设备运行数据等相关资料，并在事故调查组成立后将相关材料、资料移交事故调查组。

因抢救人员或者采取恢复电力生产、电网运行和电力供应等紧急措施，需要改变事故现场、移动电力设备的，应当作出标记、绘制现场简图，妥善保存重要痕迹、物证，并作出书面记录。

任何单位和个人不得故意破坏事故现场，不得伪造、隐匿或者毁灭相关证据。

## 第三章　事故应急处置

**第十二条** 国务院电力监管机构依照《中华人民共和国突发事件应对法》和《国家突发公共事件总体应急预案》，组织编制国家处置电网大面积停电事件应急预案，报国务院批准。

有关地方人民政府应当依照法律、行政法规和国家处置电网大面积停电事件应急预案，组织制定本行政区域处置电网大面积停电事件应急预案。

处置电网大面积停电事件应急预案应当对应急组织指挥体系及职责，应急处置的各项措施，以及人员、资金、物资、技术等应急保障作出具体规定。

**第十三条** 电力企业应当按照国家有关规定，制定本企业事故应急预案。

电力监管机构应当指导电力企业加强电力应急救援队伍建设，完善应急物资储备制度。

**第十四条** 事故发生后，有关电力企业应当立即采取相应的紧急处置措施，控制事故范围，防止发生电网系统性崩溃和瓦解；事故危及人身和设备安全的，发电厂、变电站运行值班人员可以按照有关规定，立即采取停运发电机组和输变电设备等紧急处置措施。

事故造成电力设备、设施损坏的，有关电力企业应当立即组织抢修。

**第十五条** 根据事故的具体情况，电力调度机构可以发布开启或者关停发电机组、调整发电机组有功和无功负荷、调整电网运行方式、调整供电调度计划等电力调度命令，发电企业、电力用户应当执行。

事故可能导致破坏电力系统稳定和电网大面积停电的，电力调度机构有权决定采取拉限负荷、解列电网、解列发电机组等必要措施。

**第十六条** 事故造成电网大面积停电的，国务院电力监管机构和国务院其他有关部门、有关地方人民政府、电力企业应当按照国家有关规定，启动相应的应急预案，成立应急指挥机构，尽快恢复电网运行和电力供应，防止各种次生灾害的发生。

**第十七条** 事故造成电网大面积停电的，有关地方人民政府及有关部门应当立即组织开展下列应急处置工作：

（一）加强对停电地区关系国计民生、国家安全和公共安全的重点单位的安全保卫，防范破坏社会秩序的行为，维护社会稳定；

（二）及时排除因停电发生的各种险情；

（三）事故造成重大人员伤亡或者需要紧急转移、安置受困人员的，及时组织实施救治、转移、安置工作；

（四）加强停电地区道路交通指挥和疏导，做好铁路、民航运输以及通信保障工作；

（五）组织应急物资的紧急生产和调用，保证电网恢复运行所需物资和居民基本生活资料的供给。

**第十八条** 事故造成重要电力用户供电中断的，重要电力用户应当按照有关技术要求迅速启动自备应急电源；启动自备应急电源无效的，电网企业应当提供必要的支援。

事故造成地铁、机场、高层建筑、商场、影剧院、体育场馆等人员聚集场所停电的，应当迅速启用应急照明，组织人员有序疏散。

**第十九条** 恢复电网运行和电力供应，应当优先保证重要电厂厂用电源、重要输变电设备、电力主干网架的恢复，优先恢复重要电力用户、重要城市、重点地区的电力供应。

**第二十条** 事故应急指挥机构或者电力监管机构应当按照有关规定，统一、准确、及时发布有关事故影响范围、处置工作进度、预计恢复供电时间等信息。

## 第四章 事故调查处理

**第二十一条** 特别重大事故由国务院或者国务院授权的部门组织事故调查组进行调查。

重大事故由国务院电力监管机构组织事故调查组进行调查。

较大事故、一般事故由事故发生地电力监管机构组织事故调查组进行调查。国务院电力监管机构认为必要的，可以组织事故调查组对较大事故进行调查。

未造成供电用户停电的一般事故，事故发生地电力监管机构也可以委托事故发生单位调查处理。

**第二十二条** 根据事故的具体情况，事故调查组由电力监管机构、有关地方人民政府、安全生产监督管理部门、负有安全生产监督管理职责的有关部门派人组成；有关人员涉嫌失职、渎职或者涉嫌犯罪的，应当邀请监察机关、公安机关、人民检察院派人参加。

根据事故调查工作的需要，事故调查组可以聘请有关专家协助调查。

事故调查组组长由组织事故调查组的机关指定。

**第二十三条** 事故调查组应当按照国家有关规定开展事故调查，并在下列期限内向组织事故调查组的机关提交事故调查报告：

（一）特别重大事故和重大事故的调查期限为60日；特殊情况下，经组织事故调查组的机关批准，可以适当延长，但延长的期限不得超过60日。

（二）较大事故和一般事故的调查期限为45日；特殊情况下，经组织事故调查组的机关批准，可以适当延长，但延长的期限不得超过45日。

事故调查期限自事故发生之日起计算。

**第二十四条** 事故调查报告应当包括下列内容：

（一）事故发生单位概况和事故发生经过；

（二）事故造成的直接经济损失和事故对电网运行、电力（热力）正常供应的影响情况；

（三）事故发生的原因和事故性质；

（四）事故应急处置和恢复电力生产、电网运行的情况；

（五）事故责任认定和对事故责任单位、责任人的处理建议；

（六）事故防范和整改措施。

事故调查报告应当附具有关证据材料和技术分析报告。事故调查组成员应当在事故调查报告上签字。

**第二十五条** 事故调查报告报经组织事故调查组的机关同意，事故调查工作即告结束；委托事故发生单位调查的一般事故，事故调查报告应当报经事故发生地电力监管机构同意。

有关机关应当依法对事故发生单位和有关人员进行处罚，对负有事故责任的国家工作人员给予处分。

事故发生单位应当对本单位负有事故责任的人员进行处理。

**第二十六条** 事故发生单位和有关人员应当认

真吸取事故教训，落实事故防范和整改措施，防止事故再次发生。

电力监管机构、安全生产监督管理部门和负有安全生产监督管理职责的有关部门应当对事故发生单位和有关人员落实事故防范和整改措施的情况进行监督检查。

## 第五章　法律责任

**第二十七条**　发生事故的电力企业主要负责人有下列行为之一的，由电力监管机构处其上一年年收入40%至80%的罚款；属于国家工作人员的，并依法给予处分；构成犯罪的，依法追究刑事责任：

（一）不立即组织事故抢救的；

（二）迟报或者漏报事故的；

（三）在事故调查处理期间擅离职守的。

**第二十八条**　发生事故的电力企业及其有关人员有下列行为之一的，由电力监管机构对电力企业处100万元以上500万元以下的罚款；对主要负责人、直接负责的主管人员和其他直接责任人员处其上一年年收入60%至100%的罚款，属于国家工作人员的，并依法给予处分；构成违反治安管理行为的，由公安机关依法给予治安管理处罚；构成犯罪的，依法追究刑事责任：

（一）谎报或者瞒报事故的；

（二）伪造或者故意破坏事故现场的；

（三）转移、隐匿资金、财产，或者销毁有关证据、资料的；

（四）拒绝接受调查或者拒绝提供有关情况和资料的；

（五）在事故调查中作伪证或者指使他人作伪证的；

（六）事故发生后逃匿的。

**第二十九条**　电力企业对事故发生负有责任的，由电力监管机构依照下列规定处以罚款：

（一）发生一般事故的，处10万元以上20万元以下的罚款；

（二）发生较大事故的，处20万元以上50万元以下的罚款；

（三）发生重大事故的，处50万元以上200万元以下的罚款；

（四）发生特别重大事故的，处200万元以上500万元以下的罚款。

**第三十条**　电力企业主要负责人未依法履行安全生产管理职责，导致事故发生的，由电力监管机构依照下列规定处以罚款；属于国家工作人员的，并依法给予处分；构成犯罪的，依法追究刑事责任：

（一）发生一般事故的，处其上一年年收入30%的罚款；

（二）发生较大事故的，处其上一年年收入40%的罚款；

（三）发生重大事故的，处其上一年年收入60%的罚款；

（四）发生特别重大事故的，处其上一年年收入80%的罚款。

**第三十一条**　电力企业主要负责人依照本条例第二十七条、第二十八条、第三十条规定受到撤职处分或者刑事处罚的，自受处分之日或者刑罚执行完毕之日起5年内，不得担任任何生产经营单位主要负责人。

**第三十二条**　电力监管机构、有关地方人民政府以及其他负有安全生产监督管理职责的有关部门有下列行为之一的，对直接负责的主管人员和其他直接责任人员依法给予处分；直接负责的主管人员和其他直接责任人员构成犯罪的，依法追究刑事责任：

（一）不立即组织事故抢救的；

（二）迟报、漏报或者瞒报、谎报事故的；

（三）阻碍、干涉事故调查工作的；

（四）在事故调查中作伪证或者指使他人作伪证的。

**第三十三条**　参与事故调查的人员在事故调查中有下列行为之一的，依法给予处分；构成犯罪的，依法追究刑事责任：

（一）对事故调查工作不负责任，致使事故调查工作有重大疏漏的；

（二）包庇、袒护负有事故责任的人员或者借机打击报复的。

## 第六章　附　　则

**第三十四条**　发生本条例规定的事故，同时造成人员伤亡或者直接经济损失，依照本条例确定的事故等级与依照《生产安全事故报告和调查处理条例》确定的事故等级不相同的，按事故等级较高者确定事故等级，依照本条例的规定调查处理；事故造成人员伤亡，构成《生产安全事故报告和调查处理条例》规定的重大事故或者特别重大事故的，依照《生产安全事故报告和调查处理条例》的规定调查处理。

电力生产或者电网运行过程中发生发电设备或者输变电设备损坏，造成直接经济损失的事故，未影响电力系统安全稳定运行以及电力正常供应的，由电力监管机构依照《生产安全事故报告和调查处理条例》的规定组成事故调查组对重大事故、较大事故、一般事故进行调查处理。

**第三十五条** 本条例对事故报告和调查处理未作规定的，适用《生产安全事故报告和调查处理条例》的规定。

**第三十六条** 核电厂核事故的应急处置和调查处理，依照《核电厂核事故应急管理条例》的规定执行。

**第三十七条** 本条例自 2011 年 9 月 1 日起施行。

**附：**

## 电力安全事故等级划分标准

| 判定项<br>事故等级 | 造成电网减供负荷的比例 | 造成城市供电用户停电的比例 | 发电厂或者变电站因安全故障造成全厂（站）对外停电的影响和持续时间 | 发电机组因安全故障停运的时间和后果 | 供热机组对外停止供热的时间 |
|---|---|---|---|---|---|
| 特别重大事故 | 区域性电网减供负荷 30% 以上<br>电网负荷 20000 兆瓦以上的省、自治区电网，减供负荷 30% 以上<br>电网负荷 5000 兆瓦以上 20000 兆瓦以下的省、自治区电网，减供负荷 40% 以上<br>直辖市电网减供负荷 50% 以上<br>电网负荷 2000 兆瓦以上的省、自治区人民政府所在地城市电网减供负荷 60% 以上 | 直辖市 60% 以上供电用户停电<br>电网负荷 2000 兆瓦以上的省、自治区人民政府所在地城市 70% 以上供电用户停电 | | | |
| 重大事故 | 区域性电网减供负荷 10% 以上 30% 以下<br>电网负荷 20000 兆瓦以上的省、自治区电网，减供负荷 13% 以上 30% 以下<br>电网负荷 5000 兆瓦以上 20000 兆瓦以下的省、自治区电网，减供负荷 16% 以上 40% 以下<br>电网负荷 1000 兆瓦以上 5000 兆瓦以下的省、自治区电网，减供负荷 50% 以上<br>直辖市电网减供负荷 20% 以上 50% 以下<br>省、自治区人民政府所在地城市电网减供负荷 40% 以上（电网负荷 2000 兆瓦以上的，减供负荷 40% 以上 60% 以下）<br>电网负荷 600 兆瓦以上的其他设区的市电网减供负荷 60% 以上 | 直辖市 30% 以上 60% 以下供电用户停电<br>省、自治区人民政府所在地城市 50% 以上供电用户停电（电网负荷 2000 兆瓦以上的，50% 以上 70% 以下）<br>电网负荷 600 兆瓦以上的其他设区的市 70% 以上供电用户停电 | | | |

（续表）

| 事故等级＼判定项 | 造成电网减供负荷的比例 | 造成城市供电用户停电的比例 | 发电厂或者变电站因安全故障造成全厂（站）对外停电的影响和持续时间 | 发电机组因安全故障停运的时间和后果 | 供热机组对外停止供热的时间 |
|---|---|---|---|---|---|
| 较大事故 | 区域性电网减供负荷7%以上10%以下<br>电网负荷20000兆瓦以上的省、自治区电网，减供负荷10%以上13%以下<br>电网负荷5000兆瓦以上20000兆瓦以下的省、自治区电网，减供负荷12%以上16%以下<br>电网负荷1000兆瓦以上5000兆瓦以下的省、自治区电网，减供负荷20%以上50%以下<br>电网负荷1000兆瓦以下的省、自治区电网，减供负荷40%以上<br>直辖市电网减供负荷10%以上20%以下<br>省、自治区人民政府所在地城市电网减供负荷20%以上40%以下<br>其他设区的市电网减供负荷40%以上（电网负荷600兆瓦以上的，减供负荷40%以上60%以下）<br>电网负荷150兆瓦以上的县级市电网减供负荷60%以上 | 直辖市15%以上30%以下供电用户停电<br>省、自治区人民政府所在地城市30%以上50%以下供电用户停电<br>其他设区的市50%以上供电用户停电（电网负荷600兆瓦以上的，50%以上70%以下）<br>电网负荷150兆瓦以上的县级市70%以上供电用户停电 | 发电厂或者220千伏以上变电站因安全故障造成全厂（站）对外停电，导致周边电压监视控制点电压低于调度机构规定的电压曲线值20%并且持续时间30分钟以上，或者导致周边电压监视控制点电压低于调度机构规定的电压曲线值10%并且持续时间1小时以上 | 发电机组因安全故障停止运行超过行业标准规定的大修时间两周，并导致电网减供负荷 | 供热机组装机容量200兆瓦以上的热电厂，在当地人民政府规定的采暖期内同时发生2台以上供热机组因安全故障停止运行，造成全厂对外停止供热并且持续时间48小时以上 |
| 一般事故 | 区域性电网减供负荷4%以上7%以下<br>电网负荷20000兆瓦以上的省、自治区电网，减供负荷5%以上10%以下<br>电网负荷5000兆瓦以上20000兆瓦以下的省、自治区电网，减供负荷6%以上12%以下<br>电网负荷1000兆瓦以上5000兆瓦以下的省、自治区电网，减供负荷10%以上20%以下<br>电网负荷1000兆瓦以下的省、自治区电网，减供负荷25%以上40%以下<br>直辖市电网减供负荷5%以上10%以下<br>省、自治区人民政府所在地城市电网减供负荷10%以上20%以下<br>其他设区的市电网减供负荷20%以上40%以下<br>县级市减供负荷40%以上（电网负荷150兆瓦以上的，减供负荷40%以上60%以下） | 直辖市10%以上15%以下供电用户停电<br>省、自治区人民政府所在地城市15%以上30%以下供电用户停电<br>其他设区的市30%以上50%以下供电用户停电<br>县级市50%以上供电用户停电（电网负荷150兆瓦以上的，50%以上70%以下） | 发电厂或者220千伏以上变电站因安全故障造成全厂（站）对外停电，导致周边电压监视控制点电压低于调度机构规定的电压曲线值5%以上10%以下并且持续时间2小时以上 | 发电机组因安全故障停止运行超过行业标准规定的小修时间两周，并导致电网减供负荷 | 供热机组装机容量200兆瓦以上的热电厂，在当地人民政府规定的采暖期内同时发生2台以上供热机组因安全故障停止运行，造成全厂对外停止供热并且持续时间24小时以上 |

注：1. 符合本表所列情形之一的，即构成相应等级的电力安全事故。

2. 本表中所称的“以上”包括本数，“以下”不包括本数。

3. 本表下列用语的含义：

（1）电网负荷，是指电力调度机构统一调度的电网在事故发生起始时刻的实际负荷；

（2）电网减供负荷，是指电力调度机构统一调度的电网在事故发生期间的实际负荷最大减少量；

（3）全厂对外停电，是指发电厂对外有功负荷降到零（虽电网经发电厂母线传送的负荷没有停止，仍视为全厂对外停电）；

（4）发电机组因安全故障停止运行，是指并网运行的发电机组（包括各种类型的电站锅炉、汽轮机、燃气轮机、水轮机、发电机和主变压器等主要发电设备），在未经电力调度机构允许的情况下，因安全故障需要停止运行的状态。

# 国务院关于同意建立烟花爆竹安全监管部际联席会议制度的批复

国函〔2011〕50 号

安全监管总局：

你局《关于建立烟花爆竹安全监管部际联席会议制度的请示》（安监总管三〔2011〕35 号）收悉。现批复如下：

同意建立由安全监管总局牵头的烟花爆竹安全监管部际联席会议制度。联席会议不刻制印章，不正式行文，请按照国务院有关文件精神认真组织开展工作。

附件：烟花爆竹安全监管部际联席会议制度

国务院

二〇一一年五月三日

**附件：**

## 烟花爆竹安全监管部际联席会议制度

为深入贯彻落实《烟花爆竹安全管理条例》（国务院令第 455 号），加强对烟花爆竹安全监管工作的组织领导，强化部门协作配合，提高安全监管工作效率，经国务院同意，建立烟花爆竹安全监管部际联席会议（以下简称联席会议）制度。

**一、主要职能**

在国务院领导下，严格执行国家有关烟花爆竹安全生产的法律法规及方针政策；掌握全国烟花爆竹安全生产情况，定期分析、通报烟花爆竹安全生产形势，研究、指导烟花爆竹安全监管工作，提出有关政策建议；审议各有关部门提出的加强烟花爆竹安全监管的建议，研究协调解决烟花爆竹安全监管工作的重要事项；组织开展部门联合执法、专项整治和督查。

**二、成员单位**

联席会议由安全监管总局、工业和信息化部、公安部、交通运输部、海关总署、工商总局、质检总局等 7 个部门组成，安全监管总局为牵头单位。安全监管总局副局长担任联席会议召集人，各成员单位有关负责同志为联席会议成员（名单附后）。联席会议成员因工作变动需要调整的，由所在单位提出，联席会议确定。联席会议办公室设在安全监管总局，承担联席会议的日常工作，落实联席会议议定事项。联席会议设联络员，由各成员单位有关司局的负责同志担任。

**三、工作规则**

联席会议原则上每年召开一次例会。根据国务院领导同志指示、成员单位要求或工作需要，可以临时召集会议。在全体会议召开之前，召开联络员会议，研究讨论联席会议议题和需提交联席会议议定的事项及其他有关事项。联席会议以会议纪要形式明确会议议定事项，经与会单位同意后印发有关方面并抄报国务院。对难以协调一致的问题，由联席会议牵头单位报国务院安全生产委员会或国务院决定。

**四、工作要求**

各成员单位要按照职责分工，主动研究涉及烟花爆竹安全监管的有关问题，及时向牵头单位提出会议议题，积极参加联席会议；认真落实联席会议确定的工作任务和议定事项，及时处理烟花爆竹安全监管工作中需要跨部门协调解决的问题。各成员单位要互通信息，相互配合，相互支持，形成合力，充分发挥好联席会议的作用。

### 烟花爆竹安全监管部际联席会议成员名单

召集人：孙华山　安全监管总局副局长

成　员：黄　明　公安部副部长

魏传忠　质检总局副局长

刘玉亭　工商总局副局长

徐祖远　交通运输部副部长

鲁培军　海关总署副署长

朱宏任　工业和信息化部总工程师

# 国务院关于坚持科学发展安全发展　促进安全生产形势持续稳定好转的意见

国发〔2011〕40 号

各省、自治区、直辖市人民政府，国务院各部委、各直属机构：

安全生产事关人民群众生命财产安全，事关改革开放、经济发展和社会稳定大局，事关党和政府形象和声誉。为深入贯彻落实科学发展观，实现安全发展，促进全国安全生产形势持续稳定好转，提出以下意见：

**一、充分认识坚持科学发展安全发展的重大意义**

（一）坚持科学发展安全发展是对安全生产实践经验的科学总结。多年来，各地区、各部门、各单位深入贯彻落实科学发展观，按照党中央、国务院的决策部署，大力推进安全发展，全国安全生产工作取得了积极进展和明显成效。“十一五”期间，事故总量和重特大事故大幅度下降，全国各类事故死亡人数年均减少约 1 万人，反映安全生产状况的各项指标显著改善，安全生产形势持续稳定好转。实践表明，坚持科学发展安全发展，是对新时期安全生产客观规律的科学认识和准确把握，是保障人民群众生命财产安全的必然选择。

（二）坚持科学发展安全发展是解决安全生产问题的根本途径。我国正处于工业化、城镇化快速发展进程中，处于生产安全事故易发多发的高峰期，安全基础仍然比较薄弱，重特大事故尚未得到有效遏制，非法违法生产经营建设行为屡禁不止，安全责任不落实、防范和监督管理不到位等问题在一些地方和企业还比较突出。安全生产工作既要解决长期积累的深层次、结构性和区域性问题，又要应对不断出现的新情况、新问题，根本出路在于坚持科学发展安全发展。要把这一重要思想和理念落实到生产经营建设的每一个环节，使之成为衡量各行业领域、各生产经营单位安全生产工作的基本标准，自觉做到不安全不生产，实现安全与发展的有机统一。

（三）坚持科学发展安全发展是经济发展社会进步的必然要求。随着经济发展和社会进步，全社会对安全生产的期待不断提高，广大从业人员“体面劳动”意识不断增强，对加强安全监管监察、改善作业环境、保障职业安全健康权益等方面的要求越来越高。这就要求各地区、各部门、各单位必须始终把安全生产摆在经济社会发展重中之重的位置，自觉坚持科学发展安全发展，把安全真正作为发展的前提和基础，使经济社会发展切实建立在安全保障能力不断增强、劳动者生命安全和身体健康得到切实保障的基础之上，确保人民群众平安幸福地享有经济发展和社会进步的成果。

## 二、指导思想和基本原则

（四）指导思想。坚持以邓小平理论和“三个代表”重要思想为指导，深入贯彻落实科学发展观，牢固树立以人为本、安全发展的理念，始终把保障人民群众生命财产安全放在首位，大力实施安全发展战略，紧紧围绕科学发展主题和加快转变经济发展方式主线，自觉坚持“安全第一、预防为主、综合治理”方针，坚持速度、质量、效益与安全的有机统一，以强化和落实企业主体责任为重点，以事故预防为主攻方向，以规范生产为保障，以科技进步为支撑，认真落实安全生产各项措施，标本兼治、综合治理，有效防范和坚决遏制重特大事故，促进安全生产与经济社会同步协调发展。

（五）基本原则。——统筹兼顾，协调发展。正确处理安全生产与经济社会发展、与速度质量效益的关系，坚持把安全生产放在首要位置，促进区域、行业领域的科学、安全、可持续发展。——依法治安，综合治理。健全完善安全生产法律法规、制度标准体系，严格安全生产执法，严厉打击非法违法行为，综合运用法律、行政、经济等手段，推动安全生产工作规范、有序、高效开展。——突出预防，落实责任。加大安全投入，严格安全准入，深化隐患排查治理，筑牢安全生产基础，全面落实企业安全生产主体责任、政府及部门监管责任和属地管理责任。——依靠科技，创新管理。加快安全科技研发应用，加强专业技术人才队伍和高素质的职工队伍培养，创新安全管理体制机制和方式方法，不断提升安全保障能力和安全管理水平。

## 三、进一步加强安全生产法制建设

（六）健全完善安全生产法律制度体系。加快推进安全生产法等相关法律法规的修订制定工作。适应经济社会快速发展的新要求，制定高速铁路、高速公路、大型桥梁隧道、超高层建筑、城市轨道交通和地下管网等建设、运行、管理方面的安全法规规章。根据技术进步和产业升级需要，抓紧修订完善国家和行业安全技术标准，尽快健全覆盖各行业领域的安全生产标准体系。进一步建立完善安全生产激励约束、督促检查、行政问责、区域联动等制度，形成规范有力的制度保障体系。

（七）加大安全生产普法执法力度。加强安全生产法制教育，普及安全生产法律知识，提高全民安全法制意识，增强依法生产经营建设的自觉性。加强安全生产日常执法、重点执法和跟踪执法，强化相关部门及与司法机关的联合执法，确保执法实效。继续依法严厉打击各类非法违法生产经营建设行为，切实落实停产整顿、关闭取缔、严格问责的惩治措施。强化地方人民政府特别是县乡级人民政府责任，对打击非法生产不力的，要严肃追究责任。

（八）依法严肃查处各类事故。严格按照“科学严谨、依法依规、实事求是、注重实效”的原则，认真调查处理每一起事故，查明原因，依法严肃追究事故单位和有关责任人的责任，严厉查处事故背后的腐败行为，及时向社会公布调查进展和处理结果。认真落实事故查处分级挂牌督办、跟踪督办、警示通报、诫勉约谈和现场分析制度，深刻吸取事故教训，查找安全漏洞，完善相关管理措施，切实改进安全生产工作。

## 四、全面落实安全生产责任

（九）认真落实企业安全生产主体责任。企业必须严格遵守和执行安全生产法律法规、规章制度与技术标准，依法依规加强安全生产，加大安全投入，健全安全管理机构，加强班组安全建设，保持安全设备设施完好有效。企业主要负责人、实际控制人要切实承担安全生产第一责任人的责任，带头执行现场带班制度，加强现场安全管理。强化企业技术负责人技术决策和指挥权，注重发挥注册安全工程师对企业安全状况诊断、评估、整改方面的作用。企业主要负责人、安全管理人员、特种作业人员一律经严格考核、持证上岗。企业用工要严格依照劳动合同法与职工签订劳动合同，职工必须全部经培训合格后上岗。

（十）强化地方人民政府安全监管责任。地方各级人民政府要健全完善安全生产责任制，把安全生产作为衡量地方经济发展、社会管理、文明建设成效的重要指标，切实履行属地管理职责，对辖区内各类企业包括中央、省属企业实施严格的安全生产监督检查和管理。严格落实地方行政首长安全生产第一责任人的责任，建立健全政府领导班子成员安全生产“一岗双责”制度。省、市、县级政府主要负责人要定期研究部署安全生产工作，组织解决安全生产重点难点问题。

（十一）切实履行部门安全生产管理和监督职

责。健全完善安全生产综合监管与行业监管相结合的工作机制，强化安全生产监管部门对安全生产的综合监管，全面落实行业主管部门的专业监管、行业管理和指导职责。相关部门、境内投资主体和派出企业要切实加强对境外中资企业安全生产工作的指导和管理。要不断探索创新与经济运行、社会管理相适应的安全监管模式，建立健全与企业信誉、项目核准、用地审批、证券融资、银行贷款等方面相挂钩的安全生产约束机制。

**五、着力强化安全生产基础**

（十二）严格安全生产准入条件。要认真执行安全生产许可制度和产业政策，严格技术和安全质量标准，严把行业安全准入关。强化建设项目安全核准，把安全生产条件作为高危行业建设项目审批的前置条件，未通过安全评估的不准立项；未经批准擅自开工建设的，要依法取缔。严格执行建设项目安全设施“三同时”（同时设计、同时施工、同时投产和使用）制度。制定和实施高危行业从业人员资格标准。加强对安全生产专业服务机构管理，实行严格的资格认证制度，确保其评价、检测结果的专业性和客观性。

（十三）加强安全生产风险监控管理。充分运用科技和信息手段，建立健全安全生产隐患排查治理体系，强化监测监控、预报预警，及时发现和消除安全隐患。企业要定期进行安全风险评估分析，重大隐患要及时报安全监管监察和行业主管部门备案。各级政府要对重大隐患实行挂牌督办，确保监控、整改、防范等措施落实到位。各地区要建立重大危险源管理档案，实施动态全程监控。

（十四）推进安全生产标准化建设。在工矿商贸和交通运输行业领域普遍开展岗位达标、专业达标和企业达标建设，对在规定期限内未实现达标的企业，要依据有关规定暂扣其生产许可证、安全生产许可证，责令停产整顿；对整改逾期仍未达标的，要依法予以关闭。加强安全标准化分级考核评价，将评价结果向银行、证券、保险、担保等主管部门通报，作为企业信用评级的重要参考依据。

（十五）加强职业病危害防治工作。要严格执行职业病防治法，认真实施国家职业病防治规划，深入落实职业危害防护设施“三同时”制度，切实抓好煤（矽）尘、热害、高毒物质等职业危害防范治理。对可能产生职业病危害的建设项目，必须进行严格的职业病危害预评价，未提交预评价报告或预评价报告未经审核同意的，一律不得批准建设；对职业病危害防控措施不到位的企业，要依法责令其整改，情节严重的要依法予以关闭。切实做好职业病诊断、鉴定和治疗，保障职工安全健康权益。

**六、深化重点行业领域安全专项整治**

（十六）深入推进煤矿瓦斯防治和整合技改。加快建设“通风可靠、抽采达标、监控有效、管理到位”的瓦斯综合治理工作体系，完善落实瓦斯抽采利用扶持政策，推进瓦斯防治技术创新。严格控制高瓦斯和煤与瓦斯突出矿井建设项目审批。建立完善煤矿瓦斯防治能力评估制度，对不具备防治能力的高瓦斯和煤与瓦斯突出矿井，要严格按规定停产整改、重组或依法关闭。继续运用中央预算内投资扶持煤矿安全技术改造，支持煤矿整顿关闭和兼并重组。加强对整合技改煤矿的安全管理，加快推进煤矿井下安全避险系统建设和小煤矿机械化改造。

（十七）加大交通运输安全综合治理力度。加强道路长途客运安全管理，修订完善长途客运车辆安全技术标准，逐步淘汰安全性能差的运营车型。强化交通运输企业安全主体责任，禁止客运车辆挂靠运营，禁止非法改装车辆从事旅客运输。严格长途客运、危险品车辆驾驶人资格准入，研究建立长途客车驾驶人强制休息制度，持续严厉整治超载、超限、超速、酒后驾驶、高速公路违规停车等违法行为。加强道路运输车辆动态监管，严格按规定强制安装具有行驶记录功能的卫星定位装置并实行联网联控。提高道路建设质量，完善安全防护设施，加强桥梁、隧道、码头安全隐患排查治理。加强高速铁路和城市轨道交通建设运营安全管理。继续强化民航、农村和山区交通、水上交通的安全监管，特别要抓紧完善校车安全法规和标准，依法强化校车安全监管。

（十八）严格危险化学品安全管理。全面开展危险化学品安全管理现状普查评估，建立危险化学品安全管理信息系统。科学规划化工园区，优化化工企业布局，严格控制城镇涉及危险化学品的建设项目。各地区要积极研究制定鼓励支持政策，加快城区高风险危险化学品生产、储存企业搬迁。地方各级人民政府要组织开展地下危险化学品输送管道设施安全整治，加强和规范城镇地面开挖作业管理。继续推进化工装置自动控制系统改造。切实加强烟花爆竹和民用爆炸物品的安全监管，深入开展“三超一改”（超范围、超定员、超药量和擅自改变工房用途）和礼花弹等高危产品专项治理。

（十九）深化非煤矿山安全整治。进一步完善矿产资源开发整合常态化管理机制，制定实施非煤矿山主要矿种最小开采规模和最低服务年限标准。研究制定充填开采标准和规定。积极推行尾矿库一次性筑坝、在线监测技术，搞好尾矿综合利用。全面加强矿井安全避险系统建设，组织实施非煤矿山采空区监测监控等科技示范工程。加强陆地和海洋石油天然气勘探开采的安全管理，重点防范井喷失控、硫化氢中毒、海上溢油等事故。

（二十）加强建筑施工安全生产管理。按照“谁发证、谁审批、谁负责”的原则，进一步落实建筑工程招投标、资质审批、施工许可、现场作业等各环节安全监管责任。强化建筑工程参建各方企业安全生产主体责任。严密排查治理起重机、吊罐、脚手架等设施设备安全隐患。建立建筑工程安全生产信息系统，健全施工企业和从业人员安全信用体系，完善失信惩戒制度。建立完善铁路、公路、水利、核电等重点工程项目安全风险评估制度。严厉打击超越资质范围承揽工程、违法分包转包工程等不法行为。

（二十一）加强消防、冶金等其他行业领域的安全监管。地方各级人民政府要把消防规划纳入当地城乡规划，切实加强公共消防设施建设。大力实施社会消防安全“防火墙”工程，落实建设项目消防安全设计审核、验收和备案抽查制度，严禁使用不符合消防安全要求的装修装饰材料和建筑外保温材料。严格落实人员密集场所、大型集会活动等安全责任制，严防拥挤踩踏事故。加强冶金、有色等其他工贸行业企业安全专项治理，严格执行压力容器、电梯、游乐设施等特种设备安全管理制度，加强电力、农机和渔船安全管理。

**七、大力加强安全保障能力建设**

（二十二）持续加大安全生产投入。探索建立中央、地方、企业和社会共同承担的安全生产长效投入机制，加大对贫困地区和高危行业领域倾斜。完善有利于安全生产的财政、税收、信贷政策，强化政府投资对安全生产投入的引导和带动作用。企业在年度财务预算中必须确定必要的安全投入，提足用好安全生产费用。完善落实工伤保险制度，积极稳妥推行安全生产责任保险制度，发挥保险机制的预防和促进作用。

（二十三）充分发挥科技支撑作用。整合安全科技优势资源，建立完善以企业为主体、以市场为导向、产学研用相结合的安全技术创新体系。加快推进安全生产关键技术及装备的研发，在事故预防预警、防治控制、抢险处置等方面尽快推出一批具有自主知识产权的科技成果。积极推广应用安全性能可靠、先进适用的新技术、新工艺、新设备和新材料。企业必须加快国家规定的各项安全系统和装备建设，提高生产安全防护水平。加强安全生产信息化建设，建立健全信息科技支撑服务体系。

（二十四）加强产业政策引导。加大高危行业企业重组力度，进一步整合浪费资源、安全保障低的落后产能，加快淘汰不符合安全标准、职业危害严重、危及安全生产的落后技术、工艺和装备。地方各级人民政府要制定相关政策，遏制安全水平低、保障能力差的项目的建设和延续。对存在落后技术设备、构成重大安全隐患的企业，要予以公布，责令其限期整改，逾期未整改的依法予以关闭。把安全产业纳入国家重点支持的战略产业，积极发展安全装备融资租赁业务，促进企业加快提升安全装备水平。

（二十五）加强安全人才和监管监察队伍建设。加强安全科学与工程学科建设，办好安全工程类高等教育和职业教育，重点培养中高级安全工程与管理人才。鼓励高等院校、职业学校进一步落实完善校企合作办学、对口单招、订单式培养等政策，加快培养高危行业专业人才和生产一线急需技能型人才。加快建设专业化的安全监管监察队伍，建立以岗位职责为基础的能力评价体系，加强在岗人员业务培训。进一步充实基层监管力量，改善监管监察装备和条件，创新安全监管监察机制，切实做到严格、公正、廉洁、文明执法。

**八、建设更加高效的应急救援体系**

（二十六）加强应急救援队伍和基地建设。抓紧7个国家级、14个区域性矿山应急救援基地建设，加快推进重点行业领域的专业应急救援队伍建设。县级以上地方人民政府要结合实际，整合应急资源，依托大型企业、公安消防等救援力量，加强本地区应急救援队伍建设。建立紧急医学救援体系，提升事故医疗救治能力。建立救援队伍社会化服务补偿机制，鼓励和引导社会力量参与应急救援。

（二十七）完善应急救援机制和基础条件。健全省、市、县及中央企业安全生产应急管理体系，加快建设应急平台，完善应急救援协调联动机制。建立健全自然灾害预报预警联合处置机制，加强安监、气象、地震、海洋等部门的协调配合，严防自然灾害引发事故灾难。建立完善企业安全生产动态监控及预警预报体系。加强应急救援装备建设，强化应急物资和紧急运输能力储备，提高应急处置效率。

（二十八）加强预案管理和应急演练。建立健全安全生产应急预案体系，加强动态修订完善。落实省、市、县三级安全生产预案报备制度，加强企业预案与政府相关应急预案的衔接。定期开展应急预案演练，切实提高事故救援实战能力。企业生产现场带班人员、班组长和调度人员在遇到险情时，要按照预案规定，立即组织停产撤人。

**九、积极推进安全文化建设**

（二十九）加强安全知识普及和技能培训。加强安全教育基地建设，充分利用电视、互联网、报纸、广播等多种形式和手段普及安全常识，增强全社会科学发展、安全发展的思想意识。在中小学广泛普及安全基础教育，加强防灾避险演练。全面开展安全生产、应急避险和职业健康知识进企业、进学校、进乡村、进社区、进家庭活动，努力提升全民安全素质。大力开展企业全员安全培训，重点强化高危行业和中小企业一线员工安全培训。完善农民工向产业工人转化过程中的安全教育培训机制。建立完善安全技术人员继续教育制度。大型企业要建立健全职业教育和培训机构。加强地方政府安全生产分管领导干部的安全培训，提高安全管理水平。

（三十）推动安全文化发展繁荣。充分利用社会资源和市场机制，培育发展安全文化产业，打造安全文化精品，促进安全文化市场繁荣。加强安全公益宣传，大力倡导“关注安全、关爱生命”的安全文化。建设安全文化主题公园、主题街道和安全社区，创建若干安全文化示范企业和安全发展示范城市。推进安全文化理论和建设手段创新，构建自我约束、持续改进的长效机制，不断提高安全文化建设水平，切实发挥其对安全生产工作的引领和推动作用。

**十、切实加强组织领导和监督**

（三十一）健全完善安全生产工作格局。各地区要进一步健全完善政府统一领导、部门依法监管、企业全面负责、群众参与监督、全社会广泛支持的安全生产工作格局，形成各方面齐抓共管的合力。要切实加强安全生产工作的组织领导，充分发挥各级政府安全生产委员会及其办公室的指导协调作用，落实各成员单位工作责任。县级以上人民政府要依法健全完善安全生产、职业健康监管体系，安全生产任务较重的乡镇要加强安全监管力量建设，确保事有人做、责有人负。

（三十二）加强安全生产绩效考核。把安全生产考核控制指标纳入经济社会发展考核评价指标体系，加大各级领导干部政绩业绩考核中安全生产的权重和考核力度。把安全生产工作纳入社会主义精神文明和党风廉政建设、社会管理综合治理体系之中。制定完善安全生产奖惩制度，对成效显著的单位和个人要以适当形式予以表扬和奖励，对违法违规、失职渎职的，依法严格追究责任。

（三十三）发挥社会公众的参与监督作用。推进安全生产政务公开，健全行政许可网上申请、受理、审批制度。落实安全生产新闻发布制度和救援工作报道机制，完善隐患、事故举报奖励制度，加强社会监督、舆论监督和群众监督。支持各级工会、共青团、妇联等群众组织动员广大职工开展群众性安全生产监督和隐患排查，落实职工岗位安全责任，推进群防群治。

**国务院**

二〇一一年十一月二十六日

# 第三部分

# 党和国家领导人关于安全生产工作的讲话

## 温家宝总理在国务院第165次常务会议上的讲话（摘要）

（2011年7月27日）

今天会议的议题，是听取“7·23”甬温线特别重大铁路交通事故调查处理情况汇报，部署进一步加强安全生产工作。让我们为在“7·23”甬温线特别重大铁路交通事故中的遇难者表示沉痛的哀悼。刚才，安全监管总局骆琳同志汇报了“7·23”事故及调查处理情况。下面，我讲几点意见。

**一、深入调查、妥善处理“7·23”甬温线特别重大铁路交通事故**

就这次事故的调查处理，我提几点要求。一是坚持科学、严谨、依法和实事求是的原则。国务院事故调查组，要以事实和法律为依据，充分听取专家和各方面意见，深入细致开展现场勘查、技术鉴定、调查取证、综合分析和专家论证工作，调查结论要科学、严谨，经得起历史检验。在查明事实的基础上，认真负责地认定事故性质、界定事故责任，依法依规对有关责任人进行严肃处理，不姑息、不迁就。二是调查处理工作要公开、透明、加快，给人民群众一个真诚负责任的交代。甬温线特别重大铁路交通事故，社会影响大，国内外关注度高，我们必须准确公布事故救援、调查和处理情况，如实回应社会关切，不弄虚作假，不遮遮掩掩，不推诿塞责，自觉接受社会监督。要加快调查进度，及时公布结果，以利于平息舆论不满，避免事态扩大。三是认真做好各项善后工作。铁道部、事发地人民政府、死伤人员工作或户籍所在地人民政府及工作单位，都要积极参与做好死伤人员的善后工作。要全力以赴救治伤员，充分调动医疗资源，因人制宜制定医疗方案，千方百计减少因伤死亡、因伤致残。要准确报告遇难人数，辨明遇难者身份。妥善做好死伤人员抚恤赔偿等相关工作。要认真清理现场遗物，尽力寻找，逐项清理，妥善保管，帮助认领。要深入做好安抚工作，切实满足合理诉求，加快善后工作进程，努力维护社会稳定。四是从事故中认真吸取教训。这次事故的教训是惨痛的，我们要痛定思痛，深刻反省，深入查找安全漏洞，完善相关制度措施，切实加强安全生产工作。

**二、深刻认识加强安全生产工作的重大意义**

今年以来，全国安全生产形势总体保持稳定，但重大事故和较大涉险事故时有发生，部分地区重大事故同比增加，一些行业领域事故频发，非法违法生产经营建设行为屡禁不止，安全生产形势依然严峻。特别是7月以来，接连发生重特大事故，不仅造成严重的人员伤亡和财产损失，而且对铁路事业发展和国家的声誉造成了不良影响。这些事故的发生，充分暴露了我国生产和建设领域仍然存在安全责任落实不到位、防范措施不到位、安全监管不到位、治理整顿不到位等突出问题，教训极其深刻。严峻的现实再次警示我们，在任何情况下，安全生产工作都不能丝毫放松，必须警钟长鸣、常抓不懈。

安全生产事关人民群众生命财产安全，事关改革发展稳定大局，事关党和政府形象和声誉。做好安全生产工作，是贯彻落实科学发展观、构建社会主义和谐社会的必然要求，是转变经济发展方式、推进经济社会全面协调可持续发展的重要任务，是实现全面建设小康社会目标、加快改革开放和现代化进程的重要保障。我们要从全局和战略的高度，充分认识加强安全生产工作的极端重要性。

要始终坚持科学发展。科学发展观的核心是以人为本。人的生命是最宝贵的。在人民群众最关心、最直接、最现实的利益中，最重要的莫过于对生命安全的保障。我们搞建设、谋发展，都必须坚持以人为本，把人的生命安全放在第一位。要以对党对人民高度负责的精神，把加强安全生产工作摆在政府工作的重中之重。在谋划发展思路时，尊重发展规律，坚持走科学发展的道路，充分体现转变经济发展方式的要求，坚持速度、质量、效益与安全的有机统一；在制定发展目标时，充分考虑安全生产因素，不追求过高的发展目标，不以牺牲安全谋求发展；在推进发展进程中，要始终强调安全这一发展前提。

要始终坚持安全发展。安全生产是人命关天的大事，容不得一丝一毫的懈怠。血的教训告诉我们，没有安全的发展是不可持续的发展，也不是人民群众所需要的发展。

安全发展既是科学发展的重要内容，又是科学发展的重要保证。如果不重视安全发展，即使经济一时搞上去了，迟早也会掉下来的。要牢固树立安全发展理念，切实抓好安全生产的各个环节，实现安全发展。

**三、采取坚决措施，以交通、煤矿、建筑施工、危险化学品等行业领域为重点，全面加强安全生产**

今年以来，在世界经济增速回落、各主要经济体经济低迷的情况下，我国经济保持了平稳较快发展的好势头，成绩来之不易。对于我国改革开放取得的伟大成就，包括应对国际金融危机取得的成就，世界各国心态复杂，有捧杀的，也有唱衰的。对此，我们必须始终保持清醒头脑，正确引导社会舆论，切实做好各项工作。安全生产，责任重于泰山，安全生产是我们必须高度重视、认真抓好的一项重要工作。要坚持“安全第一、预防为主、综合治理”的方针，落实安全生产责任，加强安全生产监管，完善安全生产制度，有效防范、坚决遏制重特大事故发生，努力促进我国安全生产形势实现持续稳定好转。

（一）全面排查和消除安全隐患。要针对近期事故多发暴露的突出问题，对以铁路、公路、桥梁为重点的交通运输，以煤矿为重点的矿山，以危险化学品为重点的工业领域，以在建住房项目为重点的建筑领域等，开展全面、系统、彻底的安全隐患排查。对发现的安全隐患，必须限期整改。对不具备安全生产条件的生产经营企业，要坚决停产整顿或依法关闭。对存在重大安全隐患的桥梁、建筑、车辆等，要坚决停用，待采取措施符合安全要求后方可使用。对非法违法生产经营建设行为，要依法打击，并严防死灰复燃。当前正值汛期，洪涝和地质灾害易发，要切实加强安全防范，减少灾害损失。

（二）全面落实和完善安全生产制度。要针对近期事故多发问题和排查出的突出隐患，狠抓制度落实，切实纠正一些地方、部门、企业有法不依、有章不循、纪律松弛、责任不到位的现象，真正做到依法准入、依法生产、依法监管。加快修订《安全生产法》，进一步明确责任，加大对违法行为的惩处力度。完善安全生产应急预案，组织应急演练，努力提高事故救援和应急处置能力。

（三）严格落实安全生产责任。要认真贯彻《国务院关于进一步加强企业安全生产工作的通知》（国发〔2010〕23 号），全面落实企业安全生产主体责任，并把责任层层落实到每个生产环节、每个工作岗位，真正做到不安全不生产。要强化有关部门和地方的安全监管责任，领导干部和监管工作人员要敢于负责。发生生产安全事故，要根据情节轻重依法依规严肃追究有关领导干部、企业负责人和相关人员的责任，严肃惩处事故背后的失职渎职、违法违规和腐败行为。对关系安全生产的重点部位、关键岗位，要配强干部和管理人员，确保有人负责、有得力的人负责、能负得了责。

（四）切实加强安全生产和监管能力建设。当前，各行各业信息化水平提高很快，先进技术应用日益广泛，这就要求领导干部、管理和操作人员必须拥有相应的知识、技能和能力。要深刻总结每一次事故的教训，有针对性地提高标准、改进技术，加强技术培训，提高管理水平、技术水平和防范事故能力。加强对职工的安全生产培训，坚持先培训后上岗，持证上岗。安全生产培训决不能走过场，不搞速成班。

（五）依法加强行政和社会监督。强化部门协调，完善行政监督体系，确保发现隐患能及时整改、发生事故能及时处理。建立健全安全生产举报制度，实行安全生产信息公开，接受群众监督。各部门、各单位接到关系安全生产的举报，都必须在第一时间查明情况、负责任地加以处理，及时向社会发布准确真实的信息，让人民群众放心。要自觉接受舆论监督，对舆论揭露的问题要深查原因，切实整改。

（六）大力加强安全生产宣传教育。广泛宣传安全生产知识，增强全社会的安全生产观念，建设以人为本、关注安全、关爱生命的安全文化。领导干部尤其要全面学习掌握安全生产知识，增强安全生产意识，严格依法依规办事。

各地区、各有关部门和单位开展安全隐患排查整治的结果要及时向国务院安全生产委员会报告。各地区、各部门要统一思想，提高认识，紧紧依靠广大人民群众，动员全社会力量，坚决打赢安全生产这场攻坚战，努力实现科学发展、安全发展。

# 张德江副总理在全国安全生产电视电话会议上的讲话（摘要）

（2011年1月12日）

这次全国安全生产电视电话会议的主要任务是，深入贯彻落实党的十七届五中全会和中央经济工作会议精神，认真总结“十一五”以来安全生产工作，深入分析面临的形势，安排部署“十二五”及2011年重点工作任务。刚才，安全监管总局局长骆琳通报了“十一五”以来全国安全生产情况和2011年重点工作安排意见，公安部常务副部长杨焕宁通报了“十一五”以来全国道路交通、消防安全情况及2011年重点工作安排意见。浙江省、福建省和重庆市人民政府负责同志分别作了发言。下面，我讲四点意见。

**一、在各方面共同努力下，全国安全生产工作取得显著成效**

党中央、国务院始终高度重视安全生产工作。“十一五”开局之初的2006年，胡锦涛总书记在中央政治局第30次集体学习时就强调，要坚持安全发展，牢固树立安全第一的思想，做到思想认识上警钟长鸣、制度保证上严密有效、技术支撑上坚强有力、监督检查上严格细致、事故处理上严肃认真。同年召开的全国安全生产工作会议，温家宝总理亲自出席并作重要讲话，阐明了做好安全生产工作的极端重要性，对加强安全生产工作提出了10项重点任务。党的十六大、十七大及几次全会和中央经济工作会议，都把安全生产作为重点进行部署，提出明确要求。国务院多次召开常务会、电视电话会、现场会、专题会等，研究制定了一系列政策措施。国务院安全生产委员会广泛组织开展了“百日安全督查”专项行动和“隐患治理年”、“安全生产年”活动，大力推进安全生产执法、治理、宣教“三项行动”，切实加强安全生产法制体制机制、保障能力、监管监察队伍“三项建设”。各地区、各部门、各单位认真贯彻落实党中央、国务院的决策部署，牢固树立安全发展理念，深入推进安全责任落实，持续强化安全管理和监督，推动安全生产工作取得积极进展。突出表现在以下几个方面：

（一）以打击非法违法行为为目标的安全执法行动深入推进。在各地区、各有关部门的组织督导下，近年来持续加大对非法违法行为的打击力度，依法严厉打击无证无照和证照不全生产经营建设等行为，限期整改、关闭取缔一大批非法违法生产经营建设的企业，规范了安全生产秩序。5年来，共关闭取缔非煤矿山2.12万处、烟花爆竹厂点1.57万处、非法建设项目1.06万处。2010年全国查处各类非法违法行为共计442.6万余起，依法关闭取缔各类非法生产、经营、建设等单位和项目1.08万余处。通过深入开展“打非”专项行动，因非法违法行为导致的重特大事故比例下降30%以上，有效遏制了重特大事故多发的势头。

（二）以煤矿安全攻坚为重点的安全专项整治不断深化。深入开展煤矿瓦斯防治攻坚战，出台扶持瓦斯抽采、利用的一系列经济和技术政策，大力推动以先抽后采为重点的瓦斯综合治理，瓦斯抽采、利用量5年分别增长3倍和5倍。加大小煤矿整顿关闭力度，支持大型现代化矿井对小煤矿实行兼并重组，“十一五”期间，全国小煤矿由18145处降至9042处，实现了小煤矿数量压减至1万处以内的目标。同时，深入开展非煤矿山、道路交通、铁路和水上交通、建筑施工、危险化学品、烟花爆竹、民爆物品、消防、冶金等重点行业领域安全专项整治，一大批安全隐患得到治理。仅2010年就排查各类隐患936.3万项，其中重大隐患2.4万项，整改率82.1%，落实治理资金100余亿元。

（三）以提高安全保障能力为核心的基础建设不断加强。5年来，全国通过国债资金支持、地方和企业配套、银行专项贷款、安全费用提取和以奖代补等多种形式，持续加大了安全生产投入，改善了安全技术装备。初步建成31个国家级实验室和94个省级安全检测检验中心，积极推进安全生产领域关键技术的研发应用，建设一大批煤矿安全“双百”工程、“平安农机”、“平安渔业”、“平安畅通县区”等示范项目，积极推进矿山紧急避险、客运车辆动态监控、水上交通防碰撞等系统的安装。进一步加强劳动技能培训、职业教育培训和安全生产高等教育，广泛开展煤矿班组安全建设活动，宣传推广“白国周班组管理法”，安全基础管理水平得到不断提高。

（四）以加强监督管理为关键的协作联动机制进一步健全。充分发挥各级安委会的组织推动作用，不断完善综合监管与行业管理相结合的工作机制，着力加强安全监管能力建设，所有的省、市级政府和96.6%的县级政府设立了安全监管机构，安全监管装备条件得到逐步改善。按照“四不放过”和依法依规、实事求是、注重实效的原则，严格事故查处和责任追究，切实加大警示教育力度。在事故抢险救援中，各有关方面坚持“条块结合、上下联动”，密切协调配合，最大程度地减少了人员伤亡。5年来，近万名遇险被困人员得到安全解救。

（五）以《安全生产法》为基础的安全生产法制体系不断完善。大力推进与《中华人民共和国安全生产法》衔接配套的国家和地方性法规建设，发布了刑法修正案（六）和相关司法解释，出台了《生产安全事故报告和调查处理条例》及上百个部门规章，31个省（区、市）均制定了《安全生产条例》。各地区、各部门认真贯彻落实《国务院关于进一步加强企业安全生产工作的通知》（国发〔2010〕23号）。各省、自治区、直辖市人民政府结合本地实际情况，出台了实施意见，为当前和今后一个时期的安全生产工作提供了有力政策支持。

（六）以关爱生命、关注安全为主旨的安全文化建设持续开展。深入推进安全生产宣传教育行动和安全文化创建工作，每年开展“安全生产月”和“安全生产万里行”活动，多次举办安全生产论坛、“安康杯”竞赛等系列活动，广泛宣传安全生产方针政策以及先进经验、先进人物和先进事迹，普及安全生产法律法规和安全常识。建立健全了隐患及事故举报奖励制度，及时公布事故查处结果和安全生产进展情况。组织开展安全文化示范企业、安全发展城市和安全社区建设，全社会对安全生产的重视程度明显提高，形成了有利于加强安全生产的社会舆论氛围。

通过各地区、各部门和各单位的不懈努力，全国安全生产保持了总体稳定、持续好转的发展态势，实现了“四个显著下降”。

一是事故总量显著下降。2010年全国共发生事故36.3万起，比2005年的71.8万起下降49.4%。

二是事故死亡人数显著下降。2005年全国事故死亡人数12.7万人，之后逐年下降，2008年事故死亡人数首次降到10万人以下、2009年降到9万人以下、2010年又降到8万人以下，比2005年减少37.4%。

三是重特大事故显著下降。重特大事故起数和死亡人数由2005年的134起、3049人，分别减少到2010年的85起、1438人，分别下降了36.6%和52.8%。

四是反映安全发展状况的主要相对指标显著下降。亿元GDP生产安全事故死亡率下降71%、工矿商贸十万就业人员事故死亡率下降45%、道路交通万车死亡率下降58%、煤炭百万吨死亡率下降73%，基本实现了《国务院关于进一步加强安全生产工作的决定》（国发〔2004〕2号）提出的到2010年全国安全生产状况明显好转的目标。

这些成绩是在能源原材料需求旺盛、建设项目大量增加、人流物流更加频繁、各类自然灾害和重大挑战极为严峻的形势下取得的，实属不易！这是党中央、国务院高度重视、正确领导的结果，是各地区、各部门、各单位共同努力、真抓实干的结果，也是各行各业广大干部职工攻坚克难、艰苦奋斗的结果。在此，我代表党中央、国务院向大家表示衷心的感谢和诚挚的慰问！

**二、保持清醒头脑，深刻认识安全生产形势的严峻性和紧迫性**

我们在充分肯定成绩的同时，也要清醒看到当前安全生产工作存在的问题，看到安全生产形势依然严峻。2010年，虽然各类事故起数和死亡人数继续保持下降趋势，同比分别下降4.2%和4.4%，但是，从事故伤亡情况看，仍有7.9万余人在各类事故中失去生命，总量仍然很大；特别是重特大事故出现反弹，全年发生重大事故74起、死亡1028人，同比分别上升19.4%和23.1%；特别重大事故11起、死亡410人，同比分别上升120%和40.4%。从地域和行业领域看，全国分别有14个和18个省级统计单位较大事故、重特大事故上升。煤矿、非煤矿山、道路交通、铁路交通、建筑施工、工矿商贸其他和火灾事故，造成的死亡人数均仍超过千人。事故多发的原因是多方面的，既有我国现阶段生产力水平相对落后等深层次因素，也有一些地方和企业安全责任不落实、工作措施不到位等突出问题。具体有以下几个方面：

一是安全发展意识不够强。有的地方经济发展与安全发展失衡，不同步、不协调，出现一头重一头轻、一手硬一手软的现象。一些企业主体责任落实不到位，安全投入标准低，安全工作打了折扣。有的企业在产业结构调整、兼并重组中，盲目抢速度、赶时间、追效益，安全防范措施不落实。一些建设项目安全设施“三同时”制度执行不严，甚至是漠然置之。

二是安全法治手段不够硬。突出表现在非法违法行为仍屡禁不止，经过连续两年的“打非”专项行动，非法违法造成的事故比例大幅度下降，但仍然是重特大事故发生的主要原因，反映了一些地方“打非”工作态度不坚决、执法不严、打击不力，有的以罚代管，有的不敢碰硬，有的纵容包庇，致使一些企业铤而走险，非法违法行为禁而不绝，甚至死灰复燃。

三是安全工作基础不够牢。在目前全国430万个生产经营单位中，中小企业约占90%以上，煤炭等高危行业“小散乱差”的状况尚未得到根本性改变。一些小厂小矿技术装备水平低，员工素质低，安全管理形同虚设。也有一些大型国有企业，设备老化、管理滑坡，致使安全基础弱化、隐患严重。

四是安全整治措施不够实。一些地方和企业安全专项整治走过场，隐患排查治理不全面、不彻底。对一些重大隐患没能从技术上采取有力措施、资金配套上加大投入，也没能从监督检查上严格把关、应急管理上严密防范，致使源头治理没有取得实效。一些企业对“三超”、“三违”现象治理不严，甚至视而不见、放任纵容，最终酿成大祸。

五是安全管理和监督不够严。一些地方监管体制不完善，手段和方法不科学，联合执法机制不健全，工作的主动性、及时性、有效性还有明显差距。一些地区基层监管力量薄弱，专业人员匮乏、执法装备设施不足，影响了监管效果。一些企业安全管理不扎实、现场管理不严格、班组安全责任不落实，导致事故多发。

对于上述问题，我们必须时刻保持清醒的认识，高度的警惕，以对党和人民高度负责的精神，进一步统一思想，坚定信念，切实增强做好安全生产工作的责任感和使命感，以更加坚定的信心，更加有力的措施，坚决防范和遏制重特大事故发生，促进安全生产形势的进一步稳定好转。

**三、统筹安排好“十二五”时期安全生产工作**

“十二五”是全面建设小康社会的重要战略机遇期，是深化改革开放、加快转变经济发展方式的攻坚阶段，也是安全生产状况保持持续稳定好转的关键时期，做好这一时期的安全生产工作具有特殊重要的意义。党的十七届五中全会总结了我国“十一五”时期经济社会发展取得的巨大成绩，明确了“十二五”时期的指导思想、目标任务和工作部署，提出要以科学发展为主题，以加快转变经济发展方式为主线，深化改革开放，保障和改善民生，巩固和扩大应对国际金融危机冲击成果，促进经济长期平稳较快发展和社会和谐稳定，为全面建成小康社会打下具有决定性意义的基础。同时强调，要加大公共安全投入，加强安全生产，健全事故预防预警和应急处置体系。

做好“十二五”期间的安全生产工作，必须认真贯彻落实党的十七届五中全会精神，深入贯彻落实科学发展观，抓住主题把握主线，坚持安全发展理念，坚持安全生产方针，坚持以人为本，切实把事故预防作为促进安全生产的主攻方向，把规范生产作为促进安全生产的重要保障，把科技进步作为促进安全生产的重要支撑，加强基础建设，加强责任落实，加强依法监管，全面推进安全生产各项工作，降低事故总量和伤亡人数，有效防范和坚决遏制重特大事故发生，为经济社会发展创造良好条件。

“十二五”期间安全生产工作目标是：安全管理体系更加完善，安全生产能力明显提高，努力实现事故总量、死亡人数继续下降，重特大事故得到有效遏制，亿元 GDP 生产安全事故死亡率下降 36% 以上，工矿商贸十万就业人员事故死亡率下降 26% 以上，煤炭百万吨死亡率下降 28% 以上，道路交通万车死亡率下降 32% 以上，全国安全生产形势保持持续稳定好转态势。

为实现这一奋斗目标，需要各地区、各部门、各单位进一步加大工作力度，科学分析本地区和行业领域安全生产新形势、新问题，科学把握经济社会运行和安全生产工作的新规律、新特点，统筹谋划好安全发展宏观战略，统筹安排好安全生产各项工作。总的来讲，要建立和完善“六大体系”，着力提高“六个能力”：一要建立完善责任落实、基础扎实、投入到位、管理规范的企业安全保障体系，着力提高企业本质安全水平和事故防范能力；二要建立完善覆盖全面、监管到位、监督有力的政府监管和社会监督体系，着力提高监察执法和群防群治能力；三要建立完善与工业化、信息化发展要求相适应的安全科技支撑体系，着力提高技术装备的安全保障能力；四要建立完善门类齐全、配套完备、针对性强的安全生产法律法规和政策标准体系，着力提高依法依规安全生产能力；五要建立完善反应迅速、机动灵活、处置高效的应急救援体系，着力提高事故救援和应急处置能力；六要建立完善面向基层、贴近实际、载体多样的宣传教育培训体系，着力提高从业人员安全素质和社会公众自救互救能力。

**四、扎实做好 2011 年安全生产工作**

2011 年是“十二五”时期开局之年，是建党 90 周年。安全生产工作总的要求是：认真贯彻党的十七届五中全会和中央经济工作会议精神，深入贯彻落实科学发展观，坚持“安全第一、预防为主、综合治理”的方针，牢固树立以人为本、安全发展理念，以落实国发〔2010〕23 号文件精神为核心，以强化企业安全生产主体责任为重点，继续深入开展“安全生产年”活动，加强基础建设，加强责任落实，加强依法监管，深化安全生产“三项行动”、“三项建设”，有效防范和坚决遏制重特大事故，促进安全生产形势进一步稳定好转，确保“十二五”安全生产工作开好局、起好步。重点抓好“三深化”、“三推进”：

（一）深化企业主体责任落实，加强安全管理和监督。搞好安全生产，关键在企业，重点在“一把手”，重中之重在于安全责任落实到位。一要确保企业主体责任落实到位。切实强化企业法人代表、实际控制人第一责任者的责任，健全企业安全管理机构，完善管理制度，把安全生产作为企业固本强基的重要举措，纳入企业发展战略，永续推进。持续加大企业安全投入，足额提取用好安全费用，落实技术改造和隐患治理资金，积极参加安全责任保险。严格落实企业领导干部现场带班制度，及时现场解决安全生产中遇到的突出问题。二要确保政府和部门监管责任落实到位。把安全生产工作作为领导干部加强经济社会管理、保障改善民生的重要任务，认真落实省、市、县、乡级行政首长安全生产责任制，强化安全监管部门和行业管理部门的安全职责，关口前移，使监管工作深入到企业生产经营的每一个环节，及时纠正查处非法违法、违规违章行为，对不具备安全生产条件的及时责令停产或依法予以关闭。三要确保安全问责制度落实到位。严格安全生产目标责任考核，加大安全奖惩力度，加强对事故多发地区、单位的约谈、通报和检查督导。严格按照“四不放过”和依法依规、实事求是、注重实效的原则，查处和追究事故责任，对违法违规、失职渎职的，无论涉及到哪个部门哪级干部，都要严肃追究，绝不姑息，对瞒报、谎报、迟报事故及事故后逃逸的行为，要依法从重从快查处。

（二）深化依法监管，持续严厉打击非法违法行为。继续保持高压态势，深入开展“打非”专项行动，重点要抓好以下“四个环节”。一要认真总结前两年“打非”成果，分析研究薄弱部位，确定下一步“打非”重点，对非法违法生产突出的地区和企业，要与司法机关密切配合，加强部门之间、地区之间联合执法，统一周密部署，增强打击实效。二要进一步加大惩治力度，对“打非”过程中发现的问题，切实做好“四个一律”，即对非法生产经营建设和经停产整顿仍未达到要求的，一律关闭取缔；对非法违法生产经营建设的有关单位和责任人，一律按规定上限予以处罚；对存在违法生产经营建设的单位，一律责令停产整顿，并严格落实监管措施；对触犯法律的有关单位和人员，一律依法严格追究法律责任。三要注重效果、跟踪监管，着力强化地方政府特别是县、乡级政府的“打非”责任，查清斩断非法生产原料供应和产品销售的经济链条，彻底根除非法违法行为背后的“保护伞”，铲除安全生产领域的黑恶势力，防止前纠后犯、死灰复燃，防止新的非法违法行为发生。四要加强社会监督，鼓励媒体和群众举报，建立全国安全生产信息联网查询系统，对非法违法企业列入“黑名单”，向社会公开曝光。

（三）深化专项整治，狠抓隐患排查治理。继续抓好事故总量和重特大事故集中的煤矿、非煤矿山、道路交通、铁路交通、建筑施工、烟花爆竹、危险化学品、民爆物品、工矿商贸其他及消防等重点行业领域的安全专项整治，重在预防，深挖隐患，强力整治，切实做到整改措施、责任、资金、时限和预案“五到位”。特别是要深入开展煤矿瓦斯综合防治、小煤矿兼并重组和整顿关闭，坚决防范和遏制重特大事故。继续加大道路交通“五整顿”“三加强”工作力度，从严整治超载超限超速和酒后、疲劳驾驶等违法违规行为。要实现隐患排查治理的经常化、制度化，将其纳入安全监管和企业日常生产的重要内容，建立跟踪督促整改制度，对重大隐患层层挂牌督办，该停产整顿的绝不放过、该取缔关闭的绝不手软、该异地搬迁的绝不拖延，切实做到防微杜渐，防患于未然。要强化源头治理，严格执行安全生产许可制度，严格行业安全准入，抓紧制定出台安全技术标准和高危行业从业人员资格标准，严格把关，不具备安全条件不准投入生产和建设。

（四）推进科技进步，提高安全保障和救援能力。要认真分析研究工业化、信息化给安全生产工作带来的新要求，进一步建立完善以企业为主体、以市场为导向、产学研相结合的安全技术创新体系，完善国家和省级安全生产科技机构建设，加快推进安全生产关键技术装备的研发，尽快推出一批具有我国知识产权的安全技术装备和工艺。加快国发〔2010〕23 号文件确定的安全避险、监测监控、自动控制等系统和装备建设，确保按期投入应用。要进一步落实安全生产专用设备企业所得税优惠政策，抓紧制定各行业领域落后安全技术装备淘汰目录，促进安全设施装备更新改造。同时，要加快 7 个国家级和 14 个区域性矿山救援基地以及其他行业领域国家救援基地建设，充分运用应急救援的科技成果，配备性能可靠、机动性强的装备设施，加快专业化应急救援队伍建设，完善管理机制，搞好应急演练，切实增强事故救援实战能力。

（五）推进安全达标，强化安全基层基础。企业生产经营全过程的标准化、规范化是有效防范事故的重要手段，是安全基础建设的本质要求，要以安全标准化达标为载体，全面夯实企业安全生产基础。一要认真落实安全生产法律法规、《企业安全生产标准化基本规范》等相关规定，在工矿商贸和交通运输企业广泛开展以“企业达标升级”为主要内容的安全生产标准化创建活动。各有关部门要加强督促指导，加快有关标准制定工作，充分考虑各行业企业实际情况，分类指导，分步实施，促进企业安全基础不断强化。二要借鉴煤矿等行业企业班组安全建设的经验做法，切实加强各行业领域班组安全建设，充分发挥班组安全生产前沿阵地作用，强化现场安全管理，坚决抵制违章指挥、违章作业和违反劳动纪律的行为。三要加强安全培训，大力开展职业教育培训、岗前培训、全员培训和专业技能培训，改革企业招用工制度，进一步扩大安全学科建设，培养高素质、技能化的安全专业人才。四要加强安全宣传教育，深入开展以“安全责任、重在落实”为主题的第十个“安全生产月”和“安全万里行”活动，大力宣传安全生产法律法规和政策措施，促进各项安全文化建设。

（六）推进长效机制建设，构建安全防范体系。加快建立和完善长效机制，是实现安全生产长治久安、有序可控的重要保障。一要结合国民经济和社会发展“十二五”规划纲要，抓紧制订和实施安全生产“十二五”规划，明确安全生产的目标、任务和重点建设项目，促进安全基础的不断加强。各地区、各部门制订的各专项规划，也要充分考虑安全生产工作的要求，与安全生产“十二五”规划保持密切衔接。二要进一步落实和完善各项经济政策。认真落实安全费用提取、安全风险抵押和责任保险制度，加快道路交通事故社会救助基金制度建设。实施好新修订的《工伤保险条例》，认真执行工亡职工赔偿标准。研究制定安全产业政策，加快高危行业企业整合重组，提高行业安全发展水平。三要全面加强安全法制建设。抓紧修订制定《中华人民共和国矿山安全法》、《安全生产应急管理条例》等相关法律法规，进一步强化基层和生产经营单位的法制教育，为安全生产提供法制保障。四要加强监管监察队伍建设。进一步明确和落实监管责任，充实基层监管力量，创新工作机制，改进工作方式，切实做到严格执法、公正执法、科学执法和廉洁执法，不断提高监管监察效能。

最后强调一下春节和“两会”期间的安全生产工作。岁末年初，历来是安全生产的关键时期。去年一季度，全国连续发生4起特别重大事故，教训非常深刻。温家宝总理在中央经济工作会议上专门对岁末年初安全生产工作作出部署，中办、国办也印发通知，提出了明确要求。各地区、各部门和各单位要认真抓好贯彻落实，深入开展煤矿、非煤矿山、交通运输、危险化学品、烟花爆竹、民用爆炸物品等行业领域的安全大检查，严密排查治理各类安全隐患，严防重特大事故发生。特别要加强对人员密集场所、文化娱乐场所和大型集会活动的安全管理，严格落实烟花爆竹经营、燃放等各环节监管防范措施。要加强公路、铁路、民航、水运等交通安全工作，细致周密做好“春运”期间的运力安排、旅客疏导，确保人员安全出行，确保人民群众过一个幸福、和谐、安康的节日。

安全生产责任重大。我们要紧密团结在以胡锦涛同志为总书记的党中央周围，高举中国特色社会主义伟大旗帜，以邓小平理论和“三个代表”重要思想为指导，深入贯彻落实科学发展观，全面贯彻党的十七届五中全会和中央经济工作会议精神，顽强拼搏，勇于进取，扎实工作，继续开创安全生产工作新局面，努力为经济长期平稳较快发展和社会和谐稳定作出新的更大的贡献！

# 第四部分

# 国家安全生产监督管理总局负责人关于安全生产工作的讲话

## 国家安全生产监督管理总局局长骆琳在全国安全生产电视电话会议上的讲话(摘要)

(2011年1月12日)

根据会议安排，我代表国务院安委会办公室，通报全国安全生产工作有关情况。

党中央、国务院始终高度重视安全生产工作。胡锦涛总书记、温家宝总理和张德江副总理等中央领导同志多次作出重要指示批示，对安全生产工作提出明确要求。2010年以来，各地区、各部门、各单位认真贯彻党中央、国务院关于加强安全生产工作的决策部署，深入贯彻落实科学发展观，牢固树立安全发展的理念，坚持以预防为主、加强监管、落实责任为重点，深入开展“安全生产年”活动，深化“三项行动”、“三项建设”，狠抓《国务院关于进一步加强企业安全生产工作的通知》(国发〔2010〕23号)的贯彻落实，在有效应对国际金融危机、建设项目大量增加，能源原材料和交通运输市场需求旺盛，以及气候条件异常、因自然灾害引发的事故灾难频繁的情况下，全国安全生产继续保持了总体稳定、持续好转的发展态势。

——事故总量和死亡人数持续明显下降。据安全监管总局调度统计，2010年全国发生各类事故363383起、死亡79552人，同比分别下降4.2%和4.4%。全国年度各类事故死亡人数继2008年首次降到10万人以下、2009年降到9万人以下之后，2010年又降到了8万人以下。经过有效防范和全力救援，2010年煤矿没有发生一次死亡50人以上、全国没有发生涉难60人以上的特别重大事故。

——重点行业领域安全生产状况进一步改善。工矿商贸企业事故总量和死亡人数同比分别下降11.6%和8%。煤矿事故起数和死亡人数同比分别下降13.2%和7.5%。其他重点行业领域事故死亡人数同比下降：金属与非金属矿山下降17.2%，危险化学品下降9.4%，道路交通下降3.7%，水上交通下降2.1%，铁路交通下降12.1%，农业机械下降18.3%，火灾下降3.5%。

——大部分地区安全生产状况稳定好转。全国31个省(区、市)和新疆生产建设兵团事故起数和死亡人数均比上年下降。北京、天津、浙江、海南、重庆和新疆生产建设兵团等6个省级统计单位没有发生重特大事故。上海、福建、广东、云南、西藏、青海、宁夏等13个地区的工矿商贸领域没有发生重特大事故。山东、贵州、安徽等8个地区重特大事故起数同比下降。

——安全生产总体水平较大幅度提高。反映安全生产整体水平的四项相对指标同比降幅均在10%以上。亿元GDP生产安全事故死亡率为0.201，降幅19%；工矿商贸十万就业人员生产安全事故死亡率为2.13，降幅11.3%；道路交通万车死亡率为3.2，降幅11.1%；煤矿百万吨死亡率为0.749，降幅16%。

——安全生产控制指标实施情况良好。年度指标实施进度低于控制目标3个百分点。煤矿、金属与非金属矿山、危险化学品、道路交通、铁路交通、农业机械、消防等行业领域事故死亡人数下降率均控制在进度目标以内。全国32个省级统计单位的事故死亡人数下降率全部控制在考核指标之内。

2010年安全生产工作成绩的取得，也标志着“十一五”时期安全生产各项规划目标的圆满完成。与“十五”期末的2005年相比，2010年全国事故起数和死亡人数分别下降了49.4%和37.4%，重特大事故起数和死亡人数分别下降了36.6%和52.8%。亿元GDP生产安全事故死亡率由0.697降到0.201，下降71%，工矿商贸十万就业人员生产安全事故死亡率由3.85降到2.13，下降45%，道路交通万车死亡率由7.6降到3.2，下降58%，煤矿百万吨死亡率由2.811降到0.749，下降73%。下降幅度均超过了“十一五”规划确定的目标，实现了全国安全生产状况的明显好转。

安全生产工作虽然取得了积极进展和明显成效，但与党中央、国务院的要求和广大人民群众的期望相比还存在较大差距。2010年和“十一五”时期，虽然各类事故起数和死亡人数实现了“双下降”，但事故总量仍然很大；重特大事故尚未得到有效遏制，2005年至2010年一次死亡10人以上重特大事故起数分别为134、96、85、96、67、85起，在下降到百起以后，呈现明显波动起伏的态势，尤其是2010年相继发生了11起一次涉难30人以上或直接经济损失超亿元的特别重大事故，给人民群众生命财产造成重大损失；我国依然处在生产安全事故易发多发的特殊时期，安全生产领域的各种隐患和问题还很多，安全生产基础仍然薄弱，非法违法行为、违规违章现象严重威胁安全生产，全国安全生产形势依然严峻，安全发展的道路任重而道远。

1月10日，张德江副总理主持召开国务院安委会全体会议，在充分肯定2010年及“十一五”时期安全生产工作取得的明显成效，深入分析面临的形势任务的基础上，审议确定了“十二五”时期全国安全生产工作的总体思路、奋斗目标和2011年重点任务。接下来，德江副总理还将代表党中央、国务院发表重要讲话，提出明确要求，我们一定要认真学习领会，全面贯彻落实。

今年是“十二五”时期的开局之年，是中国共产党成立90周年。做好今年的安全生产工作，对于维护全党全国工作的大局，促进经济社会又好又快发展，有着十分重要的意义。我们一定要紧紧围绕科学发展这个主题和加快转变经济发展方式这条主线，坚持“安全第一，预防为主，综合治理”的方针，牢固树立以人为本、安全发展的科学理念，以深入贯彻落实《国务院关于进一步加强企业安全生产工作的通知》精神为核心，以强化企业安全生产主体责任为重点，继续深入开展“安全生产年”活动，全面深化安全生产“三项行动”和“三项建设”。要坚持预防为主，加强宣传教育，着力营造企业全员参与、社会全民预防的安全生产氛围；坚持分类指导，实施有效监管，督促各类企业全面落实安全生产主体责任；坚持抓基层打基础，广泛开展安全生产标准化创建活动，夯实企业安全生产根基；坚持依法治安，加大“打非治违”力度，建立更加严格的安全生产法制秩序；坚持科技兴安，加强科研成果的推广应用，大力提升安全保障水平；坚持以人为本、生命至上，加快应急救援体系建设，提高应对处置重特大事故的能力；坚持依法依规、狠抓落实，加大事故查处和责任追究力度，促进安全生产责任履行到位；坚持练好内功，在安全生产监管监察系统深入开展以“争做安全发展忠诚卫士，创建为民务实清廉安监机构”为主题的创先争优活动，切实做到严格执法、公正执法、科学执法和廉洁执法，不断提升安全监管监察效能。各级安全监管监察机构要在各级党委政府的领导下，进一步加强与相关部门的配合协作，切实履行好监管监察职责，以实际行动为党分忧、为国尽责、为民奉献。目前正值年初岁末，影响安全生产的因素较多，务必高度警觉，严加防范。安全监管监察系统各级领导班子和广大监管监察人员要进一步转变作风，关口前移、重心下移，深入基层、深入企业，及时发现隐患、解决问题，有效防范和坚决遏制重特大事故，促进安全生产形势进一步稳定好转，确保全国人民过一个安全祥和的新春佳节，确保2011年和“十二五”时期的安全生产工作有一个良好开局。

# 国家安全生产监督管理总局局长骆琳在全国安全生产工作会议上的讲话（摘要）

（2011 年 1 月 13 日）

1 月 12 日下午，国务院召开了全国安全生产电视电话会议。张德江副总理出席会议并发表了重要讲话，全面回顾总结了“十一五”时期全国安全生产工作情况，充分肯定了 2010 年和“十一五”时期安全生产工作取得的明显成效，深刻分析了安全生产形势的严峻性和紧迫性，明确提出了“十二五”时期安全生产的总体思路、奋斗目标和工作重点，对 2011 年的安全生产工作提出了全面系统的要求。张德江副总理的重要讲话高屋建瓴，思想深刻，内涵丰富，具有很强的针对性和指导性，我们一定要认真学习、深刻领会，全面深入贯彻落实。

这次全国安全生产工作会议的主要任务，就是认真学习贯彻张德江副总理的重要讲话精神，把全系统的思想和行动统一到党中央、国务院对安全生产形势的分析判断和对下一步工作的总体部署上来，在党的十七届五中全会和中央经济工作会议精神指导下，坚持以科学发展为主题，以加快转变经济发展方式为主线，牢固树立以人为本、安全发展的理念，以深入贯彻落实《国务院关于进一步加强企业安全生产工作的通知》（国发〔2010〕23 号，以下简称《通知》）为核心，以落实企业安全生产主体责任为重点，继续深入开展“安全生产年”活动，强化“三深化”（深化企业主体责任落实、加强安全管理和监督，深化依法监管、持续严厉打击非法违法行为，深化专项整治、狠抓隐患排查治理）、“三推进”（推进科技进步、提高安全保障和救援能力，推进安全达标、强化基层基础，推进长效机制建设、构建安全防范体系）工作措施，有效防范和坚决遏制重特大事故，继续降低事故总量，努力实现“十二五”安全生产工作的良好开局。

根据总局党组研究的意见，我讲 3 个方面的问题。随后赵铁锤同志将就煤矿安全工作作出专题部署；会议结束时，杨元元同志还要作总结讲话，希望大家一并贯彻落实。

**一、2010 年安全生产工作取得新的进展和成效，全面完成了“十一五”规划目标，实现了全国安全生产状况的明显好转**

党中央、国务院始终高度重视安全生产工作。一个时期来，胡锦涛总书记、温家宝总理和张德江副总理等中央领导同志多次作出重要指示和批示，对充分认识安全生产工作的极端重要性和全面加强安全生产工作，提出了全面系统和具体明确的要求。2010 年，张德江副总理先后 6 次发表重要讲话（即 1 月 7 日和 8 月 19 日安委会全体会议，1 月 18 日电视电话会，8 月 31 日国际安全生产论坛暨展览会，11 月 2 日全国煤矿瓦斯防治工作电视电话会，12 月 26 日全国煤矿班组安全建设推进会），先后 8 次深入重点地区和事故现场进行调查研究、指导指挥抢险救援。国务院第 118 次常务会专题研究了安全生产工作，审议下发了《国务院关于进一步加强企业安全生产工作的通知》（国发〔2010〕23 号），出台了一系列更加严格、切实管用的政策措施。国务院办公厅和国务院安委会就继续深入开展“安全生产年”活动、加强烟花爆竹安全监管、集中开展“打非”专项行动，以及国务院相关部门和安委会成员单位安全生产工作职责划分等，先后下发 7 个重要文件。所有这些，都有力地指导和推动了安全生产工作。

2010 年，各地区、各部门和各单位认真贯彻落实党中央、国务院关于安全生产工作的决策部署和重要指示精神，以预防为主、加强监管、落实责任为重点，继续深入开展“安全生产年”活动，突出抓了以下8个方面的重点工作。

（一）紧紧抓住国务院《通知》出台实施的有利时机，强化措施、加大力度，推动工作落实。国务院《通知》结合转变经济发展方式，对企业安全生产基础工作，以及政府安全监管、行业安全准入、政策引导、技术保障、应急救援、考核和责任追究等，提出了全面系统的要求，是指导当前和今后一个时期安全生产工作的纲领性文件。国务院办公厅把《通知》所涉及的各项工作任务，逐条分工落实到相关部门。国务院安委办督促指导各地区、各部门、各单位紧密结合实际，抓紧制定贯彻实施意见和政策措施。到去年底，国务院有关部门、31个省（区、市）人民政府和新疆生产建设兵团、工矿商贸领域多数中央企业都出台了贯彻实施意见和措施。总局将《通知》内容细化为99条具体要求，分解落实到各司局和有关单位，并就煤矿、非煤矿山、危险化学品、烟花爆竹、冶金、机械等企业贯彻落实《通知》，以及事故查处挂牌督办、矿山企业领导带班下井、企业安全生产标准化建设、安全生产综合监管、应急救援等方面的工作，相继制定出台了27个部门规章和规范性文件。总局和各省级局举办了一系列研讨班、培训班、专题讲座、报告会等，认真学习、深入研讨，把全系统的思想和行动较好地统一到了《通知》精神上来。各地安监煤监机构的同志抓住机遇，切实履行职责，在协助本级政府制定出台贯彻落实政策措施的同时，深入企业、深入基层，面向职工群众和社会公众，进行广泛宣传，为《通知》的全面贯彻落实奠定了坚实基础。随着《通知》精神的全面认真贯彻落实，年内一度出现的阶段性、局部性安全生产被动局面得到扭转，全国重特大事故由前8个月平均3.6天发生一起（3月和7、8月大约2天发生一起），延长至9—12月平均6.5天发生一起，9月之后各月同比均实现了下降，工矿商贸领域更为明显。

（二）突出加强监管，严格监管执法，依法严厉打击安全生产领域各类非法违法行为。国办年初下发的关于继续深入开展“安全生产年”活动的通知，明确了2010年安全监管执法的重点内容。总局和煤矿安监局下达了执法工作计划，健全完善了监管监察执法责任制。针对非法生产经营和建设现象严重、由此造成的各类事故多发问题，按照国务院领导同志的重要指示和《通知》要求，国务院安委会部署从8月开始，在全国范围集中开展“打非”专项行动。各地区紧密结合实际，针对普遍存在的非法违法问题和无证无照、私采乱挖、死灰复燃等典型非法违法行为，制定了专项行动工作方案，建立了政府统一领导、相关部门共同参与的“打非”工作协同联动机制，组织相关部门开展联合执法。10月下旬，总局会同相关部门召开专题视频会进行再动员再部署。8—11月集中开展“打非”专项行动期间，全国安监系统对非法违法行为实施行政处罚5.7万次，责令停产停业整顿生产经营单位4876家，提请关闭2037家。2010年依法关闭取缔非法和不具备安全生产条件煤矿2045处，结合资源整合和企业重组，使全国小煤矿总数降到1万处以内，完成了“十一五”规划目标；结合矿产开发秩序整顿和资源整合，关闭取缔非法和不具备安全生产条件的金属与非金属小型矿山5970余座；召开了危险化学品安全监管部际联席会议第三次会议，依法严厉打击无证或证照不全生产和经营危化品、损毁城市危化品管网等非法违法行为。国务院办公厅转发了七部门《关于进一步加强烟花爆竹安全监督管理工作的意见》，对烟花爆竹“打非”等工作进行了部署和督查。道路交通领域查处超员超载超速和酒后驾驶，建筑施工领域打击违法转包分包等行动，也都取得了明显成效。2010年全国查处各类非法违法行为共计442.6万余起，依法关闭取缔各类非法生产、经营、建设、运输等单位和项目1.08万余个。因非法违法所造成的重特大事故比例，由1—8月的80%以上降到8—11月的54%。

（三）突出预防为主，加强监督检查，深化重点行业（领域）的安全整治和隐患治理。2010年，我们先后部署开展了5次全国范围内的安全生产大检查，各地也都组织开展了形式多样的检查督查活动。在12月上中旬以国务院安委会名义组织开展的综合督查中，15个督察组分别深入到31个省级单位的115个市县、330多家生产经营单位，发现了一大批隐患和问题，分别向有关地方和单位下达了整改意见通知书，并实行跟踪整改。认真贯彻全国煤矿瓦斯防治工作现场会和电视电话会议精神，积极实施瓦斯治理示范工程建设，初步建成了630个瓦斯治理示范矿井和79个示范县，组织开展了煤矿瓦斯和水害防治、防灭火、建设项目安全设施“三同时”、兼并重组与整合技改煤矿安全生产等专项检查。集中开展了为期半年的金属与非金属地下矿山安全生产大检查，深化了防尾矿库溃坝、防海洋石油井喷泄漏等安全专项整治。争取中央财政投入11.7亿元，对105个重点尾矿库项目进行了治理。对上海市、广东省及周边地区危化品安全管理进行了重点督查，建立健全了苏浙沪和环渤海危化品道路运输安全区域联控机制，保障了上海世博会、广州亚运会安全。开展了化工企业自动化控制检查督查和礼花弹专项整治。集中开展了冶金企业煤气安全、机械等行业建设项目安全设施“三同时”专项检查。开展了粉尘与高毒物品危害专项治理行动，以石英砂加工、木制家具制造、石棉生产与制品企业为重点，进行了职业危害排查治理。各地安监部门还会同相关部门，组织开展了道路交通、水上交通、建筑施工、消防、民用爆炸物品、农业机械、特种设备、游乐设施、校园安全等方面的安全专项治理工作。据不完全统计，2010年全国共排查各类隐患936.3万项，其中重大隐患2.4万项，落实治理资金100.5亿元，到年底已完成治理2.1万项。

（四）突出落实责任，厉行责任追究，用事故教训推动工作。依据国务院《通知》要求，国务院安委会发布了《重大事故查处挂牌督办办法》；安委办先后公告了55起重大事故查处挂牌督办名单，对每一起事故查处结果均提请安委办主任办公会审议，并督促指导地方及时向社会公布。部分省级安委会也建立和实行了事故查处挂牌督办制度。对已发生的事故，严格按照“四不放过”和“依法依规、实事求是、注重实效”的原则进行查处追究。2010年各类事故查处结案率达到95.9%，累计追究处理5357人，其中给予党纪政纪处分4546人，移送司法机关追究刑事责任811人。2009年由国务院事故调查组负责查处的5起特别重大事故，已全部结案并及时向社会公布，共有168人受到刑事责任追究，142人受到党纪政纪处分。2010年发生的11起特别重大事故中，上半年发生的6起已调查结案，已向社会公布2起，近期将公布4起。总局会同相关部门，对2006年5月以来查处的366起重特大事故责任追究落实情况进行了专项检查。全国有25个省（区、市）开通了“12350”安全生产举报投诉特服电话，2010年共接收群众举报658件次，全部进行了核查和落实。坚持事故约谈和通报制度，对发生重大以上事故的有关地方政府、部门和企业负责人进行约谈，及时下发事故通报并向社会公布，指导督促地方和企业深刻吸取事故教训，堵塞漏洞，改进工作。继续严格实行安全生产情况日报告、周调度、月通报、季发布、年考核制度，加强调度运行调节，不断强化调度功能，推动各地落实安全生产责任制。

（五）加强宣教培训，强化安全意识，提高安全素质。我们会同有关部门，以“安全发展、预防为主”为主题，组织开展了第9个全国“安全生产月”和“安全生产万里行”集中宣传教育活动。各地开展了安全警示教育、应急知识竞赛和预案演练等系列活动，以及“保护生命安全出行”、“平安畅通区县”、“平安农机”、“平安渔业”、“平安工地”、“特种设备安全进校园”、“安全生产科技周”、“安康杯”、“青年安全示范岗”等针对特殊人群、各具特色的安全宣教活动，推动安全理念、方针、文化、法律和知识进企业、乡村、社区和校园。与工会组织密切合作，在煤炭系统深入开展争创优秀安全班组、优秀班组长和优秀群众安全监督员活动，召开全国煤矿班组安全建设推进会，联合表彰了先进集体和个人。深入推进以企业“三项岗位”人员、农民工和班组长为重点的安全生产全员培训工作，2010年共培训“三项岗位”人员477.8万人次，同比增加5.4%；农民工安全技能培训1044.4万人次，同比增加8.1%。分5批对市（地）政府分管领导干部和市级安监局长进行了安全生产培训。制定发布了安全文化建设示范企业标准，深入开展安全文化示范企业和安全社区创建活动。

（六）加强应急管理，全力做好事故抢险救援工作。先期建设的7个国家矿山应急救援队项目立项、评审和报批工作已经基本完成，国家安全生产应急指挥中心应急平台、装备配备、陆地搜寻与救护平顶山基地等项目建设陆续启动。我们总结推广了广东省健全应急机构、完善协调机制的成功经验。所有重大以上事故和典型涉险事故发生后，总局、煤矿安监局都及时会同有关部门派出人员赶赴现场，协助地方政府组织指导救援处置。开展矿山救护队质量标准化建设，举办了第8届全国矿山救援技术竞赛，参加第七届国际矿山救援技术比赛的我国代表队取得了团体总分第一的好成绩。2010年全国矿山救护队抢救遇险矿工11167人；危化救援队伍抢救遇险者17514人；公安消防部队接警出动58.9万起，疏散和抢救遇险被困者16万余人；海上搜救中心组织救援2218次，抢救遇险者2.45万多人。在山西华晋焦煤公司王家岭矿“3·28”透水事故救援中，6000多名抢险人员连续奋战8天8夜，成功救出115人；四川八田煤矿“11·21”透水事故29名被困人员全部获救；在玉树抗震救灾中，国务院安委办迅速调集26支矿山救护队伍和512名专家赶赴现场，从废墟中救出46名幸存者，救助和转移伤员241人。

（七）加快科技进步，努力提升安全保障能力。完成了“十一五”国家科技支撑计划中安全生产项目的科研任务，组织实施了2010年度351项事故防治关键技术攻关，发布了70项先进适用技术推广目录，召开了全国安全生产科技装备现场会和推广煤矿井下救生舱等安全避险设施现场会，结合安全生产行政许可、监督检查等，强制推行安全性能可靠的新技术、新工艺、新装备和新材料。继续安排国债资金和有关专项资金支持安全技术改造、隐患治理和基础建设。扩大了道路交通动态监管试点，22个试点省市客运车辆安装率达到90%，事故减少12.7%。水上交通动态监管试点地区积极推广安装渔船防撞识别系统，一些省份的安装率达到100%，有效避免了碰撞事故发生。加强安全监管监察保障能力建设，为中西部地区省、市、县三级安监局配置1134套尾矿库检测检验设备和545辆执法车辆，安全监管信息系统“金安”工程一期投入运用。开通了化学事故应急咨询专线，全天候向全国提供咨询服务。

（八）加强安监队伍建设，不断提高履职能力。我们以“争做安全发展忠诚卫士，创建为民务实清廉安监机构”为主题在全系统开展了创先争优活动，涌现了李适、丁安等一大批先进集体和先进个人。各地不断加强安监机构和队伍建设，2010年省、市、县三级安监部门及执法机构人员分别增加4323名、3927名，同比分别增长6.7%、5.6%，总计达73971名。我们不断深化干部人事制度改革，认真做好干部选拔任用工作，进一步优化班子结构，增强队伍活力。加强反腐倡廉建设，运用正反两方面典型组织开展了反腐倡廉“警示教育周”，建立长效教育机制。加大巡视检查力度，推进惩防体系建设，从源头上防治腐败。深入开展“五型机关”创建活动。从制度建设等基础环节抓起，进一步强化执法责任，加强执法监督，推进依法行政。坚持每月举办一次安全生产专业知识视频讲座，组织开展多层次、多形式的监管监察业务培训，进一步提高了安监煤监队伍思想业务素质和履职能力。各地安监煤监机构紧密结合本地实际，注重创造性地开展工作，在安全生产理念、制度规范、体制机制，对策措施、方式方法等方面进行了持续不懈的探索和创新，扎实有效地推动了工作。

经过全系统上下的不懈努力，2010年在我国有效应对国际金融危机、扩大内需一揽子政策措施集中实施，建设项目大量增加，能源原材料和交通运输市场需求旺盛，以及气候条件异常、因自然灾害引发的事故灾难频繁的情况下，全国安全生产继续保持了总体稳定、趋于好转的发展态势。

——事故总量和死亡人数持续明显下降。据总局调度统计，2010年全国发生各类事故363383起，死亡79552人，同比减少15865起、3648人，分别下降4.2%和4.4%。全国年度各类事故死亡人数继2008年首次降到10万人以下、2009年降到9万人以下之后，2010年又降到了8万人以下。经过有效防范和全力救援，煤矿遏制了一次死亡50人以上、全国没有发生一次涉难60人以上的特别重大事故。

——重点行业（领域）安全生产状况进一步改善。工矿商贸企业事故总量和死亡人数分别为8431起、10616人，同比减少1111起、920人，分别下降11.6%和8%。煤矿事故起数和死亡人数分别为1403起、死亡2433人，同比减少213起、198人，分别下降13.2%和7.5%。其他重点行业（领域）事故死亡人数同比：金属与非金属矿山下降17.2%，危险化学品下降9.4%，道路交通下降3.7%，水上交通下降2.1%，铁路交通下降12.1%，农业机械下降18.3%，火灾下降3.5%。

——大部分地区安全生产状况稳定好转。全国31个省（区、市）和新疆生产建设兵团事故起数和死亡人数均比上年下降。北京、天津、浙江、海南、重庆和新疆生产建设兵团等6个省级统计单位没有发生重特大事故。上海、福建、广东、云南、西藏、青海、宁夏等13个地区的工矿商贸领域没有发生重特大事故。山东、贵州、安徽等8个地区重特大事故起数同比下降。

——安全生产总体水平较大幅度提高。反映安全生产整体水平的四项相对指标同比降幅均在10%以上。亿元GDP生产安全事故死亡率由0.248降到0.201，降幅19%；工矿商贸十万就业人员生产安全事故死亡率由2.4降到2.13，降幅11.3%；道路交通万车死亡率由3.6降到3.2，降幅11.1%；煤矿百万吨死亡率由0.892降到0.749，降幅16%。

——安全生产控制指标实施进展情况良好。年度指标实施进度低于控制目标3个百分点。煤矿、金属与非金属矿山、危险化学品、房屋建筑及市政工程、道路交通、铁路交通、农业机械、消防等行业（领域）事故死亡人数下降率均控制在进度目标以内。全国32个省级统计单位中的事故死亡人数下降率全部控制在考核进度之内。

2010年安全生产工作成绩的取得，也标志着安全生产“十一五”规划各项规划指标的圆满完成。与“十五”期末的2005年相比，实现了“四个显著下降”。一是事故总量显著下降。2010年全国共发生各类事故36.3万起，比2005年的71.8万起下降49.4%。二是事故死亡人数显著下降。2010年事故死亡人数7.95万人，比2005年的12.71万人下降37.4%。三是重特大事故显著下降。重特大事故起数和死亡人数由2005年的134起、3049人，分别减少到2010年85起、1438人，分别下降了36.6%和52.8%。四是反映安全生产总体水平的四项相对指标显著下降。其中亿元GDP生产安全事故死亡率由0.697降到0.201，下降71%；工矿商贸十万就业人员生产安全事故死亡率由3.85降到2.13，下降45%；道路交通万车死亡率由7.6降到3.2，下降58%；煤矿百万吨死亡率由2.811降到0.749，下降73%。圆满完成了《国务院关于进一步加强安全生产工作的决定》（国发〔2004〕2号）和国务院办公厅印发的《安全生产“十一五”规划》（国办发〔2006〕53号）确定的目标任务，实现了全国安全生产状况明显好转的目标。关于“十一五”时期安全生产工作的主要情况，张德江副总理已经作出了全面回顾和总结，我们要深刻领会，共同珍惜经过努力奋斗取得的宝贵成果和经验。

上述成绩来之不易，是在党中央、国务院坚强正确领导下，各地区、各部门和各单位密切配合、共同努力的结果；也是全国安全监管监察系统和安全生产工作战线攻坚克难、发奋工作的结果，包含着全系统以及全战线各级领导班子、全体干部职工的辛勤劳动和无私奉献。借此机会，我谨代表国务院安委办和国家安监总局，向大家表示衷心的感谢和崇高的敬意！

回顾总结2010年和“十一五”期间的安全生产工作，我们有6点比较深刻的体会：一是必须坚持用科学发展观统揽全局，牢固树立安全发展的科学理念，自觉围绕经济发展和社会和谐稳定大局，履行好安全生产工作的职责使命。二是必须坚持预防为主、加强监管和落实责任，切实做到关口前移、重心下移，有效防范和坚决遏制重特大事故，真正把握安全生产工作的主动权。三是必须坚持依法治安方略，健全完善并认真执行安全生产各项制度，严字当头，敢抓敢管，依法依规狠抓安全生产，加快形成规范的安全生产法治秩序。四是必须坚持实施科技兴安战略，充分发挥科学技术的支撑和引领作用，从根本上提升安全保障、安全发展能力。五是必须坚持抓基层、打基础，盯紧企业这个安全生产的责任主体，通过加强监管推动企业主体责任落实到位，夯实筑牢安全生产的基础防线，从源头上防范和遏制事故的发生。六是必须坚持解放思想、实事求是、与时俱进，不断推动安全生产工作体制机制创新，更好应对前进道路上出现的新情况、新问题和新挑战，推动安全生产工作的规范、有序、高效开展，不断开创新局面。这些都需要我们在今后的工作中进一步发扬光大并不断创新发展。

**二、认清面临的严峻挑战，切实增强贯彻落实“十二五”时期安全生产工作思路、目标任务的责任感和紧迫感**

2010年和“十一五”时期的安全生产工作虽然取得了积极进展和明显成效，但与党中央、国务院的要求和广大人民群众的期望相比还存在较大差距。目前我国正处在工业化、城镇化快速发展时期，处在生产安全事故易发多发的特殊时期，安全生产领域各类矛盾、问题和隐患还很多，形势依然严峻。突出表现在：一是事故总量仍然过大，“十一五”期间虽然实现了事故起数和死亡人数“双下降”，但目前每年仍有接近 8 万人在各类事故中丧生，因事故伤残和因职业危害致病的人数更多。二是重特大事故尚未得到有效遏制，2005—2010 年一次死亡 10 人以上的重特大事故起数各年度分别为 134、96、85、96、67、85 起，在下降到百起以后，呈现明显波动起伏的态势。2010 年由于自然灾害比较频繁，加上少数地方和单位安全与发展的关系处理不当、重视不够、防范不力，造成重特大事故严重反弹，相继发生了 11 起涉难 30 人以上或直接经济损失超亿元的特别重大事故，给人民群众生命财产造成重大损失。三是安全生产基础仍然薄弱，煤矿等高危行业结构不合理、发展方式粗放落后的问题仍然比较严重，大量小矿小厂技术装备和管理手段落后，安全保障能力低下，一些公共设施安全隐患严重，应急处置和抢险救援能力不足。四是非法违法行为、违规违章现象屡禁不止，严重威胁安全生产，目前仍有半数以上的重特大事故是由非法违法生产经营建设行为所造成的，几乎所有的事故都程度不同地存在着违规违章问题。对以上问题要认真进行分析，始终保持清醒头脑，既要看到现阶段生产力发展不均衡、经济发展方式落后等深层次原因，也要看到主观工作上存在的不到位、不落实等问题。张德江副总理重要讲话中指出的“五个不够”，完全符合实际，切中要害，令人警醒。

“十二五”时期是全面建设小康社会的重要战略机遇期，是深化改革开放、加快转变经济发展方式的攻坚阶段；也是安全生产状况由明显好转向根本好转目标迈进，努力保持持续稳定好转的态势，为到 2020 年实现根本好转打下具有决定意义基础的关键时期。这一时期安全生产工作面临着新的更加严峻的挑战：一是随着经济社会的持续快速发展和全面建设小康社会宏伟战略目标的逐步实现，人民群众日益增长的安全健康需求与相对落后的安全保障能力之间的矛盾更加突出，社会舆论对安全生产工作的期望值越来越高，安全生产工作面临的压力进一步加大。二是随着工业化、城镇化进程的加快，各类工业生产规模和就业队伍不断扩大，重特大事故隐患增加。尤其是一些大型化工生产储存装置、城市管网、轨道交通，以及高层公寓、人员密集场所等方面潜在的安全隐患会逐步显现，治大隐患、防大事故的任务十分繁重。三是随着国际国内经济形势的进一步回升向好，能源原材料和交通运输市场需求更趋旺盛，煤矿等企业扩大规模、增加生产的冲动强烈，“十一五”时期已关闭取缔的一些小矿小厂有可能死灰复燃，打击非法违法和治理“三超”（工业企业超能力、超强度、超定员组织生产，交通运输企业超载、超限、超负荷运行）、“三违”的工作任务将会更加艰巨。四是为应对国际金融危机，“十一五”中后期国家和地方新上了一大批建设项目；一些大型企业跨行业跨地区办矿办厂，上了不少煤矿、重化工等项目，“十二五”期间这些项目集中进入建成投产阶段，各类建设工程、新投产项目安全隐患监控治理和安全监管任务十分繁重。

“十二五”时期安全生产工作也面临着重大机遇：一是党中央、国务院高度重视安全生产工作。党的十七届五中全会把安全生产作为实施扩大内需战略、发展现代产业体系、推进现代能源产业和综合交通运输体系建设、加强社会管理、保障和改善民生等所必须遵循的一项重要原则和基本要求，将有力促进安全生产与经济社会的同步协调发展。国务院《通知》以及一系列重大举措的出台，为进一步做好安全生产工作指明了方向，提供了有力政策支撑和坚强保证。二是中央确定“十二五”时期经济社会发展要以科学发展为主题、以加快经济发展方式转变为主线，将有助于尽快解决高危行业和传统产业经济增长方式粗放、劳动密集、技术落后、安全保障能力低下等影响制约安全生产的一系列深层次和结构性问题，从根本上、总体上提升企业安全生产水平和行业安全发展能力。三是经过多年来的持续努力，社会公共和高危行业安全保障能力不断提升，一批先进适用的事故预防、灾害治理和检测监控技术得到推广应用，安全生产法制体制机制逐步健全完善，企业安全生产主体责任意识不断增强，为做好安全生产工作奠定了比较坚实的基础。四是在连续两年广泛深入开展的“安全生产年”活动中，我们突出预防为主、加强监管和落实责任，切实加强宣传教育和队伍建设，加强安全基础工作，加强协作联动，扎实推进“三项行动”

和“三项建设”，坚持远近结合、标本兼治，在解决当前突出问题的同时，努力推动长效机制建设，逐步探索积累了经验。只要我们坚定不移地认真贯彻落实党中央、国务院关于加强安全生产工作的决策部署，按照张德江副总理明确提出的“十二五”时期安全生产工作的总体思路和工作要求，持之以恒、狠抓落实，就一定能够在目前的基础上，把安全生产工作不断推向前进。

综上所述，“十二五”时期安全生产挑战与机遇共有，困难与希望同在，安全发展的必然趋势与依然严峻的现实状况并存。我们必须始终保持清醒头脑，既要看到安全生产形势的严峻性和紧迫性，切实增强紧迫感和危机感；也要看到有利条件，进一步增强信心和决心，抓住机遇、迎接挑战、乘势而上，紧紧抓住加快转变经济发展方式带来的新机遇、积极应对工业化、城镇化快速发展过程中带来的新课题新挑战，科学把握发展规律，主动适应环境变化，有效化解各种矛盾，抓紧解决安全生产领域各类问题，更加奋发有为地推进安全生产工作。

1月10日，张德江副总理主持召开国务院安委会全体会议，审议并原则同意“十二五”时期安全生产工作的总体思路，即坚持以邓小平理论和“三个代表”重要思想为指导，深入贯彻落实科学发展观，适应经济社会发展的新要求和人民群众的新期待，以科学发展为主题，以加快转变经济发展方式为主线，牢固树立以人为本、安全发展的理念，坚持“安全第一、预防为主、综合治理”的方针，切实把事故预防作为促进安全生产的主攻方向，把规范生产作为促进安全生产的重要保障，把科技进步作为促进安全生产的重要支撑，加强基础建设，加强责任落实，加强依法监管，继续降低事故总量和伤亡人数，减少职业危害，有效防范和坚决遏制重特大事故，努力促进全国安全生产状况的根本好转，切实维护人民群众生命财产安全，为促进经济长期平稳较快发展和社会和谐稳定提供有力的安全生产保障。

遵循党的十七届五中全会《建议》和国务院即将提出的“十二五”规划纲要草案，从我国安全生产的现状和实际出发，按照主要控制指标不低于《安全生产“十一五”规划》目标的总体要求，国务院安委会全体会议确定了“十二五”时期安全生产奋斗目标。主要由以下五部分组成：一是相对指标：主要是亿元GDP生产安全事故死亡率下降36%以上，工矿商贸十万就业人员生产安全事故死亡率下降26%以上，煤矿百万吨死亡率下降28%以上，道路交通万车死亡率下降32%以上。二是绝对指标：共计26项，包括各类事故死亡人数下降8.1%以上，工矿商贸事故死亡人数下降12.5%以上，煤矿事故死亡人数下降12.5%以上等。三是较大以上事故下降指标：各类较大事故起数下降15%以上，重大事故起数下降15%以上，特别重大事故起数下降50%以上。四是职业健康工作目标：要求达到国家职业病防治规划规定的目标。五是煤矿瓦斯抽采量，安全监管部门基础设施达标率等预期性指标。总之，力争经过“十二五”时期的努力，使企业安全保障能力和政府安全监管能力得到明显提升，各行业（领域）安全生产状况全面改善，安全管理体系更加完善，努力实现事故总量、死亡人数继续下降，重特大事故得到有效遏制，为到2020年实现全国安全生产状况的根本好转（亿元GDP生产安全事故死亡率、工矿商贸十万就业人员生产安全事故死亡率等指标达到或者接近世界中等发达国家水平），奠定具有决定意义的基础。

为实现“十二五”时期的奋斗目标，我们必须遵照张德江副总理重要讲话要求，科学分析安全生产新形势、新问题，科学把握经济社会运行和安全生产工作新规律、新特点，统筹谋划好安全发展宏观战略，统筹安排好安全生产各项工作，在继续深入开展“安全生产年”活动，全面深化安全生产执法、治理和宣教行动，切实加强安全生产法制体制机制、安全保障能力和安全监管监察队伍建设的基础上，进一步针对薄弱环节，加大工作力度，抓紧建立完善企业安全保障、政府监管和社会监督、安全科技支撑、法律法规和政策标准、应急救援、宣教培训等“六大体系”，着力提高企业本质安全水平和事故防范、监察执法和群防群治、技术装备安全保障、依法依规安全生产、事故救援和应急处置、从业人员安全素质和社会公众自救互救等“六个能力”，加快安全生产长效机制建设，推动实现安全生产的长治久安。

国务院已决定将《安全生产“十二五”规划》作为国家专项规划予以发布实施。总局目前已经拿出了规划草案，将在进一步征求各方面意见、修改完善之后，按程序上报，争取尽快发布实施。国家发展改革委已将安全生产作为专节纳入“十二五”规划纲要（草案），对安全生产奋斗指标、重点工作任务和主要政策措施等作出具体规定。“十二五”期间，国家在煤矿安全技术改造和兼并重组、尾矿库隐患治理、应急救援队伍和基地建设、安全监管监察能力建设等方面，将继续给予必要的政策和资金支持。各地也都要认真做好地方安全生产“十二五”规划工作，确保将安全生产纳入地方经济社会发展总体布局，统筹规划好安全生产“六大体系”、“六个能力”建设，相关重点工程要纳入地方政府投资规划，切实做到安全生产与经济社会同步规划、同步部署、同步推进。

**三、突出重点、狠抓落实，扎扎实实做好 2011 年安全生产各项工作**

2011 年是实施“十二五”规划的开局之年，是中国共产党建党 90 周年，也是实现全国安全生产状况根本好转战略目标的起步之年。做好 2011 年的工作，实现“十二五”安全生产良好开局，对于维护全党全国工作的大局，促进经济社会又好又快发展，有着十分重要的意义。全系统各级领导班子和广大干部职工要认清形势任务，进一步增强做好开局起步之年安全生产工作的责任感、使命感和紧迫感。

2011 年全国安全生产工作，总的讲就是要按照张德江副总理在全国安全生产电视电话会议上重要讲话的要求，全面贯彻党的十七届五中全会和中央经济工作会议精神，紧紧围绕科学发展这个主题和加快转变经济发展方式这条主线，深入贯彻落实科学发展观，坚持“安全第一、预防为主、综合治理”的方针，牢固树立以人为本、安全发展的理念，以深入贯彻落实国务院《通知》为核心，以强化企业安全生产主体责任为重点，继续深入开展“安全生产年”活动，加强基础建设，加强责任落实，加强依法监督，以“三深化”和“三推进”为重要抓手，全面深化安全生产“三项行动”和“三项建设”，继续降低事故总量，有效防范和坚决遏制重特大事故，促进安全生产形势的进一步稳定好转，确保实现“十二五”时期安全生产工作的良好开局。

2011 年全国安全生产控制考核指标已经国务院安委会全体会议研究确定，工作会议之后将以国务院安委会文件下达。各地要尽快把指标细化分解，落实到市、县、乡镇政府和重点企业。国务院安委办和总局将继续实行并完善月通报、季发布、年考核制度，研究完善安全生产工作绩效考核奖惩制度并组织实施，进一步健全激励约束机制。

2011 年要突出抓好以下 8 项重点工作：

（一）以深入贯彻执行国务院《通知》和各地实施意见为有效抓手，深化企业主体责任落实。一是以“安全责任、重在落实”为主题，组织开展第 10 个全国“安全生产月”和“安全生产万里行”活动。各级安监部门要会同有关方面组织宣讲团，深入基层、深入企业，结合《通知》下发以来贯彻实施过程中出现的实际问题进行宣讲，解疑释惑、破解难题，推动《通知》各项政策规定的全面贯彻实行。二是认真落实《通知》关于地方政府安全生产责任的规定，落实安监部门和相关部门的职责，切实加强对各类企业安全生产的监管和指导。各地要对照《通知》规定，对企业安全发展规划、安全生产责任制、安全投入和隐患治理、领导人员现场带班、班组安全建设等进行全面检查，指导督促企业严格履行安全生产主体责任，建立完善“责任落实、基础扎实、投入到位、管理规范”的企业安全保障体系，着力提高企业本质安全水平和事故防范能力。三是严肃事故查处和责任追究，促使安全生产责任履行到位。认真执行事故查处挂牌督办制度，落实督办责任，提高督办效率。对瞒报、谎报、迟报事故以及事故后逃逸等行为，要依法从重从快查处。对一周内发生 3 次较大以上事故的省份要发出警示通报，发生重大以上事故的要采取约谈、通报和召开现场会等，加大警示问责和督导整改力度。所有较大以上事故查处结果都要向社会公告，接受人民群众监督。在事故查处过程中更加注重分析事故发生的深层次问题和原因，提高事故调查工作的质量和调查报告的说服力；更加注重各部门的协调配合，提高事故调查和结案效率；更加注重总结各类事故中的共性和规律性的问题，亡羊补牢、举一反三，有效避免同类事故的重复发生；更加注重查处重特大责任事故涉及的失职渎职和腐败行为，有力推动安全责任落实。四是加大宣教培训工作力度，建立完善“面向基层、贴近实际、题材多样”的宣传教育培训体系，着力提高从业人员安全素质和社会公众自救互救能力。继续实施“三项岗位”和企业全员培训工程。积极开展安全文化示范企业、安全诚信企业、安全社区、安全保障型城市、安全文化教育基地等创建工作。扶持发展安全文化产业,繁荣安全文化市场。

（二）以“打非治违”为有效手段，深化依法监管。继续保持高压态势，依法严厉打击无证无照进行生产经营和建设、不具备安全生产条件擅自生产、关闭取缔后擅自恢复生产等非法违法行为，严肃纠正“三超”等违规违章现象，进一步巩固和扩大“打非”专项行动的成果。要按照张德江副总理提出的“四个一律”的要求，严惩非法违法行为，敢于碰硬，绝不手软。要着力强化地方政府特别是县、乡政府的“打非”责任，发现一起严肃查处并公告一起。对因非法违法生产、经营和建设而导致事故的要加大处罚力度，构成犯罪的要依法追究刑事责任。要严厉打击非法违法行为背后的“保护伞”、“黑势力”。进一步加强安监部门与相关部门之间的协调配合，建立和完善联合执法机制。加强和改进安全生产行政执法工作，强化执法责任、完善执法手段、落实执法措施，认真研究解决安全监管监察执法中出现的新情况新问题，有效应对安全生产执法环境的深刻变化和严峻挑战，进一步提高行政执法的针对性和实效性，推进安全生产行政执法工作。

深刻吸取一个时期来整合技改煤矿事故多发的教训，严厉打击和认真治理资源整合、企业兼并重组过程中的非法违法与违规违章行为，督促指导地方明确兼并重组产权主体转移过程中的安全责任主体，严格按照规划和方案组织实施，确保安全主体责任不缺位，坚决杜绝一些整合技改煤矿假整合真生产、边技改边生产现象；认真治理城市规划和建设过程中的违规违章现象，严防违章开挖、野蛮施工等导致管网泄漏燃烧等事故发生；严厉打击工程招投标、转包、分包等过程中的违法行为，认真治理城市轨道交通、高速铁路、高速公路等建设与运行中的违规违章现象。

（三）以治理隐患、解决突出问题为着力点，深化重点行业（领域）的安全专项整治。煤矿要认真落实全国煤矿瓦斯防治工作电视电话会议精神，强力推进瓦斯先抽后采和综合治理，切实抓好水害防治和井下安全避险“六大系统”建设，提升防范抵御瓦斯、水灾等事故灾害的能力；非煤矿山要加快淘汰落后，2011 年要再关闭整合一批隐患严重的小型金属与非金属矿山，再治理 1000 余座危、险、病尾矿库；危险化学品要集中治理危及公众安全的重大隐患，2011 年所有安全防护距离不够的化工企业都要制定搬迁或关停计划并抓紧落实，继续健全完善苏浙沪、环渤海地区危化品道路运输安全区域联合监控机制；烟花爆竹要加快推行工厂化、标准化和机械化生产；冶金企业要继续加强煤气安全管理，开展高温液体安全隐患治理。道路交通要继续落实“五整顿”、“三加强”，尤其要认真整顿交通运输企业，健全和落实运输安全责任制，同时加大道路交通安全整治力度，深化平安畅通县区创建、交通秩序示范公路创建、道路客运交通安全整治等活动。针对存在的隐患和突出问题，继续深入开展建筑施工、铁路交通、水上交通、渔业船舶、农业机械、消防等行业（领域）的安全专项整治。各级安监部门要进一步加强与卫生、社保、工会等部门（单位）的协调配合，认真贯彻执行《国家职业病防治规划》，切实履行调整后的职责职能，建立监管队伍，做好职业卫生“三同时”监管、职业健康监护、职业卫生安全许可、职业健康培训和监督检查等工作，推进重点行业和领域职业危害治理。

（四）以先进适用科研成果的推广应用为有效途径，大力推进安全生产科技进步。在矿山企业强制推行井下安全避险“六大系统”，在非煤矿山推广机械通风、中深孔爆破、高陡边坡安全监测、油气长输管道泄漏检测等技术和装备。在冶金机械制造企业推广行车定位、冲压机防坠落装置。在道路运输领域推广卫星定位动态监控和联网联控，所有运输危险化学品、烟花爆竹、民用爆炸物品的道路专用车辆，旅游包车和三类以上的班线客车都要安装使用具有行驶记录功能的卫星定位装置。渔船要推广安装防撞自动识别系统。在三等以上尾矿库安装在线监控系统。大型起重机械要安装安全监控管理系统等。加强基础研究和开发，抓紧矿山重大事故预防预警与控制、化学工业园区安全生产管控一体化、烟花爆竹自动化制装药、粉尘与高毒职业危害预防与控制、事故快速抢险及应急处置等关键技术与装备的研发。制定实施安全生产监管部门和煤矿安全监察机构能力建设规划，提高技术装备水平和监管监察能力。加快建立完善与工业化、信息化发展要求相适应的安全科技支撑体系，充分发挥科研机构的科技创新作用，把安全生产建立在依靠科技进步的可靠基础上。完善和规范对安全生产专业服务机构的监管办法，充分发挥其作用。

（五）以广泛开展安全生产标准化创建活动为有效载体，全面推进企业安全达标。从2011年起，在全国工矿商贸和交通运输企业普遍开展以“企业达标升级”为主要内容的安全生产标准化创建活动。认真贯彻张德江副总理在全国煤矿班组安全建设促进会上的重要讲话精神，把班组建设作为安全管理的关键环节，从班组和岗位安全生产标准化这个基点抓起，推动专业和企业达标，把企业安全生产纳入制度化、规范化轨道，夯实筑牢企业安全生产根基。危化品企业必须在2012年底前，煤矿等其他高危行业企业必须在2011年底前达到三级以上安全生产标准化水平，重点企业要达到一级标准。冶金机械等其他企业必须制定达标规划，确保三年内全部达标，逾期不达标的要依法停产整顿直至依法关闭。各级安监部门和有关部门要加强对这项工作的综合监管、监督管理和行业指导。要加快标准制修订工作，健全完善行业安全生产标准体系；要分行业制定达标规划，实施分类指导、分步实施；要注意抓典型，先在本行业（领域）选树若干个达标示范企业，发挥典型的引路作用，逐步扩大覆盖面；要把达标创建活动与企业安全生产各项基础性工作有机结合起来，与加强企业安全生产诚信建设结合起来，逐步建立完善自我约束、持续改进、不断加强的企业安全生产长效机制，在提高企业安全保障能力上见到实效。

（六）以建立健全安全生产法制体制机制为关键环节，推进长效机制建设。继续抓好有关法律、法规和标准的制定修订工作，支持和促进地方立法，建立完善“规范完备、门类齐全、针对性强”的安全生产法律法规和政策标准体系。坚持和完善安全生产标本兼治各项政策措施，认真落实高危行业安全生产费用提取和使用、安全风险抵押、责任保险等制度，从规定之日起各地必须严格执行新的工亡职工赔偿标准。研究扩大安全生产专用设备所得税优惠范围，为矿山井下安全避险“六大系统”建设、道路交通动态监控等争取税收优惠。认真落实国务院《通知》明确的安全监管部门的综合监管职责，公安、交通、国土资源、建设、工商、质检等部门的安全生产监督管理职责，以及工业主管部门的安全生产指导职责，进一步形成齐抓共管的工作合力。按照“分级负责、属地监管”和“国家监察、地方监管、企业负责”的原则，进一步完善安全生产综合监管和煤矿安全生产工作体制机制。继续推动建立基层安全生产执法队伍，推广乡镇街道建立安监站（所）、实行委托执法的经验。建立完善“覆盖全面、监管到位、监督有力”的政府监管和社会监督体系，着力提高监察执法和群防群治能力。

（七）以先期建设的国家矿山应急救援队为契机，加快建设高效实用的应急救援体系。本着统筹规划、分步实施和政企结合、条块结合的原则，抓紧建立完善“反应迅速、机动灵活、处置高效”的应急救援体系，着力提高事故救援和应急处置能力。重点抓好先期建设的河北开滦、山西大同、黑龙江鹤岗、安徽淮南、河南平顶山、四川芙蓉、甘肃靖远等7个国家矿山应急救援队建设。依托大型企业，通过中央财政支持和政策扶持，建设国家（区域）矿山、危险化学品、油气田应急救援队。继续加强公安消防、公路交通、铁路运输、海上水上搜救、船舶溢油、民用航空、电力等行业（领域）专业应急救援体系建设。加强对应急能力建设专项资金的监督管理，确保专款专用。加强政府和企业安全生产应急管理体制建设，建立健全企业和政府对事故灾难的预防预警和应急处置机制。规范和加强重大危险源监管监控工作，加强预案管理，搞好应急演练。办好第五届国际矿山救援大会暨第三届国际应急管理论坛。

（八）以深入开展创先争优活动为载体，继续加强安监队伍建设，不断提升科学监管能力。在全系统继续深入开展以“争做安全发展忠诚卫士，创建为民务实清廉安监机构”为主题的创先争优活动，通过表彰先进、选树榜样、多方激励等方法途径，尤其要充分发挥各级干部的带头表率作用，把创先争优活动引向深入。今年下半年要启动五年一届的全国安全监管监察系统先进集体和先进工作者评选表彰工作，明年工作会召开之时与人力资源社会保障部联合实施表彰。

以迎接建党90周年为契机，进一步加强安监队伍的思想政治建设、作风建设和业务能力建设。加强理论学习，用中国特色社会主义理论和科学发展观武装头脑，深刻领会党中央、国务院对安全生产工作的决策部署和重要指示精神，自觉从全局和战略高度来思考谋划安全生产工作，积极破解安全发展难题，使我们的工作更好地服从服务于推动科学发展、加快经济发展方式转变这一全党全国工作的大局。进一步强化宗旨意识、政治意识、责任意识和忧患意识，把党和人民赋予的安全生产工作职责看得比泰山还重，大力发扬求真务实、真抓实干精神，倡导摸实情、说实话、出实招、干实事、求实效，力戒浅薄浮躁、形式主义。进一步加强业务学习，继续运用外送委培、短期轮训、视频讲座等多种方式进行监管监察业务培训，大力提升业务素质和履行职责的能力，熟悉掌握安全生产方针政策、法律法规、标准规范和监管监察执法程序等知识，加快培养更多的安全生产行家里手。

要认真贯彻落实中央纪委六次全会精神，按照胡锦涛总书记的要求，切实把以人为本、执政为民贯彻落实到党风廉政建设和反腐败斗争之中。进一步健全完善惩防腐败体系，严格落实党风廉政建设责任制，认真执行《中国共产党党员领导干部廉洁从政若干准则》，切实加强制度约束。积极推进安全生产政务公开，提高行政审批、行政执法、中介机构监管等工作的透明度，着力解决安全生产领域人民群众反映强烈的突出问题。继续搞好反腐倡廉“警示教育周”活动，加大监督工作力度，加快建立反腐倡廉长效机制。

要把严格要求与关心爱护更好地统一起来，设身处地为基层安监机构和广大干部职工着想，尽力解决好他们在工作和生活中遇到的实际问题，进一步增强安监队伍的凝聚力、战斗力和创造力，切实履行职责使命,自觉为党分忧、为国尽责、为民奉献。

2011 年以及“十二五”时期安全生产工作的思路、目标和主要任务已经明确，关键是抓落实。会议之后，各地区、各部门和各单位要立即贯彻落实，迅速把各项工作措施推进到位。目前正值年初岁末，一向是安全生产的关键时期。各地区、各部门和各单位务必高度重视，按照张德江副总理重要讲话的要求，深刻吸取往年这一时段各类事故多发的教训，切实抓好安全防范工作，严防重特大事故发生，确保节日期间全国安全生产形势的基本稳定。一是要突出煤矿安全这个重中之重。目前煤炭市场需求旺盛，价格上扬，大小煤矿都在开足马力生产。我们必须高度警觉，一方面要盯住国有大矿，及时发现、坚决纠正“三超”现象，严防大矿出大事；另一方面要加大对小煤矿的监管监察力度，严防非法违法组织生产导致事故发生。二是要加强烟花爆竹安全监管。深刻吸取 2010 年以来发生的几起重特大烟花爆竹事故教训，把监管工作抓实抓细，把责任落实到村组。尤其是烟花爆竹传统产区，一定要高度警觉，严防非法窝点死灰复燃，严防企业节前突击生产。要与公安、工商等部门密切配合，依法严厉打击非法违法运输、销售和燃放烟花爆竹的行为。三是要加强非煤矿山、危化品以及工商贸其他企业的安全监管，严防放松警惕导致事故发生。企业节日停产放假和节后恢复生产，都要制定严格的保安措施。四是要积极配合公安、交通部门，加强对公路、水路、铁路、民航等交通运输企业的安全监管，确保春运安全；落实人员密集场所和大型集会活动的安全责任制，严防火灾、踩踏等群死群伤事故。五是要加强值班值守，及时掌握了解上报安全生产信息，制定完善应急预案，做好应对处置各类紧急情况的准备。各级领导同志要进一步转变作风，深入企业，深入安全监管监察工作第一线，与基层同志共同做好节日安全生产工作,确保全国人民过一个安全祥和的新春佳节,确保 2011 年安全生产各项工作的顺利起步和扎实推进。

国务院 2004 年作出的《关于进一步加强安全生产工作的决定》明确提出了全国安全生产状况到 2007 年稳定好转、2010 年明显好转、2020 年根本好转 3 个阶段性目标。经过上下各方的奋力拼搏，“十一五”时期全国安全生产已经实现了明显好转，目前正在向着第三阶段“根本好转”目标迈进。《国务院关于进一步加强企业安全生产工作的通知》再次明确了这一奋斗目标。从我国安全生产所具有的特殊优势、近年来所取得的积极进展和总体发展趋势看，我们完全有可能在现有工作基础上，再经过 10 年的努力，实现“根本好转”的目标。从现在起到 2020 年的这 10 年，是我国安全生产事业大发展、大跨越的 10 年，也是安全生产工作战线大有作为、大可建树的 10 年。回首过去，展望未来，我们对我国经济社会科学发展光明前景和安全生产宏伟大业充满了信心。让我们在党中央国务院的坚强正确领导下，紧紧依靠各级党委政府，依靠广大人民群众，更加精神振奋、作风务实地做好安全生产工作，坚决打好“十二五”时期的第一仗，坚决维护人民群众生命财产安全，为经济长期平稳较快发展和社会和谐稳定，作出我们新的应有的贡献！

# 国家安全生产监督管理总局副局长杨元元在第五届泛珠三角区域安全生产合作联席会议暨安全发展论坛上的讲话(摘要)

（2011 年 10 月 25 日）

今天，第五届泛珠三角区域安全生产合作联席会议暨安全发展论坛在湖南长沙隆重举行，这既是泛珠三角区域安全监管部门交流经验、增进感情、加强合作的盛会，也是全国安全生产监管工作中的一件大事。

2006 年，广东省安全监管局发起了泛珠三角区域安全生产合作。当年 10 月，九省（区）安全监管局和香港特别行政区劳工及福利局、澳门特别行政区劳工事务局联合签署了合作协议，标志着泛珠三角区域在安全生产领域开始全面携手合作。联席会议成立 5 年来，各成员单位充分发挥各方的优势和特色，整合区域安全生产资源，在道路交通安全、事故应急处置、制定安全规划等方面开展了深入的交流与合作，对于本区域乃至全国安全生产形势的稳定好转发挥了重要作用。

近年来，湖南省安全生产工作思路清晰，取得了较好的效果。尤其在安全生产政策和法制机制创新、落实安全生产“一岗双责”和企业主体责任、全面开展“计划执法”、强化基层基础等方面，进行了有益的探索，促进了全省安全生产形势的持续稳定好转。

此次联席会议的主题是“构建职业安全健康监管新体制”，很有意义。无论从保护广大劳动者身心健康以及履行中央编办赋予安全监管部门新的职责，还是从在抓好企业安全生产的同时扩展和延伸职业安全健康方面的监管内容及范围的角度出发，目前都应当把职业健康工作提到更高的位置上来。

党中央、国务院高度重视安全生产和职业健康工作。近年来，职业病防治的法制体制不断完善。《职业病防治法修正案》已经国务院常务会议通过，并提交全国人大审议，10 月底全国人大将对该修正案进行“二读”。此次修法将进一步明确安全监管部门的监管责任，为我们执法提供强有力的法律支持。2010 年 10 月，中央编办印发了《关于职业卫生监管部门职责分工的通知》（中央编办发〔2010〕104 号），调整了职业卫生监管部门职责分工，进一步理顺了监管体制。近期，国务院办公厅印发的《安全生产“十二五”规划》（国办发〔2011〕47 号）首次将职业健康列入安全生产的重点工程之一。在此背景下，举办此次安全生产合作联席会议暨安全发展论坛，探讨“构建职业安全健康监管新体制”，进一步加强安全生产和职业健康工作，具有十分重要的意义。

下面，就如何做好职业健康监管工作讲 3 方面的意见。

**一、认清形势，提高认识，增强监管工作的责任感和紧迫感**

当前，我国正处于工业化、城镇化快速发展的历史阶段，安全生产工作既要解决长期积累的深层次、结构性和区域性问题，又要应对新情况、新挑战，任务十分艰巨。尤其是近年来职业病危害问题日益凸显，职业健康工作面临的形势非常严峻，主要表现在以下 5 个方面：

一是职业病报告病例呈明显上升趋势。自 2000 年以来，职业病报告病例总体呈上升趋势。

按卫生部统计，2010年全国30个省、自治区、直辖市（不包括西藏）及新疆生产建设兵团报告职业病27240例，与2009年相比增加了50.3%，是2000年报告病例的2.3倍；其中尘肺病23812例，与2009年相比增加了64.3%，是2000年报告病例的2.6倍。据卫生部门估计，我国每年实际发生的职业病要大于报告数量。由于职业病具有迟发性和隐匿性的特点，职业病在今后一段时期内仍将呈现高发态势。

二是群发性职业病事件不断发生。近年来，媒体报道了贵州省施秉县、甘肃省古浪县、江西省修水县、辽宁省朝阳市、安徽省凤阳县等多起尘肺病群发事件，一次性有几十人甚至上百人患病，如贵州省施秉县仅一个企业就诊断出矽肺病患者百余人，情况严重。尘肺病等职业病一旦患病，很难治愈，严重威胁着劳动者的身体健康乃至生命安全。同时，职业病给这些患者家庭带来了沉重的经济负担，造成严重的社会问题。

三是职业病危害种类多、分布广，超标情况严重。《职业病危害因素分类目录》将职业病危害分为10类115种，同时，伴随着新技术、新工艺、新材料的应用，新的职业病危害也在不断出现。职业病危害广泛分布在矿山（包括煤矿）、冶金、建材、有色金属、机械、化工、电子等多个行业。从国家安全监管总局近年对几个行业检测调研情况看，职业病危害超标现象非常普遍和严重，如所检测的石英砂加工企业粉尘全部超标，最高超标达1240多倍；所检测的石棉矿山粉尘也全部超标，最高超标110倍；所检测的95%的金矿企业粉尘超标，最高超标57倍；所检测的木质家具企业至少存在15种化学毒物，最多达31种，超标严重。

四是多数企业职业卫生工作基础薄弱。我国的基本国情是仍处于社会主义初级阶段，工业生产装备水平不高和工艺技术相对落后的状况仍将长期存在，经济发展方式转变的任务仍然十分艰巨。不少企业忽视劳动者健康，职业卫生工作基础薄弱，用人单位主体责任尚未有效落实。尤其是一些中小企业，情况更严重一些。同时，广大职工职业健康培训不足，自我保护意识不强。

五是职业卫生监督管理工作有待加强。虽然职业卫生监管工作不断加强，但与维护广大劳动者健康权益的迫切需要相比，仍有较大差距。例如，我国尚未形成上下一致、运转高效的职业卫生监管体制，法规标准体系还有待进一步完善；一些地区对职业卫生监督管理工作重视程度不够，监管机构队伍及技术支撑体系还不健全，监管执法人员业务素质有待提高，工作方式方法有待改进完善，监管执法工作力度有待加大。

我们一定要清醒地看到我国职业卫生监管工作面临的严峻形势。职业病防治的关键在预防和治理职业危害，使劳动者不患病。从这两年的实践来看，职业病危害的治理并不是一件很困难、需要花很多钱的事。过去冶金行业总结的“革（技术革新）、水（湿式作业）、密（密闭尘源）、风（通风除尘）、护（个体防护）、管（加强管理）、教（宣传教育）、查（健康检查）”8个字的治理方针是有效的，但这项方针要在各个企业真正落实起来，又不是一件容易的事。我们一定要增强危机感、责任感、紧迫感和使命感，增强工作的自觉性、主动性和创造性，认真履职，加强监管，强化执法，推动职业健康监管工作的更好开展。

**二、明确思路，突出重点，切实做好职业健康监管工作**

近年来，国家安全监管总局认真履行国务院赋予的职责，不断加强职业健康监管工作，逐步形成了目前“落实一个规划、突出两个重点、加强三个基础、抓好六项工作”的工作格局，即：以贯彻落实《国家职业病防治规划（2009—2015年）》为主线，以完善职业健康监管法规标准、职业病危害治理为重点，以机构队伍建设、技术支撑体系建设、专家队伍建设为基础，以宣传培训、“三同时”管理、许可证管理、服务机构监管、职业危害申报、监督执法工作为抓手，全面加强监督管理工作，落实用人单位职业卫生主体责任，预防、控制和消除职业病危害，从而减少职业病，维护劳动者健康权益。

国务院办公厅2009年5月印发的《国家职业病防治规划（2009—2015年）》（国办发〔2009〕43号，以下简称《规划》），是指导“十二五”时期职业健康工作的重要文件。《规划》明确了我国职业病防治工作的指导思想、基本原则、主要任务和保障措施，提出了到2015年要实现的13项与安全监管监察部门职责密切相关的指标。这13项指标包括：①新发尘肺病病例年均增长率由现在的8.5%下降到5%以内；②硫化氢、一氧化碳、氯气等主要急性职业中毒事故较2008年下降20%；③存在职业病危害的用人单位负责人、劳动者职业卫生培训率达到90%以上；④用人单位职业病危害项目申报率达到80%以上；⑤工作场所职业病危害告知率和警示标识设置率达到90%以上；⑥工作场所职业病危害因素监测率达到70%以上；⑦粉尘、毒物、放射性物质等主要危害因素监测合格率达到80%以上；⑧可能产生职业病危害的建设项目预评价率达到60%以上；⑨可能产生职业病危害的建设项目控制效果评价率达到65%以上；⑩从事接触职业病危害作业劳动者的职业健康体检率达到60%以上；⑪接触放射线工作人员个人剂量监测率达到85%以上；⑫职业病防治监督覆盖率比2008年提高20%以上；⑬严重职业病危害案件查处率达到100%。依照职责认真学习和扎实落实《规划》，是当前职业健康监管工作的主线。各级安全监管部门要结合本地实际，以创新的精神，认真抓好《规划》的分解落实，突出重点，确保《规划》目标按时完成。

法规建设和职业病危害治理是国家安全监管总局当前职业健康监管方面的两项重点工作。

在法规建设方面，国家安全监管总局今年重点抓了“一规定、四办法”的制修订工作，目前正在征求部分省级安全监管局的意见，待《职业病防治法》修订颁布后即正式印发。

“一规定”即《用人单位职业卫生监督管理规定》，是根据中央编办发〔2010〕104号文件中安全监管部门职责第（一）至（六）项，以《职业病防治法修正案》第8条为依据，对《作业场所职业健康监督管理暂行规定》（国家安全监管总局令第23号）进行的修订。此次修订延续了《作业场所职业健康监督管理暂行规定》的总体框架结构，调整和明确了对安全生产监督管理部门和用人单位的一些具体规定，尤其是细化了对用人单位落实职业健康主体责任的一些内容。

“四办法”是指《职业健康监护监督管理办法》、《职业病危害项目申报监督管理办法》、《建设项目职业卫生“三同时”监督管理办法》和《职业卫生技术服务机构监督管理办法》。

一是《职业健康监护监督管理办法》，依据中央编办发〔2010〕104号文件中安全监管部门职责第（五）项以及《职业病防治法修正案》第32、33条，并参照《职业健康监护管理办法》（卫生部令第23号）起草而成，强调了用人单位在职业健康监护、组织劳动者体检及健康档案管理等方面的主体责任，细化了职业健康监护监督管理的主要内容和处罚措施。考虑到尘肺病等具有迟发性的特点，针对劳动者在接受在岗、离岗职业健康检查时没有发病，在离岗后才发病，以及劳动者在岗期间发生健康损害，在离岗后病情恶化等问题，该办法规定了离岗后医学随访检查制度，要求对接触某些职业病危害因素的劳动者，进行离岗后的医学随访检查，并将其纳入职业健康检查内容，完善了对劳动者的保护措施。

二是《职业病危害项目申报监督管理办法》，依据中央编办发〔2010〕104号文件中安全监管部门职责第（三）项以及《职业病防治法修正案》第14条，并参照《职业病危害项目申报管理办法》（卫生部令第21号），对《作业场所职业危害申报管理办法》（国家安全监管总局令第27号）进行的修订，同时注意与职业健康统计相衔接。根据《职业病防治法修正案》，由要求每年申报一次，调整为第一次申报后如没有重大变化不再每年申报，方便了用人单位申报工作，有利于安全监管部门对申报工作的监督管理。

三是《建设项目职业卫生“三同时”监督管理办法》，依据中央编办发〔2010〕104号文件中安全监管部门职责第（三）项以及《职业病防治法修正案》第15、16条，参照《建设项目职业病危害分类管理办法》（卫生部令第49号），在借鉴安全生产、环境保护和卫生部有关建设项目职业卫生分类管理的做法和经验的基础上起草而成。其范围包括所有存在或产生《职业病危害因素分类目录》或《工作场所有害因素职业接触限值》所列职业病危害因素的建设项目。为突出建设单位的责任，要求建设单位必须对建设项目职业病危害预评价、职业病防护设施设计专篇、职业病危害控制效果评价报告组织评审，并对其客观性、真实性、公正性负责。为突出重点和提高监管效率，实行分类管理：对职业病危害轻微的建设项目实行备案管理；对职业病危害一般的建设项目实行备案、审核和竣工验收相结合的管理；对职业病危害严重的建设项目实施重点监管，应当对其职业病危害预评价报告和职业病危害控制效果评价报告进行审核，对职业病防护设施设计进行审查，并由安全生产监督管理部门组织职业病防护设施竣工验收。

四是《职业卫生技术服务机构监督管理办法》，依据中央编办发〔2010〕104号文件中安全监管部门职责第（四）项以及《职业病防治法修正案》第17、18条，并参照《职业卫生技术服务机构管理办法》（卫生部令第31号），在吸收、参考安全生产检测、评价和卫生部有关职业卫生技术服务机构管理的经验和做法的基础上形成。该办法所称职业卫生技术服务机构，是指从事职业卫生检测和评价的机构，不包括职业健康体检和职业病诊断鉴定等机构。该办法将职业卫生技术服务机构分为甲、乙、丙三级，审批特点是由下一级安全监管部门进行审核，上级安全监管部门进行资质认定，即甲、乙、丙三级分别由省、市、县安全监管部门进行审核，由国家安全监管总局、省级安全监管部门、设区的市级安全监管部门进行资质认定。通过建立三级技术服务机构，逐步形成适应职业健康监管工作需要的国家、省、市、县四级技术服务网络，满足用人单位开展职业病危害检测与评价工作的需要。该办法还明确了职业卫生技术服务机构的资质条件、申请程序、活动范围、服务要求和法律责任等。

在职业病危害治理方面，考虑到安全监管监察部门的人员和技术力量，当前我们应该是抓重点、集中力量进行整治。根据近几年发生的问题及我们调研掌握的情况分析，从全国来看，煤矿，花岗岩和石英岩类矿山的采掘、破碎、筛分工序（包括石英砂、钼矿、金矿等），石棉，以及木制家具制造业（主要是胶和漆）4个行业（领域）是当前的整治重点。各省（区、市）要结合本地区的具体情况确定5个左右的重点整治行业（领域），用两年左右的时间，全面达到《规划》提出的目标；在此基础上，在“十二五”时期的后两年全面铺开，认真治理各种职业病危害，力争全面完成《规划》提出的各项指标。各省级安全监管局要按照该思路研究明年的职业健康工作，国家安全监管总局还将在明年初的工作会议上进行部署。

**三、加强学习，认真钻研，不断提高履职能力**

做好职业健康监管工作，不仅需要各级政府的高度重视，需要各相关部门的密切配合，更需要安全监管监察部门的艰苦努力。为应对职业病危害的严峻形势，推动职业健康监管工作进一步上水平、见实效，广大职业健康监管人员需要坚持苦练内功、增强履职能力，尤其要提高以下3个方面的能力。

一是树立大局意识，不断提高政策掌握能力。职业健康监管人员一定要树立大局意识，站在全局的高度去认识、思考职业健康监管工作，把思想和行动统一到紧紧围绕科学发展这个主题和加快转变经济发展方式这条主线上来，统一到党中央对安全生产及职业健康工作的重大决策部署上来。

职业健康监管工作政策性强，广大职业健康监管人员要不断提高政策把握能力，认真履职，做到不缺位、不越位，特别要注意维护社会的稳定。安全监管监察部门在职业健康方面职责的重点是预防，至于诊断、治疗、补偿等工作，我们只能协助相关部门做好工作。在职业健康监管工作中，要敢于坚持原则、按程序办事，认真履行职责，又要注意灵活性，结合本地区的实际情况，做到具体问题具体分析。

二是采取积极主动的态度，不断提高综合协调能力。职业健康是安全生产领域一项相对较新的工作，任务十分艰巨。同时，工作的各种有利条件还没有完全具备，工作体制机制还不是非常健全，工作方式方法还没有完全成熟，不少监管人员还缺乏职业健康方面的工作经验，这都给我们开展工作带来一定困难。在这种情况下，我们更是要采取积极主动的态度。

做好职业健康监管工作，要不断提高综合协调能力。在具体工作过程中，要处理好两个关系。一方面，要与卫生、人力资源社会保障、工会等其他部门（单位）积极协调、密切合作，形成监管合力；另一方面，又要与安全监管部门内部的其他部门理顺工作关系，在技术服务监管、建设项目“三同时”管理、监督执法、培训等方面，做好与原有安全监管工作的衔接。我们考虑，刚起步时，职业健康监管工作应有专门人员或部门负责；随着时间的推移以及各项规章、标准的建立和完善，此项工作要逐步融入安全监管监察的各项业务工作中去，为监管对象和劳动者提供更好的服务。

三是形成学习奋进的风气，不断提高业务能

力。职业健康工作专业性、技术性很强，对大多数安全监管监察人员来说还比较陌生。广大职业健康监管人员要养成良好的学习习惯，通过参加专题培训班、视频讲座、自学等多种方式，加强对职业健康监管有关法律法规、方针政策和职业卫生标准、职业医学知识等业务知识的学习，及时更新知识技能，不断提高业务能力，适应职业健康监管工作的需要。同时，要注重学习、工作的针对性和实效性，结合工作中遇到的问题加强学习，不断思考如何改进工作。

总之，安全生产和职业健康工作任务艰巨，责任重大。让我们开拓创新，加强合作，扎实工作，为保证人民群众健康、安全，促进国民经济又好又快发展和社会和谐作出新的更大的贡献。

# 国家安全生产监督管理总局副局长赵铁锤在全国安全生产工作会议上的讲话（摘要）

（2011 年 1 月 13 日）

按照总局党组的安排，就认真学习贯彻张德江副总理在全国安全生产电视电话会议上的重要讲话精神，落实骆琳同志所作的工作报告中关于安全生产工作的部署要求，做好煤矿安全生产工作讲 3 个方面意见。

**一、继续深入开展“安全生产年”活动，煤矿安全生产工作取得明显成效**

刚刚过去的 2010 年，是“十一五”收官之年。在党中央、国务院的坚强领导下，按照总局党组的统一部署，各级煤矿安全监察监管、行业管理部门和广大煤矿企业，全面贯彻落实科学发展观，牢固树立安全发展的科学理念，积极进取、攻坚克难，实现了全国煤矿安全生产状况持续稳定好转，圆满完成了“十一五”规划确定的目标任务。从“十五”末的 2005 年到 2010 年，在全国煤炭产量增长 51% 的情况下，煤矿事故总量连年下降，由 3306 起减少到 1403 起、下降 57.6%，年均减少 381 起、下降 15.7%；死亡人数连年减少，由 5938 人减少到 2433 人，少死亡 3505 人、下降 59%，年均少死亡 701 人、下降 16.2%；煤矿百万吨死亡率连年下降，由 2.811 下降到 0.749、下降 73%，年均下降 14.7%。5 年来，煤矿安全生产工作取得了积极进展：

——法制体制机制得到加强。先后有 3 部法规公布实施，制定出台 21 部部门规章、修订 220 项煤矿安全标准和煤炭行业标准，持续推进了煤矿安全法制体制机制建设，“国家监察、地方监管、企业负责”的煤矿安全工作格局日趋成熟完善。

——煤矿安全行政执法不断强化。全国煤矿累计实施执法 17.9 万次，查处隐患 106.8 万条，隐患整改率平均达到 96.7%，实施行政处罚 9.1 万次，经济处罚总额达到 26.5 亿元。

——抵御煤矿瓦斯灾害能力显著增强。推动落实“十二项治本之策”，深入开展煤矿瓦斯治理攻坚战，煤矿瓦斯抽采量增加到 73.5 亿立方米/年、利用量增加到 25 亿立方米/年，分别上升 219.6% 和 150%，瓦斯事故减少 269 起、1548 人，分别下降 65.0% 和 71.3%。

——推进煤炭产业结构逐步优化。实施整顿关闭、整合技改、管理强矿“三步走”战略，大力开展整顿关闭攻坚战，共关闭不具备安全生产条件的小煤矿 9234 处、淘汰落后产能近 5 亿吨/年，超额完成了将小煤矿数量控制在 1 万处以内的目标。全国小煤矿事故死亡人数由 4384 人减少到 1700 人、下降 61.2%，煤矿百万吨死亡率由 5.533 下降到 1.417、下降 74.4%，小煤矿整体安全生产水平不断提升。

——煤矿安全基础管理工作逐步得到改善。研究出台加强不同类型煤矿安全基础管理的两个《指导意见》，大力推进煤矿安全质量标准化、小煤矿机械化、安全教育培训、职业健康和班组安全建设，累计培训煤矿“三项岗位”人员382.7万人次，全国25万名煤矿班组长已轮训一遍。

——事故调查工作规范有力。坚持“四不放过”原则和“三项基本要求”，严肃调查处理煤矿事故，共依法依规查处各类事故9270起，结案率达到98%，重特大事故处理情况及时向社会公布、接受监督，努力用事故教训推动工作。

“十一五”时期是我国煤矿安全生产工作取得明显成效的5年，是煤矿安全国家监察、地方监管体制建立以来成绩最好的5年。煤矿安全生产领域广大干部职工，为我国积极应对国际金融危机、实现经济社会平稳较快发展作出了重要贡献。这些成绩和进展，是党中央、国务院高度重视和正确领导的结果，是地方各级党委政府着力推动、各部门各单位通力协作和社会各界大力支持的结果，是各级煤矿安全监察监管机构、煤炭行业管理部门和广大煤矿企业不懈努力的结果。借此机会，向多年来一直关心、重视和支持煤矿安全生产工作的各有关方面，表示衷心的感谢！向为实现煤矿安全生产形势明显好转付出辛勤劳动的所有同志，致以诚挚的问候！

2010年以来，全国煤矿安全监察监管系统认真学习贯彻党的十七届四中、五中全会和中央经济工作会议精神，认真学习贯彻胡锦涛总书记、温家宝总理和张德江副总理等中央领导同志的一系列重要讲话和指示批示要求，坚持安全发展指导原则，按照继续深入开展“安全生产年”活动的总体部署和总局党组的统一安排，积极推进了煤矿安全各项工作。

第一，大力学习宣传贯彻国务院《通知》精神，有效防范和坚决遏制煤矿重特大事故。国务院《通知》下发以来，我们在全国煤矿安全生产领域认真组织学习宣传贯彻，抓紧研究制定并发布了《关于认真贯彻落实国务院〈通知〉精神切实加强煤矿安全生产工作的实施意见》等一系列部门规章、规范性文件和配套制度，召开瓦斯治理、班组建设两个全国性会议和整顿关闭、安全避险、领导带班下井3个专题会议，全面部署、严格要求，集中开展了一系列执法治理、监督监察、技术推广等活动；研究制定《煤矿领导带班下井及安全监督检查规定》，建立了监督管理与考核考评机制，并加大宣传贯彻和督查力度，推动落实煤矿领导带班下井制度；各地区、各部门、各企业密切结合实际制定贯彻实施办法和细则，纷纷采取有效、管用的措施，落实企业主体责任和地方监管责任。随着国务院《通知》精神的深入贯彻落实，一度呈现的重特大事故阶段性、局部性反弹的被动局面得到有效遏制和扭转。去年煤矿重特大事故由前8个月平均每月超过2起延长至后4个月平均每月不到1起；全年煤矿事故起数和死亡人数同比减少213起、198人，分别下降了13.2%和7.5%；全国26个省级统计单位中，17个单位煤矿事故死亡人数同比下降，13个单位没有发生煤矿重大以上事故，有效遏制了重特大事故多发势头。

第二，强化安全监察监管，认真组织开展“打非治违”和“131”专项行动。针对一个时期以来非法生产经营建设现象严重、各类非法违法事故、中央企业煤矿重大灾害事故多发的问题，按照国务院安委会的总体部署和总局党组的统一安排，集中力量开展了“打非治违”和“131”（即：建设项目安全整治，瓦斯、水害、火灾安全整治，中央企业煤矿安全整治）专项行动。并及时组织召开专题视频会议，总结分析进展情况，进行再动员再部署；各级煤矿安全监察机构认真组织开展“三项监察”，严格煤矿安全准入制度，健全完善联合执法机制，严厉惩处事故瞒报谎报逃匿等行为，积极协调指导各地区、各部门明确打击重点，强化舆论引导，加强督促检查，推动专项行动扎实深入开展。一年来，各级煤矿安全监察机构共实施监察约2.4万矿次（据总局有关部门上半年统计，各省级煤矿安全监察机构主要领导平均下井16.3矿次。其中，下井较多的有安徽局桂来保、39矿次，山东局王子奇、33矿次，新疆局王健、25矿次，等等），查处隐患14.4万项，隐患整改率97%，行政处罚1.49万次（罚款6.8亿元），重点督查了1230个煤矿建设项目，有效制止和纠正了违法建设行为。在瓦斯、水害和火灾专项整治中，突出重点，深入整治，共抽查煤矿6147处，查处隐患和违法违规行为27031条，下达执法文书9955份，483处矿井停产整顿、448个采掘工作面停止作业。促进了中央企业煤矿安全管理进一步加强，非法违法行为得到遏制，非法违法导致的事故下降了30%以上。

第三，突出工作重点，深入开展煤矿瓦斯治理。各地区、各部门和各煤矿企业认真学习贯彻全国煤矿瓦斯防治“南昌”会议、去年11月2日电视电话会议，特别是张德江副总理的重要讲话精神，严格落实先抽后采、抽采达标的要求，进一步健全煤矿瓦斯防治工作机制，继续加大投入，着力构建瓦斯综合治理工作体系。深入开展“双百工程”建设，落实煤矿瓦斯“两个四位一体”综合防突措施，全力以赴抓好煤矿瓦斯治理工作，初步形成“部委协调、上下联动、齐抓共管、综合防治”的工作格局。继续安排和用好30亿元国债资金，带动地方及企业投资约100亿元，加强安全技术改造。推进建立煤矿瓦斯防治工作体系，共已建成79个示范县和630个示范矿井，瓦斯治理工作又上了一个新台阶。2010年，全国煤矿瓦斯事故起数和死亡人数同比分别下降7.6%和17.5%，其中，特别重大瓦斯事故起数和死亡人数同比分别下降50%和70.9%。

第四，严格安全准入，坚决淘汰落后生产能力。各地区、各部门认真贯彻落实煤矿整顿关闭工作部际联席会议第五次会议精神，按照总局、国家煤矿安监局、国家发展改革委等13个部门《关于进一步规范煤矿资源整合技改工作的通知》（安监总煤监〔2010〕185号）要求，严格安全准入，充分发挥“以奖代补”专项资金政策支持作用，深入开展整顿关闭，严格安全许可管理，推进规范资源整合技改和兼并重组工作。经过共同努力，全年共关闭不具备安全生产条件的小煤矿2045处、淘汰落后产能2亿吨/年。2010年，全国小煤矿发生事故970起、死亡1700人，同比分别下降14.1%和3.2%；小煤矿百万吨死亡率为1.417，同比下降6%。

第五，以班组安全建设为重点，全面强化安全基础管理。大力组织开展争创“三优”（优秀班组、班组长、群监员）活动，加强煤矿班组安全建设。去年12月26日在人民大会堂隆重召开了全国煤矿班组安全建设推进会，中央政治局委员、全国人大常委会副委员长王兆国和中央政治局委员、国务院副总理张德江亲切接见了受表彰的班组长和群监员代表；张德江副总理发表了重要讲话，在高度评价煤矿班组安全建设工作的同时，提出了“五落实”的要求，强调要通过班组人人平安，实现企业个个安全，为我们下一步的班组安全建设指明了方向。深入开展以岗位达标、专业达标和企业达标为主要内容的安全质量标准化建设；组织召开了煤矿井下辅助运输系统技术装备和应用经验交流会，强力推进煤矿机械化水平的不断提高；继续实施“万名班组长培训工程”，积极开展煤矿安全教育培训等工作。2010年，有6000多处煤矿达到省级以上安全质量标准，其中国家级标准化矿井242处；实现安全生产1000天以上的矿井达787处（其中周期最长的达到8700天）；国有重点煤矿采掘机械化程度达到80%以上；培训“三项岗位”人员86.7万人次、班组长12.6万人，促进了煤矿安全基础管理和从业人员素质的不断提高。

第六，突出预防为主，着力提升煤矿安全保障能力。我们认真贯彻、全面落实中央领导同志有关重要指示批示，召开全国推广井下避险设施现场会，建设完善“六大系统”视频会、推进会和煤矿井下避险设施推广应用国际研讨会，并以贯彻落实国务院《通知》精神为契机，督促地方和企业制定实施规划、明确方向和重点，抓紧建设完善煤矿井下安全避险“六大系统”；修订相关法规规章，发布实施安全生产标准，健全完善煤矿安全法规标准体系，并征集汇编煤矿瓦斯综合治理技术集成体系和瓦斯防治关键技术，开展专家进企业活动。各地区、各部门积极推广先进适用技术，淘汰落后工艺设备，严格落实重大灾害预防技术措施；各煤矿企业积极学习运用《煤矿总工程师技术手册》，制定技术创新制度，建立科技研发机制，加强和改进煤矿安全技术管理。通过一年来方方面面的共同努力，全国煤矿已基本完善了监测监控、压风自救、供水施救和通信联络系统，明显提升了煤矿现代化、信息化和自动化水平。

第七，依法依规查处事故，积极推进煤矿职业安全健康工作。各级煤矿安全监察机构积极指导和参与事故抢险救援工作，同时严格按照“四不放过”原则和“三项基本要求”，与有关方面一起依法依规、严肃查处煤矿事故以及事故背后的腐败问题；严格执行和不断完善事故约谈、通报、督导、公告等“四项制度”和重大事故挂牌督办制度；深刻分析问题，把握事故规律，及时修订和出台煤矿防治水、防治瓦斯突出等规定。2010年，共查处结案重特大事故19起，处理责任人538人。通过事故查处、严肃问责、强化措施，煤矿安全工作不断得到加强。同时，还积极组织开展了覆盖26个产煤省（区、市）所有煤矿的作业场所粉尘危害防治专项行动，下达执法文书10670份，罚款800余万元，煤矿职业危害防治工作进一步加强。

第八，深入开展创先争优活动，努力提高煤矿安全执法水平。按照中央关于开展创先争优活动的总体要求及总局党组的具体部署，着力提高行政执法水平和党风廉政建设，全系统党员干部把创先争优活动与煤矿安全监察监管执法相结合，与党风廉政建设相结合，与班子和队伍建设相结合，深入开展理论学习，立足岗位、争创一流，爱岗敬业、甘于奉献，务实清廉、秉公执法，切实提高监察监管执行力，推动安全发展，促进社会和谐，努力实现煤矿安全生产形势持续稳定好转，切实保障广大人民群众生命财产安全。煤矿安全监察监管战线涌现了丁安、李适等一大批先进典型，成为全系统学习的榜样。

通过继续深入开展“安全生产年”活动，我们深刻体会到，党中央、国务院的坚强领导是做好煤矿安全生产工作的根本保障；坚持突出预防为主、加强监管、落实责任，是推进煤矿安全生产工作的治本措施；深入开展“三项行动”，严厉打击非法违法，是防范和遏制煤矿事故的重要手段；扎实推进“三项建设”，不断健全完善法规规章制度，提升安全保障能力，强化队伍建设，是实现煤矿安全生产形势稳定好转的有效途径。

**二、认清形势、把握机遇，科学谋划“十二五”时期煤矿安全生产工作**

尽管全国煤矿安全状况总体稳定、趋于好转，但形势依然十分严峻。煤矿非法违法生产现象仍然严重，重特大事故时有发生，给人民群众生命财产安全造成重大损失，暴露出一些煤矿企业重生产轻安全、重效益轻管理、安全发展意识不强、安全责任不落实，同时也反映出一些地方和部门安全管理和监督不到位、执法检查不严格、打非治违效果不明显等薄弱环节和突出问题。这些问题，都需要在“十二五”期间认真扎实研究解决。

同时，我们清醒地看到，目前煤矿安全生产工作还面临着一些新矛盾新问题：一是煤炭市场需求持续旺盛。随着我国经济形势进一步回升向好，煤矿企业扩大规模、增加产量的冲动依然强烈，已经关闭取缔的一些小煤矿有可能死灰复燃，打击非法违法和治理“三超”、“三违”的任务将会更加艰巨。二是煤矿兼并重组整合技改进入高峰期。煤炭工业处于大调整、大重组、大整合、大发展的时期，各地组织实施煤炭资源整合和兼并重组的工作已进入关键阶段，这个时期在建项目多、整合模式多，跨行业、跨地区扩张现象多，办矿标准多层次、办矿格局多元化，各种新情况不断出现。这个时期是事故易发多发的阶段，也是一个在短期内难以跨越的阶段。三是煤矿抵御安全风险的能力不强。虽然我国已拥有世界一流水平的现代化矿井，但是小煤矿数量多、井型小、产量低、条件差、基础弱，抗风险能力明显不足，仍是事故多发的“重灾区”。四是煤矿安全生产形势存在反复性、波动性。从“十一五”煤矿事故分析可以看出，煤矿安全生产的一大规律就是反复性、波动性，说明煤矿安全生产具有长期性、复杂性特点，煤矿安全监察监管工作任重而道远。

“十二五”是全面建设小康社会的关键时期，是深化改革开放、加快转变经济发展方式的攻坚时期，也是安全生产状况向实现根本好转迈进的重要时期。这个时期，煤矿安全生产工作面临着新形势新机遇。一是党中央、国务院高度重视，为做好煤矿安全工作指明了努力方向。党的十七届五中全会和中央经济工作会议精神和要求，为我们明确了今后的努力方向；国务院《通知》提出的重大举措，为我们进一步加强煤矿安全生产工作提供了强有力的政策支撑。二是安全发展理念逐步深入人心，为抓好煤矿安全工作提供了思想保证。地方各级党委政府、各有关部门和煤矿企业全面贯彻落实科学发展观，更加重视煤矿安全工作，并把这项工作纳入地方经济社会发展规划和企业发展规划，不断深化目标责任考核，实行“一票否决”制度，不断加大事故行政问责力度等，为进一步搞好煤矿安全工作奠定了坚实基础。三是加快经济发展方式的转变，为做好煤矿安全工作提供了重要机遇。中央关于制定“十二五”规划建议明确提出要以科学发展为主题，以加快转变经济发展方式为主线；《国务院办公厅转发发展改革委关于加快推进煤矿企业兼并重组若干意见的通知》（国办发〔2010〕46号）提出要坚持安全发展、集约发展、清洁发展、可持续发展，加快推进煤矿企业兼并重组，淘汰落后产能，优化产业结构，提高煤炭生产集约化程度、安全生产和科技水平，有序开发利用煤炭资源，促进煤炭工业健康发展，这些都是做好煤矿安全工作的重要机遇。四是煤矿安全科技进步，将有力助推煤矿安全形势的根本好转。科技进步是推动煤矿安全工作的有效途径，随着煤矿安全生产科技成果的大力推广应用，将加快本质安全型和安全高效矿井建设步伐；随着一批先进技术装备的投入使用，将会明显提高煤矿机械化、自动化、信息化和数字化水平。与此同时，煤矿安全监察监管队伍不断发展壮大，认真履职，强化执法，已经成为搞好煤矿安全生产工作的重要力量。

“十二五”时期，煤矿安全生产工作要坚决贯彻执行党中央、国务院的决策部署，深入贯彻落实科学发展观，紧紧围绕转变经济发展方式主线，坚持以人为本、执政为民，扎实推进安全发展；坚持预防为主，加强监管，综合治理；坚持依法治安，严格执法，落实企业主体责任；坚持科技兴安，提高技术装备水平，提升安全保障能力；坚持强基固本，加强基础建设，强化教育培训，提高从业人员安全素质。到 2015 年，实现煤矿安全生产状况全面改善，重特大事故大幅度减少，职业危害防治得到加强，煤矿安全保障能力明显提高；煤矿事故死亡人数下降 12.5% 以上，煤矿百万吨死亡率下降 28% 以上，努力实现事故总量、死亡人数继续下降，重特大事故得到有效遏制，煤矿安全生产水平进一步提高，为实现全国煤矿安全生产状况的根本好转打下坚实基础。

为了实现上述目标任务，我们要以对党和人民高度负责的精神，以更加坚定的信心，更加坚决的态度，更加有力的措施，更加严格的监管，不断推进煤矿安全生产形势持续稳定好转。

**三、强化监察监管、狠抓责任落实，全力抓好 2011 年煤矿安全生产工作**

2011 年，是全面实施“十二五”规划开局之年。做好今年的煤矿安全工作，事关维护全党全国工作大局，事关经济社会持续健康发展，事关社会主义和谐社会建设进程，意义重大。为此，我们要认真贯彻落实党的十七届五中全会和中央经济工作会议精神，深入贯彻落实科学发展观，坚持“安全第一、预防为主、综合治理”的方针，牢固树立以人为本、执政为民、安全发展的理念，以深入贯彻落实国务院《通知》精神为核心，以强化企业安全生产主体责任为重点，继续深入开展“安全生产年”活动，进一步加强煤矿安全基础建设，加强安全监察监管，不断深化安全生产“三项行动”、“三项建设”，着力降低事故总量，有效防范和坚决遏制重特大事故，努力开创“十二五”煤矿安全生产工作新局面。

在新的一年里，我们要认真落实张德江副总理在全国安全生产电视电话会议重要讲话精神，特别是“三深化”、“三推进”的重要工作要求，按照骆琳同志讲话的总体部署，全力以赴抓落实，深入扎实抓落实，全面细致抓落实。

第一，深入贯彻执行国务院《通知》要求，进一步推动企业落实主体责任。国务院《通知》为做好新形势下煤矿安全工作指明了方向，提供了强大支撑和坚强保证。因此，要紧紧抓住机遇、深入贯彻落实，扎实有效推动各项工作。一要加大宣传贯彻力度。各地区、各部门和各煤矿企业要健全完善一整套机制和制度，通过继续深化“安全生产年”活动，深入持久地开展学习宣传，领会好、执行好国务院《通知》精神。二要加大执行落实力度。要继续抓紧制定出台贯彻落实的实施办法和配套措施，强力推动企业安全生产主体责任落实到位，规范煤矿安全生产行为。切实加强煤矿领导现场带班、隐患治理和事故查处挂牌督办等重要制度的落实，坚决做到不安全不生产。三要加大监督检查力度。定期组织专项调研督导活动，通过督促检查煤矿企业落实国务院《通知》精神的具体做法、了解各地贯彻落实进展情况，并针对存在的问题，提出改进和加强的意见建议，务必把国务院《通知》的每一条要求都落实到位，进一步推动煤矿企业落实安全生产主体责任。

第二，强化安全监察监管，进一步推进“打非治违”行动深入开展。紧紧围绕落实国务院《通知》精神及有关要求，进一步加大执法力度，扎实推进“打非治违”工作。一是明确“打非”重点。以非法违法生产经营建设行为和事故多发地区、基建技改、整合重组煤矿为重点，抓住关键，实施精确打击、重点打击、有效打击，该停产整顿的要坚决停产整顿，该取缔的要坚决取缔，该关闭的要坚决关闭。二是强化“打非”责任。各地要加强对安全生产执法工作的组织领导，完善联合执法机制，依法严厉打击非法违法生产经营建设行为；对“打非”工作不力、未能取得实质性进展，特别是包庇纵容非法违法行为、因非法违法导致事故发生的有关责任人，要严肃追究责任。三是规范企业行为。要健全完善安全生产规章制度，加强煤矿生产过程安全管理，严肃处理“三违”行为。四是加大执法力度。完善和落实执法计划，依法严厉打击煤矿无证无照生产、不具备安全条件擅自生产、关闭取缔后“死灰复燃”以及未批先建、批小建大等非法违法行为，严肃查处煤矿超能力、超强度、超定员组织生产等违规违章现象。

第三，强力推进先抽后采、综合治理的根本措施，进一步深化煤矿瓦斯防治工作。全面贯彻落实全国煤矿瓦斯防治工作电视电话会议精神，按照张德江副总理重要讲话要求，以先抽后采、综合治理为根本措施，有效防范和坚决遏制重特大瓦斯事故。一要突出预防为主。以落实保护层开采和大面积预抽煤层瓦斯区域防突措施为重点，督促煤矿企业严格做到不采突出面、不掘突出头；把能否落实“两个四位一体”综合防突措施作为评估煤矿是否具备煤与瓦斯突出防治能力的重要指标，提升矿井防治技术水平。二要强力推进抽采达标。认真落实《煤矿瓦斯抽采基本指标》要求，督促煤矿企业建立瓦斯抽采达标自我评估体系，组织各地开展瓦斯抽采达标监督检查和专项监察，建立和完善瓦斯抽采管理和考核等制度，督促高瓦斯和突出矿井严格落实瓦斯应抽尽抽、不抽不采的要求，对抽采不达标的矿井实施停产整顿。三要强化瓦斯防治基础工作。今年将出台新的规定，将所有煤矿分为瓦斯矿井、高瓦斯矿井、煤与瓦斯突出矿井 3 大类，取消低瓦斯矿井等级，所有矿井一律按瓦斯矿井管理。要加快瓦斯灾害防治等关键技术、重大装备的研发，推广煤矿瓦斯治理利用先进适用技术，进一步实施瓦斯防治示范“双百工程”，推进所有煤矿建设瓦斯防治工作体系。四要加强现场管理。严格落实“通风可靠、抽采达标、监控有效、管理到位”的要求，切实做到“三严格、三加强”（即：严格遵守采掘作业的安全操作规程，严格落实“两个四位一体”综合防突措施，严格执行领导干部带班下井制度；加强作业现场瓦斯实时监测监控，加强通风管理，加强现场劳动组织管理），有效防范事故。五要发挥政策引导作用。要认真执行安全费用提取使用规定，组织落实好国债补助资金支持的煤矿瓦斯防治和安全技术改造项目，加强协调、推动落实瓦斯抽采达标、发电上网加价、利用补贴政策等落实到位。

第四，坚决淘汰落后生产能力，进一步推进企业兼并重组和整合技改工作。深入贯彻落实《国务院关于进一步加强淘汰落后产能工作的通知》和国办发〔2010〕46 号文件要求，研究制定相关措施，严格安全许可，扎实推进工作。一是规范企业兼并重组。继续支持有条件的大型企业或企业集团兼并重组小煤矿，督促指导参与兼并重组的各方，明确主体，落实责任，加强管理，加大投入，提高水平，防范事故。二是坚持严格准入和有序退出。新建、在建和整合技改矿井，要充分考虑地质灾害、技术防治水平等因素，科学进行规划设计和安全评价；经论证现有技术难以有效治理的高瓦斯矿井、煤与瓦斯突出矿井和其他灾害严重的矿井，要下决心停产整顿，有序退出。三是加强检查执法。各地区要认真落实总局、国家煤矿安监局等 13 个部门《关于进一步规范煤矿资源整合技改工作的通知》要求，对相关矿井进行全面清理整顿，严格执法，对那些借整合或技改之名、行违法违规组织生产之实的矿井，坚决依法予以关闭。

第五，以推进安全质量标准化建设为重点，进一步强化安全基层基础管理。一是深化安全质量标准化建设。不断推进以“三达标”（岗位达标、专业达标、企业达标）为主要内容的煤矿安全质量标准化建设，选树典型，总结经验，适时命名表彰一批示范企业。同时，对 2011 年底达不到省级安全质量标准化最低等级的煤矿，一律责令停产整改；限期仍未达标的，要依法予以关闭。二是认真贯彻落实全国煤矿班组安全建设推进会精神。要遵照张德江副总理重要讲话要求，以落实岗位安全责任制为核心，以提升班组安全管理水平为重点，研究出台《煤矿班组安全建设规定》，督促指导企业研究编制建设规划和管理标准，切实发挥班组长安全生产前沿阵地作用，真正实现“五落实”（企业安全生产责任落实到班组、各项安全管理措施落实到班组、安全防范技能落实到班组、企业安全文化建设落实到班组、党和政府对煤矿工人的关怀落实到班组）。同时，加大宣传力度，迅速掀起一个煤矿班组安全建设的新热潮。三是督促企业严格落实领导带班下井制度。把企业执行该制度情况作为煤矿安全执法的重要内容，对达不到《煤矿领导带班下井及安全监督检查规定》要求的，要严肃问责。四是继续深化煤矿隐患排查治理。督促指导各地区、各煤矿企业认真执行和落实隐患排查、治理、报告制度和重大隐患挂牌督办制度，建立并实施风险预控管理体系。对存在重大隐患的，必须停产整改，并要实行整改效果评价，确保整改到位。五是大力推进小型煤矿机械化。各地要按照总局、国家煤矿安监局等 4 部门《关于推进小型煤矿机械化的指导意见》，制定发展规划，推进组织实施。六是强化安全教育培训。要出台《安全培训规定》，规范安全培训工作，不断提高从业人员素质。“三项岗位”人员要持证上岗；煤矿职工必须全部培训合格，企业要严格依法依规与职工签订劳动合同，切实维护职工合法权益。

第六，坚持实施“科技兴安”战略，进一步提升煤矿安全保障能力。积极建立与工业化、信息化发展相适应的煤矿安全科技支撑体系，切实提高煤矿技术装备水平和安全保障能力。一要加快建设完善井下安全避险“六大系统”。全力推进“六大系统”建设步伐，加大督促检查力度，发挥典型示范作用，推进实现分期建设的目标，逾期未达标的，依法暂扣安全生产许可证。二要推进加强煤矿安全技术管理。认真落实企业安全生产技术管理责任制，宣传好、贯彻好、应用好《煤矿总工程师技术手册》，强化企业总工程师技术决策权和指挥权，强化企业技术管理机构的安全职能，落实安全技术管理责任，加强企业安全技术队伍建设。三要大力支持科技研发和推广应用。围绕瓦斯、水害、火灾等重大灾害预警和防治体系建设，积极开展产学研科技攻关，大力推广煤矿新技术、新装备的同时，及时淘汰落后技术、装备，提升煤矿安全管理信息化、数字化水平。

第七，严格事故查处和责任追究，进一步用事故教训推动工作。以切实维护广大人民群众最关心、最直接、最现实的利益为出发点，坚持以人为本、执政为民，进一步提高煤矿事故调查处理工作的能力和水平。一要以更加严肃的态度查处事故。坚持“四不放过”原则和“实事求是、依法依规、注重实效”的要求，做到“四个更加注重”，即：更加注重分析研究事故深层次的技术和管理原因，提高事故调查质量；更加注重事故调查过程中的协调沟通，提高事故按期结案率；更加注重完善挂牌督办制度，落实事故后约谈、现场分析会、事故通报和跟踪督导“四项制度”，确保责任追究落实到位；更加注重总结各类事故中的共性和规律性问题，并及时上升为法律法规、规程标准。二要以更加严格的要求追究责任。做到“四个加大”，即：加大对非法违法生产导致事故查处力度，加大对重大隐患整改不力引发事故的查处力度，加大对事故瞒报、谎报、迟报、逃匿行为的责任追究力度，加大对责任追究落实情况的监督检查力度。三要以更加严厉的手段查处事故背后的腐败行为。加大煤矿事故举报信息核查力度，加大对重特大事故背后腐败行为的惩处力度，并要充分发挥社会和舆论的监督作用。

第八，继续深入开展“创先争优”活动，进一步加强安全监察监管队伍执法能力建设。各级煤矿安全监察监管机构要深入开展以“争做安全发展忠诚卫士、创建为民务实清廉安监机构”为主题的创先争优活动，更好地履行党和人民赋予的职责。一是要深入学习贯彻党的十七届五中全会和中央经济工作会议精神，贯彻落实中央领导同志关于深入开展创先争优活动的一系列重要讲话精神，不断提高思想认识，积极投身于创先争优活动，不断提高政治意识、宗旨意识、大局意识、责任意识，认真履行工作职责。二是要认真贯彻落实党中央、国务院和中央纪委关于党风廉政建设的有关规定，不断强化党风廉政建设“一岗双责”，推进政务公开，强化监督，廉洁从政。三是要强化业务能力建设，加强教育培训，不断提高执法效率效能。同时，要关心爱护基层执法人员，不断改善执法条件，进一步增强执法队伍的凝聚力和执行力。

另外，新春佳节将至，中办、国办专门就做好节日期间安全生产工作下发了通知，全国安全生产电视电话会议也提出了明确要求，希望各地区、各部门和各煤矿企业认真学习贯彻，抓好工作落实，特别是要细化措施，搞好停产检修、复产验收、值班值守等工作，确保广大人民群众过一个欢乐祥和、平安幸福的节日，确保全年工作开好局、起好步。

深入贯彻落实党的十七届五中全会和中央经济工作会议精神，全面完成 2011 年的各项任务，实现“十二五”发展的良好开局，我们所肩负的使命光荣、责任重大、任务艰巨。让我们在以胡锦涛同志为总书记的党中央坚强领导下，以更加进取的精神、更加有力的措施、更加务实的作风，锐意进取、奋力拼搏，以实现煤矿安全生产形势持续稳定好转的优异成绩，迎接中国共产党成立90周年！

# 国家安全生产监督管理总局副局长王德学在全国非煤矿山安全生产工作暨安全避险“六大系统”建设推进会议上的讲话（摘要）

（2011年2月28日）

这次会议的主要任务是，深入贯彻落实《国务院关于进一步加强企业安全生产工作的通知》（国发〔2010〕23号，以下简称国务院《通知》）和全国安全生产电视电话会议、全国安全生产工作会议精神，全面回顾总结2010年及“十一五”以来非煤矿山安全生产工作，深入分析面临的形势，安排部署2011年及“十二五”非煤矿山安全生产工作任务。重点是动员部署继续在非煤矿山领域深化“安全生产年”活动，强化“三深化”、“三推进”各项工作举措，促进非煤矿山企业落实安全生产主体责任，扎实做好非煤矿山安全标准化建设和地下矿山安全避险“六大系统”建设工作，有效防范和坚决遏制重特大事故发生，努力实现“十二五”非煤矿山安全生产工作的良好开局。

**一、深化工作、强化落实，2010年非煤矿山安全生产工作取得了明显成效**

2010年，各级安全监管部门和广大非煤矿山企业认真贯彻党中央、国务院和总局党组关于加强安全生产工作的一系列决策、部署、指示和要求，尤其是深入贯彻落实国务院《通知》精神，扎实继续深入开展“安全生产年”活动，不断深化安全生产“三项行动”和“三项建设”，大力推进打非治违、整顿关闭和基层基础建设，深化工作、强化落实，促进了非煤矿山安全生产形势持续稳定好转。2010年全国非煤矿山共发生事故1009起、死亡1271人，同比减少221起、269人，分别下降18.0%和17.5%，其中：较大事故43起、死亡179人，同比减少1起、6人，分别下降2.3%和3.5%；重大事故2起、死亡26人，同比减少2起、44人，分别下降50%和62.9%；没有发生特别重大事故。2010年是非煤矿山安全生产形势历史上最好的一年。

在过去的一年里，非煤矿山安全生产突出抓了以下7个方面的重点工作：

（一）着力推动国务院《通知》精神的宣传贯彻，强化配套措施，不断深化工作落实。国务院《通知》下发以来，根据总局党组的统一部署，我们紧紧抓住措施配套、落实到位这一关键环节，及时出台了《国务院安委会办公室关于贯彻落实〈国务院关于进一步加强企业安全生产工作的通知〉精神进一步加强非煤矿山安全生产工作的实施意见》（安委办〔2010〕17号），提出了针对非煤矿山领域的38项具体措施，明确了重大隐患挂牌督办、打击非法违法行为等要求，对建设项目安全管理、外包施工队伍管理等作出了新规定，并采取召开视频会议、专题会议，进行专题调研、专项督查等形式推动贯彻和落实；制定发布了《金属非金属地下矿山企业领导带班下井及监督检查暂行规定》（总局令第34号），通过多种方式广泛宣传并加强监督检查，推动了领导带班下井制度的落实；制定下发了《金属非金属地下矿山安全避险“六大系统”安装使用和监督检查暂行规定》（安监总管一〔2010〕168号），目前正研究制定相关配套标准，会上还将进一步征求大家的意见。各地区、各有关部门和许多非煤矿山企业也结合实际制定了贯彻实施办法和细则，采取可行、管用的措施，落实企业主体责任和地方监管责任。内蒙古、黑龙江、贵州等地下发了进一步加强非煤矿山安全生产工作的实施意见（方案）；辽宁、四川、新疆等地下发了非煤矿山企业主要负责人和领导班子成员带班下井实施细则或指导意见，指导企业建立完善地下矿山领导带班下井等各项制度。一些中央企业也制定了相关的实施意见和细则。由于各地区、各单位出台了相关配套措施，保证了国务院《通知》精神的贯彻落实。

（二）着力推进非煤矿山发展方式转变，严厉打击非法违法行为，严肃查处各类事故，不断深化非煤矿山执法行动。为全面推动非煤矿山发展方式转变，努力实现安全发展目标，总局下发了《关于进一步推进金属非金属矿山资源整合和整顿关闭工作的通知》（安监总管一〔2010〕31 号），确定了 11 个资源整合重点地区，积极配合国土资源管理部门推动各地制定矿产资源开发整合方案，对 369 个省级重点挂牌督办的金属非金属矿产资源整合矿区进行了跟踪。制定了非煤矿山淘汰落后产能目录。针对一个时期以来非法生产经营建设现象严重、各类非法违法事故多发的问题，按照国务院安委会的总体部署和总局的统一安排，下发了《关于在非煤矿山领域深入开展打击非法违法生产经营建设行为的通知》（安监总管一〔2010〕188 号），就集中开展“打非”行动进行再部署，并在全国范围内开展了非煤矿山“打非”行动专项督查。各地统筹安排、细化措施、积极推进，打非治违、整顿关闭工作取得了明显成效。2010 年全国共关闭取缔非法和不具备安全生产条件的金属与非金属小型矿山 5970 余座（其中取缔关闭地下矿山 927 座）。重庆市投入专项资金 5.445 亿元，完成了 638 家非煤矿山的关闭任务；江苏省采取“政府引导、市场运作”方式稳步推进非煤矿山整合重组，对年开采能力低于 50 万吨以及开采年限少于 3 年的金属非金属露天矿山建设项目一律不予批准；湖南省积极探索“打非治违”方式方法创新，研究实施了“乡镇负责发现举报、职能部门负责审核确认、县级政府及时决定和实施”的工作机制，并将其纳入省政府落实国务院《通知》的实施意见，有效推动了工作开展。与此同时，总局完善了《非煤矿山生产安全事故查处制度》，对 2009 年 44 起较大事故和 4 起重大事故调查处理情况进行了跟踪督办，对 2010 年发生的 43 起较大事故和 5 起涉险事故进行了跟踪督导，对湖南湘西“7·20”重大透水、山东招远“8·6”重大火灾、延长油矿“7·23”井喷失控着火事故等 11 起事故进行了现场督导；完成了对辽河油田“12·3”滩海陆岸井口爆炸事故的调查处理，促进了胜利油田“9·7”三号作业平台倾斜事故、深圳分公司“10·1”陆岸终端事故的调查处理；下发了 6 个事故通报，对 24 起事故和安全隐患举报进行了核查；对 2010 年发生的 2 起重大事故以国务院安委会名义进行了挂牌督办；向发生 3 起较大以上事故的省局下发了督办通知，约谈了部分省局和央企。各地也进一步加大了事故查处的力度，完善制度、严肃追责、收效明显。

（三）着力强化安全监管职责，以集中开展地下矿山安全大检查为重点，不断深化非煤矿山治理行动。2010 年初，总局下发了《关于开展金属非金属地下矿山安全生产大检查的通知》（安监总管一〔2010〕23 号），部署开展了为期半年的地下矿山安全大检查。各地区、各企业积极行动、精心组织、认真落实。据统计，企业共自查地下矿山 9350 座，整改各类隐患 5.6 万项；各级安全监管部门抽查地下矿山 5880 座、在建地下矿山 2493 座、废弃地下矿山 203 座，查出一般隐患 2.6 万项，重大隐患 144 项。2010 年各级安全监管部门共检查各类矿山企业 9.9 万家（次），共排查出一般隐患 33.8 万项，已整改 32.5 万项，整改率 96%；排查出重大隐患 1500 项，已整改 1370 项，整改率 91%；确认重大危险源 2305 处，有 2024 处已落实监控措施。总局召开了尾矿库专项整治协调小组第 4 次会议，与发展改革委、国土资源部、环境保护部联合印发了《全国尾矿库专项整治行动 2009 年工作总结和 2010 年重点工作安排的通知》（安监总管一〔2010〕66 号）；完成了 130 个尾矿库治理项目审核，已下达 105 个项目治理资金 11.7 亿元。为深刻吸取美国墨西哥湾石油钻井平台事故教训，以国务院安委会办公室名义及时召开了有关部委（局）、各海洋石油企业、部分海油中介机构参加的海洋石油安全生产及事故分析专题会议，下发了《关于进一步加强海洋石油安全生产工作的通知》（安监总海油〔2010〕100号），对三大石油公司7个地区分公司的28个涉海生产单位开展了防井喷（爆炸）、防台风、防硫化氢中毒专项督查，启动了深海石油开采安全技术监管体系研究课题，会同公安部门开展了石油天然气管道占压专项督查。中石油开展了新一轮的安全隐患治理行动，投入90.1亿元，排查治理安全隐患2047项。山西省大力推进尾矿库闭库治理，投入资金4.5亿元，完成了1053座尾矿库的闭库治理任务。陕西、甘肃、青海、宁夏、新疆等省区在石油企业开展了以防井喷失控、防硫化氢中毒、管道占压清理为重点的隐患排查和治理。

（四）着力完善非煤矿山安全监管法规制度，不断深化非煤矿山安全生产法制建设。总局对非煤矿山相关法律法规和规范性文件进行了全面梳理，出台了《金属非金属矿产资源地质勘探安全生产监督管理暂行规定》（总局令第35号），启动了《尾矿库安全监督管理规定》、《小型露天采石场安全生产暂行规定》的修订和《金属非金属地下矿山防治水规定》、《金属非金属矿山危险性较大设备设施检测检验规定》的制定工作，发布了9个非煤矿山安全标准并启动了7个安全标准制定工作，下发了关于加强金属非金属矿山防治水、防中毒窒息、防坠罐跑车和加强煤系矿山、废弃矿井、锰渣库、浮式生产储油装置（FPSO）安全规则、尾矿综合利用等8个规范性文件；开展了非煤矿山“十一五”规划执行情况专项调研和“十二五”规划编制工作。各地都加大了力度，陆续出台了一些地方性法规和规章制度，进一步推动了非煤矿山安全监管机制、手段、方法创新。浙江省出台了《关于进一步加强矿山安全生产工作的意见》，从落实矿山企业安全生产主体责任等5个方面对进一步做好矿山安全生产工作提出了明确要求；山西省印发了《关于加强金属非金属矿山安全生产工作的若干规定》，对严格安全生产许可、严厉打击非法违法生产行为等12方面作出了明确规定。

（五）着力加强行政许可，提高安全准入门槛，不断深化非煤矿山“三同时”工作。总局下发了《关于进一步加强非煤矿矿山安全生产许可证颁发管理工作的通知》（安监总厅管一〔2010〕11号）和《关于做好尾矿库安全生产许可工作的通知》（安监总厅管一〔2010〕76号），督促各地严格安全行政许可，把住安全准入关。与此同时，开展了非煤矿山建设项目安全设施“三同时”专项督查，对69个建设项目进行了专项督办，对30个安全专篇进行了审查，对9个建设项目安全设施进行了竣工验收；完善了总局领导下的“专家组负责制”行政许可工作机制以及《非煤矿山预评价报告备案、〈安全专篇〉审查和竣工验收工作办法》、《非煤矿山安全生产许可证发证工作程序》等工作制度。据统计，2010年各省、市、县各级安全监管部门对10170个建设项目安全专篇进行了审查，对6957个建设项目安全设施进行了竣工验收。同时，为进一步搞好安全许可工作，各地共举办非煤矿山安全监管人员专题培训班1503期，培训安全监管人员8.6万人（次）；举办非煤矿山主要负责人和矿山安全管理人员培训班2968期，培训22.4万人（次）。截至2010年底，全国共有57366座露天矿山、10139座地下矿山、5717座尾矿库、2632家石油天然气作业单位、1019个采掘施工队伍和1057家地质勘探企业取得了安全生产许可证。各地也积极探索施行了一些严格准入、强化许可的工作措施和政策。内蒙古自治区把非煤矿山许可证换发工作与标准化建设、先进适用安全生产技术推广应用有机结合起来，严格做到未达标、未采用，不予换发；河北省要求新建、扩建、整合矿山在审批前，都要核查该矿山是否建有尾矿库、所属尾矿库是否符合安全生产条件，凡是尾矿库没有办理安全生产许可证的或者尾矿库安全设施存在隐患的，有关部门一律不予办理相应采矿权的审批。

（六）着力推进安全技术进步，改善安全条件，不断深化非煤矿山安全保障能力建设。一是加大了安全投入。据调度统计，2010年各地投入金属非金属矿山隐患治理资金72.3亿元（其中省级政府2.7亿元、市级政府1.2亿元、县级政府3.3亿元、企业投入65.1亿元）；投入尾矿库隐患治理资金33.1亿元（其中省级政府1.6亿元、市级政府1.7亿元、县级政府2.5亿元、企业投入27.3亿元）。安全投入的明显加大，为提高安全生产水平创造了条件。二是大力推广了先进适用技术和装备。各地区、各企业按照总局的安排部署，积极采用安全新技术、新工艺、新装备，有效地降低了生产安全事故。2010年全国已有2.3万家采石场采用中深孔爆破技术，4.1万座小型矿山采用机械铲装，1.8万座采用液压锤二次破碎技术和非电引爆系统，143座采用井下人员定位系统，1812座采用小型挖掘机，1373座尾矿库推广应用在线监测、尾矿充填、干式堆排和综合利用技术。三是加强了非煤矿山安全生产技术支撑体系建设。据统计，2010年全国非煤矿山安全技术研究机构已达226家、2990余人，各类检测检验机构130家，1790余人。四是加强了非煤矿山应急救援体系建设。全国31个省（区、市）和新疆生产建设兵团全部成立了安全生产应急管理机构，26个省（区）建立了矿山应急救援指挥中心。大中型矿山普遍建立了专兼职救援队伍，小型矿山基本与专业救援队伍签订了救援协议。由于地方和企业加大了对应急救援装备投入，使非煤矿山应急救援能力得到明显提高。

（七）着力推进安全标准化等工作，不断深化非煤矿山企业安全基础建设。总局初步确定了60家非煤矿山安全标准化一、二级考评机构，指导有关单位编写培训教材，开发考评软件，指导推动河北省迁西县开展安全标准化试点工作。各地认真贯彻总局《关于加强金属非金属矿山安全标准化建设的指导意见》，切实加强安全标准化建设，取得了初步成效。四川省把安全标准化建设以及安全避险“六大系统”建设、重大危险源监控等纳入“三同时”审查范围，从源头上控制安全风险，提高了矿山安全保障能力；吉林省高度重视安全生产基层基础工作，规划建设完善了县、乡、村、屯四级安全监管网络体系，大力推进非煤矿山安全标准化工作，81%的非煤矿山开工企业提出安全标准化申请，61%获得五级以上标准化证书。截至2010年底，全国已有799家金属非金属矿山（尾矿库）企业达到了三级标准，2221家企业达到了四级标准，6542家企业达到了五级标准。石油天然气生产单位全部推行了HSE管理体系并持续加以改进。同时，总局开展了非煤矿山强基固本“五个一百”示范单位选树活动，有468家矿山企业被评为示范单位。进一步推广了大庆油田抓基层基础工作的经验；下发了《关于学习推广“白国周班组管理法”切实加强非煤矿山班组安全管理的通知》（安监总管一〔2010〕138号），推动了以班组建设为重点的基层基础建设的加强。

**二、巩固成果、持续改进，谋划和做好“十二五”时期非煤矿山安全生产工作**

（一）“十一五”期间非煤矿山安全生产工作成效明显。“十一五”时期，我国非煤矿山安全生产工作是在国民经济快速发展、矿产品产量大幅增加和需求旺盛的前提下，实现了安全生产形势明显好转的工作目标，事故起数和死亡人数逐年大幅下降，圆满完成了“十一五”规划确定的死亡人数下降10%的指标任务。5年来，各地区、各相关部门和广大非煤矿山企业坚持“安全第一、预防为主、综合治理”的方针，认真贯彻落实党中央、国务院关于安全生产工作的一系列重要决策和部署，深入贯彻落实科学发展观，坚持以人为本、安全发展，突出预防为主，加强安全管理与监督，落实主体责任，非煤矿山安全生产工作取得了突出成效。主要体现在以下几个方面：

——事故总量大幅度下降。与“十五”期末的2005年相比，到2010年全国非煤矿山事故起数由1928起减少到1009起、下降47.7%，年均减少184起、下降12%；死亡人数由2342人减少到1271人、下降45.7%，年均少死亡214人、下降11%，提前完成了“十一五”规划的目标。2009年、2010年连续两年未发生非煤矿山特别重大事故。

——非煤矿山安全监管体系进一步建立健全。各省（区、市）及新疆生产建设兵团都建立了安全监管机构，基本形成了省、市、县三级安全监管体系，非煤矿山重点乡镇大都建立了安全监管站。以总局海洋石油作业安全办公室及其设在有关中央企业的监管机构为主体，初步建立了海洋石油安全监管体系。目前，全国共有非煤矿山安全监管人员37912人（其中大专以上矿山工程类专业人员3863人，占非煤矿山安全监管人员总数的10.2%）。

——安全生产法规和标准体系初步构建。5年来，总局先后发布了9个非煤矿山安全生产部门规章、22个行业标准和1个国家标准，各地区也相继发布了一批地方性法规、规章和规范性文件，促进了非煤矿山企业安全生产工作法制化、规范化、制度化建设。

——资源整合、整顿关闭和打非治违等专项整治取得阶段性成果。全国非煤矿山企业数量由2005年的103762家，减少到2010年的81399家，

5年下降了21.5%；私挖乱采、小散乱差、非法违规开采得到一定遏制。自2008年开展专项整治以来，全国危、险、病尾矿库分别下降了84.01%、86.17%和60.29%。含硫化氢油气田钻井设备全部配备了井控装置，80%以上的石油天然气管道非法占压物得到了清理。

——企业安全基础管理得到进一步强化。非煤矿山企业逐步健全了规章制度，加强了现场管理，重视了专业管理，强化了作业规程、工艺纪律、劳动纪律的执行，突出了隐患的排查治理，加大了安全投入，狠反了“三违”行为，开展了安全标准化建设和HSE管理体系建设，推动了矿山集约化、规模化、规范化开采，安全生产水平得到了明显提升。

——安全生产先进适用技术推广应用取得了阶段性进展，企业安全生产条件得到明显改善。地下矿山采用地压监测监控技术、机械通风系统和小型露天采石场中深孔爆破、机械二次破碎、机械化铲装，以及尾矿库在线监测系统、油气长输管道泄漏自动检测系统和高含硫气田勘探开发安全专项技术等先进适用安全生产技术的推广应用，极大地改善了非煤矿山企业安全生产条件，提高了安全保障能力，促进了非煤矿山安全生产形势持续稳定好转。

回顾过去5年的非煤矿山安全生产工作，我们有5点比较深刻的体会：一是必须坚持以科学发展观为指导，紧紧围绕经济社会发展的大局，推动矿业发展方式转变，整治小散乱差局面。二是必须坚持依法依规、加强监管、落实责任、打非治违，注重源头预防。三是必须坚持科技兴安，推广应用安全生产先进适用技术，改善安全生产条件，提高企业安全保障水平。四是必须坚持抓基层基础工作，推动企业主体责任落实到位，强基固本。五是必须坚持安全生产工作体制机制创新，更好地解决和应对非煤矿山安全生产工作中出现的新情况、新问题和新挑战。

（二）正视面临的困难和问题，抓住机遇、持续改进和加强我们的工作。非煤矿山安全生产工作虽然取得了显著成效，但与党中央、国务院的要求和广大人民群众的期望相比还存在较大差距，非煤矿山安全生产形势依然十分严峻，突出表现在：一是事故总量仍然偏大。较大事故多发，重大事故仍时有发生，非法违法引发的生产安全事故仍然较多，治大隐患、防大事故的任务依然十分繁重。特别是近年来地下矿山较大以上事故比例明显上升，2009年4起、2010年2起重大事故均发生在地下矿山，2010年43起非煤矿山较大事故中30起发生在地下矿山。二是安全生产基础仍然薄弱。全国占总数96.6%的小型矿山和占总数76.9%的五等尾矿库安全生产保障能力差，安全装备水平低，本质安全化程度低。大部分小矿山安全生产责任制不落实，安全投入严重不足，开采工艺、开采装备落后，从业人员素质和企业安全管理水平不高，安全保障能力薄弱的状况还没有根本改变。三是部分地区安全监管部门行政执法偏轻偏软，事故查处“四不放过”落实不够，安全生产行政许可把关不严现象还不同程度存在，安全生产监管信息化建设缓慢，推动资源整合的力度还不够大。四是从深层次问题上看，非煤矿山领域的发展方式转变迟缓，产业结构不合理、行业管理缺位的问题依然存在，打击非法违法和治理“三违”的工作任务将会更加艰巨。

在看到问题的同时，我们也要充分看到当前所处的有利环境和条件，充分看到挑战和机遇并存，充分看到更好的工作前景，以饱满的工作热情做好非煤矿山安全生产工作。一是党中央、国务院历来高度重视安全生产工作，这是我们做好包括非煤矿山在内的安全生产工作的根本保证。二是中央强调要加快经济发展方式转变，党的十七届五中全会通过的《中共中央关于制定国民经济和社会发展第十二个五年规划的建议》，为我们推动整顿关闭、调整矿业结构、促进矿山企业集约化发展带来了新的机遇。三是随着国家、地方和企业不断加大安全生产投入，一批先进适用的安全生产技术装备和检测监测技术得到了推广应用，安全隐患将得到进一步治理，整体安全保障能力必将得到进一步提升。四是通过加强以安全标准化建设为重点的安全生产基层基础建设，为我们加强事前防范和源头管理创造了良好条件。五是今年国务院安委会全体会议审议并原则通过的“十二五”安全生产工作的总体思路、目标任务、措施要求，为我们推动非煤矿山“十二五”安全生产工作指明了方向。我们一定要充分利用有利条件，抓住历史性机遇，站在新的起跑线上，创新思路、创新体制、创新机制、创新手段、创新方法，持续改进和加强非煤矿山的安全生产工作，力求取得更大成效。

（三）明确“十二五”期间非煤矿山安全生产工作的总体要求和目标。根据总局党组的总体工作思路，“十二五”时期非煤矿山安全生产指导思想：以邓小平理论和“三个代表”重要思想为指导，深入贯彻科学发展观，牢固树立安全发展理念，坚持“安全第一、预防为主、综合治理”方针，认真贯彻落实党中央、国务院关于安全生产工作的一系列重要决策部署和指示精神，突出预防为主、切实加强监管、严格安全执法、落实主体责任、转变发展方式、深化专项整治、推动技术进步、持续强基固本，全面提升非煤矿山安全生产水平，为2020年实现非煤矿山安全生产形势根本好转奠定坚实基础。

按照安全发展指导原则，从我国非煤矿山安全生产的现状和实际出发，我们确定的“十二五”时期非煤矿山安全生产规划目标：到2015年，形成较完善的非煤矿山安全生产法律法规和标准体系、技术支撑体系、信息化管理体系、宣传教育和培训体系、应急救援体系，遏制重特大事故的发生，实现非煤矿山安全生产形势进一步好转。一是非煤矿山生产安全事故死亡率下降12.5%（年均下降2.6%），坚决有效遏制重特大事故；二是提高安全生产准入门槛，取缔关闭非法生产和不具备安全生产条件的非煤矿山，全国非煤矿山总数下降10%以上，消除“十一五”期间的所有危、险尾矿库，并对所有废弃尾矿库履行闭库手续，到2015年病库占尾矿库总数的比例比2010年下降10%以上；三是到2013年金属非金属矿山安全标准化全部达到最低以上等级，石油天然气开采企业全部实行HSE安全管理体系；四是采空区重大隐患得到治理，露天矿山（不含型材矿等不适合中深孔爆破、机械铲装的矿山）全部采用中深孔爆破、机械铲装、机械二次破碎技术和装备。到2013年地下矿山全部安装使用监测监控、人员定位、紧急避险、压风自救、供水施救、通信联络六个系统；三等以上尾矿库全部安装在线监测系统；海上石油企业全部安装出海人员动态跟踪系统。

**三、突出重点、真抓实干，全力做好2011年非煤矿山安全生产工作**

今年是实施“十二五”规划的开局之年，也是实现全国安全生产状况根本好转战略目标的起步之年。各级非煤矿山安全监管部门和广大非煤矿山企业干部职工要认清形势任务，进一步增强做好2011年非煤矿山安全生产工作的责任感、使命感、紧迫感。

2011年全国非煤矿山安全生产工作的总体要求：认真贯彻落实国务院《通知》和全国安全生产电视电话会议、全国安全生产工作会议精神，继续深化“安全生产年”活动，深入落实“三深化”和“三推进”各项工作举措，以有效防范和坚决遏制非煤矿山重特大事故为目标，以落实非煤矿山企业安全生产主体责任和治小治散治乱治差、转变发展方式为重点，以全面推动非煤矿山安全标准化建设为切入点，着力在整顿关闭、改善条件、提升水平、强基固本、强化保障等方面取得新成效，促进非煤矿山安全生产形势进一步稳定好转，确保“十二五”时期非煤矿山安全生产工作开好局、起好步。

2011年非煤矿山安全生产工作主要目标：一是非煤矿山生产安全事故死亡人数比2010年下降3%以上，坚决遏制重特大事故发生；二是通过严格准入、淘汰落后、整顿关闭等有效手段，力争使非煤矿山数量在2010年基础上减少2%以上；三是非煤矿山安全标准化和HSE管理体系建设全面推进，大中型矿山企业和三等以上尾矿库全部达到安全标准化最低以上等级，石油天然气开采企业HSE管理体系建设示范单位持续改进提高；四是努力完成1000座以上危、险、病尾矿库的隐患治理任务和中央财政支持的尾矿库隐患治理项目，中西部地区尾矿库安全监管能力明显提升；五是地下矿山安全避险“六大系统”按期建设完成，露天矿山适合采用中深孔爆破、机械铲装、机械二次破碎技术和装备的全部采用，三等以上尾矿库实现在线监测率达到50%以上。

为完成上述工作目标，我们要认真贯彻党中央、国务院关于加强安全生产工作的一系列重大决策部署和重要指示精神，认真贯彻国务院《通知》、张德江副总理在全国安全生产电视电话会议上的重要讲话和骆琳局长在全国安全生产工作会议上的讲话精神，全面深入地抓好落实，扎实做好以下几方面重点工作：

（一）继续深化国务院《通知》精神的贯彻落实，进一步推动非煤矿山企业落实安全生产主体责任。一是要继续加大宣传贯彻力度，通过继续深化“安全生产年”活动和深入落实“三深化”、“三推进”各项工作举措，学习好、宣传好、执行好国务院《通知》，为扎实推进非煤矿山安全生产工作营造良好的舆论氛围。二是要结合本地区实际，出台相应实施办法或细则，认真组织辖区内非煤矿山企业深入贯彻落实国务院安委会办公室安委办〔2010〕17号文件精神，推动非煤矿山企业进一步完善和落实安全生产责任制，加大安全投入，足额提取和使用安全费用，强化生产技术等专业管理，加强现场安全管理和外包施工队伍管理。三是要认真开展金属非金属地下矿山企业领导带班下井制度专项检查。对带班下井工作制度、监督和公示制度、考核奖惩制度、档案管理等制度落实不到位，以及没有领导带班下井而发生生产安全事故的责任单位和人员，要严格追究相应的责任。四是要认真排查非煤矿山企业主要负责人、安全管理人员、特种作业人员持证上岗和从业人员先培训后上岗制度落实情况。对不经培训上岗、无证上岗的企业，依法停产整顿；没有对井下作业人员进行安全培训教育，或存在特种作业人员无证上岗的企业，情节严重的要依法予以关闭。五是要开展事故调查处理情况专项检查，继续做好重大事故和较大以上由非法生产建设行为导致的事故挂牌督办和查处工作，切实用事故教训推动工作。

（二）继续深化“打非治违”，严格安全执法，进一步建立良好的非煤矿山领域安全生产法治秩序。一是要突出“打非”重点。要结合实际，针对非法盗采、以采代探、整合期间违法生产、证照不全或证照过期失效仍违法生产，以及建设项目未依法审批擅自投入生产等问题，加强对重点矿区和重点矿种的安全监管，严格落实“四个一律”要求（即对非法生产经营建设和经停产整顿仍未达到要求的，一律关闭取缔；对非法违法生产经营建设的有关单位和责任人，一律按规定上限予以处罚；对存在违法生产经营建设的单位，一律责令停产整顿，并严格落实监管措施；对触犯法律的有关单位和人员，一律依法严格追究法律责任）。特别是对湖南湘西、陕西渭南、云南红河、河南三门峡等事故多发地区，要坚决采取更加有力的措施，务求取得实效。二是要积极探索建立“打非”工作长效机制。要在地方人民政府统一领导下，建立规范“打非”工作制度，完善联合执法工作机制，强化“打非”工作责任，采取对“打非”工作不力的地区予以通报、对矿业秩序混乱的地区进行挂牌督办等方式，继续保持高压态势，巩固和扩大“打非”专项行动成果，推动“打非”工作真正落实到位。三是要加强和改进安全执法工作。各级安全监管机构要制定执法计划，强化执法责任，完善执法手段，规范执法行为，严格文明执法，落实执法措施。要强化执法考核与监督，提高执法效能。

（三）继续深化资源整合、淘汰落后能力，进一步推动非煤矿山发展方式转变。一是要继续推动非煤矿山矿产资源整合工作，逐步实现规模化和集约化生产。开展整合矿区建设项目安全设施“三同时”专项检查，督促企业依法履行“三同时”手续，严格项目建设周期管理和试生产（运行）期限。加强日常监管，严防以整合名义逃避关闭，严防以矿井整合代替资源整合，严防整合期间违规组织生产。二是要结合各地实际，会同国土资源等部门研究制定非煤矿山重点矿种最小开采规模标准，开采规模达不到要求的坚决不予审批。加强新建非煤矿山建设项目安全管理，严格实行非煤矿山建设项目安全核准。三是要强制淘汰非煤矿山落后技术、工艺和设备。露天矿山重点淘汰扩壶爆破、使用爆破方式进行二次破碎、人工装载矿岩、没有捕尘装置的干式凿岩、雷电多发地区采用电雷管起爆等，地下矿山重点淘汰局部通风机非阻燃风筒、主要井巷木支护、主提升设备使用带式制动器、凸轮式防坠保险装置、非阻燃电缆和胶带、非矿用局部通风机等落后技术、工艺和装备。各级安全监管部门要会同有关部门研究制定本地区淘汰落后工艺、技术、装备目录，限定淘汰时间，逾期未淘汰的责令限期整改，否则依法予以关闭。

（四）继续深化专项整治、隐患排查治理，进一步巩固已得成果。要以防控重特大事故为目标，进一步加强对重点地区、重点企业、重点工艺、重点环节、重点岗位的安全管理与监督。一是要组织开展地下矿山局部通风和防治水工作专项整治，对局部通风机使用情况、矿区水文地质资料、防治水措施等进行全面检查，切实把防中毒窒息、防火灾、防治水制度和措施落实到位；开展露天矿山采场和排土场边坡专项检查，重点检查边坡监测监控措施落实情况，高陡边坡和危险级排土场治理情况等，严防边坡坍塌事故。二是要深化隐患排查治理，落实重大隐患逐级挂牌督办制度。督促非煤矿山企业严格落实安全生产隐患排查治理制度，对查出的各类隐患进行登记，做到整改措施、责任、资金、时限和预案“五落实”。对重大隐患实行逐级挂牌督办。三是要开展尾矿库隐患综合治理专项检查。重点检查中央财政支持尾矿库隐患治理项目和中西部地区监管能力建设项目进展情况，加强开工项目的跟踪督查，严把工程项目竣工验收关。四是要针对陆上高含硫气田开发、海洋石油极端天气灾害的特点，组织开展以防井喷失控、防硫化氢中毒、防台风（风暴潮）、防管道泄漏爆炸为主要内容的专项督导工作，尤其要加强石油天然气、海洋石油作业单位的风险管理，对到新作业地点作业前或重新到原作业点作业前必须进行风险分析，针对分析结果采取有效的安全措施，确保作业安全。

（五）继续深化安全保障能力和安全避险“六大系统”建设，进一步提升非煤矿山本质安全水平。一是要继续加大推广非煤矿山安全生产先进适用技术和装备工作力度，重点推广应用地压监测监控系统、高陡边坡稳定性监测系统、尾矿库在线监测、高含硫气田勘探开发安全关键技术、油气长输管道泄漏检测等技术（工艺）装备。到2011年底前露天矿山适合采用中深孔爆破、机械铲装、机械二次破碎技术和装备的全部采用；三等以上尾矿库实现在线监测率达到50%以上。大力推动非煤矿山工艺、技术、装备、设施的改善和安全标志管理制度的实施。二是要加强非煤矿山安全生产技术支撑机构、专家库建设，充分发挥安全技术支撑机构、专家队伍的作用，有效提高安全监管水平。特别要利用“金安”（一期）工程，完善非煤矿山安全监管信息平台及安全生产许可证、尾矿库、非煤矿山基础资料等数据库，不断提高安全监管科学化和信息化水平。与此同时，要启动非煤矿山“十二五”规划重点工程，通过组织实施非煤矿山采空区监测监控等安全生产科技示范工程，以点带面，促进非煤矿山企业加快提升安全技术装备水平。三是要加强非煤矿山应急救援能力建设。要强化预案的备案、审查和演练工作，完善预报预警预防机制，逐步完善地方、企业应急管理和协调机制，加强应急平台体系建设，加大应急装备建设资金投入，切实提高整体装备水平和救援能力，有效防范和应对事故灾难。四是要强力推进安全避险“六大系统”建设。建设完善地下矿山安全避险“六大系统”，是依靠科技进步和先进适用技术装备，从根本上提升地下矿山企业安全保障能力的有效措施，是当前地下矿山安全生产的一项重点工作。各级安全监管部门和地下矿山企业要以国务院《通知》为准则，认真落实总局安监总管一〔2010〕168号文件要求，进一步增强责任感、使命感、紧迫感，高度负责、抓紧实施，重点抓好4个方面的工作：第一，加强组织领导。各级安全监管部门要根据本地实际情况，制定实施办法或细则，加强督促指导、监督检查，统筹规划、因地制宜、积极稳妥地推进；地下矿山企业要明确分管负责人和牵头部门，建立健全责任制和相应的工作机制，制定实施工作方案，确保人力、物力、财力投入到位，按要求和时限完成“六大系统”建设完善工作。今年四季度要组织开展专项检查，对没有按规定要求完成的企业，进行限期整改、暂扣安全生产许可证等行政处罚。第二，加快示范矿井建设。要选择不同灾害类型、不同生产规模的企业，先期建设一批示范矿井，及时总结和推广经验，充分发挥典型引路作用；中央企业、重点企业和大型企业要先行一步，发挥表率示范作用。福建马坑矿业股份有限公司、宝钢集团梅山铁矿、陕西煎茶岭镍业有限公司等企业已先期建设了部分安全避险系统，他们的做法和经验值得学习借鉴，这次会议安排了现场参观和交流，同志们要仔细观摩、认真学习，把这些经验和做法运用到实际工作当中。第三，严把“六大系统”建设的工作质量。各地下矿山企业要建立严格的产品质量把关制度，选择性能先进、质量可靠、安全保障的产品；有关研究、生产单位要不断提高产品技术水平和质量，提供可靠的设备设施。第四，切实发挥“六大系统”的安全避险和应急救援作用。要坚持建设与应用并重的原则，统筹考虑“六大系统”与矿井生产系统布置、灾害防治、技术装备、井下应急救援等相结合；要把“六大系统”纳入到矿山应急预案之中，每年组织进行一次全面应急演练，建立技术管理档案；要教育引导员工正确、安全使用“六大系统”，提高职工自我保护和应急救援能力。

各级安全监管部门和地下矿山企业在建设完善

安全避险“六大系统”的基础上，还必须持之以恒地抓好防坠罐、防中毒窒息、防火灾、防透水、防冒顶片帮、防采空区坍塌以及防爆破事故措施的落实工作。

（六）继续深化安全标准化和基层基础建设，进一步提高非煤矿山基础管理水平。一是要全面推进非煤矿山安全标准化和 HSE 管理体系建设。进一步健全完善技术支撑、教育培训、考评认定、激励约束和信息交流体系；巩固“强基固本‘五个一百’示范单位”创建活动成果，大力引导推动企业依标设计、依标建设、依标生产、依标管理，对标达标、不断提高；切实全面推进有条件企业加强 HSE 管理体系建设。二是要大力推进非煤矿山安全生产班组建设。要以落实岗位安全责任为核心，以提升班组安全管理水平为重点，组织编写班组长安全生产培训教材，加强班组长安全教育培训工作，开展创建优秀班组和优秀班组长活动，推动非煤矿山安全生产班组建设提高到一个新的水平。三是要加强“三同时”工作。要加强对建设项目全过程的安全监管，把好安全设施设计审查关和安全设施竣工验收关，对预评价报告提出的问题未在设计中落实的、不符合相关安全标准规范以及设计单位资质不符合要求的报告，以及竣工验收评价报告内容不全、结论不明确、不按批复要求设计、安全设施不能正常运行的建设项目，坚决不予审批和通过竣工验收。四是要加强安全许可工作。要严把发证关，加强对取证企业的日常监督检查，坚决将那些不符合安全生产条件或不再具备安全生产条件的非煤矿山淘汰出局；尾矿库颁证率低的地区，还需要在确保颁证质量的前提下加快颁证工作进度，对于不符合条件的，要责令停产、限期整改，经限期整改仍不具备安全生产条件的，要依法提请县级以上人民政府予以关闭。五是要强化培训工作。各地要结合本地非煤矿山安全监管工作的实际需要，制定培训计划，加强专业知识、法律法规知识等方面的业务培训，力争到年底，所有非煤矿山安全监管人员都必须至少接受一次专门的业务培训。所有非煤矿山企业都要认真组织对各类人员开展有针对性的安全培训，努力提高一线员工的安全技能。六是要大力推动企业安全文化建设。要将安全文化建设作为构建安全生产长效机制的一项重要内容，探索建立非煤矿山企业安全文化框架结构体系，充分发挥各种媒体、载体、团体的推介作用，通过强化建设，提高从业人员、领导人员、管理人员的自我保安、遵章守纪、安全生产意识。

（七）继续深化法制体制机制和队伍建设，进一步提升非煤矿山安全监管能力。一是要积极推动非煤矿山安全生产法制建设。配合有关部门继续做好《矿山安全法》修订工作，组织制修订《非煤矿山外包工程安全管理规定》等 5 个部门规章和地下矿山安全避险“六大系统”安装使用规范等 25 个安全标准；开展非煤矿山安全生产法律法规体系框架和非煤矿山安全标准体系框架研究制定工作，加大相关法律法规和标准宣贯工作力度。各地也要积极推进地方性非煤矿山法规标准和制度建设。二是要推进非煤矿山安全监管体制建设。要推动非煤矿山安全监管机构向乡镇延伸，明确乡镇政府对辖区内非煤矿山企业的安全监管责任，加强海洋石油安全生产和职业卫生监管队伍建设。三是要强化非煤矿山安全监管机制创新。要重点抓好分级监管、分类监管、联合执法、激励约束、政绩考核等方面的创新，确保安全监管责任落实到位。同时，要开展非煤矿山安全生产激励政策等相关经济政策研究，完善非煤矿山安全生产费用提取制度、全员安全风险抵押金制度和安全生产责任保险制度。总局将积极争取中央财政对中央企业加强安全生产保障能力建设的资金支持，切实提高中央企业安全保障能力，各地区、各单位也要切实加大安全生产投入。四是要推动业务建设。要进一步加强业务学习，不断提高业务素质和履职能力；要进一步创新安全监督检查、执法和业绩考核的手段和方法，不断提高监管能力；要进一步强化服务理念和创新服务方法，不断提高非煤矿山安全监管服务效率和服务水平。五是要深入开展创先争优活动。要按照总局深入开展以“争做安全发展忠诚卫士、创建为民务实清廉安监机构”为主题的创先争优活动要求，认真深入地开展活动，不断提高政治意识、宗旨意识、大局意识、责任意识和廉洁自律意识，切实提高为基层、为企业服务水平，更好地履行党和人民赋予的职责。

做好非煤矿山安全生产工作，推动我国非煤矿山领域安全生产形势的根本好转，任务艰巨、责任重大、使命光荣。让我们在党中央、国务院的坚强领导下，按照党中央、国务院及总局党组的决策部署，切实加强领导、强化责任，开拓进取、强化监管，突出重点、强化落实，有效防范和坚决遏制重特大事故发生，为早日实现全国非煤矿山安全生产形势根本好转目标而努力奋斗。

# 国家安全生产监督管理总局副局长孙华山在全国安全隐患排查治理现场会上的讲话（摘要）

（2011 年 10 月 27 日）

在大家的共同努力下，这次全国安全隐患排查治理现场会圆满完成了各项会议议程。在一天半的时间里，大家认真学习了骆琳同志的重要讲话，实地参观考察了北京市顺义区安全隐患排查治理体系建设情况，听取了北京市、天津市、山西省安全监管局，安徽煤矿安监局，辽宁省沈阳市、广东省珠海市安全监管局以及中国建材集团等单位的经验介绍，并对《国务院安委会办公室关于建立安全隐患排查治理体系的通知（征求意见稿）》进行了讨论。这次会议时间虽短，但主题明确，内容丰富，意义重大，开得很及时，也很有效。概括起来，主要体现在 3 个方面：

一是领导讲话务实。大家一致认为，骆琳同志的重要讲话高屋建瓴，求真务实，从深入贯彻落实科学发展观，牢固树立以人为本、安全发展科学理念的高度，深刻阐述了建立安全隐患排查治理体系的重要性、紧迫性，对顺义经验进行了高度概括，对进一步深入开展安全隐患排查治理工作作了全面部署、提出了明确要求。认真贯彻落实骆琳同志重要讲话精神，对于深入贯彻落实中央领导同志近一段时期以来关于加强安全生产工作的重要指示精神，贯彻落实“安全第一、预防为主、综合治理”的方针，牢牢掌握隐患排查治理的主动权，有效防范和坚决遏制生产安全事故，具有十分重要的意义。

二是典型经验过硬。北京市顺义区在安全隐患排查治理方面所作的积极探索具有普遍意义，其经验是全国安全监管监察系统与全国安全生产工作战线的共同财富，应当大力推广。北京市、珠海市、中国建材集团等单位的经验介绍，结合本地区、本单位实际，很有特点，对抓好安全隐患排查治理和建立安全隐患排查治理体系，同样具有典型经验的示范引领作用。

三是会议组织精细。这次会议是现场会，会议组织严谨、细致、紧凑，大家耳闻目睹，“听、看、学”有机结合，听了很受鼓舞，看了很有启发，学了很有收获，为如何开好类似会议树立了新的标杆。

大家要认真抓好本次会议精神的贯彻落实，深刻领会、全面掌握骆琳同志重要讲话的精神实质，创造性地贯彻到安全生产工作实践中去，以学习推广顺义经验为动力，进一步建立健全安全隐患排查治理体系，进一步实现安全生产工作关口前移、重心下移，进一步推动全国安全生产状况持续稳定好转。下面，就如何抓好会议精神的贯彻落实再强调两点。

**一、深刻领会、全面把握会议精神，进一步增强深化安全隐患排查治理的坚定性和紧迫性**

（一）深刻领会党中央、国务院对安全生产工作提出的新要求新任务，准确把握当前安全生产面临的新形势新挑战，牢固树立以人为本、安全发展的科学理念。

骆琳同志的重要讲话，传达了近一段时期以来中央领导同志对安全生产工作的重要批示指示精神，深刻分析了当前安全生产工作中存在的主要矛盾和制约因素。目前，全国安全生产事故总量虽然呈下降趋势，但是经济发展高速度、人员财富高密度、设施设备大型化以及生产工艺复杂化等因素，增大了重特大事故发生的概率，重特大事故多发态势尚未得到有效遏制，安全与发展不同步的问题十分突出。一方面，经济发展进入了“高速时代”，新技术、高技术装备得到了广泛采用；另一方面，经济增长方式还没有同步转变到依靠科技进步和提高人的素质上来，全民安全素质教育滞后。再加上因长期投入不足导致安全欠账，因行业管理弱化、技术标准落后、企业管理滑坡引发安全管理不到位，部分高危行业产业布局和结构不合理，安全监管监察及应急救援能力亟待提升等，当前安全生产工作既要解决长期积累的深层次、结构性和区域性问题，又要应对新情况、新挑战，任务十分艰巨和繁重。

但是，总的来看，机遇大于挑战、希望大于困难、办法多于问题。特别是党中央、国务院始终高度重视安全生产工作，为我们搞好安全生产、推动安全发展指明了方向，提供了政策理论武器。在刚刚结束的党的十七届六中全会上，胡锦涛总书记用很大篇幅讲了安全生产问题，从制度建设、体制保证、关键工作、总体要求等各方面进行了深刻阐述，充分体现了以人为本、执政为民的崇高理念。温家宝总理9月21日主持召开国务院第173次常务会议，讨论通过了《安全生产“十二五”规划》，并特别强调必须牢固树立科学、安全和可持续发展的理念，把安全生产作为政府的重要工作，坚持“安全第一、预防为主、综合治理”的方针，全面落实企业主体责任、部门监管责任和属地管理责任，切实保障人民群众生命财产安全，促进社会和谐稳定；同时，明确了“十二五”时期要完善企业安全保障体系、政府安全监管和社会监督体系、安全科技支撑体系、法律法规和政策标准体系、应急救援体系、宣传教育培训体系等6项主要任务。张德江副总理近期也对加强安全生产工作作出一系列重要指示、提出了具体要求。这些重要的指示批示要求，必将对今后的安全生产工作产生重大影响，对于我们从牢固树立以人为本、安全发展科学理念的高度，加快建立安全隐患排查治理体系，提升安全生产监管水平，具有重要的指导作用。

（二）深刻领会建立安全隐患排查治理体系的重大意义，准确把握安全生产工作机遇，深化对安全生产规律的理解和认识。

骆琳同志的重要讲话，站在推进安全生产状况持续稳定好转、实现安全发展的高度，深刻论述了建立安全隐患排查治理体系的重大意义，我们一定要深刻领会、全面把握。建立安全隐患排查治理体系，是《安全生产“十二五”规划》所确定的重要任务之一，是落实和完善安全生产制度，严格安全生产标准，提高企业安全水平和事故防范能力的必由之路，是“力争到2015年实现我国企业安全保障能力和政府监管能力明显提升，各行业领域安全生产状况全面改善，全国安全生产保持持续稳定好转态势，为实现根本好转奠定坚实基础”的重要基础工作。我们一定要以这次会议为契机，在落实企业安全生产主体责任上下工夫，在提高安全监管监察能力和水平上下工夫，切实把作为完善企业安全保障体系重要内容的安全隐患排查治理工作做实做好。

实践证明，安全生产管理手段和方式方法的变化，与经济社会发展水平密切相关。在信息化快速发展的时代，生产方式已经发生了巨大变革，安全管理也必将从自然本能期到强制执法期，并逐步到自我管理期，最后实现团队文化期的过渡。目前，我国企业的安全生产处在以强制执法为主，培育自我管理为辅的重要阶段。加快转变这个过程，取决于企业主体责任的落实程度，而建立安全隐患排查治理体系正是提高企业主体责任落实程度的治本之策。因此，建立安全隐患排查治理体系，必将极大地推动“十二五”期间我国安全生产工作从“要我安全”向“我要安全”更高水平的提升。

（三）深刻领会会议主题，准确把握建立安全隐患排查治理体系与安全生产标准化建设的关系，把会议的工作部署变成实际行动。

这次会议主题突出，充分体现在骆琳同志的重要讲话中，体现在典型经验中。概括起来就是，认真贯彻落实党中央、国务院关于加强安全生产工作的一系列重大决策部署和指示精神，深入贯彻落实科学发展观，坚持以人为本、安全发展的理念，坚持“安全第一、预防为主、综合治理”的方针，总结推广北京市顺义区等地建立隐患排查治理体系、有效防范事故的先进经验和做法，探索创新政府和部门安全监管机制，强化和落实企业安全生产主体责任，更好地把握隐患治理、事故防范的主动权，打好安全隐患排查治理攻坚战，努力实现隐患排查治理工作的制度化、经常化，促进全国安全生产形势的持续稳定好转，确保实现“十二五”时期安全生产工作的良好开局。要重点从3个方面加深理解：

一是加深对安全隐患排查治理体系是一项系统工程的理解。安全隐患排查治理体系，是以企业分级分类管理系统为基础，以企业安全隐患自查自报系统为核心，以完善监管责任机制和考核机制为抓手，以制定标准体系为支撑，以广泛开展安全教育培训为保障的一项系统工程，包含了完善的隐患排查治理信息系统、清晰细化的责任机制、科学严谨的查报标准及重过程、可量化的绩效考核机制等内容。建立安全隐患排查治理体系，是安全生产管理理念、监管机制、监管手段的创新和发展，对于实现安全隐患排查治理常态化、规范化，建立安全生产长效机制具有重大意义。

二是加深对建立安全隐患排查治理体系工作机制和方式方法的理解。学习顺义经验关键在于掌握建立安全隐患排查治理体系的工作机制和方式方法，这也正是顺义经验的创新性所在。顺义区安全监管局在区委、区政府的正确领导下，理顺和细化部门和属地的安全生产监管职责，明确“管什么、谁来管、怎么管”，明确行业部门的监督、指导、协调和服务职能，明确安全监管部门组织、协调、监督、考核各行业部门和属地政府的综合监管职责，明确消防、交通、建设、质监等行业监管部门及时处理属地和其他部门移交的安全隐患的监管职责，如果没有建立这些机制，安全隐患排查治理就很难深入持久开展。在具体的方式方法上，顺义区重点加强了标准体系建设和信息化建设，实现资源共享、整体推进；在保障措施上，突出了建立激励机制和约束机制，提高考核机制的约束力和公信力。

三是加深对建立安全隐患排查治理体系可以促进安全生产标准化建设的理解。安全生产标准化是指通过建立安全生产责任制，制定安全管理制度和操作规程，排查治理安全隐患和监控重大危险源，建立预防机制，规范生产行为，使各生产环节符合有关安全生产法律法规和标准规范的要求，人、机、物、环处于良好的生产状态，并持续改进，不断加强企业安全生产规范化建设。骆琳同志在讲话中明确指出，安全隐患排查治理是安全生产标准化建设的重要基础。在实际工作中，要将安全生产标准化建设与建立安全隐患排查治理体系有机结合，进一步落实企业主体责任，全面提升安全监管监察水平。

（四）深刻领会顺义经验的本质特征，准确把握学习借鉴先进经验与创新发展的辩证关系，在真学、真用、真创上下工夫。

学习骆琳同志的重要讲话，推广顺义经验，必须深刻领会顺义经验的本质特征。对此，骆琳同志在重要讲话中已经作了高度概括，我们一定要深刻领会。一方面，要通过领会领导讲话、学习典型经验、深入现场参观的各个环节，从理论和实践上认识安全隐患排查治理体系，了解和掌握在安全隐患排查治理工作中，企业“怎么查、怎么报”和“做什么、怎么做”，政府及监管部门“管什么、谁来管、怎么管”，达到学以致用，推动安全生产隐患排查工作尽快实现规范化、常态化。另一方面，更要深刻地领悟到，建立安全隐患排查治理体系不仅仅是一项专业性的基础工作，不仅仅是工作机制和方式方法的简单融合，而且是我国安全生产工作从强制执法阶段向自我管理阶段迈进的重要标志之一，表明了安全隐患排查治理工作正在从阶段性的突击整治行动向法制化、常态化、规范化过渡，从初级治标的隐患排查向高级治本的隐患排查迈进，从安全生产粗放型管理向精细化管理的方向发展，是安全生产标准化建设的重要基础，必将推动我国的安全生产工作加快实现“五个转变”，即：在管理时段上从事后转变为事前；在管理对象上从事故转变为隐患；在管理方式上从应急转变为预警；在管理手段上从行政转变为法律和经济；在管理内容上从事故伤亡转变为职业健康。深刻领会顺义经验的本质特征，更加自觉地借鉴北京市顺义区等地的有效做法，通过真学、真用、真创，实现安全隐患排查治理工作的制度化、经常化。

第一要真学。学习借鉴经验，关键在于深刻领会其本质特征，深刻认识到为什么和怎么样建立安全隐患排查治理体系。北京市顺义区建立以企业安全隐患自查自报系统为核心的排查治理体系，进一步落实了企业主体责任和部门监管责任、属地管理责任，形成政府、部门、企业和社会的良性互动，实行精细化管理，解决了在安全生产工作中企业“做什么、怎么做”，政府“管什么、怎么管”等重大问题。

第二要真用。学习的目的在于应用，在于把先进经验转化为推进安全生产工作的实际能力，推动安全生产隐患排查治理工作加快走向规范化、常态化。各地区、各行业和各企业必须树立正确的学习态度，在“转化”上狠下工夫，绝不能一学了之、束之高阁。

第三要真创。学习借鉴顺义经验，不能照抄照搬，必须结合本地区、本企业实际，不断创新。创新是进步的动力，也是推广先进经验的动力。要敢于创新、善于创新，在创新中破解安全难题，在创新中不断开创安全生产工作新局面。

**二、科学制定实施方案，采取强有力措施，狠抓工作落实，把建立安全隐患排查治理体系工作抓实抓好抓出成效**

一是抓好会议精神学习贯彻的工作落实。骆琳同志的重要讲话，对深入开展安全隐患排查治理和建立安全隐患排查治理体系工作作出了全面部署，对地方各级安委会和安全监管监察部门提出了明确的工作要求。各省（区、市）安委会办公室和安全监管监察部门要在认真学习、及时传达和深刻领会会议精神的基础上，认真总结分析本地区安全隐患排查治理工作的现状和问题，对照要求，加强领导，精心组织，周密部署，加快提出有针对性、符合本地区实际的工作意见，连同本次会议精神一并向本省（区、市）安委会主任、党政主要负责人汇报，积极争取党委、政府的重视和支持，切实解决工作中存在的问题，为建立安全隐患排查治理体系创造有利条件。各中央企业要以贯彻本次会议精神为契机，将建立企业安全隐患自查自报系统与标准化建设工作有机结合，学习借鉴先进经验，以先进的信息化管理技术为手段，强化危险源监控，建立安全预警机制，加大安全隐患排查治理力度，加大安全科技投入，规范生产经营行为，全面提升安全保障能力，提高企业本质安全水平。国家安全监管总局将加强督促检查和协调服务，紧密跟踪各地区安全生产隐患排查治理体系建设进程，及时总结推广经验。

二是抓好实施方案的工作落实。建立安全隐患排查治理体系是一项系统工程，涉及方方面面，需要做大量的调查、摸底、协调、沟通等准备工作，各地区的情况又不尽相同，因此制定务实可行、便于操作的实施方案尤为重要。目前，北京市已经在全市范围内推广顺义经验；天津市在今年初到北京市学习后，制定了工作方案，先在津南区和滨海新区进行试点；辽宁省沈阳市以隐患排查治理为抓手全力推进企业安全生产标准化建设，“十一五”期间全市治理隐患 50 余万项，目前已建成安全生产标准化企业 211 家。广东省珠海市在学习借鉴顺义经验的基础上，结合实际，创新发展，运用政策引领，利用信息化手段，建设了安全生产“一体系三平台”，率先在全省构建科学动态的安全监管体系，有效破解了长期制约安全监管工作的瓶颈。中国建材集团建立形成以“组织体系、制度规范、流程管理、信息交互和绩效考核”为支撑的集团安全生产管理体系，使集团从以“职能为核心”转变为以“流程为核心”，以“制度考核为目标”转变为“具有中长期规划的安全战略管理”。北京市等地区的经验做法，对各省（区、市）有很好的借鉴作用，大家要互相交流，取长补短，按照骆琳同志的重要讲话要求，与安全生产标准化建设紧密结合，制定建立安全隐患排查治理体系的工作方案。请各地区于 11 月底前将本地区实施方案报国家安全监管总局办公厅汇总后，通过国家安全监管总局政府网站发布，供各地参考交流。

三是抓好典型示范的工作落实。各地区在制定工作实施方案的同时，要不等待、不观望，先选择 1 ~ 2 个有条件、有基础的地区作为试点，如省会城市、计划单列市、标准化示范城市和地区等，借鉴北京市顺义区等地好的经验和做法，结合实际建立安全隐患排查治理体系创建样板地区，以点带面，分步实施，大胆创新，不断探索新的做法，不断积累新的经验，全面推进安全隐患排查治理工作。争取用 2 ~ 3 年的时间，在全国基本建立起先进适用的安全隐患排查治理体系，逐步从根本上取得事故防范和安全生产工作的主动权。

四是抓好标准规范的工作落实。在建立安全隐患排查治理体系工作中，最重要的基础性工作就是完善安全管理标准。北京市顺义区自 2008 年开展分类分级管理以来，按照类型、规模、人数等对 105 类企业进行整合，查阅了 100 多部法律法规、行业标准，制定出台了 47 类 6150 条事故隐患自查标准，这些标准融合了行业特点和企业自身实际情况，作为安全生产标准化建设标准的延伸和细化，具有很强的针对性和可操作性，是各地区建立安全隐患排查治理体系的财富。在尊重和保护知识产权的前提下，希望北京市顺义区的标准体系能对各地进行开放，为全国建立安全隐患排查治理体系提供标准支持。请国家安全监管总局政法司和各业务司研究具体抓落实的办法，推动安全隐患排查治理体系的建设。

五是抓好人员培训的工作落实。北京市顺义区针对隐患排查治理工作开展了全覆盖的教育培训，有力地推动了企业安全隐患自查自报工作。各地区要借鉴顺义经验，大力创新培训的方式、方法，形成多层次、全覆盖的培训机制，重点对隐患自查自报管理办法、企业自查标准、系统操作进行全面的培训，使企业知道怎么查隐患、怎么治理隐患、怎么上报隐患，使各行业主管部门明白“管什么、怎么管”，明确各自的责任和工作要求。同时，要加强培训的检查督导，保证各项工作的顺利推进。

六是抓好宣传报道的工作落实。国家安全监管总局政府网站要将北京市顺义区等地的经验材料包括视频资料公开上网。各地区要抓住当前有利时机，充分利用广播、电视、报纸、互联网等新闻媒体，加大对深化安全隐患排查治理工作的宣传力度，营造有利的社会舆论氛围，特别要对一些典型经验进行重点宣传，引导各有关单位深刻认识深化安全隐患排查治理工作的重要性、必要性和紧迫性，增强做好安全隐患排查治理工作的自觉性和主动性。

安全隐患排查治理体系建设工作事关“十二五”时期安全生产重点任务的完成，事关安全生产工作大局，责任重大，使命光荣。我们要站在深入贯彻落实科学发展观，加强和创新社会管理，牢固树立以人为本、安全发展的科学理念，坚持“安全第一、预防为主、综合治理”方针的高度，把安全隐患排查治理体系建设工作作为创新安全监管体制机制、夯实安全管理基础、全面提升安全监管能力和水平的重大举措，进一步提高对安全生产隐患排查治理工作重要性的认识，采取强有力的措施，把安全隐患排查治理工作推向深入，为建立安全生产长效机制，实现全国安全生产状况根本好转作出更大的贡献！

# 国家安全生产监督管理总局副局长梁嘉琨在全国安全生产综合监管工作会议上的讲话(摘要)

(2011 年 3 月 31 日)

按照会议安排，我结合自己分管工作，谈一下对当前安全生产监管工作中 5 个问题的思考，即重点行业领域的综合监管，安委会办公室工作，安全生产经济政策问题，安全监管监察系统体制建设情况，以及学习借鉴国外经验的启示。

**一、关于重点行业领域的综合监管问题**

综合监管是《安全生产法》及国务院和各级政府赋予安全监管部门的职责。《国务院关于进一步加强企业安全生产工作的通知》(国发〔2010〕23 号，以下简称《通知》)特别提到了重点行业领域综合监管问题，要求“强化安全生产监管部门对安全生产的综合监管，全面落实公安、交通、国土资源、建设、工商、质检等部门的安全生产监督管理及工业主管部门的安全生产指导职责，形成安全生产综合监管与行业监管指导相结合的工作机制，加强协作，形成合力”。因此，综合监管工作的定位和法律依据都是明确的，作为国务院安全生产领域的主管部门，落实综合监管的职责是这些年国家安全监管总局党组的一项重点工作，骆琳同志的工作报告对贯彻国务院《通知》精神，加强综合监管又提出了新的明确的要求，我们要贯彻好、执行好。

综合监管是一个综合性概念，不仅涵盖对行业主管部门安全生产日常工作的指导、协调和监督，还应包括安全生产的法律法规、规范标准、规划科技、统计分析、经济政策等。通过近年来的实践、探索、积累、创新，通过全系统上下的努力，综合监管工作取得重大进展。一是各级安全监管机构不断探索创新，履行综合监管职责的思路进一步明确，与各个行业主管部门形成了相互配合、协调联动的工作机制。二是安委会办公室作为综合监管的重要载体，其功能作用得到了进一步发挥。三是2009年国家安全监管总局下发了《关于进一步加强安全生产综合监管工作的指导意见》（安监总管二〔2009〕125号），各地区结合实际进行了贯彻落实；2010年初国务院安委会审议通过了《国务院安委会成员单位安全生产工作职责》（安委〔2010〕2号），各地区高度重视，相继出台了地方性法规或规定，逐步将综合监管纳入法制化轨道，这是十分关键和重要的步骤。四是“行业主管、各负其责，属地监管、分级负责，综合监管、重点推进”这一综合监管的基本思路和重点原则，又注入了新的内容，各地区在加强部门之间配合协调的基础上，加强了区域综合监管，特别是整体推进了市县区域的综合监管。五是进一步理清综合监管的层次，第一个层次是谁主管、谁负责，明确行业主管部门的职责；第二个层次是我们站在综合监管的角度，支持、配合、服务行业主管部门加强安全生产监管工作；第三个层次是履行综合监管的职权，包括监督检查权、事故调查权、指标考核权，以及重大方针政策的建议权、重大事项的公告权等。

总之，综合监管在促进全国安全生产形势总体稳定、趋于好转方面发挥了重要作用。各级安全监管部门为此付出了艰辛的努力。这些重点行业领域主要包括道路交通、建筑、渔业、消防、铁路、农机、特种设备等，事故总量占全国的80%，这些领域安全生产状况变化决定着全国安全生产的态势。从上半年看，这些行业领域事故总量是下降的，事故起数和死亡人数同比下降7.3%、12.7%。但是，重大事故上升，全国重大事故是39起，这些重点行业领域占了22起，安全形势是比较严峻的。其中4个行业领域存在的问题更需引起高度重视。

首先是道路交通。全国公路通车里程383万公里，90%是三四级和等外级，低等级道路比重很大；机动车保有量是1.92亿辆，比同期增加了3%；驾驶员2亿人，比同期增加20%。人、车、路都呈增加趋势。上半年道路交通事故起数和死亡人数同比下降9.3%和12%，但重大事故起数和死亡人数同比分别上升25%和12.9%。从事故原因看，企业主体责任不落实、驾驶员严重违法违规行为是导致事故发生的主要原因。典型案例是辽宁阜新“5·23”特别重大道路交通事故，有4点教训：一是有法不依，企业不执行法律规定；二是隐患治理，只注重物的隐患，忽视了管理上的缺陷；三是行为控制，所有事故都是人的违法行为造成的，驾驶员违法行为屡禁不止；四是改造道路的平安畅通工程没有得到重视，临时绕行的路往往没有警示防护设施。

第二是建筑施工。建筑施工涉及房屋和市政工程、公路、铁路、水利、电力等多个行业和领域。上半年总产值增加24.3%，由于投资拉动政策刺激，去年开工的项目今年进入建设高峰期，施工面积比同期增加20%，在建项目29万处，新开工项目18万处。建筑施工安全形势总体上平稳，事故起数和死亡人数同比分别下降20.9%和14.8%，没有发生特别重大事故，但较大事故同比上升19.6%和16.7%。一是坍塌事故多发，施工人员违规搭设以及支护质量、材质等问题是造成脚手架坍塌的主要原因；二是地铁工程建设速度很快，深基坑开挖过程中，深基坑的边坡保护问题需要引起高度重视；三是隧道施工特别是铁路隧道施工事故比较集中，支护工序没有严格控制，永久支护和临时支护与建设规程要求不符。

第三是消防安全。今年事故稳中有降，恶性的火灾事故有所控制。事故起数和死亡人数同比下降2%和5.5%，其中重大事故下降50%和64.3%，没有发生特别重大事故，但较大事故同比上升70.8%和82.4%。高层建筑的防火问题要引起我们特别注意。目前全国约有高层建筑10万栋，其中超过100米的超高层有1200栋，超高层的防火是个世界性的难题。而且装修材料很多采用聚氨酯等易燃可燃材料，一旦起火，疏散难、扑救难。

第四是水上交通。主要是内河的货运和客运。上半年全国水路货运量和周转量同比增加16.7%和15.5%。长江干线通道承载量大幅提升，三峡段的日通货量20多万吨，通航压力很大。上半年水上交通事故起数和死亡人数同比分别下降2.4%和上升36.1%，其中较大事故上升188.9%和

157.9%，重大事故起数持平，死亡人数上升40.9%。究其原因，水上交通事故不仅受水域地理环境、行道条件、助航设施、气象因素的影响，更重要的是由于船员疏于瞭望、不遵守值班规定、船舶未用安全航速、船员违规作业等导致，而且在一些支流非法载人现象比较突出。黑龙江省绥化市"5·23"重大水上交通事故中，渡口未经批准设立，船舶非法营运，船员无相应资质，集中反映出这些问题。

按照国务院《通知》要求和国家安全监管总局党组统一部署，下半年，首先要协调有关部门抓紧制定道路交通、建筑施工、水上交通和消防专项整治工作方案，集中力量抓好重点行业领域打击非法违法行为专项整治行动。其次要会同有关部门认真贯彻落实国务院《通知》精神，强化源头治本的各项措施，进一步推进交通运输、建筑施工、民爆生产等企业落实安全生产主体责任。三是加快推进道路和水上动态监管试点工作，力争年底前20个试点省（区）全部建立省级监控平台，公路客运车辆全部安装动态监管系统。推动沿海省（区）渔业船舶安装避撞系统。四是对各地区贯彻落实《国家安全监管总局关于进一步加强安全生产综合监管工作的指导意见》和《国务院安委会成员单位安全生产工作职责》情况进行督导，督促指导各地区加强安全生产综合监管工作，推动省、市、县各级落实相关行业部门监管责任。

**二、关于安委会办公室工作问题**

安委会办公室工作是安全生产监管工作总体布局的重要方面，是履行各级安委会各项决策部署的日常工作机构。安委会办公室不同于其他非常设机构，其特殊性在于具有行政职能，这是我们履行党中央、国务院工作部署的重要职责之一。近几年，各级安委会办公室在指导协调，监督检查，研究制定重要政策制度，推动解决安全生产工作中的重大问题等方面，做了大量富有成效的工作，发挥了不可替代的作用。但仍存在制度和机制不完善，监督检查缺乏有效手段、推动工作权威性不够等问题，制约和影响了安委会及其办公室职能作用的有效发挥。当前，还需要进一步强化贯彻执行各级安委会的重要决策、协调落实等相关工作措施。各级安委会办公室要以抓紧研究贯彻落实国务院《通知》精神的措施为突破口，适应安全发展的新形势、新要求，进一步强化安委会办公室的相关工作。

（一）在总体把握上，要着力在统筹考虑和推进区域安全发展的大局中发挥作用。我国地域辽阔，区域经济社会发展水平不均衡，安全生产工作涉及多行业、多领域、多地区、多因素，具有长期性、复杂性、艰巨性等特点。目前我国经济发展态势总体良好，但面临的国内外环境仍然错综复杂，制约经济平稳运行的矛盾问题依然突出，转变经济发展方式和调整经济结构的任务还十分艰巨。各级安委会办公室要从推动科学发展、加快转变经济发展方式大局的高度，审视、定位、把握和推进安全生产工作，及时对各类生产安全事故进行统计分析和评估，研究分析安全生产的倾向性、规律性问题和深层次矛盾，及时掌握安全生产动态，研判、预测安全生产形势及发展趋势，提出重大对策措施和建议，待决策后再协调推进和督促检查工作进展情况，并注重政策执行与安全状况变化有机结合。同时，要围绕监督检查职能的有效发挥，着眼于提升安全生产督查工作的科学化、规范化和制度化水平，完善安全生产督促检查工作的实施办法，进一步明确安全生产督查工作原则、对象内容、职责分工、方式方法和相关程序，及时掌握各地区、各有关部门和行业领域工作进展情况，确保各项规定、措施执行落实到位。

（二）进一步明确和落实安全生产工作职责。国务院安委会各成员单位的安全生产工作职责已以国务院安委会的安委〔2010〕2号文件明确并印发实施，希望各省级安委会及其办公室要积极适应安全生产形势的新发展、新要求，结合地方政府机构改革和部门"三定"规定，参照《国务院安委会成员单位安全生产工作职责》，进一步健全完善地方政府安委会成员单位职责分工，理顺综合监管与专业监管、安全监管与行业管理、不同层级监管的职责关系，对安委会组成部门的职责进行明确，并继续监督检查其履行职责情况，提出加强工作的建议。地方各级政府安委会及其办公室要着力建立完善安全生产目标责任制，在建立健全本地区、本部门、本行业领域的安全生产责任制度，按照"一岗双责"的要求确定各级党政领导干部岗位安全生产工作职责，并组织实施等方面，加大工作力度。要完善对安全生产职责履行情况的考核奖惩机制，建立和严格落实事故调查处理和责任追究的挂牌督办制度。

（三）建立健全工作制度。按照国务院《通知》精神，近期将下发对各级政府关于落实《通知》的指导意见，各级安委会办公室要建立健全各项相关工作制度，促进安委会办公室工作的制度化、规范化运行。希望各级安委会办公室把例会制度、信息通报、联络员会议、约谈、分析评估等制度建立完善起来。一要建立完善安全生产会议制度，安全生产例会、安委会全体会议和专题会议召开后要形成会议纪要，印发有关部门和下一级人民政府，会议研究议定的事项由各成员单位或相关部门贯彻落实，安委会办公室要加强跟踪督办。二要建立完善信息通报制度，通过领导会商、工作例会、安委会联络员会议、印发通报、编发简报等多种方式，定期与有关部门进行工作信息交流与沟通，并及时将有关情况报告同级人民政府。三要建立和完善考核评估制度，制定对下级人民政府、有关部门安全生产工作综合考核评估办法，引导激励地方各级人民政府、有关部门和生产经营单位主动抓好安全生产工作。四要建立完善安全生产约谈制度，对发生生产安全事故、未按时完成安全生产工作任务的下一级政府及行业主管部门进行约谈，安委会办公室要指导帮助被约谈单位查找问题，提出加强安全生产工作的建议和要求，并督促落实。

（四）建立相互配合的工作运行机制。建立工作运行机制是提高工作效率的重要条件。要建立相互配合的工作机制，注意横向对部门的协调沟通，纵向对上下级的支持指导。各级安委会办公室要充分发挥协调枢纽作用，建议各级政府协调解决涉及本行政区域内事关安全生产全局的重大问题，以及跨部门、跨行业、跨领域、跨地区的突出问题。要建立上下良性互动的工作机制，各级安委会作出的各项工作决策部署，要印发下一级政府和有关部门贯彻落实，安委会办公室要加强跟踪督办；各级安委会作出的工作决策部署及其实施情况，要及时抄报上一级安委会办公室，上一级安委会办公室要及时对相关工作进行指导和协调，着力提升安委会办公室整体工作效能。

**三、关于安全生产经济政策问题**

经济政策的内涵较为宽泛，包含产业政策、技术政策等，涉及多层次、多领域。这里讲的经济政策是安全生产经济政策中最为关键的安全投入政策，更具体的就是指企业安全投入和安全保障问题。建立企业安全费用提取等经济政策，充分运用经济手段推动企业建立安全生产长效机制，是《国务院关于进一步加强安全生产工作的决定》（国发〔2004〕2 号）的明确要求。2003 年以来，国家安全监管总局分别会同财政部、国家发展改革委、税务总局等有关部门陆续研究制定了一系列安全生产经济政策。截至目前，高危行业（煤矿、非煤矿山、建筑施工、危险化学品、烟花爆竹、交通运输）企业生产安全费用提取制度、安全生产综合监管和煤矿安全监察经济处罚制度已经建立并实施；安全生产设备优惠目录、煤矿重大隐患举报奖励制度等相关政策也相继建立并实施，此外还建立了激励与约束机制并存的政策体系。其中企业安全费用的提取最为重要，加大安全生产投入应该作为下一步重点关注的内容之一。

安全费用政策覆盖了煤矿、非煤矿山、建筑施工、危险化学品、烟花爆竹、交通运输等高危行业企业，据不完全统计，煤矿和非煤矿山安全费用提取分别达到 1000 亿元以上，有力促进了企业安全投入。目前，尽管安全费用的提取有了很大提升，但也存在一些问题。一方面是政策本身的问题。高危行业企业安全费用政策还有待进一步扩大提取范围，提高提取标准，细化使用方向；安全生产专用设备企业所得税优惠目录专用设备范围较窄，设备类型与标准不够具体准确，适用的行业范围也有待扩大；安全监管监察经济处罚政策存在自由裁量权过大等问题。另一方面是政策执行问题。不同地区工作进展不平衡，由于对安全费用提取监管不到位，企业执行不到位与越位现象并存。主要表现在高危行业企业安全费用政策提取使用不规范，存在超范围使用问题；建筑施工等领域安全费用无法保证足额提取，税前列支政策没有有效落实；安全生产专用设备企业所得税优惠目录税收优惠申报程序不明确；安全监管监察罚款收缴困难等。

生产经营的过程就是安全费用不断投入的过程，目的不仅在于治理隐患，更重要的是提高技术装备水平，由劳动密集型转向技术密集型、本质安全型。希望各地区要高度重视对企业安全投入的监督检查，将其纳入到行政执法检查中。下一步，按照国务院《通知》精神，要“加强对高危行业企业安全生产费用提取和使用管理的监督检查，进一步完善高危行业企业安全生产费用财务管理制度，研究提高安全生产费用提取下限标准，适当扩大适用范围”。具体说，就是要继续扩大范围，要把冶金、机械等行业纳入到安全费用提取规划范围中；适当提高提取标准，并针对不同的高危行业和企业，分类制定企业安全费用标准；进一步规范使用，比如对建设项目安全费用的提取问题，在项目的投标过程中，要按照项目的概算，把安全费用作为标外管理，专款专用，保证建筑施工安全费用的提取。在规范安全生产费用政策的同时，要继续推进其他安全生产经济政策的完善与落实。

**四、关于安全监管监察体制建设问题**

体制建设是一项基础性工作，是安全生产“三项建设”的重要方面。近年来，在党中央、国务院和地方各级党委、政府的重视、支持下，经过多方面的努力，安全监管监察体制不断完善，“政府行政管理、部门监管监察、分级属地负责”的安全监管监察体制已初步形成。2008 年新一届政府成立后，重新研究制定了国家安全监管总局“三定”规定，明确加强了对全国安全生产工作综合监督管理和指导协调职责，加强对有关部门和地方政府安全生产工作监督检查职责，完善了作业场所职业卫生监管职责，对推动全国安全监管体制建设发挥了重要作用。在本届地方政府机构改革中，全国有 10 个省的委管安全监管局体制问题得到解决；31 个省级安全监管局均设为政府直属机构，除海南外均为正厅级建制，其中 29 个省级安全监管局明确了职业卫生监管职责；有 19 个省级安全监管局设立了专门的执法机构。截至 2010 年上半年，全国地方省、市、县三级安全监管部门及执法机构人员编制总计 6.62 万名、实有人数总计 7.18 万名，分别比设立国家安全监管局（国家煤矿安监局）时的 2003 年底（人员编制 2.2 万名、实有人数 2.29 名）增长 201% 和 214%，比国家安全监管总局升格时的 2005 年（人员编制 3.63 万名、实有人数 3.87 万名）增长 82% 和 85%。此外，全国省、市、县三级安全监管局管理的事业单位共计 1544 个，共有事业编制 1.48 万名、实有人数 1.53 万名；全国 4 万余个乡镇、街道中，现有安全监管和安全执法专职人员 5.52 万名。截至 2009 年底，国家煤矿安全监察系统的 27 个省级煤矿安监机构、76 个监察分局共有行政编制 2762 名，实有人数 2582 名；煤矿安监系统事业单位 111 个，事业编制 1730 名，实有人数 2099 名。再加上国家安全监管总局机关及直属事业单位，全国安全监管监察系统现有人员总量达 15 万余人。安全监管监察队伍在近 10 年来机构改革中不断壮大。尽管全国安全生产监管监察体制建设成效明显，但从目前的进展情况看，也存在着诸多问题，与经济社会发展和安全生产工作需要相比，还存在很大差距。主要是基层的执法力量薄弱，县、乡两级安全监管机构不健全，一线执法人员比重低。全国 7 万名地方各级安全监管人员中，从事现场执法工作的不足 2 万人。因此，大力推进安全生产监管监察体制建设仍然是当前和今后一个时期一项十分紧迫的任务。安全生产监管体制只能加强，不能削弱。贯彻落实中央关于加快经济增长方式转变的决策部署和国务院《通知》精神，更需要进一步加强安全生产监管监察体制建设，进一步理顺安全生产监管监察职责关系，厘清政府相关部门安全生产工作职责，不断提高安全监管监察执法权威，加强安全监管监察机构建设，增强监管监察执法力量，为开创安全生产工作新局面，实现安全生产形势根本性好转提供有力保障。

下一步安全监管监察体制工作的初步思路如下：一是按照国务院安委会和国家安全监管总局党组关于加强安全生产“三项建设”的部署，结合贯彻落实国家安全监管总局“三定”规定和国务院安委会成员单位工作职责，指导推动各地区明确安全委会成员单位职责，进一步理顺综合监管和专业监管、安全监管与行业管理的职责关系是当务之急。二是针对部分地方基层安全监管机构和力量薄弱的问题，继续联系指导省级安全监管部门，结合市、县政府机构改革，推动基层安全监管部门和执法机构建设。三是按照国务院《通知》关于进一步加大安全监管力度的要求，以“履行职责，强化执法”为目的，总结推广重庆、河北等地成立安全生产执法机构的经验，着力推动安全生产执法力量建设，以及加强国家安全监管总局和省级安全监管局对安全生产执法的监督指导。四是按照强化企业安全生产属地管理的要求，研究明确界定中央和地方不同层级安全生产监管部门的工作职责，以及安全生产综合监管、安全监管与工业主管部门的指导职责。五是继续配合中央编办做好“三个研究”；贯彻落实国务院领导同志重要批示，进一步研究明确职业卫生监管职责，理顺职业卫生监管体制；进一步研究明确安全监管部门、行业主管部门和工业行业部门的职责关系，健全完善安全生产监管体制，配合做好有关行政管理体制改革工作；继续贯彻落实《国务院办公厅关于完善煤矿安全监察体制的意见》（国办发〔2004〕79 号）精神，进一步加强“国家监察、地方监管、企业负责”的煤矿安全工作格局，不断完善煤矿安全监察体制，加强煤矿安全监察执法力量。

**五、关于学习借鉴国外经验问题**

近年来，我们通过走出去、请进来的方式，不断加强国际交流与合作，为学习借鉴国外安全生产工作经验创造了好的条件。由于文化背景不同、思维方式差异、社会制度有别，我国和国外在安全生产工作方面采取了不同的路径，但维护从业人员的合法权益和职业安全健康的目标是一致的。中国传统文化讲整体、宏观、原则，西方现代文化讲逻辑、分解、具体，在学习借鉴过程中，我们要继承自身的优良传统，从宏观、整体入手，同时要注重微观细节、具体操作。学习借鉴国外安全生产工作经验，有以下几点重要启示。

一是注重法律的执行。国外立法之后，关键是各地区要结合各自特点制定地方法规，注意具体细化，增强立法的针对性和可操作性，注重政府、部门和企业三方的沟通和协调，形成共识，以便于共同遵守。在立法中，加大法律制裁和经济处罚力度，提高违法成本。在执法层面，赋予一线执法人员起诉权和更大的执法权力，经济制裁不仅针对企业、还要针对责任人（如法定代表人和管理人员、实际操作者），以约束和控制人的行为。

二是建立完善的体系。国外安全生产的理念认为，安全的本质特征是人的行为是否安全，因此注重建立以改进、纠正、制止不安全行为为基础的管理制度体系，在政府层面建立权威、高效的安全监督执法管理体系，在企业层面建立自律性的职业安全健康管理体系，引入风险管理的理念和方法。注重执法能力和高危企业之间的制衡互动关系，注重执法和激励相结合。同时，政府监管部门应加强服务意识，主动为企业提供安全信息、咨询和技术指导等。

三是完善职能的设计。国外普遍认为，履行职能仅仅靠执法是不够的，要把执法、培训、技术支持“三位一体”，作为安全监管的路径。执法就是依靠法律制裁，对企业和相关人员的违法违规行为进行严厉的行政处罚；培训是培养知识和技能训练，特别是在技能训练上强化并推行全员持证上岗；同时，依靠专业科研机构和大专院校，发展一些行业协会和中介组织，提供技术服务、咨询、评价、认证、检测、检验等技术支持。执法、培训和技术支持是相辅相成、缺一不可的。

四是落实企业的安全责任。国外的经验是，企业应当将安全责任作为其社会责任的一部分，主动承担、切实履行，并且应当由各级单位的最高决策者作出承诺，承担最终责任。同时，有效的社会制约机制是决定安全水平高低的重要条件，企业对安全的重视程度，除企业经营者的自律外，还取决于外部制约作用的大小，即通过行政指令、严格执法、强制培训、工伤保险、银行信贷、企业信誉、事故赔偿、舆论监督、指标控制等多方面进行制约。国外认为，安全生产状况的稳定是社会各方共同努力的结果。

五是加强安全文化的建设。国外经验告诉我们，安全文化是安全生产在意识形态领域和人们思想观念上的综合反映，包括了一定社会的安全价值观、安全判断标准和安全能力、安全行为方式等。要通过进行强制性的企业全员安全培训和教育，组织开展宣传疏导、培训教育等活动，宣传普及安全法律和安全知识，提高全民安全素质。要发挥工会等群众团体的作用，保障劳动者安全健康权益。同时，要发挥个人、家属和社会民众的监督权和举报权，加强舆论监督和社会监督，建设社区安全文化。

# 国家安全生产监督管理总局副局长付建华在全国工贸行业安全生产标准化建设示范城市和典型企业工作交流会上的讲话（摘要）

（2011 年 11 月 29 日）

这次工作交流会是继今年 6 月在辽宁沈阳召开安全生产标准化建设示范试点城市和典型企业座谈会（以下简称沈阳会议）之后又一次专门研究工贸行业企业安全生产标准化建设的会议。会议主要任务是：认真贯彻党中央、国务院关于加强安全生产工作的一系列重大决策部署和指示精神，深入落实全国安全隐患排查治理现场会精神，交流安全生产标准化建设示范城市和典型企业的先进经验和有效做法，分析存在的突出问题，研究对策措施，全面推进企业安全生产标准化创建工作，不断提高安全生产管理水平。

会上，辽宁省沈阳市、浙江省宁波市、广东省广州市、山东省诸城市和北京市顺义区 5 个示范城市，以及中国建筑材料集团有限公司等 5 家典型企业介绍了安全生产标准化创建工作情况和经验做法，对于创新方式方法，全面推进企业安全生产标准化建设具有重要的示范和指导作用。

下面，讲两个方面的意见。

**一、建立健全标准化建设体系，强化基础保障，全国工贸行业安全生产标准化创建工作稳步推进**

党中央、国务院历来高度重视安全生产工作，今年以来对安全生产标准化建设提出了更加明确的要求。国家安全监管总局局长骆琳同志多次主持局长办公会议，专题研究部署企业安全生产标准化建设工作，并强调指出："面上工作要把握重点，重点工作要关注重中之重。在'三深化'中，打非治违是重中之重；在'三推进'中，企业安全生产标准化建设是重中之重。"近期，经国务院常务会议审议通过、由国务院办公厅印发的《安全生产"十二五"规划》，将"企业安全生产标准化达标工程"作为 9 项重点工程之首。在国务院即将出台的《关于坚持科学发展、安全发展，促进安全生产形势持续稳定好转的意见》中，对深入开展企业安全生产标准化建设工作提出了明确要求。在《安全生产法（修订稿）》修订工作中，也准备将安全生产标准化建设工作纳入其中，并作出明确规定。上述这些，都为深入开展企业安全生产标准化建设工作提供了有力的法律依据和政策保障。

按照国家安全监管总局的工作部署和今年 5 月底国务院安委会办公室组织召开的推进安全生产标准化工作（专题）视频会议的具体安排，依据《企业安全生产标准化基本规范》（AQ/T 9006—2010）确定的原则，在各方面的共同努力下，通过建体系、打基础、抓示范等一系列工作的有效开展，全国企业安全生产标准化建设已全面起步，主要表现在以下 3 个方面。

（一）全国工贸行业安全生产标准化建设体系基本形成

开展安全生产标准化建设是一项系统工程，是我国安全生产工作从粗放式管理向精细化管理转变的必然选择，是企业实现安全生产的基本方式和方法。一年来，我们以加强法规标准建设为核心，以完善评定考核管理为保障，以强化业务培训为基础，以加快信息化管理为手段，以抓好典型示范为引领，找准切入点，抓好着力点，突破关键点，有力推动了全国工贸行业安全生产标准化达标创建。

一是建立政策法规体系。今年以来，完成了《机械制造企业安全生产监管规定》、《建材企业安全生产监管规定》、《工贸行业企业安全生产标准化管理规定》3 项部门规章的起草工作，在这些规章草案中细化了对安全生产标准化建设的相关要求。完成了冶金煤气、金属高温液体、粉尘和有限空间作业等 4 个重点环节监管规定（讨论稿）和炼铁、炼钢、机械、家具等 10 项 AQ 标准（讨论稿）的起草工作。印发了《国务院安委会关于深入开展企业安全生产标准化建设的指导意见》（安委〔2011〕4 号）、《国务院安委会办公室关于深入开展全国冶金等工贸企业安全生产标准化建设的实施意见》（安委办〔2011〕18 号）和《全国冶金等工贸行业安全生产标准化考评办法》（安监总管四〔2011〕84 号，以下简称《考评办法》）、《冶金等工贸行业安全生产标准化建设评审工作管理办法》（安监总管四〔2011〕87 号，以下简称《评审管理办法》）等规范性文件，基本形成了工贸行业安全生产标准化建设的政策法规体系。

二是建立评定标准体系。按照区分轻重缓急的要求，在工贸行业中以企业数量多和危险性大的行业为重点，充分依靠大型企业的技术优势，发挥科研机构、行业协会的作用，调动各方面的积极性，在已发布轧钢、冶金焦化、烧结球团、铁合金 4 项评定标准的基础上，今年制定并印发了涉及工贸八大行业多个专业的 19 项评定标准，基本建立了工贸行业安全生产标准化建设的评定标准体系。

三是建立考评体系。制定了《考评办法》，对工贸行业企业安全生产标准化建设考评的申请、受理、评审、审核、公告、证书和牌匾颁发等相关工作作出明确规定。制定了《评审管理办法》，明确一级标准化企业的评审组织单位和评审单位由国家安全监管总局确定，二级、三级标准化企业的评审单位由省级安全监管局确定、报国家安全监管总局备案，并对评审组织单位和评审单位提出了具体工作要求。加强了评审人员的建设和管理，目前经考核发证的一级企业评审员有 500 多人，评审专家 120 多人。

四是开展了信息化管理体系建设。安全生产标准化建设中，各项管理活动工作量巨大，必须充分利用信息化手段，提高工作效率和规范化水平。目前，全国工贸企业安全生产标准化建设信息管理系统正在建设中，计划 2012 年初组织开展国家安全监管总局、省级安全监管局及评审单位的使用培训，完成工贸行业安全生产标准化建设的网上申报、评审受理、公告发布、证书管理等基本功能，初步建成可供企业和监管机构查询办理的综合信息平台，实现一、二、三级考评的网上申办管理。

五是抓好宣贯培训工作。今年以来，围绕工贸行业企业安全生产标准化建设，国家安全监管总局共组织开展了 21 期业务培训班，近 3000 名安全监管人员和省级师资、评审人员参加了培训。同时，各省（区、市）分别组织开展多形式、多层次的业务培训工作。从单项的专业工作来看，这样的培训可谓规模空前，有力保障了安全生产标准化建设各项工作的开展。

六是抓好典型示范创建工作。在沈阳会议后，国家安全监管总局确定的 5 个示范城市和 22 家典型企业把安全生产标准化建设作为安全管理的重中之重来抓，大胆探索、先行先试，创新了安全生产标准化建设模式、考评机制和激励约束机制，创新了安全生产监管机制。这些经验和做法创新务实，可操作性强，具有明显的示范和标杆作用。

（二）各地区安全生产标准化建设工作已全面起步

根据《国务院安委会关于深入开展企业安全生产标准化建设的指导意见》和《国务院安委会办公室关于深入开展全国冶金等工贸企业安全生产标准化建设的实施意见》的要求，各省（区、市）认真贯彻落实，全力推进安全生产标准化建设工作。

一是各地区结合实际，制定了安全生产标准化建设实施方案或实施意见，确定了标准化建设的总体规划和工作目标，落实了抓好标准化建设的工作机构和人员，明确了各有关部门的职责分工，对开展安全生产标准化建设工作进行了全面安排和部署。

二是各省（区、市）正在研究制定切实可行的政策措施和办法，实行以政府推动、企业为主的原则，全力推进安全生产标准化建设。

三是抓典型示范。大部分省（区、市）都确定了省、市两级的示范地区和典型企业，并通过抓点带面，积累经验，发挥引领带头作用。

四是充分利用各种舆论媒体，多渠道宣传安全生产标准化建设的重要意义和具体标准要求。组织开展安全监管人员、评审人员及企业管理人员等参加的安全生产标准化建设宣贯培训班，以此为切入点，全面推动本地区安全生产标准化建设工作。

五是各地区基本明确了开展安全生产标准化建设评审工作的流程和要求，确定了一批安全生产标准化评审单位，建立了评审人员队伍，为企业提供标准化评审和咨询等技术服务，为全面推进安全生产标准化建设提供有力的技术支撑。

今年以来，国家安全监管总局已经公告了65家一级机械制造行业安全生产标准化达标企业，这些企业在标准化建设过程中，为整改隐患和提升安全条件共投入资金3.99亿，共整改消除隐患和各类不符合评定标准项7.3万多条，安全生产状况稳定好转，杜绝了死亡事故的发生。目前，又有47家机械企业和20家冶金生产单位提交了一级标准化企业申请，正在组织评审。

（三）顺义会议的召开，有力促进了安全生产标准化达标创建工作

全国安全隐患排查治理现场会全面总结了北京市顺义区的经验，对于建立安全隐患排查治理体系，促进安全生产标准化建设具有重要意义。顺义区安全隐患排查治理的经验，是以先进信息化管理为手段，以企业分级分类动态管理系统为基础，以企业安全隐患自查自报系统为核心，以建立监管责任体系和考核机制为抓手，以建立完善的查报标准体系为支撑，以广泛开展安全教育培训为保障的一项系统工程，包含了完善的隐患排查治理信息系统、清晰细化的责任制度、科学严谨的查报标准以及重过程、可量化的绩效考核机制等内容。这些工作的开展，为创建安全生产标准化奠定了坚实基础，特别是通过细化安全生产标准化的评定标准，建立预防机制，规范生产行为，使企业各生产环节符合有关安全生产法律法规和标准规范的要求，强化了企业安全生产规范化建设。因此，在实际工作中，要把安全生产标准化建设与建立安全隐患排查治理体系有机结合，进一步落实企业主体责任、属地管理责任和部门监管责任，全面提升安全监管监察水平。为更好地贯彻落实全国安全隐患排查治理现场会精神和推广顺义经验，指导全国各地建立安全隐患排查治理体系，国家安全监管总局正在组织编制《安全隐患排查治理体系建设实施指南》，以此推动隐患排查治理和安全生产标准化建设工作。

在肯定成绩的同时，我们要看到，由于各种原因，各地区、各有关单位的安全生产标准化工作进展仍然不平衡，还存在不少问题和薄弱环节。

一是认识不够统一，合力不够强。安全生产标准化建设工作涉及多方面，是一项系统工程。在5个示范城市创建工作中，有关地方党委、政府高度重视，安全监管部门做了艰苦的努力，特别是在加强部门沟通协调、争取党委政府支持等方面做了大量工作，也取得了很好成效。但有的部门对安全生产标准化建设认识还不到位，认为这项工作只是安全监管部门和企业的事情，与自己关系不大，使得安全监管部门在研究制定政策措施和推动创建工作中协调难度大，造成有的政策措施方案难以出台，没有形成工作合力，影响了安全生产标准化创建工作的开展。

二是政策措施力度不够，激励约束机制还没有形成。推动安全生产标准化建设工作，在现阶段主要还是依靠行政手段和经济手段，尤其是在新法规出台之前，更需要强化政府的行政手段、政策引导和典型经验的带动。目前，在示范城市中除了工伤保险费率与安全生产标准化建设相挂钩，并将工伤保险基金安排用于教育培训以外，如何发挥其他行政和经济手段的作用，包括安全生产标准化建设如何与项目立项审批、工程投标、产品采购、申报上市、申请高新技术企业、创建知名品牌和著名商标、银行信贷、技术改造、信用等级评定等多个方面，还没有形成有效的激励约束机制。

三是宣贯培训工作滞后，创建氛围不浓。在开展安全生产标准化建设过程中，虽然各级安全监管部门开展了一系列的宣贯培训工作，但由于企业量大、面广，涉及的行业主管部门多，宣贯培训形式单一，培训经费不足，对各级安全监管部门和行业主管部门人员培训还不到位，对企业的培训只是局限于重点企业等少量的企业，没有实现全覆盖，造成基层安全监管部门和企业安全管理人员对安全生产标准化认识不统一，对标准化建设的核心要素不清楚，不知该如何抓好标准化创建工作。

四是创建工作进展不平衡。在5个示范城市中，政府推动力度大、政策措施有力、工作合力强的地方，安全生产标准化创建工作成效就明显，得到了社会各方面的认同和支持；但政府推动力不强、合力没有形成、政策措施办法不多的地方，创建工作就进展缓慢。在22家典型企业的安全生产标准化创建工作中，差异更大，个别企业还不懂得

标准化建设的基本要求和方法步骤，创建工作还没有起步。对这些企业，如果这次会议后还没有采取措施，加快安全生产标准化创建的步伐，将取消其典型企业的称号。

**二、以加强企业安全生产标准化建设为重要抓手，推动企业转型升级，创新安全管理**

随着《安全生产法》修订工作的开展，安全生产标准化建设的法律地位将得到有力保障，安全生产标准化建设将不再是企业自愿的行为，而是由政府强制推动的法定义务，是企业实现生产安全的重要途径。下一步，我们将采取有力措施，在工作中更加注重实效，更加注重落实责任，更加注重政策措施到位，更加注重创新发展，以加强企业安全生产标准化建设为重要抓手，创新安全管理，推动企业转型升级。

（一）加强领导，落实责任。一是坚持政府推动，企业为主，协调联动，落实责任，严格考核。各示范城市要进一步加强领导，确保安全生产标准化建设责任到位、措施到位、工作到位。为适应安全生产监管任务和加快标准化建设的需要，要把安全生产标准化建设工作纳入加强和创新社会管理的总体规划中，做到与加强和创新安全管理同部署、同推进、同检查、同考核。要学习借鉴宁波市建立市、镇街“两级管理”和部门、监察机构、所、社区安全管理办公室“四级网格”安全管理责任体系的做法，为安全生产标准化建设提供坚实的组织保障。二是落实企业领导组织机构，完善总体方案，明确责任，建立绩效考核机制。各典型企业要按照成立工作机构、开展法规标准培训、进行体系建设、组织自评整改、申请外部评审和取得等级认定的步骤开展安全生产标准化创建工作，学习中国建筑材料集团有限公司健全绩效考核机制，加大安全投入，建立安全隐患排查治理系统的经验做法，促进企业达标升级工作的开展。

（二）加强政策措施研究，制定有效的激励机制和约束机制。综合沈阳市、宁波市、广州市、诸城市和顺义区5个示范城市的经验做法，要在以下4个方面强化政策措施保障，制定有效的激励和约束机制。一是荣誉手段。将开展安全生产标准化创建工作与企业评先评优、“安康杯”竞赛、信用等级和知名品牌评定等涉及企业利益和荣誉的事项结合，推动企业达标建设。二是行政手段。将项目立项审批、申报上市、申请高新技术企业、产品采购、招投标等与安全生产标准化建设挂钩。建立实施标准化建设责任考核制度，纳入管理部门和各级政府安全管理的重要内容，推动目标任务的完成。三是经济手段。制定安全生产风险抵押金缴存比例、工伤保险和安全生产责任保险投保费率浮动、融资贷款、技改扶持等方面的政策，与安全生产标准化建设挂钩，鼓励标准化达标企业享受安全生产专用设备采购税收优惠政策。四是法律手段。各示范城市要抓住国家新修订《安全生产法》的契机，大力加快地方法规的修订，制定推动安全生产标准化建设的有关法规政策，加大安全生产执法力度，以安全监管和强制执法促进安全生产标准化建设。

（三）立足创新，分类指导，创造性地开展工作。一是摸清底数，分类指导。对于大型企业集团、上市公司、行业领先的龙头企业以及管理技术与国际接轨的企业，经各省（区、市）推荐、国家安全监管总局审核同意，作为安全生产标准化一级企业进行创建，在全国发挥标杆示范作用。对于本行业中的龙头企业以及管理技术与市场对接的企业，原则上作为二级企业进行创建。其他规模以上企业，作为三级企业进行创建。二是分步实施，整体推进。总体上说，今年重点抓好评定标准制修订、配套措施制定、示范城市和典型企业创建等工作。2012年，要在工贸行业的所有企业全面推进安全生产标准化创建工作，一大批企业达到三级以上安全标准。2013年底前，规模以上工贸企业全部达到三级以上安全标准，其他企业达到地方评定标准，最终实现工贸企业全部达标。三是抓好岗位达标，夯实安全基础。在达标创建过程中，要从基础、基层抓起，充分发挥班组安全生产的基础作用，切实加强班组安全建设，强化现场安全管理责任和措施落实，杜绝“三违”行为，首先做到作业标准化、操作规范化，实现岗位达标，以岗位达标推动企业达标。

（四）强化评审工作管理，加强评审队伍建设。加强评审管理工作是安全生产标准化建设的重要保障，评审队伍的工作直接关系到标准化建设的质量和水平。随着安全生产标准化建设的全面铺开，加强评审工作管理尤为重要。要进一步规范中介服务行为，提高服务质量和水平。一是坚持安全生产标准化建设进度和质量两手抓，细化工作规则，对评审程序、评审组织单位、评审单位、评审人员的管理和评审单位人员专业构成等作出明确规定和要求，所有评审人员必须100%持证上岗。二是针对大多数评审单位首次承担二、三级评审工作，现场评审经验欠缺的情况，要加强检查指导，评审单位要加强学习交流，不断提高评审工作水平。三是安全监管部门严禁在安全生产标准化建设过程中收取任何费用，同时要加强评审收费管理，禁止乱收费现象发生。

（五）加大业务培训和法规标准的宣贯工作力度。目前，各示范城市和典型企业都十分重视安全生产标准化建设的业务培训和法规标准的宣贯，为安全生产标准化建设工作提供了保障。下一步，要进一步加大培训力度，把安全培训作为重要工作来抓，制定总体培训方案，落实培训责任，采取多层次、多形式、多渠道、全覆盖的培训措施，学习顺义区等地区的经验，不但安全监管部门要组织培训学习，而且行业管理部门要组织培训；不但要组织安全监管人员培训，而且要组织企业安全管理人员培训；不但政府要组织培训，而且企业要组织全员培训。要通过培训，使安全监管部门和行业主管部门的工作人员掌握有关的法规标准，掌握基本的要素和知识，知道该如何抓好安全生产标准化建设，并让企业负责人和从业人员明白该如何开展标准化建设工作，形成政府、部门、企业联动的工作格局。

（六）做到“五个结合”，推动创建工作上水平。安全生产标准化是安全生产工作的有机组成部分，必须统筹兼顾，相互促进，共同提高。一是与日常监管工作相结合，把标准化建设纳入重要的考核内容。各示范城市和典型企业要把安全生产标准化建设纳入日常监管和安全管理工作中，定期研究解决问题，严格考核标准化创建工作。二是与建立健全安全隐患排查治理体系相结合。隐患排查治理是企业安全生产标准化建设的重要基础。要通过建立健全隐患排查治理体系，进一步规范企业安全生产行为，推动企业达标创建。三是与加强安全监管监察能力建设和安全生产信息化建设相结合。引导地方、部门、企业加大投入，通过信息化建设，为安全生产标准化建设提供重要的技术支撑。四是与“打非治违”行动相结合。要把非法违法生产经营建设行为作为严重的安全隐患，加大打击和治理力度，为安全生产标准化建设创造良好条件。五是与提升企业安全管理，加快转型升级相结合。安全生产标准化建设为企业组织现代化生产创造了前提条件，为加强科学管理奠定了基础，有利于企业提升安全管理水平，建立合理稳定的生产秩序，提高企业竞争力，加快转型升级，促进企业又好又快发展。

总之，安全生产标准化示范城市和典型企业创建工作十分重要，任务艰巨，责任重大，使命光荣。我们要进一步加大工作力度，务实创新，扎实工作，不断取得新经验、新成效，推动全国工贸行业安全生产标准化建设深入开展，为建立安全生产长效机制，实现全国安全生产状况持续稳定好转作出更大的贡献！

# 国家安全生产监督管理总局纪检组组长周福启在全国安全监管监察系统党风廉政建设工作会议上的讲话（摘要）

（2011 年 3 月 30 日）

在这次全国安全监管监察系统党风廉政建设工作会议上，赵铁锤同志认真传达了温家宝总理重要讲话和国务院第四次廉政工作会议精神。郝明金同志莅临会议指导，作了重要讲话，对加强全系统反腐倡廉工作提出了要求。骆琳同志还要作重要讲话，我们一定要认真学习领会，坚决贯彻落实。

下面，根据总局党组的意见，我就反腐倡廉工作讲3个问题。

**一、2010年党风廉政建设工作情况**

一年来，总局党组和全国安全监管监察系统各级党政组织、纪检监察部门，紧紧围绕深入开展“安全生产年”活动，以惩防体系建设为抓手，深化教育，强化监督，创新制度，严肃惩治，突出重点，整体推进党风廉政建设，做了大量工作，效果明显。

（一）贯彻党中央、国务院和中央纪委重要部署，围绕安全生产监管监察中心工作开展监督检查。贯彻落实中央纪委和国办反腐倡廉任务分工要求，总局会同监察部、最高人民检察院等9部门，对2006年5月以来查处的366起重特大责任事故调查处理情况进行了专项检查，规范了事故调查处理和安全生产问责工作，严肃了党纪政纪和法纪。围绕贯彻落实《国务院关于进一步加强企业安全生产工作的通知》，加强监督检查，督促各类企业落实安全生产主体责任。认真查处了广西壮族自治区河池市某煤矿突击提拔7名矿长助理顶替矿领导带班下井问题，促进了领导干部带班下井制度的落实。围绕社会关注的热点问题，加强对安全生产重要舆情研判和处置，在监察部领导和有关室的指导下，我们认真调查剖析了网上炒作的山西省蒲县煤炭局原局长郝鹏俊违法开办煤矿“小官大腐败”案件，向全系统和煤炭管理部门发出了通报，坚决维护人民群众的利益。

（二）强化责任措施落实，扎实推进惩防体系建设工作。总局党组坚持把落实党风廉政建设责任制和推进惩防体系建设工作结合起来，较好地完成了中央纪委监察部的工作部署和全年工作安排。我们年初重点抓部署，研究制定了反腐倡廉任务分工意见和落实措施。由总局党组和国家煤矿安监局领导班子成员带头，机关各司局主要负责人、各直属单位主要负责人逐级签订《党风廉政建设责任书》和《廉政承诺书》，形成了一级抓一级、层层抓落实的责任体系。年中抓督促检查。6月，总局党组成员和国家煤矿安监局领导班子成员按照工作业务分工，逐个听取分管司局和单位的反腐倡廉工作汇报，面对面检查各项工作的落实。年终集中进行检查考核。去年11月，总局党组及时下发了开展惩防体系建设年度检查的通知，在各单位认真自查的基础上，总局对江苏局等10个单位进行了重点抽查。总体来看，惩防体系建设各项任务得到较好实施。在民主测评中，党员干部的满意度为94.1%，同比提高了2.1个百分点；在部分政府部门、煤矿企业抽样测评中，对煤矿安监系统安全执法、队伍形象等5项指标的满意度均在95.3%以上。参加检查的60个单位中，评为优的单位38个、良15个、合格3个、基本合格2个、不合格2个，其中，优和良2个档次的单位占88.3%。与此同时，我们加强了惩防体系检查结果的运用和落实，对2009年度惩防体系检查确定为“不合格”单位的主要负责人和纪检组长（纪委书记）进行了谈话，亮出“黄牌”。经过一年的努力，多数被谈话单位认真吸取教训，加强工作整改，取得了明显进步。总局惩防体系建设的有关工作得到了中央纪委监察部领导同志的肯定。

（三）认真开展“警示教育周”，创新载体，党风廉政教育作用和干部廉洁自律意识进一步增强。去年7月，我们相对集中一周时间，在全系统开展了反腐倡廉“警示教育周”，用身边人身边事教育党员干部。认真总结了一批本系统先进典型，举办了丁安、李适等先进事迹报告会，并在一些省份巡回报告，树立了先进形象；认真剖析了一批反面典型，拍摄了警示片《身边的案例》，扩大了警示影响；认真组织广大党员干部以组织生活会形式，开展“一查两找”，自觉检查存在的问题，找出了努力的方向。“警示教育周”的开展，无论是党员干部参与的广度，还是受教育的深度，都得到了进一步拓展，积极探索实践“以周保月、以月促年、逐年深化”的反腐倡廉教育长效机制。由此，党组确定每年7月第二周为反腐倡廉“警示教育周”，以制度的形式固定下来。中央书记处书记、中央纪委副书记何勇等领导同志充分肯定了我们的做法。“警示教育周”开展不久，我们在9、10月，组织开展了廉政风险排查，煤矿安监系统共排查出廉政风险点2586个，多数单位认真采取了整改和防范措施，提高了党员干部廉洁自律意识。据统计，在开展“警示教育周”和廉政风险排查期间，煤矿安监系统共有192人（次）上交礼金82.54万元，524人（次）拒收现金、有价证券折合人民币 133.3 万元。

（四）注重源头治本，反腐倡廉制度建设取得新进展。总局党组制定印发了《关于进一步加强安全监管监察系统反腐倡廉制度建设的意见》，随之出台了一批相关配套制度。积极稳妥推进干部人事制度改革，制定实施了《关于建立促进科学发展的领导班子和领导干部考核评价机制的实施意见》等 7 项制度。在不断扩大差额选拔干部、竞争性选拔干部的同时，规范干部选拔工作方法，制定出台了《机关司局长选拔任用办法》，进一步完善选拔任用干部书面征求纪检监察部门意见的工作程序，坚持公开透明，各项规范性措施和干部选拔监督制度得到了较好实施。颁布实施《安全生产行政处罚自由裁量权适用规则（试行）》，在国债资金支持技术改造方面，明确廉政防控要求。有的单位推行了安全执法廉政写实制度，每个监察人员每次参加监察执法后，要填写遵守廉政规定的情况。有的单位实行了行政审批电子监察，提高了反腐倡廉科学化、制度化水平。坚持实行党风廉政建设“一票否决”制，去年初，在全系统先进单位、先进个人评选表彰中，因为廉政方面问题，取消了 4 个单位、15 名个人的评先资格。

（五）加强对领导干部和重要权力运行的监督，巡视工作力度加大。总局党组组织对安徽、江西等 6 个省级煤监局和安科院、信息研究院等 2 个直属事业单位进行了巡视检查，是巡视单位最多的一年。同时也是首次开展对事业单位的巡视工作，做了一些有益探索。通过开展巡视，促进了被巡视单位领导班子和领导干部的自身建设和反腐倡廉工作，增强了监督实效。加强对领导干部特别是党政主要负责人的监督，对提任和交流的 78 名司局级干部、72 名处级干部进行了廉政谈话，同有关干部进行了诫勉谈话。涉及干部提拔任用、选录公务员等重要工作，纪检监察部门配合人事部门实行全过程监督。认真开展领导干部任期经济责任审计，公布了 2010 年收支预算，清理“小金库”18 个、涉及金额 2.55 亿元。深化政务公开和党务公开，提高了行政审批、安全执法、事故查处等重要权力运行的透明度。去年查结的重特大责任事故，均以不同形式进行了公开。总局党组规定实施了“三重一大”事项监督和公开透明两条“铁律”，多数单位制定了具体实施办法。

（六）严肃查处违纪违法案件，发挥办案的治本功能。2010 年，全国煤矿安监系统共立案 11 件，结案 8 件，给予党纪政纪处理 29 人，其中局级干部 1 人、处级干部 14 人、其他干部 14 人。另外，因涉嫌违纪违法问题被司法机关调查待处理的还有 18 人。驻总局纪检组监察局加强了核查和直查工作，去年共受理群众信访举报 124 件，直接核查线索 8 件，立案 3 件，对有关人员进行了严肃处理。配合地方有关部门，严肃查处了谢光祥、王西平等重要案件。组织协调力量，严肃查处了陕西煤矿安监局榆林分局 8 名工作人员动员亲友违规在煤矿投资入股案件。进一步加大案件通报力度，先后在全系统通报了李九成受贿案等 7 起案件，扩大了办案效果。

（七）坚持严格要求，不断加强纪检监察队伍自身建设。按照中央纪委“五严守、五禁止”要求，制定了纪检监察干部“五个不准”的纪律规定。总局党组高度重视纪检监察工作，认真加强纪检监察干部队伍建设，对纪检组长（纪委书记）进行了调整，跨省交流了一批纪检组长，纪检监察干部结构进一步优化。各安监煤监机构党组，认真加强对纪检监察工作的领导，加强业务培训，选调 44 名纪检监察干部参加了脱产培训，队伍整体素质进一步增强。各级纪检监察部门进一步增强了为中心和大局服务的意识，做了大量工作。广大纪检监察干部积极参加安全监察执法活动和事故调查处理，为实现全国安全生产状况持续稳定好转作出了贡献。

以上工作成绩的取得，是党中央、国务院和中央纪委监察部正确领导的结果，是总局党组正确领导的结果，是各级安全监管监察机构和广大纪检监察干部努力工作的结果。这里，我代表总局党组向出席会议的各位领导同志和全系统党员干部、纪检监察干部表示衷心感谢！

在肯定成绩的同时，我们要清醒地看到工作中存在的问题和不足。一是少数单位没有把党风廉政建设工作摆到应有位置，个别单位的主要领导思想认识不够到位，抓反腐倡廉工作的自觉性和责任感不强，有的单位接连发生了一些问题。二是预防腐败、源头治本的措施还不够有力。主要表现在，针对安全执法队伍在廉政建设方面出现的一些苗头性、倾向性问题，缺乏前瞻性分析，从源头上研究解决问题的措施不够；有的制度操作性不强，提出的监督工作措施不够健全，制度执行力、自身发现和解决问题的能力不强。三是个别领导干部行为失范，违纪违法问题时有发生。继李九成、谢光祥、王西平之后，山西局原局长巩安库等人又被司法机关查处。值得注意的是，煤监分局少数执法人员违纪违法问题比较突出，去年受到党纪政纪处理的29人中，分局有23人，占79.3%。这些问题，我们要高度重视，认真研究加以解决。

**二、关于今年党风廉政建设工作重点安排**

根据中央纪委六次全会和国务院第四次廉政工作会议精神，结合安全生产领域的实际，2011年安全监管监察系统党风廉政建设的总体要求是，以党的十七大和十七届四中、五中全会精神为指导，认真贯彻落实胡锦涛总书记在中央纪委六次全会和温家宝总理在国务院第四次廉政工作会议上的重要讲话精神，深入贯彻落实科学发展观，践行以人为本、执政为民的理念，严格执行党风廉政建设责任制，着力完善惩防腐败体系，着力解决安全生产领域人民群众反映的突出问题，围绕中心、服务大局，惩防并举、注重预防，求实创新、统筹兼顾，深入推进党风廉政建设，为“十二五”安全生产良好开局和社会和谐稳定提供坚强保证，以优异成绩迎接建党90周年。

今年，要着力抓好以下几项工作：

（一）继续加大监督检查力度，保证中央重大决策部署和总局党组重要工作的贯彻落实。

安全监管监察工作是一项关乎民生的崇高事业。我们在座的每一位领导同志、广大安全监管监察干部，一定要躬身实践以人为本、执政为民理念，坚定不移地把反腐倡廉各项工作推向深入，坚决维护人民群众的切身利益，保证党中央、国务院重大决策和总局党组重要工作部署的贯彻落实。要严明党的政治纪律，增强政治敏锐性和政治鉴别力，在重大政治原则问题上同党中央保持高度一致。对贯彻执行中央政策措施不力，行政不作为、慢作为、乱作为，以及严重损害群众利益的行为，依据有关规定实施严格问责。为此，今年要着重抓好4个方面的监督检查：（1）继续加强对贯彻落实国务院《通知》精神和安全生产重大政策措施执行情况的监督检查。重点督促地方政府落实安全生产责任制，进一步加强和完善安全生产工作格局；督促企业履行安全生产主体责任，加强对矿山企业领导干部带班下井制度的监督检查，推动建立责任落实、基础扎实、投入到位、管理规范的企业安全保障体系，坚决纠正有令不行、有禁不止的现象，保证政令畅通。（2）加强对继续深化“安全生产年”活动的监督检查。着力对安全生产“三深化”、“三推进”工作和打非治违、遏制重特大事故发生等专项整治工作进行监督，重点检查对发现的非法违法行为是否按照“四个一律”严肃惩处，“三超”等违规违章现象是否依法纠正，重大安全隐患是否得到有效治理。（3）加强对重特大事故调查处理专项检查整改措施落实情况的监督检查。履行总局牵头职责，抓好去年检查结果落实。会同监察部、最高人民检察院等9部门召开联席会议，对检查中发现的问题逐项分解，确保整改到位。深入贯彻落实中央惩防体系建设《工作规划》有关安全生产任务，建立问责与纪律处分、刑事责任追究相衔接的协调机制，切实推进安全生产工作。（4）加强对先进科研成果推广应用工作的监督检查。今年，煤矿、非煤矿山、冶金、机械制造、危险化学品、烟花爆竹、尾矿库等领域有一批科技推广项目，尤其是矿山企业推行井下安全避险“六大系统”和国家矿山应急救援队建设等，任务重、投入大、时间紧，社会关注度高，一定要加强监督检查。对违反规定向企业指定产品、指定服务、指定供货商的，对利用职务之便违规插手干预相关活动的，要依法依纪严肃查处。

（二）毫不松懈地抓好以惩治和预防腐败体系建设为重点的反腐倡廉各项工作。

贯彻落实《建立健全惩治和预防腐败体系2008—2012年工作规划》，从2008年以来，一直是我们加强党风廉政建设的主线。各单位为此做了大量工作，取得了明显成效。但要看到，建立健全惩防体系是一项长期、复杂、艰巨的任务，必须持续不断地抓。现在距贯彻落实《工作规划》、完成惩防体系建设阶段性任务只有不到2年时间，最近中央纪委专门召开电视电话会议，提出明确要求，工作任务十分艰巨。我们一定要增强紧迫感，继续加大工作力度，通过今明2年的努力，到2012年底前，基本建立起符合“十二五”规划要求、具有安监煤监特色的惩防体系基本框架，初步形成反腐倡廉长效机制、抓党风廉政建设责任体系，进一步提高总局反腐倡廉工作科学化、制度化、规范化水平。实现上述目标，需要全系统同志共同付出艰辛努力。各单位要坚持“两抓两促”（抓基础、促深化，抓评估、促提高）工作要求，认真做好总结分析调研，把握工作规律，统筹推进教育、制度、监督、改革、纠风、惩治等各项工作。今年重点做好以下工作：

第一，抓紧做好今年反腐倡廉工作任务的分解落实工作。需尽快落实的工作有3项：一是落实中央纪委、国办分工由总局牵头和协办工作事项。中央纪委分工由总局牵头任务1项、协办4项，国办分工任务也即将下达。总局党组将认真研究工作落实措施，制定实施方案，并按照总局牵头任务要求，适时召开九部门联席会议，进行分工落实。二是研究制定今年反腐倡廉任务分工方案，以总局党组文件印发。抓紧召开总局党风廉政建设和惩防体系建设领导小组会议，部署具体落实工作。三是层层落实党风廉政建设责任制。从总局党组成员做起，签订“两书”，形成一级抓一级、逐级抓落实的责任体系。这几项工作都要在4月底前完成。

第二，认真做好以反腐倡廉“警示教育周”为重点的党风廉政教育工作。今年7月的第二周为反腐倡廉“警示教育周”，这是自去年以来开展的第二个“警示教育周”。警示周将认真贯彻以人为本、执政为民要求，以“牢记宗旨、执法为民”为主题，深入开展“一查两找”，即组织党员干部对照党章和岗位廉政要求，从行使权力、落实责任、遵纪守法、监察执法4个方面找出存在的突出问题，找出改进措施和努力方向，从而促进干部廉洁自律。总局党组将适时发出通知，希望各单位要认真组织开展好这项工作，努力实践完善“以周保月、以月促年、逐年深化”的反腐倡廉教育长效机制，切实取得扎扎实实的效果，使干部群众能切实感受到教育带来的变化。要围绕建党90周年，深入开展理想信念和党性党风党纪教育，加强理论武装，筑牢党员干部拒腐防变的思想道德防线。要创新教育载体，认真贯彻胡锦涛总书记在中央纪委六次全会重要讲话中关于加强以保持党同人民群众血肉联系为重点的作风建设的要求，认真贯彻落实中共中央办公厅转发的《中央纪委、中央组织部、中央宣传部关于加强领导干部反腐倡廉教育的意见》，丰富教育内容，改进教育方式，将反腐倡廉教育融入干部培养、选拔、管理、使用的全过程。

第三，做好以巡视检查为重点的权力运行监督工作。权力监督是反腐倡廉工作的核心内容。经验证明，加强完善有效的监督约束机制，可以少出事或不出事。今年要继续在强化监督上下功夫，尤其要加强对“一把手”权力行使的监督制约。巡视工作是全方位的监督工作，尤其是对领导班子和领导干部行使权力的情况给予了重点检查监督，可以多方面多视角地了解班子和干部的情况。去年总局加大了巡视工作力度，巡视了8个单位，促进和加强了被巡视单位领导班子和领导干部队伍建设。今年，总局党组将再对8个单位进行巡视（其中6个省级煤矿安监局、2个直属事业单位）。要认真强化巡视成果运用，督促去年已巡视的8个单位落实整改措施。要加强考核工作，对问题较多、群众不满意的领导班子或领导干部，要进行调整或问责。要推进权力运行公开透明。深化政务公开，扩大党务公开范围，凡涉及关系干部群众切身利益的事项，只要不属于涉密的都要求公开。要让党员干部知道所关心的本单位的重要事务和事项，尽量让执法对象、广大职工群众了解安全监管监察机构办了什么事、效果怎么样，充分发挥监督作用。要加强对安全生产重要舆情研判和处置，全面推行廉政风险防控管理。在去年廉政风险排查的基础上，完善防范措施，前移监督关口。要深化领导干部经济责任审计工作，组织开展民主测评和社会满意度调查，切实加强事前、事中和事后监督，把党内监督、组织监督和群众监督结合起来，形成监督合力。

第四，积极推进制度创新工作。要从本系统和本单位实际出发，积极推进制度创新和改革，逐步完善反腐倡廉制度体系。一是建立完善教育和预防制度，加快构建充分发挥教育说服力和制度约束力整体功效的党性党风党纪教育机制，形成分级负责、齐抓共管的工作局面。逐步推广实施电子监察，建立完善预防腐败信息系统。二是建立完善监督制度，研究实施加强对直属单位党政主要负责人监督的措施，制定省级煤矿安监机构纪检组工作规则。完善安全执法标准体系，全面取消预算外收入，大力推进公务卡制度。规范公务员津贴补贴。把近年来探索创新、经过实践检验有效的权力运行监控办法运用到监督工作中去。三是积极稳步推行干部人事制度改革。扩大干部人事工作中的民主，推行竞争性选拔干部制度，加大干部交流轮岗力度，完善从基层一线选拔干部制度，防止用人上的不正之风。四是建立完善惩治和问责制度，研究制定煤矿安监系统严格责任追究、促进干部履职的办法，制定案件监督管理和重要案件督导督办制度，提高制度执行力。各单位都要结合实际，建立一批有针对性、管用和可行的制度，切实发挥规范和约束作用。

第五，加强查办案件工作。要继续加大办案力度，不论是谁，只要违纪违法，都要一查到底、严惩不贷，决不姑息迁就。坚持把严明党的政治纪律摆在首位，严肃查办严重违反政治纪律的案件，坚决维护党的集中统一；严肃查办发生在领导机关和领导干部中贪污受贿、以权谋私、权钱交易、渎职侵权案件；严肃查办煤矿安监系统执法人员的违纪违法案件；严肃查办滥用职权、贪赃枉法和为非法违法生产经营建设、黑恶势力充当“保护伞”的案件；严肃查办侵害群众切身利益和生命财产安全的案件。对在生产安全事故中涉及的权钱交易、以权谋私、渎职侵权等违法犯罪案件和腐败问题，要按照中办、国办转发的《关于加大惩治和预防渎职侵权违法犯罪工作力度的若干意见》进行严肃查处。加强安全生产项目管理，加强工程建设领域违法违纪问题的查处。各单位党政主要领导要高度重视和支持办案工作，对重要案件要亲自督办。各级纪检监察部门要牢固树立查办案件是责任、是使命，有案不查是最大失职的意识，在办案方面有所作为。要认真受理群众信访举报，深入分析和排查案件线索。驻总局纪检组监察局将进一步加大初核直查和立案调查力度，加大案件通报和批评力度，对典型案件要深刻剖析，及时通报处理，发挥办案的综合效果。

（三）抓住重点、破解难点，着力解决干部群众关切的反腐倡廉突出问题。

加强作风建设，倾听群众呼声、回应社会关切、解决群众反映强烈的突出问题，是贯彻以人为本、执政为民要求，加强反腐倡廉的重要任务。今年要重点抓好以下4项工作：

第一，深入开展整纪纠风专项行动，集中整治煤矿监管监察领域突出问题。中央纪委通报了郝鹏俊“小官大腐败”案件。在中央纪委监察部一室指导下，驻总局纪检组监察局对该案进行了认真剖析，提出了调查报告。马馼同志作出重要批示，要求“举一反三，对存在的突出问题条块结合、标本兼治、着力整治，务求取得实效”。总局党组高度重视，提出了具体工作方案，经中央纪委监察部领导同意，今年下半年集中一段时间，在全国煤矿监管监察领域组织开展整纪纠风专项行动。此次专项行动，将深入贯彻落实胡锦涛总书记在中央纪委六次全会上关于“严肃查处食品药品质量、安全生产、环境保护等方面严重侵害群众切身利益和生命安全的案件，尤其对重特大安全事故背后的腐败行为要从严惩处”的重要讲话精神，在工作组织上，坚持条块结合，统筹协调，突出重点，惩防并举，边整治边整改，依法依纪，规范操作，努力取得良好的社会效果和法纪效果。重点加强3项整治：一是开展煤矿安全生产许可专项整治。着力解决煤矿安全生产证照办理、煤矿安全核准、煤矿建设项目“三同时”审核等行政审批中违反程序、暗箱操作、违规审批等问题。二是开展煤矿安全执法专项整治。着力解决行政处罚不规范、擅自更改行政处罚决定、违规行使自由裁量权、违规处罚等问题，重点解决行政不作为、乱作为、行政过失等失职渎职现象和问题。三是开展煤矿安全生产中介机构专项整治。着力解决中介机构在设计、安全评价、检测检验等执业活动中存在的违规操作、虚假评估、商业贿赂问题，重点解决中介机构资质认定、日常监管中存在的违规问题。严肃查处煤矿监管监察领域官商勾结、以权谋私、权钱交易、违规在企业投资入股等案件，推动煤矿安全监管监察制度改革，从源头上防治腐败。各级安监煤监机构要切实做好这项工作。

第二，认真落实《廉政准则》，加强党员干部特别是党员领导干部廉洁自律工作。重点抓好以下几点：一是认真执行中共中央办公厅、国务院办公厅印发的《关于领导干部报告个人有关事项的规定》和《关于对配偶子女均已移居国（境）外的国家工作人员加强管理的暂行规定》，严格按照中央纪委、中央组织部要求，做好个人申报工作。要认真注意把握政策，严肃查处违规违纪问题。二是坚决整治收送礼金问题。坚决查处领导干部以各种名义收送礼金、有价证券、支付凭证、商业预付卡的行为。对收送各类有价证券、支付凭证、商业预付卡的，以收送同等数额的现金查处。三是坚决遏制奢侈浪费和形式主义。加强因公出国（境）和公务接待经费预算管理，认真开展公务用车问题专项治理。要精简会议、文件，清理和规范各种达标、评比、表彰以及论坛、庆典等活动，从经费上严加控制。四是继续清理“小金库”，做好行政事业单位预算执行审计和17个省级煤矿安监局上下联动审计的整改工作，对发现的问题要严肃查处。今年下半年适当时候，总局党组将对处级以上党员领导干部执行《廉政准则》情况进行一次检查。

第三，加强对安全中介机构安全评价严格规范和治理工作。总局、国家煤矿安监局及所属系统单位担负着不少事项的审批发证工作，负有重要的监管职责。干部群众举报和平时来信反映这样那样的不少问题，要求加强有关工作的规范清理。不解决这些问题，有损安全监管监察形象。要加强安全中介机构安全评价、安全培训的规范和治理，严肃查处违规操作、虚假报告、恶意竞争、商业贿赂等问题，促进安全中介机构的独立性、客观性，对从业行为依法承担法律责任。逐步把安全中介机构的管理权和监督权分开，严肃查办领导干部违反规定干预和插手安全中介业务等问题。要深化改革，坚持公开透明，接受监督，推动资质审批网上运行，合并简化审批备案手续，制定安全评价工作质量评估办法，加强矿用产品安全标志管理，建立安全中介机构监管长效机制。

第四，加强对选拔任用干部4项监督制度落实情况的监督，防止用人上的不正之风。严格执行党政领导干部选拔任用4项监督制度，落实全程记实制度，提高民主推荐、民主测评的科学性、真实性。规范和强化对拟提拔干部的廉政考察，严肃查处违反干部人事工作纪律的行为，防止发生“带病上岗”、“带病提拔”等问题。今年，要对提拔任用干部工作情况进行一次检查，进一步听取干部群众对选拔任用干部工作的意见建议，开展干部人事工作满意度调查，把严格监督贯穿到干部选拔任用工作全过程，提高选拔任用干部工作的公信度和透明度。

**三、发扬务实创新精神，努力把今年反腐倡廉各项任务落到实处**

今年的反腐倡廉任务，同安全监管监察工作一样，十分繁重。我们做好工作，必须进一步增强政治责任感，提高抓落实的能力，弘扬抓落实的好作风，始终将工作紧紧抓在手上，切实不表面，一件事一件事地做到位。

（一）抓责任落实。抓落实，要从抓责任抓起。根据中央《关于实行党风廉政建设责任制的规定》，总局党组研究制定了一个实施办法，提交这次会议征求大家意见，之后要印发。当下，首先要抓好今年反腐倡廉任务责任落实。从总局开始，从领导到机关各司局、各单位，都要按照职责明确责任和具体内容，研究制定工作措施，叫做定人定事定时限。年初抓责任分工，年中抓工作进展，年底抓责任考核，形成严格抓落实的责任体系。要按照即将下发的《实施办法》要求，实施严格监督检查，除平时重点抽查外，今年年底前，结合惩防体系年度检查工作，对各单位完成反腐倡廉任务和执行党风廉政建设责任制情况进行检查。对党风廉政建设工作领导不力、单位存在的问题得不到有效治理、造成不良影响的，由于疏于监督管理、致使领导班子成员或者直接管辖的下属发生严重违纪违法问题的，对本单位及所属单位发现的严重违纪违法行为隐瞒不报、不调查处理的，要严肃追究有关领导班子和领导干部的责任。

（二）抓工作创新。创新是民族发展的力量源泉和不竭动力。创新也会给工作落实增添心劲和活力。任何工作都有创新，也都要创新。抓落实工作，我认为更离不了创新。比如，我们落实反腐倡廉工作，就要研究分析反腐倡廉工作的特点和规律，就要研究怎样紧紧围绕安全发展中心任务开展反腐倡廉工作，使两者既融为一体，不搞“两张皮”，又相互促进、协调发展。要研究运用统筹的方法，既要抓住重点，又能选好结点，既要求得实效，又要达到整体推进的目的。要加强分类指导，善于总结和推广基层单位的好经验、好做法，用典型推动工作。创新还要从实际出发，以创新实践来推动工作落实。我想，这些都是我们在抓好落实工作中要创新的内容。因此，抓好落实，需要我们共同研究工作创新问题。

（三）抓自身建设。大家会有这样的体会，任务越繁重越要抓自身建设，自身建设做好了，就会事半功倍，举一反三。我们也可以这样说，哪个单位工作搞得好，哪个单位的自身建设肯定也是好的，反之亦然。因此，落实反腐倡廉任务，必须强化自身建设，不断提供组织保证。要强化和落实单位主要负责人是党风廉政建设第一责任人的政治责任，强化和落实各级领导班子及其成员“一岗双责”，提高承担其政治责任和“一岗双责”的能力、意识和负责精神。要强化纪检监察专业队伍建设。我这里提“专业队伍”，是想特意指出，总局党组在加强整个队伍建设的同时，高度重视纪检监察干部队伍建设。2009 年党组选拔交流了一批省级煤矿安监机构的纪检组长，2010 年底至本月中旬，经过近 3 个月的工作，又选拔交流和调整了一大批省级煤矿安监机构的纪检组长。到目前为止，除少数几个省近期还正在着手有关工作外，总局实现了对全国煤矿安监机构纪检组长的整体交流。交流后，纪检组长文化专业水平提高，平均年龄下降，达到了活力增强、结构进一步优化的目的，为做好纪检监察工作打下了坚实基础。今年还要举办新任纪检组长培训班，加强其政治和业务素质的培训。各级纪检监察部门要在党组（党委）领导下，充分发挥监督和组织协调作用，纪检监察干部要严格遵守中央纪委“五严守、五禁止”规定和总局党组“九条纪律”，自觉接受组织、干部群众和社会的监督，树立纪检监察干部的良好形象。抓好党风廉政建设是全局性的工作，各部门各单位要在总局党组领导下，各负其责，共建合力，形成齐抓共管局面。

2011 年安全生产和党风廉政建设任务艰巨、责任重大。我们要深入贯彻落实科学发展观，创新求实，心无旁骛，狠抓落实，为实现安全生产和党风廉政建设“双赢”新局面而努力奋斗。

# 国家安全生产监督管理总局纪检组组长赵惠令在全国安全监管监察系统纪检组长座谈会上的讲话（摘要）

（2011 年 11 月 29 日）

在即将进入年终岁尾，当前安全生产任务重、工作头绪多的情况下，国家安全监管总局党组决定召开这次会议，充分体现了对党风廉政建设工作的高度重视。会上，黄毅同志传达了中央纪委近期召开的全国惩治和预防腐败体系建设工作会议等一系列重要会议精神，国家安全监管总局党组书记、局长骆琳同志将作重要讲话，中央纪委一室主任赵文波同志要代表中央纪委监察部领导作重要讲话。我们要认真学习、深刻领会中央纪委近期召开的一系列重要会议和骆琳、赵文波同志讲话精神，以此为指导，扎扎实实抓好当前和今后一段时间的党风廉政建设工作，为促进全国安全生产状况持续稳定好转提供更加有力的政治保障。

下面，讲几点意见。

**一、今年以来党风廉政建设各项工作取得新进展**

今年以来，全国安全监管监察系统紧紧围绕推进科学发展、安全发展这个中心，以加强反腐倡廉制度建设、完善惩防腐败体系为主线，以强化监督管理和加大办案力度为重点，以深化反腐倡廉教育、加强监督检查为抓手，统筹兼顾，求真务实，党风廉政建设的各项工作取得了新的进展。

一是坚持围绕中心、服务大局，确保中央重大决策部署和国家安全监管总局党组重要工作的贯彻落实。认真抓好中央纪委惩防体系建设总局牵头任务的落实。二是进一步解决干部群众关切的反腐倡廉突出问题。按照中央纪委的通知要求，对处级以上党员领导干部执行《中国共产党党员领导干部廉洁从政若干准则》情况进行了全面检查。加强了对选拔任用干部四项监督制度落实情况的监督。

三是坚持标本兼治、惩防并举，惩防腐败体系建设进一步推进。在全系统深入开展了第二个反腐倡廉“警示教育周”，研究制定了《国家安全监管总局党组贯彻执行〈关于实行党风廉政建设责任制的规定〉实施办法》（安监总党〔2011〕20号）。开展了案件线索排查工作，建立案件线索定期集中排查制度。四是加大巡视工作力度，切实加强对各级领导班子及其成员的监督，防止发生违法违纪行为。五是在国家安全监管总局和国家煤矿安监局机关、直属事业单位以及各省级安全监管监察局中，形成了一级抓一级、层层抓落实的责任体系。

今年以来各项工作成绩的取得，是中央纪委监察部和国家安全监管总局党组正确领导的结果，也是中央纪委监察部一室给予具体指导的结果，是全国安全监管监察系统共同努力、通力协作的结果，也是周福启同志带领全系统纪检监察干部辛勤工作的结果，为我们今后的工作打下了坚实的基础。我们要继续发扬安全监管监察系统良好的工作作风，把全系统反腐倡廉工作做得更加扎实有效。

**二、认真学习领会党的十七届六中全会和中央纪委一系列重要会议精神，扎实做好当前各项工作**

党的十七届六中全会是在全面建设小康社会的关键时期召开的一次极为重要的会议，全会审议通过的《中共中央关于深化文化体制改革推动社会主义文化大发展大繁荣若干重大问题的决定》，是指导我国文化改革发展的纲领性文件。胡锦涛总书记在全会上的重要讲话，对当前和今后一个时期党的工作作出总体部署，其中对安全生产工作也提出了明确要求。国家安全监管总局党组对学习贯彻全会精神已全面作出部署，我们要认真抓好落实。近两个月来，中央纪委相继召开了全国惩治和预防腐败体系建设工作会议、全国纠风工作座谈会、中央部门和企业金融机构巡视工作座谈会、全国纪检监察工作创新理论研讨会等一系列重要会议，贺国强、何勇和张惠新、马馼等领导同志在这些会议上发表重要讲话。我们要以党的十七届六中全会精神为指导，紧密结合实际，深入学习贯彻中央纪委近期召开的一系列重要会议精神，把思想和行动统一到中央要求和中央纪委的决策部署上来。主要应把握以下几点：

一是推进惩防体系建设，加快完善反腐倡廉长效机制。根据中央《建立健全惩治和预防腐败体系2008—2012年工作规划》要求和国家安全监管总局党组既定目标，我们要在2012年底前建成符合“十二五”规划要求，具有安全监管监察特色，能够促进科学发展、安全发展的惩防体系基本框架。我们要加大工作力度，确保惩防体系建设各项目标任务圆满完成。

二是切实加强廉政风险防控，有效规范权力运行。要突出防控重点，把领导干部特别是掌握人事权、执法权、审批权、监管权等权力的领导干部作为重点对象，切实规范领导干部的用权行为。要完善廉政风险防控工作机制，确保廉政风险防控措施落到实处。

三是强化和改进监督工作，有效预防腐败。要改进监督方式方法，整合监督资源，形成监督合力。在巡视监督方面，国家安全监管总局党组非常重视，将进一步健全完善领导和工作机构，出台配套工作制度，扎实推进巡视监督工作。

四是建立完善纠风工作责任制，维护安全执法队伍良好形象。按照“谁主管谁负责”和“管行业必须管行风”的原则，逐步建立纠风工作责任制和考核评价机制，积极参加地方行风评议活动，纠建并举，有效防治损害群众利益的不正之风。

五是深化反腐倡廉教育，推进廉政文化建设。结合全国安全监管监察系统的实际情况，以领导机关和领导干部为重点，以培育廉洁价值理念为根本，广泛开展廉政文化创建活动，推动党风廉政建设深入开展，以此带动和促进安全文化建设。

**三、狠抓落实，确保全年反腐倡廉工作任务圆满完成**

当前距年底只剩下一个月的时间了，我们要重点抓好以下几项工作：

（一）继续加强对中央重大决策部署和国家安全监管总局党组重点工作贯彻落实情况的监督检查，保证政令畅通，为安全发展中心大局服好务。继续对贯彻落实《国务院关于进一步加强企业安全生产工作的通知》（国发〔2010〕23号）精神和安全生产重大政策措施执行情况的监督检查，加强对安全生产“三深化”、“三推进”工作和“打非治违”等专项整治工作的监督检查，加强对重特大事故调查处理专项检查整改措施落实情况的监督检查，保证政令畅通。

（二）继续以完善惩防体系为重点，深入推进反腐倡廉工作。要组织开展惩防体系建设年度检查工作。各单位要高度重视，党政主要负责同志要亲自组织好本单位的自查工作。从12月中旬到2012年1月底将结合干部年度考核，选择一部分单位进行重点抽查。

（三）精心组织，扎实开展“深化执政为民教育、规范安全执法行为、整治突出问题”活动。经国家安全监管总局党组会议研究，从现在起至2012年2月底，集中开展“深化执政为民教育、规范安全执法行为、整治突出问题”活动（以下简称“教育、规范、整治”活动）。周福启同志带领驻总局纪检组监察局同志做了大量的调查研究工作，中央纪委监察部一室给予了有力指导，国家安全监管总局党组对这项工作高度重视，骆琳同志还要对这项工作提出明确要求。开展“教育、规范、整治”活动，是为了推动煤矿安全生产形势持续稳定好转、深化反腐倡廉工作、加强安全执法队伍建设，我们要充分认识这项工作的重要性，切实将其摆在重要位置认真抓紧抓好。国家安全监管总局党组印发的通知（安监总党〔2011〕41号）对这项工作的有关要求都作了明确规定。我强调以下几点：

一是领导要高度重视，在加强组织领导上下功夫。主要负责同志要带头作表率，亲自抓落实工作，明确责任要求和工作进度。分管领导要认真抓好分管单位、部门的教育和自查自纠工作，善于协调解决问题。纪检监察部门要积极协助党组，充分发挥组织协调作用，认真研究分解任务，抓好工作落实。

二是要认真搞好动员部署，在统一思想认识上下功夫。要按照通知和这次会议的要求，层层抓好动员，对本地区、本部门的专项治理提出明确要求。把开展这项活动的目的和要求讲清楚、讲明白，增强党员干部参与活动的自觉性与主动性。

三是要结合本单位实际，在解决突出问题上下功夫。要深入查找在煤矿安全行政许可、安全监管监察执法、中介机构监管等方面存在的问题及风险，研究制定改进的措施，对发现的严重违纪行为要严肃处理。要注重建立完善相关制度措施，规范煤矿安全监管监察领域执法行为。

四是要注意总结典型经验，在求实创新上下功夫。要尊重各单位、各部门在活动中创造的好做法、好经验，力戒形式主义，避免走过场。各单位要加强对开展这项工作的指导，深入基层、深入实际，及时了解掌握活动进展情况，注意发现工作中存在的问题，采取有效措施加以解决，确保活动取得明显成效。

（四）要抓好明年工作思路的谋划安排。要在总结分析今年工作的基础上，认真研究和谋划好明年的工作。2012年初，我们将召开全国安全监管监察系统党风廉政建设工作会议，要提早做好有关工作，把明年的反腐倡廉工作研究好、谋划好、安排好，切实增强工作的主动性、预见性、前瞻性。对驻总局纪检组监察局明年工作如何安排，我们也希望大家在会议讨论中多提意见和建议。

组织上决定安排我到国家安全监管总局工作，我深感责任重大，使命光荣。我坚信，有中央纪委监察部的坚强领导，有骆琳同志和国家安全监管总局党组、国家煤矿安监局领导班子的坚强领导和支持帮助，有驻总局纪检组监察局和全系统纪检监察干部的共同努力，我对做好工作充满信心。我一定按照骆琳同志和国家安全监管总局党组的要求，恪尽职守、求真务实、努力工作，在周福启同志打下的坚实基础上，把工作做得更好，也希望同志们对我的工作多批评、多帮助，并进行监督。

最后，向在座的各位纪检组长、各直属事业单位的纪委书记提几点要求和希望：

一是政治意识要更强一些，坚决与以胡锦涛同志为总书记的党中央保持高度一致，维护中央权威和政令畅通，坚决贯彻执行国家安全监管总局党组决策部署，紧紧围绕安全生产这个大局和中心开展工作。

二是要统筹协调，进一步理顺与国家安全监管总局、地方党委政府、地方纪检监察机关的关系，尤其要主动争取地方纪检监察机关对我们工作的支持，形成合力。

三是要保持强烈的政治责任感和饱满的工作热情，真抓实干，雷厉风行，确保国家安全监管总局党组确定的各项目标任务圆满完成。

四是要充分认识反腐败斗争的长期性、复杂性、艰巨性，以更加坚定的信心，更加坚决的态度，更加有力的措施，推进惩治和预防腐败体系建设。作为纪检组长、纪委书记，既要严肃执纪，又要讲究政策。对干部要经常教育和提醒，严厉批评，避免犯错误；对犯了错误的干部要惩前毖后、治病救人，尽可能地挽救干部。对新形势下执纪过程中遇到的新情况、新问题，要加强研究，慎重处理，严禁滥施纪律；对腐化堕落者，要坚决惩处，绝不姑息，坚决维护党纪国法的严肃性。

五是身为纪检组长、纪委书记，要更加严格要求自己，加强党性修养，弘扬良好作风，做廉洁自律的楷模，同时要带好队伍，树立我们纪检监察干部可亲、可信、可敬的良好形象。

# 第五部分

# 安全生产综合监督管理

## 安全生产宣传工作

国家安全生产监督管理总局政策法规司

2011年是“十二五”时期安全生产工作实现良好开局的关键一年，安全生产新闻宣传工作责任重大。一年来，认真贯彻落实总局的一系列重要决策部署，为推进安全生产工作提供了有力的舆论环境和思想支持，较好地完成了全年各项工作。

**一、切实加强以《国务院关于进一步加强企业安全生产工作的通知》为重点的重大政策措施宣传工作**

联系宣教中心、安全生产协会组织到11个重点地区和部分中央企业巡回宣讲26次，集中阐释《国务院关于进一步加强企业安全生产工作的通知》的出台背景和具体政策措施。通过做客主流媒体等形式，组织开展《安全生产“十二五”规划》及有关专项规划的宣传。及时做好国务院安委会全体会议、总局季度视频会议、全国煤矿瓦斯治理会、全国安全隐患排查治理现场会等重大会议的新闻报道工作。主动联系有关司局，认真做好相关配套制度办法的发布和解读工作。组织中国安全生产报、中国煤炭报、政府网站及主管杂志，开设专栏，总结推广各地区、部门贯彻落实的经验做法；联系新华社、中央电视台、人民日报、中央人民广播电台等主流媒体，刊发了一大批具有深度和影响力的新闻稿件。

**二、深入推进安全文化建设**

认真学习、宣传和贯彻党的十七届六中全会和《中共中央关于深化文化体制改革　推动社会主义文化大发展大繁荣若干重大问题的决定》（以下简称《决定》）精神，结合不断发展的安全生产新情况、新形势和新任务，着眼于文化对安全生产工作的引领、推动和强化作用，在组织深入调研、反复研讨、广泛征求意见的基础上，紧密结合《决定》精神，研究制定了《安全文化建设“十二五”规划》，明确了安全文化建设指导思想、目标任务及重点工程，作为总局第一个子规划，向社会发布，并得到了中央国家机关工委的肯定。在此基础上，着手组织起草安全文化建设的指导意见。为促进企业安全生产主体责任落实，深入开展企业安全文化示范创建工作，召开了全国安全生产宣传工作会暨安全文化示范企业创建现场会，总结推广先进单位的经验做法，收到了良好成效。同时，继续组织在全国各地区和行业领域广泛开展2011年全国安全文化示范企业建设，本着优中选优、优中选精的原则，组织专家初评80家国家级示范企业，起到了较好的示范和带动作用。

**三、扎实开展深化“安全生产年”活动的宣传工作**

围绕年初国务院安委会全体会议、全国安全生产电视电话会议和全国安全生产工作会议的部署要求，及时组织撰写新闻通稿，第一时间联系新闻媒体做好采访报道和对外发布，促进深化“安全生产年”活动的全面开展。联系国务院新闻办，召开有国内外20余家新闻媒体参加的新闻发布会，集中发布了党中央、国务院关于加强安全生产工作的决策部署，促进各地区、各部门和各单位统一对深化“安全生产年”活动的思想认识，抓好“三深化”、“三推进”等各项工作的落实，取得了良好的宣传效果。同时利用每季度总局视频会，组织媒体与会报道。为配合“安全生产年”活动的开展，联系中央电视台、中央人民广播电台，积极做好安全生产公益宣传活动，相关专题片播出后，扩大了安全监管影响力，并得到总局主要领导的批示肯定。

**四、积极组织开展“安全生产月”等系列宣传活动**

加强与有关部门的沟通联系，组织开展了以“安全责任、重在落实”为主题的第10个全国“安全生产月”系列活动，丰富了活动的形式和内容。在深入组织开展安全生产宣传咨询日、开展安全生产应急预案演练周、“安康杯”竞赛和创建“青年安全生产示范岗”等传统有效活动的同时，从2011年开始，每年6月份的第一个星期，在全国范围内统一开展“安全生产事故警示教育周”活动。组委会办公室组织拍摄了“安全生产月”主题宣传片《安全责任、重在落实》和系列安全警示教育片向全国各地投放。开展了煤矿班组安全建设先进事迹报告会和电影《金牌班长》巡回放映活动。在河南启动开展了第13次“安全生产万里行”活动。同时，通过组织有关单位播放专题节目、开设专版专栏、刊播公益广告、总结先进经验等方式，不断提升“安全生产月”系列活动的宣传声势和影响力。

**五、广泛开展安全监管典型事迹的宣传工作**

紧密结合以“争做安全发展卫士、创建为民务实清廉安监机构”为主题的创先争优活动，在积极宣传丁安、李适等同志先进事迹的同时，联合国家广电总局、中华全国总工会以四部门的名义联合印发了组织观看以丁安同志先进事迹为素材拍摄的影片《生命监管》的通知。并配合人事司、组织新闻媒体总结宣传河南省漯河市源汇区安监局局长王茂河、吉林煤矿安监局辽源分局副局长刘春权的先进事迹，大力宣传安全监管监察系统的先模人物，在社会产生了广泛影响。结合“建党九十周年”纪念活动，深入组织开展了“十一五”安全生产成就的专题宣传，组织有关媒体，认真宣传党和政府“十一五”期间在加强安全生产工作方面采取的重要政策措施、积累的宝贵经验、开展的重点工作和取得的显著成效。

**六、进一步加强安全生产舆论引导和监督工作**

起草了《关于进一步加强安全生产群众监督工作的指导意见》，并通过总局宣传工作领导小组审议，拟与中华全国总工会联合印发。认真贯彻落实《关于加强安全生产监督和舆论监督的指导意见》，配合办公厅完善了“12350”安全生产举报投诉电话管理办法。针对社会普遍关注的“7·23”事故调查处理等热点问题，加强与中宣部等有关部门及中央媒体沟通，及时勘误纠错，有效引导社会舆论；同时，对部分网友提问采取书面解答反馈的形式，及时回应广大群众对安全生产的关切。加强与办公厅、通信信息中心的沟通，强化工作指导，建立了安全生产舆情分析系统，规范了《简报》报送制度。及时关注有关媒体和互联网对安全生产工作的报道、评论、建议和监督，认真做好信息搜集、整理和分析工作，为加强有针对性的舆论引导工作发挥了积极作用。

**七、认真做好事故救援及查处信息的发布工作**

利用主管报纸和杂志、政府网站，公开发布了重大隐患治理挂牌督办情况、重特大事故和典型事故应急救援情况，及时向社会公布特别重大事故的查处情况，每季度在《人民日报》等主流媒体及时发布了安全生产企业“黑名单”、安全生产控制指标实施情况。参加“7·23”甬温线特别重大铁路交通、湖南衡阳霞流冲煤矿“10·29”瓦斯爆炸、河南义马千秋煤矿“11·3”冲击地压、云南曲靖师宗私庄煤矿“11·10”煤与瓦斯突出等事故救援工作，联系各媒体，并撰写新闻通稿，及时向社会发布事故及救援情况。起草了河南平禹四矿“10·16”煤与瓦斯突出、大连中石油所属企业“7·16”爆炸火灾等8起特别重大事故查处结果的新闻通稿，及时向社会发布。认真梳理事故教训，起草了开展全国安全生产综合督查和煤矿“双十条”新闻通稿，及时联系各有关媒体进行跟组和宣传报道。

**八、加强安全生产新闻宣传业务管理工作**

起草了《安全生产宣传教育活动规范管理办法》，对以总局、煤监局及其机关司局、应急指挥中心名义开展的宣传教育活动进行规范。按照中宣部和新闻出版总署的规定，理顺了原直属20家报刊的主管部门，为进一步加强新闻宣传工作提供了组织保证。顺利完成第七届安全生产新闻奖评选活动。组织开展2011年度报刊审读工作，对《中国安全生产报》、《中国煤炭报》、《中国安全生产》杂志等20余家主管报刊进行审读。召开中央主流媒体座谈会，进一步加强与中央主流媒体的交流合作，为更好服务安全生产工作打下良好基础。同时，认真贯彻中宣部的部署要求，深入组织开展了“杜绝虚假报道、增强社会责任、加强新闻职业道德建设”专项教育活动，起草了《关于进一步加强安全生产新闻采编工作的通知》，健全相关制度，确保新闻真实性。

# 规划科技工作

国家安全生产监督管理总局规划科技司

2011年，在总局党组的正确领导下，在总局、煤监局各部门及各级安全监管监察机构的支持下，按照总局党组的工作部署，深入学习贯彻全国安全生产工作会议精神，紧紧围绕《国务院关于进一步加强企业安全生产工作的通知》（国发〔2010〕23号）要求，以坚决遏制和有效防范事故发生为目标，以加强安全生产保障能力建设为中心，以强化安全生产及事故预防技术支撑为主线，着力搞好安全生产“十二五”规划的制定工作，提升安全技术保障能力建设，积极推动科技兴安工作，创新、规范专业服务机构监管，推进信息化建设和应用。不断加强自身建设，提高凝聚力和执行力。经过全司同志的共同努力，较好地完成了各项工作任务。

## 一、完成了“十一五”规划的评估总结和“十二五”规划的编制工作

### 1. 以强化评估总结为重点，全面总结“十一五”规划实施情况

一是指导各省级安全监管监察部门全面总结、集中交流全国“十一五”规划实施情况，深入分析了“十一五”规划实施以来存在的问题及出现的新情况、新需求，开展了“十一五”总体规划评估总结，研究提出了总体规划评估报告，组织编制了《安全生产“十一五”总结评估报告汇编》、二是全面总结、集中交流各地“十一五”规划实施情况，注重宣传报道，提高了“十一五”规划的认知度和影响力，推动了规划重点工程实施。三是加强与国家发改委等部委的协调、沟通，将2011年安全生产工作总体要求与安全生产GDP和工矿商贸十万人死亡率两项指标计划纳入了国民经济和社会发展计划。

### 2. 以健全规划体系建设为手段，完成了安全生产“十二五”规划的编制、启动与实施工作

一是加强与国家发改委发展规划司的沟通、协调，将安全生产相关内容和重要指标继续纳入《国家安全生产发展规划纲要》。二是进一步丰富了“十二五”规划体系（由1个总体规划、12个专项和32个地区规划组成），较“十一五”时期新增非煤矿山、危化、培训、道路交通安全、监管监察能力建设、安全文化、安全立法、中央企业保障能力8个专项规划。三是强化对地方规划的指导，推动省级规划由专项规划向重点规划迈进。目前，全国32个省级单位全部制定了“十二五”规划，较“十一五”期间增加14个，其中已列入重点规划的数量达到20个。同时，推进编制规划范围向市、县级地区延伸，由“十一五”期间覆盖50%地市和20%县，提升到“十二五”时期覆盖80%地市和60%以上县，并且40%以上纳入同级政府专项规划。四是组织开展了安全生产11个重大问题研究，形成70多万字专题报告。五是完成了“十二五”规划编制工作。先后4次征求国务院安委会成员单位意见，7次召开基层监管监察机

构和企业代表参加的专题座谈会，并在总局政府网站开设专栏向全社会公开征求意见，11000多人通过网上留言等方式提出了建议，形成了全民参与的良好氛围。六是加强与国务院应急办的沟通协调，会同有关单位和专家6次修改完善“十二五”规划文本，提交国务院173次常务会议专题审议，并以国务院办公厅文件印发。七是编制了安全生产“十二五”规划读本和宣贯手册；组织了由领导、著名专家学者和规划主要编制人员组成的宣讲团，以视频讲座、新闻访谈方式在电视、网络、报纸等媒体上开展了规划解读和分片区规划宣贯工作。八是印发了《关于落实安全生产“十二五”规划主要目标和任务工作分工的通知》、《关于落实安全生产“十二五”规划主要目标和任务内部工作分工的通知》，明确了各地区、部门以及总局、煤监局机关各司局的责任分工和主要任务。九是完成了科技、信息化“十二五”规划的编制和发布工作。在对两部规划的目标、重点任务、重点项目和实现途径、方法、保障措施、预期效果进行10余次充分论证的基础上，广泛征求总局和煤监局相关司、应急指挥中心和社会意见后，经局长办公会议审议通过并发布。

**二、积极争取资金政策支持**

1.《能力建设规划》制定工作取得积极进展

为解决安全监管监察部门能力建设投入不足的问题，有效改善基层一线执法部门基础设施建设滞后、装备不足的状况，根据总局领导与发改委领导沟通、协调意见，与发改委共同研究制定、发布实施《安全生产监管部门和煤矿安全监察机构监管监察能力建设“十二五”规划》。一是争取国家发改委批准了《能力建设规划》的工作方案，初步确定了规划主要目标、编制原则和重点工程。研究提出了《能力建设规划》目标指标、主要任务和各项建设内容，将执法、信息、实训考核、应急指挥、支撑5类11项重点工程纳入了中央政府投资范畴，并形成了规划草案。二是配合国家发改委投资司征求发改委经济运行局、规划司、产业政策司、高新司、能源局煤炭司等单位的意见，完成了发改委内部会审程序。三是联合国家发改委办公厅征求省级政府和新疆生产建设兵团的意见，并根据各地反馈意见，作了进一步修改完善，形成了《能力建设规划》文本。四是加强与有关部门的沟通协调，办理了环境影响评价与审查，为加快《能力建设规划》发布与实施创造了有利条件。

2. 积极争取有关政策支持，安全生产投入得到明显增长

一是经与国家发改委汇报沟通，争取总局自身建设项目规模2011年增加4920万元，增至15820万元，安排了建设项目40个，实现了资金、项目双落实。二是会同应急中心，配合国家发改委投资司、中咨公司和评审中心，相继完成了7个国家矿山救援队项目初步设计、投资计划的批复工作，落实了2011年项目投资8亿元；开展了14个区域矿山救援队项目的现场调研、专家评审工作，研究提出了评估报告，积极推进了项目初步设计批复。三是配合煤监局监察司争取并组织开展了2011年煤矿安全改造和瓦斯治理示范矿井建设工程，落实中央预算内投资30亿元，带动地方和企业投入98亿元。四是配合总局财务司、监管一司、应急指挥中心开展了中央企业保障能力建设和规划编制工作，完成了26个中央企业保障能力项目的评估评审，力争2012年落实投资10.19亿元。五是配合监管一司开展了尾矿库隐患治理工作，参与编制了综合整治方案，协调国家发改委环资司开展了无主尾矿库的调查清理工作，力争2012年落实投资5亿元。六是争取到发改委将安全生产在项目建议书、可研报告和初步设计等3个审批阶段纳入《中央预算内直接投资管理办法》。七是积极争取将有利于安全生产的经济、产业政策纳入能源、环保、卫生、航空和应急等12个国家级专项规划。八是协调、指导各地区统筹做好安全保障能力建设工作，协助重庆市启动了安全保障型城市示范区和职业危害基地建设；研究起草了对口援疆、援藏指导意见和建设方案。

3. 健全建设项目管理制度，规范了项目建设与管理

一是制定并印发了《关于进一步加强建设项目监管工作的通知》、《关于建立政府投资重点项目建设情况统计报告制度的通知》、《关于转发国家发展改革委关于继续严格控制党政机关办公楼等楼堂馆所建设有关问题的通知》等规范性文件，增强了项目审批、概算控制、资金使用和质量管理等环节的管理。二是制定并印发了《关于深入开展工程建设领域突出问题专项治理，加强安全生产

建设项目管理廉政体系建设的通知》和《政府投资建设项目突出问题专项治理办法》，完成了2009年以来所有在建和竣工的政府投资建设项目的排查和治理工作。三是会同财务司先后3次召开专题督导会议，印发了《关于进一步加快建设项目投资计划执行进度确保政府投资效益的通知》等3个文件，落实了项目建设主体责任，强化了项目投资、质量控制。协助被国家审计署审计发现的存在项目建设问题的单位完成了有关整改和手续的完善工作。四是研究制定了《安全生产技术支撑体系实验室竣工验收与复核认定办法》，完成了76个省级25个国家级实验室的竣工验收工作。五是会同煤监局研究提出了为76个分局投资7900万元的煤矿监察专项设备配备方案，依法组织了公开招标，督促完成了采购设备履约供货工作，并组织开展了装备使用人员的专题培训。六是印发了《关于加强国家和区域矿山应急救援队建设工作的通知》等3个规范性文件，落实了项目建设、竣工验收和运行维护的主体责任。会同财务司、应急指挥中心统筹完成了国家和区域矿山应急救援队的设备采购工作。七是按照国家基本建设程序管理的有关规定，完成了列入总局2011年总局自身建设投资计划的40个项目的会审工作，核定了设计方案及工程概算。

**三、推进了科技兴安工作**

1. 积极争取科技政策支持，推动安全生产科技进步

一是加强与科技部的沟通协调，联合印发了《关于进一步加强安全生产科技工作的通知》，建立了安全监管部门与科技部门上下对口支持工作机制，明确了今后一个时期安全生产科技工作的方向和重点任务。二是会同总局、煤监局有关司和应急指挥中心等单位，组织相关科研单位、高等院校和企业研究确定了“十二五”安全科技攻关的重点方向，分3次向科技部报送了28个社科类科技支撑项目，15个高新技术计划项目，同时组织推荐给煤监局报送的科技支撑计划项目5个。三是科技部安全生产领域“十二五”国家科技支撑计划项目“煤矿突水、火灾等重大事故防治关键技术及装备研发”、“矿山典型灾害预测控制关键技术装备及示范工程”等4个项目已经通过科技部组织的项目论证会。四是按照科技部关于“十一五”国家科技支撑计划项目课题验收要求，先后组织召开了国家科技支撑计划“煤矿瓦斯、火灾与顶板重大灾害防治关键技术研究”、“矿井重大灾害应急救援关键技术研究”等4个项目课题专家验收会议。配合科技部完成了由总局组织实施的8个“十一五”国家科技支撑计划项目的验收工作。会同煤监局科技装备司组织专家对“煤矿安全高可靠性监控系统关键技术研究”课题进行了中期检查。五是配合科技部研究制定了《国家生产安全科技示范工程专项行动计划实施方案》，加快科技成果转化与应用。

2. 加强和规范安全生产先进适用技术成果推广与奖励工作

一是印发了《关于组织开展安全生产“百项”先进适用技术推广遴选工作的通知》，开展了安全生产“百项”先进适用技术推广的遴选工作，申报的项目达到300余项，专家评审工作已经完成。二是印发了《关于组织开展安全生产“千项”新型实用产品推广遴选工作的通知》，征集了一批新型实用产品，确定一批强制推广产品，加快企业安全技术装备升级，促进安全产业化的发展。三是印发了《关于组织开展安全生产“百佳”科技创新型中小企业遴选工作的通知》，启动安全生产“百佳”科技创新型中小企业遴选工作，促进中小企业建立完善与工业化、信息化发展要求相适应的安全科技支撑体系。四是配合国务院淘汰落后产能部际协调小组，完成了对甘肃、青海、新疆及新疆生产建设兵团2010年淘汰落后产能考核工作。五是组织开展了第五届安全生产科技成果奖评审工作。组织近百名相关行业领域的专家完成了725个项目的集中评审工作，并报经总局局长办公会审议，确定了289个项目获奖（其中一等奖23个、二等奖64个、三等奖202个），印发了《关于表彰第五届安全生产科技成果奖的决定》。

3. 加强科技需求调研与技术交流，强化科普和科学素质教育

一是在重庆市组织召开了安全生产科技工作座谈会，研究、探讨并交流了各地取得的新技术和好经验。观摩了“中国西部安全（应急）产业基地”现场、校车生产现场及样品展示。二是会同煤监局科技装备司、山西省煤矿安全监察局在山西太原组织开展了2011年“安全生产科技周”活动。三是

按照《全民科学素质行动计划纲要实施方案(2011—2015)》、《2011年全民科学素质工作要点》，组织编制了安全科普系列丛书，并在总局政府网站开辟了安全科普讲座专栏和咨询热线。四是组织召开国家安全生产专家组专题座谈会，促进专家之间的交流与合作。

**四、开展专业服务机构专项治理和重点检查**

1. 开展“三个专项治理行动”，加强机构监管力度

一是开展了安全评价机构监管和从业行为专项治理行动。会同驻总局监察局组织召开全国专题视频会议，研究制定了《关于开展安全评价机构监管和从业行为专项治理工作的实施意见》和《加强安全生产专业技术服务机构规范和治理工作分工实施方案》，组成联合检查督导组对甘肃等地进行了检查和督导。二是开展安全生产检测检验机构专项治理。印发了《开展安全生产检测检验机构专项检查的通知》，组织开展了全国安全生产检测检验机构专项检查，通报了51家存在问题的机构并责令限期整改。三是开展了煤矿井下重点矿用安标产品专项治理。针对2011年煤矿所发生重大事故暴露出的问题，会同国家煤监局印发了《国家安全监管总局办公厅国家煤矿安监局办公室关于开展煤矿井下部分重要安标设备专项检查的通知》，组织开展专项检查，推动煤矿加强技术管理、井下安全避险“六大系统”建设与完善。根据检查结果，印发了《关于煤矿安全监控系统及井下移动式空气压缩机专项检查情况的通报》和《关于井下矿用电缆产品专项检查情况的通报》，共撤销2家生产企业5个空气压缩机产品的安全标志，暂停了6家企业34个空气压缩机产品的安全标志，注销了4家企业12个产品的安全标志。撤销了6家企业15个矿用电缆产品的安全标志，暂停了57家企业520个矿用电缆产品的安全标志。四是严把机构资质准入条件，坚决淘汰不合格的机构。严格审查到期换证和新申办的机构资质条件和审查程序，坚持向社会公开、公告。通过严格复审和专项检查，撤销了1家甲级安全评价机构（河南振安企业管理咨询有限公司）的资质，撤销了1家甲级资质评价机构部分业务范围，对存在问题的39家评价机构进行了通报批评。

2. 改进机构监管机制，不断推动制度创新

一是制定了《安全生产检测检验机构资质审批程序》和《安全生产检测检验机构资质评审专家管理规则》，进一步发挥各省级局、总局和煤监局相关业务司局审核、监管以及专家评审的作用，切实规范专家评审队伍的管理。二是印发了《进一步加强矿用产品安全标志管理工作的通知》和《关于加强矿用新产品安全标志管理的通知》，创新和改进矿用产品安全标志管理机制，发挥各省局在矿用产品安全标志日常监管中的作用，加强矿用安全标志产品全过程的监管和新产品安全标志的管理。三是积极探索加强对安全评价机构监管的新机制和新途径，研究制定了《安全评价机构工作质量综合评估管理办法（草案）》，强化中介评价机构的评估考核和管理工作。研究制定了《关于推行安全评价报告等信息网上公开的通知》，推动实施安全评价报告公开制度，增强了社会监管。

**五、加快安全生产信息化建设与应用**

1. 完成了“金安”工程一期项目竣工验收工作

一是会同财务司、通信中心完成了项目最终调整方案并报国家发改委备案。二是会同财务司和通信中心组织协调项目监理等承建单位完成了项目建设总结、信息安全评估、财务审计等工作，共整理完善形成文档11类337卷4007件。三是受国家发改委委托，成立了竣工验收委员会，经过工程、技术、档案、财务4个分项和总体验收专家评审，完成了竣工验收并报国家发改委、财政部备案。

2. 将“安全生产监管监察信息化工程”列入《国家重大信息化工程建设规划》

经与国家发改委高技术司沟通，争取到将“安全生产监管监察信息化工程”列入《国家重大信息化工程建设规划》，为安全生产信息化建设与发展奠定了基础。

3. 开展了“金安”工程二期项目部分前斯工作

一是会同通信中心明确了项目建设的指导思想和效能目标。二是明确了二期项目主要内容，规划与设计了监管机构与企业安全生产物联网互通并共享有关信息，为各级监督监察机构提供更有效的信息化技术支撑手段。三是在财务司的支持下，选定了中国电子工程设计院承担项目可研报告编制任

务，提出了可研报告初稿。

4. 进行了安全生产物联网试点工程有关工作

一是按照张德江副总理的批示精神和总局领导的批示要求，开展了物联网技术在矿山安全生产领域应用的调研和分析，提出了工作方案。二是启动了基于物联网的远程监管监察和事故应急处置系统在安徽、福建、四川的试点建设工作。三是组织神华集团、中煤能源集团、中国矿业大学、天地（常州）自动化股份有限公司及安信公司等单位参加了第十三届中国国际高新技术成果交易会，展示了煤矿安全生产物联网技术的应用成效。“煤矿安全生产物联网技术应用成果”专题展获得国家发改委“优秀组织奖”，5 个参展单位分别获得“最佳展示奖”和“优秀展示奖”。

**六、强化作风建设，努力提升团队创造力、凝聚力、战斗力**

一是制定了《规划科技司继续深入开展创先争优活动方案》，以组织集体学习、召开民主生活会等形式，深入开展了以争做安全发展忠诚卫士、创建“五型机关”和为民务实清廉安监机构“创先争优”活动。二是制定了《规划科技司贯彻落实总局2011 年反腐倡廉任务分工的实施意见》，明确了任务分工，落实了相关责任。三是根据总局党组关于在全国安全监管监察系统开展第二个反腐倡廉“警示教育周”的部署和开展“一查两找”的要求，扎实开展了第二个“警示教育周”活动，认真贯彻执行《中国共产党领导干部廉洁从政若干准则》，及时开展自查自纠工作。四是组织印发了《安全生产科技成果推广工作六条纪律》，明确规定安全生产科技成果推广工作“三不指定”和“六不准”。五是先后派出 3 人分别参加中央党校、行政学院、社会主义学院的脱产学习，同时认真组织全司公务员积极参加总局举办的各类培训和讲座，通过加强理论学习，熟悉国家政治经济政策，掌握安全监管监察法律法规，不断强化全司同志大局意识、责任意识，提升综合素质，提高工作能力，增强了凝聚力和执行力。

回顾2011 年安全生产规划科技工作，虽然取得了一定的成绩，但对照总局党组的要求，还有很大差距。一是对建设项目监督管理没有完全到位。工作精力主要放在申请项目和争取投资方面，虽然出台了一批基本建设监管制度，但监管方式相对单一，致使部分建设项目投资计划执行过程中存在进度不快、支出均衡性不规范、结余结转指标不合理等问题，甚至个别项目投资计划下达后，迟迟不能按要求开工建设。二是安全生产监管监察保障能力和支撑条件不足。执法装备水平比较低，基础设施、执法装备和事故处理仪器设备不能满足日益繁重的执法业务需求；应急救援基地建设和装备水平亟待提高；安全生产信息化建设和应用滞后。三是安全生产科技攻关和成果推广工作与严峻的安全生产形势需求有较大差距。大部分地区缺少安全科技创新体系建设支持政策；企业对先进适用的科技成果推广应用重视不够，主动性不强；安全科技成果转化的市场机制和有效途径没有全面形成，科技研发和推广应用存在脱节现象。四是专业服务机构监管还有薄弱环节。部分安全监管监察部门还没有将专业服务机构的执业行为列入执法检查和事故调查中；部分专业服务机构技术装备水平不高，执业能力和职业诚信建设有待进一步提高；一些专业服务机构存在“重效益、轻责任”现象，技术服务对安全生产科技支撑效果不明显，在事故预防中的作用不突出；专业服务机构审批、考核、退出机制有待进一步规范。五是自身建设需要进一步加强，廉政建设需要持续巩固，组织能力、协调能力和表达能力还需不断提高。

面对当前的困难和问题，我们有信心在总局党组领导下，把2012 年的规划科技工作做得更好。

# 非煤矿山安全监督管理工作

国家安全生产监督管理总局监管一司

2011年，在国家安全监管总局党组的正确领导和各地区、各有关部门及广大非煤矿山企业的共同努力下，我国非煤矿山安全生产形势继续保持稳定好转态势，当年也是非煤矿山安全生产历史上形势最好的一年。全国共发生非煤矿山事故871起，死亡1060人，同比分别减少138起和211人，下降13.7%和16.6%。其中发生较大事故30起，死亡124人，同比分别减少13起和55人，下降30.2%和30.7%；发生重大事故1起，死亡23人，同比分别减少1起和3人，下降50.0%和11.5%；未发生特别重大事故。

**一、认真贯彻落实国务院23号文件精神，强化安全生产主体责任落实**

一是根据国家安全监管总局的统一部署，各地区结合本地实际制定了贯彻落实国务院23号文件精神的具体实施办法，如内蒙古、贵州等地区专门出台了关于加强非煤矿山安全生产工作的实施意见。二是国家安全监管总局印发了《关于切实加强非煤矿山安全生产工作的通知》等规范性文件，对非煤矿山安全生产工作、民爆物品隐患排查治理，以及加强地下矿山通风管理、防中毒窒息事故等内容提出了具体要求。三是分为5个片区，先后组织召开了座谈会，对《金属与非金属矿产资源地质勘探安全生产监督管理暂行规定》、《尾矿库安全监督管理规定》、《小型露天采石场安全管理与监督检查规定》，以及安全避险“六大系统”建设标准和推进安全标准化建设进行了宣贯；对金属非金属地下矿山企业领导带班下井制度、非煤矿山企业“三项岗位”人员先培训后上岗制度的落实情况，开展了专项检查。各地区、各有关部门和广大非煤矿山企业结合实际，采取可行管用的措施，认真落实企业安全生产主体责任和地方政府安全监管责任。

**二、加大“打非治违”和资源整合力度，规范非煤矿山安全生产秩序**

一是深入开展了“打非治违”专项行动，将查处无证、证照不全或证照过期，盗采矿产资源和未履行建设项目安全设施“三同时”手续擅自开采的行为作为打击重点，进一步开展了整顿关闭工作。2011年，全国共取缔关闭不具备安全生产条件的非煤矿山7600余座，其中地下矿山1050座、露天矿山5858座、尾矿库765座；查处无证、证照不全或证照过期矿山5503座；查处盗采矿产资源2693起；查处未履行建设项目安全设施“三同时”手续擅自开采652起。二是配合国土资源部对广东、广西、宁夏、新疆等省（区）开展了矿产资源整合抽查验收工作，对11个资源整合重点地区进行了检查。推动各地区研究制定非煤矿山主要矿种最小开采规模和最低服务年限标准，目前已有山东等10个省（区）制定了相关标准。三是进一步细化非煤矿山建设项目安全设施审查工作，开展了《金属非金属矿山初步设计安全专篇编制提纲》、《金属非金属矿山及尾矿库安全预评价报告和安全验收评价报告编制提纲》的修订和《金属非金属矿山安全设施竣工验收表》的制定工作；组织对20个安全专篇进行了审查，对14个建设项目安全设施进行了竣工验收。据统计，2011年地方各级安监部门共对9851个建设项目安全专篇进行了审查，对5854个建设项目安全设施进行了竣工验收。四是认真开展事故督办查处工作，制定了《非煤矿山事故跟踪督办工作制度》，对重大事故进行了挂牌督办，对较大事故进行了跟踪督办；向县级以上安全监管部门及有关企业发送警示、预警信息20余万条。各地区也进一步加大事故查处力度，完善事故督办制度，严肃责任追究，取得了较好效果。

**三、深化隐患排查治理和专项整治，夯实非煤矿山安全生产基层基础**

一是认真开展了隐患排查治理专项检查。国家安全监管总局共组织了17个检查组，分别对16个省（区）的93座尾矿库、13家海洋石油生产经营单位、3个陆上石油天然气防井喷失控防硫化氢中毒的重点地区进行了专项督查，并针对检查出的问题下发了32份整改函；配合国土资源等部门开展了海洋石油勘探开发溢油污染风险防范和陆源溢油污染风险大检查。二是会同国家发展改革委等四部门联合印发了《全国尾矿库专项整治行动2010年工作总结和2011年重点工作安排》；会同国家发展改革委向国务院报送了《关于支持无主尾矿库隐患治理工作的请示》，并联合下发了《关于进一步排查核报无主尾矿库隐患治理项目情况的通知》。三是继续落实尾矿库隐患治理专项资金。截至2011年底，国家发展改革委已向吉林、广西等12个省（区）的53个尾矿库隐患综合治理项目下达了中央预算内投资3.64亿元，并下达了中西部尾矿库安全监管能力建设专项投资计划4989万元；财政部已向贵州、甘肃等11个省（区）的88个中央下放地方政策性关闭破产有色金属矿山企业的尾矿库闭库安全治理工程项目下达了中央投资专项资金16.3亿元。四是加大安全投入和隐患排查治理力度。据统计，2011年各地区和非煤矿山企业共投入隐患治理资金103亿元，其中金属非金属矿山64亿元、石油天然气13亿元、尾矿库26亿元。地方各级安全监管部门共检查非煤矿山企业8.8万家（次），查出一般隐患33.1万项，已整改31.6万项，整改率为98.5%；排查出重大隐患2430项，已整改2125项，整改率为87.4%；确认重大危险源2478处，已有2076处落实了监控措施。

**四、健全非煤矿山安全生产法规制度，推进安全生产长效机制建设**

一是积极开展了《安全生产法》和《矿山安全法》的修订工作；修订并颁布实施了《尾矿库安全监督管理规定》和《小型露天采石场安全管理与监督检查规定》，提出了《非煤矿山工程外包安全管理暂行办法》送审稿。二是完成了《金属非金属矿山危险性较大设备设施检测检验规定》和《金属非金属地下矿山防治水规定》征求意见稿，启动了《非煤矿矿山建设项目安全设施设计审查与竣工验收办法》的修订和《陆上石油天然气安全生产规定》的制定工作。三是积极争取中央财政支持中央企业安全生产保障能力建设资金，会同财政部印发了《中央国有资本经营预算安全生产保障能力建设专项资金管理暂行办法》等规范性文件，组织相关中央企业开展了专项资金申请工作，2011年财政部已向15个应急救援队伍和11个应急演练基地下达了9.55亿元的专项资金计划。研究制定了《非煤矿山安全生产“十二五”规划》，并印发各地区执行。各地区出台了有关地方性法规和规章制度，有力地推进了非煤矿山安全生产长效机制建设。

**五、推动“六大系统”和安全标准化建设，提高企业本质安全水平**

一是国家安全监管总局发布了金属非金属地下矿山安全避险“六大系统”建设规范的6个安全标准，并下发了《关于切实加强金属非金属地下矿山安全避险“六大系统”建设的通知》，对安全避险“六大系统”建设的设计、施工、验收以及日常监管等提出明确要求。据统计，截至2011年底，全国金属非金属矿山企业已有178家完成了安全避险“六大系统”建设，242家完成了“五个系统”建设，466家完成了“四个系统”建设，1231家完成了“三个系统”建设。二是下发了《关于进一步加强非煤矿山安全生产标准化建设工作的通知》等文件，修订了金属非金属矿山安全生产标准化评分办法，组织开展了评审人员培训，公告了一级标准化评审组织单位和评审单位名单；研究制定了以HSE管理体系为基础的石油行业安全生产标准化导则及实施指南。截至2011年底，全国非煤矿山企业安全标准化达到二级标准的有761家，达到三级标准的有13378家。三是大力推行先进适用技术和装备。据统计，2011年全国露天矿山已有2.7万座采用中深孔爆破技术，4.3万座采用机械铲装，2.5万座采用液压锤二次破碎技术和非电引爆系统，2054座采用小型挖掘机；有1697座尾矿库推广应用在线监测、尾矿充填、干式排尾和综合利用技术。各地区和广大非煤矿山企业积极采用安全生产先进适用技术和装备，不断改善非煤矿山安全生产条件，有效地减少了非煤矿山伤亡事故的发生。

**六、积极开展安全培训和创新工作手段，提高**

**非煤矿山安全监管能力**

一是国家安全监管总局为加强非煤矿山安全培训工作，举办了非煤矿山安全监管人员培训班，共100余人参加了培训；并组织编写了非煤矿山企业班组长安全生产培训教材。各地区也加大了对非煤矿山安全监管人员和企业负责人、安全管理人员的培训工作。据统计，2011年地方各级安全监管部门共举办非煤矿山安全监管人员培训1977期，培训安全监管人员8万人（次）；举办非煤矿山主要负责人和矿山安全管理人员培训2862期，培训21万人（次）。二是完善了非煤矿山安全监管信息平台及安全生产许可证、尾矿库、非煤矿山基础资料等数据库工作，启动了非煤矿山安全生产许可证全国统一配号工作。三是加强安全生产技术支撑机构和专家队伍建设，公布了首批27家非煤矿山安全生产技术支撑机构和119名专家顾问名单。

**七、工作成效明显的同时问题依然突出**

2011年非煤矿山安全生产工作存在的突出问题表现为：一是事故总量仍然偏大，较大事故多发，重大事故仍时有发生。特别是地下矿山事故多发，非法违法较大事故仍然居高不下，2011年地下矿山发生较大事故18起，死亡73人，分别占非煤矿山较大事故起数和死亡人数的60%和58.9%；发生非法违法生产建设较大事故11起，占较大事故的36.7%，其中盗采和非法开采9起，占30%。二是安全标准化建设迟缓，截至2011年底，全国达到标准化三级以上的非煤矿山企业的比例分别为：在7168座取证地下矿山中仅占24.1%，在54902座取证露天矿山中仅占22.1%，在6202座取证尾矿库中仅占12.8%。三是安全避险“六大系统”建设进展不平衡，2011年地下矿山已建立通信联络系统的占59%，建立压风自救系统的占26.7%，建立供水施救系统的占26%，建立监测监控系统的占19%，建立人员定位系统的占11.3%，建立紧急避险系统的占5.9%。四是隐患排查治理工作常态化不够，仍有一些重大隐患未能得到有效治理。海洋石油开采面临的风险逐年增加，如何采取有效措施防范事故发生，已成为亟待解决的问题。此外，非煤矿山产业结构不合理、小矿山比例居高不下、安全基础薄弱、开采工艺装备落后、管理水平和从业人员素质低等长期存在的问题，依然没有得到根本解决。当前，经济持续快速发展，进一步拉动了对矿产资源的需求，非煤矿山企业呈现出超大规模、超深度开采的发展趋势，这对安全生产工作提出了新的挑战。

# 监管二司安全监督管理工作

国家安全生产监督管理总局监管二司

2011年以来，在总局党组的正确领导下，紧紧围绕贯彻落实国务院23号文件精神和“安全生产年”各项工作部署，进一步强化综合监管，积极推进行业管理部门和地方政府加强重点行业（领域）安全生产工作，完成了各项工作任务。

**一、加大综合指导协调力度，推动相关行业（领域）安全生产责任的落实**

一是推动工信、公安、交通、建设、铁道、农业、水利、质检、电力、国防科工等10个行业主管部门出台了开展“安全生产年”活动的实施意见，制定了细化落实国务院23号文件的一系列制度规定，进一步落实了企业主体责任。支持、配合并会同公安部等部门制定了《道路交通安全“十二五”规划》；会同公安部起草了拟以国务院名义印发的《关于加强和改进消防工作的意见》；会同住房城乡建设部研究出台了建筑施工企业及项目领导施工现场带班制度，强化了生产过程管理的领导责任。二是召开了全国安全生产综合监管工作暨道路交通动态监管工作现场会，一方面总结各地综合监管工作经验，研究落实了推进综合监管工作的具体措施；另一方面结合推动道路、水上交通动态监控工作，进一步探索加强综合监管的具体途径和方式方法。三是支持配合国资委出台了《中央企业安全生产禁令》，从安全生产条件、企业资质、现场安全管理、特种设备、特种作业人员、安全培训、事故报告等9个方面提出了9条禁止性要求，有力推动了中央企业主体责任的落实。

**二、加强技术保障能力建设，充分发挥动态监控系统在预防事故中的作用**

落实国务院23号文件要求，抓好道路交通、水上交通、建筑施工等行业（领域）动态监控系统的推广应用工作。一是强力推进道路交通动态监管系统安装应用工作。会同交通、公安、工信部门联合印发了《关于加强道路运输营运车辆动态监管工作的通知》，联合发布了道路运输车辆卫星定位动态监控系统4个技术规范，指导各地先后出台了46个实施办法和标准。截至11月底，全国“两客一危”车辆安装率已达到90%，完成了既定目标，并提前实现了全国监控平台的互联互通。动态监控系统在预防事故中的效果进一步显现，1—11月，全国客运车辆事故起数下降了14.1%，较大事故起数下降了18.3%，重大事故起数下降了44.4%。因超速导致的客运车辆重大事故起数同比下降了30%。二是加快推进水上交通动态监管试点工作。在2010年试点工作基础上，积极与农业部、交通运输部沟通协调，2011年将水上交通动态监管试点范围由2010年的4个扩大到全国15个沿海省（区、市），并在广东肇庆联合召开了推广工作现场会，推动各地加大防碰撞系统安装应用力度。截至11月底，海洋运输船舶和60马力以上机动渔船防撞自动识别系统安装率分别达到60%和40%，实现了年初制定的目标。初步统计，2011年以来船舶碰撞较大及以上事故起数同比减少了31%。三是启动了大型起重机械安全监控系统试点工作。先后与质检总局召开多次协调会，联合制定并印发了《大型起重机械安装安全监控管理系统实施方案》，成立了联合推广工作领导小组，组织编制了《起重机械安全监控管理系统》国家标准，为开展试点工作提供了技术依据。制定了在铁路、公路、船舶修造等重点行业和有关中央企业开展试点的工作方案，联合下发了《关于开展大型起重机械安装安全监控管理系统示范试点工作的通知》，选择了26家大型起重机械生产、使用单位和监控系统研发单位作为示范试点，为下一步在全国推广应用积累经验。

**三、加强主动协作配合，深化重点行业（领域）安全生产专项整治**

2011年以来，针对不同时段内事故发生的特点和苗头，联合相关行业部门开展了一系列专项整治，取得了积极成效。一是联合部署开展了道路客运隐患整治专项行动。针对2011年3月5天内连续发生4起重大客运事故的严峻形势，牵头交通运输部、公安部联合召开全国电视电话会议，部署在全国集中开展为期3个月的道路客运隐患整治专项行动。全国29个省（区、市）成立了专项行动领导小组，建立了以交通运管部门为主的企业隐患排查和源头整治制度，以公安交管部门为主的路面巡查和车辆档案制度，以安全监管部门为主的重点协调和事故督导制度，全面开展了隐患排查和监督检查。会同公安部、交通运输部组成联合督查组对包括西藏在内的全国31个省（区、市）进行了督查，对8个重点省进行了一对一点评，有效落实了部门监管责任和客运企业主体责任，取得了明显成效，特别是在专项整治期间，4月和5月没有发生一起重大道路交通事故，同比减少了5起。为了巩固专项行动取得的成效，公安部、交通运输部、国家安全监管总局研究决定专项整治延长3个月，并由总局牵头联合召开了专项整治推进会，对各地在专项行动中创造的“联合考评验收”、“风险评估预警”、“诚信考核”、“黑名单制度”等先进经验进行了总结推广，对部分地区存在的“工作合力不强、执行力层层衰减”等问题进行了重点剖析，明确把县级以下客运企业和个体运输户（挂靠车辆）作为下一步专项整治的重点，从市场准入、动态监管、标准化建设、打非治违等方面提出了要求。在6个月专项整治期间，全国重大道路交通事故起数和死亡人数同比下降了70.6%和60%。二是部署开展了建筑施工防坍塌专项行动。针对年初以来建筑施工坍塌事故多发的形势，组织建设、交通、铁道、水利、电力等部门积极研究对策，以国务院安委会办公室名义部署开展了建筑施工防坍塌事故专项整治，明确了房屋与市政、铁路、公路、水利、电力工程建设的重点整治内容和责任分工，督促各部门分别制定了具体实施方案并进行了部署。通过专项行动，有效遏制了建筑施工坍塌事故多发的势头。截至11月底，建筑施工重大坍塌事故起数同比下降了20%。三是联合部署开展了京沪高铁沿线打击非法违法行为专项行动。为了给京沪高铁开通运营创造良好的安全环境，会同铁道部以国务院安委会办公室名义印发通知，并联合召开了专项行动协调会，部署自6月至7月开展严厉打击京沪高铁沿线危害铁路运输安全非法违法行为专项行动，督促沿线7省市政府对排查出的9大类162项安全隐患进行了整改，依法取缔了一大批非法生产经营建设厂（场）、矿及其他生产经营点、建筑物，关闭了危及铁路及周边群众生命财产安全的各种作坊、摊点、设备设施，确保了京沪高铁的安全开通运营。四是支持做好消防安全专项整治行动。针对上半年重大火灾事故特别是“三合一”、“多合一”火灾事故反弹的苗头，推动并支持、配合公安消防部门自9月至2012年2月底，开展“清剿火患”专项整治活动，对全国87000多个社区、50多万个村庄、4000多万家社会单位进行全面排查，消除火灾隐患。公安部专门成立了以分管部领导任组长的领导小组，设立了1亿元专项奖励资金，对全国各省（区、市）1/3的市、县开展了“地毯式”督察。“清剿火患”专项整治活动以来，未发生重大及以上火灾事故。

此外，还会同交通运输部、教育部、监察部、国防科工局等部门开展了治超专项行动、校车安全专项整治、工程建设领域突出问题专项治理、全国中小学校舍安全工程专项治理、军工企业民爆器材专项整治和大运会闭幕式场所临建设施安全专项检查。

**四、突出超前防范和源头治理，进一步强化重点行业（领域）安全生产基层基础工作**

我们会同有关部门把平安创建活动作为加强行业安全基础工作的一项重要抓手，督促各地抓好落实。一是深入开展了以农村地区道路交通安全为重点的“平安畅通县市”创建活动。会同公安、工信、建设、交通、农业等部门，在总结过去3年“平安畅通县区”创建活动的基础上，联合部署开展自2011年起为期5年的创建“平安畅通县市”活动，制定了《创建“平安畅通县市”活动标准》和《评价指标体系》，从道路交通安全工作社会化程度、队伍及经费保障、安全宣传、基础设施、管理措施、管理效果6个方面，设置了30大项92小项考核评价内容，逐条规定了考核要点和评价办法，着力推动解决农村地区道路安全设施不足、客货运输源头管理薄弱、道路交通安全隐患多等难点问题。二是开展了“平安渔业示范县”创建活动。会同农业部在四川成都召开了“平安渔业示范县”创建工作会议，部署开展了以提高渔船作业人员持证率、渔船检验检测率为重点的平安创建活动，并联合对全国沿海8个省（市）的平安创建活动开展了督促检查。目前在全国23个省创建的55个国家级“平安渔业示范县”中，95%的渔船签订了渔业安全生产责任状，98%的船东、船长通过了安全培训。通过“平安渔业示范县”创建活动，有效减少了渔业船舶事故的发生，1—11月，全国渔业船舶事故死亡人数同比下降了13.7%。三是开展了“平安农机示范县”创建活动。会同农业部联合印发了实施方案，部署“十二五”期间继续在全国范围内开展以提高农机上牌率、规范农机操作和提高农民安全出行意识为重点的创建活动，每年在全国评选出100个左右的全国“平安农机示范县”，着力提高农民群众的安全意识和操作水平。9—11月，与农业部共同组织了6个检查组，对31个省（区、市）申报的2011年度109个示范县（区、市）进行了抽查，并进行了总结表彰。通过平安农机创建活动，促进了农机行业安全形势持续稳定好转，1—11月，农机事故死亡人数同比下降了14.7%。四是开展了“平安工地”创建活动。针对一段时期以来交通建设领域建筑施工事故多发的问题，为进一步加强交通建设安全基层基础工作，有效预防施工安全事故，会同交通运输部在全国交通建设领域开展了“平安工地”创建活动，联合在安徽省马鞍山市召开了现场推进会，总结交流了马鞍山长江大桥在施工中创造的“一校一志一会”（开办一线工人业余学校、填写安全日志和召开班前会）、“单元预警法”（根据工程作业内容、作业地点的不同，将管理对象划分为若干小单元实施4个不同等级的安全管理）、“三阶段安全风险分析和预防”（结合工程进展情况，按照防范措施时效的不同，以风险分析为主要内容，分预案、预控和预警3个阶段实施），对深入推进交通系统“平安工地”创建活动起到了示范作用。

**五、严格落实重大事故的现场督导和挂牌督办制度，进一步规范各地事故调查工作**

充分发挥事故督导督办在综合监管工作中的作用，把其作为一项重要工作抓好落实。一是加强对重大事故联合督导力度。加强与有关行业主管部门的协调沟通，在接到重大事故报告后，及时会同公安部（交管、消防）、交通运输部（公路、海事、建设）、住房城乡建设部、电监会等有关部门赶赴现场，协调指导事故现场救援和调查处理工作。2011年除西藏两起重大道路交通事故外，对38起重大事故赴现场进行了督导，及时印发了事故通报并挂牌督办。对153起典型较大事故进行了跟踪督导。二是进一步细化了重点行业（领域）重大事故挂牌督办工作细则。按照国务院安委会办公室关于重大事故挂牌督办工作程序要求，结合重点行业（领域）重大事故调查工作实际，进一步明确了道路交通、建筑施工、消防、水上交通等行业的现场督导、日常沟通、当面汇报、意见反馈、调查报告预审、正式审议、审核意见反馈、督促制定整改措施、整改情况反馈等具体环节的操作程序和时间要求，为挂牌督办工作的更加有序开展提供了保证。三是进一步推动了地方严肃查处事故。继续加大挂牌督办过程中的指导协调力度，对事故调查组的牵头和参加部门、调查程序、责任认定和追究等及时提出意见，在对重大事故的挂牌督办过程中，先后纠正了9起重大事故调查组组成不规范问题，对13起调查报告退回补充调查；提出了责任认定、整改措施等方面的278条审核意见并被相关地区采纳，分别提请总局局长办公会议审议通过。四是推动了地方安全监管部门更好地落实综合监管职责。通过挂牌督办，各地越来越重视事故调查工作，先后有甘肃、湖北、贵州等省，由过去行业管理部门牵头调查事故改为安全监管部门牵头，事故调查成为各地安全监管部门履行综合监管职责的重要途径和抓手。五是督促整改措施的落实。探索在重大典型事故结案前，对当地政府整改措施是否落实到位进行实地检查，对整改措施未落实到位的不予批复结案。通过严格责任追究和督促整改措施的落实，促进了行业监管责任和企业主体责任的落实。

**六、全力以赴做好特别重大事故的调查处理工作，深刻吸取事故教训**

一是集中开展了2011年发生的3起特别重大事故和2010年伊春“8·24”空难事故的调查处理工作。下半年以来，监管二司分管行业（领域）在两个半月的时间里连续发生了3起特别重大事故，在总局党组的统筹部署下，全力以赴投入事故调查，保证了事故调查各项工作顺利开展。特别是“7·23”事故，在调查工作中，总局党组始终高度重视，局长骆琳和副局长王德学组织指挥，集全局之力，保障了事故调查工作的有序高效开展。二是把事故调查与整改隐患相结合。在“7·23”事故调查中，调查组对发现的问题和隐患，督促铁道部立即采取了整改措施，避免了类似事故的再次发生。三是提出预防事故的针对性措施并推动落实。针对“7·23”事故中暴露的问题，结合8月中旬至9月上旬开展的高铁安全大检查中查出的问题，调查组对强化高铁科学发展和安全发展、健全完善高铁技术设备研发许可和运营规章制度标准、强化高铁技术设备研发管理、严把高铁设备安全准入关、加强铁路运输安全管理、加强高铁应急管理、科学规划高铁发展等7个方面提出了有针对性的整改措施建议。针对两起特别重大道路交通事故，督促公安部、交通运输部采取了5项针对性措施：对申请大中型客车、大型货车等驾驶证的，一律进行夜间实际道路考试；卧铺客车必须强制安装车载视频装置，由企业随时监控车厢内情况；对超长途连续运行的卧铺客车，积极推行凌晨2—5时临时停车休息制度；落实7座以上客车逢车必查措施，对超员载客的要一律卸客转运；加强客运车辆营运全过程的动态监控，切实杜绝疲劳驾驶。

**七、积极推进安全生产标准化建设，进一步提高重点行业（领域）企业安全管理水平**

按照国务院23号文件要求，把重点行业（领域）安全生产标准化建设作为落实企业主体责任的重要抓手，会同相关部门抓好贯彻落实。一是部署开展了全国电力安全生产标准化工作。会同电监会联合印发了《关于深入开展电力安全生产标准化工作的指导意见》，制定了《发电企业安全生产标准化规范及达标评级标准》，明确了电力安全生产标准化工作任务和各项措施要求以及考评标准；在山东济南联合召开了全国电力安全生产标准化工作会议，部署电力行业安全生产标准化创建工作全面展开。二是推进道路交通运输企业安全评估标准化建设。会同交通运输部、公安部等部门进行了调研，研究起草了《道路旅客运输企业安全管理规范》，督促指导交通运输部门在运输企业分级管理的基础上，结合道路运输企业质量信誉考核等工作，开展道路交通旅客运输企业安全状况评估标准化工作。三是深入推进建筑施工安全生产标准化。会同住房城乡建设部健全完善以《施工企业安全生产评价标准》（JGJ/T 77—2010）和《建筑施工安全检查标准》（JGJ 59—1999）及有关规定为核心的考评体系，推进企业全员、全方位、全过程的安全管理；完善建筑安全生产标准化工作奖惩机制，对建筑安全生产标准化工作成绩突出的391项重点项目授予2011年AAA级安全文明诚信工地，有效发挥了典型示范引路的作用。四是启动船舶工业安全生产标准化创建工作。协调指导船舶工业开展安全生产标准化工作，组织召开了相关国家标准立项专家论证会，委托相关科研院所起草了相关标准，为下一步全面开展船舶行业标准化创建工作奠定了基础。

**八、加强重点行业（领域）安全生产形势分析，提高事故预防工作的针对性**

为了提高事故预防工作的针对性和前瞻性，按照总局领导的要求，研究并建立了重点行业（领域）安全生产形势分析制度，会同有关行业管理部门定期或不定期分析形势，研究安全生产规律，查找事故中暴露出的突出问题，提出针对性措施。一是召开了由12个相关行业管理部门参加的安全生产形势分析会，分析事故原因和问题，对各部门落实国务院23号文件进展情况进行了督促落实，并对重点开展好“打非”行动和专项整治工作提出了要求。二是针对北京大兴“4・25”火灾事故及5月火灾多发的严峻形势，召集北京市安监、消防等部门专题研究，特别对开展“三合一”、“多合一”、“城中村”等重点部位的消防安全专项整治提出了具体要求。三是针对湖北省道路交通、消防安全形势严峻问题，召集湖北省政府分管领导及相关部门负责同志共同分析原因，对下一步工作重点和整改措施进行了部署。四是针对上半年建筑施工非法违法现象严重等问题，召集建设、铁路、交通、水利、电力等部门共同分析形势，对落实建设各方责任、强化施工现场管理等工作进行了研究落实。

**九、认真做好创先争优和党风廉政建设各项工作**

通过创新形式、丰富内容等多种手段，进一步加强党支部组织建设，提高全司同志的大局意识和责任意识，营造创先争优的良好氛围。一是不断加强各方面知识的学习，创建学习型党支部。坚持定期集中学习制度，不断提高思想水平和业务能力，为破解综合监管难题和完善综合监管方式方法创造了条件。二是积极创新活动形式，提高创先争优的效果。把创先争优与事故调查和现场督导相结合，充分发挥共产党员的先锋模范带头作用，在现场调查中发扬不怕苦、不怕累、特别能战斗的精神，克服各种困难，突破道道难关，以实际行动检验创先争优取得的成效。三是在廉政建设方面，按照总局党组《关于2011年党风廉政建设工作任务分工的意见》要求，把事故调查、安全科技成果推广和“三同时”备案等有关工作作为反腐倡廉的重中之重，做到同时安排、同时落实、同时检查，并要求全司同志严格遵守“四个不准”（不准违反规定向企业指定产品、不准违反规定向企业指定服务、不准违反规定向企业指定供货商、不准利用职务之便违规插手干预相关活动）。积极参加“警示教育周”活动和“警示作品”的制作展览，引导全司同志切实遵守《廉政准则》和总局党组党风廉政各项规定。

回顾2011年，综合监管工作经受了考验和挑战，道路交通、火灾等行业（领域）重大事故多发频发，7月下旬以后接连发生了3起特别重大事故，尤其是国内外广泛关注的“7・23”特别重大铁路交通事故。调查工作任务繁重而艰巨。在总局党组的正确领导以及相关司局的大力支持下，完成了今年各项工作任务。同时深刻体会到：一是总局党组的正确领导指明了工作方向。骆琳局长在监管二司呈报的工作报告上专门批示要“创新综合监管方式方法，推动工作落实”，总局各位领导从综合监管的宏观思路到具体措施都给予了精心指导，使大家对综合监管的定位更加清晰。二是各部门在综合监管认识上越来越达成共识。在近年来的工作实践中，各部门越来越清楚地认识到，安全生产工作是一个系统工程，必须多部门齐抓共管，特别是随着国务院23号和40号文件对强化安全生产综合监管作出突出强调，相关行业管理部门的联合协作意识进一步提高，工作合力进一步增强。三是总局相关司局的大力支持为做好综合监管工作创造了有利条件。各相关司局从综合协调、规划制定、统计分析、事故调查等方面都给予了大力支持。特别是在3起特别重大事故调查中，办公厅、政法司、规划司、统计司、监管一司、监管三司、监管四司、驻总局监察局、应急指挥中心等共有23人参加了现场救援和现场集中调查，为圆满完成事故调查任务作出了贡献。四是全司同志的协作配合为有效应对困难和挑战提供了保证。针对突发事件多的特点，牢固树立全司一盘棋思想，坚持分工协作和相互补台，在下半年全司10名同志出差在外处理事故的情况下，司里日常各项工作也做到了不停摆、不缺位，通过全体同志的努力拼搏、无私奉献和密切配合，较好地完成了各项工作任务。

# 危险化学品和烟花爆竹安全监督管理以及非药品类易制毒化学品监督管理工作

国家安全生产监督管理总局监管三司

2011年，按照国务院关于继续深化“安全生产年”活动的部署、张德江副总理关于“三深化”和“三推进”的要求，以深入贯彻落实国发〔2010〕23号文件精神为核心，以推动危险化学品和烟花爆竹安全生产形势持续稳定好转为目标，以推动企业安全生产主体责任落实为重点，以全面开展安全生产标准化为抓手，突出重点、强化监管，深化“打非治违”和隐患排查治理，加大法规标准制修订工作的力度，加强基层调研和工作指导，在实现危险化学品和烟花爆竹安全生产形势继续稳定好转的同时，危险化学品和烟花爆竹安全生产长效机制建设取得积极进展。

据统计，2011年全国共发生危险化学品事故66起，死亡128人，同比起数增加6起，死亡人数减少7人，分别上升10%和下降5.2%。其中：一般事故50起，死亡66人，同比起数增加3起，上升6.4%，死亡人数增加1人，上升1.5%；较大事故15起，死亡47人，同比起数增加4起，上升36.4%，死亡人数减少1人，下降2.1%；重大事故1起，死亡15人，同比起数持平，死亡人数减少7人，下降31.8%；未发生危险化学品特别重大事故，同比起数减少1起。

据统计，2011年全国共发生烟花爆竹生产经营事故81起、死亡164人，同比减少12起、48人，分别下降12.9%和22.6%。其中：较大事故16起、死亡75人，同比减少1起、11人，分别下降5.9%和12.8%；重大事故1起、死亡10人，同比增加1起、10人；未发生烟花爆竹特别重大事故，同比减少1起、37人。

**一、继续认真贯彻落实国发〔2010〕23号文件要求，深化安全生产标准化工作，推动危险化学品和烟花爆竹企业落实主体责任**

按照总局关于安全生产标准化工作的新要求和工作部署，印发了《国家安全监管总局关于进一步加强危险化学品企业安全生产标准化工作的通知》（安监总管三〔2011〕24号）和《国家安全监管总局关于全面开展烟花爆竹企业安全生产标准化工作的通知》（安监总管三〔2011〕151号），指导各地全面开展危险化学品和烟花爆竹企业安全生产标准化。

为规范危险化学品从业单位和烟花爆竹企业安全生产标准化达标创建工作，制定并印发了《危险化学品从业单位安全生产标准化评审标准》、《危险化学品从业单位安全生产标准化评审工作管理办法》、《烟花爆竹企业安全生产标准化评审办法》、《烟花爆竹生产企业安全生产标准化评审标准》、《烟花爆竹经营企业安全生产标准化评审标准》等3个评审标准、2个评审办法。

召开了全国危险化学品从业单位安全生产标准化工作视频会，对评审标准和评审办法进行了解读，部署危险化学品从业单位标准化达标创建工作。组织召开了2期烟花爆竹企业安全生产标准化宣贯会，讲解评审标准和评审办法，研究推动烟花爆竹企业标准化工作。

按照总局的部署，积极参与国发〔2010〕23号文件宣讲活动。在活动中，宣讲安监总管三〔2010〕186号文件。利用视频讲座、下基层等多种形式，配合完成了4个阶段的宣讲任务。

**二、积极组织开展危险化学品和烟花爆竹行业领域隐患排查治理工作**

按照国务院第165次常务会议、国务院安委会全体会议和总局的总体部署，印发了《国务院安委办关于全面排查整治危险化学品和烟花爆竹企业安全隐患的通知》（安委办〔2011〕26号），明确2011年危险化学品和烟花爆竹企业隐患排查整治的重点内容、时间安排和工作要求。10月份以来，对11个危险化学品重点省、4个烟花爆竹重点省隐患排查治理情况进行了督导检查。

**三、通过积极开展专项治理和"打非治违"活动，主动应对危险化学品、烟花爆竹安全生产出现的新问题**

开展礼花弹和烟花爆竹企业分包转包两项专项治理，继续深化氯酸钾专项整治。

针对礼花弹生产企业过多、销售和燃放市场秩序混乱等突出问题，继续深入开展礼花弹专项治理，礼花弹企业数量由300家减少到目前的95家。

针对烟花爆竹生产企业转包分包现象日益突出并引发多起事故的严重问题，根据安委会关于开展"打非"专项行动的总体部署，组织开展了集中专项行动，重点治理烟花爆竹生产经营企业转包分包等违法违规行为。2011年排查生产企业7560家次、经营企业8718家次，吊销安全生产许可证1家，暂扣安全生产许可证22家，暂扣经营许可证3家，经济处罚266家生产企业、20家经营企业，责令停产停业整顿119家生产企业。

以烟花爆竹药物安全抽检为抓手，深化氯酸钾专项治理。组织有关机构完成了2010年度烟花爆竹药物安全抽检工作并通报情况，依法查处违法违规行为。继续组织开展2011年烟花爆竹药物安全抽查，委托3家机构对9个省（区）180家生产企业和270家批发企业进行抽查，部署省局按比例抽查。

加大了危险化学品生产经营企业的"打非治违"工作力度，要求各地对查出的违法违规企业，一律依法处罚并责令限期整改，逾期不整改或整改没有达到要求的，暂扣安全生产许可证；强化对未按要求办理安全生产许可证延期、换证和被停产、关闭企业的监管；重视试生产延期企业的监管；指导各地利用联席会议这一平台，通力协作，组织开展了危险化学品领域"打非治违"专项行动。2011年通过开展执法专项行动，全国对危险化学品生产经营企业实施行政处罚6805次，吊销安全生产许可证15家，暂扣安全生产许可证26家，责令停产停业整顿1104家。

**四、探索形成了危险化学品"两重点一重大"安全监管新思路**

为提高我国企业危险化学品重特大事故预防能力，在学习借鉴发达国家重大工业事故预防成功经验的基础上，针对我国企业危险化学品事故预防的薄弱环节，继2010年以总局规范性文件发布《重点监管的危险化工工艺》之后，2011年以总局部门规章发布了《危险化学品重大危险源监督管理暂行规定》（总局令第40号），以总局规范性文件发布了《首批重点监管危险化学品名录》，受到了地方安监部门和专家的肯定和欢迎。"两重点一重大"抓住了预防重大危险化学品事故的关键，监管对策措施与国际接轨程度高，长期坚持下去将会不断提升我国企业防范重特大危险化学品事故的能力，提高危险化学品安全生产水平。

**五、危险化学品和烟花爆竹安全生产法制建设取得新进展**

配合完成了1项行政法规发布工作，组织制修订10项部门规章和3个规范性文件。

年初，配合国务院法制办完成了新修订的《危险化学品安全管理条例》（国务院令第591号）发布工作。

在政策法规司的大力支持下，完成了与《危险化学品安全管理条例》配套的4项部门规章（生产许可、经营许可、登记管理、建设项目审查）修订草案、4项新部门规章（安全使用、重大危险源、化学品管道、危险性鉴别分类）草案起草工作。其中《危险化学品重大危险源监督管理暂行规定》和《危险化学品生产企业安全生产许可证实施办法》已以总局令第40号、第41号发布。

完成了1项烟花爆竹部门规章（生产许可）

修订草案起草工作。

与公安部等 9 个部门成立了《危险化学品目录》制修订工作领导小组和工作组，并制定了制修订办法和工作规则。

指导分标委已完成了 18 项危险化学品安全标准、11 项烟花爆竹安全标准起草和审定，14 项危险化学品安全标准向社会公开征求意见。组织修订烟花爆竹国家标准 1 项。参与了其他部委牵头国家标准审查 20 多项（危险化学品 20 多项、烟花爆竹 2 项）。会同国际劳工组织北京局组织召开了危险化学品安全生产法规标准体系建设研讨会。

在新修订的《危险化学品安全管理条例》发布后，配合制定了《条例》宣传贯彻工作方案。在总局网站等媒体上发布了法制办与总局领导关于《条例》修订答记者问。组织召开了《条例》宣贯视频会议，1500 多名基层安全监管人员和企业管理人员参加了视频会议。按照国务院法制办和总局政法司的要求，完成了《条例》释义编辑工作。组织了 5 期《条例》宣贯讲解班，地方安全监管部门、企业和有关机构 2000 余人听了专家的讲解。组织编写发布了 40 号令和 41 号令的解读材料。指导有关专业协会完成了 3 期《化工建设项目安全设计管理导则》（AQ/T 3033—2010）专家解读专题班。

**六、危险化学品和烟花爆竹安全监管工作机制建设取得新突破**

继危险化学品安全监管部际联席会议之后，国务院批复同意由总局牵头建立烟花爆竹安全监管部际联席会议制度。召开了烟花爆竹安全监管部际联席会议第一次全体会议，制定了工作规则，建立起联合督查检查工作机制。

积极发挥危险化学品部际联席会议的作用，加强与发改委、工信部、公安部等部门的联系合作，强化了部门联合执法。

指导豫皖两省建立了省界区域烟花爆竹“打非”工作联动机制，并召开了 2 次联席会议。

继续推动苏浙沪 3 省（市）、环渤海 7 省（区、市）2 个区域危险化学品道路运输联控机制、电石生产重点地区安全监管协作组。目前，在危险化学品和烟花爆竹行业领域已建立起 2 个部际联席会议制度、3 个区域联控联动机制和 1 个专业协作机制。

**七、严肃事故查处，以事故教训推动工作**

通过加大事故的查处力度、事故通报、挂牌督办、现场督导、跟踪督导和事故约谈等手段，督促企业和各地深刻吸取教训，制定有针对性的防范措施。

完成 2 起特别重大事故（大连中石油国际“7·16”输油管道爆炸火灾事故和黑龙江伊春“8·16”特别重大烟花爆竹爆炸事故）调查和结案工作，向社会通报了调查结果，会同有关部门研究了防范措施落实工作。

认真做好事故挂牌督办工作。挂牌督办了 2 起危险化学品和烟花爆竹重大事故（山东新泰化工“11·19”重大爆燃事故和河南漯河“1·19”重大烟花爆竹爆炸事故）的调查处理工作；对 2011 年中石油大连石化分公司“7·16”和“8·29”事故的调查处理实施现场督导；跟踪督办了 1 起较大非法违法危险化学品事故（湖南株洲华丰化工“4·22”爆炸）、6 起较大非法违法烟花爆竹事故查处工作（湖北松滋“8·17”非法生产事故、广西平乐“10·2”非法生产事故、湖南耒阳“10·21”非法生产事故、安徽太和“11·2”非法生产事故、广西合浦“11·23”非法生产事故、山西临县“11·25”非法储存事故）。

认真做好事故现场督导和跟踪督办。派员现场督导了 5 起危险化学品和化工企业事故、4 起烟花爆竹事故，指派专人跟踪督办了 30 起化工企业和危险化学品事故、15 起烟花爆竹事故的调查工作。

认真做好形势分析和事故通报。年初，完成了 2010 年危险化学品和烟花爆竹事故情况分析，提出了“十一五”期间危险化学品和烟花爆竹事故总体情况分析报告。4 月，通报了一季度全国危险化学品和烟花爆竹事故情况和突出问题，提出了对策措施。5 月，组织召开了部分地区危险化学品和烟花爆竹安全生产形势分析会。完成了 2009 年以来全国化工企业生产安全事故情况调查分析。针对典型事故暴露出的突出问题，分别印发了 1 起危险化学品事故通报和 3 起烟花爆竹事故通报，提出了针对性防范措施。

落实事故单位约谈制度。召开了中央企业危险化学品事故情况通报会，分别约谈中石油、中石化、中国化工集团 3 家中央企业负责人和安全管理部门负责人，研究、分析事故暴露出的问题，提出事故防范措施。

**八、积极推进危险化学品和烟花爆竹安全监管信息化工作**

督促有关单位完善礼花弹流向管理信息系统，指导各地督促礼花弹生产企业全面启用管理信息系统，对礼花弹产品进行标识和流向登记管理。目前，全国有70家礼花弹生产企业使用系统登记礼花弹产品流向，有效推动了礼花弹专项治理工作。

积极推进“金安工程”危险化学品安全管理信息系统建设和应用。会同信息中心建立并完善危险化学品安全管理信息系统、数据迁移和运行连接工作。

进一步完善非药品类易制毒化学品监管信息系统，督促做好信息系统的应用工作，年报填报率已达到99%。及时掌握非药品类易制毒化学品生产、经营企业动态。

**九、组织开展有关新课题研究、积极推广应用新技术**

按照张德江副总理关于加强城市危险化学品安全管理这一新课题的重要批示要求，依托部际联席会议，起草了《关于加强城市危险化学品安全管理的意见（代拟稿）》并上报国务院，其中重要措施已纳入国发〔2011〕40号文件。

根据典型危险化学品事故暴露出的问题，先后启动了“高含硫油品加工安全技术”、“对化工园区进行定量风险评价和安全容量分析”、“基于风险的危险化学品生产、储存装置外部安全距离标准”3项课题研究工作。

继续推进化工企业危险工艺自动化改造工作，年内已基本完成。

开展烟花爆竹机械化工作调研，积极推进烟花爆竹机械化试点工作。

加快化工过程危险与可操作性分析（以下简称HAZOP）技术推广应用工作，召开了有430人参加的全国HAZOP推广研讨会，总结交流HAZOP在设计阶段、现役装置上的应用经验。

**十、危险化学品和烟花爆竹安全监管基础工作取得新进展**

监督指导各地做好危险化学品安全生产许可工作，并完成了6家中央企业（总部）许可证审查发放，督促指导各地严格执行《危险化学品建设项目安全许可实施办法》（总局令第8号），完成了危险化学品建设项目审查77项（次）。

完成了第二轮烟花爆竹生产企业安全生产许可，并于年初公布了取得安全生产许可证企业名单。目前，全国烟花爆竹生产企业总数（约5000家）比第一轮许可完成时又减少2000家。现有企业约有1/3进行彻底重建，2/3实施了改造提升。

基本完成首次全国危险化学品登记工作。召开了全国危险化学品登记工作会议，总结交流各地登记工作情况，督促登记工作进度落后地区加快工作进度。截至12月，全国危险化学品生产企业首次登记率达98.3%，有3000余家企业完成登记复核审查。

完成了危险化学品安全生产“十二五”规划编制工作，并发布。

完成了全国危险化学品和烟花爆竹重点市县调查情况汇总，据调查全国危险化学品重点地市128个、重点县289个，烟花爆竹重点地市24个、重点县27个，为突出重点地区加强监管奠定了基础。

组织开展全国城镇危险化学品生产、储存、经营企业现状调查和全国光气企业安全现状调查，为改进危险化学品管理手段提供科学依据。

**十一、重点地区调研督导、重点时段督促检查成为危险化学品和烟花爆竹安全监督指导的有效措施**

通过调研督导，联系指导重点地区。2011年继续落实司领导牵头联系指导重点地区工作制度，组成了5个督导调研组，对15个危险化学品和烟花爆竹重点地区安全隐患排查和安全监管工作进行了督导调研，了解重点地区落实重点工作情况和好经验、好做法，对基层加强和改进危险化学品和烟花爆竹安全监管工作给予具体指导。

指导广东省和深圳市做好大运会危险化学品安保工作。在总局党组和大运会协调小组的统一领导下，制定了《国家安全监管总局深圳大运会安全保障工作方案》，5次组织赴深圳开展专项督导并召开总局大运会安保专题会议，随同总局领导3次赴深圳检查督导，积极协调做好大运会开闭幕式临建设施和游乐设施安保工作，认真做好大运会期间危险化学品安保工作，确保了大运会平安举办。

开展烟花爆竹旺季部门联合督查。2011年12月开始至2012年1月，牵头组织公安部治安局等5个烟花爆竹安全监管部际联席会议成员单位的有关司局，组成5个联合督查组，对10个烟花爆竹重点省区烟花爆竹旺季安全监管工作进行督查。

做好年初春节期间重点督查和跟踪督促。会同公安部等部门于春节前夕对北京市、天津市、河北省春节期间烟花爆竹安全工作开展联合检查，跟踪调度了北京市、湖南省等10个省（区、市）节日期间烟花爆竹安全情况。

**十二、与跨国化工企业合作成为学习借鉴危险化学品安全生产先进技术与经验的新途径**

落实总局与美国陶氏化学合作备忘录，成立了双方高层领导牵头的合作指导委员会，制定了2年工作计划，启动了为期2年的第二期危险化学品安全管理示范合作，学习借鉴陶氏化工厂泄漏管理经验。

与德国拜耳材料科技（中国）有限公司协作开展加强光气安全生产措施研究，为我国加强光气安全管理提出建议。

年初与美国塞拉尼斯公司签署化工过程安全管理合作备忘录，制定了2011年度工作计划，组织编写了化工过程安全管理培训教材，举办了1期化工过程安全管理培训班。

**十三、非药品类易制毒化学品监管工作取得明显成效**

首次专门发文（安监总厅管三〔2011〕17号），对全年非药品类易制毒化学品监管重点工作作出安排。

根据公安部的通报，开展涉案企业清查工作，向涉案企业所在地6个省级安全监管部门通报案件情况和存在的问题，对涉案企业进行了清查处理。

开展对易制毒化学品企业的检查工作，在“6·26”国际禁毒日前，由总局领导带队对山东省部分企业易制毒化学品管理情况进行了检查。

会同公安部禁毒局联合举办了2期以各地安全监管局易制毒化学品监管工作负责人为主要对象的培训班，提高地方安全监管人员易制毒化学品监管的业务能力。

完成国家禁毒委部署成员单位的任务。参与了国家禁毒办、公安部组织开展的年度易制毒化学品管制工作总结、“十二五”期间禁毒工作规划制定、易制毒化学品管制目录调整、国际合作研讨等工作。

# 监管四司安全监督管理工作

国家安全生产监督管理总局监管四司

2011年以来，按照总局党组的工作部署，紧紧围绕总局的中心工作，以贯彻落实国务院23号文件精神为主线，以促进工贸企业安全生产形势持续稳定好转为目标，以开展工贸企业安全生产标准化建设和打非治违专项治理为重点，狠抓企业主体责任落实，夯实安全管理基础，创新安全监管机制，推动工贸行业安全监管工作上水平。一年来，完成了3个专题调研报告，组织召开了4次专业会议，现场督办9起事故，起草了4个部门规章、6份规范性文件、7项安全专篇编写提纲和12项安全规程（AQ标准），组织了21期标准化建设专题培训班，制定了23项标准化评定标准，公告了83家一级标准化企业。

**一、深入调查研究，理清工作思路，制定对策措施**

1. 围绕开展企业安全生产标准化建设，摸清工贸企业现状，明确工作目标和实现途径

围绕推进工贸企业安全生产标准化建设，年初组织多个调研小组赴有关省、部门、协会和企业进行了系统性的深入调查研究；基本掌握了我国工贸行业企业发展和安全生产管理现状及安全生产标准化建设情况，分析了存在的主要问题，提出了工贸企业安全生产标准化建设的工作思路、工作原则、工作目标、主要途径和保障措施；建议通过建立完善政策法规体系、评定标准体系、考评体系和信息化管理体系，大力开展教育培训，树立典型示范，

加强舆论宣传等9个方面工作，全面推进工贸企业安全生产标准化建设。调研报告得到总局领导的充分肯定，为总局深入开展全国企业安全生产标准化建设提供了重要的决策参考。

2. 围绕深化安全生产标准化建设，建立安全生产隐患排查治理体系

隐患排查治理是安全生产标准化的重要基础和重要内容，完善监管责任机制，创新考核机制，实现隐患排查治理的规范化和常态化，有利于深化安全生产标准化建设。根据总局领导的指示，组织调研组多次到北京市顺义区等地区开展深入的调查研究，将顺义区等地区深入开展隐患排查治理、建立安全隐患排查治理体系的经验做法及时总结，归纳提炼为：建立以信息化管理为手段，以企业分级分类管理系统为基础，以企业安全隐患自查自报系统为核心，以完善监管责任机制和考核机制为抓手，以制定隐患排查标准为支撑，以广泛开展安全教育培训为保障的安全隐患排查治理体系，实现由政府为主排查隐患向由企业为主排查隐患转变。调研报告得到了总局领导的高度重视，决定在顺义召开高规格的现场会议。这次会议反响很大，效果很好，会后已有20多个省（市）专程组织到顺义区参观学习。会后，会同办公厅拟定了“会议贯彻落实的实施方案”并报总局领导批准，拟定了《国务院安委会办公室关于建立安全隐患排查治理体系的通知》，组织安科院等有关单位编制《建立安全隐患排查治理体系建设实施指南》，为全面推动安全隐患排查治理体系建设提供有力的理论支撑和技术支持。

3. 围绕强化工贸企业安全监管工作，开展了创新安全监管体制机制调研

为破解工贸企业量大面广，安全监管力量越是基层越是薄弱的难题，把安全生产标准化建设不断引向深入，进一步创新安全监管体制机制，选择华东地区重要能源、原材料物流基地和制造业基地宁波市等地区进行了深入调研，对宁波市以推进标准化建设为抓手，落实企业主体责任，创新安全监管体制机制，推动安全管理创新的经验和做法进行认真总结。宁波市的做法概括为5个方面：创新监管体制，推进政府监管规范化；创新监管机制，推进企业安全生产标准化；创新监管手段，推进城市管理信息化；创新发展模式，推进园区建设管理一体化；创新群防群治机制，推进安全生产社会化。宁波的经验是安全监管机制体制和安全管理工作的重大创新，得到了总局领导的肯定，引起各地监管部门的关注，将进一步推动全国工贸企业安全监管工作的创新发展。

此外，还结合工贸行业实际，注重理论创新与实践指导，开展了有色等行业安全生产监管工作的专题研究，为加强工贸企业安全监管工作提供了理论支撑和技术支持。

**二、建立健全标准化建设体系，为工贸企业全面开展安全生产标准化建设奠定基础**

按照总局的部署和全国企业安全生产标准化建设视频会议的要求，重点抓好安全生产标准化建设的基础工作。

1. 工贸企业安全生产标准化建设体系基本形成

一年来，以加强法规标准建设为核心，以完善评定管理为保障，以强化业务培训为基础，以加快信息化管理为手段，以抓好典型示范为引领，找准切入点，抓准着力点，突破关键点，初步建立起全国工贸企业安全生产标准化建设体系。一是建立政策法规体系。起草了《工贸企业安全生产标准化管理规定》，以部门规章的形式固化相关制度，细化标准化建设要求；印发了《国务院安委会办公室关于深入开展全国冶金等工贸企业安全生产标准化建设的实施意见》（安委办〔2011〕18号）等规范性文件，组织安科院编写了《工贸企业安全生产标准化实施指南》；沈阳、宁波、山东诸城等标准化建设示范试点城市制定了一系列的激励约束政策措施，初步形成了工贸企业安全生产标准化建设的政策法规体系。二是建立评定标准体系。制定并公告了工贸企业23项标准化评定标准，地方根据本地实际对评定标准进行了补充完善，加上2011年制定并出台的4项评定标准，目前，基本建立起工贸企业安全生产标准化建设的评定标准体系。三是建立考评管理体系。制定了标准化《考评办法》和《评审管理办法》，对工贸企业标准化考评的申请、受理、评审、审核、公告、证书和牌匾颁发等相关工作作出明确的规定，对评审组织单位和评审单位提出了具体要求，并督促指导各地加强了考评体系建设，明确评审工作的流程和要求。目前，经考核发证的一级企业评审员310人，评审

专家331人。据不完全统计，各省（区、市）有二级企业评审单位149家，评审人员2791人；三级企业评审单位208家，评审人员3165人。四是建立信息化管理体系。目前，全国工贸企业安全生产标准化建设信息管理系统一期工程基本完成，实现标准化建设网上申报、评审受理、公告发布、证书管理等基本功能，实现一、二、三级考评的网上申办管理。

2. 抓好典型示范，发挥示范引领作用

一是3月份在广州召开了标准化建设现场会，拉开了全面开展标准化建设的序幕。二是6月份在沈阳召开标准化建设示范城市和典型企业座谈会，确定了5个示范城市和22家典型企业，实行大胆探索，先行先试，创新安全生产标准化建设模式、考评机制、激励约束机制和安全监管机制，积累好的做法和经验，为全国全面开展安全生产标准化建设工作树立样板。三是11月份在北京召开了标准化建设示范城市和典型企业工作交流会，对示范城市和典型企业的经验进行了阶段总结和工作交流，分析了进展不平衡等突出问题和薄弱环节，提出了加强政策措施研究、强化评审管理、加大宣贯力度、做到"五个结合"等方面的要求。四是及时总结标准化建设的先进经验。这些经验概括起来有：加强组织领导，落实各项保障措施；科学制订方案，明确创建目标任务；完善激励政策，创新工作方式方法；开展业务培训，提供技术支持；加强督促检查，保证达标进度质量；广泛宣传发动，营造良好创建氛围。这对于2012年全面铺开安全生产标准化建设，促进三年达标任务的完成，具有重要指导和借鉴作用。

3. 广泛开展宣贯培训，营造标准化建设的氛围

一是通过采取政策法规标准宣贯、理论研究、经验交流和现场指导等多种形式，分析主要问题，研究制定破解难题的办法措施，为推进标准化建设，统一了思想认识。各省（区、市）都已制定了安全生产标准化建设实施方案或实施意见，对创建工作进行了部署，把标准化建设成为工贸企业安全监管工作的重中之重。二是抓好人员培训工作。2011年共组织开展了21期近3000名安全监管人员、省级师资、评审人员参加的标准化专题培训班。同时，指导各地分别组织开展多形式、多层次、大规模的标准化业建设务培训工作。三是抓好舆论宣传工作。协助有关媒体开展了大量的标准化政策法规标准和典型经验的报道，多渠道宣传安全生产标准化建设的重要意义和具体标准要求，并协助办公厅建立安全生产标准化建设信息专刊，在总局政府网站设置了安全生产标准化建设和安全隐患排查治理体系建设专栏。通过大力培训标准化知识，宣贯相关政策法规标准，越来越多的人对安全生产标准化从不认识到认识，从不明白到明白，思想认识明显提高，安全生产标准化建设的氛围日渐浓厚。

4. 深入开展隐患排查治理工作，扎实推进安全生产标准化建设

一是推动隐患排查治理体系建设。按照总局领导的要求，在总结顺义区等地经验的基础上，积极推动各地实施差异化分级分类监管，制定科学严谨的隐患排查标准，建设功能完善的监管信息系统，建立隐患自查自报系统，广泛开展安全教育培训，建立和完善责任机制和考核机制，使企业知道查什么、怎么查，开展自查自报，推动隐患排查治理工作走上科学化、规范化和常态化。二是积极推进岗位达标。通过制定岗位标准、建立评定制度、加强班组建设和采用多种达标途径，鼓励广大职工积极参与排查治理身边的事故隐患，重点解决容易导致事故发生的岗位操作问题和作业现场管理问题，努力实现岗位达标，为企业安全生产标准化打下坚实的基础。三是在企业标准化建设中整改了一大批隐患。企业在标准化建设过程中，贯穿始终、投入最大的是隐患排查治理，仅总局公告的第十一批65家一级机械制造行业安全生产标准化达标企业，在标准化建设过程中共投入整改资金3.99亿元，整改消除隐患和各类不符合评定标准项7.3万多条，安全生产状况稳定好转，杜绝了死亡事故的发生。

2011年以来，总局已经公告了83家一级工贸行业安全生产标准化达标企业，各省（区、市）新增二、三级达标企业10316家。还有47家机械企业和5家冶金企业66个生产单元申请一级标准化企业，有22878家工贸企业申请二、三级标准化企业。

**三、严厉打击非法违法，深入开展专项整治，遏制安全事故发生**

1. 针对重点环节，提出具体要求

在认真总结2010年冶金企业煤气安全管理专项检查工作的基础上，印发了《关于冶金企业煤气安全管理专项检查情况的通报》（安监总厅管四〔2011〕70号），对专项检查工作取得的成效和发现的问题进行通报，并继续把防范煤气事故作为重点，把冶金企业煤气安全管理专项检查工作的方法，转变为冶金企业安全管理的一项重要的工作制度，常抓不懈。

2. 深化专项整治，开展交互检查

根据总局深入开展“打非治违”和隐患排查整治专项行动的总体部署，印发了《关于开展冶金企业煤气安全管理互检工作的通知》（安监总厅管四〔2011〕126号），从6月中旬开始，组织13个互检组，对涉及冶金煤气的26个地区开展交互检查，要求各互检组重点检查冶金企业贯彻落实《国务院安委会关于开展严厉打击非法违法生产经营建设行为专项行动的通知》的情况、冶金行业相关安全规程和规范性文件中涉及煤气安全内容的落实情况。各互检组至少配备2名专家随同检查，深入排查现场技术和管理问题。13个互检组共检查了78家企业，对上海、江苏、江西、云南进行了重点抽查。通过交互检查，不仅排查整改了一大批事故隐患，而且各级安全监管部门掌握了冶金企业煤气安全管理的基本知识、检查重点和工作方法，提高了安全监管水平。

3. 及时采取措施，遏制事故多发势头

针对典型事故，在通报事故原因、提出针对性措施的同时，及时组织召开了全国冶金重点生产省（区）安全监管工作座谈会，就如何做好冶金煤气安全隐患排查治理工作、加强冶金煤气安全管理对策措施进行了研讨，并要求创新监管方式，多措并举，扎实开展煤气隐患排查治理工作；切实吸取事故教训，完善煤气安全设备设施，加强安全管理；加强培训，提高煤气管理人员、作业人员的安全素质和水平；全面推动冶金企业积极开展安全生产标准化建设，提升冶金企业本质安全水平。通过开展专项整治，冶金企业煤气事故得到了有效遏制，尤其是较大以上事故大幅度减少。2011年全国冶金企业共发生较大煤气事故2起，死亡3人、受伤47人，同比减少3起、33人，分别下降60%和91.7%，没有发生重大煤气事故。这是近些年来冶金企业安全生产形势最好的一年。

**四、认真履行工作职责，注重事故规律性研究，用事故教训推动监管工作**

1. 分析事故原因，研究发生规律

据统计，1—11月，全国冶金等工贸行业共发生事故1400起，死亡1543人，分别同比下降6.3%、7.2%。其中较大事故41起，死亡154人，同比减少7起、14人，分别下降14.6%和8.3%；重大事故1起，死亡12人，同比减少1起、29人。

根据对41起较大事故的分析，工贸企业事故特点明显。一是发生事故的地域集中，江苏省、广东省各6起，是工贸行业事故多发省。二是发生事故的行业集中，轻工20起、冶金7起、建材5起、机械4起、有色3起，5个行业占较大事故的95.1%，其中轻工约占一半。三是发生事故的企业类型集中，约一半（20起）事故发生在私营经济和个体经济，小企业大事故现象突出。四是事故的类型集中，中毒窒息事故23起、爆炸事故10起，共占80.5%。这些事故都与煤气、有限空间、粉尘和高温金属液体有关。41起较大以上事故的主要原因是相关法规标准不完善，“三违”现象严重，现场管理不规范，隐患排查治理不彻底，从业人员安全教育培训不到位和盲目施救。

2. 深入事故现场，加强跟踪督办

严格按照“科学严谨、依法依规、实事求是、注重实效”的原则，认真跟踪每一起较大以上事故，深刻吸取事故教训，查找安全漏洞，完善相关管理措施，切实改进安全生产工作。一是对今年发生的所有较大以上事故进行了跟踪，详细了解事故过程和原因，分析存在的问题。二是按照总局领导批示，我司及时安排人员对江苏南通胶塑软木厂燃爆事故、常州中岳铸造厂煤气中毒事故、广西贵港钢铁集团煤气泄漏事故、广东佛山盛丰陶瓷公司火灾事故、江苏南京钢铁公司铁水外流事故、四川成都富士康粉尘爆炸事故、陕西西安液化石油气泄漏爆炸事故等9起影响较大事故进行了现场督导，指导地方做好事故善后及调查处理工作。三是对瞒报事故和非法事故进行跟踪督办。对广东惠州荣泰纺织有限公司瞒报事故，以及该省梅州市石灰窑和广州市家具厂等2起非法事故进行跟踪督办，落实了处理意见。四是对江苏南京钢铁公司铁水外流事故和西安液化石油气泄漏爆炸事故2起重大事故进行了挂牌督办。

3. 加强源头防范，做到标本兼治

一是根据对事故原因和规律深入分析研究的结果，及时发出了《关于进一步加强冶金等工商贸企业粉尘爆炸事故防范工作的通知》、《关于近期几起铝生产企业较大爆炸事故的通报》和《关于今年以来冶金等工贸企业有限空间作业较大事故的通报》等文件，通报有关情况，予以提醒警示，并从技术和管理上提出了有操作性的具体防范措施，要求各地举一反三，共同吸取事故教训。二是抓住重点行业和重点环节，通过事故原因分析发现法规标准存在的缺陷，不断完善法规标准，从源头上采取防范措施。起草了《机械制造企业安全生产监督管理规定》、《建材企业安全生产监督管理规定》、《工贸企业安全生产标准化管理规定》和有关冶金煤气、金属高温液体、粉尘和有限空间作业的《工贸企业安全风险较大作业监督管理规定》等4部规章，组织有关专家起草修订《工业企业煤气安全规程》、《炼铁安全规程》、《炼钢安全规程》、《轧钢安全规程》、《机械制造企业安全生产标准化规范》、《家具制造企业安全生产标准化规范》等12项AQ标准，现已全部完成了送审稿；编制印发了冶金、机械等行业7项建设项目初步设计安全专篇的编写提纲。

**五、加强党风廉政建设，深入开展创先争优，建设团结、廉洁、务实、高效、创新的工作团队**

1. 加强政治理论学习

将加强政治理论和政策法规学习作为提高工作水平，提升工作能力的重要内容，及时组织全司党员干部认真学习党的十七届六中全会精神，学习胡锦涛总书记在中央纪委第六次全会和庆祝中国共产党成立90周年大会上的重要讲话等文件精神，深刻认识安全生产面临的新情况、新问题和新挑战，进一步增强机遇意识、忧患意识和责任意识，进一步增强做好安全生产工作的责任感、使命感和紧迫感，增强创新安全监管工作的意识和活力，提高自觉践行党的宗旨能力和水平。

2. 开展创先争优活动

立足本职工作，充分发挥党支部的战斗堡垒作用和党员干部的先锋模范作用，司班子成员带头积极参加机关党委组织开展的各项活动，引导党员干部不断增强创造良好工作业绩的自觉性和坚定性，进一步推动我司学习型党支部建设，注重了解实情，分析问题，研究对策，创造了良好的工作业绩。

3. 加强党风廉政建设

进一步完善相关制度，制定了《监管四司2011年反腐倡廉工作任务分工和落实措施》；深入开展“警示教育周”工作，把反腐倡廉贯穿于业务工作中；切实落实“一岗双责”，有效推动了廉政责任落实；深入开展“一查两找”，针对工作中存在的“五多五少”问题，深入分析原因，提出了改进措施。

4. 加强工作作风建设

围绕中心工作，积极倡导务实高效的工作作风，提高办事效率，狠抓工作落实，提升工作执行力；注重调查研究，坚持深入基层和服务基层，及时把先进经验进行总结推广；注意把调动个人主观能动性、创造性与整体联动相结合，提高个人的业务能力和综合素质，增强队伍凝聚力，提升工作执行力，保证了全年工作任务的圆满完成。

一年来，在总局党组的坚强正确领导下，在机关各司局和有关单位大力支持下，监管四司各项工作取得积极进展，队伍建设得到进一步加强。但同时深刻认识到全国工贸行业事故总量很大，安全生产的基层基础工作还很薄弱，安全监管工作中还存在很多问题和不足，工贸行业安全监管工作任重而道远。

一是工贸企业基础薄弱，安全保障水平低。工贸行业企业法人单位达320多万家，涉及面广、领域宽、数量大，法人单位和从业人员占全国企业的60%以上，其中冶金、有色、建材、机械、轻工、纺织、烟草等7个行业占全国工业企业法人单位总数的86.1%、从业人员总数的81.3%，是我国制造业乃至整个工业的主体产业。其中大部分企业都是中小型企业和家庭作坊式小企业。这些小企业工艺技术落后，老旧设备和应淘汰设备居多，安全装置不全或缺失，专业技术人员缺乏，企业管理人员和作业人员文化素质不高，而且随着近年来招工难问题的显现，人员流动性大，未经安全培训上岗和一人多岗问题突出，企业安全保障水平低。

二是法规标准滞后，技术支撑不足。我国工贸行业整体技术水平不高，生产技术标准长期得不到及时修订，在3.9万项国家工业标准中有2.3万项标准的标龄超过10年，安全规程及AQ标准更加滞后，有些标准已经不能适应实际需要。在《企业安全生产标准化基本规范》发布后，相继制定了27项安全生产标准化评定标准，但是这些评定标准主要以规范性文件印发，而且企业分类有待细化，针对性有待提高。

三是安全生产标准化建设缺乏有力抓手，政策缺乏强制力。目前，在安全生产标准化建设工作中，仍然存在认识不够统一，政策措施不够有力，创建氛围不够浓厚，全国性激励约束机制还没有形成，创建工作进展不平衡等问题。一些地区感到在推进安全生产标准化建设过程中，没有法律支撑，工作中抓手不多，出现畏难情绪。一些企业认为安全生产标准化建设耗时、耗力、耗财，不能在短期内取得直接经济效益，工作缺乏积极性和主动性，往往采取观望、消极应付的态度。

四是安全监管基础不扎实，创新工作不够突出。各级安全监管部门中负责工贸企业安全监管的机构不健全，全国只有7个省（市）设立了相应的业务处；安全监管人员少，各类专业对口人员更少，与承担的监管任务相比严重不足。对重点企业、重点环节、重点地区的安全现状底数不够清楚，安全监管基础不扎实。众多中小企业分布在乡镇、街区，基层监管力量更加缺乏，监管难度非常大。同时，习惯于老思路、老办法和老经验，以惯性思维开展工作，解决实际困难问题的方法不够多，措施不够得力，创新工作思路不够宽。

五是安全隐患排查治理不到位，同类事故重复发生。安全专项治理和隐患排查工作流于形式，冶金煤气、高温金属液体、粉尘、有限空间作业等相关事故和盲目施救造成伤亡扩大事故重复发生，且有的是同类事故在同一个地区重复发生。这充分反映了一些地区和企业没有真正吸取事故教训，整改措施没有落实到位。

# 职业安全健康监督管理工作

国家安全生产监督管理总局职业安全健康监督管理司

2011年，在总局党组的领导下，在相关司局及相关事业单位的支持配合下，围绕安全生产工作总体要求，认真贯彻落实《职业病防治法》和《国家职业病防治规划（2009—2015年）》，认真履行职业卫生监管职责，扎实做好各项监管工作，较好地完成了全年的工作任务。

**一、积极推动各地加快职能划转，指导各地尽早理顺监管工作体系**

一是先后通过全国安全生产工作会议、全国职业健康监管工作现场会、职业健康监管工作研讨会，要求各地加强与机构编制部门及卫生、人力资源社会保障、工会等部门的沟通协调，尽快达成共识，调整明确本地区职业卫生监管部门职责分工，形成责权匹配、上下一致、运转有效的职业卫生监管机制，并根据职业卫生监管工作的需要，加强职业卫生监管机构建设，落实职业卫生监管责任。二是通过总局有关领导同志赴地方督查调研等时机，与地方党政领导沟通协调，督促有关各地加快职责划转工作。三是先后3次给各省级安监局打电话，了解各地职能划转进度，督促各地尽快理顺监管工作体系。四是通过总局政府网站、《中国安全生产报》、《全国安全生产简报》等媒体宣传报道各地职能划转情况，促进职能划转工作。

河北、山西、辽宁、黑龙江、江苏、安徽、湖北、湖南、广西、海南、四川、贵州、陕西、甘肃、青海、新疆等16省（自治区）已按照中央编办104号文件精神划转了职责；13省（自治区、直辖市）和新疆生产建设兵团正在积极进行职责划转协调工作。全国已有30个省级、275个市级、1627个县级安全监管部门成立了职业健康监管机构，分别占总数的94%、66%和47%；职业健康监管执法人员已达4000多人。

**二、制定印发指导性文件，推动规范各地职业健康监管工作**

职业健康监督管理工作对安监系统而言，是一项比较新的职能，为了指导各级安全监管部门规范有序地开展职业健康相关工作，先后组织制定了《关于加强职业健康工作的指导意见》（安监总安健〔2011〕132 号）、《关于加强职业健康技术支撑体系建设的指导意见》（安监总安健〔2011〕167 号）、《关于做好建设项目职业卫生“三同时”监督管理工作的通知》（安监总安健〔2011〕41 号）、《关于做好职业卫生检测评价技术服务机构资质认定和监督管理工作的通知》（安监总安健〔2011〕79 号）、《关于加强金矿开采企业粉尘危害治理工作的通知》（安监总安健〔2011〕142 号）、《国家安全监管总局关于进一步加强建设项目职业卫生“三同时”工作的通知》（安监总安健〔2011〕192 号）等 6 个总局文件和《关于印发 2011 年职业健康监管重点工作安排的通知》（安监总厅安健〔2011〕29 号）、《关于加强职业健康培训工作的通知》（安监总厅安健〔2011〕118 号）、《关于开展职业卫生安全许可证试点工作的通知》（安监总厅安健〔2011〕135 号）、《关于开展职业健康“百千万”培训工程的通知》（安监总厅安健〔2011〕156 号）、《关于开展重点行业职业危害专项治理省际互查工作的通知》（安监总厅安健〔2011〕159 号）、《关于开展职业卫生技术服务机构年检续展及换证工作的通知》（安监总厅安健〔2011〕187 号）、《关于开展职业病防治工作督查的通知》（安监总厅安健〔2011〕244 号）等 16 个总局办公厅文件，对各地做好职业健康监管工作发挥了指导规范和推动作用。

特别是《国家安全监管总局关于加强职业健康工作的指导意见》，从做好职业健康工作的重要意义、基本原则与目标任务、用人单位的主体责任、安监机构监管执法工作、重点行业职业危害治理、基层基础工作等 6 个方面，全面提出了今后安全监管系统职业健康工作的总体要求。《国家安全监管总局关于加强职业健康工作的指导意见》印发后，在全国各地引起了积极反响，为各地区、各单位做好职业健康工作提供了强有力的规范指导。

**三、加强法律法规建设，认真组织制定职业健康监管规章**

2011 年重点抓了“一法、一规定、四办法”的制修订工作。“一法”是《职业病防治法》。与政法司一道多次与国务院法制办、全国人大常委会法工委反复沟通协调，反映意见建议，为监管工作争取有利条件，并两次随同全国人大进行修法调研。目前《职业病防治法修正案》已经过两读审议，12 月底即将提请表决通过。“一规定”是指《用人单位职业卫生监督管理规定》，是根据《职业病防治法修正案（草案）》和中央编办〔2010〕104 号文件精神，对《作业场所职业健康监督管理暂行规定》（总局 23 号令）进行修订而成的。“四办法”是指《职业病危害项目申报监督管理办法》、《建设项目职业卫生“三同时”监督管理办法》、《职业卫生技术服务机构监督管理办法》和《职业健康监护监督管理办法》。其中，《职业病危害项目申报监督管理办法》是在申报工作实践的基础上，对《作业场所职业危害申报管理办法》（总局 27 号令）进行修订而成的。《建设项目职业卫生“三同时”监督管理办法》是在借鉴安全生产、环境保护和卫生等部门有关建设项目管理的经验和做法的基础上起草形成的，突出了建设单位的主体责任，要求建设单位必须对建设项目职业病危害预评价报告、职业病防护设施设计专篇、职业病危害控制效果评价报告组织评审，并对其客观性、真实性、公正性负责。《职业卫生技术服务机构监督管理办法》在吸收、参考安全生产检测、评价和卫生部有关职业卫生技术服务机构管理的经验和做法的基础上形成，将职业卫生技术服务机构分为甲、乙、丙三级，审批特点是由下一级安全监管部门进行审核，上级安全监管部门进行资质认定。《职业健康监护监督管理办法》突出了用人单位对劳动者进行职业健康体检及建立健康档案等方面的主体责任，明确了安监部门的监管职责。这 5 部规章草案都已报政法司进行法审，拟在《职业病防治法修正案》颁布后，提交局务会议审议、出台实施。这些部门规章的颁布实施，对规范职业健康监督管理工作，加强职业病危害申报、建设项目职业卫生监管、职业卫生技术服务机构管理、职业健康监护等工作，必将提供强有力的法规支持。

**四、加快技术标准制修订，规范用人单位职业健康管理工作**

2011 年上半年已经完成了《钢铁冶炼企业职业健康技术规范》、《氧化铝厂防尘防毒技术规程》、《焊接工艺防尘防毒技术规范》、《制革职业安全卫生规程》、《涂装作业危险有害因素分类》等13项标准的制修订工作，已经总局局长办公会议审定通过并发布施行。下半年又完成了《印刷企业防尘防毒技术规范》、《石材加工工艺防尘技术规范》、《焦化行业防尘防毒技术规范》、《仓储业防尘防毒技术规范》等11项标准的制修订工作，这11项标准业经职业健康司司长办公会讨论通过，目前已报政法司审核。

**五、突出重点行业领域，积极开展职业危害专项整治**

《国务院关于进一步加强企业安全生产工作的通知》（国发〔2010〕23号）第26条对职业安全健康工作提出要求：不符合有关安全标准、安全性能低下、职业危害严重、危及安全生产的落后技术、工艺和装备要列入国家产业结构调整指导目录，予以强制性淘汰。按照国发〔2010〕23号文件要求，先后以职业危害比较严重的石英砂加工行业、木质家具制造行业、石棉矿山与石棉制品行业等行业为重点，组织开展了集中整治。并在指导各地做好3个行业治理工作的同时，开展了金矿开采企业检测调研，共调研了8个省（区）的41家金矿开采企业，摸清了金矿开采行业职业危害情况，在此基础上组织开展了金矿开采企业粉尘危害治理工作，要求所有金矿开采企业加大职业危害防治经费投入，建立健全防尘系统、完善防尘设备设施，重点做好矿石开采点、粉碎点、转载点的防尘降尘，根据企业实际，采取以通风除尘、湿式作业为主，结合“密、护、革、管、教、查”等综合防尘措施，把生产场所的粉尘浓度控制在国家法律法规规定的标准范围内。治理工作从2011年9月开始，到2012年8月底结束。

**六、强化安监系统监管人员培训，提高监管能力和执法水平**

一是在大连、江西举办了两期省、市两级职业健康监管人员培训班，从职业健康的法律法规、技术标准、粉尘危害与控制、高毒物品危害与控制、物理因素危害与控制等方面，培训省、市两级职业健康监管人员近300人，进一步提高了各地职业健康监管人员的业务素质。二是在昌平举办了职业健康监管工作研讨会，杨元元同志亲自讲解《国家职业病防治规划（2009—2015年）》，司领导班子成员结合分管工作讲授有关监管业务，并邀请了4位职业卫生专家就职业病防治的有关专业知识和法律知识进行了讲授，明确了下一步职业健康监管工作的思路，统一了思想，受到了地方同志的好评。三是配合人事司，在县级安监局局长视频专题培训班上讲授了《职业健康形势分析与对策措施》，指导全国各地县级安监部门做好职业健康监管工作。

**七、开展职业卫生许可试点，探索实行职业健康准入制度的方式方法**

根据《使用有毒物品作业场所劳动保护条例》精神，为了预防、控制和消除职业中毒危害，2011年首先在河北、江苏、重庆三省市职业危害严重的箱包制造行业、木质家具制造行业、制鞋行业开展了职业卫生安全许可证发放试点工作。通过开展试点工作，研究制定职业卫生安全许可证监督管理的相关规章制度，规范许可证发放标准、发证程序和监督管理等环节，摸索职业卫生安全许可监管的有效方法，积累经验，为全面启动职业卫生安全许可工作提供依据。

**八、加强重点行业企业管理人员培训，提高职业健康管理能力**

为了深化重点行业领域职业危害专项整治，组织开展了职业健康“百千万”培训工程，即在全国范围内，选择有代表性的100家石棉开采及石棉制品企业、1000家石英砂加工企业和10000家木质家具制造企业的主要负责人和职业健康管理人员进行职业健康培训。从2011年8月起，用1年时间，培训石棉开采及石棉制品、石英砂加工、木质家具制造3个行业企业的主要负责人1.11万人、职业健康管理人员2.22万人。通过开展职业健康“百千万”培训工程，提高石棉、石英砂、木质家具等行业企业负责人和职业健康管理人员的职业健康管理能力，改善企业的职业健康管理水平。为确保培训质量，在广西举办了两期职业健康“百千万”培训工程师资培训班，培训了各地推荐的68家培训机构的260名教师。

**九、推动职业健康支撑体系建设，组建职业卫生专家队伍**

一是在广泛开展调研的基础上，印发指导意见，提出了技术支撑体系建设的基本要求，拟用3年左右的时间，依托利用现有技术资源，基本建成覆盖全国、布局合理、装备完善、技术精湛、管理有序、服务上乘的国家、省、市、县四级职业健康技术支撑网络。到2015年，全国建成3~5个国家级技术支撑机构，每个省（区、市）建成1~3个省级技术支撑机构，每个市（地）建成1~2个市级技术支撑机构，每个主要工业县（区）建成1个县级技术支撑机构，非主要工业县（区）联合建成1个县级技术支撑机构，保证每级安全监管部门都能得到有力的执法技术支撑。二是为充分发挥各行业领域职业卫生专家的技术支撑作用，提高职业卫生监管工作的科学性、规范性、公正性，启动了职业卫生专家库组建工作，印发了《关于推荐国家安全监管总局职业卫生专家的通知》（安监总厅安健〔2011〕228号），拟从高等院校、科研院所、专业协会、企事业单位、机关及部队推荐职业卫生专家，从中遴选出约150位专家建立总局职业卫生专家库，参与职业卫生政策咨询、职业病危害专项治理、建设项目职业卫生“三同时”审查、职业病危害事故调查处理、职业卫生技术服务机构资质认定、职业卫生宣教培训等工作。《通知》印发后，各地踊跃报名，已推荐专家人选近900名。

**十、加强行政监管执法，积极开展职业健康监督检查**

一是组织开展了石英砂、木质家具、石棉开采及石棉制品三项治理的省际互查工作。为督促各地按照三项治理要求做好职业病危害治理工作，组织了14个检查组对28个省（区、市）进行了检查。通过省际互查，交流了一些好的做法和经验，促进了各地三项治理工作的深入开展。二是联合卫生部、人力资源社会保障部、中华全国总工会组织开展了职业病防治工作督查。组织了4个督查组，分别由国家安全监管总局、卫生部、人力资源社会保障部、中华全国总工会四部门的部级领导带队，对河北省、湖北省、江苏省、江西省、广西壮族自治区、山东省、广东省、贵州省8个省贯彻落实《职业病防治法》和《国家职业病防治规划(2009—2015年)》等工作情况进行了督查。三是督促各地进一步做好职业危害申报工作。印发了《关于全国作业场所职业危害申报情况的通报》（安监总厅安健〔2011〕61号），通报了全国职业危害申报工作进展情况，并对下一步工作提出了具体要求；为方便咨询，增设了咨询电话，及时解答各地关于申报工作的有关疑问，方便用人单位进行申报，申报企业从上年的11万家增加到22.5万家，比上年翻了一番多。

**十一、摸清技术服务机构底数，强化技术服务机构管理**

一是对原经卫生部门批准认定的职业卫生技术服务机构进行了全面的摸底调查，收集和整理了职业卫生技术服务机构的基本信息，建立了基础信息台账。目前全国有职业卫生甲级评价机构有48家，乙级评价机构有623家，检测机构有1194家，其中独立检测机构523家。二是开展了职业卫生技术服务机构年检、续展及换证工作，切实加强了对现有职业卫生技术服务机构的监管，进一步规范了职业卫生技术服务机构的从业行为。目前，48家甲级机构中的46家已经通过年检，2家已经通过续展，即将换发总局统一印制的资质证书。16个已经将职业卫生技术服务机构监管职能划转至安监部门的省（区）通过年检、续展的乙级机构，也将换发总局统一印制的资质证书。三是在总结卫生系统做法，深入调研，召开研讨会、专家论证会并征求有关各地意见的基础上，研究拟定了职业卫生技术服务机构审定工作程序、条件、标准，组织有关单位编写了职业卫生技术服务机构专业技术人员培训教材，起草了职业卫生专业技术人员考核与管理实施办法。

**十二、严格“三同时”审查，加强建设项目职业卫生监管**

为了加强建设项目职业卫生“三同时”工作，在组织制定相关指导性文件的基础上，加强了对职责范围内国家大型建设项目职业卫生“三同时”监督管理工作。一是参考安全设施、环保设施和原卫生部职业卫生“三同时”审查程序，制定了建设项目职业卫生“三同时”监督管理内部程序，对职业病危害预评价报告、职业卫生设计专篇和职业病防护设施竣工验收的批复流程进行了规范。二是完成了14个建设项目的职业病危害预评价审核、1个建设项目职业病防护设施设计审查、6个建设项目的职业病危害控制效果评价审查和竣工验收工作。三是开展了中央企业建设项目职业卫生“三同时”执行情况调查工作，共有85家中央企业按要求报送了有关材料，其中44家实行了零报告，另外41家中央企业自2009年以来共有589个经国务院投资主管部门和国务院授权的主管部门审批、核准或备案的建设项目。其中，编制了职业病危害预评价报告的建设项目有311个，占52.8%；职业病危害预评价报告结论为职业病危害严重的建设项目有72个，其中编制了职业病防护设施设计专篇的有37个，占51.38%；已投入运行的建设项目有80个，其中编制了职业病危害控制效果评价报告并通过竣工验收的有40个，占50%。为加强中央企业职业卫生“三同时”监管工作，印发了《关于中央企业落实建设项目职业卫生“三同时”制度调查情况的通报》（安监总厅安健〔2011〕231号），对中央企业职业卫生“三同时”工作提出了要求。

**十三、认真做好其他相关工作**

一是认真做好职业病防治工作部际联席会议相关工作，与联席会议成员8个部门一道，总结上年工作，制定2011年工作计划，组织开展相关工作。二是与卫生部、人力资源社会保障部和全国总工会联合开展了2011年《职业病防治法》宣传周活动。要求各地以“关爱农民工职业健康”为主题，采取新闻发布会、媒体通气会、电视公益广告、现场宣传咨询、公益短信群发、网站专题及培训交流等多种形式，对中小企业业主和农民工等开展《职业病防治法》和职业病防治知识宣传教育，努力营造职业健康工作氛围。三是配合卫生部做好全国职业健康状况调查工作。配合卫生部召开了全国职业健康状况调查工作启动视频会、全国职业健康状况调查工作推进会，及时对职业健康状况调查工作进行安排部署。印发了《关于开展职业健康状况调查工作调研的通知》（安监总厅安健〔2011〕211号），要求各省级安全监管部门及时了解本地区调查工作进展情况，积极配合卫生部门做好调查工作，并对湖北、黑龙江两省调查工作进行了实地调研督导。四是与国际合作司一道，认真做好中日职业卫生合作项目相关工作。与日方商定了项目总体目标、主要活动内容、示范地区等事宜，举办了项目启动会，组织了两期赴日研修班，并在苏州举办了培训会，推广研修成果。

# 安全培训教育工作

国家安全生产监督管理总局人事司

2011年，安全生产教育培训和人才工作，紧紧围绕总局党组中心工作，在安全生产教育培训重大课题研究、加强地方领导干部安全培训、基层安全监管局局长培训、安全培训法律法规、推动实施五项重点工程，落实国务院23号文件和国务院165次常务会议精神以及人才培养等各方面，取得了一定成效。

**一、研究制定安全生产人才中长期发展规划（2011—2020年）和“十二五”安全生产教育培训规划**

一是为贯彻落实全国人才会议和《国家中长期人才发展规划纲要（2010—2020年）》以及总局党组关于加强安全生产和人才工作重要指示精神，在总局人才教育培训工作领导小组领导下，有9个单位20多名专家参与，通过广泛征求意见，多次修改完善，并经2011年第16次局长办公会审议通过，以总局文件下发，明确今后10年安全生产人才发展的指导思想、基本原则和发展目标，提出今后一个时期5项主要任务和5项重点工程以及保障措施。二是按照总局统一要求，人事司会同总局培训中心、华北科技学院等4个单位20多名专家，在2010年深入调研、广泛征求意见基础上，完成《安全生产教育培训“十二五”规划》（送审稿）。杨元元、孙华山同志分别主持召开局长业务办公会和人才培训教育工作领导小组会议，专题讨论修改完善规划，并经局长办公会议审议通过，该规划作为安全生产“十二五”规划的专项规划之一，以总局名义印发。

**二、深化改革，提高干部教育培训科学化水平**

为落实中央办公厅印发的《2010—2020年干部教育培训改革纲要》，结合实际，主要做4方面工作。一是制定改革意见。为进一步提高干部教育培训科学化水平，培养造就高素质安全监管监察干部队伍，研究制定了《关于进一步深化“十二五”时期安全监管监察干部教育培训改革的意见》，并以总局党组名义下发。该意见明确“十二五”时期安全监管监察干部教育培训改革的指导思想、工作原则、主要目标，提出推进办学体制、运行机制改革等5个方面明确要求。二是做好选学工作。为提高领导干部政策理论水平和党性修养，按照中央自选学工作会议精神和总局党组要求，成立总局司局级干部选学工作办公室，指定专人负责日常管理工作，下发《关于做好总局机关2011年司局级干部选学工作的通知》，编制了《2011年国家安全监管总局司局级干部选学手册》，积极选派司局级领导干部参加自主选学，总局和煤监局各司局、应急指挥中心及有关在京直属事业单位51名现职司局级干部参学。召开选学动员会议，孙华山副局长出席会议并作动员讲话。向中组部上报了我局开展自主选学情况。51名司局级领导干部共计选了64门课程，累计179人次、2616学时，较好完成了学习任务。大家普遍感到，自主选学作为干部教育培训改革重要途径，有助于解决“工学矛盾”，丰富知识，提高能力。三是为加大干部教育培训改革力度，提高基层安全监管局长履职能力，创新培训方式，11月22—24日，举办县级安全监管局局长视频专题讲座，骆琳同志出席会议并作重要讲话，孙华山、黄毅、煤监局王树鹤同志以及相关司局主要负责人为学员授课。全国3442名县级安全监管局局长，以及2266名监管部门负责同志在367个分会场参加了学习培训，26个省级煤矿安全监察机构及76个煤矿监察分局相关负责同志参加了开学典礼。四是做好干部教育培训相关工作。向中组部报送了总局干部教育培训网络学习平台建设基本情况。向国家公务员局报送了总局“十一五”期间公务员培训教育工作总结。向中组部干教局上报2008—2011年干部教育培训工作统计数据。向中央人才工作协调小组办公室上报了十七大以来安全生产人才工作总结。

**三、强化各级各类干部和监管监察人员培训，不断提高广大干部履职能力**

一是落实领导干部培训计划。为提高领导干部理论水平、党性修养和履能能力，按照中组部、中宣部要求，积极落实领导干部理论学习培训计划，全年共选派了19名司局级以上领导干部参加中央党校等“一校四院”的理论学习培训。同时，对总局系统2006—2010年以来干部参训情况进行汇总分析，5年来总局系统共计选派了71名领导干部参加学习培训。二是组织开展视频专题讲座。为改进视频专题讲座，提高培训针对性和实效性，开展了视频培训需求调查，围绕安全生产中的重点、热点、难点问题，安排了9个专题内容，大约3.6万人参加了培训，进一步扩大了培训覆盖面，缓解了工学矛盾，深受广大基层同志欢迎。三是举办各类重点培训班。下发关于举办2011年安全培训班计划安排的通知，举办全国市地领导干部安全生产专题研究班1期，培训市地级领导干部35名，向中组部干教局上报研究班总结。会同有关业务局，举办了援川援藏援疆；煤矿安全监察业务，安全生产调度统计业务，非煤矿山、冶金、工贸行业安全监管业务，职业安全健康监管业务等专题培训班13期，共计培训监管监察人员1480人次；举办安管人员执法资格培训班、煤矿安全监察人员执法资格培训班、央企安管人员资格初训班和复训班7期，共计培训监管监察人员和央企安管人员1202人次。四是按照国家机关工委要求，配合总局党校做好招生工作，下发2011年春季班和秋季班招生工作通知和学员入学通知，春秋两季共计招生110名学员。

**四、积极推动实施安全教育培训五项重点工程**

一是制定教材编制方案。为贯彻落实总局党组《关于进一步深化安全监管监察干部教育培训改革的意见》，提高培训教材质量，制定教材方案，明确原则，确定教材名称及编制单位和组织领导。召开培训教材编制讨论会，向总局领导上报安全监管监察知识读本编写提纲。会同总局培训中心和华北科技学院在调研基础上，实施教材工程。二是成立教材编写委员会。总局成立全国安全生产教育培训教材编写委员会，明确职责、组成人员及办公室职责。总局召开第一次教材编审委员会全体会议，审议讨论教材编审委员会章程、《基层安监局长知识读本》和《非煤矿山安全生产监督管理知识读本》等。三是召开部分央企座谈会。组织召开部分中央企业分管安全培训教育处长座谈会，通报“十二五”时期安全教育培训五项重点工程，研究讨论安全教育培训示范基地建设有关事宜。中石油等9

家中央企业11名代表，以及煤监局行管司、应急指挥中心和部分在京事业单位相关负责人参加会议。四是申报建设基地项目。为提高中央企业从业人员安全素质和管理能力，与监管一司和应急指挥中心多次到财政部沟通汇报情况，并联合下发了财企〔2011〕239号和240号文件，明确资金管理暂行办法，申报项目范围、内容及建设目标等。11月8—10日，与财政部联合召开央企安全生产能力建设专项资金项目评估会议，审议11家应急救援培训演练基地申报项目，根据专家意见和建议，对11家申报项目进行认真修改和完善。11家应急救援培训演练基地申报各种设备共计501项2044台(套)，预算资金合计37265.8万元。按照国拨资金和配套资金6：4的比例，其中，国家资金21294.6万元，企业配套资金15971.152万元。五是加强考试题库建设。为推进教考分离，在广西召开危险化学品安全资格培训考核试点总结推广会议，总结交流了河北、天津、辽宁等5个省危险化学品安全资格培训考核试点工作经验；通报金属非金属安全资格考试题库编写情况，安排布置烟花爆竹安全资格考试题库编写工作。六是开展企业班组长摸底调查。下发了关于填报企业班组长和特种作业人员安全培训有关情况的通知，统计时间截止到2010年12月31日，全国302.75万家生产经营单位，共有班组长426.05万人，已培训373.77万人，培训率87.73%；全国共有特种作业人员1103.17万人，持证1068.77万人，持证率96.88%。六是起草各项规章制度。会同总局培训中心就建设总局和省局两级考试中心进行深入调研，起草建设方案及标准。完成了《安全资格考试认证管理规定（暂行）》，广泛征求了各级安全监管监察部门、有关中央企业和全社会意见，对照意见建议认真修改完善，形成送审稿，报总局领导审示。

**五、加强安全培训基础建设，提高安全培训管理水平**

一是按照2011年立法要求，对《安全生产培训管理办法》(原国家局20号令）广泛征求意见，组织召开部分省级安全生产监管监察部门及培训机构负责培训处长会议，经多次研究修改，形成了(送审稿)，提交政法司。二是为进一步落实总局30号令，按照总局领导要求，会同总局培训中心组织有关方面专家，在认真调研基础上，经广泛征求意见并多次论证，编制完成9类41个操作项目中特种作业人员培训大纲和考核标准。经局长办公会审议通过，以总局文件印发（试用为一年）。三是召开由纪检检察部门参加培训机构审定终审会议，听取2010年培训机构复审认定组织开展和现场核查情况汇报，审定50家培训机构复审认定意见，并作出许可决定。研究起草安全生产培训机构资质和复审工作制度。举办了2期师资培训班，共培训108人，有利促进了机构师资队伍建设。四是落实总局领导批示，深入在京有关直属事业单位就乱办班、乱培训、乱发证等情况进行了调研，起草了进一步规范和加强在京直属事业单位安全培训管理的通知，下发了关于开展安全培训机构监管和从业行为专项治理工作的通知；就中央电视台焦点访谈广东省茂名市安监局特种作业操作证“特办”的报道，提出处理意见，向总局领导作了专题报告；落实总局党组党风廉政建设任务分工意见。五是做好全国安全培训统计工作。据统计，2011年全国共计培训“三项岗位”人员561.6万人次，同比增长17.5%；班组长178万人次、农民工1322.2万人次，培训率分别达到82.9%和90.5%。

**六、认真贯彻落实国务院23号文件和165次常务会精神，切实提高从业人员安全素质**

一是学习贯彻国务院文件精神。8月2日，华山副局长主持召开安全教育培训和人才工作务虚会，总局和煤监局有关司局、应急指挥中心等单位13名负责人参加会议。会议就如何贯彻落实国务院23号文件和国务院165次常务会精神，加强安全教育培训和人才工作进行讨论，坚决防止安全培训走过场、搞速成班，确保职工先培训后上岗，持证上岗，提出了很好的意见和建议。会后对下一步工作措施进行了进一步完善，并报孙华山副局长审签。二是积极制定方案，3次召开筹备会议，3次进行实地验收，成功组织召开了上海全国安全生产教育培训和人才工作会议。孙华山、彭建勋同志出席会议并作重要讲话。会议深入学习贯彻了国务院23号文件、国务院165次和167次常务会以及国务院安委会全体会议精神，总结了“十一五”时期特别是2010年以来安全教育培训和人才工作，交流推广了20家单位先进经验，现场参观了宝钢集团体验式安全培训，解读了《安全生产人才中长期发展规划》，研究部署了“十二五”时期特别是2011年后几个月和2012年工作。共有来自总局和煤监局机关有关司局、部分直属事业单位、各省级安全监管监察机构、有关煤炭行业管理部门、部分中央企业和一、二级安全培训机构，以及有关新闻媒体的相关人员240人参会。同时在中国安全生产报、总局政府网站等媒体对会议情况及有关经验材料进行专题报道。三是对十一届全国人大四次会议第7334号、第2826号建议和政协十一届全国委员会第四次会议第3072号提案进行答复。

**七、开展农民工安全生产和职业病防控重大课题研究及做好相关工作**

按照国务院领导重要指示精神和国务院农民工工作联席会议统一部署，总局成立了由孙华山副局长牵头，相关司局、中国安全生产科学研究院和中国安全生产协会有关人员组成的《农民工安全生产和职业病防控政策措施研究》课题组，分工开展调查研究工作。一是研究制定了农民工安全生产政策措施研究工作方案。组织全国32个省级安全监管部门和煤矿安监机构对煤矿、非煤矿山、危险化学品、烟花爆竹、建筑施工、冶金、建材、轻工和机械制造等9个重点行业农民工安全生产和职业病防控情况开展调研，形成各省（区、市）情况调研报告25份，达30万字。二是成立4个调研组，分别赴广东、河南、四川、上海、江苏和山东6个省（市）深入开展实地调研，召开座谈会45次，走访调查用工企业155家，对1017名农民工作了问卷调查，获得调查资料200余篇。三是课题组在认真研究总结调研材料、统计分析现场采集数据、汇总整理专家及各方面意见建议的基础上，经多次研讨和论证，形成研究报告。并向农民工工作联席会议办公室作了汇报，得到充分肯定。四是完成新生代农民工安全生产保障机制研究课题以及总局2011年农民工工作总结及2011年重点工作安排，并按照要求上报国务院农民工工作办公室。五是对关于进一步解决农民工问题若干意见提出修改意见。对人力资源社会保障部《关于征求开展整治非法用工打击违法犯罪工作通知》和《关于河南等地“黑劳工”案件调查处理情况报告》（征求意见稿）进一步修改完善，以总局文件答复。对内蒙古自治区煤炭工业局关于防爆无轨胶轮车司机等工种有关问题进行答复。

**八、积极推进安全学科建设，加强安全生产人才培养**

一是积极与教育部和学位办沟通，经国务院学位委员会2011年第28次全体会议，审议通过了《学位授予和人才培训学科目录》，将安全学科列入工学门类下一级学科，名称为“安全科学与工程”。此次申报的成功意义重大，将解决安全学科高级专业人才严重匮乏和安全学科理论落后与安全技术与实践等重大的问题。二是为进一步加强安全学科建设，深化安全理论与方法研究，5月31日，组织召开安全学科建设暨安全生产理论与方法学术研讨会，回顾总结安全学科建设和安全生产与实践取得的成效和经验，分析存在问题，研究讨论安全科学与工程学科专业建设、人才培训等相关措施，提出二级学科设立及硕士、博士培训方案以及安全生产理论与方法创新建设等，2名院士及20多名专家学者参加了学术研讨会。三是研究起草《总局与省级人民政府共建大学　加强安全人才培训工作的意见》，并经总局2011年第7次局长办公会讨论通过。按照会议要求，以总局名义向河南省人民政府行函同意共建河南理工大学。四是与教育部联合成立安全领域“卓越工程师教育培训计划”工作组和专家组，开展“卓越工程师教育培训计划”等工作。联合召开安全领域“卓越工程师教育计划”专业培养方案论证会。参加了高层次人才工作座谈会，向中组部汇报总局近年来安全生产人才工作特别是高层次专业技术人才队伍建设情况，分析存在的差距和问题，谋划下一步工作思路和措施，并提出有关工作建议。五是抓好煤矿人才培养。协调18所普通高等院校和13所对口单招职业院校煤矿主体专业学生4.5万人，同比增长45%。

**九、切实做好华北科技学院等相关工作**

一是按照教育部、国家发改委有关要求，报送了华北科技学院2012年普通高等学校招生计划情况，以及2010年度教育基本建设统计年报等上报工作。二是按照教育部要求，分别向教育部规划司、办公厅、高等教育司报送了2011年成人高等教育分学校招生计划、2010年成人高等教育招生计划执行情况、所属华北科技学院2012年增设本科专业，提高人才培训质量情况。三是按照教育部要求，报送2011年度新世纪优秀人才支持计划资助人选材料，全国学生资助管理中心报送2010—2011学年国家奖助学金初审结果等工作。四是做好华北科技学院在兰州建立成人高等教育函授站、捐赠收入财政配比资金项目和教育部人文社会科学研究项目申报。参加教育部组织召开的2011年全国高等教育招生计划工作会议。五是按照国务院学位委员会要求，结合安全生产工作实际，组织有关方面专家，对黑龙江科技学院、常州大学等3所院校申报的3个开展博士专业学位研究生培养试点工作的相关材料进行论证。专家组一致认为，上述3个项目符合我国安全生产对高层次人才培训的实际需要，并以总局文件上报国务院学位办。

# 国际交流与合作

国家安全生产监督管理总局国际合作司

2011年，国家安全监管总局的国际交流与合作工作以科学发展观为指导，坚持围绕中心、服务大局，紧紧围绕继续深化“安全生产年”的目标任务和要求，深入开展国际交流与合作，积极服务于“三深化”、“三推进”，重点做了以下几方面的工作。

**一、加强与外国政府、国际组织、地区组织和民间合作，进一步扩大安全生产对外开放**

积极推进政府间国际交流与合作，通过高端互访、高层对话和交流等多种形式，不断巩固既有合作基础，推动双边合作向纵深发展。2011年，总局与美国劳工部签署了《关于继续开展安全与健康合作的谅解备忘录》，将安全与健康纳入中美战略与经济对话；与法国劳动、就业与卫生部签订了《关于在安全生产与职业健康领域开展交流与合作的协定》，建立了中法交流与合作的机制；安排总局领导赴欧盟、美国、加拿大、澳大利亚、新西兰等国家和澳门地区参加国际会议或考察访问；安排总局领导在华与来访的法国、澳大利亚、美国、南非、越南等国家部级官员会谈。通过签署双边合作协议和政府间高端互访交流，形成了正常的双边交流机制，加深了双方的理解和互信，提升了交流层次，丰富了交流与合作内容，扩大了对外开放和合作的成果，推动双边关系向更高水平、更深层次和更大范围发展。

利用多边外交平台，积极加强与国际劳工组织等相关国际组织之间的交流与合作，增加我国在国际安全生产和职业健康领域话语权。一是与国际劳工组织共同开展“4·28”世界安全生产与健康日纪念活动，推进安全文化建设，落实企业主体责任。二是积极应对国际劳工大会对我国职业安全健康观察报告的审议。三是派员参加国际劳动监察协会执委会特别会议和全体会员大会，参加新一届执委会选举，并成功当选新一届执委会副主席。四是组织参加世界安全与健康大会和世界采矿大会。五是组织参加在澳大利亚召开的亚太地区职业安全健康年会。六是组织参加在智利召开的“第九届国际职业危害风险预防大会”。七是组织开展与港澳台职业安全健康学术及文化交流，支持粤港澳安全知识竞赛和泛珠江三角洲地区“9+2安全生产对话合作机制”。

围绕“两个主体”、“两个责任制”的落实，组织、引导、推动我国企业与陶氏化学、拜耳、塞拉尼斯、巴斯夫等交流与合作，介绍国外企业的社会责任、主体责任和安全管理模式，交流和示范他们的成功技术及经验，开展危化品安全技术与管理交流与示范，推动企业安全标准化建设。

**二、成功举办第五届国际矿山救援大会暨第三届中国国际安全生产应急管理论坛及展览会，积极推进应急救援体系建设**

第五届国际矿山救援大会暨第三届中国国际安全生产应急管理论坛及展览会于2011年10月24—26日在北京举行。大会的主题是“以人为本，携手努力”。国家安全监管总局局长骆琳出席开幕式并致辞，国家安全监管总局副局长、国家安全生产应急救援指挥中心主任王德学在开幕式上发表演讲，国家安全监管总局副局长孙华山主持开幕式，中外来宾代表发表大会演讲。来自23个国家和地区以及3个国际组织的国际代表与国内代表，共500余名代表参加大会。此次展览会室内外展览面积超过1.2万平方米，展品涉及大功率救援钻机、水泵，应急信息、调度指挥装备与技术，救援装备及器材，煤矿井下安全避险“六大系统”，救援队员个体防护装备，应急医疗救护器材等，有120家中外厂商参展。本次大会主题明确、内容丰富，专业性强，层次高，规模大，技术新，既交流了各国应急救援经验、理念，展示了应急救援的技术和装备，又充分宣传了我国安全生产应急管理和救援工作的成就，得到了与会代表特别是国际代表的广泛参与和高度认可，达到了预期目的，取得了丰富的成果，成为在国际上有重要影响的安全生产和职业健康领域定期性盛会。

另外，6月14—15日，在安全生产月期间举办了国际矿山安全技术与装备会议。国家安全监管总局副局长杨元元、科技部副部长王伟中出席开幕式并致辞。会议以“科技领先，安全发展”为主题，研讨交流国内外矿山安全先进成果和经验，探索矿山安全科技创新的途径和方法，相互学习和借鉴矿山安全先进理念和技术，提升我国矿山企业，尤其是中小型矿山企业的技术装备条件，推动我国矿山安全科技装备进步，进一步提高我国矿山安全生产水平。国家安全监管总局、国家煤矿安全监察局及来自国内外的大型矿山集团、矿用设备制造企业负责人，有关科研院所和高校的专家学者等300多人参加了会议。

通过国际论坛、会议和展览的举办，促进了我国安全生产领域的国际交流，借鉴引进了国外安全生产先进适用的技术和管理经验，促进了安全生产长效机制建设。

**三、组织实施国际合作项目，学习借鉴国外先进适用技术和经验，为大力推进安全生产科技进步、全面推进企业安全达标服务**

继续落实中澳两国政府合作协议，组织示范澳大利亚煤矿安全管理模式和技术。借鉴澳大利亚安全健康管理系统，初步建立宣东矿安全健康管控体系，结合宣东矿三级隐患排查实践，使煤矿企业隐患排查治理科学化、制度化、规范化。组织澳方专家前往宣东矿开展全员培训，全年培训404人；组织示范企业和煤矿安监系统16人赴澳进行煤矿安全技术培训。组织中澳专家研讨交流，开展围岩控制、气体监控技术、能量隔离与闭锁系统和岩粉喷洒等方面的技术引进与合作。建设中澳虚拟现实安全示范培训中心。组织开展中澳项目全面评估及总结工作，撰写合作项目评估报告，召开了中澳煤矿安全合作示范项目部长级项目进展情况报告会。

落实总局与欧盟签署的合作协议，推进中欧高风险行业职业安全与健康合作项目实施。组织开展了第二届中国—欧盟安全生产对话会议。开展矿山安全、危化品安全管理、职业健康、应急管理等法规、标准、技术及人员交流和培训。配合商务部做好项目招标任务书的修改完善工作。协助欧盟委员会开展项目评标工作以及与欧盟协商筹建项目办公室和技术小组等组织机构。

开展中日加强职业卫生能力建设项目。签署了合作备忘录，确定五年合作框架和内容。召开项目领导小组第一次会议，正式启动项目，制订了项目实施计划，选定江苏省苏州市为项目示范地区。组织中日专家共同研究制定作业现场的监督标准草案，完善作业环境管理相关的培训教材，组织日方专家来华专题讲座，组织有关人员赴日进行作业环境管理和职业健康相关培训，在苏州市举行了“作业环境测定与作业环境改善（有机溶剂、粉尘）”赴日研修成果推广培训会，召开了第一届联合协调委员会会议。

继续开展中日煤矿安全技术培训项目。召开中日煤矿安全合作项目年度运营委员会（政府协调会）会议。组织开展了黑龙江煤矿安监局、重庆煤矿安监局、山东煤矿安监局、龙煤集团、开滦集团等5家单位17个班约2376人次的培训。组织4批71人赴日进行煤矿安全技术培训。组织召开了“中日煤矿安全技术培训项目新汶专题培训成果总结交流会”和“中日煤矿安全技术培训项目成果交流会”，促进项目成果的总结与推广。开展了项目中间评估调查。

落实中美安全与健康合作协议，实施中美矿山安全合作项目。开展矿山应急救援、通风防尘、紧急避险和尘肺病预防等方面调研、考察、对比研究和技术交流，借鉴美国安全技术和监管经验。组织3批24人次赴美进行矿井紧急避险、矿井通风和矿山应急救援体系方面的交流和考察。开展中美煤矿井下避险设施、矿井通风和矿山应急救援体系法规标准的对比研究，提出完善我国有关法律法规和标准的建议。组织中美矿山安全专家赴开滦集团、汾西矿业集团和陕西陕煤铜川矿业公司3家试点企业开展现场调研和指导，提高试点矿的安全生产水平。

继续开展儿童食品企业安全生产项目。借鉴国际劳工组织经验，组织编写了食品企业安全生产标准化指南和食品行业安全监察员培训教材，在贵州、云南举办了两期工贸（食品）行业安全监管人员培训班，培训两省各市（州）监管人员共70人，提高了监管人员的能力和水平。

**四、加强引智培训工作，提升我国安全生产人才的素质和技能**

按照“三深化”、“三推进”的要求，积极开展智力引进和国外培训工作。一年来，通过引智渠道为我国安全生产培训了一大批管理干部和专业技术人员，学习了国外安全生产的先进理念、体制、法规、方法和手段，对我国安全生产状况的好转起到了积极的促进作用，同时为国内外企业的交流与合作搭建了良好的合作平台。2011年共派出培训团组19批，计404人次。其中，审批类项目团组5个，计104人次，审核类项目团组14个，计300人（包括中日煤矿安全技术培训项目71人次，中澳煤矿安全合作示范项目16人）。重点邀请美国、欧盟、澳大利亚、英国、日本、国际劳工组织专家和同行60多人来华直接培训安全监管监察人员、企业安全管理人员、企业班组长和培训教师4500多人次。

**五、积极开展国外安全生产法规制度和监管经验的研究，促进我国安全生产法规制度的修订完善**

配合《安全生产法》的修订，开展了中英安全生产法律法规对比研究。组织翻译了《1974年职业安全与健康法》、《1999年重大事故危害控制法规》和《2005年海上设施（安全报告）法规》等英国安全法律法规，与我国《安全生产法》、《危险化学品安全管理条例》、《海洋石油安全生产规定》等法律法规进行对比研究，借鉴英国安全生产方面较完善的法规、标准、政策及成功经验，结合我国经济社会发展以及安全生产工作实际，编写了《中英安全生产主要法律法规对比研究阶段研究报告》，提出了完善我国法律法规体系的意见和建议，为我国完善相关法规政策标准提供支持，为《安全生产法》的修订和安全生产监管体制机制的完善提供参考和依据。

组织编写《国外安全生产与职业健康经验》。全面研究分析和编译整理了大量国外安全生产与职业健康最新动态和信息，系统总结了近年来安全生产国际交流与合作成果，提炼出国际先进经验。此课题得到了骆琳同志的充分肯定，批示要求全国安全监管监察系统印发学习，各级领导干部和各单位负责同志参与研究、学习借鉴国外发达国家安全生产的经验。

贯彻落实国务院领导和骆琳局长批示精神，开展了《学习借鉴澳大利亚安全生产经验》研究。翻译了澳大利亚《示范职业安全健康法》等法律法规，通过专题研究、现场调研等方式，系统分析和总结澳大利亚安全生产法律法规、监管监察、安全管理和队伍建设等方面的成功经验和做法，并结合我国安全生产实际提出了相关借鉴建议，推动我国安全生产工作。

开展了《国外安全生产统计指标》研究。系统研究了美国、英国、澳大利亚、日本、加拿大、南非、韩国和印度等8个国家的安全生产统计指标体系，搜集整理了近些年国外安全生产指标统计数据，为我们正确判断、科学把握世界安全生产发展历程、现状、规律、特征和趋势，找出中外安全生产发展存在的差距提供了支持和参考。

配合总局深入开展“安全生产年”活动，编印《安全生产国际交流与合作通讯》、安全生产《国外要闻》，重点介绍国外风险评估及隐患排查治理经验、重特大事故案例、安全生产监管监察方法以及先进适用的安全技术。

**六、按照“一个提高，两个服务”要求，进一步规范和加强外事管理，提高外事服务水平，为总局中心工作提供支撑**

认真贯彻中央和国务院的外交外事工作方针政策，落实总局党组对外事工作的要求，按照“一个提高，两个服务”的要求，强化外事管理，着力提高外事工作服务于国家外交大局，服务于安全生产中心工作的效果和水平。

一是2011年10月11日至12日成功召开全国安全监管监察系统外事工作座谈会。传达、学习党中央、国务院有关外事方面的文件精神，学习中纪委、外交部等有关部委关于加强外事管理工作的文件精神，结合总局印发《关于加强和规范外事管理工作的通知》，研究进一步加强和规范总局所属单位的外事管理和对外交流合作工作；传达了中央领导同志关于在安全生产领域学习国外先进经验的指示精神。国家安全监管总局副局长孙华山出席座谈会并发表重要讲话，全面总结交流了“十一五”期间全国安全监管监察外事工作成效与经验，明确了新时期安全监管监察外事工作的指导思想和总体要求，部署了“十二五”时期的国际交流与合作方面的重点工作。

二是提升外事工作管理水平，进一步完善出国（境）人员信息化管理系统，完成外交部电子护照申办系统与总局的衔接工作。在电子护照申办及签发工作中做到“零差错”，保证申办签证及时准确。

三是贯彻党中央、国务院关于加强因公出国（境）管理工作的有关文件精神，积极落实中纪委组织开展的制止公款出国（境）旅游专项工作，加强审批审核，严格管理。2011 年，出国（境）团组为 111 批，784 人次，没有突破控制指标。派出团组和人员严格遵守外事纪律，做到了“去有明确任务，回有收获报告”。

四是注重出国成果的总结、应用和推广，编印了《国家安全生产监督管理总局出国（境）考察报告及成果汇编》（第三期）。精选 2007 年以来全国安全监管监察系统优秀出国（境）考察报告 51 篇，约 33 万字，供全国安全监管监察系统分享成果和经验，受到广泛欢迎。

**七、加强对外宣传工作，营造关注支持我国安全生产的氛围**

组织安全生产对外宣传，综合运用安全论坛、国际会议、领导出访、新闻发布会、重特大事故处理通报会、文化艺术交流等各种形式，广泛宣传我国“以人为本”的安全发展理念，全面、准确、及时地向国际社会介绍党和国家为加强安全生产工作所采取的各项政策措施以及安全生产状况逐年好转的进程。注重积极主动地引导舆论，及时化解了国际社会疑虑，澄清误解，消除偏见，树立了我国良好、负责任的国家形象，最大限度地争取了国际社会对我国安全生产工作的理解和支持。

# 第六部分

# 煤矿安全监察

## 安全监察工作

国家煤矿安全监察局安全监察司

2011年，认真贯彻落实《国务院关于进一步加强企业安全生产工作的通知》（国发〔2010〕23号，以下简称《通知》）和《国务院关于坚持科学发展安全发展促进安全生产形势持续稳定好转的意见》（国发〔2011〕40号）精神，按照总局、煤矿安监局2011年工作要点和具体分工要求，团结协作、履职尽责，主要完成了以下几方面重点任务。

**一、突出重点、严格执法，全面加强煤矿安全监察执法工作**

一是加强对煤矿企业贯彻落实国务院《通知》情况的监察，对煤矿企业制定煤矿安全发展规划，落实安全生产责任制、安全投入和隐患治理、矿领导带班下井、班组建设等工作情况进行全面检查，督促煤矿企业按照国务院《通知》要求，落实安全生产主体责任。二是对事故多发矿井、灾害严重矿井进行重点监察，突出查大系统、治大隐患、防大事故，督促煤矿企业加强瓦斯防治工作，切实做到“三严格”和“三加强”。三是督促煤矿企业加强防灭火、防治水工作，加大科技投入，强化综合治理措施，有效防范重特大火灾、水灾事故。四是积极开展“打非治违”专项行动，密切配合地方政府及其有关部门，加强联合执法，以非法违法生产建设事故多发地区、新建技改、资源整合、兼并重组煤矿为重点，抓住关键，实施精确打击、重点打击、有效打击，按照张德江副总理提出的“四个一律”要求，严惩非法违法和违规违章行为。五是强化监督检查，推动地方政府煤矿安全监管责任的落实。加强对地方政府及其有关部门贯彻落实国务院《通知》工作情况的检查指导，督促各地落实监管责任，加强监管工作，提高监管水平。六是积极推进煤矿兼并重组和淘汰落后产能工作，督促兼并主体企业加强对被兼并煤矿的安全管理工作，建立健全安全管理机构，充实管理和技术人员，确保安全生产，严格落实安全生产主体责任。

**二、落实监察执法计划，推动监察执法创新发展，不断提高工作效能和水平**

一是围绕着贯彻落实计划监察制度，进一步规范监察执法计划的编制、审批、执行、考核等项工作，年初印发了《关于做好2011年煤矿安全监察计划执法工作的通知》，组织召开了2011年煤矿安全监察执法计划审查（汇报）会，对26个省级煤矿安监机构2011年监察执法计划进行了审批或备案。二是年中组织听取了各省局上半年煤矿安全监察执法工作情况汇报，印发了通报，对上半年监察执法工作进行总结和分析，对下半年的工作提出了具体要求。通过有效措施，发挥计划监察的作用，保证了煤矿监察执法工作规范、有序、高效推进。三是在继续推行集中监察、解剖监察、示范监察、异地监察等行之有效执法方式的基础上，注重典型经验的提炼总结，加强交流推广，有力推动监察执法工作的创新发展，不断提高严格执法、公正执法、廉洁执法和科学执法水平。先后转发了山东鲁中分局煤矿安全监察“九步工作法”、“十闭合机制”和“十二类要素表”，内蒙古鄂尔多斯分局《煤矿安全监察执法文书制作规范和评比考核办法》和湖南省人民政府办公厅《关于进一步强化煤监机构监督检查促进煤矿安全监管落实的通知》，供各级煤监机构学习借鉴。2011 年各级煤监机构共监察矿井 23210 矿次，查处煤矿一般事故隐患 12.9 万项、重大事故隐患 2000 多项，实施行政处罚 9069 次、经济处罚 7253 次，共罚款 74551 万元。

**三、严格程序和标准，强化煤矿安全准入工作**

一是以提高安全保障能力为目标，严格安全生产许可证和建设项目“三同时”审查。进一步健全完善了安全许可证受理、审查、颁发等工作制度，按照安全许可标准和程序，积极开展煤矿安全许可工作。各级煤矿安全监察机构全年共完成了 29 个重大煤矿建设项目的安全核准工作，组织新建、改扩建煤矿安全设施设计审查 1865 项，安全竣工验收 916 项，及时发现并督促整改了一批安全隐患和问题，提高了新建、改扩建煤矿安全保障能力。二是组织召开煤矿建设项目安全监察工作座谈会，总结煤矿建设项目安全“三同时”工作，交流好的经验和做法，分析存在的主要问题，研究解决问题的办法和措施，全面推进“三同时”工作。三是开展了煤矿安全许可专项检查和异地互检活动，推动省局及所属分局查找和整改安全生产许可证管理、建设项目“三同时”审批工作上存在的问题，完善制度，严格标准和程序，严把安全准入关，进一步提高安全生产许可工作质量和水平。四是加强煤矿建设项目的监察，督促建设单位严格遵守煤矿建设审批程序，落实项目建设、施工、监理等单位的安全生产责任，科学合理地安排施工顺序，严格按批复的设计组织施工，落实瓦斯、水害防治措施，加强现场管理，及时发现并消除事故隐患，防止各类事故的发生。五是加强安全生产许可证颁发管理监察，以《煤矿安全生产许可证实施办法》为主要依据，督促煤矿企业不断加强基础管理，加大安全投入，持续保持颁证条件。

**四、深化煤矿整顿关闭工作，积极推进煤炭行业淘汰落后产能和煤矿企业兼并重组为着力点，加快煤炭工业结构调整**

一是组织召开了煤矿整顿关闭部际联席会议联络员会议和第六次部际联席会议，总结了“十一五”期间煤矿整顿关闭工作，提出了“十二五”时期煤矿整顿关闭工作对策措施和建议，有力地指导和推动了全国深化煤矿整顿关闭工作。二是配合国家发展改革委、国家能源局，组织召开了煤矿企业兼并重组及淘汰落后产能座谈会，对煤矿企业兼并重组及淘汰落后产能工作进行安排和部署，并以国家发改委、国家能源局、总局、煤矿安监局文件联合下发了《关于“十二五”期间进一步推进煤炭行业淘汰落后产能工作的通知》，分解落实各地“十二五”期间淘汰落后煤炭产能的工作目标和任务。三是配合财政部完成了对 2010 年关闭小煤矿专项资金的审批下拨工作，下达资金 10.95 亿元，支持各地深入开展煤矿整顿关闭工作。四是对山西、河南、陕西、河北、内蒙古、云南等省（区）煤矿整顿关闭、煤矿企业兼并重组和整合技改工作进行督导调研，指导和推动各地抓好相关工作的落实。编印了《“十一五”期间煤矿整顿关闭工作总结汇编》，转发了河北省人民政府《关于加大小煤矿关闭力度加快推进煤矿企业兼并重组的决定》，供各地学习借鉴。五是配合国土资源部，牵头对四川、重庆等省（市）矿产资源开发整合工作进行抽查验收，进一步推动相关地区加快煤炭资源整合步伐。

**五、严厉打击非法违法生产经营建设行为，全面推进煤矿打非治违工作**

一是组织开展兼并重组和整合技改煤矿专项监察，重点抽查了 975 处煤矿，查出隐患 3543 条，责令停止建设施工 93 处，罚款 1124 万元。专项监察结束后，对专项监察工作进行了汇总分析，印发了《关于兼并重组和整合技改煤矿安全专项监察情况的通报》，就认真做好兼并重组与技改整合等煤矿建设项目安全监察工作，严厉打击非法违法生产建设行为提出具体要求。二是组织开展在建整合技改煤矿进行安全专项监察，重点抽查了 758 处煤矿，查出隐患 3994 条，责令停止建设施工 111 处，罚款 2409 万元，进一步推动煤矿打非治违行动，不断强化煤矿建设安全生产工作。三是就陕西澄合矿务局西卓子煤矿非法建设中发生的“12·23”吊桶坠落事故，约谈了陕西煤业化工集团有限责任公司，并下发了《关于对陕西煤业化工集团有限责任公司澄合矿务局煤矿建设项目进行安全限批的通知》，对有关单位进行处罚，起到了警示教育作用。四是组织召开煤矿打非工作座谈会，听取各地煤矿打非情况汇报，总结分析打非治违工作成效和存在的不足，并就下一步煤矿打非治违工作提出了总体要求和具体工作措施，加强了对地方煤矿打非工作的指导，有力地引导和推动全国煤矿打非工作向纵深发展，不断取得新的成效。

**六、组织修订相关标准和制定出台相关政策措施，进一步完善煤矿安全生产法律体系和工作机制**

一是组织修订《煤矿建设安全规定》，并以安全标准正式发布《煤矿建设安全规范》，全面规范了煤矿建设期间安全生产活动，强调了安全基础管理和技术措施审批，增加了煤矿建设、施工、监理等单位安全职责和基本要求，明确了主要安全保障系统的形成期限和安全技术要求，突出了瓦斯源头防治和地测基础管理，细化了通风技术管理等内容，为煤矿安全监管监察执法和煤矿建设相关单位加强建设施工期间安全生产管理，提高安全生产水平，预防各类建设施工事故提供了法律依据，完善了煤矿建设安全生产法律体系。二是以总局、煤矿安监局文件及时下发了《加强煤矿安全监管监察工作十项要求》，从切实落实责任、突出工作重点、强化规范执法、强化地方监管、强化国家监察、强化联合执法、强化责任追究、落实隐患排查治理制度、落实监管监察指令、落实有序退出机制十个方面进行规范，完善了工作机制，进一步推动煤矿安全监管部门和监察机构严格执法、规范执法，提高执法效能。

# 事故调查工作

国家煤矿安全监察局事故调查司

2011年以来，在煤炭产量持续增长的情况下，全国煤矿安全生产形势总体上保持了持续稳定好转的发展态势。据统计，1—11月，全国煤矿共发生事故1094起，死亡1828人，同比减少209起、443人，下降16.0%和19.5%。其中，较大事故80起，死亡388人，同比减少22起、91人，下降21.6%和19.0%；重特大事故20起，死亡339人，同比减少3起、169人，同比下降13%和33.3%。全国煤矿百万吨死亡率0.556，同比减少0.169，下降23.3%。但是，煤矿重特大事故仍时有发生，特别是进入10月以来，重大事故出现阶段性反弹，在一个多月时间内发生了8起重特大事故，占全年重特大事故起数的40%。煤矿安全形势依然严峻。

一年来，在总局党组和国家煤矿安监局的正确领导下，认真学习领会、贯彻落实党中央、国务院领导同志关于加强安全生产工作的一系列重要指示批示精神，按照总局党组继续深入开展“安全生产年”的统一部署和国家煤矿安监局重点工作要求，全司同志团结协作、埋头苦干、加班加点，较好完成了各项任务。特别是在事故调查和救援过程中，不怕疲劳，不畏艰险，尽职尽责，起到了积极作用。

**一、依法依规严肃查处事故，切实加大事故责任追究力度**

一是年初完成了2010年4起特别重大事故的结案工作。分别是神华乌海骆驼山煤矿“3·1”透水事故、华晋焦煤王家岭煤矿“3·28”透水事故、河南洛阳国民煤业公司“3·31”煤与瓦斯突出事故和河南中平能化平禹四矿“10·16”煤与瓦斯突出事故。按照相关规定要求，下发了结案通知和事故处理情况的通报，并配合有关司及时向社会公布。这4起特别重大事故共处理责任人172人，其中，移送司法机关追究刑事责任60人，党政纪处分112人，经济处罚1185万元。

二是完成了19起（去年14起、今年5起）煤矿重大事故审核、批复结案工作。这19起煤矿重大事故共处理责任人386人，其中，移送司法机关追究刑事责任168人，党政纪处分214人，经济处罚2.52亿元。在2011年发生的19起重大事故中已到结案期的9起，有5起已结案，结案率为55.6%；其余14起未结案的事故已全部完成现场调查，其中，经初审5起，正式上报2起，另7起也正在按程序办理。

三是赴现场参加了云南省曲靖市师宗县私庄煤矿“11·10”特别重大煤与瓦斯突出事故的抢险救援并及时开展了调查工作。技术组和专家组已完成现场调查工作，完成了技术鉴定报告。事故调查组的其他工作正在按计划、有序进行。

**二、落实挂牌督办和跟踪督办制度，切实加大事故督办工作力度**

一是对2011年以来发生的19起煤矿重大事故和12起非法违法或瞒报较大事故进行了挂牌督办和跟踪督办。共下发《重大生产安全事故查处挂牌督办通知书》、《非法违法较大生产安全事故查处跟踪督办通知书》和《瞒报、谎报较大生产安全事故查处跟踪督办通知书》31份，并明确专人进行督办，严格要求各省局按“督办办法”要求加强协调，加快进度。

二是进一步加大对事故的督办协调力度。为强化督办工作力度，督促有关单位加快煤矿重大事故的结案，下发了6份《国务院安委会关于请加快煤矿重大事故调查处理工作的函》；同时，为进一步督促各地落实挂牌督办和跟踪督办制度，对黑龙江省、贵州省执行情况进行了专门督办。

三是认真办理群众举报来信。共办理群众举报来信42件，分别向有关单位发出了核查通知并加强督办；对已下发核查通知尚未上报核查结果的省局进行了催办；收到32件反馈核查报告，其中核查属实3件。

**三、严格执行事故后通报、约谈、分析和跟踪督导“四项制度”，坚持用事故教训推动工作**

一是为督促有关方面深刻吸取事故教训，落实安全生产责任，推动煤矿安全生产工作，制定了《煤矿生产安全事故“四项制度”实施办法》，目前，各省局都结合本省实际，制定了具体办法，将其作为一项重要的工作机制。

二是下发了25份事故通报，对47起煤矿典型事故有关情况和暴露出的主要问题进行了通报，提出了针对性措施和工作要求。在日常工作中，坚持日跟踪、周汇总，对103起较大及以上事故进行了跟踪分析。

三是采取“请上来”和“走下去”的方式，组织了事故约谈11次。对贵州、湖南、云南等部分事故多发地区，以及发生较大典型事故的华能、神华和中煤等集团公司的有关负责人进行了约谈，分析了事故原因，提出了进一步加强和改进煤矿安全生产工作的意见。

四是及时派员赴现场督导事故抢险救援工作。按照领导批示，针对今年以来发生的20起重特大事故和6起较大典型事故，共派出40多人次赴事故现场指导、协助地方抢险救援工作。其中，河南省义煤集团千秋煤矿“11·3”冲击地压事故、黑龙江省七台河市勃利县恒太煤矿“8·23”透水事故、内蒙古自治区锡林郭勒盟镶黄旗“11·18”冒顶事故，经全力救援，分别成功救出65人、22人和7人。

**四、及时总结分析事故原因，提出对策建议**

一是针对7月份贵州、广西连续发生的几起重大事故，按照局领导的指示，负责起草了《近期煤矿安全生产事故发生趋势及原因分析》（中办信息综合室每日汇报约稿）；针对10月份河南、湖南发生的几起重大事故，牵头起草了《关于认真贯彻国务院常务会议和国务院安委会全体会议精神切实落实安全生产责任制　坚决防范遏制煤矿重特大事故的通知》（安监总明电〔2011〕31号）；云南省曲靖市师宗县私庄煤矿“11·10”特别重大煤与瓦斯突出事故发生后，根据局领导的指示，组织召开了部分地区煤矿安全生产专题会议，分析事故原因，提出对策措施，起草了《关于近期煤矿重特大事故多发的原因和对策建议》。

二是完成了煤矿安全生产责任事故调查处理工作专题调研。根据中央纪委统一部署和总局关于《建立健全惩治和预防腐败体系2013—2017年工作规划》第31课题的调研方案要求，组织开展了煤矿安全生产责任事故调查处理工作专题调研，形成了调研报告，受到了好评。

三是组织召开了全国煤矿事故调查工作座谈会。总结分析“十一五”以来全国煤矿事故情况，通报了2010年全国煤矿事故调查及结案情况，并就煤矿事故查处逐级挂牌督办工作进行了部署，提出了煤矿事故调查处理要落实“四个更加注重”和“四个加大力度”的工作要求。

四是为分析事故特点、吸取事故教训，组织完成了《2010年全国煤矿事故分析及汇编》、《“十一五”期间全国煤矿事故分析》和《2011年月度、季度煤矿事故分析报告》；完成了《煤矿成功救援事故案例汇编》、《新中国成立以来中国煤矿特别重大事故统计分析及案例汇编（1949—2010）》以及《全国煤矿重大及特别重大煤矿事故案例汇编（2000—2002年和2007—2009年）》，与之前完成的2003—2006年汇编形成了一套2000年以来的完整汇编材料。

**五、开展专项监察，推进煤矿防治水工作**

一是修订、印发和宣贯了《煤矿安全规程》（防治水部分）（总局局长令第37号）；召开了重点地区水害事故分析会，督促各地落实修订后的《煤矿安全规程》（防治水部分）相关要求，切实加强煤矿防治水和雨季“三防”工作。

二是开展了全国煤矿水害防治专项监察。并对专项监察情况进行了总结，对存在的问题进行了分析，提出了对策建议。结合近年水害事故典型案例，组织编写了《中国煤矿水害防治技术》。

三是起草下发了开展全国煤矿水文地质类型划分结果统计分析的通知，结合近年来水害事故仍然多发的状况，通过对矿井水害类型进行划分，加强水文地质基础工作，督促企业落实水害防治主体责任，搞清水害基本情况，并制定针对性防范措施，有效遏制重特大水害事故。

**六、加强煤矿职业危害防治，推进煤矿职业安全健康工作**

一是组织召开了全国煤矿职业安全健康工作座谈会。总结了2010年以来煤矿职业安全健康工作，交流了工作经验，分析了面临的形势任务，座谈讨论了加强煤矿职业安全健康工作的措施，并就贯彻落实会议精神提出了工作要求。

二是组织开展了煤矿职业健康专项监察和专题调研。完成了煤矿职业危害防治工作专项监察报告；开展了煤矿作业场所粉尘危害治理专项行动；赴河南、内蒙古、山东三省就新的职能调整以来有关工作进行了调研；配合中国职业安全健康协会和全国总工会筹备召开了全国煤矿职业安全健康经验交流会暨全国煤矿尘肺病防治现场会，通过树立典型企业，推动煤矿职业安全健康工作。

三是承办了4份全国人大代表、政协委员提案答复工作。分别是人大3292号“关于加强煤矿尘肺病防治的建议”、3504号“关于采取强有力措施遏制尘肺病高发的建议”、7203号“关于加强煤矿尘肺病防治的建议”和政协2842号“关于加强尘肺病防治工作的提案”。

**七、积极开展“创先争优”活动，不断加强队伍建设和廉政建设**

一是围绕纪念建党90周年，积极开展“创先争优”活动。为隆重纪念中国共产党成立90周年，讴歌党的光辉历程和改革开放取得的光辉成就，按照总局党组的统一部署，认真学习贯彻胡锦涛同志“七一”重要讲话精神，组织开展集体学习、“主题党日”活动、党建知识测试、读“红书”、唱“红歌”、树先进等活动，强化“我是共产党员”意识，引导全司党员干部做团结协作、开拓创新的模范。

二是认真学习贯彻有关廉政建设、作风建设的文件精神和规定、要求，落实党风廉政建设责任制；积极参加反腐倡廉“警示教育周”活动，学《准则》、守《准则》，通过正面典型激励、反面典型警示，认真开展“一查两找”，召开了专题民主生活会；结合我司工作职责，签订事故调查廉政承诺书，加强对事故调查期间的廉政要求，做到了廉洁从政，树立了良好形象。

三是坚持学习，提高履职能力。结合我司工作专业性强、政策法规要求高的特点，坚持集中学习与日常学习相结合、政治学习与业务知识学习相结合、书本学习与调查研究相结合，全面提升履职能力和业务工作水平，全司同志讲党性、重品行，抓学习、促提高，抓重点、求实效，抓落实、聚合力，互相帮助，相互促进，工作努力，氛围和谐，有力地推动了全司各项工作的开展。

通过一年来的工作，在总局党组和国家煤矿安监局的正确领导下，煤矿事故调查处理工作有了新进展，取得了一定的成效，但工作中还存在一定差距和薄弱环节，有待进一步加强。如少数省安委办与煤监局在事故挂牌、跟踪督办工作的协调配合方面需进一步理顺、加强；一些煤矿重大事故甚至较大事故调查报告完成后，在沟通协调及行文程序上时间偏长，影响事故按期结案，影响事故处理的时效性；煤矿职业安全健康工作发展不平衡，部分省级机构相关体制机制有待进一步理顺。

# 科技装备工作

国家煤矿安全监察局科技装备司

2011年，在总局党组和煤矿安监局的正确领导下，紧紧围绕国务院关于继续深入开展“安全生产年”活动的工作部署，认真贯彻落实总局、煤矿安监局年初各项重点工作安排，围绕建立完善“六大体系”、提高“六个能力”，牢牢把握煤矿瓦斯抽采达标、“两个四位一体”防突措施落实、煤矿瓦斯综合治理工作体系建设、煤矿井下安全避险“六大系统”建设完善、安全法规标准制修订和宣贯、“科技兴安”战略实施和先进适用技术装备推广应用等重点任务，全面深化安全生产“三项行动”和“三项建设”，不断提高瓦斯综合防治能力和煤矿安全基础保障能力，有效防范和坚决遏制重特大事故，促进了安全生产形势的持续稳定好转。2011年，发生瓦斯事故119起、死亡533人，同比减少26起、少死亡92人，分别下降17.9%和14.7%；发生较大以上瓦斯事故55起、死亡440人，同比减少13起、少死亡79人，分别下降19.1%和15.2%。在各地、各单位的大力支持和全司同志共同努力下，重点完成以下几个方面的工作。

**一、完成了煤矿安全生产“十二五”规划编制工作**

按照总局和国家煤矿安监局的统一部署，立足煤矿安全发展，与《国民经济和社会发展第十二个五年规划纲要》、《煤炭工业“十二五”规划》和《安全生产“十二五”规划》紧密衔接，完成了《煤矿安全生产“十二五”规划》的编制印发，明确了“十二五”期间煤矿安全生产的指导思想、基本原则和规划目标，安排部署了6大任务和9大重点工程。把瓦斯综合治理工作体系建设作为“十二五”期间煤矿瓦斯防治工作长效机制建设的抓手，下发了《关于印发“十二五”煤矿瓦斯综合治理工作体系建设实施方案的通知》（安监总煤装〔2011〕42号），要求各地坚持统筹规划、分类指导的工作思路，认真组织制定“十二五”期间各煤矿企业和各产煤县（市、区）的瓦斯综合治理工作体系建设总体规划，按照各阶段的目标要求，明确年度建设目标、达标矿井及县（市、区）达标时限、工作措施和需要解决的关键技术难题等。到2011年底，基本达到体系建设基本要求的矿井1200处、产煤县（区市）65个。

**二、煤矿瓦斯防治工作取得新成效**

会同国家发展改革委积极争取国务院办公厅转发了《关于进一步加强煤矿瓦斯防治工作的若干意见》（国办发26号文件），同时，把贯彻落实国办发26号文件精神作为一项重要工作，研究提出了重点任务分工方案，明确了总局和煤矿安监局各有关司局的工作责任，细化了工作措施；印发了通知，组织召开了专题视频会议，起草了答记者问，加强了国办发26号文件的宣贯工作；采取了瓦斯灾害重点调研、组织听取贯彻落实情况汇报等方式，督促各地认真贯彻落实相关措施。

会同国家有关部门，积极筹备召开全国煤矿瓦斯防治工作现场会，配合会议召开，编印了《“十一五”期间煤矿瓦斯防治工作总结汇编》和《煤矿瓦斯治理技术集成体系经验与关键技术》；组织落实了专家典型事故案例分析和煤矿瓦斯防治先进技术装备展览。会后，相继下发了《关于认真贯彻全国煤矿瓦斯防治现场会精神　切实做好煤矿瓦斯防治和当前煤矿安全生产工作的通知》（安监总煤装〔2011〕174号）、《煤矿瓦斯防治工作“十条禁令”》（安监总煤装〔2011〕182号）和《关于印发贯彻落实全国煤矿瓦斯防治现场会精神重点任务分工方案的通知》（安监总厅煤装〔2011〕240号），强力推进贯彻落实会议精神。

突出工作重点，结合国务院“打非”专项行

动，起草印发了《国家煤矿安监局关于开展防治煤与瓦斯突出专项监察的通知》（煤安监技装〔2011〕16号），指导各地深入开展了为期4个月专项监察，共监察矿井1893矿次，查出隐患15116条，罚款6875万元，下达撤出作业人员指令29份，责令停产矿井或采掘工作面数649个，暂扣安全生产许可证351矿次。在专项监察基础上，组织5个督查组，对贵州、云南、重庆、湖南、四川等突出灾害严重的重点省份进行了专项督查，对存在重大安全隐患的煤矿，责成驻地煤矿安全监察机构按规定下达执法文书、立案查处。其中，提请地方政府关闭2处煤矿，责令1处煤矿停产整顿，给予3处煤矿100万～200万元的行政处罚，停止了3个采掘工作面的作业。针对上半年湖南、云南和贵州等省煤与瓦斯突出事故多发状况，印发了《关于进一步加强防治煤与瓦斯突出培训工作的通知》，开展了防治煤与瓦斯突出培训工作，进一步提升矿井防突技术能力和监管水平。

**三、煤矿井下安全避险“六大系统”建设取得新进展**

进一步完善了煤矿井下安全避险“六大系统”规章标准。研究制定了《煤矿井下紧急避险系统建设管理暂行规定》、《煤矿井下安全避险“六大系统”建设完善基本规范（试行）》、《煤矿可移动硬体救生舱通用技术条件》和《关于煤矿井下紧急避险系统建设管理暂行规定部分条款补充说明的通知》等行业标准和规范性文件，为煤矿企业、设计建设单位、相关产品制造企业、地方政府、安全监管监察机构大力开展“六大系统”建设提供了保障。

积极做好“六大系统”建设推进工作。组织召开了“六大系统”建设推进会，交流了工作经验，展示了先进技术装备，部署了进一步推进“六大系统”建设的工作要求。会同国际交流中心组织召开了美国矿井紧急避险设施考察成果座谈会，学习借鉴国外先进经验和做法。组织开展了“六大系统”示范矿井建设和进展情况检查工作，转发了《山东煤矿安全监察局煤矿井下安全避险“六大系统”监察办法（试行）》和《河北省煤矿井下安全避险“六大系统”验收标准及评分办法（试行）》，强化监管监察，加强典型示范引领，进一步督促煤矿企业落实了“六大系统”建设完善主体责任。指导山西省等23个省（区、市）和中煤集团等重点煤矿企业召开了“六大系统”推进会或现场会，组织专家深入煤矿企业开展了技术讲座和咨询。

加大“六大系统”建设的投入力度和科技支撑力度。在“十二五”国家科技支撑“深部及中小煤矿灾害防治关键技术研究与示范”项目中，将“煤矿井下逃生与紧急避险技术及装备研究”单独列为一个研究课题，重点研发和完善矿井重大应急避险与救援成套设备；加大了对煤矿井下紧急避险设施建设的支持力度，在2011年煤矿安全改造项目102.14亿元资金中，专门安排26.93亿元支持紧急避险系统建设，占总投资的26%，其中中央预算内投资6.24亿元。

指导加快紧急避险系统装备的研发和安全标志认证。深入中煤科工集团重庆研究院、长春金鹰智谷安全科技公司等研发、制造单位开展调研和技术指导工作，宣贯紧急避险系统的技术标准和要求；根据GB 3836防爆系列标准组织召开了矿用隔爆（兼本安）型蓄电池电源安全技术论证会。

“六大系统”建设完善工作总体进展顺利，取得了新进展。全国国有重点煤矿已经全部按时限要求完成了除井下紧急避险系统外的其他五大系统建设；国有地方煤矿和乡镇煤矿监测监控、压风自救、供水施救和通信联络等四大系统建设已基本完成，人员定位系统完成82.7%，完成了259对“六大系统”示范矿井建设。

**四、煤矿安全生产法规标准和政策措施进一步完善**

认真贯彻落实全国瓦斯防治工作电视电话会议和全国煤矿瓦斯防治现场会精神，通过制定下发《关于进一步加强煤矿瓦斯防治工作的若干意见》和《煤矿瓦斯防治工作“十条禁令”》，紧紧抓住煤矿瓦斯防治工作中关键性问题，提高了高瓦斯和煤与瓦斯突出矿井办矿门槛，明确了“十二五”期间停止核准新建30万吨/年以下的高瓦斯矿井、45万吨/年以下的煤与瓦斯突出矿井项目；责令9万吨/年及以下的煤与瓦斯突出矿井立即停产并进行评估；提出了违反“十条禁令”相关处罚要求；提出了研究制定鼓励高瓦斯和煤与瓦斯突出矿井加大安全投入的税收支持等6个方面的扶持政策，对进一步强化瓦斯防治工作奠定了政策基础。

进一步完善了煤矿瓦斯防治规章，以国家安全监管总局、国家发展改革委、国家煤矿安监局和国家能源局文件印发《煤矿瓦斯抽采达标暂行规定》和《煤矿瓦斯等级鉴定暂行办法》，取消了低瓦斯矿井的名称，严格了瓦斯鉴定的程序、标准，完善了抽采达标的评判方法；下发了宣贯工作通知，利用全国瓦斯防治现场会和新闻媒体进行了深入解读，在4期瓦斯治理专题培训班上进行了宣贯，推动了以上两个规章的贯彻落实。

对《煤矿安全规程》中涉及《煤矿瓦斯抽采达标暂行规定》和《煤矿瓦斯等级鉴定暂行办法》、《防治煤与瓦斯突出规定》以及“六大系统”建设有关规定等的相关章节、条款进行了梳理，组织开展了《煤矿安全规程》部分章节修订工作。为推进将煤矿瓦斯防治能力特别是瓦斯抽采达标能力作为煤矿生产能力核定重要约束性指标，组织制定了《煤矿瓦斯防治能力核定办法》（征求意见稿）。配合能源局起草《煤矿企业瓦斯防治能力评估管理办法》和《煤矿企业瓦斯防治能力评估基本标准》，加快推进建立企业瓦斯防治能力评估制度。

积极开展煤矿安全和煤炭行业标准制定工作，组织制定了《煤层气地面开采安全规程》，筛选和整理了煤矿瓦斯防治法规标准，编制了《煤矿瓦斯防治法规标准汇编》。配合政法司发布了《煤炭工业矿井工程建设项目可行性研究报告编制标准》等113项煤炭行业标准。落实了2010年和2011年煤炭行业标准经费560万元。组织开展了2012年煤炭行业标准制修订计划项目申报和审查工作。

**五、煤矿安全科技装备支撑工作进一步推进**

积极争取科技部对煤矿安全科技攻关工作的支持，组织开展了“十二五”国家科技支撑计划项目申报工作，研究提出了“深部及中小煤矿灾害防治关键技术研究与示范”项目，通过了科技部组织的评审。该项目国拨经费6000万元，针对制约我国煤矿安全生产急需解决的深部矿井灾害治理、中小煤矿灾害治理及紧急避险系统3个关键技术开展科技攻关。组织专家对2011年30亿元煤矿安全改造和瓦斯治理示范矿井建设项目进行审核，提出了项目建议计划方案，及时下达了2011年煤矿安全改造资金132亿元（其中，国债资金30亿元，带动地方政府和煤矿企业投入102亿元），重点支持了瓦斯抽采利用系统53.95亿元（占40.8%）、通风系统22.91亿元（占17.3%）、紧急避险系统26.93亿元（占20.4%）、防治水系统10.59亿元（占8.0%）等，进一步提高煤矿安全科技保障能力。

为推进煤矿企业加强安全技术管理工作，印发了《关于进一步加强煤矿企业安全技术管理工作的指导意见》（安监总煤装〔2011〕51号），指导煤矿企业强化技术管理机构的安全职能，提高安全技术水平和安全技术保障能力。配合行管司举办了万名总工程师培训班，强化总工程师在安全技术管理工作中的重要地位，细化总工程师安全管理职责，充分发挥总工程师在安全技术管理中的关键作用。

积极推广煤矿瓦斯防治先进经验，总结推广了14个煤矿企业瓦斯防治工作经验，形成了一批不同典型煤层条件的煤矿瓦斯防治技术管理体系；转发了《安徽省煤矿瓦斯综合治理与利用办法》（煤安监司函办〔2011〕28号），印发了《安徽省淮南矿业集团瓦斯综合治理经验材料的通知》（安监总煤装〔2011〕86号），并在《中国煤炭报》上专篇进行了报道；与总局规划司联合组织了物联网技术在煤矿安全生产中的应用示范；协同举办了“2011国际煤矿瓦斯治理及安全技术”论坛。

加快淘汰煤矿使用的落后技术设备，印发了《禁止井工煤矿使用的设备及工艺目录（第三批）》，并进行了调查摸底工作。组织开展了禁止井工煤矿使用的设备工艺以及煤矿井下用空气压缩机、电缆等安全标志设备使用管理情况进行专项检查。印发《关于切实加强煤矿空气压缩机安全管理的通知》（安监总厅煤装〔2011〕195号），从严格空压机采购、安装验收、使用维护、强制性检测检验和监管监察等5个方面提出了具体要求。

**六、创先争优活动和党风廉政建设深入扎实推进**

按照总局党组和煤矿安监局安排部署，紧紧围绕《国家安全监管总局直属机关2011年党建工作要点》和《关于进一步深化创先争优活动的意见》的要求，以纪念建党90周年和贯彻落实《中国共产党党和国家机关基层组织工作条例》为契机，认真学习胡锦涛总书记在庆祝中国共产党成立90周年大会上的重要讲话，以“深入落实科学发展观，构建煤矿瓦斯治理长效机制”为主题，深入开展创先争优活动，把创先争优点评与月度工作总结相结合，对每名党员进行点评，指出问题和不足，提出努力方向，有针对性地提出加强和改进的具体措施。进一步完善了《科技装备司党风廉政建设任务分工实施方案》，修订完善了党风廉政工作规定等制度，签订了党风廉政建设责任书和承诺书，积极参加了“学准则、守准则、用准则”活动和党风廉政建设警示教育周活动，抓住煤矿安全改造项目审查、新技术装备推广应用、煤矿瓦斯防治专项监察和强制推行“六大系统”建设等重点环节，召开了以“一查两找”为重点的专题组织生活会。不断提高学习的自觉性和主动性，坚持“三会一课”等党的学习制度，努力推进学习型党支部建设。

在完成以上重点工作的同时，积极参加了安委办、总局组织的安全生产大检查、安全生产综合检查督查、安全生产专题调研等活动。认真办理两会建议和提案答复工作，特别是针对栗俊平等人大代表的建议，组织召开了部分机电专家参加的座谈会，与人大代表进行沟通，共同研究了进一步加强煤矿机电设备管理的措施，得到了栗俊平代表的认同，《人民代表报》进行了报道。针对人大代表提出推广煤矿瓦斯消融剂的建议，组织专家进行研讨，并进行了实地调研，提出了处理意见，并形成有关情况专报。

# 行业安全基础管理指导工作

国家煤矿安全监察局行业安全基础管理指导司

2011年以来，按照总局、煤矿安监局的总体部署，认真贯彻落实党中央、国务院重大决策部署和中央领导同志批示指示精神，继续深入开展“安全生产年”活动，突出“三深化、三推进”，围绕“两建设”（煤矿安全质量标准化建设、煤矿班组安全建设）、“两推进”（推进煤矿安全隐患排查治理、推进小型煤矿机械化）、“两强化”（强化煤矿领导带班下井、强化中央企业煤矿安全监管）、“两工程”（万名煤矿班组长安全培训工程、万名煤矿总工程师安全培训工程），进一步强化了煤矿安全基层基础管理。根据总局和煤矿安监局2011年重点工作分工，结合职责，细化分解了30项重点工作，还有领导交办的10项重点工作，目前已全部完成，并受到社会各界的关注与好评，其中5次重大活动受到中央政府网站的报道和转载。

**一、狠抓安全质量标准化建设，安全管理水平不断提升**

组织修订《煤矿安全质量标准化考核标准》，并进行现场调研，年底前形成初稿；编印2010年度全国煤矿安全质量标准化工作报告；公示公布了2010年度319处国家级安全质量标准化煤矿；召开专题汇报会，组织听取25个省（市、区）的工作汇报，掌握年底达标进度情况，督促各地依法依规、加快推进达标创建活动；组织开展全国煤矿安全质量标准化交叉互检活动，推进“三达标”；安排部署各地提前开展2011年度达标考核验收和国家级安全质量标准化煤矿申报工作，严格考核验收程序和标准，不得为提高本地区达标率而擅自降低标准。据初步统计，预计到年底全国生产煤矿达标矿井7257处，达标率为90.7%。

**二、狠抓煤矿班组安全建设，煤矿现场管理不断强化**

联合全国总工会组织召开了全国煤矿班组安全建设先进事迹报告会和总结会，共有16名优秀煤矿班组长、群监员，先后在9省（区、市），行程12000多公里，在23个企业举办了24场报告会，直接听讲人员近7万人，巡回演讲结束后，总局、煤矿安监局和全国总工会有关领导同志接见了参加巡回演讲的代表，对巡回演讲活动取得圆满成功给予了充分肯定和高度评价，营造了班组安全建设浓厚氛围，在全国煤矿引起强烈反响。同时，贯彻执行《关于进一步加强煤矿班组安全生产建设的指导意见》，督促各地规范煤矿班组安全建设管理，联合全国总工会，研究制定了《煤矿班组安全建设规定（试行）》、《特聘煤矿安全群众监督员管理办法》，有力推动了班组安全建设“五落实”。

**三、深入推进小型煤矿机械化，安全保障能力不断提高**

认真落实领导批示精神，组织召开百色矿务局煤矿机械化经验汇报会，赴广西现场调研，形成经验材料，在全国煤炭系统推广。自2009年全国小型煤矿机械化推进会以来，有29个省份、约5100人次到百色矿务局、右江矿务局学习考察，“百色经验”已成为全国中小型煤矿学习的样板。为进一步落实《关于推进小型煤矿机械化的指导意见》，从政策上引导、鼓励和支持小型煤矿机械化改造，与国家发改委、能源局协调，提出了鼓励小型煤矿机械化改造政策措施，已形成初稿；召开专题汇报会，听取各地关于小型煤矿机械化规划编制和改造情况，督促各地推动加快机械化改造步伐。

**四、推进隐患排查治理，领导带班下井作用不断显现**

按程序公布了截至2010年底实现安全生产1000天以上的954处矿井名单；联合神华集团探索构建煤矿安全风险预控体系，形成了《煤矿安全风险预控管理体系规范》（AQ/T 1093—2011），在全国煤炭系统推广，规范隐患识别、排查和治理；为落实全国安全隐患排查治理现场会精神，召开座谈会，督促各地和煤矿完善隐患排查治理体系，推行风险预控管理体系，提高安全管理和防范事故的能力。同时，为充分发挥领导带班下井的作用，召开专题座谈会，通报煤矿建设项目领导带班下井情况，采取针对性措施，推动领导带班下井制度的贯彻执行。据统计，截至11月底，全国共开展领导带班下井专项检查的煤矿有63826矿次，发现违规煤矿536矿次、违规人员1529人次，罚款3240万元，责令停产整顿煤矿199处，暂扣证件332个，较大以上事故中按规定带班的矿井有50处，占76.4%。

**五、强化监管，中央企业煤矿安全生产工作不断改进**

坚持抓大煤矿、治大隐患、防大事故，召开了中央企业煤矿安全生产工作座谈会、隐患排查治理分析会和两次联络员座谈会，总结编印2010年度中央企业煤矿安全生产报告及经验材料，深刻剖析了2011年以来央企发生的4起较大以上煤矿事故，组织发动中央企业煤矿开展隐患排查整治攻坚战，安排部署中央企业煤矿安全生产重点工作、对策措施，有效防范和坚决遏制重特大事故。同时，落实骆琳、赵铁锤等领导同志批示要求，针对中央企业开展煤矿安全生产督查调研活动，赴7省（区、市）进行深入调研，形成报告，提出改进措施，强化安全监管。

**六、组织实施“两项工程”，煤矿安全培训力度不断加大**

召开了“万名煤矿总工程师安全培训工程”启动暨第一期煤矿总工程师安全培训班开班会，督促各地每3年时间，将全国煤矿总工程师、班组长各轮训一遍，推动煤矿技术管理和现场管理水平的提高。下发了《关于建设全国煤矿特种作业人员网络考试平台的通知》，强化培训考核信息化管理，推进考试中心建设，加快“教考分离”，完善培训考试网络体系。同时，研究制定《煤矿安全培训规定》（送审稿），制定了4个特殊工种的培训大纲、考核标准及考试题库和《煤矿普工安全技能考核标准》（MT），修订了煤矿企业主要负责人、安全生产管理人员考试题库和《全国露天煤矿安全技术培训教材》等。配合总局人事司召开了全国安全生产教育培训和人才工作会议，联合开展了农民工安全生产和职业病防控政策措施的调研等。据统计，2011年以来，全国共培（复）训煤矿“三项岗位人员”78.6万人、总工程师8172人、班组长17.2万人、高管人员374人、各类师资483人、专业人员394人，大大促进了全员安全素质的提高。

**七、调研总结推广典型经验，完成领导交办的工作任务**

落实领导批示精神，草拟了呈报张德江副总理《关于总结推广有关地区和企业加强煤矿安全管理经验情况的报告》（代拟稿）；会同有关部门，现场调研总结了河南煤化集团及其与贵州省毕节地区互派干部挂职，冀中能源集团峰峰公司新三矿，广西“百色经验”，中国平煤神马集团“大学生采煤班”，神华集团及宁煤公司、神东公司大柳塔煤矿等8个典型经验，分别形成了经验总结材料，通过下发文件和在《中国安全生产报》（《中国煤炭报》)以及总局《调查研究》等报刊上宣传推广，发挥了很好的示范带动作用。先后赴 13 个省(区、市)、8 个煤炭企业进行调研督查，分别形成了报告。督促指导煤矿企业做好春节期间安全生产及节后复产验收工作；完成了 2 份协办的“两会”提案回复；参与总局中澳煤矿安全合作示范项目；指导推动“京西煤矿安全生产保障行动”建设等，完成了领导交办的各项工作任务。

**八、开展创先争优活动，反腐倡廉任务得到进一步落实**

加强理论和业务学习，坚持用中国特色社会主义理论体系武装头脑，加强社会主义核心价值体系教育，开展学习型党组织建设活动，全面加强煤矿安全基础管理，提高综合素质和能力。扎实开展创先争优活动，研究制定了活动重点和保障措施，积极开展“纪念建党 90 周年、深入开展创先争优”主题党日活动，参加党史系列主题教育、红歌演唱会等活动，组织召开专题组织生活会，赴西柏坡参观学习，重温入党誓词，激励广大党员干部创先争优的积极性，在人员少、工作量大的情况下保证了全年任务的完成。狠抓党风廉政建设，落实反腐倡廉任务分工，制定党风廉政建设工作任务实施方案，积极开展第二个“警示教育周”，教育大家遵守党风廉政建设各项规定，做到廉洁自律。

# 第七部分

# 安全生产应急管理

## 安全生产应急管理工作

国家安全生产应急救援指挥中心

2011年是实施“十二五”规划的开局之年，党中央、国务院继续采取一系列重大举措推进安全生产应急管理尤其是事故应急处置工作。《中共中央国务院关于加强和创新社会管理的意见》(中发〔2011〕11号)，将全面加强安全生产应急管理工作纳入加强和创新社会管理的大格局之中，要求健全应急管理体制机制，提高应对各类突发事件的能力，切实保障人民群众生命财产安全。《国民经济和社会发展“十二五”规划》特别强调，要加大公共安全投入，加强安全生产，健全对事故灾难等突发事件的预防预警和应急处置体系。《国务院关于进一步加强企业安全生产工作的通知》(国发〔2010〕23号，以下简称《通知》)和《国务院关于坚持科学发展安全发展促进安全生产形势持续稳定好转的意见》(国发〔2011〕40号，以下简称《意见》)都将建设更加高效的应急救援体系作为独立部分，提出了一系列明确措施和具体要求。中央领导同志多次在重要会议上对安全生产和应急管理工作提出要求，作出重要指示和安排部署。在党中央、国务院的坚强领导下，在各地区、各有关部门和单位的共同努力下，2011年安全生产应急管理工作取得了良好开局，总体应急救援能力明显增强，应急处置工作明显强化，事故应急救援效果明显提高。

### 一、安全生产应急救援体系建设取得了重要进展

#### (一)国家矿山应急救援队建设取得了阶段性成果

由于国务院领导同志的高度重视、亲自推动，国家各相关部门、各级相关地方政府和依托单位都给予了高度重视。国家发改委、财政部积极落实资金，大力支持项目建设；安全监管总局成立了国家队建设工作指导组，建立了与地方政府和相关部门的沟通协调机制，骆琳局长亲自为开滦队开工奠基，其他领导同志多次率队进行督查和现场办公，与各省共同研究解决土地征用、配套建设、资金投入等重难点问题。河北、河南、山西等省人民政府均成立了领导小组，统一协调国家队建设。国家队依托企业也都成立了由主要负责同志挂帅的建设工作领导机构，抽调专门人员负责国家队建设。国家队所在地的各级安全监管监察等部门也积极发挥职能作用，及时掌握情况，协调解决问题，努力为国家队建设服务。

在国家队建设工作中，各个方面做到了“五个坚持”。第一，坚持搞好顶层设计。安全监管总局下发了《国家矿山应急救援队建设总体方案》，对国家队的建设原则思路、目标任务、阶段划分、考核标准进行了明确，对建设工作任务进行了具体细化，确保了各国家队建设工作协调有序地开展、全面规范地推进。第二，坚持做到标准先行。根据

"国际一流、国内领先"的建设目标，国务院安委办制定下发了《国家矿山应急救援队建设标准》，全面规范了装备选型、设施建设、制度建设以及人员配置、机构设置、训练演练等各个方面，处处以高标准来要求和规范各项建设工作，以确保各项要求部署落到实处，实现建设目标。第三，坚持进行典型引路。安全监管总局选择河北开滦队、山西大同队、河南平顶山队作为试点单位。通过认真开展示范建设，为其他国家队、区域队建设创造了经验、树立了样板、提供了示范。第四，坚持推进创新突破。在建设理念上，强调国家队在安全生产应急管理全局中领先、示范、特殊的作用；在管理方式上，确立了政企结合、上下结合、统一规范、共用共管的方式；在建设模式上，确立了国家支持、地方配合、企业为主、多方参与、重点投入、强化装备的建设机制模式；在建设内容上，强调软硬件结合，既抓装备建设、配套设施，又抓制度规范、人员素质等全面建设。实践证明，正是这些多层次、多角度的突破创新，打破了按部就班的常规方式，推动国家队建设在短短一年内实现了跨越发展。第五，坚持特事特办快办。为确保按照国家要求完成建设任务，在资金投入方面，除中央财政落实了8亿多元装备建设资金外，河北等各相关省、市在资源非常紧张的情况下给予国家队大力支持，各国家队依托企业2011年完成国家队建设投资7.3亿元。尤其是在土地征用等方面，河北省及唐山市等国家队所在地的各级地方政府在很短时间内就协调解决了国家队建设所需的项目立项、土地审批等工作。在基础设施建设方面，各国家队依托企业主要领导亲自抓，强化了建设组织、克服了重重困难、落实了建设资金，加快了建设速度，确保了工程质量。在配套建设方面，7个国家队全部按《矿山救护规程》要求配齐了常规装备，并根据各自服务范围内矿井特点及功能特色补充了相关装备，调整了机构设置，完善了标准制度，充实了相关人员。

一年来，由于各方面的共同努力，国家矿山应急救援队建设项目国家投资已全部落实到位，各国家矿山应急救援队按照建设要求如期完成了各项阶段性建设任务。开滦队、大同队、平顶山队的建设试点工作取得重大进展，形成了"六加一"（即一套建设标准、一套制度规范、一套教育训练教材、一套应急行动方预案、一套示范演练科目、一套基础设施和自身建设各具特色）试点成果，为国家队和区域队等整体建设探索了路子，提供了经验。

（二）地方骨干专业应急救援队建设步伐明显加快

河北省完成了省、市、县三级综合应急救援队的挂牌组建工作，成立了67支高层建筑、石油化工等7类灾害事故救援专业队伍，尤其是在地方政府支持下，争取到300亩土地开始着手建设应急综合基地；青海省结合实际建设了10个省级专业应急救援队；江苏、山东、上海、重庆、江西等省（市）也都从实际出发，加强了安全生产应急救援骨干队伍建设。全国绝大多数县（市、区）均依托公安消防部队建立了综合性应急救援队伍。

（三）相关行业和中央企业应急救援体系不断完善

中央国有资本经营预算重点支持的重点行业（领域）中央企业应急救援能力建设项目顺利推进，其他行业（领域）的安全生产应急救援体系建设进一步加强。工信部批复同意中国移动在31个省（区、市）均组建应急通信保障队伍；铁道部组建了昆明、贵阳、西安、太原、长沙5支铁路隧道专业抢险救援队；旅游局与安全监管总局共同开展了国家旅游应急救援黄山队建设；国防科工局将在2012年建成4个国家级核应急技术支持中心及6支救援分队；公安消防、交通运输、环境保护、电力、地震、气象、海洋等部门也都进一步加大了应急救援体系建设力度。国务院国资委加大力度推动工作，中央石油、化工、煤炭和建筑施工、非煤矿山等一批企业普遍建立了专职安全生产应急救援队伍。其他高危行业生产经营单位也都建立了专兼职安全生产应急救援队伍。

## 二、安全生产应急管理法制体制机制进一步完善

（一）应急法规制度建设得到了加强

各地区、各有关部门和单位认真贯彻落实《突发事件应对法》、《安全生产法》等法律法规，大力加强安全生产应急管理法规制度建设。《安全生产法》正在修改完善之中，充实了应急管理有关规定和要求；《安全生产应急管理条例》正在加紧制定之中。国务院有关部门制定完善了应急管理相应的部门规章。安全监管总局制定印发了《生

产安全事故应急演练指南》（AQ/T 9007—2011）等多项部门规章和标准；公安消防、交通运输、环境保护、住房建设、农业、卫生、国资、质检、电力、旅游、国防科工等部门也都制定、修订了一批部门规章和标准，为开展行业安全生产应急管理工作提供了依据。全国31个省（区、市）均颁布实施了安全生产条例及其他一些关于加强应急管理方面的地方性法规、规章和规范性文件。

（二）应急管理体系得到进一步健全

全国31个省（区、市）和新疆生产建设兵团都建立了安全生产应急工作机构，290个市（地）级、548个县级行政单位成立了安全生产应急工作机构，河北、辽宁、四川、陕西、山西等16个省级煤矿安监局成立了安全生产应急工作机构。与此同时，相关行业（领域）专业性安全生产应急工作机构建设进一步推进。交通运输部将应急办公室与中国海上搜救中心、中国海上溢油应急中心合署办公，加强了交通运输应急管理与指挥协调工作；国防科工局专门成立了核应急与军工核安全监管司，承担国家核事故应急组织与协调工作；公安消防、环境保护、铁路、民航等部门也都加强了安全生产应急工作机构建设。高危行业中央企业应急工作机构建设也得到了进一步加强，纳入统计范围的50家中央企业总部全部成立了安全生产应急工作机构，所属二级单位安全生产应急工作机构总数达到1653个。

（三）应急工作机制得到了日益完善

国家安全生产应急救援联络员会议制度更加健全，各部门之间的应急机制逐步建立健全。安全监管总局与国务院有关部门加强了信息通报，与总参谋部应急办签订了应急联动合作协议，进一步加强了同军队的应急协作；公安部继续推动完善了消防工作机制；环境保护部深化了与公安消防、安全监管等部门的合作；交通运输部进一步完善了国家重大海上溢油应急处置部际合作机制；铁道部与铁路沿线980家医院签订了救援协议，建立了覆盖全路的医疗救援网络；工信、农业、卫生等部门与其他部门的合作也日益深化。各地区和相关方面也建立健全了应急工作机制。辽宁、吉林、黑龙江、内蒙古4省（区）建立了应急工作合作联席会议制度；天津、河北、辽宁、山东4省（市）建立了黄渤海区域海上应急处置合作机制；等等。同时，矿山、危险化学品区域应急协作机制进一步完善，尤其是中石油、中石化、中海油建立完善了企业间应急联动机制。

## 三、安全生产应急救援技术和装备水平明显提高

各地区、各有关部门和单位十分重视安全生产应急救援队伍的技术装备建设，在前期建设的基础上，2011年又加大了投入力度，加强了装备建设。河北省为应急救援队伍配备了核生化侦检车、消防坦克、无人侦察机等高精尖特种设备；海南省预算投入4.5亿元建设海口、三亚、洋浦三个海陆消防站，目前洋浦已经落实了建设用地和水上救援装备资金2.5亿元；重庆市制定了《市级综合应急救援队伍装备建设三年规划（2011—2013年）》，增配了特种大型装备；山西省大力推进了各类矿山应急救援技术装备水平提升工作；工业和信息化部组建的覆盖部、省、事发现场三级国家通信网应急指挥调度系统即将投入使用，总计投资6.8亿元在建的应急通信工程和应急宽带VSAT网、应急短波网、应急通信装备更新完善等三项重点工程也在加紧推进；公安部在全国新增消防站565个、消防车3752辆、各类灭火救援器材99万件（套）；民航局安排了6亿多元资金，为23个支线机场配备、改造了仪表着陆系统、助航灯光系统和航空气象设施；等等。中央国有资本经营预算投资近10亿元为部分中央企业的18支应急救援队伍和12个培训演练基地配备了先进的应急救援装备和设施。神华、中煤两大中央煤炭企业加大了应急装备投入，应急救援能力大大提高。仅神东公司救护队就自投资金3亿多元，购置了2台进口全液压车载钻机等高精尖装备。此外，大口径救生钻机、深井潜水电泵等先进救援设备在国内一些单位已研发并出成果，一批应急救援新技术、新装备得到了推广和应用。

## 四、安全生产应急救援保障工作得到进一步强化

（一）应急平台体系建设继续加快推进

国家安全生产应急平台已完成系统调整设计和硬件工程建设，已建成与国务院应急平台互联互通的信息报送系统；环境保护部完成了环境应急管理信息系统主体开发，将逐步实现环境风险、信息报告、事故案例数字化管理；铁道部在已建成6个铁

路局应急平台的基础上，又新建了广铁、南宁、昆明、兰州4个铁路局的应急平台；电监会本部和各地电监办应急指挥平台正在加快完善之中。北京、河北、安徽、江西、山东、广东、四川、贵州8省（市）安全生产应急平台已建成运行；天津、辽宁、吉林、上海、江苏、浙江、福建、湖南、重庆9省（市）安全生产应急平台正在建设完善；黑龙江和新疆生产建设兵团已有初步设计；云南、青海已经立项；广西、河南已有规划方案。同时，大批中央企业应急平台已建成运行，大型煤矿和危险化学品生产企业安全生产监测监控及预警预报体系也逐步建立。

（二）应急资源数据库建设得到了加强

黑龙江省充分利用现有资源和工作平台，以省、市、县三级风险隐患、重点防护目标等9类信息为基本内容，初步完成了省、市、县三级应急管理数据库；山东省进一步扩展了安全生产应急基础信息资源库内容，新增危险化学品和重点危险化学品数据库，对2348种危险化学品和国家安监总局发布的60种重点危险化学品的物理化学参数、处置措施等进行了归类建档建库；湖北、江苏、天津、辽宁、贵州、云南、四川、江西等省（市）也都加强了安全生产应急资源数据库建设。环境保护、城乡建设等部门也都建立了相应行业领域应急资源数据库。

（三）应急物资储备工作得到明显加强

北京市出台了《关于进一步加强全市应急物资保障能力建设的意见》，促进了应急保障工作的开展；吉林省统一规划了应急物资储备品种和规模，制定了一整套应急工业品储备管理办法，加强物资储备工作；广东、广西、内蒙古、陕西、甘肃、宁夏、西藏等地依托企业加强了应急物资储备工作。铁道部在全路建立了应急物资储备场所6200余处；工信、水利、农业、环境保护、公安消防、电力、地震等行业领域也采取了多种方式，储备了一定数量的应急物资。其他一些地区、部门和单位也采取购买、临储、协议等方式积极储备安全生产应急物资。

（四）应急财税政策支持力度不断加大

除已经实施并见到实效的相关投入等政策外，安全监管总局正在组织修订《企业安全生产费用提取和使用管理办法》，提高了安全费用提取下限标准，扩展和细化了使用方向，明确规定可用于购置应急救援设备设施；新修订的《安全生产专用设备企业所得税优惠目录》增加了应急救援装备种类等，安全生产应急工作有关支持政策措施进一步健全。其他一些行业部门也出台了相应的政策，支持安全生产应急能力建设。各地区也制定出台了安全生产应急救援财税支持政策，尤其在基础设施建设、装备建设、应急救援费用补偿等方面加大了资金支持力度。江苏省设立了安全生产应急救援专项资金，对重特大生产安全事故应急救援、应急演练、应急救援装备物资配备等给予资金补助；河北省出台了《矿山应急救援队伍有偿服务费收取及管理暂行规定》，明确规定了事故抢险救援及技术服务收费标准；广东、湖北、贵州等其他省市也制定出台了相应的应急救援扶持政策。

**五、安全生产应急管理基层基础工作进一步夯实**

（一）应急预案体系得到了进一步健全

事故灾难类总体预案、专项预案和部门预案，以及县级以上政府及部门安全生产应急预案不断修改健全完善。安全监管总局组织修订了《国家安全生产事故灾难应急预案》等10项部门应急预案；工业和信息化部完成了《国家通信保障应急预案》的修订工作；交通运输部组织制定了《国家海上重大溢油应急预案》和《民用航空器海上遇险应急预案》；住建、铁路、卫生、质检、电力、民航、海洋等部门对行业的专项预案、部门预案也进行了修订完善。与此同时，省、市、县（区、市）政府及相关部门、乡镇（街道）都按照规定编制了总体应急预案和专项应急预案。尤其是北京、天津等15个省（市）进一步完善3级部门应急预案，乡村、社区、学校等部分基层单位也都制定了各类应急预案。中央企业总部及所属单位均按要求编制了总体预案和专项预案，高危行业企业预案覆盖率达到100%。据不完全统计，全国32个省级统计单位编制应急预案总数达5926013个。

（二）应急演练活动进一步广泛地开展

“应急预案演练周”活动在全国范围内定期举行，各级政府、各相关部门、各类企业专项演练、综合演练呈现常态化。安全监管总局会同江苏省人民政府、南京市人民政府组织开展了“南京市重大化工生产安全事故应急演练”，在蓝星石化刚投产的30万吨聚乙烯装置上展开了实战演练，起到了应急预案演练示范效应；交通运输部成功举办了“2011年中日联合海上搜救通信演习”、“2011年中韩海上搜救联合通信演习”，加强了国际间的搜救合作，提高了涉外突发事件应急处置水平。甘肃省人民政府与中石油在兰州石化联合举行了现场实战演练。公安消防、铁路等部门以及内蒙古、新疆、吉林、浙江、西藏、青海、宁夏等省（区）和新疆建设兵团也都举行了大型演练。据不完全统计，2011年全国共开展安全生产应急演练471811次，参演人员达8568272人次。

（三）预警和宣教培训等工作更加强化

各地区、各有关部门和单位普遍建立了应急值守制度，各应急联络员单位加强了信息沟通与合作，强化了事故灾难和自然灾害的预报预警预防工作。信息统计和综合分析工作进一步规范和加强，信息的准确性、及时性、可信性和分析研判结果的周密性、科学性、指导性都得到提高。矿山救护队标准化达标和资质认定工作扎实推进，救援队伍专业化、标准化和准军事化工作得到强化。成功举办了第五届国际矿山救援大会暨第三届中国国际安全生产应急管理论坛及技术装备展览会，有力地推动了应急管理与国际接轨、推动加强了国际交流与合作、推动了应急救援产业的发展。安全生产应急宣教培训工作扎实推进、取得实效，广大从业人员、社会公众的应急意识、素质、能力明显提高。

（四）预防性安全检查工作进一步深化

各地区、各有关部门和单位按照“险时搞救援，平时搞防范”的原则，充分发挥应急救援队伍专长，认真组织矿山、危险化学品和其他应急救援队伍开展预防性安全检查和隐患排查工作，协助所在企业和协议服务企业开展了预防性安全检查和隐患排查，既熟悉了现场环境，又对有效防范事故发生起到了积极作用。据不完全统计，各级各类应急救援队平均每年参加预防性安全检查技术服务近18万队次，排查或协助排查治理隐患约59万项。

**六、安全生产应急处置能力和救援效果明显提高**

各地区、各有关部门和单位坚决按照党中央、国务院的部署和要求，坚持以人为本、强化应急处置、强化救援工作，做到有求必应、有险必抢、有难必救，科学施救、安全施救、有效施救，充分发挥应急救援最后一道防线的作用，安全生产应急管理尤其是事故应急处置工作取得了明显成效，为促进全国安全生产形势持续稳定好转作出了重要贡献。特别是各行各业的各级各类应急救援队伍的指战员，在关键时刻不怕困难、不怕吃苦、不畏艰险、不怕牺牲，拉得出、叫得响、打得赢，在各类事故灾难和灾害抢险救援中发挥了特殊作用，作出了突出贡献。2011年，全国矿山救护队共参与3102起事故的救援工作，抢救遇险人员8751人；危险化学品应急救援队伍参与11673起事故的救援工作，疏散和抢救遇险人员25910人；公安消防出动65.6万次，疏散和抢救遇险人员12.9万人；海（水）救援队伍参与2177救援行动，抢救遇险人员18712人。通过及时救援，仅有效遏制煤矿特大事故就达11起。同时，各方面协调联动、紧密合作，及时发布信息、正确引导舆论，应急队伍在应对暴雨、台风、暴雪、洪水、泥石流、地震等自然灾害中，发挥了重要作用。

# 第八部分

# 工会劳动保护

## 工会劳动保护工作

中华全国总工会劳动保护部

2011年，工会劳动保护工作坚持深入贯彻落实党的十七届五中、六中全会和工会十五大及五次执委会议精神，坚持以“服务科学发展，服务职工安康”为指导原则，以非公有制经济类型企业和中小型企业为重点，以增强基层工会劳动保护工作活力为目标，把做好劳动保护工作作为履行维护职工合法权益基本职责的重要内容，围绕全总工作全局和目标任务，加强机制建设、基础建设、能力建设，推动新形势下工会劳动保护工作的创新发展。

**一、加大立法和政策参与**

在《职业病防治法》、《国家职业病防治规划(2009—2015年)》等法律和政策修订、制定中，推动完善国家职业病防治监管体制，落实用人单位职业病防治主体责任，健全职业病患者救助保障制度，优化工会维权的法律和政策环境。针对近年高温作业对职工健康影响问题，向国务院职业病防治工作部际联席会议提出将高温天气职工劳动保护问题列入年度会议议题的建议，推动有关部委联合下发了《关于做好防暑降温工作，保护劳动者健康的通知》，并对《〈防暑降温措施暂行办法〉修订工作方案（征求意见稿）》提出了将劳动保护措施列入修订内容的建议。

**二、强化工会劳动保护工作基础**

深入贯彻落实国务院《关于加强企业安全生产工作的通知》精神，在调查研究的基础上，制定下发了《中华全国总工会关于组织职工群众开展事故隐患排查治理工作的意见》，完善工会组织职工开展企业事故和职业危害隐患治理的工作制度、措施，发挥广大职工群众参与安全生产和职业病防治工作的主力军作用。进一步加强工会劳动保护监督检查组织建设和网络管理，修订下发了《工会劳动保护监督检查员管理办法》，出台了《煤矿特聘群众安全监督员管理办法》。针对近年来劳动保护监督检查员队伍变动大、业务能力和作用发挥等方面出现的新情况，加强对各级基层工会劳动保护监督检查员培训，提高劳动保护监督检查员的业务素质。在高危行业大力推行劳动安全卫生专项集体合同，加大对高危行业劳动安全卫生专项集体合同典型经验的宣传和推广，重视对专项集体合同签订工作的指导，在推动提升专项集体合同质量的同时，不断扩大合同覆盖面。继续推广“事故隐患和职业危害监控法”、“劳动安全卫生专项集体合同”、“中小企业工会主动参与职业安全卫生工作法”等适用于基层工会开展劳动保护工作的成功经验，通过工会劳动保护网站、报刊、杂志、工作情况交流专刊以及“安康杯”竞赛互检等多种形式，加强对基层工会特别是企业和社区工会开展劳动保护工作经验的总结、交流。

**三、推广应用“工会参与职业病防治工作模**

式”

推动落实《中华全国总工会关于加强工会参与职业病防治工作的意见》和《关于全面推广工会参与职业病防治工作模式的通知》精神，先后下发了《关于开展“工会参与职业病防治工作模式”推广情况检查的通知》和《关于报送“工会参与职业病防治工作模式”试点推广情况的通知》，对北京、天津、江苏、浙江、湖北、四川、甘肃、宁夏、新疆等9个省（区、市）模式推广情况进行检查，实地考察了北京福田环保动力股份有限公司等21家大型国有和中小非公企业，组织召开由工会干部、职工代表和企业经营者参加的专题座谈会32次，听取了各地模式推广工作的进展情况及改进意见、建议，并通过《工会要情》、《工会工作通讯》、《中国工运》、《劳动保护杂志》等刊物介绍了各地和企业推广应用工会参与职业病防治模式工作取得的经验。加强对基层工会“模式”推广工作的指导和服务，部门领导分赴湖北、河北、湖南等省市总工会参加“模式”推广现场会议，总结工作进展，提出进一步工作要求。7月中旬，全总在新疆举办了推广工会参与职业病防治工作模式培训班，对全国县级以上总工会及部分大型企业工会劳动保护干部150人进行了专题培训，期间，部分省、市和企业工会代表介绍了开展职业病防治工作的经验和做法。

**四、深入开展全国“安康杯”竞赛活动**

以“抓班组，提高管理水平；重教育，推进安全文化”为主题，面向基层社区、企业、生产一线，继续深入开展全国“安康杯”竞赛活动。据统计，2011年参赛企业31.9万家，参赛职工9070万人。举办首次全国班组安全建设与管理优秀成果发布活动，以新颖的形式和生动的内容充分展示了近年来全国班组“安康杯”竞赛活动取得的丰硕成果。组织开展向企业和班组送安全文化活动，制作了反映全国“安康杯”竞赛活动主旨思想和内涵的宣传画，以及推动班组安全标准化作业的光盘、宣传挂图等赠送各地进行宣传。以推动班组安全管理科学化和标准化为核心内容，继续深入开展全国职工安全卫生知识普及教育活动，参加活动的职工超过4500万人次。加大对“安康杯”竞赛活动经验的学习、交流，先后组成9个检查组开展了全国“安康杯”竞赛互检工作。进一步加大“安康杯”竞赛活动的指导和考核力度。对2010年度全国“安康杯”竞赛活动先进集体和个人进行了年度审核和情况通报，在审核过程中，加大对非公有制和民营企业参赛的推动力度，在表彰机制方面给予倾斜，在增加表彰数量的同时，将其纳入“全国五一劳动奖状”、“全国安康杯竞赛示范企业”、“安康企业家”的评选范围，产生了很好的引领和示范作用。

**五、参加重特大安全生产事故和职业危害事件的调查处理**

配合国家部有关部委先后完成对河南伊川县国民煤业公司“3·31”煤与瓦斯突出、大连中石油国际储运有限公司原油罐区输油管道“7·16”爆炸、黑龙江利华实业有限公司“8·16”烟花爆竹爆炸、河南中平能化集团平禹煤电四矿“10·16”煤与瓦斯突出、上海静安区胶州路居民高层住宅“11·15”火灾等5起特别重大事故的结案工作；及时了解山东省枣庄防备煤矿有限公司“7·6”井下火灾事故、河南义煤集团公司千秋煤矿“11·3”冲击地压事故抢险救援情况。参加了对河南省信阳“7·22”特别重大交通事故、浙江温州甬温“7·23”特别重大铁路交通事故、滨保高速天津“10·7”特别重大道路交通事故、云南省曲靖市师宗县私庄煤矿“11·10”特别重大煤与瓦斯突出事故的调查处理。及时了解江苏省联建科技有限公司员工正己烷中毒、甘肃省古浪县尘肺病等事件、浙江省绍兴县杨汛桥镇锡箔作坊铅中毒危害防治工作进展以及甘肃徽县宝徽集团锌业公司职工血镉增高等事件的进展，指导地方工会依法开展救助和协调救治等工作，维护职工的合法权益。

**六、制定《特聘煤矿安全群众监督员管理办法》**

8月5日，全总与国家煤矿安全监察局联合制定的《特聘煤矿安全群众监督员管理办法》以总工发〔2011〕第57号文件正式印发执行。该《办法》明确了各产煤省、自治区、直辖市总工会、煤炭行业管理和煤矿安全监管部门，各省级煤矿安全监察机构加强和规范特聘煤矿安全群众监督员管理内容，从特聘群监员的聘任、职责、组织管理、表彰奖励等方面作出规定。

**七、出台《关于组织职工开展安全生产隐患排查治理工作的意见》**

11月21日，全总下发了《关于组织职工开展安全生产隐患排查治理工作的意见》。该《意见》旨在深入贯彻落实国务院《关于加强企业安全生产工作的通知》精神，进一步推动解决影响企业安全生产和职工安全健康权益实现的突出问题，动员广大职工积极参与企业的隐患治理，引导职工在推动企业安全生产和减少职业危害中发挥主力军作用。《意见》对开展隐患排查治理工作的主要内容、工作要求等方面进行了规范，提出了各级工会建立隐患排查治理工作制度要求，规范了企业工会（或车间工会）建档、跟踪、监督、整改的程序和责任，明确了安全生产隐患排查治理工作的职责和分工，推动隐患排查治理工作制度化、规范化。

**八、首届全国班组安全建设成果发布活动**

11月7日，全国“安康杯”竞赛组委会主办的全国班组安全建设与管理优秀成果在京发布，山西潞安矿业集团五阳煤矿综采队生产一班等10个班组获得特等奖，北京燕山石化炼油二厂S－zorb装置等22个班组获得一等奖，华北电网北京超高压公司保护班等61个班组获得二等奖。全国人大常委会副委员长华建敏出席活动，并为获得优秀成果展示和比赛活动一等奖的班组代表颁奖。全总副主席、书记处第一书记王玉普，国家安全监管总局局长骆琳，全总副主席、书记处书记张鸣起，国家安全监管总局副局长、国家煤监局局长赵铁锤，全总经审委主任李世明，国家煤监局副局长李万疆出席活动，并为获奖班组颁奖。全国班组安全建设与管理优秀成果获奖班组代表山西潞安矿业集团五阳煤矿综采队生产一班等5个优胜班组进行了成果发布。北京市燃气集团高压管网分公司运行三所运行一班赖海江向全国广大企事业单位的生产班组和职工朋友们发出了“加强班组安全建设与管理，构筑企业安全生产防线”倡议。全国总工会各产业和部门、国家安全监管总局有关司局的负责同志，全国各省、自治区、直辖市总工会、安全生产监督管理局相关领导以及部分全国“安康杯”竞赛企业和优胜班组的代表200多人参加了发布活动。

**九、全国煤矿班组安全建设先进事迹巡回演讲**

发挥班组安全建设先进典型的导向和示范作用，全总与国家安全监管总局、国家煤监局联合举行全国煤矿班组安全建设先进事迹巡回演讲。4月26日，在京举行全国煤矿班组安全建设先进事迹巡回演讲首场报告会，国家安全监管总局、国家煤监局、全国总工会等部委有关领导出席报告会并讲话。全总派员赴山西、安徽、山东、辽宁、黑龙江、河南、内蒙古、宁夏、陕西等省（区、市）巡回报告24场，7万多名煤矿班组长和工人聆听报告会。7月12日，在京举行巡回演讲总结会议，全总纪检组组长、书记处书记王瑞生出席并作重要讲话，黑龙江省总工会和特聘煤矿安全群众监督员代表作了大会发言。

**十、“蒲白矿业杯”全国煤矿企业职工安全生产应知应会知识竞赛**

深入贯彻落实国务院安委会关于全面排查和消除各类安全隐患的要求，发挥煤矿企业广大职工在安全生产方面“群防、群控、群治”的作用，在煤矿企业班组、职工中普及安全生产应知应会知识。10月，与中国工人日报社联合举办了“蒲白矿业杯”全国煤矿企业职工安全生产应知应会知识竞赛活动。以煤炭企业生产过程中常见的煤矿生产事故防范基础知识为重点，以答题卡和网上答题等形式方便广大职工群众广泛参与。据统计，16个省市不同所有制和生产经营规模的247家煤矿企业参赛，44.8万名职工、25.3万名特聘煤矿安全群众监督员参加个人答题，2.9万个班组以团队形式参赛。

**十一、调查研究工作**

根据中纪委制定的《2013—2017反腐倡廉工作规划》和国家安全监管总局牵头协调小组的要求，全总劳动保护部派员赴辽宁、黑龙江、宁夏、陕西、浙江、新疆、山东、河南等地开展专题调研，深入研究当前安全生产领域损害职工群众职业安全健康权益的主要问题、表现形式、深层原因和解决对策，在召开企业负责人和生产一线职工座谈会听取各方意见建议、对企业生产作业环境和劳动条件等进行实地考察的基础上，完成了《当前安全生产领域损害职工群众职业安全健康权益的主要问题及对策建议》的报告。按照中央财经领导小组工作部署，认真分析研究当前和“十二五”时期安全生产领域可能引起劳动关系恶化的问题，形成了《安全生产领域劳动关系恶化风险主要突出问题及对策建议》的报告。

**十二、开展安全生产综合检查和职业卫生联合督查**

根据《国务院安委会关于开展全国安全生产综合督查的通知》和国家安全监管总局、卫生部、人社部和全总四部委《关于开展职业病防治工作督查的通知》的要求，由全总副主席、书记处书记张鸣起同志带队的国务院安委会安全生产综合督查第十二督查组和职业卫生第四督查组于12月中下旬对贵州省安全生产工作情况和贵州、江苏两省开展职业病防治工作情况进行了督查。期间，安全生产督查组听取了六盘水市、安顺市人民政府安全生产工作汇报，实地检查了水矿（集团）公司汪家寨煤矿等8家企业；职业卫生督查组听取了贵州省政府和江苏省政府及8个市、县、区的相关工作汇报，深入贵阳市、遵义市、苏州市、无锡市等4个地市检查工作，实地考察了遵义钛厂等8家企业。督查组以听取汇报、调阅相关资料、实地考查和与职工交流等方式，比较全面地了解了两省安全生产和职业病防治工作总体情况，本着"边检查，边整改"的原则，对在督查过程中发现的一些问题当即与企业有关负责人交换了意见，并结合对两省的督查情况，分别向省政府反馈了意见。从两省开展安全生产和职业病防治工作进展、存在的主要问题和改进工作的建议等方面向国务院安委会提交了督查报告。

**十三、与国家有关部委联合开展系列安全生产和职业病防治活动**

一是与国家安全监管总局等单位联合开展了企业安全生产标准化岗位达标活动，下发《关于深入开展企业安全生产标准化岗位达标工作的指导意见》，召开全国视频会议，对工会推动企业安全生产标准化建设工作的目标、任务进行全面部署。二是与国家煤矿安全监察局等单位联合举办全国煤矿职业安全健康经验交流会暨全国煤矿尘肺病防治现场会议，交流中小型煤矿企业开展职业安全健康工作的经验，对广西右江矿务局塘内煤矿等15个"全国煤矿职业安全健康先进单位"进行表彰，发挥先进典型的引领和示范作用。三是与国家安全监管总局联合主办了"落实企业安全生产主体责任知识竞赛"，全国2万多家单位2000多万名职工参赛，参赛企业和职工覆盖了全国31个省、区、市的各个行业，其中，中小型企业占参赛单位总数的80%。此外，还与国家有关部委联合开展了"世界安全健康日活动"、"全国安全生产月宣传咨询日活动"、《职业病防治法》宣传周活动等，通过新闻发布会、媒体通气会、电视公益广告、现场宣传咨询和培训交流等多种形式，推动安全生产和职业病防治知识在中小企业、非正规经济类型企业业主和农民工中的宣传、普及。四是与国家有关部委联合开展安全生产综合督查和职业病防治工作督查，推动相关法规、政策、标准在各地和企业的贯彻落实。

# 第九部分

# 相关行业或领域安全生产工作

## 道路交通运输安全工作

公安部交通管理局

2011年是我国“十二五”开局之年，全国各级公安交通管理部门认真贯彻落实国务院《关于坚持科学发展安全发展促进安全生产形势稳定好转的意见》（国发〔2011〕40号）等一系列文件精神，继续深入开展“安全生产年”活动，充分发挥道路交通安全主力军作用，坚持创新管理，坚持标本兼治，以预防重特大道路交通事故为重点，积极推动综合治理，确保全国道路交通安全形势继续保持总体平稳。

**一、全国道路交通安全基本情况**

2011年，全国共接报涉及人员伤亡道路交通事故21.1万起，造成62387人死亡，同比分别下降4%、4.4%。发生一次死亡10人以上事故27起，同比减少7起。道路交通事故万车死亡率为2.8，同比减少0.4。分析全年道路交通事故主要有以下特点。

（1）生产经营性道路交通事故下降，货运、旅游客运车辆事故突出。生产经营性道路交通事故起数、死亡人数同比分别下降12.9%和11.8%，降幅均高于其他事故。货运车辆肇事导致事故死亡人数最多，占生产经营性事故的71.8%，货运车辆导致的一次死亡3人、5人以上事故均为最高，分别占生产经营性事故的29.8%和31%，且5人事故同比增加3起。旅游客运车辆事故死亡人数同比上升4%，一次死亡10人以上事故同比增加2起。

（2）重特大道路交通事故稳中有降，但一次死亡5人以上事故持续上升。一次死亡3人以上、10人以上道路交通事故均同比减少。但发生2起一次死亡30人以上道路交通事故，为2006年以来最高。一次死亡5人以上道路交通事故自2009年以来连续3年同比上升。

（3）超速行驶、酒后驾驶、疲劳驾驶等肇事同比下降，但超速行驶仍是导致事故死亡人数最多的违法行为。与2010年相比，超速行驶、酒后驾驶、疲劳驾驶等严重交通违法行为导致的事故死亡人数分别下降5.2%、3.4%和13.9%。超速行驶导致的事故死亡人数占总数的14.2%，仍是致人死亡最多的交通违法行为。

（4）高速公路事故呈上升趋势，一般事故、重特大事故普遍增加。高速公路交通事故起数、死亡人数分别占总数的4.5%和10.3%，死亡人数所占比例首次突破10%，同比分别上升1.6%和5.8%。3人事故、5人事故同比分别增加9起和14起。除超速行驶外，疲劳驾驶、行人违法是高速公路上肇事致死人数最多的违法行为，分别占总数的9%和7.8%，与其他道路相比，所占比例分别高出6.5个百分点和7个百分点。

**二、主要工作措施**

（一）立足长远，制定实施道路交通安全规划为推进道路交通安全工作可持续发展，强化道路交通安全管理社会化工作机制，我部会同全国道路交通安全工作部际联席会议成员单位编制了《道路交通安全“十二五”规划》，并作为《安全生产“十二五”规划》的子规划，已经国务院安委会批准正式实施。这是新中国成立以来第一次编制和实施道路交通安全专项规划。

（二）完善相关法律法规，促进道路交通安全工作法制化

会同国务院法制办拟定了《中华人民共和国道路交通安全法修正案（草案）》，对社会危害性突出的醉酒驾驶，伪造、变造机动车牌证及使用假牌证违法行为加大打击力度，并经全国人大常委会审议于2011年5月1日起实施，为加大对一些严重违法行为依法打击力度提供了有力的法律依据。

（三）深入开展创建平安畅通县市活动

与工业和信息化部、住房和城乡建设部、农业部、交通运输部、安全监管总局等六部局以县市农村道路交通安全工作社会化为重点，着重在全国建制县、县级市（不含地级市所辖建制区）部署开展为期5年的创建平安畅通县市活动，联合下发了《关于开展平安畅通县市创建活动的意见》和评价指标体系、评价标准及办法。

（四）发挥全国道路交通安全部际联席会议作用，强化源头管理

一是针对不同时段道路交通安全工作突出问题，先后于2011年2月18日、9月28日和10月18日三次主持召开全国道路交通安全部际联席会议联络员工作组会议，及时通报全国道路交通安全形势，共同分析特大事故暴露出的突出问题，研究强化措施，同时对创建平安畅通县市、实施畅通工程和加强客货运驾驶人源头管理等专项活动进行部署。二是为进一步加大对客货运车辆的动态监控力度，会同交通运输部、安全监管总局、工业和信息化部下发了《关于加强道路运输车辆动态监管工作的通知》，进一步推动在“两客一危”三类车型上安装使用具有行驶记录功能的GPS监控装置工作。三是与交通运输部、工业和信息化部、质检总局、国家认证认可监督管理委员会分别联合开展了车辆企业及产品一致性监督检查，对卧铺客车、商品车运输车和客车安全状况进行调研，制修订相关标准和准入。下发《关于进一步加强机动车安全技术检验机构资格许可和监管工作的通知》。

（五）突出重点违法行为，持续开展交通秩序整治

一是组织全国公安机关自5月1日《刑法修正案（八）》和修改后的《道路交通安全法》实施后，继续开展酒后驾驶违法行为集中整治，共查处酒后驾驶23.8万起，醉酒驾驶3.9万起，全国因醉酒和酒后驾驶导致事故死亡人数同比下降22.3%和3.4%。二是部署自2011年11月到2012年3月在全国组织开展为期5个月的集中整治“三超一疲劳”专项行动，从严查处、从严整治机动车超速、客车超员、货车超载和疲劳驾驶违法行为。期间，全国共出动警力312万人次、警车100万辆次，启动省、市际交通安全服务站8340个，设立临时执勤点58927个，检查登记7座以上客车504.2万辆次、货车592.7万辆次。先后组织开展5次集中统一行动，查处“三超一疲劳”违法行为486.4万起，吊销驾驶证3002本，拘留违法驾驶人1万余人次，处罚运输企业法人代表635人次。

（六）突出国省干道和高速公路，深入开展文明交通示范公路创建活动

在2010年交通秩序示范公路创建的基础上，进一步开展文明交通示范公路创建活动，深化创建内容，提高创建效果，推动形成规模效应。2011年6月，组织对京哈（G1）、京沪（G2）、京港澳（G4）和沪昆（G60）4条全国示范公路创建路段进行了全程暗访检查，检查结束后，对暗访情况下发了通报；7月，召开部分地区座谈会，提出进一步推进文明交通示范公路创建活动意见。12月，召开全国推进会，总结文明交通示范公路创建活动工作经验、做法，对深化创建工作进行了再动员、再部署。

（七）着力推进道路交通安全隐患排查治理

一是部署集中开展道路安全隐患排查整治专项行动，排查整改了2.8万处安全防护设施和管理设施严重缺失的隐患路段。二是与交通运输部、安全监管总局联合开展了道路客运隐患整治专项行动，督促落实客运企业主体责任，落实综合监管措施。专项行动期间，深入运输企业18.1万家，排查客货运车辆417.7万辆，督促整改客货运车违法52.2万起、客货运驾驶人违法40万人次，约谈运输企业和场站业主2.3万人次。全国机动车驾驶人

接受违法处理率达94%，大中型客运机动车安全技术检验率达到80.5%，一次死亡10人以上道路交通事故同比减少11起。三是于10月至12月部署集中开展学生接送车辆安全隐患集中排查整治行动，深入推进护卫天使行动。各地共设置护学岗3.1万个，共排查学生接送车辆16.9万辆，取缔不合格驾驶人3095人，不符合标准车辆4655辆。

（八）加强道路交通安全宣传，增强群众交通安全意识

一是会同中央文明办继续深入实施“文明交通行动计划”，以“关爱生命，文明出行”为主题，围绕开展“四个六”活动（倡导六大文明交通行为，摒弃六大交通陋习，抵制六大危险驾驶行为，完善六类道路安全及管理设施），分别召开电视电话会和经验交流会推进实施。二是根据阶段性工作重点，先后组织开展了文明交通主题宣传月、文明交通进企业宣传周和“122”交通安全日宣传活动。三是指导各地公安机关借助“畅行中国——文明交通在行动”百城百台大联播活动平台，通过广播、电视、报刊、互联网以及手机短信、微博、户外传媒等形式，广泛宣传道路交通安全法律规定和安全知识，及时曝光典型案例和严重违法行为。四是依托客货运机动车和驾驶人数据库建立手机信息发布平台，对客货运车、危化品运输车、校车、城市公交车、出租车等重点驾驶人，及时发布安全出行提示，通报一次死亡5人以上特大道路交通事故警示信息。五是联合中央电视台焦点访谈栏目记者跟车暗访了客运班线运营安全隐患，进行了专题播报。在《人民日报》刊发3个专版反映重特大道路暴露出的问题，在社会上引起了强烈的反响。

（九）加强督促检查，严肃追究重特大事故责任

一是及时派员赶赴20余起一次死亡10人以上特大道路交通事故，指导事故调查处理工作，与当地公安机关共同分析原因，研究整改意见。直接参与了国务院调查组对河南信阳“7·22”、天津滨保高速“10·7”事故调查。二是向全国公安机关通报了2010年34起一次死亡10人以上特大道路交通事故涉及的56名工作职责不落实的民警处理情况，警示、教育各级领导和广大民警汲取教训、认真履职。三是先后对14个重特大道路交通事故多发或上升的省份下发督办通知，责成地方公安机关深入调查，针对暴露出的问题，提请政府加大追究力度，推动建立完善重特大道路交通事故诫勉谈话和约谈制度。加大对一次死亡5人以上道路交通事故的督办力度，建立了重特大道路交通事故网上公布制度，及时公布一次死亡5人以上道路交通事故暴露出的问题及整改措施，定期汇总点评，指导各地一步完善事故调查内容，查找和整改管理环节存在的突出问题。四是为全面推进道路客运隐患整治、交通秩序示范公路创建及“三超一疲劳”专项整治等工作，先后派出178个工作组530余人次深入一线开展督导检查。特别是“三超一疲劳”专项整治期间，先后派出28个工作组分赴重点地区开展督导检查，并组织开展了区域交叉检查。2011年，各地公安机关先后派出8130个工作组、1.4万人次开展督促检查。

（十）加快完善道路交通事故救援机制

组织修订《道路交通事故处理程序规定》。组织各地全面梳理《道路交通事故处理程序规定》（公安部第104号部长令）及其工作规范、有关技术标准执行中存在的突出问题，研究程序规定修订意见。同时，积极协调财政部、保监会推动各地制定实施细则，指导各地，加强部门协调推动《道路交通事故社会救助基金管理试行办法》的贯彻实施。截至2011年底，全国已有13个省（区、市）人民政府制定出台实施细则。

# 水上交通运输安全工作

交通运输部安全监督司

2011年，全国交通运输系统认真贯彻党中央、国务院有关安全生产工作的部署和要求，深入贯彻落实科学发展观，以建设现代交通运输业为目标，坚持安全发展理念，落实安全工作方针，以落实安全生产责任为主线，以加强“双基”（基层、基础）建设为重点，以解决存在的突出问题为抓手，通过继续深化“安全生产年”活动，进一步落实安全生产两个主体责任，提高安全生产和应急处置能力，有效地遏制了和减少了安全生产事故的发生，实现了“十二五”期交通运输安全生产工作的良好开局。

## 一、安全生产总体情况

2011年，全国共发生运输船舶交通事故298件，死亡失踪291人，沉船175艘，同比分别减少10%、11.6%和10.3%；组织搜救2177艘次，救助成功率96.7%；全国道路运输营运车辆共发生一次死亡10人以上的行车事故15起，死亡243人，分别较去年下降11.8%和2.4%。

## 二、安全生产重点工作

### （一）继续深入贯彻落实国发〔2010〕23号文件精神

按照国务院《关于进一步加强企业安全生产工作的通知》（国发〔2010〕23号），结合部贯彻落实《通知》重点工作分工方案，继续推进各项工作的开展。同时，为强化交通运输企业安全生产监督管理，落实企业安全生产主体责任，印发了《关于加强交通运输企业安全生产绩效考核的指导意见》。

### （二）继续深化“安全生产年”活动

为贯彻落实《国务院办公厅关于继续深化“安全生产年”活动的通知》（国办发〔2011〕11号）精神，促进交通运输安全生产形势持续稳定，制定了《交通运输系统继续深化“安全生产年”活动方案》（交安监发〔2011〕107号），并以建设现代交通运输业为目标，以落实安全生产责任为主线，以加强“双基”（基层、基础）建设为重点，以解决存在的突出问题为抓手，通过继续深化“安全生产年”活动，进一步落实了安全生产两个主体责任，促进了交通运输安全生产形势稳中趋好。

### （三）开展“安全生产月”活动

根据《关于开展2011年全国“安全生产月”活动的通知》（安监总政法〔2011〕57号）的总体部署，我部印发了《关于开展2011年交通运输“安全生产月”活动的通知》（交安委明电〔2011〕6号），紧紧围绕“安全责任，重在落实”的活动主题，在全国交通运输系统开展了“安全生产月”活动。

### （四）继续开展“双基”建设活动

为了促进交通运输安全生产形势稳定好转，我部印发了《关于印发交通运输安全生产和应急双基建设活动方案的通知》（交安监发〔2010〕301号），在全行业开展为期3年的“双基”建设活动。今年是活动的第一个完整年，交通运输系统各部门、各单位都在按照总体部署，结合各自实际方案，安全生产和应急建设基础工作有了明显的提高。

### （五）提前部署交通运输安全生产工作

按照重点时段和重点工作任务，提前部署并狠抓了春运、暑运、黄金周、深圳大运会和极端自然灾害期间的安全稳定工作。一是下发了《关于切实加强当前交通运输安全生产工作的紧急通知》（交安委明电〔2011〕1号），对春运期间安全生产工作作了具体部署。二是下发了《转发国务院安委会办公室关于加强汛期安全生产工作的通知》（交安委明电〔2011〕4号），部署汛期安全生产工作。三是下发了《关于切实做好国庆期间交通运输安全生产工作的通知》(交安委明电〔2011〕10号),对国庆假日期间交通运输安全生产工作进行了部署。四是下发了《关于切实做好元旦、春节及春运期间交通运输安全生产工作的通知》(交安委明电〔2011〕12号),部署了两节及春运期间的安全生产工作,细化了春运安全保障措施。

(六)扎实开展交通运输系统“打非”专项行动

为贯彻落实《国务院安委会关于开展严厉打击非法违法生产经营建设行为专项行动的通知》(安委明电〔2011〕7号)精神,下发了《关于开展严厉打击非法违法生产经营建设行为专项行动的通知》(交安委明电〔2011〕5号),在交通运输系统部署开展了严厉打击非法违法生产经营建设行为专项行动,除具有共性的严重非法违法生产经营建设行为外,还重点打击了具有领域特点的非法违法生产经营建设行为。

(七)组织开展安全生产检查督查

一年来,通过将日常检查与重点时段检查相结合,加大了对各地交通运输安全生产的督查力度。一是开展了春运安全生产大检查。部领导亲自带队分赴重点地区进行了检查。二是针对突出问题开展安全生产检查和调研。4月18日至20日,组织水运局、公安局、海事局赴河北、山东、天津、辽宁开展非法采砂运砂专题调研和检查,进一步摸清了环渤海湾非法采砂、运砂基本情况,提出加强监管建议。三是为落实国务院领导重要指示和第一次国务院安委会文件精神,下发了《关于开展交通运输系统安全生产督查的通知》(交安委办函〔2011〕29号),并于6月下旬组织了4个督查工作组分赴陕西、甘肃、黑龙江、吉林、广东、福建、辽宁、山东等地开展安全生产综合督查,重点检查了各地“安全生产月”活动、“打非”专项行动、汛期安全生产、深圳大运会交通运输安保、渤海湾客滚安全生产等。四是国务院第165次常务会议后,组织了多次安全检查督查,对道路长途客运、桥梁和水路客运、城市轨道交通等重点领域进行了检查。

(八)组织召开专题会议,研究部署安全生产工作

一是召开了2011年全国交通运输安全生产紧急电视电话会议和2011年全国交通运输安全隐患排查治理视频交流会议两次电视电话会议,贯彻落实国务院常务会议精神,部署安全生产工作,开展安全隐患排查治理。

二是召开了2010年全国大型交通运输企业安全工作会议,分析了面临的安全生产形势,明确了今后一段时期交通运输企业安全工作重点。

三是召开了多次部务会和安委会,及时贯彻落实国务院领导关于安全生产的一系列重要批示精神,结合季节性安全生产特点,部署交通运输安全生产工作。

(九)深入开展安全隐患排查治理专项活动

针对进入7月以来日益严峻的交通运输安全生产形势,下发了《关于贯彻落实国务院常务会议精神认真开展交通运输安全隐患专项排查整治的紧急通知》,在全行业组织开展了安全隐患排查治理活动,对道路长途客运、桥梁和水路客运、城市轨道交通等重点领域进行了安全隐患排查治理。同时,部下发了《关于开展交通运输安全隐患排查治理互查活动的通知》(交安委明电〔2011〕9号),在9月开展交通运输安全隐患排查治理互查活动。在此基础上,部领导亲自带队分赴天津、湖北、山东、江苏、湖南等地,重点督查了各部门、各单位贯彻落实国务院第165次、167次、173次常务会议和我部关于安全隐患排查治理工作部署情况,安全生产责任体系建立和主体责任落实情况,安全生产制度、标准规范和应急能力建设情况,从业人员安全责任意识和安全操作技能教育培训情况,事故调查处理和责任追究情况,安全隐患排查治理情况,特别是道路水路客运、危险化学品及烟花爆竹运输、桥梁、城市客运等重点领域的安全生产情况等。

(十)制定并下发了交通运输安全生产和应急“十二五”发展规划

完成了交通运输安全生产和应急“十二五”发展规划的制定工作,并以部文件下发,明确了未来5年交通运输安全生产和应急发展的指导思想、基本原则、发展目标和主要任务。

(十一)组织开展交通运输企业安全生产标准化建设

为贯彻落实《国务院安委会关于深入开展企业安全生产标准化建设的指导意见》(安委〔2011〕4号)的总体要求,印发了《交通运输企

业安全生产标准化建设实施方案》(交安监发〔2011〕322号),就交通运输企业安全生产标准化建设工作作了部署,要求具有独立法人资格,具体从事公路水路运输、城市客运和公路水运工程施工等生产经营建设活动的交通运输企业,全面开展安全生产标准化建设工作,实现企业安全管理标准化、作业现场标准化和操作过程标准化,力争从事客运、危险化学品和烟花爆竹等重点运输企业在2013年底前达标,其他交通运输企业在2015年前达标。

# 铁路交通运输安全工作

铁道部安全监察司

## 一、安全生产总体情况

2011年,新的部党组站在实现铁路科学发展、安全发展的战略高度,始终把安全作为铁路的生命线,加强安全基础建设,大力整治安全隐患,着力解决铁路运输安全中不协调、不和谐、不可持续的问题,要求全路干部职工必须牢固树立安全第一、安全无小事、安全问题必须立即解决的"三点共识",牢牢把握客车安全、安全基础管理和狠抓落实"三个重中之重",积极创新安全管理理念和机制,相继出台了一系列重大安全举措,解决了一大批安全突出问题,有力地强化了铁路安全工作。在高铁安全管理方面,从实际出发,科学确定高铁建设规模和建设速度,严格建设标准、工期和新线开通条件,调整动车组运行速度,优化客车开行模式。在安全管理体制方面,强化安全专业管理职能,优化站段生产力布局,规范高铁调度管理,确立高铁设备维修管理模式,积极探索铁路安全监管体制改革。在安全管理机制方面,出台了落实铁路运输企业安全主体责任的一系列规范性文件,特别是突出客车安全,修订了《铁路运输企业领导人员铁路交通事故和生产安全事故责任追究办法》,组织制定了部机关各部门和岗位的管理职责,加强机关干部作风建设,促进了安全生产责任制的落实。施工安全方面,加强了临近营业线施工、机具路料管理、放行列车等关键控制,施工安全事故多发势头得到有效遏制,一般C类及以上行车事故同比下降45%。在阶段性安全工作方面,全路坚持"科学防洪、全年防洪、全员防洪"的思路,汛前全面排查、重点整治,汛期严防死守、应急处置,认真执行雨中、雨后检查监控制度,加强各工种间的联防互控,严格执行汛期行车降速、限速规定,及时拦停列车197次,特大型水害件数同比下降50%,杜绝了水害造成的严重客车事故,防洪安全是近几年最好的一年。加强春运、节假日和黄金周等关键时期的安全控制,针对运行图调整频繁、客运屡创新高等新情况,坚持超前防范,严格重点地区、重点干线、重点站段的检查督导,关键时期的运输安全保持基本稳定。全年铁路交通事故起数比去年下降10.4%,铁路交通事故死亡人数比去年下降4.3%。

## 二、安全生产重点工作

1. 积极探索高铁安全规律,保证了京沪高铁顺利开通运营

高度重视京沪高铁开通运营前的准备工作,加强了联调联试过程中的安全督导,全面组织满图试运行,同步开通防灾系统,联合地方政府开展"打非"行动。针对开通初期问题多发的情况,采取了一系列加强措施,组织安全大检查,平推整治设备隐患,开展了牵引供电、道岔和ATP等关键技术攻关;优化应急处置方案,采取专业部门合署值班、厂方现场技术支持、增加热备动车组和抢修车辆、加密抢修点等措施;加大设备供应商的责任追究力度,责成召回故障较多的CRH380BL动车组。探索高铁开通运营磨合期的规律,明确了高铁开通初期分阶段实现满图运营,集中排查整治设备缺陷,加大专业保障和监督检查力度,强化应急处置等控制措施,有效控制运营初期的安全风险。

2. 深入开展安全大检查,集中解决了一批安

全突出问题

2011年，全路开展了三次安全大检查活动。一是以确保春运和“两会”期间铁路运输安全为重点的安全大检查活动。为认真落实中央领导指示精神，铁道部从2月15日至3月底，在全路开展了为期一个半月的安全大检查活动。部党组高度重视，召开党组会进行认真研究，确定了安全大检查活动的总体方案、组织领导和推进措施。部党组书记、部长盛光祖对安全大检查工作作了全面部署，铁道部成立了由部长盛光祖任组长的安全大检查领导小组，部党组成员对全路18个铁路局实行全覆盖的分片包保检查，部机关各部门成立了57个检查组，由各部门负责人亲自带队，深入一线进行检查督促指导。全路紧紧围绕高铁运营安全、站车防火防爆、职工作业控制、行车设备设施质量、建设和施工安全管理、治安防范和路外安全、恶劣天气行车组织和应急处置、多经生产安全等重点开展检查。大检查期间，铁道部坚持每天18时召开全路安全交班会，铁道部与18个铁路局进行了225次对话分析，共扩大分析典型事故、设备故障和重要安全信息260多件。各单位坚持边查边改，对发现的问题逐一进行梳理，并结合实际，制定具体的整改方案，落实整改责任。针对发生的作业事故、施工安全事故、道口事故及治安事件，铁道部及时组织开展了施工安全专项检查、公跨铁立交桥专项检查、调车作业专项检查、道口安全专项检查，集中整治了一批影响运输安全的突出隐患。检查过程中特别注重加强对各级干部履职情况的检查监督，坚持严格责任追究。全路对造成事故和发生安全问题负有责任的4名局级干部、239名处级干部及407名一般干部进行了责任追究。全路安全大检查期间，全路运输安全形势基本稳定，没有发生重大及以上铁路交通事故，没有发生后果严重的列车事故，实现了运输安全的基本稳定。

二是以稳定京沪高铁运行安全秩序为重点的安全大检查活动。为迅速扭转京沪高铁开通初期的被动局面，按照部党组的要求，从7月13日开始至23日，铁道部组织在京沪高铁开展了为期10天的安全大检查活动。重点对高铁各项设备设施，包括接触网、动车组、轨旁设备、安全防护设施、客运设施等进行一次全面的安全检查，铁道部、铁路局组织专项检查组，对高铁设备进行一米不漏、一件不差的平推检查，及时发现和整治各项设备隐患。同时，加强京沪高铁运营维护管理，采取了从提高调度指挥水平、保证动车组运用质量、做好高铁设备检查整治、发挥防灾系统作用、维护良好的治安秩序、加大安全监察督导力度等10个方面的一系列非常措施，铁道部组织专业技术干部每天在部调度指挥中心值守，及时发现和处置问题，组织专业技术干部添乘检查、跟踪写实，总结摸索规律。相关铁路局和企业派出专业技术干部到一线包保值守，及时组织处置问题，确保京沪高铁平稳渡过设备不稳定期，迅速稳定了京沪高铁运行安全秩序。

三是“7·23”事故发生后，认真贯彻落实党中央、国务院的部署，深刻吸取事故教训，开展为期两个月的安全大检查，并积极配合国务院组织开展的高铁安全大检查，全面排查和整改安全问题。突出强化高铁安全管理，适当降低新建高铁初期运营速度，优化高铁调度台设置，加强高铁专业管理，集中整治动车组等设备质量问题，规范高铁设备准入，强化高铁人才培训，整治高铁运营环境，加强应急和防灾能力建设，提升了高铁安全管理水平。以客车安全为重点，加强现场作业控制，优化站段布局，健全完善安全责任制，加大对事故责任的追究力度。坚持人文关怀和严格管理相结合，规范职工作业行为，安全基础工作得到加强。部党组高度重视国务院高铁安全大检查工作，对检查发现的359项问题，逐条制定整改措施，明确期限，落实责任，在系统归纳的基础上，举一反三，研究确定了解决体制机制、政策法规、队伍建设等12个方面重大问题的具体方案，推动了安全大整改活动的深入开展。

*3. 加强安全基础建设，深化“安全生产年”活动*

按照国务院统一部署，继续深化“安全生产年”活动，不断推进安全生产标准化建设。开展了两轮技术规章清理，公布了有效规章目录，规范了规章制度制定、发布程序；研究修订客运专线技术管理办法，编制了无砟轨道线路维修、信号连锁试验等19项专业规章。加强职工队伍建设，优化调整录用大中专毕业生政策，修订了18个高铁主要行车工种岗位标准，规范了高铁主要行车工种人员的岗位准入管理办法和关键专业技术岗位任职资格条件，铁道部组织高铁主要行车工种培训班94

期7233人，专业技术人员培训班17期1100人。主要干线固定设备全部实行了集中修理，加强了普速线路维修养护，加大了移动设备惯性故障攻关力度。2011年，行车设备故障同比下降21%。扎实推进安全专项整治，全路更换接触网整体吊弦2.5万多条、复合绝缘子3万多个；取消不具备资质的危险品托运单位210家、办理站和专用线250个；完成机车紧急制动追加电制动改造6907台、客运列车加装列尾装置6143列；完成道口平改立210处。

4. *严格履行职责，安全监察工作取得新进展*

全路各级安全监察部门和全体安全监察人员严格履行职责，强化监督检查，加强事故管理，有力强化了全路运输安全管理。一是围绕春运、两会、暑运及汛期等关键时期的安全工作，多次集中组织开展安全检查监督活动，强力开展安全关键时期的监督检查，加强对重点处所、关键环节的全面盯控，认真落实整改工作，及时消除安全隐患，确保了关键时期的运输安全。二是围绕“三点共识”、“三个重中之重”，突出客车安全重点，组织修订了《铁路运输企业领导人员铁路交通事故和生产安全事故责任追究办法》，制定出台了《铁路“十二五”运输安全保障体系建设规划》，积极探索铁路安全监管体制改革和第三方安全评价机制，进一步健全了安全管理体系。三是围绕确保高铁运营安全，加强京沪高铁联调联试过程中的安全督导，积极组织开展“打非”专项行动，严格按照规定的程序、内容和标准，认真进行京沪高铁、广深港等新线安全评估，加强既有高铁安全检查，及时督促解决存在的安全问题。四是针对全路连续开展的安全大检查活动，安监部门充分发挥综合协调和督导督办的职能，及时掌握问题，进行分析指导，加强督办落实，健全了动态跟踪、挂牌督办、复查销号的闭环管理制度。特别是深刻吸取“7·23”事故教训，对大检查中发现的问题，落实责任，督促整改，推动了安全大整改活动的深入开展。五是严格事故调查处理和责任追究。全路安监系统注重强化事故管理的基本职责，严格执行《铁路交通事故调查处理规则》，加强事故信息管理，严格事故调查分析，严肃事故责任追究，铁道部对责任一般A类以上行车事故做到了件件追责。六是加强行政执法和劳动安全工作。以全力整治高铁运营环境为重点，全面排查铁路沿线安全隐患，加大危及运输安全非法违法行为的行政执法和处罚力度。加强劳动安全监督检查，坚持开展劳动安全专项评估工作，全路劳动安全形势总体平稳。七是加强安全监察队伍素质建设。采取多种方式提高监察人员整体素质，精心组织各专业监察培训班和专项交叉检查，继续安排新任职安监室主任到安监司参加交班会，促进了安全监察素质的提高。

# 民航交通运输安全工作

中国民航局航空安全办公室

2011年，民航深入贯彻落实科学发展观，按照党中央、国务院关于安全生产工作的总体部署和要求，全面实施持续安全战略，切实落实安全生产主体责任，狠抓专业人员资质能力建设，深化安全隐患治理，健全完善安全管理体系，不断夯实安全保障基础，保持了航空安全总体平稳且持续向好的发展态势，实现了民航“十二五”安全发展的良好开局，为国家经济社会发展作出了新的贡献。

2011年，实现运输飞行556.1万小时、253.5万架次，同比分别增长8.9%、6.0%。截至目前，未发生运输飞行事故和空防事故。实现通用飞行46.5万小时、85.5万架次，同比分别增长15.6%、32.8%。发生运输航空严重事故征候10起，同比下降45%；发生通用航空一般飞行事故4起，通用航空器失踪1起，通用航空事故征候万架次率同比下降50%。厦航、川航、山航、春秋航等34家运输航空公司未发生人为责任事故征候，南航、国航、东航获得飞行安全“五星”奖后，向更高安全目标迈进，分别连续安全飞行898万小时、672万小时和544万小时，海航获得飞行安全“三星”奖，飞行学院获得飞行训练安全“四星”奖。空管、机场、油料等系统事故征候万架次率均低于安全指标，中国航油实现安全供油1800多万吨。“8·24”事故以来，民航连续运输安全飞行730万小时。

### 一、主体责任落实进一步深化

2011年，民航局进一步加强指导督促安全主体责任落实，明确航空公司对其分、子公司所承担的主体和监管责任，以及子公司的安全主体责任，防止安全责任虚泛化、管理链条脱节。强化安全监管措施，综合运用法律、行政、经济等多种监管手段，规范企业生产经营行为。民航各地区管理局继续做好安全责任书签订，持续监督辖区生产运行单位安全责任落实情况。各机场、航空公司、空管和服务保障单位进一步细化、分解安全生产指标，将主体责任落实到各级安全管理岗位和各个安全生产岗位，落实到生产运行的各个环节。健全完善安全考核评价体系，做到安全绩效与经营绩效相结合、过程管理与细节管理相结合、隐患治理与实际效果相结合，有力地推动了各项安全工作落实。进一步认真履行空防安全主体责任，确保各项空防安全工作得以有效落实。

### 二、资质能力排查进一步深化

民航全行业认真落实民航局关于专业人员资质能力排查的部署，采取专项检查与综合评估相结合的方式，扎实开展以运输航空机长为重点的专业人员资质能力排查工作。民航各地区管理局、各运输航空公司以职责落实、理论实践能力和非精密进近飞行技术为重点，排查运输机长10092人次，合格率98.2%。制定飞行员流动管理规定，加强对流动飞行员资质、训练、执照、档案管理。继续加强飞行人员专业技术职称评选，在飞行领域内首次开展对飞行专业技术正高级职称的审定工作，为飞行专业人员职业通道建设打开了空间。下发了《关于加强外籍飞行人员管理的通知》，对外籍飞行人员和湿租机组的准入、持续资质检查及安全培训进行规范。制定《航空公司签派员资质标准》，启动航空公司签派员资质排查工作。开展机务维修人员资质自查和抽查，暂停不符合要求的维修人员相关授权。建立空管专业人员执照管理系统，加强管制、情报、通导、气象等专业人员资质能力管理。开展安检人员、航空安全员资质管理及认证工作，安检单位持有中级以上国家职业资格证书的安检人员比例稳步上升。资质能力排查工作，促进了专业人员能力素质的普遍提高，为全面加强专业人员队伍建设积累了宝贵经验。

### 三、行业安全监管进一步深化

一是加强对重点单位重点环节的安全监管。强化对新公司、重组公司、发生问题多的公司，无精密进近能力的机场、高原机场、军民合用机场，以及重要时期、重要节点和重大运输任务的安全监管。二是开展安全专项治理和挂牌督办。针对安全生产中存在的安全突出问题，组织开展了客舱安全、控制区证件、危险品运输、机场不停航施工、鸟击及外来物防范、跑道侵入、空管设备运行保障、地面保障车辆运行、航空货邮运输安保以及通航安全等专项治理。特别是“7·23”甬温特大铁路交通事故发生后，全行业按照国务院安委会要求，深入排查治理安全隐患，切实改进安全管理，共实施检查33583次，查出各类安全隐患6930个，其中重大隐患42个，都得到了扎实有效的整改。各地区管理局挂牌督办重大安全事项20项，重大安全隐患得到整治。三是严格安全问责和责任追究。

### 四、运行总量调控进一步强化

制定发布民航安全生产“十二五”规划和十年发展纲要，加强对行业安全发展的宏观掌控和引领。按照民航局党组“三个力戒、三个防止”的要求，认真落实行业安全工作“21条”措施和安全监管工作“27条”措施，实施适度从严的总量调控措施，牢牢把握安全发展的主动权。适当调节减缓飞机引进速度，全年推迟引进飞机共60架，为行业安全保障能力建设赢得时间和空间。加强对安全发展的宏观掌控，对发展速度过快、保障能力不足，以及安全形势严重滑坡的航空公司，实施行政干预措施，削减其飞行总量、暂停其航线航班和设立分（子）公司的申请。通过总量调控措施，各项生产指标增长得到理性控制的同时，经济效益得到较快增长。

### 五、科技支撑作用进一步强化

一是航行技术应用步伐加快。民航局安排6亿多元资金，为23个支线机场配备仪表着陆、助航灯光系统和气象设施。实现新建、改建、扩建机场“基于性能的导航（PBN）”程序同步设计、费用同步审批，完成23个机场PBN飞行程序设计，目前有40个机场具备PBN飞行条件，其中首都、广州、浦东、虹桥、深圳等五大机场全面实现“区域导航（RNAV）”运行。日喀则机场实施了“要求授权的所需导航性能（RNP AR）”飞行程序，伊春、温州等机场实施了“所需导航性能－进近（RNP APCH）”程序。飞机平视显示器技术（HUD）应用试点工作取得成功，山航获得使用HUD实施Ⅱ类和低于Ⅰ类的运行资格。广播式自动相关监视（ADS－B）应用工作初见成效，国航、东航、南航、海航在国外正式运行ADS－B。二是机场科技保障能力提高。全国旅客吞吐量100万人以上的机场绝大部分具备了双向盲降功能。推进外来物监控技术、围界报警及监视技术的应用，推广航空器慢速除冰和定点除冰技术。三是安全科技研发取得新成果。完成跑道端拦阻系统（EMAS）全尺寸真机验证，我国成为第二个掌握此项技术的国家。人为因素、鸟击预防、疲劳管理等安全基础理论和安全科技项目研究应用不断深入。紧紧围绕提升安全防范和应急处突等核心功能，航空安保综合信息化建设取得初步成果。

**六、基础安全工作进一步强化**

一是规章标准进一步完善。制定、修订《民用运输机场突发应急救援管理规则》等4部规章和《民用航空器事故征候标准》、《运输类飞机适航标准》等51个标准，出台了《民用航空运输机长职责》、《民用航空重大安全事项挂牌督办及整改工作暂行法》、《防止机场地面车辆和人员跑道侵入管理规定》等一系列规范性文件。生产运行单位落实规章标准，进一步完善运行规范和手册。二是安全体系建设不断深入。完成所有在运行的37家运输航空公司SMS和CCAR121－R4补充合格审定，完成179家机场SMS要素整合到机场使用手册的审核工作，完成29家空管单位的SMS审核，及4家机务维修部门的SMS补充审定。航空安保管理体系（SeMS）建设在系统总结试点工作的基础上逐步展开，顺利完成厦航航空安保审计试点工作。圆满完成SMS审核试点工作，为更好地促进SMS效能发挥做了有益的尝试。三是安全培训力度持续加大。围绕资质能力建设和监管能力建设，加大对生产运行单位负责人、安全管理人员和行政管理部门各类别监察员的培训力度。开展多人制机组驾驶员执照（MPL）培训，满足航空公司对飞行人才的需求。全年举办30期安全管理人员培训班，培训1700余人次；开展4期安全监管局局长培训和15期监察员初训复训，培训980余人次。四是适航审定能力稳步提升。积极推进ARJ21飞机影子审定，针对影子审定工作中出现的问题，及时制定应对措施。稳步推进Z15直升机等在审项目的型号合格审定及C919大型客机型号合格审定。圆满完成国家“863”计划星际LASS导航系统的校验飞行和民航多个管制区域ADS－B监控系统的校验工作。

**七、重大任务安全保障工作进一步强化**

进一步完善安全保障机制和应急管理机制，重大航空运输任务安全保障能力稳步提升。圆满完成党和国家领导人专、包机保障任务，出色完成从埃及、利比亚、日本大规模撤离我国公民紧急运输任务，以及深圳大运会、西藏和平解放60周年大庆等重大航空运输任务的安全保障工作。特别是在中国－亚欧博览会期间，新疆机场执行一级空防安全响应，涉疆航线执行一级空中勤务派遣，在异常复杂严峻的空防安全形势下，圆满完成了博览会航空运输保障和安全保卫任务，尤其是新疆乌鲁木齐机场安检、公安部门成功挫败“8·7”恐怖团伙蓄谋破坏事件，为新疆的社会稳定和全国反恐工作作出了重大贡献。油料、航信、航材等服务保障单位围绕飞行运行安全，提高服务保障能力，为行业持续安全作出了积极的贡献。

# 建筑施工安全生产工作

住房和城乡建设部工程质量安全监管司

2011年是“十二五”规划的开局之年，党中央、国务院高度重视安全生产工作，胡锦涛总书记、温家宝总理、李克强副总理、张德江副总理都多次对安全生产工作作出重要指示，国务院常务会议曾六次研究部署加强安全生产工作。全国各级住房城乡建设部门按照党中央、国务院的决策部署，牢固树立安全发展理念，切实履行部门监管职责，督促企业落实主体责任，全国建筑安全生产形势保持了总体稳定、持续好转的发展态势。这是党中央、国务院高度重视、正确领导的结果，是全国住房城乡建设系统安全战线的广大干部职工艰苦努力、共同奋斗的结果，也是全体建筑企业落实责任、共同努力的结果。回顾一年来的建筑安全生产工作，住房城乡建设部主要在以下五个方面取得了积极进展。

**一、加强工作部署**

组织召开了两个会议、制定印发了五个文件。3月1日，住房城乡建设部组织召开了全国建筑安全生产电视电话会议，全面总结了“十一五”期间建筑安全生产工作，深入分析了建筑安全生产面临的形势，并研究部署了下一阶段建筑安全生产重点工作。3月25日，组织召开了全国建筑安全生产联络员第十四次会议，对2011年建筑安全生产各项重点工作提出了具体要求并作出安排。根据国务院安委会的统一要求，下发了《关于继续深化“安全生产年”活动的实施意见》、《关于印发〈2011年建筑安全专项整治工作方案〉的通知》、《关于开展严厉打击非法违法建筑施工行为专项行动的通知》、《关于开展2011年住房城乡建设系统“安全生产月”活动的通知》、《关于继续深入开展建筑安全生产标准化工作的通知》等文件，对各项具体工作进行安排并提出要求，督促指导各地积极推进各项政策措施。在会议召开和文件下发后，各地住房城乡建设部门都作出了积极响应，对有关工作进行了部署安排，使各项工作落到实处。

**二、加强制度建设**

建立了三项制度、制定了两个标准、下发了一个通知。《国务院关于进一步加强企业安全生产工作的通知》（国发〔2010〕23号）明确提出要切实落实企业安全生产主体责任，有力促进了安全生产工作，起到了很好的效果。结合建筑安全生产工作实际，住房城乡建设部有针对性地建立了房屋市政工程生产安全事故查处督办、建筑施工企业负责人及项目负责人施工现场带班、房屋市政工程生产安全重大隐患排查治理挂牌督办等三项制度，在各地引起了良好反应。同时，建筑安全生产标准规范得到完善，《施工企业安全生产管理规范》已正式印发，并将于2012年4月1日开始施行；《建筑施工安全统一技术规范》也已通过专家审定会审定，进入报批程序。另外，根据《国务院关于坚持科学发展安全发展促进安全生产形势持续稳定好转的意见》（国发〔2010〕40号）精神，制定下发了《关于贯彻落实〈国务院关于坚持科学发展安全发展促进安全生产形势持续稳定好转的意见〉的通知》，提出要不断完善坚持科学发展安全发展的政策措施。

**三、加强事故查处**

一是事故的分析通报。建立了工作制度，在每月初通报上月全国房屋市政工程生产安全事故情况，并公布在《中国建设报》上；在较大及以上事故发生后，及时曝光事故相关企业的名称以及企业法定代表人、项目经理、项目总监的姓名。二是事故的查处督办。依照《房屋市政工程生产安全和质量事故查处督办暂行办法》的规定，对2011年发生的25起较大及以上事故都下发了事故查处督办通知书。三是事故的行政处罚。2011年，住房城乡建设部依法降低了3家企业的资质等级，取消了15名注册人员的执业资格，并对8家企业、5名注册人员下发了行政处罚告知书。

**四、加强监督检查**

2011年是国家保障性安居工程建设大力推进的一年，也是城市轨道交通工程建设快速发展的一年，相应住房城乡建设部门监督检查的任务很重，监督检查安排的次数也较多。住房城乡建设部以保障性安居工程和城市轨道交通工程为重点，严肃认真地开展了监督检查工作。在7—8月，组织开展了全国建设工程质量安全及建筑市场监督执法检查工作，共抽查233项在建房屋建筑工程，包括保障性安居工程214项、商品住宅工程11项、公共建筑工程8项。检查内容既有工程质量方面的，也有施工安全方面的。检查共下发的《建设工程质量安全监督执法建议书》中有13份涉及施工安全方面的问题，这些问题已全面完成整改。在6—10月，组织开展了对北京等27个城市在建轨道交通工程质量安全的监督检查工作，共抽查在建城市轨道交通工程项目85个，提出问题733项、建议171条。此次检查表格设计较细，督查子项涉及城市轨道交通建设主管部门、建设、勘察、设计、施工、监理、第三方监测等参建单位，共4882项。抽查的在建轨道交通工程质量安全整体处于受控状态。针对监督检查中发现的问题，各地都高度重视，及时督促企业落实整改，并按时向住房城乡建设部反馈情况，起到了很好的检查效果。另外，内蒙古自治区5—6月期间接连发生房屋市政工程生产安全较大事故，为此住房城乡建设部专门组织开展了对内蒙古自治区建筑安全生产工作的专项督查，督促内蒙古自治区住房城乡建设部门采取切实有效措施，扭转建筑安全生产的被动局面。

**五、加强调查研究**

2011年，在各地住房城乡建设部门的大力支持下，住房城乡建设部主要做了两项调研工作。一是为进一步加强住房城乡建设部门事故查处工作，赴云南、贵州、吉林、江苏等省开展了建筑生产安全事故查处工作调研，形成了调研报告，提出了加强事故查处督办、规范事故查处过程、做好部门沟通工作、建立工作协商机制、公布事故查处信息等五项工作措施。二是为进一步了解建筑施工企业“三类人员”安全管理情况，于5月赴湖南、安徽等省开展了调研，并起草了部门规章《建筑施工企业主要负责人、项目负责人和专职安全生产管理人员管理规定》。

2011年，各地住房城乡建设部门包括中央管理建筑施工企业，在建筑安全生产方面做了很多艰苦且富有成效的工作，这是全国建筑安全生产工作的基础。例如，浙江省在12月召开了全省建筑业发展大会，省委、省政府高度重视，省委书记、省长莅临会议并作重要讲话，住房城乡建设部相关领导也应邀参加了会议及相关活动，这次会议肯定了建筑业在经济社会发展中所发挥的重要作用，强调要以保障质量安全为核心，更加注重安全发展、和谐发展，加快推进发展方式转变和产业结构调整，努力实现向建筑强省的历史性跨越。山西省在年初报请省政府召开全省住房和城乡建设工作会议，对全年建筑安全生产重点工作任务进行部署安排，并由省政府向各地市颁发目标责任状，确保了建筑安全生产各项目标顺利达成。甘肃省不断完善建筑安全生产规章制度，相继制定了《全省建设系统关于进一步加强企业安全生产工作的实施意见》以及我部印发的生产安全事故查处督办、企业领导施工现场带班、重大隐患排查治理督办等三项制度的实施细则。黑龙江省加大事故查处力度，对违法生产发生事故以及瞒报事故等情节恶劣的企业和相关责任人依法从重处理，吊销或暂扣了9家事故责任企业的安全生产许可证，吊销或暂扣了16名事故责任人员的执业资格证书。四川省以保障性安居工程为重点，扎实开展监督检查工作，2011年共计检查建筑施工企业9500余家次，在建工程项目14500余个次，查出各类隐患1800余处，处罚责任单位221家、责任人415个。安徽省加强调查研究，积极创新建筑安全生产管理工作，研制开发建筑施工现场重大危险源信息监控平台，该项目获得了省科技进步二等奖。

全国住房城乡建设系统坚决贯彻落实党中央、国务院的决策部署，扎实工作，较好地完成了各项工作任务，建筑安全生产工作也取得了明显成效。据统计，2011年全国房屋市政工程安全生产指标实现了事故起数和死亡人数、较大及以上事故起数和死亡人数的“双下降”。一是事故起数和死亡人数总量下降。2011年全国房屋市政工程生产安全事故起数和死亡人数同比分别下降 6.06% 和 4.40%。二是全国房屋市政工程生产安全较大及以上事故起数和死亡人数同比分别下降 13.79% 和 12.00%，建筑安全生产形势持续稳定好转。

# 消 防 安 全 工 作

公安部消防局

2011 年，在党中央、国务院的正确领导下，各地区、各部门认真贯彻落实科学发展观，按照国务院关于加强消防工作的一系列部署和要求，坚持"预防为主、防消结合"方针，全面落实各项消防安全工作措施，着力提升社会抗御火灾整体能力，有效维护了全国消防安全形势的稳定。2011 年，全国共发生火灾 12.5 万起（不含森林、草原、军队、矿井地下部分及港澳台地区火灾），死亡 1106 人，受伤 572 人，直接财产损失 18.8 亿元，与 2010 年相比，分别下降 5.4%、8.2%、8.3% 和 4.1%。

**一、坚持政府主导，推动落实消防工作责任**

各级政府依法履行消防工作职责，建立健全消防工作机制，着力夯实消防工作基础，努力保障消防工作与经济社会发展相适应。国务院向全国人大常委会专门报告消防工作情况，出台《国务院关于加强和改进消防工作的意见》（国发〔2011〕46 号），各省（自治区、直辖市）政府普遍制定了"十二五"消防工作规划，消防事业呈现快速发展的强劲势头。地方各级政府建立健全消防工作协调机制，将消防工作纳入目标责任、社会管理综合治理内容，及时解决消防安全重大问题，推动行业、系统落实消防安全措施，形成了齐抓共管合力。公安部联合中宣部、教育部等部门出台了《全民消防安全宣传教育纲要（2011—2015）》和《社会消防安全培训大纲（试行）》，推动提升全民消防安全素质。财政部出台了《地方消防经费管理办法》，各地建立健全配套的消防经费管理和保障制度，完善了公安消防部队和地方政府专职消防队经费保障机制。中央和各地普遍将消防经费纳入财政预算，2011 年共投入消防经费 416 亿元（其中，中央财政投入 151 亿元），比 2010 年增长 20.2%，创历史新高。

**二、创新消防管理，探索完善社会消防管理机制**

各地认真贯彻中央关于加强和创新社会管理的部署要求，积极探索消防管理服务的新举措，努力构建适应社会发展需要的消防管理机制。建立完善火灾隐患举报投诉机制，所有地级以上城市和 2115 个县（市、区）建成火灾隐患举报投诉中心，启用统一的举报投诉电话。深入推进社会消防安全"防火墙"工程，进一步提升火灾隐患排查、初起火灾扑救、人员疏散逃生、宣传教育培训"四个能力"，全国有 38.9 万家重点单位、40.5 万家一般单位"四个能力"建设达标。探索在乡镇、街道建立消防安全组织，落实多警联动、防消联勤等制度，推行消防安全网格化管理。健全消防法规标准，制定、修订部门规章 6 部、国家标准规范 18 项，北京、上海等经济发达地区制定了高于国家和行业的地方消防安全标准。以"全民消防、生命至上"为主题开展形式多样的消防宣传教育活动，公安部联合民政部部署加强社区消防宣传教育，会同教育部和中国科协开展了消防安全教育示范校和"全国消防科普教育基地"创建活动，命名了 562 所示范校和 70 个教育基地，对 1.4 万名中小学校长进行了消防安全培训。首次召开全国热心消防公益事业先进单位和先进个人座谈会，中国消防博物馆正式开馆，产生了良好的社会影响。

**三、加强公共消防基础建设，不断提高城乡抗御火灾能力**

各地结合实际编制实施城乡消防规划，加强公共消防设施及消防装备、多种形式消防队伍建设，努力夯实社会防控火灾基础。全国县级以上城市和 95.9% 的县（旗）编制消防规划，56.3% 的乡

（镇）编制消防规划或将消防内容专项列入建设规划，新增市政消火栓 8.9 万余个。公安部会同住房城乡建设部、发展改革委修订出台了《城市消防站建设标准》，推动新建公安消防站 565 个，公安消防部队新增消防车 3752 辆、各类灭火救援器材 90 余万件（套）。公安消防部门联合一汽集团研发推广国产消防车专用底盘，实现了城市主战消防车整车批量生产，为加快消防车辆国产化作出重要贡献。各地因地制宜发展多种形式消防队伍，全国已建成政府专职消防队 6434 个、企业事业单位专职消防队 2586 个和志愿消防队 15.7 万个，共配备各类消防车 2 万余辆，缓解了公安现役消防力量不足的问题。

**四、强化排查整治，着力消除各类火灾隐患**

各地针对消防安全突出问题和阶段性火灾特点，持续开展火灾隐患大排查、大整治，努力净化社会消防安全环境。公安部会同住房城乡建设部等部门先后开展了建筑外墙保温材料、建筑消防设施和消防产品等专项整治。同时，加强西藏和平解放 60 周年、深圳大运会、中国－亚欧博览会等重大活动消防安全保卫，督促整改了一大批火灾隐患。特别是从 2011 年 9 月份开始，公安部在全国组织开展了“清剿火患”战役，政府相关部门、基层组织和社会单位广泛参与，共检查社区 7.9 万个、村庄 55.6 万个、社会单位 3500 余万家，督促整改火灾隐患 1.6 亿处（其中政府挂牌督办整改重大火灾隐患 21.9 万处）。中央文明办、公安部联合部署开展了消防志愿者查改身边火灾隐患活动，全国消防志愿者 700 余万人次参与，查改身边火灾隐患 530 万处。“清剿火患”战役开展以来，全国未发生重特大火灾事故，火灾起数、伤亡人数、直接财产损失大幅下降。此外，四川汶川、青海玉树地震灾区加强灾后重建消防安全保卫工作，落实灾民安置点火灾防控措施，强化灾后重建工程消防安全监管，有效防止了灾区板房安置点和施工工地发生人员伤亡火灾事故。

**五、打造现代化公安消防铁军，加快提升灭火救援水平**

公安部部署开展打造现代化公安消防铁军工作，推动加快消防部队核心战斗力生成模式转变，努力提高灭火和应急救援水平。各级公安消防部队深化战训改革和全员岗位练兵，开展铁军中队创建达标活动，举办首届全国比武竞赛，加强攻坚力量建设。所有省（自治区、直辖市）和地（市、州、盟）以及 94% 的县（市、区、旗）依托公安消防部队，组建了应急救援总队、支队和大队，综合应急救援力量体系初步建立。公安部召开应急救援现场会，出台加强消防部队应急救援工作指导意见，编制重特大地震灾害跨区域救援预案，组织川滇跨区域地震救援拉动演练，提升了综合应急救援能力。西藏自治区以及四川、云南、甘肃、青海藏区和新疆维吾尔自治区公安消防部队在当地党委、政府领导下，积极参与维稳处突工作，为维护当地社会稳定发挥了积极作用。2011 年，公安消防部队共接警出动 65.6 万起，是新中国成立以来出警次数最多的一年，共营救遇险被困人员 12.9 万人，抢救和保护财产价值 656 亿元，成功处置了沈阳皇朝万鑫国际大厦火灾、甬温线特别重大铁路交通事故、中石油大连石化分公司爆炸火灾等重特大灾害事故。目前，公安消防部队参加应急救援救助占出警总数的 60%，已成为党委、政府处置灾害事故的专业骨干力量和突击力量，成为人民群众危难时刻可以充分信赖的应急救援队伍。

**六、践行胡锦涛总书记“三句话”总要求，全面推进公安消防队伍建设**

公安消防部队深入贯彻落实胡锦涛总书记“努力建设一支‘忠诚可靠，服务人民，竭诚奉献’的消防队伍”的总要求，大力加强部队思想政治建设，努力培育当代革命军人核心价值观。认真贯彻从严治警方针，深入开展正规化建设达标活动，建立正规的执勤、训练、工作和生活秩序，确保队伍安全稳定。进一步加强和谐警民关系建设，广泛开展“大走访”等爱民实践活动，开通消防社会公众服务平台，新推出一批便民利民措施，消防执法公信力和群众满意度进一步提升。公安消防部队广大官兵恪尽职守、竭诚奉献、舍生忘死、顽强拼搏，涌现出了一大批先进单位和个人。2011 年，有 2 个单位被中组部评选为“全国先进基层党组织”，9 个单位被公安部、团中央评选为“全国青年文明号”，西藏自治区拉萨市公安消防支队布达拉宫大队被国务院、中央军委授予“布达拉宫模范消防大队”荣誉称号。

2011 年，消防工作取得了新进步、新成效。但是，随着经济社会的快速发展，工业化、城镇化、市场化的深入推进，高层、地下建筑大量增加，石油化工企业规模不断扩大，城乡结合部消防安全问题愈加突出，火灾隐患量大面广，消防安全管理难度加大，社会防控火灾的基础仍很脆弱，可以预见和难以预见的火灾风险明显增多，我国总体上仍处于火灾易发多发期，稍有不慎，就有可能发生大的火灾，消防安全形势仍十分严峻。2012 年，将继续以科学发展观为统领，认真贯彻《消防法》和《国务院关于加强和改进消防工作的意见》精神，充分发挥消防监督管理职能，推动各地区、各部门健全完善社会化消防工作格局，深化社会消防安全“防火墙”工程和现代化公安消防铁军建设，加快传统消防向现代消防转变，努力提升公共消防安全水平，坚决预防和遏制重特大尤其是群死群伤火灾事故，确保全年火灾形势持续平稳，为党的十八大胜利召开创造良好的消防安全环境。

# 工业和通信业安全生产工作

工业和信息化部安全生产司

2011 年，工业和信息化系统认真贯彻落实党中央、国务院关于安全生产工作的一系列重要决策和部署，积极深入开展“安全生产年”活动，结合产业结构调整、淘汰落后产能、企业兼并重组、技术改造、促进两化融合等重点工作，以行业准入、标准、规划、信息化等为抓手，着力构建行业安全生产管理体系，加强安全生产保障能力建设，行业安全生产管理得到显著加强，企业本质安全水平不断提升。

## 一、指导工业行业加强安全生产管理

### （一）加快安全生产标准建设，严格行业准入管理

针对多年来部分行业相关安全标准严重滞后和缺失问题，一是组织了对 19 个工业行业 1880 项安全生产标准的清理分析，针对目前安全生产标准老化、标龄过长（行标标龄在 10 年以上的有 1196 项，占 63.6%）和新技术、新工艺和新材料安全标准缺乏、面临安全风险问题，确定了当前急需 300 多项标准的制修订，其中已立项 132 项。二是针对危险化学品罐车排泄管易损毁问题，委托全国汽车标准化技术委员会专用汽车分会，联合汉阳专用汽车研究所等主要起草单位，开展了危险化学品罐车标准的修订工作。三是会同有关部门，启动了危险物品专用运输车辆、新能源汽车、校车、长途客车、大货车、电动摩托车等车辆安全标准的研究和制修订工作；会同公安部开展了以大中型客车、货车类产品的安全性能为重点的生产一致性监督检查。

进一步严格各行业准入，加大产业调整、淘汰落后力度。针对安全生产水平低、事故多发的行业，加快提高行业准入条件，推进企业重组、淘汰落后，促进产业结构升级。进一步提高了钢铁等行业的准入门槛，在已制定或修订的农药、合成氨、磷肥、尿素、农用薄膜、平板玻璃、印染、粘胶纤维、纯碱、水泥等数十个行业准入条件中，补充完善了安全生产要求。

### （二）做好行业规划和产业布局，推动《安全生产“十二五”规划》的实施

依据国家安全生产“十二五”规划，我部组织编制印发了《工业通信业安全生产“十二五”规划》，从完善安全生产标准、严格行业准入，统筹安全发展规划布局，推动安全技术改造和科技进步，培育安全产业发展，推进两化深度融合，提升企业安全生产保障能力和管理能力，加强民爆、通信行业安全生产监督管理等 7 个方面，明确了“十二五”时期重点任务。同时，在《工业转型升级“十二五”规划》和其他重点行业规划中，明确了安全生产工作任务和要求，加强安全生产源头预防工作，做好产业转移区域建设规划，制止安全保障能力低的项目建设和延续，防止产生新的重大安全隐患。重点编制印发了《危险化学品“十二五”发展布局规划》，明确提出做好危险化学品的

总体规划布局、结构调整、标准准入，加大化工园区或产业集聚区的规划和建设力度，逐步推动现有化工企业搬迁进入园区，积极配合安监总局，逐步解决化工企业外部安全距离不足等问题。

（三）推动安全生产技术改造工作

结合中央技术改造专项工作，重点支持和安排了一批新型安全工艺技术、装备的更新、改造项目，消除了一批重大安全隐患。“十二五”期间，在技术改造专项中，加大安全生产技术改造资金比重，引导企业加大安全投入力度。

（四）加快工业企业兼并重组和淘汰落后产能工作

将安全生产纳入工业企业兼并重组和淘汰落后产能工作，把安全保障性差的落后产品、工艺技术和装备列入《部分工业行业淘汰落后生产工艺装备和产品指导目录》，重点针对危险化学品、钢铁、有色、建材等行业，淘汰安全生产条件差、技术落后、职业危害严重的能力、技术、设备，消除了一批安全隐患。

（五）发展安全装备，推进安全科技进步

牵头研究起草了《关于促进安全产业发展的指导意见（征求意见稿）》，确定了先进安全技术装备工艺、应急救援设备、监控管理系统等7个方面的发展重点，制定完善安全产品装备的技术标准，提升我国安全生产保障的发展水平。

（六）加强信息化促进安全生产工作

为进一步发挥信息技术在安全生产管理中的突出作用，在钢铁、石化、有色、建材、装备相关重点行业，组织开展了信息化促进安全生产示范推广，开展了安全生产动态监测监控、安全隐患排查、安全事故应急管理、特种设备管理、高危工业产品运输监控等11个方面100个项目的示范推广工作，引导企业提高信息化水平，促进本质安全水平提升。

**二、加强通信业、民爆行业安全生产监督管理**

（一）不断强化通信业安全生产监督管理

一是为认真贯彻落实国务院23号文件精神，按照《工业和信息化部2011年加强工业和通信业安全生产管理工作要点》（工信厅安〔2011〕33号）要求，印发了《关于进一步加强通信建设工程安全生产工作的通知》（工信厅通〔2011〕77号），明确提出了2011年通信建设工程安全生产工作重点和要求。

二是按照季度组织开展了通信建设工程安全生产情况通报，并召开专题会议，深刻分析存在问题的原因，提出抓好工程质量和安全生产工作的举措，同时对继续做好工程建设领域突出问题专项治理工作提出要求。通过建立通信建设工程监督管理通报制度，不断加大安全生产监督检查力度，加大对通报问题的整改力度并采取有效措施保障工程质量和安全生产，严格通信建设、施工、设计、监理企业安全资质管理，严肃事故处理等，通信业安全生产形势保持了整体稳定。

三是组织开展《电信网络运行监督管理办法》、《通信网络供电系统运行安全监督管理办法》、《通信机楼消防安全监督管理办法》宣贯培训，并指导各地通信管理部门开展安全生产督查和“打非治违”专项行动，强化监管措施到位。

四是组织建设国家通信网应急指挥调度系统。建设部、省和事发现场三级国家通信网应急指挥系统，并延伸至基础电信运营企业，具有指挥调度、网络运行监测、视频会商、图像传送、分析决策等功能。先后完成了招投标、部省指挥中心环境改造和系统集成、应急指挥车建设、应用系统软件开发等各项任务。目前部指挥中心、31个省指挥中心和31辆应急指挥车已建成，综合应用系统完成部署，部、省中心实现互通。国家通信网应急指挥调度系统主体已建设完成，并组织了首期技术培训，即将投入试运行，将大大提升我国应急通信指挥调度水平和响应速度，进而全面提升在处置突发事件和重大活动等方面的通信保障能力。在建的应急通信工程还有全国应急宽带VSAT网、应急短波网、应急通信装备更新完善等三项重点工程也在积极开展。

（二）强化民爆行业安全生产监督管理

1. 理清安全管理思路，谋划部署全年安全生产工作

为全面贯彻落实国务院23号文件，认真总结了2010年以来民爆行业安全生产工作的现状，深入分析了行业安全生产的主要问题，理清并形成了加强安全生产的工作思路，颁布了《关于加强民爆行业安全生产工作的通知》，明确提出了行业安全生产工作的方针、原则及目标，并就安全监管、应急体系建设、技术进步、安全技改等6个方面

20条重要工作进行了部署。

2. 认真研究民爆行业安全生产形势，研究提出有针对性的安全管理措施

一是组织行业专家，研究起草了《2011年民爆行业安全生产形势分析》，有针对性地分析了本年度行业安全生产工作存在的潜在危险因素和问题、形成问题的原因及解决问题的对策措施，有力地指导了全年安全生产工作。二是针对工业雷管生产中存在的突出问题，在广泛调研和组织专家研讨的基础上，组织制定了《加快提升工业雷管生产线安全生产基础条件的通知》，从规范安全技术管理，明确管理要求角度提出了具体的、可操作性的措施。三是开展了工业炸药线提高本质安全化水平的对策建议研究，为进一步提升工业炸药的本质安全生产水平，从完善工艺技术、提高装备可靠性和强化安全防护条件等方面提出措施建议。

3. 严格安全生产督查，强化监管措施到位

一是组织民爆行业“打非”专项行动。根据国务院安委会的统一安排，自4月下旬至7月中旬，在全行业开展了民爆打击非法违法生产经营建设行为专项行动。组织各级民爆安全监管部门对144家生产企业的300多个生产点、521家销售企业的1000多个销售网点进行了拉网式安全检查，组成部安全督查组，对重庆、贵州等5省区的8家生产销售企业进行了安全专项督查。在行动中发现和处置800余项安全隐患和安全问题，提出整改要求和整改意见1100余条，依法查处了2家生产企业、1家销售企业的违法违规行为。二是组织安全生产督查检查。一方面，加强对重要时段的安全监测和督查，重大节假日及重要活动前均专门下发通知，要求各级民爆安全监管部门加强安全监管，督促企业均衡生产，高度关注企业职工队伍稳定，积极消除各种不利因素。另一方面，深入基层，开展专项安全督查。2011年以来，共组织了对河北、四川、山东、安徽等省的30余家企业的6次专项安全检查督查，发现并督促整改了一批安全隐患和问题。同时，充分了解掌握基层遇到的相关困难，总结归纳了实际安全管理中好的经验和做法。三是落实属地监管要求。进一步健全完善民爆行业安全生产监管体系，推动有关地方民爆安全监管部门落实属地安全监管职责。在进行安全生产许可审查和建设项目验收时，要求民爆生产点或建设项目所在地民爆安全监管部门必须出具审查意见，并参加验收工作，切实履行属地安全监管职责，严把安全关口。针对实际问题，推动地方限期落实混装车生产点市（县）级民爆安全管理部门。

4. 积极推进民爆行业专项安全技改

推动民爆企业开展以提升本质安全生产水平为目标的专题安全技改，广泛应用安全性、可靠性高的技术工艺及专用设备，加快淘汰落后技术工艺。2011年以来，行业安全专项资金投入达7.2亿元以上，新建、改造生产线80余条，淘汰拆除落后生产线40条，安全技改工作取得了良好成效。

5. 加快行业信息化建设步伐，以信息化带动行业生产安全

完成了“民爆行业生产经营动态监控信息系统”一期工程建设，建立了民爆主要产品（工业炸药、工业雷管）生产销售情况的信息采集、视频监视和软件管理平台，已基本实现了民爆企业生产经营信息的及时上报、处理及监管。针对现场混装车安全监管不到位的问题，组织开展了现场混装车监控系统的技术研发工作，以实现对现场混装炸药生产信息的准确采集和实时监控，在以上工作的基础上，启动了“民爆行业生产经营动态监控信息系统”二期工程建设。在部分省区试点应用“民爆行业涉爆场点地理信息系统”，使省级监管部门能够直观、快捷地掌握、管理辖区内所有民爆危险作业点的各类信息，提高安全监管和应急响应的速度和能力。

# 农业安全生产工作

农业部安委会办公室

2011年，农业部按照党中央、国务院关于加强安全生产工作的一系列要求部署，深入贯彻落实科学发展观，紧紧围绕农业农村经济社会发展中心工作，全面落实“安全第一、预防为主、综合治理”方针，认真开展“安全生产年”活动，大力推进农业安全生产“三项行动”，切实加强“三项建设”，狠抓政策措施落实，着力构建长效机制，农业安全生产工作取得了明显成效，保持了农业安全生产的平稳态势。

## 一、农业安全生产基本情况

2011年，全国农业安全生产形势总体平稳，农机、渔业行业没有发生特别重大事故，重大事故得到有效遏制。

2011年，全年累计发生国家等级公路以外的农机事故933起，死亡171人，受伤473人，直接经济损失821.38万元。与2010年相比，死亡人数、受伤人数和直接经济损失分别下降了20.1%、8.5%和0.05%，事故起数上升了14.9%。全年累计发生渔业船舶水上事故324起，死亡（失踪）403人。按新的统计口径，其中，生产安全事故254起，死亡（失踪）205人，同比分别上升了27%和15.2%；水上交通事故30起，死亡（失踪）118人，同比分别下降了52.4%和16.3%；龙卷风和风暴潮等恶劣天气引发的自然灾害事故40起，死亡（失踪）80人；渔政船和远洋渔船特殊船舶事故零发生。

2011年，农业部安全生产工作得到国务院安委会的充分肯定。农业部安委会办公室、渔业局渔船渔港处被国务院安委会评为全国安全生产工作先进单位，部系统有三位同志被国务院安委会评为全国安全生产工作先进个人。

## 二、开展的主要工作

### （一）切实加强组织领导

农业部高度重视安全生产工作，2011年新增加两位副部长为部安委会副主任，进一步强化组织领导；部安委会多次组织召开会议，印发了30多个文件，第一时间传达贯彻党中央、国务院关于安全生产工作的方针政策、工作部署和指示精神；先后组织开展了“安全生产大检查”、“安全生产月”、“打击非法违法生产经营建设行为专项行动”等工作；加强安全生产监管，将安全生产工作纳入相关行业司局绩效管理范畴，强化责任意识和危机意识。各级农业部门结合工作实际，精心组织，周密安排，扎实推进，落到实处。

### （二）精心编制安全生产“十二五”规划

2011年是“十二五”开局之年。农业部在认真总结评估安全生产“十一五”规划实施情况基础上，深入分析了当前安全生产工作面临的形势任务，研究制定了《全国农业机械安全监理“十二五”规划》、《渔业安全生产“十二五”工作规划》等发展规划，明确了“十二五”期间农业安全生产工作的总体思路、主要目标和重点任务，合理确定了农机、渔业等行业安全生产控制考核指标，督促指导各级农业部门紧紧围绕“治理隐患、防范事故”这一主题，继续深入开展“安全生产年”活动，促进农业安全生产形势进一步稳定好转，实现“十二五”农业安全生产工作良好开局。

### （三）深入开展安全生产大检查

在敏感时段、关键农时、重要节假日，农业部都及时组织对部属单位开展多种形式的安全生产大检查，对重点单位、重点部位、重点环节，进行有针对性的督查，深入排查事故隐患，狠抓突出问题治理整改，有效防范和遏制了重特大事故发生。农机、渔业等行业主管部门切实加大督导力度，认真开展执法专项行动，依法查处各类违法违规行为。农机系统严厉打击违法载客、超速超载、无证驾驶等行为，全年深入农机生产单位和场所106万个，整改事故隐患51万余项，整改率97.25%。渔业系统以整治60马力以上渔船标识为重点，严格查处渔船超航区、超抗风等级航行作业和违章载客等行为，累计排查隐患15000多项，整改率达98%。畜牧、兽医、农垦等部门结合行业实际，开展了多次针对性、实效性强的隐患排查治理活动，取得明显成效。各级农业部门加大自查力度，防范事故发生。

（四）扎实推进平安创建活动

农机系统不断完善“平安农机示范县”评选机制，2011年评选出第三批107个“全国平安农机示范县”。渔业系统全面启动了“平安渔业示范县”考评，去年评选出第一批45个“全国平安渔业示范县”。各司局、各单位以开展“平安单位”创建活动为载体，健全安全管理制度，落实安全保卫责任制，提高人防、物防、技防水平，强化消防安全消除隐患、扑救初火、疏散逃生、宣传教育“四个能力”建设，进一步加强危险化学品、出租房屋和建筑施工场所管理，确保部系统安全稳定。

（五）积极开展宣传教育培训

农业部紧紧围绕“关爱生命、安全发展”这一主题，按照形式多样、突出重点、注重实效的原则，组织开展了“安全生产月”、“防灾减灾日”等一系列安全生产公益科普宣教活动。部安办在“5·12”防灾减灾日当天，组织机关干部观看了防灾减灾宣传片，开展了模拟火灾现场应急避险逃生演练，提高了机关干部的风险防范意识和自救互救技能。农机、渔业、农垦、畜牧等行业根据自身特点，组织开展了“农机安全宣传咨询日”、“送安全避碰知识上船入户”、“农垦安全生产摄影展”、“全国草原防火知识竞赛”等活动，加强培训，强化意识，提高操作技能。各司局、各单位通过网络、报纸、明白纸等多种形式，开展了丰富多彩的宣教活动。

# 水利安全生产工作

水利部安全监督司

2011年，水利部认真贯彻落实《中共中央国务院关于加快水利改革发展的决定》（中发〔2011〕1号）和中央水利工作会议的精神等党中央、国务院关于加强安全生产的一系列方针政策和决策部署，坚持“安全第一、预防为主、综合治理”的方针，水利安全生产法制体制、工作机制建设不断完善，安全防范的长效机制不断成熟，在投资规模大幅增加的形势下，水利行业未发生重特大生产安全事故，水利生产安全事故起数和死亡人数比2010年实现了“双下降”，水利安全生产实现了“十二五”良好开局。

## 一、水利安全生产总体情况

深入贯彻落实科学发展观，认真贯彻落实《国务院关于进一步加强企业安全生产工作的通知》（国发〔2010〕23号）、《国务院办公厅关于继续深化“安全生产年”活动的通知》（国办发〔2011〕11号）、全国安全生产电视电话会议等一系列文件和会议精神，各级领导高度重视，深化责任落实、实化各项工作安排，围绕水利中心工作，以“三深化”和“三推进”为抓手，继续深入开展“安全生产年”活动，全面深化水利安全生产“三项行动”和“三项建设”。深入开展重点领域“打非”专项行动和隐患排查治理，加快完善安全生产制度标准体系，加强安全保障能力建设和基础管理，大力开展“安全生产年”和“安全生产月”宣传教育活动。通过各地各单位的共同努力，水利安全生产工作取得了积极成效。根据各单位上报的情况，2011年共发生14起生产安全死亡事故，死亡26人，其中较大事故3起，死亡13人，一般事故11起，死亡13人，没有发生重大以上生产安全事故，水利安全生产形势继续保持了总体稳定、持续向好的良好态势。

## 二、水利安全生产重点工作

（一）领导高度重视，强化组织领导

领导高度重视水利安全生产工作，按照中央关于安全生产的有关指示精神和要求，积极贯彻落实国务院“安全生产年”的各项工作部署。7 月 28 日，部长陈雷主持召开部务扩大会议，迅速传达温家宝总理在 7 月 27 日国务院第 165 次常务会议上的重要讲话精神，研究部署进一步抓好水利安全生产工作。1 月 25 日、5 月 21 日和 10 月 11 日，副部长矫勇先后 3 次主持召开了水利部安全生产领导小组全体会议，具体研究部署安全生产工作。先后制定了《2011 年水利安全生产工作要点》（水安〔2011〕1 号）和《关于贯彻落实〈中共中央国务院关于加快水利改革发展的决定〉加强水利安全生产工作的实施意见》（水安监〔2011〕175 号），提出了做好 2011 年和“十二五”时期水利安全生产工作的目标要求、主要任务、重点内容和保障措施。国务院《安全生产“十二五”规划》（国办发〔2011〕47 号）特别是《关于坚持科学发展安全发展促进安全生产形势持续稳定好转的意见》（国发〔2011〕40 号，以下简称《意见》）发布后，积极做好学习贯彻落实工作，结合水利实际抓紧研究制定具体实施意见。

（二）深化责任落实，加强安全监管

各级水利部门积极制定各项制度，明确水利安全生产责任，逐级、逐岗、逐人签订安全生产责任状，进一步落实安全生产责任制和各级领导“一岗双责”，进一步落实绩效考评中安全生产“一票否决”制度，确保安全生产责任落实工作规范化。为进一步落实流域机构、地方水行政主管部门水利安全生产监管职责和水利生产经营单位安全生产主体责任，组织制定了流域机构和省级水行政主管部门安全生产监督管理工作考核办法，作为责任落实的一项实化措施。为确保黄土高原淤地坝安全运用责任落实，与黄河水利委员会及陕西、内蒙古、青海、宁夏、甘肃、河南、山西等七省区人民政府签订了《黄土高原淤地坝安全运用和除险加固责任书》。为进一步明确安全生产岗位、落实安全生产责任，辽宁省印发了《关于明确本单位安全生产监督管理专职人员的通知》和《关于公布各单位安全生产责任人的通知》。

（三）深化依法监管，开展“打非”行动

一是根据国务院安委会部署，下发了《关于开展水利行业严厉打击非法违法生产经营建设行为专项行动的通知》（水明发〔2011〕17 号），从 4 月下旬到 7 月上旬，以水利工程建设、农村水电、河道采砂等领域为重点，水利行业共开展“打非”执法行动 2510 次，派出 3 个督查组对 6 个重点省份开展督查，进一步规范了水利安全生产秩序。湖北、湖南、吉林等省结合本地工作实际，及时下发了《严厉打击水利行业非法违法生产经营建设行为专项行为实施方案》。

二是为集中力量打击突出非法违法河道采砂行为，集中 4 个月的时间对淮河流域河道非法采砂行为进行专项打击和集中检查，8 月份组织对黄河河道采砂和黄河滩区 24 个违规建设项目进行了集中检查，在全国范围内组织开展河湖管理执法大检查，进一步打击非法采砂和侵占岸线等影响防洪安全行为。

三是为规范小水电开发秩序，对重点地区小水电无序开发情况进行督查，向国务院报送了《水利部关于湖北省神农架林区小水电开发情况的报告》，得到国务院领导的高度重视；组织了 4 个工作组，对小水电无序开发情况进行检查，督促相关地方加大整治力度。

四是按照“四不放过”的原则，对 2010 年水利生产安全事故情况和今年下半年发生的 2 起较大事故进行了通报，并抄送各省（自治区、直辖市）政府办公厅，督促各地深刻吸取事故教训，进一步做好水利安全生产工作。

（四）深化专项整治，狠抓隐患治理

一是下发了《关于开展汛前和建党 90 周年前水利安全生产检查的通知》（水安监〔2011〕128 号），4 月至 6 月份共组织 3882 个检查组，深入 2 万多个水利生产经营单位和工程项目开展检查。组织 11 个督查组，对 7 个流域机构和直属单位、17 个重点省份进行了督查。据不完全统计，此次检查累计排查各类安全隐患 1.32 万个，落实整改资金 37.22 亿元，绝大多数安全隐患得到了治理。

二是根据国务院安委会《关于认真贯彻落实国务院第 165 次常务会议精神进一步加强安全生产工作的通知》（安委明电〔2011〕8 号）精神和部务扩大会议部署，8 月份组织开展了全国水利安全生产大检查活动，对水利重点领域和关键环节安全生产工作进行再检查和再落实，并在开展安全生产大检查的基础上，组织了9个检查组，对18个重点省份进行了督查，进一步促进了各项安全生产措施的落实。

三是深入开展水利工程建设领域预防施工坍塌事故专项整治，印发了《水利工程建设领域预防施工坍塌事故专项整治工作方案》（水建管〔2011〕249号），提出了有针对性的工作任务和措施，明确了具体的工作要求，对重点地区进行督查，坚决遏制坍塌事故发生。

四是根据国务院安委会《关于深入开展安全大检查切实做好第四季度安全生产工作的通知》（安委明电〔2011〕9号）精神，及时下发了《转发国务院安委会关于深入开展安全大检查切实做好第四季度安全生产工作的通知》（水明发〔2011〕43号），11月份组织开展了全国水利安全生产大检查活动，重点针对今冬明春水利工程建设再掀高潮、水利安全生产工作更加艰巨的实际情况，加大"打非"力度、深化重点领域安全专项整治，组织了10个抽查组，分流域对10个省（市、自治区）进行了重点抽查。

五是针对水利行业安全生产的重点领域和薄弱环节，突出开展了大型水利设施工程隐患排查、病险水库除险加固项目专项检查、灌区节水改造检查和农村水利项目飞行检查、"四无"水电站清查整改和农村水电安全生产大检查、黄土高原淤地坝专项安全检查、水文监测汛前检查和科研单位安全大检查等工作，查处了一大批违法违规行为，排查整改了大量安全隐患，有效地规范了水利安全生产秩序。

（五）推进安全达标，强化基层基础

根据国务院安委会《关于深入开展企业安全生产标准化建设的指导意见》（安委〔2011〕4号）的要求，迅速印发了《水利行业深入开展安全生产标准化建设实施方案》（水安监〔2011〕346号），并明确提出了目标任务、实施方法和工作要求，各级水行政主管部门制定了安全生产标准化建设工作方案和实施计划。组织制定了水利水电施工企业、水利工程项目法人、水利工程管理单位安全生产标准化评审标准和水利安全生产标准化建设等级评审办法。各地各单位采取切实措施，积极推进安全生产标准化工作。福建省制定了《福建省水利行业深入开展安全生产标准化建设实施方案》，在全省水利系统生产经营企业和基层水工程管理事业单位开展安全生产标准化建设，为逐步实现水利工程安全生产标准化等级评审打下了良好的工作基础。

（六）推进能力建设，提高安全保障能力

一是在累计安排投资700多亿元、2010年底如期完成7356座大中型和重点小型水库除险加固任务基础上，联合财政部共同召开全国小（2）型病险水库除险加固规划实施启动视频会暨责任书签署仪式，全面启动了5400座小（1）型和41118座小（2）型病险水库除险加固项目，消除工程重大安全隐患。

二是针对病险水闸问题，组织编制了《水利部大中型病险水闸除险加固工作实施方案》，起草了《病险水闸除险加固工程项目管理办法》，印发了《全国大中型病险水闸安全鉴定核查工作实施方案》（办建管〔2011〕172号），为完成病险水闸除险加固规划建设任务奠定了良好工作基础。

三是为落实安全生产专项工作经费和技术措施，设立了"水利工程安全监督"打捆项目，为长江委、淮委、松辽委、珠委等4个流域机构落实项目经费560万元，较2010年增加230万元。同时，加大了对水利施工企业按照有关标准足额提取安全生产费用监督力度，积极推广应用安全可靠的新技术、新工艺、新装备和新材料，改善安全生产条件。

（七）推进长效机制建设，构建安全生产防范体系

一是加强了水利水电工程安全生产法规规章和技术标准体系建设，出台了《水利工程建设安全生产监督检查导则》（水安监〔2011〕475号）和《水利水电工程施工企业主要负责人、项目负责人和专职安全生产管理人员安全生产考核管理办法》（水安监〔2011〕374号），研究编制了《水利安全生产监督管理规定》、《水利工程建设项目安全评价管理办法（试行）》，以及《水利工程施工安全管理导则》和《水利水电工程施工安全防护设施技术标准》等，出台了《水利水电劳动安全与工业卫生设计规范》，积极开展全国大型水库大坝安全调研和《水库大坝安全管理条例》修订工作。

二是针对直接监督和指导监督范围内的项目，

建立了翔实的安全监督工作信息档案，实现对监督对象安全信息的动态管理。

三是加强安全监管队伍建设。目前，水利系统中7个流域机构和27个省级水行政主管部门已成立了专门的安监职能部门，其余省市也进一步强化了安监职能，重庆、湖北、江西、吉林等省部分地（市）、县成立了专门的安监机构，安监能力显著提高。

（八）注重宣传教育，提高安全意识、技能

下发了《关于开展2011年水利“安全生产月”活动的通知》（办安监〔2011〕219号）和《关于开展全国水利安全生产知识网络竞赛活动的通知》（办安监函〔2011〕360号），开展水利安全手册进工地赠书等活动。据统计，共有3011家单位参加网络竞赛，14.86万人次在网页答题。在《中国水利报》开设了“安全生产知识大讲堂”、“安全生产在行动”和“安全生产系列访谈”等专栏，累计收到征文420余篇，进一步营造水利安全发展的良好氛围。连续3年被中宣部、国家安全监管总局等7部委评为全国“安全生产月”活动先进组织单位，淮委被评为2011年全国“安全生产月”活动优秀单位。2011年以来，组织了全国水利安全监督处长培训班，开展了水利安全生产监督管理、全国农村水电安全员、水利施工安全技术标准、应急预案及救援演练等专项培训工作，举办“三类人员”培训班23期，累计考核合格4881人，进一步提高了水利职工的安全素质。

2011年，水利安全生产工作取得了很大成绩，这些成绩的取得是贯彻落实科学发展观，坚持以人为本，大力发展民生水利的结果；是部领导高度重视，各地各单位共同努力的结果。但和全国人民对发展民生水利的要求相比，目前水利安全生产的薄弱环节和突出问题依然存在。一是水利工程安全监管力量薄弱。水利工程量多、面广，目前水利工程安全监管力量薄弱，特别是市县两级安全监管机构不健全，生产一线安全生产基础工作薄弱，现场安全监管不到位。二是安全监管制度有待完善。流域和地方水利安全监督工作还处于初创阶段，安全监管约束机制尚未形成，安全监督工作的制度化、规范化、专业化管理水平还不能与水利改革发展步伐相协调。三是水利行业普遍存在安全生产投入不足、安全生产缺乏专门经费渠道等问题，安全隐患得不到及时治理。四是部分地方和单位领导对安全生产工作重视程度不够，安全生产责任制不落实，一线从业人员安全观念淡薄，安全防范意识不高，安全教育培训不足，存在麻痹思想和侥幸心理。

针对水利安全生产存在的这些问题和不足，水利部将会进一步加大工作力度，加大安全生产监管力量，建立健全安全监管约束机制，严厉打击违法违规生产经营建设行为，加大安全投入，深化重点领域专项整治，深入排查治理安全隐患，强化落实安全生产责任制，加大安全生产绩效考核力度，加大安全教育培训力度，提高从业人员安全防范意识，为构建安全生产长效机制和实现水利又好又快发展提供坚实的安全生产保障。

# 林业安全生产工作

国家林业局发展规划与资金管理司

2011年，国家林业局认真贯彻落实党中央、国务院关于加强安全生产工作的一系列决策部署和中央领导同志重要指示，以及第165、167、173次国务院常务会议、国务院安委会全体会议精神，各级林业主管部门和广大林业工作者，深入贯彻落实科学发展观，以首届APEC林业部长级会议和全国林业厅局长会议精神为指导，紧紧围绕林业中心工作，继续深入开展“安全生产年”活动，积极推进林业安全生产标准化建设工作，林业安全生产形势保持了良好态势。

**一、加强组织领导，全面贯彻国务院“安全生产年”的决策部署和要求**

一是认真做好部署工作。按照国务院有关安全生产工作部署和要求，国家林业局下发了《关于认真学习和贯彻落实〈国务院办公厅关于继续深化“安全生产年”活动的通知〉的通知》（办规字〔2011〕38号）和《关于进一步加强林业安全生产工作的通知》（林规发〔2011〕205号）等文件，结合林业工作实际，扎实深入开展“安全生产年”活动，细化工作方案，明确任务目标，狠抓措施落实，强化督促检查，确保工作要求不折不扣地得到贯彻和落实。

二是加强安全监管指导。各级林业主管部门结合工作部署和要求，强化领导，明确任务。新疆林业厅制定下发了《自治区林业厅2011年安全生产工作要点》、《自治区林业系统贯彻落实〈自治区进一步加强企业安全生产工作重点工作分工实施方案〉实施细则（试行）》、《自治区林业系统继续深化“安全生产年”活动实施方案》等文件，对全年工作进行了认真安排部署，要求各级林业部门牢固树立“安全责任，重在落实”的工作理念，全面推动林业企业安全生产诚信建设活动，推动林业企业安全生产主体责任进一步落实，深入开展了林业企业班组安全建设，建立健全班组安全生产管理制度，岗位作业规程，落实岗位安全责任，形成“事事有标准，处处有规范，人人讲安全”的基层安全管理保障机制，最大限度地减少和避免了各类事故的发生。内蒙古森工集团（林管局）通过召开安全生产系统会议，听取专题汇报，及时地对林区安全生产工作进行统一部署，做到了年度有计划、工作有部署、检查有结果、治理有手段、责任有落实。黑龙江大兴安岭行署（林管局）出台了安全生产事故指标横向纵向控制和安全生产双向督办两项管理办法，就事故预防、指标控制和隐患治理工作出台了约谈、驻地督导、双向督办等具体措施，进一步增强安全生产的执行力。

三是加强安全监管机构及队伍建设。各地不断加强各级安全生产管理机构建设，根据人员工作变动，及时调整安委会组成人员，加强基层管理力量，确保林区各级安全生产组织网络不断完善。内蒙古森工集团（林管局）为有效提升安全管理人员的安全生产素质，举办了“生产经营单位主要负责人和安全管理人员持证上岗培训班”，聘请专家用生动翔实的案例解读安全生产法律法规。

**二、坚持预防为主，严格排查治理安全隐患**

一是深入开展安全生产大检查。国家林业局下发了《关于组织开展安全生产大检查工作的通知》（办规字〔2011〕163号）和《关于开展严厉打击非法违法生产经营建设行为专项行动的通知》（规安函〔2011〕74号）等文件，在林业重点区域、重点领域、重点环节和重点企业组织开展了安全隐患大排查和专项整治，在东北内蒙古重点国有林区内蒙古、吉林、龙江和大兴安岭四大森工集团组织开展了打击非法违法生产经营建设行为专项行动，消除了安全隐患，有效防范和遏制了重大事故发生。围绕年初制定的责任目标，不断加大安全生产检查力度，全力做好隐患排查治理工作。强化“预防重于治理”的意识，切实把安全生产预防工作作为第一道程序，贯穿于整个工作的全过程，落实到工作的每个部位、每个环节，做到防在先、防到位，及时发现并消除安全生产的隐患。内蒙古森工集团（林管局）针对林区生产单位点多、面广、作业段队施业区分散、生产时间集中的实际，按照“以整治促整合、以整合促管理、以管理促安全、以安全促发展”的思路，突出重点，统筹全局，有计划、有目的地组织开展了林区春季建筑施工安全检查、特种设备现场管理安全检查、危化品储存经营单位安全检查、电力设备安全运行检查、重大事故隐患检查、交通运输安全检查、“安全生产月”活动检查、冬季安全生产综合大检查等工作。通过对19个林业局（森工公司）、18个贮木场的36台绞盘机和6台桥式起重机、15个汽车队、19个锅炉房的38台锅炉、18座油库、27个加油站的基础管理、现场管理检查及70辆运材车辆的路检路查，发现事故隐患70余处，当场提出整改意见或方案，事故隐患整改率达到100%。黑龙江大兴安岭行署（林管局）所属各县、区、林业局按要求严格开展自检自查，累计成立检查组125个，检查生产经营单位（场所）2000余户，累计排查出隐患1080处，完成整改1012处，累计投入整改资金600余万元。陕西省国营林场管理站和自然保护区管理局结合单位实际，在旅游旺季到来之前，对森林公园的安全设施进行了拉网式检查，较好地消除了安全隐患。

二是推进企业安全标准化达标。林业安全生产标准化建设工作正有序推进。林业企业涉及门类多样、分类复杂，且技术门槛较低、规模分散，国家林业局以落实林业企业安全生产主体责任为主线，坚持“突出重点、分类指导、分步实施、全面推进”的原则，制定了以重点抓好人造板、木制品加工等重点行业规模以上企业达标工作的工作方案，以促进和推动实现2015年全部企业达标的目标。2011年下半年以来，开展了对东北内蒙古重点国有林区和南方集体林区相关企业的调研工作，起草了《促进林业安全生产标准化建设工作的指导意见》并征求了一些具有代表性省区的林业主管部门的意见，《人造板企业安全生产标准化评定标准》和《木制品加工企业安全生产标准化评定标准》正在研究制定中。福建省南平市林业局下发了《南平市林业局关于开展企业安全生产标准化建设有关工作的通知》（南林安〔2011〕12号），推动了所属林业企业安全生产标准化达标创建工作的组织实施。

三是积极开展“安全生产月”活动。为开展好全国第十个“安全生产月”活动，围绕“安全责任，重在落实”这一主题，做到了活动有领导、有组织、有方案、有落实、有监督、有总结，并利用广播、电视、报纸、期刊等多种传媒对“安全生产月”活动的进展情况进行跟踪报道。各省地市林业厅局及四大森工集团，在“安全生产月”活动期间悬挂张贴大型条幅标语、安全旗帜、安全生产宣传图画，制作永久标志牌，散发安全生产宣传单，刊登新闻稿，举办安全生产知识竞赛，出动宣传车，咨询日设立咨询台等，形式多样，效果良好。

四是提升现场安全管理水平。强化现场安全管理，加强现场监督检查是林业企业安全基础管理的重要环节，也是控制事故发生的有效措施。按照“谁主管、谁负责”的原则，检查人的不安全行为和物的不安全状态，坚持查管理、查现场、抓整改，将安全检查工作的重心前移，形成制度化、动态化、科学化，使各项生产经营活动处于“在控”和“可控”状态。从最基层的班组抓起，认真开展以标准化班组为基础、标准化岗位为中心、标准化现场为条件的班组安全“三标”建设。企业根据实际情况，按照有关的安全生产法律法规、标准，建立完善了基层班组“三标”标准，使岗位工人知道操作有哪些安全要求，管理人员知道按照哪些要求管理，监督检查人员知道按照哪些要求检查，达到三位一体，真正实现了基层班组“人、机、环”协调统一，提升了现场安全管理水平。

**三、夯实工作基础，加强安全生产长效机制建设**

一是加强法律法规标准体系建设。强化落实企业安全生产监管责任和主体责任，认真贯彻落实安全生产责任制。林区各单位能够及时、科学、合理地将安全生产责任落实到具体责任人，明确将安全生产目标作为各单位年终考核一票否决指标之一，对完不成年度安全生产任务、出现生产安全事故的单位，年终不得评优。

二是认真开展安全教育培训。加强安全生产培训教育工作，是做好林业安全生产工作的前提，是提高干部职工安全生产素质的主要途径。新疆林业厅与直属单位共同举办各类安全培训班73次，有2000多人次接受了相应的安全专业知识培训，进一步提高了林业职工的安全文化素质，促进了林业系统的安全生产形势持续稳定。四川省林业厅在“安全生产月”活动期间举办安全知识讲座3期，培训职工1350余人次。

三是健全完善林业安全应急体系。应急救援体系建设，对提高突发事故处置快速反应能力，最大限度地减少人民群众生命威胁和财产损失至关重要。按照国家总体要求，林业行业加强了应急管理基础工作，推动应急救援体系建设，完善应急预案体系，注重预案的应急演练。为有效提高应对事故灾难的救援能力，确保相关单位在发生事故时，能迅速、有序、有效地开展应急救援工作，一是要求企业在原有应急救援预案的基础上，突出重点领域、重点单位、重点岗位、重点环节，不断完善应急救援预案，使之更加全面细致、科学合理、切实可行。特别是针对有重大危险源的生产经营单位制定了专项预案，对重大危险源建档登记，实施重点监管监控，明确相关部门的应急救援职责，落实重点岗位应急措施。二是要求企业每年组织两次应急救援演练。通过演练，检验各级应急预案的实用性和可操作性，检查应急救援队伍、应急物资、装备、技术的准备情况，锻炼了队伍，增强了员工的责任意识及自救互救技能，进一步提高了各级指挥人员处置突发事故的能力。

# 特种设备安全监察工作

国家质检总局特种设备安全监察局

## 一、特种设备的基本情况

### （一）特种设备使用情况

截至2011年底，全国在用特种设备729.15万台。其中，锅炉62.03万台，压力容器251.54万台，电梯201.06万台，起重机械171.74万台，场（厂）内专用机动车辆41.03万辆，客运索道863条，大型游乐设施1.64万台（套）。另有气瓶13563.64万只，压力管道83.68万公里。设备总量比2010年增加12.3%。

全国现有持证的特种设备作业人员657.60万人，比2010年增加16.89%，其中2011年考核发证180.02万人。

### （二）特种设备生产情况

我国现有特种设备生产（含设计、制造、安装、改造、维修、气瓶充装）单位53899家，持有特种设备许可证54514张。

### （三）特种设备安全监察和检验检测情况

截至2011年底，全国质检系统共设置特种设备安全监察机构3144个，其中，国家级1个、省级32个、市级476个、县级2635个。全国特种设备安全监察人员共11542人。

全国现有特种设备综合性检验机构545个，其中，质检部门所属检验机构347个，行业检验机构及企业自检机构198个。另外还有型式试验机构32个，无损检测机构273个，气瓶检验机构1681个。检验机构人员共60697人，其中质检部门所属检验机构25993人。

2011年，全国各级质检部门开展特种设备执法监督检查74.89万次，责令整改各类问题24.75万个。特种设备检验机构对382.05万台特种设备及元部件的制造过程进行了监督检验，发现并督促企业处理质量安全问题4.54万个；对82.92万台特种设备安装、改造、维修过程进行了监督检验，发现并督促企业处理质量安全问题22.98万个；对349.29万台在用特种设备进行了定期检验，发现并督促企业处理质量安全问题399.29万个。

## 二、特种设备安全状况

### （一）事故总体情况

2011年，全国共发生各类特种设备事故275起，死亡300人，受伤332人。与2010年同期相比，事故总起数减少21起，下降7.09%；死亡人数减少10人，下降3.23%。全年275起特种设备事故中，锅炉41起，压力容器21起，气瓶27起，压力管道6起，起重机械74起，电梯64起，场内专用机动车辆34起，大型游乐设施7起，客运索道1起。2011年万台设备死亡人数为0.595，万台死亡人数控制在国务院安委会下达的特种设备安全生产控制指标之内，事故状况保持平稳态势。

### （二）事故特点

全年发生的275起事故中，承压类和机电类特种设备事故分别呈现了不同的显著特点。锅炉、压力容器、压力管道等承压类的事故特征主要是爆炸或泄漏着火。起重机械、电梯等机电类事故的特征主要为倒塌、坠落、撞击和剪切等。

在各类事故中起重机械事故总数最多，主要发生在建设工地、仓储物流和冶金、机械制造行业，分别各占1/3，建设工地的起重机械事故特征主要是倒塌，仓储物流和冶金、机械制造行业事故多为撞击、挤压和坠落；电梯事故多发生在安装、维修保养等作业过程，主要原因是使用管理不当和作业人员违章操作；场内机动车辆事故主要发生在仓储物流和冶金、机械制造行业的使用环节，多数为叉车事故。

### （三）事故原因

从事故发生环节来看，全年统计范围事故中，发生在使用环节的事故占79.62%；充装、储运环节的事故占6.64%；安装环节的事故占6.16%；维修改造环节的事故占7.11%；检验环节的事故占0.5%。

从技术层面来看，锅炉事故主要发生在小型服务业，其原因主要是企业管理不善、操作人员操作不当；压力容器事故突出体现为快开门压力容器和造纸烘缸事故，其原因主要为快开门压力容器连锁保护装置失效或功能不全，造纸烘缸缺少系统压力控制；气瓶事故主要发生气体充装环节，设备种类体现为氧气瓶和车载气瓶，其原因主要是企业管理不到位，充装前缺少检查；压力管道事故则主要在化肥合成氨企业的工艺管道，其原因主要是超负荷生产，检修维修不到位；电梯事故的主要原因是电梯使用单位管理缺失，电梯故障以及急救处置不当；起重机械事故原因主要是作业现场管理不到位；大型游乐设施事故主要原因是设备缺少维修维护，现场管理不到位。

**三、2011年特种设备安全监察工作实施情况**

（一）严格生产源头监管，全面提升特种设备安全质量水平

通过严格准入条件，提高准入门槛，全年对近4000家特种设备生产单位进行许可。同时，加强特种设备制造企业证后监管，采取对企业和鉴定评审、检验检测机构同时抽查的方式，完成100家获证企业和机构的特种设备国家监督抽查工作，组织地方局完成了20%获证企业的监督抽查，对20余个企业实施撤销证书等处罚。加大对特种设备安全质量的监管力度，共对400余万台（套）特种设备进行了监督检验，发现并督促企业处理质量安全问题4万余条，监督检验覆盖率达到100%。针对大型游乐设施等事故反映出的质量问题，制定了大型游乐设施设计制造缺陷维修消除隐患的要求，加大了对新技术新产品监管力度。

（二）严格使用环节监管，提升特种设备安全监察水平

下发了《关于加强特种设备使用环节安全监察的意见》，全系统在15个省376个企业部署开展特种设备使用安全标准化管理及达标评价活动试点。在多个省份实施了使用单位分类监管，并推进特种设备安全"一岗双责"工作制度。出台了《特种设备使用单位风险评价指标》等分类监管准则，对180余万名特种设备作业人员进行考核发证。

（三）严格重点设备领域监管，有效防止特种设备安全事故

按照国务院23号文件要求，联合安监部门发布了《大型起重机械安装安全监控管理系统实施方案》，联合铁道、交通等相关部门成立了工作小组，组织制定了起重机械安全监控管理系统国家标准，并组织24家单位在13个品种28台大型起重机械中开展安全监控管理系统示范试点。为加强涉及公共安全的电梯等特种设备监管，颁发了《关于电梯安全监察工作若干问题的指导意见》等文件，推进了电梯维保整治、老旧电梯改造、物联网监控工作。

（四）实施风险管理，初步构建特种设备安全风险监测和预防体系

加强风险分析理论及应用研究，在全国特种设备科技协作平台科研项目中设立风险分析课题，逐步完善风险管理和应急救援制度，指导地方建立质量安全分析报告和风险分析报告制度。构建风险监测技术体系，结合国家"十二五"国家科技支撑计划项目"基于风险的特种设备安全监管关键技术研究"课题研究，开展特种设备风险理论与技术研究，基本建立了特种设备风险管理技术支撑体系。完善特种设备风险管理机制，修订完善了《特种设备重大突发安全事件应急处置预案》，妥善处置了北京"7·5"地铁4号线自动扶梯事故等近10起社会影响较大的特种设备事件。

（五）促发展，积极服务国家经济社会发展大局

继续完善高耗能特种设备节能法规标准体系，并加强锅炉定型产品能效测试工作，严把市场准入关，完成了1000余个型号的工业锅炉定型产品能效测试。推动在用工业锅炉定期能效测试，完成2万余台在用工业锅炉能效测试工作。加大节能技术和产品推广力度，完成第二批节能技术和产品的遴选工作。服务经济结构调整和地方经济发展，推动特种设备公共检测平台、培训考核基地建设，推动特种设备产业集群结构调整升级。在北京推动开展物联网技术应用试点，组织援建新疆喀什南疆地区CNG气瓶检测项目，组织对新疆特检机构培训帮扶，组织内地特检机构帮助西藏实施电站锅炉安装监督检验。做好重点时期、重大活动和重点工程特

种设备安全保障工作。保障了建党 90 周年活动、深圳大运会和中国－亚欧博览会期间特种设备安全。开展西气东输二线东段等重点项目特种设备安全监察，针对“无资质企业生产的法兰用于国内项目建设存在重大安全隐患”问题进行调查处理。

（六）强质检，夯实特种设备安全工作基础

做好“十二五”发展工作部署，制定发布了《“十二五”特种设备安全与节能规划》。继续完善了特种设备法规标准体系、动态监管体系、安全责任体系、风险管理体系、绩效评价体系和科技支撑体系等六个工作体系建设，推进《特种设备安全法》的立法进程。继续深化行政许可和检验工作改革，取得阶段性成果。

# 电力安全监管工作

国家电力监管委员会安全监管局

2011 年，贯彻落实党中央、国务院关于加强安全生产工作的一系列决策部署和中央领导同志精神，贯彻落实《电力安全事故应急处置和调查处理条例》（国务院令第 599 号，以下简称《条例》）和《国务院关于进一步加强企业安全生产工作的通知》（国发〔2010〕23 号）要求，围绕“三杜绝、三防止、一维护和一保持”（杜绝重大以上电力生产人身伤亡、杜绝电网大面积停电事故、杜绝电厂垮坝事故，防止重大以上环境污染、防止主设备严重损坏事故、防止对社会造成重大影响事故，维护电力系统安全稳定运行，保持电力安全生产持续稳定）的安全生产工作目标，深入开展“安全生产年”活动，以保证人身安全、大电网安全、风电并网安全、水电站运行安全为工作重点，全面加强电力安全监督管理工作，保持了全国电力安全生产形势总体稳定，电力安全监管工作取得了明显成效。

## 一、积极推进《条例》出台、宣贯及配套规章制度

（一）做好《条例》出台准备和宣贯工作

坚持控制、减轻和消除电力事故损害，保证电力系统安全的立法目的，积极与有关单位沟通协调，对《条例》具体内容进行了多次征求意见和讨论修改，配合完成《条例》上国务院常务会议准备工作，保证了《条例》顺利出台。《条例》出台后，及时制定《条例》宣贯计划，印发关于学习贯彻执行《条例》的通知，组织召开《条例》宣贯电视电话会议和培训会，会同电力企业开展近 40 场《条例》培训，培训人员超过 4 万人，有效提高电力企业从业人员的遵章守法意识，营造电力安全生产良好法制环境。

（二）制修订《条例》配套文件和规章制度

《条例》出台后，多个规章标准和规范性文件亟待制定修改。组织编制出版了 16 万字的《条例释义》，对《条例》逐条释义，详细解释，保证了《条例》顺利宣贯，并制定《关于做好电力安全信息报送工作的通知》、《关于执行〈条例〉中有关问题的规定》，进一步规范电力安全信息的报送，明确《条例》执行过程中的有关问题。编制《电力安全事件监督管理暂行规定》，强化未构成电力安全事故，但对电力系统安全稳定运行和电力（热力）正常供应以及对社会造成较大影响的事件的监督管理。其他《条例》配套规章标准的制修订工作，已列入明年工作计划。

## 二、加强风电安全监管

（一）制定落实反事故措施

2011 年初，我国西北、华北等地连续发生多起风电机组大规模脱网事故，对电力系统安全造成较大影响。国务院领导对此高度重视，作出重要批示，要求电监会注意监测，加强监管，引导风电安全健康发展。坚决贯彻落实国务院的决策部署，及时组织开展事故调查处理，从设备性能、运行管理和反事故措施等方面组织有关机构和人员开展系统研究，印发了《关于切实加强风电场安全监督管

理遏制大规模风电机组脱网事故的通知》，对风电机组低电压穿越能力改造、风电场无功补偿装置配置、建设施工组织、二次系统监督管理等方面作出具体规定，对于有效遏制风电大规模脱网事故、提高风电接入系统的安全性产生了积极作用。针对大规模风电机组脱网事故中设备存在的问题，通报了低电压穿越和无功补偿装置存在问题的风电设备型号和制造厂家，督促风电设备制造厂家加强风电机组安全技术研发和质量管理，提高设备安全水平。

（二）组织风电场并网安全性评价和安全检查

为了保证风电场并网安全，印发了《风力发电场并网安全条件及评价规范》，将风电场通过安全性评价作为风电场并网运行的前置条件。8 月至 9 月份，组织开展全国风电安全大检查，重点检查风电场（建设项目）的安全管理情况、风电设备情况、风电运行情况和接入电力系统情况。检查采取企业自查和电监会重点督查方式。自查阶段，风电企业对 360 家已并网运行风电场、80 家在建风电场进行了安全检查，受检风电场装机占全国风电装机 78%，查出隐患 1700 余项，73% 完成整改，未完成项目均列入整改计划；督查阶段，组织 6 个督查组对 39 家风电场和 20 个省级电网企业及调度机构进行重点督查，查出隐患 430 项，85% 完成整改，督促电力企业加强排查治理整改闭环管理，提高涉网风电设备、装置和系统的安全性。

（三）编制发布《风电安全监管报告》

加强对风电安全问题的研究，组织对金风、华锐、联合动力等风电设备制造企业调研，召开风电安全座谈会，针对风电机组低电压穿越能力、风电场无功管理、风电场电缆头故障、风电场接地系统等方面进行专题研讨。在检查和调研基础上，结合近年风电安全监管工作，编制完成了《风电安全监管报告（2011 年）》，阐述风电安全发展的总体情况，披露风电安全工作存在的问题和风险，提出加强风电安全监管的意见和建议，并召开《风电安全监管报告（2011 年）》发布会，取得了社会各方积极良好的反响。

## 三、加强电网安全监管

（一）建立电网安全风险管控机制

近年来，我国电力系统规模持续扩大、电网运行控制日趋复杂，电网稳定运行安全风险增大。为了采取有效措施防范电力系统风险，于 2007 年启动电力系统安全风险与脆弱性分析评估研究，到目前基本建立了脆弱性评估指标体系、框架结构。进一步完善评估指标体系，细化评估程序，改进评估方法，逐步建立完善科学的电力系统评估体系，对电力系统结构、技术和设备的安全风险和脆弱性进行客观评估，有效防范电网大面积停电事件的发生。

（二）强化电力二次系统安全防护工作

自 2005 年以来，大力推进电力二次系统安全防护工作，目前我国电力二次系统防护体系基本建立，五级电力调度机构、变电站和发电厂已经实现了安全分区和横向隔离。对我国电力二次系统安全防护工作认真总结梳理，编制了《电力二次系统安全防护工作情况通报》，对目前工作中所面临的风险和问题进行深入分析，并提出整改要求和下一步工作思路，促进二次系统安全防护工作的不断改进和持续提高；印发了《电力二次系统安全管理若干规定》及相关技术规定，强化电网企业与发电企业间的协调配合机制，加强电力二次系统安全监督管理工作，有效地指导和规范电力行业二次系统安全防护工作。

（三）加强有关重要用户供电安全监管

在总结前几年煤矿企业供用电安全监管工作成绩的基础上，积极推进重要用户供用电安全监管工作，会同民航局组成联合调研组，对成都双流国际机场、北京首都国际机场及有关供电企业开展专项调研，起草了《民用运输机场供用电安全管理规定（试行）》，建立完善供电企业与重要用户协调联动机制，规范供电企业供电安全管理工作，防止机场大面积停电事件的发生。“7·23”甬温线特别重大铁路交通事故发生后，对电气化铁路供用电安全情况进行梳理，针对存在的问题和安全隐患，下一步拟与铁道部进行会商，研究进一步加强电气化铁路供用电安全管理工作的具体举措。

（四）开展电力安全生产标准化工作

按照《国务院安委会关于深入开展企业安全生产标准化建设的指导意见》要求，将开展电力安全标准化达标工作作为督促落实企业主体责任、强化安全生产基础的监管手段，与国家安全监管总局联合印发了《关于深入开展电力安全生产标准化工作的指导意见》和《发电企业安全生产标准化规范及达标评级标准》，印发了电力安全生产标准化达标评级管理办法和实施细则，督促企业从安全管理、设备设施、生产技术、作业现场等方面全面加强安全标准化工作。为检验达标评级标准的有效性和可操作性，对管理办法和实施细则多次征求意见和修改完善，选择了三家火电企业、三家水电企业和一家风电企业进行试评审工作，以保证评级过程的科学性、公正性和规范性。同时启动电网企业和工程项目安全标准化规范和达标评级标准编制工作，为全面开展标准化达标工作奠定基础。12月份，会同国家安全监管总局在山东联合召开全国电力安全生产标准化工作会议，正式启动和全面部署全国电力安全生产标准化达标评级工作，争取实现2013年底前规模以上电力企业标准化达标目标。

（五）做好重大活动保电工作

按照《重大活动电力安全保障工作规定》，认真开展第26届世界大学生运动会、西安世界园艺博览会以及首届中国－亚欧博览会等保电工作，成立保电工作组织机构，落实党中央、国务院指示部署，指导协调解决保电重大事项和重要问题；制定保电工作方案，组织开展保电专项督查，督促各项保电措施落实，经过与地方政府及电力企业的共同努力，圆满完成了各项保电任务，实现了重要活动电力保障工作万无一失的目标。

（六）强化电力应急管理

积极推进电力应急管理，加强电力应急预案、演练和相关研究工作，配合国家应急救援指挥中心启动了中央电力企业应急预案体系建设试点工作，指导企业规范预案管理，落实预案评审和备案制度，完成了全国主要电网和发电企业集团公司综合预案报备；在山西大唐阳城发电厂举办了电力行业应急演练观摩活动，促进安全生产和应急管理工作交流，取得良好效果；启动了《电力行业应急保障体系与电力应急能力评估体系深入研究》课题研究，为指导电力行业提高应急能力提供科学依据。

（七）开展电力安全生产科技成果申报评审工作

为发挥科学技术对电力安全生产的推动作用，积极开展电力行业安全生产科技成果申报评审表彰工作，经全国评比达标表彰工作协调小组批复同意，组织电力行业有关单位进行了电力安全生产科技成果申报推荐工作，并成立电力安全生产科技成果评审委员会，开展科技成果评审工作，对评选出的获奖成果，将于2012年会同国家安全监管总局共同进行表彰和推广，提升电力安全生产科技水平，为电力安全发展提供科技支撑。

# 国防科技工业安全生产工作

国家国防科技工业局安全生产与保密司

2011年，军工系统安全生产工作严格按照国务院安委会和国家安全监管总局的工作部署，在国防科工局党组的正确领导下，在各省级国防科技工业管理部门（以下称省工办）和各军工集团公司的大力协同下，紧紧围绕武器装备科研生产工作需要，狠抓“安全闭环管理、杜绝违章作业、开展班组达标、签订零死亡责任状”四项重点工作，狠抓安全生产监督管理和长效机制建设，保持了军工系统安全生产形势基本稳定，实现了“十二五”良好开局。全系统2011年共发生国防科研生产安全事故3起，同比减少6起，下降67%；事故死亡6人，同比减少4人，下降40%。

## 一、狠抓安全生产四项重点工作落实

3月11日，国防科工局组织召开安全生产专题会议，研究部署军工系统安全生产工作，针对2010年生产安全事故高发势头，提出以“安全闭环管理、杜绝违章作业、开展班组达标、签订零死亡责任状”为主要内容的四项重点工作。各军工集团公司高度重视，迅速响应，认真部署，从安全技术和安全管理两个方面入手，强化重大科研试验安全闭环管理；加大违章处罚力度，提出了“违章行为视同事故后果处罚”，强化安全生产责任制考核；夯实安全基础，扎实推进安全班组达标创建活动；全系统组织各层级签订零死亡责任状，共计54万余份，形成齐抓共管的良好局面。通过狠抓四项重点工作落实，全系统生产安全事故高发势头得到有效遏制。

**二、认真抓好安全生产“十二五”规划落实**

根据《国防科技工业发展“十二五”规划》总体安排，印发了《国防科技工业安全生产“十二五”工作规划》和《国防科技工业安全生产“十二五”工作规划落实方案》，明确了局机关有关部门、各省工办和各军工集团公司的分工，分解细化了工作任务；对安全生产规划进行了逐条解读，并编入国防科技工业发展“十二五”规划辅导读本，指导各部门、各单位研究制定“十二五”期间安全生产发展思路和工作目标。

**三、组织开展安全生产法规宣贯实施**

5月，国防科工局组织召开《国防科研生产安全事故报告和调查处理办法》（工业和信息化部第18号令）和《国防科技工业安全生产监督管理规定》的宣贯会，邀请国家安全监管总局、工业和信息化部相关司领导出席会议并讲话，请有关安全生产专家对法规进行了逐条解读。会后编辑印发了释义辅导读本，发行量达1万余册，便于各部门、各单位贯彻执行。

**四、会同国家安全监管总局进行联合督查**

5月，国防科工局会同国家安全监管总局组成联合检查组，赴陕西、四川两省，对中核集团公司、航天科技集团公司、中航工业集团公司、兵器工业集团公司、中船重工集团公司等8家重点军工单位进行了检查调研，督促军工单位贯彻落实《国务院关于进一步加强企业安全生产工作的通知》（国发〔2010〕23号）文件精神和国防科工局安全生产四项重点工作。

**五、组织军工系统开展安全生产交叉检查**

为贯彻落实《国务院办公厅关于继续深化“安全生产年”活动的通知》（国办发〔2011〕11号）精神，切实加强军工系统安全生产监督管理，防范重特大生产安全事故发生，4—5月，采取军工集团公司相互交叉检查的形式，由各军工集团公司分管安全生产工作的领导带队，有关省工办配合，组成11个检查组分别对广西、江西、安徽、山西、四川、陕西、内蒙古、河南、甘肃、湖北、重庆等11个省（区、市）的34家军工单位安全生产工作情况进行检查，达到了相互学习、相互促进、共同提高的目的。

**六、组织召开军工系统重点工作推进会**

7月14日，国防科工局组织召开军工系统重点工作推进会，贯彻落实国务院常务会议精神，认真分析军工系统安全生产形势，结合武器装备科研生产重点任务，研究提出了具体推进措施，进一步明确了地方国防科技工业管理部门的安全生产管理职责，要求在全系统组织开展新工艺新技术危险辨识与风险分析、各类危险化学品以及各种压力容器等工艺安全管控、特种设备设施安全管理、危险作业场所视频监控系统建设等四项督查活动，并印发了《国防科工局关于有效防范和坚决遏制重特大生产安全事故发生的紧急通知》（科工安密〔2011〕729号）。

**七、扎实开展“安全生产月”宣传教育活动**

按照国家安全监管总局等七部委的统一部署，国防科工局印发了《关于军工系统2011年“安全生产月”活动有关要求的通知》（科工安密〔2011〕375号），利用展板、横幅、报刊、杂志、电子屏、内网等形式广泛进行宣传教育，增强了广大干部职工安全生产责任意识。活动期间，全系统共组织开展应急救援演练1500次以上，参加演练的人数达73000余人；组织安全检查2000次以上，查出隐患9000余项，积极开展整改工作。国防科工局荣获2011年全国“安全生产月”活动先进组织单位。

# 第十部分

# 各省、自治区、直辖市及计划单列市安全生产工作

## 北京市安全生产工作综述

### 一、市委、市政府高度重视安全生产工作

2011年，北京市委、市政府采取一系列重大举措加强和改进安全生产工作。6月3日，中共北京市委十届九次全会通过的《中共北京市委关于加强和创新社会管理全面推进社会建设的意见》（京发〔2011〕13号），把安全生产工作作为重要内容，明确提出了健全以预防为主的安全生产长效机制的任务，坚持科学发展、安全发展。贯彻落实国务院165次常务会精神，8月18日，市委常委会研究通过的《中共北京市委北京市人民政府贯彻落实国务院关于安全生产工作部署进一步加强首都安全生产工作的实施意见》（京发〔2011〕20号），从牢固树立科学发展与安全发展的理念，进一步加强对安全生产工作的领导等10个方面作了详细规定，进一步明确了加强首都安全生产工作的一系列重大举措。2011年，市政府召开10余次常务会、专题会议研究部署安全生产工作，市安委会召开22次会议分析研判安全生产形势、研究解决安全生产重大疑难问题、协调部署落实各项工作任务和要求。每逢重大活动和重要节日，市委书记刘淇、市长郭金龙等市领导都率队检查指导安全生产各项措施落实情况。

### 二、坚持控制目标管理，事故起数和死亡人数“双下降”

按照国务院安委会《关于下达2011年全国安全生产控制指标的通知》要求，本市认真分解落实控制指标，定期通报安全生产控制考核指标进展情况，在市政府主要信息刊物上刊登指标数据及分析，进一步加强对安全生产控制考核指标的动态管理。各区县层层签订责任书，有力地保证了各项控制指标的落实。据统计，2011年，全市发生各类安全生产死亡事故977起，死亡1089人，同比2010年，事故起数减少85起，下降8.5%，死亡人数减少87人，下降7.4%，各类事故死亡总人数占全年控制指标的85.8%。发生生产安全事故88起，死亡101人，同比减少31起35人，下降26.1%和25.7%，特别是煤矿企业首次实现生产安全事故“零死亡”。

### 三、加强安全生产法制建设，符合首都特点的安全生产法制体制基本建立

配合市人大常委会有关部门，修订并颁布了《北京市安全生产条例》。新修订的《条例》突出了“以人为本”的立法精神，关注劳动者从业过程中的安全与健康，体现了首都城市运行的特点和要求，新条例自2011年9月1日起施行。制定《城轨电动列车司机安全操作规范》（DB 11/826—2011）、《烟花爆竹零售网点设置管理安全要求》（DB 11/834—2011）、《危险化学品地上储罐区安全要求》（DB 11/ 833—2011）3项地方标准。同时，完成了《危险化学品重大危险源网络化监管系统建设技术规范》、《城市基础设施地下有限空间气体检测、通风作业规程》、《液氨使用（储存）安全要求》等9项地方标准的立项申报工作。

由市安全监管局负责，各部门积极参与，完成

了《北京市“十二五”时期安全生产规划》编制和发布工作。《规划》提出，到“十二五”末，全市安全生产形势实现根本性好转的奋斗目标。《规划》明确了“十二五”期间全市安全生产的指导思想、奋斗目标、主要任务、保障措施和重大项目，是今后5年全市安全生产工作的行动纲领。

**四、深化重点行业（领域）安全专项整治，隐患排查治理成效明显**

（一）矿山安全监管监察迈上新台阶

向京煤集团派驻安全督查工作组，开展“京西煤矿安全生产保障行动”，各矿井5大系统建设基本完成，全年煤炭产量870万吨，未发生生产安全死亡事故，首次实现“零死亡”。印发《关于进一步深化金属非金属矿山专项整治工作的通知》，持续推进非煤矿山整合关闭，淘汰了一批安全生产条件差的非煤矿山企业，确定了非煤矿山“安全·和谐”示范矿山建设思路。

（二）危险化学品和烟花爆竹安全监管科学化、精细化水平得到新的提升

以提高准入门槛，突出动态管理，强化现场审核为重点，修订了《危险化学品生产经营许可证管理办法》，对1413家危险化学品生产经营单位集中开展专项整治和执法检查。在烟花爆竹安全管理中积极创新，零售网点实施视频监控、批发仓库运用物联网技术对产品进行流向监控，建立并推行烟花爆竹安责险制度，烟花爆竹安全监管水平不断提高。

（三）有限空间监管取得突破

发布《关于扩大有限空间作业现场监护人员特种作业范围的通告》，将特种作业管理范围扩大至全部城市运行地下有限空间；举办有限空间作业大比武活动，提升有限空间作业人员的安全意识和安全技能。2011年全市有限空间作业发生死亡事故3起，死亡8人，为历年来有限空间作业事故发生最少，死亡人数最少。

（四）职业卫生监管进一步深化

制发《职业健康管理员监督管理办法（试行)》，完善职业卫生管理员制度，全市所有存在职业危害因素的企业均配备了职业健康管理员。继续深化家具、印刷、金属非金属矿山3个重点行业职业卫生监督执法和行政处罚力度，督促企业完善职业危害防护设备和设施。

（五）隐患排查治理成效明显

2011年，本市在交通运输、工程建设、煤矿和非煤矿山、危险化学品、市政设施、人员密集场所和废品回收站点等生产经营单位，全面组织开展了安全隐患排查治理攻坚战。全年排查治理隐患企业19.2万家，排查出一般隐患20万项，整改19.6万项，整改率达98%。排查出重大隐患35项，整改销账31项，整改率达88.6%。

**五、加强安全生产监管队伍建设，监管监察能力不断增强**

以“争做安全发展忠诚卫士，创建为民务实清廉安监机构”为主题，组织开展了纪念中国共产党成立90周年系列活动，表彰了一批先进党组织和优秀共产党员；深化干部人事制度改革，对机关空缺职位实行了公开选拔、竞争上岗，开展了干部轮岗和交流；加强反腐倡廉惩防体系建设，组织开展了第二个反腐倡廉“警示教育周”活动，通过实施“以周保月、以月促年、逐年深化”的活动，建立了反腐倡廉教育长效机制；加强执法队伍正规化、规范化建设。成立了市局执法执监察总队。对市区县512名监管干部分3期进行军训，安全监管监察队伍的战斗力和凝聚力进一步增强。市局安排17名机关干部开展双向交流挂职锻炼。全系统共有829人参加了不同层面的培训。为市、区两级1100余名安监执法干部配发了执法服装，对树立安监队伍良好形象，提高执法严肃性，维护法律权威等具有重要的现实意义。

**六、强化安全生产监督执法，行政处罚和责任追究力度不断加大**

（一）以“10+1”执法计划为核心，积极推动全市执法工作开展

按照国家安全监管总局的统一部署，结合北京市实际，根据《中华人民共和国安全生产法》和《北京市安全生产条例》等法律法规，制定并组织实施了《2011年北京市安全生产重点执法检查计划》（以下简称《计划》)，以《计划》统筹引领安全生产执法工作的新格局。《计划》实行“10+1”模式，即开展10项执法行动和1项督查行动。一年来，市局和各区县按照各自的执法计划开展工作，参与执法的市属部门单位达30个，检查范围涉及危险化学品、建筑施工、人员密集场所等10多个行业领域。

（二）扎实严谨做好本市重大活动期间安全保障工作

按照市委市政府领导要求，以首都“四个服务”宗旨为理念，在全国“两会”、中央经济工作会议等37次重大会议和活动期间，以会场驻地为核心，呈放射状对周边200米范围内重点企业进行逐一排查，消除安全生产问题，做到在重要时期、敏感区域内生产安全“零事故”，安全隐患“零容忍”，圆满完成市委市政府交办的重大活动期间安全生产保障任务。

（三）密切关注群众诉求，严查举报投诉案件

按照“有举必查、有查必究、究其必严”的工作要求，共查处市领导批办件、12350转办件、信访及国家安全监管总局转办件共52件；同时，针对上半年连锁经营企业举报案件激增情况，部署市区两级执法人员对如家、美廉美、汉庭、华联、京客隆等连锁经营企业开展严厉集中执法，约谈部分连锁企业负责人，从行业管理角度、企业集团层面推动主体责任的落实，使群众举报事项“件件有查处，事事有回音”。

（四）加强执法工作前瞻性研究，推进执法检查工作科学化和规范化

坚持执法检查“月统计、季分析”制度，召开执法检查季度分析会，编印月度执法情况概览，强化执法分析研判。组织开展安全生产行政执法程序的制订工作，稳步推进执法检查信息系统试点应用工作，积极开展行业检查项的梳理和执法信息录入工作，为促进全市执法检查工作的信息化建设奠定基础。

据统计，2011年，全市安全监管监察系统检查各类生产经营单位68000个（不含煤矿），下达责令限期整改指令书36608份，强制措施决定书569份，立案处罚3346起，经济罚款2063.79万元。检查企业数同比增长49%，下达责令限期整改指令书同比增长40.6%，立案处罚数同比增长42.4%，处罚金额同比增长18%。

**七、扎实开展严厉打击非法违法生产经营建设行为专项行动**

贯彻落实国务院安委会和市政府的工作部署，4月中旬以来，本市先后在人员密集场所、交通运输、建筑施工、“三地”领域、废品回收站点、京沪高铁、京津城际铁路沿线等行业（领域）开展打击非法违法生产经营建设行为专项行动，坚决制止违法建设、坚决取缔非法违法生产经营活动，依法严惩非法违法行为，取得了显著成效。专项行动期间，各区县、各部门、各单位累计拆除违法建筑约465万平方米，依法关停非法违法生产经营单位3.71万家，其中依法关闭取缔非法违法单位2.69万家，停产停业整顿1.03万家，出动执法检查人员48.25万人（次），下达执法文书8.68万份，罚款4023余万元，处理人员17941名。

为深入推进“打非”工作，市委、市政府统一部署市区（县）所属单位清理整顿违规生产经营建设行为的工作。截至12月底，全市各级党政机关共排查发现权属土地5531万平方米（8.3万亩），其中清理整顿违规建设土地94.2万平方米（1412亩）；排查发现所属建筑房屋1845万平方米，其中清理整顿违法建设34万平方米；排查发现各类出租行为3970起，其中清理整顿各类违规出租、转租行为195起；排查发现各类违规生产经营建设行为1455起，其中已整改621起，整改率为42.7%。

**八、加强安全生产保障能力建设，安全生产基层基础工作进一步加强**

（一）安全生产信息化建设取得积极进展

通过近3年的努力，本市信息化“京安”工程取得了阶段性成果，安全生产信息化体系基本建成。依托全市电子政务专网等信息化基础设施，构建起了3级网络、4级平台，实现了与行业、属地、企业的互联互通。隐患自查自报、执法检查、投诉举报、综合指标、风险源管理5大核心业务系统基本建成，涵盖了43项重点业务工作，业务覆盖率达75%；安全生产信息资源库基本建成，储存各类业务数据621.32万条，动态掌握了17万家企业的基础台账；危险化学品和烟花爆竹行政许可信息系统已正式上线运行，实现了行政许可的网上申请和审批；结合监管实际，制定了一整套安全生产信息化建设和管理的标准、规范和制度，保证了信息化建设和应用的有序开展；物联网试点在烟花爆竹监管上取得重大突破，应急指挥中心已经成为全市安全生产工作指挥调度的枢纽和平台。

顺义区在信息化建设中大胆创新、率先突破，研制开发了隐患自查自报系统，该系统荣获2011年国家安全监管总局首届安全生产创新奖实践应用

类一等奖。国家安全监管总局在顺义召开全国现场会推广顺义经验。

（二）安全生产标准化达标创建活动稳步推进

研究制定了《"十二五"期间安全生产标准化工作规划》，建立了全市安全生产标准化考评体系，全市已有805家企业通过达标。危险化学品安全生产标准化工作已全面展开，今年将全部达到三级以上标准。

（三）安全生产应急救援管理工作逐步规范

制定了《生产经营单位生产安全事故应急预案管理实施办法》和《生产经营单位应对生产安全事故应急储备管理规定》，组织完成了矿山、危险化学品市级专项预案和烟花爆竹、尾矿库部门预案的编制修订。完成了本市危险化学品重大危险源备案，摸清了重大危险源底数，为下一步建立动态监控系统打下了基础。

（四）安全生产培训考核不断规范

根据特种作业考核管理的现状，认真调研，深入研究，进一步调整改进了本市特种作业培训考核管理工作机制。全面推行特种作业理论计算机考试，提高考试的科学性。制定京外特种作业操作证登记管理办法和特种作业人员违章行为登记管理办法，规范特种作业培训、考核和持证后监管。全年完成各级各类人员安全培训近27万人次，完成了8397名高危行业主要负责人和安全生产管理人员安全培训；组织特种作业人员安全技术考试22期，考试合格17.8万人。

（五）"12350"举报投诉举报作用发挥突出

"12350"举报投诉电话开通运行以来，受理3542件举报，转办安全监管系统1769件，办结率达到96%，消除各项安全隐患6742项。在"打非"专项行动中，"12350"举报投诉电话发挥了突出的作用，全年接到各类非法违法生产经营建设举报事项945件，通过严肃查处，拆除违法建筑近60万平方米，关闭取缔非法违法生产经营单位108家，依法停业整顿88家，罚款近200万元，行政追责人员297人，追究刑事责任11人。

**九、严厉查处安全生产事故，有效打击安全生产不法行为**

修订《北京市生产安全事故调查处理工作程序》，进一步规范本市生产安全事故调查处理工作，明确了各相关部门在事故调查处理过程中的职责和相关工作程序；制定《北京市生产安全事故调查现场勘验工作规则》，明确了事故现场勘验的步骤、方式方法、使用的文书等，规范本市安全生产监督管理部门调查的生产安全事故的现场勘验工作；会同市质量技术监督局研究制定《关于特种设备事故调查处理有关问题的意见》，明确了特种设备制造、安装、改造、维修和维护保养、使用、检验检测过程中发生的事故，以及各类建设工程领域施工工地（包括房屋建筑工地和市政工程工地）因使用起重机械和场（厂）内专用机动车辆引发事故的调查处理主体，为全市该类事故的调查处理工作提供了依据。2011年，市、区（县）共查处生产安全事故88件，结案76起，共计向司法机关移送追究刑事责任57人，给予党政纪处分66人，行政罚款1404万元。特别是市政府授权市局牵头调查处理了朝阳区"4·11"燃气爆燃和大兴区"4·25"重大火灾2起社会影响重大的非生产安全事故，及时向社会发布事故调查处理情况，得到了市委、市政府和国家安全监管总局以及社会公众的肯定。

**十、加大宣传教育培训力度，努力营造安全文化氛围**

（一）全力组织开展2011年安全生产月活动

先后举办了安全月开幕式、宣传咨询日、公开课、巡回演讲、安全歌曲"学、唱、传"、安全生产知识竞赛、安全主题征文、安全影视片展映等形式多样的宣传活动，在全市营造了浓厚的安全生产氛围。

（二）加强新闻宣传阵地建设

在《北京日报》、《北京晚报》、《中国安全生产报》、城市管理广播以及北京电视台开辟了5个安全生产专题栏目，组织新闻媒体参与执法检查118次，共计刊播新闻稿件1806篇，组织召开新闻发布会12次。

（三）扎实推进安全文化建设

制定了《关于开展安全文化建设示范企业创建活动的指导意见》和《北京市企业安全文化建设标准》。深入开展安全文化示范企业评选，全市12家企业被评为安全文化建设示范企业。举办了主题为"城市、运行、安全"的第五届安全生产文化论坛，会同上海、重庆、天津安监局长，共同交流研讨加强和改进城市运行安全生产的有关问题。

（四）深入开展安全社区建设

截至11月底，我市创建国家级安全社区29个，国际安全社区16个。

# 天津市安全生产工作综述

2011年，天津市认真贯彻落实党中央、国务院和市委、市政府关于加强安全生产工作的指示要求，深入贯彻落实科学发展观，坚持“安全第一、预防为主、综合治理”的方针，牢固树立以人为本、安全发展理念，以落实《国务院关于进一步加强企业安全生产工作的通知》精神为主线，严格落实安全生产责任制，按照全国安全生产电视电话会议、全国安全生产工作会议和国务院第165次、167次和173次会议部署，继续深化“安全生产年”各项活动，加强基础建设，强化依法监督，深化安全生产执法、治理、宣教“三项行动”和法制体制机制、保障能力、监管监察队伍“三项建设”，经过全市上下的共同努力，全市安全生产形势保持了基本稳定的态势。

**一、2011年安全生产重点工作完成情况**

天津市委、市政府始终高度重视安全生产工作，在统筹经济社会发展过程中，始终坚持安全发展，把安全生产摆上了突出位置。

一是认真贯彻落实党中央国务院关于安全生产的指示精神，切实加强安全生产工作领导。市委书记张高丽始终强调“安全、稳定、廉政”3件事要不离手，逢会必讲要抓好安全生产，要求各级领导始终高度重视安全生产，在落实上下工夫。国务院第165次常务会议文件和国务院安委会《关于认真贯彻落实国务院第165次常务会议精神　进一步加强安全生产工作的通知》下发后，市委书记张高丽专门作出批示，要求全市要认真传达贯彻国务院安委会《通知》要求，经常检查安全隐患漏洞，采取有效措施整改，坚决防止重大恶性事故的发生。市长黄兴国年初亲自出席全市安全生产工作会议，并每季度召开市政府常务会议专门听取并研究部署全市安全生产工作，特别是国务院第165次常务会议后，市长黄兴国在市政府常务会议上，对贯彻落实工作进行了部署。国务院安委会《关于深入开展安全大检查切实做好第四季度安全生产工作的通知》下发后，市长黄兴国又主持召开常务会议专门听取安全生产工作汇报，并专题研究全市贯彻落实《通知》精神的具体措施。分管安全生产工作的副市长王治平先后9次召开安委会（扩大）会议或专题工作会议，对每个重点时段和特殊时期的安全生产工作作出细致的安排部署，并经常深入各类企业和建筑施工工地，现场检查指导安全生产工作。副市长王治平还亲自组织市安委会起草了《关于认真贯彻落实国务院第165次常务会议精神进一步加强安全生产工作的实施意见》，从深入开展安全生产大检查、健全完善安全生产各项规章制度、严格落实两个主体责任、全面推进依法行政以及加大宣传教育工作力度等8个方面内容，明确了具体贯彻落实措施。全市各区县和各有关部门认真落实市领导指示要求，把认真学习会议精神作为当前和今后一个时期全市安全生产工作的主线，抓好贯彻落实。全市各集团总公司和大型国有企业也分别召开会议，使会议精神真正落实到企业和生产经营第一线。与此同时，还进一步督促企业制定完善本单位安全生产规章制度、操作规程和全员安全生产责任制，切实把企业安全责任层层落实到每个环节、每个岗位和每个职工。

二是严格落实安全生产规划。全市将安全生产纳入经济和社会发展总体规划，做到安全生产与经济社会发展同步规划、同步部署、同步推进。市政府在制定“十二五”规划中，将安全生产纳入专项规划。在招商引资、承接产业转移时，严把安全生产关，对污染严重、资源浪费、危害大、没有安全保障的，坚决不予引进；不符合安全发展要求的，坚决不允许上马，在对现存的高危企业实施严格监管的同时，逐年予以压减，并积极推进高危企业园区化管理。

三是进一步落实安全生产责任制。市委、市政府不断强力推进安全生产责任制的落实，市政府出台了《天津市安全生产责任制规定》和《关于进一步明确和规范安全生产工作职责的意见》，建立了确保安全生产责任制落实的7项制度，明确了市、区县、街镇和政府有关部门及企业安全生产的责任，以及监督管理和行业管理的边界。2011年以来，全市各级各部门认真贯彻落实《天津市安全生产责任制规定》，16个区县政府和17个市政府有关部门的主要负责同志向市政府递交了安全生产责任书，各区县与所属部门及街镇层层开展了安全生产签约活动。同时，各区县、各有关部门进一步明确和细化了所属部门和单位的安全生产职责，严格实施安全生产"一岗双责"、安全生产定期例会、逐级督促检查、定期考核等制度，全市上下分兵把口、各负其责的安全生产工作格局进一步完善。

四是完善安全生产法制基础。陆续出台了《天津市建筑市场管理条例》、《天津市安全生产责任保险实施办法》、《天津市企业安全生产风险抵押金管理办法》、《天津市重大安全隐患挂牌督办暂行规定》等法规和规范性文件，此外，还制定了《天津市安全生产约谈制度》、《危险化学品企业安全检查标准》、《天津市安全生产监督检查规范》、《天津市建设工程施工现场安全管理规程》等一系列标准规范，全市安全生产法制和基础制度建设得到进一步完善。

五是加强安全生产基层工作。始终把安全班组、安全社区、安全文化企业创建等工作作为加强基层基础工作的重点，市安全监管局、市总工会、市经信委、市国资委4部门联合下发了《关于进一步加强工矿商贸系统班组安全生产建设的指导意见》，对安全班组创建提出了任务和要求，12月31日前安全班组申报完成后，全市将评选出1000个安全班组。同时，继续推动安全社区和安全文化企业创建工作，目前已评选出市级安全社区26个，目前申报国家级安全社区9个，并已完成4家国家级安全文化企业申报工作。

六是强化安全生产应急管理。始终高度重视应急管理工作，2010年依托市公安消防总队成立了市应急救援总队，下设安全监管组、工程抢修组、医疗救护组、治安交通组、电力保障组、通信保障组、气象保障组、专家组等8个组。2011年对"一队八组"的职责任务、力量编成、管理使用、训练演练、保障措施等工作进行了进一步细化和明确，应急管理的"一队八组"运行机制得到逐步完善。

七是大力推进危化品道路运输安全联控机制建设。天津市高度重视危化品道路运输安全监管联控机制建设工作，副市长王治平多次作出批示，要求各有关部门各负其责，形成合力，确保不发生严重伤亡或污染事故。成立了由市安监、公安、交通港口等部门组成的天津市危化品道路运输安全监管领导小组，积极开展全市危化品道路运输摸底调查，同时与兄弟省市定期互通危险品车辆基本信息和危险化学品道路运输通行证的发放情况，加大查处力度，对异地运营的车辆和企业进行规范管理。同时，将危化品车辆基础信息、源头危化品生产储存企业信息和GPS监控平台进一步整合，将本地区危险化学品道路运输车辆全部纳入集中联网监控服务系统，逐步形成监管部门、从业单位、运营车辆三位一体的终端监控系统和信息共享系统。

**二、深入开展隐患排查治理，进一步消除各类安全隐患**

认真贯彻国务院安委会关于开展安全生产大检查的指示要求，着力推动安全生产大检查的深化和落实。全市上下以重大安全生产隐患治理工作为重点，紧紧围绕危险化学品、烟花爆竹、建筑施工、消防、冶金等重点行业领域分别开展了春季、暑期和百日安全生产大检查，认真排查和治理各类安全隐患，全市共检查企业78922家，排查一般事故隐患237126项，已整改225583项，整改率95.1%，累计落实治理资金3.8亿元。

危险化学品方面，天津市共有危化企业5000多家，危化企业的安全监管工作历来是全市安全监管工作的重中之重。2011年以来，市安全监管局对具有危险工艺的138家A类危险化学品企业进行了全面检查，共督促企业整改工艺、设备设施、电气、安全管理等安全隐患5986个，同时，对各区县B类危险化学品企业安全生产大检查工作进行了推动和督促检查。

建筑施工方面，当前天津进入大发展时期，滨海新区开发开放进程进一步加快，全市在建项目超过5000项，建筑面积达到1.2亿平方米，高、大、难、深项目增多，外来务工人员近120万人，致使安全生产任务更加繁重。市建交委以文明工地建设为抓手，规范建筑工地安全管理。严格建筑施工市场准入制度，把施工企业安全资格与招标投标挂钩，完善工程建设领域信誉评价和合同履约等市场信用记录，开展质量安全综合评价排名，建立违反质量、安全、文明施工等规定的黑名单制度，严格规范建筑领域生产安全，并对重点建设项目和重点区域进行检查，共检查工程473项，提出整改意见1232条，封存隐患设备48台，对58个项目给予责令暂时停工的处理，对7家违法违规企业分别给予了罚款、停止投标资格、停止在津承揽工程的处罚。

交通运输方面，积极采取措施，强化交通安全路面管理和源头管理，不断规范道路交通秩序。公安交管局联合安全监管、交通等部门组建了80个联合检查组，全年共检查单位3.2万个次，教育驾驶员45.5万人次，临检机动车辆24.4万辆次，排查道路安全隐患点段89处，并将排查出的区县难以治理的16处隐患点段纳入了“公路安全保障工程”建设项目。市交通港口局以道路客运、公交、出租汽车、地铁行业为重点，组织开展道路运输和公交运营安全专项整治，严查“三超一疲劳”（超速、超员、超载、疲劳驾驶）等严重违法行为，共查出各类安全隐患685项，已整改680项，整改率99.3%。

人员密集场所方面，以安全生产大检查、大整顿为抓手，全面排查火灾事故隐患，整改人员密集场所、高层建筑、地下建筑、在建工程施工工地和“三合一”、“多合一”生产经营单位等重点场所的火灾隐患。市公安消防局以建设施工工地、高层地下建筑、人员密集场所、建筑消防设施、消防产品质量、建设工程外保温材料、易燃易爆场所、儿童活动场所、六小单位、三合一场所、城乡结合部等10个方面为大检查重点，共检查单位37574家，发现隐患21115件，督改17572件，实施处罚1284起，“三停”单位326家，拘留17人，强制执行2起，临时查封391家。

此外，我市大力抓好重大隐患的治理工作，制定下发了《天津市关于开展重大安全生产隐患排查治理专项行动的通知》，要求各区县、各相关委局以危险化学品、烟花爆竹、非煤矿山、建筑施工、交通运输、特种设备、人员密集场所、冶金等行业领域为重点，全面排查各类重大安全生产隐患，摸清隐患底数，健全完善隐患台账，对重大安全隐患问题进行分级挂牌督办。2011年共对涉及危险化学品企业、物流企业、商场、市场、老旧楼房、无人值守高层电梯、占压地下长输管线等18项政府挂牌督办的重大安全隐患，明确责任单位、主管部门、监督部门和整改时限，并进行积极推动，取得了初步成效。例如，渤天化重大安全隐患问题，市经信委给予700万元整改资金支持，渤化集团和企业自筹666.7万元，总投资1366.7万元，解决了液氯储罐及氯气管路重大安全隐患问题。

**三、严厉打击非法违法行为，进一步优化安全生产法治环境**

市委、市政府高度重视安全生产“打非”工作，我市成立了以副市长王治平为组长的市“打非”工作领导小组，并及时召开专题会议进行全面部署，市安委会办公室制定了《天津市开展打击安全生产非法违法行为专项行动方案》，明确“打非”重点部门的职责分工和工作要求，要求全市始终保持“打非”高压态势，将“打非”工作常态化。全市各区县、各部门、各单位，按照市安委会专项行动方案的要求，均成立了相应的领导机构，及时召开会议传达有关文件精神，并结合本区县、本部门实际，下发文件，指导工作，扎实推进打击安全生产非法违法行为专项行动各项工作的开展。并从第四季度开始，对前三季度以来的“打非”专项行动开展“回头看”，针对习惯性、顽固性和屡整屡犯、反复发生的非法违法行为，加强联合执法，加大处罚力度。全市各级负有安全监管职责的部门共出动执法人员8490余人次，打击各类非法违法建设、生产、经营行为7074起，取缔关停企业72家，下达整改指令书1131份。同时，开展了严厉打击京沪高铁沿线危害铁路运输安全非法违法专项行动。全市境内的47处隐患已整改和采取相应措施的共有34处，占隐患总数的72.3%，其余13处正在等待相关政策，积极协调整改和推动治理。

**四、大力开展安全生产标准化，不断推动企业提高安全保障能力**

我市把大力推进重点行业企业安全生产标准化达标工作作为2011年工作的重点，制定了《天津市深入开展安全生产标准化建设活动的指导意见》，组织召开了全市工矿商贸系统安全生产标准化建设工作会议，对开展安全生产标准化工作作出了安排和部署。全市上下按照《指导意见》要求，深入开展以岗位达标、专业达标和企业达标为内容的安全生产标准化建设。

在危险化学品企业达标方面，年底前全市138家A类危险化学品企业都要达到安全生产标准化三级标准，达不到标准要求的坚决实施转产或关闭。目前138家A类危化企业中已完成申报132家，已有126家企业通过了三级考评，其余企业正在积极申报考核中。同时，我市启动了B类危险化学品企业安全标准化工作，制定下发了加油（气）站、制药、无机化工、基本有机化工、小型石油化工、危险化学品储存等13大类行业考评标准，举办三级安全生产标准化内审员培训班23期，培训企业1500余家，达4000余人。

在冶金、机械、非煤矿山企业达标方面，下发了《天津市冶金等工贸企业安全生产标准化建设实施方案》、《天津市冶金等工贸企业安全生产标准化考评办法》和《天津市冶金等工贸企业安全生产标准化建设评审工作管理办法》等文件，同时组织开展了"天津市工矿商贸系统安全生产标准化建设工作宣贯培训会"，16个区县安全监管局、41家国有集团公司及220家企业负责同志近300人参加培训。全市冶金、机械、非煤矿山等行业已完成安全生产标准化达标企业共18家，其中安全生产标准化一级企业8家、二级企业9家、三级企业1家。

**五、严格执法监察，不断加大事故调查处罚力度**

我市坚持将安全生产事故情况按月通报到区县党政"一把手"和主管领导，并通报到相关行业领域主管部门的主要领导和主管领导。此外，我市对2011年以来已发生的生产安全事故进行调查处理，2011年1—11月，我市共发生生产安全死亡事故67起、死亡73人，到期应结案的58起，实际已结案52起，结案率89.7%。市、区两级安全监管部门对发生事故单位和相关事故责任人给予经济处罚共计718.2368万元。其中，对发生事故企业给予经济处罚共计673.88万元，对事故责任人给予经济处罚共计44.3568万元；事故责任者中受到行政处分的有30人，分别为：行政警告6人，行政记过11人，行政记大过7人，降级1人，撤职1人，留用察看1人，开除3人；市公安局、公安红桥分局分别对4起事故中5名涉嫌重大责任事故犯罪人员已立案侦查。

# 河北省安全生产工作综述

**一、2011年全省安全生产形势**

2011年，全省安全生产继续保持了持续稳定好转的发展态势，实现了"十二五"时期安全生产工作的良好开局。主要有以下几个特点：

——事故总量和死亡人数进一步下降。全省共发生各类生产安全事故10135起，同比下降8.1%；死亡2982人，同比下降3.2%。

——较大及以上事故明显减少。全省共发生一次死亡3～9人的较大事故28起，同比下降33.3%；死亡121人，同比下降25.3%。发生一次死亡10～29人的重大事故1起，同比下降66.7%；死亡18人，同比下降65.4%。未发生特别重大事故。

——重点行业领域安全生产状况进一步改善。煤矿、非煤矿山、道路交通、消防等行业和领域事故死亡人数均不同程度下降，但建筑施工、危险化学品等行业同比上升。

——大多数地方安全生产状况好于2010年。全省11个设区市中，9个市事故死亡人数下降，8个市事故起数下降，石家庄、唐山、秦皇岛、邯郸、保定、沧州和廊坊等7个市实现事故起数和死亡人数双下降。

——安全生产控制指标执行情况较好。全省事故死亡人数、较大事故起数、重大事故起数、特别重大事故起数及工矿商贸、煤矿、非煤矿山、烟花爆竹、冶金机械、道路交通、火灾、铁路交通、农业机械死亡人数均在控制目标之内。

## 二、2011年全省安全生产重点工作情况

### （一）全面落实安全生产责任

在落实企业主体责任方面，深入开展了“安全生产承诺制深化年”活动，全省近8万家企事业单位与当地政府签订了为期3年的第二轮安全生产承诺书。4月下旬，省安委办从各市抽调人员组成10个组，在全省开展了深化承诺制建设联查调研活动。6月下旬，组织召开了全省安全生产承诺制建设工作会议，通报交流了承诺制建设情况，对下一步工作进行了再动员、再部署。组织了“回头看”、建立和培育示范点等活动。各级各部门严格按照承诺书签订工作要求和规定动作，进一步扩展了承诺书签订范围，充实了安全生产承诺内容，全省安全生产承诺制建设进一步向广度和深度发展。在落实政府监管责任方面，严格目标考核，在全省市县两级全面实行了安全生产“一岗双责”，部分市、县实行了安全生产“党政同责”、“一票否决”等制度，政府主要负责同志担任安委会主任。

### （二）进一步加大执法工作力度

始终把执法作为安监工作的灵魂和有力抓手，坚持动真的、碰硬的、来实的，严厉打击各种违法违规行为。2011年，分别在“两节”、全国“两会”、安全生产月、暑期和国庆等重要时段组织开展了全省性的集中执法行动，各级安监和负有安全监管职责的部门共出动执法人员5.4万人次，检查企业9.1万家，查处隐患和问题24.2万条，停产停业1024家非法生产企业。特别是6—7月开展的打击非法和违法生产经营建设行为执法“利剑行动”声势大、效果好，全省共组织3741个执法队，出动执法人员2.5万多人次，检查企业7.2万多家，查处隐患与问题13.4万条。第四季度又组织开展了“决战四季度，安全隐患销号”行动和“奋战一百天，安全保两会”专项执法行动。到年底，全省共出动执法人员2.1万人次，对检查发现的24.2万条隐患和问题逐项进行整改销号。强有力的执法行动在全社会产生了极大反响，不仅被检查企业受到了很大震动积极整改，许多没有被检查的企业也深受教育，主动了解执法的内容和程序，提前进行整改。

### （三）加快煤矿整合重组进程

经过几年的努力，全省煤矿数量由2005年的1147处减少到2010年的441处。2011年，进一步加大了小煤矿关闭力度，省政府出台45号文件。7月19日，公告了首批130处关闭矿井名单，在唐山等5个设区市开展了集中关闭行动，到年底已全部关闭到位外，还将再确定一批40处左右关闭矿井名单。小煤矿重组步伐进一步加快，开滦集团和冀中能源集团已提出整合重组意向矿井102处。为保障煤矿整合重组顺利进行，从省长预备金中挤出1亿元，向国家争取奖励补偿资金7683万元，同时，市、县财政和开滦集团、冀中能源集团筹集一部分，共计4亿多元，按年生产能力每万吨30万元的标准对关闭小煤矿的进行奖励和补偿。制定出台了关闭煤矿的采矿权价款返还政策。整合关闭小煤矿经验得到了国务院安委办的充分肯定，国务院安委办将河北省45号文件进行了全文转发，在全国推广。

### （四）深化重点行业安全整治

加大了非煤矿山治理力度，2011年共查处非法矿山和尾矿库275处，全部提请当地政府实施关闭。开展了尾矿库专项检查，对发现的问题逐项挂牌督办。积极采用新技术，1435座小型露天采石场实行中深孔爆破技术，1397座使用机械铲装，1206座使用液压锤二次破碎，已取证地下矿山全部实现机械通风。加快了危险化学品企业搬迁进度，17家列入搬迁计划的危化企业，8家已搬迁或停产，9家制定了搬迁方案并在搬迁中。大力推动危险化工工艺自动化控制改造，全省采用危险化工工艺的261家危险化学品生产、使用企业，已有106家完成了自动化控制改造，83家已完成了改造设计，72家已与相关设计单位签订了改造合同。组织开展了冶金行业深化整治工作和建材行业“安全生产规范年”活动，冶金、建材企业安全生产基础有了较大的提高。在其他行业领域，交通运输部门开展了道路客运和公路安全隐患大排查、大整治、大督导行动，公安交管部门在全省高速公路、国省道设置了335个交通安全服务站，开展了整治酒后驾驶、超员超速超载疲劳驾驶、市区大型货车交通违法等专项行动。建设部门加大了对大型建筑设备和重点建设工程的安全检查力度。公安消防部门开展了“清剿火患”战役，组织人员深入农村、社区排查隐患、开展宣传。

（五）全面开展作业场所职业危害监管

2011年2月，省编办正式发文，将职业健康监管职能由卫生划转到安监部门。

一是建章立制，先后出台了《河北省作业场所职业危害检测规范》等6个地方标准和《河北省制革行业作业场所职业危害防治规范》等规范性文件。

二是完善机构，省安监局成立了独立的职业健康监察处，全省11个设区市中有8个，192个县（市、区）中有58个成立了独立的职业健康监管机构，其余各市及大部分县也都有分管机构和专管人员。

三是开展了行政许可试点。在制鞋箱包行业实施了职业健康许可证制度，年初，河北省颁发第一批职业健康许可证，也是全国首批。目前第二批数百家企业正在履行发证程序。

四是开展了专项整治。对冶金、电力、制鞋、箱包、制革、电子和粉尘危害严重的23个行业进行了重点整治，每一个行业都制定了标准和时限，在检测、评价、申报、执法方面都有跟进措施。现正在整治的是制革业，已经出台了制革业产能标准和职业健康规范，选定无极为试点，并逐步在全省推开。

（六）加强应急救援能力建设

省安全生产应急救援指挥中心（训练基地）项目省发改委已批复了项目可研报告，省国土厅批复了土地组卷，省财政厅列支了4000万元建设资金，省环保厅出具了环评审批意见，石家庄市完成了300亩（200000平方米）用地的土地征用手续，开滦集团设计院初步完成了平面布置图设计方案，项目进入初步设计阶段。在应急预案评定备案工作中，370家省属及以上企业在省局进行了备案，备案率达到95%，3万余家企业在市、县安监部门进行了备案；组织了安全生产月应急演练周活动，全省开展应急演练1万余次；对7个非煤矿山救护队进行了质量标准化达标专项考核验收。推动安全生产监管系统和应急救援平台建设，目前系统硬件已基本部署到位，系统软件完成了初步设计、需求分析和部署，基础数据录入工作也已同步展开，即将进入项目验收阶段。

（七）积极推进安全生产标准化建设

坚持把推进安全生产标准化建设作为抓基层、打基础的重点来抓。在制定完善安全生产标准规范方面，按照关于制定安全生产标准坚持“条件具备、先急后缓、简明管用”的要求，加快了标准制定步伐，2011年，省安监局有17个项目列入了省政府地方标准制订计划。目前，已有《旅游景区（点）安全质量规范》、《冶金企业职业危害检测规范》等9项地方标准项目通过专家论证，成为安全生产地方标准；8项起草完毕，正论证当中；其他项目正在积极起草，已接近完成。这些标准涉及非煤矿山、冶金以及职业危害检测等行业和领域，都是企业所急需的。按照国家行业安全生产标准化达标规定，在相关行业企业的各环节、各岗位大力开展了安全生产标准化建设工作。目前，全省66处生产煤矿全部达到省级安全标准；1301家非煤矿山达到1～5级安全标准，308家危险化学品和烟花爆竹生产经营企业达到安全标准化1～3级标准，全省冶金企业中，有64家企业、128个炼铁炼钢单位达到1～3级安全标准，362家机械行业企业达到1～3级安全标准。

（八）强化安全生产宣传教育

在安全生产月期间，各级围绕“安全责任、重在落实”的主题，开展了“安全生产燕赵行”、专项整治、集中执法、应急演练等活动，全省共举办宣讲报告会700余场，深入厂矿企业、学校，发放各种宣传资料5000多万份，有关企事业单位举行各种安全应急演练3000余场，在全社会引起强烈反响。坚持把《河北安全生产》杂志作为宣传教育平台，2011年4月份杂志创刊发行以来，坚持社会效益第一的原则，面向基层、面向企业、面向社会，服务安全生产工作大局，传递安全生产方针政策、法律法规和基本常识，对全省安全生产工作起到了积极的推动作用。目前总体运行良好，发行总量近20万份，得到了企业广大干部职工的广泛认可。11月初，在石家庄举办了“2011第二届河北安全生产技术设备博览会”，冀中能源、河北钢铁、开滦集团等50多家省内外知名企业参展，参展面积达6000余平方米，参观人数达到15000余人次，现场成交额达到了3000多万元，意向成交额1.8亿元，在社会上产生了很好的影响。加大了安全培训工作力度，建成全省培训考核管理系统，实现了从学员报名培训到考试制证全过程的网络自动化处理。积极推进培训教师上岗资格制度，推进师资库建设和资源共享。近一年来全省培训高危企业主要负责人、管理人员6.2万人次，培训特种作业人员15.3万人次，培训其他从业人员155万人次。

（九）严肃事故查处和责任追究

在事故调查处理工作中，始终坚持“四不放过”和“依法依规、实事求是、注重实效”的原则，严格执行事故查处挂牌督办制度和事故调查处理意见备案审核制度，进一步严肃生产安全事故的查处和责任追究。2011年，牵头组织了尚义县“8·28”重大道路交通事故的调查处理工作；对6起工矿商贸企业的事故查处实行了挂牌督办。挂牌督办的6起工矿商贸企业事故中，3起已完成调查工作并向社会公告，对1人移送司法机关处理，1人给予党纪处分，3人给予政纪处分，1人给予组织处理。为汲取尚义县“8·28”重大道路交通事故教训，防范类似事故再次发生，省公安厅联合省安全监管局、省交通运输厅开展专项督导检查，切实摸清辖区内群众正在使用的无牌无证、假牌假证和报废车辆情况，省公安厅督导张家口市公安局深入开展预防道路交通事故、集中整治交通安全隐患专项行动。在全省范围内部署开展了以查处无牌无证、假牌假证、报废客车违法上路行驶等为重点的“清车行动”、客运车辆安全隐患集中整治行动和道路安全隐患排查治理，加强交通安全隐患排查治理、强化交通管控措施、大力开展交通安全宣传，提升交通安全管理工作的能力和水平。

# 山西省安全生产工作综述

2011年，全省上下认真贯彻落实党中央、国务院和省委、省政府关于加强安全生产工作的一系列决策部署，坚持行之有效的经验和做法，不断深化“安全生产年”活动，认真落实“三深化”和“三推进”工作措施，安全生产形势呈现出“八个双下降、一个零发生”的良好局面，全省安全生产形势连续3年持续明显好转。

**一、全年安全生产工作成效**

一是各类事故总起数和死亡总人数“双下降”。在全省地区生产总值增长13%和固定资产投资增长28%的情况下，各类安全生产事故总死亡人数在连续两年共减少1523人的基础上，2011年全省共发生各类安全生产事故11044起，死亡2516人，同比事故起数减少542起，下降4.68%；死亡人数减少281人，下降10.05%。

二是较大以上事故起数和死亡人数“双下降”。全省共发生一次死亡3人以上事故52起，死亡220人，同比事故起数减少22起，下降29.73%；死亡人数减少103人，下降31.89%。

三是煤矿事故起数和死亡人数“双下降”。全省各类煤矿发生伤亡事故54起，死亡74人，同比事故起数减少10起，下降15.63%；死亡人数减少70人，下降48.67%。特别是煤矿百万吨死亡率下降到0.085，仅占全国平均水平的1/6，居于国内领先水平。

四是道路交通事故起数和死亡人数“双下降”。全省发生道路交通事故6240起，死亡2308人，同比事故起数减少718起，下降10.32%；死亡人数减少141人，下降5.76%。

五是非煤矿山事故起数和死亡人数“双下降”。全省非煤矿山发生事故2起，死亡2人，同比事故起数减少9起，下降81.82%；死亡人数减少10人，下降83.33%。

六是危险化学品和烟花爆竹事故起数和死亡人数“双下降”。全省未发生危险化学品和烟花爆竹事故，事故起数和死亡人数同比减少2起、2人。

七是建筑施工事故起数和死亡人数“双下降”。全省发生建筑施工事故15起，死亡30人，同比事故起数减少10起，下降40%；死亡人数减少11人，下降26.83%。

八是冶金机械等8个行业事故起数和死亡人数“双下降”。冶金机械等8个行业全年发生事故9起，死亡17人，同比事故起数减少11起，下降55%；死亡人数减少14人，下降45.2%。

全年未发生一次死亡30人以上特别重大事故，实现了历史性的突破，树立了我省安全生产史上新的里程碑。

安全生产指标控制情况良好，反映我省安全发展状况的主要相对指标明显下降，全省亿元GDP生产安全事故死亡率、工矿商贸十万就业人员生产安全事故死亡率、煤矿百万吨死亡率、道路交通万车死亡率分别下降56.8%、80.4%、79.9%、39.4%。各类事故死亡总人数占国家下达控制指标的89.95%，比控制目标少281人。

**二、重点工作开展情况**

一是安全发展理念已成为全省上下的共识。省委、省政府高度重视安全生产工作，各级领导干部和广大人民群众深刻认识到，安全生产是一个重大的政治问题，一个现实的经济问题，一个基本的民生问题，一个重要的社会问题，必须把安全生产工作作为重大政治任务，摆上重要位置，切实抓紧抓好。

二是进一步强化了对安全生产工作领导。2011年省政府召开的第一个会议是安全生产会议，一号文件对全年安全生产工作进行了安排部署；省委、省政府把安全指标作为最硬的指标，在全省的综合目标大考核中，安全生产单独考核、分值最高；省长王君亲自担任省安委会主任，调整和充实了省安委会组成人员，各市县也照此模式调整了同级安委会。

三是进一步健全完善并严格执行安全生产制度。在认真执行安全生产10项制度和加强12个行业领域安全生产工作的118条规定的同时，制定出台了《山西省建筑工程质量和建筑安全生产管理条例》，《山西省水路交通管理条例》，煤矿、金属与非金属地下矿山企业领导带班下井实施细则等地方法规和制度办法，安全生产法规规章制度体系进一步健全完善。

四是不断强化两个主体责任。在严格落实煤矿企业"六大员"、非煤矿山"五大员"、法定代表人安全承诺制、安全生产包保责任制等责任落实措施的基础上，在煤矿、尾矿库和危险化学品行业推行了挂牌责任制，对全省2482家企业进行了挂牌，并将企业、政府和部门挂牌责任人在《山西日报》进行了公告（其中煤矿1053个，尾矿库472座，危险化学品企业957家），接受全社会监督。

五是进一步深化了安全生产专项整治。在前两年专项整治关闭取缔34836家无证无照一类企业的基础上，2011年又关闭取缔3335家一类企业，停产整顿6917家存在重大隐患的二类企业。7月底以来，在全省组织开展了安全生产百日大检查，排查企业16万家，排查一般隐患23万多项，累计落实隐患治理资金6.1亿元，查处非法违法行为44万多条，停产整顿生产经营单位1231家，关闭取缔945家，罚款3115万元。

六是不断加大安全生产投入。大部分市级政府建立了安全生产专项资金制度，按照财政收入的比例列入财政预算，各企业严格执行新的安全费用提取使用规定，全年仅在隐患治理上就投入资金24多亿元，促进了安全保障能力的不断提高。

七是推进安全科技进步。煤矿、非煤矿山井下安全避险"六大系统"建设取得积极进展，煤矿已购置救生舱95台，开工建设永久性或临时避难硐室49个，33座100万立方米以上的尾矿库安装使用了在线监测系统，74户涉及危险工艺的化工企业全部完成了自动化改造，全省12300余辆"两客一危"车辆全部安装了GPS卫星定位装置。

八是加强应急救援管理。大同、汾西等区域性应急救援基地项目建设基地取得积极进展，对《山西省危险化学品事故灾难应急预案》等3个预案进行了修订完善，并由部门预案提升为政府专项预案，组织各类应急演练1150多次。

九是进一步加强基层基础工作。推进安全标准化建设，全省煤矿达标290家，非煤矿山771家，危险化学品企业1580家，烟花爆竹企业102家，冶金等工贸企业140家。开展安全乡村创建活动，全省81%的乡村达到安全乡村监管体系建设基本标准。强化安全培训教育，培训企业负责人、安全管理人员、特种作业人员等3类人员19万人次，农民工等各类从业人员38万人次。组织了全省安全生产领导干部培训班，省长王君、常务副省长李小鹏出席并做了重要讲话。

十是进一步加强安全生产宣传教育。组织了丰富多彩的第十个安全生产月活动，面向全国征集安全书画作品并举办了安全文化书画展；拍摄了煤矿、非煤矿山和尾矿库等5部安全生产事故案例警示教育片；定期发布安全生产信息；长治市"创建本质安全型城市"获得国家安全监管总局"安全生产工作创新一等奖"；太钢集团线材厂等8家企业被国家安全监管总局授予首批全国安全文化建设示范企业，安全文化建设取得新的进展。

十一是严肃事故查处，严格责任追究。2011年，全省各级安全生产监管监察部门共查处各类事故139起，依法批复结案134起，给予行政处分464人，追究刑事责任85人。

# 内蒙古自治区安全生产工作综述

2011年，按照国家的决策部署，在自治区党委政府的正确领导下，经过各地区、各部门和各单位的共同努力，内蒙古全区安全生产继续保持了总体稳定、持续向好的态势，实现了“十二五”时期安全生产工作的良好开局。

——死亡人数持续下降。2011年，全区各类生产安全事故死亡1676人，比2010年减少165人，下降8.96%。

——亿元GDP生产安全事故死亡率步入全国先进行列。2011年全区的亿元GDP生产安全事故死亡率为0.119，比全国的平均数0.173低31%。

——煤炭百万吨死亡率达到国内先进水平。2011年，全区共生产原煤9.8亿吨，死亡50人，百万吨死亡率为0.051，达到国际上百万吨死亡率0.05左右的先进水平，比0.564的全国平均水平低近91%。

——10人以上事故得到有效遏制。全年没有发生一次死亡10人以上的重大事故。

——重点行业领域安全生产状况普遍好转。工矿商贸领域死亡303人，同比减少43人，下降12.43%；消防火灾死亡50人，同比减少1人，下降1.96%；道路交通死亡1270人，同比减少105人，下降7.64%；铁路运输死亡47人，同比减少2人，下降4.17%；农牧业机械死亡6人，同比减少4人，下降40.00%；水上交通、民航飞行、渔业船舶等行业（领域）未发生事故。

——大部分地区安全生产形势比较稳定。在列入统计的15个地区和单位中，13个单位与2010年同期相比死亡人数呈下降趋势，其中呼和浩特、乌海、乌兰察布和阿拉善盟下降幅度都在15%以上；全区11个盟市事故死亡人数都在控制考核指标范围之内。

一年来，各盟市、各部门和各生产经营单位认真贯彻落实国务院《关于进一步加强企业安全生产工作的通知》（国发〔2010〕23号）和自治区党委、政府《关于切实加强安全生产工作健全和完善“一岗双责”制度的通知》（内党发〔2010〕8号）精神，深入贯彻科学发展观，牢牢把握科学发展主题和安全发展理念，把强化、落实企业主体责任和政府监管责任作为安全生产工作的主线，各项工作均取得积极进展。主要抓了以下几项工作。

## 一、认真开展春季安全生产大检查和“打非”专项行动

按照自治区党委、政府的统一部署，从2月中旬开始，全区各地、各有关行业陆续展开春季安全生产大检查活动。根据各地春季安全生产大检查和自治区各职能部门督查情况反映，自治区部署的工作和重点措施都得到了较好的落实。检查活动中，各地都成立了领导小组，煤炭、安监、交通、消防、商务、教育、文化等多个部门联合行动。有的地区结合“打非治违”、复产复工、道路交通专项整治等工作一并部署，一并检查，确定重点旗县、重点企业进行重点督查；有的地区将重点在建项目、大型国有和地方重点企业列为检查的重点，对所有隐患进行全面排查，确保不留死角。形式多样的检查措施，确保了检查活动的效果。同时，按照《国务院安委会关于开展严厉打击非法违法生产经营建设行为专项行动的通知》精神，各地、各有关部门依照自治区制定的“打非”工作方案，在巩固2010年“打非”成果的基础上，从4月下旬开始深入开展了为期3个月的“打非”专项集中行动。作为上半年的一项重要工作，各盟市、旗县投入了大量的人力、物力，做了大量工作。综合各地的做法，主要体现在：

一是政府牵头，明确工作重点。各地都成立了分管盟市长任组长的“打非”工作领导小组，制定方案，确定重点，严厉打击煤矿、非煤矿山、交通运输、建筑施工、危险化学品、烟花爆竹、民爆

物品、冶金等行业（领域）中的非法违法生产经营建设行为。

二是加强联合执法。各地部门之间、地区之间加强协调配合，查清并斩断了多条非法生产原料供应和产品销售的经济链条。

三是加大惩治力度，强化执法责任和措施落实，对非法违法事故查处实行挂牌和跟踪督办，除做到国务院安委办提出的“四个一律”外，又加了一条，即通过春季复工复产验收的生产企业，凡在生产和运输中影响周围群众生产生活和生态环境的，一律停产整顿。从目前掌握的情况看，“打非”行动取得明显成效。全区共关闭各类非法违法企业438户，其中，煤矿14户，非煤矿山205户、危险化学品51户、烟花爆竹35户、冶金建材商贸36户、建筑107户，注销危化生产、经营许可433户，注销烟花爆竹生产、经营许可11户。“打非”工作仍在继续。

**二、强化综合监管，对全区重点行业（领域）进行督查**

自治区安委会部署从5月15日开始至6月20日，对全区10个重点行业（领域）春季大检查整改问题落实情况、开展严厉打击非法违法生产经营建设行为专项行动情况以及推进生产经营单位班组安全建设等情况进行督查。此次督查由自治区安委办协调指导，重点行业主管部门牵头组织，相关部门参加，共涉及交通、消防、煤矿、非煤矿山、危险化学品和烟花爆竹、冶金机械等八大行业和职业安全健康、城乡住房建设、矿山开发、特种设备、铁路路外安全和施工等10个方面。各地、各有关部门针对春季大检查和“打非”等专项行动暴露出的问题，认真分析研究，及时进行整改。对安全生产领域出现的倾向性、苗头性问题，以及长期难以根治的顽症固疾，都采取了切实措施，完善安全生产长效机制，促进了本地区、本行业（领域）安全生产形势的稳定好转。督查活动中，各盟市、旗县积极参与和配合，作出了努力和贡献。从汇总各地的工作情况看，截至7月10日，全区各级安监部门共下达整改指令2396件，其中自治区直接下达42件，挂牌督办各类事故56件，督查活动取得较好效果。

**三、扎实开展安全标准化建设**

积极推进企业安全标准化和达标升级工作是国家和自治区2011年部署的一项重点工作。总的想法是按照分类指导、分步实施、逐步推进的原则着力推进岗位达标、专业达标和企业达标，不断加强企业安全基础建设。目前在煤矿、非煤矿山、危险化学品和冶金等工贸行业都制定了自治区级的推进企业标准化建设工作规划。

在非煤矿山方面，按照《2010—2011年全区非煤矿山企业安全标准化建设规划》，到2011年底，20户非煤矿山示范单位争取达到二级标准化企业，20%的四级安全标准化企业升为三级，10%的五级标准化企业升为四级。截至10月31日，全区按原标准已达标的非煤矿山企业共1308户，其中三级企业85户，四级企业146户，五级企业1077户。目前已重点对20户企业升二级安全标准化工作进行了督促检查，正对各盟市非煤矿山安全标准化达标和升级工作完成情况进行检查考核。

危化方面，按照2011年初印发的工作方案，2011年底全区4300多个危化从业单位的一半即2150户达到标准化，并要求各盟市上报具体工作方案。目前全区达到二级标准化企业9户，完成三级达标考核54户。

冶金等工贸行业，按照《全区冶金等工贸企业安全生产标准化建设工作方案》，自治区已做部署，在目前国家安全监管总局已颁布实施的标准化评定标准的行业范围内率先开展标准化示范单位达标工作，力争35户进入二级标准化示范企业行列。确定7户自治区二级标准化评审单位和30户三级标准化评审单位，分别承担二级和三级标准化创建企业的指导和评审工作。确定呼和浩特市、包头市、呼伦贝尔市、鄂尔多斯市、巴彦淖尔市等5个地区为标准化建设示范试点城市，让这几个盟市大胆先行先试，进一步创新工作思路，创新达标模式，创新监管体制机制，发挥示范引领作用，2011年底前至少完成20户企业达标，其余7个盟市至少完成10户企业达标。目前，二级评审单位已经与确定的35户二级示范企业联系开展工作，要求各盟市尽快督促三级评审单位与本地区示范企业联系开展工作，以求取得实效后全面推开。

**四、扎实做好企业班组安全创建工作**

企业班组安全创建是实现企业本质安全的重要措施。国家和自治区都非常重视。从年初开始，着手推进企业班组安全示范点（岗）创建活动。按照国家有关部门的安排部署，为扎实推进企业班组安全创建活动，加强对试点各阶段工作的统筹和指导，自治区安委会专门成立了自治区推进全区企业班组安全创建工作领导小组。活动中，自治区、盟市、旗县三级安监机构、广大企业为此做了大量工作，付出了许多艰辛的努力。自治区各有关部门围绕加强企业班组安全建设提供了政策指导，强调了全面推进这项工作的客观必要性和重大意义，促进了这项工作的全面开展。通过试点工作，相关企业全力推进企业班组安全生产基础建设，切实加强企业班组安全管理水平，夯实安全生产基础，有效避免和减少了生产安全事故。9月23日，自治区安委会在包头市召开全区安全生产企业班组建设试点现场会，100个基层安全生产试点班组进行材料交流，内蒙古北方重工业集团有限公司液压机械厂402车间数控小件班组、包头第一热电厂2×300兆瓦机组电气检修二次班安全型班组等13个班组进行现场交流。自治区副主席、自治区安委会主任赵双连出席大会并作重要讲话。会议在充分肯定阶段性工作成绩的同时，对下一步的工作作出部署，确定2012年为全区企业班组安全建设推进年。

**五、积极推进应急救援机制体制建设**

认真抓好安全生产应急预案编制备案工作。一是推进安全监管部门应急预案编制备案。年初制定发布了《尾矿库事故灾难应急预案》、《矿山事故灾难应急预案》、《陆上石油天然气开采事故灾难应急预案》、《陆上石油天然气储运事故灾难应急预案》、《冶金事故灾难应急预案》和《危险化学品事故灾难应急预案》6个部门专项预案，并报自治区政府和国家安全监管总局备案，配套完善了自治区生产安全事故灾难应急救援综合预案和专项预案；二是推进自治区安委会成员单位应急预案编制备案。自治区安委会下发通知，要求有关成员单位编制安全生产应急预案并在安委办备案，现自治区国土资源厅、交通厅、公安厅、公安消防总队和内蒙古集通公司、电力公司等6个重点单位已备案；三是推进自治区境内中、区直企业预案备案工作。开展执法检查，抽查了需在自治区备案的15家重点企业应急预案备案情况，下达《责令限期整改指令书》6份，推动了中、区直企业预案备案工作。目前，已有36家企业的安全生产应急预案在自治区备案；四是推进全区重点行业（领域）企业预案备案管理工作。4月中旬至6月下旬，在全区重点行业开展了生产安全事故应急预案备案管理工作的专项检查。目前，全区在盟市以下备案的企业有767家，其中呼和浩特市27家，包头市25家，呼伦贝尔市6家，兴安盟91家，通辽市11家，赤峰市132家，锡林郭勒盟11家，乌兰察布市16家，鄂尔多斯市261家，巴彦淖尔市50家，乌海市71家，阿拉善盟66家。

组织危险化学品事故应急救援演练。8月25日，在呼伦贝尔市组织了全区危险化学品事故应急救援演练，研究探索了综合救援的特点、规律和有效途径。呼伦贝尔市安监、消防、公安、东能公司等27个单位、400余人、51台各型救援专业车辆参加演练。12个盟市安监局、30个重点危化企业的有关负责人及呼伦贝尔市安监局系统、协演企业的有关人员参加观摩，国家安全监管总局副局长杨元元、自治区副主席赵双连出席观摩会并做重要讲话。演练达到了检验预案、磨合机制、锻炼队伍、规范演练、推动工作的目的。

**六、充分发挥安委办协调指导作用，在“三行业”部署开展“百日”专项行动，效果明显**

为了切实扭转道路交通、建筑和消防安全三行业事故多发、高发的被动局面，从7月20日开始，我们联合公安、交通、住建、消防、文化、商务等部门以安委会名义在自治区范围内先后开展了道路客运“百日”隐患整治、建筑行业安全生产“百日”大检查、消防安全“百日”整治等3个专项行动。为了保证行动效果，10月，我们又联合相关部门赴部分盟市进行了督查。从目前掌握的情况看，3个行动均取得较好的效果。

在道路交通方面，专项行动开展以来，全区共排查客运企业和汽车客运站503次，客运车数量11735辆，客运驾驶人30134人次，检查出各类违法行为1386起，通报客运企业36家次，宣传教育4363人次，清理运输企业76家、63次，清理客运车辆81辆、74次，客运驾驶人95人、103次，发现隐患256处，目前查出的隐患全部整改完毕。

在建筑安全方面，从督查的5个盟市情况看，5盟市共排查各类建筑施工工地1315处，下达生产安全隐患整改通知书985份（其中限期整改的267份，停工整改的172份）。向施工、建设单位提出安全整治意见1100余条，打击违法违规行为实施行政处罚110次，罚款291万元；抽查各类起重机械设备694台，处置不达标设备4台；5个盟市30%以上企业均达到建筑安全质量标准化工地。

在消防安全方面，全区共检查火灾隐患单位5518家，发现各类隐患问题73551处，目前已监督整改2980处，实行停产查封的493家，实行拘留或警告的169人，共处行政罚款299.5万元。

**七、严格实施较大事故查处督办，认真办理群众投诉、举报**

为了严格安全生产较大事故的查处，保障人民群众生命和财产安全，按照《自治区安全生产较大事故查处挂牌督办办法》，共对“内蒙古乌海化工股份有限公司‘1·18’合成工段高纯酸罐爆炸事故”等11起较大事故实施了挂牌督办。通过电话督办、实地督办、审核事故调查报告、提出处理意见建议等方式对挂牌事故的查处情况进行督察。除3起涉煤事故外，内蒙古乌海化工股份有限公司“1·18”合成工段高纯酸罐爆炸事故、通辽市科左中旗宝龙山镇“4·10”锅炉爆炸事故、鄂尔多斯市乌审旗“5·1”第二实验小学报告厅施工工地坍塌事故、呼和浩特市国际金融大厦建筑工地“6·12”塔式起重机塔身折断事故等8起事故已圆满完成督办程序。对较大事故查处挂牌督办是对国发〔2010〕23号文件的具体贯彻落实，通过对较大事故的挂牌督办，提高了对事故查处的监督力度，促进了事故查处的公开、透明，在化解社会矛盾、维护社会稳定等方面都具有非常重要的作用。

另外，紧密结合自治区实际，在安全生产立法，包括“全区安全生产十二五规划”的制定和印发、《安全生产条例》修订、行政执法计划的执行、中介机构管理，非煤矿山井下“六大系统”建设以及直接监管领域安全生产行政许可的办理和安全生产宣传教育培训方面，都做了大量卓有成效的工作。

# 辽宁省安全生产工作综述

2011年辽宁省委、省政府高度重视安全生产工作，《中共辽宁省委、辽宁省人民政府关于加强和创新社会管理的意见》（辽委发〔2011〕23号），把安全生产纳入社会管理的大格局之中，辽宁省政府颁布了《辽宁省企业安全生产主体责任规定》（省政府令第264号），审议通过了《辽宁省安全生产“十二五”规划》（辽政办发〔2011〕47号）。在省委、省政府的高度重视和正确领导下，经过各地区、各部门、各单位的共同努力，全省安全生产形势继续保持总体稳定、持续好转的发展态势，实现了“十二五”时期安全生产工作的良好开局。

**一、事故情况**

一是事故总量和死亡人数持续下降。2011年全省发生各类事故11008起，死亡2642人，同比事故起数减少1834起，死亡人数减少138人，分别下降14.3%和5.0%。

二是重点行业领域事故起数和死亡人数下降。非煤工矿商贸企业事故起数和死亡人数同比分别下降0.6%和2.4%，道路交通事故起数和死亡人数同比分别下降5.2%和4.4%，消防火灾事故起数和死亡人数分别下降26.4%和50.0%，铁路交通事故起数和死亡人数分别下降9.1%和15.1%，农业机械事故起数和死亡人数分别下降29.7%和25.1%。

三是全省安全生产控制指标实施情况较好。全省各类事故死亡总量，煤矿、非煤工矿商贸企业、道路交通、消防火灾、铁路交通、农业机械事故死亡绝对指标，重大事故起数指标均在国家下达的控制考核指标之内。全省各类事故死亡总量指标低于国家下达控制指标2.9%。煤矿、非煤工矿商贸、道路交通、消防火灾、铁路交通、农业机械事故死亡绝对指标分别低于国家下达控制考核指标的25.7%、1.2%、0.9%、50.0%、18.4%和9.1%。

四是大部分地区安全生产状况稳定好转。全省14个市和绥中县事故总量、非煤工矿商贸、道路交通、农业机械事故死亡人数全部控制在省下达考核指标之内。全省9个产煤市煤矿事故死亡人数均控制在省下达考核控制指标之内，14个市（县）消防火灾事故死亡人数在省下达考核控制指标之内，11个市（县）铁路交通事故死亡人数在省下达考核控制指标之内，8个市（县）较大事故起数控制在省下达考核指标之内。全省12个市未发生重大事故。全省未发生特别重大事故。

**二、主要工作**

（一）加强安全生产目标管理考核工作，落实安全生产责任制

分解安全生产控制指标，落实各市政府、县区政府、有关部门的安全生产责任，实行安全生产“一票否决”。加强安全生产目标管理的日常考核，每季度在《辽宁日报》上公布各市事故考核指标控制情况和工作目标完成情况。及时向省委、省政府和国家安全监管总局报送事故情况，事故报告调度准确、快捷、规范，有效地发挥了事故统计分析的作用。大连市建立了各级政府和部门领导干部安全生产“一岗双责”制度，强化各级政府和部门的安全监管责任和属地管理责任，开展“一岗双责”履职考核，完善安全生产责任体系。朝阳市对事故多发、超过考核进度的地区、部门、企业主要负责人进行约谈，研究加强和改进安全防范的措施。

继续加强对省属企业主要负责人安全生产工作考核，依据考核结果兑现薪酬。沈阳市建立了企业主要负责人安全生产履职考核制度，并获得国家安全监管总局颁发的安全生产工作创新奖二等奖。省安监局与省国资委联合下发了《关于进一步加强中央驻辽企业和省属企业安全生产分级属地监管的指导意见》，切实加强对中央驻辽和省属企业的安全监管，确保安全监管责任落实到位。

（二）不断完善安全生产法规体系，推进安全监管依法行政工作

围绕贯彻《国务院关于进一步加强企业安全生产工作的通知》精神，开展《辽宁省企业安全生产主体责任规定》立法工作，并列入2011年省政府立法计划。省安监局多次召开市、县安全生产监管人员、不同类型企业、各行业专家反复修改论证。在省政府的高度重视和关心支持下，立法工作取得了较快进展。2011年11月30日辽宁省第十一届人民政府第52次常务会议审议通过《辽宁省企业安全生产主体责任规定》，2011年12月8日省政府令第264号颁布，自2012年2月1日起施行。《辽宁省企业安全生产主体责任规定》的颁布实施，进一步从法律上、制度上规范了企业的安全生产工作，标志着我省安全生产法制建设又迈上了一个新的台阶。

为贯彻落实《辽宁省人民政府关于加强法治政府建设的实施意见》（辽政发〔2011〕7号），深入推进安全监管依法行政，根据辽宁省全面推进依法行政工作领导小组要求，制定了省安监局开展依法行政深入推进年活动实施方案，认真开展行政权力清理确认工作，省局清理出行政许可、行政处罚等157项行政权力。省及各市依法编制安全生产执法计划，报经政府批准后实施，促进安全监管部门依法履行职责。

（三）加强安全生产宣传培训，推进安全文化建设工作

全省各地以“安全发展、重在责任”为主题，开展了形式多样的“安全生产月”活动，集中宣传安全生产法律法规和安全知识，进一步营造了“关爱生命、关注安全”的良好氛围。朝阳市持续一年时间在《朝阳日报》开辟“安全之窗”专栏，每周刊文宣传《国务院关于进一步加强企业安全生产工作的通知》精神，在电台、电视台也启动宣传活动。以“科技兴安、安全发展”为主题的安全科技活动周活动，普及安全科普知识，大力宣传推广安全科技成果。组织开展“12350”宣传月，制作并发放宣传卡，向社会公开安全生产违法行为举报投诉奖励办法。在各级政府的重视和推动下，全省安全文化建设取得新进展。全省已有121家企业获得安全文化建设示范企业称号，有287个街道乡镇启动了安全社区建设，89个社区被命名为全国安全社区。加强安全生产培训，考核和复审高危行业主要负责人24820人、安全生产管理人员42801人，特种作业人员86399人。培训省直企业负责人、安全管理人员134人。

（四）深入开展打击非法违法专项行动，严肃事故调查处理

省安委会部署全省开展严厉打击非法违法生产经营建设行为专项行动，重点打击煤矿、非煤矿山、危险化学品、烟花爆竹等重点行业领域的非法违法行为。各级安全监管部门针对分管的行业明确了依法重点打击的非法违法行为，组织打非专项行

动组989个，参加打非行动人员10009人，检查企业12369个，排查隐患14794项，查出违法案件388件，下达各类执法文书4458份，罚款409.5万元。责令停产企业189家，关闭企业场所122家，取缔“三非”企业71家。

省、市安委会层层挂牌督办，依法严格查处事故。省安委办对2010年发生的本溪市光大建筑安装有限公司“5·9”起重伤害等10起较大事故挂牌督办，目前已全部结案。对2011年发生的中国石油天然气股份有限公司抚顺石化分公司石油二厂“1·19”爆炸事故等7起较大事故挂牌督办，对严肃处理事故起到了积极作用。抚顺、丹东、盘锦、葫芦岛等对省安委会挂牌督办的事故严肃认真负责，及时沟通并反馈信息。2010年省安监局针对大连旅顺口区蓝湾三期工地发生的“10·8”重大坍塌事故组成事故调查组，调查工作基本结束。

（五）深化重点行业领域专项整治，认真排查治理隐患

按照国家安全监管总局和省政府的部署，持续开展了重点行业领域安全生产专项整治。一季度，组织开展了安全生产集中治理行动；二季度，开展了重点行业领域隐患排查治理行动及汛期安全生产检查；三季度，开展了安全生产隐患大排查大整治专项行动；四季度，开展了百日安全生产大检查。期间还组织开展了安全生产培训及持证上岗专项执法行动和尾矿库专项治理行动等。开展了冶金煤气及有毒有害、受限空间、高温液态金属吊运及建设项目安全设施“三同时”专项整治。2011年，共对436211个生产经营单位（场所）开展了隐患治理，排查事故隐患247545项，已完成整改244061项，整改率为98.6%。会同有关部门联合执法，开展道路客运隐患整治专项行动、道路交通集中整治行动、经营性游泳场所安全隐患排查治理行动、建设领域安全大检查等。对1957家客运企业和4135家货运企业展开了集中检查，排查隐患14363项，已全部整改完毕。抚顺市政府在专项整治行动中，注重宣传发动，电视台、电台每周播出2~3条专项行动工作信息，《抚顺日报》、《辽沈晚报》（抚顺版）设立了安全生产隐患大排查、大整治行动专栏，定期报道重点行业领域专项行动开展情况。盘锦市把治理重大隐患作为解决全市安全生产突出矛盾和热点难点问题的突破口，严格实行隐患分级管理制度，对重大隐患实施动态监控，挂牌督办。葫芦岛市突出13个重点领域，采取地方为主、部门牵头、专家检查、县区交叉互检等方式，“打、防、管、控”相结合，全面开展隐患大排查、大整治，取得较好效果。辽阳市对排查出的15506项隐患和问题，监督有关企业累计投入2亿多元进行整改，整改率达到99.3%。中石油抚顺石油一厂地质灾害重大隐患经跟踪督办，由抚顺市安监局提请抚顺市政府予以关闭。目前该厂所有装置的介质已清除，厂区人员已撤出，完成关闭工作。沈阳市持续开展“查隐患、反违章”活动。2011年全市“三违”引发的事故比例由开展活动之前的70%下降到50%。

（六）大力推进安全生产标准化建设，夯实企业安全生产基础

省安委会下发《关于深入开展企业安全生产标准化建设的实施意见》，全面部署安全生产标准化建设工作。省安监局相继制定了金属非金属矿山企业、危险化学品企业、烟花爆竹批发经营企业、冶金等工贸企业及铁路道口安全生产标准化建设实施方案、考评办法。组织开展了安全生产标准化专题培训班，培养了一批安全生产标准化建设的骨干力量。建立了以咨询和评价机构为基础的安全生产标准化技术支撑体系，并建立了由130多位工程技术人员组成的安全生产专家库，随时解决企业安全技术和管理中遇到的难点难题。鞍钢作为全国安全生产标准化建设示范企业，为全省乃至全国冶金行业企业的安全生产标准化建设提供了经验；沈阳市作为全国安全生产标准化建设示范城市，完成三级以上安全生产标准化企业700家，占全市规模以上工业企业的20%，对推动全省安全生产标准化建设工作，起到积极的促进作用。截至2011年底，全省共有1910家非煤矿山企业完成安全生产标准化达标；122家烟花爆竹批发经营企业中，18家达到一级安全生产标准化企业，73家达到二级安全生产标准化企业；冶金机械等行业286家企业完成安全生产标准化达标。

（七）认真做好安全生产规划和科技工作，大力提升安全保障能力

省政府发布实施了《辽宁省安全生产“十二五”规划》，明确了“十二五”时期安全生产的奋斗目标、主要任务、重点工程和保障措施。根据党

的十七届六中全会关于深化文化体制改革，推动社会主义文化大发展大繁荣的决定，省安监局就“十二五”安全文化建设印发了专项规划，推进安全文化建设手段、制度创新。2011年，辽宁省承建的非矿山安全与重大危险源监控实验室、职业危害检测与鉴定实验室，通过了国家安全监管总局的核准认定。纤维混凝土界面相固体缺陷力学行为和增强机理研究、风力发电厂风险评估及控制技术研究与应用、气井安全控制技术、起重机械安全状况综合评价方法研究与新技术工程应用等4个项目分别获得国家安全监管总局颁发的第五届安全科技成果奖二、三等奖。全省安全生产视频会议系统已基本建成，实现了省、市视频会议系统与国家视频会议系统的成功对接。

省安监局积极争取有关部门支持，为12个监管任务较重的市和46个县区配发了高精度全站仪、便携式浸润渗压仪、对讲机、激光测距仪等尾矿库安全监督检测设备。全省2179座露天矿山采用中深孔爆破开采技术，部分矿山企业安装了监测监控系统、井下作业人员定位系统、紧急避险系统、压风自救系统、供水施救系统、井下通讯联络系统。省安监局与东北大学资源与土木工程学院建立合作关系，成立“东北大学安全学科实践教学基地”，利用双方资源，促进安全生产应急救援工作。全省应急预案备案14596个，全部按预案进行相应应急演练。鞍山市政府在财力非常紧张的情况下，投入1300多万元，用于安全生产基础设施建设和应急救援平台建设。抚顺、铁岭分别建立1支三级资质的非煤矿山救援队伍。

（八）规范实施安全生产许可制度，严把安全生产准入关

全省新发非煤矿山安全生产许可证231个，延期换证416个，变更安全生产许可证198个，注销安全生产许可证8个。新发危险化学品安全生产许可证32个，延期换证236个，变更许可证36个，注销许可证18个。省安监局新发危险化学品经营许可证55个，换发许可证2028个，变更许可证258个，注销许可证45个。换发烟花爆竹经营（批发）许可证19个。审核审批3家安全评价机构资质和4家检测检验机构资质。审核批准3家三级培训机构、3家四级培训机构资质，换证复审三级培训机构16家，注销3家培训机构资质。做好建设项目“三同时”审查审批工作。备案非煤矿山“三同时”安全预评价报告189个，审查批复建设项目初步设计《安全专篇》158个，竣工验收建设项目安全设施92个，批准危险化学品建设项目安全许可105个。批复工贸等行业建设项目安全设施预评价报告13个，竣工验收5个。完成26家特种劳动防护用品销售证书复审换证工作。严格安全生产许可证延期换证工作，对不具备安全生产条件和未在规定期限内提出申请的，一律注销其安全生产许可证。

（九）抓好职业安全健康监管工作，加强铁路道口安全监管

进一步推进石英砂加工、木质家具制造及石棉制品等3个重点行业职业病危害治理工作。组织开展职业病危害网上申报，有10818家企业通过审查。组织指导存在尘毒危害的企业开展作业场所职业病危害现状评价，丹东、营口和朝阳3市将职业病危害重点整治与安全生产许可审查和安全生产标准化建设紧密结合，强力推进企业开展职业病危害现状评价，3个市已完成现状评价的单位近千家。由于加大了执法力度，企业为职工健康体检人数大幅增加，全省14个市全部完成体检人数增长20%的任务，426608名从业人员得到健康体检，增长61.94%，较好地维护了从业人员的职业健康权益。

加强铁路道口安全监管。下达了两批道口建设工程项目，解决部分道口用电用水问题，改善了监护条件。深入开展铁路监护道口安全专项检查，对部分铁路施工现场距离监护道口较近，提出了预防事故的明确要求。吸取“7·23”甬温线特别重大铁路交通事故教训，省道口委及时研究解决全省铁路道口安全管理存在的问题，规范开展道口监护员安全培训工作。

（十）理顺安全监管职能，加强安全监管队伍建设

经过与省编委办反复沟通协调，印发了《关于进一步明确职业卫生监管部门职责分工的通知》（辽编办发〔2011〕231号），将省职业卫生监管职责按照中编办104号文件进行了调整。丹东、锦州、营口市也已完成职能调整，并完成人员编制划转工作。经省编办批准，省局单独设立铁路道口安全管理办公室，强化道口安全管理职能。各市政府

在机构编制十分紧张的情况下，为安全监管部门增加了执法监察编制，大连市还将执法监察大队升格为副局级。经过各方面积极努力，全省安全生产执法监察人员由2010年的901人增加到1041人。鞍山市继续探索“扁平化”区域安全监管模式，实现了乡镇街道监管网络全覆盖。各级安全生产监管人员，经常深入生产一线，依法查处各种违法行为，有效地促进了法律法规的贯彻实施。通过组织多层次、多形式的安全监管业务培训，提高了监管履职能力。

# 吉林省安全生产工作综述

2011年，全省实现连续7年事故总量和死亡人数“双下降”。工矿商贸、道路交通、火灾、铁路交通、农业机械5类事故共发生1.143万起，比2010年减少1092起，下降8.7%；死亡1656人，比2010年减少死亡人数105人，下降6%，占全年控制考核指标的94.7%。

全省亿元GDP生产安全事故死亡率0.159，比2010年减少0.041，下降20.5%；工矿商贸十万就业人员生产安全事故死亡率1.588，比2010年减少0.752，下降32.1%；道路交通万车死亡率3.677，比2010年减少0.423，下降10.3%；煤矿百万吨死亡率0.88，比2010年减少0.52，下降37.1%。反映安全生产整体水平的四项相对指标降幅均在10%以上，全省各市（州）及长白山保护开发区10个统计单位事故死亡人数未突破全年控制考核指标，全省安全生产形势创历史最好水平。

2011年全省安全生产重点工作情况如下。

**一、深入开展“安全生产责任落实年”活动，切实落实安全生产责任制**

2011年，省委书记孙政才22次、省长王儒林24次、副省长王祖继37次对安全生产工作作出批示。省政府将2011年确定为“安全生产责任落实年”，省政府办公厅印发了《吉林省人民政府办公厅关于印发吉林省安全生产责任落实年活动实施方案的通知》（吉政办明电〔2011〕43号），全省深入开展了“安全生产责任落实年”活动。

（一）落实国务院、国家安全监管总局和省委、省政府关于安全生产工作的各项决策部署，狠抓安全生产责任落实

一是完善工作机制，强化目标管理，采取各项措施狠抓全年安全生产责任和阶段性工作任务落实。年初，各市（州）政府、长白山管委会和省工信厅、省公安厅、省住建厅、省质监局、省工商局等17个省政府工作部门以及14户中省属重点企业向省政府递交了《安全生产工作目标责任状》，各市（州）政府、各有关部门分别与县（市、区）政府、部门、单位、企业层层签订责任状，分解落实目标任务，建立了省、市、县、乡四级政府安全生产目标责任体系。

二是健全规章制度、推动安全生产责任制的落实工作。各市（州）政府和长白山管委会以及80%的县（市、区）政府，主要领导担任了本级安委会主任，副职领导负责分管领域的安全生产工作。省安委会进一步加大对省政府2010年出台的《落实安全生产监督管理责任暂行规定》、《吉林省生产经营单位安全生产主体责任暂行规定》和《吉林省人民政府关于进一步加强企业安全生产工作的实施意见》贯彻执行力度，制定出台了《吉林省安全生产行政执法工作规定》、《吉林省用事故教训推动安全生产工作暂行规定》和《较大事故查处挂牌督办办法》等配套制度措施，对地方政府和省直各部门安全监管责任、企业安全生产主体责任进行细化，进一步完善了安全生产责任体系。

（二）强化激励约束机制，加强安全生产控制指标考核和责任追究力度

一是全省各级政府建立了安全生产目标责任考核奖惩制度。2011年初，省政府分别对长春市等8个市（州）政府和17个省直部门2010年安全生产工作成绩给予了表彰奖励，对发生重大生产安全事故的吉林市和通化市实行“一票否决”，并实施了行政问责。省安委会制定下发了《2011年省政

府对市（州）政府安全生产工作目标责任制考核实施细则》，将全年各项重点工作任务分解赋分，确定了现场考核、综合考评和“一票否决”的内容及标准。6月，省安委会发出《关于开展安全生产大检查及督查工作的通知》，省安委会办公室发出《关于开展安全生产综合督查的通知》，省安委会组成10个督查组对全省各市（州）贯彻落实全省安全生产工作会议和《吉林省人民政府办公厅关于印发吉林省安全生产责任落实年活动实施方案的通知》精神，以及各项重点工作任务措施落实进展情况进行了督查。12月，省政府安全生产工作目标责任制考核领导小组组成10个考核组对2011年向省政府递交《安全生产工作目标责任状》的9个市（州）政府和长白山管委会以及17个省直部门和14户中省直企业安全生产工作目标责任制落实情况进行了全面考核，根据考核情况和评定结果，报请省政府予以通报。

二是制定了《吉林省工矿商贸领域用事故教训推动安全生产工作暂行规定》，按照“四不放过”和“依法依规、实事求是、注重实效”的原则，依法追究了2010年梅河口市“8·16”重大起重伤害事故25名相关责任人的责任和2011年白山市抚松县“3·12”道路交通重大事故、白山市浑江区通沟煤矿“3·24”瓦斯爆炸重大事故34名相关责任人的责任。省安委会办公室对吉林市晨鸣纸业“1·15”、中石油昆仑燃气公司吉林分公司“1·17”和松原市石油化工股份有限公司“11·6”3起较大爆炸事故的调查处理进行了重点挂牌督办。坚持用事故教训推动安全生产工作，召开全省生产安全事故分析会，向社会公布了2010年以来5起重大事故调查处理结果。省监察厅、省安全监管局、省法院、省检察院、省公安厅、省司法厅、吉林煤监局7部门联合对全省2007年以来生产安全事故责任追究落实情况进行了全面督查，在各市（州）、县（市、区）两级政府自查基础上，对468起责任事故（其中，重大事故7起、较大事故21起、一般事故440起），涉及责任人员371人，发现问题42个，逐条进行了监督整改。

**二、全面深入开展隐患排查治理和“打非”工作，确保重点行业（领域）隐患排查治理措施落实**

一是各级政府和部门加强安全隐患排查治理力度。省安委会组织召开了全体成员单位、中省属重点企业和市（州）、县（市、区）相关部门、地方企业参加的“全省安全隐患排查治理体系建设工作视频会议”，传达贯彻了国家隐患排查治理体系建设工作会议精神，介绍推广了北京市顺义区隐患排查治理体系建设经验做法，树立了蛟河市对企业开展安全信用等级评估和分类监管、长春富维—江森自控汽车饰件系统有限公司开展全员安全风险辨识和岗位班组隐患排查机制建设的学习典型，并对进一步健全和完善全省隐患排查治理体系建设具体任务进行了部署安排。2011年，全省共排查企业90595户，排查事故隐患14.8万项，落实整改治理资金2.1亿元，整改率97.06%。持续深入的隐患排查治理，有效预防和减少了事故，遏制了重特大事故发生。

二是继续深入开展煤矿专项整治。开展全省整合技改煤矿专项检查和调研。对全省各产煤地区的整合技改矿井和单独保留技改矿井施工情况进行了一次全面的调查摸底，并抽查了部分技改矿井地面建设和井巷工程施工进度。下发了《关于规范全省整合技改煤矿工期延续工作的通知》，对5种情况不予延续的矿井，由县（市、区）政府依法予以关闭。确定全省不允许提能的小煤矿32处，鼓励国有大型煤矿企业和有实力的地方煤炭企业以收购、兼并、控股等多种形式整合改造周边小煤矿，支持相邻小煤矿之间进行资源整合，淘汰落后产能。加强煤矿执法检查，全面排查煤矿219处，发现隐患11509项，已整改11459项，整改率99.57%。全省煤矿事故15起，死亡38人，比2010年分别下降40%和36.7%。

三是继续深入开展非煤矿山专项整治。全省非煤矿山安全生产领域打击非法生产建设企业22户，取缔关闭2户。开展反“三违”专项整治活动，全省各级安全监管局建立反“三违”联系点124个，其中，省级联系点2个、市（州）联系点14个、县（市、区）联系点108个。非煤矿山企业完善了作业指导书，加强对一线员工的培训，建立反“三违”奖惩制度，减少“三违”现象的发生。对隐患治理项目进行检查，排查非煤矿山企业5245家（处），排查一般隐患14196项，已整改13976项，整改率98.45%；排查重大隐患2项，已全部完成整改。全省非煤矿山发生事故15起，死亡 17 人，比 2010 年减少 10 起，减少死亡人数 18 人，分别下降 40% 和 51.4%。

四是继续深入开展危险化学品和烟花爆竹专项整治。制定了《吉林省全面排查整治危险化学品和烟花爆竹企业安全隐患工作方案》、《全省危险化学品和烟花爆竹生产经营单位现场检查方案》、《全省危险化学品生产企业按风险等级监管的指导意见》，突出重点危险化工工艺、重点危险化学品和重大危险源、重点地区（长春、吉林、四平、松原、通化）和重点企业，将危险化学品和烟花爆竹隐患排查整治重点内容进行了细划和分解。排查企业 22379 家（处），其中，危险化学品从业单位排查 15009 家（处），烟花爆竹生产经营单位排查 7370 家（处）。排查一般隐患 31177 项，已整改 30864 项，整改率 99%。

五是继续深入开展冶金机械等行业专项整治。制定印发了《全省 2011 年冶金机械等行业安全监管工作指导意见》和《贯彻落实国务院〈通知〉精神加强冶金机械等行业企业安全生产工作的实施意见》。研究完成了《2010 年冶金等工贸行业事故分析及对策》，有针对提出强化措施。全面调查全省冶金等工贸行业重大危险源底数，重点强化液氯、液氨、溶剂油、煤气、氧气等安全监管措施。2011 年，全省排查 7284 家（处），排查一般隐患 15028 项，已整改 14672 项，整改率 97.63%。全省冶金等工贸行业发生事故 19 起，死亡 22 人，比 2010 年减少 4 起，少死亡 2 人，分别下降 17.4% 和 8.3%。

六是继续深入开展交通运输专项整治。共查处各类交通违法行为 350.8 万起。排查治理道路运输重大隐患 1 项，已完成整改。排查道路运输企业 3527 户次，排查治理各类隐患 6859 项，已整改 6611 项，整改率 96.38%。排查治理铁路运输隐患 4568 项，已整改 4497 项，整改率 98%。排查民航隐患 54 项，已整改 54 项，整改率 100%。

七是继续深入开展建筑施工专项整治。开展起重机械治理和“暖房子”工程安全监管工作。开发启动了吉林省建筑起重机械网络即时监控系统，对具备从事起重设备安装和拆卸资格的施工企业实行公示。建立了“暖房子”工程安全考核制度，省住房城乡建设厅编写印发了《吉林省外墙保温工程安全作业图释》。建立建筑施工企业、三类人员和特种作业人员等数据库，启动了建筑施工企业安全生产许可证网上审批系统。全省 80% 以上的起重机械设备实现了在线监测管理。组织检查组 313 人次、专家 228 人次、检查 145 次，对 16 户存在重大安全隐患的建筑施工企业予以停产整顿。排查治理隐患企业 3358 家（处），排查一般隐患 8589 项，已整改 8216 项，整改率 96%。发生事故 35 起，死亡 37 人，事故起数与 2010 年持平，减少死亡人数 18 人，下降 32.7%。

八是继续深入开展消防安全专项整治。省政府印发了《吉林省构筑社会消防安全“防火墙”工程实施方案》和《推进构筑社会消防安全“防火墙”攻坚方案》，全面推动社会单位“四个能力”建设。认真吸取事故教训，省公安消防部门会同省工商、安全监管等 5 部门联合开展了“建筑外墙违法广告牌匾专项清理整治行动”。自 9 月底开始，针对北方季节特点，在全省集中组织开展“清剿火患”战役，共检查单位 7027 家，发现火灾隐患 3423 处，临时查封单位 801 家，责令“三停”单位 476 家，行政拘留 337 人。全年排查治理火灾隐患企业和人员密集场所 20724 家（处），排查一般隐患 17537 项，已整改 15943 项，整改率 91%。

九是继续深入开展其他行业领域专项整治。省工信厅突出民爆行业、国防军工、铁路监护道口、汽车、石油化工、食品、装备、医药、电子信息、冶金、建材、轻工、纺织等行业（领域）安全隐患治理。组织 6 次督查行动，抽查 9 个市（州）和重点行业的 1831 户（次）企业，排查各类事故隐患 2002 项，整改率达到 100%。实现了民爆行业和铁路道口无死亡事故。组织对供暖锅炉、滑雪场的客运索道、电梯等特种设备进行重点检查。排查治理隐患 3824 家（处），排查一般隐患 3712 项，已整改 3712 项，整改率 100%。特种设备发生事故 8 起，死亡 9 人，比 2010 年分别上升 33.3% 和 28.6%。省水利厅修改完善了《吉林省水利安全生产监督管理办法》，组织集中开展对水利工程建设、河道采砂、农村水电站及配套电网建设与运行、淤地坝等重点范围的隐患排查和执法检查。开展河道非法采砂专项行动，取缔非法采砂场所 153 个。排查治理隐患 549 家（处），排查一般隐患 580 项，已整改 580 项，整改率 100%。

**三、依法履行安全监管职责，加强基层监管机构建设，严格规范执法行为**

一是申报了《吉林省安全生产条例》修订计划，按照国家安全监管总局要求，对《安全生产法》提出了修订意见。对《吉林省烟花爆竹零售经营者安全管理暂行规定》、《吉林省生产安全事故应急预案管理规定》等6个规范性文件的合法性进行审核，上报省法制办备案。规范行政执法行为和工作程序，制定了《吉林省安全监管局2011年监管执法工作计划》、《吉林省安全监管局清理和规范行政权力工作实施方案》、《吉林省安全生产行政执法工作规定》、《吉林省用事故教训推动安全生产工作暂行规定》。制定了《安全生产现场检查表（通用部分）》等，严格规范和控制行政审批权、行政处罚权、涉企收费权，规范综合性执法检查工作，严格制约和监督行政权力运行，强化责任追究。印发了《关于进一步加强生产安全事故调查处理案卷备案及风险抵押金管理工作的通知》，开展了事故调查处理案卷备案情况检查。加强执法监督，采取市（州）互查、省局抽查的形式，开展了行政执法检查工作。组织对省安全生产执法监察总队5个行政处罚案卷的审查，从执法程序上保证了行政处罚的合法有效。

二是继续规范行政审批工作，对行政审批项目进行确认，提出了保留、取消、下放、调整意见。加强安全生产许可证管理，将2009年以来颁发的许可证和建设项目安全设施“三同时”有关基础数据进行登记汇总，在省安全监管局网站发布，方便监管部门和企业进行查询。对过期的非煤矿山、危险化学品企业安全生产许可证进行了注销工作。依法注销了401个非煤矿山企业安全生产许可证和85个危险化学品企业安全生产许可证，并予以公告。

三是继续推动地方政府加强基层安全监管机构建设。有1市、43个县（市、区）成立了职业卫生监管工作机构。争取国家和省财政安全生产专项资金5135万元，转移支付1100余万元。建设完成全省县（市、区）安全监管局互联互通的信息化专网和视频会议系统。完善安全监管基础数据库，已录入金属非金属矿山、尾矿库、危险化学品和烟花爆竹等企业基础信息4704条。对7个市（州）、29个县配备了163万元的尾矿库监管装备。

**四、全面推进安全生产标准化建设，提升企业安全管理水平**

制定了《吉林省深入开展企业安全生产标准化建设实施方案》。全面推进重点行业（领域）企业安全生产标准化建设。

一是加强煤矿安全质量标准化和井下安全避险“六大系统”建设，深入开展以岗位达标、专业达标和企业达标为内容的安全生产标准化活动。全省矿井总数225处，持有生产许可证矿井159处，正常生产矿井120处，有108处煤矿安全质量标准达到三级以上标准，占正常生产煤矿的90%，比2010年提高了44个百分点。其中一级30处，二级13处，三级65处。全省正常生产煤矿，除紧急避险系统外，其他五大系统基本完成建设完善任务。

二是推进非煤矿山安全生产标准化建设，印发了《金属非金属矿山企业安全生产标准化建设实施方案》、《吉林省非煤矿山安全生产标准化评审和咨询工作管理办法》，建立和完善标准化评审体系、咨询服务体系，严格实行《金属非金属矿山安全生产标准化评分办法》。全面启动非煤矿山安全避险“六大系统”建设，指导推进企业落实《金属非金属地下矿山安全避险“六大系统”建设规范》，选择地下矿山比较集中的通化县作为试点县，研究探索“六大系统”建设的具体措施，全力抓好“示范矿井”建设工作。

三是加强危险化学品安全生产标准化工作，制定了《全省危险化学品从业单位安全生产标准化评审工作管理办法》，组织专家编写了《吉林省危险化学品安全生产标准化工作实施指南》，向企业免费发行5000册。召开了“危险化学品安全标准化工作现场会”，推广中化长山化工集团标准化建设的经验。全省危险化学品企业有218户达到三级以上水平，103户烟花爆竹生产经营企业达到三级以上标准化水平。

四是积极推动冶金、机械、水泥行业企业达标工作。制定印发了《全省冶金等工贸行业安全生产标准化实施方案》和《关于全面开展冶金等工贸行业安全生产标准化工作的通知》。在安全生产标准化创建工作中，各企业整改消除隐患和各类不符合评定标准项8000多项，提升了企业本质安全生产水平。2011年，通过二级安全生产标准化机械企业59户，冶金企业8户，水泥企业8户。全省有168户企业达到三级以上标准化水平，其中，机械企业145户，冶金企业15户，水泥企业8户。

**五、编制实施“十二五”规划，加大安全科技投入和项目建设，进一步规范安全生产中介机构管理**

一是编制完成安全生产“十二五”规划，列为全省行业重点专项规划。积极推进科技兴安战略。加强对吉林省非煤矿山安全和重大危险源监控实验室、吉林省职业危害检测与鉴定实验室的竣工验收工作。

二是印发了吉林省安全生产专项资金管理暂行办法，确立了我省安全生产专项资金制度。2011年，安排安全生产专项资金2500万元，用于监管监察、应急救援、信息化等保障能力建设，安全生产专项投入进一步增加。

三是完成了各市（州）县（市、区）安全监管局和7个直属单位“十二五”期间能力建设情况统计分析和安全生产信息化“十二五”规划编制。

四是对省内7家安全评价机构、1家检验检测机构从业行为专项治理工作开展检查。加强对安全评价报告质量的监督和指导。召开了安全评价和检验检测机构考核通报会。建立安全评价和检测检验机构发挥技术支持作用情况统计报告制度。加强对外省在吉林省备案的32家评价机构备案管理。加强中介机构诚信体系建设。加强对安全评价报告质量的监督和指导，推行安全评价报告、中介服务机构服务业务等信息公开。

**六、加强安全生产应急管理工作，进一步完善应急管理体制机制**

一是加强机构建设。制定了《2011年吉林省安全生产应急管理工作指导意见》。经省编办批准，由吉林省安全生产调度中心（吉林省安全生产信息中心）与原吉林省煤炭工业局生产安全调度中心整合成立了吉林省安全生产应急救援指挥中心，主要负责全省安全生产调度和事故统计、分析工作、安全生产行政执法统计工作、安全生产信息化建设工作、安全生产应急值守和事故信息接报处置工作。

二是加强应急救援队伍建设。制定了《2011年全省应急管理工作指导意见》，明确了全年工作目标、工作任务和工作要求。深入到长春、辽源、白山、通化、延边等地区开展调研，进一步了解掌握全省矿山和危险化学品应急救援队伍建设、装备建设及体制机制建设等基本情况，研究提出了全省应急救援体系建设意见，将应急救援体系建设纳入我省安全生产“十二五规划”。

三是完善应急管理体制机制。印发了《关于进一步加强应急处置工作的意见》，落实应急处置职责，建立了快速反应机制，做好事故信息报告工作，杜绝迟报、漏报、瞒报。进一步完善了《启动应急预案的规定》，编制并印发了《应急救援手册》。在汛期加强预警预测和防范工作，召开了3次联络员会议，加强与气象、国土资源等部门的沟通协调，预防和遏制因自然灾害引发重特大生产安全事故。

四是加强应急预案管理和应急演练工作。出台了《吉林省安全生产应急预案管理规定》。召开了《预案管理规定》座谈会，印发了《关于做好〈吉林省生产安全事故应急预案管理规定〉贯彻实施工作的通知》。印发了《关于做好应急演练工作的通知》，明确2011年应急演练重点和要求。在全省“安全生产月”活动中，开展了安全生产“应急预案演练周”活动，其中，全省各类煤矿举办应急预案演练47次，参加演练人员近3万人次。全年全省各地及企业组织开展大型综合应急救援演练和专项应急救援演练29次。

**七、整体推进职业健康监管工作，加大职业危害专项治理的力度**

一是加强职业健康宣传培训工作。宣传贯彻《职业病防治法》，开展职业健康宣传教育活动。全省各地将职业健康培训纳入安全生产培训系列，2011年，全省培训135629人。

二是积极推进作业场所职业卫生检测检验技术服务机构的建设。全省共有职业卫生检测检验技术服务机构63个，其中，建设项目职业病危害评价机构5个，职业病危害因素检测与评价机构31个，放射工作场所防护与检测技术服务机构26个。

三是切实加强职业健康监管工作。各级安全监管与卫生、人力资源和社会保障、总工会等部门联合推进职业健康监管工作。印发了《关于加强中省属企业作业场所职业健康监管工作的通知》、《关于全省开展作业场所职业健康联合执法检查的通知》、《关于开展作业场所职业危害专项整治联合督查的通知》。2011年，申报职业危害企业6189户，备案4556户，参加健康体检885566人。

四是加大职业危害专项治理力度。印发了《全省治理重点行业（领域）职业危害方案》。开展了以井工开采的非煤矿山、水泥生产、石材加工（5台锯以上和石材工艺品制造）、木质家具制造（使用胶黏剂和具有喷漆工序的）、碳素制品、汽车4S店、石英砂生产和使用、石棉生产和使用等8个重点行业（领域）为重点的全省作业场所职业危害专项整治行动。全省检查企业2226户次，查出危害和问题5845项，已整改5689项，整改率97.33%。

五是积极探索职业健康标准化建设。按照《职业病防治法》、《生产经营单位职业健康监督管理暂行规定》和《作业场所职业危害申报管理办法》等法律法规和标准的要求，组织省职业病防治院和安全生产检测检验中心研究制定了《吉林省职业健康监督标准化管理标准》、《作业场所职业危害因素检测与评价标准》和《水泥行业职业健康监督管理技术规范》，召开了由部分市（州）、县（市、区）、重点企业、有关服务机构参加的论证会。

六是加强特种劳动防护用品生产企业和矿用产品安全标志的监督管理。起草了《吉林省劳动防护用品生产和经营单位备案管理办法（征求意见稿）》。下发了《关于转发国家安全监管总局进一步加强矿用产品安全标志管理工作的通知》、《关于进行2011年度特种劳动防护用品安全标志年度审核的通知》、《关于开展特种劳动防护用品生产企业执法检查的通知》。组织特种劳动防护用品安全标志产品生产企业进行年检。组织专家对特种劳动防护用品生产企业进行检查。规范特种劳动防护用品生产企业执行国家标准或者行业标准。

**八、进一步强化安全生产宣传和培训工作，深入推进安全文化建设**

一是印发了《2011年安全生产宣传工作要点》，召开了全省安全生产宣传工作座谈会，安排部署宣传工作任务。宣传贯彻《国务院关于进一步加强企业安全生产工作的通知》、《吉林省人民政府关于印发落实安全生产监督管理职责暂行规定的通知》、《吉林省人民政府关于印发吉林省生产经营单位安全生产主体责任暂行规定的通知》精神，举办全省专题视频讲座，进行政策解读。制定了《吉林省安全生产法制宣传教育第六个五年规划》，组织省、市、县三级宣讲团，深入企业进行宣传。

二是印发《关于2011年度全省安全生产培训计划安排的通知》，制定安全培训工作指导意见。组织专题学习研讨班、执法资格、安全监管业务、企业人员安全资格、培训机构师资、注册安全工程师继续教育培训班和视频专题讲座等。

**九、深化主题教育，扎实推进全省安全监管系统反腐倡廉建设**

一是制定了《省安全监管系统2011年党风廉政建设工作要点》和《省安全监管局2011年党风廉政建设责任制重点工作分解》，把反腐倡廉建设纳入安全监管工作的总体部署，层层落实党风廉政建设责任制，进行严格考核。

二是开展反腐倡廉第二个“警示教育周”活动和全省煤矿安全监管领域“教育、规范、整治”活动，加强重点环节监督。紧紧围绕安全许可、事故查处、行政执法、财务资金管理、中介机构监管、安全培训等容易出现腐败问题的关键环节，开展贯彻执行《廉政准则》情况专项检查。

三是加强全省安全监管系统软环境和政行风建设工作，在全系统深入开展了“体察民情，关爱生命”和“五讲、双安全”主题教育活动，深入开展“走进企业，服务项目”活动。

# 黑龙江省安全生产工作综述

2011年，在省委、省政府的正确领导下，全省各地、各部门、各单位紧紧围绕突出“一条主线”、重点实施“四大工程”、全面加强“六个体系”建设的部署和要求，强化安全监管，狠抓工作落实，促进了全省安全生产形势总体稳定。全年共发生各类事故6058起，同比减少602起，下降9%；死亡1626人，同比减少139人，下降7.9%；受伤3701人，同比减少93人，下降2.5%；直接经济损失19880.5万元，同比减少2375.6万元，下降10.7%；仅发生1起重大事故，是25年以来重特大事故发生最少的年份。各类事故死亡人数控制在国家下达的1735人指标以内。

## 一、省委、省政府高度重视安全生产工作

省委书记吉炳轩、省长王宪魁对安全生产工作作出重要批示70余次，强调“时刻不敢懈怠，丝毫不敢放松”，要求履行“四个责任”，企业主体责任、属地管理责任、政府监管责任和岗位责任。组织督查组深入各地，先后开展6次全省综合督查检查。在全国率先成立省委、省政府安全生产巡视组，1月10日，省委、省政府办公厅印发《中共黑龙江省委办公厅、黑龙江省人民政府办公厅关于组建省委省政府安全生产巡视组的通知》（厅字〔2011〕2号），明确省委、省政府安全生产巡视组组成人员、主要职责及任务、工作方式、管理方式等。先后巡视检查10个地市和森工系统及其所属47个县区（林场），368个部门和企业，发现主要隐患和问题114项，向省委、省政府提出建议37条，总结推广典型经验9个。启动《黑龙江省安全生产条例》修订工作，省人大、省政府均列入2012年立法计划。11月2日，省政府办公厅印发《黑龙江省瞒报谎报生产安全事故责任追究办法》，加大对瞒报谎报生产安全事故行为打击力度。7月13日，省政府安委会出台《黑龙江省安全生产约谈制度》，全年约谈事故多发地区和企业15次。8月23日，省安委会下发《关于明确省农垦总局、森工总局与相关市安全监管职责的通知》，理顺了农垦总局、森工总局与毗邻或者交叉市安全监管职责。省安监局与省国资委联合制定《关于进一步加强中央驻省和省属企业安全生产分级属地监管的实施意见》，明确了中央驻省和省属企业分级属地监管责任。省安监局与省发改委联合下发《关于加强建设项目安全设施“三同时”监督管理工作的通知》，加强安全设施“三同时”管理。省政府部署开展“安全生产打非年”活动，组织成立“打非”领导小组，集中严厉打击非法违法行为。省政府安委办充分发挥综合协调指导作用，协调解决了村民植树影响哈尔滨太平国际机场飞行安全、哈尔滨市3处工程占压庆哈输油管线等严重威胁安全的隐患和问题。省政府投入1800万元对安全生产责任制考核优秀和达标市（地）政府、中省直单位和龙煤集团，对全年未发生一次死亡3人以上较大煤矿事故、未超出全年控制指标和连续安全生产1000天以上的煤矿企业给予奖励。

## 二、煤矿安全生产工作取得明显成效

全年煤矿发生事故45起，死亡94人，百万吨死亡率为0.96，创1994年以来煤矿安全统计归口管理以后的最好记录，龙煤集团百万吨死亡率0.19，创集团组建以来最好水平。深入开展煤矿安全生产标准化活动，制定《关于进一步做好煤矿安全质量标准化工作的指导意见》、《黑龙江省煤矿安全质量标准化考核评级办法》和《煤矿安全质量标准化达标规划》等文件，20处煤矿达到一级安全质量标准化标准，133处煤矿达到二级安全质量标准化标准，722处开工矿井经验收达到三级安全质量标准化标准，达标率82%。组织制定《黑龙江省建设完善井下安全避险“六大系统”工作规划》、《黑龙江省建设完善煤矿井下安全避险“六大系统”标准（试行）》，召开全省建设完善煤矿井下安全避险“六大系统”推进会议，开展全省煤矿井下安全避险“六大系统”专项督查，全

省煤矿监测监控系统、压风自救系统、供水施救系统和通信联络系统已健全，井下人员定位系统基本建立，紧急避险系统将按国家规定于2013年6月底前完成。组织开展黑龙江省“煤矿安全知识竞赛”，参加国家“煤矿安全知识竞赛”荣获三等奖。实施“万名班组长安全培训工程”，举办矿长培训班11期，培训矿长1106人，培训特种作业人员14708人，培训班组长12350人。恢复成立了省政府煤矿瓦斯防治工作领导小组，推进煤矿瓦斯抽采利用和瓦斯治理工程建设，建立地面抽采系统44处，井下移动抽采系统109处，全省煤矿瓦斯抽采量33763万立方米。龙煤集团完成瓦斯治理重点工程111项，沈煤集团鸡西盛隆公司完成57项，地方煤矿瓦斯治理重点工程完成107项。制定《黑龙江省推进煤矿机械化工作实施方案》，国有重点煤矿采煤机械化程度92.5%、掘进装载机械化程度81.6%；地方煤矿采煤机械化程度21.2%、掘进装载机械化程度42%。

**三、非煤矿山安全生产工作进一步加强**

2月22日，省安监局下发《关于做好非煤矿山复产验收工作的通知》，严格执行开工验收标准，全省1568个非煤矿山企业通过复产开工验收，1084个不具备安全生产条件的非煤矿山未能开工生产。加大整顿关闭工作力度，依法关闭不具备安全生产条件的非煤矿山92个。组织开展非煤矿山安全生产许可证委托发放、防井喷失控防硫化氢中毒等专项检查，查出存在隐患问题企业302个。制定《黑龙江省非煤矿山企业安全标准化评审工作实施办法》，召开专门会议，确定省安全生产协会为安全标准化评审组织单位，并为5个单位承担评审工作，702个企业通过三至五级安全标准化考评。30个已发证或在建地下矿山编制完成“六大系统”设计，623个企业采用深孔爆破技术，机械铲装、机械二次破碎等技术。

**四、积极推进危险化学品和烟花爆竹安全监管**

9月29日，省政府出台《关于进一步加强全省危险化学品和车用燃气安全工作的意见》。2月29日，省安监局印发《关于进一步加强烟花爆竹安全监督管理工作的通知》，强化危险化学品车用燃气和烟花爆竹安全监管，19户烟花爆竹经营企业因不具备安全条件退出市场。组织开展隐患排查整治活动，企业自检自查发现隐患和问题6905项，安全监管部门检查发现隐患和问题7087项，全部隐患和问题已整改13772项，整改率达98.4%，实施处罚123万元，责令36户企业停产停业，暂扣许可证18个，关闭取缔非法企业5户。下发《关于开展危险化学品烟花爆竹企业隐患排查整治工作地市互检的通知》，各市（地）进行随机互检，检查企业92户，发现隐患和问题78项，全部整改完毕。加快危险化工工艺自动控制改造，11个不符合自动化控制要求危险化工工艺装置中，5个改造完成，5个停产整改，1个退出市场。推动化工园区建设，全省6个市（地）共建立12个化工园区。

**五、道路交通安全管理取得新进展**

修订《黑龙江省道路运输企业安全生产管理办法》，实行运管干部包保联系制，219户客运企业、7677辆营运客车建立运管干部包保联系机制。强化达标升级，全省50台车以上客运企业安全标准化考核合格率达90%，二级以上客运站考核合格率达100%。推进GPS动态行驶记录仪安装，5444台危险品运输车、1181台旅游车、12487台班线客车安装了GPS动态行驶记录仪，全省476个企业、136个运管部门、28个公安交管部门安装了GPS监控系统。开展全省道路客运隐患专项整治行动，省安监局、交通厅、公安厅联合印发《关于印发全省开展道路客运隐患整治专项行动方案》，全省排查企业274家、营运车辆17992辆、驾驶员16302人，消除安全隐患和问题1300个。以严厉查处超速、超员、超载、疲劳驾驶等严重威胁道路交通安全的违法行为为重点，全省共开展专项整治612次，纠正违法行为686万次，吊销驾驶证211本，拘留5098人。71个县（区）、490个乡把农村道路交通安全管理工作纳入县、乡社会治安综合治理的考评内容，159个村、镇建立乡镇（村）长、运管站长、农机站长、派出所长和交警中队长五长联动机制，依托交警、农村派出所、农机监理和协警组建农村交警中队240个。

**六、全面推动重点行业领域安全生产管理**

省公安消防总队组织开展消防安全“大排查、大整治、大宣传、大培训、大练兵”活动等消防安全专项整治行动，全省累计检查社会单位11.7万余家，督促整改火灾隐患和消防违法行为2.7万余项，293家重大火灾隐患单位全部整改销案。各地成立150支“消防综合执法救援服务队”，进行消防安全巡逻检查和流动消防宣传，组织扑救初起火灾。省工信委组织召开军工民爆企业安全文化建设交流会，积极推进民爆企业安全标准化工作，3/4民爆企业达到民爆行业安全标准化标准。省质监局对全省特种设备使用单位20157家实行分类监管，严格执行生产单位许可等制度，抽查持证生产单位1157家，查封27家，吊销许可2家，万台设备事故率0.077起。哈尔滨铁路局重点围绕10个方面44项内容开展安全专项整治，大力推进道口“拆并”工作，道口平改立协议已签订14处、开工建设6处，完成3处。11月29日，省安监局下发《关于印发推进全省冶金等工贸行业企业安全生产标准化建设实施方案的通知》，确定冶金等工贸行业二级标准化评审机构6个，冶金等工贸行业446家规模以上企业中，三级以上标准化达标企业322家，达标率为72.2%。省安监局和省农委开展“平安渔业”和“平安农机”示范县创建活动，2个县被评为全国“平安渔业”示范县，3个县被评为全国“平安农机”示范县。

**七、扎实开展职业健康安全监管**

4月29日，省编办下发《职业卫生监管部门职责分工的通知》，6月1日，省安监局与省卫生厅联合发布公告，交接工作，2个地市职能已调整到位，4个地市已先期交接工作。2月24日，省安监局制定下发《黑龙江省生产经营单位职业健康管理规范化制度（暂行）》，设立13项管理制度，进一步规范企业职业健康管理。对19家符合条件的职业卫生检测评价乙级技术服务机构予以换证，组织2次职业卫生检测评价人员考试，对通过考试的257人发放上岗资格证书。采取专家审查报告盲审、数据抽测和溯源追查办法，严格检测评价报告审查。组织2次治理现场会，加强木质家具制造、水泥制造和金属冶炼等重点行业领域384家企业粉尘与高毒物品危害治理，督促整改939项隐患和问题。

**八、安全生产监管执法有效加强**

10月20日，省安全监管局召开建局以来首次全省安全监管依法行政工作会议，进一步规范安全生产法治秩序。全省安全监管系统制定执行安全生产监管执法工作计划，开展安全生产执法行动，检查生产经营单位8410家，查出隐患1.14万项，下达整改指令2440份。7月12日，省安全监管局会同省公安厅、省工商局、省质监局和省电力公司等部门，将属同一法人代表，存在证照过期、管理混乱、公然抗拒执法行为的牡丹江市3家加油站一举查封关闭，各部门依法注销其相关许可，并对其违法行为在媒体曝光，有力震慑非法违法经营行为。2011年度，全省安全监管系统共实施行政处罚4107起，同比增长56.1%，其中，经济处罚3553.5万元，同比增长38.3%，受理群众举报案件419起，查实225起。

**九、应急救援能力进一步提高**

11月21日，省政府应急管理办公室与省安全监管局签订应急联动协调机制协议，建立应对生产安全事故应急联动长效机制，提高突发生产安全事故的防范和处置能力。省安监局制定《黑龙江省矿山救援基地建设方案》，组织编制《省级矿山救援基地装备配备计划》，加强5个省级矿山救援队建设。制定《国家矿山应急救援鹤岗队建设实施意见》，协助国家应急救援指挥中心开展国家矿山应急救援鹤岗队建设。省安委办现场检查确认39项重大事故隐患，公告其中24项，给予专项补助资金2500万元推动26项重大事故隐患项目予以整改。全省844处重大危险源均落实监控措施，89815家企事业单位参加事故隐患排查治理，排查事故隐患140665项，整改136725项，整改率97.2%，累计落实隐患治理资金13682.1万元。全面开展应急资源数据库录入工作，全省编制各类安全生产应急预案43万部，修订完善2170部，6685部在安监部门备案，录入数据库应急预案3935部。组织开展安全生产应急演练7500余次，大规模综合性应急演练32次，参与人员达百万人次。投入810万元支持8个市（地）应急救援平台建设。成功组织七台河市勃利县“8·23”恒太煤矿、双鸭山市宝山区“9·27”天隆矿业透水事故抢险救援，将七台河市“8·23”事故抢险救援情况编印制作画册和电视片《生命救援的奇迹》，积极推广宣传事故成功抢险救援经验。

**十、不断强化教育培训和科技保障等基础建设**

省安监局组织6期全省安全监管人员和相关企业人员业务知识视频讲座，培训4236人次。指导组织全省37家培训机构举办各类安全培训班1969个，培训“三项岗位”人员8.7万余人。组成4

个专项检查组开展安全培训机构和生产经营单位培训专项检查，促进培训质量不断提高。举办2期安全培训机构师资班，186人取得安全培训教师资格证。组织2期注册安全工程师继续教育，268名注册安全工程师进行继续教育。充实调整专家组，增加职业健康安全专业领域专家，由6个行业扩大到7个行业，由108人增加到243人，各行业专家大学本科以上学历人员占85%以上，高级工程师占98%以上。加强劳动防护用品和安全评价机构建设，检查劳动防护用品生产、经营、使用企业5652个，下达整改指令2785份，对省内11家、外省13家安全评价机构进行检查，发现整改问题30项。

**十一、积极稳妥推进安全生产责任保险**

1月7日，省安监局、省金融办、省煤管局和黑龙江保监局联合出台《黑龙江省推进高危行业安全生产责任保险工作方案》，在煤矿、非煤矿山、危险化学品和烟花爆竹等高危行业积极稳妥地推进安全生产责任保险。确定省安全生产协会为保险代理单位、中国人民财产保险公司为前期承保公司，将煤矿、非煤矿山、危险化学品和烟花爆竹4个高危行业细化分为24类，初步确定了全省统一的保险费率标准。全年签发保单254笔，保费收入211万元。

**十二、广泛开展安全生产宣传和安全文化创建活动**

扎实开展“安全生产月”活动，5月30日“启动日”，在《黑龙江日报》发表副省长徐广国《扎实开展“安全生产月”活动促进安全生产形势持续好转》署名文章。6月12日，副省长徐广国参加省和哈尔滨市组织的“宣传咨询日活动”，省安委办领导分别参加市（地）活动。6月27日，省和哈尔滨市安监局举办“唱红色歌曲、迎建党90周年‘生命之歌’”演唱会，2000多人观看。组织开展“安康杯”竞赛、“青年安全生产示范岗”和落实企业安全生产主体责任知识竞赛等活动。在2011年全国“安全生产月”活动总结交流会议上，我省荣获全国“安全生产月”活动优秀组织奖。积极开展安全文化企业创建活动，大庆石化塑料厂和北车集团齐车分公司被国家安全监管总局授予“安全文化建设示范企业”称号。加大重点工作宣传报道力度，在《黑龙江日报》刊登稿件111篇，在《人民日报》、人民网和新华网发布新闻和消息39篇，省安委办与省广播电台共同撰写的《双鸭山“打非”成绩斐然》新闻稿被国家安全生产月组委会评为“全国安全生产月好新闻”一等奖。组织黑龙江日报、省广播电台、省电视台、东北网、中国安全生产报等7家媒体先后开展2次集中采访报道活动，相关报道被人民网、新华网、凤凰网等境内外30多家媒体转载，《佘洪海班组：用安全书写矿区骄傲》稿件在12月3日《黑龙江日报》头版头条刊登。加强黑龙江省安全生产信息网和《都市安全》杂志宣传平台建设，省安全生产信息网发布信息2800余条，被省政府网站采用1000余条，报送信息数位列省直厅局48个统计单位第一名，采用数量位列第二名。

**十三、安全监管队伍素质进一步提升**

全省13个市（地）、55个县（市、区）和省农垦总局9个管理局成立安全生产行政执法机构，配备执法人员420人。省安监局组织2期安全监管人员执法资格培训，全省600余名市县级安全监管部门工作人员和部分乡镇（街道）专兼职安全监管人员参加培训。开展党风廉政教育活动，制定《黑龙江省安监局党组贯彻执行〈关于实行党风廉政建设责任制的规定〉实施办法》，5月27日，在大庆市召开全省安全监管系统党风廉政建设工作会议，首次签订《党风廉政建设责任状》和《政风行风建设责任状》。开展反腐倡廉“警示教育周”活动，党员干部对照《廉政准则》撰写心得体会，深刻剖析违法案例，用身边事例警示和教育全体干部。加强监管队伍作风建设，深入开展“创先争优”和“争做安全发展忠诚卫士”活动，学习先进人物事迹、表彰先进典型，全省安全监管系统形成积极进取、争先创优的良好氛围。

# 上海市安全生产工作综述

2011年，全市共发生各类事故8311起，死亡1284人，同比分别下降0.32%和11.23%。发生一次死亡3～9人较大事故14起，死亡（失踪）55人，同比分别下降36.36%和38.2%。发生1起重大道路交通事故，死亡12人。道路交通、火灾、铁路交通、工矿商贸企业、农业机械5类事故死亡1250人，占国务院安全生产委员会下达的控制指标的91.58%。亿元GDP生产安全事故死亡率为0.065，工矿商贸十万就业人员生产安全事故死亡率为2.41，道路交通万车死亡率为3.8，均控制在国务院安全生产委员会下达的指标范围内，全市安全生产形势总体稳定受控。

## 一、健全法制机制体制，引领安全发展

### （一）加强安全生产法制建设

组织对2005年1月6日颁布的《上海市安全生产条例》进行修订，实现安全与经济社会同步规划、同步实施、同步发展。新《条例》于9月22日市第十三届人大第二十九次会议审议通过，2012年1月1日正式施行。新《条例》共7章74条，力求突破和创新，增强系统性、实用性和可操作性，明确安全生产综合监管的内涵；明晰各部门安全生产监督管理职责分工，进一步完善了安全生产监管体系；创新监管方式，突出每年确定重点单位及编制执法计划，各部门对重点单位实施重点监管等；强化生产经营单位主体责任和政府监管责任；强化重大隐患治理、危险化学品布局调整、推行和扩大安全生产责任险、加强事故预防等安全生产保障措施；强化了生产经营单位的主体责任、危险化学品行业监管、重点监管单位实施重点监管以及对重点人员的重点管理等4项内容，是新形势下安全生产工作的重要法律依据。11月8日，组织召开了《条例》全市宣传贯彻电视电话会议。12月3日，举办了全市党政领导干部学习贯彻《条例》专题培训班，市委副书记、市长韩正强调，搞建设、谋发展，必须坚持把安全放在第一位，并对坚持安全发展、贯彻落实《条例》提出明确要求。制定出台《关于对外省（市）甲级安全评价机构在我市开展安全评价活动实施备案的通知》、《关于印发上海市危险化学品从业单位安全生产标准化评审工作实施办法的通知》等规范性文件。

### （二）加强安全监管机制建设

首先，市委、市政府高度重视安全生产，高屋建瓴，统筹全局，引领安全发展。市委将九届市委十五次全会主题确定为“城市运行安全和生产安全”，制定出台了《关于进一步加强城市运行安全和生产安全工作的意见》，坚持“以人为本、安全为先、管理为重”的方针，确定了2011—2012两年全市加强城市运行安全和生产安全的45项重点工作，为上海实现创新驱动、转型发展和建设和谐社会营造良好环境。市人大、市政府、市政协从“火灾消防、建设工程、交通运行、设施保障、安全生产”等5个专业领域和体制机制法制方面平行开展了城市运行安全和生产安全调研。市安全生产委员会办公室根据国务院有关文件精神，对《上海市安全生产委员会委员单位安全生产工作职责规定》（2008年）进行了修订。6月17日，市人民政府批转印发《上海市安全生产委员会成员单位安全生产工作职责规定》，进一步明确了各成员单位安全生产工作职责，充分发挥市安全生产委员会在全市安全生产工作中的统筹、协调和组织作用。大力推行“一岗双责”，建立健全各级领导班子全员安全生产责任制，坚决执行重大生产安全事故“一票否决制”。认真编制执法计划和执法手册，规范安全生产行政执法的程序、内容和要求，做到监察行为规范、监察内容标准、监察程序合法。探索研究企业安全生产与信用挂钩制度，探索将企业安全生产诚信状况纳入全市企业信用体系。建立全市危险化学品安全监管联席会议制度和职业病防治工作部门联席会议制度。

### （三）加强安全监管体系建设

加大攻坚突破力度，在加强全市安全生产执法机构队伍建设、夯实安全生产基层基础建设，严格安全生产执法等方面取得突破。7月18日，市政府召开常务会议审议通过市安全监管局《关于加强安全生产执法机构队伍建设、严格安全生产执法的报告》。10月18日，市编制委员会下发《关于同意调整上海市安全生产监督管理局内设机构、人员编制和领导职数的批复》，市安全监管局人员编制由85名调整为100名，内设机构扩至10个。“创新管理、流程再造”，按照事前执法与事后查处相对独立的原则，进一步厘清市安全监管局内部职责分工，将行政执法检查、行政处罚、行政强制、执法监督等职能相对集中，成立执法监察处，统一承担安全生产监察执法职能。在此基础上，积极完善区县、乡镇街道和产业园区的安全生产执法机构，充实相应人员力量。按照“突出重点、上下联动、以点拓面、全面覆盖”的原则，正确定位市、区县安全生产执法机构的关系，明确市、区县执法机构的工作内容、方式、目标、要求。

**二、多措并举狠抓重点，夯实监管基础**

（一）危险化学品安全监管工作有突破

制定《关于进一步加强本市危险化学品安全监管的工作方案》，明晰相关监管部门职责、任务，对2011—2012年全市危险化学品安全监管工作进行全面部署。大力推进危险化学品行业布局优化和产业结构调整，年内完成88家非工业园区危险化学品生产、储存企业布局调整，落实市级财政专项补贴资金1.66亿元，减少危险化学品生产、使用、储存当量34.3万吨，按照2012年底前全面完成布局调整工作的目标全力抓推进、抓落实。启动《上海市禁止、限制、控制危险化学品目录》（第一批）制定工作，加强重点品种生产、储存、经营、使用、运输全环节管控，积极探索政府管理社会的新方法、新举措、新思路，全面提升城市安全管理能级。执行各项危险化学品行政许可和备案，加强行政许可事项改革和信息化建设，实现行政许可“网上受理、即时查询”。全年共完成128个危险化学品建设项目设立审查，112个项目安全设施设计审查和85个项目安全设施竣工验收。新颁发、延期、变更危险化学品安全生产许可证260张（累计646张），新颁发、换证及变更危险化学品经营许可证2652张（累计6480张）。组织开展危险化学品重大危险源辨识、登记，完成85个市级危险化学品重大危险源登记、备案。贯彻落实高危行业安全生产风险抵押金制度，深入推进危险化学品安全责任保险试点，至年底全市累计投保企业达2182家，累计保费3394.3万元，承担风险保障金额达100亿元。

（二）职业卫生监管工作有进展

市安全监管局在2010年基础上继续开展作业场所职业危害申报，掌握重点行业领域存在职业危害现象的用人单位情况（包括企业基本情况、生产基本情况、职业危害因素、接触危害因素人员管理等情况），建立用人单位作业场所职业危害信息基础数据库。至年底，全市完成职业危害申报备案企业12139家，接触职业病危害因素的劳动者近45万人。开展木质家具制造企业职业病危害专项治理，委托职业卫生技术服务机构对126家木质家具制造企业进行职业病危害因素现场检测，对不合格单位提出责令整改要求。针对“苹果”代工企业正己烷中毒事件和浙江铅蓄电池生产企业出现的血铅超标事件，开展存在正己烷和铅蓄电池生产、处置企业的专项治理，对已申报的51家存在正己烷的企业、7家在生产的铅蓄电池生产、处置企业进行专项检测，对7家检测结果超标的单位发出责令整改通知。开展用人单位负责人职业卫生培训工作，将用人单位负责人职业卫生培训纳入现有的用人单位负责人安全生产培训考核体系，组织40家安全生产培训机构的300多名教师进行2次职业卫生师资培训和考核。对全市27家职业卫生技术服务机构和外省市3家职业卫生技术服务机构进行登记备案。

（三）事故救援查处工作有亮点

全年共受理市直接监察单位和较大生产安全事故15起，建议给予行政处分18人，其中行政部门领导人4人，生产经营单位主要负责人4人。移送追究刑事责任21人。对事故责任单位行政处罚罚款373.45万元。严格按照“四不放过”原则，以严肃认真的态度，实事求是、依法依规，妥善做好了浦东新区“9·14”重大道路交通事故、地铁10号线“9·27”事故、上海赛科石油化工有限责任公司“9·8”火灾事故等事故的调查处理，并提出了事故防范和整改措施。制定了《上海市生产安全事故应急预案备案程序》和《关于加强危险化学品单位应急预案管理的通知》，全年完成1081个生产经营单位应急预案备案。编制了《典型危险化学品事故应急处置程序》，提出了《本市危险化学品应急救援器材标准配置及布点建议》，加强重点行业应急管理。加强应急演练工作，积极开展应急预案演练周活动，组织"吴泾化工基地危险化学品泄漏事故应急处置综合演练"和"上海市安全生产应急救援队区域性应急救援演练"，进一步检验了应急预案成效，提高了应急救援队伍协同和区域作战能力。

（四）安全生产执法监察工作有成效

各级安全监管部门始终保持了执法检查高压态势，全年共检查生产经营单位166050家，检查399774次。查出一般隐患并要求整改297456项，实际完成整改285144项，隐患按期整改率95.9%。实施罚款956次，其中，事前处罚610次，事故处罚346次。全年罚款金额3356.9万元，其中，事前罚款566.5万元、事故罚款2790.4万元，实际收缴3175.72万元，实际收缴率94.6%。责令停产整顿生产经营单位27家。

（五）安全生产各项基础工作有提高

安全生产培训方面，全年共培训农民工33.426万名，完成预定目标的111.42%，年度农民工因生产安全事故死亡225人，同比下降3.01%；完成52家培训机构的资质审查，对10家不具备安全生产培训条件的机构注销其培训资质；全年培训发证特种作业人员208668人次，生产经营单位负责人21479人次、安全生产管理人员35085万人次，危险化学品企业负责人3155人次、危险化学品企业安全生产管理人员5271人次、危险化学品安全生产其他从业人员24988万人次。

安全生产宣传教育方面，以经常性的正面引导、案例教育扩大宣传教育的覆盖面和影响力，全年在搜狐、新浪等9家门户网站及《解放日报》、《文汇报》等7家报纸共计播发全市安全生产工作信息267篇（次），上海电视台新闻综合频道播出4次，并做好突发事件媒体应对和舆情收集工作。

安全生产标准化建设方面，至年底全市有3家企业通过安全生产标准化一级企业核准，119家企业通过二级企业核准，253家企业通过三级企业核准。

安全生产规划科技工作方面，编制《上海市安全生产"十二五"规划》，共提出10项重点工程，33个子项目；组织建设"上海市职业危害检测与鉴定实验室"和"上海市非煤矿山安全和重大危险源监控实验室"，2011年11月正式挂牌；组织完成《工业防护镜》等3个国家标准以及《上海市安全评价机构管理体系规范》等5个标准项目的研究；开展安全生产"百项"先进适用技术和"千项"新型实用产品的推广遴选工作，向国家安全监管总局推荐上报先进技术成果12项、新型实用产品参选项目11项，确定了3项国家标准制定和5项地方标准研究，共有11项科技成果荣获"第五届安全生产科技成果奖"。

安全社区建设方面，全市累计建成国际安全社区15个、全国安全社区30个、上海市安全社区43个，共计111个社区启动了创建工作。

**三、综合监管协同联动，营造城市安全氛围**

（一）强化监管推进安全生产责任落实

在落实政府监管职责方面，充分发挥市安委会办公室综合监管平台作用，通过安全生产责任书签约、安全生产控制指标分解下达、安全生产履职考核、综合督查抽查等多种方式，切实落实安委会成员单位、区县政府安全生产监管职责，努力形成安全生产分工协作、齐抓共管的工作格局。

在落实企业安全生产主体责任方面，组织各区县、各行业（系统）层层签约，深化对从业人员的安全告知、安全承诺与践诺活动，将责任层层落实到单位、班组和员工。严格落实上海市行业（系统）、市直接监察单位履职考核办法，加大安全生产考核力度。加强企业领导干部和安全生产管理人员安全培训。

（二）合力攻坚重大事故隐患治理

全市全年共排查企业332861家，排查隐患318646项，完成整改309683项，整改率97.1%。针对12项市级督办治理的重大事故隐患，各责任单位制定整改方案，落实整改资金，推进隐患治理；有关区县政府、市政府有关部门协同联动，加强跟踪督办，至年底所有隐患全部落实整改。其中，青浦区徐泾镇诸光路1079号出租厂房"三合一"重大事故隐患项目投入资金250余万，重大隐患基本得到消除；危险化学品企业布局调整项目完成调整88家，超目标完成（计划调整66家）；吴淞导堤使用年限超百年安全系数低于规范要求隐患项目落实300万检测经费，导堤检测与分析年度整治目标基本实现；长江隧桥、外环隧道危险品运输车辆违规通行隐患项目阶段性治理目标基本实现；沪闵路闵行段道路交通危险路段隐患、水产集团水厂制水使用液氯隐患、闵浦大桥下层雨雪冰冻难化可能造成车辆失控隐患、青浦区徐泾镇蟠龙路388号出租厂房“三合一”隐患等均基本得以消除。

（三）齐抓共管深入开展“打非治违”专项行动

按照国务院安委会《关于开展严厉打击非法违法生产经营建设行为专项行动的通知》和上海市《实施方案》要求，全市各相关部门、各区县、各单位集中开展专项整治，重点打击交通运输、建筑施工、危险化学品、烟花爆竹、民用爆炸物品、冶金等行业领域非法违法生产经营建设行为。安全监管、公安（消防）、建设、交通港口、铁路、水上交通、质量技监等部门共查处各类非法违法行为208485起，其中无证、无照、证照不全从事生产经营44418起；关闭取缔后又擅自建设、生产、经营的17318起，违反建设项目安全设施“三同时”规定的14起，不按规定进行安全培训或无证上岗的2770起，其他非法违法行为143943起。

# 江苏省安全生产工作综述

2011年，全省各地、各部门坚决贯彻落实党中央、国务院和省委、省政府的决策部署，紧扣科学发展主题和转变经济发展方式主线，继续深入开展“安全生产年”活动，狠抓安全生产责任和措施的落实，全省安全生产形势继续保持总体稳定态势。2011年全省共发生各类生产安全事故18708起、死亡5520人，同比分别减少851起、163人，下降4.35%和2.87%，事故起数和死亡人数已连续10年实现“双下降”。全省共发生较大事故45起、死亡203人，同比分别减少17起和40人，下降27.42%和16.46%，较大事故起数占国家下达控制指标的76.92%。亿元GDP生产安全事故死亡率、煤炭百万吨死亡率、工矿商贸十万就业人员生产安全事故死亡率、道路交通万车死亡率等四项反映安全发展水平的主要相对指标均未突破国家下达的控制目标，部分指标处于全国领先地位。具体表现在以下几方面。

**一、坚持治理隐患、预防事故，大力推进重点行业领域隐患排查治理**

各地深入组织开展交通运输、建筑施工、工业、消防、矿山等行业领域安全生产大检查，全面系统排查安全隐患，层层挂牌督办整治重大隐患。深入开展“清剿火患”战役、“三超一疲劳”、道路上跨铁路桥梁安全等专项整治，积极推进区域联防联控和综合治理。对水患严重的徐州东部矿区6对矿井实施了整体关闭，妥善安置职工8500多人。全省所有27家烟花爆竹生产企业全部关闭退出。全省共排查出安全隐患632325条，已整改579386条，整改率达91.63%。

**二、坚持依法治安、规范秩序，严厉打击非法违法生产经营建设行为**

健全“打非”工作责任体系，确保“打非”责任落实到县乡政府，关闭措施落实到生产现场，惩处手段落实到实际控制人。完善联合执法、跟踪查处机制，按照“四个一律”的要求，对无证无照或证照不全、关闭取缔后擅自恢复生产、拒不执行停产整顿指令等典型非法违法行为，依法加大打击力度，对规范经济秩序、有效预防事故发挥了重要作用。2011年，仅各级安监部门就检查生产经营单位47万多个，使用各类执法文书9.3万余份，责令停产停业生产经营单位1454家。

**三、坚持完善制度、夯实基础，不断提高企业和全社会的本质安全水平**

稳步推进企业安全生产标准化工作，2011年底，全省所有煤矿企业均按时达标。进一步健全高危行业企业安全生产费用提取使用、主要负责人风险抵押金和责任保险制度，引导企业加大安全投入。道路交通“3·20”监控系统、城市“地下管网数字化工程”、“金安”工程建设步伐加快。修订完善了多个行业领域安全生产应急预案，加强了应急联动机制和实训演练，与国家安全监管总局成功举办南京市化工园区重大化工事故应急演练。

**四、坚持注重教育、深化宣传，不断提高各类人员的安全意识和应急防范本领**

大力开展领导干部安全责任意识教育，省委组织部与省安监局首次联合举办了全省县（市、区）政府分管领导参加的安全生产专题研究班。一年来，全省共培训企业负责人、安全管理人员和特种作业人员 58.32 万人次、监管执法人员 1621 人。深入开展"安康杯"竞赛以及"平安畅通县区"、"平安渔业"、"安全文化示范企业"、"安全社区"创建活动，着力培育富有江苏特色的安全文化。

**五、坚持严格责任、严肃法纪，切实加大事故查处和责任追究力度**

按照"四不放过"和科学严谨、依法依规、实事求是、注重实效的原则，认真查处每一起事故，严肃追究相关责任人，起到了良好的教育警示作用。省政府负责查处的 3 起重大事故，2011 年底结案 2 起，9 人被追究刑事责任，20 人受到党纪政纪处分；省安委办挂牌督办的 20 起较大事故，2011 年底结案 15 起。严格安全生产年度目标考核责任制，对 2011 年辖区内发生重大事故的市实行"一票否决"，对主管行业领域内发生重大事故的省级部门考核成绩降低 1～2 个等次。

# 浙江省安全生产工作综述

2011 年，全省各地、各部门和单位深入贯彻落实党中央、国务院关于加强安全生产工作的重要决策部署，紧紧围绕省委实施"创业富民、创新强省"总战略，牢固树立以人为本、安全发展理念，认真贯彻落实国务院《关于进一步加强企业安全生产工作的通知》（国发〔2010〕23 号）和《关于坚持科学发展安全发展促进安全生产形势持续稳定好转的意见》（国发〔2011〕40 号）精神，继续深化"安全生产年"活动，深入开展"一打三整治"和安全生产大检查活动，进一步落实企业安全生产主体责任，强化基层基础工作，提高安全保障能力，提升安全监管水平，安全生产工作取得了一定成效，全省安全生产总体形势持续稳定好转，连续第八年实现了省政府提出的安全生产 3 个"零增长"目标。2011 年，全省共发生各类事故 24406 起、死亡 5904 人、直接经济损失 40478.9 万元，同比分别下降 7.0%、5.1% 和 5.7%。

**一、以科学发展观为统领，进一步加强对安全生产工作领导，推进安全监管责任落实**

近几年，省委、省政府高度重视、切实加强对安全生产工作领导，始终把安全生产工作摆在更加突出位置，作为贯彻落实科学发展观和"平安浙江"建设的重要任务，做到安全发展不动摇、防控事故不放松。"7·23"甬温线特别重大铁路交通事故发生后，省委、省政府主要领导同志亲自召开专题会议，听取相关汇报，研究部署安全生产工作；各地、各有关部门和单位主要负责同志也亲临一线动员、部署和检查安全生产工作，在全社会营造了党委、政府领导齐抓共管安全生产工作良好氛围。各地、各有关部门根据安全生产目标责任制考核指标，按照"谁主管谁负责"以及分级管理和属地管理的原则，进一步细化量化安全生产考核指标，以签订责任书形式，把安全生产责任逐级落实到基层和负有监管职责的相关部门，进一步强化各级政府及其部门监管职责。同时，各地还进一步完善了安全生产警示制度和诫勉谈话制度，对事故高发、多发的地区采取红黄牌警告、上级领导约谈等措施，督促各级政府落实安全生产责任。如针对台州、丽水 2 市工矿事故多发的现状，省安监局下发事故警示函，要求采取相关措施，进一步遏制工矿事故多发的势头。

**二、以加强和创新社会管理为契机，进一步强化基层基础工作，推进企业主体责任落实**

2011 年，各地、各有关部门积极采取措施，通过开展安全生产诚信机制建设、安全标准化创建、企业分类管理、安全宣传教育等活动，进一步落实企业安全生产主体责任。

一是积极探索推进企业安全生产诚信机制建

设。根据省发改、安监等12部门《关于开展企业安全生产诚信机制建设的指导意见》，各地、各有关部门按照积极推进、稳步实施的原则，切实加强企业安全生产诚信机制建设。通过对企业的安全生产条件、管理状况和兑现承诺的信用程度进行综合评估，确定企业的安全分类等级状况，然后按照相对应的政策给予支持或限制，有力地推进企业安全生产主体责任落实。各市也出台相关配套文件、评估细则，积极部署开展企业安全生产诚信机制建设工作。全省各地开展安全生产诚信机制建设考核企业有6万多家。为严肃追究生产安全事故责任，接受社会监督，依据《生产安全事故报告和调查处理条例》和《浙江省安全生产条例》，省安监局公布了2011年发生2次以上（含）死亡事故责任企业和一次死亡2人及以上生产安全事故责任企业名单28家。各市也公布了一批“黑名单”企业，让全社会对企业安全生产工作进行监督，进一步促进企业落实安全生产主体责任。

二是深入开展企业安全标准化创建工作。根据国务院安委会的工作部署，结合全省实际，制定下发了《浙江省推进企业安全生产标准建设实施方案》，对开展安全标准化工作提出了具体工作目标和工作任务。省安监、质监、电力、建设等部门积极配合，制订相关行业地方标准，进一步规范标准化工作开展。各地也积极采取激励措施，对于达到市级或省级以上标准化企业，给予一定的奖励，将安全生产标准化创建与企业经济利益挂钩，形成安全标准化创建激励和约束机制，提高企业开展安全标准化的主动性和积极性。全省已有2710家企业获得安全标准化达标企业称号。

三是实施分类和网格化管理。针对全省量大面广的中小企业和基层安全监管力量不足的现状，各地、各有关部门创新监管方式，将乡镇、街道划分成若干个责任区，加上相关部门直接监管的责任区块，形成一个纵横交错、责任明晰的安全生产网格化责任体系，确保监管没有盲区。为进一步提高基层安全监管工作效率，各地根据“巩固A类，提高B类，重点整治C类，压缩淘汰D类”的原则，对企业实施分类管理。同时将分类评估工作与开展安全生产诚信机制有机结合起来，进一步推进企业安全生产主体责任落实。

四是深入开展安全宣传教育活动。省宣传、安监、公安等7部门积极开展“全国安全生产月”活动，通过举办咨询日活动、演讲比赛、知识竞赛、摄影比赛等活动，进一步提高全民安全素质和意识；与此同时，还积极加强与主流媒体的沟通合作，继续在《浙江日报》、《浙江工人日报》开办安全生产宣传专栏专题，加强对安全生产工作的宣传；与浙江电视台合作，编辑、制作安全生产公益宣传广告，在黄金时段播出，进一步提高全民安全意识。同时坚持每星期向全省高危行业企业负责人、安全管理人员发送安全短信。全省各级安全监管部门还积极开展安全生产知识培训教育活动，制定了全年的培训计划，抓好安全生产全员培训工作，尤其是加强对外来务工人员和农民工的培训。2011年，全省对生产经营单位三类人员安全生产培训考核发证36万多人次，其中生产经营单位负责人110054人次，安全生产管理人员139848人次，特种作业人员112054人次。

**三、以深化重点行业领域安全专项整治为重点，进一步提升事故防控能力，遏制较大事故多发态势**

一是开展“一打三整治”专项行动。为贯彻落实国务院安委会“打非”专项行动工作部署，遏制较大事故多发的势头，确保全省安全生产形势稳定，4月29日，省政府召开安全生产工作电视电话会议，部署开展全省“一打三整治”（即严厉打击非法违法生产经营行为，重点在道路交通、消防、水上运输和渔业船舶3个领域开展安全专项整治）专项行动。省级有关重点行业领域主管部门制定出台各自行业领域的打非或整治工作方案并积极组织实施。各地和有关部门按照省里的部署和要求，紧密联系各自实际情况，及时制定“一打三整治”专项行动实施方案，进一步明确了本地区、本行业领域的整治重点和工作要求，并及时召开专题会议进行专项部署，逐级分解落实责任，精心组织、层层落实、强力推进，确保了“一打三整治”专项行动深入开展。据不完全统计，在开展“一打三整治”专项行动期间，全省共检查企业185728家次，查处非法违法行为1679654条，停产整顿1182家，关闭取缔1778家，对9485家企业实施行政处罚，罚款35646万元。

二是开展重点行业领域专项整治。根据国家有关部委工作部署，结合工作实际，公安、交通运输、安监、建设、消防、海洋与渔业等部门相互协作，积极开展了道路客运隐患整治、建筑施工预防坍塌事故、机械行业防止“触电、物体打击、高处坠落”事故、建筑消防设施、渔船“三救”设备、危险化学品和烟花爆竹等重点行业领域专项整治，进一步提升了重点行业领域事故防控能力和水平。

**四、以隐患排查整治为抓手，进一步强化隐患治理和源头管理，优化全省安全生产环境**

全省上下始终牢固树立“隐患就是事故”理念，紧紧抓住事故多发的重点行业、重点部位和重点环节，大力开展安全隐患排查和整治，着力将安全事故消除于萌芽状态。

一是全面开展安全生产大检查。为认真贯彻落实国务院和省委、省政府工作部署，深刻吸取“7·23”甬温线特别重大铁路交通事故教训，彻底扭转各类生产安全事故多发的被动局面，全省开展了以“三查、四促、两保”为主要内容的安全生产大检查。各地、各有关部门和单位高度重视此次大检查工作，成立大检查活动领导小组，全方位开展隐患排查整治，落实生产安全各个环节防范措施，不放过任何一个漏洞；对能及时整改到位的事故隐患，立即采取措施确保事故隐患整改到位；对暂时不能整改的事故隐患，切实做到整改措施、责任、资金、时限和预案“五落实”；对不具备安全生产条件的企业，依法坚决予以关闭。8月底与10月初，由省领导及有关厅局领导带队，2次组织督查组对各市县、各有关部门大检查活动的进展、实效及落实重点工作、治理重大隐患等情况进行督查。通过全省上下开展为期2个月的大检查，消除了一大批事故隐患，进一步优化全省安全生产环境，为实现全年安全生产工作目标打下了坚实基础。

二是持续开展事故隐患排查治理工作。为使“安全生产年”深化隐患排查治理活动深入开展，全省工矿商贸、道路交通、海洋与渔业、建筑施工、民爆器材等行业主管部门制定下发了隐患排查整治专项方案，督促企业落实安全生产主体责任，扎实推进隐患排查治理工作，有效消除事故隐患，预防和减少各类生产安全事故的发生。据不完全统计，2011年我省共排查治理隐患企业（设施）891838家（处），排查出一般隐患1620288项，完成整改1590964项，整改率98.2%；排查出重大隐患2215项，完成整改2022项，整改率91.3%。对未完成整改的事故隐患，都落实了相应的措施（停产整顿、部分停产等）。另外，省安委会办公室公布了2011年度23家省级工矿商贸企业重大事故隐患整改名单；省安监、公安、交通运输等3部门公布了2011年度28处道路交通事故黑点（段）、72处临水临崖高落差危险路段；省政府办公厅还公布了2011年度17家重大火灾隐患整治单位名单。省安委办结合安全生产大检查、督查工作，对各级政府挂牌的重大事故隐患整改情况进行了督查，确保事故隐患按时整改到位。

三是加强安全生产源头管理。根据《浙江省建设项目安全设施监督管理办法》，全省各地、各有关部门着力抓好重点建设项目和高危行业建设项目的“三同时”监管，积极做好新、改、扩建项目的“三同时”监管，从源头减少事故隐患生产。同时，各地充分利用重大危险源监管信息系统平台，积极推进重大危险源登记备案工作，提高了重大危险源应急救援的针对性和有效性。全省已注册重大危险源企业642家，通过登记备案企业568家，占重大危险源注册企业数的88.5%；全省重大危险源共有698个，纳入重大危险源监管系统平台的有620个，占总数的88.8%。

**五、以实施科技兴安为支撑，进一步强化安全生产保障能力，提高安全本质水平**

各地、各有关部门和单位以加大安全投入为着力点，以科技兴安为导向，积极引导企业采用先进适用的安全技术，进一步提高企业安全本质水平和保障能力。

一是推广应用危化品生产自动化安全控制系统和事故紧急停车系统。从2010年起连续3年，省政府每年安排1000万专项资金鼓励支持危化企业技术改造，应用自动化控制系统，提高企业保障能力和本质水平；同时各市、县（市、区）两级财政也安排一定配套资金给予支持；全省安监系统充分利用专项资金的导向作用，通过政策引导、资金支持和行业鼓励等手段，突出危险工艺装置，积极引导危险化学品生产企业开展自动化紧急停车和事故联锁自控系统的应用改造。截至目前，已有79%以上的企业安装自动化紧急停车系统。

二是继续加强中深孔爆破技术的推广应用。在全省非煤露天矿山继续大力推广中深孔爆破开采技术，所有的矿山和采掘施工企业淘汰了导火索和火雷管，并推广使用液压冲击破碎器；部分尾矿库实行生产作业现场视频监控，矿山机械化程度明显提高，促进了矿山企业安全作业。

三是推广道路运输动态监管工作。在全省运输危险化学品、烟花爆竹、民用爆炸物品的道路专用车辆，旅游包车和客运车辆积极推广应用行车记录仪和 GPS 定位装置，促进重点车辆运营安全。省安监、公安、交通运输、经信等部门在温岭、宁波分别召开道路运输动态监管和危险化学品运输车辆安全监管现场会，推进动态监管相关工作深入开展。进一步完善了渔船安全救助信息和防碰撞系统，提高全省渔船安全救助水平，极大地减少了渔船碰撞事故的发生。

**六、以建立健全联合执法机制为导向，进一步形成齐抓共管的安全生产工作格局**

全省负有安全生产监管职责的各有关部门充分发挥行业监管优势，进一步加强协调配合，形成工作合力。安监、公安、消防、交通运输、建设、海洋与渔业等有关部门积极协调，在专项整治、联合执法、苏浙沪危险化学品运输联控机制、打非等重点工作，相互配合，共同推进，把各项工作落到实处；同时进一步完善了安委办联络员例会制度，及时通报重点工作进展情况，针对安全生产监管工作出现的新情况，研究相关对策措施，相互配合，齐抓共管。安监、公安、检察、监察、总工会等有关部门密切配合，严肃重大事故的查处工作，加强了安全监管工作力度。各地也紧密结合本地实际，抓住影响当地安全形势稳定的主要方面和重点，在建立联合执法机制方面进行了大量有益的探索，有力促进了安全生产各项工作。

# 安徽省安全生产工作综述

2011 年，全省各地区、各部门和各单位牢固树立科学发展安全发展的理念，做了大量富有成效的工作，以强化落实企业主体责任和政府监管责任为主线，以“三深化”、“三推进”为主要内容，深化和落实“安全生产年”各项工作措施，全省安全生产的总体形势平稳好转，实现了年初确定的工作目标和任务，实现了安全生产“十二五”工作的良好开局。编制完成了安徽省安全生产“十二五”规划，并经省政府常务会议审议通过，主要标志是：一是各类生产安全事故死亡人数同比下降。据统计，2011 年，全省各类事故死亡 3267 人，同比下降 2.3%。其中，道路交通事故死亡 2758 人，同比下降 1.8%；火灾事故死亡 30 人，同比下降 14.3%；工矿商贸事故死亡 384 人，同比下降 1.5%；农业机械事故死亡 3 人，同比下降 25%；铁路交通事故死亡 86 人，同比下降 15.7%；渔业船舶、农电没有发生事故；民航飞行没有发生事故和事故征候。绝大部分市和重点行业领域安全生产形势持续稳定好转。全省没有发生一次死亡 10 人以上的重大事故。控制指标实施情况良好。亿元 GDP 生产安全事故死亡率、工矿商贸十万就业人员生产安全事故死亡率、道路交通万车死亡率和煤矿百万吨死亡率持续下降，各项指标均在国务院安委会下达的安全生产主要控制指标之内。大多数市政府较好地完成了省政府安委会下达的安全生产主要控制指标，有 12 个市在 2011 年度安全生产目标管理考核中被评为先进单位，4 个市被评为良好单位；国投新集、淮南矿业和皖北煤电集团公司被评为先进单位。2011 年，我们突出抓了以下 9 个方面的工作。

**一、认真贯彻落实国务院和省委、省政府关于安全生产工作的决策部署，在强化安全责任的落实上有新成效**

省委、省政府高度重视安全生产工作，按照党中央、国务院关于加强安全生产工作的重要决策部署，结合全省实际，及时对安全生产工作作出部署安排。省领导多次对安全生产工作作出重要指示和批示，省长主持召开省政府安委会全体会议，并在省政府常务会上多次研究部署安全生产工作。各级、各有关部门都制定和出台了一系列与之相配套的措施和办法。针对2011年9月全省道路交通、建筑施工、煤矿、火灾接连发生较大事故的严峻形势，省政府及时召开全省安全生产紧急电视电话会议，省长主持召开省政府安委会第三次全体（扩大）会议，部署采取强有力的过硬措施，坚决遏制较大事故多发。省政府作出了《关于切实加强重点行业和领域安全生产工作的决定》，从牢固树立安全发展理念、突出预防为主、强化执法监管、加强工作领导、严格责任追究等5个方面对进一步加强安全生产工作作出刚性规定。

**二、继续深化“安全生产年”活动，在落实安全生产工作目标任务上有新进展**

为进一步推进“安全生产年”活动继续深入开展，省政府在年初召开的全省安全生产工作会议上进行了全面部署安排，省政府安委会制定了《关于继续深化“安全生产年”活动的实施意见》，提出了加强基础工作、加强责任落实、加强隐患排查、加强依法监督、加强事故查处与责任追究、加强支撑体系与保障能力建设、加强培训教育与队伍建设等工作任务和措施，督促各地、各部门狠抓落实。

突出全年安全生产重点工作，省、市、县三级政府层层签订安全生产目标管理责任书，逐级落实年度安全生产控制考核指标。省安委会对16个市加强了安全生产控制指标实施进展情况的监督检查，在省主要新闻媒体公告安全生产形势，通报各地控制指标进展情况，分析查找问题，提出下一步工作意见和措施。同时，省政府安委会办公室向事故多发、问题突出的地区和企业发出隐患整改通知函和警示通报，并对较大事故多发的地区实行约谈制度。

**三、持续开展安全隐患排查治理，在狠抓重点行业和领域安全整治上有新突破**

把安全隐患排查治理和重点行业领域安全整治作为搞好安全生产工作的重要抓手，加强安全生产监督检查。2011年以来，针对重要时段、季节特点和安全生产形势变化，突出煤矿、非煤矿山、道路交通、建筑施工、危险化学品、烟花爆竹、民用爆炸物品、消防等重点行业和领域，全省先后在元旦和春节期间、“五一”前后、汛期、夏季以及“十一”前后等特殊时段，组织开展了5次安全生产大检查。省政府安委会组织进行了4次全省安全生产督查，对各地、各行业和领域的安全生产工作落实和隐患整改情况进行明查暗访，并将查出的问题和隐患在全省通报，限期整改。全省工矿企业排查一般隐患24269项，整改率96%；排查重大隐患60项，整改率95%。其他未完成整改的隐患均正在治理之中。在抓好隐患整治工作中，实施了重大隐患整治技改贴息和补助政策，全年安排资金1374万元，引导、支持企业治理重大安全生产隐患56项，带动企业投入隐患治理资金9.62亿元。

非煤矿山：一是对全省四等及以上33座尾矿库逐库开展安全现状评估，加大对尾矿库隐患治理和闭库工程跟踪督导力度。二是加快地下矿山采空区治理进度，对全省91个地下矿山采空区落实治理方案。三是进一步督促全省地下矿山企业执行领导带班下井制度。四是组织非煤矿山和尾矿库汛期安全检查，确保安全度汛。五是加强矿山整顿关闭工作，全年共关闭地下矿山50家、露天矿山293家。

危险化学品：一是加快推进“危险化工工艺”改造工作进度，完成安全改造的企业87家。二是严格安全生产许可现场核查。对首次申领许可证的81家危险化学品生产企业，按照100%的比例进行现场核查。三是开展《危险化学品安全管理条例》的宣贯，按照《条例》的规定，把经营许可证的颁发工作移交给市级安全监管局，并对部分危险化学品生产企业安全生产许可证实施委托颁发。

烟花爆竹：继续实施烟花爆竹生产企业有序退出政策。在2010年退出49家生产企业的基础上，2011年又加大政策引导和补偿力度，对35家企业实施有序退出。

职业健康：一是开展打击非法违法石英砂加工及开采行为专项行动，关闭石英砂加工及开采企业113家，整改企业269家。二是开展木质家具和铅酸蓄电池企业有毒有害物质危害治理工作。当场整改安全隐患524项，限期整改465项。全省铅酸蓄电池企业退出生产22家，停产37家。三是组织制定了石英砂加工企业、铅酸蓄电池企业职业病危害防治工作指南和木质家具企业职业病危害防治管理制度等。

道路交通：一是开展了全省公路危险路段排查整治工作，共排查出需重点治理的公路危险路段64处，已整改60处，还有4处正在整改中。二是开展为期5年的创建“平安畅通县市”活动，着力解决农村地区道路安全设施匮乏、客货运输源头管理薄弱、道路交通安全隐患多等难点问题。三是开展客运企业标准化建设，加大客运企业隐患排查力度，加大道路通行秩序管理力度。四是开展以路面超限超载、公路危桥治理为重点的专项整治活动，对四、五类桥梁实施分类管理，加快全省现有公路危桥的整治进度。

建筑施工：一是印发了《安徽省安全监管局工程建设领域项目信息公开和诚信体系建设工作指导意见》，及时采集发布项目信息和信用信息。二是在全省范围内布置开展房屋与市政工程建设、铁路工程建设、公路工程建设、电力工程建设和水利工程建设等领域预防坍塌事故专项整治工作。

旅游：继续强化对重点时段重点地区安全监管，突出抓好黄山风景区、九华山风景区、方特欢乐世界、天柱山风景区等重点区域的旅游交通、旅游特种设备、旅游车船、旅游星级饭店的安全整治工作。

民用爆破器材：推进工业炸药生产线自动化和连续化生产，推行人机隔离和安全连锁操作等可靠技术，确保民爆企业的本质安全。

同时，消防部门开展“清剿火患战役”专项整治，教育部门开展校车安全专项整治工作，其他部门结合各自行业特点和工作实际，以隐患排查治理为重点，扎实有效开展了安全大检查和专项整治行动，并取得了一定成效。

**四、认真开展“打非”专项行动，在严厉打击非法违法生产经营建设行为上有新举措**

根据国务院安委会的统一部署，集中3个月时间，全省深入开展严厉打击非法违法生产经营建设行为专项行动。省长签发了《关于开展严厉打击非法违法生产经营建设行为专项行动的通知》，对打非治违工作作出具体部署。各地区、各有关部门和单位按照省政府的统一部署，结合实际，制定具体实施方案，广泛发动，全面开展。

全省打击非法违法生产经营建设行为专项行动，以煤矿、非煤矿山、危险化学品、烟花爆竹、交通运输、建筑施工、民用爆炸物品、冶金有色、人员密集场所等行业和领域为重点，逐一明确打击工作重点。注重“打非”工作的源头治理，公安、工商、质监、住房和建设，以及安全监管等部门开展执法检查和部门联合执法行动。在烟花爆竹“打非”工作中，严格落实县、乡两级政府“打非”责任，开展联合执法检查，持续不断地打击非法生产经营行为；建立了皖豫省界区域烟花爆竹“打非”工作联席会议制度。按照国家安全监管总局的部署，在两省边界相邻区域的9个市和4个县建立联席会议制度，同步开展烟花爆竹“打非”行动。全省共查处非法生产烟花爆竹76起，非法经营533起，收缴非法烟花爆竹4600多箱、礼花弹187枚、黑火药180多千克、引火线36千克，并由公安机关及时组织销毁。同时，根据国务院安委会关于严厉打击京沪高铁沿线非法违法行为协调会议的要求，省政府安委会办公室组织开展了京沪高铁沿线安全专项督查行动，对我省境内铁路沿线安全距离范围内的加油站、乱搭乱建和采砂取土等11项安全隐患和问题，进行了集中清理整治，保障京沪高铁的安全运行。全省共查处各类非法违法生产经营建设行为3542起。

**五、积极开展安全生产标准化达标创建，在提升企业安全保障水平上有新推进**

省政府安委会办公室制定了《关于全面开展安全生产标准化工作的指导意见》，明确提出全省煤矿、金属与非金属矿山、危险化学品、建筑施工、水上交通、冶金、机械等行业和领域，开展安全标准化工作的指导思想、总体要求、主要任务，以及年度内各行业企业达标创建的工作目标。在年初召开的全省安全生产工作会议上，把安全标准化达标企业数纳入目标管理考核内容，与各市政府签订责任书，强力推进各地企业达标创建工作。

为完成达标创建工作目标任务，省及各地制定工作方案，组织开展标准化评审办法和标准的宣贯活动，实施分类指导，加强对企业达标工作的督促检查，督促企业做好自评工作。将达标工作的着力点放在改善安全生产基础条件、规范安全生产行为、提高安全管理水平上，严格评审标准和现场审查。全省已完成金属非金属矿山达标企业707家，完成危险化学品生产达标企业176家，完成冶金有色等8个工商贸行业达标企业146家。

**六、坚持依法行政，在加大政策治本力度上有新提升**

加强建章立制，就修订《安徽省安全生产条例》、《安徽省实施〈矿山安全法〉办法》进行调研。在安全检查、行政许可、行政处罚、行政复议、事故调查处理等方面进一步细化、完善了行政执法程序。为提升全省安全监管系统人员整体素质，组织省安全监管局机关干部参加省委组织部组织的“安徽干部教育在线”学习培训活动，组织全省市县安全监管局局长参加国家安全监管总局市县级安全监管局长专题学习班。与省政府法制办联合举办行政执法资格认证培训班。省、市、县三级安全监管部门和乡镇政府共有近6000多人参加培训，5500多人取得执法资格，安全生产行政执法和监管队伍基础得到加强。按照政策引导、政府推动、防补结合、重在预防、市场运作、依法依规的原则，在7个市积极创新，大力推进安全生产责任保险工作，进一步提高了安全生产保障水平。

**七、严肃事故调查处理，在加大安全生产责任追究力度上有新要求**

为加强生产事故调查处理工作，出台了《安徽省生产安全事故报告和调查处理办法》（省政府令第232号），在国务院《生产安全事故报告和调查处理条例》的基础上作了延伸、细化和更加严格的规定。为确保较大以上事故的严肃处理和按期结案，省政府安委会制定了《较大事故查处挂牌督办办法》，下发了《关于切实做好非法违法生产安全事故查处跟踪督办工作的通知》，全年挂牌督办较大事故20起。按照“四不放过”原则，2011年以来对49起较大事故进行了调查处理，追究刑事责任26人，处分公职人员161人、企业人员69人。依法追究有关人员的党纪、政纪、经济和法律责任，通过事故教训来推动安全生产工作。

**八、加强安全生产宣传教育培训，在推进安全生产文化建设上有新亮点**

2011年6月，全省集中开展了以“安全责任、重在落实”为主题的第十个“安全生产月”活动和安全宣传咨询日活动，推动安全理念、安全文化、安全法律和安全知识进厂矿、进企业、进工地、进乡村、进社区、进校园，使以人为本、安全发展的理念更加深入人心。有45家企业开展了创建安全文化示范企业申报工作。积极推进安全生产网上考试工作。组织开展了全省安全生产法规网上知识竞赛活动，全省共有60万人参加了网上知识竞赛活动，进一步营造“关爱生命、关注安全”的良好社会氛围。全省安全生产月活动受到了国务院安委会办公室的表彰，被授予“全国安全生产月活动先进组织单位”。

**九、加强机关效能和党风廉政建设，在为民务实清廉上有新作为**

根据省委、省政府的统一部署，制定了加强机关效能建设活动的实施意见，广泛开展机关效能建设活动。组织参加安徽广播电视台“政风行风热线”，现场解答群众提出安全生产热点、难点和焦点问题。全面推行省直机关效能建设“八项制度”，14项行政审批项目全部进入省政务中心办理，全年受理行政审批事项26665件，当场办结率为99.6%。我们始终把开展争先创优活动、党风廉政建设作为加强队伍建设的一项重要任务贯穿到安全生产工作之中，通过举办廉政报告会、开展廉政宣传月活动，深入推进党风廉政建设，进一步规范安全监管干部的从政行为，维护党纪政纪的严肃性，为安全发展提供有力的保障。

# 福建省安全生产工作综述

2011年，福建省全年发生各类事故15523起、死亡2996人、受伤13778人、直接经济损失15851万元，同比（下同）分别下降9.3%、7.5%、9.7%和12.1%。发生较大以上事故62起、死亡239人，分别下降3.1%和14%；发生重大事故1起，下降75%；亿元GDP生产安全事故死亡率0.17，下降26.1%；工矿商贸十万就业人员生产安全事故死亡率1.36，下降13.9%；道路交通万车死亡率3.3，下降13.8%；煤矿百万吨死亡率0.322，低于全国平均水平。各项指标均控制在国务院安委会下达的目标范围内，连续6年全面下降，实现了“十二五”的良好开局，被国家评为指标完成一类先进单位。

从行业领域看，工矿商贸事故起数和死亡人数分别下降11.5%和15.2%，其中非煤矿山事故死亡人数下降18.2%，建筑施工事故死亡人数下降4.9%，烟花爆竹、危险化学品没有发生死亡事故；火灾事故起数和死亡人数分别下降8.3%和20%；道路交通事故起数和死亡人数分别下降8.9%和4.9%；水上交通事故起数下降16.7%，死亡人数持平；铁路交通事故起数和死亡人数分别下降4.5%和21.3%；农业机械事故起数和死亡人数分别下降34.1%和18.8%；渔业船舶事故起数和死亡人数分别下降20%和61.9%。

从区域情况看，各设区市事故死亡人数均有不同程度下降，大部分地区安全生产形势稳定，有18个县（市、区）没有发生工矿商贸企业死亡事故，53个县（市、区）没有发生较大事故。

2011年，主要抓了以下几个方面的工作。

**一、强化重大决策部署的贯彻落实**

省委、省政府领导多次作出指示批示，要求各级各有关部门深入贯彻落实中央领导同志重要指示批示精神和国务院第165次常务会议精神，全面加强安全生产工作。省委书记孙春兰强调任何时候安全都是第一位的，要求严格落实安全生产“一岗双责”。省长苏树林亲自主持召开省政府专题会议，提出了要加强宣传教育，强化安全意识；完善管理制度，落实安全责任；加大安全投入，确保本质安全；搞好隐患排查，强化重点整治；推广先进经验，提高管理水平；加强监督检查，强化安全管理等6个方面的要求，全面抓好国务院常务会议精神的贯彻落实。省政府安委会结合实际，下发了《关于认真贯彻落实国务院第165次常务会议精神进一步加强安全生产工作的意见》，提出了6个方面21条贯彻落实的具体意见，省政府办公厅下发了《意见》重点工作分工方案，将21条措施细化分解成42项重点工作，明确牵头单位、配合单位职责分工，狠抓工作落实。

**二、强化安全生产目标责任的落实**

省政府根据国务院安委会下达的年度安全生产控制目标，紧密结合福建实际，迅速细化分解目标责任，向各设区市政府、平潭综合实验区管委会和30个省单列考核单位下达2011年安全生产控制目标责任，督促各责任单位逐级分解下达，落实到基层政府、单列考核单位和重点企业，纳入各级干部政绩业绩考核范围，实现了安全生产目标责任的全覆盖。切实加强目标责任的跟踪管理和监控，强化预警通报、重点整治、挂牌督办、半年督查和年终考评等措施的落实，确保了年度各项指标的有效管控。

**三、强化安全生产监管责任的落实**

各级各部门严格按照安全生产“一岗双责”规定和“属地管理、分级负责”、“谁主管、谁负责”的原则，认真落实主要领导、副职领导、综合监管和行业管理责任，落实政府监管责任和属地管理责任，特别是泉州市新一届政府安委会主任由市长亲自担任、各位副市长担任副主任，全省大部分县级政府安委会主任已调整由主要领导担任，有效加强了安全生产工作的组织领导。同时，切实抓好安全生产履职点评、诫勉约谈、行政问责、责任追究等制度的落实，强化专项检查和综合督查，安全生产主要领导负总责、分管领导具体抓、其他领导协同抓、行业主管部门自觉抓的工作格局进一步形成，监管合力持续增强。

**四、强化企业安全标准化达标创建**

根据国务院安委会的统一部署，省政府安委会制定下发了《标准化建设指导意见》和《安全级别评定标准》，先后两次召开全省会议进行部署，并认真总结推广了中石化森美（福建）公司的经验做法。各级各有关部门按照时限比国家要求提前1~3年、覆盖范围由重点行业扩大到所有行业的总体部署，认真总结落实企业安全生产主体责任“三年行动”的成功做法，着眼更高起点、更高质量上推进安全标准化建设，认真制定工作方案，严格级别评定标准，实施分类指导，抓好示范引领，深入开展安全标准化建设。截至2011年底，全省共有11.17万个单位参与安全标准化建设，达标9165家，其中煤矿生产矿井100%达标，危险化学品生产企业55.4%达标，非煤矿山企业79.82%达标，其他行业也在有序推进。泉州市已全面开启安全标准化建设3年行动，制定了78个行业标准；厦门市坚持利用信息化手段推进安全标准化建设。

**五、强化道路交通安全综合整治**

针对道路交通事故总量大、比重高的状况，各级各部门根据省委、省政府主要领导批示指示精神和省政府办公厅关于加强道路交通安全综合整治的通知要求，坚持从人、车、路等各个环节入手，切实加强沟通协调，密切配合，全力推进机动车驾驶员培训考试、机动车检测维修、公路安全设施等8个方面的综合整治。省政府安委会对事故上升的厦门、南平市实施了挂牌整治，对事故总量大的福州、泉州市和高速公路交警实施了重点整治。省财政拨出1900万元专款用于事故危险路段改造补助，全年确定并整改事故“黑点”255处，认定并改造加固危病桥梁1533座。省公安厅、交通运输厅等部门坚持把综合整治作为“一把手”工程；厦门市出台了《道路交通安全若干规定》、《建筑废土、沙石运输管理办法》等，开展了数十项道路交通安全专项整治。通过各级各部门持续深入开展综合整治，促进了道路交通安全形势的持续稳定。

**六、强化重点行业安全专项整治**

在抓好道路交通安全综合整治的同时，切实加强煤炭资源整合和小煤矿整顿关闭，推进煤矿安全标准化建设和“科技兴煤”工作，深化煤矿“一通三防”和防治水、超层越界开采、顶板管理等专项治理，从严落实领导下井带班制度，全年发生煤矿事故7起、死亡8人；认真落实全国（龙岩）非煤矿山安全生产暨安全避险“六大系统”建设推进会议精神，持续推动非煤矿山井下“六大系统”和标准化建设，严格安全生产许可制度，强化尾矿库安全监管，审批安全生产许可证411项，注销安全生产许可证257本；深入开展氟化工企业专项整治，推进危化品标准化建设和涉及危险工艺化工装置自动控制系统改造，新发生产许可证21份、经营许可证203份；扎实推进“清剿火患”战役，着力提高消防安全“四个能力”建设；深入开展渔船“小改大、木改钢”整治、“三无”船舶清理整顿等活动，建立海上渔船救助补偿制度，推进渔船防碰撞系统和出海签证机构建设；深刻吸取甬温铁路动车事故教训，省政府办公厅下发了《关于进一步配合做好铁路列车运营安全保障工作的通知》，强化铁路运营安全隐患排查治理。此外，建筑施工、特种设备、烟花爆竹和冶金等行业也都根据整治方案要求，加强督促检查，推进工作落实，重点行业（领域）安全生产形势持续稳定好转。

**七、强化隐患排查治理和执法检查**

省政府安委会下发了《关于开展安全生产隐患排查治理工作的通知》，各级各部门根据《通知》要求，深入组织开展全面、系统、彻底的隐患大排查、大整治，全年累计开展隐患排查治理生产经营单位35万多家，排查隐患21万项，已整改20.1万项，整改率95.7%。安全大检查期间，全省组织近两千名专家和专业技术人员参加检查，排查隐患17.2万条，挂牌督办重大隐患126条，限期整改企业1.9万家，停产整顿1949家，取缔关闭595家；牢固树立“大执法”理念，将贯彻落实安全生产方针政策、重大决策部署和重要工作推进情况纳入执法监督范围，加大检查督促力度，促进各项工作落实。始终坚持打击非法违法生产经营建设行为的高压态势，“打非”期间，全省累计开展安全生产执法行动35万起，其中打击无证或证照不全从事生产经营建设1833起，关闭取缔后又擅自生产经营建设33起。

**八、强化安全生产宣传教育和培训**

各级各相关部门认真抓好安全生产新闻宣传、情况通报和新闻发布等制度的落实，采取经验交流、案例剖析、公益广告等形式，广泛宣传安全生产法律法规和基本知识，强化全民安全意识，建设安全文化。“安全生产月”期间，集中组织开展了“道路交通安全宣传”、“海西安全发展行”、宣传咨询日等宣传教育活动。进一步发挥报刊、网络、电视等媒体作用，加强日常宣传教育活动，及时发布安全生产信息，发挥舆论导向的正面引导作用。省安监局成立了安全生产宣传教育中心，在福建电视台、《福建日报》设立专栏，开展公益广告宣传，召开省政府新闻通报会3场次、安全生产新闻通气会6场次。积极推进安全文化示范企业、平安企业、安全社区等创建活动，制定出台了《福建省安全社区管理办法》，建成安全社区3个。扎实开展从业人员安全生产培训教育，制定出台了《生产经营单位主要负责人、安全生产管理人员安全培训考核发证管理办法》和《特种作业人员安全技术培训考核发证管理办法》等，全年累计组织103名县（市、区）安监局长和1190名安监干部分别参加全国安全监管视频培训班、行政执法资格培训班，培训“三项岗位”人员10.5万多人。

**九、强化生产安全事故的调查处理**

各级各相关部门根据省政府安委会制定出台的较大事故查处挂牌督办办法、非法违法较大事故查处跟踪督办办法和生产安全事故信息报告、处置和调查处理工作规范等文件精神，坚持“四不放过”的原则，严肃认真地调查处理每一起生产安全事故。全年累计挂牌督办并办结较大生产经营性事故39起，依法追究刑事责任28人，党政纪处分49人,实施行政处罚责任单位21家。南平邵武“2·4”重大道路交通事故发生后，省政府分管领导立即率有关部门领导赶赴事故现场，组织力量做好善后和救治工作，指导事故调查，省政府安委会迅速将事故情况通报全省。相关部门根据省政府批复意见，依照有关规定，依法追究了肇事摩托车、客车驾驶人的刑事责任，对6名事故责任人给予行政处分，并责成南平市政府向省政府作出深刻检查。

**十、强化安监机构队伍和装备建设**

各级各有关部门切实加强安全监管机构建设，配备充实安全监管人员。新一轮机构改革中，各设区市安监局和47个县级安监局均被设置为政府工作部门，各设区市安监局全部设立了党组和纪检组(除莆田外)，福州、泉州、宁德市安监局还增加了内设机构和人员编制，成立了相关事业单位。同时，结合“创先争优”活动，切实加强队伍建设，“七一”期间举办了全省安监系统纪念建党90周年大型文艺晚会，表彰了系统表现突出的“百名安全发展忠诚卫士”、“十佳安全发展忠诚卫士”和“十佳为民务实清廉安监机构”。在此基础上，着力推进安全监管监察部门装备建设，经过不懈努力，省政府已同意由省级财政核拨全省安全监管监察部门装备配备与补助经费共973.46万元，目前装备正在招标采购中。

# 江西省安全生产工作综述

2011年，全省发生生产安全事故8178起、死亡1835人，同比事故起数减少962起、死亡人数减少147人，分别下降10.53%和7.42%；发生重大事故1起，死亡17人，同比事故起数减少3起、死亡人数减少27人；全省安全事故死亡人数为国务院安委会下达考核目标的94.83%；全力保持深圳大运会、南昌七城会等重要时段安全平稳。全省安全生产继续保持总体稳定、持续好转的发展态势，总体上实现“十二五”时期安全生产工作的良好开局。

2011年主要工作情况。

**一、以责任追究为保证，在深化企业主体责任落实上取得新进展**

全省各地、各部门深入贯彻国务院《关于进一步加强企业安全生产工作的通知》和省政府《江西省人民政府关于进一步加强企业安全生产工作的实施意见》，采取严格监督检查、加强绩效考核、厉行责任追究等措施，强力推进企业安全生产主体责任落实到位。省政府办公厅专门下文，对省政府《实施意见》涉及的相关重点工作予以细化分解，落实责任单位，各职能部门对照分工要求，认真履行职责，强化安全监管，共同推进部门监管责任的落实。省政府继续把安全生产纳入对市、县两级政府考核评价体系，在强化落实政府及其部门安全生产行政首长负责制的同时，严格实行各级领导班子成员“一岗双责”制、述职约谈制和责任追究制，有力推进属地管理责任的落实。省安委办先后6次组织督查检查，向事故多发、问题突出的地区和企业发出26份安全隐患整改督办函；积极参加国家安全监管总局、全国总工会联合举办的落实企业安全生产主体责任知识竞赛，省煤炭集团公司、吉安市安监局荣获该项竞赛全国优胜单位称号。按照“四不放过”和“科学严谨、依法依规、实事求是、注重实效”的原则，对2011年发生的事故进行严肃的事故调查处理和责任追究，对各地较大事故实行省安委会挂牌督办，其中工矿商贸领域发生的较大事故已结案5起，处理责任单位6家，责任人员48人，其中，追究刑事责任3人，党纪政纪处分21人，吊销证照1个，经济处罚24人。

**二、以打非治违为重点，在深化行政执法上取得新进展**

采取部门执法与联合执法、集中打击与长效治理相结合的方式，不断深化执法行动，实现取缔非法、纠正违法、保护合法的目的。全省共开展各类安全执法行动1.54万起，查处无证或证照不全从事生产经营建设的2818起，关闭取缔后又擅自建设、生产、经营的48起，违反“三同时”规定的84起，重大隐患隐瞒不报或不按规定期限予以整治的21起、不按规定进行安全培训或无证上岗的1539起，拒不执行安全监管监察指令、抗拒安全执法的47起。深入开展为期3个月的打击非法违法生产经营建设行为专项行动，各地、各部门按照“政府主导、安办协调、部门跟进、社会参与”的要求，针对5类具有共性的非法违法行为、10大行业（领域）44项具有行业和领域特点的非法违法生产经营建设行为，严格落实停产整顿、关闭取缔、从重处罚和厉行问责的“四个一律”措施，切实加大打击力度。组织开展以“六查”（查管理机构制度、查监护档案资料、查职业危害申报、查职业危害防护设施、查职业危害警示告知、查个人防护用品）为主要内容的职业健康专项执法检查，共检查企业2400多家，下达整改指令书1400余份，维护了职工健康权益。

**三、以专项整治为抓手，在深化源头治理上取得新进展**

以瓦斯、水、火隐患治理和小煤矿整顿关闭为重点，全面深化煤矿专项治理，煤炭百万吨死亡率为1.28，历史上首次降到2以下。以露天采石场、露天矿山采场和排土场边坡、地下矿山机械通风、防治水、提升运输安全、大型采空区、尾矿库等7项整治为重点，全面深化非煤矿山专项治理，突出抓好小型露天采石场整合整治工作，杜绝较大事故。以引火线、烟火药（黑火药）、礼花弹、整改提升“六核实”、淘汰退出企业统筹关闭等5个专项治理为重点，全面深化烟花爆竹专项治理，共578家烟花爆竹生产企业淘汰退出且财政补助到位。以大力推进危险工艺改造为重点，有效推进新建化工项目进园入区，全面深化危险化学品专项治理，危化品生产单位登记率达100%。以落实运输企业“一带、一速、一平台、一防护”安全主体责任为重点，扎实推进道路客运安全隐患整治专项行动，事故起数、受伤人数同比分别下降12.9%、6.9%。以“三合一”、“多合一”建筑的消防安全为重点，扎实开展“清剿火患”战役，纵深推进构建社会消防安全“防火墙”工程。以预防坍塌事故为重点，组织实施房屋与市政、公路、水利、电力、铁路等工程建设领域专项整治。各地、各部门也针对性开展治理行动，全省工矿、交通运输行业领域共排查企业5.13万家，其中，一般隐患12.5万项、已整改11.7万项、整改率达93.6%，重大隐患127项、已整改119项、整改率达93.7%。扎实开展创建“平安农机”示范县活动，江西省袁州区、南城县、永新县、安远县等4县（区）荣获2011年全国“平安农机”示范县称号，扎实开展重点行业职业危害专项治理，突出抓好作业场所职业危害申报工作，新增网上申报企业4700多家，同比增加189%。

**四、以理念养成为先导，在深化宣传教育培训上取得新进展**

围绕“安全责任，重在落实”主题，认真组织第10个安全生产月活动，各地、各部门扎实开展“十佳‘服务发展作贡献、守护平安当卫士’”演讲比赛、“十佳安全歌词”征集评选、“十佳安全理念”征集评选等系列特色活动，共同营造“关爱生命、关注安全”的浓厚氛围，省安监局荣获2011年全国先进组织单位称号，鹰潭市安监局、赣粤高速昌樟公路管理处、东航江西分公司、新法制报社等单位荣获全国优秀单位称号；针对政府换届实际，省委组织部、省安监局联合举办全省安全生产专题研究班，有力提高全省县级政府分管安全生产负责人的安全管理能力；突出企业主要负责人、安全管理人员、特种作业人员等重点人群，切实加大培训力度，全年各类培训机构累计培训115万人次；扎实推进非煤矿山企业安全管理人员学历化职业教育，经过3年努力，全省首批239名学员顺利毕业；在全省范围内组织开展职业健康法律法规、科技、文化“三下乡”活动，有力普及职业健康知识，提高职业危害防护意识。

**五、以政策引导为基础，在推进长效机制建设上取得新进展**

省人大常委会在全国率先出台《江西省特种设备安全监察条例》，进一步规范全省特种设备安全管理；省政府颁布实施《江西省非煤矿矿山安全生产许可证实施办法》（修订案），进一步规范办证相关事项；省“十二五”规划纲要将亿元

GDP生产安全事故死亡率作为社会民生类的约束性指标，纳入经济社会发展主要指标，要求年均下降8.5%；省政府办公厅印发《江西省安全生产"十二五"规划》，明确"十二五"时期安全生产工作的奋斗目标、主要任务、重点工程和保障措施；围绕履行职业卫生监管职能，省安监局和大部分市县安监局成立职业安全健康监管机构，江西省职业卫生监管部门职责分工调整稳步推进；自2011年1月1日起，在全省有序推进非煤矿山企业安全生产责任保险工作；完善共同协调机制，建立《江西省安委会成员单位联络员会议制度》；加快化工园区安全规划编制进度，9个省重点危险化学品生产工业园区已基本完成安全规划编制，另有13个县（区）完成安全规划编制，36个县（区）正在开展编制工作。

**六、以科技进步为支撑，在提升保障能力上取得新进展**

省非矿山安全与重大危险源监控、职业危害检测与鉴定实验室通过国家安全监管总局第一批省级中心实验室认定并已挂牌运行，标志着江西省安全生产支撑体系建设迈上新台阶；组建江西省安监局安全生产专家组，设立7个专业组，聘请204名专家，为加强安全生产工作提供人才支持；认真开展安全评价、检测机构专项治理行动，进一步规范安全中介行为；为期两年、总投资8000多万元的安全监管装备配备方案基本实施到位，较好地改善安全监管人员的工作条件；争取国家支持尾矿库治理资金补助1.38亿元，加大病库、险库的治理力度；省公共财政安排安全生产专项及技术改造资金2000万元，补助21个项目，较好地引导地方和企业增加安全投入；启动安全生产监管信息化工程与应急平台（设区市节点）项目建设；切实加大先进适用安全技术装备的推广应用力度，其中全省新建、改建、扩建的符合危险工艺的48家生产企业自动联锁装置安装率达到100%，原有涉及危险工艺改造的72家企业改造完成率达到100%。

**七、以规范生产为目标，在推进安全达标上取得新进展**

按照国务院文件精神和国务院安委会的部署，全面启动和深入开展工矿商贸和交通运输企业安全生产标准化创建活动，分行业（领域）制定实施方案和达标规划，开展专项培训与宣讲，制定《地质勘查单位安全标准化规范导则》、《地质勘查单位安全标准化规范钻探工程实施指南》、《地质勘查单位安全标准化规范坑探工程实施指南》等地方安全标准，编写《江西省工贸行业安全生产标准化企业基本条款》、《江西省工贸行业安全生产标准化通用条款》、《江西省工贸行业安全生产标准化企业专用设备条款》等实施细则，全面实施非煤矿山"万名班组长安全培训"工程，培训班组长4400余名。经企业申报、基层初评，省安监局组织严格考评，已有163家企业通过二级标准化考评，较好地提高企业安全生产基础管理水平。

**八、以创先争优为动力，在建设高素质监管监察队伍上取得新进展**

贯彻省长鹿心社关于"努力打造一支政治过硬、业务精通、作风优良、纪律严明的安监队伍"的指示精神，以创先争优活动为动力，以打造学习型、实效型、服务型、和谐型、廉洁型团队为载体，大力弘扬敬畏生命、科学监管、风清气正、力学笃行的安监机关精神，统筹推进"纪念建党90周年"、"争做安全发展忠诚卫士，创建为民务实清廉安监机构"、"发展提升年"、"警示教育周"等系列主题教育实践活动，重点是切实加强机关效能建设，全省安监系统2011年度省市县三级监测点综合满意率名列全省58系统第7名，省安监局荣获发展提升年活动先进单位称号；切实加强业务能力建设，组织全省县级安监局局长参加国家安全监管总局举办的视频集中培训，江西省安全生产"六项创建"活动荣获全国首批安全生产工作创新三等奖；切实加强应急救援队伍体系建设，整合成立江西省煤矿应急救援中心，组织实施泛珠三角区域内地（江西、湖南）煤矿重大安全事故跨省联合应急救援桌面演练，成功处置玉山县"10·8"塌方事故、4名被困矿工全部获救；切实加强党风廉政建设，有序推进廉政风险防范管理，不断加强行政审批权、安全执法权、事故调查权、中介机构监管权、安全培训权"五权"的监督，较好地树立起安监系统为民、务实、清廉的良好形象。

# 山东省安全生产工作综述

2011年，山东省共发生各类事故17544起，死亡4419人，同比分别下降9.7%和6.0%，事故起数和死亡人数连续10年实现“双下降”，没有发生一次死亡30人以上的特别重大事故，实现了全省安全生产形势总体稳定好转的目标。

**一、进一步深化了安全生产基层基础工作**

一是积极开展安全标准化园区创建活动，全省有170多个园区开展了创建工作。

二是认真落实省政府安委办《关于进一步推进安全社区建设工作的指导意见》，积极开展安全社区创建工作，全省有79个县（市、区）和乡镇（街道）通过了国家级安全社区验收和命名。

三是狠抓了企业安全标准化创建工作，全省有8542家工矿商贸企业通过三级以上安全标准化审核（其中，一级139家，二级1128家，三级7195家）。

四是省安监局与省总工会、团省委联合下发了《关于加强企业班组安全建设的意见》，积极探索创新企业班组安全建设工作机制和方法。

五是建立了企业事故隐患自查自纠报告制度，在全省非煤矿山地下开采企业、危险化学品和烟花爆竹生产企业开展了试点工作。

**二、进一步深化了工矿商贸企业安全监管工作**

一是深化了非煤矿山企业安全监管。对全省10个地下矿山安全监管任务较重的市及150余家矿山企业开展了“诊断式”安全检查，共查出各类隐患610处，对11处重大隐患进行了挂牌督办。在全省开展了矿山企业外包施工单位和矿用设备“两个清查”行动。积极推进“六大系统”建设，全省309家地下开采矿山企业中，有279家安装了监测监控系统、185家安装了人员定位系统、163家安装通信系统，确定7家矿山开展“六大系统”试点工作。省政府办公厅出台了《关于进一步加强矿山安全生产工作的意见》，建立了地下矿山最低开采标准等制度措施。

二是深化了危险化学品安全监管工作。从4个大类9个小项约1400种危险化学品中，筛选出首批重点监管的易燃易爆炸危险化学品名单。制定出台了《关于开展化工装置设计安全诊断工作的意见》和《蒸馏系统安全控制指导意见》。制定了8项严格措施，建立起重大检维修作业报告等一系列制度措施。以省政府办公厅名义印发了《山东省危险化学品集中交易市场安全管理暂行规定》，推进集“仓储、配送、物流、交易、商品展示”为一体的危险化学品集中交易市场建设。

三是深化了烟花爆竹安全监管工作。重点抓了烟花爆竹企业的本质安全，推倒重建了3家烟花爆竹生产企业，有2家企业退出了烟花爆竹生产市场，引导企业投入4000多万元提升改造生产经营设施。各级安监部门向39家合法烟花爆竹生产企业派驻了安全督导员。取缔非法生产经营业户543家。

四是深化冶金有色企业安全监管工作。各地开展了冶金企业煤气安全综合性检查，共检查企业62家，排查整改隐患834处。组织专家对全省884家存在高温金属液体企业进行了检查。制定了冶金煤气、铝粉尘和铝液、高炉液态渣铁3个方面的《安全防范重点措施》。

五是推进职业安全健康监管工作。重点抓了职业危害申报工作，全省完成申报的企业达到2.5万家；在青岛市开展了职业危害基本状况试点；各地以石英砂加工、木质家具制造、石棉制品、人造板制造等行业领域的职业危害为重点促进了职业危害防治工作的开展。

六是督促、协调各有关部门抓好重点行业领域的安全监管。在全省开展了严厉打击非法违法生产经营建设行为专项行动，公布了“12350”举报电话，全省共查处非法生产、经营、建设行为4.4万起。开展了京沪高铁“打非”专项行动，从省有关部门抽调专人成立了高铁“打非”办公室，有

284 项隐患已整改销号，有政策扶持的项目基本整治完毕。

**三、进一步加强了安全生产法制工作**

一是加强了法制体系建设。5 月 17 日，经第 100 次省政府常务会议研究通过了《山东省生产安全事故报告和调查处理办法》（第 236 号省长令），进一步规范了我省事故报告、统计、调查及责任追究工作。省安监局又制定下发了《关于认真贯彻落实山东省生产安全事故报告和调查处理办法的通知》和《生产安全事故报告和调查处理相关工作程序暂行规定》，对事故报告、调查和处理工作提出了更加具体的要求。制定出台了《规范性文件制定合法性审查程序规定》、《案件审理委员会工作细则》。加强了安全生产地方标准建设工作，完成《山东省工商贸企业有限空间作业安全规范》等 21 项地方标准审查和验收工作，其中《山东省劳动防护用品配备标准》（DB 37/1922—2011）等 11 项标准已正式批准发布实施。

二是加大了执法监察力度。各地围绕加强队伍建设，在全省开展了执法监察队伍标准化建设活动。在全省举办了执法监察论文征集活动，收集论文 203 篇，促进了执法理论与实践的创新发展。在全省开展了安全生产执法文书点评活动，省安监局对随机抽取的 55 宗案卷进行了点评，评出一类卷 16 宗，二类卷 36 宗，三类卷 3 宗。组织对各市行政执法和执法监察工作进行了执法考评。2011 年以来，各级执法队伍开展了基建矿山、试生产危险化学品企业、烟花爆竹生产经营、安全培训、应急救援等 7 次专项执法检查，共检查企业 61.6 万家（次），实施行政处罚 3.75 万次，罚款 6370 多万元。

**四、进一步深化安全宣传教育培训工作**

一是强化了安全生产宣传教育工作。认真组织开展第十个“安全生产月”活动，6 月 2 日在山东钢铁莱钢集团举行了全省“安全生产月”宣传咨询日活动和“安全责任、重在落实”万人签名活动。全省 108 个单位被省政府安委会办公室授予“安全生产月”活动组织奖，6 个单位同时荣获全国“安全生产月”活动优秀单位称号。

二是加强培训教育工作。2011 年以来，共培训企业负责人和安全管理人员 12.3 万人、特种作业人员 12.5 万人。举办了安全生产培训教师讲课大赛，全省 58 家安全培训机构的 58 名安全培训教师参加了决赛，对成绩优异的授予了山东省安全生产特级培训师、高级培训师和优秀培训师等荣誉称号。

**五、进一步深化了安全保障工作**

一是加强安全生产科技规划工作。组织编制了《山东省“十二五”安全生产发展规划》。制定了我省安全生产装备和劳动防护用品产业发展指导意见。全省有 70 家矿山企业、626 家化工企业、20 家烟花爆竹生产（批发）企业完成了安全设施改造工作。2011 年有 2 项安全科技项目首次申报 2012 年省科技发展计划，争取到 3 个 2012 年山东省科技进步奖励项目指标。

二是加强队伍建设。省安监局增设了安全监察专员职位。

三是认真落实安全生产经济政策。全年缴纳安全生产责任保险费用 6000 万元。

四是强化了应急管理工作。企业应急救援预案在安监部门的备案率达到 68.38%，并督促企业加强预案演练，全年规模以上的高危行业企业演练达到 11.1 万次。认真做好灾害性天气预警预防工作，2011 年以来省安监局共发布预警和提示短信息 71 次、9.07 万人次。

五是进一步深化了安监队伍作风建设。省安监局制定了《全省安监系统 2011 年党风廉政建设工作要点》，并召开了全省安监系统反腐倡廉工作视频会议，开展了“以人为本、执政为民”教育活动。为庆祝建党 90 周年，各地结合建局 10 周年，开展了唱红歌革命传统教育、乒乓球比赛、趣味运动会、书法绘画摄影及文学作品征文等活动。

# 河南省安全生产工作综述

2011年，全省共发生各类事故10051起，死亡1910人，同比减少1748起、569人，分别下降14.8%和23.0%，分别比全国平均降幅少10.5和18个百分点。事故总量从2010年的全国第15位降到第17位，事故控制率居全国各省区第3位。

**一、领导高度重视，安全生产新理念在全省上下形成共识**

省委、省政府高度重视安全生产工作，省委书记卢展工、省长郭庚茂等领导同志多次主持召开省委常委会议、省政府常务会议和省长办公会议，专题研究部署安全生产工作，协调解决煤矿兼并重组、打非治违、事故责任追究等重大问题，反复强调要将“生命至上、安全第一、责任如山”作为最高工作准则，着力强化行政首长负责制，着力创新监管监察体制机制，着力推进安全发展，着力抓好事前预防。全省上下认真学习贯彻中央和省委、省政府领导重要指示精神，从解决思想隐患着手，狠抓监管理念和思想认识提升，“生命至上、安全第一、科学发展、安全发展”、“事故可防可控”和“从零开始、向零奋斗”等理念得到广泛认同。

**二、开展安全创建，安全生产源头综合治理全面加强**

各地都将安全创建纳入党委、政府重要议事日程，成立领导小组，确定了省级创建示范点60个、市县示范点2652个。制定了危险化学品、烟花爆竹、非煤矿山、交通运输等领域安全发展专项规划，编制了水泥、酒类、纺织等11个工贸行业安全生产标准，组织开展了产业集聚区安全专项整治和化工园区专项治理。省市县政府普遍加大安全监管机构装备财政支持力度，10个省辖市、30县（市）和20个重点区安全监管机构硬件建设初步达到国务院安委会的要求。组织开展了安全生产月、消防宣传月、应急演练周、安全科技周、全民安全教育日等宣传活动，举办县乡政府分管领导安全研讨班35期，培训企业管理人员16673人、特种作业人员225228人，全民安全素质、从业人员安全技能、监管人员执法水平得到进一步提高。

**三、坚持多措并举，煤矿兼并重组大头落地**

始终将煤矿作为全省安全生产的重中之重，采取一系列果断严厉措施狠抓煤矿安全生产。

一是成立煤炭兼并重组推进工作组，组织召开了千人大会、座谈会、督办会，强力推进煤炭兼并重组。全省498座应兼并重组煤矿，年内复工161处，复产115处，签订关闭退出协议166处，关闭到位115处。

二是出台了《关于强化党组织负责人煤矿安全生产责任的暂行规定》、《关于加强煤矿安全生产工作的补充意见》等文件，创新了煤矿事故超前问责机制和顶格处罚机制，2011年初对2010年煤矿事故42名矿长重新免职，年底对河南煤化和义煤集团主要负责人诫勉、停职，对煤矿违法违规生产形成强大震慑。

三是开展了煤矿百日安全大检查和火工用品专项清查行动，不间断对停产整顿矿井突击夜查，从严查处了郑煤集团三元东煤矿违法复工生产、济源市和渑池县已关闭煤矿死灰复燃等非法生产行为，对全省高瓦斯、煤与瓦斯突出工作面停产整顿，有效压制了煤矿违法违规生产苗头。

四是积极强化职工教育培训，加快煤矿“六大系统”改造，深化安全标准化建设，不断提高煤矿企业安全生产保障水平，有效遏制了煤矿事故发生。全年共发生煤矿事故8起，死亡36人，同比减少27起、230人，分别下降77.1%和86.5%；煤炭百万吨死亡率0.192，远低于全国0.564的平均水平，创我省煤炭历史最好水平。平煤集团、郑煤集团、省煤层气3大公司实现了全年零死亡。

**四、深化隐患排查整治，“打非治违”专项行动成效显著**

共排查各类生产经营单位71905家、154251次，查出一般隐患98058项，已整改97505项，整改率96.6%。重大隐患134项，已整改130项，整改率97.7%。打非治违专项行动，共开展各类安全执法行动43306次，查处无证或证照不全从事生产经营行为7551起，关闭取缔后又擅自生产经营建设行为277起，违反建设项目安全设施“三同时”规定行为243起，不按规定进行安全培训或无证上岗6528起，拒不执行安全监管监察指令、抗拒安全执法911起。非法违法事故同比下降38.5%。

**五、强化“两办”综合管理，政策措施落实，督导监察效果明显**

一是加大协调督办力度。积极履行好省安全生产领导小组办公室、省政府安委会办公室职能，牵头组织开展隐患排查治理、打非治违、煤矿安全集中整治等重大专项行动。配合省委、省政府组织召开各种安全生产会议9次，组织派出省政府督导组86批次，致信通报市县党政领导7次。

二是积极完善综合政策措施。坚持安全生产法制先行，提请省政府制定了《关于进一步加强煤矿安全生产工作的若干意见》等12个重要规范性文件，完善了安全生产责任保险、安全费用提取使用等配套政策，为有效开展执法监察提供了法制保障。

三是完善安全生产体制机制。省政府安委会完善了联席会议、联络员制度，建立健全了重点领域专项联合执法机制，提升了安全生产监管监察整体效能。建立健全安全专家技术支撑体系；成立了国家安全生产技术支撑体系专业中心省级实验室。

# 湖北省安全生产工作综述

**一、安全生产总体情况**

2011年，全省安全生产继续保持了总体稳定、持续好转的态势，实现了“十二五”时期安全生产工作的良好开局。

（一）事故总量和死亡人数持续下降

全省发生各类事故15385起，死亡2464人，同比分别下降8.01%和15.88%。

（二）反映安全发展水平的主要相对指标明显下降

亿元GDP生产安全事故死亡率由0.172降到0.137，降幅20.35%；工矿商贸十万就业人员生产安全事故死亡率由2.41降到2.10，降幅12.86%；道路交通万车死亡率由2.78降到2.14，降幅23.02%；煤矿百万吨死亡率由5.98降到4.68，降幅21.74%。

（三）重点行业领域安全生产状况普遍好转

工矿商贸行业事故起数和死亡人数同比分别下降7.51%和10.87%（其中，煤矿分别下降12.90%和17.44%；非煤矿山事故起数下降5.36%，死亡人数持平；危险化学品事故起数下降14.29%，死亡人数持平；建筑施工分别下降13.91%和16.90%），道路交通行业分别下降4.53%和17.93%，水上交通运输行业未发生死亡事故。烟花爆竹行业连续两年实现“零死亡”。

（四）大部分地区安全生产形势稳定

全省17个市（州）中，有10个市事故起数和死亡人数双下降，14个市（州）较大以上事故起数下降或持平，其中孝感、鄂州、天门、神农架林区4个市（林区）没有发生较大事故。

（五）安全生产控制指标实施情况良好

全省各类事故死亡人数比国家下达的控制指标2492人减少28人。工矿商贸领域的煤矿、非煤矿山、危险化学品、烟花爆竹、建筑施工，以及道路交通和水上交通、铁路交通、农业机械等行业领域事故死亡人数，均在控制目标以内。全省有16个市州事故总死亡人数控制在考核指标之内。

**二、安全生产重点工作**

（一）加强组织领导，着力推进安全生产重大决策部署的贯彻落实

省委、省政府高度重视安全生产工作，省委书记李鸿忠、省长王国生多次作出重要指示批示。2011年，省政府先后召开2次常务会议、2次全省安全生产工作会议、4次电视电话会议，安排部署安全生产工作，副省长段轮一先后12次出席安全

生产工作会议并作重要讲话。省安委会组织开展了3次调研督查、4次安全大检查、3次联合执法行动，着力推进安全生产重大决策部署的贯彻落实。省政府发布实施了《湖北省安全生产“十二五”规划》，并专门制定出台了《关于加强全省安全生产基层基础工作的意见》（鄂政发〔2011〕81号）等重要文件，设立了隐患排查治理和安全专项奖励资金，充分体现了对安全生产工作的高度重视和大力支持。在此带动下，各级党委政府普遍加强了对安全生产工作的组织领导，在经费投入、机构完善、制度建设等方面给予了有力支持。襄阳市在市长亲任安委会主任的基础上，2011年又增补常务副市长和市政法委书记（公安局长）两位副主任，并以市政府文件出台了加强安全生产基层基础工作的意见。咸宁市在2010年出台加强安监机构和执法队伍建设文件后，又于2011年将市安委会主任调整为政府“一把手”担任。恩施州委、州政府下发了《关于进一步加强安全生产工作的意见》。武汉市将隐患整改、事故救助、事故调查等7项专项资金纳入财政预算，并在与区政府签订的责任状中予以明确。黄石市在全省率先成立职业卫生监督所。随州市、仙桃市就市政府领导安全生产职责分工、“一票否决”出台了规范性文件。潜江市在3个监管任务较重的乡镇（经济开发区）设置了安监局。这些都为进一步抓好安全生产工作提供了坚强保障。

（二）深入开展隐患排查和专项治理，着力防范重特大事故

根据国务院165次、167次常务会议精神，全省以高危行业为重点，深入开展了隐患大排查、大整治行动。安监部门先后单独或会同煤监、经信、国土、公安、交通、旅游、质监等部门，开展了煤矿瓦斯、水害集中监察行动，非煤矿山危、险、病尾矿库治理，化工企业搬迁及危险工艺自动化控制改造，“清剿火患”战役，道路旅游客运安全集中整治，高速铁路及其在建项目安全大检查，水运码头及“三无船舶”整治等。全省工矿、交通运输行业领域共排查事故隐患490564条，已整改478934条，整改率97.63%，其中排查重大隐患380条，已整改323条，整改率85%。省安办对7条省级挂牌督办的重大隐患，分别在《湖北日报》和政府网站上进行公告，年内已有6条验收销号。鄂州市建立了隐患月查月改月报工作机制，推进隐患排查整治工作长效开展。荆州市结合隐患排查，建成了包括重要部位视频监控、危险源数据监测监控等功能在内的安全生产综合监管信息网络平台。孝感市对三级以上重大危险源实行年度抽查和备案管理制度，深化了隐患排查治理工作。武汉地铁集团建设了安全生产预警信息系统，对地铁工程建设实行24小时在线监管。全省杜绝了特大事故的发生。

（三）加强监管执法，着力维护安全生产法制秩序

全面开展计划执法，省、市、县三级安监部门严格落实安全生产执法计划“双报”规定（报同级政府审批、报上一级安监部门备案）。2011年，全省安监部门共监督检查各类生产经营单位63364个，执法计划完成率146.2%。安监部门积极会同煤监、国土资源、公安、交通运输、住建、工商、监察等部门开展联合执法，深化“打非治违”专项行动，责令停产整顿生产经营单位314个，提请关闭生产经营单位325个，实际关闭307个，暂扣安全生产许可证23个，吊销安全生产许可证17个。严格事故查处和责任追究，省级组织查处的生产安全事故，得到了省监察厅、省检察院、省总工会的大力支持和帮助，通过事故调查处理，有效促进了安全生产。国务院安办对全省事故查处工作给予了多次肯定和表扬。全省全面落实较大以上事故查处挂牌督办、事故“说清楚”等制度，省安监局会同省检察院、省监察厅和省公安厅对全省较大以上事故查处及责任追究情况进行了专项督查。提请省政府办公厅下发《关于实行安全生产约谈的通知》（鄂政办发〔2011〕119号），明确规定约谈对象为市（州）政府和省直部门行政“一把手”和分管领导，强化了问责的刚性约束。2011年，全省因生产安全事故受到党纪政纪处分86人（县处级以上干部21人），移送司法机关追究刑事责任25人。

（四）全面推进安全生产标准化和地下矿山安全避险“六大系统”建设，着力提高企业安全保障能力

省安委会制定下发了《湖北省企业安全生产标准化三年创建工作计划》（鄂安规〔2011〕2号），明确了分3步实施、在2013年底前全省工矿

商贸和交通运输企业全部达到三级以上安全生产标准化水平的目标。各地在重点行业领域分别选择了一批安全生产基础工作比较扎实的企业进行试点，通过政策引导、行政督导、专家指导，一批企业提前实现达标。全省已有21处煤矿被授予省级煤矿示范矿井称号。机械制造行业标准化创建工作走在全国前列，东风公司、武钢、武锅等42家大中型企业已率先达到国家一级企业标准。在非煤地下矿山安全避险“六大系统”建设方面，全省首批52家示范矿井中已有22家通过设计审查，20家基本建成，其中宜昌华西矿业有限责任公司华兴磷矿等5家企业已通过验收。此外，在高危行业大力推进安全生产责任保险，共实现保费收入6189万元，累计承担责任保险限额82.26亿元，为企业安全生产提供了有力的保险保障。

（五）加强安全生产宣传教育培训，着力推进安全文化建设

扎实开展第十个安全生产月活动、“安康杯”知识竞赛、安全科技周等活动，大力宣传安全生产方针政策和法律法规。特别是安全生产月期间由省安监局、省总工会联合组织的“人保财险”杯安全生产法律法规知识网络竞赛和全省安全生产文艺汇演，以其参与面广、知识性强、宣教效果好受到广泛好评。各地也精心组织了一些丰富多彩的活动，取得了明显成效。荆门市以国务院23号文件下发一周年为契机，开展了安全生产法律法规宣传周活动。宜昌市、十堰市、黄冈市、恩施州安监局被评为全国安全生产月活动优秀单位，其中宜昌市安监局作为全国唯一地级市代表在2011年全国安全生产月活动总结表彰大会上作了交流发言。进一步加强安全生产教育培训。全年共培训企业特种作业人员127919人，主要负责人28120人，安全管理人员47309人，班组长17432人，农民工64190人。认真贯彻落实党的十七届六中全会精神，扎实推进企业安全文化建设。在全省规模以上工矿商贸企业开展安全文化示范企业创建活动，评选命名了首批24家省级安全文化创建示范企业，并推荐3家企业参评全国安全文化建设示范企业。积极推进安全管理创新。东风汽车有限公司“践行‘安全零事故理念’，开展危险预知训练”和襄阳卫东控股集团有限公司“顾氏隐患整改跟进法”被国家安全监管总局评为安全生产工作实践应用创新三等奖。

（六）大力推进安监队伍建设，着力深化创先争优活动

2011年以来，全省安监部门增加了行政编制，共有10个市（州）、79个县（市）成立了执法队伍，15个市（州）成立了职业卫生监管内设机构。省安监局成立了湖北省职业安全健康监督检测检验中心和湖北省安全生产技术协会。全省安监系统通过开展纪念建党90周年、治庸问责、“城乡互联，结对共建”、“三万”等一系列主题实践活动，把以“争做安全发展忠诚卫士，创建为民务实清廉安监机构”为主题的创先争优活动推向深入。省安监局还积极开展了“加强和创新安全管理建议月”活动，共收集有价值的意见和建议近百条。加强安监队伍业务能力建设，组织全省155名新进安监系统的干部进行了监察执法资格培训，组织120多名县级安监局长采取视频方式接受了国家安全监管总局业务培训。加强党风廉政教育和管理，着力构建惩防腐败体系，全国安监系统党风廉政建设工作会议推介交流了我省安监系统党风廉政建设“十个全覆盖”工作经验，《中国安全生产》、《楚天风纪》杂志也刊载了相关报道。

# 湖南省安全生产工作综述

2011年，全省累计发生各类生产安全事故6138起（其中道路交通事故按涉及人员伤亡事故统计，下同），同比多发生635起，上升11.5%（主要原因是因统计方法调整导致消防火灾事故起数增加848起），事故死亡人数2836人，同比少死亡202人，下降6.6%，比国务院安委会下达我省的控制指标少死亡146人。工矿商贸事故起数和死亡人数分别下降16.9%和11.5%，其中非煤矿山

分别下降24.6%和41.6%。道路交通事故起数和死亡人数分别下降6.6%和5.8%。亿元GDP生产安全事故死亡率0.144，工矿商贸十万就业人员生产安全事故死亡率2.1，道路交通万车死亡率2.75，煤矿百万吨死亡率3.14，分别下降28.7%、13.2%、19.1%和7.4%。全省14个市州中10个市州事故死亡人数同比下降，其中郴州、湘潭降幅达30%以上；122个县市区中55个县市区实现工矿商贸行业领域零事故、零死亡，58个县市区实现事故起数和死亡人数“双下降”，全省安全生产形势继续保持稳定好转势头。主要有以下6个特点。

**一、各级党委政府抓安全生产工作的力度进一步加大**

省委省政府把安全生产作为最重要的民生工程，与社会治安综合治理、计划生育一起列入“三个一票否决”事项。省委常委会、省政府常务会先后5次专题研究安全生产工作，就安全生产工作重要事项作出决策部署。周强书记、徐守盛省长先后就安全生产作出10多次重要批示，并亲自部署和协调解决有关重大问题。

**二、重点行业领域专项整治扎实有效**

根据省政府统一部署，各地各有关部门协调行动，深入推动了煤矿、非煤矿山整顿关闭和道路交通、城市工业灾害防治、水上安全综合整治以及危险化学品、烟花爆竹等一系列重点行业领域专项整治，取得明显成效。

煤矿方面，深入推进煤矿安全隐患整治百日攻坚战和煤矿瓦斯、水害安全专项治理行动，对娄底、耒阳等重点地区进行集中执法，严查假关闭、假整合、假技改等8类19种隐患。建立煤矿安全生产“黑名单”公示制度，向社会公布了2011年发生事故的113家煤矿名单、2010年以来发生较大及以上事故应当予以关闭的23家煤矿名单，以及2010年以来被限制担任煤矿企业主要负责人的人员名单。

非煤矿山和尾矿库方面，对全省18个非煤矿山重点县市区开展了两轮“点对点”督查，推动郴州市新田岭矿区创造出“新田岭模式”整合的成功经验，临武县三十六湾、鲁塘石墨矿区以及花垣县、冷水江市、零陵区、衡山县、宜章县等重点矿区整合步伐明显加快，矿业秩序进一步好转，全省非煤矿山事故死亡人数由2010年的101人下降到2011年的52人，尾矿库正常库由34座增加到226座，危库、险库由232座减少到76座。2011年汛期特大山洪地质灾害期间，全省尾矿库“不垮一坝、不淹一井、不伤一人”，得到副总理张德江的充分肯定。

道路交通方面，以严肃查处酒驾和打击“超速、超载、超限”为重点，深入推进4大整治行动，强力实施“两客一危”车辆动态监管系统建设和“百千万生命防护工程”，全省道路交通安全在大量公路建成通车、车辆保有量和新驾驶员大量增加的情况下，实现事故起数、死亡人数双下降，其中较大事故起数和死亡人数分别下降29.5%和38.1%，怀化“农村道路交通安全管理模式”得到周永康同志批示，要求在全国推广。

城市工业灾害防治方面，报请省政府常务会议审议并下发《湖南省城市工业灾害防治方案》，召开专题会议进行安排部署，在全国率先启动城市工业灾害防治工作。目前，该项工作在全省已经全面铺开，长沙、娄底、永州、湘潭等市成立了由市级领导任组长的领导小组。为进一步加强该项工作，省安监局还专题向省委、省政府汇报，请求将该项工作列为2012年为民办实事的重点工作。

水上安全综合整治方面，针对邵阳县“9·9”沉船事故暴露出来的水上安全问题，省政府常务会议两次专题研究，省长徐守盛亲自部署并任整治领导小组组长，3位分管副省长任副组长，在全省开展了为期半年的水上交通、河道采砂和水上餐饮安全专项整治行动。

**三、安全生产打非治违和监管执法机制化、常态化**

按照国务院安委会的统一部署，各级安监部门和各负有安全监管职责的部门以新一轮安全生产“打非治违”和安全隐患排查治理专项行动为抓手，强力推动计划执法、专项执法和联合执法，全省初步形成了严厉打击非法违法、违规违章行为，严肃查处各类事故背后腐败的高压态势。

一是“计划执法”做到全覆盖。按照“有计划、全覆盖、规范化”的要求，年初报请省政府批准下发《2011年湖南省安监部门行政执法计划》，省、市、县、乡安监机构一起行动，按计划分级负责，对全省非煤矿山、危险化学品、烟花爆竹和其他工矿商贸企业进行全覆盖、规范化的安全生产执法检查。省安监局在重点抓好86家规模较大的直接监管企业计划执法的基础上，以“不打招呼、不发通知、明查暗访”的形式，对全省各地开展了两轮督导检查，确保计划执法落到实处。

二是大力推动安全生产专项执法。继续大力推动高危行业精细化安全监管工作，切实加强以非煤矿山、危险化学品、烟花爆竹等高危行业为重点，覆盖所有工矿商贸企业的安全生产执法力度。收集、录入涉危企业安全生产信息299205余条（家），党政领导干部信息19591条，奖励、处罚信息涉及3100余人。全省各级用户共登录使用涉危企业管理系统32289次，社会公众免费查询57250次，涉危企业信息管理系统和党政干部履职电子档案社会影响力不断扩大。

三是深入开展安全生产联合执法。省安委会充分发挥综合协调平台作用，组织安监、国土、公安、交通、建设、工商、煤炭等部门，突出重点地区、重点行业领域和重点企业，深入开展联合执法，严厉打击非法违法生产经营建设行为。各市县普遍建立了“政府统一领导、部门共同参与”的联合执法机制，结合本地区实际，切实加大联合执法力度。2011年，全省各级各负有安全监管职责的部门共开展安全生产执法行动4.5万次，出动执法人员30万人次，执法检查企业13.4万家，责令停产整顿企业7462家，关闭企业3476家，抓捕犯罪嫌疑人921人，问责工作不力公职人员119人。

四是不断规范安全监管执法行为。组织召开全省安监系统依法行政工作会议，制定出台《关于切实加强安监部门安全生产依法行政工作的指导意见》、《湖南省安全生产执法质量考评标准》等文件，深入开展执法质量考核评议，着力规范安全生产法制秩序，推进依法行政。

五是严肃认真调查处理各类生产安全事故。按照分级属地管理的原则，对各类事故一律实行安委会挂牌督办，严格按照“四不放过”原则和“依法依规、实事求是、注重实效”的要求进行调查处理。2011年全省立案查处生产安全事故596起，已经结案435起，行政和党纪处分1027人，追究刑事责任131人。

**四、安全基层基础工作不断夯实**

一是大力加强思想引导和宣传教育。精心组织全国第十个“安全生产月”活动，继续深化安全生产“三个第一课”和安全生产宣传教育“三个一”活动，全省安全文化氛围进一步繁荣。2011年以来，局领导、处室负责人深入基层授课300余场次，组织专家到企业授课2000余场次，组织高危企业负责人授课1.2万余场次，组织从业人员观看安全警示片3000余场次，发放专家授课光碟1.2万余套、宣传资料40余万册，100余万从业人员受到教育，目前各级党委政府已把安全教育列入党委（党组）中心组学习的重要内容。同时，省安监局还分行业组织开展县市区安监局长、安全监管人员专题业务培训，全面深化“万名班组长安全培训工程”，加强企业主要负责人、安全管理人员、特种作业人员培训，2011年以来共培训安监人员800人、主要负责人39284人、安全管理人员42183人、特种作业人员79994人、企业班组长34178名。

二是扎实推进安全生产标准化。提请省政府下发了推进安全标准化建设的指导意见，制定了非煤矿山、危险化学品、烟花爆竹和冶金等工贸行业企业安全标准化评审细则，不断调动企业创新安全管理、推动转型升级的积极性。2011年，全省1294家非煤矿山企业、120家危险化学品企业、104家烟花爆竹企业、65家工贸企业通过标准化考评认定。同时，协调推动煤矿安全质量标准化建设，目前已达标验收376对矿井。

三是深入开展安全生产示范乡镇创建活动。截至2011年底，全省共有1663个乡镇（街道）参与安全生产示范创建，参与面达66.7%；省市对口帮扶乡镇1075个，落实资金3920万元；已有245个乡镇（街道）获省政府命名表彰，绝大多数省级示范乡镇（街道）实现了工矿商贸事故零死亡。2011年11月25日，省人民政府对2010年度创建的94个示范乡镇进行表彰，奖励每个乡镇1台安全监管执法车。

**五、安全保障能力不断提升**

按照中央深入开展“安全生产年”活动的部署，各级党委政府切实加大安全生产投入，加强安监系统班子队伍建设，推动安全科技支撑体系、应急救援体系、执法监管装备建设，安全监管保障能力稳步提升。

一是安全生产投入进一步加大。省政府在较大幅度增加安全生产专项经费的同时，继续安排5000万元，启动新一轮尾矿库治理，同时决定把每年5000万元尾矿库专项治理资金再延长两年。

二是安全科技支撑能力稳步提升。省安委办、省安监局组织召开省职业安全健康协会、安全生产专家委员会换届大会，组建成立省安全技术中心，并加快安科公司建设和职业健康检验检测实验室筹建步伐。切实加强安全评价机构和从业行为专项治理，促进安全评价机构健康发展。湖南安全技术职业学院非矿山安全与重大危险源监控实验室、职业危害检测与鉴定实验室通过国家安全监管总局认定。

三是应急救援体系建设稳步推进。省安全生产应急救援指挥中心建设进展顺利，全省共建立矿山、危化救护队40支，辰州矿业、湖南有色、花垣县非煤矿山应急救援基地和专业队伍建设得到加强，应急管理能力提高，全年全省各救援基地和救护队参与事故应急救援197次，抢救遇险人员321人，其中生还41人。

**六、安监队伍自身建设不断加强**

会同省委组织部联合下发《关于加强安全生产监督管理部门领导班子和干部队伍建设有关问题的通知》，着力推动安监系统部门领导班子和干部队伍建设。协调省编办下发湘编办〔2011〕16号文，调整职业安全健康监管职能分工，推动各级安监部门加强专业执法机构和职业健康监管等机构队伍建设。2011年，省局党组书记、局长刘尧臣当选为中共湖南省第十届候补委员，副局长李大剑当选为中共湖南省第十届纪律检查委员会委员。在监察部门组织对13个省直行政执法部门政风行风评议中，安监部门排名第一。省应急救援指挥中心被省委、省政府命名为“人民满意的公务员集体”，被省总工会命名为“工人先锋号”。娄底市安监局长曾福泽荣获“全国劳动模范”、“全国五一劳动奖章”。

存在的主要问题：

一是从事故指标情况看，事故总量较大，重大事故还没有得到有效遏制。

二是从企业层面看，安全生产的基础仍然薄弱，特别是高危行业企业规模小、基础差、安全素质低的问题仍然突出；煤矿水害、瓦斯和非煤矿山采空区、尾矿库等重大安全隐患和城市重大危险源的治理监控任务艰巨；传统高危行业企业安全基础差与国家安全生产标准不断提高的矛盾越来越突出。

三是从经济发展层面看，随着经济社会快速发展和技术不断进步，企业生产工艺越来越复杂，高速铁路、高速公路、大型桥梁隧道、城市高空建筑、地下采空工程、燃油气和其他危险品储存输送形成的各种危险越来越多，安全监管的难度越来越大。

四是从保障层面看，地方政府特别是县、乡两级政府相关部门的安全监管能力和应急保障能力与繁重的安全监管任务不相适应，越到基层监管力量越薄弱，监管手段越落后。

# 广东省安全生产工作综述

2011年，广东省各地、各部门认真贯彻落实《国务院关于进一步加强企业安全生产工作的通知》（国发〔2010〕23号）、《国务院关于坚持科学发展安全发展促进安全生产形势持续稳定好转的意见》（国发〔2011〕40号）和《中共广东省委广东省人民政府关于进一步加强安全生产工作的意见》（粤发〔2011〕13号）精神，按照《国务院办公厅关于继续深化“安全生产年”活动的通知》（国办发〔2011〕11号）要求和国务院安委会的统一部署，继续深入开展“安全生产年”各项活动，不断深化安全生产“三项行动”和“三项建设”，有效防范和遏制重特大事故发生，促进全省安全生产形势持续稳定好转，为深圳“大运会”的顺利召开和我省“加快转型升级、建设幸福广东”创造了良好的安全生产环境，实现了“十二五”时期安全生产工作的良好开局。全省安全生产形势呈现如下几个特点：

一是事故总量继续下降。据统计，2011年，全省共发生各类事故35329起，死亡6575人，受伤31285人，同比分别下降2.8%、3.3%和12.8%。

二是较大以上事故得到进一步遏制。全年共发生较大事故97起，死亡371人，同比分别下降15.7%和17%。重大事故3起，死亡37人，与上年同期持平。

三是重点行业领域安全生产状况有所改善。全年全省工矿商贸企业生产安全事故死亡455人，同比下降7.1%；道路交通事故死亡5873人，同比下降2.9%；渔业船舶生产安全事故死亡（含失踪）43人，同比下降41.9%。

四是大部分地区安全生产形势持续稳定。全省大部分地市各类事故死亡人数较2010年均有下降。

五是安全生产控制指标实施情况总体良好。2011年我省各类事故死亡人数6575，占全年控制指标的94.6%，较大事故起数占控制指标的83.6%，重大事故起数没有突破控制指标，连续第九年实现国家下达的安全生产控制指标。道路交通、工矿、房屋建筑和市政工程建设、特种设备、渔业船舶、水上交通、农业机械等行业和领域的事故死亡人数均没有超控制指标。

2011年，我省主要抓了以下9项工作。

**一、全力推行党政领导干部安全生产“一岗双责”**

2011年2月11日，省委、省政府召开了全省地方党政领导干部安全生产“一岗双责”工作会议，对全省全面推行党政领导干部安全生产“一岗双责”工作作了专题部署和动员。6月2日，省委、省政府印发了《中共广东省委广东省人民政府关于进一步加强安全生产工作的意见》，全省各级党委、政府以及省各有关部门迅速组织传达学习和部署贯彻会议和文件精神，认真做好安全生产“一岗双责”贯彻落实工作。10月18日和24日，省安委会分别在惠州和珠海召开了全省贯彻落实省委13号文精神情况督查汇报会。12月23日，经省委、省人民政府同意，《广东省党政领导班子和领导干部安全生产责任制考核办法》以省委办公厅、省府办公厅的名义正式印发各地、各部门执行。一年来，全省各地各部门以贯彻《意见》精神，实行党政领导干部安全生产“一岗双责”为主线，全力推进安全生产各项工作。全省21个地级以上市和顺德区结合实际，研究制订了贯彻党政领导干部安全生产“一岗双责”的具体实施意见，进一步细化省委、省政府关于安全生产工作的各项要求。同时，充分利用换届的契机，推动实现市委常委、常务副市长分管安全生产工作。目前，全省绝大部分地级以上市都由市委常委、常务副市长分管安全生产工作，绝大部分县（市、区）落实了常委、常务副县（市、区）长分管安全生产工作。省安委会35个成员单位以及省有关部门也进一步完善安全生产责任体系。

**二、不断完善安全生产控制指标体系，坚持月通报、季公布和年考核制度**

2011年，坚持把抓好安全生产控制指标工作作为落实安全生产责任制的重要手段，通过月通报、季公布和年度考核制度，促使各级政府进一步提高对安全生产工作重要性的认识，坚决遏制和减少伤亡事故的发生。

一是认真分解下达国家下达给我省的2011年安全生产控制绝对指标和相对指标，并要求各级政府参照省的做法，层层分解下达控制指标。

二是加大安全生产控制指标动态管理工作力度，每月定期通报各地各部门完成安全生产控制指标的情况，每季度在《南方日报》上公布各地各部门完成安全生产控制指标的情况。

三是认真开展安全生产责任制考核工作，不断强化各级政府及有关部门安全生产监管责任的落实。2011年初，组织对全省21个地级以上市政府、8个省安委会Ⅰ类考核单位安全生产第一责任人和直接责任人以及16个省安委会Ⅱ类考核单位安全生产直接责任人2009—2010年度安全生产责任制的履职情况进行了考核。其中地级以上市政府第一责任人和直接责任人达到优秀等次的64人次，达到称职等次的20人次；省安委会Ⅰ类考核单位18名第一责任人和直接责任人考评均为优秀；省安委会Ⅱ类考核单位15名直接责任人自评均为优秀。

**三、扎扎实实推进“安全生产年”各项活动**

按照国务院办公厅关于继续深化“安全生产年”活动的通知和国务院安委会的统一部署，2011年省政府先后召开了4次防范重特大安全事故工作会议，并结合大运会安全生产工作以及下半年事故反弹的情况，召开了2次大运会安全生产会议以及省安委会全体会议、全省安全生产电视电话会议，及时对全省安全生产形势进行研判并作出部署，推动“安全生产年”各项活动的深入开展。省安全监管局在强化安全监管的同时，更加注重充分发挥综合监管和协调指导作用，以落实国务院第165次常务会议精神为重点，牵头组织督促各地各相关部门排查治理事故隐患；以确保大运会安全举办为重要任务，组织开展严厉打击违反安全生产法律法规生产经营建设行为专项行动取得显著成效；建立健全较大以上生产安全事故调查处理挂牌督办制度，促进各地以事故教训推动安全生产工作。

**四、严厉打击违反安全生产法律法规生产经营建设行为**

2011年，按照《国务院安委会关于开展严厉打击非法违法生产经营建设行为专项行动的通知》要求，各级安全监管部门以及负有安全监管职责的部门通力配合，严厉打击了各种安全生产非法违法行为，督促企业落实安全生产主体责任，取得了阶段性成效。尤其是深圳“大运会”期间，公安、交通、建设、国土资源、质监、安监、民航、铁路等部门和单位认真落实部门监管责任，加强协同配合，切实加强重点行业领域的专项整治和隐患排查治理工作，形成“打非”工作的强大合力，极大地提高了执法效率和效果。据统计，2011年全年全省共组织开展执法行动141076起（次），打击无证或证照不全从事生产、经营、建设行为33355起，关闭取缔后又擅自生产、经营、建设行为1729起，违反建设项目安全设施“三同时”规定行为732起，查处打击不按规定进行安全培训或无证上岗行为12458起，打击其他违反安全生产法律法规生产经营建设行为91019起。

**五、深入开展事故隐患排查整治**

道路交通方面，按照国家三部委的联合部署，公安、交通、安监三部门先后在全省集中开展了道路客运隐患整治专项行动、客运非法营运情况专项督查、“三超一疲劳”专项整治行动，有效扭转了道路交通事故多发势头。

矿山方面，全省共检查矿山企业数量1437家，查出一般隐患4753项，已整改4490项，整改率94.5%；其中重大隐患10项，全部完成整改；全省各级政府对矿山企业隐患治理投入累计达2197.5万元，企业投入累计达16464.3万元。全省挂牌督办的云浮硫铁矿大台水库、信宜市兰坑铁矿及其尾矿库取缔关闭以及韶关大宝山矿槽对坑尾矿库下游村民整体搬迁3个重大事故隐患均已完成整改。

危险化学品和烟花爆竹方面，省安全监管局共组织检查督查企业1556家（次），排查整改隐患问题2876项。对全省危险化学品实行分类指导、分级管理，突出重点盯防，切实加强惠州大亚湾石化区、湛江港石化区、中石化茂名分公司等重点区域、重点企业的安全监管。按时完成了全省188家危险工艺装置企业自动化改造工作。省安监、公安、交通、工商等10个部门分工协作，组成督导组对14个地市6类企业开展隐患排查整治工作进行了重点督导，督促隐患整改工作做到任务、人员、责任、整改“四落实”，大运会期间，全省危险化学品和烟花爆竹两大行业领域实现了“零事故”，为平安大运的成功举办和全省安全生产形势稳定好转创造了良好的安全环境。

消防安全方面，吸取佛山“8·23”重大火灾事故教训，各地公安消防部门迅速组织消防安全大检查，共检查社会单位31237家，整改隐患26264处，下发责令改正通知书12878份，责令“三停”单位223家，临时查封173家，拘留64人。进入秋季后，省公安消防总队又全面推进“清剿火患”专项行动，并拨出600万元作为专项奖金，建立了领导分片包干督导制度，下达工作指标，落实日排名、周评比、旬通报、月调度制度，着力抓好“重点单位、三小场所、违章既有建筑”3个层次的火灾隐患整治，着力开展“四个能力”建设，提高自我管理能力。

建筑施工方面，省住房和城乡建设厅组织全省住房城乡建设系统继续加强对重点地区、重点企业、重点部位和重点环节的安全检查，深入开展消除建筑施工事故隐患专项治理；并按季度组织督查组，对在建工程进行施工安全专项检查。

水上交通、渔业船舶、铁路交通、民爆器材等其他行业和领域，按照国家和省的部署，不断深入开展隐患排查，加大整改工作力度，有效遏制了事故发生，避免了对人民群众的生命财产损害。据统计，2011年全省共排查各类隐患551220项，已整改529857项，整改率为96.1%；其中，重大隐患728项，已整改683项，整改率为93.8%，整改率均超过全国平均水平。

**六、大力推动企业开展安全生产标准化创建工作**

2011年，深入贯彻落实《国务院安委会关于深入开展企业安全生产标准化建设的指导意见》（安委〔2011〕4号）和《国务院安委会办公室关于深入开展全国冶金等工贸企业安全生产标准化建设的实施意见》（安委办〔2011〕18号）等有关安全生产标准化的重要文件要求，结合全省实际，制定颁发了经省政府批准同意的《广东省关于深入开展企业安全生产标准化建设工作的意见》（粤安〔2011〕10号），提出了广东省“十二五”时期工矿商贸和交通运输行业（领域）企业基本实现达标的总体目标任务，明确了实现目标的工作原则和保障措施，是全省今后一个时期安全生产标准化工作的指导性文件，此文件的出台，全力推动了安全生产标准化建设，提升企业本质安全水平。全省完成标准化达标建设企业累计5116个，比上年增加1940个，增幅达61%。此外，启动全省作业场所职业危害网上申报及摸底调查工作。在总结中山、河源两市试点工作经验的基础上，全面启动存在职业危害企业作业场所职业危害网上申报工作。截至12月底，全省已登录申报管理系统进行注册的企业共21890家，其中已经完成职业危害申报登记备案企业15732家。此外，还及时转发了国家安全监管总局《关于印发全国冶金等工贸企业安全生产标准化考评办法的通知》、《关于进一步加强危险化学品企业安全生产标准化工作的通知》和国家安全监管总局中华全国总工会共青团中央《关于深入开展企业安全生产标准化岗位达标工作指导意见的通知》等一系列文件，印发了《关于进一步推进烟花爆竹经营单位安全标准化工作的通知》、《广东省冶金等工贸企业安全生产标准化建设实施方案》和《关于推进矿山安全标准化建设工作的通知》，要求各地各相关单位把企业开展安全生产标准化作为企业安全管理工作的重中之重，加快推进企业安全生产标准化建设。

**七、推进科技进步，提高安全保障和应急救援能力**

2011年，大力实施“科技兴安”战略，3个安全生产技术支撑体系广东省级中心实验室项目建设按计划完成，并顺利通过国家安全监管总局验收。同时，省级安全生产专项资金额度不断提高，进一步推动政府、企业和社会多元化的安全生产投入机制的形成。我省还与韶关、清远、河源、肇庆、梅州市政府签订了共建矿山救援基地框架协议。目前，韶关、清远已进入工程实施阶段，推动了救援基地建设，进一步提升应急管理水平。

**八、强力推进，狠抓安全生产宣传教育**

2011年，高度重视和强力推进安全生产宣传教育工作，组织开展一系列形式丰富、内容新颖的宣传活动，广泛宣传安全生产知识，弘扬安全文化，增强了全社会的安全生产意识，营造了以人为本、关爱生命、关注安全的浓烈安全文化氛围。

一是加强安全生产方针政策和法律法规宣传，全省组织50多万批次、300多万人次开展安全生产法律“五进”活动，1000多万人次接受法制教育。

二是紧紧围绕“安全生产年”，大力宣传“三深化”、“三推进”活动，大力宣传国家安全监管总局局长骆琳年初来粤视察调研并作重要讲话精神，大力宣传党政领导干部安全生产“一岗双责”制度，大力开展深圳“平安大运”安全宣传工作，大力开展汕头市龙湖区安全监管局项德启同志先进典型事迹宣传，全省各地在各类媒体刊登安全生产方面的专题新闻和深度宣传报道9700多篇。

三是围绕2011年“安全责任，重在落实”的“安全生产月”活动主题，组织指导各地、各单位围绕活动主题开展了“安全生产咨询日”、“安全生产执法警示”等丰富多彩的安全宣传教育活动，全省约4000多万人次在“安全生产月”期间得到安全教育，省安全监管局获得了“全国安全生产月活动先进组织单位”称号。同时，联合省总工会、团省委开展了“安康杯”、“青年安全生产示范岗”等主题宣传教育活动。

四是组织开展了第六届广东安全知识竞赛暨粤港澳安全知识竞赛活动，全省各地、各单位共组织8000多场次安全知识选拔赛活动，参赛和受教育人员超过1000多万人次。副省长陈云贤9月30日在《关于第六届广东安全知识竞赛暨粤港澳安全知识竞赛情况的报告》上批示：“此事抓的好，抓出了成效”。10月20—22日，局长杨富、副局长黄晗率队赴澳参加了第六届粤港澳安全知识竞赛总决赛。

五是积极推动安全文化和安全社区建设工作。目前，全省已创建国家安全文化示范企业4家、省级示范企业137家、市级示范企业594家，县级示范企业近千家；已创建全国安全社区13个，其中“国际安全社区”1个。

六是大规模开展安全教育培训，分期分批对全省各级政府分管安全生产的领导干部、安全监管机构负责人和执法人员以及企业主要负责人、安全管理人员、特种作业人员进行安全生产培训。2011年省安全监管局共举办20期安全监管业务培训班，共培训2112人次。

**九、推进长效机制建设，构建安全生产防范体系**

一是编制实施安全生产“十二五”规划。完成《广东省安全生产“十二五”规划》编制发布工作，并督促、指导各地安全生产“十二五”规划的制定及发布实施工作，实现了省、市两级安全生产规划全部纳入本级辖区重点专项规划，确保了将安全生产纳入经济社会发展总体布局，相关重点工程纳入地方政府建设规划，切实做到安全生产与经济社会同步规划、同步部署、同步推进。

二是完善安全生产法规、规章和标准体系。重点推动《广东省安全生产条例》等安全生产法规、规章的修订工作，积极提请省法制办纳入2012年预备立法项目，为全省安全生产工作提供法律保障；制定了《关于建设项目安全设施设计与竣工验收审查备案工作的程序规定》，进一步规范建设项目安全监管工作。

三是认真开展事故调查，严肃追究事故责任单位和责任人的责任。建立起较大事故查处挂牌督办制度，认真落实事故跟踪督办工作，通过日常监督检查和定期发函督办等方式，加强了对责任追究落实工作日常的跟踪和检查，有力促进了较大以上事故责任追究工作的落实，极好地发挥了事故警示作用。2011年，广东省共发生较大事故97起，已结案83起，结案率85.6%。

# 广西壮族自治区安全生产工作综述

**一、全区安全生产总体情况**

2011年，在自治区党委、政府正确领导下，在各地区、各部门、各单位和全社会的共同努力下，全区安全生产工作继续保持了总体稳定、持续好转的态势，各类事故死亡人数在连续八年持续下降，杜绝了重大以上安全生产责任事故的发生，安全生产工作实现了新的突破，实现了“十二五”良好开局；小煤矿“三化”建设经验得到了国务院总理温家宝、副总理张德江和国家安监总局、国家煤监局的充分肯定，要求向全国推广，成为全国小煤矿的标杆；广西安全生产工作创新成果在2011年全国首届安全生产创新成果评比中两项成果分别荣获创新实践应用类一等奖（全国仅有5个一等奖）和三等奖，成为获得最多奖项的两个省市区之一。广西安全生产工作得到了国务院安委会督查组、国家安监总局督查组的充分肯定，得到了自治区党委、政府的充分肯定，认为目前是历史上最好的时期。

（一）全年各类事故死亡人数继续下降

2011年，全区累计各类事故死亡人数2831人，同比下降4.39%；受伤5040人，同比下降6.46%。

（二）重大事故预防取得显著成效

2011年，除合山发生一起因自然灾害引发的一次死亡10人以上事故外，全区没有发生一次死亡10人以上的安全生产责任事故，重大安全生产责任事故的预防工作取得了明显成果。

（三）大部分地区安全生产状况稳定好转

全区14个市级统计单位中有12个市事故死亡人数同比下降，14个市均未发生一次死亡10人以上生产责任事故。

（四）大部分行业和重点领域安全生产状况总体稳定

工矿商贸、建筑施工、危险化学品、生产经营性道路交通和农机事故起数和死亡人数同比下降。其中，工矿商贸事故356起、死亡384人，同比分别下降8.72%和6.11%；生产经营性道路交通事故1249起、死亡840人，同比分别下降12.23%和12.86%；其他道路交通事故3039起、死亡1447人，同比分别上升1.33%和0.35%；消防火灾事故1766起、死亡45人，同比分别上升37.22%和40.63%；水上交通（含部分渔业船舶）事故28起、同比下降3.45%，死亡19人、同比上升11.76%；铁路交通（含地方铁路）事故126起、同比下降13.10%，死亡95人、同比上升2.15%；农机事故1起、死亡1人，同比分别下降85.71%和75.00%。

（五）安全生产控制指标实施情况良好

全年各类事故死亡人数占国家下达控制指标的99.71%，在控制指标以内，比国家下达控制指标少死亡8人；占自治区政府下达全年控制指标的98.74%，比自治区政府下达的控制指标少死亡36人。

**二、2011年安全生产重点工作**

（一）各级各部门高度重视安全生产工作

2011年，自治区党委书记郭声琨就加强安全生产工作作了13次批示，自治区主席马飚作了23次批示，副主席杨道喜作了126次批示。自治区政府分别召开了8次常务会议和8次安全生产专题会议研究安全生产重大问题，出台实施了《广西壮族自治区人民政府关于进一步加强企业安全生产工作的实施意见》、《广西壮族自治区人民政府关于进一步加强当前安全生产工作的决定》等重要文件，审议通过了《广西安全生产“十二五”规划》，全面加强安全生产工作。自治区安委会成员单位按照《广西壮族自治区安全生产委员会成员单位安全生产工作职责规定》，真抓实干，认真履职，努力完成了监管任务。各级党委、政府也都高度重视辖区内的安全生产工作，全面落实“一岗双责”，层层分解责任，领导亲自部署、带头检查，狠抓落实。

（二）以“防大事故、治大隐患”为目的，深化重点行业领域安全专项整治

抓好重特大事故集中的煤矿、非煤矿山、道路交通、铁路交通、建筑施工、烟花爆竹、危险化学品、民爆物品、工矿商贸及消防等重点行业领域的安全专项整治。煤矿方面重点抓好防透水、防瓦斯、防火安全专项整治，推动“三化”建设和整顿关闭工作，推进井下安全避险“六大系统”建设；非煤矿山方面重点抓了水患矿山的隐患治理和灾害性天气停产撤人工作，加强尾矿库、露天采石场安全专项整治，严肃查处“三违”“三超”行为，推进矿山资源整合和非煤矿山“六大系统”建设试点以及安全标准化建设等工作；危险化学品方面重点推动城区内安全防护距离不足的危险化学品企业实施搬迁，强制推行危险化工工艺自动化控制改造，建立完善危险化学品重大危险源动态监控预警机制；烟花爆竹方面重点推进生产企业“五化”（工厂化、标准化、机械化、科技化、集约化）改造和加强生产、经营、运输、燃放等环节监管，全面开展“打非治违”等安全专项整治。同时，做好道路交通、水上交通、铁路交通、农机、建筑施工、消防、特种设备、水利、林业、旅游、学校、民爆器材、冶金、电力等行业和领域安全专项整治，不断完善和强化安全生产防范措施。通过各级各方面的共同努力，2011年重点行业（领域）安全生产工作取得了新的突破，除因自然灾害引发一起煤矿重大事故外，全年未发生重大以上安全生产责任事故，特别是未发生道路交通重大以上事故，是多年来首次道路交通没有发生一次死亡10人以上事故的一年。

（三）以“打非治违”为抓手，严厉打击安全生产非法违法生产建设行为

按照自治区政府办公厅《关于开展严厉打击非法违法生产经营建设行为专项行动的通知》精神，在全区范围内集中开展了为期4个月的“打非”专项行动，对无证或证照不全组织生产经营建设、关闭取缔后擅自非法恢复生产、拒不执行停产整顿指令等典型非法违法行为，依法加大打击力度，落实停产整顿、关闭取缔、依法处罚和依法严肃追究法律责任“四个一律”措施。2011年，全区共开展执法行动208876次，查处无证或证照不全从事生产经营22593起、关闭取缔后又擅自生产经营1374起，查处私采滥挖、超层越界开采、尾矿库违规排放460起，查处违反建设项目安全设施“三同时”规定977起、不按规定进行安全培训或无证上岗6148起、其他非法违法行为176731起，全区安全生产秩序得到了进一步的规范。

（四）以提高安全保障能力为核心，大力推进科技兴安工作

小煤矿“三化”建设（机械化、信息化和安全质量标准化）取得了良好效果，这个经验得到了国务院领导的充分肯定。目前，全区小煤矿的“三化”经验已被国家安全监管总局、煤监局提升为“百色经验”并在全国推广。以此为契机，自治区政府及时制定出《关于加快推进煤矿机械化改造的决定》，要求2011年起全区合法煤矿全部实施机械化改造，2013年全部完成煤矿机械化改造，不具备机械化改造条件或具备条件而未进行机械化改造的煤矿必须退出。同时，在全区煤矿、非煤矿山、危险化学品、烟花爆竹和道路交通等行业（领域）推广应用了一系列先进适用安全技术和设备，全区安全生产技术水平明显提高，企业的安全生产水平也得到了进一步改善。

（五）以事故查处为手段，进一步强化安全生产责任追究

2011年，全区共发生各类较大事故86起，绝大多数都严格按照“四不放过”和“依法依规、实事求是、注重实效”的原则进行了查处追究。认真组织开展了合山煤业有限责任公司八矿河里樟村井“7·2”重大溃浆事故调查处理，全州县“11·22”非法盗矿事故、合浦县“11·26”非法生产烟花爆竹爆炸事故、苍梧县“11·26”非法盗采稀土矿事故等3起非法安全生产事故均由自治区安委办跟踪督办。全区列入2011年国务院安委会挂牌督办的两起2010年发生的重大事故，均已严格按照国务院安委会的要求和《重大事故查处挂牌督办办法》落实督办要求，及时结案。

（六）以推进长效机制建设为出发点，全面加强安全生产法制建设

国务院下发《关于进一步加强企业安全生产工作的通知》（国发〔2010〕23号）后，自治区人民政府及时出台了《关于进一步加强企业安全生产工作的实施意见》，深入贯彻国务院《通知》，切实加强对企业安全生产的监管，全面落实企业的安全生产主体责任。为全面贯彻落实7月27日国务院第165次常务会议精神，自治区主席马飚主持召开政府第88次常务会议，研究部署安全生产工作，出台了《广西壮族自治区人民政府关于加强当前我区安全生产工作的决定》，使广西成为全国以出台《决定》来贯彻落实国务院常务会议精神的唯一省区。12月16日上午，自治区主席马飚主持召开政府第97次常务会议，审议通过了《广西安全生产“十二五”规划》，并首次列为自治区重点专项规划。

（七）以强化安全基层基础为目标，大力推进企业安全生产标准化建设

始终把推进安全生产标准化建设作为实现企业本质安全的重要手段，根据国务院安委会2011年5月下发的《关于深入开展企业安全生产标准化建设的指导意见》（安委〔2011〕4号）的要求，对安全生产标准化工作秩序进行了全面规范，出台了企业安全生产标准化建设的实施意见，制定了行业标准化的具体实施方案，强力推动我区企业安全生产标准化建设。2011年，全区煤矿、非煤矿山、危险化学品、烟花爆竹等重点行业（领域）和冶金机械等八大行业又有一批企业安全生产标准化工作取得积极进展，企业本质安全水平得到了新的提升。其中，柳州市的企业安全标准化、企业安全诚信考核试点工作走在全国的前列，得到了国家安监总局的充分肯定。

（八）以关爱生命、关注安全为主旨，深入开展安全生产宣传教育和安全文化建设活动

2011年以“安全责任、重在落实”为主题的第十个“安全生产月”活动期间，自治区安委会组织专家巡讲团、新闻记者巡访团和安全生产文艺巡演团在全区范围开展了巡讲、巡访、巡演“三巡”活动，并组织各级、各部门和企业开展了“六个一”活动，广泛宣传安全生产方针政策和法律法规，使以人为本、安全发展理念更加深入人心。开展了全区第二届安全生产好新闻评选活动，充分发挥了媒体对安全生产工作的促进作用，为全区的安全生产营造了良好的舆论氛围。进一步加强了企业从业人员的安全培训，累计培训企业主要负责人近8000人、安全管理人员近14000人、企业“三类人员”3000多人、特种作业人员5万多人；同时，还加强了对农民工的培训，共培训有关人员50多万人次。大力开展了安全教育“六进”（进企业、进社区、进工厂、进课堂、进家庭、进媒体）活动，推进安全文化示范企业、安全发展城市、安全社区等创建活动，进一步提高公民的安全素质和自我保护能力。

（九）以深化创先争优活动为动力，大力推进安监队伍建设

通过创建学习型党组织和“五型机关”，开展纪念建党90周年系列活动和评选表彰先进，把以“争做安全发展忠诚卫士，创建为民务实清廉安监机构”为主题的创先争优活动推向深入。2011年全区安监系统评选出的全国先进集体1个和先进工作者1人、全国安监系统先进单位4个和先进个人59人在刚刚结束的全国安全生产工作会议上被隆重表彰，为全区安监干部树立了榜样，振奋了士气。成立了总数达368名的自治区第二届安全生产专家组，为安全监管工作提供了强大的智力支持。同时，加强了安全监管队伍的培养，自治区党委组织部举办的厅级干部培训班增设了安全生产专题讲座，自治区安委办举办了安全生产监管执法人员培训班，安全监管队伍的素质得到了进一步的提升。

# 海南省安全生产工作综述

2011年，全省安全生产工作以继续深入开展“安全生产年”活动为主线，着力抓好“四区二线”安全督查、七大行业安全监管、事故隐患排查治理、打击非法违法行为，推进安全生产标准化、信息督导监管平台和保障机制建设，进一步夯实安全生产基础，确保全省安全生产形势持续稳定好转，为推进海南国际旅游岛建设创造了良好的安全生产环境。

**一、安全生产总体情况**

2011年，全省发生各类生产安全事故2531起，死亡569人，受伤2456人，直接经济损失6437.84万元。与2010年相比，事故起数减少117起，下降4.42%；死亡人数减少2人，下降0.35%；受伤人数增加238人，上升10.73%；直接经济损失增加2412.98万元，上升59.95%。

（一）行业事故情况

1. 道路交通

全省发生道路交通事故1736起，死亡473人，受伤2419人，直接经济损失554.42万元。与2010年相比，事故起数增力232起，上升15.43%；死亡人数增加2人，上升0.42%；受伤人数增加204人，上升9.21%；直接经济损失减少15.84万元，下降2.78%。

2. 工矿商贸

全省工矿商贸行业发生事故70起，死亡73人，受伤30人，直接经济损失3949.5万元。与2010年相比，事故起数减少2起，下降2.78%；死亡人数减少3人，下降3.95%；受伤人数增加29人，上升2900%；直接经济损失增加1844.80万元，上升87.65%。其中，建筑施工事故42起、死亡45人，同比增加4起、7人，分别上升10.53%和18.42%；金属与非金属矿事故5起、死亡5人，同比减少6起、6人，均下降54.55%；工商贸其他行业发生事故23起，同比持平，死亡23人，同比减少4人，下降14.81%；危险化学品、烟花爆竹行业没有发生事故。

3. 火灾

全省发生火灾事故710起，死亡6人，受伤1人，直接经济损失1424.29万元。与2010年相比，事故起数减少342起，下降32.51%；死亡人数增加3人，上升100%；受伤人数与去年持平；直接经济损失增加222.96万元，上升18.56%。

4. 渔业船舶

全省发生渔业船舶事故7起、死亡11人，直接经济损失132万元。与2010年相比，事故起数减少5起，下降41.67%；死亡人数减少1人，下降8.33%；直接经济损失减少8万元，下降5.71%。

5. 铁路交涌

全省发生铁路交通事故3起，死亡2人，受伤1人，直接经济损失1.63万元。与2010年相比，事故起数减少4起，下降57.14%；死亡人数减少5人，下降71.43%；受伤人数增加1人；直接经济损失减少6.94万元，下降80.98%。

6. 水上交通

全省发生水上交通事故4起，死亡3人，受伤5人，直接经济损失376万元。与2010年相比，事故起数、死亡人数、受伤人数、直接经济损失同比分别增加4起、3人、5人和376万元。

7. 农业机械

全省发生农业机械事故1起，死亡1人，与2010年相比，事故起数持平；死亡人数减少1人，下降50%。

8. 民航飞行

民航飞行行业领域实现安全无事故。

（二）较大事故情况

2011年，全省发生一次死亡3～9人的较大生产安全事故12起（均为道路交通事故），死亡47人，与2010年相比，事故起数减少2起、死亡人数减少1人。

（三）重大事故情况

2011年，全省发生一次死亡10～29人的重大生产安全事故1起（道路交通事故），死亡13人，受伤11人，直接经济损失8万元。

（四）安全生产控制指标实施情况

1. 各类事故死亡人数控制指标实施情况

2011年，全省安全生产控制指标内的各类事故实际死亡人数为555人，低于国务院安委会下达的控制指标20人，工矿商贸、道路交通、铁路交通、火灾、农业机械等行业领域的事故实际死亡人数均在控制指标内。

2. 较大事故起数控制指标实施情况

2011年，全省发生一次死亡3～9人的较大事故12起，低于国务院安委会下达的控制指标3起。

## 二、安全生产重点工作

一年来，我们主要抓好以下重点工作。

（一）着力抓好“四区二线”安全督查

根据全省安全生产的风险特点，洋浦经济开发区、东方工业园区、老城经济开发区、琼州海峡、天然气长输管道、东环高速铁路“四区二线”的潜在事故风险高，危险性大，一旦发生事故容易造成群死群伤，是安全监管的重中之重。省安委会牵头制定了《琼州海峡海上交通安全监管方案》、《重大危险源和高风险点安全监管方案》、《天然气长输管道安全监管方案》、《东环铁路交通安全督查方案》4个工作方案，组织开展了琼州海峡水上交通、东环铁路交通、重大危险源、高风险点和天然气长输管道安全督查。邀请省内外专家对“四区二线”开展专项安全督查，整体评估安全状况，不定期抽查企业，指导做好隐患排查治理工作。对安全督查、安全检查中发现的问题和隐患，下发整改通知书要求相关市县政府、管委会和企业落实整改，把整改情况纳入年度责任目标考核内容。通过督查、处罚、考核、责任追究等手段，确保“四区二线”的安全监管措施得到落实，有效防范和减少各类事故，遏制了重特大事故的发生。

（二）着力抓好七大行业安全监管

根据调研和事故统计分析，全省的道路交通、建筑施工、水上交通、海洋渔业、危险化学品、消防、旅游是事故易发多发行业领域。要实现各类事故起数和死亡人数明显下降的目标，就要突出抓好七大行业的安全监管。一年来，全面组织开展安全生产专项整治，加强重点行业领域的安全生产管理。省安委办牵头开展道路客运和危险品运输企业安全管理专项整治，公安、交通、安监等部门组织开展道路客运隐患、“三超一疲劳”等专项治理行动，共排查治理隐患1.42万项，查处非法违法行为1.16万起；住建、水务、交通、工信、质监、电力等部门开展在建项目安全检查，共抽查在建项目3400个，落实整改意见2.31万条；海事、交通、海洋渔业、安监等部门联合开展水上交通安全专项整治，查出夹带危险品过海车辆1500辆次，查处超载运输船舶160艘，清理碍航渔网渔栅1300张；安监部门开展危险化学品、烟花爆竹、非煤矿山安全专项整治，共排查从业单位3662家，治理隐患6355项，处罚违法生产经营企业131家；公安消防部门集中开展“清剿火患”战役行动，共排查社会单位4.9万家，挂牌督办重大隐患单位156家；旅游、质监等部门对全省旅游企业、景区景点进行拉网式检查，共排查治理隐患3100项。质监、农业、工信、林业、国土、水务、电力、民航等部门组织开展了特种设备、农业机械、线路走廊、河道采砂等专项整治，行业安全监管得到进一步加强。

（三）着力抓好三大高危行业安全生产标准化建设

全省以危险化学品、烟花爆竹、非煤矿山三大行业为突破口，带动其他行业分类分批推进安全生产标准化建设，提高企业安全管理水平。制定安全生产标准化建设实施方案，出台《关于加快推进三大行业安全生产标准化工作的通知》，明确省级达标建设基本要求和考评细则；召开标准化建设现场会，三大行业企业作出限期达标书面承诺；建立准入、执法、考核、服务、退出5项保障机制，把标准化建设与行政许可、处罚、考核等挂钩，确保标准化建设有序推进，共有823家企业通过审查，达标率为85.8%。通过开展达标创建，这三大行业安全生产形势明显好转，非煤矿山事故起数和死亡人数同比均下降54.5%，危险化学品、烟花爆竹行业没有发生伤亡事故。

（四）着力抓好“两重一高”信息督导监管平台建设

“两重一高”是指重大隐患、重大危险源和高风险点，也是容易引发重特大事故的源头。经过隐患排查和风险评估，完成了省级重大危险源和高风险点信息督导监管平台建设，全面展示全省168个重大危险源和高风险点的总体分布、行业分布、地区分布、风险特性、监管手段、应急预案等信息，可以利用平台资源，快速调度，有效救援，妥当处置。省与市县还签订了监管责任书，层层分解落实责任，动员全社会力量进行监督，强化了安全源头管理。

（五）着力抓好安全生产隐患排查治理

2011年是海南省安全生产“隐患排查治理年”。省安委办牵头、有关部门参与，利用半年时间，对全省的道路交通、海上交通、铁路交通、危险化学品、烟花爆竹、井工矿山等重点行业领域，开展7次隐患排查治理督导，采取听取汇报、群众座谈、查阅资料、查看现场、专家把脉诊断、媒体跟踪监督等方式，共查出各类隐患955项。针对排查出来的隐患和问题，省安委会给相关市县政府、部门和企业下达了限期整改通知书，听取整改汇报，定期跟踪督办。一年来，通过7次督导活动，有力推动全省隐患排查治理工作，各市县、各部门、各企业共排查各类隐患5.14万项，已治理4.98万项，整改率达97%。

（六）着力抓好“打非治违”专项行动

按照国务院安委会集中开展“打非治违”专项行动的部署，海南省成立“打非治违”专项行动领导小组，副省长李国梁任组长，印发了《海南省开展严厉打击非法违法生产经营建设行为专项行动实施方案》，对全省开展“打非治违”专项行动进行部署。各市县、各部门分别制定具体工作方案，把非煤矿山、道路交通、建筑施工、危险化学品、烟花爆竹等行业作为“打非治违”的重点。全省共出动执法人员3.16万人次，查处非法违法生产经营建设行为4.55万起，“打非治违”专项行动取得明显成效。

（七）着力抓好安全监管机制建设

一是宣传教育机制。以“安全生产月”活动为载体，创新宣传方法，丰富宣传内容，发动社会广泛参与。“安全生产月”活动期间，全省通过手机短信发布安全生产信息400多万条，在4000多辆出租车的滚动屏幕连续1个月播放安全标语，在公共场所、宣传栏张贴宣传画5万多张，在厂矿企业、乡镇、社区举办安全知识竞赛、文艺晚会等群众喜闻乐见的宣传活动，在省内主要媒体进行安全生产系列报道，引导群众广泛关注安全生产，提高全民安全生产意识，受教育群众达130万人次。扎实开展安全生产培训教育，全年分类、分层、分批培训8.5万人次。

二是考核奖惩机制。完善责任目标考核实施细则，突出以事故控制指标为主的量化考评目标，创新“一市县一方案”、“一部门一方案”的差异化考核方法，对73个与省政府签订责任书的单位进行考核。特别是通过媒体公告考核结果，省政府通报表彰考核先进单位和先进个人，责成4家考核不达标单位负责人表态发言，约谈不达标单位主要责任人，将考核结果通报上级主管部门和相关部门，实行评优评先“一票否决”，引起各市县、各部门和各企业对安全生产工作的重视，更加有效督促安全生产责任制的落实。

三是指导协调机制。一年来，省安委会召开4次会议，专题听取隐患整改、专项行动的工作汇报，研究部署信息督导监管平台建设、责任目标考核、道路交通安全管理、重点时段安全监管工作，协调解决安全督查、打非治违、东环铁路、民航飞行、道路客运、孔明灯燃放、非法采砂等突出问题，协调做好博鳌亚洲论坛、金砖五国峰会、欢乐节等重大活动安全生产保障工作。各市县安委会协调解决各类问题达1160项。

四是安全服务机制。围绕重大项目建设，建立健全安全服务机制，主动服务，保障安全。省安委办组织专家对洋浦石化功能区安全规划进行评审，按照项目建设推进要求，对石化功能区9个新建的重点项目跟踪服务。全省共完成106个项目的安全生产“三同时”审查，确保重点项目顺利建设。

五是应急救援机制。根据省政府《关于进一步加强应急救援工作的意见》，建立了以公安消防队伍为主体、各警种密切协同、其他专业队伍为补充的综合应急救援力量体系，省级建立了应急救援总队，海口、三亚、洋浦建立了应急救援支队，其他市县建立了应急救援大队。昌江县建立了矿山救护队，海口市组建了110燃气联动抢险队，省住建厅组建了建筑行业应急救援大队，同时，省安监局积极推进重点企业做好应急预案备案工作，指导企业组织开展应急演练，提高应急处置能力。省安监局建立了安全生产专家组，聘任180名专家，对推进应急救援、科技支撑等方面起到积极作用。

六是科技支撑机制。编制《海南省安全生产“十二五”专项规划》，把安全生产重大危险源监控应急平台和安全生产检测检验中心2个重点项目，顺利列入海南省“十二五”规划重大建设项目。加大政策扶持力度，积极推进全省的矿山、非煤矿山、职业卫生3个实验室建设。“金安工程”建设不断推进，安全监管信息化水平得到进一步提高。

七是制度保障机制。完善《海南经济特区安全生产条例》的配套措施，制定了《海南省安全生产责任保险实施办法》、《海南省生产经营单位安全主任和安全督导员管理办法》，推动安全生产工作法制化、制度化、规范化。安全生产责任保险制度获得国家安全生产创新奖。出台实施《海南省LNG（液化天然气）汽车加气站设计与施工规范》，填补国内技术标准空白，从技术上规范加气站点建设。

八是事故查处机制。按照法定程序，对发生的责任事故进行认真调查，严肃责任追究。“11·29”五指山重大道路交通事故调查报告已经国务院安委办和省政府批复结案，1名责任人移送司法机关处理，19名责任人给予党纪政纪处分；“8·8”万宁太阳河大桥坍塌事故，8名责任人受到责任追究，其中移送司法机关6人。全省共查处生产安全责任事故49起，党纪政纪处分21人，刑事责任追究10人。

# 重庆市安全生产工作综述

2011年，全市上下坚持科学发展、安全发展理念，认真贯彻落实中央和市委、市政府关于安全生产工作的一系列决策部署，围绕建设平安重庆和安全保障型城市总体目标，强力实施“基层基础攻坚年”主题活动，着力打好落实企业主体责任、提升政府监管能力、防控重特大事故、提升安全保障能力等“四个攻坚仗”，推动全市安全生产工作再上新台阶。

**一、2011年全市安全生产形势**

2011年全市安全生产形势持续稳定好转，体现为“两个下降、一个有力、一个向好”。“两个下降”是事故总量和较大事故大幅下降，共发生各类事故1444起、死亡1656人，同比分别下降8.4%、7.6%；发生较大事故40起、死亡149人，同比分别下降11.1%、11.8%。“一个有力”是重点行业领域事故防控有力，道路交通、煤矿、非煤矿山事故起数同比分别下降8.9%、22.8%、29.2%，死亡人数同比分别下降9.6%、22.4%、27.6%；冶金、农机2个行业实现“零死亡”，水上交通连续102个月、道路交通连续56个月杜绝重特大事故；所有重点行业领域事故死亡人数均在控制指标范围内。“一个向好”是绝大多数区县形势持续向好，万盛、合川等39个区县事故死亡人数同比下降和持平，占区县总数的95.1%；黔江、忠县等24个区县未发生较大事故，占区县总数的58.5%；所有区县死亡人数均在年度控制指标范围内。

**二、2011年安全生产工作情况**

2011年，全市安全生产工作紧密围绕平安重庆和安全保障型城市建设总体目标，强力实施“基层基础攻坚年”各项工作，在夯基础、抓排查、促整改、打非法、压事故等方面做了大量工作，全市安全生产工作取得新进展，主要体现在6个方面。

（一）强化党政齐抓共管，安全生产各项工作扎实推进

市领导多次亲自主持召开安全生产工作专题会，要求居安思危、未雨绸缪，强化检查督查，严防“一丑遮百俊”。市委、市政府及安委会先后组织召开36次全市性安全生产工作会议，研究部署、检查督促“基层基础攻坚年”工作。市长黄奇帆和市政府所有副市长，按照“一岗双责”要求，带队深入一线检查督查安全生产。全市各级各部门坚决贯彻落实市委、市政府一系列工作部署要求，在深入学习、深刻领会、深化认识、求真务实上下功夫、谋实招，完善思路，明确目标，突出重点，严明责任，狠抓落实，为确保全市安全生产形势持续稳定好转奠定了坚实基础。

（二）着力治根治本，落实企业主体责任行动强力推进

在全市2万余家企业、12个行业领域开展落实企业安全生产主体责任行动，评估定级企业18655家。其中，第一批覆盖煤矿、非煤矿山、危化、建筑、交通运输等9个重点行业领域，完成评估定级11147家，A、B级企业占87%，整改升级9406家，占84%，落实整改资金5.02亿元；第二批拓展到机械加工、建材、纺织等行业领域9385家企业，已完成评估定级7622家，占81%。涪陵、九龙坡、长寿等区县和天原化工、云天化、萌特建材等企业推进有力，典型示范效应明显。全面建章建制，实施分级监管，强化激励约束，实行“黑名单”制度，使企业真正重视安全生产。企业安全标准化建设同步推进，全市高危行业企业100%达标，其中，一级安全质量标准化煤矿矿井150个、二级430个、三级164个，非煤矿山1534家，危险化学品生产企业267家，烟花爆竹生产经营企业91家，工贸企业110家。其他行业80%以上达标。

（三）延伸基层行业，政府安全监管能力全面提升

在综合安全监管能力建设上，各区县建立健全了执法大队、应急中心和职业健康安全监管等机构，126个重点乡镇成立执法中队，九龙坡、荣昌、开县等区县在村居规范设立安监站；全市安监队伍达7088人，平均每个区县28人、乡镇6.8人，部分村居配备安全专干；投入9478万元（累计投入3.8亿元）配备执法车1175辆、应急指挥车249辆、办公用品11461套、应急设备3350件、检测仪器1663套，全面完成3年规划装备配备任务；投入1亿元新建市应急救援指挥中心大楼；投入1.6亿元新建19个区县应急办公大楼。在重点行业监管能力建设上，强力推进交通、建筑、特种设备、工贸、市政、水利、教育等九大行业，市、区县两级新增安监机构151个、人员编制2046个。其中，28个产煤区县全部设立煤管局，在岗657人；261个乡镇设立煤管办，在岗930人。装备配备按每个单位不少于20万元的标准，已配备车辆353台、笔记本电脑410台、打印机281个、照相机412个等装备，预计投入近2.4亿元。在体制机制上，出台规范属地管理、委托执法等政策，所有乡镇规范建立安全监管12项制度、12本台账；坚持从优待安，落实每月300~500元安监岗位津贴和保险、救助、抚恤3项人均100万元意外救助金；把安监岗位作为后备干部锻炼岗位，提拔重用一大批安监干部，率先实施尽职免责。

（四）依靠科技产业，安全保障能力有效提升

市政府印发《重庆市安全保障型城市发展规划》，实施6大重点工程、24个项目，总投资255亿元。道路交通新安装防撞护栏1000千米，累计达10000千米；GPS终端监控设备完成20000辆营运车辆安装，危险品运输车辆100%安装；营运驾驶人安全信用信息系统投入使用；增设高速公路执法服务站7个、固定测速装置40套，配置多功能远程视频执法车48辆。水上交通投入4000万元改造短途客船411艘；改造危桥50座、渡改桥11座、渡口100个、客渡船44艘，拆解老旧船舶305艘；安装船舶防撞自动识别系统（AIS）终端415台，水上监控系统完成升级改造。煤矿高瓦斯矿井、突出矿井全部建立抽采系统，瓦斯联网监控面达100%；100个示范矿井“六大系统”建设除紧急避险系统外，其余全部完成；A、B级安全等级煤矿达78%。建筑施工安全信用信息系统投入使用，重点建筑工地100%现场电子监控。非煤地下矿山174家主扇机械通风率、露天采石场机械铲装率达100%，露天采石场分台阶开采达80%以上，适合中深孔爆破企业推广达87%以上，35家

尾矿库完成在线监测系统建设。危险化学品改造加油站58座，近70%危化企业建立视频监控系统。烟花爆竹42家生产企业完成70条无人兑装药机械化生产线建设，11家生产企业、37家经营企业建成全覆盖全天候视频监控系统。消防新建12个消防站，新购置消防车83辆，78米和101米登高车各1辆，定购消防警务直升机3架。特种设备安装电梯安全监测系统10386台，更新改造老旧电梯153台。学校建立校园三级视频监控系统，完成视频监控建设学校6656所，安装校园镜头50392个。同时，组建"164"模式的安全生产专业应急救援队伍，应急救援指挥平台视频系统初步建成，开展应急演练507次；中国西部安全应急产业园区建设顺利推进，启动安全产业研发、科研成果转化、培训实训基地和安全产业园区建设，中国西部安全应急产业园区第一期投入60亿元，征地5000亩(3333333平方米)，建成20万平方米标准厂房和130万平方米"七通一平"产业用地，首批15个集团总部和防撞护栏、校车、垃圾焚烧车等28户项目入驻。

（五）立足防范事故，"四大行动"持续推进

深化"安全生产月"等宣传活动，开展"安全社区"、"文明交通行动"、"平安农机"、"平安校园"、"职业健康规范化企业"创建，认证市级安全社区200个、安全文化示范企业80个，完成职业危害申报企业6000余家，创建职业健康规范化企业220家。大力实施"安监素质大提升"工程，举办安全监管人员、企业负责人、管理人员、师资培训班328期、培训39830人，举办特种作业人员培训班165期、培训23000人，举办各类考试4248场、考试各类人员19.2万人，积极探索安全监管人员资格化、专业化、职业化试点；长寿化工园区建立全市危险化学品安全培训基地，常年开展安全培训。深入推进大排查，全年共排查一般隐患31.56万个，整治率98.2%；重大隐患110个，整治率60.9%；挂牌督办33个，落实整改资金6813万元。深入推进百日安全大督查大整治，各重点行业领域结合实际，有针对性地开展诸如道路交通的摩托车、"三超一疲劳"、酒驾专项整治；煤矿的水害、瓦斯治理和"剿非治违"专项行动；建筑施工的在建轨道交通、公租房工程和建筑外立面整治工程专项整治；消防的巴渝风暴、百日攻坚、清剿火患专项整治等成效显著。其中，对34座锰矿山、16座尾矿库、88个地下矿山开展安全隐患专项整治，投入治理经费1.3亿元，全市非煤矿山安全隐患治理资金共4.57亿元，地下矿山停产整顿11个、关闭7座；排查危化品和烟花爆竹从业单位7712家，排查安全隐患16335个，整改16248个，投入整改资金7423.29万元；排查各类道路运输企业7620家、车辆125000余辆、客运站场291个，排查隐患42342处，15家道路运输企业被列入黑名单；查处道路交通违法行为378.75万起，暂扣驾驶证37619本，吊销驾驶证2569本，拘留8438人；深化石油、天然气、冶金、建材、农机、水利、电力、学校、特种设备等专项整治；加大监察执法力度，突出事前预防性执法，推动事后处罚向事前预防转变，被动应付向主动防范转变，增强事故防范能力。

（六）坚持"四个一律"，打非治违取得明显成效

按照"四个一律"要求，重点打击煤矿、非煤矿山、交通运输、建筑施工、危险化学品、烟花爆竹、民爆物品、冶金等行业领域的非法生产经营建设行为。其中，对无证、证照不全或过期的、关闭取缔后死灰复燃、违反建设项目"三同时"规定、非法用工和无证上岗、拒不执行监管监察指令和抗拒执法的行为进行重点打击。同时，进一步强化区县、乡镇政府打非责任，加大联合执法力度，落实强硬措施，始终保持高压态势，敢于斗硬、绝不手软。全市共取缔非法生产建设单位318家，没收违法所得562.5万元，实施行政处罚1.05亿元(事前处罚4900万元、占47%)，查处各类事故153起（瞒报事故12起)，党纪、政纪处分18人，追究刑事责任3人。其中煤矿行业停产整顿63矿次，立案调查177起，行政处罚罚款335.11万元，关闭156处，没收煤炭430吨及相关设备设施、拘留20人次；检查非煤矿山1944个，处罚564.6万元，责令停产整顿11个、关闭小矿山43座；停产整顿危化、烟花爆竹企业59家，关闭9家；道路交通查处非法营运车辆9278台，打击涉恶团伙3个、一般团伙23个，逮捕60人，行政拘留927人，劳动教养34人，取保候审113人，监视居住21人；建筑施工立案39起，罚款33万元，暂扣企业安全生产许可证29家，停止12家施工企业投

标资格，责令10家监理企业停业整顿，吊销40个资格证书；消防督促整改火灾隐患6万余处，临时查封4500余处，罚款3400余万元，责令“三停”1800余家，拘留近500人；特种设备立案查处违法单位248家，查处非法制造、安装、使用设备284台（套），实施行政处罚154件，维护了法律尊严和安全生产秩序。

2011年安全生产工作取得了显著成效，但全市安全生产形势依然严峻。

一是事故总量依然偏大，较大事故和重特大涉险事故高发，重大事故出现反弹。共发生各类事故1444起，平均每天4起。其中，较大事故40起、重大事故1起、重特大涉险事故25起。

二是安全生产问题依然突出。部分重点行业和地方监管措施疲软，责任落实层层衰减；安全监管点多、面广、线长，监管队伍力量不足、素质不高，安全投入不到位；打非治违手段不多、力度不够，非法违法生产经营建设行为屡禁不止；科技兴安措施应用不够，安全保障能力仍然滞后，隐患治理整顿不及时、不彻底；全民安全意识不强。

三是安全生产工作要求更高。安全生产与经济社会发展和人民群众期待还有较大差距，推动科学发展、安全发展还面临不少困难和问题。

# 四川省安全生产工作综述

## 一、2011年安全生产基本情况

2011年，全省各地、各部门、各企事业单位深入贯彻落实《国务院关于进一步加强企业安全生产工作的通知》（国发〔2010〕23号）和《四川省人民政府关于进一步加强企业安全生产工作的实施意见》（川府发电〔2010〕59号），按照党中央、国务院和省委、省政府关于安全生产工作的一系列部署，继续深化“安全生产年”活动，加强基础建设，加强责任落实，加强依法监督，以“三深化”（深化企业主体责任落实、深化依法监管和深化专项整治）和“三推进”（推进科技进步、推进安全达标和推进长效机制建设）为抓手，积极探索创新，扎实开展工作，全省安全生产形势持续稳定好转，事故起数和死亡人数持续下降，重大事故明显下降，重点行业（领域）事故下降，煤矿瓦斯治理和整顿关闭两个攻坚战取得初步成效，安全生产隐患排查治理等专项行动取得明显成效，安全生产总体水平提高，大部分市（州）安全生产状况稳定，控制指标实施进展情况较好，实现了“十二五”时期安全生产良好开局。

2011年，全省共发生各类伤亡事故18193起，死亡3634人，受伤人数15046人，直接经济损失43664万元。与2010年同期相比，事故起数减少1904起，下降9.47%，死亡人数减少238人，下降6.15%，受伤人数减少2043人，下降11.96%，直接经济损失增加6554万元，上升17.66%。其中，发生较大事故89起、死亡349人，同比增加10起、30人，分别上升12.66%和9.40%；发生重大事故2起、死亡29人，同比减少3起、45人，分别下降60.00%和60.81%；没有发生国务院认定的特别重大事故。全省纳入国家考核的四项相对指标均同比大幅下降，亿元GDP生产安全事故死亡率0.18，下降20.7%；工矿商贸十万就业人员生产安全事故死亡率2.51，下降16.61%；道路交通万车死亡率2.66，下降13.11%；煤矿百万吨死亡率3.229，下降16.71%。

## 二、2011年安全生产工作

### （一）科学编制四川省“十二五”安全生产规划

《四川省“十二五”安全生产规划》首次被列入四川省国民经济和社会发展重点专项规划，由省安全监管局代省政府组织编制。编制组通过实地调研、问卷调查、部门讨论、专家座谈、网站专栏等多种形式广泛征求社会各界意见及建议，并多次征求省政府安委会成员单位意见，历时一年半，几易其稿，形成送审稿。2011年10月26日，省政府第93次常务会议已经审议并原则通过了安全生产“十二五”规划。

（二）建立健全安全生产责任体系

2011年1月23日，省长蒋巨峰在全省安全生产工作会上强调要进一步落实责任，强化政府和部门监管责任。4月，省政府出台了《四川省各级人民政府及有关部门安全生产监督管理职责规定》，将安全生产控制考核指标纳入经济社会发展指标体系，实行"一票否决"，对出现重大安全生产监管问题，相应政府及其有关部门领导班子成员将被一票否决，不得提拔与评先。7月18日，在省政府安委会第三次全体成员会议上，48个成员单位分别就本单位的安全监管履职情况进行述职发言。

（三）深入开展重点行业（领域）安全隐患排查治理，严厉打击非法违法行为

2011年，全省各地、各部门结合实际，强化重点行业（领域）安全生产管理，严厉打击各种非法违法行为，消除各类安全隐患，持续开展重点行业领域的安全专项整治。全省各地在地方政府统一领导下，以"打非"为有力抓手，安全监管与公安、国土资源、住房城乡建设、交通运输、工商等部门密切配合，健全联合执法机制，针对无证或证照不全组织生产经营建设、关闭取得后擅自非法恢复生产、拒不执行停产整顿指令等典型非法违法行为，加大打击力度，保持高压态势，严格落实停产整顿、关闭取缔、依法处罚和依法严肃追究法律责任"四个一律"措施，广泛发动群众，鼓励有奖举报，强化监控手段，共查处各类安全生产违法行为49262起，切实消除了一大批事故黑点，改变了安全生产的被动状态。同时，紧紧围绕重点行业、重点场所和关键企业、关键部门、关键岗位，经过持续的安全专项整治，加强生产经营单位现场管理，全年共排查治理隐患企业单位121253家，排查一般隐患170783项，完成整改167143项，整改率达97.87%。排查重大隐患214项（其中省政府安委会在《四川日报》公告重大隐患46项），完成整改209项，整改率达97.67%。

（四）不断强化安全生产基层基础工作

2011年，继续推行驾驶员承诺制度，让乘客有效监督驾驶员安全行为，保障自身出行安全，从源头上防范生产经营性道路交通事故；先后在广安、眉山召开农村道路交通管理现场会，着力改善乡村道路交通状况；通过坚决将公路防护栏建设作为一项民生工程，要求每个县（区）每年至少完成公路波形防护栏6千米以上，有效减少道路交通事故伤亡。针对安全生产基础设施薄弱和基层工作脆弱问题，在成都市锦江区召开"安全社区创建"现场会，在全省掀起了安全社区创建的热潮。积极推广"白国周班组管理法"等班组建设经验，促进安全规章、制度、措施落实到区队、班组和各个岗位，强化基层班组管理。落实奖励举报资金，实行非法违法行为举报奖励制度，并对查实的举报情况严管重罚。

（五）广泛开展安全生产文化建设和教育培训工作

一是调整省级安全文化建设示范企业的标准，在全省范围内广泛开展创建活动，本着自愿申报的原则，经过各市州初验推荐，全年共有97个企业申报省级安全文化建设示范企业。

二是"安全生产月"活动内容丰富，并以"强化应急演练、筑牢安全防线"为主题，首次在四川省安全生产应急实训出江基地栗子坪矿井井下举行"四川省2011煤矿抢险排水综合汇报演练"，参演人员达400余人，对省市县联动、各部门协调、救援指挥机制等方面进行了检验，并取得圆满成功。

三是加强对"三项岗位人员"（企业负责人、安全管理人员、特种作业人员）和农民工安全技能的教育培训，并开展安全培训机构监管和从业行为专项治理工作，提高教育培训质量。

（六）努力开创我省职业健康工作新局面

2011年6月，省编委会正式下发《关于职业卫生监管部门职责分工的通知》（川编发〔2011〕19号），合理调整了安全监管部门、卫生部门、人力资源社会保障部门、工会部门的职业卫生监管职责。8月30日，省安全监管局制定出台了《四川省建设项目职业卫生"三同时"监督管理办法（试行）》，并印发了《关于做好建设项目职业卫生"三同时"监督管理工作的通知》（川安监〔2011〕313号）和《四川省煤矿建设项目职业卫生防治专篇编制内容（试行）》，规范了职能划转后我省职业健康源头预防工作的审查和监督检查。同时，指导企业进行作业场所职业危害申报工作，全年全省申报职业危害企业12650家（其中煤矿822家）。

（七）继续实施"科技兴安"战略

2011年4月，我省矿山安全、非矿山安全与重大危险源监控和职业危害检测与鉴定3个省级中心实验室，已全部建设完毕，并通过初步认定评审，进入试运行阶段。同时，进一步加大“一基地、一园区、一平台、一体系”（即四川安全生产应急实训科研出江基地、双流物联网安全产业园区、物联网化的全省安全生产四级综合监管平台、全省安全生产技术服务体系）建设力度，在重点行业领域积极推广先进适用技术，为我省科技兴安奠定了坚实基础。

**三、安全生产工作面临的问题和新挑战**

2011年，全省安全生产工作虽然取得了阶段性成绩，但安全生产工作仍面临很多困难和挑战。

一是安全生产与经济社会协调发展的矛盾突出，受四川山区多、交通运输滞后、煤矿安全条件差、政府财政支持力度不够、安全文化氛围不浓等多种因素影响，全省21个市（州）经济社会发展与安全生产现状极不平衡。

二是重特大事故还处于防范控制阶段，稳定好转的保障能力较弱，突出表现为事故总量偏大、降幅趋缓，较大事故频发，尤其是道路交通事故压力很大、建筑事故频繁、煤矿事故突出，重大事故没有得到有效遏制，部分指标执行情况较差，全省安全生产整体形势不容乐观。

三是从业人员的作业场所粉尘、噪声、有毒有害物质等危害因素突出，劳动防护条件差，个人防护用品使用率低，据不完全统计，全省每年新增职业病人2000余人，职业危害严重。

四是各级安全监管部门特别是基层安全监管部门在人员、经费、办公场地与设施配备上也严重不足，各地监管机构参差不齐，职责不统一，行业安全管理尤其是一些高危行业安全管理出现缺位，安全监管的权威性有待提高。

五是围绕省委、省政府“十二五”发展规划提出的建设西部经济发展高地的战略目标，全省将步入经济加速发展、产业加快转型的新阶段，“一枢纽、三中心、四基地”建设将会带来大批新项目集中上马等，激增很多新的不安全因素，如何为加快转变经济发展方式提供安全保障也成为我们当前面临的一项重大课题。

# 贵州省安全生产工作综述

2011年，全省安全生产工作取得了显著成效，创下了2000年以来的最好成绩，连续第七年实现了国务院安委会下达我省的安全生产控制考核指标，第八年实现了事故起数和死亡人数“双降”目标，有效控制了较大及以上事故发生，实现了省委、省政府提出的新的奋斗目标，实现了追比进位，实现了“十二五”时期安全生产工作的良好开局。为此，得到了国家安全监管总局、国家煤监局主要领导，以及贵州省委、省政府领导的充分肯定，国务院安委会也给予了通报表扬。

**一、全省安全生产事故情况**

（一）全省安全生产事故总体情况

2011年，全省全年共发生各类事故2010起、死亡1655人，同比减少310起、减少288人，分别下降13.4%和14.9%，比控制考核指标少255人。其中，较大事故93起、死亡387人，同比减少8起、减少22人，分别下降7.9%和5.4%，比控制考核指标少5起；重大事故4起、死亡59人，同比起数持平，减少3人，下降22.6%。

（二）各行业领域安全生产事故情况

工矿商贸事故353起、死亡523人，同比减少109起、减少136人，分别下降23.6%和20.6%，比控制指标少108人。其中，煤矿事故144起、死亡256人，同比减少106起、减少132人，分别下降42.4%和34%，比控制指标少114人；非煤矿山事故54起、死亡69人，同比增加8起、增加22人，分别上升17.4%和46.8%，比控制指标多22人；建筑业事故60起、死亡87人，同比减少20起、减少3人，分别下降25%和3.3%，比控制指标少20人；工商贸其他事故99起、死亡117人，同比增加1起、增加11人，分别上升1%和10.4%；道路交通事故1566起、死亡1020人，同比减少181起、减少114人，分别下降10.4%和10.1%，比控制指标少94人；铁路运输事故87起、死亡49人，同比减少21起、减少26人，分别下降19.4%和34.7%，比控制指标少22人；农业机械事故1起，死亡1人，同比减少2起、减少1人，分别下降66.7%和50%；渔业船舶事故1起、死亡5人，同比增加1起、增加5人；水上交通事故1起、死亡1人，同比增加1起、增加1人；其他水上事故1起、死亡2人，同比增加1起、增加2人；消防火灾事故，死亡54人，同比减少19人，下降26%，比控制指标少38人；烟花爆竹和危险化学品等行业领域未接到事故报告。

（三）安全生产四项指标完成情况

2011年，全省亿元GDP生产安全事故死亡率0.296，同比下降29.5%；工矿商贸十万就业人员生产安全事故死亡率5.08，同比下降21.2%；道路交通万车死亡率3.15，同比下降21.4%；煤矿百万吨死亡率1.641，同比下降32.5%，实现了“十二五”安全生产的良好开局，为完成《贵州省安全生产“十二五”规划》确定的目标任务奠定了良好基础。

**二、2011年安全生产重点工作**

（一）强化目标管理，狠抓责任落实

一是围绕国家及省委、省政府的总体部署和要求，研究制定了2011年全省安全生产控制考核目标（各类事故死亡人数控制在1910人以内，较大事故起数控制在98起以内）；制定印发了《2011年全省安全生产工作要点》，明确了全年安全生产工作总体要求、工作目标，从9个方面提出了40项主要任务。

二是与9个市（州、地）政府、省的36个厅（局）及8个党群、军警、媒体单位签订了《2011年度安全生产工作目标和任务责任书》，进一步细化、量化全年安全生产各项工作任务。各级、各部门、各单位也比照省里的做法，逐层签订了相应的目标和任务责任书。实际签订率达100%。

三是制定了《贵州省继续深化“安全生产年”活动实施方案》，成立了以分管副省长任组长的继续深化“安全生产年”活动领导小组，以扎实推进落实企业主体责任、部门监管责任、属地管理责任“三个责任”，加大预防为主、安全监管、责任追究“三项工作力度”为重点，在全省继续深入开展“安全生产年”活动。

四是根据6月4日省委安全生产专题会议精神，研究制定了《2011年全省安全生产控制考核指标及季度安全生产控制考核指标》，自我加压，确定了新的奋斗目标，即：2011年全省生产安全事故死亡人数控制在1700人以内，煤矿事故死亡人数控制在300人以内，道路交通事故死亡人数控制在1000人以内。并将新的奋斗目标细化分解，重新与9个市（州、地）政府、行署签订了《2011年度安全生产工作目标和任务责任书》。

五是针对各地安全生产状况和工作实际进展情况，省政府及时组织召开了4次全省性的安全生产工作会议或电视电话会议，责成事故多发、问题严重的地方分管领导到主会场向全省进行了检讨。对发生事故或安全生产管理滑坡的地区负责人进行了约谈。

（二）加强制度建设和队伍建设

在相继出台《安全生产行政执法监督管理办法》、《安全生产行政执法文书使用管理规范（试行）》、《安全生产违法行为行政处罚程序规定》和《安全生产行政执法文书使用管理规范》等管理制度的基础上，对近年来的有关制度规定统一汇编成册，并组织开展了“学制度、守制度、用制度”活动。同时，进一步加大了对安全监管监察人员的培训力度。一年来，共培训734人，其中，执法资格培训151人，专题业务培训583人，安监队伍的履职能力得到了极大提升。积极推广了毕节市与河南永煤集团“借将医治矿难”的典型经验，指导帮助重点产煤地区配齐配强分管安全的领导，健全和完善安全监管体系，强化安全监管责任落实。截至12月31日，省、市、县三级安监机构编制达2763名（行政编制1028名），实有人员2569人；乡镇安监站（办）人员编制4757名，实有人员4174人。

（三）认真组织开展安全生产大检查

2011年，全省各级、各部门先后组织开展了元旦、春节、全省及全国“两会”期间、“酒博会”和“9运会”期间安全生产大检查和隐患排查，以及节后复产复工验收、全省安全生产综合检查督查等一系列专项检查，有效确保了重要时段全省安全生产形势的稳定。一年来，全省各级、各部门开展安全生产执法行动118334次，查处无证或证照不全从事建设、生产、经营的34062起，违反建设项目安全设施“三同时”规定的639起，重大隐患隐瞒不报或不按规定期限予以整治的305起，不按规定进行安全培训或无证上岗的7597起，拒不执行安全监管监察指令、抗拒安全执法的1350起，其他非法违法建设、生产、经营的70908起。

（四）严厉打击非法违法生产经营建设行为

为认真贯彻落实《国务院安委会关于开展严厉打击非法违法生产经营建设行为专项行动的通知》精神，省政府成立了“打非”工作领导小组，下发了《关于印发贵州省开展严厉打击非法违法生产经营建设行为专项行动实施方案的通知》，将非法违法行为主要表现形式细化为90小项，提出97项打击措施和要求，要求企业100%开展自查自纠并建立台账。省安委办组织协调公安、交通、国土、建设、工商、电力、铁路等相关部门开展了一系列“打非”联合执法。各市（州、地）政府及有关部门共组成200余个督查组紧紧抓住关键环节和突出问题，加强督促检查，一级抓一级，采取突击检查、重点抽查、跟踪检查、节假日及夜间检查等多种方式，做到发现一起，处理一起，露头就打，反弹狠打，务求实效。专项行动期间，检查各类生产经营单位、场所20237个，开展执法行动31258起（处），排查各类事故隐患87532项，已整改完成83979项，整改率95.94%。

（五）突出重点，切实加强煤矿安全生产工作

一是继续深化煤矿瓦斯防治工作，并取得了明显成效。全年全省煤矿共发生瓦斯事故18起、死亡91人，同比减少7起、少死亡22人，分别下降28%和19.5%；共抽采瓦斯13.585亿立方米、利用瓦斯3.581亿立方米，同比分别增长37.14%和121.92%，分别超过国家下达指标2850万立方米和10万立方米。

二是严格落实国家产业政策，建立了以省政府副秘书长为召集人的煤矿证照及相关事宜联合审批联席会议制度，并按照《国务院办公厅转发发展改革委安全监管总局关于进一步加强煤矿瓦斯防治工作若干意见的通知》精神，停止了对45万吨/年以下煤与瓦斯突出矿井和30万吨/年以下煤矿新建项目的审批。同时，坚决淘汰落后产能和关闭不具备安全生产条件的矿井，全年全省依法关闭煤矿99个（生产能力786万吨/年）和煤矿生产系统5个（生产能力34万吨/年）。

三是出台了《关于进一步加强煤矿安全质量标准化工作的意见》，推进煤矿安全质量标准化建设工作有力、有序开展。全年全省共有439处煤矿达到三级以上标准，其中，达到省二级及以上级标准的矿井共61处，发耳煤矿等6家煤矿还被评定为国家级安全质量标准化矿井。

四是采取“部门牵头、专家参与、执法同步”的“三位一体”监管监察模式，既看病、又开方、还治病，有力地增强了煤矿安全监管监察工作的针对性和实效性。全年全省煤监系统计划开展煤矿安全监察执法1041矿次，实际开展1968矿次，完成监察计划的189%；查处安全事故隐患和问题17371项，到期整改隐患16285项，整改率96.8%；共责令停产（停建）整顿矿井262处，暂扣安全生产许可证136个（矿/次）。

（六）扎实推进重点行业和领域专项整治

道路交通方面，一是深入开展了道路交通安全专项大检查、道路客运隐患整治专项行动和高速公路非法加水点整治，全面加强道路交通安全工作。一年来，共检查运输企业743家（次），约谈运输企业和站场业主934人（次），排查客运企业294家、客运车25862辆、客运驾驶员28527人，排查出隐患5235条，已整改4988条。二是出台了《贵州省道路运输车辆卫星定位系统使用管理暂行办法》，扎实推进GPS动态监管。截至12月31日，全省营运客车25659辆中已有19859辆实施了动态监管，安装率74%；其中，三类以上班线客运车9279辆，已100%实施动态监管；全省1246辆旅游客车，100%实施了动态监管；危险品运输车辆2906辆，已实施动态监管2529辆，比例87.03%。同时，对全省共541辆大型卧铺客车严格执行凌晨2点至5点休息制度。三是加大对危险路段、事故多发点段安全隐患排查治理的力度，彻底整治了全省1000多处危险路段。四是与周边省区进一步完善了道路交通安全联动工作制度，切实加强了区域性预防道路交通事故联动协作工作。

非煤矿山和尾矿库方面，按照《贵州省非煤矿山安全生产专项整治方案》，开展了地下矿山局部通风和防治水工作专项整治，开展了露天矿山采场和排土场边坡专项检查。同时，以中央财政支持

尾矿库隐患治理项目和中西部地区监管能力建设项目为重点，开展了尾矿库隐患综合治理专项检查。积极推广了中深孔爆破技术、机械铲装等先进技术。2011年，全省共有1575家非煤矿山完成了五级以上标准化建设工作，其中有37家被认定为金属非金属矿山安全生产标准化三级企业；依法关闭了不具备安全生产条件非煤矿山（含尾矿库）735座。

危险化学品和烟花爆竹方面，深入开展危险化工工艺自动化控制改造工作，组织对新修订的《危险化学品安全管理条例》进行了学习宣贯。组织对全省9个市（州、地）、46个县（市、区）和72个危险化学品、烟花爆竹企业进行了检查，共查处问题和隐患300多条。特别是福泉“11·1”运送危爆物品车辆爆炸事故发生后，会同多家部门联合开展危爆物品安全大检查大整治专项行动，有效防止了类似事故再次发生。按时完成了危险化学品登记工作和非药品类易制毒化学品信息上报工作。大力推进了城市区域内安全距离不符合要求的危险化学品企业的搬迁工作，目前省级重点推进的3个重点企业的搬迁工作进展顺利。2011年，通过实施整顿提升改造工作，全省已有57家生产企业和120家批发企业通过审查重新核发证照。

职业卫生方面，出台了《贵州省建设项目职业卫生“三同时”监督管理暂行规定》，切实加强对建设项目职业卫生“三同时”的监督管理。组织开展了2011年《职业病防治法》宣传周活动、职业卫生专项检查和职业健康状况基本情况调查。组建了贵州省职业健康工作专家库，并在贵州省安全生产信息网上对第一批115名专家进行了公告。积极推进了职业健康标准化试点建设工作，目前全省已有职业卫生达标企业96家，其中，省一级2家，省二级66家。继续深入开展了职业危害项目申报工作。截至12月31日，全省共有10849个企业进行了申报，涉及职工总数615592人（女职工92788人），其中，接触职业危害因素职工361382人，占职工总数58.7%；接触职业危害因素女工37867人，占女工总数的40.81%，占接触职业病危害因素人数的10.47%。

建筑施工方面，针对贵州省贵阳市金阳“3·28”房屋垮塌事故暴露出的问题，联合住房和城乡建设厅制定下发了《关于加强我省建筑施工安全生产的紧急通知》，并在全省组织开展了为期一个月的建筑施工安全专项检查。为吸取甬温铁路“7·23”特大事故教训，组织开展了在建高速铁路施工安全大检查，对涉及高速铁路建设的7个市（州、地）进行了认真检查，共排查督促整改隐患180余条。同时，还组织对桥梁、隧道等重点工程，以及保障性安居工程开展了安全专项检查，确保安全措施落实到位，工程处于受控状态。此外，积极推进了全省建筑工程数据库和施工现场远程视频监控管理信息系统的建设。

此外，积极配合有关部门，开展了铁路交通、水上交通、消防、特种设备、电力、教育、旅游、民航等行业和领域的安全生产专项整治和隐患治理。一年来，全省各级、各部门共检查各类生产经营单位、场所105868家，排查一般隐患329390项，整改率95.17%；重大隐患77条，整改率72.7%。

（七）加强安全生产应急救援管理工作

研究出台了《关于进一步加强矿山应急管理工作意见》、《贵州省兼职矿山救护队员培训管理暂行规定》、《贵州省地震引发安全生产事故灾害应急预案》和《相关人员及时赶赴现场处置生产安全事故实施办法》等规范性文件。组织开展了贵州省第八届矿山救援技术竞赛，以及矿山和危险化学品事故应急救援演练。组织开展了矿山救护指战员的培（复）训和矿山救护队年度质量标准化考核工作，建立了全省副中队长以上人员通讯录，推进了兼职矿山救护队的建设，为加强安全生产应急工作提供了有效依据和保障。2011年，全省矿山救护队共出动191队次，参与了107起事故的救援工作，抢救生还人员143名。

（八）加强安全生产宣传和教育培训工作

一是以开展第十个全国“安全生产月”为契机，紧紧围绕“安全责任、重在落实”这一活动主题，组织开展了首日活动、咨询日活动等12个全省性活动，发送安全生产公益短信近1000万余条、发放各种宣传资料110万余份。

二是加强政务信息报送和安全宣传报道。全年共向省委、省政府、国家安全监管总局审核报送信息620余篇，《贵州安全生产》杂志共出版了12期，约80万字；出版了《贵州安全生产动态》12期，约36万字。《中国安全生产报》、《中国煤炭报》记者共在两报及有关媒体发表新闻报道200余篇，及时反映了全省安全生产工作的进展情况。

三是以宣贯国发〔2010〕23号等文件为重点，采取举办培训班、专题讲座等形式，共培训1000余人，并举办了煤矿防突专题培训班和企业集团自主培训班，培训工程技术人员843人。

四是进一步加大安全资格教育培训工作力度。全年共培训复训各类生产经营单位主要负责人和安全管理人员11440人，培训复训核发特种作业证83513个，考核安全教师347名。

（九）全面推进“科技兴安”战略

一是下达了35个煤矿安全专项技改资金项目，总投资19610万元，其中省补资金2000万元。项目涉及煤矿“六大系统”改造、煤矿瓦斯与突出治理及利用、煤矿水害治理、监管监察能力建设，应急救援体系建设等方面。同时，《贵州省“十二五”安全生产专项规划》已经省政府批准实施，明确了十大任务和七大重点工程。到“十二五”末期，安全生产四项相对指标，即：全省亿元GDP生产安全事故死亡率、工矿商贸十万就业人员生产安全事故死亡率、道路交通万车死亡率和煤矿百万吨死亡率分别将达到0.14、3.8、2.4和0.6。

二是继续在煤矿和非煤矿山行业全面推进安全避险“六大系统”（监测监控系统、压风自救系统、供水施救系统、通信联络系统、井下人员定位系统和紧急避险系统）建设，并专门出台了《贵州省金属非金属地下矿山安全避险“六大系统”工作方案》，明确了紫金矿业水银洞金矿为“六大系统”试点企业。

三是组织开展了安全评价机构监管和从业行为专项治理，对省内14家安全评价机构进行了检查，查出问题123条。此外，举办了贵州省第十届安全生产技术装备展览会，完成了9个市（州、地）安全监管局、5个煤监分局的视频联网系统，推广了煤矿井下放炮指纹识别技术，目前购置的10台煤矿井下放炮指纹识别器，已在遵义市4个点进行了推广。

（十）严格安全生产行政许可

进一步深化行政审批制度改革，将19项许可事项通过归并、下放、废止等方式合并为12项，并将卫生部门划转的6项许可事项归并为3项。同时，认真落实“首问责任制”、“限时办结制”、服务承诺、重大项目绿色通道、联合审批、效能评估、责任追究等制度，通过进一步简化优化办事程序，切实提高了服务质量和工作效率。截至12月31日，省安全监管局共受理1850家，核准1588家，其中，煤矿受理307家（含新办证、延期、安全设施设计），核准186家；非煤矿山受理72家，核准186家；非煤矿山受理72家，核准186家；危险化学品生产企业受理154家，核准126家；危险化学品经营企业受理908家，核准868家；烟花爆竹生产企业受理71家，核准69家；烟花爆竹经营企业受理178家，核准159家；安全培训机构受理64家，核准48家；矿山救护队受理7家，核准5家。

（十一）严格事故查处和责任追究

制定并认真执行了《贵州省生产安全事故查处挂牌督办办法》和《贵州省煤矿生产安全责任事故责任追究暂行办法》等一系列规定和措施，依法严肃事故查处，严格责任追究，并通过加强跟踪和挂牌督促，确保了责任追究落实到位。2011年，全省发生的93起较大事故、4起重大事故均按要求进行了严肃查处，到期结案率100%；截至12月31日，煤矿一般事故到期应结案127起，实际结案127起，到期结案率100%。煤矿事故全年共处理事故责任人728名。

（十二）强化安全生产社会监督

2011年，省安全监管局共办理建议提案5件、网民留言2件。同时，共接待群众来访185人次，受理群众来信201件（含上级交办的9件），其中，事故举报69件、安全隐患举报72件、违法违规行为举报51件、其他信访事项12件。对调查核实的76件进行了处理，并奖励举报人8人（次），发放奖金8000元。

# 云南省安全生产工作综述

## 一、安全生产总体情况

2011 年，全省安全生产呈总体稳定、局部波动反弹的态势。全省共发生各类伤亡事故 6771 起、死亡 2388 人，同比增加 586 起、减少 30 人，分别上升 9.47%、下降 1.24%。其中，道路交通事故 5020 起、死亡 1806 人，同比增加 281 起、减少 80 人，分别上升 5.93%、下降 4.24%（生产经营性道路交通事故 1287 起、死亡 657 人，低于控制指标 36 人；其他道路交通事故 3733 起、死亡 1149 人，低于控制指标 7 人）。未发生 1 次死亡 10 人以上的重大事故，实现了近 20 年来的历史性突破。工矿商贸事故 261 起、死亡 319 人，同比减少 21 起、28 人，分别下降 7.45%、8.07%，低于控制指标 15 人。煤矿事故 79 起、死亡 183 人，同比增加 23 起、82 人，分别上升 41.07%、81.19%，超控制指标 63 人。火灾事故 1353 起、死亡 53 人（其中生产经营性火灾事故 635 起、死亡 8 人），同比减少 593 起、5 人，分别下降 30.47%、8.62%，低于控制指标 7 人。铁路运输事故 37 起、死亡 23 人，同比增加 7 起、1 人，分别上升 23.33%、4.55%，与控制指标持平。农业机械事故 21 起、死亡 4 人，同比增加 13 起、上升 162.5%，死亡人数与控制指标持平。

全年共发生较大事故 118 起、死亡 469 人，同比增加 28 起、116 人，分别上升 31.11%、32.86%，超控制指标 28 起。发生重大事故 1 起，宣威市杨梅山煤矿“4·15”重大瓦斯爆炸事故，造成 12 人死亡、3 人受伤，同比减少 2 起、22 人，分别下降 66.67%、64.71%，低于控制指标 2 起。发生特别重大事故 1 起，曲靖市师宗县私庄煤矿“11·10”特别重大煤与瓦斯突出事故，死亡 43 人。

大部分地区和行业领域安全生产形势较为稳定。16 个州（市）中，有 12 个州（市）死亡人数下降，有 14 个州（市）低于控制指标，有 15 个州（市）未发生重大事故。道路交通、工矿商贸、火灾事故死亡人数均下降、都低于控制指标；铁路运输、农业机械与控制指标持平。

反映安全发展水平的四项相对指标“三降一升”。亿元 GDP 生产安全事故死亡率由 0.35 降到 0.28，降幅 20%；道路交通万车死亡率由 2.62 降到 2.14，降幅 18.32%；工矿商贸十万就业人员生产安全事故死亡率由 4.29 降到 2.77（不含煤矿），降幅 35.43%；煤矿百万吨事故死亡率由 1.052 上升到 1.85，增幅 75.86%。

## 二、安全生产重点工作

### （一）安全专项整治

煤矿专项整治——召开了全省煤矿瓦斯专项整治现场推进会，采取停产整顿、限期达标、整合重组、依法关闭等手段，实行“一井一策”的专项整治措施。省安监、工信、煤监、能源等部门先后召开省级煤炭行业管理部门联席会议 12 次，分 3 个阶段对昭通市煤矿安全隐患进行了集中排查整治，6 次组织对 14 个产煤州（市）、50 个县（市、区）、120 个煤矿企业进行了督查。

非煤矿山专项整治——组织召开了全省非煤矿山专项整治现场推进会，出台了《云南省尾矿库汛期安全生产管理特别规定》，落实了全省 63 座三等以上和下游冲击范围内有人员密集场所（重要设施）尾矿库责任单位和责任人，整治露天矿山 4601 座。

危险化学品专项整治——对化工企业危险工艺生产装置实施自动化改造，开展了安全距离不足和危险化学品运输车辆“大吨小标”、“大罐小车”的专项整治，24 户涉氨、涉氯企业完成自动化改造，61 户安全距离不足的汽车油（气）站安装了阻隔防爆装置，13 户安全距离不足的化工企业实施转产、搬迁或关闭，3000 多辆危险化学品运输车辆安装了 GPS 系统：投入 9000 多万元，在烟花爆竹生产企业强制推行机械化生产。

建筑施工安全专项整治——省住建厅下发了

《2011年建筑安全专项整治实施方案》，对建筑施工脚手架、深基坑；高大模板、建筑起重机械等危险性较大环节进行了安全专项整治。

重点建设项目安全专项整治——省安委办组织有关行业管理部门对昆明新机场、轨道交通等重点工程为主的铁路、公路、水电、机场等部分重点建设工程进行了专项整治。此外，质监、农机、民航、电力、民爆、旅游、教育等行业领域，也都有针对性的采取有力措施开展了专项整治。

（二）道路交通安全监管

公安交警部门积极与交通运输、安全监管、农业等部门协作配合，狠抓道路交通安全。开展了客运企业及客运车辆安全隐患、道路安全隐患、严重交通违法行为、农村地区机动车及驾驶人排查等“四项排查整治行动”，排查整治道路安全隐患点段1802处，整治948处，整治率52.6%。建立了全省重点车辆和驾驶人信息、数据库，强化了重点驾驶人的分类管理，深入推进实施“文明交通行动计划”。开展酒后驾驶专项整治行动，查处酒后驾驶1780人次、醉酒驾驶1891人次，采取刑事强制措施1889人，移送检察机关918人，判刑546人。推进“护卫天使行动”，改善了校园周边道路交通环境和行车秩序。推广丘北经验，强化了农村道路交通安全防控。狠抓事故的预防和处理环节，强化事故处理机制建设。制发了《云南省道路交通事故联合约谈制度（试行）》，对7个州（市）、县（市）进行了约谈。排查客运企业、站场608家，排查客运车辆6万余辆，排查校车585辆，排查客运车辆驾驶人7.1万余人。

（三）消防安全工作

各级公安消防部队深入贯彻《云南省消防条例》和省政府《关于进一步加强消防工作的意见》，狠抓消防安全工作落实。完善消防安全责任网络，制定《全民消防安全宣传教育实施细则》，启动全民消防安全宣传教育行动。构筑社会消防安全“云岭防火墙”工程，10229个重点单位和人员密集场所消防安全“四个能力”建设达标，农村房屋火灾保险覆盖率达92%。部署开展了高层民用建筑、建筑消防设施专项整治和“云岭平安”系列专项行动。深入推进“清剿火患”战役工作，排查单位场所3.9万余家，督促整改火灾隐患和消防违法行为2.3万余处，查封危险部位或场所14287个，111家政府挂牌督办整改重大火灾隐患单位全部整改销案。组建了省综合应急救援总队和覆盖全省的省、州、县三级综合应急救援队伍。组织开展了跨区域应急救援实战拉动演练，部队灭火救援综合实力显著增强。各级公安消防部队共接警出动8011起，抢救被困人员3842人，抢救财产价值3.27亿元。

（四）安全生产应急能力建设

2011年，省政府投入1250万元，用于加强9支省级安全生产应急救援队伍和8个省级危化事故应急救援物资储备仓库建设。全省现有专（兼）职应急救援队1582支，共组织应急救援演练8455次，参加事故救援522次，抢救遇险生还547人。在文山富宁县“3·7”纯苯泄漏、“7·11”磷酸泄漏污染、“10·2”醋酸甲酯泄漏和广南县“11·22”工业黄磷泄漏燃烧等事故救援中，应急救援队和应急储备物资设备发挥重要作用，避免了重大水系污染事故。迪庆藏族自治州国道214线香德线肯古隧道“3·29”和学央丫卡隧道“8·11”两起坍塌事故27名被困人员全部成功获救。针对我省极端天气等自然灾害容易引发生产安全事故的特点，省安监、气象等部门进一步完善了因自然灾害引发生产安全事故的预警工作机制，建立了联席会议制度和24小时情况通报制度，及时向有关州（市）和企业发出预告。

（五）安全生产监管制度建设

2011年，省政府下发了《云南省人民政府关于进一步加强安全生产工作的决定》（云政发〔2011〕229号），强调了8个方面的工作，特别是明确规定州（市）、县安委会主任由政府主要领导担任、政府常务副职分管安全生产工作。建立健全了“月通报、季发布、年考核”制度，各级安委会坚持每月向党政主要领导、分管领导和有关部门通报安全生产情况，每季度在《云南日报》等媒体上发布安全生产形势，年底对安全生产控制考核指标完成情况进行严格考核。坚持对重大隐患治理实行省、州（市）、县（市、区）三级政府挂牌督办。2011年，省安委办提请省政府挂牌督办了7个重点行业（领域）的34个重大隐患。

（六）生产安全事故查处

实行事故约谈制度，对在一个月内连续发生2起以上较大事故、重大事故隐患整改不到位、超事故控制指标、瞒报迟报事故的州（市）、县（市、区）政府、有关部门和企业进行约谈，共同分析事故原因，查找薄弱环节。省安委办对10个州（市）、19个县（市、区）政府及其有关部门进行了19次约谈。组织现场警示教育，省安委办先后组织3次现场警示教育，向州（市）政府和有关企业发出《事故警示通报》31份。建立了较大事故查处挂牌督办制度，对发生较大以上工矿商贸事故的，由省安委办挂牌督办，全年共挂牌督办较大事故14起。2011年，各类生产安全责任事故查处结案率89.4%（其中较大生产安全事故结案率91.8%，重大生产安全事故结案率100%），累计追究处理140人，其中给予党纪政纪处分105人、移送司法机关追究刑事责任35人。

# 西藏自治区安全生产工作综述

2011年，西藏自治区安全生产工作坚持以建设平安西藏、和谐西藏为目标，以全面贯彻落实国务院23号文件、国务院第165次常务会议和自治区第八次党代表会、全国、全区安全生产工作会议及全区经济工作会议精神为主线，以继续深入开展安全生产“三项行动”、全面加强“三项建设”为载体，抓源头、强基础、重防范，安全生产工作取得了新进展，为全区经济社会跨越式发展提供了良好的安全保障。

**一、安全生产形势**

2011年全区共发生各类事故1096起、死亡332人，同比起数增加49起、上升4.7%，死亡人数减少102人、下降23.5%。其中，发生一次死亡3~9人的较大事故18起、死亡63人，同比起数增加1起、上升5.9%，死亡人数减少7人、下降10.0%；一次死亡10~29人的重大事故2起、死亡32人，同比减少1起、17人，分别下降33.3%和34.7%。特点如下：

一是全区安全生产形势持续稳定好转，事故死亡人数大幅下降，是近几年来死亡人数最少的一年，全国排序第二。特别是道路交通和工矿商贸行业（领域）事故死亡人数下降幅度较大，分别为23.2%和64.3%。

二是安全生产控制指标总体实施情况较好。各类事故总死亡人数占国务院安委会下达控制指标的67.8%。全区除火灾指标外，均控制在国务院下达的指标范围之内。铁路交通、水上交通和农业机械等行业（领域）未发生人员死亡事故，形势很好。全区7地（市）自2005年以来，首次出现没有1个地（市）突破控制指标的现象。

三是全区安全生产总体水平有所提高。亿元GDP生产安全事故死亡率由0.89降到0.58，降幅34.8%；工矿商贸十万就业人员生产安全事故死亡率由3.5降到1.2，降幅65.7%；道路交通万车死亡率由17.2降到12.6，降幅26.7%。存在的问题和不足：

一是事故总量仍然过大，事故起数同比反弹。

二是较大事故调查处理和责任追究不及时。

三是道路交通安全监管基础薄弱，安全保障能力低。体现在基础设施建设薄弱，安全防护设施、安全监管保障能力建设滞后；监管能力低下，机构不健全，监管力量不足、监管手段落后；营运企业管理滞后，挂靠现象严重，企业安全经营管理水平低；农用机械和拖拉机管理混乱，监管缺失，无证无照现象严重。

四是非煤矿山安全监管面临新的挑战。矿山数量、产值将大幅度增加，开采规模扩大，开采方式将趋于多样化。加之企业“小、散、乱、差”，安全投入不到位，技术保障能力弱，开采不规范，从业人员素质不高，安全监管面临新的压力及挑战，形势不容乐观。

五是执法监管不严，工作进展不平衡。道路交通、消防火灾、工矿商贸行业（领域）仍然存在影响安全生产的重大隐患没有得到有效治理，非法违法、违章违规现象时有发生，部分企业安全生产管理秩序混乱，从业人员安全培训教育不到位，无证上岗现象屡禁不止。部分地（市）和行业主管部门在打非治违、专项整治和大检查过程中，存在走形式、搞过场，执法监管不严。全区道路交通、消防火灾、工矿商贸行业（领域）企业和单位排查重大隐患排查整改率低，部分重大隐患尚未列入整改治理计划。

## 二、工作开展情况

### （一）强化组织领导，抓好安排部署

及时召开区安委会和全区安全生产工作会议，研究部署全区安全生产工作。区安委会先后召开6次专题会议研究部署安全生产工作，是近几年来区安委会召开专题会议最多一年。特别是为加强西藏和平解放60周年庆典期间安全生产工作，分别于6月3日、6月24日、6月28日召开了3次专题会议，研究部署大庆期间安全生产工作会议，确保了大庆期间全区安全生产形势稳定。为认真贯彻落实自治区第八次党代会精神，抓好2011年度安全生产目标考核及第四季度安全生产工作，11月25日区安委会召开了第六次专题会议，全面安排部署相关工作。

### （二）进一步健全完善安全生产控制指标分解、监控、考核体系

一是严格落实责任。自治区安委会将安全生产控制指标全部分解下达到7地（市）行署（政府），并按照行业职责分工又分解落实到19家区直（中）部门，同时要求各地（市）再分解落实到辖区内的县（市、区）政府，建立健全区、地（市）、县（市、区）三级安全生产目标责任考核体系，落实政府监管责任主体、行业监管和“属地管理”原则。

二是健全机制，严格奖罚。在年初全区安全生产工作会议上，自治区人民政府兑现了2010年度7地（市）及17家区直（中）单位安全生产目标责任奖罚，并与7地（市）和19家区直（中）单位签订了2011年度安全生产目标责任书，逐步扩大了目标责任书签订范围。年底按照考核奖罚办法，组织5个考评组对相关单位进行考评。

三是强化动态监控。建立了“月通报、年考核”制度，每季度把各地（市）安全生产指标控制情况及时通报给各地（市）党政一把手，对安全生产形势严峻的地（市）和行业主管部门及时发出预警通知，强化日常监控跟踪，全区安全生产控制指标监控体系逐步得到完善和加强。

### （三）突出重点，全力深化重点领域专项整治

充分发挥综合监管协调指导职能，继续对以道路交通为重中之重的矿山、危险化学品、消防、烟花爆竹、民爆物品、建筑施工、客运市场等8大领域进行重点整治。分行业、分类别制定下发专项整治实施方案。在全区交通行业开展了“出租车交通违法行为专项整治”、“全区道路交通安全集中整治‘夏季攻势’行动”和“全区开展道路客运隐患整治专项行动”；对全区非煤矿山企业（尾矿库）进行了一次全面拉网式专项检查，严厉查处打击了矿山企业“证照不全、许可证过期、关闭后死灰复燃、明停暗开、私采滥挖、名探实采、超层越界开采以及尾矿库违规排放、违反‘三同时’规定”等严重违法违规行为；要求各级发展改革、住房和城乡建设、交通运输、水利、电力等部门按照“谁主管、谁负责”、“谁发证、谁负责”的原则，以规范实施建筑施工安全生产“三同时”制度为抓手，切实加强对在建项目的安全监督检查和指导；以寺庙、医院、学校、商场、影剧院等人员密集场所、屋顶违规建筑为重点，全面开展好消防安全“大排查、大整治、大宣传、大培训、大练兵”活动，对消防设施不完备，消防制度不健全，火灾隐患严重的单位和部门，限期整改。先后两次组织专项督导组，分赴各地（市）专程督导地区行署加强安全生产工作。

### （四）切实强化对工矿商贸行业领域的监管，积极推行安全标准化建设

以非煤矿山（尾矿库）、危险化学品、烟花爆竹为重点，进一步加强日常监督检查和源头审批，认真按照“四个一律”的要求，严厉打击各类非法违法生产经营建设行为，确保了安全生产“两个主体”责任的落实，规范了安全生产秩序。共开展工矿商贸领域检查6次，检查工矿商贸企业60余家，下发整改通知书32份、督办通知3份，采取强制措施7个，提出整改意见200余条，消除了一批安全隐患。及时拟定标准，召开动员部署大会，全面启动了安全标准化建设。

### （五）深入开展“打非治违”专项行动和各类安全生产大检查

成立了以分管领导任组长的专项行动领导小组，制定下发了开展严厉打击非法违法生产经营建设行为专项行动实施方案，以交通运输、非煤矿山、消防、建筑施工、危险化学品、烟花爆竹、民

爆物品、特种设备等行业（领域）为重点，集中开展“打非治违”专项行动，并组织3个工作组，分赴全区7地（市）开展打非治违专项行动督导检查，确保专项行动落实到位。全年共查出各类非法违法行为211起，排查治理各类安全隐患506项，整改率为84%。区安委会办公室先后组织4次全区范围内的安全生产大检查活动，出动60余人，行程2万余千米，检查了40余个县、20多个乡（镇）和300余家矿山、危险化学品、客运企业，排查一般安全隐患200余项，当场下发整改指令书100余份，及时消除了一批安全隐患。

（六）切实强化敏感时段安全监管

为加强3月份及大庆期间全区安全生产工作，自治区安委会先后召开3次专题会议、1次全区电视电话会议，研究部署特殊时段安全生产工作，下发了相关通知要求，组织3个督导检查组分赴相关地（市）和工矿商贸企业开展督导检查活动，确保了敏感时段全区安全生产形势的稳定。

（七）积极开展生产安全事故调查处理

严格执行国务院《生产安全事故报告和调查处理条例》有关规定，按照“四不放过”原则，及时成立事故调查组，对昌都地区八宿县“3·14”、林芝地区林芝县“1·2”重大事故组织调查处理；完成对日喀则地区江孜县“10·15”较大道路交通事故和昌都地区八宿县“11·1”重大道路交通事故的结案，切实做到严肃追究事故责任人的责任，严格对肇事企业的行政处罚，确保事故查处严肃认真，责任追究落实到位。

（八）切实加强安全生产宣传教育培训力度

顺利举办了第十个“安全生产月”系列活动、消防“11·9”、道路交通“12·2”宣传咨询活动，组织开展了“生命之歌”大家唱和“安全生产责任主体”知识竞赛活动。安排各行业以及区局主要领导、有关业务处室负责人座客西藏人民广播电台，解答安全生产相关法律法规，起到了良好的社会宣传效果。组织非煤矿山、危化、道路交通、电工、电焊工、安全生产标准化、隐患排查及应急体系建设等专业知识培训班15期，培训人员达2000多人，为企业安全生产工作有效开展打下良好基础；在国家安全监管总局的帮助支持下，成功举办了全区规模最大一次的安全监管监察人员执法资格培训班，参训人员达200多人。

（九）积极筹备援藏工作

为尽早启动安全监管系统对口援藏工作，自治区分管领导于4月份亲赴北京洽谈对口援藏工作，并与国家安全监管总局就援藏工作有关事项达成共识。区安全监管局主要领导多次赴国家安全监管总局汇报协调对口援藏工作。

# 陕西省安全生产工作综述

2011年是“十二五”开局之年。在国家安全监管总局的精心指导，在省委、省政府的正确领导，以及全省各部门、各地区和各单位的共同努力下，陕西省安全生产工作取得了积极进展和明显成效。

一是各类生产安全事故死亡人数同比下降。全省2011年共发生各类生产安全事故11860起，死亡2224人，死亡人数同比减少64人，下降2.80%。

二是绝大部分设区市和重点行业领域安全生产形势持续稳定好转。其中，消防连续14年未发生一次死亡10人以上的重特大事故，危险化学品连续6年未发生一次死亡3人以上的较大事故。

三是全省没有发生一次死亡30人以上的特别重大事故。

四是完成了国务院下达的安全生产控制指标。据统计，2011年较之于2005年，陕西省生产安全事故起数和死亡人数分别下降41%和36%，较大以上事故起数和死亡人数分别下降48%和49%，亿元GDP生产安全事故死亡率、煤矿百万吨死亡率、工矿商贸十万就业人员生产安全事故死亡率和道路交通万车死亡率等安全生产指标均下降50%以上。全省煤炭产量由2005年的1.55亿吨提高到2011年的4.11亿吨，百万吨死亡率由1.998下降到0.18。

2011年,陕西省安全生产工作呈现“十个新”。

**一、在贯彻国务院决策部署上有新思路**

以贯彻落实国发〔2010〕23号文件精神为主线，全省各级、各有关部门都制定和出台了一系列与之相配套的措施和办法，全面加强安全生产各项工作。国务院第165次常务会议，第167次、173次常务会议后，先后召开了省政府第14次常务会议和第19次常务会议，分别就全省安全生产检查督查活动和落实陕西省安全发展“十二五”提出了安排意见，各设区市党委、政府也多次召开会议，研究部署安全生产工作。同时，在安全生产“十二五”规划出台后，陕西省提出安全生产“十二五”规划前3年实施方案（“131久安工程”），以提高和改善全省安全生产条件，实现安全生产精细化管理和全过程控制目标。

**二、在制度建立健全上有新进展**

2011年，陕西省集中出台了《陕西省安全生产通报制度》、《陕西省安全生产警示预报制度》、《煤矿安全“十必须十禁止”》、《非煤矿山“六必须六禁止”》、《道路交通安全实施意见》、《道路交通安全重大事故隐患治理挂牌督办暂行办法》等工作制度和措施。同时，各市（区）、省级各有关部门也积极建立健全各项地方（行业）安全监管制度。

**三、在深化专项整治上有新突破**

煤矿领域，严格执行煤矿安全“十必须十禁止”和“三停八关一整合”规定，对渭南、咸阳、铜川等地区高瓦斯矿井和小煤矿开展专项整治和复查审核。经过努力，全省煤矿资源整合、兼并重组和关闭任务基本完成，煤矿企业数量由522家整合到106家。非煤矿山领域，着重进行矿山资源整合、地下矿井“六大系统”建设和尾矿库专项整治，并逐月进行通报。道路交通领域，以危险和事故多路段为专项整治主要任务，年初确定的142条道路交通事故多发和危险路段治理全部完成，并开展了连续7个月的道路客运隐患排查治理专项行动。危险化学品领域，年内确定的36家危险化学品企业自动化改造全部完成。烟花爆竹领域，重点开展了整顿提升、“三超一改”和氯酸钾等违禁药物的专项整治。建筑施工、消防、特种设备、民爆器材、水利、农业机械、铁路、电力、民航等行业领域也有针对性地开展了多次专项整治，取得了明显成效。

**四、在隐患排查治理上有新举措**

全省各级、各有关部门认真执行隐患排查治理统计报告制度，对查出的隐患，严格落实整改责任、措施、资金、时限和预案“五到位”的要求；对重大隐患认真落实政府挂牌督办和治理销号制度，对整改不到位的坚决停产整顿，直到依法关闭。2011年，全省共排查隐患单位53951家，排查一般隐患141841条，已整改139578条，整改率为98.4%；排查重大隐患322条，已整改282条，整改率为87.6%。9月22日，针对8月份全省安全生产大检查中查出的且尚未整改到位的重大隐患，省安委会下发了《关于开展百项隐患专人专事专项治理行动的通知》，确定了煤矿、非煤矿山、危险化学品、道路交通、建筑施工、烟花爆竹等6个行业领域的百项隐患专人专事专项治理名单，明确督办单位、责任单位和责任人及整改时限，并将有关单位和责任人及要求在主流媒体公布，取得很好效果。截止到2011年底，全省“百项隐患”已整改到位77项，其余23项隐患正在按要求积极整改。

**五、在检查督查上有新探索**

2011年，针对重要时期、重点时段和大型活动，全省先后部署开展了6次有组织、有计划、有步骤的安全生产大检查、综合督查及专项检查，做到把握关键问题、突出薄弱环节，抓住重点地区、紧盯高危行业，确保检查督查的有效性。据统计，省级各有关部门检查督查覆盖了全省各设区市和68%的县（区），近2000家企业，并对高危行业集中的市、县进行了重点和反复检查督查。同时，各设区市、各有关部门配合国务院和省政府有关检查，针对本地区、本行业领域工作特点，积极主动地开展了形式多样的检查自查。各级、各有关部门对检查中查出的问题和隐患，特别是对深层次问题进行了归纳梳理和分析研究，认真查找根源，制定出行之有效的工作措施，并及时启动整改。

**六、在“打非治违”上有新措施**

按照国务院安委会《关于开展严厉打击非法违法生产经营建设行为专项行动的通知》中明确的“四个一律”原则和省政府的有关要求，全省各级、各有关部门对“打非治违”工作进行了安排部署。年初，省安委会下发了《关于严厉打击非法违法生产经营建设行为的通知》，明确要求各级政府，尤其是县乡政府，必须建立政府统一组织、部门相互协作的“打非治违”联合工作机制，始终保持高压态势，确保“打非治违”工作不断取得实效。各市（区）结合实际，研究制定“打非治违”专项行动方案，切实把“打非治违”主要责任落实到县乡政府主要领导。据统计，2011年，全省共开展执法行动情况总计16960起（处）。其中，查处无证或证照不全的6562起，关闭取缔后又擅自生产经营建设的148起，小煤矿应关未关的24处，私采滥挖、超层越界开采、尾矿库违规排放的87起，违反建设项目安全设施“三同时”规定的108起，谎报、瞒报事故37起，重大隐患隐瞒不报或不按规定予以整治的40起，不按规定进行安全培训或无证上岗的1454起，拒不执行安全监管监察指令、抗拒安全执法的95起，其他非法违法生产经营建设的8405起。

**七、在标准化建设上有新推进**

制定印发了《陕西省推进企业安全生产标准化建设的实施意见》，对全省安全生产标准化工作进行了安排部署，按照规定的时限要求，分解下达安全标准化达标任务和目标。对未按期达标的企业依法暂扣其安全生产许可证，责令停产整顿；对整改逾期未达标的，依法予以关闭。积极推动科技创新，以科技促标准化建设。在加油站推广应用阻隔防爆安全技术，在特定受限空间推行撬装式加油装置，在石油天然气开采和管道运输企业开展HSE管理体系认证，在道路运输企业开展安全信用等级达标，在建筑施工企业开展工程质量安全标准化工作等。目前，全省煤矿、非煤矿山、危险化学品、烟花爆竹等相关行业正在按照国家总局确定的新的标准化达标评审办法、条件和等级，重新对企业进行审核和确认，严格按照时限要求完成企业标准化达标任务。

**八、在应急管理上创新机制**

全面加强应急救援“一案三制”建设和队伍机构建设。对34个省级政府专项和部门预案，49个市级政府专项和部门预案，363个县级政府专项和部门预案，以及25637家生产经营企业的应急预案进行了进一步的修订完善。建立了以省安委会为领导机构的全省安全生产应急管理和事故应急处置组织体系。由相关部门牵头，分别成立了危险化学品、非煤矿山、石油天然气开采、石油天然气储运事故灾难应急救援指挥部、道路交通安全和消防安全应急救援指挥部、水上交通突发公共事件应急救援指挥部、铁路行车事故应急救援指挥部和民用航空器飞行事故应急救援指挥部。依托现有大中型企业，建立了省、市、县三级专业应急救援队伍。6月28日，陕西省重大管道油品泄漏燃烧事故应急救援演练在宝鸡市陈仓区成功举行，取得了预期效果，为同类事故开展抢险救援提供了很好的借鉴作用，也得到了各方面的充分肯定。

**九、在事故查处和责任追究上有新要求**

按照“四不放过”和“科学严谨、实事求是、依法依规、注重实效”的原则，严肃查处各类生产安全事故，依法追究事故责任人的责任。2011年发生的较大、重大生产安全事故中，有83人受到党纪、政纪处分，9个单位和61人分别给予行政处罚，9人受到警示训诫，2个单位5人被吊销执照（资质），39人被移送司法机关处理。

**十、在宣传教育培训上有新亮点**

坚持把安全宣传教育与安全培训工作结合起来，营造良好的安全文化氛围。6月，集中开展了以“安全责任、重在落实”为主题的第十个“安全生产月”活动和安全宣传咨询日活动。在全省学习推广榆林市安全文化建设经验。充分发挥主流媒体和政府网站的主渠道作用，宣传安全生产方针政策、法律法规和安全知识。注重发挥新闻媒体的作用，与陕西电视台合作，创建《安全生产》栏目，对全省安全生产重大活动进行报道，为全省安全生产工作健康发展提供了有力的舆论支持和舆论监督。在安全生产培训方面，2011年全省共举办各类安全生产培训班481期，培训生产经营单位主要负责人和安全生产管理人员32229人，培训特种作业人员38418人，培训农民工65695人，培训企业班组长18973人，为企业安全生产提供了良好的基础保障。

# 甘肃省安全生产工作综述

**一、安全生产工作总体情况**

2011年，甘肃省认真贯彻党中央、国务院关于安全生产的方针政策及一系列重大决策部署，持续推进“安全生产年”各项工作，不断深化安全生产“三项行动”和“三项建设”，集中开展“打非治违”专项行动和事故遏制行动，全省安全生产形势持续稳定好转，全面实现了全年各项目标。与2010年同期相比，四项控制指标“三降一升”。事故起数下降6.2%，死亡人数下降2.3%，受伤人数下降2.7%，直接经济损失上升120%。各类生产安全事故死亡人数在年度控制目标之内。

**二、安全生产重点工作**

（一）安全生产责任进一步落实

全省各级、各部门认真贯彻《甘肃省政府安全生产监督管理责任规定》，结合实际，完善工作制度，定期召开会议，研究分析安全生产形势，按照“三深化”、“三推进”的工作要求，深化和落实“安全生产年”各项工作，认真履行监管职责，全面落实监管责任。各生产经营单位以全面贯彻《国务院关于进一步加强企业安全生产工作的通知》和《甘肃省生产经营单位安全生产主体责任规定》为主线，健全完善管理责任体系、保障责任体系、岗位责任体系和相应的激励约束机制，认真落实企业主体责任，企业安全生产基础进一步牢固。按照《甘肃省安全生产责任制考核办法》，进一步完善了目标责任考核指标和标准。通过层层签订目标责任书，定期组织督查检查，严格实行“一票否决”，促进了安全生产责任的进一步落实。

（二）“打非治违”行动有效推进

按照国务院安委会的统一部署，甘肃省下发《关于开展严厉打击非法违法生产经营建设行为专项行动的通知》，对全省“打非治违”专项行动进行了安排部署。公安、安监、工信、交通运输、建设、国土、农牧、质监、铁路、民航、水利、电力、旅游、教育、工商等部门结合行业实际情况，制定了18个“打非治违”行动实施方案，始终保持高压态势，坚持把打击非法违法生产经营建设行为作为有效防范和遏制事故的重要手段，大力整顿生产经营秩序。坚持把“打非”专项行动中好的经验和有效措施，上升为制度规范，把“打非”工作纳入制度化、规范化和经常化的轨道，推动全省“打非”专项行动有效开展。全年全省开展联合执法行动12991次，督查企业35067家，下达停产整顿指令111个，对195家企业进行了行政处罚，注销各类安全生产许可证98个，关闭非法生产经营企业58家。

（三）专项整治不断深化

以道路交通、矿山、危险化学品、建筑施工、民爆器材、消防、特种设备等行业领域为重点，大力整治安全隐患，不断巩固专项整治成果。国务院第165次常务会议召开后，省政府立即对全省隐患排查整治工作进行安排部署，制定下发了《甘肃省安全生产隐患排查整治工作实施方案》，并成立了隐患排查整治工作领导小组。全省各级、各部门、各单位扎实有效的开展安全生产隐患排查整治活动，集中解决安全生产领域存在的突出问题。

煤矿：深入开展“两型三化”矿井建设工作，强力推进瓦斯综合治理，对通风系统不合理、瓦斯防治措施不到位、存在重大安全隐患的矿井，坚决实行关停整顿。对生产矿井、基建矿井、资源整合矿井进行分类督导检查，落实整顿措施，消除安全隐患。全省煤矿共排查隐患3227项，整改2912项，整改率90.2%；对存在重大隐患的6处矿井，责令停产整顿。

非煤矿山：强制推行地下矿山防透水、机械通风措施，逐步推广露天矿山中深孔爆破技术，加快实施尾矿库隐患治理项目。截至2011年底，全省地下矿山超前探钻装备率提升至92%，机械通风装备率提升至91%。露天矿山严格实施分级分台阶开采，杜绝一面坡伞檐式开采方式。2011年由省级财政支持治理的27座尾矿库全部竣工，中央财政支持治理的18座尾矿库，部分已竣工。

危险化学品与烟花爆竹：积极推进全省危险化学品和烟花爆竹生产经营单位签订安全生产承诺书。进一步巩固重点危险化工工艺装置升级改造成果，关停不符合产业政策、安全生产条件较差的企业54户。在中央在甘和省属的危化企业的在役装置中试点推广应用危险与可操作性分析。进一步强化化工园区（工业集中区）的安全监管，严肃查处园区内违法建设行为。率先同相关部门开展非药品类易制毒化学品联合执法行动，得到国家安全监管总局的充分肯定。

道路交通：以高速公路和二级公路为重点，突出公路桥梁、隧道等重点部位，全面开展交通运输行业安全专项整治行动，深化“五整顿、三加强”、推进“平安畅通”工作。对全省旅游包车、三类以上班线客车和运输危险化学品的专用车辆，安装使用卫星定位装置，实行信息化管理。采取各种措施，开展了校车安全整顿工作。

建筑施工：深入排查治理隧道、桥梁、房屋、市政、水利、电力等重点建设项目施工安全隐患，以防范塔吊倒塌，施工坍塌，高处坠落和物体打击事故为重点，开展施工安全专项整治，强化建设项目管理和质量安全工作，确保隐患及时整改。

消防：以强化人员密集场所安全疏散通道治理为重点，实施“陇剑除患”行动。深入开展消防安全专项整治，对“城中村”、“三合一”、“多合一”建筑区域火灾隐患进行了排查整改。

水利、国土、农牧、教育、质监、工信、旅游、民航、铁路、电力等部门，结合各自行业特点和工作实际，以隐患排查治理为重点，扎实有效地开展整治行动，共检查企业35067家，整改隐患66576项，整改率为92%；整改重大隐患225项，整改率为98%，取得了较好成效。

（四）监管能力建设不断加强

2011年投入资金400多万元加强科技支撑机构建设，建成了甘肃省非矿山实验室与重大危险源监控实验室、甘肃省职业危害检测与鉴定实验室，并通过国家安全监管总局复核验收；应急救援工作显著加强，积极配合国家安全监管总局推进国家矿山应急救援靖远队建设，省财政投入资金5000万元，启动了省市安全应急救援平台建设工作；安全监管能力建设不断提升，投入420多万元完善了尾矿库在线监控系统，配备尾矿库安全监管装备；投入500万元，购置了省级监管装备和职业危害检测、应急救援物资装备。积极落实省市县监管能力建设规划，促进全省安全监管装备水平进一步提高，安全生产监管能力不断得到改善。

（五）安全文化建设稳步推进

《中共中央关于深化文化体制改革推动社会主义文化大发展大繁荣若干重大问题的决定》公布后，全省各级、各部门和各单位采取多种方式，组织学习讨论，把握精神实质，自觉地把安全文化建设纳入社会主义文化建设体系之中。连续10年成功举办“安全生产月”活动，通过开展宣传咨询日、专家下基层、知识竞赛、“青年安全示范岗”、企业安全承诺和企业班组安全建设、安全文化示范企业、安全诚信企业以及安全社区等活动，增强了全社会的安全意识。采取以会代训方式，在全省分片、分期举办《推进事故遏制行动，深化安全生产专项整治》专题培训班15期。积极推进安全生产培训工作，共培训安全监察员99人、安全培训教师421人、生产经营单位安全管理人员16636人、特种作业人员76207人。

2011年全省安全生产取得了较好的成效，但形势依然严峻。企业的主体责任还不够落实，安全基础还比较薄弱，职业病危害依然突出，事故总量仍然偏高，安全生产监管任务十分艰巨。

# 青海省安全生产工作综述

2011年，全省各地区、各部门、各单位认真贯彻落实党的十七届五中、六中全会和省委十一届九次、十次会议精神，牢固树立科学发展、安全发展理念，紧紧围绕省委、省政府的总体工作部署和经济发展大局，围绕全年安全生产工作重点目标任务，继续深化和落实“安全生产年”各项工作措施，切实加强安全生产“三项行动”和“三项建设”，继续降低事故总量，有效防范和坚决遏制重特大事故，促使全省安全生产继续保持了总体稳定、持续好转的发展态势，2011年未发生重大及以上事故，安全生产控制考核指标连续8年控制在国务院安委会下达的控制范围以内，总体上实现了“十二五”时期安全生产工作的良好开局。

**一、安全生产工作总体情况**

2011年，各类事故死亡人数继续下降。全省各类事故共死亡665人，与2010年相比，死亡人数减少5人，下降0.74%。

——部分重点行业领域安全生产状况保持稳定。2011年全省道路交通、建筑施工、煤矿、铁路、火灾等重点行业领域事故死亡人数分别占控制考核指标的99.28%、85.71%、80%、87.50%、50%；民航没有发生运输飞行事故。

——反映安全生产整体状况的四项主要指标明显下降。2011年亿元GDP生产安全事故死亡率0.41，同比下降18%；工矿商贸十万就业人员生产安全事故死亡率3.99，同比下降4.3%；道路交通万车死亡率8.09，同比下降14%；煤矿百万吨死亡率0.4，同比下降25%。

——大部分地区安全生产状况保持稳定。2011年控制指标考评统计，西宁、海东、海西、海北、海南、果洛、玉树等地区的安全生产考核指标均控制在省政府下达的考核范围以内。

**二、重点工作**

（一）深刻领会国务院常务会议精神，推动安全生产各项工作

2011年，国务院第165、167、173次常务会议和国务院安委会会议召开后，青海省委书记强卫，副书记、省长骆惠宁和省委常委、副省长骆玉林等领导同志分别作出重要批示，要求各地区、各相关部门采取切实有效措施，狠抓重点地区、重点行业领域的安全生产工作，严防重特大生产安全事故的发生。省政府先后2次召开常务会议和省安委会全体会议，审议《青海省“十二五”安全生产发展规划》，听取安全生产工作汇报，分析安全生产形势，安排部署阶段性安全生产工作，省政府办公厅印发了《关于进一步加强当前安全生产工作的通知》，省安委会印发了《关于认真贯彻落实中央领导同志重要指示和国务院第173次常务会议精神切实做好当前安全生产工作的通知》。全省各地区和省安委会成员单位认真贯彻落实省委、省政府关于加强安全生产工作的决策部署，按照“三深化、三推进”的总体要求，相继组织召开安全生产专题会，研究制定综合监管防范措施，加大对道路交通、工矿商贸等事故多发行业领域的监管监察力度，扭转了部分行业领域事故多发频发的不利局面。尤其是“7·23”甬温线特别重大铁路交通事故和“11·16”甘肃正宁县校车重大道路交通事故发生后，按照省政府的决策部署，逐级落实属地监管、部门监管、行业监管责任，强化综合预防措施，组成督查组对全省已建、在建铁路工程项目及其他建设工程进行安全检查；各部门协调联动，对全省中小学、幼儿园的481辆校车安全现状进行全面摸底排查，针对校车配置、校车管理、驾驶员资质等方面存在的管理缺陷，提出了相应的整改措施和建议，研究制定了《青海省中小学幼儿园校车安全管理办法》，加强了校车安全管理。

（二）不断加强综合监管，推动安全生产责任落实

全省各地区、各部门和各单位认真贯彻落实国务院23号和省政府97号文件精神及《青海省安全生产委员会成员单位安全生产工作职责》、《青海省安全生产综合监管工作五项制度》，深化和落实“安全生产年”各项工作。

一是充分运用省安委会和省安办的综合监管平台，不断加强上下联动、横向联合的工作机制，指导、协调、督促各级政府及负有安全监管职责的部门全面落实属地、行业和部门监管责任，有力推进了安全生产工作的全面开展。

二是组织召开2次省安委会全体会议和2次全省电视电话会议，分析安全生产形势，安排部署全年和阶段性安全生产工作。

三是建立并完善省安委会联络员会议制度、安全生产控制考核指标通报分析制度、安全生产综合监管制度和危险化学品、道路交通、建设工程质量安全、消防安全、特种设备等行业领域联席会议等制度，共组织召开省安委会联络员会议和道路交通、消防安全、特种设备联席会议14次，及时通报工作进展情况，研究解决开展隐患排查、打非治

违、专项整治、交通安全管理等工作中存在的问题，加强联动协作机制，保持了重点行业领域安全生产形势的稳定。

四是对全省 8 个地区、14 家省级有关部门和 18 家中央（外省）驻青企业、15 家省管企业分别下达了安全生产控制考核指标和管理考核目标，对全省 13 个重点县安全生产控制指标进行跟踪核实。同时，对控制指标执行情况实施过程监督和动态管理，采取告知、约谈、联合督查等方式，加大对安全生产目标责任落实情况的督促检查，每季度、半年、年终分析控制考核指标执行情况，对超出指标控制进度的个别地区、部门和企业及时下达书面警示督办通知，通报安全生产面临的形势，督促采取有力措施尽快扭转安全生产被动局面。

五是建立健全激励约束机制，依据《青海省安全生产专项资金管理暂行办法》，从2011 年开始每年从安全生产专项资金中列支专项经费用于表彰奖励本年度安全生产先进地区和先进单位。

（三）完善安全隐患排查制度，深化重点行业（领域）安全专项整治

为把握隐患治理、事故防范主动权，深入开展了工矿商贸、道路交通和危险物品、建筑施工和公众聚集场所消防安全等重点行业领域专项整治，排查整改了一大批事故隐患，进一步规范了安全生产秩序，共排查各类安全隐患 16263 项，已整改 15398 项，整改率达 94.68%。

一是印发了《关于深化“安全生产年”活动的实施意见》，对深化企业主体责任落实、加强安全监管、严厉打击非法违法行为、狠抓隐患排查治理、推进安全技术保障和安全标准化建设等重点工作进行了安排部署。按照“分级负责、突出重点”的原则，加强对重点行业领域的安全专项整治，全面排查治理各类事故隐患，进一步深化和落实了“安全生产年”活动的开展。

二是研究制定了《青海省集中开展重点行业和领域安全生产专项整治实施方案》，以交通运输、建设施工、煤矿、非煤矿山、危险化学品及烟花爆竹、民用爆炸物品、农业机械、特种设备、消防等 9 个行业领域为重点开展安全生产专项整治，促进“防大事故、治大隐患”目标的实现。

三是研究制定了《青海省集中开展重点行业和领域安全生产专项整治责任分工方案》，对专项整治工作逐一进行分解，层层落实到各行业主管部门，推动了行业监管和专业监管责任的落实。

四是紧紧围绕年度工作目标，加强了对全省工业和人口相对集中的西宁、海东、海西、海北等地区，以及道路交通、建筑施工、矿山、人员密集场所等重点行业领域的安全生产督查，全年县级督查覆盖率达 92%，州级督查覆盖率达 73%，省级督查覆盖率达 60% 以上。2011 年，煤矿监察系统完成“三项监察”54 矿次，排查整改安全隐患 50 余项，处罚煤矿 5 处；开展非煤矿山安全专项整治，检查非煤矿山及工贸企业 441 家，关闭露天矿山 25 家，排查安全隐患 433 项，已整改 427 项，整改率达 98%；开展危险化学品安全专项整治，排查安全隐患 670 项，已整改 616 项，整改率达 92%；查获非法经营劣质烟花爆竹 800 余箱，取缔非法销售窝点 20 余家，非法储存窝点 6 家；开展交通安全专项整治，排查客货运企业 954 家，客货机动车 16 万多辆，客货驾驶人 17 万多人，排查安全隐患 2813 项；开展建筑施工安全专项整治，检查建设项目 4394 个，建筑面积 5999.7 万平方米，排查安全隐患 4667 项，下发整改令 502 份、停工通知书 202 份；开展火灾隐患安全专项整治，检查社会单位和场所 4 万多家，排查火灾隐患 3.9 万多项，已整改 3.4 万多项，整改率达 88%；开展农业机械安全专项整治，查处违法载人拖拉机 356 台次，整治无牌拖拉机 5986 台，无证驾驶人员 5523 人，纠正各类违法行为 1.2 万多次；开展特种设备安全专项整治，检查使用单位 896 个，检查各类特种设备 1824 台，排查安全隐患 388 个，下达监察指令 62 份。国有资产监管、水利、教育、工商、旅游、体育、铁路、民航、电力、邮政、通信、地勘、气象等其他行业领域结合各自实际，深入开展安全专项整治，取得了较好效果。

五是学习借鉴北京顺义区安全隐患排查治理体系先进经验，以西宁市为试点地区，开展了科学适用的安全隐患排查治理体系和信息网络平台建设工作。

六是研究制定了《关于加强燃气改装安全管理工作意见的通知》，为推广建立“车载 CNG 气瓶电子监管体系”，实现对车载 CNG 气瓶的实时、动态、全过程监管奠定了基础，着力解决了汽车“油改气”安全管理中暴露出的社会矛盾和安全

隐患。

（四）深化依法监管，严厉打击非法违法行为

按照国务院安委会的总体要求，在全省范围内开展了打击非法违法生产经营建设行为专项行动。

一是制定了《集中开展严厉打击非法违法生产经营建设行为专项行动方案》和《集中开展严厉打击非法违法生产经营建设行为专项行动责任分工方案》，分“明确打击重点、制定实施方案，实施联合执法、依法严厉打击，严格规定标准、加强督导检查”3个阶段，强化各级政府和行业主管部门组织实施安全生产打非治违行动职责，加大联合执法力度，增强监管、执法的针对性和有效性。

二是以纠正“三违”和“三超”等违法违规现象、切实消除严重威胁安全生产的突出问题、确保企业依法依规从事生产经营建设活动为重点，组织开展了生产经营单位“打非治违”自查自纠专项行动，推动生产一线基层单位全员参与。

三是公安、安监、交通、建设、国资委、国土、农牧、质监、铁路、民航、水利、电力、旅游、教育等安委会成员单位结合各自实际情况，坚持把打击非法违法生产经营建设行为作为有效防范和遏制事故的重要手段，制定了16个“打非治违”行动实施方案，分别开展了“春运”、“酒驾”、“三超一疲劳”、“道路客货运”、“昆仑一号”、“清剿火患”、“防火墙”、“建筑施工预防坍塌”、“涉危物品”和“工矿商贸领域”安全整治等专项行动，大力整顿了生产经营建设秩序。全省共打击非法违法行为3469起，进一步规范了安全生产法治秩序。

（五）加大安全投入力度，夯实安全生产基础

2011年，投入安全生产专项资金1500万元，建设了消防装备、应急救援、安全科技推广应用、宣传教育、道路交通和水上交通安全设备、安全生产和气象预警短信平台、危险化学品登记中心、车辆CNG监控系统等一批项目，推进了安全标准化建设、安全生产宣传教育培训和科技进步及应急救援等方面的工作。

一是坚持把安全生产标准化建设作为一项根本性的安全生产长效机制建设来抓，在全省煤矿、金属与非金属矿山、危险化学品、烟花爆竹和冶金、有色、建材、机械、轻工、纺织、商贸及交通运输、电力等行业开展了安全生产标准化建设。2011年，全省工矿商贸领域100家重点企业通过安全生产标准化考评验收，省级“安全文明标准化示范工地”52个，“AAA级安全文明标准化诚信工地”6个，部级公路水路工程“平安工地”7个，省级公路水路工程“平安工地”11个。

二是开展了“安全生产月”、安全生产咨询日和安全生产知识“六进”、企业安全文化创建、安全科技周等活动，强化全社会的安全意识。加强与《青海日报》、青海广播电视台、《西海都市报》等主流媒体的合作，在《青海日报》开办了“安全伴我行”专栏。加强对各级领导干部、安全执法人员、企业从业人员的安全教育培训，全年培训高危行业“三项岗位”人员1.4万人次，州、县级安全监管人员660人次；建筑施工“三类人员”3205人次；交通建设施工单位企业负责人、项目负责人和安全员799人次。

三是大力推进安全生产科技进步，全省99.5%“两客一危”车辆安装了GPS卫星定位装置，高危行业企业推广应用了地下矿山安全避险“六大系统”、尾矿库在线监测系统、瓦斯监控系统等先进适用技术，70%的采石场已采用中深孔爆破，100%的金属非金属地下矿山已采用机械通风，100%采石场已采用二次机械破碎和机械铲装等先进技术，2家地下矿山企业已完成监测监控、井下人员定位、压风自救、供水施救、通信联络等系统建设，3座尾矿库企业完成了在线安全监控系统建设，1座尾矿库企业使用了干式排尾技术。

四是加强安全生产应急管理体系建设，重新修订、审查、发布和备案应急预案453份，基本建立了以应急预案修订、备案、演练、宣传、培训为重点的覆盖全省的应急预案体系。录入各类应急资源信息2308条，基本掌握了社会应急救援资源，提升了应急保障能力。深入开展“应急演练周”活动，全省各企业应急救援队开展预防性安全检查共出动救援队员370余人（次），组织开展了23次不同层次、规模、形式的演练（习），各级各类应急救援队的反应能力和应急处置水平得到进一步提高。

（六）严格事故调查处理，严肃事故责任追究

完善生产安全事故责任追究沟通协调工作省际联席会议制度、较大生产安全事故查处挂牌督办办

法、安全生产通报警示制度，有力推进了生产安全事故调查处理及责任追究的落实。按照“四不放过”和“科学严谨、依法依规、实事求是、注重实效”原则，层层挂牌督办，依法严格事故查处，依法公开事故处理结果，接受社会监督。2011年，对发生的4起工矿商贸较大事故（西宁市城北区青海永宁白公馆“5·4”建筑施工事故，格尔木市青海盐湖镁业专家公寓工程“9·4”建筑施工事故，欣业矿业有限责任公司“10·2”中毒事故，海北州祁连县多洛煤矿“4·29”瞒报事故）和一起较大道路交通事故（大通县“12·8”交通事故）进行了挂牌督办。

# 宁夏回族自治区安全生产工作综述

## 一、总体情况

2011年，全区上下认真贯彻落实中央和自治区关于加强安全生产工作的一系列重大决策，把安全生产作为推进科学发展、建设和谐富裕新宁夏的重要支撑，深化责任落实，强化监管监察，着力控压事故，全面落实“安全生产年”各项工作措施，在全区经济社会持续快速发展和工业化、城市化进程加快推进的大背景下，安全生产形势稳定趋好，实现了“十二五”时期安全发展的良好开局。呈现出以下特点：

一是重视程度持续增强。自治区党委、政府将安全生产作为衡量经济发展、社会管理、文明建设成效的重要指标，多次召开党委常委会、政府常务会议研究部署安全生产工作。张毅书记、王正伟主席多次就安全生产提出明确要求，齐同生常务副主席亲自主持安全生产会议、经常深入企业检查指导、亲临现场处置重大险情，安委会各成员单位和各市、县（区）党政主要领导亲自抓安全生产工作。总体看，综合监管、行业管理和专业监管落实到位，行政首长第一责任人和领导班子成员“一岗双责”制度落实到位，安全生产“一票否决”落实到位。

二是事故总量持续下降。全区发生生产安全事故4888起，死亡516人，受伤2289人，直接经济损失3762万元，除直接经济损失因赔偿标准调整上升外，事故起数、死亡人数和受伤人数分别比2010年下降8.3%、5.1%和10.8%，实现了“十连降”。

三是高危行业安全状况持续改善。煤矿事故死亡人数大幅下降，降幅达53.3%。道路交通、消防火灾、铁路交通事故明显减少，同比事故起数分别下降13.5%、10.4%和25%，死亡人数分别下降2.9%、75%和41.7%。危险化学品、非煤矿山和建筑施工等行业安全生产形势保持稳定。

四是安全发展水平持续趋好。安全生产主要约束性指标均未突破国家控制数，反映安全发展水平的指标进一步趋好。其中，亿元GDP生产安全事故死亡率由0.31降到0.25，降幅19.3%；工矿商贸十万就业人员生产安全事故死亡率由4.35降到4.11，降幅5.5%；道路交通万车死亡率由3.65降到3.39，降幅7.1%；煤矿百万吨死亡率由0.22降到0.1，降幅54.5%。

## 二、重点工作

一年来，主要抓了以下8个方面的工作。

### （一）突出齐抓共管，着力构建“大安全”工作格局

一年来，不断强化安委会及其办公室的综合协调作用，全年共召开5次安委会全体（扩大）会议和4次电视电话会议。进一步完善了安监、公安、交通、建设、经信、水利等主要行业部门安全生产联席会议制度，坚持情况联席沟通、执法联合进行、工作联动开展。在两节、“两会”、长假等重要节点，安委会各成员单位协同作战，开展了6次综合性安全大检查；在中阿经贸论坛及事故多发等重点时段，相关部门牵头组织了8次专项督查。特别是中阿经贸论坛期间，全区上下联动，严控危化品、火工品生产、经营、运输和使用，做到流量流向“日清日结”；严管运输领域和人员密集场所，做到人流物流疏堵有序，为论坛的隆重举办创造了安全祥和的环境。全区政府统一领导、部门依

法监管、企业全面负责、群众参与监督、全社会广泛支持的安全生产工作格局基本建立。

（二）突出建章立制，着力落实安全生产三大责任

坚持把落实安全生产企业主体、部门监管和属地管理“三大责任”作为促进安全生产工作最有效的抓手和保障，一手抓制度建设，用制度来规范企业生产和政府监管。在全国率先以自治区政府令出台了《建设项目安全设施“三同时”监督管理办法》，以自治区政府文件印发了《关于深入开展企业安全生产标准化建设的指导意见》和《自治区生产安全事故应急预案管理办法（试行）》等规章和政策措施，以地方标准发布了《危险场所电气防爆安全检测技术规范》，填补了全区安全生产地方标准的空白。针对全区电石、铁合金行业比重大的现状，制定推行行业安全生产“双四十条”，得到国家安全监管总局肯定。认真总结硫化氢中毒事故连续发生的教训，上报了《有限空间作业安全监督管理规定》，提出将有限空间作业列入特种行业管理的意见。《自治区安全生产“十二五”规划》经专家论证和自治区发改委审核，将由政府常务会议审定发布。各市县也在制度化、规范化管理上进行了积极的探索，如石嘴山市出台了《关于进一步加强乡镇街道安全生产工作的意见》，将安全监管延伸至乡镇、街道。一手抓制度贯彻，用制度促进安全生产责任落实。安委办联合政府督查室、监察厅对全区贯彻落实自治区政府《安全生产监督管理责任规定》、《生产经营单位安全生产主体责任规定》的情况进行了全面督查，市县政府全部制定了相应的责任规定，交通、水利、住建等部门完善了“一岗双责”责任体系。通过严把高危行业准入关、全面推进企业建设项目“三同时”和安全生产标准化等措施，力促企业安全生产主体责任的落实。一年来，安监系统新办、换发安全许可证2096家，完成建设项目“三同时”审查近300个。全区达到三级及以上安全标准化的企业80余家。中石油宁夏石化公司不懈推进“杜邦”和5S安全管理模式，实现4年零事故；神华宁煤集团公司坚持“煤矿可以做到不死人”安全理念，加快安全型矿井体系建设，实现百万吨原煤“零死亡”。

（三）突出专项整治，着力排查治理事故隐患

认真组织开展各重点行业领域安全生产专项整治，督促企业扎实开展事故隐患排查治理，并严格实施隐患治理挂牌督办、整改销号等制度，有效防范遏制了各类生产安全事故。

一是紧抓道路交通安全不放松。深入开展了道路交通安全隐患专项整治，重点实施了道路客运、货运、酒驾等7个专项整治战役，努力在“立规、管车、治路、查违”4个环节上狠下功夫。专项整治历时8个多月，投入6.24亿元完成了6000余处隐患治理；投入警力22.2万人次、检查车辆149.3万辆次、查处违法行为76.8万余起。至2011年10月底，全区道路交通事故起数、死亡人数和受伤人数大幅降低，同比分别下降34.89%、15.49%和37.16%。

二是紧促高危行业生产安全不松懈。持续推进煤矿、建筑施工和危险化学品3个行业安全生产专项整治，深入开展了“安全生产百日专项整治行动”，并将3个百日专项整治行动延长，与四季度大检查有机衔接、一并推进，实现了工作的无缝对接。煤矿突出瓦斯治理和资源整合，开展了瓦斯治理“双百工程”验收、专家会诊和煤与瓦斯突出专项监察，共排查煤矿企业158家（次），查出隐患1323项，整改1285项。建筑施工以杜绝较大事故为目标，全面排查非法违法施工、不履行安全责任、现场安全管理不到位、重大危险源监控不落实等行为和隐患，共检查在建工程1828项，查出隐患10710项，整改10353项。危险化学品行业围绕责任制落实、自动化改造、隐患排查整改、重大危险源监控、应急管理、全员教育及安全标准化建设7个方面，制定了29条整治验收标准，做到了整有目标、查有重点、治有标准，共排查企业2445家，查出安全隐患8806项，整改8533项。

三是紧盯其他领域不遗漏。在突出重点和高危的基础上，兼顾其他行业领域，努力做到专项整的全面推进。全年，消防部门组织检查单位场所9648个，整改隐患8521处；水利部门投入资金3.5亿元，完成砌护渠道65千米，除险加固病险水库49座，排查隐患1328项，整改1300项。非煤矿山、烟花爆竹、民爆物品以及农业机械、水上交通、渔业船舶、旅游、教育等其他行业领域也深入组织开展了隐患排查治理。全区专项整治共排查一般隐患51597项，整改50187项，整改率达

97.27%。

（四）突出打非治违，着力维护安全生产法治秩序

把“打非治违”作为规范安全发展环境的重要举措，深入开展“打非治违”专项行动，始终保持高压态势，严厉打击各类非法违法生产经营建设行为。煤矿行业查处非法违法违章违规行为184起，依法关闭11处非法在建矿井，对45家手续不全的煤矿责令限期整改。非煤矿山开采查处非法违法行为864起。危险化学品行业查处非法违法、违章违规行为480起，公告注销企业133家、处罚了115家非法违法生产经营单位。烟花爆竹经营销售检查单位8039家次，查收销毁非法烟花爆竹3147件，总值66万元，捣毁私藏窝点4家。建筑施工领域共查处安全生产责任制不落实企业29家，违规使用建筑起重机械21家，违犯标准施工企业9家，其他非法违法建筑施工企业28家。道路交通领域处理危货运输、客运车辆违法行为5000余起，吊销驾驶证146本，行政拘留68人。冶金、有色等工商贸行业查处非法违法、违规违章行为199起。坚持按照“四不放过”原则，挂牌督办事故调查处理，督促相关地区和有关主管部门、单位认真吸取事故教训、积极改进工作。已经结案的4起工矿商贸较大事故，共处罚责任单位15个，处理相关责任人员50人，其中，给予党纪政纪处分15人，追究刑事责任3人。

（五）突出科技兴安，着力提升企业本质安全水平

坚持将先进适用技术推广运用作为企业实现本质安全、有效防范事故的重要途径。2011年，紧密结合宁夏实际，着眼解决共性问题，在煤矿强制推行井下安全避险“六大系统”建设。在全国率先强制对电石、铁合金、硅钙等矿热炉安装循环冷却水失压泄漏自动报警装置，杜绝了喷炉事故，得到国家安全监管总局和兄弟省市的充分肯定。在金属非金属矿山全面推广中深孔爆破、液压锤破碎、机械铲装等技术，安全生产水平大幅提升。在建筑施工现场，强力实施塔式起重机防碰撞智能系统、远程在线监控和电梯电子监管系统建设，建筑工地事故得到有效遏制。在实现“两客一危”车辆卫星定位装置全覆盖基础上，启动了普通货车安装行车记录仪和GPS终端工作。

（六）突出宣传教育，着力提高公众安全防范意识和能力

紧紧抓住深化文化体制改革契机，突出公众安全意识基础性地位，大力弘扬安全文化。在充分利用“安全生产月”集中开展大规模安全生产宣传教育活动的同时，力求通过更生动活泼的方式，进一步扩大宣教覆盖面，努力实现宣教长效化。在宁夏电视台开辟《平安宁夏》专栏，宣传安全知识、剖析典型事故、追踪工作热点，全年共播出52期、90小时，收视率进入宁夏电视台前3位，国务院安委办拟在全国推广。将农民工培训列入民生计划，2011年共培训5787人次，培训生产经营单位主要负责人、安全生产管理人员和特种作业人员44890人次。启动安全社区创建活动，长庆石油燕鸽湖基地、银川兴庆区新华街道办事处、石嘴山大武口区青山街道办事处等12个社区向全国安全社区促进中心备案。继续开展“安全文化示范企业”创建活动，全区已有6家企业获得国家和自治区命名。安全知识“四进”活动全面展开，免费向社区、乡村、学校和企业发放《公民防灾应急手册》6万余册。公安、消防部门以宣贯《全民消防安全宣传教育纲要》为契机，大力实施消防安全大宣传、大培训工程；教育部门充分利用“全国中小学生安全教育日”等时机，大力开展安全教育进校园进课堂活动，都收到了很好的效果。

（七）突出能力素质，着力加强安全生产监管监察队伍建设

以适应安全生产监管工作新要求为目标，不断强化监管机构能力建设。2011年，在全区安监系统扎实开展了作风、制度、能力“三项建设”活动，突出强化大局、服务、法制“三种意识”，努力培育奉献、协作、争先“三大精神”，重点完善管理、执法、党建“三大制度”，着力提升政治业务、开拓创新、执行落实和监管保障“四种能力”。通过“六查找、六提升”和行政事权、制度清理等工作，完成了行政执法确权、行政许可审查流程重整、规章制度完善3大任务，安监系统精神面貌和工作状态发生了明显改观。共清理界定各类行政事权92项，其中，保留事权70项，调整处室间事权14项，委托下放许可事项2项，取消事权6项。清理各类制度134项，经审定保留39项、修订66项、废止29项。按照新的法律法规和规

章，界定清理了与相关行业主管部门企业建设项目安全设施“三同时”的审查事权，清理界定了机关处室交叉事权，简政放权、精简事权、优化行政许可事项10项，减少审批环节28项。坚持举办安全发展“周五大讲坛”，组织安全执法培训，全年培训安监干部1400余人次。同时，启动了“十二五”安监系统能力建设工程，计划用5年时间全面改善安全监管装备状况。2011年，自治区安排1000万元财政专项资金，着重解决了基层执法车辆、执法人员个人防护装备和现场检测设备紧缺等问题，全区安全监管能力建设迈出了可喜的一步。

（八）突出一案三制，着力构建高效灵敏的安全生产应急救援体系

积极推进安全生产应急管理体系建设，银川市、吴忠市和部分重点行业管理部门设立了应急管理机构或专职应急管理人员，以自治区应急救援总队（公安消防总队）为核心，5个专业应急救援队伍为补充的安全生产应急救援队伍体系初具规模。有效规范应急管理工作，自治区、市、县三级政府及相关单位应急预案覆盖率达到100%。全年发布安全生产预警、预报17次，组织综合性应急演练300余次，专项演练1540次，参演人数达37万多人次。

# 新疆维吾尔自治区安全生产工作综述

## 一、安全生产情况

2011年，全区（含兵团）共发生各类安全生产事故10630起，死亡2396人，受伤6129人，直接经济损失14139.65万元，同比分别上升0.26%、下降4.43%、0.21%和上升9.57%。发生一次死亡3～9人较大事故73起，死亡288人，同比增加7起、25人，分别上升10.61%和9.51%。发生一次死亡10人以上重大事故3起，死亡38人，同比减少1起、5人。

## 二、安全生产责任制

自治区第八次党代会提出要“严格落实安全生产责任制，有效防范和遏制重特大安全事故”。自治区人民政府先后在3次常务会议上研究部署安全生产工作，及时召开安全生产电视电话会议和安委会全体会议，安排部署重点工作。为进一步明确各级领导和各部门的安全生产职责，重新修订了《自治区人民政府安全生产职责规定》。按照“一岗双责”的要求，自治区领导在分管领域认真布置安全生产任务，带头落实安全生产责任。各地认真落实自治区党委、政府的工作部署，不断加大安全生产工作力度。一些地州市党委、政府的主要领导积极研究安全生产工作，解决安全生产工作的突出问题，推动了安全生产各项工作的深入开展。

## 三、安全生产综合监管

安委会各成员单位认真落实本行业领域安全生产监管职责，建立完善安全生产制度，加强部门间相互配合，积极做好本行业和本单位的安全生产工作。各级安监部门积极争取党委政府对安全生产工作的领导和支持，把安全生产纳入本地国民经济和社会发展总体规划，不断推动安全生产工作与经济社会同步协调发展。工作中能够定期分析安全生产形势，研究解决安全生产重大问题，组织开展安全生产督查检查，狠抓企业主体责任落实，确保了安全生产各项工作的稳步推进，取得了实效。

## 四、安全生产目标管理

各级安全监管部门紧紧围绕安全生产重点工作任务，结合本地实际，进一步强化了安全生产目标管理。在制定安全生产目标管理责任书和考核细则时，进一步增强针对性和可操作性，在政府层面更加突出了对安全生产投入、主要领导履职报告、安全监管机构和队伍建设的考核，部门层面突出了对“一岗双责”、行业管理的考核，企业层面突出了对负责人履职、标准化建设、安全设施投入等方面的考核。加强了对安全生产目标任务落实情况的动态管理，严格落实了月通报、半年自查、年终考核制度。不断加大奖惩力度，提高了奖惩标准。

## 五、安全生产专项整治

自治区制定了危险化学品、建材等15个行业

的重大隐患标准，明确了重大隐患的辨识、申报、整改、落实的标准和要求。针对不同行业领域安全生产特点，自治区有关部门组织开展了道路客运“七个必查”、“清剿火患”战役、煤矿防水防火防瓦斯、建设施工现场、假日旅游安全、危险化学品、烟花爆竹、金属非金属矿山、粉尘与高毒物品职业危害等专项检查治理活动，加大对重点行业、重点部位、重点环节的隐患排查治理力度。各级安全监管部门在非煤矿山、危险化学品、烟花爆竹、冶金、机械等行业领域深入开展了隐患排查治理、安全生产专项整治。自治区人民政府对11家重大事故隐患进行了挂牌督办，已全部整改落实到位。2011年，全区共排查隐患15.2万余项，按照“五到位”要求落实了整改措施，各类隐患整改率达到96%，落实整改资金6.05亿元，其中重大隐患81项，整改率86%。

**六、重大活动安全防控**

为确保建党90周年、首届中国——亚欧博览会等重大活动安全稳定，自治区专门部署开展“整治隐患、防范事故”百日安全专项行动，组成6个督查组在全区范围内开展了深入的督促检查。自治区专题召开安全生产电视电话会议进行了再动员、再部署。集中力量，组成7个督查组，分片包干，督查检查。各地按照自治区统一部署，组织开展“整治隐患、防范事故”安全生产百日专项行动，成立了专项行动工作机构，制定了工作方案，明确了政府、部门、企业各层面的职责任务，以排查整治隐患、防控各类事故为核心，对重点行业、重点部位、重点环节开展了持续不间断的督查检查，落实防范重特大事故工作措施。

**七、安全生产执法检查**

各相关部门围绕安全生产目标任务，制定执法计划，建立执法责任制，研究细化执法措施，开展联合执法检查，解决了一批重点、难点和严重非法违法问题。各级政府按照属地监管原则，确定执法重点，加大执法频次，及时纠正违法违规行为。严厉打击非法违法生产、经营、建设行为，针对本行业领域存在的非法违法问题，各部门加大了专项打非力度。自治区安监部门查封违规储存烟花爆竹5000余件，报请政府关闭取缔了57家非法金属非金属地下矿山、389家露天矿山及尾矿库。交警部门加强路面秩序管控，严厉打击“三超一疲劳”等严重违法行为，处理违法总量320万起。消防部门狠抓建筑消防设施、人员密集、“三合一”场所和城乡结合部整治，临时查封4916家，责令“三停”单位2691家。交通运输部门整治公路客运市场，查扣各类非法营运“黑车”1337辆。2011年，全区共开展安全生产执法行动8936次，查处无证或证照不全从事生产、经营、建设行为3293起。

**八、安全生产事故查处**

自治区制定出台了《自治区生产安全事故查处挂牌督办办法》和《自治区生产安全事故调查处理指导意见》，进一步规范了事故调查处理工作。严肃查处各类生产安全事故，2011年，工矿商贸领域共查处事故154起，移交司法机关追究刑事责任8人，行政处罚338人。查处群众举报事故21起。对2010年事故责任单位的378名主要负责人和安全管理人员进行了警示教育，对2011年9家事故责任单位及所在地政府负责人进行了约谈。

**九、安全生产科技**

自治区将安全生产目标纳入《自治区国民经济和社会发展“十二五”规划纲要》。组织开展了自治区安全生产“十一五”规划实施情况的总体评估，编制印发了《自治区安全生产“十二五”规划》，确定了“十二五”期间自治区安全生产工作的主要目标任务、重点工程。启动了自治区安全生产科技“十二五”规划编制工作。编制了《自治区安全生产应急管理“十二五”规划》。安全科技支撑能力进一步提高，积极推广先进适用技术，全区煤矿生产矿井基本建立了监测监控等安全避险系统，在7家金属非金属矿山开展了安全避险“六大系统”建设试点工作。完成了涉及危险工艺生产装置的技术升级改造。在全国率先建立了烟花爆竹产品流向管理信息系统。自治区矿山、非矿山安全、职业危害3个实验室通过国家验收。自治区安全监管部门参与全国百项先进适用技术推广遴选和千项产品评选工作，向国家安全监管总局推选了《光离子检测技术在职业病危害因素监测中的创新应用》等10项技术、单井套管硫化氢消除装置等24种产品。建成了自治区道路运输车辆动态监控总平台。完成全区道路监控系统一期工程建设。探索建立了11家注册安全工程师事务所。

**十、安全生产“三个一”示范创建**

安全生产“三个一”示范创建工作成效明显，超额完成了安全生产县、乡、村3年示范创建任务，全区18个县（市区）、631个乡镇（街道）、6234个村（社区）达到创建标准。通过开展安全示范创建，充实了基层安全监管力量，完善了安全生产制度，改善了基础设施条件，进一步增强了各族群众的安全意识，为全面加强基层安全生产工作积累了经验，奠定了基础。

**十一、安全生产标准化建设**

自治区煤管局召开了煤矿质量标准化现场会，积极推进煤矿安全质量标准化工作。自治区安监局制定了《深入开展企业安全标准化建设实施方案》，明确了全区各行业安全标准化建设目标任务。编制了黏土矿、地勘、铀业、钾盐和职业健康等8个行业领域安全标准化规范和考核标准，组建了安全标准化建设考评专家队伍。各地结合实际，制定了安全标准化实施方案和推进计划，在危险化学品、烟花爆竹、矿山、工贸、建筑施工等重点行业领域开展了安全标准化建设工作。

**十二、安全生产监管能力建设**

积极推动安全监管装备建设，自治区为地县两级安全监管部门和监管人员配备了一批监管检测装备和个体防护装备，为35个县级安全监管部门配备了安全生产执法车辆。14个地州市和88个县市区成立了安全生产执法机构，建立了安全生产执法队伍，2011年各级安全生产执法队伍增加人员编制403名。乌鲁木齐、克拉玛依、哈密、和田等地的乡镇街道全部配备了安全监管专兼职人员。自治区对全区648名安全监管执法人员进行了安全生产执法及业务知识培训，对105名县（市）领导干部进行了安全生产专题培训，安全监管人员素质稳步提高。

**十三、安全生产应急救援**

安全生产应急救援能力不断提升，修订出台了《自治区安全生产事故灾难应急预案》，开展了社会应急资源普查，基本摸清了全区各类安全生产应急资源底数，完成了自治区安全生产应急平台建设。煤炭、建设等部门成立了应急管理机构，乌鲁木齐市、巴州、哈密地区、克拉玛依市、阿克苏地区也完成了安全生产应急指挥机构建设。以消防综合应急救援队伍为骨干，应急救援队伍基本覆盖危险化学品、矿山、交通、建设、卫生、电力、通信等领域。举办各类安全生产事故应急演练3900余次，参加人数15万人次。全力做好事故抢险救援工作，共实施各类安全生产应急救援2100余次，抢救遇险人数6800余人。

**十四、安全生产宣传教育**

以“安全责任、重在落实”为主题，组织开展主题咨询日、安全生产天山行、企业无事故月、应急演练周、巡回演讲和知识竞赛等“安全生产月”系列活动。自治区主流新闻媒体以专栏、专版、专题等形式加大安全生产宣传力度，媒体刊发安全生产宣传报道21万余条，通过手机将安全提示短信送到了千家万户。《新疆日报》、新疆电视台、新疆人民广播电台共开设近40个安全生产专栏、专版，县级以上媒体刊发安全生产宣传报道21万余条。召开新闻发布会、专题采访51次。《新疆安全生产》期刊发行面进一步拓宽。“安全生产月”活动更加扎实深入，全区举办安全生产宣讲会125场（次），知识竞赛29场，设立咨询点670余处，出动咨询人员1.2万余人，数百万各族群众参加活动。开展“我与安全责任”演讲活动，全区1万多名选手踊跃参加。组织开展了安全生产法律法规和职业安全健康网上知识竞赛活动。“安全生产天山行”深入博州、克拉玛依、塔城3地州，举办安全生产宣讲大会200余场。“安康杯”竞赛、“青年安全生产示范岗”、“交通安全警示教育周”、“职业病防治周”、“11·9消防日”等活动开展得有声有色，全区中小学校全面开设了安全教育课程，全社会安全生产氛围日益浓厚。

**十五、安全生产培训工作**

将安全监管人才队伍建设纳入《新疆中长期人才发展规划纲要》。自治区安监局被自治区党委组织部确定为自治区新型工业化人才培养责任单位。2011年，举办了第四期自治区县市领导干部安全生产专题培训。配合国家安全监管总局举办了2期援疆执法资格培训，组织开展了7期全区安全监管系统专题业务知识培训。与清华大学签订了安全培训合作协议，与中国石油大学联合举办了安全工程专业在职硕士研究生班，与新疆高等专科学校联合开展矿山安全工程专业人才培养。各地扎实开展安全监管业务培训，克拉玛依市组织全市所有安监执法人员开展了安全监管执法培训。昌吉州开展了州、县两级安监执法人员互检互学活动。伊犁州、乌鲁木齐市组织街道乡镇、社区村组基层领导开展了安全生产业务系统培训。

# 新疆生产建设兵团安全生产工作综述

**一、安全生产工作概况**

2011年，兵团的安全生产工作在兵团党委和兵团的正确领导下、在国家安全监管总局的指导下，坚持“安全第一、预防为主、综合治理”的方针，以科学发展观统领全局，以全面贯彻国务院《通知》、强化落实企业主体责任和行政监管责任为主线，认真贯彻落实兵团安全生产暨消防安全工作会议精神，严格执行安全生产各项政策、法规，上下同心、各方协力。面对新疆跨越式发展给安全生产工作提出的新的挑战，认真学习党中央十七届六中全会和兵团党委全委（扩大）会议精神，进一步提高认识，统一思想，以对人民负责的精神，加大安全生产综合管理力度，认真履行安全生产的监督检查和管理职能，为兵团经济社会发展提供了稳定的安全生产环境。

兵团2011年安全生产保持了稳定的形势，生产安全事故死亡人数未超过国家下达的控制指标数。2011年在兵团统计范围内工矿商贸行业发生11起生产安全死亡事故，死亡14人。

**二、主要工作**

一是继续深入开展“安全生产年”活动，落实安全生产责任制。

二是以深入贯彻执行国务院《通知》为主线，深化了企业主体责任。

三是突出抓好煤矿安全监察，煤矿安全生产水平稳步提升。

四是深化重点行业领域安全专项整治，安全生产形势持续稳定。

五是有步骤地推进了安全生产保障能力建设，安全生产基础和应急救援能力得到加强。

六是加大宣传教育培训力度，进一步提高了企业安全生产管理工作的能力。

七是认真开展企业安全生产标准化建设工作。以开展企业安全标准化创建活动为抓手，开展了示范矿井和“白国周班组”建设试点活动。

八是切实加强了安全监管监察队伍建设。

九是严肃事故查处，严格责任追究。加大了事故查处力度，严格依法依规，按照“四不放过”的原则，对发生的事故，查清原因，严肃追究有关责任人员的责任。

**三、安全生产培训宣传工作**

一是以安全生产月活动为载体，利用各种媒体和咨询日活动，集中开展了宣传教育活动，提高全社会关注安全、关爱生命的意识。6月11日各师、市在广场人员密集街区组织开展了安全生产“咨询日”活动。咨询日当天，在现场进行咨询的群众约60余万人次，参观群众约90余万人，职工群众反映热烈，收到了良好的效果。

二是开展各种应急演练和避险逃生活动，提高应对突发事件的能力。各师、各单位2011年共开展应急演练1000余次，投入资金150余万元。

三是加大企业和各级安全管理人员的培训力度。企业以加强安全技能和应知应会为培训重点，师、团两级机关以加强安全监管能力为培训重点。将安全生产培训纳入兵团党校、行政学院、兵团干部培训学院的培训内容之中，作为行政领导的必修课之一。2011年，组织协调兵团所属煤矿主要负责人和安全生产管理人员424人参加了培训，举办各类培训班46期，培训3594人。举办了1期兵团处级领导干部安全生产专题培训班，并按照国家安全监管总局要求组织兵团安监系统160余人参加了国家安全监管总局举办的县级安监局长安全生产专题培训，组织兵团煤矿生产企业观看了煤矿班组安全建设电影《金牌班长》8场次，受到了企业广泛好评。

**四、煤矿安全监察执法工作**

针对煤矿安全这个安全生产工作的重中之重，一是积极创新监察执法方式和手段，组织开展了“三个监察”和机电专项监察等一系列活动；二是始终将工作重心放在预防瓦斯事故上，强化对矿井

"一通三防"管理的监察，继续加大高瓦斯和突出矿井的监察力度，加大了监察频率，定期对瓦斯治理情况进行跟踪掌握；三是强力推进煤矿安全生产监测监控联网系统建设和人员定位系统建设，2011年共投入资金700余万元，提高了煤矿安全保障能力。煤矿井下"六大系统"已完成五大系统，紧急避险系统也在启动，按要求完成；四是强力推进煤矿安全质量标准化建设。以安全生产许可证的发放为抓手，促进煤矿企业加强安全质量标准化建设。对于取得煤矿安全生产许可证后降低标准、达不到安全质量标准化的矿井，责令限期整改，严重退步的，坚决停产整顿；五是强化煤矿企业基础工作。煤矿领导井下带班制度得到较好的落实。坚决淘汰了落后的采煤工艺和井下支护形式，推动煤矿企业做到"系统可靠，装备先进，管理到位，素质提高"。2011年，兵团安监局组织了由师安监局，重点煤矿企业负责人、技术负责人组成的3个考察组，到内地一些省参观考察煤与瓦斯突出管理、急倾斜煤层开采、煤矿安全管理等方面的先进经验，取得了良好效果。

**五、安全生产保障能力建设**

为了进一步推进安全生产体系建设，一是将安全生产工作继续纳入兵团经济社会发展"十二五"规划。同时批准了"十二五"安全生产专项规划；二是在"十一五"投资5000万元的基础上，"十二五"期间又增加了5000万元，安全生产专项投资达到1个亿，安全生产保障能力建设进一步得到发展和提高。2011年，兵、师应急指挥系统建设共投入630万元，安全生产执法监察总队和支队建设共投入180万元。3个中心实验室已投资完成。

**六、安全生产标准化建设**

以开展企业安全标准化创建活动为抓手，开展了示范矿井和"白国周班组"建设试点活动，在煤矿企业全面开展了安全质量达标活动。明确规定凡是不达标的企业，新建、改扩建工程不予验收。目前，达到三级及三级以上安全质量标准化的矿井36处，达标率100%。其中金川煤矿已通过一级达标。目前除煤矿企业已达标外，其他达标企业10余家，有力地推动了安全生产基础工作。白国周班组建设取得了显著效果，已从煤矿企业向其他行业企业推广。

# 深圳市安全生产工作综述

2011年，深圳市安全生产形势总体保持平稳好转。

一是安全生产主要指标大部分下降。2011年，全市累计发生各类安全事故3137起，同比上升11.08%，死亡586人，下降9.98%，受伤1434人，下降26.12%，直接经济损失2376万元，下降22.72%。

二是安全生产重点行业状况持续稳定好转。道路交通事故1299起，死亡498人，同比分别下降23.68%和11.39%；工矿商贸事故106起，死亡78人，同比分别上升3.92%和下降10.34%（其中制造业、建筑业事故死亡人数同比分别下降6.9%和5.41%；特种设备、文化娱乐、水务工程、轨道交通运营实现了安全生产事故零死亡）。

三是安全生产总体水平明显提高。2011年，全市亿元GDP生产安全事故死亡率0.051，同比下降28.1%；道路交通万车死亡率从3.71降至2.7，同比下降27.2%。

四是安全生产控制指标实施情况良好。2011年，全市各类事故死亡人数占全年控制指标的86.9%。其中工矿商贸事故死亡人数比控制指标少9人，道路交通事故少79人，火灾事故与控制指标持平，较大安全生产事故6起，比控制起数少2起，未发生重特大事故。

2011年，深圳市各级政府、各部门认真贯彻落实国家和省有关加强安全生产工作的一系列重要决策和部署，以推行党政领导干部安全生产"一岗双责"制度为契机，全面落实"迎大运、保安全"各项工作，继续深化"安全生产年"活动和"打非治违"专项行动，深入开展隐患排查整治，积极组织安全生产宣传和培训教育，依法查处各类事故，严格责任追究，主要开展了以下几项工作。

## 一、安全生产工作进一步得到重视

深圳市委、市政府主要领导特别关注安全生产工作。市委书记王荣主持召开市委常委会议，研究贯彻落实全省安全生产会议精神，并对我市安全生产工作提出了具体要求。市长许勤年内3次出席全市性安全生产工作会议，对不同阶段的安全生产工作进行专题部署。市领导认真落实“一岗双责”制度，及时过问、具体指导分管部门和领域的安全生产工作；进一步巩固包点基层抓安全生产的工作制度，全年市领导带队深入街道、企业、社区、学校检查安全生产共计50余人次。

## 二、安全生产监管责任和主体责任进一步落实

### （一）全面推行党政领导干部安全生产工作“一岗双责”制度

市委、市政府印发了《关于进一步加强安全生产工作的意见》（深发〔2011〕23号），对建立安全生产“一岗双责”责任体系、健全安全生产考核奖惩制度、全面落实企业安全生产主体责任、加强安全生产保障体系建设等方面作出了具体规定，明确了党委对安全生产工作的领导责任，强化党委部门对安全生产的支持与监督；明确建立了安全生产表彰奖励制度；明确要求原则上由各区政府（管委会）常务副职和各街道办事处排名第一的副职分管安全生产工作。各区、各部门也已结合实际，陆续出台了各自的实施意见。通过全面实行党政领导干部安全生产“一岗双责”制度，深圳市逐步构建起完整的安全生产监督管理责任体系。

### （二）狠抓安全生产责任制落实

全市继续落实并完善“市安委会综合协调、统筹指导、督查监察，各级各部门各司其职、各负其责”的安全生产监管格局。市安委会以落实安全生产责任制为中心，通过组织签订安全生产责任书，合理分解下达事故控制指标，完善落实约谈警示制度，加强进度控制和重点督导，对生产安全重点区域和行业实施挂牌整治，以及认真做好安全生产责任制考核工作等措施，大力推进安全生产监管长效机制建设。深圳市将各区、各部门安全生产指标控制完成情况纳入市政府绩效评估指标体系，做到“月统计、季发布、年考核”。在对各区和市直各部门责任人年终考核中，邀请市人大代表、市政协委员全程参与考核工作，进一步提升了考核工作的透明度和公信力。

### （三）强化企业安全生产主体责任

为落实国务院和省政府关于进一步加强企业安全生产工作的精神，市政府研究出台了《关于进一步加强企业安全生产工作的意见》（深府〔2011〕54号），共6个方面18条，从企业安全责任的界定、安全制度的建立、强化企业安全生产监管、加强安全生产保障、加强事故查处和责任追究等各方面对落实企业安全生产主体责任作出详细规定。各区、各部门也结合实际，制定了有关实施细则，切实加强对企业的安全监管，有效落实安全生产主体责任。

### （四）推进安全生产标准化建设

根据国家和省的部署，深圳市理顺了安全生产标准化管理职能，制定下发了《关于深入开展企业安全生产标准化建设工作有关意见的通知》（深安办〔2011〕149号），要求市相关行业主管部门根据安全监督管理职责，积极推进本行业安全标准制定，动员、引导企业开展达标创优活动。

## 三、安全隐患排查整治力度进一步加大

### （一）全面开展“迎大运”安全生产管理专项行动

结合大运会筹备期、冲刺期、举办期安全生产工作的不同特点，深圳市专门出台了“迎大运、创全国文明城市标兵”安全生产管理行动方案。各级、各部门按照“企业自查、网格巡查、举报核查、执法检查和领导督查”等多种方式，全面排查治理各类事故隐患，提升全市安全生产管理水平。据统计，截至大运召开前夕，全市共出动人员199982人次，检查各类场所176413家，查处隐患场所44471家，其中39022家隐患场所已完成整改，发出整改指令书19908份，责令停业整顿449家，关闭1199家，处罚1064万元。

### （二）强化对重点单位和行业的监督和管控

深圳市针对大运场馆、大运村、官方酒店、口岸及其他“涉大”场所等重点单位和道路交通、消防、建筑施工、特种设备、危险化学品等重点行业，持续开展安全生产隐患专项整治行动，集中力量强化安全生产监督和管控。交警部门围绕“大运会”交通管理热点难点，采取超常措施，全警

上路，对酒后驾驶、超载超速等严重违法行为严管严罚，对事故隐患路段加强排查治理；消防部门组建了大运场所消防安保团队，开展大运消防安全大检查，确保大运场馆、接待酒店等“涉大”场所不冒烟，“涉大”场所200米范围内不起火；住房建设部门运用红（黄）牌警示、暂停投标等手段，铁腕整治“涉大”场所施工违法行为；市场监管部门对6500多台“涉大”特种设备进行逐一检查，责令维保单位24小时现场值守，等等。

（三）“后大运”时期持续保持安全生产执法检查高压态势

大运会结束翌日，深圳召开全市安全生产工作会议，市长许勤要求各区、各部门高度重视后大运时期安全管理，继续做好今冬明春安全隐患排查整治专项行动。各行业各部门结合行业特点，纷纷开展专项行动。

交通运输部门对全市交通运输各生产经营单位开展安全隐患排查治理行动，共出动12951人次，检查企业（场所）2258家，发现安全隐患1038个，已整改1023个，未整改15个，整改完成率98.55%。

消防部门全力推进“清剿火患”战役，共检查单位45168个，发现隐患46432处，整改隐患43493处，下发临时查封决定书458份，责令“三停”单位191家，罚款1359万元，拘留170人。

交警部门清理排查出100多处“事故隐患点”，通过设施安全护栏、修正路面、封闭路口等措施，对发现隐患进行了全面整改。

住房建设部门共排查在建工程项目14673项次，发现安全隐患项目1088项，发出责令整改通知书695份，发出责令停工通知书152份，发出不良行为认定书729份，录入省建设厅安全生产动态管理系统不良行为957条，共对67家企业，137名个人进行了红色警示，对378家企业，1490名个人进行了黄色警示。

市场监管部门开展了电梯安全隐患排查治理“百日行动”、锅炉安全专项治理、压力管道注册登记专项整治等行动，共整治特种设备安全隐患3568个，立案查处特种设备违法行为45宗，处罚金额505万元，等等。

**四、安全生产执法监察进一步加强**

（一）认真开展安全生产“打非”专项行动

深圳市制定了《深圳市开展严厉打击违反安全生产法律法规生产经营建设行为专项行动实施方案》（深安〔2011〕6号），集中7—9月3个月时间，组织各区、各部门对违反安全生产法律法规生产经营建设行为开展“打非”专项行动，重点突出交通运输、建筑施工、危险化学品、民用爆炸物品、特种设备等行业。据统计，全市共出动执法人员28万人次，检查场所22.7万家，发出整改指令书2.6万份，责令停业整顿550家，关闭1534家，行政罚款1798万元，查处隐患场所6万家，其中5.6万家隐患场所已完成整改，整改率达到90%以上。

（二）规范生产安全事故的调查处理工作

市纪委、市安委办等7个部门联合印发了《关于进一步加强和规范生产安全事故调查处理和责任追究工作的通知》（深安办〔2011〕118号），对事故查处、责任认定以及后续工作的落实作出了明确规定，进一步提高参与事故调查各单位的协调配合、强化对事故责任主体的责任追究与落实。市安委办印发了《深圳市一般生产安全事故调查处理挂牌督办办法》（深安办〔2011〕129号），组织编制《深圳市生产安全事故调查处理工作规范》等相关文件，力求对生产安全事故调查处理工作进行规范，统一全市各区、各部门开展事故调查工作的程序、要求和标准，进一步提高事故调查工作水平和效率。

（三）严肃事故查处和责任追究

按照“四不放过”的原则，深圳市依法对“6·14”广深沿江高速公路（深圳段）淹溺较大死亡事故、“7·16”龙岗区中海康城围墙坍塌事故、“7·20”罗湖区梧桐山风景区路外交通事故、“10·29”宝安区新安街道较大道路交通事故、“12·27”罗湖客运站较大交通事故等5起较大安全事故开展了事故调查，通过勘察现场、技术检测、综合分析等手段，查清了事故发生的经过、原因和性质，并在查明原因和责任认定的基础上，提出了对有关责任单位和人员的处理建议和防范措施。

**五、安全生产宣传培训进一步深化**

（一）继续组织开展主题宣传活动

深圳市积极开展“安全生产月”、“安全生产日”、“消防安全日”等安全生产主题活动，免费发放50多万份安全资料，并在报纸、电台等媒体上开辟宣传阵地，扎实推进安全知识进企业、进学校、进机关、进社区、进家庭，不断加大安全生产宣传力度，帮助社会公众更方便、更全面地掌握安全知识，努力提高全体市民的安全意识。

（二）多形式、全方位开展安全生产教育培训

深圳市现代安全实景模拟教育基地通过互动式、体验性、趣味性的参观学习，提高了公众安全防护技能；自开业以来，已接待了市民、学生以及企业员工等近 20 万人次。各区、各有关单位也在积极组织开展各种行之有效的教育和培训活动，如罗湖区与中国移动合作，推出了“在线培训，奖励话费”活动；盐田区把全员安全培训列入民心工程，全区参加人数达 3 万人；宝安区在 10 个街道建立了安全生产教育屋，方便辖区居民就近学习安全知识。

（三）充分发挥“12350”安全隐患举报电话作用

全市于 2009 年开通“12350”安全隐患举报电话后，为扩大群众知晓度，多次利用电台、短信平台等方式开展“12350”隐患举报专项宣传活动。2011 年，在电台播放广告 600 余条，公益短信覆盖了 1500 万通讯用户，共收到市民来电 3780 次，其中隐患举报 1569 次，累计办结 1511 次，已向举报人发放奖金 18.9 万元。

**六、安全生产体制机制法制进一步健全**

（一）编制出台《深圳市安全生产“十二五”规划》

《深圳市安全生产“十二五”规划》作为全市“十二五”重点专项规划之一，与国家、省规划相衔接，统筹全市安全生产与经济社会同步发展，实现科学发展、安全发展，明确要求在“十二五”时期，全市各类安全事故死亡人数和亿元 GDP 生产安全事故死亡率均下降 10% 以上，即到 2015 年，两个指标分别控制在 608 人以下和 0.064 以下；提出了“两个率先”的目标，即在全国副省级城市中率先建成安全发展型城市，率先实现安全生产状况明显好转。

（二）规范安全生产经费投入和使用

为了规范安全生产专项经费管理，提高财政资金的使用效益，深圳市研究出台了《深圳市安全生产专项经费管理办法》（深财行规〔2011〕6 号），规定专项资金主要用于市级安全生产监管、培训教育、宣传推广、政策引导和风险管理，实施项目管理，专款专用；各区也根据辖区实际设立了安全生产专项经费，对安全生产重点项目予以保障。其中，市级专项经费额度为 3000 万，各区专项经费累计 8000 余万。此外，各区、各部门也通过多种渠道筹措资金强化安全隐患整治，全市共投入 6 亿元开展火灾隐患重点地区整治，对坪地街道等 49 个火灾隐患重点街道和社区进行专项整治，均已顺利通过省、市政府验收。坪地街道以全省排名第一的成绩通过了全省火灾隐患重点挂牌督办整治工作的验收。

（三）深入推进安全生产信息化建设

深圳市启动了“深圳市安全生产监管综合信息系统”项目建设，系统建设涵盖了安全生产隐患排查整治、责任制考核、安全生产标准化建设等重点工作，突出了“覆盖广、联系深、信息明、督查便”的特色。各区也分别在隐患排查、网格化管理、执法监察、分级分类监管等方面引入了信息化手段，提高了监管效能。

（四）加强安全生产应急管理工作

以“迎大运保安全”活动为契机，深圳市进一步加强安全生产应急管理工作，突出强化安全生产应急管理的机构建设、能力建设和基础建设，组织开展重大危险源和人员密集场所安全生产大型应急演练，建立安全生产专家库，全面提高安全生产应急管理水平和应急救援能力。

# 大连市安全生产工作综述

2011 年，大连市以贯彻落实《国务院关于进一步加强企业安全生产工作的通知》（国发〔2010〕23 号）为主线，以强化企业安全生产主体责任和各级政府安全生产监管责任为重点，继续深

化安全生产“三项行动”和“三项建设”，以深入开展安全生产大检查和安全隐患排查治理为手段，进一步完善安全生产监管监察体制机制，强化重点行业领域的专项整治。全市多数地区、多数行业领域、多数企业安全生产形势比较稳定，事故总量控制在省政府下达的考核指标之内，但全市总体形势严峻，发生了1起重大事故，还发生了几起较大影响的事故。

2011年，大连市各类事故死亡323人，较2010年同期下降0.3%。其中工矿商贸事故死亡69人，较2010年同期增长1.4%；消防火灾事故死亡4人，较2010年同期增长33.3%；铁路交通事故死亡5人，较2010年同期增长25%；农业机械事故死亡2人，较2010年同期下降33.3%；道路交通事故死亡243人，较2010年同期下降0.4%。死亡总人数、事故总量控制在省、市考核指标之内。

**一、大力推进安全生产法制建设和安全科技工作，为安全发展、科学发展提供坚实保障**

市安监局先后代市政府起草出台了《大连市安全生产监察规定》、《大连市安全生产监督管理规定》等2个政府规章，出台了《大连市政府及有关部门安全生产职责规定》、《关于进一步落实各级政府和部门领导干部安全生产“一岗双责”制度的意见》，安全生产责任制日趋完善。这些规章、规范性文件及重要文件的出台，规范了安全生产监督管理工作和企业的安全生产行为，既有工作上的创新，又体现了地方特色，健全和完善了安全生产政策法规体系，为行政执法活动的深入开展提供了较为完备的法律依据。编制下发了《大连市安全生产“十二五”规划》，启动实施了国家危险化学品应急救援基地、危险化学品物流园区、安全生产教育培训基地等重点工程项目的前期工作。加大安全科技投入力度，市级财政累计投入3000余万元，支持危化、民爆行业危险工艺自动化改造和起重机械、检测系统等重点安全科技成果推广应用，并在全市建筑施工行业和大型石化企业推行。

**二、加强机构建设，为行政执法提供组织保障**

全市安全生产监管人员和执法队伍不断充实，安全生产监管力量不断加强。自2004年建局以来，经过几年的发展，截至2011年底，大连市安监局已经组建了拥有副局级以上领导干部12人，内设机构12个，人员编制77人的市级安全生产监管监察队伍。2011年3月，在全市机构人员编制总体压缩的情况下，市委、市政府批准将市安全生产监察支队升格为副局级架构，人员编制由原来的8人增加至20人。拥有20余人，专门从事职业健康监管工作的市级职业健康监管队伍；拥有15名市局专业应急管理人员和大量的企事业单位专兼职人员，社区自救互救组织和志愿者构成的10支、总人数达800余人的市级安全生产应急救援队伍；拥有由相关企事业单位、科研院所、中介机构权威专业组成的，人员总数达80余人的市级安全生产专家队伍。通过积极推进安全生产监管监察、职业健康、应急救援、安全专家4支队伍建设，构建起适应现代职业安全健康发展潮流需要的队伍建设新格局，形成了支撑大连安全生产工作创新发展的组织保障体系。全市14个区市县、先导区安全生产监管局全部以政府组成部门或直属部门独立设置，并组建了安全生产监察大队（科），配备了从事职业健康和应急管理人员，在乡镇（街道）设立安监站，全市共有乡镇街道安监站165个，区市县级安全监管监察人员编制达到188人，乡镇（街道）安监人员467人，市县两级执法监察人员编制119个。市、县、乡安全生产“三级监管体系”的形成，为全市安全生产工作提供了强有力的组织保障。

**三、严格执法，严厉打击安全生产违法行为**

（一）深入开展安全大检查和隐患排查治理行动

认真开展重点监察、专项监察和联合监察，加大执法力度，取得了明显的成效，特别是通过开展“安全生产集中治理百日行动”、“安全生产大检查专项行动”、“安全生产隐患大排查大整治专项行动”和“安全生产攻坚战”等行动，加大对生产经营单位行政处罚力度，提高了企业安全生产违法成本，强化了企业主体责任，维护了法律法规的严肃性，树立了安监部门的权威。2011年，全市共组织督查组1799个，参加督查人员5572人，检查单位、场所43290个，排查整治各类隐患48470项，对预防和减少事故起到了促进作用。

（二）严厉打击非法违法生产经营建设行为

按照国务院安委会和辽宁省安委会的统一部署，全市安监系统紧密结合安全生产的工作实际，按照“四个一律”，即对非法生产经营建设和经停产整顿仍未达到要求的，一律关闭取缔；对非法违法生产经营建设的有关单位和责任人，一律按规定上限予以经济处罚；对存在违法生产经营建设行为的单位，一律责令停产整顿，并严格落实监管措施；对触犯法律的有关单位和人员，一律依法严格追究法律责任的标准和要求，深入组织开展了严厉打击非法违法生产经营建设行为专项行动。2011年，全市共检查企业15863家，查处各类非法违法案件20808件，下达执法文书20053份，罚款516.38万元，责令停产企业78家，关闭13家，取缔“三非”企业1347家，拘留68人，进一步规范了生产经营建设领域的安全生产秩序。此外，依据省、市关于安全生产工作的安排部署，市安全生产监察支队和区市县安全生产监察大队还组织开展了“百日行动”、严厉打击非法违法生产经营建设行为、安全生产执法监察和安全生产培训及持证上岗等专项执法行动。

（三）注重队伍建设，安全生产执法监察人员的能力素质有提高

为帮助区市县、先导区安全生产监察大队和乡镇街道安监站的一线执法人员提高执法能力，2011年5月，市安全生产监察支队集中利用3周时间，对市安全生产监察支队、各区市县、先导区安全生产监察大队和乡镇街道安监站安全生产监察人员进行了集中培训，全市共312名执法人员参加了培训。为搞好培训，市安全生产监察支队分3个层次对全市安全生产执法监察队伍建设情况进行了调研，在广泛听取区市县安全生产监察大队意见、建议的基础上，研究制定了培训方案，确定生产安全事故调查的内容及方法、建筑施工企业安全生产执法检查的内容及方法、机械加工企业安全生产执法检查的内容及方法和执法文书的应用与填写等4个方面的培训重点。培训中，在抓好基本理论讲解的同时，还组织培训人员深入机械加工企业和建筑施工工地进行了现场实际操作，对培训人员提出的问题，授课老师作了现场答疑，培训人员及授课老师还围绕培训重点及如何更好地积累安全生产执法检查工作经验、认真完成好安全生产执法监察工作进行了互动交流。通过培训，执法人员既学到了安全生产执法检查的相关知识，也了解掌握了安全生产执法检查的相关方法，提高了业务技能。

**四、积极推进企业安全生产标准化和诚信等级评定**

2011年，全市共完成68家机械制造企业安全标准化咨询工作，48家企业核准工作和170家非煤矿山、3家烟花爆竹经营企业评审验收。修改完善了《修造船企业安全标准化评定标准》，并组织修造船、商贸等行业开展了安全标准化自评、复评工作。全年完成安全生产诚信等级评定542家，进一步提高了企业的本质安全水平。

**五、不断加强职业健康监管工作**

14个区市县、先导区完成了作业场所职业健康监管职能划转工作，成立了监管机构。稳步推进作业场所职业病危害申报工作，全市3856个生产经营单位开展了网上申报，同比增长30%。深入开展了木制家具、石英砂加工、金矿开采等企业职业危害专项整治和矿山开采、电子产品制造等9个行业专项调查工作，开展执法检查313次，下达整改指令76份，排查治理隐患281项，有效防范和减少了职业危害事故。

**六、深入推进应急救援体系建设**

稳步推进国家危险化学品应急救援大连基地项目建设，进一步完善安全生产应急预案编制评审工作，全市14个区市县和5874个生产经营单位编制完成了相应的安全生产预案。积极开展应急演练周和宣传周活动，组织应急演练30余次，提高了事故灾害的应对能力。

**七、继续深化安全生产宣传教育培训**

成功组织了第十个“安全生产月”活动，完成16家安全文化企业的验收工作。全年培训企业负责人6766人、安全生产管理人员8500人、特种作业人员32808人、外来务工人员10万人。认真贯彻落实《国务院安委会办公室关于贯彻落实国务院〈通知〉精神，加强企业班组长安全培训工作的指导意见》，广泛开展企业班组长安全培训工作，全年共培训企业班组长2万人，进一步提高了一线管理人员的安全素质。

**八、全面推动“安全社区”创建工作**

在2008—2010年53家单位获得“全国安全社区”基础上，2011年，又有23个乡镇、街道获得“全国安全社区”称号，长兴岛临港工业区整建制获得“全国安全社区”命名。截至2011年底，全市共有76个单位获得“全国安全社区”称号，占

全国的28%，大连市已建成“全国安全社区”最多的城市。

# 青岛市安全生产工作综述

## 一、概况

2011年，青岛市安全生产形势总体平稳，全年共发生各类生产安全事故2585起，死亡427人，同比分别下降14.9%、4.5%；发生较大事故8起，死亡34人，同比事故起数下降11.1%，死亡人数与去年持平；未发生重大以上事故，完成了省政府下达的安全生产工作目标。青岛市被山东省人民政府安全生产委员会评为2011年度全省安全生产工作“先进单位”。

## 二、宣传教育与法规建设

年内，编制实施了《青岛市“十二五”安全生产发展规划》和《青岛市化工行业十二五安全发展规划》，出台《关于进一步加强企业安全生产工作的意见》（青政发〔2011〕2号）、《关于认真做好2011年安全生产工作的通知》（青政发〔2011〕10号）文件。

全年举办镇街领导、安监办人员、安监系统新进人员、执法人员业务培训班4期，培训2100多人次。创建“青岛市安全生产远程教育培训在线”网站，为市民提供24小时在线学习。加大企业“三项岗位人员”培训力度，全年共培训58215人次（其中，特种作业人员32854人次，安全管理人员和主要负责人25361人次），比去年增长16.9%。借助全国第十个“安全生产月”活动的开展，加大宣传力度，组织应急演练周和警示教育周活动，展出典型案例80个，受教育人数3万多人；编写发放《百例生产安全事故案例警示录》、《您知道吗？——企业常用安全生产政策法规90问》等宣传手册4万余册，收到了良好的宣传教育效果。

## 三、网格化建设

经过3年的探索实践，网格化监管在疏通经络、激活主体、资源共享、集约发力诸方面作用得到充分发挥。在横向上，把行业监管部门并网运行，实现安委会成员单位间的信息共享。在纵向上，向企业延伸，企业通过网络可以随时看到各级政府的信息，政府和部门也可以及时掌握企业隐患排查、重大危险源监控等情况，实现安全生产的精细化、动态化管理，隐患的精确防治和突发事件的科学处置。截至年底，网格化已经覆盖了全市12个区市、2个经济功能区、28个监管部门、178个镇街、6877个村居和21万余个生产经营单位，重点工作部署、安全检查、隐患排查治理、标准化达标、行政审批等均可通过网格化运行。

## 四、企业落实主体责任专项行动

率先在全省开展落实企业主体责任3年专项行动。创新了“A级抓巩固、B级抓提升、C级抓整改、D级停产停业整顿”的分级分类监管模式。2011年对745家企业完成评级，累计完成评级2829家，企业安全诚信意识明显提高。以危险化学品、非煤矿山、烟花爆竹等领域为重点，对企业安全生产标准化创建活动进行考核评价，分类指导，分步实施。加强职业卫生监管，开展职业危害普查，督促企业依法申报。截至年底，全市申报8385家，完成备案7071家，普查数量全省第一，处全国领先水平。逐步建立健全“党委领导、政府监管、行业管理、企业负责、社会监督”的安全生产工作格局。

## 五、应急救援建设

黄岛区是国家重点综合性石油化工基地，是安全监管和应急防范的重点。年初，市安监局和黄岛区政府组织国家级专家进行了风险评估。利用国家安全监管总局副局长王德学到青调研的大好时机，积极争取国家危化品应急救援基地落户青岛。目前，国家安全监管总局已批复同意。拟拨款6500万元，加上市、区和重点企业配套建设资金，将有总计6.2亿元资金用于基地建设。建成后，能有效整合现有应急救援资源和社会救援力量，不仅能满足黄岛石化区、董家口重化工功能区、新河生态化工科技产业基地的应急需求，还将有效辐射山东半岛，提高全省危化品应急救援能力。

## 六、隐患排查治理工作

### （一）源头治理

划定安全生产红线。按照“增量入园、存量逐步消化和调整”的原则，推动危化品企业布局调整和产业优化，启动4家城区化工企业异地搬迁，对7家不符合审批条件的企业作出不予许可的决定，对自动停产或不具备安全生产条件的20家危化品生产企业依法注销安全生产许可证。

### （二）隐患排查治理

按照“1+X”重大隐患排查治理模式，市政府对11项重点隐患和15处道路交通危险路段、区市对104项安全隐患进行了挂牌督办，5市无证液化气站、电子信息城火灾隐患、前湾港周边非法储运危化品等重点风险得到有效控制。投资5800万元，整治液氨使用单位473家；为1000台塔吊起重机安装了防倾翻监控仪。

### （三）4次集中行动

确定春夏秋冬4次集中行动，每季度明确一个主题（一季度是保两节两会安全，二季度是打非治违，三季度是汛期安全，四季度是冬季安全生产）。市政府安委会每季度召开工作会议，对集中行动进行阶段性总结和部署。7月28日国务院召开165次常务会议后，翌日，市长夏耕立即组织召开市长办公会，专题研究安全生产工作，全市迅速开展了为期1个月的安全生产大检查。对水陆两栖观光巴士、电梯安全、道路交通、病险桥梁、前海旅游等问题进行了集中整治。

## 七、重点行业领域专项整治

### （一）交通运输领域

检查道路运输企业782家次，道路运输经营户1853户，排查整改安全隐患2000余处；推进国省道中央隔离设施建设，累计完成121.1千米。严查超速、超员、超载、酒驾、无证等严重交通违法行为。海事和海洋渔业部门加强对水上交通和渔业船舶的监督检查，严把签证关，坚决执行“逢七不开”制度，检查各类船舶1500余艘次。

### （二）消防领域

吸取上海“11·15”、沈阳“2·3”等火灾事故教训，开展“2011年冬春季攻势”消防安全专项整治、消防安全“五大”活动和“清剿火患”战役，构建社会消防“防火墙”。对高层建筑开展消防安全“大查体”，对城乡结合部、棚户区、建筑工棚等易燃建筑群进行专项治理，累计检查单位5万家次，排查火灾隐患4893处、督促整改3978处。

### （三）烟花爆竹领域

开展“烟花爆竹百日安全专项整治”行动，公安、安监、质监、工商等部门强化联合执法，严厉打击非法制售烟花爆竹行为。落实区市、镇街“打非”责任，对重点区域、重点村庄进行严格排查。查处非法制作、销售储存烟花爆竹案件6起，行政拘留6人，收缴烟花爆竹1万余箱。

### （四）危险化学品领域

严格落实化工生产41条禁令，组织涉港危化品大检查和化工企业动火及受限空间作业专项检查，严防爆炸、泄漏、中毒等事故发生。

### （五）非煤矿山领域

严格执行“七不准”规定、领导班子下井带班制度和“逢大雨停产撤人”等规定，对矿用机电设备和三无产品进行专项检查；汛期对地下矿山进行了停产整顿。

### （六）建设施工领域

全面推广安装塔机防倾翻装置，落实防坠落、防倒塌等措施，排查在建建筑工程6700余次，查处违法工程18个、安全隐患26000余处，对40个工程责令停工整改。加强对海湾大桥、海底隧道等重点建设工程的安全监管，组织有关部门和专家专题评估海湾大桥和海底隧道运营安全与风险，从合理控制交通流量、有效调配车辆运行、提高执法强度密度和应急处置能力4个方面，制定有效举措，确保“桥隧”各项安全保障。

### （七）特种设备领域

组织开展气瓶充装站、工业压力管道、电梯安全专项治理，下达安全检查指令书382份，发现并督促整改隐患设备122台。

## 八、执法监察

### （一）强化执法监察

编制年度执法检查计划并报市政府审批，确定了隐患突出、问题较多的12项执法重点目标，对烟花爆竹、非煤矿山、涉港危险化学品储运、作业场所职业健康、应急体系建设等开展专项行动，共检查企业43147家，消除隐患56347项，处罚企业201家，罚款700余万元。

（二）打击非法违法生产经营建设行为

强化区市、镇街的属地管理责任，把非煤矿山、交通运输、建筑施工、危险化学品、烟花爆竹、民爆物品、冶金有色等重点行业作为打击重点，严格执行“四个一律”的要求。把企业资质、安全条件、从业人员持证上岗、教育培训、隐患排查治理、现场管理等情况作为执法监察的重点。市政府安委会组织公安、交通等部门组成7个督查组，对全市打非情况进行专项督查。向社会公布举报电话，对典型案件进行公开曝光。

**九、基层基础建设**

（一）安全投入

市政府设立2100万元专项资金，专门用于隐患整治、考核奖励。各区市配套设立了100～1000万元不等的专项经费。为网格化监管、主体责任落实、重点隐患整治提供资金保障。省政府配发我市17台车，全部配发到镇街安全生产执法监察中队，加上为镇街配备的74台执法车辆，大大增强了一线执法装备水平。

（二）科技兴安

在非煤矿山领域推进井下人员定位、监测监控、供水施救、压风自救、紧急避险和通讯联络等“六大系统”建设。在危险化学品企业推进生产装置技术升级改造。完善智能交通监控网络，安装电子警察145套、超速抓拍系统57套。推广道路交通安全智能监控系统，利用GPS对运输车辆实施动态监控，安装卧铺客车视频监控卫星定位装置119套，安装、升级GPS车载终端316套。在电梯维护保养、工业气瓶、车用气瓶等领域推广RFID技术，已在1000余台电梯、10000余只车载气瓶和4000余只工业气瓶采用了这一技术，实现动态监管。加快危险物品地下管网电子地理信息管理系统建设，提升城市地下管网事故应急处置能力。

（三）队伍建设与示范创建

12个区市和2个经济功能区均成立安监局，178个镇街设置安监办和监察中队，镇街安监人员达645人，村居配备安全协管员4000余人。市、区市均单独设立了职业卫生管理机构。组织全市安监系统开展岗位练兵，实现执法队伍“六统一”（即统一队伍名称、内部机构设置、职责、执法装备、工作标准制度、执法程序）。

连续2年开展创建安全生产先进区市、先进镇街、安全社区、标准化示范企业、标准化示范工业园区、安全诚信企业、安全文化示范企业、安全生产先进班组等“八创建”活动，评选奖励先进区市5个、先进镇街40个、安全社区100个、标准化示范企业26家，标准化示范园区12个、诚信企业20个、安全文化示范企业7个、安全生产先进班组100个。率先在全省整体开展安全社区创建工作，截至年底，创建国家安全社区26个、市级安全社区350个，崂山、市南已全区建成国家安全社区，有效减少了社区居民各类伤害事件的发生。

# 厦门市安全生产工作综述

2011年全市共发生各类事故1429起、死亡201人、受伤1106人、直接经济损失1244.73万元，同比2010年分别下降19.76%、6.07%、29.96%、6.24%。

**一、加强安全生产工作的组织领导**

市委、市政府历来高度重视安全生产工作，坚决贯彻落实上级关于加强安全生产工作的一系列决策，及时研究、部署全市安全生产工作。市委书记于伟国在季度经济分析会、第十一次党代会、全市经济工作会等许多重要会议上都对安全生产工作提出明确要求。市长刘可清先后主持召开全市第二季度防范重特大生产安全事故会议和安委会全体成员（扩大）会议，研究解决突出问题，安排部署有关工作。市政府先后3次在市长办公会和常务会上听取安全生产工作情况汇报，研究做好安全生产工作的政策措施；组织召开4次防范重特大生产安全事故会议、3次安全生产专题会议，对安全生产工作作出具体部署和要求。每逢重要节庆和重大活动期间，市领导都坚持分头带队前往各自分管领域检查安全生产工作，确保各项措施落实到位。

二、机构建设取得突破性进展

在3月份政府机构改革中，市安全生产监督管理局成为市政府直属机构，强化了安全生产综合监管机构的职责。目前，全市安监系统编制171人，实有335人（其中，干部职工266人，非编人员69人），2011年新增33人（其中，干部职工17人，非编人员16人），在充实市、区安监机构人员力量的同时，不断加强基层安监队伍建设，湖里区投入300万元招聘71名安全生产协管员补充到镇（街）和社区，其他区也在积极推动这项工作。

三、强化安全生产宣传教育

2011年市政府从工伤保险基金中划拨129万元专款用于工伤事故预防宣传教育培训，下拨安全生产宣传教育专项经费68万元，市安监局宣传教育经费创下历史新高，常驻人口人均达到0.6元。在《厦门日报》、厦门电视台、厦门经济交通广播开辟安全宣传专栏，做到每日有报道、每月有专题、年度有总结。充分发挥“厦门市安全生产信息网”宣传主阵地作用，坚持当日信息当日更新，每个工作日更新不少于6条，节假日更新不少于4条，增强安全生产宣传工作的针对性、时效性和主动性。大力推进安全文化建设，认真抓好筼筜街道“安全社区”、防灾减灾体验馆、公共安全教育馆、安全文化公园等安全宣传教育阵地的建设，对市民掌握安全生产基本知识，提高应急救援技能起到积极的作用。着力强化企业员工安全素质，各级各部门按职责抓好安全生产培训，市安委会举办8期系列讲座，由市安监局领导主讲，市安全生产委员会专家配合，深入各区和管委会对企业主要负责人、安全生产管理人员、从业人员进行安全生产大培训，受训人员达2500余人。组织开展第十个“安全生产月”活动，市安监局与市委宣传部、市公安局、市总工会、团市委、市文广新局、市妇联等部门联合开展了“安全生产月”系列活动。期间，共组织14项全市性活动，举办安全培训2872场次、安全竞赛433场、应急预案演练970余场，发放各类宣传资料21.9137万份。

四、深化安全生产专项整治

（一）危险化学品专项整治

严把行政许可关。市、区安监部门不断完善行政许可程序，坚持“五级把关”制度，把好准入关，淘汰安全技术落后危险化学品生产企业6家，生产企业家数从2008年的42家减少到现在的36家，企业安全管理整体素质和硬件条件不断提高。加快危险化学品仓库建设。在市、区各级政府及有关部门的大力支持下，位于翔安新圩的市大型危险化学品综合仓库以及同安、海沧、集美危险化学品周转仓库进入建设阶段，编制通过了《厦门市翔安化工园区用地控制规划》。全市各有关部门共组织危险化学品专项执法行动1529次，检查企业3070多家次，整改各类隐患1416条，查处违法企业15家次，罚没金额94.7万元。

（二）非煤矿山安全专项整治

严格落实非煤矿山季度综合大检查制度，市、区两级安监部门会同市安全生产执法支队、市安全生产专家对全市所有持《安全生产许可证》和“三同时”建设的非煤矿山企业，开展专项监察执法行动，并对检查时发现的安全隐患整改情况进行“回头看”。严格执行多部门半年联合督查制度，由市安委办牵头，公安、国土、执法局、安监、工商、质监、环保、电业和市执法支队等职能部门组成联合督查组，对全市非煤矿山企业开展执法行动。2011年全市对21家非煤矿山企业共检查249家次，排查安全隐患276条，整改率达100%。

（三）工矿商贸专项整治

针对年初工矿商贸企业事故多发态势，全市从3月15日至4月底组织开展工矿商贸专项行动，共有22887家企业开展自查自纠，排查治理隐患15232项；各级各部门组织检查1580次，检查企业13239家次，排查治理安全隐患10148项。

（四）建筑废土、沙石运输车辆专项整治

针对全市一周内连续发生两起土方车肇事的较大道路交通事故，联合公安交警、建设、交通运输、市政、城市执法、安监等部门，从4月至8月开展土方车安全专项整治，共出动检查人员1800多人次，纠正土方车道路交通违法行为2983起，查扣违法土方车辆1508辆。同时，研究制定了《厦门市建筑废土、沙石运输管理办法（试行）》，进一步规范建筑废土、沙石运输行为。

（五）道路交通专项整治

先后组织开展了“百日行动”、“道路交通安全综合整治”、“五大交通战役”、“交通安全区域联动整治”、“摩托车、客运车辆违法行为专项整治”、“三超一疲劳专项整治”等多项行动，共查处各类交通违法行为1231272起，其中，酒后驾驶513起，醉酒驾驶352起，超载12724起，超速232428起，扣车43459部。投入近1亿元，改善路面通行条件、复杂路段、路口安全通行条件、安保工程、交通标志标线等，进一步完善交通基础设施建设。

（六）消防安全专项整治

集中开展消防安全“大排查、大整治、大宣传、大培训、大练兵”活动，全力打好“清剿火患”战役，共排查单位、场所19597家，督促整改火灾隐患及违法行为34075处。深入推进社会单位消防安全“四个能力”建设，全市1738家消防安全重点单位已全部完成达标验收。

（七）建筑施工安全专项整治

建设部门以保障性安居工程和五大战役工程为检查重点，出动监督执法人员2000多人次，排查整改隐患2870条。市政园林部门对辖内现有的58座城市桥梁进行安全大检查，对发现的问题拉出清单进行整改，逐一落实到位。交通运输部门对24个在建交通工程的38个合同段、6个水泥混凝土拌和站进行质量安全大检查，排查整改隐患73条。教育部门投入1.3亿元，对93栋中小学校舍进行加固。

（八）烟花爆竹专项整治

共组织保卫力量20569人，出动车辆999台次，查处非法运输、储存、销售、燃放烟花爆竹案件299起，收缴各类非法烟花爆竹4000余箱，抓获涉案人员300人，其中行政拘留101人、行政罚款10人、教育167人、其他处罚22人。

此外，国土、质监、旅游、水利、林业、海事、海洋与渔业、国资、民航、粮食、港口、工商、贸发、教育等部门都结合实际进行专项整治，也取得了一定成效。

**五、严厉打击非法违法生产经营建设行为**

按照国家统一部署，从5月9日起，由12个单位牵头在非煤矿山、道路交通、建筑施工、危险化学品、水上交通和渔业船舶、消防安全、特种设备等9个重点行业（领域）开展为期3个月的“打非”专项行动，着力整治非法违法行为，共开展执法行动3201次，出动执法人员20075人次，检查企业18681家次，查处各类非法违法行为6073起，依法关闭取缔各类非法违法生产经营建设单位242家。

**六、持续开展安全生产大检查**

进入7月，全国接连发生多起重特大事故，给社会造成不良影响。为深刻吸取事故教训，7月26日，全市召开安委会成员（扩大）会议，认真分析当前安全生产形势，决定在开展创建文明城市安全生产大检查的基础上，从7月26日至8月25日，以桥梁隧道、铁路运输、危险化学品、建筑施工、非煤矿山等行业（领域）为重点，全面组织开展安全生产大排查大整治。8月14日，市长刘可清再次主持召开安委会全体成员（扩大）会议，对全市安全生产工作尤其是道路交通安全进行再动员、再部署。在各级各部门的共同努力下，8月至10月，全市共发生立案道路交通事故225起、死亡27人、受伤289人、财产损失568689元，与2010年同比，分别下降30.98%、49.06%、27.93%、0.27%。从10月下旬开始，按照全国、全省统一部署，全市突出抓好道路交通、消防、建筑施工、非煤矿山、危险化学品、农林、水上交通、渔业生产等重点行业（领域）的隐患排查治理。期间，共开展检查3582次，组织4789人次专家与专业技术人员参加大检查，排查整改隐患31205项。

**七、全面推进企业安全生产标准化建设**

全市各级各部门认真贯彻落实国家、省关于加强企业安全生产标准化工作的指示精神，切实把企业安全生产标准化建设作为安全生产工作主要抓手，推动各项工作落实。市、区两级成立了以分管安全领导为组长的领导小组，具体负责领导和推动工作的开展；市安监局成立标准化工作小组，设立标准办，抽调3人专门负责标准化建设的沟通协调工作。市安委会结合实际，研究制定了《厦门市深入开展企业安全生产标准化建设实施意见》，明确提出对国家已颁布行业标准化评定标准的，严格按其标准执行，并按国家规定期限实现标准化达标；国家尚未颁布行业标准化评定标准的，原则上按省政府安办新修编的《福建省企业安全生产级别评定标准》（2011年4月修编）进行评定。为实现落实企业主体责任与企业安全生产标准化建设有机对接，研发了“企业安全生产标准化级别评定系统”，实现企业安全生产信息的录入、统计分析、综合查询、报表输出等全过程的计算机处理，进一步加强与企业的互动。截至2011年底，全市完成标准化达标建设企业共计2119家，评为二级1593家，评为三级526家。其中，21家非矿山企业已完成18家，占非煤矿山企业总数的85.71%；全市危险化学品生产、储存企业已率先全面通过达标验收；火炬高新区和象屿保税区已基本实现整体达标。

**八、切实提升应急救援能力**

市、区、重点单位和一般单位组成的四级安全生产应急救援体系不断健全，运行有效，衔接良好。

一是加快综合应急救援队伍建设。2011年3月，全市成立了由1支综合应急救援支队、6支区综合应急救援大队、16支专业应急救援队组成的"1+6+16"综合性应急救援队伍。

二是开展应急预案备案工作。按照国家、省的统一要求，制定了《厦门市非煤矿矿山和危险化学品生产经营单位生产安全事故应急预案管理办法》、《厦门市危险化学品生产经营单位和非煤矿矿山生产安全事故应急预案备案办事指南》，并确定50家企业（重大危险源企业为重点）开展应急预案备案试点工作。

三是建立应急救援物资储备调用机制。购置了液碱、活性炭、碳酸钠、碳酸氢钠、生石灰等5种安全生产应急救援物资，规范物资调用制度，提高物资统一调配和保障能力，为预防和处置各类突发事件提供重要保障。

四是加强应急救援演练。2011年，全市成功举办了快速公交（BRT）生产安全事故应急救援演习、非煤矿山三级联动应急救援演练，提升各应急救援队伍处置突发事故能力。推动企业开展各类应急救援演习，仅在"安全生产月"期间，全市企业组织开展应急救援演习900余场次。

**九、依法依规查处各类事故**

根据国家、省的有关规定，市安委会研究制定了《一般生产安全事故查处挂牌督办办法》；市安委办先后对10起一般事故按程序予以挂牌督办，并督促指导各区及时向社会公布。严格按照"四不放过"和"实事求是、责权对等、依法依规、注重实效"的要求，对2011年发生的4起较大事故进行严肃查处追究，落实事故整改措施。

**十、加快安全生产信息化建设**

安全生产信息化建设是安全生产工作的基础，全市紧紧围绕社会管理体制改革与创新这个中心，积极探索，大胆创新，运用政策引领，利用信息化手段，着力打造安全生产"一网四系统"，即厦门市安全生产信息网、企业安全生产标准化级别评定系统、厦门市企业安全生产监督管理系统、重大危险源监测预警应急指挥系统、特种作业操作证考核管理系统，进一步提高了安全生产监管信息化水平。

# 宁波市安全生产工作综述

2011年，宁波市安全生产工作坚持以科学发展观为指导，认真贯彻落实党中央国务院和省委省政府、市委市政府关于进一步加强新时期安全生产工作的意见和要求，以"创先争优"和"三思三创"为动力，努力探索和推进"政府监管规范化、企业安全标准化、安全管理信息化、园区管理一体化、安全生产社会化"的安全生产管理创新，取得了一系列新的成绩，主要表现在："十二五"安全生产发展规划制定完成；乡镇安监站所建设取得突破；安全生产标准化建设全面推进，被列为全国试点示范城市；监管执法力度进一步加强；信息化建设持续推进；隐患排查治理工作进一步深化；安全生产诚信机制建设实现突破；危化品道路运输安全管理经验在全省得到推广；油气管道安全管理得到加强等等。在产业风险相对较大、经济增长依然较快的情况下，全市安全生产形势保持持续稳定下降态势，2011年共发生各类安全生产事故3778起，死亡815人，受伤3420人，直接经济损失4702.1万元，与2010年同比，分别下降4.2%、3.9%、3.4%、9.1%，实现了连续7年下降。未发生重大及以上事故，较大事故得到有效遏制，亿元GDP安全生产事故死亡率比2010年下降

17.6%，安全生产目标管理责任制考核得分列全省第一位，市安监局综合处被评为全国安全生产监管监察系统先进集体，7名同志被评为全国安全生产监管监察先进个人。

**一、安全生产工作的领导不断强化**

年初省委常委、宁波市委书记王辉忠就安全生产工作作出重要批示，“少伤亡一个人，就是对发展作了一份贡献，就是一份政绩”，对安全生产工作作出了科学的评价和定位，并于8月专题到市安监局开展调研，听取安全生产大检查等工作部署情况汇报。市政府先后召开4次常务会议，听取安全生产“十一五”工作和“十二五”规划、基层安全社会管理创新、油气管网隐患排查和专项治理、工程车道路交通安全管理等方面的工作汇报。宁波市江东区、奉化市等地区（市）委书记也到当地安监局听汇报、搞调研，努力解决安全生产工作上的突出问题。在重要时段、节假日和重大活动期间，各级政府和部门领导带队进行安全生产督查、检查，在全市已经形成惯例，为加强和改进安全生产工作提供了强有力的组织保障。

**二、安全生产责任进一步落实**

2011年，宁波市继续对各地、各部门实施安全生产目标管理责任制考核，围绕落实政府领导“一岗双责”制度和企业主体责任制度，及时调整和充实了责任书内容，完善考核办法。市安委办根据工作实际，将机构建设、行政执法、诚信机制建设、标准化、隐患排查5项工作，和对各（市）区设置的1~3项个性化工作，作为全年重点工作进行考核，并出台考核办法的解释文件，进一步细化、量化考核指标，使考核更具刚性和科学性。同时，将安全生产工作纳入政府目标管理、平安建设、文明建设、争先创优的考核之中，有的作为“一票否决”条件，进一步加大了问责和追究力度，推动了政府和企业两个主体责任落实。2011年初，各地、各部门层层签订责任书，全市各级共签订责任书达24.8万余份，基本实现纵向到底，横向到边。进一步强化过程跟踪，市安委办坚持每月通报事故控制指标实施情况，分析事故发生原因、规律，发布预警信息；定期刊发工作简报，及时宣传各地在落实责任上好的工作经验、做法；一些地区还积极探索采用信息化手段强化过程监督，安全生产目标管理的导向作用和实际效果进一步得到发挥和增强。

**三、企业标准化建设全面推进**

2011年，宁波市被国家安全监管总局列入创建全国安全生产标准化建设示范试点城市。以此为契机，宁波市将安全生产标准化作为强化企业主体责任、提升企业本质安全水平的一项基础工程，全面推进。政府加大投入，市本级每年落实专项资金300万元。各地、有关部门全面制定创建实施方案，并积极出台激励制约政策，落实专项资金，明确责任，分解下达指标任务，组织专家深入企业开展咨询服务活动。全市企业安全生产标准化建设全面铺开，有序推进，截至2011年底，共有5500余家企业参与标准化创建活动，1050家达标，超额完成年度达标创建任务，使企业本质安全管理水平有了很大提高。宁波欧琳厨具有限公司获得国家机械制造标准化一级企业称号。

**四、安全生产专项治理成效显著**

一是安全生产“一打五整治”专项行动取得突出成效。自4月底至7月上旬，宁波市开展了以道路交通运输、消防、渔业船舶、建设工程、工业生产企业等领域安全生产专项整治为重点的严厉打击非法违法生产经营建设行为专项行动。各地、有关部门纷纷制定整治方案，明确目标，落实责任，有序推进。通过抓领导、抓组织、抓行动、抓合力，专项行动取得显著成效，共检查企业9454家，查处非法违法行为380246项，实施经济处罚4273.7万元，停产整顿23家，追究行政责任2人，6家建筑企业被清退出市场。

二是安全生产大检查声势浩大。为认真汲取“7·23”温州动车重特大事故教训，坚决防止和遏制较大及以上事故发生，宁波市从7月底起，在全市范围开展了为期2个月的安全生产大检查。本次大检查中，市政府所有市领导均赴重点区域、重点领域开展了督查，并根据职责分工，采用调研、座谈、实地检查、现场办公等多种形式，牵头对分管领域的安全生产工作开展了一次彻查，切实研究解决本领域安全生产方面的突出问题和重大隐患的整治。各地、各部门领导也亲自挂帅检查督查安全生产情况。大检查中全市共发现隐患35605个，按时整改34968个；查处非法违法行为66153条，经济处罚1087万元，停产整顿46家，依法关闭取缔80家，追究刑事责任6人。

三是隐患排查治理进一步深化。市安委办组织开展了为期近一年的重点行业领域深化隐患排查治理工作创新，出台了《宁波市隐患排查治理管理办法》和一批隐患排查治理指导意见。完成全市552条总长达4815千米的公共区域油气管道安全生产普查，掌握了油气管道安全隐患，建立了基础数据库，出台了《加强宁波市油气管道安全管理的意见》，积极推动油气管道隐患治理。完成了省、市、县三级挂牌治理重大安全隐患77个（省级4、市级34、县级39）。历时3年、耗资2.7亿元的中航油中转油库（省级挂牌督办）重大事故隐患于10月份通过治理验收。

四是重点领域专项整治成效明显。市交通局认真开展病害桥梁、隧道安全整治，加强水运、港口安全检查，严厉打击非法生产经营建设活动，联合公安、特警、交警强化对杭州湾大桥、舟山跨海大桥、招宝山大桥等重点桥梁的超限治理。市城管局成立专门监管机构，充实监管力量，积极开展打非治违和公用工程（轨道交通、燃气管道）安全执法检查，确保了轨道交通建设和城镇燃气安全。市公安交警部门先后组织开展了道路交通安全“春季攻势”、预防重特大道路交通事故集中整治等系列专项整治行动，始终保持对各类严重交通违法的严管高压态势；消防部门组织了建筑外保温材料、“清剿火患”战役等系列整治活动，坚持实施重大火灾隐患挂牌整治，逐步实现消防隐患排查整治常态化。

**五、安全生产执法监督不断强化**

一是安全生产监督执法制度进一步完善。2011年，制定了《宁波市安全生产举报管理暂行办法》、《宁波市实施〈生产安全事故报告和调查处理条例〉的若干规定》、《宁波市安全生产行政执法文书样本》、《宁波市安全生产行政处罚裁量权适用规则》、《宁波市行政处罚裁量权标准》等一系列规范性文件，为提高行政执法规范化奠定了制度基础。

二是安全生产执法检查力度显著加大。2011年，全市安监系统共监督检查生产经营单位31076个，同比增加53.9%；检查生产经营单位39773次，同比增加55.6%；实施行政处罚345次，同比增加25.9%；经济处罚罚款数额1240.08万元，同比增加10.5%；事前执法检查罚款258.2万元，占20.8%；严肃查处生产安全事故，81起工矿商贸亡人事故按时结案率100%。

三是社会监督不断强化。每季度向公众发布安全生产情况；加大事故曝光力度，市、县两级对15起有一定影响的事故，通过直接曝光或作深度剖析予以报道，增加了警示效应，社会反响良好。

**六、科技兴安持续推进**

一是系统谋划“十二五”安全生产工作。2011年，宁波市安委办委托专业机构，聘请专家学者，认真回顾总结宁波市“十一五”安全生产工作，分析今后面临的形势、机遇和挑战，认真编制《宁波市安全生产“十二五”发展规划》，规划通过反复研究、论证，多方征求意见，于11月正式发布，明确了下一阶段安全生产重点工作和发展发向。

二是加大适用技术在安全生产领域的推广应用力度。市海洋与渔业局加大具有通信、导航、定位和报警等功能的小型渔船定位系统的开发和运用力度，进一步提高了小型渔船安全装备水平；市交通局积极推广GPS、危险化学品运输车辆槽罐车呼吸阀和视频监控系统，至2011年底，全市三类以上客运班线全部安装使用GPS，危险品运输车辆基本安装使用了GPS、呼吸阀和视频监控系统；宁波市镇海区投资400万元建成了危化品运输车辆GPS监控指挥中心，充分发挥车载视频、GPS监控设备的作用，提高了危险品运输领域技防水平。

三是安全生产信息化建设取得重大发展。市安监局与国家安全监管总局通信信息中心签订安全生产信息化战略合作协议，根据协议，国家安全监管总局通信信息中心将在“十二五”期间重点支持宁波市提升安全生产信息化建设水平。11月，《宁波市安全生产信息化“十二五”发展规划》编制出台，明确了“十二五”期间信息化建设原则、重点建设项目等；市安委办相继开发安全生产综合监管平台（一期）、行政执法信息系统等项目，为实现安全生产工作的效能化、精细化和科学化提供有力的技术支撑。

2011年7月19日，中国安科院宁波分院挂牌成立，也必将进一步促进安全生产领域科技创新。

**七、宣传教育力度明显增强**

2011年，宣传教育活动声势浩大。重点开展了“安全生产月”、“安康杯竞赛”活动，举办了安全发展论坛、演讲比赛、知识竞赛、服务企业、安全漫画竞赛、应急演练等9项大的活动，参与人员多，效果明显。主流媒体宣传力度明显增强。公安交通宣传信息在中央级媒体发布350篇，省级媒体1290篇，市级媒体6014篇；安监系统在市级以上媒体发布信息同比增加4倍多，各地、各部门通过各种形式，较好地宣传了安全生产的先进经验、先进典型，不断推进安全文化建设。安全生产培训数量质量逐步提高。2011年，全市完成各类人员安全生产培训85.3万，对于增强员工安全意识和安全技能发挥了积极作用。7月，组织开展了全市第二届危化企业员工应急技能大赛，产生良好社会反响。

**八、基层管理创新取得突破**

宁波市各地、各部门围绕社会管理创新，努力加强基层安全生产社会管理水平。鄞州、慈溪、象山按照市委、市政府“建立完善公共安全基层监管体系”试点要求，努力理顺职能、创新模式、充实力量，鄞州等地管理模式上的突破，对推动全市安全生产基层管理创新起到了较好示范作用。截至2011年底，全市共有乡镇安监站所154个，编办正式明确编制240人，比2010年底增加近20%。海曙区积极探索推行安全生产网格化管理，加强安全社区建设，月湖街道、白云街道先后被评为“全国安全社区”。江北区围绕实施“五五工程”建设，较好地破解了基层监管力量较弱、专业化程度较低的难题。余姚市通过“购买”专业化服务，提高了监管和服务的专业化水平。镇海、北仑许多地区都加大了安全生产责任险的覆盖和推广力度。慈溪、鄞州等地将企业分级分类管理，与企业标准化、诚信建设挂钩，强化安全生产的社会化约束。农机、海洋渔业、教育等部门积极开展“平安农机”、“平安渔业”“平安校园”创建活动，有效地促进了基层农机、渔业、校园的安全管理社会化水平。

# 第十一部分

# 主要产煤省(自治区、直辖市)煤矿安全监察工作

## 北京市煤矿安全生产工作综述

2011年，北京煤矿安全监察局在国家安全生产监督管理总局、国家煤矿安全监察局的领导下，在市委、市政府的坚强正确领导和各部门、各地区和各单位共同努力下，以贯彻落实《国务院关于进一步加强企业安全生产工作的通知》（国发〔2010〕23号）为核心，紧密围绕“遏制重特大事故，减少一般事故”的工作目标，继续深入开展“安全生产年”活动。强化监管监察方式方法，扎实开展“京西煤矿安全生产保障行动”，稳步实施对京煤集团落实“八项工作”的督查活动，全市煤矿安全生产形势稳步向好，煤矿企业首次实现生产安全事故“零死亡”。

**一、以八项督查工作为重点，强化落实企业主体责任**

2010年京煤集团所属煤矿发生6起事故，死亡8人，本市煤矿安全生产形势异常严峻。为遏制事故多发的态势，推动京煤集团所属煤矿进一步落实安全生产主体责任，2010年12月，局（分局）成立安全督查工作组，对京煤集团开展为期半年的安全督查工作。

（一）制定工作方案，增强督查工作的针对性

为了使督查工作有更强的针对性和操作性，局（分局）深入企业调研，分析对比与外省安全生产工作的差距和不足，多次召开会议研究讨论督查重点内容和目标任务。制定印发了《向京煤集团派驻安全督查工作组的工作方案》（京安监发〔2010〕150号）。明确了指导思想、组织机构、督查时间方式、八项工作目标和工作要求等。

（二）深入开展督查，增强督查工作的实效性

督查工作组按照“监督、指导、学习、服务”的原则，督促指导京煤集团制定落实督查工作的实施方案、明确责任人和责任部门，并认真组织开展督查工作。

1. 坚持驻集团公司办公

督查工作组参加集团、公司以及煤矿安全生产办公会议、听取安全生产工作汇报，共同分析研究安全生产问题，解决安全重点、难点等问题。

2. 不定时跟班检查

检查一个班从交接班、班组长派班到现场管理等，了解掌握一线班组现场生产实际情况，深入分析煤矿企业安全生产问题，提出针对性的解决措施。

3. 深入基层调研座谈

通过与科段、班组和职工座谈，查找和解决在安全管理、分配制度等方面存在的一些深层次问题，了解职工“三违”的普遍性原因和生产各环节存在的突出问题。

4. 开展专项检查

督查工作组每月进行两次专项检查，主要检查集团、公司以及煤矿企业完成八项工作进展情况，每项工作完成情况是否符合方案规定要求，存在的问题，确保各项工作稳步、按时、保质推进。

5. 定期召开督查通报会

总结前一阶段八项重点工作完成情况，着重分

析各项工作在开展过程中遇到的困难、不能按照时间节点完成的原因和存在的问题。部署下一阶段督查工作重点。

（三）强基建制，煤矿安全基础工作得到明显提升

通过督查工作，京煤集团所属煤矿安全工作得到明显加强，安全管理水平得到明显提升，煤矿工伤事故同比大幅下降，未发生死亡事故，安全生产形势得到稳定好转。

1. 责任制和制度建设得到进一步加强

督查组指导京煤集团、昊华公司修订和完善了集团、公司主要负责人、分管负责人、各职能部门共23个岗位部门的岗位责任制；修订和完善了煤矿、科段、班组等各级管理人员、各岗位共290个岗位的安全生产责任制，进一步明确了集团、公司、煤矿以及科段、班组各岗位人员的责任。

2. 煤矿班组建设得到进一步加强

多次组织煤矿班组建设座谈会，认真分析班组建设中存在的问题，总结推广煤矿班组建设好的做法和经验，全面深化班组建设工作。监督指导京煤集团昊华公司制定了《进一步深入开展学习白国周管理法的工作方案》和《煤矿班组长任职管理规定》，明确班组长任用条件、绩效考核、岗位培训以及后备人员的培养管理。以全国煤矿系统优秀班组长巡回报告启动大会在京煤集团举行为契机，京煤集团昊华公司开展了典型引路，整体推进活动，评选表彰了45个优秀班组、10名白国周式班组长和38名首席员工。

3. 教育培训工作得到进一步加强

按照督查工作的要求，昊华公司建立健全了安全教育培训组织机构、岗位设置和职责、工作流程、管理制度及综合评价标准，突出一线全员培训。组织开展了9期、917名采掘一线班组长参加的脱产军事化训练，重点进行事故案例、生产工艺技术、规程规章、应急救护等知识的学习教育，强化和提高了采掘一线班组长自我约束和执行力能力；组织开展了21期、917名采掘一线副班队长和安监员集中脱产培训工作；对采掘一线的员工，每月进行了1天的脱产培训，有效提高一线职工安全素质。培训过程中，昊华公司将过去发生的12个典型事故，制作成三维动画教学片，用于对职工的教育培训，提高了培训的针对性和有效性，增强了事故警示教育作用。

4. “六大系统”建设基本完成

组织京煤集团、昊华公司和煤矿企业到外省市煤矿企业考察调研，学习先进建设经验，解决建设过程中的突出问题。京煤集团加大安全投入，保障“六大系统”建设顺利进行。2011年，京煤集团的安全费用从8元/吨，提高到15元/吨，全年增加安全投入5600万元。各矿井下监测监控、压风自救、供水施救、通信联络、人员定位等五大系统基本建设完成，按照总局有关规定对各矿监测监控系统、人员定位系统实施完成了验收工作。各矿紧急避险系统建设按计划推进，木城涧煤矿2011年底前完成试点建设，2012年底，各矿全部完成紧急避险系统建设。

**二、深入贯彻落实国务院23号文件精神，扎实开展“京西煤矿安全生产保障行动”**

深入贯彻《国务院关于进一步加强企业安全生产工作的通知》精神，深化安全生产标准化建设，实现煤矿安全健康、绿色和谐发展。组织开展了以“科技兴安工程、装备强安工程、文化创安工程”为主要内容的“京西煤矿安全生产保障行动”（简称“京煤保障行动”），此项行动得到了国家煤监局和市政府领导的充分肯定。

（一）以推进物联网等新技术应用的“科技兴安”工程取得成效

按照“讲求实用、稳步推进”的原则，局（分局）明确建设思路和目标。重点推进物联网等新技术的应用，用信息化推动安全生产管理的精细化，实现科技兴安。

1. 初步建立视频监测监控系统

全方位视频监控作业面、风险点。目前各煤矿均实现了机采、综采工作面、重要岗点的视频监控。

2. 建成安全生产隐患排查治理信息系统

各矿均建成了安全生产隐患排查治理信息系统，实现了班组、科段、专业三级排查隐患，通过信息系统层层上报，全矿隐患实现统一跟踪、督查、反馈和管理。

3. 基本建成安全生产调度指挥信息系统

木城涧煤矿已建成并投入运行，在煤矿安全生产中发挥了控制、指挥、监督、管理的功能，初步实现自动化控制；其他各矿均已完成系统建设，并

投入试运行。

(二) 以推进机械化采煤技术为核心的“装备强安”工程取得突破性进展

加大科技投入，积极采用现代化设备，提高本市煤矿在复杂地质条件下机械化生产水平，目前，京煤集团所属各煤矿机采产量达到矿井回采产量的55.8%。

(三) 以京西煤矿为特色的“文化创安”工作稳步推进

局（分局）高度重视煤矿安全文化建设，在“京煤保障行动”中要求煤矿企业加强安全理念、安全制度、安全教育、安全行为、安全警示和班组文化建设，不断推进京西煤矿特点的安全文化建设，实现文化创安。

1. 创建安全文化氛围，规范从业人员安全行为

各矿在行人提升系统、候车室等地方利用电子屏滚动播放“历史上的今天”事故案例、隐患排查内容、安全知识等；在井口走廊、候车室等地方悬挂安全警示标语，使员工入井前得到安全提示。煤矿企业制定和完善各岗位工作标准和操作流程，并印制成小册子发放给每位职工，使职工了解本岗位操作流程和工作标准，规范职工安全行为，减少事故发生。

2. 加强煤矿企业安全标志的建设

针对井下可能引发事故的风险点，局投资93.4万元，均悬挂了安全标志，确保井下人员随时、随处都能看到安全提示。

(四) 扎实开展安全生产标准化建设

一是深入调研，制定印发了《关于深入开展煤矿安全生产标准化活动的通知》、《关于印发北京市安全生产标准化标准及考评办法的通知》文件，强力推进企业安全生产标准化工作；二是从实际出发，完善达标考核体系。结合我市实际，将“企业、专业、岗位”三达标，细化为“公司、煤矿、科段、班组和岗位”5个层面的达标。同时在“京煤保障行动”中以深入开展安全质量标准化为基础、在实现“企业达标（公司、矿井达标）、专业达标（包括科段达标）、岗位达标（包括班组达标）”的基础上，全力推进“三大示范工程”建设；三是以竞赛活动为抓手，推进标准化建设。积极开展矿井安全生产标准化竞赛活动，组织现场观摩学习。结合京西煤矿特点，建设了煤巷掘进、岩巷掘进、采煤、采掘机运等专业的标准化建设示范工作面，建设了局部通风示范区域，机电示范硐室。以点带面，有效推进标准化建设。

**三、严格执法，突出开展专项监察**

认真按照市煤监局制定的《2011年“三项”监察执法工作计划》和《2011年煤矿安全工作要点》，围绕监察执法工作重点任务目标，有效完成重点监察、专项监察和定期监察。结合煤矿安全生产情况，强化煤矿安全生产责任制、隐患排查治理、煤矿班组建设及领导带班下井等专项监察。

检查过程中，不断创新监察方式，严格执法，真正触动企业核心利益，推动企业主体责任的进一步落实。

(一) 邀请专家为企业“把脉问诊”

今年以来，先后邀请了中国矿业大学、煤科总院、华北科技学院等单位的专家对全市煤矿防治水和“六大系统”建设情况进行了安全检查。通过邀请专家，借助外部力量，为企业“把脉问诊”，查找深层次的问题和隐患，制定针对性措施，提升安全管理水平，取得了较好的效果。

(二) 开展专项检查周活动

开展了煤矿防治水、火工品管理、职业健康、领导带班下井等为重点监察内容的专项检查周活动。每个专项检查周都明确了责任部门，制定了检查方案，确定了表格化的检查方式。通过开展精细化监察，对照煤矿安全规程、有关要求逐条落实，严查煤矿存在的不足和差距，提高了执法检查的针对性，执法效果得到大幅度提升。

据统计，全年完成三项监察49矿次，完成计划的116.7%。其中重点监察实际完成12矿次，完成计划的100%；专项监察实际完成30矿次，完成计划的125%；定期监察实际完成7矿次，完成计划的116.7%。共查出问题和隐患205条，实际完成事故隐患205条，整改率100%。对煤矿企业共计罚款101.04万元，收缴率100%。

# 河北省煤矿安全生产工作综述

## 一、煤矿安全生产基本情况

2011年，认真贯彻落实党和国家关于安全生产工作的一系列方针政策和工作部署，以全面贯彻落实《国务院关于进一步加强企业安全生产工作的通知》为主线，突出预防为主，以有效防范和坚决遏制煤矿重特大事故为目标，强化监察执法，继续深入开展“安全生产年”活动，切实推进煤矿企业落实安全生产主体责任，全面提升安全保障能力，进一步促进了全省煤矿安全生产形势持续稳定好转。全年全省煤矿安全生产形势实现了持续稳定好转，共发生煤矿事故20起、死亡29人，同比事故起数增加1起，死亡人数减少6人、下降了17.1%，杜绝了10人以上重特大事故，事故死亡人数控制在国家下达的考核指标（60人）以内，煤矿百万吨死亡率为0.39，事故伤亡人数及百万吨死亡率均创出了全省煤矿安全生产历史最高水平。

## 二、煤矿安全生产工作

### （一）扎实履行监察执法职责，进一步提高监察执法效能

2011年以来，坚持明确监察任务，落实监察责任，规范执法行为，积极推进监察创新，进一步提高了监察效能。主要体现在4个方面：第一，强化了监察执法的时效性。坚持把强化国有重点煤矿的监察执法作为“重头戏”，突出加大了对国有重点煤矿的监察频率和执法力度，省局牵头组织开展了煤矿“一通三防”、防治水以及安全生产许可证动态管理等重点监察，督促提高安全生产保障能力；各监察分局按照“查大系统、除大隐患、防大事故”的要求，对重点矿井、重点环节和重大问题紧盯不放，及时查处煤矿重大隐患和违法行为。同时，组织开展了煤矿防突、矿用安全设备、煤矿职业危害防治、煤矿建设项目“三同时”等专项监察，并在两节、两会等重要时期开展了定期监察。一年来，对国有重点煤矿的监察执法做到了集中查、彻底查、反复查，依法督促煤矿企业切实落实主体责任，安全生产管理水平和保障能力得到明显提升。其中，开滦集团全年产煤3165万吨，发生死亡事故2起、死亡2人，百万吨死亡率0.06，创历史最高水平。第二，监察执法的创新力明显增强。集中对开滦集团、冀中能源集团及所属矿业公司和肥矿集团张家口能源公司共11个单位开展了以“落实责任，防范为先”为主题的专项监察，通过听取工作汇报、查阅资料和抽查煤矿等方式，重点监察集团公司管理层落实安全生产责任、安全生产规划、安全投入以及加强瓦斯等重大灾害治理情况，共发现安全问题80多条、安全隐患170多条，提出监察意见和建议110多条。这次监察引起了集团公司管理层的震动和重视，促进了煤矿企业进一步落实主体责任，强化安全管理。此外，各监察分局全面推广了预防性监察，通过定期听取辖区国有重点煤矿安全生产专题汇报，全面掌握了煤矿的安全整治、隐患排查等情况，为有效实施重点监察奠定了基础。第三，监察执法力度明显加大。各监察分局始终秉承“敢于碰硬，执法必严”的监察理念，自觉加大了执法办案力度，全年全系统计划监察619矿次，实际监察981矿次，监察计划完成率达到158.4%，共使用各类执法文书7868份，办理处罚案件510件，实施行政罚款1740.5万元。第四，促进了行政执法的规范化。为进一步规范行政处罚自由裁量行为，出台了《关于规范煤矿安全监察行政处罚自由裁量权的实施办法》以及配套的《煤矿安全生产违法行为行政处罚自由裁量标准》，为实现严格、廉洁、公正执法奠定了基础。为提高执法文书制作水平，坚持开展了行政执法优秀案卷评比活动，各监察分局均有优秀案件入选，均获得了文书制作优秀单位，冀中分局一执法案卷入选省法制办组织的“河北省百佳行政执法案卷”。

### （二）强力推进瓦斯和水害防治工作，进一步

提升煤矿重特大事故防范水平

在贯彻落实国办发〔2011〕26 号文件的基础上，坚持强化对煤矿瓦斯防治工作的监察执法，依法督促各煤矿企业切实落实瓦斯综合治理各项措施，全年杜绝了煤矿瓦斯事故发生。一是强力推进煤矿瓦斯抽采达标。督促所有应抽采瓦斯的矿井认真落实《煤矿瓦斯抽采基本指标》要求，不断完善瓦斯先抽后采、综合治理工作措施，全面推进瓦斯防治工作落实到位。目前，全省高突矿井均建立了地面或井下瓦斯抽放系统，并编制了瓦斯抽采工程计划。2011 年国家下达给我省的瓦斯抽采量是 17000 万平方米、利用量 6800 万平方米，全年实际抽采 17081 万平方米、利用 6845 万平方米，较好地完成了抽采利用计划。二是督促落实防治煤与瓦斯突出“两个四位一体”措施。重点督促突出矿井强化现场防突管理，严格落实《防突规定》，推行区域消突措施，积极变“防突”为“消突”。三是推广瓦斯防治先进适用技术。督促各煤矿企业发挥科技创新的主体作用，紧紧围绕煤矿低浓度瓦斯的传输利用和实现低碳排放、绿色环保的安全开采目标，以煤与瓦斯突出预测、区域防突、瓦斯抽采利用为重点，加强科技攻关和推进技术进步。冀中能源集团大力推广采后充填和巷道充填技术，有效解决了采空区瓦斯治理、防灭火等复杂问题。四是全面推进煤矿瓦斯治理工作体系和“双百工程”建设。督促煤矿围绕瓦斯治理工作体系建设目标，查找问题和不足，制定整改措施，加快瓦斯综合防治工作体系建设步伐，推动煤矿瓦斯治理“双百工程”建设向纵深发展，张矿集团宣东二矿和开滦集团荆各庄矿、钱家营矿率先建成并通过了全国煤矿瓦斯治理示范矿井验收。五是深入开展煤矿瓦斯防治专项监察。在企业自查、分局集中检查的基础上，省局专项监察组对全省煤与瓦斯突出矿井和高瓦斯矿井实施了重点监察，共监察矿井 20 矿次，查处隐患 167 条。

切实推进煤矿企业防治水工作。一是以落实《煤矿防治水规定》为主线，督促两大集团编制了煤矿水文地质条件划分报告，督促水文地质条件复杂和受奥灰水威胁矿井落实综合防治水措施，切实做到“五到位”，不断提高水害防范能力。其中，冀中股份公司积极健全矿井水害预警系统和应急救援预案，制定了力争不出水、出水不淹井、淹井不伤人 3 个递进式防范目标。二是组织专项监察不断线。5—7 月，按照企业自查、分局全面检查、省局抽查 3 个步骤，以煤矿企业是否建立健全防治水机构、防治水基础资料是否齐备完善、探放水措施是否落实到位、地面防排水设施是否健全、水害救援措施是否落实等为监察内容，对全省生产矿井深入开展了煤矿防治水专项监察。其中，重点督促水文地质条件复杂矿井开展了矿井排水系统整改工作。

（三）督促落实主体责任，进一步推进煤矿安全基础管理

推进煤矿安全基础管理，是提高安全保障能力的重要部分。一是积极推进煤矿企业安全文化建设。坚持选树典型，以点带面，促进煤矿企业大力建设以“强化安全意识，烘托安全氛围，创新安全理念”为核心的安全文化推进体系。开滦集团广泛开展了以“培育煤矿安全文化，塑造本质安全人”为主题的建设活动，冀中能源集团逐步健全了以“生命高于一切”理念为核心的安全文化体系，峰峰集团新三矿 24 小时双掌控文化体系典型做法受到了张德江副总理的高度评价，邯矿集团云驾岭煤矿荣获全国安全文化建设示范企业称号。二是通过监察执法促进煤矿企业安全质量标准化建设。坚持督促煤矿企业围绕达标规划和目标，加强动态达标管理。各煤矿企业都逐级健全了安全质量标准化管理体系和约束机制，自觉打造煤矿“精品工程”并发挥示范推广作用，确保了各矿井按期实现达标。三是全面推进煤矿职业危害防治工作。为落实《煤矿作业场所职业危害防治规定（试行）》，组织召开了全省煤矿职业危害防治工作座谈会，积极指导各煤矿企业完善制度、健全机构和人员。同时，坚持加大煤矿职业卫生监察执法工作力度，三季度，对 13 处国有重点煤矿开展了职业危害防治专项监察，发现问题 130 条，并及时提出加强和改进工作的建议，有力推动了煤矿职业危害防治工作。四是推进煤矿安全避险“六大系统”建设。我局配合省煤管局认真开展了专项检查，督促国有煤矿企业健全完善安全避险“六大系统”建设规划和方案，重点推进示范矿井的紧急避险系统建设工作。两大集团按照“总体规划，试点先行”的原则，科学筹措，积极推进，指导示范矿井按期完成了井下固定避难硐室的建设任务。五是

推进煤矿安全技术支撑体系建设。从规范技术服务入手，加强对各煤矿安全评价和检测检验机构的监督评审及考核，督促发挥其辅助监察的技术作用，其中，河北煤矿安全技术中心充分借助河北省矿山安全实验室技术平台，进一步扩展了检测检验业务；开展了煤矿井下部分重要安标设备专项检查，强化了矿用产品安全标志监管；积极做好科技推广工作，组织煤炭企业参加了安全生产百项先进适用技术推介活动，并督促各煤矿企业加快淘汰第三批禁止井工煤矿使用的设备及工艺。

（四）积极推进煤矿整顿关闭，进一步深化“打非”行动

紧紧围绕推进地方煤矿整顿关闭工作，不断巩固煤矿安全领域“打非治违”成果，依法规范煤矿安全生产秩序。一是积极推进地方煤矿整顿关闭和兼并重组工作。按照国家煤监局工作部署和省政府45号文件的要求，积极参与省、市政府组织的督导巡查和专项检查活动，分片对全省停产整顿煤矿进行了全覆盖监察，督促国有煤炭集团加快兼并重组地方煤矿，对政府公告的关闭矿井及时吊（注）销证照，并监督地方政府严格落实关闭措施。同时，认真落实安全生产许可制度和煤矿建设项目“三同时”要求，严把整合技改矿井的安全准入关口。二是积极参加全省多次“打非治违”联合执法行动。一年来，分别参加了省政府组织“百日督查”、“双停”督查、“迎国庆”专项检查等联合执法行动，重点对整合技改、停产整顿、公告关闭矿井进行了督导。5月、6月集中监察力量，加大执法力度，严格执行“四个一律”要求，严厉打击各类非法违法生产经营建设行为，对查出的安全隐患和较大问题，在督促煤矿企业按照“五到位”要求整改的同时，及时向地方政府及有关部门进行了通报。三是按照省安委会关于开展“两项行动”的要求，四季度对1—10月份监察发现的煤矿安全隐患进行了认真梳理，对没有销号的隐患按照“四定”要求进行处理，对重大隐患或整改不力的隐患，实施跟踪监察、严肃处理。

（五）落实安全生产许可制度，进一步强化煤矿安全准入

坚持严格履行安全生产许可职能，努力提高煤矿安全准入门槛和办矿标准。一是抓好安全生产许可证管理和监察。为加强煤矿企业安全生产许可证动态管理，坚持把严格落实《关于加强煤矿企业安全生产许可证动态管理的意见》作为一项重要工作来抓，明确专人定期对持证情况进行清理，发现证照过期的及时下达停产指令。全年共办理安全许可证申请77件，其中首办11件（终止程序1件）、延期25件、变更41件，注销各类煤矿安全生产许可证146个，及时将受理和办结情况及时公开。同时，组织开展了2次安全生产许可证专项监察，重点监察煤矿企业是否持续符合安全生产条件，并督促企业建立定期自查汇报制度，对部分矿井因采矿证过期及时暂扣安全生产许可证，对未及时申办安全生产许可证的依法进行了处理。二是加强煤矿建设项目专项监察。2011年以来，结合地方煤矿整合技改的新形势，从规范煤矿建设项目“三同时”入手，组织各监察分局认真清理按原政策要求审批的安全专篇，对不符合新要求的全部行文废止，并严格执行专家审查验收制度、局（处）务会议制度，严格抓好煤矿建设和整合技改项目安全设施的设计审查、审批以及竣工验收，全年共受理煤矿安全设施设计23份、审查22份、审批通过5份、验收5处。同时，集中开展了2次煤矿建设项目专项监察，重点检查建设项目的合法合规性和落实“三同时”情况，及时查处了违法违规建设行为。三是强化煤矿安全技术培训。认真落实煤矿安全技术培训计划，严格抓好考核发证环节，扎实开展了煤矿“三项”岗位人员的安全培训工作，共培训“三项”岗位人员27281人次，其中，煤矿主要负责人126人次，总工程师及安全管理人员5351人次，特种作业人员21804人次。四是推进煤矿应急救援体系建设。认真编制了河北省突发事件专项预案的相关内容并上报省政府应急办公室，对全省煤矿救护队组织了质量标准化达标验收，并积极协助国家总局救援指挥中心加强了开滦矿山国家救援队的升级建设工作。

（六）严格落实事故调查制度，进一步严肃事故责任追究

始终坚持“四不放过”原则和“实事求是，依法依规，注重实效”三项要求，认真履行煤矿事故调查处理职能，扎实开展了“事故调查处理制度落实年”活动。一是完善落实相关制度。按照有关规定修订完善了事故挂牌督办、公示和约谈等制度，对唐山洼里煤矿“4·1”透水事故进行

了挂牌督办，在网络和报纸上公示了承德县北大地煤矿“3·25”重大瓦斯爆炸事故调查处理情况，约谈了因未及时报告事故的蔚州公司西细庄矿负责人，对7起已结案事故责任追究意见落实不到位及时提出监察意见、责令立即改正。按照《生产安全事故信息报告和处置办法》规定，各监察分局进一步完善了事故调查、举报核查等相关制度，坚持对煤矿事故举报案件认真组织调查核实，严厉打击瞒报、迟报事故等违法行为。二是坚持用事故教训推动安全工作。三季度，组织召开了全省煤矿事故案例分析会，通过深刻剖析事故原因，公开事故责任追究，警醒吸取事故教训，增强了煤矿企业的事故防范意识。各监察分局也坚持惩教结合原则，定期在辖区煤矿开展了案例警示活动，其中，冀中分局将典型案例制作成三维动漫图像，更加直观形象地分析事故经过和原因，收到了较好的防范教育效果。三是严厉遏制事故谎报行为。为进一步规范因病死亡非责任事故认定工作，3月，召开了专题座谈会，组织国有煤矿企业认真学习解读《关于煤矿职工因病死亡非责任事故认定有关问题的通知》（冀煤安监字〔2010〕169号），明确要求：严格按有关规定和程序及时报告事故，妥善保护事故现场和相关证据，未做法医病理鉴定的一律不得认定为非责任事故，有效消除了逃避责任追究的侥幸思想苗头。2011年全省煤矿事故应结案20起，实际结案20起，按期结案率为100%。在已结案的事故中，共有182名事故责任者受到处理，其中刑事处罚16人，给予行政处分158人，建议给予党纪处分29人，给予其他处理8人，对事故单位罚款共计273万元。

（七）狠抓责任制度落实，进一步推进党风廉政建设和队伍建设

认真贯彻落实中央纪委六次全会、国务院第四次廉政工作会议和总局党风廉政建设工作会议精神，坚持围绕中心，服务大局，进一步推进了党风廉政建设和队伍建设。一是全面落实党风廉政建设责任制。为贯彻落实《关于实行党风廉政建设责任制的规定》，局党组制定并印发了《实施细则》，明确了党风廉政建设职责和任务分工，进一步强化了各级领导干部履行“一岗双责”的意识，划分了各级领导班子成员的“责任区”，逐级签订了党风廉政建设责任状。二是认真落实《工作规划》，加快推进惩防腐败体系建设。坚持完善反腐倡廉制度体系，健全权力运行制约机制，研究制定了《廉洁执法监督与回访实施办法》。健全完善了廉政风险防范机制，研究制定了《关于巩固廉政风险排查成果进一步加强廉政风险防控工作的实施意见》，积极引导党员干部特别是领导干部增强岗位责任意识和廉政风险防控意识。出台了《关于在煤矿关闭和兼并重组期间加强纪律约束的若干规定》，提出了“六个严禁”，有效防止了违纪行为和腐败现象的发生。三是强化监督检查，确保行政权力规范正确行使。突出加强了对重要岗位、重点环节行政权力运行过程的监督，督促完善行政许可、监察执法相关标准和程序。省局和分局廉洁执法监督小组积极推进廉洁执法监督回访制度落实，切实做到了“前有执法、后有监督”。还加强了对执行财务制度、财经纪律和干部选拔任用工作的监督，防范发生违纪问题。四是深化廉政教育，筑牢思想防线。按照《关于深入开展党风廉政教育活动的通知》的要求，进一步丰富教育内容，增强教育的针对性，努力做到“四到位”。深入学习贯彻《廉政准则》，认真执行《两项规定》，以开展“警示教育周”为重点，强化“牢记宗旨、执法为民”活动主题，突出抓好“一查两找”关键环节，确保了教育效果。五是扎实开展了创先争优活动，深化监察队伍作风建设。坚持深入开展了“学先进，比贡献”活动，以杨善洲、王茂俊、刘春权等先进典型为学习榜样，推动形成了学习先进、争当先进、赶超先进的浓厚氛围。坚持深入开展了整纪纠风专项治理，加大了治理庸懒散力度，切实解决了个别同志思想不稳、作风不硬、工作不实等问题，进一步弘扬了监察队伍顽强拼搏、甘于奉献、务实进取的优良作风。

# 山西省煤矿安全生产工作综述

2011年，在国家安全监管总局国家煤矿安监局和省委省政府的正确领导下，山西煤矿安全监察机构认真贯彻落实党中央国务院关于安全生产工作的一系列重大决策部署，以贯彻落实《国务院关于进一步加强企业安全生产工作的通知》（国发〔2010〕23号）精神为核心，以强化和落实企业安全生产主体责任为重点，以“三深化、三推进”（深化责任落实、深化专项整治、深化安全监管，推进科技支撑、推进安全达标、推进长效机制建设）为主要抓手，继续深化“安全生产年”活动，明确责任、狠抓落实，强化监察、严格执法，有力地促进全省煤矿安全生产形势持续明显好转。

2011年全省煤矿共发生伤亡事故54起、死亡74人（一般51起、57人，较大2起、6人，重大1起、11人），占全年控制指标（172人）的43.02%，比控制指标少死亡98人；同比减少10起、70人，分别下降15.63%、48.61%。全省煤炭产量8.7228亿吨，煤炭生产百万吨死亡率为0.085，实现了“一个杜绝、三个下降”，即杜绝了特别重大伤亡事故，死亡人数下降到100人以下，煤矿百万吨死亡率下降到0.1以下，瓦斯事故死亡人数同比下降幅度超过50%以上。

2011年，主要做了8个方面工作。

**一、科学制定执法计划，加大监察执法力度，煤矿安全监察执法工作进一步强化**

一是召开了全省煤矿安全监察工作会议。根据全省煤矿安全生产实际，对2011年工作作出总体安排，确立监察执法各项工作任务，组织编审了2011年度监察执法计划。二是完善行政执法责任制，将全年主要工作目标责任分解到各监察分局（站）、机关各处室、各直属单位，实行每月通报、季度滚动、年中考评、全年考核。适时召开监察执法分析会、半年工作座谈会，研究新情况、解决新问题、把握新机遇，掌控工作大局，着力提高工作执行力。三是认真落实监察执法计划，不断强化安全监察执法工作。2011年共监察3345矿次，查处隐患和问题7674条，行政处罚455次、责令32个矿井停产整顿，下达监察执法文书7292份，其中向地方政府提出加强和改善煤矿安全管理建议书279份。全年行政罚款11985万元。

**二、深化主体责任落实，严格准入问责监督，企业依法办矿意识进一步增强**

一是严格现场检查，认真按程序实施安全许可。全年颁发（换发）了83个主体企业、304个煤矿的安全许可证，开展了保留煤矿持证情况核对清理，吊注销关闭矿、建设矿安全生产许可证370个。二是严格建设项目安全设施设计审查和竣工验收审批。全年共审查批复了480个建设项目安全设施设计、现场检查竣工验收批复了58个建设项目安全设施和安全条件。三是适时开展了煤矿兼并重组整合主体企业调查摸底，通过召开座谈会、举办安全许可培训等形式，有序推进主体企业安全许可，已有99个主体企业办理了安全许可证。四是坚持“四不放过”和“依法依规、实事求是、注重实效”的原则，严肃查处伤亡事故，严格实行责任追究。共组织调查处理事故54起，已结案50起，处理责任人520人。按照程序规定依法查处举报事故。积极配合省市检察机关开展煤矿事故查处过程中移送涉嫌犯罪案件的自查和督查工作。

**三、深化安全专项整治，狠抓隐患排查治理，煤矿安全生产条件进一步改善**

一是实行隐患约谈制度。对辖区煤矿存在重大安全隐患继续组织生产、未全面正确履行职责导致安全事故、拒不执行煤矿安全监察指令等情况的煤矿企业主要负责人、分管生产、安全、技术负责人及其他有关人员进行问责谈话，实行重处重罚，督促隐患整改。二是对存在违法建设、超能力生产等重大隐患矿井进行跟踪督导，进行专题研究，增强整改实效；定期开展了生产矿井安全程度评估、主体企业安全状况评估、辖区安全状况评估，并适时进行通报。三是督促煤矿企业开展重大危险源辨识评估和监控管理，进行定期风险分析，对重大隐患整改治理情况进行效果评价；推广了隐患排查治理市场化管理，通过市场化手段及时掌握煤矿隐患死角，提高安全工作执行力。

**四、深化监管监察联合执法，严厉打击非法违法行为，煤矿安全生产法治秩序进一步规范**

一是在春节前夕和全国全省“两会”期间，配合国务院安委办对我省关键时段和敏感时期的安全生产工作进行了调研督导，联合省有关部门开展了全省煤矿安全生产省级督查，二是始终保持打击非法违法行为的高压态势，与省有关部门及时制定工作方案，进行安排部署，适时开展省级督查；各监察分局（局）根据当地政府的统一安排，随机开展了夜间突查、零点行动、明察暗访。三是配合省有关部门组织对兼并重组整合关闭矿井督查，确保1504处关闭矿井关死关实，严防死灰复燃和落后生产能力再次进入生产领域。四是开展了全省煤矿安全专项整治、百日安全生产大检查省级督查工作，加强对省政府确立的安全生产挂牌责任制落实情况的监督检查。

**五、推进煤矿科技支撑，完善专业机构监管，煤矿安全保障应急救援能力进一步增强**

一是将推进煤矿井下安全避险“六大系统”建设完善列入各监察分局（站）监察执法计划，对生产矿要求限期承诺、对建设矿必须纳入安全设施“三同时”范畴，适时开展专项监察。二是推进煤矿安全培训机构建设，确立全年工作重点，建立教师师资库，推动实操实训建设，开展示范机构创建，促进提高培训质量。三是对26家安全评价、安全检测、职业危害评价检测机构进行监督检查和年度考核，开展专项治理，推进诚信建设，促进提高专业技术服务水平。四是加强矿山救护队队员培训考核、队伍达标建设、应急建设规划，开展资质认证，完善信息平台，提高救援能力。五是积极指导、协调事故抢险救援，开展了2010年煤矿伤亡事故应急救援评估分析，修订煤矿事故应急预案，不断完善工作机制，着力提高突发事故的应急响应时效。六是开展了全省防治煤与瓦斯突出专项培训，强化防突意识、落实防突措施。

**六、推进兼并重组整合，指导安全文化建设，煤矿安全生产基础进一步夯实**

一是积极参与全省兼并重组整合工作的检查验收，对各市正式协议签订、名称预核准、资金补偿到位、采矿许可证换发、实质性接管、矿井关闭、整合建设等方面进行督促检查。二是召开了煤矿安全文化建设推进会，组织各监察分局（站）和省内重点煤炭企业有关人员参观了同煤集团安全文化建设成果，交流了煤矿安全文化建设示范矿创建工作经验。三是在网上开办专题报道，宣传示范矿煤矿安全文化建设取得的成就；在监察执法中大力传播以“理念渗透、行为养成、精细管理、本质安全”为主要内容的先进安全文化。四是举办了煤矿安全文化建设示范矿创建经验宣讲活动，发挥示范引领作用；严格推荐标准、逐矿现场检查，推荐上报了2011年度全国安全文化建设示范矿8个，配合国家安全监管总局进行了现场抽检。

**七、推进长效机制建设，构建安全防范体系，全省煤矿安全发展水平进一步提升**

一是组织开展了以“安全责任、重在落实”为主题的第十个“安全生产月”集中宣传教育六项活动；配合开展了“三晋安全行”大型记者集体采访、《煤矿安全规程》（动画版）宣贯活动。二是主办了以“科技兴安、转型跨越、安全发展”为主题的2011年煤矿安全科技活动周（山西）科普活动。三是以自办网站、信息报送、通报建议、监察动态为手段，以大众传媒为载体，以培训讲堂为阵地，以现场检查和查处事故为途径，大力宣传国家安全监管总局国家煤矿安监局、省委省政府关于煤矿安全生产工作的措施要求，传播安全法制、普及安全知识，加强日常安全宣传。四是严格执行重大处罚备案（1—12月备案273件，罚款额占82%）、自由裁量基准制度，定期开展执法分析，组织30余人对100套行政执法案卷开展了大评查活动，举行了优秀执法案卷讲评活动，促进了全系统行政执法水平的提高。五是持续深入开展了煤矿安全生产相关问题的专题调查研究，提交调研报告28份，不断扩大煤矿安全监察工作的影响力。

**八、突出监察队伍建设，着力做好相关保障，煤矿安全国家监察行政执法能力进一步提高**

一是以推进学习型党组织建设为抓手不断加强理论武装，以庆祝建党90周年活动为契机不断加强思想建设，以落实省直工委要求为切入点不断加强作风建设，以严格干部选拔任用为途径不断加强组织建设，振奋了监察队伍士气。二是坚持民主集中制，不断加强科学决策；举办监察务实培训，不断提升人员业务素质；加强审计监督和财务检查，进一步做好国有资产管理和日常财务管理。三是落实“两个待遇”，做好老干部服务工作，充分发挥各宿舍区基层党组织和各服务点联系人的主观能动性，积极创造老有所乐老有所为的和谐环境。四是坚持“民生为上”，做好后勤服务。投资近350万元改造9个宿舍区和办公区的公共设施，保证了近23万平方米办公区、宿舍区水电暖安全供应，保证了机关工作的正常运行。五是认真贯彻落实上级党风廉政建设工作会议精神，坚持“标本兼治、综合治理、惩防并举、注重预防”的方针，以全面贯彻落实党风廉政建设责任制为抓手，以完善和深化惩治和预防腐败体系建设为主线，突出重点、狠抓落实，反腐倡廉工作得到了扎实有效推进。

2011年，山西煤矿安全监察工作尽管取得积极进展和明显成效，得到国家安全监管总局、国家煤矿安监局和省委省政府的高度认同，但全省煤矿安全生产形势依然严峻，主要存在事故总量依然较大、安全基础比较薄弱、职业危害还很严重、瓦斯抽采达标尚需加强、水害预防应更加严格、矿井建设秩序还须规范、安全避险“六大系统”建设完善还应大力推进等问题，这些都需要在2012年的工作中进一步着力解决。

# 内蒙古自治区煤矿安全生产工作综述

2011年，在上级的正确领导下，局认真学习贯彻张德江副总理、骆琳局长的重要讲话精神，以落实国务院《通知》精神为核心，采取一系列措施，加强了领导班子和队伍建设，加强了党建和党风廉政工作，强化三项监察工作、行政许可和事故查处，加大执法力度等，各项工作取得了明显成效，有力地促进了全区煤矿安全生产形势持续稳定好转。

## 一、煤矿安全生产总体情况

全区煤矿安全生产继续保持稳定好转，百万吨死亡率持续下降。2011年，内蒙古自治区煤矿发生死亡事故30起，死亡50人；发生较大事故4起，死亡20人；没有发生重特大以上事故。全区煤炭产量调度数为9.79亿吨，同比增产20416万吨，增长26%。百万吨死亡率0.051，同比下降0.012。继续保持全国领先水平。

## 二、煤矿安全生产重点工作

回顾总结2011年内蒙古煤矿安全生产工作，局突出抓了以下9个方面的工作。

### （一）以贯彻上级精神为契机，安排布置好全面工作

总局工作会议之后，局立即召开了党组会议，全面学习传达了张德江副总理、骆琳局长等领导同志的重要讲话精神和纪检组长会议精神。在对上级会议精神深刻领会、认真研究的基础上，确立了2011年我区煤矿安全监察工作的指导思想、工作目标、重点任务以及党风廉政建设工作要点和具体措施。在局党组统一思想、凝聚共识的基础上，召开了全系统工作会议。传达上级精神，安排部署了全年的工作任务，表彰了先进、签订了党风廉政建设责任状。在煤矿安全监察方面，围绕“少死人”这个核心，提出了“七个强化”的工作思路。在队伍建设方面，以创先争优为契机，下决心从“严”、“细”、“实”、“快”、“廉”5个方面入手，将党风廉政工作进行了层层分解，把反腐倡廉工作落实到实处。一系列周密、细致的安排为全年煤矿安全监察工作打下了基础。

### （二）严格执法，加大处罚力度，对非法违法行为实行“零容忍”

2011年，局与自治区有关部门共同制定了“打非”的具体方案，加大了执法和处罚力度，对发现的非法违法行为，全部按照国务院《特别规定》和“四个一律”的要求予以处罚，提出了对违法、非法行为要“零容忍”，即无论是在正常监察中，还是在煤矿验收、行政许可受理、事故调查中，发现非法违法行为，必须依据《特别规定》

严肃处理。局领导班子成员多次带队下矿监察，带头加大执法力度，局机关有关处室也率先执行，对发现的重大安全隐患都严格按照国务院446号令进行了处罚。处罚的同时也给煤矿提出合理化建议，通过严格执法，极大地震慑了非法违法生产行为，进一步规范了采矿秩序。同时我们这支队伍也得到了地方政府和监管部门的充分认可。全年向地方政府及有关部门下达了加强和改善煤矿安全管理建议书56份。

（三）突出预防，强化监察，加大隐患整改的督办力度

局针对不同时期煤矿安全生产事故易发多发的问题，以及日常监察执法中发现的一些带有普遍性的薄弱环节，集中力量，有针对性地对重点地区、重点企业和重点环节开展集中监察。一是在春节及"两会"期间下发了《关于做好煤矿安全生产工作的通知》，对煤矿安全监察工作提出了具体要求，对重点煤矿、超能力生产以及在建矿井加大了监察力度。春节前，由局领导带队，对重点地区煤矿进行安全检查，重点检查了煤矿落实上级精神、节日值班、停电检修等情况。春节后"两会"期间，按照自治区政府的统一要求，组成由我局和自治区煤炭局领导带队的4个督察组，在全区范围内开展了为期一个月的春季安全大检查，对各地春季煤矿安全大检查及节后复工情况进行了督察。二是开展了一系列有针对性的专项监察。先后开展了井下重要安标设备专项监察，煤矿瓦斯防治、煤与瓦斯突出专项监察，汛期煤矿安全生产大检查，煤矿运输系统安全大检查，顶板和瓦斯治理为重点的安全大检查。这一系列的集中监察活动，以点促面，有效地消除和控制了一批重大安全隐患，对确保不同时期的煤矿安全生产发挥了重要的作用。去年雨季，在乌海地区成功避免了一场洪水淹井的重大人员伤亡和财产损失事故。去年临近年终，为落实全国瓦斯防治现场会精神，我们受自治区赵双连副主席委托，安排了冬季安全大检查工作，随后，由局领导带队分3个组对全区煤矿大检查情况进行了督查。与煤炭工业局在赤峰、鄂尔多斯两地分别召开了全区瓦斯治理现场会暨安全生产工作会议，通报了全区煤矿安全生产情况及安全督查情况。全年，查出事故隐患5791项，期限内应完成事故隐患整改5718项，实际完成事故隐患整改5675项，隐患整改率99.2%。查处重大事故隐患55条，限期整改44条，已整改40条，重大隐患按期整改率90.9%（造成重大隐患整改率低的主要原因是在建矿井证照不全），下达执法文书6027份。

（四）规范行政许可行为，加强源头准入力度

从分局选调人员，充实行政许可受理中心力量。局机关业务处室适时监控各煤矿安全生产许可证有效日期，对即将过期的安全生产许可证及时通知分局。在煤矿安全生产许可证延期过程中，许可证中心重点加强了对逾期未及时申请延期煤矿的审查力度，对逾期未及时申请的煤矿，办理延期时必须有分局的处理决定。在煤矿竣工验收时，对发现的安全隐患和违法行为也要进行处罚。2011年，共审查安全专篇52个、开发利用方案安全设施设计40个，验收煤矿44处，发放、变更和延期安全许可证296个，申报其他项目152个。处罚逾期未及时办理《安全许可证》延期手续的煤矿7座，下达停产指令8个，竣工验收中发现重大隐患6项，并给予行政处罚。

（五）以职业危害申报为切入点，全面开展职业健康监察

局在全国率先开展了职业危害监察，职业危害申报工作制定的一些办法得到了总局领导的认可。制定了煤矿建设项目职业卫生"三同时"审查的有关规定，把煤矿作业场所职业危害申报工作纳入到煤矿安全生产许可证的颁发管理中。把职业危害监察列入"三项"监察执法工作计划。全年开展职业危害专项监察一次、举办职业危害防治工作培训15期，培训762人。在全区范围内大力推广了一些大型煤业集团公司的先进采掘设备和新技术；向国家局积极推荐区职业危害防治先进单位，受到了中华全国总工会、国家煤矿安全监察局、中国煤矿职业安全健康协会的通报表彰。

（六）以事故防范为重点，加大事故查处力度

2011年，局进一步建立和完善事故查处机制，充分发挥组织与牵头作用，加强了与地方政府和其他成员单位的沟通协调，严格责任追究。在事故查处中推行"阳光"政务，集体调查，集体研究，确保事故查处公平、公正、公开，并通过事故现场分析会、事故后约谈、事故通报等形式，督促企业加强和改进防范工作，避免同类事故发生。去年，立案调查煤矿生产安全事故30起，结案24起，其

余6起事故正在调查中。在事故查处中，对9名事故责任者追究了刑事责任，给予65名事故责任者党纪、政纪处分，收缴了对事故责任者和事故企业的罚款；制定了《内蒙古煤矿生产安全事故举报案件核查处理办法》，进一步规范了隐瞒事故调查处理工作。对2006年以来煤矿企业瞒报的48起死亡事故进行了查处，查实29起，处理隐瞒事故责任者120多名，对事故责任者和事故企业处以罚款；事故调查处理工作结束后，我局及时将事故查处结果在新闻媒体上进行公布，并组织工作组对今年以来查处的煤矿事故处理结果落实情况进行了跟踪督办，保证了事故查处结果和防范措施得到及时有效落实。同时创新了事故调查方式，建立了事故调查组成员单位定期沟通机制，采取召开座谈会的形式，定期召集成员单位有关人员，分析案例、学习法律法规，探讨事故调查中出现的问题。全年召开座谈会2次，加强了沟通、增进了配合。

去年发生的4起较大事故，局领导和有关处室人员都在第一时间赶赴事故现场，协助地方政府开展抢险救援工作，积极参加了镶黄旗塬林煤矿冒顶事故的救援工作，成功营救出7名矿工，得到了自治区政府的认可。

同时，国务院事故调查组对神华乌海能源公司骆驼山煤矿“3·1”透水事故的处理决定已落实到位，并对整改情况进行了督察。

（七）加强技术支撑体系建设，为监察执法工作提供可靠保障

一是应急救援体系逐步建立。救援指挥中心在机构刚组建、人员少、业务没理顺的情况下，摸清了全区救援队伍建设情况、完成了9支救援队的资质认证、培训了1143名救护队伍、组织了750次应急演练、2800次预防性检查和24支救护队质量标准化评定工作。二是统计工作进一步规范。统计中心建立和完善了煤矿监察执法统计分析制度，加强了对执法情况的统计分析，在煤矿安全月报上公布上月的执法统计情况，并每月向国家总局报告一次我局执法情况。积极做好通信、计算机网络、周例会、视频会议的技术保障及管理工作。三是培训工作力度进一步加大。新认定批准了3家三级和15家四级煤矿安全培训机构。全年培训人员42189人。内蒙古培训中心认真落实审计署联动审计意见，与安元公司彻底脱钩，清退了部分职工集资款，与安科公司的资产认定现正在清理规范中，进一步明确了职能。四是完善了检测检验体系。检测检验中心规范了职业危害检测检验中心和矿用产品检验中心的职责，采购了设备，为煤矿安全监察提供了科学准确的执法依据。中心与248家企业签定了职业危害技术服务合同，举办职业危害培训20期，培训1292人。出具检测报告12376份。

（八）以保障监察为目的，全面提升服务水平

局党组坚持以人为本的工作宗旨，始终把民生问题放在重要位置，想方设法为干部职工解难事、做实事、办好事，确保了监察执法的有序开展。去年，局领导在下矿监察期间，帮助鄂尔多斯分局解决了多年来一直没有固定办公场所问题，下拨资金，更换了分局办公设施；协助赤峰分局解决了医疗保险报销比例偏低问题；为乌海分局添置了监察车辆；为呼伦贝尔分局下拨资金更换了办公楼暖气片；为4个分局争取了483万元的装备；鄂尔多斯分局办公楼项目、全局周转用房项目已由国家总局立项、编制上报了全局监察用车项目，为局机关专业处室添置了执法设备和软件。在国家下拨资金紧张的情况下，局领导多次与地方有关部门协调，争取地方财政执法经费补助资金，争取到救援指挥车辆一台；在“三八”节期间，慰问了全局妇女同志，在“两深入、两促进”活动中，为帮扶点筹集扶贫资金10万元；“七一”前夕，走访慰问了离休老同志及新中国成立前的老党员。

（九）以创先争优、廉政建设为抓手，不断加强队伍建设

2011年，局以“争做安全发展忠诚卫士，创建为民务实清廉安监机构”为重要活动内容，以创先争优活动为抓手，通过多种形式的警示教育活动，全面推进队伍建设。一是认真开展创先争优活动。制定了工作方案，根据创先争优工作安排，局领导带队对分管单位和部门党组织、党员领导干部进行了点评，收到了较好的效果。二是认真做好建党90周年庆典活动。召开了庆祝中国共产党成立90周年暨“七一”表彰大会，重温了入党誓词，表彰了10个先进基层党组织、29名优秀共产党员和14名优秀党务工作者。组织全体人员观看了《建党伟业》。通过一系列扎实有效的爱国、爱党活动，增强了责任意识，激发了工作热情。三是积

极开展反腐倡廉活动，组织局机关全体人员参观了自治区预防职务犯罪领导小组举办的“法制与责任——全国监察机关惩治和预防渎职侵权犯罪展览”。认真学习了7月4日骆琳局长在第二个反腐倡廉“警示教育周”视频动员会上的重要讲话，开展了“警示教育周”活动。四是进一步加强制度建设，规范行政行为。按照区煤监局的“三定”规定，制定了局机关、分局和事业单位内设机构和人员编制规定，细划了各单位、各部门的职责，同时，局党组重新调整了班子成员的分工，修订完善了年度目标考核办法，量化了考核内容。实行了“周例会”制度，共召开周例会42次，党组会议48次。做到一事一沟通，一事一处理，事事有落实。制定完善了财务制度、干部轮岗交流、挂职锻炼制度、信息报送等多项制度。规范了财务报销、车辆管理、信息报送、外调人员食宿以及分局经费运行等行为。按照责任分工，每位局领导分管一个分局的党风廉政建设工作，领导带队下矿检查时，必须在分局召开座谈会，讲廉政、了解监察员思想情况，2011年，平均每位领导下分局2次以上。制定了我局《党风廉政建设责任制规定的实施办法》等5项制度和党外监督制度，聘请了党风廉政监督员。基本上建立健全了反腐倡廉制度体系，进一步规范了党风廉政建设工作。五是坚持正确的用人导向，充实调整了分局领导班子和处室领导力量，按照《党政领导干部选拔任用工作条例》等规定，认真制定选拔任用工作方案，严格条件和程序等，完成了分局12名，局机关15名处级干部的选拔任用工作，对2个分局科室之间进行了轮岗交流。从分局调入人员充实局机关工作。

# 辽宁省煤矿安全生产工作综述

2011年，在国家总局和省委省政府的正确领导下，辽宁煤监局深入贯彻落实《国务院关于进一步加强企业安全生产工作的通知》精神，加大执法力度，推进企业主体责任落实；突出监察重点，深化隐患排查治理和打非治违专项行动；加强监督指导，推进政府监管责任落实；严格事故查处，推动工作落实；转变工作作风，促进廉政和队伍建设。各项工作继续健康发展。2011年，全省煤矿发生事故33起、死亡52人，比总局下达的考核指标减少18人；煤炭百万吨死亡率0.88，比总局下达的考核指标降低0.31。

**一、深化执法行动，执法力度进一步加大**

一是专项执法行动进一步深化。按照国家总局和省委省政府的安排部署，煤监局与省煤管局联合组织开展了“集中治理百日行动”、“春季安全大检查”、“打非治违”等7次专项执法行动，有效促进了三项监察任务的完成。全局累计监察矿井1101矿次，查处各类隐患7324条，依法下达执法文书4084份，暂扣安全生产许可证16矿次。

二是执法力度明显加大。全局累计实施行政罚款380矿次、3078万元。辽西分局全年实施行政处罚133矿次，行政罚款123矿次、金额超过1千万。辽北分局依法对辖区国有重点煤矿给予了8矿次累计46万元的罚款。辽南分局开展了“煤矿领导带班下井”制度落实情况的专项监察，监察矿井23矿次，查处违规行为12次、罚款49万元。

**二、转变执法方式，执法效能进一步提高**

一是监察方式有创新。煤监局在安全督查和专项检查中，各检查组事先将被检单位存在的重大隐患和问题进行汇总整理，带着问题检查，对查出的问题不是简单地下达文书、交换意见，而是专门召开座谈会，共同分析问题产生的原因、研究解决问题的具体措施和时限，既让企业容易接受，又利于隐患的整改。会同有关部门研究制定了《煤矿重大生产安全隐患治理及事故查处挂牌督办的实施意见》，以省政府办公厅文件转发，并先后对存在重大隐患的彩屯矿和短期内连续发生同类事故的南票煤电公司负责人与有关领导进行约谈，指出存在问题的危害，当面提出整改建议。

二是执法效能有提高。辽东分局进行了示范监察的改进和尝试，由被监察矿井依据分局事先拟定的方案自检自查，再经地方监管部门组织现场检查，最后，由分局进行示范监察并通报监察结果。让煤矿企业与监管部门把分局监察的结果与自检情况进行对照，找出存在的差距和不足。以此推动煤矿企业提高隐患排查能力，增强监管部门监管能力，有力地推进了企业安全主体责任和地方监管责任的落实。辽北分局因地制宜将辖区42家煤矿分为3类，并按照分类制定了周密细致的年度、月份监察计划，不仅保证了计划执行兑现率达100%，而且使得矿井监察周期更加合理。

**三、突出监察重点，打非治违和隐患治理行动不断深化**

一是严格煤矿建设项目安全管理。辽南分局坚持从规范技改矿井施工管理、工期管理、落实各方职责和制度建设入手，强化了技改矿井的全过程监察。对辖区一监理机构未按规定履行监理职责，依法给予警告并处罚款；结合开展在建项目专项监察，对非法违法违规建设行为共计处罚29矿次，罚款47万元、责令停止施工7矿次。辽东分局坚持严格审查，保证安全专篇质量。他们审查发现某矿存在提供虚假材料行为，依法给予行政处罚5万元，并退回重新申报。先后对煤矿违法建设责令停工4矿次，罚款17矿次、58万元。

二是严厉打击非法生产行为。针对事故特点，煤监局专门制定了“加强地方乡镇煤矿密闭管理监管监察的意见”和“加强单体液压支柱和锚杆（网）支护监管监察的意见”，组织开展了打非治违专项行动。辽东分局针对凤城市私挖滥采一度猖獗，及时会同地方政府及有关部门进行了集中整治，打掉了200多处私挖滥采窝点，维护了地区煤矿正常生产秩序。辽西分局将查处停产矿井私自生产、技改矿井在技改区域内生产作为重点，不定期抽查，发现私自生产从重处罚。先后对资源整合期间私自进行生产的5家煤矿罚款72万元，对一家举报查实非法生产的煤矿罚款111万元，有力打击了非法生产行为。

三是严肃查处重大隐患。辽南分局在隐患治理上始终抓住南、北煤两个公司不放松。针对北煤公司台吉竖井开采突出煤层，分局要求北煤公司按照《防突规定》制定并严格执行防突措施，否则不得开采，并连续跟踪督查，使该矿采取措施，消除了重大安全隐患。他们先后对两个公司所辖煤矿的7个工作面停止作业，处罚10矿次67万元。辽北分局在隐患治理上敢于从严处罚，针对康平三台子煤矿通风系统存在重大隐患，责令立即整改的同时，分别给予企业及主要负责人50万元和3万元的处罚；发现慈恩煤矿存在超定员组织生产严重问题，给予煤矿50万元罚款，对其矿长罚款5万元。

**四、突出落实责任，事故查处与责任追究力度不断加大**

一是事故查处方式有转变，推进了责任落实。辽北分局在事故调查中，坚持由只注重对事故发生地点进行现场勘查，向勘查事故现场同时对事故发生矿井开展全面隐患排查转变，排查过程中一经发现存在其他违法违规问题一律依法给予行政处罚。针对辖区发生的“3·12”顶板事故，依法给予企业及主要负责人共计32万元罚款，并对其存在的其他违法违规行为给予监察罚款62万元，同时，对监管部门与企业投资人进行约谈，通报存在的问题，分析了事故发生的原因，提出了加强和改善安全工作的要求。

二是加大了事故成本与责任追究力度。辽东分局针对辖区“3·17”瓦斯事故，对煤矿企业行政处罚220万元，13名责任人依法依规进行了处理，其中，3人追究了刑事责任，在当地产生了强烈的震动。在全省已经结案的31起事故中，累计处理责任人218人，其中，刑事处罚10人，党政纪处分52人，行政处罚156人。事故罚款841.2万元，其中，对事故煤矿实施隐患监察罚款495万元。

三是强化了事故通报、约谈和分析。辽北分局认真贯彻《煤矿安全生产事故通报约谈分析和督导制度实施办法》，制定了《事故通报制度》、《监察隐患整改约谈制度》，并及时召开事故约谈会和分析会。每次事故后都及时向辖区煤矿监管部门和企业下达事故通报，提出事故防范措施和工作要求。累计下发事故通报8份，组织事故约谈6次，还先后召开了两次辖区煤矿安全管理人员参加的事故分析会，通过事故分析，深入剖析事故发生的原因、特点和规律，总结事故共性和规律性问题，帮助企业查找安全管理中存在的漏洞，督促监管部门进一步强化监管工作。

**五、加强检查指导，推进地方监管工作不断加强**

一是积极推进地方监管机构提高监管能力。省局举办了两期市县监管人员专题培训班，135人参加培训，取得较好效果。省局组织开展了对各产煤市监管工作的检查指导，并将检查结果进行了通报，有效地促进了地方政府煤矿监管工作。辽南分局制定了“地方监管工作监督检查办法”，规范检查的方法、形式，细化监督检查内容，量化检查标准。通过监督检查，5个县区政府相继增加了人员编制，监管力量得到加强。

二是联合执法方式不断改进。辽北分局分别会同铁岭、抚顺市监管、工会、公安等部门，对辖区井型较大、灾害严重的矿井开展了联合执法。既使相关部门了解辖区煤矿存在的灾害与隐患，认识问题的严重性，减少了分局日常监察执法的阻力；同时，也增进了交流，为监察执法创造了良好的外部环境。

三是协调沟通机制进一步完善。辽西分局与地方监管部门建立监管监察季度联席会议制度，每季度向地方政府通报分局监察执法工作情况，提出加强和改进安全管理的意见和建议；强化日常沟通，各监察室与县区监管部门保持经常化沟通，及时分析煤矿安全工作中存在的问题，研究解决措施，督促县（区）煤矿监管部门对重大隐患跟踪监督落实。

**六、努力创先争优，队伍建设进一步加强**

煤监局党组高度重视队伍建设，2011年初，下发了党组1号文件，就加强新时期队伍建设提出了具体要求，结合队伍建设中出现的一些苗头性问题，开展专题调研，及时研究对策加以解决。

党建工作得到加强。筹备召开了第二次机关党代会，选举产生了新一届机关党的委员会和纪律检查委员会，保证了机关党的工作健康发展。

创先争优活动继续深入。全局表彰了一批在不同岗位上作出优异成绩的优秀共产党员、优秀党务工作者和先进基层党组织，创先争优活动不断深化。

廉政教育与管理进一步加强。全局组织收看了宋勇等警示案例教育片，开展了专题讨论。深入开展“警示教育周”专题活动，取得了好的效果。各分局也开展了内容丰富、形式多样的活动，廉政教育不断深化。同时，注重加强管理。辽南、辽北分局分别制定了《行政审批项目受理与承办分离实施办法》，确定了行政审批管理工作“依法、依规、公开、公正”、“受理与承办分离”、“前有审批、后有监督”的原则，强化了内部监督管理。

注意关心职工生活。认真筹划了干部交流周转房建设，改善了部分单位监察员住宿条件；筹措资金对机关食堂进行改造，改善了员工用餐环境；组织开展了各类文体活动，丰富业余文化生活，队伍凝聚力不断增强。

其他各项工作稳步推进。煤矿职业危害防治和煤矿从业人员工伤保险开始起步。开展了救援队伍培训和标准化建设评比活动，推进应急救援能力建设。以安全技术中心为依托，成立了全省安全生产检验与评价行业自律组织，规范了市场和价格。全心全意为老干部服务，做了大量卓有成效工作。

# 吉林省煤矿安全生产工作综述

2011年，省委书记孙政才多次对煤矿安全工作作出重要批示，省长王儒林主持召开煤矿安全专题会议，并亲自到煤矿企业调研考察；副省长王祖继十分关注煤矿安全生产，即使有时其他省份发生煤矿事故，也会高度重视，立即作出反应，就吸取他省事故教训、防范吉林省煤矿事故进行安排部署，并亲力亲为，先后5次深入煤矿现场、井下督促落实；吉林省安委会把煤矿安全放在十分突出的位置，对抓好煤矿安全生产投入了大量的精力。各产煤地区、各有关部门和煤矿企业以学习贯彻国务院《关于进一步加强企业安全生产工作的通知》（国发〔2010〕23号）为主线，紧紧围绕“安全生产年”工作部署，结合吉林省煤矿安全的特点和规律，不断加强和创新安全管理和监管监察，煤矿安全状况得到了明显改善。概括的讲，2011年吉林省煤矿安全工作创造了“四个历史水平”：

一是煤炭产量创历史最高水平。全省煤炭产量继2009年突破4000万吨后，2011年首次突破

4300万吨，创历史新高。

二是煤矿事故总量创历史最低水平。全省煤矿发生事故15起、死亡38人，同比减少10起、少死亡22人，分别下降40%、36.7%。煤矿事故死亡人数继2009年降到70人、2010年降到60人后，2011年首次降到40人以下，创历史新低。

三是百万吨死亡率创历史最低水平。全省煤炭百万吨死亡率0.883，同比下降36.9%。百万吨死亡率继2009年降到2以下、2010年降到1.5以下后，2011年首次降到1.0以下，创历史新低。

四是部分地区煤矿安全和煤矿企业安全生产创历史最高水平。辽源市、通化市和四平市所属煤矿没有发生伤亡事故；长春市、吉林市所属煤矿死亡人数同比降幅均在50%以上。吉煤集团所属通矿公司、珲矿公司、杉矿公司实现了安全生产、零责任事故，特别是辽矿公司，建矿100年来首次实现了“零”死亡。

2011年，吉林煤矿安全监察局在国家安全监管总局、国家煤矿安监局和吉林省委、省政府的正确领导下，认真履职、严格执法，主要抓了以下几个方面的工作。

**一、注重提高监察效能，促进安全生产主体责任落实**

认真贯彻落实国务院《通知》要求，在创新工作方式、提高监察效能上开动脑筋、狠下工夫，根据吉林省煤矿安全的实际，制定了《关于进一步加强煤矿安全监察工作的意见》，重申了13项重点监察内容，明确了10种处置措施，统一了的案卷样本，推进监察执法程序、标准和文书管理的规范化。坚持用监察促动工作、用经验带动工作、用教训推动工作，采取集中式监察、解剖式监察、预案式监察、约谈式监察、示范式监察的方式，做到了监察执法与宣传教育相结合、与技术指导相结合、与推广典型经验相结合、与发挥地方监管作用相结合。把现场监察的过程，也当做服务基层、宣传教育的过程；把对地方监督指导的过程，也当做沟通交流、协调配合的过程，形成了煤矿安全生产工作的合力。

**二、把握规律特点，强化煤矿瓦斯和水害监察**

吉林煤矿安监局始终把瓦斯防治作为监察的首要内容，年初组成专家组，围绕瓦斯治理制度体系、领导机构、资金投入、隐患排查等内容，历时两个多月，开展了调研督导，覆盖了辽源、通化、珲春等瓦斯灾害严重矿区。依据调研成果，明确了全年瓦斯治理专项监察的重点，即：国有大矿，重点督促其严格按照通风能力组织生产；乡镇煤矿，重点督促其形成合理可靠的通风系统；整合技改矿井，重点督促其完善“一通三防”基础设施。在水害方面，下发了《关于加强煤矿防治水监察的通知》，开展了形式多样的新版《煤矿安全规程》宣贯活动，煤矿企业水害防范意识逐步增强。延边朝鲜族自治州某煤矿在施工过程中遇钻孔涌水淹井，由于事发时采取得力措施，及时撤出井下14名作业人员，避免了一起重大水害事故的发生。认真吸取2010年淹井事故教训，在2011年主汛期到来之前，以梅河、蛟河、舒兰等矿区为重点，以32个监察要素为主要内容，对受水害威胁的42处矿井进行了全面检查，共查处隐患173条，保障了矿井安全度汛。

**三、开展集中督查，确保了重点时段煤矿安全生产**

先后组织开展了两次集中督查行动，推动全省煤矿安全隐患大排查、大整治。“两会”前夕，为吸取和龙市南阳二井“2·24”瓦斯事故教训，省政府办公厅批转了省安监局和吉林煤矿安监局《关于加强煤矿安全生产工作　坚决遏制煤矿生产安全事故的意见》。随后，吉林煤矿安监局抽调骨干力量与省安监局联合组成3个督查组，由局班子成员带队，对18个重点监控煤矿进行了现场督查，督促安全防范措施的落实。全省煤矿在“两会”期间实现了安全生产。进入8月份以后，针对部分省市煤矿事故多发的严峻形势，下发了《关于开展煤矿安全生产督查的通知》，分4个组，历时两个月，开展了煤矿安全生产督查行动，查隐患、促整改，强基础、防事故，更加注重查找煤矿企业管理上的漏洞和制度上的缺陷。期间召开座谈分析会21次，抽检煤矿28处，查处隐患224条，实施经济处罚144.7万元，暂扣安全证6矿次。督查结束后，吉林煤矿安监局向吉林省政府提交了专题报告，针对发现的问题，提出了建议措施。集中督查收到了明显的安全效果，三季度以来，全省煤矿安全形势保持了平稳势头。

**四、加大监察力度，推动“打非”行动深入开展**

各级煤监机构强化与地方部门的协调配合，打出“组合拳”，严格落实停产整顿、从重处罚的措施，着力推动超层越界、“三超”生产、以掘代采等突出问题的解决，做到了阶段有分析、月度有总结、定期有通报，保持了煤矿安全生产的高压态势。一年来，煤监机构共责令停产整顿7矿次，暂扣安全许可证50矿次，实施50万元以上大额罚款9次，是近几年来执法力度最大的一年。把整合技改井作为“打非”的重要对象，集中开展了建设项目专项执法，覆盖率达到了100%，严防边整合边生产、假整合真生产等非法违法行为，并对个别施工进展缓慢、现场组织混乱的项目负责人进行了约谈。同时，把“打非”作为整顿关闭的“助推器”，对连续发生责任事故、灾害严重又不能有效治理、达不到开采规模的，依法提请地方政府予以关闭。2011年全省又公告关闭小煤矿15处，超额完成国家下达的指标。

**五、坚持关口前移，严格煤矿安全行政许可**

严格标准、规范服务，认真开展安全专篇审查验收和许可证颁发管理，从源头上确保安全生产。针对重点项目，首次启用专家库，把领导干部带班入井、“六大系统”建设等规定逐步纳入安全生产许可条件审查内容，把关更加严格，质量有所提高。创新工作方式，对责任心不强、运行不规范的中介机构进行了严肃约谈，特别在解决安全评价报告与实际情况不符的问题上，收效比较明显。坚持受理与审查分离制度和集体审批制度，年内召开审批会议21次，决定颁证65个，不予颁证11个，返回不符合审查条件的9个。并及时更新许可证网络数据库，每月在局网站公示颁发、暂扣、注销信息，每季度向各地市通告煤矿持证情况，强化了动态监督和管理。

**六、严肃查处事故，加大用事故教训推动工作力度**

按照“四不放过”和“依法依规、实事求是、注重实效”的原则，认真组织开展事故调查工作。对于责任认定、人员处理等问题，吉林煤矿安监局作为调查组牵头部门，充分尊重各成员单位的意见，最终由调查组讨论决定，树立了调查组和牵头单位的威信。及时将省内外典型事故教训通报地方部门，提醒地方政府、有关部门和煤矿企业吸取事故教训；坚持每起事故调查结束后都公开处理，最大限度地发挥事故查处的警示和教育作用。积极配合“安全生产月”活动，6月组织召开了全省煤矿典型事故案例分析会，组织事故矿井、地方监管部门对2010年发生的四起典型事故的原因进行了深入分析，举一反三制定防范措施。吉林省政府对此十分重视，副省长王祖继会前作了指示、会后作了批示，副秘书长柳青亲自到会指导。与会人员普遍反映，案例剖析图文并茂，生动形象，震撼人心，收获很大。

**七、立足督促引导，积极构建安全生产长效机制**

一是推动强化基层基础工作，开展了煤矿安标设备、安全培训专项监察，组织召开了“六大系统”研讨会、推进会，督促煤矿加快淘汰落后设备工艺，采用先进适用安全装备，强化全员安全培训和现场安全管理。二是推动安全文化建设，围绕中心、突出重点，精心安排具有煤矿安全监察特色的宣传活动，凝聚“关爱生命、安全第一”的共识。加强调研、积极督促，树典型、推经验，煤矿安全文化建设有了新的进展。三是推动职业健康工作，召开了9场煤矿职业健康宣讲会，举办了6期煤矿粉尘监测人员培训班，开展了职业危害防治专项监察，通过提高责任意识、提升监测能力、查处违规行为，促进了《煤矿作业场所职业危害防治规定》的贯彻落实。四是发挥支撑体系作用，修订了三、四级培训机构的认定标准，认真开展安全中介机构专项整治和从业人员继续教育，提高了中介机构的服务质量。吉林矿山安全实验室建设工程顺利完成，拓宽了服务范围，增强了技术支撑。在煤矿救护队资质认定中，更加注重技术应用和仪器操作，积极组织开展应急救援演练，促进了指战员综合素质的提高。

**八、深化创先争优，提高了队伍的凝聚力和战斗力**

把创先争优活动融入全局各项工作之中、融入各项工作进程之中，先后印发了创先争优《实施方案》、《推进方案》和《深化方案》。在调研、讨论的基础上，形成了吉林煤矿安监局“双五条”争创标准，制定了考核办法，增强党员干部“争”“创”意识。坚持典型引路感召人，开展了“远学杨善洲、近学刘春权”活动，大力表彰先进，营造了“学先进、比贡献”的良好氛围；坚持领导点评激励人，采取集中点评、现场点评、例会点评等方式，保证了点评的针对性和时效性。发挥简报的导向作用，共编发38期简报，推广各单位的好经验、好做法、好成果，使活动始终处于积极向前的状态。《中国安全生产报》和总局第16期、20期、27期简报分别刊登了吉林煤矿安监局创先争优活动的经验做法，铁锤局长作出重要批示，给予了表扬。辽源监察分局原副局长刘春权同志被国家安监总局选树为全国安全监管监察系统的先进典型，而且是煤监系统唯一的典型，这是对吉林煤矿安监局监察队伍的肯定，也体现了总局党组对基层监察员的关心、关怀和爱护。

**九、推进反腐倡廉，保障了严格、公正、廉洁执法**

局党组始终高度重视党风廉政建设，作为一条红线，与业务工作同安排、同落实，同检查、同总结。全年3次召开专题视频会议，传达贯彻上级部署要求，研究落实具体工作任务，整体推进反腐倡廉教育、制度、监督、纠风等各项工作。坚持“警示教育月”、廉政电教片等教育制度，初步形成了年有教育月、月有警示片，定期有报告、网站有专栏的教育机制。修订了《贯彻执行〈关于实行党风廉政建设责任制的规定〉实施办法》，制定了《党政领导干部党风廉政建设责任制量化考核办法（实行）》，进一步明确了各级党组织和领导干部的廉政责任。不断完善廉政监督体系，建立了反腐倡廉网络舆情收集、研判、处置工作机制，认真受理群众信访举报，形成了包括监督员监督、群众监督、舆论监督等在内的监督体系。局纪检监察部门发挥组织协调和监督检查职能，适时对各部门、各单位廉政责任落实、工作进展和任务完成情况进行检查，保证了党员干部和监察人员从政行为的廉洁性。

# 黑龙江省煤矿安全生产工作综述

**一、煤矿安全生产工作创出新水平**

2011年，全省煤矿发生死亡事故45起，死亡94人，百万吨死亡率为1.0，是自1994年煤矿安全统计归口管理18年来的最好记录，为开创“十二五”时期煤矿安全生产工作新局面奠定了良好基础。

2011年，黑龙江省制定了力争三年实现煤矿安全形势根本好转奋斗目标，并付诸实施。确定利用三年时间，全面提高黑龙江省煤矿安全生产水平，有效遏制重特大事故发生，实现煤矿安全生产形势根本好转。

（一）百万吨死亡率下降

百万吨死亡率下降到1.6以下，其中，大型煤矿0.3以下，中型煤矿0.6以下，小型煤矿2以下。

（二）瓦斯治理

不断加大瓦斯抽采、系统改造、资金投入等方面力度。力争到2012年，全省煤矿瓦斯事故起数控制在3起以下，死亡人数控制在20人以下。到2012年底前，龙煤集团完成295项瓦斯治理工程项目建设，投入总资金53亿元，瓦斯抽采率由现在的42%提高到50%以上，瓦斯利用率由现在的23%提高到50%以上，力争达到国内先进水平。地方煤矿完成以通风系统改造和淘汰更新设备为重点的瓦斯治理重点工程，投入总资金24亿元，地方高瓦斯煤矿瓦斯抽采率达到22%，利用率达到31%。

（三）水害治理

全省煤矿建立矿井水害防治工作长效机制。受水害威胁的煤矿全部建立完善防排水系统；受老空水和承压含水层水威胁的矿井，建立并实施煤矿地质及水文地质安全保障体系。

（四）建设安全避险“六大系统”

加快煤矿井下监测监控系统、井下人员定位系统、紧急避险系统、压风自救系统、供水施救系统和通信联络系统等“六大系统”建设步伐。2011年全部安装井下人员定位系统；力争2013年6月底前全面建立完善紧急避险系统。

为实现上述奋斗目标，黑龙江省煤炭行业认真贯彻落实省政府决定，以突破煤矿瓦斯治理关键技术，努力提升瓦斯防治整体水平为重点，强化行业管理。

按着省政府要求，各级行业管理部门、煤矿安全监管部门和有关部门严格控制瓦斯矿井准入门槛，从“十二五”开始，停止核准新建年产30万吨以下的高瓦斯矿井和年产45万吨以下的煤与瓦斯突出矿井项目。对不具备瓦斯防治能力的企业，立即责令停产整顿，或与具备瓦斯防治能力的煤矿企业重组，如整改仍不达标或未能实现重组的，坚决予以关闭。在行业管理中，努力突破煤矿瓦斯治理关键技术，提升瓦斯防治整体水平，有效防范和坚决遏制煤矿瓦斯事故，促进全省煤矿安全生产形势进一步稳定好转。有关部门严格煤矿瓦斯等级鉴定，严格控制瓦斯超限。监督煤矿企业进一步加大瓦斯抽采利用力度，实现瓦斯治理“先抽后采，抽采达标”。加大地面瓦斯抽采科技攻关，研发推广先进适用的瓦斯抽采利用技术和装备。加大瓦斯综合治理基础工作推进力度，继续开展煤矿瓦斯地质图编制和瓦斯治理专家会诊工作，全面推广瓦斯治理工作体系“示范工程”建设经验，抓好瓦斯防治人才培养和业务培训，提高相关人员业务素质，完善煤矿安全监测监控系统。进一步加大监督检查力度，建立健全瓦斯防治重大隐患逐级挂牌督办、公告制度和举报奖励制度，对存在通风系统不合理、应建未建瓦斯抽采系统、抽采不达标、区域性治理措施不落实等重大隐患的矿井，实施督办整改。进一步加大政策支持力度，通过制订优惠扶持政策，引导资金投入向瓦斯治理方面倾斜，支持煤矿企业拓宽瓦斯利用范围，提高瓦斯利用率。进一步加大责任落实力度，全面建设“通风可靠、抽采达标、监控有效、管理到位”的瓦斯综合治理工作体系。严格煤矿瓦斯防治责任考核，建立健全煤矿安全事故约谈、警示和瓦斯防治督查督办制度，对因管理不到位、职责不清晰、推诿扯皮造成事故的，按照国家相关法律法规严肃追究责任。

## 二、安全生产工作新的突破

2011年，全省国有重点煤矿，特别是龙煤集团各分子公司通过狠抓安全质量标准化建设，确保了煤矿安全生产形势的稳定好转。主要表现为实现了“五个新突破”：

### （一）安全理念实现新突破

在去年形成了“十大安全理念”的基础上，又分批次组织各矿长、安全和生产等系统副职领导，到龙口集团、淮南集团学习先进经验；聘请大屯煤电集团姜华副总经理到鹤岗讲课指导，借助承办龙煤瓦斯治理专题推进会的时机，邀请中国工程院院士、淮南矿业集团袁亮副总经理指导瓦斯治理工作，“简单就是可靠、人少就是安全”、“煤矿安全从建井开始”、“保证钻孔有效必须建立钻孔档案”等安全理念，正在逐步深入人心。

### （二）灾害治理实现新突破

一是瓦斯治理取得突破。治理瓦斯从治理超限入手，对瓦斯超限降低处罚门槛、加大处罚力度，落实“抽采为主、预抽为本”的工作导向，瓦斯抽采逐步由边抽边采向先抽后采转变，全方位改进瓦斯治理手段，采煤工作面实现瓦斯治理工程与工作面同时移交，取消上隅角设风机、风障治理瓦斯等办法，瓦斯治理手段更加科学合理。“瓦斯超限就是事故”已经成为共识，有矿区特色、以瓦斯治理为重点的安全文化体系正在逐步形成。二是水患治理取得突破。针对矿区水患增多，扰乱正常生产秩序的实际，坚持“有疑必探”的原则，全面推广应用瞬变电磁仪测水技术，采取物探和钻探相结合的手段，有效提高了探测的准度和精度；在全面落实19项防治水重点工程的同时，对各矿井下水仓进行了全面清仓，对各矿排水系统进行了全面检查、检修，保证了设备完好、畅通，杜绝了水灾影响安全生产事故的发生。三是火患治理取得突破。全面吸取鹤岗分公司南山矿1月1日发火封面事故教训，从巷道掘进开始加强防火工作，坚决做到工作面随掘随喷；持续开展防灭火“喷、封、灌”会战，严格执行软帮注水、注阻化剂、采空区注氮等综合防火措施，有效控制发火隐患。四是防突工作取得突破。采取了两个“四位一体”综合防突措施，全面落实超前打钻防突制度，对施工瓦斯地质钻探孔实现了“先探后掘”；对有突出危险性的新区、新水平开拓工作面，施工测压钻孔应用压力表观测煤层瓦斯压力，确保开拓工作面安全揭煤；对有突出危险工作面制定专项防突措施，通过预抽瓦斯区域、掘进期间边掘边抽、施工抽放孔进行抽放卸压等办法，解决局部瓦斯突出问题，实现了安全揭煤。

（三）提高质量标准实现新突破

一是有效发挥了典型引路作用。年初分系统、分专业树立了“三学九推”12个典型，确立了“典型引领、全面大上”的工作导向，要求各矿各系统每季度推出一个样板，激励先进，鞭策落后，学先进、赶先进，大上质量标准化的氛围已经形成。二是矿井初步实现了动态达标。严格落实以工作面达标为核心的工作思路，全面加强了各工作面日常质量管理，推进井上下两个班前会，严格执行小班质量评估和井下交接班制度，把全面质量管理与动态的过程控制落实到每个环节。三是系统治理全面加强。各单位将井下重车线轨道更换成了30千克铁轨和水泥枕，对大巷所有电缆、风水管路进行重新吊挂和调整，达到了轨道、电缆、管路、照明“四条线”标准；对提升机房、压风机房、主要通风机机房、水泵机房、中央和采区变电所、地面锅炉房，进行了亮化、美化和规范化，现场操作人员和各类设备全部实行挂牌管理，提升机、通风机、钢带机等大型设备建档管理。四是地面厂处质量标准化稳步提升。通过不断完善质量标准化动态检查评比制度，坚持逐月检查、季度评比，开展“元旦和春节期间安全大检查”、“清明森林防火巡查”、“三电设施安全防护”、“防汛防雷电”等安全专项治理活动，加大对医疗食品、供水供气等关键环节和要害部位的检查力度，实现了安全生产。

（四）政策、装备投入实现新突破

一是安全政策投入不断加大。出台了优化安全基金政策和新的安全工资办法，分两次上调安全工资100%，实现了安全工资翻番。同时，对达到出勤工数、消灭工伤事故班组的班长每月进行奖励，充分调动了广大干部职工抓安全、保安全的积极性；落实安全结构工资和质量达标奖励政策，针对开拓准备、选煤生产、劳务派遣等工作，制定出台了开拓超进奖励、重点工程补贴、选煤增产奖励、劳务派遣工作补充规定等一系列政策，为整体工作健康推进创造了政策条件。二是生产装备投入不断加大。把扩大综采、发展综掘作为主攻方向。鹤岗分公司在保持综采连续生产基础上，新增综采装备3套，打造了峻德综一、兴安综一、南山综一3个“日产万吨工作面”，综采工作面占工作面总数53%，综采产量占总产量70%；为开拓系统引进2套生产线、11台耙装机和5台新型扒斗机，全面提高了掘进速度，131个队次月进破百米。三是“三大工程”建设力度不断加大。按照龙煤集团推进“三大工程”建设的总体要求，对规划项目、资金筹措、建设标准、推进责任和完成时限，进行了详细的安排部署。

（五）教育培训实现新突破

一是明晰了职责体系。各分公司将各单位培训科合并到安监处，四、五级安全培训工作由安全系统全面负责，简化了管理层次；明确了安全矿长主管，培训科具体负责，各区区长、书记、主任工程师也是四、五级培训的第一责任者，做到了职权明晰。二是扩大了培训范围。将煤炭生产建设单位副总以上领导和后备干部、区科长、技术人员，纳入四级培训范围，逐月培训，分批考试，并在报刊上通报考试成绩，不合格扣减工资。三是突出了培训重点。在坚持开展每日一题、每周一案、每月一考、每季一评“四个一”培训活动，强化班前安全常识讲解，注重典型事故案例分析，推进现场考问和抽题考试的同时，突出班组长培训重点，按照“四统一”要求，强化以“白国周管理法”和“佘洪海四五工作法”为主要内容的知识培训。四是改善了硬件条件。重点对班前学习室环境进行改造和维修，统一配备桌椅、电视机、VCD、书柜等用品，采区段队班前学习室正在向标准化迈进。

**三、进一步强化煤矿安全监管监察**

2011年，黑龙江煤矿安全监察机构和煤炭行业管理部门紧密配合，结合全省煤矿安全生产工作的实际，深入贯彻落实国务院《通知》精神，以强化落实企业安全生产主体责任为重点，继续深入推动“安全生产年”活动，深化安全生产“三项行动”、“三项建设”，与地方政府和有关部门共同努力，着力推动全省煤矿建设本质型安全矿井，落实煤矿安全的治本之策，有效遏制重特大事故，降低和减少煤矿一般性事故，努力减少事故总量。

（一）煤矿安全监察工作实现了向推动落实煤矿企业主体责任，促进安全基础达标，建设本质安全型矿井延伸

省局、分局两级煤矿安全监察机构进一步落实了“查大系统、治大隐患、防大事故”的监察执法方针和“严标准、重细节、依程序、求闭合”的监察执法原则，抓住国有重点煤矿和灾害严重地区这两个重点和防治瓦斯事故、治理水害、火灾这

3个突出矛盾，依法监察，严格执行监察执法计划，进一步规范了执法程序和执法行为，依法使用自由裁量权，提高了监察执法质量。对国有重点煤矿实行了“安全约谈”制度和执法通报制度。加强了对煤矿企业领导层、决策层管理层和执行层的安全生产责任落实监察；推动煤矿加强班组安全建设和质量标准化安全基础建设，促进了煤矿企业安全生产主体责任的层层落实。

特别是各监察分局（站）注重执法创新和方法探索，强化了内部管理，重点规范了执法文书的制作，以及行政许可、较大处罚等重大事项集体研究工作。哈南分局执行首问负责和限时办结制度，逐级审查和联合审查不超过1天提出审查意见，提高了办事效率，防范了不廉洁行为的发生。佳合分局在行政许可初审上设立了主办监察员、主管监察室、分管领导和分局班子会议集体研究四道关口，严格审查。鹤滨分局实行专人受理、有序审查、集体决定、及时送达，细化了程序。哈东分局坚持班子例会制，在研究过程中，吸纳各监察室主任列席会议，听取各联系室主任的意见和建议，提高了许可工作的严肃性和准确性。

一年来，两级煤监机构共监察矿井811个矿/次，完成监察执法计划的102.3%。制作各类执法文书3849份，查处各类事故隐患3322条，向各级政府送达煤矿安全监察意见和建议书81份。达到了“监察一个点、牵动一条线，警示一大片”的目的。

（二）监察执法向遏制习惯性违法违规行为、惩治故意违法违规行为延伸

一年来，监察执法工作，继续把隐患排查治理工作推向深入。参与或开展了专项检查和督查。加大了对重大危险源的监控力度，抓好隐患整改的跟踪问效，实现执法程序闭合。配合和督促地方政府和有关部门，继续严厉打击非法违法生产建设行为。对事故频发、隐患突出、非法违法行为偏多的地区和单位，实施重点惩治，依法从重处罚。

同时，依法做好煤矿事故调查处理工作。到年末，省局和各分局（站）对法定权限之内应处理的45起事故进行了调查处理和责任追究。共有105名事故责任者受到处理，其中移送司法机关的46人，给予党纪处分的57人。事故结案率为100%；省局对受理和接转的16起举报案件认真及时开展核查处理。加强了对一般事故调查处理的督导检查，促进了事故调查处理整体水平的提高。

（三）行政许可工作，向严细把关、抓好源头性治理延伸

坚持依法准入和有序退出，把煤矿“六大避险系统”建设、职业危害防治等纳入煤矿安全许可和安全设施审批验收内容。发挥“阳光大厅”作用，规范了行政许可环节，实行受理审批分开，集体研究、及时颁证、通报和公告，体现了为企业服务的宗旨。强化动态管理，配合和推动地方政府对相关矿井的行政申请进行清理整顿。到期末，共颁发、变更、延期、吊销、暂扣安全生产许可证463个。严格落实煤矿建设项目“三同时”制度，对上报、审批、施工、验收四环节实现闭合管理；对100处煤矿分别进行了新建和改扩建项目、变更设计安全专篇审查和安全设施的竣工验收。加强了煤矿从业人员安全资格准入和持证上岗专项监察，到期末，对在岗人员发证7180个，变更400个，提高了煤矿从业人员素质；对全省三、四级培训机构实施动态监管。目前，全省共有二、三、四级培训机构101家，基本形成了布局合理、功能完备、优势互补的安全培训网络。

（四）监督检查工作，向协助和支持地方政府落实煤矿安全监管责任的目标延伸

一年来，省局、分局两级煤矿安全监察机构积极推进落实省政府关于进一步加强企业安全生产工作的实施意见，指导督促各地区、各煤炭企业加强安全生产责任体系建设，建立激励约束机制，推动安全责任、安全法制、安全文化、安全科技、安全投入“五要素”落实。围绕转变经济发展方式，督促开展煤矿安全技术攻关，推广应用新技术、新工艺，淘汰落后工艺和技术装备，推动煤矿提高安全生产条件和管理水平，推动建立健全煤矿应急管理机制，提高预防和处置重、特大事故灾害的能力。各监察分局（站）都建立了与地方煤矿监管机构的联席会议制度、信息交流制度，及时协商解决煤矿安全监察监管中的重大问题。重点加强了对县（区）一级煤矿安全监管工作的监督检查和指导，对煤矿安全生产的重大问题提出意见和建议。全系统共向地方各级政府和煤炭企业集团发送加强安全管理建议和意见书81份，联合开展安全检查和督查活动58次。特别是下半年以来，督促地方

政府和煤矿企业落实《国务院关于进一步加强企业安全生产工作的通知》，以及新颁发的法规、规范和标准，加强工作督导，实行联合执法，形成了工作合力。

（五）队伍建设工作，以“创先争优”活动为主线，向建设一支纪律严明、业务精通、团结高效的监察执法队伍延伸

一年来，以迎接建党90周年为契机，以“创先争优”活动为主线，继续开展了“争做安全发展忠诚卫士，创建为民务实清廉煤监机构”活动；建设“五型”机关、推进学习型党组织建设，进一步加强了监察队伍的思想政治建设、作风建设和业务能力建设。建立了领导干部联系点制度，开展公开承诺活动。以分局队伍建设为重点，加强政治业务培训。按照胡总书记讲话精神和国家安监总局党组要求，把治理“庸、懒、散”作为加强基层干部作风建设的突破口，加强了队伍作风建设。加强干部考核和选拔交流工作。注重班子梯次配置，使求真务实、服务大局的意识得到弘扬和加强。加强机关党的工作，调整充实了3个直属党支部（党委、党总支），两级煤监机构发展新党员13名，有25名同志提出了入党申请。哈东分局全部为中共党员，实现了“满堂红”目标。加强反腐倡廉工作。建立廉政风险防控机制和党政负责人“一岗双责”，采取综合措施，从严管理和监督，增强了监督的有效性。深入开展“警示教育周”活动，推进了廉政文化建设。积极推进政务公开，进一步完善群众举报投诉制度，自觉接受社会监督，提高了行政审批、行政执法、中介机构监管等工作的透明度。进一步完善落实重大事项集体决策制度，明确执法程序和标准，强化执法监督，及时纠正问题和偏差，预防和减少失职渎职现象。进一步倡导健康向上团结友爱的风气。为广大干部职工着想，尽力解决实际问题。坚持经费和装备向基层倾斜，提高了分局（站）的后勤和装备保障水平。

（六）基础建设工作，向进一步强化技术支撑和服务保障体系延伸

加强了信息统计中心、安全培训中心、设备安全检验中心（矿山实验室）、救援指挥中心、机关服务中心、煤矿建设工程质量监督站的业务制度和基础设施建设，提高服务质量；通过努力，基本解决了“五个中心”和“一站”纳入正式编制问题。加强了对煤矿安全培训机构、安全评价机构、设备检验机构以及煤矿安全标志使用等动态管理，拓展服务领域，为煤矿安全生产提供了有力的技术支撑，为监察执法主干线工作提供了可靠保障。加强了应急救援体系建设，组织了矿山救护队资质认定和标准化达标工作，目前全省共有4支矿山救护大队、13支独立救护中队、1支二级资质救护队，11支三级资质救护队，1支四级资质救护队，总计指战员1329名，应急救援能力基本覆盖了全省产煤地区。

虽然全省煤矿安全生产形势总体上趋于平稳好转，但形势依然相当严峻，煤矿安全生产工作还面临着一些新矛盾新问题。一是煤炭市场需求持续旺盛。随着经济形势进一步回升向好，煤矿企业扩大规模、增加产量的冲动依然强烈，一些煤矿非法违法行为有可能死灰复燃，“打非治违”的任务仍然艰巨。二是省内实施煤炭资源整合和兼并重组的工作将进入关键阶段，这个时期是事故易发多发的阶段，也是一个在短期内难以跨越的阶段。三是煤矿抵御安全风险的能力还不强。小煤矿数量多、井型小、基础弱，抗风险能力还明显不足。特别是龙煤集团所属分公司开采近一个世纪，瓦斯涌出异常、突水威胁、冲击地压、高地温等自然灾害越来越严重，安全欠账补还较慢；境内的沈煤集团鸡西盛隆公司和中煤集团隆化公司煤矿，作业人员高度集中，生产环节复杂，安全治理任务重。一些过去认为是灾害较轻、地质条件较好、生产系统较简单的地区，也进入了井型加大，环节复杂、安全状况较为复杂的时期。四是煤矿安全生产形势存在反复性、波动性。从全省看，一次性造成多人伤亡、影响较大的煤矿重特大事故还没有得到有效遏制。全省煤矿事故百万吨死亡率高于全国平均水平的33.5%。煤矿瞒报、迟报、谎报事故的现象抬头。五是有关部门不同程度存在行政许可动态管理欠缺，执法分析和事故分析相对简单，执法缺乏精准和严密、行政处罚相对不到位等问题。还需要在《国务院关于坚持科学发展安全发展促进安全生产形势持续稳定好转的意见》的基本精神指引下，打破固化观念，进一步开拓思路，转变观念，努力提高安全管理水平。

# 江苏省煤矿安全生产工作综述

2011年，在国家安监总局、国家煤监局、省委省政府的正确领导下，江苏煤监局以科学发展观为指导，认真学习贯彻党的十七届五中、六中全会精神，深入落实《国务院关于进一步加强企业安全生产工作的通知》（国发〔2010〕23号）和《国务院关于进一步加强企业安全生产工作的意见》（国发〔2011〕40号），采取有力措施深化“安全生产年”活动，江苏煤矿安全状况明显好转。2011年全省煤矿共发生生产安全事故3起，死亡4人，同比事故起数减少7起，死亡人数减少6人，低于国务院下达的10人控制指标，百万吨死亡率0.19。彻底关闭6对资源枯竭、安全风险大的矿井，根治了大隐患。旗山煤矿水害治理取得重大成效。煤矿安全可知可防可控程度进一步提高。煤矿安全监察队伍建设得到加强。

2011年的主要工作有以下几方面。

**一、明确目标任务，增强安全监察的科学性**

组织制定《2011年江苏煤矿安全监察工作要点》和《2011年煤矿安全监察执法工作计划》，明确全年煤矿安全监察以瓦斯治理、水害防治、关闭淘汰不具备安全条件矿井等为重点的工作36项。提出在工作主线上，坚持抓大系统、查大隐患、防大事故；在落实执法责任上，坚持“三有三察”，有规必察，有责必察，有疑必察；在提高监察执法效能上，坚持“三察三警”，察一警十，察下警上，察事警人。

**二、关闭高风险矿井，确保徐州东部矿区长治久安**

为“安全、稳定、按时”关闭权台、白集、唐庄、马庄、瓦庄、新庄等徐州东部受水害威胁严重的6对矿井，坚决贯彻执行省委省政府淘汰落后产能、从根本上消除煤矿重大事故隐患的决策部署，要求列入关闭名单的矿井“一矿一案”制订计划，限制入井人数、明确时间进度、落实关井责任，并采取每天核对入井人数、对采掘地点进行标志、夜间突击监察等精准细致的执法手段确保计划切实执行。经过多方努力，在2011年8月31日前，6对矿井的13个井筒全部按要求封闭，8560名矿工全部分流安置，国有资产得到妥善处置，关闭工作任务圆满完成。

**三、盯住煤矿水害治理，确保旗山矿安全复产**

在旗山煤矿水害治理和复产过程中，严格执行省委省政府和国家总局领导的重要批示要求，抓紧启动综合治理工程，研究防范水患的长效机制。对徐州东部矿区水患治理参与组织了8次专家论证，编制水害治理专报156份。在旗山水害治理和复产时，做到不达要求不发放安全生产许可证。水害治理取得重大成效，一是成功封堵了过水通道；二是科学论证确定了安全水头值；三是建立了长效防范机制，包括扩大排水能力，建立井上下11个实时监控点，－850米以下具备8万立方米贮水空间，建成3分钟撤人广播系统和开展应急救援演练等。此外，2011年6月28日在大屯煤电公司孔庄煤矿举行了模拟突发10人以上水害事故演练，并组织全省煤矿主要负责人现场观看，有效提升了江苏煤矿的应急救援水平。

**四、突出瓦斯防治重点，坚决杜绝重特大事故**

一是督促煤矿严格执行“先抽后采”和“四位一体”综合防突措施，全省3对高瓦斯矿井全部安装了瓦斯抽采系统，并按规定抽放；二是督促煤矿完善监测监控系统，20个生产矿井全部安装了安全监测监控系统，实现了井下瓦斯、一氧化碳、风速、风机、主要风门连续监控，所有煤巷掘进工作面均安装了双瓦斯传感器、双风机、双电源及自动切换装置；三是严禁超通风能力生产，开展了煤矿生产接续专项监察，杜绝超通风能力生产现象；四是督促煤矿加强防尘管理，加大综合防尘措施的监督监控力度，对采煤工作面煤层注水开展专项监察；五是督促各煤矿严格执行瓦斯检查制度，所有矿井均做到了井下定人、定时进行瓦斯巡检，爆破作业严格执行“一炮三检”和“三人联锁”爆破制度。所有瓦斯检查工、安全检查员、爆破员和监测监控工均持证上岗；六是组织开展大中型和小型煤矿瓦斯专项整治，加快瓦斯治理示范工程建设。

**五、严格依法行政许可，推进依法办矿、依法治安**

在审批煤矿安全生产许可证过程中，严格把关，依法办事，有效解决了一些企业久拖未决的重大安全生产问题。徐州矿务集团张集煤矿是一对煤与瓦斯突出矿井，2011 年 3 月在申报安全生产许可证延期工作时，发现张集煤矿没有建立地面瓦斯抽放系统，不符合延期条件，而且其上级主管单位徐矿集团也没有专门的防突机构，不符合规定要求。对此，不仅依法拒绝了张集煤矿的延期申请，而且果断停止了张集煤矿在突出危险区域的一切生产活动，要求企业在落实“两个四位一体”的规定方面，必须做到“三个一”，即一个程序不能少、一个指标不能超、一点疏忽不能有。此后，徐州矿务集团按照规定成立了专门的防突机构，张集煤矿投入 2870 万元建成了地面瓦斯抽放系统，并通过验收。

**六、创新安全监察模式，落实企业安全生产主体责任**

为深入贯彻落实《国务院关于进一步加强企业安全生产工作的通知》（国发〔2010〕23 号）精神，推动煤矿企业第一责任人更加积极主动地承担安全生产责任，省局出台了《江苏省煤矿企业主要负责人安全生产风险抵押金与安全目标管理奖罚办法》，突出加强对煤矿企业安全第一责任人的责任考核，创造性地落实煤矿企业的安全生产主体责任。2011 年 1 月 27 日在徐州举行了全省煤矿企业主要负责人 2011 年安全目标责任书签字仪式，4 月 29 日，省安委办在徐州召开全省煤矿企业主要负责人安全生产风险抵押制度推进会，对 2010 年完成安全目标任务的 7 个煤矿集团的党政主要负责人奖励 55 万元，对未完成任务的扣除安全风险抵押金 10 万元。

**七、深入开展“打非”专项行动，构建良好安全生产秩序**

认真贯彻国务院安委会、省安委会关于开展打击非法违法生产经营行为专项行动的通知精神，与省经信委、国土厅等部门开展联合执法，与山东煤监局开展跨区域联合执法，形成打击越层越界开采的合力。结合贯彻“131”专项行动、“三深化、三推进”活动，大力开展安全质量标准化创建等基础基层工作，进一步巩固江苏煤矿良好的法制环境，从制度、措施和责任追究方面建立和完善了安全生产长效机制。

**八、开展安全生产条件审查和监察，从源头上消除安全隐患**

在监察执法工作中，始终坚持消除大隐患、防止大事故，强化源头治理。全省煤矿 2011 年安全生产条件审查时，逐矿对矿井生产布局、通风系统、提升运输系统、供电系统、排水系统、监测监控系统等进行集中审查，对查出的 212 条问题，分别下达处理意见，督促企业在规定的时限内按要求整改。同时督促煤矿优化、完善通风系统，帮助煤矿对不同矿井、采区提出技术方案，攻克技术难题。加大职业危害监察力度，加强综合防尘安全监察，重点检查煤矿现场防尘措施的落实。坚持开拓与收缩并重，合理集中生产保安全，一年来，督促煤矿报废 7 个生产水平、21 个采区、3.5 万米巷道，为瓦斯防治和防尘、防灭火创造了条件。

**九、全面提升防灾救灾能力，确保“六大系统”提前到位**

认真落实国家局有关会议精神，制定印发了《加强煤矿应急救援工作的指导意见》，对“六大系统”建设提出了明确的工作要求；3 月 29 日召开全省煤矿建设和完善安全避险“六大系统”调度会，提出安全避险系统“示范引领、因地制宜、管用好用、安全可靠”的原则要求和 2011 年 6 月所有煤矿完成监测监控、人员定位、压风自救、供水施救和通信联络“五大系统”建设，2012 年 6 月全部完成“六大系统”和 3 分钟撤人广播系统建设的明确要求。2011 年 8 月 17 日，在大屯煤电公司徐庄煤矿组织召开了江苏煤矿井下紧急避险系统建设现场会，对避险系统的安装、使用、维护和应急演练等作出部署。

**十、深化安全宣传教育培训工作，用先进文化引领企业可持续发展**

一是利用网站、安全专刊、演讲比赛和“争当安全卫士”等把《国务院关于进一步加强企业安全生产工作的通知》变为自觉行动；二是牢固树立以人为本、安全发展的理念。安全生产“高于一切、先于一切、严于一切、影响一切”和“安全第一，生产第二；安全第一，业绩第二”的理念已深入人心，不安全不生产已成为广大干部职工的自觉行动；三是组织开展煤矿领导干部安全生产知识考试。组织全省煤矿安全、生产、技术等方面的近400名领导干部集中开展安全生产基础知识和新要求、新知识考试；四是大力推广“白国周班组管理法”，不断夯实基层基础基本。与省经信委、总工会和团省委等六委厅局联合印发了《关于学习推广“白国周班组管理法”进一步加强江苏煤矿班组建设的指导意见》，并通过提高待遇、集中培训、继续教育、改善年龄结构等多种形式，调动班组长的工作积极性和主动性，提高安全文化素质；五是加强安全诚信体系建设，致力打造本质安全矿井；六是江苏煤监局、安监局与省经信委、省总工会和省妇联共同开展江苏煤矿安全生产“六个十佳”（十佳管理者、忠诚卫士、班组长、群监员、贤内助和安全作品创作者）评选活动，深入推进企业安全文化建设。

# 安徽省煤矿安全生产工作综述

2011年，安徽煤矿安监局认真学习张德江副总理的重要讲话，全面落实全国全省安全生产工作会议精神，围绕国家安全监管总局、国家煤矿安监局的总体部署，深入贯彻科学发展观，坚持“安全第一、预防为主、综合治理”方针，积极开展“安全生产年”活动，大力推进安全生产“三项行动”、“三项建设”，通过与各地、各部门和各煤炭企业的共同努力，煤矿安全生产工作取得了较好成绩，煤矿安全生产形势持续稳定。全省煤矿共生产原煤13686万吨，同比增长4.1%；发生31起事故、死亡40人，同比事故起数减少16.1%；死亡人数比国务院安委会下达的控制指标少10人，减幅20%；百万吨死亡率0.292。没有发生一次死亡10人以上事故。

**一、安徽煤矿概况**

安徽是我国煤炭资源比较丰富的省份之一，现已探明-1000米以上煤炭资源529亿吨，99%集中在淮南、淮北两大煤田。全省现有各类煤矿146对，其中，国有重点煤矿（淮南、淮北矿业集团，皖北煤电集团，国投新集公司，以下简称“四大矿业集团”）53对（生产矿井44对、基建矿井9对）；地方煤矿93对（生产矿井91对，基建矿井2对），分布于8个地市。全省煤矿总设计生产能力15771万吨/年，其中四大矿业集团14779万吨/年（占94%）。

安徽煤矿均为井工矿井，开采地质条件极为复杂，瓦斯灾害严重，全省共有煤与瓦斯突出矿井37对（四大矿业集团33对，地方煤矿4对），高瓦斯矿井19对（四大矿业集团13对，地方煤矿6对），煤与瓦斯突出矿井和高瓦斯矿井数量占全省煤矿总数的37.4%，产量占全省的90%以上；煤尘具有爆炸危险性，煤层自然发火期短；水文地质条件复杂的矿井49对（四大矿业集团23对，地方煤矿26对）。同时，随着开采深度的增加，地温、地压等灾害也越发突出。

**二、加强煤矿安全生产制度建设和法律法规宣教工作**

协助省政府出台了《关于切实加强重点行业和领域安全生产工作的决定》、《安徽省煤矿瓦斯治理与利用办法》；与省经信委等部门联合印发了《国务院关于进一步加强企业安全生产工作通知的实施意见》、《安徽省煤矿建设项目安全核准管理规定》、《加强安徽省地方煤与瓦斯突出煤矿瓦斯治理托管工作的意见》等制度。制定了《安徽省停产停建煤矿复产复建监察工作方案》、《进一步加强地方煤矿建设项目安全设施设计审查和竣工验收的通知》等煤矿安全监察制度；配合省编办明确了职业危害监管等部门职责，建立了省职业病防治工作厅际联席会议制度。依托安徽日报、中国安全生产报、中国煤炭报、中国企业报等媒体，开展了安全生产月、安全便民服务、现场采访、跟踪报道等一系列活动，向广大群众宣传有关煤矿安全法律法规和政策措施，宣传煤矿安全生产和安全监察工作的经验；与省经信委、监察厅、人民检察院反渎职侵权局联合开展有关煤矿安全法律法规联合宣教活动，400多人受到教育，进一步提高了管理者的安全意识和依法办矿、依法管矿水平。

**三、推进煤矿瓦斯综合治理和防治水监察**

认真组织学习国发〔2011〕40号、国办发〔2011〕26号文件以及《煤矿瓦斯等级鉴定暂行办法》、《煤矿瓦斯抽采达标暂行规定》、《安徽省煤矿瓦斯综合治理与利用办法》等瓦斯防治规定，开展了瓦斯防治知识竞赛活动，取得了较好效果。配合省政府相关部门制定了“十二五”瓦斯治理规划和2011年瓦斯防治计划，在皖北煤电集团召开了全省防治煤与瓦斯突出现场会；加强瓦斯治理监察，加大对煤矿瓦斯防治规定、“一矿一策”、“一面一策”落实情况的监察力度，进一步推进瓦斯区域治理；组织开展了以贯彻落实瓦斯抽采达标、采掘合理布局、矿井通风系统稳定、监测监控灵敏可靠等为主要内容的重点安全监察。全年四大矿业集团开采保护层工作面43个、面积471万平方米，瓦斯抽采73217万平方米、利用18882万平方米，瓦斯抽采、利用量同比分别增加8.5%和37.5%；瓦斯超限20次，同比下降9.1%。安徽煤矿瓦斯综合治理和煤矿瓦斯监察的经验及做法，受到了国务院领导、国家有关部委和省委、省政府的充分肯定和高度评价，并在全国煤矿瓦斯防治现场会予以推广。认真汲取铜陵县汪冲煤矿“6·21”透水事故教训，加大防治水监察执法力度，督促企业贯彻《煤矿防治水规定》和国家安全监管总局37号令，落实防治水责任，健全防治水机构，配齐专业人员，强化水害防治基础工作；督促各地、各企业建立防治水论证机制、地方煤矿与科研机构签订并落实长期防治水技术服务协议，推广水害预警系统。

**四、推动落实煤矿安全准入制度和地方煤矿退出机制**

严格按程序、规定做好安全生产许可证申办审批工作，全年共颁发2个、延期91个、变更23个、注销22个矿井（企业）安全生产许可证。严格落实建设项目“三同时”制度，对8对矿井进行了安全核准，其中2对未予通过；审查了14对矿井安全专篇，其中2对未予通过；验收了11个煤矿建设项目。对全省2家甲级评价机构、5家检测检验机构年度业绩进行了综合评定；组织专家对3家乙级检测检验机构资质延期、检测增项进行了技术审查、现场评审及批复；对23家三、四级煤矿安全培训机构进行了认定和复审，5家培训机构因硬件或管理不达标被依法注销资质。加强煤矿职业危害防治监督检查，把职业健康纳入许可条件；开展了煤矿职业危害申报工作，全省申报矿井149对，申报率达98.7%；组织开展国有重点煤矿安全生产责任险调研。继续加大煤矿整顿关闭法规、政策宣传力度，督促各地认真贯彻省委主要领导关于“9万吨以下小煤矿尽快关闭、整合”的重要批示精神，严格执行国家和省政府118号文等整顿关闭政策、规定，22对矿井关闭到位。

**五、加大监察执法和事故查处工作力度**

认真编制并组织实施2011年度监察执法计划，省局开展了10次“三项监察”和联合督查活动，全局总监察执法工作日、“三项监察”工作日和矿次分别完成全年计划的105.6%、108.5%和105.2%；对7个产煤市煤矿安全监管工作进行了监督检查，及时下达了加强监管工作监察建议书。针对巢湖撤市，芜湖、马鞍山两市多年来没有开展煤矿安全监管工作的实际进行调研，编印并广泛宣传了煤矿安全生产方针政策和相关法律法规，推动无为县率先出台了地方煤矿退出的经济奖励政策、铜陵市制定了促进煤矿退出转型措施。继续坚持驻矿监察、调研监察、解剖监察等方式，着力解决煤矿安全重点、难点和深层次问题。继续加强矿长安全责任考核，全年有6名矿长被警告、28名被责令到省局进行复训。对3对新建项目、2对技改工程手续不全，3对矿井瞒报事故、2起盗采，以及“三超”、不执行监察监管指令等非法违法生产、建设行为，从严从快处理，并追究相关责任人责任。

进一步加大监察执法力度，全年共监察1096矿次，查处事故隐患5344条，下达各类执法文书4231份，责令35对矿井停产整顿、151个采掘工作面停止作业、36台（套）设备停止使用，罚款1570万元。建立了煤矿“三违”人员黑名单制度，召开了全省煤矿事故分析会；对发生较大事故的宣城市、铜陵市分管领导和有关部门负责人，以及煤炭企业主要负责人、安全局长、煤矿矿长进行了事故约谈；加强执法监督，监察执法工作进一步规范；积极有效地处理有关执法争议，聘请了常年法律顾问，为监察执法提供了法律服务和智力支持。依法严肃查处事故并实行责任追究，全年查处事故31起、270名事故责任人得到处理，其中3人被移送司法机关追究刑事责任。

**六、提升煤矿安全生产工作保障能力**

配合省经信委安排煤矿安全技术改造100项，督促企业加大安全投入，四大矿业集团提取安全费用57.5亿元。指导国有重点煤炭企业制定安全生产科技规划，支持、鼓励新技术、新工艺、新产品的推广和使用，推广了防突实验室、锚网支护技术；组织优选科技项目参加国家安全生产科技进步奖评选，其中2个项目获科技进步一等奖；在全省范围内遴选了11项先进技术、14个产品分别推荐到安全生产"百项"先进适用技术和"千项"新型实用产品；督促企业加强煤矿井下安全避险"六大系统"建设，示范矿井建设取得了进展。加强煤矿应急救援工作，认真做好国投新集、皖南救护队资质审查，组织开展了煤矿应急预案演练和救护队质量标准化达标检查；加强应急救援工作组织协调和指导，成功督促营救出淮南矿业集团潘二矿"7·4"冒顶被堵10名矿工。开展了煤矿安全文化建设示范企业申报工作；组织中国安全生产报、中国煤炭报等媒体对煤矿安全生产中先进的管理经验进行了集中采访和报道；举办了4期全省宣传贯彻煤矿瓦斯综合治理与利用和4期煤矿职业危害防治专题培训班，共培训860人。省局安全技术中心取得了煤矿粉尘检测仪表检验、矿井通风阻力测定、煤矿井下作业场所职业危害因素检测与评价3个项目的安全生产检测检验乙级资质，完善了实验室质量管理体系，规范了检测检验程序，有计划开展检测工作，全年共检测设备1700多台（套）、开展煤矿作业场所职业危害因素检测与评价24次，矿井通风阻力测定17次，产值980万元，实现了检测检验能力、管理水平和经营收入的提高，较好地发挥了技术支撑作用。

**七、加强煤矿安全监察执法队伍建设**

以创先争优活动为主线，相继开展了领导干部点评、公开承诺践诺、流动红旗和示范岗位、"五型机关"建设、"五力"提升等活动，落实党组中心组学习制度，开展了12次集中学习。继续做好干部轮岗交流工作，共交流干部14人。举办了8次专题视频讲座；选派了4名干部参加国家安全监管总局党校、省直党校培训，12人次参加总局举办的各类专业和执法资格培训；积极开展分局岗位职责规范及能力素质标准试点工作；组织参加了省直机关第二届"读书月"、"创先争优在行动"征文和"品味红色经典，坚定理想信念"为主题的演讲比赛活动，许立民、温佩勤同志分获征文一、二等奖，易琦同志获演讲优秀奖，省局获征文演讲"优秀组织奖"；开展了"我最喜爱的十本红色经典"书籍、"书香伴我行"读书游园等活动；组织学习了《王明方同志关于加强党员干部队伍建设讲话汇编》。加强党建、精神文明建设和效能建设，监督指导各党支部完成了换届选举工作，开好党员领导干部民主生活会及党支部组织生活会；开展了评选先进党支部和优秀共产党员、优秀党务工作者活动，表彰了6个先进党支部，18名优秀共产党员和10名优秀党务工作者。以庆祝建党90周年为契机，组织到韶山等地接受革命传统教育，举办了唱红歌比赛，开展了以"爱党、爱国、爱民、爱岗、爱家"为主题的红色短信、格言佳句征集传递活动，许立民荣获一等奖；坚持开展了送温暖活动，全年慰问困难职工37名；深入帮扶联系和结对共建单位——淮北市渠沟镇张集村开展慰问困难党员活动；组织参观大型党史图片展和观看《复兴之路》、《建党伟业》等电影。一年来，省局、分局先后荣获一系列荣誉：省局《制定和实施煤与瓦斯突出矿井安全管理规定》荣获国家安全监管总局安全生产工作实践应用创新二等奖；省局党组中心组获省直机关"学习先进单位"；省局工会被省直工会授予2010年工会工作目标责任制优秀奖单位；淮南监察分局被人社部和国家安监总局授予"全国安全生产监管监察系统先进集体"称号；省局事故调查处、淮北监察分局国家安全监管总局、国家煤矿安监局授予"安全生产监管监察先进单位"；省局机关党委被省直机关工委授予"先进机关党委"称号，淮南监察分局党总支、皖南监察分局第二党支部分获"先进基层党组织"、"五好党支部标兵"称号。

加强党风廉政建设，签定了《党风廉政建设责任状》，全局120名监察员根据自己的岗位实际，书写了廉政承诺书；开展了"牢记宗旨、恪尽职守、廉洁从政”专题教育和第二个反腐倡廉“警示教育周”活动，组织全体党员监察员学习《以人为本、执政为民》、《腐败泯灭亲情》等4本书；开展了廉政谈话谈心活动，今年以来省局和分局领导与监察员廉政谈心220多人次；向全体监察员发了一封“廉洁的你、幸福的家”家庭助廉倡议书，开展了纪念建党90周年反腐倡廉知识竞赛。进一步健全完善反腐倡廉制度，修订了省局党组《党风廉政责任制实施办法》，制定了《廉政谈心、警示提醒制度》。加强对执行政治纪律情况和领导干部的监督检查；强化对办公楼复建工程重点采购等事项监督；进一步强化监察执法工作事前、事中、事后全过程监督，积极实施重大执法活动廉政情况备案；严格执行重大执法活动廉政情况反馈规定，省局机关、监察分局和安全技术中心共反馈160份，没有发现重大执法活动违法违纪问题；积极梳理权力流程，构建权力透明运行网上平台，有效推动政务公开；强化社会监督，积极开展“八小时”外监督，接受群众监督和社会及舆论监督，增聘了4名记者为特邀廉政监督员。认真落实并严格执行《廉政准则》及实施办法，严格执行国家安全监管总局党组“九条纪律”和省局党组“十条禁令”，未发现违规违纪现象。

# 福建省煤矿安全生产工作综述

2011年，福建煤监局紧紧围绕国家安监总局、国家煤监局和省委、省政府工作部署，以科学发展观为指导，深入贯彻落实《国务院关于进一步加强企业安全生产工作的通知》、《福建省人民政府关于进一步加强企业安全生产工作的意见》精神，以落实煤矿安全生产两个主体责任、强化煤矿安全监察执法为重点，夯实煤矿安全管理基础，不断提升煤矿安全生产基本条件和灾害预防能力，有效减少煤矿事故，杜绝重特大事故，全省煤矿安全生产继续保持平稳态势。2011年全省煤矿共发生死亡事故7起，死亡8人，百万吨死亡率0.322，未发生死亡3人及以上较大事故，全省煤矿安全生产总体保持稳定好转的态势，实现了“十二五”的良好开局。

**一、深入抓好《国务院关于进一步加强企业安全生产工作的通知》宣贯落实**

深化“安全生产年”各项活动，强化落实煤矿安全生产主体责任，把安全生产责任层层落实到企业、区队、班组和每个生产环节、每个工作岗位；强化煤矿法定代表人、实际控制人的安全生产第一责任者责任，认真落实煤矿领导带班下井制度；督促煤矿加大安全投入，健全矿井通风、提升、供电、排水等系统，加快建设完善煤矿“六大系统”，淘汰落后设施、设备和工艺，加强事故应急救援、职业卫生健康等体系建设，不断提高煤矿抗灾、防灾能力。强力督促各级产煤地方政府及部门进一步明确工作职责，强化煤矿安全监管，促进全省煤炭工业持续安全健康稳定发展，为服务福建跨越发展提供安全稳定的能源保障。

**二、大力强化煤矿安全监察执法**

编制《福建煤矿安全监察执法工作制度》，对监察执法工作的各环节、程序、纪律要求等予以明确，规范各项安全监察执法行为。2011年，累计开展监察执法60矿次，完成全年监察计划，其中重点监察10矿次、专项监察40矿次、定期监察10矿次；排查各类事故隐患437条，下达现场检查笔录等执法文书167份，通过跟踪落实，按期整改率100%；责令11家煤矿停工停产，责令1家煤矿关闭未经许可的非法建设采区；实施行政处罚25次，罚款人民币159.302万元，收缴率100%。

**三、深入开展煤矿“打非治违”专项行动**

成立“打非治违”领导机构，明确各职能处室分工，定期召开专题会总结分析各阶段工作和存在问题，研究部署各阶段工作。立足福建实际，会同省经贸委、安监局、国土资源厅等部门下发《福建省集中开展严厉打击煤矿非法违法生产经营建设行为专项行动方案》，并制定《福建煤监局开展打击煤矿非法违法生产建设行为专项行动实施方案》，重点打击以假密闭、栅栏等形式和手段隐瞒、躲避监管监察的16类违法违规行为。联合地方煤矿安全监管部门开展煤矿“打非治违”专项行动16次，检查煤矿28矿次，提请地方政府关闭非法采矿点2处，责令煤矿企业停工停产5处，立案查处存在违规行为的煤矿2家，依法罚款人民币64万元。全省各级产煤地方政府相应成立“打非治违”机构，制定工作方案，积极开展“打非治违”专项行动，取得良好成果。

**四、加大煤矿事故隐患排查治理力度**

以“查大系统、治大隐患、防大事故”为原则，督促煤矿落实领导下井带班和隐患排查治理等制度，建立完善事故隐患排查、治理、报告、建档、监控、整改销号、资金使用、举报奖励等制度，按照分级管理原则，建立健全事故隐患档案，并要求以矿（井）为单位进行安全生产隐患排查治理，每季度第一周将上季度重大隐患排查及整改情况书面报告所在地市、县（区）煤炭行业管理部门，对水害、超层越界等重要情况须随时报告。2011年，全省煤矿排查各类事故隐患18841条，已整改18799条，整改率99.78%。根据国务院安委会、省政府安委会关于全面开展大检查工作的要求，抽调全省煤矿安全生产百名专家参与大检查，明确“在全省煤矿企业达到三个100%”（县级煤炭行业管理部门（省能源集团下属煤业公司）对辖区内煤矿100%进行安全大检查；对检查出的隐患按照“五到位”要求100%治理，并进行督查与反馈；对所有煤矿进行100%安全会诊）工作目标。全省各级煤矿安全监管监察部门组织检查组116个，抽调煤矿安全专家182名，对全省294个生产矿井进行100%检查，发现各类事故隐患693条，停产整改矿井11家。

**五、稳步推进煤矿安全质量标准化建设**

按照“岗位达标、专业达标、企业达标”要求，深入持久地开展安全质量标准化建设，不断夯实安全管理基础。要求各级煤炭行业管理部门加强煤矿企业安全质量标准化动态管理，将安全质量标准化作为日常监管工作重要内容之一。实行“企业自评、分级评定、定期考评、动态管理”（煤矿每季度组织一次自评，县级每半年组织一次考评，省、市每年度组织一次考评），煤矿安全生产条件一旦出现滑坡，立即降低甚至撤销安全质量标准化等级。截至2011年，全省达到安全质量标准化三级及以上级别的生产矿井200家，其中二级55家、三级145家，列入煤矿建设项目的90家煤矿安全质量标准化建设实行“三同时”，全省煤矿做到生产矿井100%达标、煤矿建设项目100%同步建设。

**六、切实加强对地方煤矿安全监管的监督指导**

将对地方煤矿安全监管的监督检查纳入年度、月度监察计划，加强对地方政府及监管部门、省能源集团煤矿安全监管的监督检查，做到有计划、有对象、有内容、有文书、有分析、有座谈、有反馈、有落实，通过强化监督检查和服务指导，推动地方政府煤矿安全监管责任落实。2011年，完成对地方煤矿安全监管部门的监督检查21次，完成计划的105%；对发现的问题，当场制作《安全监管工作监督检查笔录》11份，发出《安全监管工作监督检查建议书》11份，提出加强和改善安全管理建议31条，及时纠正一些地方监管计划未及时制定、煤矿水害类型未及时划分、煤矿实测图纸核实工作不到位、安全监控平台无专人值班值守等问题，按时整改反馈率100%。

**七、进一步规范煤矿事故调查处理工作**

制定下发《福建省煤矿生产安全事故报告和调查处理实施细则（暂行)》，对事故报告、救援、调查、批复结案、责任追究、落实反馈等环节进行详细规定和细化，基本形成符合福建省实际的事故调查处理工作机制。2011年，依法查处煤矿事故7起，均按期结案，按期结案率为100%，且没有一起引起行政复议的案件。不断加大事故责任追究力度，对事故查处落实情况实行各级安委会层层挂牌督办制度，接受社会监督。制定下发《福建省煤矿生产安全事故约谈制度》，对煤矿事故实行约谈、通报和督导。实行事故预警制度，针对事故多发、事故死亡人数上升或者性质比较严重的事故的地区，及时发出事故预警通报4份，督促地方政府及其相关职能部门落实监管责任，督促煤矿企业吸取事故教训，采取有效措施防范各类煤矿事故发生。

**八、广泛开展煤矿安全生产教育宣传**

广泛开展“安全宣传月”、“海西安全发展行”活动，先后组织“安全生产宣传咨询日”、煤矿安全警示教育周、煤矿事故案例展览、观看安全警示教育片、安全宣誓和签名、安全图片展、送安全科技知识进矿山、煤矿应急预案演练和“庆祝建党90周年、送安全文化进矿山”文艺晚会等系列活动，普及安全生产法律法规和安全知识，推进安全文化建设。2011年，累计向国家安全监管总局和省委、省政府及有关部门报送煤矿安全政务信息837篇（条），被国家安全监管总局《网站发布》、《总局要情》、《安全生产工作动态》等采用420篇（条），总积分在全国省级煤监系统中排名第三。组织全省煤矿系统安全知识竞赛比武；组织福建省代表队参加全国煤矿安全知识竞赛总决赛，在28支参赛队中取得第3名的优异成绩，荣获二等奖。

**九、积极推进煤矿科技支撑体系建设**

在继续推动压风、供水、通信三大系统建设的同时，积极推进监测监控、人员定位和紧急避险系统建设。2011年，全省有210多家煤矿的监控系统与省级监控中心实现联网，已延期换证矿井安全监控系统安装率达100%。推进煤矿安全监控系统二期建设和省级监控中心平台升级改造，新罗、永安、连城、武平4个县级分控中心建设方案已通过专家审查和我局批复，开始实施建设，实现与省级监控中心、市级分控中心的联网运行。与省经贸委、省安监局联合出台《福建省煤矿井下人员定位系统建设和维护使用指导意见（试行）》，组织召开全省煤矿“六大系统”建设推进会、人员定位系统建设工作座谈会和人员定位系统建设方案评审培训会，指导各产煤设区市、省能源集团制定煤矿人员定位系统建设规划，每月对建设进展情况进行通报。目前，全省有60多家煤矿完成人员定位系统建设；各煤矿均为入井人员配备自救器，额定防护时间不低于30分钟，并储有一定备用量。抓好福建省煤矿“六大系统”示范矿井建设，选择基础条件较好、年生产能力30万吨（含以上）的2家省属国有煤矿、1家地方乡镇煤矿作为试点，开展煤矿“六大系统”示范矿井试点建设。继续推进煤矿专业技术人才培养，2009年以来，已委托招生753名煤矿专业学生，累计投入超过1500万元。

**十、推进煤矿应急救援队伍建设和煤矿职业安全健康工作**

加强与地方政府的沟通，推动地方政府加大对应急救援队伍建设的投入，按照“一专多能、一队多用”目标，加快推动龙岩、三明（与泉州联合）两个三级救护队组建工作，其中龙岩救护队于2011年底组建到位。完善应急救援预案体系，强化现有应急救援队伍运行管理，规范应急救援的组织领导、响应等级、力量调度、处置程序、联动机制、综合保障等工作。加强煤矿生产安全事故应急预案管理和演练，有针对性地研究制定科学的应急救援与处置方案，提高应对和处置煤矿突发事件的综合能力。做好华东地区矿山救护协作网检查工作和全国救护队互检工作，强化区域救护协作。推进煤矿职业安全健康工作，督促各级煤炭行业管理部门、煤矿企业建立职业危害防治工作部门，落实职责分工和专职机构、专职人员，明确煤矿职业安全健康工作计划。不断加大对新《规定》、煤矿职业健康政策法规及有关专业知识的培训力度，先后在龙岩、三明、泉州等地举办煤矿职业安全健康管理培训班7期，培训了煤矿安全监管人员和煤矿企业管理人员近600人。

**十一、实现煤矿安全生产工作的新发展**

福建省煤矿安全生产工作在“十一五”取得较好业绩的基础上，2011年又有了新的成效、新的突破。主要表现在以下5个方面：

一是全省煤矿安全三项指标处于全国领先水平。全省煤矿事故和死亡人数保持持续下降的态势，2005年到2011年，事故总量从78起、95人下降到7起、8人，事故起数和死亡人数分别下降了91.03%、91.58%，百万吨死亡率从6.01下降到0.322，下降了94.64%。全省煤矿百万吨死亡率已连续4年控制在1以下，连续4年低于全国平均水平，2011年比全国平均水平（0.564）低0.204，比全国小煤矿平均水平（1.104）低0.782，连续2年没有发生较大以上事故。

二是全省煤矿安全综合监管合力进一步强化。由省经贸委牵头，煤监、安监、国土等部门共同配合，重点严厉打击无证开采、超层越界开采、边建设边生产和假密闭偷生产等16项违法违规行为，开展联合执法专项行动16次，检查煤矿28矿次，提请地方政府关闭非法采矿点2处，责令煤矿企业停工停产5处，立案查处存在违规行为的煤矿2家，依法罚款人民币64万元。龙岩市全年共组织安全大检查98次，检查127个煤矿，查出隐患403项，整改率达100%。

三是煤矿整顿关闭阶段性成果进一步巩固。福建煤监局会同有关部门按国家有关部署，精心组织，采取措施，取得淘汰落后产能的明显成效。“十一五”期间，全省共关闭淘汰煤矿145个，超额完成国家下达指标。几年来，各级及各有关部门共同加强对福建省重点矿区的监控，强化县、乡两级监管职责，防止已关闭煤矿“死灰复燃”。去年，省直有关部门开展了多次明察暗访，查处3处无证非法矿点，均移交地方政府依法予以关闭并查处相关责任人。

四是煤矿安全保障能力明显提升。围绕“十二五”期间福建省煤矿“关闭不少于17处、淘汰落后产能66万吨，小煤矿数量控制在290处以内”的工作目标，各级及各有关部门通过新一轮的整顿关闭、整合改造、安全生产许可证延期换证和安全质量标准化等工作，进一步推进全省煤炭产业结构调整。目前，全省已取得安全生产许可证的煤矿均已全面完成了提升、压风和防灭火等系统的改造，组织开展水文地质类型划分和水患调查分析专项工作，并进一步配齐配全煤矿企业安全管理人员和专业技术人员，全省煤矿企业生产力水平不断提高，安全保障能力明显提升。加快推动煤矿应急救援队伍建设，龙岩市矿山救护队已挂牌成立，三明市矿山救护队正在组建之中，煤矿应急救援预案体系逐步建立。煤矿安全职业危害防治工作已逐步引起各级各部门的重视，企业专职机构、专职人员和责任分工进一步明确，申报和专业培训工作已全面展开。

五是煤矿科技支撑体系建设取得新的突破。经过近两年的摸索和推动，煤矿安全监控系统从无到有，已安装并联网212家，建成了省、市、县、矿四级联网，省级监控平台可对一线矿井实施远程监察，市、县两级分控中心平台可对一线矿井实施远程监控。煤矿专业技术人才培养工程启动实施3年来，共招生753名，已毕业351名，从根本上改变了乡镇煤矿专业技术人员紧缺问题。矿山实验室的建设，煤尘自燃倾向性、爆炸倾向性等部分项目填补了本省空白，《低矮断面巷道抑爆技术应用研究》获得国家总局第五届安全生产科技成果三等奖。

# 江西省煤矿安全生产工作综述

2011年，在国家安监总局、国家煤矿安监局和省委、省政府的正确领导下，在省直有关部门、各级地方政府和煤矿安全监管部门以及各煤矿企业的大力支持配合下，江西煤矿安全监察系统广大干部职工齐心协力、团结协作，继续深化“安全生产年”各项活动，坚持从江西煤矿安全实际出发，立足本职，扎实工作，保持了全省煤矿安全形势的稳定好转，实现煤矿安全生产“十二五”良好开局。

一是煤矿安全生产形势创历史新水平。全省原煤产量2810万吨，发生事故23起、死亡36人，百万吨死亡率1.28，历史上首次降到2以下，死亡人数低于控制考核指标47.8个百分点。同2010年相比，煤矿事故起数减少7起，死亡人数减少22人，百万吨死亡率减少0.83，分别下降23.3%、37.9%和39.3%。同“十一五”起始的2006年相比，事故起数减少54起，死亡人数减少96人，百万吨死亡率减少3.55，在煤炭产量保持稳定增长的情况下，煤矿安全生产创历史最高水平，获得国家安全监管总局2011年安全生产控制指标绩效考核表彰奖励。

二是隐患排查治理取得新成果。通过深入开展以瓦斯、水害、火灾等为重点的隐患排查治理，这三类事故起数及死亡人数均实现大幅下降。2011年瓦斯、水害、火灾事故都只发生1起，死亡人数分别为2人、2人、1人，合计占全年煤矿事故总死亡人数的13.9%，三大灾害的隐患排查治理工作取得明显成效。

三是瓦斯治理工作实现新突破。经过各方面的努力，省内瓦斯突出现象得到有效控制，全省煤矿瓦斯突出次数由2006年的6起、2008年的7起减少到2011年的1起，瓦斯事故和死亡人数与2010年同比少2起、少死亡14人，分别下降66.67%和87.5%。瓦斯抽采量逐年增长，2011年抽采量达11961.8万立方米，首次突破亿立方米，超计划8.7%，同比提高41.2%，利用量5231.8万立方米，同比提高19%。

四是工作效能有新提高。全系统共监察矿井1895矿次，查处事故隐患7379条，制作各类文书5448份，暂扣安全生产许可证64矿次，责令停产整顿矿井83处。行政许可事项按照省里要求减少时间1/3，将煤矿安全生产许可证审查、现场验收与技改扩能矿井的安全设施审查、验收合并进行，减少了环节，提高了行政效能。

五是应急救援队伍建设有新进展。完成了应急预案修订工作，组建了16支专职矿山救护队、26支兼职矿山救护队，还有10支兼职救护队正在建设中。事故救援成绩显著，2011年全省开展煤矿事故救援35起，救出遇险遇难人员50名。特别是5月16日铅山县广发煤矿垮塌事故，被困井下133小时的三名矿工全部获救，铅山县政府专程呈送了“安监卫士施救先锋”牌匾，以示感谢。

六是机关工作和队伍建设取得新成绩。获“十一五”期间全省安全生产专项整治先进单位，精神文明建设荣获省直机关第八届文明单位称号，发展提升年活动荣获单项工作先进单位，“五五”普法工作被评为省直单位先进集体。

七是事业单位发展创新高。2011年，局属检验中心、培训中心、庐山疗养院等单位进一步开拓业务和市场，各项经济指标均创历史新高。

**一、注重超前谋划，增强工作主动性**

（一）突出工作布置狠抓督促落实

印发《江西煤矿安全监察局2011年工作要点及责任分工》，将全年工作梳理细化，明确责任部门，并以周调度会、年中工作会、局务会、专题会等形式进行督促，保障各项工作措施落实到位。

（二）广泛开展调研抓住工作重点

结合江西煤矿特点，先后开展了加强社会管理创新煤矿安全、煤矿应急管理、煤矿安全监管、队伍建设、国有煤矿安全生产、预核准矿井监管监察、煤矿猝死事故和隐瞒事故调查处理等专题调研，进一步明确了以防治瓦斯、防治水、防灭火3个方面以及技改整合、管理滑坡等矿井和事故多发地区为执法重点，提高了监察针对性。

（三）开展监督检查形成执法合力

继续健全完善监督检查机制，省局对全省6个产煤设区市煤矿安全监管部门进行了监督检查，各监察分局分别对辖区内的35个产煤县（市、区）煤矿安全监管部门进行了51次监督检查，督促地方煤矿安全监管部门落实主体责任，煤矿安全工作合力进一步形成。

（四）全面贯彻落实上级决策部署

认真学习中央领导同志和省委、省政府领导有关安全生产的重要批示指示和国务院第165、167和173次常务会议、国务院安委会全体会议、国家安全监管总局专题视频会、省安委会全体会等会议精神，强化政策研究，将上级方针政策有效对接我局工作实际，做好煤矿安全监察工作。

**二、注重提升效能，不断强化监察执法**

（一）开展执法监督工作，提升执法效能

将监察执法工作同提升工作效能紧密结合，分析辖区内煤矿安全生产状况，探讨煤矿安全监察的热点、难点问题，及时了解煤矿安全生产面临的新形势，出现的新问题，加强了对煤矿决策层、管理层、技术层的监察和执法力度。

（二）完善监察方式方法，提升监察业务能力

继续完善推广高位监察、示范监察、集中监察、联合执法等监察方式，创新完善诫勉谈话、打击不诚信行为、执行矿长（法人代表）约谈等多项行之有效的工作方法，提升监察效能。省局对省煤炭集团公司开展高位监察，与决策层一起分析探讨制约和影响省属国有煤矿企业安全生产的因素和主要问题，解决煤矿企业职能范围内无法解决的问题，提高了监察执法效能。赣东北分局坚持开展执法分析和事故案例分析，健全完善安全警示机制，实施了事故多发矿井与分局和市级煤矿安全监管部门分别签订“安全生产承诺书”。赣西南分局全面推进“积极指导、严格要求”的整体工作思路，实行了监察员驻矿监察制度，切实把握煤矿存在的重大危险源建档、管理情况。赣中分局着力推进监察执法“计划落实、查找问题、处理处罚、通报反馈、督促整改、验收把关”六到位，完善执行了查处重大事故隐患、避免安全事故、高标准制作执法文书的奖励措施。

（三）严肃事故查处，以事故教训推动工作

依法依规开展事故调查处理工作，全年共立案23起，行政处分5人，移送追究刑事责任9人；事故举报做到件件有落实，对群众举报和上级转批

的13起事故举报均按规定进行处理，并对隐瞒事故的查处情况进行了跟踪和督促；对较大事故调查开展督导，促进了事故按程序要求，快速、顺利调查完毕，保证了较大事故及时上报结案；出台《江西省煤矿职工井下因病死亡报告和调查处理暂行规定》，规范煤矿事故猝死的调查，得到国务院安委会第16督查组充分肯定。

**三、注重责任落实，推进隐患排查治理**

（一）进一步督促煤矿企业落实主体责任

一是继续深入贯彻《国务院关于进一步加强企业安全生产工作的通知》（国发〔2011〕23号）精神，突出对有关新措施的宣贯，以培训促进煤矿从业人员掌握新措施、新要求、新规定。二是出台具体措施，以监察执法推动煤矿企业完善落实安全生产各项规章制度，促进企业主体责任的进一步落实。

（二）强力推进隐患排查治理责任体系的健全完善

结合煤矿安全生产实际，落实隐患排查治理和报告制度，落实重大隐患治理逐级挂牌督办，督促采取地方为主、部门牵头、专家检查的办法，推进隐患排查治理工作立足于查大系统、治大隐患、防大事故，提升煤矿防灾抗灾能力。

（三）深化以瓦斯、水、火为重点的专项整治

一是认真履行瓦办职责，积极指导、协调、督查全省煤矿瓦斯整治工作，认真贯彻瓦斯防治、瓦斯抽采各项要求。省属国有煤矿建立了瓦斯远程监控系统，并与省煤炭集团公司联网，地方国有煤矿均建成远程瓦斯安全监控系统，乡镇煤矿均安装了矿井瓦斯监控系统，瓦斯监控能力进一步提高。煤矿“一通三防”和煤与瓦斯突出矿井区域及局部两个“四位一体”防突措施得到较好落实，高突矿井的瓦斯超限次数大幅减少。瓦斯抽采利用创新高。二是以水患严重的区域和矿井为重点对象，突出雨季汛期安全防范措施，针对广丰与上饶两县交界地段有两处煤矿相互贯通半年之久一直未得到有效处理的情况，专门致函上饶市政府协调妥善解决。三是强化矿井内因和外因火灾防范，督促自然发火矿井建立和完善防灭火系统，严禁井下使用无安标的空气压缩机，进一步加强煤矿防灭火工作。

**四、注重源头治理，夯实煤矿安全基础**

（一）严格安全准入

全面启动第二轮煤矿安全生产许可证延期换证工作，相继出台了指导意见、工作方案等多个文件，全年共对125处煤矿进行了延期换证。对许可证已经到期的煤矿，分局及时下达了执法文书，暂扣了安全生产许可证，责令停止生产。加大了对相比颁证标准差距较大煤矿的监察督促力度，必要时责令停止生产进行达标整改。

（二）深化打非治违

加大改扩建矿井的监察力度，重点查处了一批假改扩建真生产、边改扩建边生产、借检修之名行生产之实、明停暗采、日停夜采和被兼并煤矿擅自组织生产等非法违法行为；深入打击“三超”生产和超层越界行为，及时查处了部分煤矿的超能力、超强度、超定员组织生产和超层越界行为，通过对矿务局、公司、矿等主要领导和管理层进行高位约谈、诫勉谈话等多种形式，一定程度上遏制了煤矿生产任务和利润指标层层下达、层层加码等现象；针对小煤矿的超层越界行为，在加强执法、严肃查处的同时，积极和国土部门沟通协调，共同打击煤矿的超层越界行为。

（三）推进安全质量标准化建设

按照《国务院安委会关于深入开展企业安全生产标准化建设的指导意见》要求，积极转变工作方式，坚持“四个结合”，截至2011年底，全省正常生产矿井达标率93%。

（四）推进井下紧急避险“六大系统”建设

全省煤矿的安全监测监控、压风自救、供水施救和通信联络四大系统大部分按要求建设到位，35对省属国有重点煤矿和93对其他矿井完成了井下人员管理系统的建设，其余矿井也已正在建设中，与江西省煤炭集团公司一起选定建新、宜萍、沿沟和花鼓山煤矿山南井作为“六大系统”试点示范建设矿井，推动井下紧急避险系统建设，其余突出矿井都编制了紧急避险系统设计方案。

（五）狠抓职业危害防治

组织宣贯《煤矿作业场所职业危害防治规定》，提高防治意识；以执法促落实，省局及各分局加强了对作业场所职业危害防治措施、设施、职业危害申报、职业健康监护、职业卫生培训、防护用品使用等情况的监督检查，促进了煤矿企业落实职业危害防治工作主体责任。

五、注重事前防范，强化安全支撑保障体系建设

（一）狠抓安全宣传和培训工作

以网站专栏、安全生产咨询日、安全生产月主题片、做客省政府网站在线访谈等方式方法，充分利用《江西煤矿安全》平台，不断加大宣传力度，并于2011年12月召开了首次煤矿安全宣传座谈会，科学发展、安全发展理念进一步深入人心。坚持“以监察促培训，以培训保安全”，全年共培训煤矿主要负责人1千余人、安全生产管理人员4千余人、特种作业人员11000人次，专（兼）职救护队员培训262人次，应急管理培训93人次。

（二）加强中介机构管理

严格资质管理，完成了三家检测机构的资质换证认定工作，对江西煤矿矿用产品检验中心进行了增项认定，提高了安全检测机构的服务水平和能力。

（三）狠抓事故应急救援工作

一是指导协调全省煤矿救护队建设，抓好应急预案、救护队质量标准化、兼职救护队建设等工作。二是充分发挥技术优势，指导、协调和参与煤矿事故应急救援工作。三是开展事故应急演练，在煤矿现场和省政府应急办成功组织了现场应急救护演练和“江西、湖南煤矿重大安全事故跨省联合应急救援桌面演练”。

六、注重建章立制，深化党风廉政和队伍建设

加强政治理论学习，注重理论与实际相结合，全局思想进一步统一、班子、队伍素质明显提高。深化创先争优活动，开展“争做安全发展忠诚卫士，创建为民务实清廉煤监机构”实践活动，组织开展“破解安全发展难题”公开承诺活动。以“三创三提”主题实践活动推进党建工作创新发展，组织开展了形势任务报告会、道德教育、公务礼仪讲座、主题党日、省直机关运动会、健身快步行等活动。以庆祝建党90周年为契机，开展“安全发展立新功、我为党旗添光彩”活动，各级党组织的凝聚力、战斗力不断增强。

高度重视反腐倡廉工作，把惩治和预防腐败体系建设纳入全局总体工作部署，严格执行“责任区”和“一岗双责”制度。着力推进制度建设，健全完善了《中共江西煤矿安全监察局党组贯彻落实党风廉政建设责任制规定的实施意见》考核评分细则、《拟提拔人选廉政报告实施办法（试行）》等，促进了党风廉政建设责任制的落实；加大监督检查工作力度，加强了对领导班子和“一把手”的监督，强化了对干部选拔任用等“三重一大”事项的监督检查，调整充实了特邀廉政监督员和政风行风监督员，加大外部监督力度；认真开展了“小金库”、公务用车等问题专项治理、清理和规范庆典研讨会论坛活动等专项整治。

坚持“德才兼备、以德为先”的用人标准，选拔任用了16名处级干部和16名科级干部。强化监察员业务培训，参加国家总局举办的视频专题讲座8场，共计培训470人次，自办专题讲座4场，培训220人次，另选派8名监察员出国培训学习，积极组织监察员20人次参加总局组织的培训班学习，各监察分局也结合实际开展了形式多样的学习考察活动，提高了履职水平。2011年，全系统队伍建设取得新成效，黄艳龙被评为全国安全生产监管监察系统先进工作者，阙建林、邓素刚被评为“十一五”期间全省安全生产先进个人。

七、注重关心干部，多措并举建设和谐机关

（1）一是切实关心干部职工生活，给每个监察员办理了意外伤害保险，解决了“后顾之忧”，发放“洪城一卡通”，解决了职工上下班交通问题，对单身宿舍进行改造，修建了集体厨房和浴室，满足了单身职工的基本生活需求。二是组织开展迎新联欢会和文体竞赛、赴革命旧址缅怀先烈等形式多样、内容新颖的活动，进一步凝聚人心、共建和谐。

（2）老同志满意度不断提高。抓好老干部政治待遇、生活待遇的落实，坚持开展适合老年特点的各项活动，服务老干部细致、周到，活动站维修改造工程顺利完成，环境更加整洁、设备更加齐备、功能更加完善，老同志比较满意。

（3）社会治安综合治理取得进展。进一步完善制度，汇编成册，使综治工作有章可循、有据可依；开展业务培训，提高了开展综治工作的水平和能力；搞好内部防范，落实“人防、物防、技防”要求，检测维修了可视监控系统，加强对机要保密室、财务室、档案室等重点目标的防范，坚持综治值班制度，创造了安全和谐的工作环境。

八、注重统筹兼顾，全局各项事业共同发展

一是理顺了财务关系。于2011年4月组建了

财务处，完善财务管理制度，发挥财务审计监督职能，保障了全局财务工作正常开展。在去年审计中，总局对我局财务工作较为满意，并肯定了我局采取的整改措施。二是监察执法装备更加完善。积极落实国家总局批准的江西煤矿安全监察局监察执法用房项目的建设，在市区购置了5000平方米监察执法业务用房；按国家总局批准的监察执法能力建设项目，总共完成价值317万元、装备871台（件、套）的建设项目。三是各事业单位实现协调发展。统计中心做好了事故、执法统计、调度值班、事故专报、门户网站、视频会议保障管理等工作，开展调度要情编制工作，促进了监察计划和各项工作的落实；救援指挥中心加强内部管理，出台了工作制度、中心理念和中心准则；机关服务中心充分发挥后勤管理、服务、保障的职能作用，保障了机关工作正常运转，完成了节能减排控制指标；培训中心以服务煤矿企业为宗旨，完善内部管理、改进培训方法、细化办班程序、强化考试审核、规范收费行为，进一步提高了培训质量、增强了培训效果；检验中心围绕“为煤矿安全监察服务、为煤矿安全监管服务、为煤矿企业服务”方针，完成了矿山安全实验室建设工作并通过总局的竣工验收复核与认定评审，扩大了检测范围，启动了新项目；抢险排水站加强自身建设，完成了全额拨款事业单位的编制转换工作，承接了四川、湖南等地的排水业务，得到矿方好评；庐山疗养院坚持发展不动摇，抓住建党90周年红色旅游热潮机遇，实现营业收入同比增长46%。

# 山东省煤矿安全生产工作综述

**一、超前谋划，不断增强安全监察执法工作的主动性**

一是突出工作主线。坚持把开展“安全生产年”和“安全生产基层基础深化年”活动作为全年工作主线，深入实施“三项行动”、“三项建设”和四次集中行动。2011年初，及时召开年度工作会，全面部署全年工作。制定下发安全监察1号文，将全年监察执法工作梳理细化为5个方面、20项重点工作，并明确了具体的职能部门。根据季节特点和工作需要，采取季度工作会、局长办公会、专题部署会等多种形式，对相关工作进行深入研究，有目标、有措施、有考核，确保工作落实。二是明确监察重点。结合山东煤矿自然灾害和近年事故特点，提前明确“一通三防”、防治水、冲击地压和提升运输4个专业以及破产改制、技术改造、资源整合、资源枯竭、管理滑坡和基础较差6类矿井作为全年执法重点，配套下发《重点监察意见》，省局和各监察分局排查确定重点监控对象，并制定了具体工作措施，提高监察执法的针对性和实效性。三是全面贯彻落实上级决策部署。始终把迅速、全面、深入学习贯彻上级一系列决策部署作为统一思想、指导实践、推动工作的重要举措，特别是将学习中央领导同志有关安全生产的重要批示指示和国务院第165、167和173次常务会议、国务院安委会全体会议、国家安全监管总局专题视频会议、全省安全生产电视会议作为重要任务，通过多种形式，认真学习、广泛宣传、全面部署，努力实现上级大政方针与我局工作实际的有效对接，从以人为本、执政为民的高度，切实把煤矿安全监察工作做细、做实、做好。

**二、多措并举，不断提升安全监察执法工作的有效性**

一是创新监察方式。在严格落实执法计划、认真开展“三项监察”的基础上，不断丰富强化执法手段，提炼形成的“9步工作法、10闭合工作机制和12类要素监察表”监察法获国家安全监管总局安全生产创新奖；在全国率先制定出台了包括28个要点、130个子要点的《安全避险六大系统监察办法》，得到国家煤矿安监局的肯定和认可，并向全国推广。省局处室在重要节假日和重大政治活动期间集中开展安全大检查和重点督查活动，积极营造高压态势。二是开展安全程度评估检查。在全省范围内聘请36位老专家组成4个评估小组，历时3个月，对全省99处煤矿进行了深入细致的集中评估，共查出各类问题2134条，提出整改建议1056条。结合日常监察情况，最终确定A级矿井132处，B级矿井58处，C级矿井4处。三是加强执法监督和考核。对8起煤矿生产安全事故责任追究落实情况进行督察，对22件煤矿生产安全事故举报进行了认真核查。先后两次组织开展了行政处罚自由裁量权实施标准情况的专项督查，随机抽查近3年的执法文书56套，对检查中发现的问题及时进行了通报。年底又由局党组成员带队，组成4个考核组，对全局所有部门和单位的党建、廉政和业务工作进行了全面细致的考核。这些督查和考核针对性强、反响强烈、效果显著，有力地促进了监察执法和各项工作的规范化、程序化和科学化开展。

**三、突出重点，不断提高安全监察执法工作的针对性**

一是突出雨季“三防”工作。立足于早准备、早部署，在汛期到来之前，排查确定全省受水害威胁矿井77处，并制定针对性防范措施。采取隐患审查备案等多种方式，督促煤矿企业排查雨季“三防”工程2346项、投入资金1.6亿元，其中重点工程221项、投入资金9700万元，及时整改落实到位。在雨季期间，加大执法力度，督促煤矿企业严格落实大雨停产撤人、领导干部带班下井等多项行之有效的制度。汛期，共停产121矿次，撤人24769人次，确保了矿井的安全度汛。二是突出重点专业。紧紧围绕4个重点专业下工夫，“一通三防”方面共开展专项监察70矿次，重点监察通风系统合理、稳定、可靠情况，“通防”安全措施的落实情况；防治水方面共开展专项监察56矿次，重点督促煤矿企业严格落实《煤矿防治水规定》和《煤矿安全规程》；在冲击地压及顶板控制方面，共开展专项监察22矿次，重点监察预测预报、落实防冲措施、防冲效果检验、防冲工作小结等重点环节；在提升运输方面，共开展专项监察36矿次，重点监察提升系统安全运行管理、大型物件运输安全措施落实情况等。三是突出安全准入。狠抓许可证资料审查和现场审查两个关键环节，谁审查、谁签字、谁负责。共办理安全生产许可证延期事项94个，新颁发煤矿企业安全生产许可证3个，办理煤矿企业名称、矿井主要负责人变更事项79矿次，注销煤矿安全生产许可证3个、吊销煤矿安全生产许可证1个。严把安全设施设计审查、验收关，对地质灾害不清、安全条件未查明、设计达不到安全标准的坚决不予批准，并将建设完善安全避险“六大系统”的要求纳入审查内容，安全设施达不到设计要求的一律不予验收。四是突出职业危害防治。切实把职业危害防治纳入监察执法的重要内容，以实施《煤矿作业场所职业危害防治规定》为抓手，以粉尘防治为重点，督促煤矿企业加强生产全过程粉尘危害的治理，加大资金投入，大力推行无尘化生产和绿色开采，取得良好效果，全省煤矿职业病发病率持续下降。获得国家级煤矿职业卫生示范企业称号的单位数量是全国最多的省份之一。

**四、督促指导，进一步健全和完善安全生产支撑体系**

一是严格落实科技兴安战略。认真编制了《煤矿安全生产科技“十二五”规划》，提出了总体目标、明确了42项重点工作。周密组织、严格把关，圆满完成了第五届全国煤矿科技成果申报，共推荐项目136项，获奖65项，获奖率占全国煤矿总项目的40%，是全国获奖最多的省份。二是扎实开展安全宣传、安全文化示范企业创建活动。围绕中心、服务大局，以“安全生产月”、安全警示教育周、安全征文、安全生产创新奖、选树安全宣传先进单位和个人等为平台，形成了依法行政、依法生产的强大声势，营造了科学发展、安全发展的浓厚舆论氛围。起草了《山东省煤矿安全生产法制宣传教育第六个五年规划》，指导煤矿企业深入开展了法制宣传日活动。率先制定出台16大项、88小项煤矿安全文化示范企业创建的千分制评价标准，采取省局抽查与分局督查相结合的方式，对28家申报企业进行了现场督查，向国家安全监管总局推荐了8家国家级安全文化示范企业。完成了省《安全文化建设“十二五规划”》起草工作，在全国首家起草完成了《煤矿安全诚信体系建设实施意见》，积极推进安全诚信与安全文化建设的同步开展。三是强化应急救援组织协调。作为华东区救护协作网组长单位，组织召开了协作网片区的工作会议，开展了矿山救护队质量标准化达标检查、业务技术交流等活动。特别是在枣庄防备煤矿事故抢险救援期间，配合救援指挥部前后共调集5支救护大队、41个小队，545名救护指战员、55辆救护车参加了现场施救，在事故抢险救援中发挥了重要作用。全年，矿山救援队伍共实施预防性安全检查2728队次，排查隐患4162条，协助煤矿整改3700条。四是加强对中介机构的监管和服务。及时制定出台《山东煤矿安全生产检测检验机构考核标准》，针对突出问题，组织开展专项监察，督促抓好整改治理。认真做好山东省矿山实验室的建设、验收和挂牌工作，为全省安全生产工作提供有力的技术支撑。

**五、尽职尽责，完成枣庄防备煤矿事故抢险救援和调查处理工作**

一是全力组织抢险救援。接到事故报告后，第一时间赶到事故现场，与地方政府一起，立即调集救援力量、成立抢险指挥部，第一时间开展抢险救援。在17天的救援过程中，全力以赴，积极出主意、想办法，帮助制定救援方案，始终坚持“生命高于一切”的理念，尽最大努力抢险救人。二是认真开展事故调查处理。事故调查组成立以后，始终按照“四不放过”和“科学严谨、依法依规、实事求是、注重实效”的原则，以对党、对人民、对广大职工高度负责的态度，查清事故经过和原因，查明事故性质，认定事故责任，自觉接受社会监督。在工作中积极与各方面协调沟通，多次向省政府领导汇报、2次向国家煤矿安监局汇报，确保提交一份经得起历史检验的调查报告。三是深刻吸取事故教训。在认真开展事故调查处理的同时，针对事故背后暴露的监察执法方面存在的问题，通过多种方式在系统内部开展自查自纠活动，举一反三、以点带面，全面、深入查找，认真制定切实有效的整改措施，推进执法到位。

# 河南省煤矿安全生产工作综述

**一、全省煤矿安全工作成效**

2011年，在省委、省政府和国家安全监管总局、国家煤矿安全监察局的正确领导下，全省各级政府、煤矿安全监管监察部门和各煤炭企业认真贯彻安全生产理念，深入开展“安全生产年”活动，强力推进兼并重组、整顿关闭、打非治违、瓦斯治理、隐患排查整治、安全质量标准化等工作，取得了十分明显的成效。

一是煤矿安全生产创历史最高水平。全省共生产原煤18722.65万吨，同比增加514.74万吨，上升2.8%。发生伤亡事故8起、死亡36人，同比减少27起、230人，分别下降77.1%和86.5%；百万吨死亡率0.192，同比减少1.269，下降86.8%。其中，重大事故2起、死亡28人，同比减少2起、51人，分别下降50%和64.6%；未发生特别重大事故，煤矿安全生产创历史最高水平。

二是全面完成了国务院安委会下达的控制指标。2011年，国务院安委会下达河南的煤矿安全生产控制指标为142人，实际36人，比控制指标少106人。未发生较大事故。发生重大事故2起，占3起重大事故控制指标的66.7%。百万吨死亡率0.192，低于控制指标0.710。

三是部分地区和煤矿安全生产创出新佳绩。郑州、豫南、豫西辖区煤矿百万吨死亡率分别为0.016、0.020、0.504，同比分别下降98.35%、99.1%、86.4%。河南煤化集团永煤公司连续8年实现了零死亡。中国平煤神马集团、郑煤集团、河南煤化集团鹤煤公司、省煤层气公司、国投河南分公司、河南地方煤炭集团公司和郑州、平顶山、商丘、安阳、鹤壁、新乡、济源、信阳等8个省辖市所辖煤矿实现了零死亡；85个煤矿实现了安全生产超千天。

2011年河南煤矿安全生产取得的成绩，受到了国家安全监管总局、国家煤矿安全监察局和省委、省政府的充分肯定。2011年3月，安监总局、国家煤监局在全国推广了河南煤化的安全管理模式；2012年1月，省政府通报表彰了全省安全生产监管监察系统。在2012年全国安全生产工作会议上，安监总局、国家煤监局领导对我省煤矿安全工作给予了充分肯定，表扬了中国平煤神马集团和郑煤集团；人社部和安监总局联合授予豫东分局和毋济州同志为全国安全生产监管监察系统先进集体和先进工作者，安监总局、国家煤监局联合授予我局科技装备处、安全培训中心和张习君等18名同志为安全生产监管监察先进单位和先进个人。

**二、河南煤监安全监察工作情况**

2011年，河南煤矿安全监察机构认真落实国家安全监管总局、国家煤矿安全监察局和省委、省政府的决策部署，以创先争优为动力，坚持科学发展、安全发展，按照“一个核心、两个手段、三项重点、八个抓手”的工作思路，全面履行了国家监察职责。

（一）围绕核心目标，提高执法效能

2011年，我们紧紧围绕遏制煤矿重特大事故核心目标，抓住瓦斯治理、水害防治、兼并重组等煤矿安全生产领域的突出问题，综合采用监察执法、专家会诊、企业互查抽查等方式，有效开展三项监察。切实加强执法监督，通过召开执法分析、文书评查和规范监察执法座谈会，规范执法行为，提高执法能力。在执法中注重综合运用多种方式方法。省局组织开展了异地交叉集中执法行动。五分局大力实施解剖式、示范式、突击式监察。豫南分局在强化包片监察的同时，创新了分局集中执法、科室联合执法、分区域跟踪监察、会审式监察等监察方式。郑州分局的审计式解剖监察、豫北分局对高瓦斯矿井“六查六看”、豫西分局的“以查代训”监察、豫东分局的“体检式”监察各有特点。在监察工作中注重通报执法情况，约谈集团公司及煤矿主要领导，督促煤矿搞好隐患整改，提高了执法成效。2011年全系统共监察矿井508处、1131矿次，完成监察计划的123.3%，下达执法文书4456份，实施行政处罚404次，责令停产整顿矿井4处。我局创新监察思路的做法，受到了安监总局骆琳局长等领导的高度肯定。

（二）搞好监督检查，强化责任落实

一是认真落实省委、省政府决策部署。全国“两会”期间，抽调106名监察人员组成23个煤矿安全生产督导组，对地方政府及煤炭企业进行了监督检查，促使排查消除隐患3268条。抽调1名省局领导和7名监察人员，专职参与全省煤炭企业兼并重组指导督查工作。积极提出建议，从政策上解决了突出矿井有可开采保护层但无权开采等问题，推动了瓦斯治理工作。二是强化对地方煤矿安全监管工作的监督检查。下发了指导性意见，制定了7个大项34个子项的检查工作表，扎实开展监督检查，受到安监总局骆琳局长等领导的表扬。三是强化联合执法。郑州、豫北、豫南、豫西、豫东分局分别与有关监管部门开展联合执法6次、8次、18次、6次、3次，形成了监察监管合力。四是依法严肃调查事故，强化事故责任追究。严肃查处隐瞒事故行为，全年办结举报40件次，查实瞒报事故3起、瞒报死亡人数3人。

（三）严格行政许可，严把安全准入关

按照“依法办理、规范运作、公开透明”的原则，实行“受理、审查、审批”三分离制度，增加了有关兼并重组、六大系统建设审批内容和程序，全年共办理“三同时”项目46个；办理安全生产许可证363个，不予颁发许可证12家，注销8家，促使煤矿提高了安全生产条件。结合行政许可，督促煤矿整改了一大批隐患；督促地方煤矿投入1000多万元资金进行地面物探，杜绝了水害事故发生。2011年，是兼并重组矿井行政许可高峰期，省局严格把关，热情服务。陈雪枫副省长对我局行政许可的效率和服务给予了充分肯定。

（四）突出安全科技战略地位，强化煤矿安全科技保障

一是制定发布了煤矿安全科技发展、煤矿安全监察信息化建设“十二五”规划。组织煤矿安全科研队伍承担国家级科研项目19项，获得省部级以上奖励245项。推广先进适用技术和装备132项。二是协助省有关部门，使我省62个煤矿安全技术改造和4个瓦斯治理项目列入国家计划，项目资金21.23亿元，其中争取中央财政投资2亿元，省财政配套资金7700万元。三是督促煤矿强化矿用设备管理，加快设备升级和更新换代步伐。全省矿用设备安标执行率达到95.1%；大型设备、安全监控系统、安全仪器仪表按期检测检验率分别为100%、100%和84.4%，同比分别提高了3个、28.6个和14.4个百分点。四是推广在掘进工作面等重要作业场所安装视频监控系统的做法，及时发现和纠正“三违”行为。组织人员学习“百色经验”，推动小煤矿提高机械化水平，目前，登封、巩义等地已经出台了小煤矿机械化开采初步规划。

（五）加强支撑体系建设，搞好煤矿安全专业化服务

一是加强统计中心、救援指挥中心、安全技术

中心、培训中心、服务中心工作，完善工作机制。加快国家安全生产技术支撑体系河南省矿山安全实验室建设，首家通过了安监总局的验收和认定。支持培训中心建设了新的培训基地。二是加强支撑体系建设。通过加强培训、专项整治、资质年检和审批，进一步完善支撑体系。目前，全省共有煤矿安全培训机构121家、评价机构4家、检测检验机构19家，矿山救援队伍30家。国家矿山救援平顶山队基地建设竣工并投入使用。基本形成了能够满足需要的支撑体系。三是搞好专业化服务。共组织培训煤矿安全生产管理人员、总工程师等3万余人。检测检验在用安全设备1.6万余台（件、套），其中，技术中心检验设备2600余台。矿山救护队开展预防性检查3.4万人次，查出隐患3.6万条；抢救遇险人员137人，生还103人。其中，义煤千秋煤矿“11·3”冲击地压事故中，抢救生还67名被困矿工。

（六）搞好煤矿安全宣传教育，推进安全文化建设

积极联系新闻媒体，定期召开新闻通报会；扎实组织开展“安全生产月”、事故警示教育周、安全文艺演出、班组先进事迹巡回报告会、煤矿安全知识竞赛、科技活动周、定期发送安全短信等宣传教育活动，营造有利于煤矿安全的良好氛围。在全国煤矿安全知识竞赛总决赛中，河南代表队荣获三等奖，我局荣获优秀组织奖。积极开展安全文化创建活动，审查推荐了3家“全国安全文化建设示范企业”。联合影视公司完成了再现丁安形象的电影《生命监管》的拍摄任务，受到安监总局、国家煤监局领导的充分肯定。

（七）深入推进队伍建设，切实提升保障能力

一是加强思想政治建设，全面推进创先争优。扎实开展了“安全发展立新功，我为党旗添光彩”、红歌大家唱、向杨善洲同志学习、“学先进、比贡献，争做人民满意公务员”等活动，建立了公开承诺、领导联系点、领导点评、督查等工作机制，提高了队伍素质。二是加强组织建设。坚持德才兼备、以德为先的用人标准，调整补充了5个分局的领导班子和4个处室的负责人，提拔、交流了24名处级干部、32名科级以下干部，与地方和企业互派7名干部挂职锻炼，在3个事业单位推行聘任制，招录了6名公务员，进一步增强了队伍活力。三是加强党风廉政建设。认真落实党风廉政建设责任制，牢固树立责任意识、风险意识和廉洁从政意识，积极推进煤炭领域腐败问题专项治理，构建风清气正氛围，保持了队伍的纯洁性。四是完善工作机制。加强制度建设，用制度规范工作。继续推进绩效考核，使各项工作有目标、有标准、有责任，促进了工作落实。经过考核，监察室、办公室和监察一处获得局机关处室前三名，安全技术中心、豫西分局、郑州分局获得局属单位前三名。五是加强财务保障、执法装备配备、政务信息、信访接待、保密印章、车辆调配、后勤服务等工作，保障了各项工作顺利开展。积极组织开展党务活动和文体活动，全面落实老干部政策，营造了积极向上的机关氛围。2011年，河南省煤监局纪检监察、财务、保密、档案、督查、老干部合唱团等工作都获得了上级的肯定和表扬。

# 湖北省煤矿安全生产工作综述

2011年，是“十二五”开局之年，也是湖北煤矿安全生产工作取得稳步发展的一年。在国家安全监管总局、国家煤矿安监局的正确领导下，在省委、省政府的高度重视下，在省直相关部门的大力支持下，各级煤矿安全监管监察部门和煤矿企业努力工作、团结奋斗，实现了全省煤矿安全生产工作目标。

一是煤矿安全生产形势进一步好转。2011年，全省煤矿发生事故54起，死亡71人，同比减少8起15人，分别下降12.9%和17.4%，没有发生重大及以上事故。二是国家监察效果进一步增强。全年计划监察矿井70个，实际完成76个，完成计划监察矿井的108.6%。共开展了23次监察执法活动，对全省8个市（州）和15个县（市、区）开

展了监察执法。共下达执法文书233份，下达隐患整改指令770条，暂扣安全生产许可证7个。三是事故责任追究进一步规范。严格按照事故调查程序，依法组织事故调查，2011年，全省煤矿发生的54起煤矿事故，按结案时限要求，应结案36起，已批复结案36起，按期结案率100%。移送司法机关追究刑事责任13人，给予政纪、党纪处分31人，撤职26人，撤销资格证30人。四是整体办矿水平明显提升。认真贯彻落实国家总局和国家煤监局关于推进小煤矿机械化的工作要求，积极推广先进适用的装备、工艺和技术，大力开展煤矿示范矿井创建活动，煤矿安全装备水平、管理水平有了明显提高，建成了一批具有湖北特色的示范矿井。

2011年，湖北煤监局围绕总局提出的“三深化”、“三推进”，我们主要做了以下几个方面的工作。

**一、精心组织，全面落实国家安监总局、国家煤监局和省委、省政府的工作部署**

省委、省政府高度重视煤矿安全，省政府多次召开全省安全生产电视电话会议和全省安全生产工作会议，与产煤市州政府、湖北煤监局、省安监局、省经信委等省直单位签订了包括煤矿绝对死亡人数和煤矿百万吨死亡率在内的控制指标。省政府分别于5月底和9月中旬召开了全省煤矿示范矿井建设推进会和煤矿企业兼并重组工作电视电话会议，对煤矿企业兼并重组、示范矿井建设工作进行了部署。为深入贯彻、全面落实国家安监总局、国家煤监局和省委、省政府关于煤矿安全工作的重要部署，我局先后召开11次局党组会议、12次局务会、7次专题会议进行研究，组织召开了省级煤矿安全部门联席会议，3次产煤市（州）、县（市、区）安监局长参加的全省性会议，1次全省电视电话会议进行贯彻；集中开展8次检查指导和23次监察执法活动，并对相关市（州）、县（市、区）政府下发了《监察情况通报》，督促落实政府的监管责任；省政府办公厅印发了《关于印发全省煤矿企业兼并重组工作方案的通知》（鄂政办发〔2011〕68号）和《省人民政府办公厅转发湖北煤监局等部门关于进一步推进煤矿示范矿井建设和实施煤矿分类监管监察意见的通知》（鄂政办发〔2011〕72号）等规范性文件，保证了国家政策法规的有效落实；联合省安监局举办了全省市、县、镇三级煤矿安全监管人员269人参加的煤矿执法业务专题培训班，以此来提高监管人员的思想认识、业务能力、责任意识。

**二、深入开展“打非治违”专项行动，坚决打击违法违规行为**

按照国家总局和省政府的部署，在全省集中开展了煤矿安全“打击非法违法、治理违规违章”专项行动。一是开展节后复工专项督察。省安委办下发了《关于加强煤矿春节期间放假值班　停产检修和节后复工工作的通知》（鄂安办〔2011〕6号），明确了验收工作程序、标准，我们和省安监局加强调度和检查督办，编发《煤矿复工复产工作简报》14期，3月上旬至4月中旬，组织了4个督查组，由局领导带队对7个产煤市州13个产煤县煤矿节后复工复产情况进行了专项督查，保证了节后复工工作规范有序进行。二是开展“查隐患、反事故”交叉执法专项行动。为迅速遏制煤矿事故集中发生的势头，7月中旬，我们联合省安监局、省经信委组织8个产煤市州煤矿监管干部16人在咸丰县分三组开展“查隐患、反事故”专项执法行动，检查矿井9处，并对县安监局、经信局、乡镇政府的煤矿安全监管、行业管理工作进行了监督检查，召集全县涉煤监管部门、乡镇政府、18家煤矿企业召开了通报会，达到了监察一个点、触动一条线、影响一大片的效果，有效促进了地方政府安全监管责任的落实。三是开展水害防治重点执法监察活动。9月中旬，我们对荆门市东宝区煤矿开展了重点监察执法，检查了煤矿企业防治水、职业危害防治、井下紧急避险“六大系统”建设、技改矿井建设和示范矿井创建等情况。四是开展整顿关闭矿井专项监察执法活动。开展整合关闭矿井专项监察5次，监察矿井41处，特别是10月中旬，组织对阳新县4处整合关闭矿井的整合情况及整合方案实行情况进行了专项督查，按照特别规定进行处罚，督促企业按照设计施工，编制施工进度计划，禁止一切与技改设计内容无关的采掘活动，及时查处技改期间违法组织生产行为。

**三、深化煤矿专项整治，努力消除重大煤矿安全隐患**

坚持三项监察，坚持依法行政。按照“查大系统、治大隐患、防大事故”的原则，根据监察执法计划，深入开展瓦斯专项整治、水害整治和技改整合矿井专项整治。一是深化瓦斯治理专项整治。8月中旬，与省安监局、省经信委、省发改委联合召开全省煤矿瓦斯治理工作汇报会，贯彻落实全国煤矿瓦斯治理电视电话会议和国办发〔2011〕26号文件精神，听取建始县等6个产煤县政府和黄石工矿（集团）公司关于煤矿瓦斯治理工作的情况汇报，逐矿研究分析了煤与瓦斯突出矿井存在的问题和防范工作措施，并形成了会议纪要，督促地方政府、部门、企业落实抓好各项措施落实，截至目前，全省30处煤与瓦斯突出矿井已有23处完成了防突专项设计，正在建设防突设施和工程，15处建立了地面抽采系统。二是深化防治水专项整治。组织对全省涉水的55处煤矿企业负责人和技术管理人员进行了《煤矿防治水规定》专题培训，组织编制了煤矿水害防治音像资料发至400个煤矿企业，将全省35处水害较重的矿井列为监察重点，要求市州安全监管部门加大监管力度。三是深化顶板专项整治。督促企业加强顶板控制，做好超前支护和临时支护，严禁空顶作业；加强巷道维修管理，加强临时支护，落实监控措施；推进支护方式改革，强制推广光面爆破、锚网喷联合支护、单体液压支柱支护和金属支护。通过深化煤矿安全重点整治，减少和遏制较大以上事故发生，全面压降事故总量。四是深入开展煤矿职业危害防治专项督查活动。根据国家煤矿安全监察局《关于开展煤矿职业危害防治工作专项监察的通知》要求，组织各产煤市（州）和县（市、区）安监局在全省范围内开展煤矿职业危害防治工作专项监管监察执法活动，累计检查矿井18处，下达了执法文书54份，责令停产整顿矿井3处。

**四、严格安全许可，提高煤矿安全保障能力**

严把许可关口，严格源头管理。一是严格颁发安全生产许可证。从审查形式，审查内容和审查程序3个环节入手，加大现场安全生产条件的核查力度。针对湖北小煤矿数量多、产能低、安全条件差等问题，强制推进3/4以上的煤矿进行了扩能改造、兼并整合，针对未进入技改施工程序的证照到期后不再延续安全许可证。2011年办理安全生产许可证112个，暂扣安全许可证25个，吊销安全生产许可证2个。二是严格安全设施设计审查和竣工验收。制定了煤矿建设项目安全设施设计审查与竣工验收实施办法，严格审查，督促企业采用新技术新装备，审查煤矿建设项目安全设施设计73矿次，否决11矿次，竣工验收矿井18处。三是对煤矿安全生产许可证实施动态监管。强化现场监察执法，本着防大事故，抓大隐患的原则，将水害严重、煤与瓦斯突出矿井纳入重点监察执法对象，监察执法中，发现重大安全隐患，一律暂扣安全生产许可证；强化事故矿井监察，对发生死亡事故的矿井，一律暂扣安全生产许可证，并在网上公示，整改达不到要求不结案，不结案不返还安全许可证。

**五、加大事故查处工作力度，充分发挥事故教训对煤矿安全工作的推动作用**

进一步加大了事故查处力度。一是依法组织事故调查。按照事故调查“四不放过”的原则，组织对建始县银智煤矿“5·3”较大顶板事故等5起事故进行了调查，按照一事一委托的原则，对一般事故实行了委托调查。二是严格处罚和责任追究。对发生死亡责任事故的矿井，依法暂扣安全生产许可证，并就上限进行经济处罚，依法追究事故相关责任人的党纪政纪和刑事责任。坚持事故说清楚制度，凡发生死亡事故的单位和连续发生事故的县级政府分管领导、监管部门领导、企业负责人到省局就事故经过、事故原因、事故教训、防范措施、履职情况等方面“说清楚”，促进了两个主体责任的落实。三是严格落实事故防范措施。主要开展了“三项活动”，即开好事故通报会，采用动画模拟形式，形象直观地全面分析事故原因，提出事故防范与整改措施；实施事故矿井专项监察，不仅处理事故，而且对存在的重大隐患立案查处，严格复工复产验收标准，结合事故发生原因，企业承诺整改内容，达到示范矿井专项标准后方可恢复生产；召开事故矿长培训会，对发生事故的煤矿企业主要投资人和矿长按照集体忏悔、个体承诺、现场参观、理论培训“四位一体”的方式进行了反思再教育。

**六、加强指导服务工作力度，不断提高全省煤矿安全整体水平**

加强煤矿安全基础管理，是煤矿安全生产的治本之策。坚持两手抓，两手硬，一手抓现场监察，一手抓服务基层。一是继续推进全省煤矿示范矿井建设。组织召开了全省煤矿示范矿井建设推进会，以省政府办公厅名义印发了《省人民政府办公厅转发湖北煤监局等部门关于进一步推进煤矿示范矿井建设和实施煤矿分类监管监察意见的通知》，由省安监局、省经信委联合授予21个煤矿为“湖北省煤矿示范矿井”。通过示范矿井建设，完善了生产系统、推进了科技进步、加强了基础管理，实现煤矿安全生产。二是帮助基层解决煤矿安全生产和监管工作中遇到的问题。举办了2期监管人员执法业务培训班，编印了监察执法手册、煤矿安全制度汇编等书籍，邀请省检察院和监察厅的领导、省内外煤矿安全专家、经验丰富的监察员为大家讲授有关知识，提高基层安监员执法业务水平；举办了1期煤矿安全生产培训工作座谈会，进一步规范煤矿“三项岗位人员”培训考核发证工作，加强培训管理，提高培训质量和煤矿从业人员基本素质。三是组织学习考察外省先进经验。今年先后组织4批次、220人赴湖南、福建、广西等地学习考察，学习办矿理念、急倾斜柔性掩护支架采煤法、U型钢和锚杆加工技术、薄煤层开采技术、安全标准化创建工作。同时，引导省内地区之间、煤矿企业之间开展学习交流，通过考察学习，更新了观念，掌握了技术，提高了管理水平。

**七、加强领导班子和队伍建设，促进了煤矿安全监察事业的蓬勃发展**

始终把领导班子和队伍建设作为首要任务来抓，从思想、能力、作风、制度和廉政建设等方面严格要求，狠抓落实，带出了一个团结的集体、战斗的集体、廉洁的集体。一是加强思想政治建设。以提高干部思想政治素质为目标，组织机关干部认真学习政治理论，做到年有计划、季有安排、月有课题，坚持理论联系实际，紧密结合煤矿安全生产实践，深刻把握科学发展观的内涵和安全与发展的辩证统一关系，提高了干部队伍的理论素质和责任意识。二是加强能力建设。我们坚持“请进来、走出去”的办法，认真学习借鉴兄弟省市的先进经验，全面提升干部队伍的监察执法能力。今年先后组织机关9名同志到广西、福建等省学习考察监察执法方面的经验；派出1名同志与湖南煤监局郴州分局1名同志交流挂职；派出1名同志到四川煤监局川西分局学习锻炼；安排新招录公务员到煤矿企业实习，提高了干部业务素质。三是加强作风建设。按照总局党组和省委的工作部署，深入开展争先创优和治庸问责活动，努力解决落实力不够、工作作风不实、工作纪律不严、自律意识不高的问题，努力营造积极向上、努力工作的氛围。局领导率先垂范，亲力亲为，亲自参加现场执法、亲自参加专篇审查和竣工验收、亲自主持事故调查，为广大干部职工作出了表率。机关干部严格遵守政治纪律、工作纪律、党风廉政建设规定以及内部管理制度，切实做到为民、务实、清廉。四是加强制度建设。坚持用制度管事，用制度管人。进一步完善了机关工作规则、局务会议制度，加强了局务会议决定事项的检查督办，提高了工作执行力。进一步完善了政务公开和财务公开制度，主要工作上网公布，财务收支定期公开，加强了财务支出预算审批管理，严格支出审批权限和程序，厉行节约，接受群众监督。五是加强廉政建设。我们严格遵守国家总局“九条纪律”和廉洁自律的各项规定，认真组织开展了惩防腐败体系建设自查，对照《廉政风险重点排查表》和《岗位腐败风险排查表》进行排查，认真组织开展“警示教育周”活动，参观了警示教育展览。全体监察人员严格执法、公正执法、廉洁执法，没有发生违规违纪案件，维护了机关整体形象。

# 广西壮族自治区煤矿安全生产工作综述

2011年，在自治区党委、政府和国家安全监管总局、国家煤监局正确领导下，认真贯彻落实全国安全生产电视电话会议、全国安全生产工作会议精神，坚持“安全第一、预防为主、综合治理”的安全生产方针，坚持以全面贯彻落实国务院23号文件和国务院第165、167、173次常务会议精神为主线，以强化企业安全生产主体责任为重点，继续深入开展“安全生产年”活动，不断深化安全生产“三项行动”、“三项建设”，扎实推进煤矿安全监察执法。

**一、抓好全国安全生产工作会议精神的落实，明确全年工作目标**

全国安全生产电视电话会议、全国安全生产工作会议召开后，区煤监局迅速召开全体干部会议进行传达贯彻，把全国会议精神向自治区人民政府进行汇报。《国家安全监管总局2011年工作要点》和《国家煤矿安监局2011年煤矿安全工作要点》下发后，局党组在传达学习相关会议精神的基础上，专门研究制定贯彻落实措施，结合广西煤矿安全生产实际，印发了《广西煤矿安监局2011年工作要点》，进一步明确了2011年的工作目标、工作任务和工作重点。

**二、抓好贯彻落实好国务院第165、167、173次常务会议精神，遏制煤矿重特大事故**

一是及时组织学习，认真贯彻中央领导的重要指示和会议精神。为把国务院第165、167、173次常务会议精神学习好、贯彻好，我局先后3次组织召开全局专题会议，学习贯彻国务院第165、167、173次常务会议精神，并按照国家安全监管总局、国家煤监局的要求，分析查找监察工作中存在的问题，研究解决问题的办法，制定进一步加强煤矿安全生产工作的具体措施。

二是开展全区煤矿安全生产大检查。及时印发了《关于立即开展全区煤矿安全生产大检查的通知》和《关于切实做好当前煤矿安全生产工作的通知》，成立了广西煤矿安全生产大检查工作领导小组，制定了大检查工作方案。在组织企业自查自纠的基础上，局领导分别带领督查组，联合自治区有关部门深入广西重点产煤地区开展煤矿安全生产大检查督查工作。督查组对照国家有关要求深入矿井进行检查督查，下达监察执法文书40多份，其中对4处存在违法违规行为的矿井给予停产停工整顿或经济处罚。在做好督查的同时，召开由当地人民政府及相关部门、煤矿企业人员参加的检查情况反馈会议，通报检查情况，交换工作意见，指导地方政府相关部门和煤矿企业加强煤矿安全工作、落实两个主体责任。

三是深入开展严厉打击非法违法生产经营建设行为专项行动。根据《国务院安委会关于开展严厉打击非法违法生产经营建设行为专项行动的通知》（安委明电〔2011〕7号）的要求和部署，及时制定下发了《广西煤矿安全监察局开展打击非法违法生产经营建设行为专项行动实施方案》，明确工作重点和目标。把以技改整合为名实施开采的矿井、煤层露头区域非法开采小煤窑，作为打击重点。成立了“打非”专项行动领导小组，由三位局领导分别带队赴百色、河池、来宾等重点产煤市、县（市、区）开展“打非”专项行动。对非法采矿比较严重的地区、“打非”工作不力的地方政府下达《加强和改善安全管理建议书》，督促加大对非法采矿的打击力度。在“打非”专项行动中，下达监察执法文书34份，实施监察经济处罚4矿次，责令停产限期整改矿井4处；对存在重大安全隐患的某公司全部2对生产矿井、1对建设矿井责令停产整顿，暂扣安全生产许可证，实施经济处罚。

四是及时采取措施，遏制煤矿事故反弹势头。2012年9月份，针对广西非法盗采抬头，煤矿事故有所反弹的情况，局立即采取断然措施：一是向全区各有关市、县（区）人民政府，各国土资源管理、煤矿安全监管部门下发《广西煤矿安全监察局关于近期三起非法盗采事故的通报》，要求各有关各方和有关部门立即开展对所辖区域内有煤炭赋存地区的全面排查，发现有非法开采的必须立即关闭取缔，坚决遏制非法盗采反弹趋势。二是编制专报信息《关于近期我区非法小煤窑开采活动情况的报告》上报自治区党委、政府，提出打击非法盗采活动的意见。三是加大事故查处的力度，派出人员深入有关地市明查暗访，督促地方政府加大打非力度，形成高压态势，推动了地方打非工作持续有力开展，后几个月的非法开采得到有效的遏制。

**三、大力推进全区煤矿机械化开采工作，不断提高煤矿安全保障能力**

区煤监局成立以来，在做好监察工作的同时，紧紧抓住“科技兴安”这一主线，全力推动煤矿机械化建设改造工作。小煤矿机械化建设在百色取得了成功，得到了煤炭行业系统上下的认可。2011年4月27日，温家宝总理、张德江副总理分别作出批示，要求认真总结“百色经验”加以贯彻落实，骆琳局长、赵铁锤局长等总局、煤监局领导也分别作了批示。国家安全监管总局　国家煤矿安监局专门下发了《国家安全监管总局　国家煤矿安监局关于印发广西壮族自治区百色市推进小煤矿机械化信息化标准化建设经验材料的通知》，对推动我区煤矿机械化工作起到了很大的作用。

2011 年，区煤监局继续大力推进全区煤矿机械化工作，在百色矿区国有煤矿取得成功的基础上，重点推进河池市乡镇小煤矿机械开采示范县的建设，帮助煤矿企业联系赴重庆、贵州等地考察学习簿煤层机械化开采经验，组织专家深入矿区井下进行技术咨询指导。在区煤监局的指导下，河池市环江县煤矿地面规范化建设已基本完成，矿区面貌焕然一新，5 对乡镇煤矿已实施机械化半机械化开采，综合机械化掘进工作正在推进；河池市罗城县煤矿机械化改造有条不紊地进行，金龙煤矿、小山煤矿、北陵山一号井、古毛二号井等机械化改造工作取得重要突破；河池市都安县那精煤矿将建成小煤矿最集中的河池地区的第一个综掘综采煤矿，将成为河池地区小煤矿机械化的典范。

**四、抓好煤矿安全生产条件核查，进一步夯实煤矿安全基础**

为尽快提高广西煤矿安全管理水平，区煤监局创新工作方法，制定《煤矿安全生产基本条件核查工作方案》，组织专家开展全区生产矿井安全生产条件核查。核查从矿井基本情况等 14 个方面进行。2011 年共核查 43 对生产矿井，其中，全区共有 6 对煤矿达到了 A 类矿井，37 对煤矿达到了 B 类矿井；查处隐患 730 项，其中重大隐患 3 项，已经全部整改完毕，进一步提高了煤矿安全基础水平。

**五、抓好安全质量标准化和“六大系统”建设工作的督查检查，强化安全基础**

根据国家安全监管总局办公厅国家煤矿安监局办公室《关于进一步加快煤矿井下安全避险“六大系统”示范矿井建设的通知》的要求，结合局在推进煤矿“六大系统”建设的职责，加快推进全区煤矿井下安全避险“六大系统”建设工作。通过广泛宣传、部署实施和检查督促，稳步推进“六大系统”建设。目前，生产矿井的监测监控系统均升级并且正常使用；大多数矿井的监测监控系统也已经建设并投入使用；建设矿井中，大部分已经建设安装人员定位系统；生产矿井中，压风自救、供水施救、通信联络系统均已经建设；建设矿井根据建设的进度在不断完善；紧急避险系统已有部分企业与设计单位、生产厂商已签订相关合同。

同时，加大了煤矿安全质量标准化建设的监督检查工作。对已通过安全质量标准化验收的矿井实施“采、掘、机、运、通”季度动态达标监察，确保安全质量标准化工作不流于形式，推动全区煤矿矿井安全质量标准化建设工作顺利进行。

**六、抓好安全生产许可证颁发，严把证照审查监管关**

充分发挥专家型队伍的作用，帮助有关部门严把煤矿新建、改扩建项目的核准关和设计审查关，把不符合国家产业政策、技术政策的煤矿建设项目挡在门外。在本局行政许可工作中，严把证照审查监管关，达不到颁证要求的，坚决不发证，发现证照不全、安全生产条件滑坡的，一律暂扣或吊销其安全生产许可证，并通报当地政府及有关部门。加强煤矿建设项目安全设施“三同时”的监察，鼓励和推动煤矿企业应用新技术、新工艺、新装备改造矿井，对不按设计施工的建设项目，对采用淘汰设备和工艺的建设项目，坚决下达停工通知书，严把安全准入关。

**七、抓好煤矿职业安全健康监察工作，职业危害防治工作取得明显进展**

从煤矿职业危害申报入手，通过推动科技进步、树立职业安全健康示范矿井和专项监察等方式推动煤矿职业健康监察工作逐步走上正轨。一是认真做好申报工作，为煤矿职业健康监察打好基础。下发了《关于做好煤矿作业场所职业危害申报工作的通知》（桂煤安监字〔2011〕9 号），要求煤矿企业每年按时向我局申报一次职业危害情况。目前，全区煤矿职业危害申报工作已正常开展，煤矿职业危害申报率、职业危害因素监测率、职业健康培训率和体检率等逐步提高。二是推动技术进步，促进煤矿职业安全健康工作的开展。积极推进技术进步，不断改善煤矿作业环境和煤矿职工生活环境，通过煤矿采掘机械化，减少井下工作人员和产尘点，促进职业安全健康工作。三是开展职业病危害专项监察，推动企业主体责任的落实。认真组织开展煤矿职业危害防治专项监察活动，重点监察煤矿企业职业病防治机构、制度建立健全情况，粉尘、噪声、高温危害防治情况，个体防护用品配备情况等，通过专项监察，推动企业职业病防治主体责任的落实。四是树立典型，以典型引路，推动职业危害防治工作的深入开展。将职业病防治基础好、工作扎实的右江矿务局、百色矿务局等树立为职业安全健康“示范”单位，让全区煤矿在煤矿职业病防治方面学有目标，赶有方向，实现全区煤矿职业安全健康水平的整体提升。

2011 年 11 月底，全国煤矿职业病防治工作现场会在本区百色市召开，右江矿务局塘内矿被评为全国煤矿职业病防治先进单位。

**八、抓好煤矿安全监察执法工作，全力消除煤矿安全隐患**

一是突出抓好关键和敏感时段的煤矿安全监察督查。针对 2011 年国庆、元旦、春节、“两会”和中国—东盟博览会等重大节假日活动等敏感时期的煤矿安全生产，及时下发了《关于做好国庆、春节前后和“两会”期间煤矿安全生产工作的紧急通知》，要求各煤矿企业切实抓好国庆、元旦、春节、“两会”和中国—东盟博览会期间矿井安全措施的落实。派出监察督查工作组督促各产煤市、县（区）人民政府及有关部门加强联合执法工作；指导和监督停产检修和停产放假的煤矿，制定严格的工作方案和安全保障措施，消除了一批事故隐患，有力地保障了一方平安。二是突出抓好现场监察执法。按照国家煤矿安监局批复的执法计划，认真组织实施，狠抓任务落实，扎实推进“三项监察”工作。绝大多数监察执法工作都由局领导亲自带队进行，坚持关口前移、重心下移，深入煤矿井下现场排查安全隐患，把事故消灭在萌芽状态。完成年度计划的 108%，查出各类事故隐患 1105 条，其中重大隐患 17 项，已全部完成整改；实施监察行政处罚 15 次，责令停产或限期整改 7 矿处，暂扣煤矿安全生产许可证 11 矿次；使用监察执法文书 139 份。三是突出抓好瓦斯专项治理。我局重点盯防罗城县高瓦斯矿区和右江矿务局瓦斯异常矿井。同时结合广西煤矿瓦斯治理工作特点，重点监察煤矿企业优化生产布局，合理组织生产的情况，为瓦斯治理提供基础保障。重点监察煤矿通风系统稳定可靠情况，确保通风可靠，重点防范瓦斯积聚。重点监察煤矿企业建立和运行安全监控系统情况，确保监控有效。重点监察矿井瓦斯现场管理。规定煤矿企业必须超常规配备瓦检员，做到井下每个采掘作业点每班必须配备 1 名专职瓦斯员跟班盯岗，盯岗瓦斯员不得兼做其他地点的瓦斯检查工作。2009 年 8 月以来，广西没有发生过煤矿瓦斯事故。四是突出抓了水害专项整治。针对广西汛期的特点，注意掌握气象情况，遇大雨暴雨情况及时向企业发出预警。同时，督促煤矿企业制定水害防治应急预案，储备应急物资；配齐专用探放水设备，建立专业探放水队伍；定期收集、调查核对本矿及相邻煤矿的废弃老窑情况，编制《矿井综合水文地质图》等基础图纸和资料，准确掌握矿井水患危险的情况。并对煤矿水害隐患相对较大的合山、东罗、宜州、右江（公篓矿）等地矿区进行专项监察。五是突出抓好防灭火专项治理。深刻吸取山东省枣庄防备煤矿“7·6”火灾事故的教训，在加大对易自然发火矿井钦州稔子坪煤矿、百色、右江矿区煤矿的防火灭火监察力度基础上，我局充分利用广西矿山实验室力量，加强对矿用绞车、水泵、主要通风机、空压机、仪器仪表等矿用机电设备的检测检验，推动企业按规定及时淘汰落后电气设备，杜绝老旧设备长期超负荷运行引发火灾等事故。建局以来至 2011 年底，广西煤矿没有发生火灾伤人事故。

**九、抓好事故救援及事故调查处理，严格落实事故责任**

局严格按照“四不放过”的原则和“依法依规、实事求是、注重实效”的要求，严肃查处发生的煤矿事故，严肃责任追究。2011 年共查处煤矿事故 13 起，应结案 12 起，实际结案 12 起，按期结案率 100%，处理事故责任人 34 人。

2011 年 7 月 2 日，合山煤业公司八矿樟村井井下溃浆溃水事故发生后，广西煤监局迅速启动应急预案。局长黄文标、副局长杜小平第一时间赶赴现场，指挥抢险救援工作；副局长赖炳瑞、副巡视员周祖彬均到事故矿井参与了抢险救援工作。根据现场实际变化情况，局现场指挥领导及时把国家安监总局、国家煤监局领导的指示精神传达到现场指挥部，及时组织制定科学的救援方案和激励方案，加快了搜救工作进度，不弃不馁，全力搜救被困矿工，成功救出了两位遇险矿工。

2011 年，局在严格监察执法，推进煤矿科技进步，严肃查处煤矿事故，严厉打击非法违法采煤和开展煤矿安全生产大检查督查专项行动等方面，做了大量的工作，取得了一定的成效，但煤矿安全生产形势仍然严峻。

2011 年，全区发生涉煤事故 13 起，死亡 33 人。其中，7 月初因连降暴雨引发地表塌陷，泥浆冲入井下造成合山煤业公司“7·2”事故，死亡 20 人。同比事故起数下降 13.33%，死亡人数上升 94.11%。

# 重庆市煤矿安全生产工作综述

2011 年，重庆市各级地方党委、政府、各有关部门特别是煤矿安全监管部门、煤炭行业管理部门和重庆煤矿安全监察机构认真贯彻落实党中央、国务院、国家安全监管总局、国家煤矿安监局、重庆市委和市政府关于安全生产工作的一系列重要指示和决策部署，坚持“安全第一、预防为主、综合治理”的安全生产方针，紧紧围绕全国“安全生产年”、全市安全生产“基层基础攻坚年”的总体任务和要求，扎实推进区县煤炭行业监管体系建设、煤矿安全“六个一百”示范工程建设、井下安全避险“六大系统”建设、安全质量标准化和企业班组建设、瓦斯综合治理示范区县和示范矿井建设、煤矿安全科技进步、安全监管监察队伍建设，深入开展煤矿安全“四个攻坚战”、“四大行动”、“打非治违”、“九查一深化”专项行动，有力地促进了全市煤矿安全生产条件的持续改善、安全生产状况的持续稳定好转。

## 一、煤矿安全生产总体情况

2011 年，全市煤矿生产原煤 4364 万吨，同比增产 0.10%，其中市属煤矿生产原煤 1365 万吨，同比增产 3.17%。全市发生煤矿死亡事故 120 起，死亡 153 人，同比减少 23 起、少死亡 30 人，分别下降 16.08% 和 16.39%。死亡人数与国家下达控制指标 184 人相比少 31 人，占控制指标的 83.15%。煤矿百万吨死亡率 3.506，同比下降 0.7、下降 16.67%，比国家下达 4.144 的年度控制目标下降了 15.54%，其中国有重点煤矿百万吨死亡率为 1.465，同比下降 0.595、下降 28.88%，区县煤矿百万吨死亡率为 4.441，同比下降 0.679、下降 13.26%。

按经济类型分：国有重点矿发生事故 20 起，死亡 20 人，同比减少 1 起 7 人，分别下降 4.76% 和 25.93%；国有地方矿 2 起 2 人，同比增加 1 起 1 人，分别上升 100%；乡镇煤矿 98 起 131 人，同比减少 23 起 24 人，分别下降 19.01% 和 15.48%。

按事故级别分：一般事故 113 起 119 人，同比减少 22 起 30 人，分别下降 16.3% 和 20.13%；较大事故 6 起 20 人，同比减少 2 起 14 人，下降 25% 和 41.18%；重大事故 1 起死亡 14 人，去年同期无重大事故；本年无特大事故。

按事故类型分：顶板事故 57 起 58 人，同比减少 34 起 46 人，分别下降 37.36% 和 44.23%；瓦斯事故 9 起 33 人，同比增加 1 起 10 人，上升 12.5% 和 43.48%；机电事故 6 起 6 人，同比起数增加 1 起，上升 20%，人数持平；运输事故 15 起 15 人，同比减少 3 起 8 人，分别下降 16.67% 和 34.78%；爆破事故 3 起 3 人，同比增加 2 起 2 人，分别上升 200%；水害事故 3 起 5 人，同比减少 1 起 2 人，分别下降 25% 和 28.57%；火灾事故 1 起 4 人，同期无火灾事故；其他事故 26 起 29 人，同比增加 10 起 10 人，分别上升 62.5% 和 52.63%。

## 二、煤矿安全生产重点工作

### （一）推动煤炭产业结构进一步优化

一是按照市委、市政府的决策部署，在 2009—2010 年投入 13 亿元资金关闭 303 个小煤矿、淘汰落后生产能力 838 万吨/年的基础上，2011 年关闭小煤矿 5 个、淘汰落后生产能力 21 万吨，从源头上消除了一大批危险源。煤矿矿井数量由 2008 年的 1047 个减少到 2011 年的 742 个，全市 699 个小煤矿单井平均规模由 3 万吨/年提升至 6 万吨/年。二是各地、各部门认真贯彻落实市政府《关于加快煤矿整合工作的通知》（渝府〔2009〕2 号）、《关于进一步规范煤矿资源整合技改工作的通知》（渝府〔2011〕41 号）要求，加强煤矿建设项目管理，积极推进煤矿整合技改。全市 654 个建设项目中，已开工建设 383 个，综合竣工验收28个，新增产能134万吨。

（二）推动区县煤炭监管体系建设进一步完善

一是2011年3月，重庆煤矿安全监察局、重庆市煤炭工业管理局与市编制委员会办公室联合出台《完善区县煤炭行业监管体制的指导意见》，印发《完善区县煤炭行业监管体制的指导意见》、《关于进一步加强区县（自治县）煤炭行业监管机构建设的指导意见》，采取召开全市煤炭行业监管体系建设推进工作会和重点产煤区县座谈会等措施，推进全市区县煤炭行业监管体系建设。至2011年末，全市29个产煤区县（自治县、经开区）全部设立了煤管局，核定编制802人，较2009年新增编制270人，实际在编757人，其中新增240人；61个年产煤20万吨以上的重点产煤乡镇设立了煤管办，全市261个产煤乡镇在岗煤矿安全监管人数达930人。二是各产煤区县按照《重庆市人民政府办公厅转发市编办市财政局市安监局关于加强重点行业安全监管能力建设指导意见的通知》（渝办发〔2011〕265号）有关“4+X”（“4”即：执法车辆、电脑、打印机、照相机；“X”即煤炭行业专项监管装备）的基本装备要求，配备安全监管装备，煤矿安全监管经费、装备等实际问题逐步得到解决，安全监管条件进一步改善。

（三）推动煤矿企业主体责任进一步落实

市政府相继出台《进一步明确安全生产监督管理职责的决定》、《进一步落实企业安全生产主体现责任的决定》、《进一步加强企业安全生产工作的意见》等重要文件，对加强企业安全生产工作作出全面部署，制定落实企业安全生产主体责任《评估细则》和《实施方案》，于2010年9月全面启动了为期28个月的落实企业安全生产主体责任行动，开展量化考评、评估定级，实施分级分类监管，推进整改升级。至2011年末，全市742个煤矿中有709个煤矿开展了安全级别评估和整改升级工作，其中：A级191个，占26.94%；B级466个，占65.73%；C级47个，占6.63%。2011年以煤矿安全“六个一百”示范工程为抓手，深入推进煤矿企业安全生产主体责任落实。“六个一百”示范工程建设全面完成，全市已建设示范矿井228个。

（四）煤矿瓦斯、水害治理进一步深化

一是以煤矿瓦斯综合治理工作体系建设为着力点，深入推进煤矿瓦斯治理。全市已建成12个瓦斯治理示范区县、63个示范矿井；120个煤与瓦斯突出矿井及年产量6万吨/年以上高瓦斯矿井已建成地面固定抽采系统，28个区县全部实现煤矿安全监控系统联网监控；2011年抽采瓦斯4.67亿$m^3$、利用3.41亿$m^3$，综合利用率达73.02%。通过近几年的瓦斯治理，瓦斯事故明显下降。由2005年的53起、死亡144人，减少到2011年的8起、死亡31人，分别下降84.91%、78.47%，与2010年的起数持平、死亡人数增加8人，主要是2011年发生了奉节县“10·17”非法开采致14人死亡的重大瓦斯事故。二是水害防治工作得到加强。完成了全市煤矿矿井水文地质类型划分核查，在煤矿强力推广应用了物探仪，建立了防治水专业队伍，采取了“有疑必停”、“有掘必探”、“有险必撤”的防治水措施，水害事故同比下降25%、死亡人数下降28.6%，未发生较大以上水害事故。

（五）煤矿安全保障能力进一步提升

一是煤矿企业安全基础管理工作进一步强化。以“六个一百”示范工程为抓手，完善了市级、分局、区县、乡镇、企业“五级联创”工作机制和计划、验收、整改、考核的“四抓四建”工作模式，全面推进安全质量标准化建设和企业班组安全建设，进一步提高了全市煤矿安全生产标准化水平。二是煤矿“科技兴安”积极推进。低透气煤层增透技术、中风压钻进技术、煤与瓦斯突出综合预警技术、防炮崩风筒、新型个体阻尘技术等一批先进适用技术与装备在全市煤矿推广应用。三是煤矿井下安全避险“六大系统”逐步建成并投入使用。2011年末，具备建设条件的687个煤矿中，安全监测监控、压风自救、供水施救、通信联络、人员定位管理五大系统已基本建成，紧急避险系统完成118个。四是2010年启动实施的“31331”培训工程目标基本实现。已培训区县及乡镇煤矿安全监管人员839人，煤矿矿长3073人，区队长3063人，班组长9684人。2011年培训、复训企业“三项岗位人员”24117人；举办瓦斯治理、事故矿井主要负责人、矿山救护、职业卫生等各类专项培训班16期，培训1650人。五是煤矿应急救援体系初步建设。2010年8月成立了重庆市矿山抢险应急救援队。至2011年底，全市12个煤矿救护队取得了二、三级救援资质，市财政累计投入6600多万元更新改造煤矿救护装备，煤矿应急救援队伍建设和应急救援能力进一步加强。六是进一步强化煤矿安全投入。印发煤炭生产安全费用管理办法，规范了企业、区县、市局三级集中统筹煤炭生产安全费用的具体使用范围，加强了煤矿企业安全费用、维简费用、瓦斯治理专项资金政策落实的监督检查，督促加大投入力度，改善安全生产条件。

（六）煤矿安全监察监管执法进一步强化

一是执法力度进一步加大。2011年，全市煤矿安全监察系统实施煤矿安全监察728矿次，调查事故109矿次，查处举报90矿次，专项执法79矿次，排查治理各类安全隐患4910条，下达各类执法文书5328份，责令117个矿井停产整治，对全市9万吨/年及以下的58个煤与瓦斯突出矿井实施停产评估，行政罚款3645万元。坚持事故处理会审制度，严肃事故查处和责任追究，依法移送追究刑事责任29人次、给予行政处分36人次；给予党纪处分4人次。二是严格安全生产准入管理。坚持许可证集中审查制度，年检煤矿生产许可证638个，新办、变更、延期、补办、注销煤炭生产许可证195个，新办、变更、延期、补办、注销煤矿安全生产许可证665个。三是深入开展“打非治违”专项行动。认真贯彻安委明电〔2011〕7号文件要求，深入开展了“打非治违”专项行动。2011年11月，按照市政府统一部署，对奉节县煤矿安全实施了为期3个月的挂牌整治，对南川、巫山、巫溪、石柱、涪陵5个产煤区县实施了重点督导。重庆煤监、市煤管、市国土、公安等10个部门组成市政府督查组，对奉节县煤炭开采“剿非治违”挂牌整治工作开展专项督查，重点督查了奉节县开展“大宣教”、“大清理”、“大剿灭”、“大规范”行动情况。仅在奉节县，就炸毁非法小煤窑150余个。四是加强和规范煤矿建设项目管理。针对煤矿建设项目管理中存在的问题，研究制定加强煤矿建设项目安全管理和施工队伍管理的措施，进一步规范了煤矿建设项目安全设施设计审查、施工安全、质量监督和竣工验收工作，实行分级审查分级验收制度。同时，受理煤矿安全举报142件次，依法依职查处90件次，移送47件次，做到了件件有落实。五是强化执法监督和检查指导。出台了《重庆市煤矿安全生产行政处罚裁量基准（试行）》，进一步规范了行政执法标准；制定了煤矿安全生产行政执法监督办法和执法监督文书，开展了综合执法督查和专项执法督查，重点检查了建设项目审批、行政许可、中介机构管理等专项工作开展情况；与监察执法、执法督查相结合，对区县政府及煤矿安全监管部门工作进行了检查指导，下达加强和改善安全管理建议书、监察意见书17份。

2011年，全市煤矿安全生产工作虽然取得一定成效，但与全国煤矿安全生产先进水平相比仍存在很大差距。一是全市煤矿事故起数和死亡人数仍超“双百”，百万吨死亡率位居全国前列。二是顶板事故频发，严重制约和影响煤矿事故总量下降。三是较大以上瓦斯事故多发，未得到有效遏制。四是煤矿多、小、散、弱、低的状况没有根本改变，基层基础薄弱，煤矿企业安全生产保障能力仍然不强。

# 四川省煤矿安全生产工作综述

## 一、2011年煤矿安全生产基本情况

2011年，全省共有各类煤矿1310处，核定（设计）生产能力10341万吨/年，共计生产原煤7431.72万吨。全年煤矿共发生各类事故205起，死亡240人，同比减少42起、57人，分别下降17.00%和19.19%。其中：在建矿井103起，死亡120人，分别占事故总量的50.24%和50.00%；生产矿井102起，死亡120人，分别占事故总量的49.76%和50.00%。煤矿百万吨死亡率3.229，同比下降16.71%。在205起事故中，较大事故为4起、死亡17人，同比减少4起、少死亡25人，分别下降50.00%和59.52%。发生重大事故1起，死亡12人，为8月29日，达州市大竹县曾家沟煤矿发生水害事故，死亡12人。

按事故煤矿性质分：国有重点煤矿、国有地方煤矿、乡镇煤矿生产原煤分别为1467.16万吨、370.77万吨、5593.79万吨，分别占全省总产量的19.74%、4.99%和75.27%。在发生的205起死亡事故中，国有重点煤矿发生事故20起，死亡21人，同比减少4起5人，分别下降16.67%和19.23%。国有地方煤矿发生事故10起，死亡10人，同比增加4起4人，分别上升66.67%。乡镇煤矿发生事故175起，死亡209人，同比减少42起56人，分别下降19.35%和21.13%。国有重点煤矿百万吨死亡率分别为1.431，同比下降20.19%；国有地方煤矿百万吨死亡率2.697，同比上升65.59%；乡镇煤矿百万吨死亡率3.736，同比下降17.64%。

按事故类别分：顶板事故121起，死亡128人，同比减少21起、22人，分别下降14.79%和14.67%；运输事故43起，死亡44人，同比减少4起、5人，分别下降8.51%和10.20%。瓦斯事故12起，死亡27人，同比减少1起、20人，分别下降7.69%和42.55%（包括较大事故4起，死亡17人，同比减少3起、22人，分别下降42.86%和56.41%）；机电事故8起，死亡8人，同比减少4起、5人，分别下降33.33%和38.46%；水害事故2起，死亡14人，同比增加1起、13人，分别上升100.00%和1300.00%（包括重大事故1起，死亡12人）；火灾事故1起，死亡1人，同比增加1起、1人；爆破事故3起，死亡3人，同比减少2起、4人，分别下降40.00%和57.14%；其他事故15起，死亡15人，同比减少12起、15人，分别下降44.44%和50.00%。

按事故区域分：在全省64个产煤县中，有49个县（市、区）共发生伤亡事故175起，死亡209人，2010年同期有47个县（市、区）发生伤亡事故217起，死亡265人，同比减少42起、56人，分别下降19.35%和21.13%。在15个产煤市（州）及川煤集团、古叙集团等17个考核单位中，除自贡、眉山、乐山、广安等4个考核单位超年度控制指标，其余13个单位均控制在年度指标内。

在控制指标方面，国务院安委会下达省2011年煤矿死亡人数控制指标为265人，实际全年全省事故死亡人数240人，比年度指标少25人，占年度指标的90.57%；下达省煤矿较大事故起数控制指标为8起，实际发生煤矿较大事故4起，比年度指标少4起，占年度指标的50.00%；发生重大事故1起，突破煤矿重大事故零控制指标。

**二、2011年煤矿安全生产工作**

2011年，全省煤矿监察系统累计现场监察各类煤矿矿井1072处，监察矿井次数1585矿次，查处一般事故隐患14093条项，查处重大隐患25项。查处各类煤矿事故205起，按期应结案187起，实际结案183起，事故按期结案率97.8%。实施行政处罚1523次，其中：对煤矿企业处罚898次，对企业主要负责人处罚551次，责令停产整顿矿井68处，提请政府关闭6矿。全年共实施经济处罚次数860次，罚款6175.41万元，其中日常监察罚款2557.62万元、事故罚款3617.79万元，使用各类执法文书8146份。

（一）建立完善煤矿安全监管监察工作协调机制

省一直高度重视监管监察协调机制建立完善工作，2006年，省局制定了《四川煤矿安全监管监察联席会议制度、联合执法制度、工作通报和信息交流制度》，2009年又出台了《关于加强对地方煤矿安全监管工作检查指导的意见》，2011年，四川省人民政府办公厅出台了《关于进一步加强煤矿安全生产工作的通知》（川办函〔2011〕166号），进一步明确了地方煤矿安全监管部门的监管职责、任务和重点内容，进一步要求建立健全煤矿安全监管监察工作体制机制，从而使煤矿安全监管监察协调工作机制更加完善。

（二）建立并落实联合执法工作制度

根据省安全监管局、四川煤监局省局合署办公的特点，省局积极要求各煤监分局和市、县煤矿安全监管部门建立联合执法工作体制，尽快形成我省"国家监察、地方监管、企业负责"的煤矿安全监管监察工作格局。各煤监分局建立了较为规范的联合执法工作制度，除了"三项监察"以外，基本都采取联合执法的方式进行监察。2011年，省煤矿安全监管监察部门共组成联合执法检查组236个，共检查煤矿552处，下达执法文书1563份，责令停产整改矿井93处，暂扣证照33个。进一步调动了地方煤矿安全监管部门的积极性，推动了地方监管部门责任的落实，加强了煤监机构和地方煤矿安全监管部门的工作沟通，加强了对地方煤矿安全监管部门监管工作和行政执法的指导，取得了较好的效果。

（三）加强对重点地区、重点时段及事故多发地区的安全监察

以事故多发矿井和灾害严重矿井为重点，突出查大系统、治大隐患、防大事故，进一步深化煤矿安全专项整治。2011年重点抓了灾害较重、事故较多的宜宾市兴文县、达州市大竹县、自贡市荣县、内江市威远县、乐山市峨眉山市、广安市华蓥市、广元市旺苍县等事故多发地区的重点监察。同时，为确保我省元旦、春节以及“两会”、国庆等重要时段煤矿安全生产工作的稳定，通过明察、暗访、召开座谈会、随机抽查等形式对我省各重点产煤地区和重点矿井在春节、“两会”、国庆期间各地、各煤矿企业安全监管措施落实情况开展了督查，确保了全省在元旦、春节、中秋、国庆等重要时段煤矿安全生产形势的稳定。

（四）组织开展煤矿“打非治违”行动

按照国务院和省政府的安排部署，省在2010年下半年开展打击煤矿非法违法生产建设专项行动的基础上，2011年5月初至7月上旬，继续在全省组织开展了煤矿“打非治违”行动，并组织了8个以省局领导为组长的“打非”专项督查组，分赴省泸州、内江、攀枝花等15个产煤市（州）开展“打非治违”专项督查。8月，针对省煤矿安全事故出现反复，为坚决遏制住我省煤矿事故多发的被动局面，省决定将煤矿“打非治违”督查工作一直持续开展到年底，并下发了《关于坚决打击建设矿井非法违法生产行为的紧急通知》（川安办〔2011〕129号），出台了“凡发现非法违法生产建设矿井一律关闭；凡拖延工期，完不成工程进度的煤矿建设项目，由煤矿安全监管部门对其提出警告并进行停产整顿；凡建设矿井发生事故，若矿井存在非法生产建设行为，一律提请地方人民政府依法予以关闭”等坚决打击措施。

2011年，省局8个煤矿督查组共对省15个产煤市（州）、50余个重点产煤（县、区）开展了煤矿“打非治违”专项督查，并认真按照国家局提出的“四个一律”从严行政执法，及时消除了一大批安全生产隐患，有效打击和震慑了煤矿非法违法生产建设行为，煤矿安全事故多发的局面得到了有效控制。全年，省局会同各煤监分局对建设矿井共计监察了778矿次，查处安全隐患4670条，下达执法文书810份，责令全矿停止建设93次，局部停止作业295次，罚款1192.7元。

（五）组织开展煤监分局异地交叉监察

2011年8月2日至8月18日，为进一步巩固省煤矿“打非治违”取得的成果，四川煤监局组织各煤监分局异地进行了“打非治违”交叉监察。对乐山、雅安等10个重点产煤市所辖犍为县、荥经县等15个产煤县（市、区）进了交叉监察。共抽查矿井103处，发现各类煤矿安全隐患或违法违规行为1380条，制作执法文书581份。对49处矿井作出了立即停止井下一切作业的现场处理决定，对72处矿井及相关责任人进行了行政处罚，共计处罚款259万元，暂扣《安全生产许可证》并停产整顿矿井3处。监察结束后，省局在成都及时组织受检查的15个县（市、区）人民政府分管领导、县、市煤矿安全监管部门主要负责人、各煤监分局主要负责人在成都专题召开了煤矿“打非治违”交叉监察汇报会，通报相关情况，就交叉监察发现的问题及时向各产煤市（州）人民政府进行了通报，并抄送各产煤市（州）书记、市长督促抓好落实。

（六）积极推进煤矿安全质量标准化工作

2011年初，省以川安监〔2011〕1号下发了《四川省安全监管局　四川煤监局关于印发2011年四川省煤矿安全工作要点的通知》，其中强调要以推进安全质量标准化建设为重点，进一步强化安全基础管理，并对2011年煤矿安全质量标准化工作提出了明确的具体要求。全省各级煤矿安全监管部门、省煤炭产业集团、古叙煤田开发公司高度重视，严格执行国家、省有关煤矿安全质量标准化的各项规定。省局先后组织了十余个检查组深入各产煤市（州）及辖区煤矿企业，督促煤矿企业搞好安全质量标准化工作。全年，各煤监分局按照省局要求，在做好区域煤矿安全达标指导工作的同时，每半年对区域达标煤矿组织一次抽检，全年抽检达标煤矿98处；各产煤市（州）煤矿安全监管部门、省煤炭产业集团、古叙煤田开发公司在完成二、三级达标煤矿验收任务的同时，每季度对所辖区域部分达标煤矿组织一次抽检，全年抽检达标煤矿300余处；省局对重点地区和重点煤矿不定期抽检，抽检煤矿30余处。通过动态抽检和面上指导，

督促有关监管单位和煤矿企业及时整改煤矿达标建设方面存在的问题。

2011年，煤矿安全质量标准化达标矿井494处（含建设矿井同步达标矿井），其中国家级矿井5处，一级标准化矿井13处（含国家级矿井5处），二级标准化矿井266处，三级标准化矿井215处。

（七）认真开展全省煤矿瓦斯等级鉴定

四川省经信委将负责的煤矿瓦斯等级鉴定工作职能于2010年12月移交四川省安全监管局。2011年5月，省安全监管局、四川煤矿安监局根据《煤矿安全规程》、《矿井瓦斯等级鉴定规范》的要求，召集各产煤市（州）负责煤矿瓦斯等级鉴定管理部门、各煤监分局、瓦斯等级鉴定机构负责人召开全省煤矿瓦斯等级鉴定工作会，下发了《四川省安全监管局四川煤矿安监局关于开展2011年度煤矿瓦斯等级鉴定工作的通知》（川安监〔2011〕159号），认真部署2011年度煤矿瓦斯等级鉴定工作，对鉴定工作提出明确具体的要求，并结合我省实际，印发《四川省煤矿瓦斯等级鉴定机构认定管理办法》，明确责任，严格鉴定准入，严格评审及审批程序，加强指导，从严把关。2011年，我省1310对矿井中，有868对矿井鉴定为低瓦斯、328对矿井鉴定为高瓦斯、114对矿井鉴定为煤与瓦斯突出。

（八）积极推进煤矿“六大系统”建设

按照《国家安全监管总局国家煤矿安监局关于建设完善煤矿井下安全避险“六大系统”的通知》（安监总煤装〔2010〕146号）精神和省局总体规划，要求全省9万吨/年以上煤矿必须按国家局和省局进度要求按期完成建设任务。2011年，按照《国家安全监管总局办公厅国家煤矿安监局办公室关于进一步加快煤矿井下安全避险“六大系统”示范矿井建设的通知》（安监总厅煤装〔2011〕59号）要求，我省确立了芙蓉集团杉木树煤矿和广能集团龙滩煤矿为2011年达标的“六大系统”示范矿井，各产煤市州确定了广安煤矿、四川嘉阳煤矿等37处“六大系统”示范矿井。此外，组织各产煤市（州）煤矿安全监管部门牵头开展“六大系统”专项检查工作。并针对人员定位系统功能设置差异大，管理能力差别大的情况，对人员定位系统主要内容提出了完善要求；对井下救生系统的建设要求实施了严格督促。

# 贵州省煤矿安全生产工作综述

2011年，贵州省煤矿安全监管监察系统深入贯彻落实科学发展观，坚持安全发展理念和“安全第一、预防为主、综合治理”的方针，紧紧围绕“加速发展、加快转型、推动跨越”主基调和实施“工业强省”、“城镇化带动”主战略，以深入贯彻落实《国务院关于进一步加强企业安全生产工作的通知》（国发〔2011〕23号）为核心，以“三深化”（深化企业主体责任落实、深化依法监管、深化重点行业专项整治）和“三推进”（推进安全生产科技进步、推进企业安全达标、推进长效机制建设）为重点，继续深入、扎实开展“安全生产年”活动，全省煤矿安全生产工作取得了显著成效，不仅将煤矿安全生产指标控制在国家下达的考核目标以内，连续8年实现了煤矿事故起数和死亡人数“双降”目标，同时首次将煤矿事故死亡人数降到了256人，实现了省委、省政府提出的新的奋斗目标，创下了2000年以来的最好成绩。

## 一、贵州省煤矿安全生产情况

（一）贵州省煤矿基本情况

截至2011年底，贵州省现有各类煤矿1694处，设计生产能力30546万吨，其中：生产矿井513处，设计生产能力10998万吨；新建矿井357处，设计生产能力6444万吨；改扩建矿井824处，设计生产能力13104万吨。

按矿井类别分：国有煤矿184处，设计生产能力8358万吨，其中：生产矿井96处，设计生产能力5355万吨。30万吨/年及以上乡镇矿井203处，设计生产能力6690万吨，其中：生产矿井39处，设计生产能力1200万吨。30万吨/年以下乡镇矿井1037处，设计生产能力15498万吨，其中：生产矿井378处，设计生产能力4443万吨。

（二）贵州省煤矿事故情况

2011年，全省共发生煤矿事故144起、死亡256人，同比减少106起、减少132人、分别下降42.4%和34%，其中：一般事故132起，死亡144人，同比减少94起、减少99人，分别下降41.6%和40.7%；较大事故8起，死亡53人，同比减少13起，减少43人，分别下降61.9%和44.8%；重大事故4起，死亡59人，同比增加1起、增加10人，分别上升33.3%和20.4%；全年未发生特别重大事故。

按事故类别分：

顶板事故63起，死亡71人，同比减少72起、减少91人，分别下降53.3%和56.2%；分别占总事故的43.7%和27.7%。

瓦斯事故18起，死亡91人，同比减少7起、减少22人，分别下降28%和19.5%；分别占总事故的12.5%和35.5%。

水害事故8起，死亡36人，同比增加1起，增加11人，分别上升20%和44%；分别占总事故的4.2%和14.1%。

运输事故21起，死亡21人，同比减少23起，减少23人，分别下降52.3%和52.3%；分别占总事故的14.6%和8.2%。

机电事故12起，死亡12人，同比增加2起，减少2人，分别上升20%和20%；分别占总事故的8.3%和4.7%。

爆破事故6起，死亡6人，同比减少2起，减少3人，分别下降25%和33.3%；分别占总事故的4.2%和2.3%。

其他事故18起，死亡19人，同比减少5起，减少6人，分别下降21.7%和24%；分别占总事故的12.5%和7.5%。

2011年，全省煤矿事故死亡人数比国家下达的控制考核指标少114人，全省9个市（州、地）中有7个实现了事故起数和死亡人数“双下降”目标，有6个事故死亡人数在控制考核指标范围以内；全省全年实际原煤产量为1.56亿吨，煤矿百万吨死亡率1.641，比上年减少0.789，为完成了省“十二五”规划目标奠定了坚实的基础。

但全省煤矿安全生产形势依然十分严峻，与国家安全监管总局、国家煤监局的要求相比仍然有较大差距，主要表现为：一是煤矿生产安全事故总量仍然很大，煤矿事故死亡人数仍位居全国第一。二是煤矿重大事故仍然多发，呈现出“双上升”态势。三是煤矿顶板事故多发、频发，瓦斯和水患仍是造成煤矿群死群伤事故的主要灾害。这些充分暴露出安全生产“两个”主体责任落实不到位，瓦斯治理和水害防治等能力薄弱，关闭和淘汰煤矿落实产能不积极，打非治违、隐患排查治理不深入等问题在一些地方和煤矿企业仍然十分突出，必须在今后的工作中尽快采取措施，认真加以解决。

## 二、贵州省煤矿安全生产主要工作

（一）继续深化瓦斯治理工作

一是相继制定了《贵州省煤矿“十二五”瓦斯综合治理工作体系建设规划》、《贵州省煤矿瓦斯防治监管监察工作要点五十条》、《关于贯彻落实〈国务院办公厅转发发展改革委安全监管总局关于进一步加强煤矿瓦斯防治工作若干意见的通知〉实施方案》、《关于加强煤矿瓦斯抽采计量管理工作的意见》和《关于对在建煤与瓦斯突出矿井和高瓦斯矿井安全设施设计进行重新审查的通知》等一系列规范性文件，进一步加强和推进煤矿瓦斯防治工作。二是5月上旬到7月上旬，在全省开展了防治煤与瓦斯突出专项监察，切实做到“三个结合”［与《省安委办关于对全省开展严厉打击非法违法生产经营建设行为专项行动进行综合督查的通知》（黔安办明电〔2011〕11号）相结合，与《关于开展全省煤矿瓦斯和水害防治技术会诊的通知》（黔安监办〔2011〕54号）相结合，与监察执法计划相结合］。此次专项监察共监察矿井222处，下达各类执法文书615份，共查处各类安全隐患或问题2425条，到期整改隐患2308项，隐患整改率95.2%；责令停产（建）整顿矿井47处，暂扣矿井安全生产许可证23处，实施经济处罚罚款81.8万元；对地方政府下达监察建议书16份，提出加强和改善安全管理建议113条。三是进一步加强了对全省突出危险矿区煤矿业主、专业技术人员、煤矿安全监管监察人员的防突培训。全年在毕节地区举办了3期（每期一个月）专题培训班，重点培训了市、县从事煤矿安全监管的人员，并组织召开了全省煤矿瓦斯防治现场会议，总结推进煤矿瓦斯防治工作。2011年，煤矿瓦斯治理工作取得了明显成效。全年全省煤矿共发生瓦斯事故

18起、死亡91人，同比减少7起、少死亡22人，分别下降28%和19.5%；共抽采瓦斯13.585亿立方米、利用瓦斯3.581亿立方米，同比分别增长37.14%和121.92%，分别超过国家下达指标2850万立方米和10万立方米。

（二）扎实推进煤矿整顿关闭和标准化建设工作

一是按照“核对底数，明确性质，分类处理，限期完成，规范达标，集团改造，本质安全，责任保证”和“少重组、少扩能，多关闭、多停产，先消灭矿权，再资源重组”的原则，对各地上报的1793家煤矿逐矿进行清理核对，并研究制定了2011年煤矿整顿关闭工作计划。一年来，全省依法关闭煤矿99个（生产能力786万吨/年）和煤矿生产系统5个（生产能力34万吨/年）。二是制定下发了《关于进一步加强煤矿安全质量标准化工作的意见》（黔安办〔2011〕40号），提出了2011—2015年的煤矿安全质量标准化的目标任务和工作措施，组织召开了全省煤矿安全生产暨煤矿安全质量标准化工作现场会，以典型引路，进一步推进煤矿安全质量标准化工作。2011年，全省共有439处煤矿达到三级以上标准，其中，达到省二级及以上标准的矿井共61处，发耳煤矿等6家煤矿还被评定为国家级安全质量标准化矿井。

（三）进一步深化煤矿安全专项整治和督促检查

采取部门牵头、地方为主、专家检查的方式，深入开展煤矿安全专项整治。一是针对盘县煤矿安全生产的严峻形势，组织了100余名安全监察监管人员和专家，组成15个工作组，分3个阶段对盘县开展了为期25天的煤矿安全专项整治暨瓦斯和水害防治技术会诊行动；二是为深刻吸取肥田煤矿“8·18”煤与瓦斯突出事故教训，组织240名技术专家和业务骨干开展了煤矿建设项目专项治理行动，对全省开工手续不齐全、未批先建的煤矿建设项目进行全面清理。三是11月，又组织110名工程技术人员对全省规模30万吨/年及以下的突出矿井、高瓦斯矿井开展了瓦斯防治专项检查。截至12月31日，已检查矿井309处，查出煤矿存在的安全问题或隐患共计4041项，到期整改隐患3811项，隐患整改率94.3%。此外，陪同国务院安委会安全生产综合督查第十二组、国家煤监局防突重点督查第三督查组等6个国家或省交叉检查督查组赴我省开展了煤矿安全专项督查检查工作，及时对查处的安全隐患责令煤矿企业和有关单位进行了整改。

（四）加大煤矿安全监管监察工作力度

2011年，全省煤监系统计划开展煤矿安全监察执法1041矿次，实际开展1968矿次，完成监察计划的189%；查处安全事故隐患和问题17371项（重大安全隐患406项），到期整改隐患16285项，整改率96.8%。其中：重点监察计划329矿次，实际完成460矿次，完成比例139.8%；专项监察计划404矿次，实际完成1154矿次，完成比例285.6%；定期监察计划308矿次，实际完成354矿次，完成比例114.9%。共责令停产（停建）整顿矿井262处，暂扣安全生产许可证136个（矿/次）。

（五）认真开展煤矿安全生产许可工作

一是制定印发了《关于进一步加强煤矿企业安全生产许可证监督管理的通知》（黔煤安监监察〔2011〕39号），在煤矿行业实行安全生产许可证预警管理制度，其中，对未过期的提前3个月进行黄色预警，对已过期的进行红色预警，并明确了暂扣或收回安全生产许可证的返还程序和管理措施。一年来，全省共清理2005年以来暂扣或收回的安全生产许可证760个（其中：有效23个，过期737个；收回取消保留系统202个、整合关闭235个，暂扣收回证照过期、存在重大安全隐患323个）。二是建立了由省政府副秘书长为召集人的煤矿证照及相关事宜联合审批联席会议制度，并按照《国务院办公厅转发发展改革委安全监管总局关于进一步加强煤矿瓦斯防治工作若干意见的通知》精神，停止了对45万吨/年以下煤与瓦斯突出矿井和30万吨/年以下煤矿新建项目的审批。三是进一步深化行政审批制度改革，将安全设施竣工验收和安全生产许可证审查验收合并进行，有效压减行政审批时限20%。同时，认真落实“首问责任制”、“限时办结制”、服务承诺、重大项目绿色通道、联合审批、效能评估、责任追究等制度。通过进一步简化优化办事程序，切实提高了服务质量和工作效率。截至2011年12月31日，全省共受理煤矿安全生产许可申请307家（含新办证、延期、安全设施设计），核准186家。

（六）积极有效地推进煤矿安全培训工作

相继制定了《关于进一步加强煤矿安全培训工作的通知》（黔府办发〔2011〕84号）、《关于进一步落实驻矿安全监管员考试颁证的通知》（黔安监人〔2011〕11号）和《关于授权九个市州地安监局受理审批四级安全生产培训资质的决定》（黔安监人〔2011〕58号）等一系列规范性文件，全面加强全省煤矿安全培训工作。一年来，贵州煤监局按照“考培分离、持证上岗”的要求，继续加大对煤矿“三岗人员”的培训力度，共培训复训煤矿企业主要负责人和安全管理人员7582人，煤矿企业特种作业人员42569个。同时，加强安全培训机构师资力量的培养和管理，共考核煤矿类教师176名，发证164个；加强注册安全工程师的管理和继续教育工作，注册安全工程师初始、延续和变更注册共741名。

（七）进一步推进“科技兴安”战略

一是下达了35个煤矿安全专项技改资金项目，总投资19610万元，其中省补资金2000万元。项目涉及煤矿“六大系统”改造、煤矿瓦斯与突出治理及利用、煤矿水害治理、监管监察能力建设，应急救援体系建设等方面。同时，《贵州省“十二五”安全生产专项规划》已经省政府批准实施，明确了十大任务、七大重点工程和安全生产四项相对指标，其中，“十二五”末，煤矿百万吨死亡率将达到0.6。二是继续在煤矿企业全面推进了安全避险“六大系统”（监测监控系统、压风自救系统、供水施救系统、通信联络系统、井下人员定位系统和紧急避险系统）建设。三是完成了5个煤监分局视频联网系统的建设，推广了煤矿井下爆破指纹识别技术，目前购置的10台煤矿井下爆破指纹识别器，已在遵义市4个点进行了推广。

（八）强化矿山应急救援队伍建设

研究出台了《关于进一步加强矿山应急管理工作意见》、《贵州省兼职矿山救护队员培训管理暂行规定》、《贵州省地震引发安全生产事故灾害应急预案》和《相关人员及时赶赴现场处置生产安全事故实施办法》等一系列加强和推进矿山应急救援工作的规范性文件。组织开展了贵州省第八届矿山救援技术竞赛和矿山事故应急救援演练，开展了矿山救护指战员的培（复）训和矿山救护队年度质量标准化考核工作，建立了全省副中队长以上人员通讯录，推进了兼职矿山救护队的建设，切实为加强安全生产应急工作提供了有效依据和保障。2011年，全省矿山救护队共出动191队次，参与了107起事故的救援工作，抢救生还人员143名。

（九）严肃查处各类煤矿事故

制定并认真执行了《贵州省生产安全事故查处挂牌督办办法》和《贵州省煤矿生产安全责任事故责任追究暂行办法》等一系列规定和措施，依法严肃事故查处，严格责任追究。通过加强跟踪和挂牌督促，确保了责任追究落实到位。2011年，全省煤矿发生的132起一般事故、8起较大事故和4起重大事故，均按要求进行了严肃查处和问责。截至12月31日，煤矿一般事故实际结案127起，较大事故实际结案8起，重大事故实际结案2起（“3·12”事故和“5·29”事故），到期结案率100%。全年煤矿事故共处理事故责任人728名。

（十）加强煤矿安全监管监察党风廉政建设

一是出台了《中共贵州省安全生产监督管理局　贵州煤矿安全监察局党组贯彻落实〈关于实行党风廉政建设责任制的规定〉实施细则》，形成党组（党委、总支、支部）统一领导，党政齐抓共管，纪检监察部门组织协调，部门各负其责，干部职工积极支持参与的党风廉政建设工作格局，进一步健全完善了惩治和预防腐败体系。二是组织召开全省安全监管监察系统党风廉政建设工作会议，认真传达学习了十七届中央纪委六次全会、国务院第四次廉政工作会议、十届省纪委六次全会、省政府第四次廉政工作会议和全国安全生产监管监察系统党风廉政建设工作会议精神；下发了《关于2011年党风廉政建设工作任务分工的通知》，把全年工作任务细化分解为7项36条；层层签订了《2011年党风廉政建设工作目标责任书》，形成一级抓一级，层层抓落实的工作机制。三是广泛开展了“警示教育周”、“廉政教育月”活动，共征集廉政格言警句270余条，并通过局信息短信平台发送廉政格言警句手机短信5000余人次；组织观看了《身边的案例》和《反腐启示录》廉政警示教育片，观看了总局《牢记宗旨　执法为民》第二个反腐倡廉“警示教育周”报告会，邀请贵州省检察院反渎职侵权局领导作了预防渎职侵权职务犯罪专题报告。同时，广泛开展谈心谈话活动，分别对事故多发区域的煤监分局班子进行了集体告诫谈。四是在相继出台《安全生产行政执法监督管理办法》、《安全生产行政执法文书使用管理规范（试行）》、《安全生产违法行为行政处罚程序规定》和《安全生产行政执法文书使用管理规范》等管理制度的基础上，对近年来的有关制度规定进行了汇编，共编印发放500本《学制度、守制度、用制度》读本，并开展了《学制度、守制度、用制度》知识测试，成绩80分以上的达到了95%，广大干部职工制度观念进一步增强，制度的执行力和约束力进一步提高。五是制定下发了《贵州省安全监管局、贵州煤监局开展公务用车专项治理及清理规范庆典、研讨会、论坛活动工作方案》，成立了以局主要负责人为组长的工作领导小组，认真组织开展公务用车专项治理和清理规范庆典、研讨会、论坛活动，对存在的问题及时进行了处理。六是积极推广了毕节市与河南永煤集团“借将医治矿难”的典型经验，指导帮助重点产煤地区配齐配强分管安全的领导，健全和完善安全监管体系，强化安全监管责任落实。

# 云南省煤矿安全生产工作综述

## 一、煤矿安全生产总体情况

2011年，全省共生产原煤9957.41万吨，原煤生产百万吨死亡率为1.84，同比增加0.77，上升72%。全省共发生煤矿死亡事故79起、死亡183人，同比增加22起、79人，上升38.6%和76%，其中，发生较大事故11起、死亡54人，同比增加1起、4人，上升10%和8%；发生重大事故1起、死亡12人，特别重大事故1起、死亡43人，均上升100%。与国务院安委办和省政府下达的控制指标相比，死亡人数超控制指标（120人）63人、52.5%，较大事故超控制指标（9起）2起、22.2%，重大事故超控制指标（0起）1起，特别重大事故超控制指标（0起）1起，原煤生产百万吨死亡率超控制指标（1.2）0.64、53.3%。与云南煤监局年初制定的奋斗目标相比，死亡人数超奋斗目标（100人）83人、83%，原煤生产百万吨死亡率超奋斗目标（1）0.84、84%，10人以上事故超奋斗目标（0起）2起，尤其是曲靖市师宗县私庄煤矿“11·10”特别重大煤与瓦斯突出事故（造成43人遇难），是云南省32年以来发生的最大一起煤矿事故，也是新中国成立以来云南发生的第二大煤矿事故，同时还是2011年全国发生的最大的、唯一的一起煤矿安全生产特别重大事故。

## 二、煤矿安全监察工作开展情况

### （一）深入贯彻落实国家有关决策部署

围绕《国务院关于进一步加强企业安全生产工作的通知》和国家安全监管总局、云南省政府《实施意见》等精神和一系列关于安全生产的重大决策部署，立足煤矿安全监察中心工作，抓住具有全局性、关键性和倾向性的课题，组织开展了安全避险“六大系统”建设和创新煤矿安全管理等9项调研活动，形成30余篇共计12万余字调研报告上报国家安全监管总局党组。扎实推进宣教行动，召开新闻发布会，向新闻媒体和社会通报了2011年5起较大以上事故及2010年镇雄县4起瞒报事故调查处理情况；在云南煤监局网站开设咨询热线开展煤矿法律法规咨询答疑活动；深入开展“安全生产月”宣教活动，悬挂、张贴煤矿安全宣传横幅、挂图等40余套，发放安全宣传单1000余份，在云南煤监局网站公布违法煤矿企业“黑名单”，订购新版《煤矿安全规程》等资料发放给每一位监察员。组织开展法律法规知识竞赛活动。建立了全局政务信息员队伍，全年累计刊载政务信息397篇（次），其中《云煤安全监察动态与信息》165期、176篇，国家安监总局、省委、省政府办公厅采用政务信息111条，新华社、中国煤炭报、中国安全生产报、云南日报等新闻媒体发表稿件157篇（次），云南煤监局网站刊载126篇。宣教行动的广泛开展，使以人为本、安全发展理念和安全生产方针更加深入人心。

### （二）扎实开展煤矿安全监察督查工作

2011年，面对全省煤矿事故多发、频发的严峻形势，云南煤监局坚持以认真贯彻落实《国务院关于进一步加强企业安全生产工作的通知》精神为重点，围绕年初制定的工作目标，每月召开处长办公会议，根据不同时期的工作重点，做到有布置、有措施、有落实、有检查，以强烈的责任心和使命感，认真履行职责，扎实开展煤矿安全监察督查工作。全局全年计划监察矿井（坑）733矿次，其中：重点监察392矿次，专项监察254矿次，定期监察87次。实际监察矿井897矿次，超计划监察22.4%。其中：重点监察424矿次，监察计划完成率108%；专项监察335矿次，监察计划完成率132%；定期监察138次，监察计划完成率159%。累计组织和配合开展各种重点和专项督查共计85矿次，覆盖了全省14个州（市）43个县（市、区）。累计下达各类执法文书6226份，查出各类事故隐患6038条，应完成隐患整改5926条，实际督促完成隐患整改5903条，整改率为99.6%。累计执行行政处罚545次，其中：责令停产整顿矿井116处。提请关闭矿井2处，实际关闭2处。暂扣安全生产许可证191个，吊销安全生产许可证3个。累计实施行政处罚罚款7825.03万元。

（三）深入开展“打非治违”专项行动

根据国家安全监管总局统一安排部署，制定并印发了《云南煤矿安全监察局关于开展严厉打击煤矿非法违法生产经营建设行为专项行动实施方案的通知》，按照“六个结合”、“四个一律”的要求，周密安排，认真履职。重点围绕无证、证照不全或过期从事生产经营建设的，不执行《防治煤与瓦斯突出规定》，拒不执行安全监管监察指令等10个方面，依法严惩非法违法行为，规范安全生产法治秩序。在“两会”期间督查中，针对大理州、文山州等部分区域非法私挖滥采行为十分猖獗的现象，通过采取送达《加强和改善安全管理建议书》、组织“回头看”、向省人民政府专题报告、给非法私挖滥采严重地区的州委书记写亲笔信等措施督促地方党委政府严厉打击非法私挖滥采行为。在富源县组织召开了云南东源煤电公司后所煤矿与周边地方煤矿生产安全专题会议，对相关安全工作进行协调安排部署。向红河州和昆明市政府、云南煤化工集团公司送达了监察意见，督促其认真采取措施，强化对圭山矿区煤炭资源整合矿井煤矿安全监管工作。开展煤矿“打非治违”专项行动的3个月时间里，全局共监察矿井268个，查出各类安全隐患和问题1766条，下达执法文书1490份，实施行政处罚133矿次，暂扣煤矿安全生产许可证215个，开展联合执法行动44次，督促地方政府关闭非法私挖乱采矿点近1000处，查处谎报、瞒报事故行为3起，打击超层越界开采违法行为4矿次。

（四）认真开展隐患排查治理

针对2011年以来云南省煤矿瓦斯事故多发的实际，充分利用现场监察、事故处理、联席会议等多种方式，认真贯彻落实《国家发展改革委　国家安全监管总局关于进一步加强煤矿瓦斯防治工作的若干意见》、全国煤矿瓦斯电视电话会议和现场会精神和《防治煤与瓦斯突出规定》，督促地方煤矿安全监管部门和煤矿企业认真落实瓦斯治理“四位一体”综合防突措施。一是广泛宣传动员并结合煤矿安全监察职责制定相应的工作方案。针对瓦斯防治工作先后制定出台了5个文件和多个报告、通知。从落实企业主体责任，强化地方监管和认真履行国家监察职责4个方面提出了明确要求，督促相关部门完成了瓦斯治理2个示范县（区）和10个示范矿井建设的验收工作。二是严格煤矿安全许可推动瓦斯防治工作。把煤矿瓦斯防治工作作为安全生产许可证的颁发、变更、延期的重要审查内容，用煤矿安全生产行政许可推动瓦斯防治工作。组织开展持证条件专项监察，对煤矿专项监察中发现的突出问题和安全隐患，督促煤矿企业限期整改，采取暂扣证照、责令停产整顿、提请关闭等手段，督促煤矿持续改善安全生产条件，加强安全生产基础管理，防止和减少生产安全事故。三是扎实开展瓦斯治理专项监察活动。在编制监察计划时，结合全省煤矿历年事故情况分析和安全生产实际，把高突矿井比较集中的区域、高瓦斯和煤与瓦斯突出的矿井、基础条件差、制度不健全、措施不到位的煤矿等列为监察执法工作的重点。先后组织开展了以贯彻落实《防治煤与瓦斯突出规定》和煤矿瓦斯综合治理工作体系建设为主要内容的一系列专项监察活动。做到监察目标明确，检查内容具体，工作方式灵活。全局全年在开展瓦斯防治专项检查的防突专项监察工作中，共抽查矿井224个，查出各类安全隐患和问题1635条，下达行政执法文书516份，提出加强和改善安全管理的意见建议87条（次），下达撤出作业人员指令31份，责令停产整顿矿井或停止采掘作业工作面346个（次），实施行政处罚罚款527.8万元，暂扣煤矿企业安全生产许可证132矿次。

（五）用事故教训推动工作

在事故出现反弹，查处工作量大的情况下，全局严格遵循事故查处政府统一领导、属地、分级负责和“四不放过”的原则，按照“依法依规、注重实效、科学严谨、实事求是”的要求，认真履行职责。采取异地调查、强化事故防范措施跟踪和事故分析、组织召开事故约谈会、事故矿长（总工程师等）座谈会和进行事故通报等措施，加强与事故调查成员单位的沟通协调，严肃查处各类煤矿事故。全年全省发生79起各类煤矿事故，应结案76起，实际结案76起，按期结案率为100%。其中，9起较大煤矿事故已结案，事故按期结案率为100%；1起重大事故国家煤监局已经批复，相关部门按照省政府安排正在组织落实；1起特别重大事故国务院调查组已调查结束。已经结案的9起较大和1起重大事故中，建议追究刑事责任32人，建议党纪、政纪处分51人，暂扣、吊销各类证照43个；给予煤矿企业行政罚款2832.25万元，责令停产整顿矿井6个（次），责令停止建设煤矿2个。全年收到各类有关煤矿举报案件121件，按照有关管辖规定，遵照“从严、从重、从快”的原则，均及时批转进行核查处理。

（六）强化安全准入条件审查

坚决执行行政许可受理与审查相分离及行政许可窗口制度，重视制度建设和行政许可项目的管理，强化窗口服务质量和审查标准的时效性，完成7项行政审批项目的清理和5项新增行政许可项目的申报，并对相关制度进行了清档整理。全年共受理各类行政许可申请1609件。严格执行煤矿安全生产许可证申办、变更、延期的审查程序，安全生产许可证申办、延期、变更共计1112件，暂扣191件，吊销3件。强化对煤矿专业救护队、煤矿安全培训机构和煤矿检测检验机构的监督管理，对23家煤矿专业救护队资质进行了认定、44家三、四级煤矿安全培训机构进行了资质复评和认定、1家检测检验机构进行了资质复评。审核办理各类培（复）训考核合格证48403件。严格煤矿建设项目安全设施设计审查和竣工验收程序和标准规范，全年共组织完成安全专篇审查29部，批复26部，组织安全设施竣工验收10个，批复10个，办理开工备案回执25个。

（七）加强煤矿安全保障能力建设

根据国务院安委会《关于深入开展企业质量标准化建设的指导意见》和《国家安全监管总局国家煤矿安全监察局关于建设完善煤矿井下安全避险“六大系统”的通知》，结合煤矿安全监察职责，深入调研，制定具体工作措施和实施方案，把“两项建设”作为改善煤矿安全工作环境，提升煤矿安全保障能力的着力点，认真督促煤矿安全监管部门、煤炭行业管理部门和煤矿企业加快“两项建设”进度，注重建设质量。煤矿安全质量标准化经有关部门验收达到省三级以上标准的完成比例为33.2%；安全监测监控系统建设完成比例为97.67%；压风自救系统建设完成比例为94.34%；供水施救系统建设完成比例为94.72%；通信联络系统建设完成比例为96.33%；人员定位系统建设完成比例为68.52%；紧急避险系统建设完成比例为2.24%。煤矿职业安全健康工作取得新突破，云南新吉克矿业有限责任公司富源县吉克煤矿获中华全国总工会、国家煤矿安全监察局和中国职业安全健康协会联合表彰的“全国煤矿职业安全健康先进单位”。安全教育培训工作成效显著，在全国率先启动“万名总工程师培训”及“六大系统”建设培训工作，先后组织开展了各类安全培训达8.24万人次。矿山救援指挥工作扎实有效，2011年，专兼职矿山救护队新增投入2.31亿元，培（复）训专兼职救护队员3420人次，开展各种训练、演练15098人次，矿山专业救护队出动98队次参与61起各类事故抢险救援工作。安全评价、机电设备检测检验、工程质量认证、安全测控仪器调校与维护等煤矿安全技术服务广泛开展。统计信息工作稳步推进，建立煤矿安全生产信息员制度，建成昭通监察分局“金安工程”视频会议系统，完成云南煤监局协同办公系统建设项目。

（八）加大队伍建设力度

按照局党组提出的明确要求，坚持抓好思想建设、组织建设、作风建设、制度建设和党风廉政建设，抓住“十二五”规划开局和喜迎中国共产党成立90周年的有利契机，把形势政策教育、畅想时代主旋律贯穿到全年的政治理论学习中；以“三读”活动的深入开展为抓手，强化学习型党组织建设；召开了云南煤矿安全监察局直属机关党委第一次党代会，加强了基层党组织建设；始终保持昂扬奋发的精神状态，大力弘扬求真务实、真抓实干的工作作风，注意在“比学习，创一流素质；比团结，创一流队伍；比服务，创一流作风；比效能，创一流业绩；比奉献，创一流形象”的“五比五创”中加强行风建设；在创先争优活动开展中突出“争做安全发展忠诚卫士，创建为民务实清廉安监机构”这一主题，并贯穿在进一步加强煤矿安全监察队伍建设中；组织了庆祝建党90周年系列活动，激发和调动了全系统广大党员干部职工的政治热情。结合煤矿安全监察工作职责和特点，召开民主生活会并认真开展群众评议和领导点评，强化党风廉政建设责任制的落实和考核，加强反腐倡廉建设工作。召开全系统反腐倡廉工作会议，细化分解反腐倡廉工作任务，层层落实反腐倡廉工作责任，全局共签订了427份党风廉政建设责任书，共有6人次上交未能拒收礼金12000元，发放各类廉政监督卡（表）4223份，收回3813份，对210人次进行了廉政谈话、32人次进行了任职前廉政谈话。以学习《中国共产党党员领导干部廉洁从政若干准则》为重点，深入开展正反典型教育。分片区召开特邀廉政监督员座谈会，走访3个县级煤矿安全监管部门及15个煤矿企业，强化监督制约工作。认真组织开展了事业单位清理规范、“小金库”、庆典论坛、公务用车等专项清理整治活动。认真受理群众信访举报，做好信访件初核和案件查处工作。

# 陕西省煤矿安全生产工作综述

2011年，陕西煤矿安监局及各监察分局认真贯彻落实国家安监总局、国家煤监局和省委、省政府的工作部署，以深入贯彻落实《国务院关于进一步加强企业安全生产工作的通知》为核心，以强化煤矿企业安全生产主体责任为重点，以“三深化”、“三推进”为重要抓手，深入开展“安全生产年”活动，不断深化“三项行动”和“三项建设”，积极作为，扎实工作，较好履行了煤矿安全监察职责，圆满完成年初确定的工作目标，煤矿安全生产工作取得明显成效，实现了“十二五”的良好开局。在全省煤炭产量达4.05亿吨，同比增长13.7%的情况下，发生事故52起，死亡73人，同比减少20人，减少21.5%，死亡人数占国家下达年度控制指标75人的97.3%。百万吨死亡率为0.18，同比下降0.081，下降31.6%。发生较大事故3起，死亡10人，同比减少13人，减少56.5%。发生重大事故1起，死亡11人，同比减少17人，减少60.7%。全年未发生特别重大事故。

**一、注重阶段性工作重点，及时贯彻上级各项工作部署**

2011年初，及时召开年度工作会议，贯彻落实全国安全生产工作会议精神，明确了工作思路，确立了工作目标，制定了继续深入开展“安全生产年”活动的6项具体措施。年中和四季度，针对煤矿事故反弹明显的严峻形势，及时召开会议总结工作，查找问题和不足，认真贯彻落实国务院第165次、173次常务会议及张德江副总理在国务院安委会全体会议上的重要讲话精神，进一步强化“安全生产工作始终坚持从零开始”的理念，采取针对性措施，扭转了事故频发的被动局面。各监察分局结合辖区实际，都制定了继续深化“安全生产年”活动的具体措施，有力促进了辖区煤矿安全生产形势的稳定好转。

**二、注重严格执法，扎实开展“三项监察”**

在对监察能力、主要自然灾害、监察重点进行调研的基础上，按照“保涵盖、抓隐患”的原则和“提质减量、区域机动、抓近促远”的要求，认真制定了年度监察计划。坚持“查大系统、抓大隐患、防大事故”的执法原则，对重点区域、重点矿井、重大隐患和敏感时段始终保持高度警觉，组织开展有针对性的“三项监察”，有效防范重特大事故。全年计划监察939矿次，实际完成1191矿次，完成年计划的127%。累计下达执法文书3256份，查处隐患4100条；实施经济处罚145次，罚款4084.1万元；责令停产整顿矿井82处，暂扣安全生产许可证66处。

**三、注重创新工作方法，提高执法效能**

对重点煤矿抽调采、掘、机、运、通业务骨干，延长监察时间，开展集中监察，解决重点、难点问题。对陕南煤矿及乡镇煤矿较为分散的地区开展解剖+示范式监察，以点带面，提高执法效果。对国有重点煤矿采掘布置、接替安排、通风能力核定、生产计划审定以及通风、防尘、安全监控、供电系统方案审定实施提前介入预防式监察，强化源头预防和过程控制。坚持开展执法案卷评查活动，分局每季度、省局每半年都组织一次执法案卷评议考核，促进了执法文书质量的提高。组织分局监察人员开展2次异地交叉执法，提升了业务能力。

**四、注重督促配合，扎实推进隐患排查治理、“打非”专项行动和整合重组工作**

结合日常监察执法工作，采取查档案记录、听整改汇报、开辖区座谈会等方式，依法督促煤矿企业建立和完善隐患排查治理和报告制度。对监察发现的、企业上报的和群众举报的重大隐患，落实分级督办制度，登记建档，专人督办，跟踪监察。全年督办重大隐患32条，全部按计划进度整治。通过安全座谈、情况反馈和联合执法，督促地方认真开展“打非”工作“回头看”，切实做到“四个一律”，有效打击了违法非法生产建设行为。开展兼并重组煤矿专项监察，督促企业建立完善监管制度和机构，强化现场管理，有效防范兼并重组过程中各类事故的发生。咸阳分局对非法违法行为一律依法予以上限处罚，共查处非法违法生产建设行为7次，罚款920万元。渭南分局开展3次打非治违专项监察活动。榆林分局责令9处矿井停止建设和施工，13处矿井停止生产。铜川分局依法严肃查处了金华山煤矿超能力生产、新泰煤矿风井出煤和双富煤矿边建设边生产问题。

**五、注重源头治理，严把安全准入关口**

出台了《陕西省煤矿企业安全生产许可证管理办法（试行）》及《安全生产许可证审查工作规则》，按照一个“窗口”进出的原则，省局和分局各负其责，严肃安全生产许可证管理，提高审查效率。共颁证17处，延期72处，变更34处，注销82处。严格安全设施设计审查和竣工验收工作，完成设计审查批复116处，竣工验收批复22处。按照《煤矿救护队资质认定工作程序》，完成了13家救护队资质认定工作。扎实做好中介机构的资质管理工作，认定了2家乙级评价机构和1家乙级检测机构资质，初审了1家甲级检测机构和1家甲级评价机构资质申请。对到期的18家培训机构进行了复审检查，对新设立的8家培训机构组织了评估检查。开展了安全评价和检测检验机构专项检查，出台了《关于加强煤矿安全评价机构监督管理的通知》和《煤矿在用安全设备（仪器仪表）检测检验目录（第一批）》，不断规范煤矿安全中介机构从业行为。陕西省矿山安全实验室被授予国家安全生产技术支撑体系省级专业中心实验室，陕西秦安评价公司获得安全评价甲级资质，检测中心项目增至39项。积极做好职业危害防治工作，出台了《煤矿职业卫生技术服务机构备案管理暂行办法（试行）》和《关于做好煤矿建设项目职业病预防“三同时”审查工作的通知》，完成了与省卫生厅煤矿职业卫生监管职责移交工作，组织了1处煤矿的职业病防护设施验收和3处煤矿建设项目职业病危害预评价报告的监督评审工作。

**六、注重事故调查处理，用事故教训推动工作**

编制了事故调查处理手册，进一步规范事故查处工作。依法组织查处煤矿事故52起，已结案46起，按期结案率100%。注重用事故教训推动工作，召开了府新煤矿“6·21”较大瓦斯窒息瞒报事故、韩城市小南沟煤矿“7·17”重大火灾事故和西卓子煤矿“12·23”较大坠罐事故通报分析会，发挥警示教育作用。联合省煤管局通报了陕西有色杭来湾煤矿“9·24”运输事故情况，严防同类事故再次发生。重视群众来信来访和事故举报工作，局领导及有关处室负责人多次到市、县督促、协调查处工作。铜川分局对耀州区东沟煤矿和锦润煤矿瞒报事故分别罚款232.7万元和245万元，并建议追究4人刑事责任。

**七、注重监督检查，积极推动地方政府监管工作**

8月，由局领导带队，细化检查内容，分13大项27小项对9个产煤市煤矿安全监管工作进行了监督检查，有力推动了地方监管责任的落实。联合省煤管局开展了4次联合执法活动，避免了重复检查。各监察分局共向辖区政府及其监管部门送达监察建议意见书62份。同时，根据阶段性工作及时召开辖区安全形势分析会，与地方政府分管领导、监管部门负责人及煤矿负责人分析事故隐患，交流好的做法和经验，共商整改措施，进一步促进了监管责任和主体责任落实。榆林分局与地方相关部门开展了14次联合执法，增强了执法力度。

**八、注重把握政策，按计划进度完成事业单位清理规范工作**

按照总局分类推进事业单位改革暨清理规范工作动员部署会议精神，成立领导小组和工作机构，制定实施方案，及时召开会议研究和部署，积极稳妥地做好改革和清理规范工作。调整充实了4个中心的领导班子，解决了部分长期遗留问题。对安全技术中心职能设置进行了调整，整合资源，延伸阵地，明确由一名局领导兼任安技中心主任，构建了四部五中心的组织新格局，为做大做强安全技术中心奠定了基础。对机关服务中心走向市场提出了具体要求，下达了目标任务，确保后勤服务能力持续提升。

**九、注重队伍和党风廉政建设，不断提高煤矿安全监察人员素质**

一是加强学习培训。认真组织420人次参加了总局专题视频讲座，选派17名干部参加了纪检、统计、应急管理和监察业务培训班，进一步提高了履职能力。为借鉴兄弟省份的先进经验和有效做法，组织相关处室和中心负责人"走出去"到四川、云南、内蒙古、山东等省考察学习，开阔了思路，促进了工作。二是强化党风廉政建设。坚持把党风廉政建设与行政工作一起布置、一起考核。年初及时召开纪检监察工作会议，签订党风廉政责任书，落实了"一岗双责"。8月和12月，由局领导带队，采取听汇报、查资料、个别谈话等方式开展了党风廉政建设检查，及时总结促进工作。认真部署"三项专项整治"、"警示教育周"和"教育规范整治"活动，积极开展公务用车专项治理和小金库整治工作，确保了队伍的廉政安全。三是深入开展创先争优活动。组织了纪念建党90周年一系列活动，推行了党员承诺制度和党组成员联系点制度，表彰了6个基层先进党组织、44名优秀共产党员和12名优秀党务工作者，不断把创先争优活动推向深入。四是强化干部选拔任用工作。对机关处室、分局和事业单位64名次干部进行了职务调整，既优化了人员配备，又激发了工作活力。严格按程序新招录了10名公务员，充实到监察一线。编制了2012年度公务员招录计划，拟招录15人。五是强化制度建设。按照省局把着力点放在队伍建设和制度建设上的总体要求，本着实用、可行、有效的原则，对省局机关现有90项制度进行了清理，废止19项。连续出台了差旅费管理办法、公务接待办法、煤矿安全生产隐患排查治理监察办法、规范性文件管理办法和内设职能处室部门责任制等10多项新制度，加强内部管理，规范监察行为，做到每个岗位有职责，各项工作有制度。同时，财务管理、老干部管理、救援调度、后勤服务、多种经营等工作也取得了新的成绩。积极推行无纸化办公，办公自动化系统"一期"工程进展顺利。改善了局执法装备和办公设备水平。完成了老干部活动站建设和配套的办公楼电梯更新改造，老干部健身、娱乐环境得到进一步提升。

# 甘肃省煤矿安全生产工作综述

**一、2011年甘肃煤矿安全生产总体情况**

（一）基本情况

2011年初全省共有各类矿井318处，年内关闭矿井42处，新增矿井4处，截至2011年底全省共有各类矿井280处。

（1）按隶属关系划分：中央在甘煤矿企业12处，占4.29%；国有重点煤矿14处，占5%；地方国有煤矿53处，占18.93%；乡镇煤矿201处，占71.79%。

（2）按矿井性质划分：生产矿井216处，生产能力 4569 万吨/年，其中：中央在甘煤矿企业 9 处，生产能力 2020 万吨/年；国有重点煤矿 12 处，生产能力 1373 万吨/年；地方国有煤矿 41 处，生产能力 537 万吨/年；乡镇煤矿 154 处，生产能力 639 万吨/年。新建矿井 16 对，设计生产能力 1146 万吨/年，其中：中央在甘煤矿企业 3 处，设计生产能力 360 吨/年；地方国有煤矿 8 处，设计生产能力 705 万吨/年；乡镇煤矿 5 处，设计生产能力 81 万吨/年。扩建矿井 42 处，设计生产能力 609 万吨/年，其中：国有重点煤矿 1 处，设计生产能力 120 万吨/年；地方国有煤矿 4 处，设计生产能力 120 万吨/年；乡镇煤矿 37 处，设计生产能力 369 万吨/年（资源整合矿井 31 处，设计生产能力 297 万吨/年）。改建矿井 6 对，设计生产能力 231 万吨/年，其中：国有重点煤矿 1 对，设计生产能力 180 万吨/年；乡镇煤矿 5 对，设计生产能力 51 万吨/年。

（3）按井型划分：年生产能力大于等于 120 万吨的大型矿井 19 处，生产能力 4000 万吨；年生产能力大于 30 万吨小于 120 万吨的中型矿井 16 处，生产能力 950 万吨；年生产能力小于等于 30 万吨的小型矿井 245 处，生产能力 1605 万吨。

（4）按瓦斯等级划分：突出矿井 5 处，其中，煤与瓦斯突出矿井 1 处，煤与二氧化碳突出矿井 4 处；高瓦斯矿井 8 处；低瓦斯矿井 305 处，其中：低瓦斯按高瓦斯管理矿井 1 处。

（5）按监察区域划分：兰州监察分局辖区内共有各类矿井 237 处，其中：国有重点煤矿 14 处，地方国有煤矿 40 处，乡镇煤矿 183 处。陇东监察分局辖区内共有各类矿井 43 处，其中：中央在甘煤矿企业 12 处，地方国有煤矿 13 处，乡镇煤矿 18 处。

（二）煤矿安全生产情况

1. 煤炭产量情况

2011 年全省共生产原煤 4700.65 万吨，同比增加 153.45 万吨，增长 3.37%。其中：中央在甘煤矿 1870.08 万吨，同比增加 101.12 万吨，增长 5.72%，占 39.78%；省管煤矿 1642.95 万吨，同比增加 118.25 万吨，增长 7.76%，占 34.95%；市县国有煤矿 469.38 万吨，同比增加 21.75 万吨，增长 4.86%，占 9.99%；乡镇煤矿 718.24 万吨，同比减少 87.67 万吨，降低 10.88%，占 15.28%。

2. 安全生产情况

全省共发生煤矿死亡事故 20 起、43 人（其中：基本建设 2 起、7 人），安全生产状况总体平稳。呈现出以下几个特点：一是事故总量控制在国家下达的指标以内。全省共发生煤矿死亡事故 20 起，死亡 43 人，占全年控制指标的 95.56%。全省 11 个产煤市州中，有 8 个产煤市州死亡人数均控制在分解下达的控制指标以内。二是煤矿百万吨死亡率控制在国家下达的指标以内。全省煤矿百万吨死亡率 0.766，同比下降 0.519%，与控制指标 1.000 相比下降 23.4%。其中：中央在甘煤矿百万吨死亡率 0.107，同比上升 100%；省管煤矿百万吨死亡率 0.365，同比下降 44.36%；市县国有煤矿百万吨死亡率 1.278，同比上升 42.95%；乡镇煤矿百万吨死亡率 3.063，同比上升 17.54%。三是重大及重大以上事故得到有效遏制。全省未发生重大及重大以上事故。四是国有重点煤矿企业事故死亡人数同比下降。国有重点煤矿企业发生死亡事故 2 起、6 人，分别占事故总量的 10% 和 13.95%，同比起数持平，少死亡 4 人，下降 40%，靖远煤业集团公司实现煤炭生产千万吨零死亡。

（三）事故生产安全事故分析

（1）按事故类别分析：在 20 起死亡事故中：发生顶板事故 8 起、14 人，占事故总量的 40.00% 和 32.55%，同比减少 1 起、增加 4 人；发生运输事故 8 起、15 人，占事故总量的 40.00% 和 34.88%，同比增加 5 起、增加 12 人；发生瓦斯事故 1 起、5 人，占事故总量的 5.00% 和 11.63%，同比起数持平、减少 4 人；发生机电事故 1 起、1 人，占事故总量的 5.00% 和 2.33%，同比起数、人数持平；发生透水事故 1 起、7 人，占事故总量的 5.00% 和 16.28%，同比起数持平、人数减少 5 人；其他事故 1 起、1 人，占事故总量的 5.00% 和 2.33%，同期未发生。从以上事故类别分析可以看出，顶板、运输事故占事故总起数的比重较大；瓦斯、透水事故占事故死亡人数的比重较大。

（2）按产煤区域分析：张掖市 6 起、11 人，分别占事故总量的 30% 和 25.58%；白银市 2 起、9 人，分别占事故总量的 10% 和 20.93%；兰州市 3 起、3 人，分别占事故总量的 15% 和 6.98%；平凉市 2 起、4 人，分别占事故总量的 10% 和 9.3%；武威市 1 起、1 人，分别占事故总量的 5%

和2.33%。全省11个产煤市州中，金昌、酒泉、定西、陇南、甘南5个市州未发生煤矿死亡事故。

（3）按企业性质分析：在20起死亡事故中：中央在甘煤矿企业4起、9人，分别占事故总量的20%和20.93%，同比增加3起、8人；国有重点煤矿2起、6人，分别占事故总量的10%和13.95%，同比起数持平，少死亡4人；地方国有煤矿5起、6人，分别占事故总量的25%和13.95%，同比增加1起、2人；乡镇煤矿9起、22人，分别占事故总量的45%和51.16%，同比增加1起、1人。

（4）按发生时间分析：2011年下半年是事故多发的主要时段尤其是11月、12月，连续发生3起较大事故，死亡15人。2月、6月未发生伤亡事故。

**二、2011年甘肃煤矿安全监察重点工作**

2011年是国家"十二五"规划的开局之年，也是国务院确定的第三个"安全生产年"。一年来，在国家安全监管总局、国家煤监局和甘肃省委、省政府的正确领导下，甘肃煤矿安全监察局领导班子坚持以科学发展观为指导，牢固树立安全发展理念，认真学习贯彻党的十七届五中、六中全会精神，深入学习领会胡锦涛总书记、温家宝总理和张德江副总理等中央领导同志的重要指示批示，坚决贯彻落实党中央、国务院，国家安监总局、国家煤监局和省委、省政府关于加强煤矿安全生产的一系列指示精神和决策部署，团结带领全局广大干部职工继续扎实深入开展"安全生产年"活动，不断深化"三项行动"，推进"三项建设"，注重超前防范、强化执法、落实责任，科学合理地制定监察计划，严格按计划开展三项监察，多措并举深化煤矿瓦斯治理，强力推进小煤矿整顿关闭，着力强化煤矿安全基础管理，不断加大煤矿事故查处工作力度，推动全省煤矿安全生产状况继续保持了总体稳定趋于好转的发展态势。我们的主要工作有以下几方面：

（一）加强调查研究，科学谋划"十二五"期间煤矿安全生产工作

在认真学习领会十七届五中、六中全会精神的基础上，从2010年末到2011年初，局主要领导带队，全体领导成员参加，深入各监察分局、基层单位和主要产煤市州、煤炭企业广泛开展了专题调研，系统总结了"十一五"时期煤矿安全生产工作取得的积极成效和有益经验，分析形势、查找问题、拓宽思路、把握规律，研究新情况、制定新措施，在精心谋划制定2011年工作思路的同时，精心谋划制订了我局"十二五"期间煤矿安全监察执法工作的思路，制订了全省煤矿"十二五"科技发展规划，为实现全省煤矿安全生产形势的持续稳定好转打下了坚实的基础。

（二）强化督促落实，继续深入开展"安全生产年"活动顺利推进

认真贯彻落实党中央、国务院，国家安监总局、国家煤监局和省委、省政府关于加强煤矿安全生产的一系列指示精神和决策部署，继续扎实深入开展"安全生产年"活动，按照年初工作会上确定的总体工作目标和2011年工作要点，组织制定了继续开展"安全生产年"活动的实施方案，明确了继续深入开展"安全生产年"活动的指导思想、任务目标、主要内容、方法步骤和保障措施。继续扎实推进《国务院关于进一步加强企业安全生产工作的通知》（以下简称《通知》）的贯彻落实。组织制定了贯彻落实《通知》进一步加强煤矿安全监察工作的33条具体意见和要求，不断加大督查力度，重点对矿领导带班入井制度、隐患排查治理报告制度、井下安全避险"六大系统"建设等工作进行了重点督查，确保了《通知》在全省煤矿安全生产系统的全面贯彻落实。

（三）强化执法到位，监察执法工作成效显著

结合全年各个时段的特点，继续紧紧盯住瓦斯灾害、煤与瓦斯突出、水害、火灾等重点隐患和中央、省管煤业公司、高瓦斯、瓦斯突出矿井、矿压显现严重矿井、中央投资建设项目、大中型矿井等4类重点矿井以及改制转让、整合技改、资源枯竭、管理滑坡、基础较差等5类薄弱矿井，科学制订了监察执法计划并严格组织实施，有针对性地组织开展了"三项监察"活动。由局领导分别带队，深入各产煤市州和煤矿企业，组织开展了"两节"、"两会"、"五一"和国庆期间4次大规模重点督查和重点监察；配合国务院安委办开展了对窑街煤电集团公司的重点督查；局主要领导带队，深入华亭煤业集团公司、靖远煤业集团公司和兰州市、酒泉市、平凉市、武威市、张掖市辖区煤矿开展了重点督查监察，对窑街煤电集团公司、靖远煤业集团公司和华亭煤业集团公司及其所属重点矿井

开展了高规格、全方位、全覆盖的集中监察。先后组织开展了瓦斯防治、防治水、在建整合技改矿井、安全标志和安全产品检测检验、建设项目专项监察、中央企业等专项监察。坚持严格执法，不断加大监察执法力度，大力推进执法到位，在“四严执法”的基础上，又提出了监察执法“五个必须”原则，行政处罚力度不断加大。各监察分局也加大了对重点地区、重点矿区、重点煤矿的巡查力度，尤其是重点对事故易发、多发地区和重点监控的高瓦斯、煤与瓦斯突出矿井加大了监察力度，确保了这些重点时段的安全稳定。2011 年全局共监察矿井 317 处 759 矿次，监察覆盖率 100%，监察计划完成率 105%，监察复查率 151.4%，下达执法文书 1596 份，实施行政处罚 151 次，责令停产整顿 38 处，暂扣安全生产许可证 8 个。

（四）强化综合治理，隐患排查治理深入开展

紧紧抓住煤矿建设项目、中央煤矿企业和瓦斯、水患、火灾等重点，全面深入地组织开展了隐患排查治理行动，督促指导各地区、各煤矿企业认真执行和落实隐患排查、治理、报告制度和重大隐患挂牌督办制度，确保整改落实到位。深入贯彻国办发 26 号文和全国瓦斯防治现场会议精神，组织开展了煤矿瓦斯防治专项监察，坚持落实对 14 对高瓦斯和突出矿井的重点监控责任制，督促煤矿企业完善瓦斯防治措施，严防瓦斯事故发生。深刻吸取景泰“11·13”透水事故教训，全面安排部署了全省煤矿防治水工作，组织开展了防治水专项监察，督促各地、各煤矿企业严格落实矿井防治水责任制和各项安全措施，认真开展水害防治大检查，逐头逐面排查可能引发水害事故的各类隐患，坚决防范水害事故发生。认真抓好防灭火工作，督促煤矿企业认真编制矿井防灭火规划和应急预案，严格落实防灭火各项制度和岗位责任制，认真排查治理输送带、机电设备、采空区等火灾隐患，防止发生火灾事故。全年共查处一般事故隐患 2302 条，重大事故隐患 81 条，实际完成整改 2247 条，隐患整改率 94.3%，有效遏制了各类事故的发生。

（五）强化打非治违，煤矿建设项目和资源整合矿井的监察力度不断加大

继续深入开展以打击非法违法行为为重点的“安全生产执法行动”。按照“四个一律”的要求，严厉打击无证无照和证照不全、违反煤矿建设项目安全生产“三同时”规定和假关闭、假技改、假整合以及超层越界“三假一超”等严重违法非法行为。强化跟踪执法，坚决杜绝非法违法行为前纠后犯、明纠暗犯，严防发生新的非法违法生产建设行为。认真做好事故抢险救援和调查处理工作。积极做好以国家应急救援“靖远队”建设为重点的全省应急救援队伍建设。严格按照“四不放过”原则和“三项基本要求”，认真牵头做好事故调查处理工作，严肃事故责任追究，发挥事故警示教育作用。加大了对非法违法生产和瞒报事故举报核查力度，严肃查处，严厉打击，保持高压态势，尤其是对山丹县一起瞒报事故，克服了重重困难，局主要领导亲自赶赴事故发生地并及时约谈了张掖市委、市政府和山丹县委、县政府主要领导，得到了两级地方政府的大力支持，使事故核查工作得以顺利开展。

（六）强化技术支撑，煤矿安全保障能力不断提高

认真贯彻落实张德江副总理重要指示精神，树立煤矿事故是可防可控、安全生产一切要从零开始的理念，督促煤矿企业进一步加强现场管理，大力推进安全科技进步，提高煤矿机械化、自动化、信息化水平，靠先进适用的安全技术装备增强安全保障能力。不断加强对煤矿安全生产费用提取使用情况的专项监察，督促煤矿企业加大安全资金投入，严格淘汰落后和禁止使用的工艺和设备，逐步进行技术装备升级改造，努力提升煤矿安全保障能力。大力推动煤矿安全质量标准化建设和安全避险“六大系统”建设，把“六大系统”建设完成情况作为安全准入许可的必备条件，纳入建设项目“三同时”范围，督促企业严格落实《煤矿井下紧急避险系统建设管理暂行规定》，按期保质完成“六大系统”的建设任务。加强对系统使用情况的监督监察，督促煤矿企业强化对操作人员的安全培训，优化设备设施的布局，及时进行维护保养，定期组织演练，确保保障系统在关键时刻能反应灵敏、动作可靠、效果良好。全省各类煤矿企业“六大系统”建设进展顺利并基本按期建设完成，中央和省管大型煤炭企业除紧急避险系统之外的“五大系统”已全面建设完成，矿井紧急避险系统已在部分矿井开展了试点工作，其余矿井也已制订了建设规划，确保按期完成建设工作。加强了职业

危害防治监察力度，督促企业强化《煤矿作业场所职业危害防治规定》的落实，建立和规范煤矿企业职业危害因素检测检验和技术支撑机构，进一步明确煤矿企业的主体责任，保护从业人员的职业安全与健康。组织开展了安全标志和安全产品检测检验、安全评价机构的专项监察，组织开展了对安全评价机构从业行为专项治理，不断加强对中介机构的资质管理，督促其提高服务质量。

（七）强化基础建设，煤矿安全基础管理工作不断加强

坚持从严执行安全准入标准，坚持把中央企业投资建设项目和小煤矿资源整合技改“三同时”监察作为重点，将安全生产许可证发放与淘汰落后生产方式、安全质量标准化和“六大系统”建设完善工作紧密结合起来，严格煤矿重大建设项目安全核准、安全设施设计“三同时”工作，严格安全专篇审查，严格竣工验收，提高审查、验收的标准和质量，督促建设项目严格按照批复的安全设施设计组织施工，防止出现先天性安全隐患。进一步推动整合技改工作，督促各地、各企业加快整合技改进度，加强安全技术改造，加强安全基础管理，提高安全水平；督促企业认真贯彻落实全国煤矿班组建设推进会精神，深入学习推广“白国周班组管理法”，强化现场安全管理；督促企业认真落实安全生产技术管理责任制，严格落实《煤矿总工程师工作手册》，建立健全以总工程师为核心的技术管理责任体系，落实安全技术管理责任。国家安全生产技术支撑体系省级专业中心实验室——甘肃省矿山安全实验室顺利通过专家组评审验收并正式挂牌运行，全面开展工作，我省安全技术支撑体系建设和矿山安全生产工作步入新的发展阶段，为大力推进全省各类矿山和煤矿企业安全科技进步，提高企业防灾、抗灾能力，预防和减少伤亡事故的发生提供了有力的支撑保障，也为各级安全生产监督监察管理机构在依法履行职责提供了强有力的技术支持。

（八）狠抓教育培训，党风廉政建设和队伍建设取得新的成效

党风廉政建设成效显著。紧紧围绕全省煤矿安全生产和煤矿安全监察执法工作实际，坚持“三抓一注重”的工作思路，以深入开展创先争优活动为主线，以开展“争做安全发展忠诚卫士，创建为民、务实、清廉安监机构”活动和“学廉政准则、促廉洁从政”活动为载体，以开展“教育、规范、整治”活动为抓手，坚持“每月一片”的常态教育，组织开展了以“六个一”为主要内容的“警示教育周”活动；惩防体系建设进展顺利，建立健全了监察执法、事故查处、行政许可审批、中介机构监管等制度规定，健全完善了廉政监督卡制度和特邀廉政监督员工作机制，认真组织开展了《廉政准则》贯彻执行情况的专项检查活动和岗位廉政隐患排查治理活动。大力加强作风建设，组织开展了“加强作风建设、促勤政廉政”主题教育实践活动等扎实有效的教育活动，作风建设取得扎实成效；机关党建工作不断加强。开展了纪念建党90周年“十个一”系列活动，成功召开了直属机关党员大会，调整充实了机关党建工作领导机构。干部选拔任用和轮岗交流力度不断加大，一批年富力强的干部充实到重要岗位，一些年龄偏大老同志的政治待遇得到解决；根据中编办批复和总局核定的干部职数以及总局关于事业单位清理规范工作的有关要求，补充配备了局属4个事业单位领导班子和中层干部，对人员进行了充实调配和安置，保证了事业单位工作顺利开展。一如既往关心干部职工和老干部工作，尽最大努力解决一些实际问题，促进了机关和谐稳定。

# 青海省煤矿安全生产工作综述

2011年，在国家安全监管总局、国家煤监局的正确领导下，我们深入贯彻落实《国务院关于进一步加强企业安全生产工作的通知》（以下简称《通知》）精神和国家安全监管总局、国家煤监局关于煤矿安全生产工作的一系列决策部署，紧紧围绕2011年监察执法工作计划，以降低煤矿安全事故

总量和死亡人数为目标，以强化企业安全生产主体责任、提高煤矿安全保障能力为重点，依法开展煤矿安全监察执法工作，以监察执法推动了全省煤矿安全生产工作，取得了显著成效。

**一、安全生产总体情况**

全省煤矿安全生产形势继续保持基本稳定。全省煤矿发生生产安全事故4起、死亡8人，同比分别减少3起、1人，分别下降43%和11%。煤矿百万吨死亡率为0.4，同比下降17%。

**二、重点工作**

（一）依法开展“三项监察”

按照2011年执法监察计划，开展“三项监察”54矿次，完成计划的103.8%，其中重点监察12矿次、专项监察26矿次、定期监察16矿次，分别完成全年计划的100%、108%和100%。对检查出的50余项煤矿各类安全隐患及时下达了责令煤矿企业限期整改的处理决定，对较严重问题进行了立案处理，分别对5处煤矿实施罚款2万元至20万元的行政处罚。同时，不断改进和完善监察执法方式方法，在查隐患、促整改的同时，以强基础、防事故为目标，注重查找和分析各产煤地区和煤矿企业在安全生产工作方面存在的差距和漏洞，采取现场“既看病、又处方”，结合国家有关政策规定，围绕如何进一步强化煤矿安全生产基础，提出强化矿井安全隐患排查治理和改进煤矿安全生产工作的措施建议，做到以现场监察执法活动推动煤矿安全生产工作。并通过组织学习执法文书电子化制作流程，规范执法文书制作，实现了监察执法文书的电子化制作，提高了执法文书制作水平，进一步规范了监察执法行为。

（二）监督检查地方政府煤矿安全监管工作

依据《煤矿安全监察条例》、《国家安全监管总局国家煤矿安监局关于切实加强对地方政府煤矿安全监管工作监督检查的意见》（安监总煤监〔2009〕88号）等规定要求，督促各产煤地区贯彻落实国务院《通知》精神，完善煤矿安全监管工作机制，加大监管执法工作力度，切实搞好煤矿安全监管工作。一是组织有关地区人民政府及有关部门召开现场专题会议共计10余次，及时向有关地区通报煤矿安全监察执法工作情况，针对辖区内煤矿安全生产工作中存在的突出问题和共性问题，向有关地方人民政府及有关部门提出进一步抓好煤矿安全生产工作的意见和建议，督促各地落实监管责任，全面加强安全监管工作。二是组织有关人员组成督查组，对主要产煤地区安全监管部门就落实国务院和国家安全监管总局、国家煤监局关于煤矿安全生产工作的一系列决策部署情况进行监督检查，督促地方政府深化煤矿安全专项整治，深入开展煤矿安全质量标准化建设。三是督促有关产煤地区加强对资源整合项目和兼并重组企业的监督管理，确保建设项目按照审查批复的初步设计和安全设施设计组织施工，明确煤矿企业在改制期间的安全生产责任，并建立健全安全管理机构、充实管理和技术人员，确保安全主体责任及时落实到位。

（三）严格煤矿安全生产行政许可

根据国家煤矿安监局《煤矿建设项目安全设施监察规定》（第六号令）和《煤矿建设项目安全设施设计审查和竣工验收规范》（AQ 1055—2008），对4处矿井的安全设施设计进行审查批复，对1处矿井安全设施进行了竣工验收。在审查和验收工作中严格遵照国家标准、规范和安全设施设计，坚持从严把关，从严审查，创新了工作方法，充实了审查内容。一是认真贯彻落实国务院23号、国家安全监管总局152号、146号文件精神，将近年来国家出台的矿井避险“六大系统”、矿井防治水、矿领导下井带班、瓦斯防治等一系列政策要求全部纳入设计审查内容，并按有关规定严格审查；二是严格按照充实后设计审查内容的要求，开展煤矿建设项目专项监察活动；三是要求生产矿井全部补充“六大系统”的设计审查和竣工验收内容，进一步明确地方政府安全监管部门的审查验收责任；四是认真配合煤矿安全质量标准化工作，煤矿安全设施竣工验收时同时做到安全质量标准化达标。

（四）深入开展“打非治违”专项行动

按照国家局关于开展“打非治违”专项行动的要求，制定印发了《青海省继续集中开展煤矿“打非治违”专项行动实施方案》，明确了指导思想、工作步骤和“打非治违”的重点范围、主要内容，提出了工作要求。按照《实施方案》要求，结合开展“三项监察”，就煤矿“打非治违”专项行动落实情况进行了执法检查和督查。查处煤矿安全生产非法违法行为20余条，对2家企业进行了处罚。

（五）扎实开展煤矿安全质量标准化建设

全面落实国家关于煤矿安全质量标准化建设工作的各项工作措施，按照青海省安全质量标准化实施办法要求，积极做好对达标建设工作的宣传教育，通过召开煤矿安全工作会议，组织各产煤地区有关部门和煤矿主要负责人赴外省参观学习，增强煤矿企业对达标工作的责任感、紧迫感，确保全省煤矿按国家要求实现达标。督促各级安全监管部门加强对已达标煤矿的动态监管，通过开展执法检查与定期考核相结合，及时查处矿井违反标准行为，督促煤矿企业建立持续符合安全质量标准化标准的长效机制，确保煤矿动态达标。同时，组织全省各煤矿企业分期分批赴安全质量标准化建设典型企业讲行参观，学习先进安全管理模式，特别是安全质量标准化建设方面取得的成果，认真对比、查找自身的差距，全面提高各煤矿企业开展安全质量标准化工作的积极性和主动性，加快安全质量标准化工程建设步伐。有8处煤矿通过了安全质量标准化达标验收。

（六）强力推进安全避险“六大系统”建设

按照国家安全监管总局、国家煤监局关于推进煤矿安全避险“六大系统”建设的通知要求，把“六大系统”建设责任落实和实施方案、制定情况作为现场监察执法工作的重要内容进行检查，明确各产煤地区安全监管部门煤矿“六大系统”设计审查和竣工验收工作责任。同时选择基础较好、管理先进的义海能源公司大煤沟煤矿作为青海省建设完善“六大系统”的示范矿井，为全省煤矿企业树立示范引领作用。全省煤矿除紧急避险系统之外的“五大系统”已基本完善。

（七）进一步强化煤矿安全培训工作

共培训煤矿主要负责人70人，煤矿安全管理人员140人，特种作业人员1495人，煤矿总工程师89人。为进一步规范煤矿安全培训工作，根据《安全生产培训管理办法》等有关法律法规的规定，对全省煤矿安全培训机构60余名教师进行了培训，并依据有关法律法规的规定开展了煤矿安全培训机构资质认定。同时，大力宣传《煤矿作业场所职业危害防治规定（试行)》，认真开展全省煤矿2010年度作业场所职业危害申报以及职业危害防治专项监察等工作，进一步推进全省煤矿作业场所职业危害防治工作。加强矿山应急救援队伍管理。加大救护队指战员培训教育力度，按照国家总局的要求，积极组织矿山救护队指挥员参加国家总局组织的初训和复训培训班，确保全省矿山救护队指挥员按要求持证上岗，为开展矿山救护队质量标准化达标工作奠定了基础。

# 宁夏回族自治区煤矿安全生产工作综述

## 一、煤矿安全生产概况

在国家安全监管总局、国家煤监局和自治区党委政府的坚强领导下，经过各部门、企业和全体煤矿安全监察人员共同努力，2011年宁夏煤矿安全生产形势是自2000年宁夏煤监局成立以来最好的一年。宁夏煤矿安全生产继续保持了总体稳定、持续好转的发展态势，实现了“十二五”时期煤矿安全生产工作的良好开局。煤矿安全呈现“一升两降两控”的特点。

一是产量大幅上升。去年宁夏煤矿生产原煤8123.79万吨，同比增长19.33%。

二是死亡人数下降、百万吨死亡率下降。宁夏煤矿事故死亡7人，同比减少8人、下降53.33%；百万吨死亡率为0.09，同比下降60.89%。

三是绝对和相对指标均控制在国家下达的指标之内。去年国家下达宁夏煤矿安全控制指标是：死亡人数控制在20人以内，百万吨死亡率控制在0.25以下。两项指标均控制在国家下达的指标之内。

## 二、煤矿安全生产重点工作

2011年，宁夏煤矿安监局认真贯彻落实《国务院关于进一步加强企业安全生产工作的通知》(以下简称《通知》)精神，按照国家安全监管总局、国家煤矿安全监察局和自治区党委政府的部署，以强化企业安全生产主体责任为重点，继续深入开展“安全生产年”活动，重点抓好“三深化”、“三推进”工作，以有效防范重特大事故，进一步降低事故总量和死亡人数为目标，进一步加强和改进煤矿安全监察工作，促进了宁夏煤矿安全生产形势的持续稳定好转。

（一）加大企业主体责任落实力度，深入贯彻《通知》精神

一是多措并举，学习贯彻国务院文件精神。采取分片办班、专家讲课、组织煤矿企业负责人集中学习、编辑《解读国发23号文件》宣传册等多种措施，认真学习文件精神，力求学懂、学会、学深、学透。二是狠抓配套措施和办法的落实。按照自治区政府《关于进一步加强安全生产工作的意见》，制定了宣传贯彻国发23号文件的具体办法和相关实施方案，提出了具体工作要求。三是坚持把煤矿安全控制指标作为落实《通知》的有力抓手，与两个监察分局签订了责任书，认真分解落实了2011年度煤矿安全生产控制指标。四是用事故查处推动落实主体责任。在煤矿事故查处中，坚持“科学严谨、依法依规、实事求是、注重实效”和“四不放过”的原则，对2011年发生的7起煤矿事故，严肃进行了查处。查明原因，分清责任，吸取教训，制定防范措施。坚持用事故教训推动煤矿安全工作。五是突出预防为主，广泛开展安全生产宣传教育行动。围绕“安全发展、重在落实”的主题，认真组织了第十个“安全生产月”活动。充分利用报刊网络、安全咨询等形式，大力宣传党和国家关于煤矿安全生产工作的方针政策、法律法规，普及煤矿安全知识，营造氛围，推动企业落实主体责任。六是对安全基础管理薄弱、事故多发的煤矿企业负责人进行约谈。为使约谈取得实效，制定了约谈预案，明确了约谈内容，指出了存在的问题，提出了工作要求。全年约谈企业负责人4次。通过约谈这一方式方法，企业负责人在思想意识上受到了触动，安全责任意识得到进一步加强，促进了企业主体责任的落实。

（二）加大监察执法力度，深入开展打非专项行动

一是在分析全区煤矿安全状况、灾害特点的基础上，局及分局科学合理地制定全年监察计划，安排监察力量，认真开展三项监察。每月统计监察计划完成情况，对存在的问题加以改进。二是突出重点、兼顾一般，适时开展三项监察。为保证敏感时期、重要时段的煤矿安全生产，在“两节”前后和“两会”期间开展了安全大检查。联合自治区有关部门开展了煤矿瓦斯防治工作检查，对领导干部下井带班等制度的执行落实情况进行了检查。按计划开展定期监察、适时组织专项监察、重点监察。全年累计监察矿井446矿次，完成全年计划的108.5%。行政处罚罚款362.68万元，实际收缴罚款362.68万元，罚款收缴率100%。三是认真开展“打非”专项行动。落实国务院安委会、自治区安委会关于“打非”专项行动的要求，牵头召开了自治区发展和改革委等六厅局委共同参加的“全区煤矿建设项目打非专项行动有关事宜”联席会议，会商“打非”行动的方式方法，并向自治区政府进行了请示汇报，齐同生常务副主席迅速作出批示，为专项行动顺利实施奠定良好的基础。四是加强联合执法，加大对煤矿安全生产非法违法行为的打击力度。6—9月，组织自治区发改委、电力公司等七部门及有关地方监管部门成立了联合执法检查组，对全区煤矿建设项目进行了联合检查和督查，查出各类问题95条，下达各类执法文书56份，行政罚款163万元。按照自治区政府领导批示精神，对非法建设问题严重的煤矿建设项目下达了停止建设通知书等执法文书，责令停止施工建设。依据《特别规定》对严重违法违规建设的两个煤矿责令停止建设并各处53万元的行政处罚，给违规建设单位以较大的震慑。11—12月，与自治区安监局、经信委等部门组成联合检查组，以强化煤矿瓦斯、水患、火灾治理和“一通三防”等隐患排查治理为重点内容，开展了为期两个月的全区煤矿安全大检查，严厉打击矿井超能力、超强度、超定员组织生产等非法违法生产行为。共查出各类安全生产问题和隐患600余条。对查出的隐患和问题，下达相关执法文书，责令相关煤矿予以整改并实施处罚。五是强化安全生产许可管理。明确办公室政务大厅作为煤矿安全生产许可证的承办部门，健全完善安全生产许可证统一受理、一次告知、集中审查、集体决定、限时送达等制度。落实自治区政府关于煤矿井下施工企业安全许可、备案规定，严格执行建设项目安全设施“三同时”制度，提升煤矿安全保障水平。

（三）加大煤矿安全专项整治，抓好瓦斯水害治理和资源整合安全监察工作

一是深化煤矿瓦斯治理。与自治区有关部门积极协作，组织开展瓦斯治理工作“双百工程”验收和专家会诊。积极实施煤矿安全技术改造项目工程，促使安全技术改造工程发挥作用，推广应用煤矿瓦斯治理先进技术与装备，完善瓦斯综合治理系统。开展了瓦斯治理专项监察。督促煤矿严格执行“先抽后采、不抽不采”的规定，严格执行两个“四位一体”的综合治理措施。全年抽采瓦斯13576.43万立方米，利用瓦斯9221.82万立方米，瓦斯利用率达67.9%，瓦斯利用水平超过全国平均水平的一倍。二是重视矿井的防治水工作。对受水害影响的重点矿井开展防治水专项监察。督促神华宁煤集团对所属矿井进行了水文地质类型划分，对鸳鸯湖矿区受水害影响的新建矿井实施补充勘探和水文地质评估，进一步完善探、放、排水系统和专项制度措施，严格落实《煤矿防治水规定》。三是抓好市县乡镇煤矿资源整合安全监察工作。深入贯彻落实自治区政府关于煤矿整顿关闭工作的意见，对列入整合、扩能和关闭的煤矿加大监察力度，严防违法生产建设、突击生产，确保资源整合煤矿安全生产状况平稳。四是认真开展煤矿安全生产百日专项整治行动。按照自治区统一部署，牵头开展了宁夏煤矿安全生产百日专项整治行动，制定了宁夏煤矿安全生产百日专项整治实施方案，从5月1日起开始实施。结合全国安全生产月活动，突出“安全责任，重在落实”主题，以贯彻落实国务院23号文件为主线，继续深化“安全生产年”活动，严厉打击煤矿非法和违法生产经营建设行为，抓基层，强基础，治隐患，防事故。通过企业自查、部门抽查、整治行动领导小组重点督查等形式多管齐下，对煤矿企业自查自纠、隐患排查治理、“打非治违”、煤矿企业安全生产主体责任、领导干部带班下井制度、雨季三防落实情况等工作进行了重点检查,扎实开展专项行动,取得了实效。

（四）推进煤矿科技进步，加快安全避险“六大系统”和应急救援体系建设

一是加快安全避险“六大系统”建设。按照自治区政府的要求，宁夏煤监局承担全区煤矿建设完善“六大系统”建设的推进工作，制定印发了《建设完善煤矿井下安全避险“六大系统”工作方案》，组织召开了“六大系统”建设完善工作会议，对此项工作进行了详细的安排部署。二是先后组织有关设计部门和煤矿企业赴山西潞安集团等煤矿企业学习调研，到部分移动救生舱生产企业进行了考察。在督促全区煤矿企业开展煤矿监测监控系统、压风自救系统、供水施救系统、通信联络系统和人员定位系统的建设完善同时，积极探索推进井下紧急避险系统的建设。三是为发挥典型引路、以点促面的作用。确定了神华宁煤集团所属的任家庄矿和乌兰矿作为两个示范矿井建设完善六大系统相关工作。四是组织开展了全区煤矿“六大系统”建设完善情况专项监察，共计检查煤矿6处，查出煤矿“六大系统”建设方面的问题14处，对查出的问题下达了相应的执法文书，责令煤矿企业进行整改。五是加强应急救援队伍建设。按照中编办的批复，积极组建宁夏煤监局救援指挥中心。加强国家矿山救援宁煤基地和骨干救援队伍的建设，组织救护队开展市县乡镇煤矿安全教育、应急培训、应急演练，开展隐患排查和安全检查，提高应急救援能力。推进救护队伍质量标准化建设，促进救护队伍标准化达标上台阶。积极支持指导王洼煤矿救护中队、宝丰能源救护中队的组建工作，优化布局，充分发挥煤矿的自主保障作用和救护队的区域救援作用，发展煤矿矿上救护队伍。

（五）推进煤矿安全达标，固本强基，强化安全基础工作

一是加强全区煤矿安全质量标准化工作。制定了《宁夏回族自治区煤矿安全质量标准化考核评级办法》，建立考核体系和制度，启动全区煤矿安全质量标准化建设工作。2011年初，会同自治区有关部门对2010年度全区部分煤矿安全质量标准化工作进行了考核评定，命名了一级9处、二级4处、三级8处安全质量标准化煤矿，推荐3处矿井申报国家级安全质量标准化煤矿。自治区政府对达标煤矿进行了奖励，共奖励资金130万元。2011年底，组织自治区经信委、安监局及市县煤矿安全监管部门，对全区所有生产矿井安全质量标准化工作进行了考核评定，达到一级标准13处，二级标准8处，三级标准11处，提请自治区政府予以表彰奖励。通过典型引路、激励鼓励，逐步推进全区煤矿安全质量标准化、规范化建设，建立自我约束、持续改进的煤矿安全生产长效机制。二是继续深化煤矿隐患排查治理。督促指导各煤矿企业认真执行和落实隐患排查、治理、报告制度和重大隐患

挂牌督办制度，建立并实施风险预控管理体系。对存在重大隐患的，必须停产整改，并实行整改效果评价，确保整改到位。全年查处事故隐患1337条，实际完成隐患整改1337条，事故隐患按期整改率100%。三是加强煤矿建设项目质量监督工作。加强对建设项目单项工程质量认证，加强监督检查，严把质量认证关，从源头上堵塞漏洞，夯实矿井安全基础。宁夏煤炭基本建设公司承建的神华宁煤集团太西选煤厂快速装车系统工程获得2010—2011年度煤炭行业优质工程和“太阳杯”工程奖，承建的王洼二矿地面生产系统原煤仓工程获得优质工程奖。四是强化煤矿安全技术支撑体系建设。充分发挥中介机构安全技术支撑作用，进一步加强和规范对区内煤矿安全评价机构的日常监督管理工作，制定外省（区）中介机构在我区从事安全评价、检测检验活动备案办法。五是加强煤矿职业卫生工作。落实《煤矿作业场所职业危害防治规定》，开展了全区煤矿职业健康统计工作和作业场所职业危害申报工作，组织开展了作业场所职业危害专项监察，推动企业落实职业危害防治的主体责任，保护从业人员的职业安全与健康。六是加强煤矿安全培训和调度统计、应急值守工作。加强培训机构建设，创新培训方式，提高培训效果。全年共培训“三项岗位”人员8670人，其中：煤矿负责人102人，安全生产管理人员1985人，特种作业人员6583人。进一步健全完善调度统计规章制度，积极发挥调度统计工作的基础性作用。强化应急值守，确保煤矿事故、应急救援等安全生产信息的上传下达，为监察执法工作提供决策依据。

（六）推进监察队伍建设，不断提升安全监察能力

一是深化以“争做安全发展忠诚卫士、创建为民务实清廉安监机构”为主题的创先争优活动，引导全体干部职工进一步提高政治意识、宗旨意识、大局意识、责任意识，更好地履行党和人民赋予的职责。二是开展党史、党章学习宣传教育，开展“安全发展立新功，我为党旗添光彩”系列活动，开展了“党在我心中”红歌演唱会，“七一”隆重表彰一批先进党组织和优秀党员，增强监察人员的工作责任感和使命感。三是加强作风建设。大力发扬求真务实、真抓实干精神，倡导说实话、干实事、出实招、求实效，力戒浅薄浮躁、形式主义。四是进一步加强业务建设，推进学习型党组织建设，加强业务培训，在监察中学习，在执法中提高，不断提高干部职工政治理论素养和监察执法效能。五是加强队伍建设，认真执行民主集中制，深化干部人事制度改革，坚持德才兼备、以德为先的用人标准，选拔任用5名处级干部。推进事业单位改革和组建工作，组织人员赴兄弟省局调研，学习借鉴好的经验和做法，统计中心、救援指挥中心、安全技术中心已完成登记注册，组建工作正在加快进行。进一步加强分局队伍建设。关心爱护一线执法人员，进一步增强队伍的凝聚力和战斗力，切实履行党和人民赋予的神圣职责。六是加强党风廉政建设。认真贯彻落实中纪委六次全会、国务院第四次廉政会议和国家安全监管总局反腐倡廉工作会议精神，进一步健全完善惩防腐败体系，严格落实党风廉政建设责任区制度和任务分工，层层签订了党风廉政建设责任书，强化党风廉政建设“一岗双责”。认真执行《中国共产党党员领导干部廉洁从政若干准则》，切实加强制度约束。推进政务公开，强化监督，廉洁从政。认真开展公务用车、“小金库”、庆典研讨会和论坛活动“三项治理”，树立良好形象。扎实开展第二个反腐倡廉“警示教育周”活动和“教育、规范、整治”活动，促进了严格执法、公正执法、科学执法和廉洁执法。

# 新疆维吾尔自治区煤矿安全生产工作综述

2011年，新疆煤矿安全监察局、自治区煤炭工业管理局（新疆局）以邓小平理论和“三个代表”重要思想为指导，牢固树立科学发展、安全发展的理念，全面落实《国务院关于进一步加强企业安全生产工作的通知》和《国务院关于坚持科学发展促进安全生产形势持续稳定好转的意

见》，紧紧围绕加快转变经济发展方式这条主线，以“三深化”、“三推进”为抓手，深入开展“安全生产年”活动，强基础、重安全，调结构、保增长，继续保持新疆煤矿安全生产状况稳定好转的发展态势。

## 一、煤矿安全生产总体情况

### （一）煤矿安全生产工作目标基本实现

（1）煤矿安全控制考核指标完成较好。2011年，全区各类煤矿发生生产安全事故62起、死亡84人，与上年相比，事故起数增加5起、上升8.87%，死亡人数减少4人、下降4.5%，未突破国家和自治区下达的85人控制考核指标；发生较大事故4起、死亡13人，与上年相比，事故起数减少1起、下降20%，死亡人数减少11人、下降45.83%，未突破国家下达的控制考核指标；发生重大生产安全事故1起，死亡10人，与上年相比持平；未发生重特大事故；煤矿百万吨死亡率0.758，与上年相比减少0.18，下降19%，控制在国家下达的1以下。

（2）煤矿事故查处目标圆满完成。全年煤矿发生生产安全事故62起，调查62起，结案56起，法定期限内事故结案率100%。

（3）“六大系统”建设进程加快。所有生产矿井的监测监控、压风自救、供水施救、通信联络系统全部建成；188处生产矿井人员定位系统建设完成；40处矿井完成了紧急避险系统专项设计，其中20处建设工程已开工、1处建设工程已完成。

（4）安全培训教育取得好成绩。全年培训煤矿主要负责人、安全生产管理人员、特种作业人员等19001人，“三项岗位人员”持证上岗率分别为100%、99.5%、99.4%。

### （二）煤炭产销量继续大幅增长

全区煤炭产销量继续快速增长，年生产原煤1.217亿吨（新疆局数据，含兵团），与上年相比，增加2043万吨，增长20.2%；销售1.227亿吨，与上年相比，增加2807万吨，增长30%。煤炭产销量的大幅度增长，为新疆电力、热力等重大民生工程提供了有力支撑。在保障疆内煤炭供需的同时，实现“疆煤外运”量2000多万吨，进一步支援了甘肃、宁夏等省区的国民经济建设。

### （三）煤矿安全生产水平创历史最高

全区实现安全生产连续1000天以上矿井达71处，占全国安全生产矿井总数的7.5%，其中神新公司大洪沟煤矿实现连续安全生产15年。在18个考核单位中，阿勒泰、喀什地区和自治区监狱管理局全年未发生煤矿死亡事故；7个单位煤矿死亡人数控制在考核指标以内，其中吐鲁番地区、巴州控制在50%以下。吐鲁番地区、昌吉州，神新、潞新、徐矿新疆公司全年煤矿百万吨死亡率均降到0.5以下，好于全国平均水平。在煤炭产量大幅增长的情况下，全区实现煤矿死亡人数、较大事故起数及死亡人数、百万吨死亡率“四个下降”，特别是百万吨死亡率连续3年控制在1以内。

### （四）煤矿安全行政执法任务完成较好

新疆局共监察矿井579矿次，监察覆盖率达到100%，监察计划完成率115.11%；查处各类事故隐患8335项，应完成整改7584项，已完成整改7011项，按期整改率92.4%；下达监察执法文书2663份；实施行政处罚275次；实施经济处罚258次，罚款1551.4万元。

### （五）煤炭“十二五”规划开局良好

通过“十五”结构调整和“十一五”煤矿资源整合及矿井升级改造，2011年继续推进煤矿企业兼并重组，淘汰落后产能，发展大型企业集团，提高产业集中度，提升安全保障能力。坚持高起点、高水平、高效益，规划、布局、建设煤炭项目，着力推进百万吨级、千万吨级重点煤炭项目建设。除南疆三地州及边远缺煤地区外，到2015年，新疆基本淘汰设计能力年产30万吨级以下的井工煤矿以及100万吨以下的露天煤矿。全疆各产煤地州市、兵团、自治区监狱管理局以及大企业大集团等20个《煤炭企业结构优化升级方案》已编制完成，并经自治区组织审查。新疆各类生产矿井数已由2005年的456处减少到2011年底的352处，平均单井设计年产能力由2005年的6.5万吨提高到2011年的14万吨。加大对吐哈、准东、伊犁基地和南疆三地州煤田地质勘查力度，新疆煤田地质局161队在哈密三塘湖煤田查明1000米以浅煤炭资源量达550亿吨。

## 二、煤矿安全生产重点工作

### （一）提高思想认识，深入贯彻落实《国务院关于进一步加强企业安全生产工作的通知》（以下简称《通知》）精神

召开了全疆煤炭工作会议，进一步学习贯彻国

务院《通知》，统一思想，提高认识，明确思路、目标和任务，安排部署全年安全生产工作。各地政府与煤炭管理部门、煤炭管理部门与煤炭企业层层签订了年度安全生产责任状，明确政府、部门、企业的主体责任；以“安全责任、重在落实”为主题，加强监督检查、绩效考核、责任追究，强力推动企业安全生产主体责任落实到位，着力提高事故防范能力。对照国务院《通知》和《国务院关于坚持科学发展安全发展促进安全生产形势持续稳定好转的意见》，加强对煤矿企业安全发展规划、安全生产责任制、安全投入和隐患治理、领导干部现场带班、班组安全建设等进行全面检查，指导督促企业严格履行安全生产主体责任，建立完善“责任落实、基础扎实、投入到位、管理规范”的企业安全保障体系。

（二）加快转变经济发展方式，提升煤矿安全生产综合发展水平

对于占全国煤炭资源预测储量近40%的新疆来说，煤炭产业大发展被写入自治区《政府工作报告》，已经成为全区各地、各条战线人大代表和政协委员热议和关注的焦点。新疆局全面贯彻党的十七届五中全会、中央经济工作会议和中央新疆工作座谈会精神，围绕煤炭科学发展、安全发展和跨越式发展开展一系列学习、研究和推动活动，抓住煤炭产业结构优化升级这一工作重点，采取一系列重大举措，支持和推进煤矿企业兼并重组，加快转变经济发展方式，着力推进58处百万吨级、18处千万吨级重点煤炭项目建设。国网能源新疆分公司准东3000万吨/年二号煤矿、国家开发投资公司哈密1200万吨/年一矿等大型、特大型重大项目已开工建设；国网能源哈密大南湖1000万吨/年一号井、神新公司准东2000万吨/年露天矿、山东能源集团新汶新疆公司伊犁600万吨/年四号井即将建成投产。准东、伊犁、吐哈、库拜、和丰—克拉玛依“五大”煤炭开发加工基地建设有序推进，通过中国新疆2011产业转移系列对接活动，煤化工项目投资达2451亿元，占总投资的四成，其中36个大型煤化工项目已列入自治区“十二五”规划纲要；“五大”基地内新建的大型、特大型矿井，加大安全投入，积极采用新工艺、新技术、新设备、新材料，不断提升矿井技术装备水平，提高采掘机械化程度，其综合信息化水平达到国内领先水平，基本实现机械化开采、自动化控制、信息化管理，大大提升煤炭企业安全生产综合发展水平。

（三）以“三深化”为抓手，进一步强化煤矿安全监管监察工作

1. 深化煤矿主体责任，加大事故查处力度

按照“四不放过”和“依法依规、实事求是、注重实效”的原则，认真查处煤矿事故，对56个事故单位、225名责任人进行了行政处罚，事故罚款1536.4万元。认真落实事故通报约谈分析制度，查找煤矿安全生产主要问题和薄弱环节，吸取事故教训、落实整改措施，落实主体责任，达到预期目的，收到良好效果。

2. 深化专项整治，排查治理事故隐患

在全区范围内组织开展了“安全生产月”、“整治隐患、防范事故”百日安全督查、“有效防范和坚决遏制重特大事故”安全大检查、煤矿安全生产质量标准化大检查与督查、“打非治违”等12次专项行动，查处8400多条事故隐患。对各类隐患进行清理分类，实行重大隐患治理挂牌督办和整改效果评价，有效防范煤矿事故发生。制定了《自治区“十二五”煤矿瓦斯综合治理工作体系建设规划》，深入开展煤矿瓦斯综合治理工作体系建设，全区正常生产矿井30%达到建设标准；国有重点煤矿和生产能力30万吨/年以上正常生产矿井全部建成达标。加强瓦斯专项监管监察，严格瓦斯与二氧化碳涌出量鉴定，对矿井瓦斯监控系统安装使用情况进行重点检查。煤层气开发利用取得新进展。全年累计抽采瓦斯8385万立方米，利用瓦斯506万立方米。新疆科林思德新能源公司阜康33兆瓦煤矿瓦斯综合利用发电项目投资超过3亿元，即将建成投产；建成后年回收利用瓦斯4286万立方米，年发电量1.65亿千瓦时。当年全区瓦斯事故起数和死亡人数与上年相比，分别下降了60%和22.2%。

3. 深化依法监管监察，创新工作方法

严格落实年度监管监察计划，建立联席会议、联合执法、定期通报和信息交流等工作机制，有针对性地推广集中性、解剖式、示范性等行之有效的行政执法方式，不断提高监管监察工作水平。各级煤炭管理部门以提升安全监管能力、促进煤矿安全生产状况根本好转为目标，以建立完善“六大体系”、提高“六个能力”为主要内容组织专题调

研，研究提出深化依法监管、推动行业发展、促进“三化建设”、创新工作方法等对策措施。乌鲁木齐市制定并执行《煤矿安全生产监管定点联系制度》，采取集中检查、重点督查和随机抽查相结合的方式，依法开展煤矿安全监管工作。昌吉州、塔城地区制定《煤矿企业分类管理办法》，根据安全保障程度，将辖区矿井划分为一、二、三类，实行分级管理、分类指导、重点监管，落实主体责任。

（四）以“三推进”为抓手，建立煤矿安全生产长效机制

1. 推进煤矿安全生产科技进步

树立“科技兴煤、科技兴安”意识，建立安全技术保障机制，加大科技投入，积极研发、推广煤炭科技成果，推进科技进步与创新，不断提升矿井技术装备水平，提高采掘机械化程度。神新公司《急倾斜煤层综放开采顶煤超前预爆破弱化技术研究》项目获自治区科技进步二等奖；新疆煤田地质局8件地质勘查报告在中国煤炭工业协会第十五届优质地质报告评选中获奖。国有重点煤矿安全技术改造投入2.28亿元，进行以采掘机械化为核心、重大隐患治理为重点的安全技术改造。神新公司在准东露天煤矿装备了WK－35大吨位电铲以及价值过亿、载重达220吨的4台卡特彼勒793D大型矿用卡车，实现了装备水平现代化突破。

2. 推进煤矿安全质量标准化工作

制定了《关于深入开展煤矿安全生产标准化工作的指导意见》和《煤矿安全质量标准化标准及考核评级办法》，建立健全了安全生产标准规范体系。组织召开了全区煤矿安全质量标准化现场会，以典型引路，推进岗位达标、专业达标和企业达标。目前达标矿井174处，达标率为86.57%，其中6处矿井达到国家级标准，28处矿井煤矿达到一级标准，60处矿井达到二级标准，80处矿井达到三级标准。

3. 推进煤矿应急救援体系建设

制定了《新疆维吾尔自治区煤矿生产事故应急预案管理办法》，增强预案编制的科学性、针对性和实效性。组织开展应急预案演练周活动，举行各种演练80余场次，参加演练和观摩人员3万余人次，预案的可操作性得到检验，应急反应能力得到进一步提高。

4. 加强煤炭人才培养和安全教育培训

以政府投入为主，积极吸纳社会、企业资金，新疆17所院校实施涉煤专业项目建设，大力实施综合实力、专业课程、师资队伍、实习实训基地和社会服务能力建设。新疆工业高等专科学校“专升本”工作取得成功，新疆工程学院即将成立。注重加强煤矿安全教育培训工作，全年培训煤矿“三项岗位人员”近2万人；2500多名班组长受到专业培训；强化全员培训，3万多名农民工受到安全教育。

（五）构建特色安全文化，打造煤炭行业队伍形象

认真贯彻落实中央新疆工作座谈会和自治区第八次党代会精神，以现代文化为引领，认真领会和落实党的十七届六中全会精神，全面实施国家安监总局《安全文化建设“十二五”规划》，将安全文化建设与精神文明建设、煤矿安全生产紧密结合，构建具有煤炭行业特色的安全文化，努力实现国家大政方针与煤炭行业实际有效对接，使安全文化进矿区、煤矿、班组，用安全文化引领生产活动。新疆局党组坚持一月一次中心组学习制度，发挥中心组辐射带动作用。

开展第13个党风廉政教育月和第2个反腐倡廉警示教育周主题活动，从行使权力、履行职责、落实责任、遵纪守法、监察执法等方面，组织开展“一查两找”，对49名领导干部开展履职谈话、廉政谈话、诫勉谈话。制定《关于加强反腐倡廉制度建设的实施意见》、《关于实行党风廉政建设责任制规定的实施办法》。调整局行政执法监督领导机构，明确职责，强化行政执法监督。进行行政执法、行政许可、中介机构监管3项重点治理活动，针对普遍存在的9个突出问题提出纠正处理意见。

以开展“创先争优”活动为载体，继续开展以“争做安全发展忠诚卫士、创建为民务实清廉安监机构”为主题的活动，积极开展建党90周年纪念系列活动，表彰了一批先进基层党组织、优秀共产党员和优秀党务工作者；开展篮球、乒乓球、趣味排球比赛，红歌比赛等丰富多彩的文体活动。认真贯彻落实中央、自治区党委关于维护新疆稳定的一系列重要指示，开展学习党史、新疆近代史、民族宗教演变史教育活动，牢固树立“三个离不开”、“四个认同”思想，深入开展民族团结进步创建活动。经过届满验收，新疆局继续保持了自治

区级精神文明单位称号。

加强行政效能建设，提高工作效率。制定和完善《首问负责制》、《一次性告知制》、《服务承诺制》、《行政效能监察办法》、《局机关效能考评实施细则》、《政务公开管理办法》，开展“转作风、讲效能、树品牌”主题活动和“对标找差”，切实转变机关作风，提高行政许可审批效率，树立了良好的机关形象。

自治区党委、国家安监总局党组高度重视新疆局领导班子建设，2011 年为班子充实 2 名年富力强成员，增添了力量。根据班子成员变动情况，按照集体领导与分工负责相结合的原则，重新划分和明确班子成员分工。按照《党政领导干部选拔任用工作条例》规定，当年共选拔任用 15 名处级干部，从企业中选调 10 名监察员补充到监察分局，对 12 名干部进行了交流和轮岗。积极推进干部选拔任用制度改革，对 8 名处级职位面向全区煤炭行业公开选拔，坚持公开职位、程序、办法、结果，进一步拓宽选人视野，选拔了一批德才兼备的优秀干部。

# 新疆生产建设兵团煤矿安全生产工作综述

2011 年，在国家局和局党组的正确领导下，各监察室深入贯彻落实科学发展观，牢固树立以人为本、安全发展的理念，坚持“安全第一、预防为主、综合治理”的方针，全面落实国家和兵团关于进一步加强安全生产工作的决策部署，继续深入开展“安全生产年”活动，以深入贯彻落实《国务院关于进一步加强企业安全生产工作的通知》为核心，以强化企业安全生产主体责任为重点，以落实“五条禁令”和“三个强力推进”为主要抓手，坚持监察、指导与服务相结合的原则，认真履行煤矿安全监察职责，扎实推进煤矿隐患排查治理和“打非治违”专项行动，杜绝了煤矿较大以上事故的发生，降低了事故总量和伤亡人数，促进了兵团安全生产形势持续稳定好转，实现了“十二五”时期安全生产的良好开局。现将全年工作情况汇报如下：

**一、煤矿安全生产状况**

兵团现有矿井 60 处，均为国有地方煤矿。其中，生产矿井有 36 处，生产能力 757 万吨/年；新建、改扩建矿井有 15 处，设计能力 882 万吨/年；其余 9 处为整合矿井。2011 年，兵团煤矿预计生产原煤 1000 万吨。

1—12 月，兵团煤矿发生生产安全事故 1 起，死亡 1 人，百万吨死亡率为 0.1，未发生较大及较大以上事故，死亡人数占国家下达控制考核指标的 6.7%。与去年同期相比，事故起数减少 5 起，下降 83.3%；死亡人数减少 7 人，下降 87.5%；较大事故减少 1 起，少死亡 3 人，下降 100%；百万吨死亡率下降 89.2%。

2011 年，通过各方面的共同努力，兵团煤矿事故起数、死亡人数、百万吨死亡率较往年有了大幅下降，安全生产形势持续稳定好转，取得了我局成立以来的最好成绩。但我们也应该清醒地认识到，兵团煤矿安全生产基础仍然薄弱，存在基础不扎实、措施不落实、管理不到位等问题，“三违”现象时有发生，安全生产形势依然严峻。

**二、煤矿安全监察执法情况**

（一）监察执法情况

1—12 月，各监察室累计开展“三项监察”225 矿次，平均每矿 4.4 次，人均下井 67.5 次，完成全年监察计划的 105.1%。

共下达各类执法文书 547 份，其中：现场检查笔录 212 份，现场处理决定书 212 份，复查意见书 13 份，立案决定书 3 份，行政处罚告知书 18 份，行政处罚决定书 18 份，行政处罚送达回执 18 份，加强和改善安全管理建议书 8 份，加强和改善安全管理监察意见书 15 份，撤出作业人员命令书 2 份，调查取证笔录 27 份，案件结案报告 1 份。

查处各类事故隐患 2339 条，实际完成整改 2256 条，隐患整改率达 96.5%。其中，挂牌督办重大隐患 61 条，截至 12 月底，已销号 56 条，整改率达 91.8%，未整改完毕的 5 条重大隐患都明确了挂牌督办责任人和整改期限，正在积极落实整改。

共作出行政处罚18次，责令停产整顿13矿次，停止采掘工作面9个，限期整改203矿次，暂扣煤矿企业安全生产许可证4个，罚款37.3万元（其中事故罚款29.3万元），实际收缴37.3万元，罚款上缴率达100%。

（二）年度监察执法计划完成情况

按照国家局批复的2011年监察执法计划，全年总监察工作日为2409天，实际完成2522天，完成全年计划的104.7%。其中：

（1）三项监察工作日全年计划632天，实际完成670天，完成计划的106%。全年三项监察执法计划214矿次，实际完成225矿次，完成计划的105.1%。其中，重点监察计划102矿次，实际完成109矿次，完成计划的106.9%；专项监察计划72矿次，实际完成75矿次，完成计划的104.2%；定期监察计划40矿次，实际完成41矿次，完成计划的102.5%。

（2）监督检查地方煤矿安全监管工作日全年计划637天，实际完成684天，完成计划的107.4%。

（3）其他监察工作日全年计划1140天，实际完成1168天，完成计划的102.5%。

**三、煤矿安全生产许可证颁发和管理工作**

兵团煤矿企业安全生产许可证累计发证67个，其中，煤矿企业13个，矿井54个。

1—12月，受理煤矿企业申报安全生产许可证17个。其中，延续安全生产许可证13个（煤矿企业4个，矿井9个），变更安全生产许可证4个（矿井4个）。全年颁发煤矿安全生产许可证12个，其他5个正在办理之中。

**四、主要工作**

（1）统一思想，提高认识，进一步增强做好煤矿安全监察工作的责任感、使命感和紧迫感。通过监察过程中与各师安监局、煤矿企业座谈，大力宣传国家、兵团关于进一步加强安全生产工作的方针政策，详细解读了《2011年度兵团安全生产考核细则》和《关于做好2011年兵团煤矿安全生产工作的指导意见》，把强力推进安全质量标准化和示范矿井建设、加强班组建设、加快安全避险“六大系统”建设等一项项目标任务、一条条具体要求传达到每一个基层单位，提高煤矿企业对安全生产工作的认识水平，增强落实安全生产主体责任的意识。

（2）加强学习，提高素质，努力适应煤矿安全监察执法工作的新形势和新要求。进一步加强作风建设，深化创先争优活动。各监察室把保障人民群众生命财产安全，减少事故，降低伤亡作为作风建设的根本要求，坚持深入一线，深入基层的工作方法，加大监察执法力度，提高服务基层意识，做到安全监察工作重心下移，关口前移。今年，每一名监察人员下基层监察执法天数都在90天以上，下井60余次。自觉加强业务知识学习，不断提高履职能力。积极参加国家局和局内部组织的各类业务培训。通过自学和集中培训等形式，不断补充更新了专业知识，为更好地履行煤矿安全监察职责奠定了基础。

（3）科学把握安全生产规律，注重研究解决监察执法中发现的新问题，着力提高监察执法效能。在开展每季度监察执法、“三个监察”、赴内地煤矿考察学习等活动前，各监察室都制定了详细的工作方案，明确了活动的目标任务、组织形式、重点内容、实施步骤、亟待解决或需要跟踪督办的问题等，突出了监察、指导的针对性。每次监察执法及考察活动结束后，各监察室能够及时总结好的经验和做法，并在以后的工作中坚持或者加以推广，提高了监察执法的效率。

（4）依法履行煤矿安全监察职责，认真组织开展“三项监察”，不断创新煤矿安全监察方式和手段。统筹安排“三项监察”，推进科学监察执法。一是结合兵团煤矿安全生产状况，编制了《2011年兵团煤矿安全监察执法工作计划》，将全年监察执法日和非监察执法日进行了科学分配，提高了年度监察计划的针对性和可操作性，得到了国家局的批复。二是每半年对全局监察执法情况进行统计分析，编制了上半年及全年兵团煤矿安全监察执法分析报告，参加了国家局召开的专题会议，汇报了监察执法计划完成情况，通过了国家局的审查考核。各监察室以预防事故作为监察执法的出发点和落脚点，坚持深入基层一线，深入采掘作业现场，及时查找事故隐患，督促煤矿落实整改。全年对重点盯防矿井开展现场监察6次以上，开展防治煤与瓦斯突出、瓦斯治理、水害防治、防灭火、建设项目、职业危害防治等方面的专项监察75矿次，上、下半年分别对所有煤矿进行了拉网式的定期监察，监察覆盖率达到100%。

（5）深入贯彻落实《国务院关于进一步加强企业安全生产工作的通知》（以下简称《通知》）精神，深化煤矿企业安全生产主体责任的落实。进一步加大国务院《通知》学习宣传力度。在监察执法中，各监察室把贯彻国务院《通知》精神作为一项重要内容，强化重大隐患治理、领导干部下井带班、强制淘汰落后技术产品等的监察执法。同时，结合上、下半年的定期监察开展了督查，及时掌握各师、各煤矿企业工作进展情况，认真总结提炼了好的经验和做法，并加以推广。

（6）认真贯彻落实国家、兵团工作部署，深入开展“打非”专项行动。各监察室把开展“打非”专项行动列入重点工作，抓住关键环节，明确打击重点，对非法违法生产、建设行为重拳出击，实施了精确打击、重点打击、有效打击，严肃查处了煤矿超能力、超强度、超定员组织生产等违规违章现象。同时，与各师安监局密切配合，进一步完善落实联合执法机制，形成“打非”工作合力，增强打击实效。

（7）严格落实“五条禁令”，进一步深化瓦斯、水害、火灾等方面的专项整治。一是牢固树立“瓦斯不治，矿无宁日”的思想，突出瓦斯治理这个重中之重。强力推进“通风可靠、抽采达标、监控有效、管理到位”的瓦斯综合治理工作体系。二是始终将工作重心放在预防瓦斯事故上，强化对矿井“一通三防”管理的监察，继续加大高瓦斯和突出矿井的监察力度，加大了监察频率，定期对瓦斯治理情况进行跟踪掌握。三是按照国家局和局党组的安排部署，组织开展了防突、瓦斯防治专项监察。同时，督促煤矿企业做好安全监测监控远程联网系统的运行和管理工作。同时，开展了煤矿基建项目的专项监察，加强煤矿建设项目落实建设、施工、监理三方责任的监督检查。

（8）认真组织开展煤矿职业危害申报工作，稳步推进兵团煤矿职业危害防治工作。按照国家局有关文件要求，年初下发了《关于做好兵团煤矿作业场所职业危害申报工作的通知》，对兵团煤矿开展申报情况进行了统计分析，要求煤矿企业指定专人负责此项工作，明确要求每年按时上报有关报表，规范了兵团煤矿职业危害申报工作。为深入贯彻全国煤矿职业安全健康工作座谈会精神，我局下发了《关于加强煤矿作业场所职业危害防治工作的通知》，要求煤矿企业建立健全职业危害防治工作机构，明确责任，完善制度，并在日常监察中加大对煤矿作业场所粉尘、有毒有害气体、噪声等监察力度，大力宣传职业危害有关法律法规，对职工个体防护进行指导，提高了从业人员的个人防护意识，有力地推进了兵团煤矿职业危害防治工作。

（9）严把煤矿安全准入关，做好煤矿建设项目设计审查和安全专项验收及安全生产许可证的审查发放工作。严格组织煤矿建设项目安全设施设计审查及竣工验收工作。根据现场核查人员的核查意见，结合日常监察情况，采取发证领导小组全体成员会议表决的形式，决定安全生产许可证的颁发。全年，对17个申请延续变更安全生产许可证的矿井进行了材料审查，对符合发证条件的12个矿井颁发了安全生产许可证。

（10）加强兵团矿山救援体系建设，不断提高应急保障能力。积极推进兵团规划内矿山救护队伍的建设，邀请自治区从事矿山救护工作的专家，对救护队质量标准化工作进行抽查，凡是质量标准化建设工作不达标的，一律不予核发资质证书或暂扣资质证书。组织了矿山救护大、中队培训、复训工作，做好兵团6个矿山救护中队每个月的救护工作统计和救护队日常管理工作。

（11）以“三个强力推进”为抓手，督促煤矿企业夯实“双基”工作，提升煤矿安全生产整体水平。指导督促煤矿企业加强隐患排查治理工作，进一步推动隐患排查治理制度化、规范化和经常化。一是督促煤矿企业依法办矿、合法生产，对片区煤矿企业“五证一照”持证情况进行了审查。二是强化煤矿安全基础管理工作的检查指导，督促煤矿企业进一步贯彻落实国家、兵团关于加强煤矿安全基础管理的指导意见，引导鼓励煤矿走“科技兴安”之路，大力推广先进适用技术，积极推进采煤方法、支护技术改革，坚决淘汰落后的采煤工艺。三是强力推进兵团煤矿“六大系统”建设，督促煤矿企业进一步完善监测监控、压风自救、供水施救、通信联络系统，年底前人员定位系统已安装完毕，紧急避险系统试点建设工作稳步推进。四是督促煤矿企业加强班组安全建设，推广“白国周班组管理法”，鼓励煤矿企业开展“优秀班组”评选活动。

（12）坚持监察、指导和服务相结合，不断加强对各师、煤矿企业安全生产工作的检查指导。年初，我局下发了《关于做好2011年兵团煤矿安全生产工作的指导意见》，安排部署了8个方面、26项重点工作，并提出了具体要求和工作措施。在开展监察执法时，能够与各师安监局密切配合，及时沟通工作，加强业务指导，对于节后复产验收工作存在的问题，以加强和改善安全管理监察意见书的形式，反映给他们并提出改进意见，充分调动师安监局的积极性，协商解决煤矿安全监管监察工作中的问题，共同研究制定挂牌督办方案。在完成阶段工作后，各监察室主动向各师主管副师长汇报监察情况，反映重大问题，引起了他们的重视，并且得到了他们的支持，为开展工作创造了有利条件。为进一步提高服务意识，帮助煤矿企业解决实际问题。按照局党组的安排，先后组织了紧急避险系统、人员定位系统，防突管理、瓦斯治理和采煤方法改造三期专题考察学习活动，通过与内地先进煤矿座谈交流、听取经验介绍、现场学习观摩等方式，为我们自己的煤矿企业开阔了眼界，拓宽了思路，得到了启示。三期考察活动引起了强烈反响，受到了煤矿企业的欢迎。回来以后，两个考察组分别提交了考察报告，在煤监会议上供全体监察人员学习。考察组善于消化吸收考察成果，并将其转化为加强工作的具体措施，制定了《兵团煤矿瓦斯防治规定》和《关于开采急倾斜煤层的指导意见》。

（13）严肃查处事故，用事故教训推动工作。严格按照“四不放过”和实事求是、依法依规、注重实效的原则，积极指导和参与事故调查处理工作，与有关部门密切配合，对农六师豫新煤业大黄山煤矿“8·9”运输事故进行了调查，认真查找事故原因，提出了处理建议和防范措施，按期批复结案，结案率达到100%。充分发挥事故警示教育作用，及时向各师安监局及煤矿企业通报事故情况，要求煤矿举一反三，吸取事故教训，针对“8·9”事故，我局专门下发了文件，要求煤矿企业下放大型设备前要认真制定详细方案和措施，防止同类事故的发生。我局编制完成了《“十一五”期间新疆生产建设兵团煤矿事故分析报告》，对兵团煤矿“十一五”期间的所有煤矿事故进行了梳理分析，抓住兵团煤矿瓦斯事故和顶板事故多发的特点，开展针对性的专项监察。

# 第十二部分

# 重点中央企业安全生产工作

## 中国石油天然气集团公司安全生产工作

中国石油天然气集团公司安全环保与节能部

2011年，中国石油天然气集团公司（以下简称集团公司）以科学发展观统领安全生产工作，认真贯彻落实《国务院关于进一步加强企业安全生产工作的通知》和《国务院关于坚持科学发展安全发展促进安全生产形势持续稳定好转的意见》等要求，牢固树立"环保优先、安全第一、质量至上、以人为本"的理念，将安全生产作为企业"三基"工作的重要内容，摆在更加重要的位置，采取了一系列固本强基的有效措施。全员安全生产意识进一步提高，安全生产工作基础进一步加强，安全生产管控能力进一步提升，主要安全生产控制指标同比持续好转，集团公司安全生产形势实现总体稳定、形势可控、稳定好转。

2011年，集团公司突出重点，迎接挑战，狠抓关键，集中全力完成了6件年度重点任务：

一是按照集团公司领导"演练即实战"、"高水平、真管用、有影响"的要求，8月26日，集团公司在兰州石化公司与甘肃省政府联合举办了炼化装置爆炸着火突发事件应急演练。甘肃省省长、分管副省长，国务院应急办主任及公安部、国家安全生产监管总局、国家安全生产应急救援指挥中心，甘肃省政府、中国石化和中海油相关部门负责同志在现场观摩演练；集团公司副总经理、总经理助理、副总工程师，总部机关和专业分公司负责人，各企事业单位领导班子成员及相关专业人员共1.6万人，在现场或通过视频观摩了演练。此次演练全面检验了应急响应和地企联动机制，全面深化了应急宣传教育，集中展示了集团公司消防装备及专业救援队伍的作战水平。

二是为进一步强化企业"三基"工作，深刻汲取事故教训，扭转安全生产被动局面，从9月1日开始，组织开展了为期40天的安全生产大检查活动，在企业自查覆盖面和专业分公司抽查企业个数覆盖面均达100%的基础上，集团公司总部组成10个检查组，由党组成员亲自带队，深入到40多家企业进行检查。本次大检查时间跨度最长、检查层次最高、覆盖范围最广，影响也最深远。

三是坚持领导干部HSE培训制度，组织开展了第二轮企业领导班子成员HSE培训，分三期完成了240名领导干部的HSE培训，持续提升领导干部HSE领导力。

四是坚持高标准、严要求，从2010年6月起，利用一年时间，分6个阶段，采取课堂培训和现场实习相结合的方式，完成了集团公司百名HSE咨询师培养工程，157人取得了集团公司HSE咨询师证书。咨询师培养采取分组式、研讨式、互动式等培训方式，课程设置理论联系实践，制度结合案例，知识呼应理念，培训效果明显，为改进企业HSE培训工作提供了有益借鉴。

五是在全系统组织开展了安全环保节能知识竞

赛，88 个单位的近千名选手分别参加了 3 个赛区的晋级竞赛，19 支代表队分获一、二、三等奖。竞赛着眼于基层基础，着力于观念意识，着重于实际效果，吸引了 20 余万名员工参加，宣传普及了安全生产知识，促进了全员安全意识的提升。

六是针对苏丹公投、中东及北非政治局势动荡和恐怖活动加剧等严峻形势，及时组织和协调有关单位做好风险预警，周密研判局势，制定人员紧急撤离和资产保全计划，最大限度保证了公司员工安全。特别是针对 2011 年 2 月利比亚突发内战，集团公司党组紧急部署、迅速采取措施，全力做好人员撤离和自保自救工作。

2011 年，按照集团公司安全生产委员会会议精神和 2011 年安全工作要点的具体安排，坚持“加强基础工作不折腾”，全面加强“三基”工作，突出重点，攻坚克难，持之以恒，取得安全生产工作的新突破，杜绝了重大及以上火灾爆炸事故、工业生产死亡事故、职业病危害事故和井喷失控事故。

**一、从狠抓安全生产责任落实入手，进一步强化了安全生产组织领导**

集团公司党组高度重视安全生产工作，连续 5 年与 148 家企业主要负责人签订了《安全环保责任书》。在集团公司领导干部会议上，集团公司董事长、党组书记蒋洁敏提出“安全生产是三基工作的重要组成部分”。在安全生产大检查活动中，蒋洁敏董事长亲自担任检查组组长，真正体现了“安全第一”的理念。在重要时段和敏感时期及时召开安全生产视频会，坚持召开季度安全生产形势分析会，对安全生产工作提出一系列明确要求。集团公司党组多次专题听取安全生产工作汇报，研究部署安全生产工作。认真执行总部现场核查和事故单位进京汇报制度，召开了 7 家企业事故分析汇报会，对 3 家事故企业的主要负责人进行了诫勉谈话，从严考核，严肃事故问责。2011 年以来，少数领域事故多发，个别企业更是事故频发，集团公司对事故责任人和企业主要领导进行了严肃问责，集团公司党组及时对事故单位主要领导进行了调整，起到了事故查处刻骨铭心的警示教育作用，充分体现了党组抓好安全生产工作的态度和决心，体现了安全是天字号工程，是政治，是硬指标的工作要求。把领导的帽子、管理人员的位子、全体员工的票子和安全生产结合起来，重大事故摘帽子，违反规程让位子，单位出现重大事故减票子，切实促进安全生产责任的强化与落实。

**二、从狠抓标准规范制修订工作入手，进一步强化了 HSE 体系推进工作**

按照 HSE 制度标准框架规划，制修订了煤层气钻井安全等 32 项企业 HSE 标准，承担起草了爆破安全等行业或国家安全技术标准，积极采取审核、培训等多种方式督促指导企业落实集团公司 HSE 制度标准；组织召开推进工作视频会、安全环保工作会议、HSE 国际合作交流会、推进工作交流会等系列会议，全面启动了《“十二五” HSE 管理体系建设提升计划》，集中专家资源，对辽河油田、抚顺石化等十二家单位开展推进工作重点指导，认真总结并大力推动企业真信真学真用先进经验；组织开展 HSE 论文征集评选活动，完成 1781 篇 HSE 论文的收集、整理和评选；配合国家安全生产协会宣讲团，协调兰州石化和塔里木油田完成了国务院 23 号文件宣讲活动；协调大庆油田、长城钻探等 5 家企业完成国家安全生产监管总局安全文化建设示范企业申报；推荐吉林油田在《全国安全生产教育培训和人才工作会议》上作 HSE 培训专题大会发言；组织完成了 24 期 2500 多人参加的 HSE 专兼职人员培训，下发了《关于进一步加强基层 HSE 培训工作的通知》，改进基层 HSE 培训，推广 HSE 培训矩阵，推动基层分岗位、小范围、短课时、多方式扎实开展 HSE 培训；加强 HSE 信息系统应用考核，组织制定了“十二五” HSE 信息系统升级改进方案。

**三、从狠抓风险管理入手，进一步强化了安全风险防范能力**

集团公司上下以风险管理为核心，积极在控源头、治隐患、补短板上狠下工夫，风险防控能力稳步提高。开展了新改扩建项目和在役装置 HAZOP 分析，深化推广 HSE“两书一表”、作业许可等基层风险管理方法工具。制定印发集团公司《生产安全事件管理办法》，鼓励基层上报、分析和共享事故事件资源，启动了百万工时事故统计工作。工程建设分公司编制实施了炼化、油气田和管道 3 个工程建设专业的风险识别及防范措施指南。矿区服务系统全年投入资金 10 亿元，治理了 464 个隐患项目，完成了 3 年治理计划，风险防范能力进一步提高。各企业认真开展危险源调查和评估，共识别出重大危险源39127个，其中，一级重大危险源2107个，二级重大危险源2572个，三级重大危险源5524个，四级重大危险源28924个。建立重大危险源四级监管体系：一级重大危险源由企业监控，二级重大危险源由企业所属二级单位监控，三级重大危险源由企业所属三级单位监控，四级重大危险源由基层单位监控。集团公司总部不定期组织重大危险源监督管理情况抽查。

**四、从狠抓安全生产监督检查入手，进一步强化了安全生产监管工作**

突出源头控制，严格建设项目设立安全审查、预评价、设计审查、试生产备案和安全设施竣工验收；组织开展了春节、“两会”前安全生产专项督查和冬季安全大检查工作；做好安全环保专家巡视，开展了3次现场巡视活动，及时下达隐患整改通知；开展总部推动审核和专项审核，对长庆油田、西北销售、克拉玛依石化等20家企业进行总部推动审核，对江苏LNG等9家企业进行有关作业许可、承包商、启动前安全检查等专项审核，对吉林油田、济柴动力总厂、西部钻探等3家企业开展了HSE体系运行质量评估，进一步规范提升了新发布HSE制度标准的执行效果；完成了大型客车、货运车辆安全驾驶指南编制，开展运输车辆现状调查，摸清了集团公司道路运输车辆底数。加强对新增业务和工程建设项目的监管，加强对海外业务、海上作业安全的监管力度。海外业务积极推进社会安全管理体系建设，落实社会安全责任，效果明显，特别是集团公司强化了承包商安全管理，成立了工程建设承包商管理领导小组，制定印发了《集团公司工程建设承包商管理办法》和《关于进一步加强工程建设承包商分包管理的通知》，承包商作业风险得到有效控制。

**五、从狠抓基层应急能力建设入手，进一步强化了应急管理工作**

按照“夯实基础、突出重点、稳步推进”的原则，以风险管理为核心，以基层建设为重点，以提高应急能力为着力点，不断深化应急管理工作。召开了企业应急预案备案评审工作会议，分两次对7个专业分公司115家企业进行了预案备案评审，103家企业通过审核；按照“一普三重”的预案管理原则，组织对西南油气田等5家重点企业和抚顺石化等2家事故单位进行应急预案现场审核工作；深刻吸取BP事故应急处置教训，充分发挥石油石化专业应急资源和救援力量的优势，协调建立了中石油、中石化、中海油三大石油石化企业应急联动机制；在炼化企业中推广简化基层处置预案，编制岗位应急操作卡工作，兰州石化、大庆石化的基层应急预案工作经验，在全国应急预案工作会议上进行了交流；扎实开展各种灾害预警，密切关注灾情变化，组织开展了防汛、防台风、防风暴潮和易滑坡地带等不安全因素排查；认真做好应急预案演练周活动，集团公司所属各企事业单位共开展各类演练8700多次，以基层单位突发事件应急演练为主的实战演练6600多次；启动了集团公司应急信息平台专职消防队地理信息模块开发，全面推行大型活动消防安全许可审批制度。

**六、从狠抓基础管理入手，进一步强化了海上安全和职业健康监管工作**

召开海洋石油安全生产工作座谈会，专题讲评“BP墨西湾平台井喷爆炸溢油事故教训与启示”；开展海上油气生产工艺安全分析和海上季节性安全专项督查，认真做好国家安全生产监管总局对海上项目竣工安全验收及海洋石油安全生产专项督查的迎检；落实环境保护部、海洋局等国家七部委要求和部署，加强海洋石油安全生产工作，组织相关企业认真做好陆源和海洋溢油污染风险的防范自查工作。从积极预防和加强职业健康管理入手，加大一线员工职业健康体检，加强承包商、临时用工等接害作业人员职业健康监护，开展职业健康监护和职业卫生档案清查；狠抓建设项目职业危害评价与“三同时”工作，统一了建设项目职业卫生审核、报批和备案管理程序，完成了“长—呼”原油管道等建设项目的职业卫生预评价、设计审查报批工作；抓好职业健康工作制度和管理情况检查、职业危害排查与检测、危害整改与治理3个环节，促进了企业职业健康管理；加强作业场所职业病危害识别和防控管理，完善通风排毒、除尘、降噪、降温等卫生防护设施，积极应对高温、高湿、炎热、低温天气对员工健康的影响；积极推进作业场所职业病危害检测和接触粉尘、毒物、放射性及野外施工作业员工的职业健康体检，职业健康体检率保持在92%以上，作业场所职业病危害因素检测率保持在90%以上，从事放射作业员工体检率和个人剂量监测率达到98%以上，集团公司全年未发生传染病疫情和食物中毒事件。

# 中国石油化工集团公司安全生产工作

中国石化集团公司安全环保局

2011年，石化集团公司安全生产工作面临新的挑战，突出表现在：①公司加工的原油主要依赖进口，每天有多艘大型油轮在海上航行，海上运输存在较大安全风险；②大型原油码头和炼化装置始终保持高负荷运行，炼化装置呈现大型化、集约化，加工原油劣质化，化工原料多元化，生产运行条件更加苛刻，安全平稳运行压力加大；③油气勘探开发已从陆地延伸到海上，从陆相拓展到海相，从国内走向国外，地表及地下地质条件越来越复杂；④油库、加油站遍布城乡，有的分布在人口密集的闹市区，安全管理的基础还比较薄弱；⑤油气管道建设加快，其中有一些油气及化工品管道处于人口稠密地区，管理难度很大。此外，与公司建设世界一流能源化工公司的目标相比，安全管理水平和员工素质还有较大差距，设备本质安全水平还不够高，给安全生产工作带来了较大挑战。

面对严峻的安全生产形势，石化集团公司认真贯彻落实党中央、国务院关于加强安全生产工作的指示和要求，以科学发展观统领安全生产全局，始终坚持“安全第一、预防为主、综合治理”的安全生产方针，以扎实开展“我要安全”主题活动为主线，进一步细化并严格执行《安全生产禁令》，层层落实安全生产责任制，狠抓各项工作落实，继续保持了安全生产总体平稳态势，实现了“五个避免”（避免重大井喷失控事故、重大死亡事故、重大火灾爆炸事故、重大责任事故、重大环境污染事故）的目标。

2011年，石化集团公司主要开展了以下工作。

**一、严格执行国家安全生产法律法规及集团公司规章制度，层层落实安全生产责任制**

多年来，我们按照国家的法律法规、标准，逐步建立完善了一整套行之有效的安全监督管理规章制度，为实现安全生产奠定了坚实基础。在不断完善规章制度的同时，我们高度重视制度的落实和执行，按照“谁主管、谁负责”的原则，切实将安全生产责任制层层落实到各级领导、职能部门及全体员工。

按照“早部署、早安排、早落实”原则，1月11—12日，我们在京召开了集团公司年度HSE工作会议，传达贯彻《国务院关于进一步加强企业安全生产工作的通知》（国发〔2010〕23号，简称“国务院23号文”），总结2010年工作，部署2011年安全生产工作。党组领导与各企业主要领导、主管领导签订了安全生产责任状，严格安全业绩考核。

公司制定了贯彻落实国务院23号文的实施意见，并以集团公司1号文下发，指导企业抓好文件的贯彻落实。各企业按照集团公司统一部署，层层签订安全生产责任书，认真落实安全生产“一岗一责”和全员安全承诺，严格安全事故责任追究，确保各项安全规章制度落到实处。

**二、扎实开展“我要安全”主题活动，提高全员安全意识和业务技能**

自2009年开始，石化集团公司在全系统开展了为期3年的“我要安全”主题活动，组织干部员工层层查找身边的“十大薄弱环节”并抓好治理。2011年活动的重点是继续强化活动力度，总结提炼先进经验和典型做法。各企业继续创新活动内容，上报简报1135期，及时反映工作进展。总部“主题活动办公室”编发专题简报10期，把握活动方向，推动活动深入持续开展。通过层层推荐、选拔，评选出了集团公司“百名安全卫士”和“十佳安全标兵”，进一步掀起了活动新高潮。编制了《中国石化“我要安全”主题活动典型做法汇编》，对企业的一些好经验、好做法进行了固化提升，出台了《HSE观察卡管理规定》、《未遂事件管理规定》等规章制度，收到了较好效果。

3年来，“我要安全”主题活动在生产一线和全体员工身边开花结果，有效塑造了安全价值观，强化了安全责任意识，提高了安全技能，规范了安全行为，增强了全系统的凝聚力和向心力。与3年前相比，集团公司上报事故和死亡人数分别下降38.9%、53.3%，效果十分明显。主题活动在提升中国石化HSE管理水平、建设具有中国石化特色安全文化的进程中发挥了重要作用。

6月，按照国家安监总局等有关部门的总体部署，石化集团公司认真开展了安全生产月活动。集团公司专门下发了有关文件，集团公司党组成员，股份公司副董事长、总裁王天普在《中国石化报》发表书面讲话，对活动开展提出了明确要求。各企业按照总部统一部署，结合“我要安全”主题活动，充分利用广播、电视、报刊等媒体，采取办学习班、安全考试、安全咨询、专题讲座、讲演、展览等形式，开展了多种形式多样的安全宣传教育活动，营造了安全生产氛围，推动了安全生产工作。

**三、持续开展隐患排查治理，提高本质安全水平**

隐患是安全生产的“心腹之患”，“隐患不除，厂无宁日”。中国石化高度重视隐患治理工作，在安排投资计划时，都把隐患治理放在首位予以保证。在隐患治理上，我们采取专家评估、分级管理的办法，实行“四定”（定整改方案、定资金来源、定项目负责人、定整改期限）管理。同时，将重大安全隐患治理列入总部领导重点监管项目，确保隐患及时得到治理。2011年，总部下达隐患治理资金21.71亿元，重点治理了海上油气设施隐患、井控装置隐患、液态烃球罐隐患、仪表隐患、应急系统隐患、油库消防系统隐患、热油泵密封隐患、轻质油和化学品装车及长输管线隐患，有效提高了系统的本质安全水平，全年杜绝了此类事故的发生。

**四、突出抓好安全生产薄弱环节的监督管理**

从公司历年上报事故、事件来看，绝大多数事故发生在用火、进设备、高处作业、临时用电等直接作业环节。为此，我们高度重视直接作业环节安全监督管理，严格执行安全生产禁令等规章制度，坚持抓重点、抓关键、抓基层、抓员工，切实加强薄弱环节的安全监督管理。

按照国务院23号文件精神，2011年我们全面推行领导干部带班制度，在新建项目投产、装置开停车、重大工艺调整、特级动火等关键环节，以及重大活动期间、节假日、夜间等特殊时段进行非常规作业，单位负责人必须现场带班，及时发现、解决现场存在的问题。推行“七想七不干”（想安全禁令，不遵守不干；想安全风险，不清楚不干；想安全措施，不完善不干；想安全环境，不合格不干；想安全技能，不具备不干；想安全用品，不配齐不干；想安全确认，不落实不干）的工作要求，强化现场作业风险评估。同时，在含有关键装置、要害部位的基层单位设置专职安全总监，对施工作业方案的制定、作业票证的签署审批和现场监护实施全过程监督管理，堵塞事故源头，严防事故发生。

同时，我们坚持突出重点，认真抓好后进企业的帮扶和服务工作。根据专项检查调研、综合大检查等情况，每年确定需要帮扶的重点企业、单位。通过专业指导、驻人蹲点、检查督导、召开现场会、反事故会等方式，对重点后进企业的安全生产工作进行指导和督促，使这些企业安全生产工作迅速得以提升。为解决区外销售企业成立时间短、发展速度快、安全管理薄弱的问题，着手实施HSE管理体系建设。总部组织3个咨询专家组分片指导，派驻24人专家队伍对口支援，组织召开加油站、油库HSE管理现场会，对139名HSE管理人员和业务骨干进行专题培训。到2011年年底，11家区外销售企业HSE管理体系基本建立并开始运行，HSE各项工作步入了正轨。

**五、定期开展安全检查，促进安全生产管理**

中国石化每年组织2次全系统安全大检查，对重点企业组织不定期的安全抽查。同时，结合全国安全生产形势和行业特点，每年还要进行多次有针对性的专项检查。企业层面坚持直属企业季检、二级单位月检、车间周检，加上生产一线巡回检查，形成了全天候的安全检查网。

2011年上半年，我们开展了以设备安全为主的安全检查。下半年组织了全系统安全大检查。检查分自查自改和集中检查两个阶段。在企业自查自改的基础上，总部组织有关专家，由机关部门负责人带队，对企业进行现场检查。如，在下半年组织的检查中，总部抽调了172名同志，分成14个组，历时20天的时间，对62家直属企业、重点工程项目部的449个二级单位、1563个基层单位进行了检查，发现问题3307项，提出建议96条。同时，完成了对上海赛科、扬巴等4家合资企业的HSE审计。检查组与企业同志一起，对查出的问题深入分析，从安全管理、生产运行、设备管理等方面查找深层次的原因和漏洞，制定整改措施，促进了企业安全生产管理水平的提高。

**六、坚持以我为主，切实加强承包商的安全监管**

针对承包商自我管理能力较弱、安全事故屡有发生的实际情况，中国石化大力推行承包商管理新模式，制定下发了《承包商安全管理规定》，将承包商纳入公司安全管理体系，统一管理，统一标准，统一要求。集团公司总经理王天普同志亲自为重点承包商负责人讲授安全课程，对承包商树立与中国石化相同的价值取向、自觉融入我们的管理体系起到了巨大的推动作用。2011年，承包商事故、死亡人数分别比上年下降了42.9%、47.1%，承包商事故多发的态势得到了初步遏制。

**七、打牢基础，应急消防保障能力得以提升**

2011年，石化集团公司结合不断变化的生产经营实际情况，按照国家有关部委的要求，组织有关专家对《中国石化重特大事件应急预案》进行了再次修订。完成了83家企业、1038个应急预案的审查备案，建成了一套中国石化应急消防管理制度体系。通过开展技术交流和培训，进一步提高应急消防队伍素质。加大投入，分区域、分重点加强和改善了部分企业的应急消防装备，有效提高了应急消防装备整体水平。积极协调中石油、中海油等企业，共同启动三大石油公司应急联动工作，推进区域应急资源有效共享。同时，大力开展应急消防科研攻关，完成对燕山石化等17家重点企业的256套稳高压消防水系统的安全评估，并专题立项对“污水回用替代消防水”进行可行性研究。

为提高预案针对性，强化指挥协调和应急处置能力，组织总部相关部门和各油田企业开展了元坝273井企地联动应急演练，驻南京企业积极参加了国家安监总局南京化工园区危化品泄漏事故综合应急演练。各企业结合实际认真开展不同形式的演练，有效提高了应对突发事件的备战能力和处置能力，基本实现了应急有预案、救援有队伍、联动有机制、保障有措施。

**八、以人为本，职业健康工作不断加强**

扎实开展职业健康监护工作，初步建立了职业健康管理网络，积极开展职业危害识别与评估，加强了对苯、氯、氨等112种毒物，硅尘、煤尘等30种粉尘等职业危害因素的常规监测，采取相应防范措施，现场作业条件得到有效改善。各企业采取措施确保职业危害场所全面受控，胜利油田建立了职业卫生日常检查、专业检测和综合督查“点面结合、三位一体”的监督检查机制，燕山石化对69套炼化装置进行了职业危害现状评估与整治，山东石油对油库和加油站共2578个监测点全面实施职业危害因素监测，监测合格率100%。

为切实落实员工个体防护措施，进一步加强对劳保费用的管理，通过规范劳保用品的发放和使用，有效保护广大员工的安全与健康。经过多次反复研究，制定并于7月下发了集团公司劳保服装管理规定和各板块《劳保服装制作手册》，首次实现了劳动保护服装的规范化、标准化。

# 中国海洋石油总公司安全生产工作

中国海洋石油总公司质量健康安全环保部

2011年对中国海洋石油总公司（以下简称总公司或公司）来说是不平静的一年，公司在健康安全环保（以下简称HSE）方面遇到了诸多困难和挑战。一年来，面对复杂形势，在总公司党组高度重视和正确领导下，各级领导干部和广大员工共同努力，HSE工作按计划有序开展。

2011年，公司通过持续推动质量健康安全环保（以下简称QHSE）管理体系建设，不断加大隐患排查治理力度，深入落实“五想五不干”安全行为准则，圆满完成了年初设定的HSE工作目标。以贯彻落实《国务院关于进一步加强企业安全生产工作的通知》（国发〔2010〕23号）为主线，重点在强化主体责任、完善管理体系、加强监督检查、提高危机应对能力、提升人员素质等方面扎实开展工作，为公司生产经营保驾护航。

2011年，公司从风险辨识和风险评估入手，在此基础上确定重点工作、编制工作计划，对难点问题加大跟踪力度。从工作计划的前瞻性和计划执行情况两方面，共同提升HSE绩效。通过辨识和评估，确定的主要HSE风险有以下几方面：

一是随着海洋石油事业的发展，企业进入的新领域越来越多、产业链条越来越长，公司产业规模不断扩大、作业范围不断拓展，从最初的海上油气生产向陆上石油化工业务、矿山开采业务、化肥生产业务及深水发展，随着技术的更新和陌生领域的进入，安全与环保方面的风险增多。

二是随着业务发展，人员迅速扩充，管理出现摊薄，安全管理难度加大。

三是随着近年全球气候变化对海洋气候的影响，作业海域频发超强台风、极端天气等恶劣气象条件，给生产作业带来新的困难。

四是随着生产年限的积累，一些海上油气生产设施和管线出现性能老化、延期服役等诸多隐患。

五是公司“走出去”面临更复杂的社会、政治、民族、恐怖主义等新的挑战。

六是公司在收并购活动中面临的技术落后、QHSE欠账过多的问题。

七是国家启动了新一轮相关法规修订工作，企业主体责任更加明确、政府监管越来越严、行政许可前置要求逐渐增加，而我们的一些基层单位意识没有跟上，设施和管理都可能出现漏洞。

八是公众、媒体和NGO影响力逐渐加强，对政府决策产生重要影响，对企业形成了巨大的压力。

针对公司面临主要风险和挑战，主要开展了以下工作。

**一、有计划推动QHSE重点工作**

（1）持续加强体系和制度建设。

（2）开展体系审核和专项检查。

（3）严格督办建设项目“三同时”。

（4）继续实施环保专项督查和隐患整改。

（5）全面开展应急系统标准化和专业化建设。

（6）加强与政府的交流沟通。

（7）开展危险化学品从业单位专项强化管理。

（8）加强职业健康与危害因素管理。

（9）推动质量管理工作。

（10）丰富QHSE人员资质及素质培训。

（11）丰富信息交流与知识工具共享。

**二、持续改进QHSE管理体系**

（一）完善规章制度建设

1. 发布总公司QHSE滚动规划（2012—2016）

为了实现海洋石油工业“二次跨越”的目标，加强工作的前瞻性，在2011年风险辨识工作的基础上，发布了《总公司QHSE滚动规划（2012—2016)》。

2. 发布《QHSE内控制度体系》

在2010年完成的内控制度体系的基础上，根据总公司风险管理办公室的反馈意见和总公司领导的审查意见，对内控制度体系进行了修改完善，并予以发布。其中，编制工作流程18个，并整合到相关管理办法、管理细则中；编制《合资经营合同HSE条款指导细则》、《质量管理办法》；修改《危害辨识和评价管理办法》、《承包商QHSE管理办法》等5个管理办法、管理细则。

3. 修订《健康安全环保法规标准目录》

在旧版《健康安全环保法规标准目录》的基础上，梳理现存有效的法规与标准，筛选新发布的法规和标准，修订、发布了《健康安全环保法规标准目录》（2010版）（海油安字〔2011〕15号）。

4. 建立“班组长安全培训制度”

根据国务院安委会办公室《加强企业班组长安全培训工作的指导意见》的要求，发布了《总公司关于加强班组长安全培训工作的通知》（海油总安〔2011〕208号），落实了班组长安全培训的责任，要求各单位制定班组长的培训方案。

（二）开展上级审核和专项安全检查

1. HSE管理体系上级审核

QHSE部先后组织对中海沥青、化学公司海南基地、湛江分公司和中海油服4家单位进行了HSE管理体系上级审核，促进被审核单位持续改进QHSE管理。

2. 安全专项督查

根据国家安全监管总局的统一安排，协调组织对中国海洋石油有限公司（以下简称有限公司）4家分公司和中海油服进行了海洋石油专项督查，督查共发现73项问题，年内整改完成61项或做了解释说明，继续跟踪剩余问题。汇总、整理各单位上报的资料，分别形成自查报告、整改情况报告和跟踪报告，上报海油安办。

3. 直升机审核

2011年5月，组织召开了2011年直升机安全管理研讨会，主题为“深化直升机安全管理，为海洋石油保驾护航”。聘请新加坡AMS公司专家，对中信海直公司和南航珠直公司进行专业审核。5月，完成了对舟山、塘沽、兴城基地和8架直升机的安全技术审核；12月，完成对三亚、东方、湛江、珠海和深圳基地的安全管理审核。

4. 潜水承包商审核

聘请第三方潜水安全管理专家，对2010年未通过潜水承包商审核的两家公司进行复审，两家单位均通过了审核。

## 三、规范建设项目HSE“三同时”工作

### （一）安全“三同时”工作

2011年，承担国家安全监管总局海洋石油作业安全办公室海油分部职责，组织了11个项目的安全预评价，8个项目的试生产安全检查和10个项目的安全竣工验收，所有项目均通过了审查和验收。

跟踪17个中下游建设项目，其中：2个项目获得了安全设立审查批复；2个项目获得了安全设施竣工验收批复；1个项目因政策调整，经国家安全监管总局批准，转地方局办理后续手续。

### （二）建设项目职业卫生管理

2011年，政府的职业卫生监管职责由卫生部移交国家安全监管总局，设在总公司的原“海卫办”的职能相应移交海油分部。1—4月，在政策未明确之前，继续代行原“海卫办”职能；5月开始，由海油分部进行上游建设项目的职业卫生审批。全年审核批复7个项目的职业病危害预评价报告；完成12个项目的职业病危害预评价报告专家审查；对15个项目予以了验收批复。

## 四、加强安全隐患排查和高风险事项控制

### （一）组织危化企业风险排查

总公司QHSE部逐条分解国家安全监管总局《关于危险化学品企业贯彻落实〈国务院关于进一步加强企业安全生产工作的通知〉的实施意见》（安监总管三〔2010〕186号）文件内容，形成总公司的危化企业风险排查要求，以公司文件形式下发所属56家危化从业单位排查风险。通过整理各单位反馈的“实施意见排查表”情况，各单位基本满足“186号文件”的要求，存在的3项共性问题：一是企业要积极利用HAZOP分析，排查本单位的事故隐患；二是大型和采用危险化工工艺的装置在初步设计完成后要进行HAZOP分析；三是推行安全生产责任险。

### （二）持续关注道路交通安全

多年来，总公司一贯重视员工交通安全。2011年1月，组织召开了总公司道路交通安全管理视频会议。会上，介绍了2010年公司交通死亡事故的整体情况；各事故单位汇报了交通死亡事故案例；强调了交通安全是企业安全生产管理的重要组成部分；部署了道路交通安全管理的几项重点工作；要求特别关注员工长途出行的驾驶安全问题。随后，组织了北京片区的交通安全会议，各管车单位和用车单位介绍了车辆管理情况，车友会介绍了2010年开展的活动，改选了车友会的管理人员。

### （三）稳步推进安全生产标准化企业达标工作

1. 石油天然气行业

总公司QHSE部牵头海油发展安全技术服务公司、中海油服、海油工程等单位，协助国家安全监管总局监管一司，制定石油天然气行业安全生产标准化规范。负责其中《海上油气生产设施指南》和《评分表》的编制；参与《石油行业安全生产标准化规范导则》、其他《实施指南》和《评分表》的编制。

2. 危险化学品行业

7月，组织召开了危化从业单位安全标准化第二次推进会议。会上邀请了国家安全监管总局化学品登记中心的专家讲解了《危险化学品从业单位安全生产标准化评审标准》；各单位通报了工作开展情况；讨论并确定了后续工作要求。会后，各所属危险化学品从业单位按计划稳步开展达标工作。至2011年底，达标率接近50%。

### （四）组织机房火灾风险及防范措施研讨会

针对近期海洋石油生产设施、作业设施机舱火灾增加的趋势，2011 年 3 月，总公司 QHSE 部组织召开了机房火灾风险与防范措施研讨会。会上，介绍了机房火灾典型案例，分析机房火灾特点，讨论防范措施，部署了下一步工作。

（五）组织“关于加强海管入泥段监控及加固工作研讨会”

为了贯彻落实总公司领导办公例会精神，进一步加强海底管线完整性管理，2011 年 11 月 2 日，有限公司组织召开了“关于加强海管入泥段监控及加固工作研讨会”。会上，各分公司交流了管理范围内油气管线现状、检测工作开展情况以及近年来管道泄漏事故分析，研究总院介绍了管线腐蚀原因分析、检测技术和补强加固技术，参会人员讨论油气管线管理现状、渗漏风险控制、管线检测和监测等内容，就进一步加强海底管线完整性管理工作达成共识。

（六）深水石油勘探开发安全监管体系研究

根据国家安全监管总局召开的“深海石油开采安全监管体系研究项目工作会”要求，开展了以下工作：

（1）组织收集 BP 墨西哥湾事故资料，收集到 BP 公司、美国政府、美国海岸警备队、Transocean 公司分别出具的事故报告，DnV 关于深水地平线钻井平台防喷器的调查报告，翻译了部分报告。

（2）搜集、翻译英国、挪威和美国政府海洋石油工业法律监管体系制度。

（3）参加国家安全监管总局组织的对国外深水钻井作业调研。

（七）协调海洋石油勘探开发溢油风险防范大检查

为贯彻落实国务院第 171 次常务会议精神，吸取蓬莱 19－3 油田溢油事故教训，防范海洋石油勘探开发溢油风险，2011 年 10 月 15—25 日，国土资源部会同环境保护部、交通运输部、农业部、安全监管总局、国家能源局和国家海洋局，联合开展了海洋石油勘探开发溢油风险防范大检查。总公司 QHSE 部及所属单位展开了迎接大检查相关工作，分为自查、抽查和迎检 3 个阶段。

（八）协调沿海地区陆源溢油风险防范大检查

为防范陆源溢油污染风险，2011 年 10 月 25 日—11 月 4 日，环境保护部会同国土资源部、交通运输部、水利部、国资委、国家安全监管总局和国家能源局，联合开展了沿海地区陆源溢油风险防范大检查。总公司 QHSE 部及所属单位展开了迎接大检查相关工作。

## 五、完善应急能力建设

（一）强化应急预案审核，加强应急演练

根据国家安全监管总局 2009 年 17 号令要求，开展应急预案的审核与报备，强化应急预案与属地政府和相关单位的应急预案有效衔接。联合第三方应急管理专家，审核了上下游各一家作业单位的应急预案。在“安全生产月”活动中，根据国家安全监管总局办公厅《关于认真组织开展应急预案演练周活动的通知》，要求各所属单位开展应急演练周活动以及应急预案相关培训和宣传活动。

总公司及各所属单位全年共开展各层级应急演练 15059 次。其中，二级单位（公司级）演练 24 次；综合演练 1864 次；专项演练（包括现场及桌面演练）13171 次；演练人数共 431041 人次。

（二）持续推进应急信息系统的建设

（1）根据各所属单位应急系统建设规划，持续推动各单位做好应急管理系统建设。

（2）推动各所属单位统一规划、建设、整合现场数字监控系统，逐步实现和总公司应急指挥中心的互联互通。

（3）持续推动三维数字应急信息展示平台建设。

（4）推动湖北大峪口公司开展井下人员定位系统的建设，升级改造目前出海人员动态跟踪系统。

（三）重大危险源管理及风险管理

1. 推动湖北大峪口公司尾矿库在线监测系统建设

2011 年，湖北大峪口公司通过无线传感技术对 2 个尾矿库的坝体表面位移、坝体内部位移、浸润线、干滩、库区水位、雨量和渗流量进行实时在线监测，掌握尾矿库的安全状况。

2. 重大危险源及隐患排查风险管控系统升级

根据《危险化学品重大危险源辨识》（GB 18218—2009）及国家安全监管总局 40 号令《危险化学品重大危险源监督管理暂行规定》的相关要求，对总公司原“重大危险源监督管理系统”升级改造，并更名为：重大危险源及隐患排查风险管控系统。

（四）加强应急救援队伍体系建设

（1）推动基层应急救援队伍建设，落实广东惠州石化区和海南东方化工区2个化工园区专业应急救援队伍的建设，包括整体规划、装备和人员配置、技能培训等。配合国家安全监管总局开展大亚湾石化园区应急资源整合调研，推动中海壳牌、惠炼等单位应急资源整合。

（2）与中石油、中石化公司成立应急救援联动协调小组，确定了应急救援联动协调方案，研究、推动建立并完善区域联防机制。

（五）加强防台应急准备与响应

为加强防台应急管理，2011年上半年召开了总公司防台工作会。会上，分析了海上平台、设施、厂矿、站点的抗风、抗恶劣环境的结构能力现状；深入探讨和交流各单位的实际做法和有效经验。

**六、重视职业健康，关爱员工身心健康**

（一）调整职业健康管理程序

随政府职业卫生监管职责转移，跟踪可能发生的政策变化，与政府主管部门保持良好沟通。及时转发政府文件，并发布了《总公司关于贯彻落实国家职业卫生监管职责分工相关要求的通知》。配合国家安全监管总局制定了《海上油气田建设项目职业卫生审查暂行规定》。

（二）推动开展作业场所职业病危害因素检测和职业健康监护

2011年，各所属单位全面开展了作业场所职业病危害因素检测、工作场所接触职业病危害人员的职业健康监护。根据各单位报告，27558名应检员工中，26506人接受了职业健康体检，受检率96.2%（上年度为92.6%）；全年应实施职业病危害因素检测的作业场所805个，实际检测762个，覆盖率94.7%。

（三）进一步开展员工压力管理服务试点项目

至2011年6月，员工压力管理与心理健康服务试点项目完成第一阶段工作。试点中，对海上设施共800余人进行了问卷调查、半结构访谈，通过员工压力指数、控制风格、心理健康、工作满意度和组织忠诚度等多个维度，构建了试点人群的初步压力模型。4月和7月，分别在有限公司天津分公司和深圳分公司召开了试点报告会。在总结第一阶段工作基础上，制定了第二阶段工作的行动方案，启动了第二阶段工作。于9月和12月，组织召开了上海分公司、湛江分公司两个试点启动会。

**七、加强质量监督管理，有效推动本质安全**

（一）编制总公司《质量管理办法》

完成《中国海洋石油总公司质量管理办法》的编写，汇入总公司QHSE管理体系。管理办法内容包括质量风险辨识、质量管理体系管理、建设项目质量监督、设备设施质量完整性、检测检验及评估评价工作质量监督管理等10个方面。

（二）推动有限公司海上生产设施整体完整性管理

在2010年工作的基础上，先后提交有限公司完整性管理的方案及相关汇报文件，完成《海上设施完整性管理研究报告》、《关于海上生产设施完整性管理研究报告》等报告。《海上设施完整性管理研究报告》对各分公司及研究总院的研究报告进行汇总，对中海油设备设施完整性管理现状进行分析，梳理出问题13条，并针对性提出成立完整性管理部的解决方案。相继协调召开“有限公司完整性管理领导小组会议”、“海上生产设施完整性管理研究工作汇报会”讨论落实有限公司生产设施完整性管理工作的推动。

（三）起草总公司《质量方针和质量目标》

完成总公司《质量方针和质量目标（征求意见稿）》，并在总公司范围内征求意见。年底召开了“中国海油2011年度质量工作会议”，与会代表对质量方针及质量目标进行了讨论。

（四）编制并发布《总公司“十二五”质量规划》

2011年，编制并发布了《总公司“十二五”质量规划》。规划立足于总公司质量管理现状调研情况，以及有限公司推动设备设施整体完整性工作情况，提出“十二五”期间质量管理的9项任务，包括建设质量管理体系并完善质量管理制度、加强设备设施质量监督与管理、加强内部检验检测与评估评价机构质量管理等。提出了完成9项任务需要的3项措施保障，包括落实领导责任、建设质量管理人才体系、质量管理经费投入。

**八、提高健康安全环保管理人员素质**

（一）组织HSE培训专题会议

2011年3月，组织召开总公司HSE培训专题会议，对安全监督队伍建设作了阶段性回顾，并对下一步在总公司各个领域继续深化安全监督队伍建设工作进行了部署；对班组长安全培训工作提出了要求。

（二）加速推动安全监督队伍建设

推动各所属单位加快安全监督资质申报和考核工作。年内先后在塘沽、深圳举办了5期安全监督考核，考核了79名现场安全监督，73人获得了总公司安全监督资质。

（三）积极组织健康安全环保培训

2011年，总公司组织综合性的HSE集中培训11次，培训1511人次；还组织了QHSE体系审核员培训、大型油罐消防培训等专项培训；积极排出人员参加国际职业健康安全证书（NEBOSH）等培训。

（四）促进内部培训机构发展

国家安全监管总局“十二五”期间拟利用中央财政资金支持建设30家培训示范基地。经过积极沟通、认真准备，渤海石油培训中心已纳入首批11家中央企业安全培训示范单位。此外，协调海油安办审查渤海培训中心增加“稳性和压载技术”资质，申请已得到批准。

（五）加强注册安全工程师管理

随着总公司注册安全工程师队伍的不断扩大，为加强系统内注册安全工程师管理，海油发展人力资源公司成立了注册安全工程师事务所，作为总公司常设办事机构，开展注册安全工程师的注册和管理。

**九、继续推动QHSE标准化工作**

（一）继续做好安全环保专标委的组织工作

年初，结合总公司QHSE年会组织了安全环保专标委委员会议，探讨了专标委工作与安全环保管理工作的结合点，跟踪标准研究和制修订工作。

年末，组织了专标委年度工作会议，会议讨论了标准化年度工作、审核了《凝析油清洁生产指标要求》（征求意见稿）和《电气设备挂牌锁定》的复审意见，重点讨论了后续如何开展全系统的安全生产标准化工作。

（二）组织危化标准审查

8月，组织中海石油化学股份有限公司、山东海化集团、天津化工研究设计院对《氨气安全规程》等5个危化标准进行了研究。汇总、整理反馈意见，形成报告（QHSE－2011－241），报国家安全监管总局监管三司、化学品安全协会。

（三）发布新的企业安全标准

2011年，批准《办公场所安全管理要求》等10项HSE企业标准，继续组织编制了这10项标准的课程教案，并将其作为海洋石油企业主要负责人和安全管理人员安全资格培训、安全监督培训以及班组长培训的内容，积极加强宣贯。

**十、稳步推进海外HSE管理**

（一）开展海外项目检查

2011年，完成了对肯尼亚、缅甸等项目的开钻前安全检查，检查组听取了钻井项目组、安全监督、钻井队及安全技术服务公司的专业检查报告，对钻井现场进行了检查，并将检查结果与现场、管理方进行了交流。

（二）海外HSE管理的交流及培训

完成了对乌干达项目公司首次外派人员“健康管理和安全环保管理”的培训，使外派员工了解了公司对海外HSE工作的基本要求、做好健康和安全防护的基本内容。9月，在办公厅组织的《总公司海外劳务应急培训班》上，介绍了总公司对外派人员的HSE管理和应急要求，强调各单位对外派人员的管理责任。

与伊拉克和乌干达项目公司沟通，明确海外工作要求，交流HSE人员的专业培训和系统管理的体制机制问题。已提出初步方案，目前正在与相关部门交换意见。

（三）推动完善应急撤离预案

为落实国资委对利比亚撤离事件的后续安排，要求各所属单位上报海外作业人员和资产情况。要求各海外项目确定联络人，修订完善应急撤离预案。

**十一、开展QHSE管理信息系统研究及开发**

（一）推动《职业健康管理电子信息平台》建设

2011年1—6月，完成了“总公司职业健康管理系统”建设方案、需求分析、技术条款、接口方案、合同文本等工作，同时进行系统开发。8月，系统初步开发完毕，进行安装、调试并试点运行。11月，在塘沽组织了由天津分公司6个作业区、海油工程、海油发展、中海化学等单位参加的试运行培训。12月底，项目通过验收，计划进一步完善后于2012年初在总公司内推广。

（二）完善海外人员动态管理系统应用

海外人员动态管理系统在近一年的运行中，逐步解决了发现的问题，改进和完善了系统功能。继续推进系统应用，保持每月公布海外作业人员数量。

（三）开展事故管理系统前期研究

为了提高事故管理水平，加强事故信息的统计、分析和分享，2011年启动了总公司事故管理系统前期研究。分别到部分所属单位、合作机构调研现有事故管理软件运行情况，并与几家专业公司讨论了事故管理信息系统的功能设想和架构。调研工作初步完成，计划在2012年进行系统开发和试运行工作。

（四）完善可持续发展信息系统

分析可持续发展信息系统的使用情况，协调厂商处理解决发现问题，将调整后的报告框架和指标体系在系统中进行录入实施，配合后续指标收集工作。

## 十二、开展QHSE专项活动

（一）"安全生产月"活动

结合国家"安全生产月"活动要求，推动以防止手部受伤为主题的"护手运动"，编制下发了4期关于手部伤害的安全警示。以公司文件的形式要求各单位除了配合国家和地方相关活动外，还要根据各自的作业风险，贯彻公司的主题，将"安全生产月"活动落在实处。

（二）职业健康宣传工作

为宣传公司"以人为本、关爱生命"的管理理念，突出公司在职业健康管理、职业卫生技术服务、出海医疗管理等方面的良好实践，与《现代职业安全》杂志社合作，组织总公司QHSE部、海洋石油总医院、湛江南油医院、中海壳牌、有限公司天津分公司等单位发表了《理念是职业健康管理最有力的支撑》（QHSE部宋立崧专访）、《关爱生命　践行责任》、《架设海油员工生命通道》等6篇系列专题文章。

（三）"质量兴业"活动

根据国务院《质量振兴纲要》、工信部《十二五质量规划》、中国石油和化学工业联合会对"质量兴业"活动的安排，参加了相关会议；组织召开公司"质量兴业"活动视频会议，统一了公司"质量兴业"指导思想，对公司质量管理的工作作出部署；制定总公司活动方案，督促各所属单位制定符合自身情况的活动方案，充实质量兴业活动内容。

（四）"安全在我眼中"摄影比赛

组织总公司"安全在我眼中"摄影比赛，旨在更好地宣传中国海油安全管理做法、传播安全文化理念、提高员工安全意识。众多摄影爱好者主动将安全主题与一线员工生产作业活动结合起来，踊跃参赛。从4月开始征集作品至6月底活动结束，共有200多名员工参赛，收到摄影作品1271张。评出一等奖3名，二等奖6名，三等奖10名，优秀奖若干。

（五）"安全看得见"海报征集

组织"安全看得见"的主题海报征集活动，结合公司QHSE理念及相关制度，鼓励员工制作主题海报，参加评选，创造安全文化氛围。本次比赛共收到作品普通组168幅（组），儿童组37幅（组），共计205幅（组）。评出一等奖3名，二等奖5名，三等奖10名，组织奖3名，入围奖和儿童特别奖若干。此次活动采取专家评选与网络投票相结合的方式开展，活动一周共计4166人投票、2639条留言、7万多浏览量。

## 十三、加强QHSE信息交流

2011年，共整理印制7册"良好的作业实践"，内容包括海外作业传染病防控、民用建筑物消防安全、承包商健康安全环保管理、航空器管理指南、美国海洋石油监管体系资料汇编、质量管理常用方法和工具、土壤与地下水污染防治指南等。

跟踪国外最新的文献发布情况，及时翻译适用的外文材料，推荐给相关人员借鉴，共翻译21份，120万字。其中，编译的IPICEA《石油与天然气行业可持续发展报告指南（第二版）》成为IPIECA、OGP、API组织的官方指定中文版本。

# 中国核工业集团公司安全生产工作

中国核工业集团公司安全环保部

2011年，中核集团公司及各成员单位认真贯彻落实国家安全环保法律法规和要求，切实落实各级责任制，强化监督管理，深入开展隐患排查与治理，健全管理体系，落实安全环保“三同时”制度，加强安全文化建设，保证了集团公司安全环保基本平稳的态势，全面实现了国资委、国防科工局下达的考核指标及集团公司年初制定的安全环保工作目标，实现了集团公司“十二五”安全环保工作的良好开局。

一是核与辐射安全保持良好记录。确保了核电站、研究堆、核燃料循环设施安全稳定运行；确保了核设施退役和放射性废物贮存、尾矿库等设施处于安全受控状态；确保了放射源安全受控。二是生产安全事故得到控制。全系统全年未发生在职人员工亡事故。三是主要核设施周围环境质量良好。主要核设施辐射环境保持在本底水平，主要核设施流出物排放低于或远低于国家规定的排放限值，公众受照剂量远低于国家规定限值。四是职业危害得到有效控制。杜绝了新增职业病例，职业照射个人剂量水平继续下降。全系统无职业照射超剂量事件，全集团职业照射人均剂量水平维持在比较低的水平。

中核集团公司2011年开展的安全环保重点工作如下。

## 一、狠抓核安全

核安全是核工业的生命线，是集团公司各项工作的头等大事。2011年集团公司突出抓了两件大事。

一是应对“3·11”福岛核事故的影响，全集团各单位高度重视，第一时间进行了响应。在紧密跟踪、研判事故进程，分析事故原因，参与国际对福岛核电站事故经验反馈的同时，总结事故教训，组织开展安全自查，并积极配合国家政府部门组织的核安全综合大检查，集团公司各级领导带队深入基层单位一线，开展了全面的安全检查。针对检查出的重点安全问题，集团公司组织专家进行评估，制定了整改计划和整改方案。针对核电站安全检查提出的问题，集团公司与国家核安全局积极沟通，确定了整改计划，并认真开展整改工作；针对军工核设施安全问题，集团公司加强安全管理，并在上级有关部门的支持下，落实了一批应急安全整改项目，提高了设施的安全度。

二是集团公司加大了安全环保风险管理力度，关口前移。根据核安全检查情况，对集团公司存在的安全环保风险重新进行了梳理，确定了集团公司114项重点安全环保风险，并按照风险程度进行分级督办。在风险点所在单位安全主体责任不转移的前提下，Ⅰ级重点安全环保风险32项由集团公司领导督办，Ⅱ级重点安全环保风险41项由事业部（专业公司）主要领导挂牌督办，Ⅲ级重点安全环保风险41项由风险点所在单位主要领导挂牌督办。各单位也根据集团公司要求，对本单位安全环保风险实行了分级管理。

## 二、深入推进隐患排查治理

2011年，集团公司进一步加大了安全生产监督检查和隐患排查治理的力度，继续对16家安全环保重点单位派驻现场安全督查员，取得了良好效果。全年集团公司组织了3次全面的安全大检查，通过单位自查、专业板块抽查和集团公司督查等形式，推动安全隐患的整改。按照国家要求，按月全面系统开展隐患排查，根据统计情况，全集团全年共排查隐患14253项。加大安全投入，开展隐患治理，通过安全生产费以及争取国家资金支持等渠道，对安全环保隐患进行整治，全年安全隐患整改率95.0%，有效防范了事故的发生，下一步重点要巩固整改成果，坚决杜绝隐患重复出现。

### 三、强化安全基础管理

集团公司高度重视安全生产“双基”工作，按照《国务院关于进一步加强企业安全生产工作的通知》要求，在落实安全责任、安全文化建设、安全标准化建设等安全基础管理方面开展了大量工作，先后组织了安全生产先进班组表彰、“4·6”安全生产日、安全生产月、百日安全无事故等活动。

在安全生产月期间，集团公司各单位广泛开展安全生产宣传教育、组织隐患排查、开展应急演练工作。据不完全统计，各单位共制作安全生产宣传品5000余份，发放安全书籍2500余套，组织观看安全教育片100余次，排查并整改安全隐患1500余项，开展各类应急演练140余次，参加各层次、各类别安全培训100余次。全系统42582名员工参加了“落实企业安全生产主体责任知识竞赛”。集团公司还获得了国家颁发的“2011年全国安全生产月活动先进组织单位”及“落实企业安全生产主体责任知识竞赛优胜单位”荣誉称号。

下半年，集团公司根据国务院165次会议精神，结合全系统安全环保现状，组织了以“落实责任、狠抓整改”为主题的“百日安全无事故”活动。按照孙勤总经理提出的要做到认识、责任、措施、监管“四个到位”，加强机制、作风、能力建设“三个加强”的要求，各事业部（专业公司）及各单位开展了安全警示教育、安全检查与隐患治理等形式多样、卓有成效的安全活动，取得了良好效果，有力地促进了单位安全工作水平的提高。

铀矿冶系统安全标准化工作按计划推进，截至2011年底，集团公司铀矿冶系统14座生产矿井中，已有3座获得三级标准化证书，7座完成了安全标准化自评工作及申报工作，3座完成了试运行及现场整治工作，进入了自评阶段，1座正在进行体系文件的修订。

总体来说，集团公司2011年安全环保基层基础工作得到了加强。

### 四、大力开展铀矿冶环保专项整治

2011年，集团公司在近3年铀矿冶环保专项检查的基础上，组织开展了铀矿冶环保整治专项行动。地矿事业部各单位认真按照《铀矿冶环保专项行动工作方案》，开展环保自查和自评价，进行隐患整改，取得了初步成效。一是理清了环保存在的问题，建立了环保隐患台账。二是积极开展隐患整治，各单位环保设施逐步健全，环保设施得到一定程度改善。对需要争取国家支持的环保隐患，组织制定了整改方案，已上报国家主管部门。三是加强了环境与流出物监测，开展了各单位监测现状调研，制定了区域监测中心、基层单位环境监测仪器配置方案，组织了对8矿1厂《流出物与辐射环境监测计划》的审查，并铀矿冶各单位开展了流出物全盲样分析比对工作，环境和流出物监测日趋规范。四是组织了环境和流出物监测操作技术培训，人员技能得到一定提升。

### 五、加强安全环保应急能力

根据集团公司流程再造实际，及时对集团公司应急预案体系进行了修订，印发了《集团公司生产安全事故综合应急预案》以及《核应急专项预案》等4项专项应急预案，明确了流程再造之后集团公司、业务板块及成员单位应急分级管理职责，进一步细化了应急响应措施，提高了应急预案的针对性、有效性和可操作性。

针对福岛核事故的教训，组织各单位针对极端自然灾害情况开展应急预案检查、评估和修订工作。加强防洪度汛应急准备，集团公司提前进行安排，完善防汛应急预案，落实应急措施，确保了安全度汛。加强应急演练，检验应急预案的有效性和可操作性。据统计，全年各成员单位共举办各类应急演练200次，参演人数15000余人次，集团公司对核设施应急演练进行了响应。通过应急演练，检验了应急预案的有效性和可操作性，提升应急事件的处置能力。

### 六、切实落实“三同时”制度

做好安全、环保、职业卫生“三同时”工作，是国家的要求，也是集团公司安全环保工作关口前移，提高本质安全度的重要手段。集团公司近两年来一直将加强建设项目“三同时”工作作为安全环保管理的重点工作严格执行。2011年，集团公司积极协调环保部和安监总局对三废退役专项环评和建设项目职业安全进行审查与批复，履行核工业职业卫生监督管理办公室职责，对职业卫生评价、设计和验收进行审查和批复，在保证建设项目合法合规，促进建设项目顺利开展的同时，确保了新建项目安全环保设施完善。

集团公司积极协调国家有关部门对建设项目环

评和职业安全进行审查与批复，履行核工业职业卫生监督管理办公室职责，对职业卫生评价、设计和验收进行审查和批复，在保证建设项目合法合规，促进建设项目顺利开展的同时，确保了新建项目安全环保设施完善。

2011年5月，国家安监总局对中央企业建设项目职业卫生“三同时”落实情况进行了调查，11月对调查结果作了通报，集团公司的建设项目职业卫生“三同时”工作得到了认可。

为了进一步推动建设项目“三同时”工作的开展，集团公司对全系统所有生产科研设施和在建建设项目进行了核安全、环保、职业安全、职业卫生落实国家安全环保法律法规情况全面普查。根据统计，生产科研设施和在建建设项目，核安全许可与环境影响评价执行情况较好，部分项目职业安全、职业卫生评价滞后，执行率约90%。针对存在的问题，集团公司一方面对成员单位严格遵守核安全、环保、职业安全、职业卫生“三同时”重申了要求，另一方面也积极协调国家有关部门进行补充评价。

**七、加强安全环保技术支持能力建设**

集团公司重视安全环保技术支持机构建设，近几年加大了对核临界安全中心、个人剂量评价中心、环境统计与评价中心、职业危害与健康管理中心的资金支持。各技术中心按照集团公司的要求，在做好科研工作的同时，核临界安全中心组织临界安全培训，对404厂、202厂、812厂等单位开展了临界安全检查和技术交流；环境统计与评价中心按月对各单位的环境监测数据进行统计分析。各中心在对全系统有关数据的收集和分析基础上，提交的《年度职业照射个人剂量监测报告》、《年度环境监测评价报告》、《年度职业危害与健康信息评价报告》，为集团公司提供了技术参考，对集团公司加强安全环保工作起到了良好作用。

2011年，根据科工局批复，集团公司有关单位开始建设核应急监测技术支持中心及辐射监测分队、核应急辐射防护技术支持中心及救援分队、核应急航空监测中心、核医学应急救援技术支持中心及救援分队。这些技术支持力量的建设，将为集团公司加强核应急管理发挥重要作用。

# 中国核工业建设集团公司安全生产工作

中国核工业建设集团公司安全质量环保部

2011年集团公司及所属各单位以“全面加强安全管理，坚持依法依规生产经营，强化责任落实，严格责任追究，查堵重大隐患，杜绝较大以上安全生产责任事故”为工作目标，在各级领导和全体员工的共同努力下，实现了对安全、职业健康、环境保护等方面的有效管理，安全监督管理效能显著提升，杜绝了较大以上安全生产责任事故，安全形势总体平稳。

**一、总体情况**

2011年是集团公司“十二五”发展规划开局之年、股份公司成立之年、集团公司全面实施转型升级之年，安全生产工作以集团公司工作会和党组扩大会议精神为指导，以体系建设为中心，以制度和标准完善为主线，以监督落实为关键环节，围绕“做强做优、培育具有国际竞争力的世界一流企业”的奋斗目标，贯彻落实集团公司“十二五”发展规划、“转型升级”要求和“走出去”战略，建立和完善了各级安全管理体系，积极应对福岛核事故影响，加大核安全文化宣传和培训力度，加强安全专业人才队伍建设，大力推进安全标准化建设，加大重点工程项目的监督检查力度，积极开展新标准、新技术和新标准研究与应用，制定定量化考核和评价方法，推进安全信息系统建设与应用。

全年，集团公司各级安全管理体系运行总体适宜、有效，实现了年初制定的工作目标，未发生较大以上安全事故。

**二、主要工作及成效**

1. 贯彻落实国家有关工作要求，积极参与国家核电等规划编制

集团公司及时参加政府部门组织的各类安全工作和会议，利用公司网站、召开视频会议和下发文件等方式，及时传达、学习和落实会议精神。参与了《国家核安全规划（2011—2020）》和《核电安全规划（2011—2020）》的编写和讨论，并负责《国家核安全规划（2011—2020）》建造相关章节及《推动核安全科技进步》专题编写。贯彻落实国务院“国四条”和中央企业安全生产禁令，开展了军工项目安全生产和监督检查，制定了建筑施工企业负责人及项目负责人施工现场带班制度，深入开展了“安全月”和安全生产标准化岗位达标等活动，较好地完成了国家交付的任务，履行了中央企业应负的社会责任。

2. 完善组织管理体系，明确机构职责

加强各级安全组织体系建设，适时调整了集团公司安全生产委员会组成人员，组建了股份公司安全生产委员会，明确了安委会的工作职责和工作制度。履行了核安全、职业健康和环境保护的工作职能，理顺了对政府、行业和主管部门以及对所属单位的工作接口关系。股份公司建立并保持了各子公司职能部门之间的接口联系。

3. 加强宣传、培训和人才队伍建设，建立集团层面安全质量专家库

集团公司积极面对福岛核事故造成的危机和国内严峻的安全质量形势，通过门户网站、期刊、视频会、交流会等各种渠道和方式，加大核安全文化和质量文化宣传力度。举办了安全生产班组建设培训和经验交流会，以及其他各类专业资格培训活动。加强安全质量专家队伍建设，评定和聘任了第一批集团公司安全质量专家32人，建立集团层面的安全质量专家库，组建了一支高素质的安全质量专家队伍。

通过宣传、培训和人才队伍建设，营造了集团公司重视安全的良好氛围，提高了全员安全意识，增强了全员安全工作的责任感、使命感和荣誉感，提高了全员安全管理能力和水平，坚定了全员搞好安全工作的信心和决心，树立了“中国核建”的品牌形象，增强了相关方对集团公司安全工作的信心。

4. 开展安全生产监督检查，确保工程安全

安全是核电事业发展的灵魂，是集团公司发展的生命线和核心竞争力，是集团公司实现可持续发展的根本保证。2011年，集团公司及各单位制定了年度监督检查计划，细化了检查内容和检查评分标准，先后组织开展了核工程、核电工程专项检查和“安全月”等定期安全检查，以及其他不定期的安全质量监督检查活动。通过对工程项目安全生产工作的监督检查，发现和指出了工程项目存在的各种安全隐患。各单位通过开展内部审核、管理评审以及检查整改，不断完善了现有的安全管理体系，有效防止和减少了事件和事故的发生，确保了生产安全处于受控状态，体系的适宜性和有效性得到了保持。

5. 勇于创新，积极探索安全管理新标准、新技术、新方法，推进安全标准化建设

通过对标国内外先进的安全管理新标准、新技术和新方法，开展安全工作的研究和实践，引入了ISO 9004：2009标准，建设股份公司综合管理体系。在研究和消化吸收《核电工程安全标准化及国际标杆评价手册》、《DNV挪威船级社现代安全管理体系》等国内外先进安全管理和评价标准的基础上，编制了《安全生产考核管理办法》，细化和量化了具体考核指标。

继续推进安全标准化建设，规范安全生产行为，强化安全生产管理。中核华兴公司等单位开展了“高支模施工技术研究”、“安全生产评价方法研究”等科研课题研究，总结提炼技术成果，形成公司技术标准、安全管理标准，统一规范了技术管理工作，有效防范和坚决遏制了较大以上事故的发生。

同时，集团公司各单位发挥信息技术的作用，加强网络平台、综合信息管理系统和安全质量管理信息系统建设与应用，为实现公司对项目安全质量的实时监控、动态管控和资源共享奠定了基础。

6. 开展安全应急演练，提高应急处理能力

结合“安全月”活动方案，集团公司制定了各级应急演练计划，组织了消防演练、核事故应急演练、“三防”应急演练等各种应急演练，演练科目共7类135项，动用了主要装备器材1200余台（件、套），直接参加演练人数达5300余人。通过开展应急演练，检验了各级应急救援体系的科学性、针对性和操作性，检验了救援设施设备的日常

管理水平，检验了各单位和演练人员对消防事故的应急救援和处置能力，检验了集团公司应急的综合保障和组织协调能力，提高了集团公司和全体员工的应急反应及处置能力。

7. 开展安全奖项申报工作，推进“中核建设”品牌建设

2011 年，集团公司积极组织和开展了各类安全奖项申报工作，中核二四公司荣获国家安监总局“2011 年全国安全生产月活动优秀单位”，中核五公司“AP1000 三门核电工程施工总承包项目”等单位的 4 个工程项目荣获中国建筑业协会“AAA 级安全文明标准化诚信工地”。通过开展安全奖项申报，促进了“中国核建”品牌建设，宣传和提升了“中国核建”企业形象，为集团公司的转型升级提供了有力保障。

**三、存在的主要问题**

在肯定集团公司安全生产工作成绩的同时，还应清醒地认识到还有许多不到位的地方：

一是全员安全意识还需不断强化。现场人员流动加快和用工紧张情况实际存在，必须正确处理好安全和进度的关系，进一步加强专业和劳务分包队伍安全宣传和培训，强化全员安全意识。

二是现有的管理体系仍需进一步完善。发生的多起安全生产死亡事故，以及应急处理不当和信息报送不及时等现象，暴露出集团公司安全基础仍然比较薄弱，各级管理体系自身、体系要求和实际运行还有偏差。

三是人才队伍数量和整体素质有待提高。各单位安全关键岗位人员总体配备不足，持有注册安全工程师和注册核安全工程师的专业管理人员较少。非核电项目与核电项目相比，安全管理人员的比例和水平差距较大。

四是安全监控存在薄弱环节。部分单位安全检查缺乏周密计划和组织，检查手段和检查方法参差不齐。部分检查人员责任心不强，在检查中走过场。对于分包单位和劳务队伍缺乏长期有效机制，以包代管，包而不管现象时有发生，导致在分包单位和劳务队伍中屡屡发生安全事故。

五是安全经费投入不足，奖惩机制需要完善。安全经费投入总体偏低，经费科目设置不尽完善、经费使用未完全做到专款专用。集团公司层面奖惩机制有待完善，部分单位存在瞒报事件和事故、责任落实不到位等现象。

六是安全信息系统建设与应用需要加强。安全信息系统缺乏统一规划，系统建设和应用步伐不一，集团层面信息的互联互通尚未完全实现。

为保障集团公司“十二五”规划和“七个转型升级”的实现，2012 年安全生产工作的总体思路，继续深入贯彻落实科学发展观，牢固树立以人为本、科学发展、安全发展的理念，紧紧围绕集团公司转型升级和“走出去”战略实施的工作部署，坚持“安全第一、预防为主、综合治理”的方针，以落实“十二五”规划为主线，以全面开展安全生产标准化创建活动为重点，以事故预防、过程控制为主攻方向，以科技进步为支撑，深化隐患排查治理，筑牢安全生产基础，加大安全考核和事故问责力度，加强职业健康工作，为集团公司实现转型升级和“走出去”战略保驾护航。

# 中国航天科工集团公司安全生产工作

中国航天科工集团公司安全保障部

2011 年，在国家安全监管总局、国资委和国防科工局等上级有关部门的大力支持和指导下，在集团公司党组的正确领导下，全面贯彻落实党中央、国务院关于安全生产工作的重大决策部署，加强安全生产和应急管理工作，深刻吸取相关事故教训，加强组织领导、工作部署和值带班，强化安全生产主体责任，确保安全生产各项制度措施落实到位，切实加大安全生产管控力度，制止安全生产违法违规行为，有效防范并坚决遏制重特大事故发生。2011 年发生了 1 起生产安全重伤事故，重伤 1

人，实现了“零死亡”目标，确保广大职工生命安全、健康，促进科研生产和经营任务顺利完成，全面完成了上级下达的安全生产考核指标。

**一、认真学习传达和贯彻落实上级文件精神，把安全生产工作放在更加突出的位置**

集团公司领导高度重视安全生产工作，集团公司党组书记、总经理、安委会主任许达哲，党组成员、副总经理、安委会副主任李跃在《温家宝总理在国务院第165次常务会议上的讲话》上作出重要批示，要求安全生产委员会和所属各单位认真学习贯彻温家宝总理讲话精神和上级文件精神，抓好国务院及国资委关于安全生产各项要求的落实，切实加强安全生产和应急管理工作，有效防范并坚决遏制各类生产安全事故特别是重特大生产安全事故的发生。集团公司党组专门召开扩大会议传达、学习国家安全监管总局、国资委和国防科工局领导关于安全生产工作的重要指示和有关会议精神，深入贯彻落实相关工作部署，要求全系统切实做好安全生产和应急管理工作，为做强做优中央企业、培育具有国际竞争力的世界一流企业提供安全保障，促进各项任务顺利进行。11月7日，集团公司成立了安全保障部，从组织机构方面强化安全生产工作。

**二、实施安全生产“十二五”专题规划，建立安全生产长效机制**

2011年是“十二五”开局之年，集团公司专门制定、印发了安全生产“十二五”专题规划，重点加强对规划内容的调研、布置、落实和检查，按照“三个坚持、两个强化、一个核心”（即，坚持“安全第一、预防为主、以人为本、系统管理”的方针；坚持科学发展、安全发展；坚持“科技兴安，本质安全”战略。强化安全生产责任制落实；强化基层和基础（双基）管理。以全面推进航天安全文化建设为核心）和“一个保持、三个达标、一个提升”的工作目标（即，亿元产值生产安全事故伤亡率低于“十一五”期间平均水平，集团公司安全生产形势总体保持平稳。火化工品Ⅰ级危险点安全传感器工程建设覆盖率达到100%；接触职业有害因素作业点检测合格率达到100%；生产班组安全达标率达到100%），全面推进安全生产管理工作，为实现规划目标开好局。

集团公司年初完成拟制2011年安全生产77项重点工作计划，专门召开部署会议对“十二五”开局之年的各项安全生产工作进行布置。全年组织召开8次全系统安全生产视频会议，认真总结安全生产工作，分析当前存在的问题，分解安全生产工作任务，并对安全生产工作进行再部署、再要求。

**三、全面加强安全生产监管队伍建设，切实落实安全生产主体责任**

一是强化安全生产总监管理。集团公司认真贯彻落实国资委21号令，已组织建立了总部、院（基地）、厂（所）三级安全生产总监管理体系，总部、11个二级单位和53个三级单位已设立安全生产总监，成为落实各项安全生产工作的重要力量；落实安全生产总监季度例会、报告制度，年度工作述职制度，季度讲评、年度考评制度，以及年度提交论文制度。二是提高安全生产管理人员综合素质。2011年，全系统又有83人取得了国家注册安全工程师资格，具有该资格的安全生产管理人员的比例继续保持在90%以上，安全生产管理人员的专业化程度和综合素质不断提高，骨干力量不断壮大。三是培养具有国际视野的专业型队伍。8月4日至25日，集团公司组织所属单位安全生产主管领导和业务骨干共计22人赴德国开展了为期21天的安全生产管理培训，学习发达国家安全生产管理先进经验，开阔了视野，并提出了加强集团公司安全生产工作的6项建议。

集团公司严格执行国家有关安全生产法律法规和标准，进一步明确和落实安全生产主体责任。2011年初，以集团公司天工研字1号文件印发了《中国航天科工集团公司安全生产责任制管理办法（暂行）》，明确了安全生产责任制的定义、目标、原则、基本要求、各级领导安全生产责任、安全生产总监责任、考核与奖惩等。集团公司与23个二级单位签订了《安全生产责任书》，明确安全生产目标（死亡指标为0人）和任务，并通过逐级签订责任书的形式将安全生产责任层层分解落实到所属各个单位的每个部门、每名员工，层层签订“零死亡”责任状，据统计，全系统全年安全生产奖励金额为1733.2万元，处罚金额为95.3万元，做到奖罚分明。

**四、严格科研生产试验管理，坚持技术安全评审**

集团公司严格科研生产和试验的安全管理，落实安全责任，完善制度规定，严格组织机构，加大检查力度，坚持技术安全评审，抓好应急预案编制和演练，对重大项目和重点型号加大安全把关力度。2011 年上半年，二院二〇七所进行某重大专项试验，用户单位、集团公司高度关注此次试验，集团公司多次组织安全检查，开展分系统安全专题评审和安全综合评审，确保了具有“三个亚洲第一专用设备”的试验顺利完成。六院发生某重点型号发动机试车失利事故后，虽未发生人员伤亡，但是集团公司十分重视，立即派出相关领导赴事故现场检查指导后续工作，组织专家进行安全专项检查，督促整改试车试验中存在的安全隐患，组织四十一所和六〇一所分别编写发动机安全性大纲和发动机试车试验技术安全保障条件，并组织专家召开专题安全评审会，对发动机安全性和试车试验保障条件进行严格评审把关，确保了后续试验顺利进行。针对 2011 年底靶场试验比较集中的情况，集团公司于 12 月组织对在西靶场的二院、三院共 7 个试验队进行了安全保障工作专项检查，重点是试验安全、保卫保密、消防安全、交通安全等方面，提出问题整改和后续工作要求，有力促进靶场试验技术安全工作水平的提升，确保靶场试验安全进行。

**五、全力推进两项重点工作，夯实安全生产“双基”**

一是集团公司按照实施“科技兴安，本质安全”发展战略，坚持“重在现场监管，重在危险源识别和完善，重在科学管理和制度责任落实”的原则全力推进安全传感器工程建设。截至 2011 年底，集团公司 96 个火化工品作业Ⅰ级危险点的安全传感器工程建设全部完成，实现了安全传感器对火化工品作业Ⅰ级危险点的 100% 全部覆盖。安全传感器工程 2010 年获得国防科技进步二等奖，2011 年获准成为国家首批 100 个“信息化与工业化融合促进安全生产重点推进项目”之一，安全传感器工程建设得到了工信部领导的充分肯定。

二是集团公司按照国家对安全生产标准化企业达标、专业达标、岗位达标的工作要求，根据《安全生产标准化基本规范》标准体系，开展了新一轮安全生产标准化达标工作。组织生产作业岗位危险因素辨识，重新组织修订了《安全生产标准化考核评级》标准（Q/QJB 147A—2011），并于 2011 年 7 月 1 日正式发布实施。截至目前，13 个企业获得了国家一级安全生产标准化机械制造企业资格，2011 年完成 41 个单位的新一轮安全生产标准化达标复评验收工作，其中一级 11 家、二级甲 8 家、二级乙 22 家，实现了 30% 主要科研生产单位通过复评验收的年度工作目标。同时，围绕安全生产标准化达标，开展安全生产岗位达标和专业达标活动，着力抓好基层生产班组安全建设，做到“五个落实”，班组长安全培训率达到 100%，筑牢安全生产第一道防线。

**六、深入开展安全生产检查和督查，排查治理隐患**

集团公司按照国家和上级部门的统一部署和要求，结合集团公司实际情况，在全系统范围内分阶段、分步骤组织开展了安全生产检查和督查。2011 年安全生产大检查主要分为 3 个阶段：第一阶段（从 4 月至 5 月中旬）主要是各单位开展安全生产自查活动，各院、基地组织对所属单位进行安全生产检查。第二阶段（5 月中旬至 6 月）主要是集团公司组织 22 个安全生产对口检查组，对各院、基地、直属单位、公司进行安全生产对口互查，发现的 122 个问题已全部整改完成。第三阶段（7 月至 9 月）主要是组织隐患整改和复查，对气瓶、电梯等特种设备，冲剪压等危险设备设施、火化工品作业、建筑施工等开展专项安全生产检查。四季度按照国务院安委办、国家安全监管总局、国资委、国防科工局等上级部门要求组织开展了隐患排查和整改工作。此外，集团公司在“两会”、国庆节、元旦、春节等重大活动或节日前都组织开展安全生产检查，对重大活动或节日期间的安全生产工作提出具体要求。

**七、强化安全生产教育培训，进一步推进安全生产文化建设**

集团公司高度重视安全生产教育培训，2011 年共组织集团公司厂（所）级以上领导干部安全生产管理培训班、型号“两总”安全生产管理培训班、安全生产管理人员岗位培训班、国家注册安全工程师继续教育培训班、危险作业单位安全生产资格培训班等 5 类、6 期安全生产培训班，培训 593 人，厂（所）级以上领导干部、型号“两总”和专职安全生产管理人员累计培训率达到 100%。各单位按集团公司有关规定组织开展安全生产培训，全年组织安全生产培训达30000余人次，重点加强班组日常安全生产教育，将安全生产教育贯穿到生产作业全过程，班组长安全培训率达到100%；还对冲剪压作业等危险作业人员、特种作业人员、火化工品作业人员、四新作业人员等进行有针对性的安全生产专项教育培训，使每个操作人员掌握具体操作的安全生产知识和作业技能，掌握安全防护装置使用方法，掌握本岗位事故风险和应急处置措施。

集团公司以贯彻执行《中央企业安全生产禁令》为契机，本着“简捷有效、重在班组、广泛参与”的原则，以“安全责任，重在落实”为主题，组织开展了一系列安全生产宣教活动，取得了实效。一是成功举办了集团公司2011年安全生产知识竞赛，决赛通过视频会议系统现场直播，扩大了参与活动人员的范围和数量，普及了安全生产知识，达到了预期目的，受到了广大干部职工的欢迎和好评。二是充分利用报纸、内部刊物、航天电视台、局域网、电子信息屏等各种媒体广泛宣传安全生产，加强贯彻落实《中央企业安全生产禁令》的宣传报道力度。各单位在主要公共场所、工作场所悬挂《禁令》标语，张贴安全生产挂图和彩旗，开展以“安全责任，重在落实”为主题的黑板报评比活动，营造了良好的安全生产氛围。三是组织基层车间班组和研究室的一线职工学习安全生产规章制度和操作规程并考试，举办中层领导干部安全培训班，对临时工和合同工进行有针对性的教育培训，组织观看《航天科工集团公司科研生产安全事故录像选编》等宣传教育片，使员工深刻吸取近年来集团公司发生的生产安全事故教训，预防类似事故再次发生。四是集团公司、二院、三院、原九院荣获国家安全监管总局和中华全国总工会联合举办的“落实企业安全生产主体责任知识竞赛”优胜单位奖，两名同志获得竞赛优秀组织者奖。二院获得“全国安全生产月活动先进单位”荣誉称号。

**八、辨识危险及时消除设备设施隐患，加强安全监控和应急管理**

集团公司要求各单位认真、系统地开展了危险源辨识、分析和评价，不放过可能发生生产安全事故的环节，特别是对危险作业、反向作业、维修作业、火化工品销毁作业等进行重点排查。对辨识出的危险源制定有针对性的事故防范措施，并严格落实到基层班组、落实到每一个员工；在作业过程中实时对危险源进行监控，发现异常情况及时采取防护措施，妥善处置。及时消除设备设施隐患和缺陷，确保冲剪压设备等危险设备设施处于完好状态，特别是对危险设备设施的安全装置和安全附件、工装模具、工艺设备等组织定期检查和检测，确保起到安全防护作用，对存在问题的危险设备设施坚决停用。同时，举一反三，对其他特种设备设施、军工关键设备设施、航天专用设备设施等加强维护和保养，及时整改治理隐患和缺陷，确保操作人员安全。

集团公司安全生产管理部门特别加强对重大危险源、危险点、特种设备设施、易燃易爆设备设施、人员密集等危险作业场所的安全监控和预警。集团公司安全生产管理部门组织各单位认真开展了应急演练，并根据演练情况查找问题和不足，修订完善事故应急预案，补充配备应急物资、设备，并进一步加强与地方有关部门的联动，不断完善事故应急救援体系，提高生产安全事故应急救援能力。生产作业现场带班人员、班组长和调度人员遇到险情时第一时间下达停产撤人命令，主要领导在第一线亲自指挥，逐级落实各项应对措施，及时、有序、有力、有效处置。

**九、搭建安全生产交流平台，充分发挥安全支撑机构作用**

安全生产培训中心、安全评价中心、安全技术研究中心等支撑机构（以下简称“三中心”）在做好安全生产培训、安全生产标准化达标和安全评价、安全技术研究等工作外，特别重视加强基础管理、人才队伍建设，创新用人机制，制定任务考核细则，“三中心”不断发展壮大，为集团公司安全发展提供有力支撑。安全研究中心承担了集团公司《航天工业本质安全理论研究和应用》软课题，开展固体推进剂本质安全评估体系的研究和实践，并尝试用本质安全评估体系对单位本质安全水平进行定性、定量评估，取得了初步成果，通过了结题评审。

集团公司安全生产专家积极发挥作用，参加了《安全生产“十二五”专题规划》制定和完善工作，并根据《国家安全监管总局关于印发安全生产人才中长期发展规划（2011—2020年）的通知》（安监总培训〔2011〕53号）的精神，编制了

《航天科工集团公司安全生产人才中长期发展意见（2011—2020年）》，为安全生产人才队伍建设出谋划策。此外，专家组在指导各单位安全生产工作、组织技术安全研究、开展安全检查与安全评价、推进安全生产标准化达标、审核安全技术标准与规范、参与事故应急处置与调查分析等方面发挥了重要技术支撑和咨询服务作用。

集团公司2011年组织召开企业单位（含总装厂）、火化工品单位、建筑施工单位、民用产业单位、总体部、事业单位等6个安全生产专题研讨会，编辑了相应的论文集，为技术安全工作研讨、交流、提高搭建了平台，拓展安全理论研究的深度和广度。8月18—20日，集团公司举办了“固体推进剂安全技术研究中心首届学术会议暨安全生产技术交流会”，会议共收到学术论文40余篇，大会主题报告4篇，分组交流报告20余篇。会议就国内外弹药的相关安全标准、DDT燃烧转爆轰机理、固体推进剂安全性预估、本质安全理论在固体火箭发动机生产中的应用等重点方面，进行了深入探讨和交流，促进了集团公司所属单位与其他军工科研生产单位和相关科研院校的交流，提升了安全研究中心的能力和影响力。

**十、加强信息报送，强化安全生产考核**

集团公司定期分析安全生产形势，建立了事故预警预报机制，每月至少出一期《安全生产简报》，向上级部门报送安全生产信息，及时反映基层单位安全生产工作和安全生产形势，反馈有关意见、隐患整改、大型试验安全监管以及上级要求的落实情况等。

集团公司认真执行《中央企业安全生产监督管理暂行办法》，坚持以“铁的纪律、铁的手腕、铁的心肠”的“三铁”态度狠抓安全生产工作，逐级考核安全生产责任制落实情况，认真开展安全生产效能监察活动，及时纠正安全生产领域违规行为，将安全生产纳入绩效工资、晋级、评先评优等考核，表彰奖励切实履行安全生产责任并作出突出贡献的集体或个人，重大责任事项实行“一票否决”。在事故处理过程中坚持“四不放过”原则，督促有关单位严肃处理生产安全事故有关责任人，切实教育广大干部和职工吸取事故教训，始终坚持“三最”，即制定最严格的规章制度、方案、预案，执行最严格的排查力度，实施最严格的问责制和查处，加强警示问责和督导整改力度，始终保持抓安全生产的高压态势。

# 中国航空工业集团公司安全生产工作

中国航空工业集团公司质量安全部

**一、2011年安全生产目标完成情况**

2011年，集团公司全面贯彻国家安全生产各项部署以及国资委、国防科工局关于安全生产工作的各项要求，认真贯彻落实国防科技工业安全生产工作要点，全面推进安全生产“四项重点工作”，有力保障了全年安全生产形势的相对稳定。2011年集团公司安全生产内控目标值为4死7重伤，截止到2011年底，共发生重伤及以上事故6起，其中死亡3人，重伤3人，与2010年基本持平（2010年发生重伤及以上事故5起，伤亡6人），全年未发生较大、重大、特大生产安全事故。此外，2011年全集团共发生轻伤事故216起，伤216人，与2010年相比下降10.4%（2010年集团公司共发生轻伤事故241起，伤241人）；2011年未有新增职业病病例。

**二、2011年安全生产主要工作**

（一）建立健全专业管理规章制度体系

2011年，集团公司在已颁布的《中航工业安全生产管理规定》（航空规〔2009〕64号）的框架下，根据国防科工局有关要求并结合集团公司实际，制定并颁布了《职业卫生管理暂行规定》（航空规〔2011〕97号）、《班组安全建设管理办法（试行）》（质字〔2011〕52号）、《6S管理督导员管理办法（试行）》（质字〔2011〕41号）；结合中航工业实际，修订完善了“集团公司6S评价标准和考评细则”，将安全生产标准化、精益生产、全员生产维护（TPM）、企业文化建设等有关要求和基础要素融入6S管理标准当中，着力打造基础管理平台。

各直属单位以集团公司规章制度为依据，根据各自管理特点，补充制定了《安全生产责任制》、《外出人员作业管理办法》、《建设项目安全、环保、卫生“三同时”管理制度》、《劳动防护用品安全管理制度》、《电气安全管理制度》等规章制度，进一步规范了三级管理体制。

（二）广泛开展安全生产各项活动

2011年，集团公司根据国家统一要求和部署开展了“军工系统安全生产交叉检查”、“安全生产月”、“应急预案演练周”、“央企安全生产大检查”等多项活动，组织开展了事故隐患排查、汛期安全生产检查、落实“四项重点工作”和安全生产应急救援等专项检查活动。与此同时，结合6S现场审核全面排查安全隐患，45个6S申请验收单位共检查出安全生产隐患4180余项，目前已全部完成整改工作。

2011年各直属单位及各成员单位本着预防为主的原则，围绕现场管理累计组织各类安全生产检查1.8万余次，检查并关闭问题3.4万余项；排查治理隐患1.9万余项，投入资金2亿多元；累计组织各类安全生产大型活动1000余次，参加人数达17万余人；组织各类应急救援演练800余次，参加人数达5.8万余人。直属单位的安全生产活动各具特色，例如：中航工业装备开展了“平安防务”活动，重点进行规章制度修改和安全检查工作；中航工业机电系统专门编制了安全生产检查打分表和安全检查工作手册，并成立地区检查组开展安全大检查；同时，中航工业飞机、中航工业直升机、中航工业规划建设等直属单位均组织了由公司领导或部门领导带队的安全检查组，赴重点单位、重点地区进行安全检查，取得了良好的效果。

（三）大力开展安全生产培训教育

2011年集团公司共举办各类安全生产培训班15期，培训807人。其中：针对“一把手”和主管领导培训3期共300人；针对安全生产专职管理人员培训11期共457人；针对职业卫生培训1期，共50人；通过培训拓展了视野，加深了各级管理人员对安全生产的理解和认识。此外，结合集团公司电工作业安全生产事故频发的实际情况，在全行业开展了高低压电工安全生产专业知识的闭卷考试活动，全集团13家直属单位、139家成员单位的7945名电工人员参加了考试。通过组织专项考试，增强了电工人员安全作业的意识，进一步推进了杜绝违章作业工作的落实。

2011年集团公司各单位针对本单位特点共组织各类安全生产讲座、培训、报告会2700余次，参加人数达22万余人，有效促进了各单位安全生产从业人员理论知识的丰富和技术水平的提升。

（四）加强安全生产信息系统建设

2011年，集团公司大力加强安全生产信息系统建设，组织开发了“安全生产、6S管理和节能减排信息管理系统”。目前集团公司10余家直属单位150余家成员单位已经纳入安全生产，实现了事故月报、安全活动总结、危险源（点）管理等相关数据信息的网上传递、查找、审批、自动统计分析等功能，大大提高了安全生产信息的准确性，提高了工作效率。

（五）严格事故调查和事故责任追究工作

2011年，集团公司对发生生产安全死亡事故的单位派出了事故调查组进行严格的事故调查处理。同时根据集团公司对干部管理权限的调整，及时下发了《关于调整生产安全事故行政责任追究处理方式的通知》（质字〔2011〕30号），依据《中国航空工业集团公司生产安全事故报告和责任追究办法》（航空规〔2009〕34号），责成相关直属单位对发生事故的成员单位有关责任人员进行了事故责任追究，并报集团公司备案。进一步明确了事故责任追究处理的主体和方式，推动了事故责任追究的有效落实。

# 中国船舶工业集团公司安全生产工作

中国船舶工业集团公司经济运行部

2011年，中国船舶工业集团公司（以下简称集团公司）的生产总量仍保持高位运行，全年造船完工1800万综合载重吨，相比去年又有了一定的提高。产量的迅速提升和生产节奏的持续加快给安全生产工作带来很大的挑战。2011年初，集团公司编制下发了《中国船舶工业集团公司2011年安全生产工作要点》，通过落实各级安全生产责任，不断完善安全生产规章制度和标准体系，扎实开展安全生产教育培训，努力推动集团公司安全生产形势稳定好转。现将集团公司2011年安全生产工作情况简要回顾如下：

**一、贯彻落实国家安全生产工作的精神和要求**

集团公司分别于4月、6月和10月，先后召开了3次集团公司安全生产工作视频会议，各单位安全生产负责人和安全管理部门负责人参加会议。会议传达了党中央、国务院等上级主管部门有关安全生产工作的重要指示精神，分析总结了集团公司的安全生产形势，布置了各个阶段安全生产重点工作，有力推动了集团公司安全生产形势稳定好转。

**二、督促落实各级安全生产责任制**

根据国防科工局等上级安全主管部门下达的生产安全事故指标，结合各地区公司所属各单位实际情况，集团公司下发了《关于下达2011年安全生产控制指标的通知》，督促各地区公司与所属各单位完成2011年安全生产责任制的签订工作，监督所属单位内部逐级签订安全生产责任书，实现安全生产责任制全覆盖。同时，加强对企业负责人的安全绩效考核，将考核结果与企业负责人的年薪制挂钩，不断强化企业负责人的安全责任意识。

**三、开展安全生产专题活动**

（1）安全生产教育周。针对春节后大量外来劳务工流动和返厂现象，集团公司下发《关于开展2010年“安全生产教育周”活动的通知》，于2月21—27日，组织各企事业单位开展以“珍爱生命，拒绝三违”为主题的“安全生产教育周”活动。

（2）安全生产月。根据国家有关部委的要求，集团公司下发《关于开展2011年“安全生产月”活动的通知》，于6月在全集团同步开展以“安全责任，重在落实”为主题的“安全生产月”活动，普及安全知识，创建安全文化。

（3）百日安全生产无事故。为加强夏季高温季节的安全生产工作，集团公司下发了《关于开展2011年“百日安全生产无事故”活动的通知》，于7月20日—10月28日在各企事业单位开展“百日安全生产无事故”活动，从“三防”专项治理、隐患排查、防汛防台和夏季安全生产工作等6个方面提出要求。

**四、开展安全生产交叉检查**

“安全生产教育周”、“安全生产月”和“百日安全生产无事故”活动期间，组织所属各单位开展安全生产交叉检查活动，成立了以地区公司安全生产负责人为组长、集团公司安全生产专家及部分安全管理人员参加的安全生产检查组，对各单位安全生产责任制落实、事故隐患排查、四项重点工作以及国家有关安全生产工作重要指示精神的贯彻落实情况进行检查，及时发现并消除事故隐患。

**五、推进安全生产标准化建设**

按照国务院安委会《关于深入开展企业安全生产标准化建设的指导意见》（安委〔2011〕4号）要求，受国家安监总局委托，集团公司组织编写了《造修船企业安全生产标准化要求及评价方法（征求意见稿）》。标准发布后，将用于民品造修船企业的安全生产标准化达标认证工作。此外，2011年，集团公司组织编制了第二批13项安全生产标准，审查通过后将集中发布实施，广泛地指导企业安全生产各项工作。

**六、加强安全生产培训教育**

（1）集团公司以中国船舶工业安全生产培训中心为依托，积极开展企业负责人、安全生产管理人员和船舶行业特种作业人员的资质培训，确保实现3个100%。2011年，共举办154期各类安全培训班，共计培训12331人，其中特种作业人员5954人（高空作业车、吊篮、涂装等），安全管理资格1158人（分管安全负责人、专职安全员等），安全监督人员1957人（涂装审批、测爆等），岗位培训3262人（作业长、班组长等）。

（2）按国防科工局要求，分别于5月23日和10月14日各举办一期船舶行业军工生产经营单位负责人和安全生产管理人员安全生产资格培（复）训班，对《国防科研生产安全事故报告和调查处理办法》、安全标准化达标、船舶行业典型事故案例分析等内容进行培训和考核。

（3）按照国家安监总局要求，集团公司于10月中旬在广州举办了一期注册安全工程师继续教育培训班，帮助注册安全工程师及时更新知识结构，提高安全技能，充分发挥在企业安全生产工作中的骨干支撑作用。

**七、规范职业健康安全管理**

年初，集团公司编制下发了《中国船舶工业集团公司职业安全健康管理暂行规定》，要求各单位坚持“预防为主、防治结合”的工作方针，从组织领导、前期预防、管理与防护、信息上报、奖励和惩处等方面提出具体要求，逐步规范职业健康安全管理工作。6月，按照国家安监总局的要求，对各单位2009年以来建设项目职业卫生“三同时”管理情况进行了摸底调查，并将调查结果报送国家安监总局。8月，组织开展企业职业安全健康管理工作调研，了解现状，发现问题，提出建议，为集团公司理顺职业健康监管职责、规范职业健康管理工作，打下坚实基础。

**八、加强安全生产信息交流**

（1）为加强各单位安全生产信息交流，每季度初编制一期《安全生产简报》，将上级主管部门有关安全生产工作的重要指示精神、集团公司和各单位安全生产管理经验进行广泛交流，促进各单位互相借鉴,取长补短,不断提高安全生产管理水平。

（2）2011年，集团公司安全管理网站正式上线运行，内容涉及国家法律法规、安全管理经验、安全教育培训、安全工艺装备等方面，真正实现互联互通、信息共享。同时，集团公司下发《安全管理网更新维护保密规定》和《安全信息员管理办法》，对安全生产信息的搜集、编写和发布工作作出明确要求，规范引导安全生产信息交流。

# 中国船舶重工集团公司安全生产工作

中国船舶重工集团公司生产经营部

中国船舶重工集团公司（以下简称集团公司）2011年以贯彻落实《国务院关于进一步加强企业安全生产工作的通知》（国发〔2010〕23号）为中心，坚持安全发展，坚持“安全第一、预防为主、综合治理”的方针，以落实安全生产主体责任为主线，健全制度，增强全员安全意识，加强基础和预防工作，强化监督管理和重大安全风险控制，上下共同努力，积极组织开展了各项工作，使集团公司安全管理水平得到了进一步提升，整体安全形势保持稳定。

**一、高度重视，加强组织领导，落实安全生产主体责任**

集团公司高度重视安全生产工作，集团公司安全生产委员会加强统一组织领导，按照国务院及有关部门对2011年安全生产的工作部署，以集团公司1号文的形式印发《2011年安全生产工作要点》对全年安全生产工作进行总体安排。集团公司安委会坚持例会制度、定期召开会议，对重大安全生产工作和活动进行专题研究、部署，检查上季度工作进展落实情况、布置下季度重点工作，并且根据集团公司领导调整，及时对安委会成员进行了调整，为了进一步加强集团安委会力量，将安全生产专家由原来的15人扩充至30人，所包含专家涉及火工爆炸品、危化品、修造船、职业病等多个管理方面。

集团公司还着重强化了落实成员单位安全生产主体责任的管理力度，2011年由集团公司总经理李长印与86家成员单位行政一把手“一对一”地签订了安全生产责任状，明确了成员单位2011年安全生产目标和13项责任条款；按照自评、考评、审议审定的工作程序和2010年安全生产责任状对成员单位2010年安全生产业绩进行严格考核，并对落实安全生产责任较好、安全生产业绩比较突出的10家企事业单位进行了表彰，切实做到了安全责任的闭环。

**二、积极贯彻新法规，努力加强制度体系建设**

为了做好国家有关部门新法规的贯彻落实工作，集团公司及时修订完善、补充了一部分重要的安全生产管理制度。按照国务院修订发布的《危险化学品安全管理条例》（国务院591号令），修订完善《中国船舶重工集团公司危险化学品管理办法》。同时，对集团公司自成立以来的25项主要安全管理制度进行了整理、汇编，废除和补充了相关制度，编制了《中国船舶重工集团安全生产管理制度汇编（1999—2011年）》，印发给各成员单位，便于各单位在日常工作中进行学习和使用。

各单位普遍加大了制度体系建设力度，渤海船舶重工历时半年时间，按照国家新颁布的法律、法规、标准等，对公司2008年版的OHSMS安全管理体系文件进行了全面的补充、修订。山海关船舶重工按照国家新发布的法律法规，专门成立安全生产专家组，对现有管理制度及操作规程进行清查，共修订、完善67个安全管理制度和320项安全技术操作规程。通过集团公司全系统对安全管理制度的不断完善，为国家法规在基层的落实发挥了重要的推动作用，进一步促进了安全生产管理制度化、规范化水平的提高和长效机制的建立健全。

**三、确保安全生产投入、使用到位**

集团公司明确要求，各单位要密切结合2011年生产科研实际的安全需要，编制安全生产费用预算，专款专用，特别是要保证改善现场安全条件和设备安全技术状态的投入、重大危险源和重大风险安全管理所需资金、应急管理费用的及时足额使用，并将确保安全生产投入到位作为责任条款列入安全生产责任状，实施年度考核。2011年，各企事业单位都根据生产科研的实际需要继续加大了安全投入，总计用于安全生产的费用近六亿元。集团公司唯一符合《高危行业企业安全生产费用财务管理暂行办法》（财企〔2006〕478号）条件的山西江淮重工按国家对高危企业的安全生产费用财务管理规定和具体使用范围，2011年实际提取和使用了安全生产费用257万元。

**四、进一步加强安技队伍建设，提升安全管理水平**

集团公司针对安技队伍的建设主要以注册安全工程师的培养为主，采取多种方式，积极鼓励广大安技人员主动考取注册安全工程师，提升其安全管理的专业知识水平，目前集团公司全系统已有注册安全工程师150余名。集团公司还根据实际情况，组织成员单位的安全管理人员开展了相关的专业培训，5月，在大连和青岛分别组织开办了两期测爆培训班，总计新培和复训了200余人，确保了现场测爆人员的持证上岗。6月，于烟台组织开办了一期职业健康管理人员培训班，培训了102名各成员单位的职业健康管理人员，进一步丰富了其相关专业知识。8月，在北京组织开办了一期企业负责人、安全生产分管领导培训班，聘请了国家安监局、国防科工局、国资委等资深专家、权威人士进行授课，总计培训了78人次，进一步提升集团公司各成员单位主要负责人、安全管理分管领导的安全知识及安全管理能力。12月，聘请专家，组织开办了安全生产标准化培训班，培训了91人，通过标准化培训，为各成员单位开展达标工作提供了专业人员支持。各成员单位在不断强化专职安技队伍建设的同时，不断拓展安技队伍的范围，重点加强了对一般管理人员以及工艺技术人员的安全知识及安全素养的培训，为安全管理工作的全员参与，奠定了良好的基础。

**五、不断强化基层基础工作**

集团公司十分重视安全管理的基层基础工作，并在2011年采取了多项措施以进一步强化集团公司的安全管理基础。

（1）各成员单位认真制定培训方案、积极落实培训经费，在2011年对所有班组长进行一次全面安全知识的轮训，总结培训班组长8000余人次，有效提升了班组长的安全知识和安全管理水平。中船重工第七〇二所专门编辑教材，组织全所50多名班组长进行班组安全管理、安全检查、安全文化建设等安全知识的专题培训，强调加强执行力，真正做到“有法必依、有章必循”，努力做好自己的安全承诺，确保全所科研、生产安全。

（2）继续组织开展“无‘三违’、无事故”安全生产班组建设工作，各单位充分发挥党政工团的引导作用，积极进行先进班组评比，并组织其他班组进行对标学习。中船重工第七二五所结合班组建设工作开辟了“班组安全园地”，便于各班组主动交流自身工作心得体会和管理经验。昆船公司为切实加强班组安全建设，不断提高班组安全管理水平，强化现场安全管理责任和措施落实，有效抵制违章指挥、违章作业和违反劳动纪律的行为。2011年按照《昆船公司无三违，无事故班组评选标准》组织开展了竞赛评选活动，共有26个班组当选获奖。此举促进了班组的安全管理水平，提高员工执行安全制度和安全操作规程的自觉性。

（3）各成员单位在认真组织开展日常性的全员安全教育工作，保障员工全部培训后上岗。同时，还结合自身特点，积极开展了形式多样的安全知识培训，山西平阳重工、中船重工第七五〇试验场等单位通过内部电视播放《血色代价》、《黑色瞬间》等案例宣传片，对员工进行警示教育。中船重工第七二四所等单位组织编写安全知识手册印发全体员工，开展安全知识竞赛、制作展牌、安全板报，开展安全稿件、安全生产论文征集等活动，营造出了“人人关注安全，事事确保安全”的良好氛围。

（4）继续推动“5S”活动深入开展，持续改善安全生产环境条件，不断提升文明生产水准。河南柴油机重工在原有“5S”工作的基础上，由公司主要领导亲自带队，通过检查、指导和曝光、激励等措施，充分调动员工积极性，开展了“6S”星级达标活动。山西平阳重工进一步科学划分作业区域，推行“日查日评周考核”管理模式，各单位采取了班前交底、班中过程控制、班后小结点评的现场管理方式与本单位现场管理推进小组检查与指导相结合，营造现场管理氛围，扎实开展“6S”活动。

通过各级单位的共同努力，集团公司全系统施工现场的文明生产水准得到了进一步提高，班组安全管理水平得到了进一步的提升，员工的安全知识得到了进一步的丰富，夯实了集团公司的安全管理基础。

**六、加强职业健康管理和职业健康安全管理体系建设**

集团公司重点落实了各成员单位的职业健康安全管理体系建设工作，截至目前，已有30家成员单位建立了职业健康安全管理体系。各成员单位按照体系要求，坚持做好对接害人员的职业健康监护，对现场的职业健康危害因素进行定期监测，并积极采取措施改善现场作业条件。武昌船舶重工对相关作业区域的尘毒、噪声进行定期监测，其中监测尘毒点161个，噪声点87个，并对存在职业危害的作业场所采取目视管理措施，张贴标牌，向施工人员进行危害告知，提示其做好个人防护。

集团公司严格按照国务院安委会及相关部门的要求，积极组织开展了安全生产标准化达标建设工作，一是摸清家底做到心中有数，集团公司制定并下发了安全生产标准化调查表，对系统内各成员单位的达标情况作了一次系统性的调查，清楚地掌握了各成员单位开展安全生产标准化的实施情况，为集团公司统筹安排标准化达标工作打下基础。二是积极组织达标经验交流活动，充分研讨在标准化达标建设过程中遇到的难点和问题，便于正在准备开展标准化达标建设的单位能够少走弯路。通过集团公司以及成员单位的共同努力，截至目前，集团公司全系统已有19家成员单位完成了达标工作，占需要达标企业的30%，其余单位均已开展达标准备工作，争取利用两年时间全部完成标准化达标工作。

**七、以事故预防为主攻方向，突出重点，加强风险安全防范工作**

集团公司以重大危险源、重要时段等为重点，认真布置、进一步加强了风险安全防范工作的推进力度。

（1）认真开展重大安全生产风险防控。一是认真组织开展重大危险源调查确认工作。经调查确认，目前集团公司系统8个单位存在重大危险源12处，各单位在确保安全风险受控可控的同时，均按照国家有关规定、重大危险源的危险特性编制了专项应急预案、配备相应的应急器材及防护用具。这次工作达到了推动成员单位强化对重大危险源的管理力度、促进动态监控制度化、确保重大危险源受控的预期。二是历时近一个月时间，在集团全系统组织开展了危险化学品专项安全清查工作，本次清查工作以加强危化品动态监管，查清分布、摸清家底，督促企事业单位加大危化品“三有五双”制度的执行和监控力度等为目的，重点清查了毒害品、火工和爆炸品、易制爆品。30余家存有危险化学品的单位对危险化学品的危害和风险都保持了较高的警惕性，严格执行相关制度，账物相符、手续完备，在清查过程中未发现重大问题，发现的化学品码放不符合规定、库房防雨水渗漏等少量常规性问题已整改完毕，危险化学品处于可控、受控状态。三是集团公司结合实际，针对产能建设快速发展的特点，及时将新增产能列入安全生产重点管理范畴，布置有关成员单位结合新增产能的产品或生产特点开展重大风险辨识评估和防范工作，要求新增产能部分实现安全生产责任、管理、制度3个体系的全覆盖。大连船舶重工结合本单位生产总量不断扩大，生产速度不断提升，安全管理难度不断加大的实际情况，为保障企业的安全发展，推行了“三加强、两提高、一优化”的创新安全管理模式。三加强：即“加强以生产一线部门安设室为主的一级安全管理力量；加强以公司安环部为主的二级监管力量；加强以产品项目组为主的第三方协管力量”；两提高：即“进一步提高安全管理人员的整体素质；进一步提高安技管理人员的待遇水平”；一优化：即“对‘五级安全确认制’管理流程进行优化，强化可操作性”。

（2）做好重要时段安全防范工作。按照国务院安委会、国资委、国防科工局对“春节”、“十一”期间安全生产工作的部署，集团公司结合成员单位分布地域特点，及时认真布置这期间的安全防范工作，按照集团公司总经理办公会明确的主要领导负总责亲自抓、主管领导深入抓、班子成员协同抓的决定，领导班子成员利用节前及节日期间走访企事业单位之际，多次检查生产科研一线安全工作，“春节”、“十一”前，按照成员单位自查、地区公司抽查、集团公司重点督查的方式开展检查工作，进一步推动了隐患排查治理工作的深入和重要时段安全防范工作的落实，保证了集团公司重要时段安全生产形势的稳定。

（3）认真组织开展专项检查活动。集团公司结合日常安全管理工作的实际特点以及国务院安委会等上级部门的要求，为全面保障集团公司安全生产的顺利进行，在2011年组织开展了一系列的专项检查活动。一是4月下旬，集团公司在全系统开展了工业气体使用管理情况专项检查活动，各级成员单位从维护广大员工健康安全的根本利益出发，迅速成立检查小组，开展工业气体使用管理情况检查，切实按照整改措施、责任、资金、时限和预案的“五到位”要求及时消除发现的隐患，保证了工业气体使用过程的安全。二是6月和8月分别组织开展了7家修造船企业安全生产交流检查活动。交流检查主要以遵守《中央企业安全生产禁令》（国资委24号令）情况、开展国防科工局“四项重点工作”情况、新增产能部分的安全风险管理情况等为检查重点，通过交流检查活动，促进了集团公司各船厂安全管理水平的共同提升。三是按照国务院安委会办、安监总局、国资委、国防科工局的要求，分别在8月和11月组织开展了两次集团公司全系统的安全生产大检查活动，检查主要以隐患排查治理为重点，检查工作以成员单位自查为主、地区公司和研究院所、京区片长单位组织集中检查、船厂交流检查、集团公司重点督查相结合的方式进行。总计发现并整改各类事故隐患近万余项。四是为进一步强化大型起重设备及作业的安全管理，11月，在集团公司各修造船厂、机械设备厂等开展了大型起重作业专项检查，充分发挥专业技术人员发现并消除设备、作业隐患。

（4）严格执行隐患排查治理制度，开展日常性隐患排查工作。重庆前卫仪表厂坚持四级隐患排查制度，职能部门的有关人员坚持每天到生产场所巡视检查，对查出一般隐患，责令单位立即整改，较大的隐患及时协调有关部门，并下达隐患整改通知书，限期整改完成，并跟踪督促检查，杜绝了事故发生。公司开展隐患排查共计38次，发现各类隐患248项。中船重工第七二二所坚持对特种设备的专项检查制度，及时按照安全技术规范完善起重设备、电梯的安全技术措施，保证特种设备的安全技术费用专款专用。执行了安全生产月度检查制，技安部门制定了检查规范与表格，各部门每月落实安全检查，排查事故隐患。

**八、加强应急管理，提高突发事件处置能力**

（1）建立应急组织机构。集团公司安全生产委员会及其办公室是全系统安全生产和应急管理的顶层领导和指挥体系，一旦启动集团公司较大以上安全生产事故应急预案、总部安全生产事故应急响应预案，集团公司安委会及办公室随即转为集团公司总部安全生产应急响应指挥部和应急响应指挥部办公室，响应成员单位的应急救援工作。集团公司安全生产委员会由集团公司领导、总部各部门负责人15人组成，办公室组成人数为13人。

各企、事业单位已全部按照专职或兼职两种类型建立了应急救援队伍。船厂、重型铸锻厂、武备厂以及地处偏远的三线厂共15家企业依然保有专职消防队，战斗员487人，2011年上半年，15家企业专职消防队均接受了当地消防部门的定期检查和专业培训。集团公司所属其他企、事业单位都结合自身实际组建了兼职应急救援队伍，人数达到4200人以上。

（2）完善应急预案体系。集团公司在原有集团综合预案基础上，依据近几年陆续出台的《生产安全事故应急预案管理办法》（安监总局17号令）、《生产经营单位生产安全事故应急预案评审指南（试行）》（安监总厅应急〔2009〕73号）及《生产安全事故报告和调查处理条例》（国务院令493号）等相关法规要求，从合法性、完整性、针对性、实用性、科学性、操作性、衔接性等方面在2011年上半年对预案进行了符合性修订。修订后的预案经已由总经理李长印签署发布，并经国家应急指挥救援中心准予备案。各企事业单位依照集团公司的应急预案以及国家的相关法律法规已完成了三级预案体系修订工作，确保了集团公司全系统四级预案体系的完整。

（3）切实做好应急培训与演练工作。集团公司全系统充分认识到应急培训与演练工作的重要性，通过应急演练周活动、聘请专家进行应急知识培训等活动，努力提升施工人员的应急知识与应急能力。全年立即开展648次应急演练，其中，综合演练为126次，专项演练522次，参演达4.5万。

**九、积极开展“安全月”活动，营造良好安全文化**

集团公司3月组织开展了以“反三违，保安全”为主题的集团公司“安全生产月”活动，6月组织开展了以“安全责任，重在落实”为主题的全国“安全生产月”活动。在“安全生产月”期间，集团公司从组织策划、宣传教育、隐患排查、应急管理等几方面对集团全系统进行了安全月活动的布置。各成员单位严格按照集团公司的总体部署开展了一系列安全月活动，通过集团公司以及全国“安全生产月”活动的开展，在集团公司营造了良好的安全生产氛围，切实达到了“以月促年”的工作预期。

2011年，集团公司全系统未发生较大以上生产安全事故，保持了安全生产总体形势的基本稳定。针对一般事故除按地方政府结案批复对相关责任人进行了处理，所有责任人员还按单位规定给予了经济处罚。

# 中国兵器工业集团公司安全生产工作

中国兵器工业集团公司质量安全与社会责任部

2011年，中国兵器工业集团公司以落实《国务院关于进一步加强企业安全生产工作的通知》（国发〔2010〕23号，以下简称《通知》）为核心，以继续深入开展“安全生产年”活动为主线，以强化安全生产主体责任为重点，认真落实国资委、国家安全监管总局和国防科工局等上级有关部门的安全生产工作要求，按照年度安全生产工作目标和《中国兵器工业集团公司2011年安全生产工作要点》，创新安全理念，提升预防能力，完善制度体系，强化责任落实，加大过程监管，推进安全文化建设，严厉打击“三违”，有效促进了安全生产状况持续稳定好转。

**一、明确责任，规范管理，加强安全生产体系建设**

一是针对集团公司结构调整和产业重组，按照“业务谁主管，安全谁负责”的原则，严格安全生产管理职责，初步构建了责权清晰、执行有力的安全生产监督管理体系。

二是修订完善了集团公司安全生产隐患排查治理暂行办法、安全生产专家队伍工作制度、军品科研试验安全管理规定、生产安全事故管理报告和调查处理规定、消防安全管理规定和道路交通安全管理规定等6个安全生产规章制度，进一步加强了安全生产制度体系建设。

三是各科研生产单位按照集团公司《关于深入贯彻落实〈国务院关于进一步加强企业安全生产工作的通知〉的实施意见》（以下简称《实施意见》），从强化安全责任意识，考核奖惩、监督检查、教育培训、标准化建设、现场排查治理隐患等，不断完善安全生产机制，有效提升了安全保障能力。

四是制定了《中国兵器工业集团公司质量、安全、环保工作责任追究办法（试行）》（兵器绩效字〔2011〕729号，以下简称《责任追究办法》），突出安全生产过程考核和严肃责任追究。通过及时召开专题例会，有计划、有目标、有重点地提出安全生产工作要求，针对性地解决了面临的安全生产困难和矛盾。对发生重伤及以上生产安全事故的责任单位，按照《责任追究办法》全部进行了安全工作问责，在全系统引起了极大反响。

**二、预防为主，有效防范，深入开展事故隐患排查治理工作**

通过明确事故隐患排查治理要求，逐级建立并落实从主要负责人到全体员工工作职责，形成全面覆盖、全员参与的事故隐患排查治理动态管理机制，使事故隐患排查治理工作实现了制度化、常态化、痕迹化。通过组织开展节假日等特殊时期安全生产大检查、专项安全检查、跟踪反馈检查、抽调安全专家组成巡回督导组检查等方式，有力推动了安全生产工作重心由事后监督考核向事前预防控制的转移。全年集团公司系统组织检查6次，共对63个科研生产单位进行了82频次的监督检查。全系统全年累计查出隐患14129项，整改隐患13980项，隐患整改率99%，隐患整改投入6374万元。

通过“坚持违章行为视同事故后果处罚”，加大根治“三违”工作力度，防范了人的不安全行为，有效杜绝了有令不行、有禁不止的现象，全系统“三违”行为呈现明显下降趋势。累计查处“三违”3583人次，累计处罚金额60.16万元。

**三、安全达标，注重实效，扎实开展安全生产标准化建设工作**

集团公司继续扎实开展安全生产标准化建设工作，通过逐步完善安全生产管理标准、设备设施标准、生产现场作业标准，示范性开展“岗位达标”活动，进一步夯实了安全生产基础，使安全生产管理工作更加标准化、规范化。

把加强安全生产工作的关口前移至生产班组、重心下移至生产岗位，10人以上危险性生产岗位开展了“岗位达标”活动。按照国家安全生产标准化新要求，修订完善了集团公司标准化考评标准及办法。完成了24个单位安全生产标准化考评验收，进一步夯实了安全生产基础工作。

**四、科技兴安，标本兼治，不断提升本质安全条件**

集团公司针对废旧弹药销毁中心存在重大安全隐患现状，积极推进引进技术实施安全技术改造工作。针对当前我国军用燃烧爆炸危险品安全技术研究、标准规范与国外先进国家存在重大差距，以及国防军工科研生产的迫切需求，启动了安全技术重大专项立项论证工作。

严格建设项目安全监督管理，组织完成了21家单位35个建设项目的安全性评审，有效防范了项目建设过程中新的事故隐患的产生。

继续通过合理调整生产组织，开展安全技术改造，实现了定员10人以上危险性生产岗位（工序）的逐步减少。

**五、突出重点，形式多样，强化安全教育培训**

集团公司始终把强化安全教育培训工作作为提升安全管理水平、建设安全文化最基础、最根本的工作抓实、抓细、抓到位。组织完成307人资格教育培训和274名注册安全工程师的继续教育培训。全系统共计13.7万名员工参加了“安全生产月”知识竞赛答题活动，排名列中央企业第4位，受到了活动组委会的表彰。集团公司所属内蒙古第一机械集团有限公司和甘肃银光化学工业集团有限公司荣获“2011年度全国安全生产月活动优秀单位”

荣誉称号。集团公司及内蒙古北方重工业集团等15个单位荣获竞赛活动优胜单位称号。不断完善事故应急预案，开展演练活动。全系统组织生产安全事故应急演练1956次，参演人数51505名。开展了丰富多彩的企业安全文化建设活动，并取得了良好的成效，在国家首批确认的85个“安全文化建设示范企业”中，北化集团845厂和江南工业集团获此殊荣。全年全系统累计进行安全教育培训239448人次，全员安全意识和操作技能得到普遍提升。

不断加强安全生产队伍建设，有27人进入国防科技工业安全生产专家库专家名单，占专家库总人数的41%。完成了集团公司专家队伍换届工作，形成了由265人组成的第三届集团公司安全生产专家、安全生产督导员和职业健康监督员队伍。不断壮大集团公司注册安全工程师队伍，全系统有747人取得注册安全工程师执业资格，名列军工集团之首，形成了安全生产人才队伍梯次化储备。

# 中国兵器装备集团公司安全生产工作

中国兵器装备集团公司改革与管理部

2011年是“十二五”规划开局之年，也是中国兵器装备集团公司（以下简称集团公司）大力实施“211战略”第一步的关键之年，集团公司紧紧围绕国务院“安全生产年”活动主题，认真贯彻落实年初安委会精神，落实集团公司领导交办的各项任务。同时，积极探索安全工作的新思路、新途径、新方法，明显提升各级人员的安全意识、责任意识和安全技能，全面推进本质安全标准化建设，着力夯实安全基层基础管理，重点监管高风险企业，确保了2011年集团公司安全生产形势总体平稳。2011年安全生产主要工作如下。

## 一、齐抓共管，提升全员安全意识和技能

（1）集团公司党组中心组二季度组织进行了《中央企业安全生产禁令》专题学习；为进一步增强安全生产第一责任人的安全意识，集团公司还在总经理培训班上，专门安排了安全课程，培训对企业领导触动较大，有的单位在内部进行层层宣贯。

（2）人力资源部在对企业领导班子进行考核和培训时，专门组织了安全知识闭卷考试，改革与管理部在开展本质安全标准化评审以及西南地区部组织安全履职检查和“回头看”时，随机抽取各类人员进行岗位安全职责、安全知识的闭卷考试。

（3）西南地区部开展安全履职检查活动。西南地区部2011年3月组织开展了以安全履职情况为主题的安全生产大检查活动，9月进行了“回头看”，提升各级人员安全履职能力。

（4）集团公司全年共组织召开8次安全生产视频会，通过会议及时传达国务院、安监总局、国资委、科工局等上级单位和集团公司安全生产要求；通报、分析事故案例，要求企业认真吸取教训、落实防范措施；安排部分企业就安全生产好的经验和做法进行交流；部署安全生产重点工作。

（5）组织高风险企业安全管理人员资质培训3期，133人参加培训；组织职业健康知识培训1期，40余人参加；组织本质安全标准化体系宣贯培训，企业分管安全领导、安全管理人员146人参加。西南地区部组织开展了危险源辨识及风险预控管理专题培训，125人参加培训。

（6）各企事业单位认真组织宣贯《中央企业安全生产禁令》，普遍组织开展了全员安全意识教育、组织开展了各类安全生产法律法规、安全常识、安全生产职责、安全操作规程以及特种作业人员持证上岗的安全培训，普遍组织了安全履职闭卷考试等。

（7）积极开展全国第十个“安全生产月”活动，活动期间，集中开展应急演练193场次、安全培训332场次，观看事故案例录像219场次，46049人参加应急救援安全知识竞赛，投入整改资金308.5万元整改2156项隐患，通过活动，取得良好成效。

**二、开展专项治理，着力解决突出问题**

（1）开展特种产品专项整治“回头看”活动。对高风险特种产品企业，开展专项整治“回头看”活动，再次深入排查事故隐患；组织6家破产重组特种产品企业和4家化工、冶金企业开展了安全现状评价，摸清了这些单位存在的主要风险，对6家特种产品企业部分作业场所下达了停产整改要求，督促企业整改隐患。

（2）强化设备设施安全管理。组织企业补充完善设备设施安全标准，对照安全标准对设备设施进行评价，对存在问题的设备设施制订整改计划，逐步落实整改措施。

（3）开展粉尘企业场所专项治理。为加强粉尘作业管理，在全集团范围内开展了作业场所粉尘自查、整改专项治理行动，对作业场所粉尘危害防治标准落实、职业健康管理等10个方面的情况进行了自查、整改。

（4）开展特种车辆道路试验安全整治。为加强特种车辆试验安全管理，组织集团公司生产或使用特种车辆、需要进行路试实施相关试验的企业，从特种车辆试验安全管理制度、特种车辆驾驶员安全培训、试验前车辆检查、应急处理等方面进行了自查、整改。

（5）开展危险货物运输安全整治。为加强危险货物运输安全管理，组织使用自备车辆或委托第三方运输危险货物的相关企业，从法规标准、规章制度建设、安全管理流程、危险货物运输车辆许可及安全检测，危险货物车辆驾驶员、押运员、装卸管理人员等相关人员培训、应急预案，承运危险货物单位资质及其车辆、人员资质审核等方面进行了自查、整改。

（6）开展相关方安全管理专项治理。为强化相关方安全管理，组织企业对相关方安全管理进行专项检查，企业对相关方从管理制度、培训教育、安全协议、作业过程监管等方面进行了清理，促进相关方安全管理不断完善。

（7）开展废旧危险物品专项治理。组织企业对存在燃烧、爆炸或有毒特性的废旧危险物品进行了清理，对长期不使用的危险物品进行销毁、处置。

**三、加强队伍建设，提供安全人才保障**

制定并下发了集团公司《安全专家管理办法》，促进专家队伍管理规范化。初步建立了100余人的专家库，专业覆盖体系建设、综合安全管理、特种产品、机械、设备设施、危险化学品、电气等专业领域，为开展各项安全工作提供专业人才保障。组织安全专家，就本质安全管理体系评价标准、评审以及安全管理等进行了6次研讨、交流活动。

**四、开展专题调研，掌握安全生产现状**

（1）开展安全生产主体责任调研，摸清了成员单位结构及分布。集团公司承担安全生产主体责任的一级子企业24家，二级子企业115家、三级子企业208家、四级子企业18家，合计365家。

（2）开展危险点分布调研，掌握了主要安全风险分布。集团公司15家成员单位共有Ⅰ级危险点211个，其中重大危险源有13个，分布在8家单位。

（3）开展安全管理队伍建设情况调研。在开展本质安全管理体系评审过程中，对安全管理队伍现状进行了问卷调查，基本掌握了各企业安全管理人员结构、业务素质、工作现状、职业期望以及收入待遇等方面情况，并与企业领导进行了沟通、交流。

**五、强化班组管理，发挥一线员工作用**

围绕“安全生产在班组”创建活动，大力推动班组安全建设。组织班组、员工开展危险源辨识，找出作业场所存在的人、机、料、法、环、管等危险源和不可接受的风险，制定出标准、措施和操作规程；推动班组和员工开展班前、班中、班后点检，杜绝违章，减少失误，识别出作业场所的隐患。逐步达到一线员工人人懂安全、会安全、抓安全的目标。

**六、推进体系建设，构建安全长效机制**

（1）完善体系标准。在2010年8家单位试点的基础上，多次组织专家讨论，对体系及评价标准进行了全面修订，结合国家安监总局推进标准化建设的要求，将安全生产标准化与本质安全管理体系融合，结合集团实际强调风险预控和人的不安全行为管控。

（2）促进体系落地。组织制定了安全工作表单模板，推动各级职能管理部门安全管理标准、措施的标准化建设，推动一线作业场所全面开展危险源辨识，针对风险要素建立管理标准、管理措施和安全操作规程，开展班前、班中、班后点检，建立风险、隐患闭环管理机制。

（3）开展体系评价。推动企业开展体系运行自我评价；从2011年9月至12月底，组织专家192人次对31家企业的本质安全管理体系建设、运行情况及现场隐患、违章情况进行检查评价，共计发现问题及隐患1745项。

**七、组织应急演练，持续提高应急能力**

组织各企业进一步加强应急体系建设，完善应急救援预案，各单位组织开展了各类应急演练312场，15280人直接参加演练。通过演练，员工应急意识得到提升，企业应急能力得到持续提高。

# 神华集团公司安全生产工作

2011年神华集团公司在上级部门的正确领导下，认真贯彻落实"安全第一，预防为主，综合治理"方针，全面加强安全管理，扎实推进各项工作，安全生产取得了新的成绩，继续呈现出"经济快速增长，事故稳步下降"的良好态势。

一是安全生产形势持续保持总体稳定。全集团没有发生重特大事故，各类安全生产事故死亡人数持续下降。特别是六大板块中电力、铁路、港口、航运板块杜绝了死亡事故，实现了安全生产，煤制油化工板块事故起数和死亡人数同比下降75%。

二是原煤生产百万吨死亡率持续下降。集团公司累计生产煤炭3.9亿吨，原煤生产百万吨死亡率为0.018，与去年同比减少0.007，下降28%；与"十一五"期间平均0.031相比，减少0.013，下降42%。继续保持国际先进水平。

三是基本建设项目安全生产状况明显好转。集团公司深入开展"基建安全年"活动，不断强化基建项目安全管理，加强业务保安，落实安全责任，全面提高建设项目安全管理水平。与去年相比基建项目事故起数和死亡人数分别下降40%和91.9%，实现了明显好转。

四是部分单位安全生产周期进一步延长。全集团共有32个煤矿连续实现安全生产1000天以上、13个实现安全生产2000天以上、6个实现安全生产3000天以上。其中：宁煤灵新矿、新疆大洪沟矿、乌海路天矿安全生产周期超过5000天。4个铁路公司、3个港口、28个运营电厂自成立以来杜绝了一般以上责任事故，30个煤制油化工生产企业有29个当年实现安全生产。

五是"本安体系达标年"成果显著。体系建设标准进一步完善，运行管理范围不断拓展。今年共有191个企业纳入达标评比，比2010年增加34个，增长21.7%。经集团公司考核验收，本安一级的企业24个、本安二级92个、本安三级52个、本安四级15个。本安一、二级企业达到60.8%，同比增加11.9%。

六是涌现出一批安全生产先进单位和先进个人。先后有7个单位被评为2011年度本安体系建设先进公司、12个单位被评为"安康杯"竞赛优胜单位、7个单位获得工程质量先进单位称号，并有332人被评为安全生产先进个人、70人被评为工程质量先进个人、69人被评为安康杯竞赛优秀组织者。这些先进单位和个人为集团公司安全生产工作作出了重要贡献。

围绕实现2011年安全生产目标任务，主要开展以下几方面工作。

**一、落实责任，深入推进安全生产工作**

集团领导高度重视安全生产，董事长张喜武和总经理张玉卓多次作出重要批示，要求切实采取措施，加强安全管理，并先后14次主持召开安委会和总经理办公会议，专门听取安全工作汇报，研究解决安全生产重大问题，推进落实重点任务。年初，集团公司下发了《关于认真做好2011年安全生产工作的通知》（集团1号文件），明确提出了2011年安全工作目标和主要任务，并按照定重点、定措施、定内容、定时间、定责任的"五定"原则，进一步将1号文件细化分解成6个方面、30个大项、89项具体任务，分别落实到各单位、各部门认真组织实施，抓好工作落实，为做好全年安全生产工作奠定了基础。

各单位认真落实集团1号文件精神，不断健全完善安全目标管理体系，层层建立安全生产责任机制，全面实施安全绩效量化考核，严格执行安全奖惩制度，进一步激发干部职工抓安全、保安全的主动性、积极性和创造性。目前，绝大多数基层单位职工的安全绩效工资超过30%，部分生产一线的班组长安全绩效工资达到50%以上。神东、宁煤、乌海、新疆、包头、杭锦能源、神东电力等单位严格落实领导干部下井带班制度，建立干部入井公示和督查机制，利用井下人员跟踪定位系统，加强对领导干部下井带班情况进行监督考核，坚持每月对干部入井情况统计公布，提高了领导干部入井质量和效果，强化了现场安全管理，有力推动了安全生产工作。

**二、完善制度，全面强化"一把手"工程**

集团公司在去年修订下发15项安全制度的基础上，今年又结合实际，集中出台、修改和完善了《神华集团公司煤矿矿长安全奖励办法》、《神华集团公司煤制油化工生产企业安全管理规定》、《神华集团公司电力生产事故调查规程》、《神华集团公司煤矿板块重大安全隐患挂牌督办管理办法》等16项安全生产规章制度，进一步健全完善了安全管理制度体系，优化了工作流程，明确了职责，细化了任务，强化了措施，保证了安全制度的科学性、合理性和适用性。

同时，着重加强了子（分）公司"一把手"对安全生产的推动和示范作用。先后两次召开9+1个煤炭生产单位董事长参加的安全座谈会议，专门听取安全生产中存在的问题，重点研究推进本安体系建设和重大安全隐患整改工作，明确要求各生产建设单位的"一把手"必须坚守岗位，靠前指挥，把注意力和精力放在一线，放在安全生产上，并在年底前严格执行特殊请假制度，煤炭板块的董事长、总经理每月下井不得少于10次。10月和11月9+1单位主要领导平均入井次数分别达到10.6次和13.5次。

在四季度安全生产关键时期，集团领导全部深入基层、深入现场，亲自检查安全生产工作。10月8日，集团公司调集65名技术人员，成立9个督查组，董事长张喜武亲自带队，采取不打招呼、不定时间、不定地点的方式，连夜对神东煤炭公司、包头矿业公司、杭锦能源公司和神东电力公司共17个煤矿进行突击夜查，查出安全隐患和问题378条，其中重大安全隐患9条、主要安全隐患和问题32条，对一个矿井作出停产整顿、一个综采工作面作出立即停止作业的处理决定。11月15日，总经理张玉卓率领冬季安全大检查工作组，赴乌海、神宁公司开展安全检查，深入平沟煤矿1606综采工作面现场查看干部下井记录，检查矿井隔爆、压风自救和负压诱导除尘装置等安全设施，对加强安全管理工作提出具体要求。各级领导特别是"一把手"率先垂范，身体力行，进一步增强了安全工作的号召力和执行力，为安全生产提供了重要保障。

**三、加强督导，坚决防范重大安全生产事故**

集团公司分别制定了煤炭、电力、铁路和港口板块的安全生产重大隐患排查治理与挂牌督办管理规定，进一步明确重大隐患认定标准、挂牌治理、责任追究与处罚等方面的管理原则，确立了"三级隐患排查治理"工作机制和闭环管理程序及方法。结合各板块实际，将21个矿井的44个工作面、23个煤制油化工生产单位、12个电厂和14个路港企业确定为2011年集团公司重点盯防和管控对象，分别开展了有侧重点、有针对性的督导检查。先后成立了56个督查组，分板块、分阶段组织开展了煤矿"一通三防"、防治水、建设项目，以及煤化工、电力、铁路、港口企业等70多次专项督查，累计检查生产、建设单位352个（次），查出各类安全隐患8768条，重大安全隐患208项，并分别向宁煤、乌海煤炭公司和新建、新收购的煤化工单位派驻安全督导组7个、督导专家18人，常驻现场进行安全督导。同时，针对部分矿井水、火、瓦斯和顶板危害严重等问题，分别对新疆公司的宽沟、铁厂沟、大红沟、小红沟、碱沟、宁煤汝箕沟、神东寸草塔二矿7个生产矿井，金凤、双马、金家渠、郭家湾、青龙寺5个基本建设矿井和黄白茨、锦界、汝箕沟、铁厂沟、宽沟、塔然高勒6个煤矿的部分采掘工作面实施了停产、停建的整治措施，坚决防止发生重大安全生产事故。

各单位紧紧抓住隐患整改工作不放松，对专家会诊、安全检查和专项督查中发现的重大安全隐患，认真梳理分析，分类登记建档，建立整治台账，全面落实整改责任，并采取跟踪督查、挂牌督办、技术攻关和定期通报等措施，全力推动隐患整改，及时整改消除了一大批安全隐患，有效促进了安全生产工作。

**四、科技兴安，认真解决影响安全生产重大技术难题**

在组建“西北安全生产科学院”、“西北矿井水文地质研究院”的基础上，今年又与中煤科工集团沈阳研究院合作成立了“西北煤矿防灭火研究院”。充分发挥“三院”作用，重点加强煤矿水、火、瓦斯、冲击地压等重大安全技术难题的科技攻关，组织开展咨询服务和安全技术评价，督促“三院”按进度完成了合同规定的安全技术服务内容。历时87天时间，先后15次组织西北矿井水文地质研究院和西北煤矿防灭火研究院，对神东煤炭集团、神宁煤业集团、乌海能源公司、神新能源公司、包头矿业公司、杭锦能源公司、神东电力公司等20个水文地质条件复杂和19个受火灾威胁煤矿进行了隐患排查及评价，有针对性地提出治理措施和安全生产方案。狠抓了新疆公司煤矿的冲击地压防治工作，3次召开总经理办公会议专题研究，5次深入现场进行督查，聘请有关方面专家研究审定、补充完善了新疆公司煤矿冲击地压防治方案，制定了33条具体防治措施，并重点抓好督促落实。神朔、朔黄、包神铁路公司进一步加大安全科技投入，相继建设开通了重载铁路综合运输信息系统，调度指挥CTC系统，货车故障动态图像分析系统等铁路运输安全保障系统。今年以来，在生产运输任务不断加大，天窗检修日减少的情况下，设备故障率下降了11.8%，杜绝了D类以上一般责任事故，连续实现安全生产均超过4200天。

**五、强力推进，不断提高本安体系建设水平**

按照“本安体系达标年”的各项要求，进一步加强体系建设，强化运行管理，有效开展工作。一是不断完善体系标准，拓展覆盖范围。制定下发了煤矿基本建设、开拓准备、搬家倒面、地面辅助单位和电力、铁路、港口等14个考核验收办法及评分标准。集团公司煤、电、路、港和煤化工五大业务板块都建立了本安体系考核验收标准。二是加强体系知识培训。集团公司人力资源部和安监局共同举办了5期煤制油化工板块本安体系及危险化学品安全管理知识培训班，培训人员375人。其他板块先后在神东、乌海、宁煤、新疆、包头、国华电力和黄骅港举办了7期本安体系培训班，培训各级领导和有关人员1800余人。进一步提高了各级领导和干部职工的认识，培养了一批业务骨干，推进了系统性重大危险源和岗位危险因素的辨识，增强了各单位风险预控管理能力。神东、宁煤、乌海公司和黄骅港、天津港等单位还建立了本安体系信息系统，提高了体系运行管理的效率和质量。三是全面强化考核验收。11月，集团公司组织力量，成立18个检查验收工作组，历时一个月时间，集中对191个单位本安体系建设情况进行验收考核，根据考核结果分板块打分排名，对达到本安一、二、三级的单位进行表彰奖励，有效推进了本安体系建设全面开展。集团公司本安体系建设工作得到国家安监总局和国家煤监局的充分肯定，作为国家行业标准，正式发布了《煤矿安全风险预控管理体系规范》（AQ/T 1093—2011），并以安监总煤行〔2011〕133号文件专门下发通知，在全国煤炭企业推广实施。

**六、结合实际，积极推进安全避险“六大系统”建设**

集团公司认真落实国务院23号文件精神，制定下发了《神华集团公司煤矿井下安全避险“六大系统”建设与完善管理暂行规定》，规范了建设完善工作标准。各煤炭子（分）公司、各矿井均成立了“六大系统”建设完善工作领导机构，明确了各系统分管负责人，确定了年度工作计划和每月工作重点。集团公司先后6次召开专题会议，分析研究“六大系统”建设完善工作存在的突出问题，明确总体思路和工作目标，安排部署了具体措施及要求，并邀请国家煤监局、国家安全标志中心专家，对“六大系统”建设完善工作进行讲座。5月17日，组织5个单位的15名相关人员，到潞安集团常村煤矿现场学习考察了“六大系统”建设经验。同时，重点加强11个列入全国试点煤矿的建设完善工作，保证了“六大系统”建设工作有序开展和顺利推进。目前，所有生产矿井均建立了监测监控系统、通信联络系统、供水施救系统、人员定位系统、压风自救系统，神东、乌海、宁煤已经购置移动救生舱11台，任家庄、乌兰矿、保德矿永久硐室已基本施工完成。

安全生产事关神华集团发展与稳定的大局，意义重大，任务艰巨。神华集团将以更大的决心，更有力的措施，更加扎实的工作，努力建设具有国际竞争力的世界一流的煤炭综合能源企业。

# 中国中煤能源集团有限公司安全生产工作

2011年，中国中煤能源集团有限公司（以下简称中煤集团）在国家相关部委的正确领导下，认真贯彻落实党的十七届六中全会、国务院《关于坚持科学发展安全发展促进安全生产形势持续稳定好转的意见》（国发〔2011〕40号）及国家和上级部委关于安全生产工作的决策部署，以创建安全保障型企业三年行动为主线，围绕“环境、素质、责任”建设，提高标准，强化管理，夯实“三基”，突出教育，严格监管，安全工作得到进一步加强，生产安全取得了明显成效。

一是煤炭生产安全指标创历史最高水平。2011年，中煤集团实现原煤产量1.64亿吨、营业收入1150亿元、利润总额163.8亿元，同比分别增长11.4%、19.8%和35.2%。同时，在原煤产量增加千万吨的情况下，百万吨死亡率降至0.006，同比下降81.3%，继续保持世界先进水平。

二是企业零星伤亡事故大幅下降。2011年，中煤集团零星伤亡事故起数和人数同比下降71%和75%，所属矿建企业连续21个月实现安全生产。

三是“安全生产月”活动得到上级肯定。中煤集团被评为全国“安全生产月”优秀组织单位，是全国受表彰的七家企业之一。同时，还获得了全国“落实企业安全生产主体责任知识竞赛”优胜单位和“全国煤矿安全知识竞赛”第二名。

一年来，中煤集团围绕安全生产既定目标，重点抓了8个方面工作。

**一、完善安全生产管理体系，落实安全生产责任**

一是加强安全管理体系建设。调整了集团公司安委会，先后2次召开安全生产委员会，研究解决安全生产重大问题。全面启动了“落实安全主体责任、创建安保型企业”三年行动，集团公司制定下发了安保型企业标准及考核评级办法，各企业对三年行动进行了全面安排。各生产企业制定、修订各类安全生产管理制度196项，新成立生产、技术、安全管理机构9个，补充各层次安全管理和业务技术人员708名，新增注册安全工程师98名。

二是强化安全责任落实。集团公司及所属79家单位修订完善了安全生产责任制，明确了各层级、各岗位的安全生产职责，划定了608个岗位、2250条安全生产红线，开展了全员岗位安全责任制学习宣贯和对标自查活动，层层签订安全生产责任书，初步形成了涵盖全员、全过程、全方位的安全责任体系。

三是加大激励约束力度。集团公司考核兑现二级企业负责人安全奖1088.6万元，同比翻了一番。各企业普遍加大了安全和质量标准化在分配中的比重，有50家矿（处、厂）一线工人安全绩效工资占总收入的比例超过30%。对发生伤亡事故及未遂事故的27名矿处级及以上负责人进行了责任追究，安全罚款287.6万元，有力促进了安全责任落实。

**二、提升技术标准，提高安全保障能力**

一是立足于引领行业安全技术发展方向，颁布实施高于行业和国家标准的《安全高效现代化矿井技术标准》，从源头上增强矿井的安全保障水平。目前已确定将新建、技改、在建和生产的4座矿井作为该标准的试点，力争建成行业示范矿井，实现标准升级和推广应用。编制完成我国首部《煤矿冻结法开凿立井工程技术规范》行业标准，有力促进了我国煤矿立井施工技术发展和质量提升。集成最新、最优、最先进的技术标准和管理模式，从系统上提高安全保障能力，保证项目的安全运行和高效生产。

二是坚持高起点、高目标、高质量、高效率、高效益的“五高”原则，大力推广运用先进技术装备，简化生产系统，提高矿井自动化、信息化水平，推动固定岗位无人值守，提高安全系数，强化业务保安，降低事故率。为实现安全管理信息化，中煤集团建立了安全管理信息系统平台，为安全工作决策提供依据，强化了中煤集团对所属企业安全生产工作的监督管理、统计分析与辅助决策，实现了事故隐患排查整改的信息化管理，推动了企业安全基础管理，提高了安全监督监察效能、安全应急管理水平，全面、实时地掌控所属企业的安全生产情况，有效、及时地指导所属企业的安全生产工作。

**三、深化安全质量标准化工作，夯实安全生产基础**

一是不断深化安全质量标准化工作，进一步夯实安全生产基础。修订完善了安全质量标准化管理办法，发布了装备制造、煤炭洗选、发电、煤炭销售安全质量标准化标准，集团公司各大板块标准化工作全面启动。有9家企业达到了特级标准，17个煤矿、20个工程处、11个工厂达到一级标准，11处煤矿被评为“国家级安全质量标准化煤矿”，42个矿建、土建项目部达到了模式化标准。所属平朔公司、大屯公司、进出口公司、中煤金海洋公司、中煤建设集团等单位以典型引领推动达标升级，安全质量标准化水平持续提升。

二是加大安全投入，安全生产环境进一步改善。累计安全投入29.2亿元，淘汰、改造老旧设备3045台套、落后工艺87项，完成“一通三防”、机电运输、供电等系统改造工程515项，修复失修巷道31359米，装备机械化作业线49条。防治水工作力度进一步加大，煤矿高精度三维地质模型试点工作有序推进。中煤金海洋公司深刻吸取“9·16”透水事故教训，完成施工钻孔301孔，钻探工程63532米。中煤华晋能源公司王家岭矿完成了首采区水文地质补勘，在首采扩大区40平方千米范围内查出57个小煤矿。

**四、强化监督检查，整改消除事故隐患**

针对生产特点和重大危险源分布情况，中煤集团制定了安全生产特别规定26条，在全公司强制执行，坚决消除重大隐患。针对安全工作特点和规律，强化重点时段安全监管，持续保持安全高压态势，深入推进隐患排查治理。先后开展了春节、“两会”、国庆期间等综合安全督查和防治水、“一通三防”、劳动用工等专项安全检查，覆盖集团各个板块、各个层面。各单位围绕集团公司工作部署，实施逐级安全责任包保，突出重点区域、要害部位、关键环节，坚持安全巡查，保持现场安全检查不断线。累计组织检查3064次，查出隐患和问题76926条，完成整改76680条，整改率达99%。对存在问题较突出的145个工作面进行了停工整改，对23处矿井和矿建项目部实施了停产整顿，累计罚款332万元。组织26名内外部专家对20处生产矿井开展了系统诊断优化，通过专家会诊的方式，查找解决了一批长期存在的重大问题和隐患。

**五、吸取事故教训，矿建企业战略调整取得初步成效**

为吸取2010年事故频发的教训，中煤集团对矿建企业实施了“一限、二提、三转”的战略调整，适度控制矿建业务规模，向煤矿生产运营转型，取得了初步成效，矿建施工企业连续21个月实现零死亡。同时，对矿建企业严格执行设限管理，禁止进入高风险项目，提高安全管控能力，降低安全风险，矿建项目由上年的162个压缩到85个。提高队伍素质，转型培训13000余人、专业化提升培训5000人。所属一建公司并购山不拉煤矿，当年实现产量17万吨，运营的南阳坡、担水沟煤矿生产原煤204万吨。所属建安公司承包的6个选煤厂年入选能力达到2000万吨。所属五建公司建成机械化作业线49条，42个项目达到施工模式化标准，开展正规循环作业、提高单进水平，实现单进超百米181次。矿建企业转型以来，中煤集团向矿建企业累计投入31.1亿元。

**六、加强应急救援体系建设，提高防灾抗灾能力**

一是全面加强安全生产应急管理工作，制定应急预案，开展应急演练，强化应急管理培训教育，建立了应急保障、监测预警、指挥调度的应急指挥系统，安全生产应急管理水平和事故救援能力得到了提高。中煤集团成立了以总经理为总指挥，分管副总经理为副总指挥，副总工程师及各职能部室负责人为成员的应急救援指挥中心，设立了抢险救援组、技术组、治安保卫组、医务后勤保障组，明确了事故应急救援指挥部各成员的工作职责。所属企业和单位与当地地方应急管理部门建立了应急联动机制，尚未建立专业救援队伍的生产、建设企业与当地专业救援队伍签订了事故救援协议。中煤集团所属平朔公司、大屯公司、中煤龙化公司、焦化公司等二级企业组建了7支专业救援队伍，包括3支煤矿救护队，4支危险化学品救护队。专业救援队伍总计有426人。2011年6月14日，在中煤龙化公司组织了液氨泄漏预案演练活动。11月2日，在平朔公司组织了突水事故应急演练，取得了良好效果。各单位组织各类安全技能比武、应急演练532次，参与员工31232人次。

二是加快紧急避险六大系统建设，提高矿井抗灾能力。投入1.58亿元，完成了25个紧急避难硐室建设任务。形成了煤层浅埋深条件下“平朔模式”安全避险系统和深部开采“大屯模式”永久避难硐室，平朔公司和大屯公司分别承办了全国和江苏省煤矿安全避险系统现场推进会，为行业起到了示范和引领作用。

**七、建设安全文化，增强全员安全意识**

大力宣传贯彻国务院23号和40号文件精神，进一步提高安全意识，深刻吸取事故教训，增强了抓好安全工作的责任感、紧迫感和使命感。集团公司首次向社会发布了安全宣言，从上到下进行了安全宣誓，层层作出安全承诺。以“警示三月行”、安全生产月、“百日安全”等活动为平台，积极引导、教育干部职工树立“安全为天、生命至尊”的核心理念。各单位结合实际，开展了一系列全员参与的安全活动，近千名矿处级以上负责人在安全办公会上进行了安全反思。以区队、班组为单位，开展了“讲关怀、讲责任、讲落实，算政治账、算经济账、算亲情账”活动。组织6万名一线员工参与了安全知识竞赛，形成了覆盖面大、影响力强的安全生产宣传格局。强化安全教育培训，全年共举办各类培训班3511期，培训16.8万人次，5313名员工通过了技能鉴定，取得职业资格证书。组织千名班组长聆听了白国周等全国10个煤矿班组的先进事迹报告。

**八、防控职业危害，进一步加强职业健康管理**

一是深入推进职业健康基础管理工作。中煤集团重新调整了职业健康工作领导小组，充实了职业健康管理队伍，完善了职业危害防治有关制度，更加有效地加强和改进职业健康管理工作。各所属企业健全完善职业安全健康管理制度，形成了上下一致、运转有效的职业健康管理体系。

二是大力开展职业健康宣传和培训工作。组织所属企业开展了以“关爱农民工职业健康”为活动主题的《职业病防治法》宣传周活动，发放《职业健康宣传手册》8000余份，共有18000余名职工观看了宣传图版和黑板报，有效普及了职业病防治法和职业病危害的基本防护知识，逐步提高职工的职业卫生意识和自我防护能力。大屯公司获得了江苏省总工会和江苏省疾病预防控制中心授予的“职业病防治先进单位”称号。

# 中国华能集团公司安全生产工作

中国华能集团公司安全监督与生产部

**一、安全生产总体情况**

2011年中国华能集团公司（以下简称华能集团公司）认真贯彻落实《国务院关于进一步加强企业安全生产工作的通知》以及国资委《中央企业安全生产禁令》的要求，继续深入开展“安全生产年”活动，在“突出抓安全”上狠下功夫，围绕全面落实企业安全生产主体责任，积极推进华能电厂安全生产管理体系建设和煤炭产业三大专项行动，扎实开展反违章、隐患排查和安全性评价，深化外包工程管理，有力推动了安全生产整体水平的不断提升。煤炭百万吨死亡率为0.12；电力生产发生一起人身死亡事故：2011年5月1日，金陵燃煤电厂2名运行人员在执行“1号机6kV61C段母线由备用电源进线开关61C02供电转冷备用”操作过程中，未认真执行操作票制度，带电挂设接地线，造成1人死亡、1人重伤。华能集团公司严格按照“四不放过”的原则对发生的事故进行了处理。

**二、2011年安全生产方面做的主要工作**

（一）狠抓安全生产责任的落实

华能集团公司围绕国家关于强化企业安全生产主体责任的要求，加大集团公司督查、二级公司复查、基层企业自查的三级过程检查力度；严肃执行《安全生产事故责任追究和处罚办法》，严格对事故责任单位和人员进行问责，加大安全绩效考核力度，强化各级人员，特别是基层企业主要负责人正确履行安全生产责任的能力和意识，促进了企业安全生产主体责任的落实。

（二）深入开展反违章工作

华能集团公司制定了《反违章管理办法》，进一步规范了反违章工作的职责和流程，组织开展反违章“百日整治”活动。基层企业加大反违章工作宣传力度，通过组织员工签订反违章承诺等方式，把反违章工作落实到班组、个人，有力地促进了反违章工作的深入。太仓、南通、丰镇、运河、伊敏、汇流河电厂及西周煤矿等企业制定反违章安全红线、安全行为禁令，开展无违章班组创建和安全薄弱人物排查活动，反违章工作取得较好效果。公司系统全年共查处违章 8081 条，有效防范了事故的发生。

（三）加大隐患整改力度

华能集团公司制定了《隐患排查治理管理办法》积极构建事故隐患排查治理标准化流程，定期开展隐患自查自改与自我评估，强化治理的闭环管理，逐步实现隐患排查的“制度化、规范化、常态化”。公司系统全年共排查事故隐患 28830 项，并认真开展整改工作，落实整改资金 9789 万元，整改率 89%。北方、甘肃公司每季度组织基层电力、煤矿企业开展安全互查，有效促进了事故隐患的消除。

（四）强化安全性评价工作

华能集团公司对阳逻、临沂、乌拉山、海拉尔等 10 家电厂及山寨煤矿安全性评价工作进行了复查评估；海南、新疆公司邀请技术专家对东方、阜康电厂进行了专家查评；新能源公司开发了风电场安全性评价管理软件，在通辽、威海、大理等风电场进行了试用。各单位以生产管理、作业环境和生产设备存在的风险和隐患为重点，结合技术监督和设备检修等工作，全面开展安全性评价，提高了安全生产管理水平和设备健康水平。黑龙江、四川、宁夏、新疆等公司实现了全年无事故，营口热电、雨汪、包三、东西关、漫湾等电厂实现全年无非停。

（五）积极推进电厂安全生产管理体系建设

华能集团公司系统安全生产管理体系建设进入实施阶段。组织编制了风电场安全生产管理标准，北方、山东公司组织基层企业厂长、副厂长参加体系内审员培训班，陕西等公司制定了体系建设规划，基层企业体系文件编制工作全面展开。瑞金、巢湖、上都、海勃湾等电厂体系文件已编制完成，天津 IGCC 电厂编制完成了《健康、安全、安保、环境管理手册》，对提升企业安全生产管理水平起到了积极的促进作用。

德州、达拉特等电厂积极参与电力安全生产标准化试点工作并得到了国家安监总局、电监会的充分认可，协助国家电监会圆满组织了全国电力安全生产标准化达标启动会议。

（六）进一步完善应急管理

华能集团公司系统加强组织领导，落实防范措施，做好各类突发事件的应急准备，圆满完成了迎峰度夏、防洪度汛以及重大社会活动的保电工作。澜沧江公司组织的流域防洪演练和呼伦贝尔公司组织的煤矿消防演练得到了国家电监会、国家应急救援指挥中心等部委的好评。海门、小湾、景洪、铜川等电厂圆满完成了大运会和世园会的保电工作。威海、玉环、福州、海口等沿海电厂有效落实预案，成功抵御了“梅花”、“纳莎”等超强台风的袭击。

（七）提升煤炭、煤化工安全管理水平

煤炭产业以证照手续管理、制度建设完善、六大系统建设“三个专项行动”为重点，全面推行安全质量标准化和生产技术管理水平提升工作，理顺基建秩序、规范基本建设，各项工作有序开展。公司 18 处生产煤矿，有 11 处获评国家级，7 处获评一级。铁北煤矿掘进队作为集团公司创先争优活动的典型代表，得到了中宣部、国资委的表彰。中煦公司认真开展安全生产标准化达标工作，实现了试生产阶段的安全稳定。

（八）提高安全教育培训质量

华能集团公司系统以提高职工的安全意识、操作技能和安全生产管理水平为目标，落实安全培训责任，加强全员安全培训。集团公司举办企业主要负责人、安全监督、技术监督等专业培训 20 期，培训人员 1205 人次。山东公司组织卓越班组长训练营，新华电厂建立班组长到安监室挂职培训制度，东峡煤矿推进“4C”岗位标准，提高了班组长的安全生产认知水平和管理能力。汕头、淮阴、达拉特电厂创新培训形式，开发“安全教育培训平台”，培训效果明显提高。

# 中远集团公司安全生产工作

2011年，在上级主管部门的正确领导和大力支持下，中远集团各级领导和全体员工，积极贯彻落实科学发展观，紧紧围绕安全生产的总体目标，创新安全工作思路、改进安全管理方法，坚持“抓基层、打基础”，通过确立中远24字安全理念、建立健全安全教育和培训体系、试行船舶动态安全检查制度等手段，有力促进了中远安全文化和长效机制的建设，继续保持了集团安全形势的总体平稳。所做的主要工作有：

**一、与时俱进，不断更新安全管理理念**

没有先进的安全管理理念就不可能有正确的安全意识，没有正确的安全意识就不可能有正确的安全行动，就不可能实现企业本质安全。

在集团董事长魏家福“二三八”安全理论的基础上，经过充分调研和总结提炼，在2011年8月召开的集团年中安全工作会上，集团确立了“以人为本、生命至上；安全第一、科学管理；超前防范、重在执行”的24字中远安全理念。

这一理念得到了系统上下的高度认可和广泛支持，各单位迅速行动、积极响应，以求真务实、高效执行的态度，将“24字”的中远安全管理理念，以及“细、实、全，深、狠、严”的安全管理方法，贯穿于安全管理的每一个岗位、每一个过程和每一个环节，为培育富有中远特色的安全文化、实现中远的本质安全，奠定了良好的基础。

**二、教育先行，努力构建安全培训体系**

近年来，国务院和有关部委先后下发了一系列强化安全培训工作的通知，要求企业全面提升各级安全培训工作水平，培育大批合格的安全生产人力资源，为安全生产提供强有力的人才保证和智力支持。

强化安全教育和培训工作，是开展双基建设、筑牢中远安全基础的一项战略性工程，是中远安全文化建设的重要组成部分。集团高度重视文化建设和教育培训工作，为全面提升船岸员工的综合素质，2011年10月，集团组织成立了以总经理马泽华为组长的中远集团安全教育培训体系领导小组。由安全技术监督部、人力资源部和青岛船员学院抽调专业人员组成的工作小组，经过为期3个月的广泛调研，制定出了《中远集团安全教育培训纲要》等文件，并通过“视频会议”的形式，再次征求了各单位的意见，获得了全系统各单位的高度评价和积极支持。目前，《培训纲要》已经集团总经理办公会批准，系统性的培训工作已经全面铺开。

**三、创新管理，开展船舶安全动态检查**

为了把“整顿驾驶作风、严肃值班纪律”这项工作深入持久地开展下去，集团强调各单位要切实加强对船舶的动态检查，明确政委作为船舶安全督查员发挥监督作用。随后，集团在北京、上海、深圳、青岛等地召开了一系列的船舶动态安全检查工作座谈会，通过座谈、交流和研讨，达到了宣贯动员、统一认识的目的。

中远集团所属中远集运公司作为船舶安全动态检查的试点单位，取得了很好的经验。一是在船舶安装“驾驶台视频记录系统”，为船舶政委开展动态监控提供技术支持；二是按照“船舶适航”、“船员适任”的要求，最大限度地消除船舶在动态营运中设备不安全状况和船员不安全行为；三是对船舶出现“急、难、险、重”等危急时刻、紧急状况或重要时间节点，要求政委或指定人员都必须及时到现场进行动态检查，做到对不安全行为及时发现、即时干预和督促纠正。

从静态管理到动态检查、再到全方位监控，这不仅是船队安全管理方法的一次创新，也是在新的形势下集团落实企业安全生产主体责任的一项非常措施和强化手段。2011年11月，集团在上海召开了“中远集团船舶安全动态检查工作现场会”，在总结经验、交流学习的基础上，要求各航运公司，从2012年元旦起全面启动船舶安全动态检查工作。

**四、持之以恒，全面深化隐患排查治理**

为认真贯彻落实国务院《关于进一步加强企业安全生产工作的通知》精神，努力在全系统创造一个和谐、稳定的生产经营安全环境，2011年集团先后组织开展了两次全系统的安全督察活动。另外，还有针对性地开展了“客轮运输”、“船舶驾驶台纪律”、“防群死群伤”和“修、造船企业”专项安全督查活动。通过不间断的安全督察和检查，有力促进了各单位的安全管理和隐患排查工作。

各单位积极开展了全国“安全生产年”、“全国安全生产月”和交通运输系统“双基”活动。据不完全统计，2011年各二级单位领导带队安全检查150余次，共检查船舶268艘次；检查下属单位、车间或班组共计1489次；共查出重大隐患8项，整改率100%；查出一般隐患8782项，整改率98%；到港船舶检查覆盖率达到100%；安全自查覆盖率达到100%。

**五、突出重点，狠抓船舶航行安全工作**

航行安全是中远安全管理的重中之重。目前，集团每天航行在世界各地的船舶平均有300多艘，它们时刻经受着复杂航线和多变气象条件的考验。各航运单位按照集团统一部署，以“整顿驾驶作风、纠正不规范行为”为突破口，认真抓好船舶航行安全工作。去年，西北太平洋共生成21个台风，部分陆上企业和459艘次船舶受到不同程度的影响。在防抗台风工作中，全系统认真贯彻魏家福董事长和马泽华总经理的指示，坚定不移地执行“以防为主、防抗结合、适时早避、留有余地”十六字方针，以铁的手腕和铁的纪律，确保了2011年防抗台风成功率100%。

**六、夯实基础，持续强化船舶技术管理**

2011年，各航运单位按照集团统一部署，认真开展对船舶的维修和保养工作，特别是在船舶安全技术评估、老旧船舶和大型船舶的结构安全评估等方面加大了管理力度。同时，集团和下属各航运单位以集团2011年“防污染管理年”为契机，通过完善相关制度、开展专题培训、进行专项检查等手段，进一步提高了船员的防污染意识和防污染技能。2011年7月，以“创先争优”活动为指引，集团在“中散公司”召开了学习“新盛海”轮先进管理经验现场会，由此把学习“新盛海”轮活动推向了新的高潮，“把小事做成精品的理念”开始深入人心。

**七、紧盯死守，严密防范海盗劫持船舶**

针对索马里海盗活动日趋猖獗的严峻形势，集团进一步加大了对防海盗工作的领导力度和投入力度，2011年先后4次召开了防海盗工作专题会议，制定了一系列防海盗工作的措施，并对2010年防海盗工作先进船舶和先进个人进行了表彰。

根据2011年第8次总裁办公会议决定，为了确保船员和船舶的安全，对航行在海盗活动高危海域、且非海军护航海域的船舶，实行了雇用武装保安人员随船护卫的措施。

各航运单位普遍加快了船舶“安全舱”建设进度，到2011年10月底，已全部完成了370艘应建船舶安全舱的任务，“铱星”电话配备率达到100%。在各级领导的高度重视和精心指挥下，经过岸基部门的强有力支持和广大船员的顽强拼搏，先后多次成功地击退了海盗的袭击和袭扰，防海盗工作取得了阶段性的成果。

在过去的一年里，中远集团全系统认真贯彻党中央、国务院关于加强安全生产工作的决策和部署，坚决落实国家部委和中远集团关于强化安全工作的一系列指示和要求，在极其复杂、严峻的国、内外安全环境下，团结一心、拼搏奉献，克服种种困难，继续保持了集团安全生产形势的总体稳定。

## 华润集团公司安全生产工作

2011年华润（集团）有限公司（以下简称华润集团）严格遵守国家有关安全生产法律法规，认真执行国务院、安监总局和国资委等上级主管部门安全生产工作要求，继续开展“安全生产年”

活动，贯彻落实《国务院关于进一步加强企业安全生产工作的通知》（国发〔2010〕23号）和国务院第165次常务会议等精神，坚持“安全第一、预防为主、综合治理”的方针，坚持以人为本、安全发展的理念，不断完善具有华润特色的价值创造型安全生产管理体系建设，在职业健康、安全生产、食品药品质量安全等方面开展了一系列工作，安全生产形势保持总体稳定，未发生较大及以上生产安全事故，为集团安全持续发展作出了贡献。

**一、领导重视，推动安全生产工作的有效开展**

集团领导对安全生产工作十分重视，多次对加强集团安全生产工作作出指示。宋林董事长对安全生产管理工作提出“要进一步加大工作力度，建制度，重检查，勤反思，强考核”的要求。乔世波总经理要求集团各级安全生产监督管理部门要进一步加大检查力度，增加频次，重点要加强对基层企业的安全生产检查；食品药品生产企业要高度重视产品质量安全；集团安委会成员都要深入一线进行安全生产检查。宋董、乔总等集团领导分别深入10多个基层企业专门检查推动安全生产工作。集团领导对安全生产工作的重视，有力地推动了各级企业安全生产管理工作的有效开展。

**二、制定安全生产“十二五”规划，明确安全生产目标及任务**

“十二五”是华润集团实现跨越发展的关键时期，集团提出“向世界一流企业进军”的战略目标，“十二五”末，实现集团整体销售额7000亿，经营利润1000亿，总资产10000亿的目标，打入世界500强的前250位。一流的企业既要有一流的经济效益，也要有一流的安全业绩。华润集团认真分析“十二五”期间安全生产面临的严峻形势，结合国资委的要求，制定了《华润集团安全生产管理“十二五”规划》，明确了“十二五”期间安全生产的指导思想和战略目标，构筑具有华润特色的价值创造型安全生产管理体系，建立安全生产管理的长效机制，实现全集团安全生产管理工作的规范化、标准化和科学化，全面提升集团安全生产管控能力、技术保障能力和管理人员专业能力，有效控制风险，为主营业务的持续发展提供增值服务，使华润集团成为“受投资者信任、受员工热爱、受社会尊重、受大众称道”的优秀企业。

**三、全面建设安全生产管理体系，提升安全生产管理水平**

华润集团2011年安全生产的主题是“体系、文化、组织”。全面启动了集团、利润中心和基层企业的安全生产管理体系建设。根据“集团多元化，利润中心专业化”的特点，对安全生产管理体系进行了精心设计，确定了体系的架构、范围、边界，明确了各层级安全生产管理体系的任务、侧重点及相互间的联系。安全生产管理体系由集团、利润中心和基层企业3个层级的体系组成，是一个完善的、有机的、有自身特点的整体安全生产管理体系。各层级的安全生产管理体系包含了组织体系、制度体系、责任体系、教育体系、风险控制体系、监督保障体系、文化体系、评价体系、优化改进体系等内容。通过建设安全生产管理体系，建立起规范化和科学化的预防管理机制，实现安全生产管理的转变：一是把传统零散的管理活动向系统化管理活动转变；二是将以往仅满足于完成任务不发生事故的管理定位向价值创造型管理定位转变；三是将当前以严格监管为主的管理方式向团队管理方式转变。

（一）健全安全生产组织

集团、各利润中心和基层企业均成立了安全生产委员会，定期召开安委会工作会议，部署安全生产工作，分析安全生产形势，组织开展安全生产管理活动。集团各级组织按照《华润集团安全生产管理组织建设指引》的要求，正确地健全了安全生产监督管理机构，配备了专职安全生产管理人员，为正常开展安全生产管理活动提供了组织及人力资源保障。

集团通过召开安全生产年会、季度安全生产工作会议，组织学习上级文件、宣贯法规制度、进行经验交流，及时传达集团安全生产工作要求，部署安全生产重点工作，定期统计分析全集团安全生产信息，对存在问题提出改进建议。

（二）完善安全生产管理制度

集团各单位把制度建设作为安全生产管理体系建设的一项重要工作，对原有的各项安全生产管理制度进行逐一梳理，查漏补缺，及时修订或废止不适用的制度，保证制度的适用性、覆盖性、保障性和可操作性。目前，集团、各利润中心总部现有安全生产与职业健康有效制度共229部。同时，集团各单位做好制度的落实、执行和检查工作，使安全生产管理工作走上了制度化、程序化管理的轨道，为安全生产目标的实现提供了重要保障。

（三）落实安全生产目标与责任

集团强调各级组织在安全生产管理中必须要采用目标管理的方法，必须要层层落实责任。集团各级组织通过完善安全生产目标管理制度、层层签订安全生产责任书、修订安全生产岗位职责、严格安全考核和责任追究等一系列措施，使安全生产责任得到进一步落实，增强了集团各级组织和各类人员的责任感，确保各项安全生产工作落实到位。集团坚持每年与各战略业务单元、一级利润中心签订《年度安全生产责任书》，并将完成情况汇入业绩合同考核之中。

（四）加强安全生产培训教育

集团各级组织根据需求，制订培训教育计划，分级分类组织培训。全年累计培训本企业员工 69 万余人次，相关方 107 万余人次，提高了各级各类人员的安全意识，减少了事故的发生。集团在安全生产年会上进行了《控制物的不安全状态，实现本质安全》的专项培训；在安全生产季度会上组织学习《中央企业安全生产禁令》，宣贯相关安全生产管理制度；组织有关安全管理人员 30 名，参加由国家安全监管总局举办的中央企业安全生产管理人员安全资格培训；做好全集团 30006 名特种作业人员的教育培训，确保 100% 持有效证件上岗。

（五）完善安全生产风险控制体系

集团各单位认真贯彻“安全第一、预防为主、综合治理”的方针，健全安全生产预警机制，经常性地开展隐患排查治理和危险源辨识活动，加大对重大危险源的管理，不断完善安全生产风险控制体系。2011 年，集团各级单位共查出各种安全隐患 88896 个，并采取多种措施，积极组织整改，使各种危险源始终处于受控状态。认真做好应急预案的修编、评审、培训、演练和应急救援队伍建设，落实应急物资和装备，提高应急管理能力。目前，集团及各一级利润中心总部有效应急预案有 78 部。各利润中心模拟重大火灾、防洪防汛、大坝溃坝、燃气泄漏等事故，组织开展演练。经统计，今年以来，集团各级企业应急演练次数 4868 次，其中实战演练 3598 次，参与人数近 12 万人次。

（六）严格安全生产监督管理

集团各级组织的安全生产监督管理机构灵活应用安全生产检查、安全生产管理体系内审、安全性评价、信息收集与分析、现场作业监督、技术手段监督、员工相互监督等监督管理方式，加强产品实现过程中人、机、环境、管理等因素的监督管理，重点抓好现场作业安全、法律法规、职业健康、危险源与隐患排查、事故和事件处理、应急管理等内容的监督，实现被监督单位、监督范围和监督内容的全覆盖。2011 年对利润中心、基层企业共 77 个单位进行了安全生产、食品药品质量安全检查、抽查、管理审核等现场监督检查工作，共提出整改意见和建议 448 项。2011 年，集团各级企业共组织开展安全检查 22225 次，其中专项检查 8150 次。

（七）从严安全生产事故考核

集团加大了事故处理力度，提升了处罚级别，颁布了《安全生产管理处罚条例》和《安全生产年度考核办法》，规范了事故的处理。集团利用通报、EHS 网站曝光台、《EHS 信息》等多种方式对事故发生的原因、造成损失、责任人等进行公布。集团各级企业对今年以来发生的 976 起轻伤及以上生产安全事故事故进行责任追究，共达 1137 人次，发出通报警示提醒 2970 次。

（八）重视安全文化建设

集团致力于创造良好的安全文化氛围，各级组织重视安全文化建设，教育员工正确认识安全生产管理的真正目的与内涵，理解安全生产管理在企业发展中的高度重要性，树立尊重生命的价值观，用共同的思维方式、共同的信念与态度开展各项安全生产工作，提升达成安全目标的合力和政策制度贯彻的执行力。

**四、开展“安全行为观察”活动，提高作业人员的行为安全**

华润集团把开展“安全行为观察”活动作为 2011 年度安全管理工作的重点之一，通过此项活动，以切实提高作业人员的行为安全。各利润中心选取试点单位，组织开展“安全行为观察”活动，促进基层作业人员行为安全，逐步推动形成员工之间相互观察、相互监督、相互提醒的安全文化氛围，持续推动安全生产管理方式从严格监管向团队管理过渡。

**五、积极推进信息化建设，提高安全生产工作成效**

安全生产信息化是安全生产工作的基础，安全生产信息化建设对安全生产工作起着重要的保障和支撑作用，能提高安全生产工作成效。集团建立了EHS网站，广泛地宣传相关法律法规、上级要求和集团安全健康环保的政策与信息，展现各利润中心在安全健康环保方面的工作风貌和业绩；自主开发了安全生产管理信息系统，实现了安全生产管理信息网上直报，建立了安全生产管理数据库。华润燃气开发使用了SCADA（数据采集与监视控制）系统、GIS（地理信息）系统、GPS（全球定位）系统、CCTV（闭路电视监控）系统、智能抢维修系统和红外线报警系统。华润煤业将视频技术应用到作业现场，加强了安全生产的检测和监控。华润五丰、华润北药、华润三九将物联网技术应用到物流管理，提高了安全生产管理的效率。

**六、加大安全生产投入，提高安全生产保障能力**

2011年，集团各单位共投入资金5亿多元，用于完善、改造和维护安全防护设备和设施、重大危险源与事故隐患的评估和整改、应急预案演练、信息化平台建设等，安全生产保障能力不断增强。华润纺织开展了“安全技术创新”活动，完善设备、设施安全防护功能，提高本质安全水平；华润煤业在徐州地区建设安全实培基地，在地面模拟井下各种环境、设施及可能发生的事故，提高了安全培训的现场感。华润燃气投入近2000万元，采购全球最先进的美国杰恩公司生产的RMLD激光甲烷遥距检测仪，能透过玻璃进行检测，可检测巡检人员不易达到的地方，测量精度高、检测距离远。

安全生产是尊重人的生命权和健康权的最直接体现，是实现科学发展、构建和谐社会的必然要求。华润集团将继续加强安全生产管理工作，正确处理好安全与速度、质量、效益的关系，不断完善和优化安全生产管理体系，致力于建立安全生产管理的长效机制，确保集团持续安全发展。

# 第十三部分

# 安全生产协会、学会工作

## 中国安全生产协会安全生产工作综述

2011年，中国安全生产协会在国家安全监管总局党组和协会理事会的正确领导下，在总局各司局和协会各会员单位的大力支持下，按照会长孙华山提出的“团结、敬业、创新”精神，认真贯彻落实协会一届四次理事会通过的今年工作安排部署，紧紧围绕我国安全生产工作大局，牢牢把握为政府、为会员、为社会服务的宗旨，创新进取，扎实工作，在配合政府安全监管和推进企业安全生产工作交流、安全培训、安全评价、安全生产标准化等方面都取得了显著成绩，为促进全国安全生产形势明显好转作出了应有的贡献。主要体现在以下3个方面。

**一、进一步发挥参谋助手作用，积极参与政府安全监管工作**

2011年，协会秘书处积极配合国家安全监管总局政策法规司、规划科技司、人事司、一司、三司、四司等有关司局，开展了安全生产标准化、安全评价和一些课题的研究等工作，主要表现在以下几个方面。

（一）大力开展安全生产标准化工作

一是配合国家安全监管总局有关司局，建立完善了安全生产标准化考评系统。按照《国务院关于进一步加强企业安全生产工作的通知》的有关要求，协助总局监管一司、三司、四司出台了非煤矿山、危险化学品、烟花爆竹、冶金等工贸行业安全生产标准化考评办法、评审管理办法等程序文件，对全国考评工作进行规范。二是配合有关司局做好行业标准规范的制、修订工作以及宣贯、经验交流和技术服务工作。协助总局监管四司起草、评审并出台了冶金、有色、建材、轻工、商贸等工贸行业20余项安全生产标准化专业评定标准，起草并出台了《冶金等工贸行业企业安全生产标准化基本规范评分细则》，为各行业企业安全生产标准化的创建工作提供基础。三是做好安全生产标准化一级企业现场考评及评审组织工作。上半年组织相关专家完成了武汉钢铁集团所属两家企业安全生产标准化现场考评工作。作为评审组织单位，共接受20家冶金企业、47家机械制造企业进行安全生产标准化一级企业的申请，并已全部分配给评审单位进行现场评审。作为全国安全生产标准化证书发放单位，全年共发放证书1300余份，覆盖全国14个省市。四是做好安全生产标准化评审人员培训工作。共完成11期冶金等工贸行业、非煤矿山安全生产标准化一级企业评审人员培训，参加培训人员达1290人，建立了相关行业安全生产标准化专家库，为考评工作提供专业技术基础。还配合安全评价工作委员会，完成了3期针对安全评价人员的安全生产标准化业务培训。五是完成安全生产标准化管理信息系统软件。受总局监管四司委托，与通信信息中心共同开发完成安全生产标准化管理信息系统软件，为全国各级安全生产标准化企业统计、发放证书等工作服务。

（二）全面推进安全评价师职业资格鉴定工作

一是完成了2010年安全评价师职业资格鉴定

的阅卷、成绩上报和3533名鉴定合格人员制发证工作，组织实施了2011年的2次鉴定工作，完成了向人力资源和社会保障部职业技能鉴定中心实施鉴定提供的技术支持和服务，共计有12966人报名参加鉴定。二是举办了1次安全评价师职业资格培训师资培训班，组织召开了2010年鉴定工作总结会和2次2011年鉴定工作准备协调会议，完成了7次安全评价师职业资格鉴定工作专家组会议的保障工作、安全评价师职业资格培训课件修订工作和山东技师学院等5家申请安全评价师职业培训联合办学单位的审查工作。三是完成了全国职业技能鉴定考务管理系统终端的安装调试，与人力资源和社会保障部职业技能鉴定中心建立起了网络连接。四是完成了向总局规划科技司提供的技术支持服务工作，包括对9家乙级资质安全评价机构申请甲级资质的材料审查及11家甲级资质机构增加业务范围的材料审查、证书制作发放等工作。五是组织专家委员会成员参与了总局组织的对4个省的安全评价机构管理专项检查。六是组织专家完成了安全评价机构量化考核评分办法的起草工作。

（三）起草了“企业外协用工安全生产管理规定”

按照局长骆琳、副局长孙华山的指示精神，制定了“企业外协用工安全生产管理规定”起草工作方案，组织召开了两次“企业外协用工安全生产管理规定”起草小组工作会议，研究解决起草过程中存在的主要问题和难点。组织了4次内部讨论会，讨论修改草稿内容。9月8日，组织召开了《管理规定（讨论稿）》征求意见会议，来自武钢实业公司等15家企业涉及发包单位、承包单位、劳务派遣单位（或劳务公司）等相关单位的20余名负责人参加了会议，针对讨论稿提出了修改建议和意见。随后，又组织召开了《管理规定（征求意见稿）》的专家座谈会。来自总局研究中心等单位的有关专家参与了讨论，提出了修改意见和建议。至此，起草小组历时7个月，前后修订了10稿，形成了《企业外协用工安全生产管理规定（送审稿）》，随后连同起草说明一并报送总局政法司。10月11日，政法司将《送审稿》在总局网站和“中国政府法制信息网”征求社会各界意见。

（四）积极配合国家安全监管总局有关司局开展一些课题的研究工作

（1）开展了《安全生产监管激励约束机制研究》。为深入贯彻落实《国务院关于进一步加强企业安全生产工作的通知》、国务院第165次常务会议以及《国务院安委会关于认真贯彻落实国务院第165次常务会议精神进一步加强安全生产工作的通知》精神，遵照会长孙华山关于建立区域安全生产预警、隐患排查、科学考评“三个机制”，实现安全管理工作“五个转变”的工作要求（在管理时段上由事后处理向事前预防转变、在管理对象上由事故查处向隐患整治转变、在管理方式上由应急救援向预警预防转变、在管理手段上由行政强制向法制管理转变、在管理内容上由控制事故伤亡人数向注重职业安全健康转变），8月下旬研究起草了《安全生产监管激励约束机制研究方案》，8月下旬至9月起草了《安全生产监管激励约束机制研究》（初稿），并在协会内部召开了6次研讨会。10月10日组织召开了课题组成员会议，10月24日又组织召开了专家研讨会，在广泛听取意见建议的基础上，于10月底形成了《安全生产监管激励约束机制研究》（报送稿）送总局财务司审定。

（2）完成了《现代安全生产管理方法与实践研究》课题验收工作。协会组织部分企业及科研院所对国内外现代安全生产管理方法进行全面研究，分析了我国安全生产管理的现状，建立了定量衡量企业安全生产状况的安全预警指数系统，并在有关企业开展了试点工作。5月初，国家安全监管总局规划科技司在北京组织召开了该课题验收会，验收专家认为，该课题研究报告内容丰富翔实、成果系统完整，研究和借鉴国际现代先进的安全生产管理理念、模式，建立适合我国国情和企业特征的现代安全生产管理模式，提出了现代安全生产管理方法，为推进企业的安全生产管理工作规范化、系统化和科学化提供了标准依据。

（3）协助有关科研院所完成安全生产相关课题。协助安科院完成了《区域生产安全风险宏观预警研究》、《我国安全生产阶段性规律分析研究》等课题研究，为各级安全监管部门结合辖区实际制定干预策略提供参考依据。

（4）开展“企业安全生产业绩考评体系”课题研究。启动了“企业安全生产业绩考评体系”的课题研究，初步建立企业安全生产业绩考评指标体系。

（5）配合政策法规司完成了安全生产巨灾风险基金课题研究报告审定工作。在去年开展安全生产巨灾风险基金课题研究的基础上，1月中旬，组织召开了安全生产巨灾风险基金课题研究报告（初稿）审议会，并根据专家的意见和建议，对安全生产巨灾保险基金课题研究报告作进一步修改完善，完成了安全生产巨灾风险基金课题研究报告，3月已提交总局政法司。

（五）配合总局有关司局开展了安全生产“百佳”中小型科技企业遴选活动

组织起草了工作方案、申报表、评选标准，根据协会内部讨论、部分会员企业意见及总局规划科技司的思路，对标准和申报条件进行了多次修订和调整。8月17日，在江苏镇江组织召开了安全生产“百佳”科技创新型中小企业遴选方案讨论会，围绕遴选工作的原则、范围、条件、标准等内容进行了充分交流和讨论。经过进一步修订完善后，10月8日总局印发了遴选工作通知。目前，正在接收各省局报送的申报材料。

（六）完成了有关安全生产责任保险的有关工作

一是为贯彻落实《国务院关于进一步加强企业安全生产工作的通知》精神，积极稳妥地推进安全生产责任保险制度，按照政策法规司的要求，起草了《全国安全生产责任保险经验交流会方案》。二是整理编写了安全生产责任保险业务材料。三是联合中国安全生产杂志、有关保险机构共同策划关于安全生产责任保险2012年的宣传报道方案，加强安全生产责任保险的宣传工作，营造良好的社会舆论氛围，提高社会认知，强化企业风险防控意识。四是为落实《关于开展烟花爆竹行业推进安全生产责任保险情况调研的函》（政法函〔2011〕29号）要求，9月23日，协会配合总局政法司、三司在福州召开了烟花爆竹行业推进安全生产责任保险情况座谈会。

（七）充分发挥协会分支机构的作用，广泛开展为政府服务工作

冶金专业委员会：一是结合总局推动安全生产标准化工作要求，在冶金行业积极开展安全生产标准化工作。目前，烧结球团、焦化和铁合金安全生产标准化评定标准已通过总局审核并已颁布。二是受国家安全生产监督管理总局委托，9月16日在武汉举行《炼铁安全规程》等七项安全生产标准制修订工作研讨会。

危险化学品专业委员会：一是完成危险化学品建设项目安全许可相关工作。2011，开展了有关危险化学品建设项目的安全许可和试生产（使用）方案备案申请28项。二是协助监管三司组织召开石油化工行业协会安全生产工作座谈会。2月18日，协助总局监管三司组织20家石油化工行业协会的主要负责人召开了“石油化工行业协会安全生产工作座谈会”。三是参与完成了《危险化学品安全生产“十二五”规划》（以下简称《规划》）的编写工作。2011年，已经完成了《规划》中法规标准子项目法律法规部分内容的编制，进一步完善了“十二五”期间危险化学品安全生产法规标准方面需要修制订的具体内容。四是参加监管三司与拜耳公司合作的光气安全管理项目。协会协助编制了光气合作项目工作方案，目前，拜耳公司已完成并提交了《中国光气安全规范与管理建议书》初稿。五是起草了有关危险化学品安全生产相关标准。协会根据已发布的新《条例》，对已起草的《危险化学品生产企业安全评价细则》、《危险化学品经营企业安全评价细则》、《危险化学品使用企业安全评价细则》、《危险化学品建设项目安全评价细则》4项安全生产行业标准进行了修改、完善，完成了初稿。六是协助监管三司完成《危险化学品输送管道安全管理规定》（以下简称《规定》）的起草工作。参与了《规定》的起草和会议讨论工作，并根据每次讨论意见对《规定》进行了修改。七是参与安全生产许可证延期、安全评价机构、检验检测机构资质审核工作。八是协助监管三司做好非药品类易制毒化学品监管工作。协助监管三司组织召开了非药品类易制毒化学品监管暨信息系统使用专题会议，推进非药品类易制毒化学品管理信息系统的应用。九是协助监管三司做好烟花爆竹安全监管工作。协助监管三司起草了《烟花爆竹生产经营企业安全生产标准化工作的实施意见》、《烟花爆竹生产经营企业安全生产标准化评审办法》和《烟花爆竹生产经营企业安全生产标准化评审标准》。协助监管三司完成了《烟花爆竹安全生产标志》等七项AQ标准和《烟花爆竹作业安全技术规程》一项GB标准的报送工作等。十是

认真做好化学品分标委秘书处工作。组织申报2011年化学品安全标准项目，组织开展了13项标准审查工作及12项标准征求意见，组织召开有关标准起草工作进展汇报会，组织申报2012年化学品安全标准项目计划。

安全评价工作委员会：一是完成了1000多份安全评价师变更从业登记资料的审核工作、数据维护、信息上网公布。二是完成了《安全评价师从业登记规则》的起草和修改，经总局人事司审查同意，现已发布实施，并在今年的全国安全生产社团联席会上进行了宣讲。协助总局人事司起草了《关于加强安全评价师管理工作有关问题的通知》（安监总厅培训〔2011〕218号）。三是组织专家委员会成员参与了总局人事司注册安全工程师与安全评价师职业资格归并方案的研究。

劳动防护专业委员会：一是与辽宁省安全生产监督管理局合作，分别在沈阳和大连召开了劳动防护用品销售认证单位新标准宣贯会。二是提出贵州省地方标准DB52《金属冶炼行业自吸过滤式防尘（烟）口罩》、内蒙古自治区地方标准DB15《煤矿专用自吸过滤式防尘口罩》、重庆市地方标准DB50《非煤矿山及其制品行业自吸式防尘口罩》等3项标准，待地方政府评审通过后发布。

教育培训工作委员会：一是完成了培训机构复审认定的相关工作。编写了《关于2010年一、二级安全培训机构复审认定现场核查情况的报告》，提交总局综合评审会议讨论，决定资质许可，并完成了机构公示、公告、资质证书制作等基础性工作，对需要限期整改的机构发出了整改通知。对资质将于2012年1月到期的83家一、二级安全培训机构和3家整改机构进行了现场核查。二是开展调查研究，促进了安全生产培训工作的发展。受总局人事司委托，起草了《国家安全监管总局关于2010—2020年干部教育培训改革的实施意见》（提纲），在此基础上，与总局培训中心共同完成了《国家安全监管总局关于2010—2020年干部教育培训改革的实施意见》。今年3月11日，总局以《中共国家安全生产监督管理总局党组关于进一步深化“十二五”时期安全监管监察干部教育培训改革的意见》（安监总党〔2011〕11号），印发全国安全监管监察系统贯彻执行。

**二、进一步发挥桥梁纽带作用，不断提高为会员单位服务的质量和水平**

协会是社会团体组织，不具备行政职能，必须靠创新意识、超前思维，为政府、为会员、为社会提供高质量的服务。服务质量的高低直接决定了协会的兴衰，服务是协会立世之本。

*（一）组织开展了落实企业安全生产主体责任系列活动*

2011年初，国家安全监管总局全国安全生产工作会议提出了2011年重点工作是抓好“三深化”、“三推进”，其中“三深化”第一项是深化企业主体责任落实。为此，今年以来，协会秘书处把宣传贯彻落实国务院23号文件作为重中之重，开展了丰富多彩的系列活动，对于引导会员企业认真学习好、领会好、执行好《通知》精神，促进企业进一步落实安全生产主体责任具有重要意义。

（1）联合36家全国性和省级安全生产社团组织发出“落实企业安全生产主体责任”倡议书。年初，分别在协会会刊《现代职业安全》、《中国安全生产》杂志和总局网站、《中国安全生产报》刊载，36家全国性和省级安全生产社团组织在各自网站上登载，促进会员单位进一步贯彻落实国发〔2010〕23号文件精神。

（2）在4个高危重点行业组织开展了贯彻落实国务院23号文件宣讲活动。成立了中国安全生产协会贯彻落实国务院23号文件宣讲团，国家安全监管总局副局长兼协会会长孙华山任团长。从3月11日召开启动会议到7月20日在镇海炼化站举行宣讲报告会，这次宣讲活动历时4个多月。宣讲团分煤矿、非煤矿山、危险化学品、冶金4个小组，分两个阶段先后深入到甘肃、黑龙江、辽宁、山西、河北、云南、浙江、上海、北京等12个省市，在中国石油兰州石化公司、山西焦煤集团公司、中国有色抚顺红透山矿业公司、宝钢集团公司等16家会员单位进行了集中宣讲。每场宣讲时间为3小时，采取领导解读、专家解读、经验交流等方式，解读国务院23号文件。中国石油塔里木油田、河南煤业化工集团永城煤电公司、太原钢铁集团公司、中国五矿集团邯邢矿业公司等18家企业交流了企业落实安全生产主体责任的做法与经验。邀请了国家安全监管总局监管三司副司长孙广宇、监管四司副司长马锐、监管一司处长刘谨，国家煤矿安全监察局处长王万生4位专家讲解国家安全监管总局关于重点行业领域贯彻落实国务院《通知》的实施意见要点。特别是副局长兼会长孙华山亲自参加7月20日在镇海炼化的宣讲活动，对于引导会员单位认真学习好、领会好、执行好23号文件精神，促进企业进一步落实安全生产主体责任发挥了重要作用，同时也为全国安全生产形势持续稳定好转营造了良好的舆论环境。在宣讲活动结束后，对宣讲活动进行了总结，制作了煤矿、非煤、危化、冶金4个行业宣讲视频光盘，免费发放给协会相应的会员单位。

(3) 组织编印了《落实企业安全生产主体责任经验文集》。以2010年11月2日“协会落实企业安全生产主体责任经验交流会”上总局和国务院国资委有关领导讲话、省级安监部门经验以及60多家会员企业交流的82篇经验材料为素材，组织编辑了《落实企业安全生产主体责任经验文集》，6月初正式出版，并于安全生产月期间免费发放至会员单位。

(4) 开展了“创新安全生产管理，落实企业主体责任”有奖征文活动。5月，印发了“创新安全生产管理，落实企业主体责任”有奖征文活动的通知，并在协会网站上开辟了“创新安全生产管理，落实企业主体责任”有奖征文专栏。9月，对收到的200余家单位的600余篇文章进行了初审，其中，571篇放到协会网和中国安全网上，由社会公众浏览，并进行无记名投票。期间，共有14455人次参与网络投票。10月，在公众网络投票基础上，组委会办公室择优选出了供专家网上评选的50篇文章，并组织召开了专家评审会。经过专家公平、公正地评选和无记名投票，将三类（安全管理、技术保障和应急救援）入选的文章，评选出了“最佳奖”3名（每类各1名），“优秀奖”12名（安全管理8名，技术保障和应急救援各2名），“纪念奖”85名。

（二）充分发挥协会网站、会刊作用，进一步加强安全生产舆论阵地建设

协会充分利用网站、会刊等舆论阵地，切实发挥桥梁和纽带作用，使安全生产协会的“政府之桥、会员之家”的服务宗旨落到实处。

(1) 加强协会网站的日常管理，进一步加大宣传报道工作。一是配合协会重要活动和工作，策划并制作了协会一届四次理事会、贯彻落实国务院23号文件宣讲活动、安全生产标准化工作3个专题网页，对协会重要活动和工作进行了全面报道和宣传。二是2011年网站上传各类信息3500多条。11月中旬，网站点击率突破600万人次。三是按照《安全生产社团组织信息共享与应用工作管理办法（试行）》要求，制定了安全生产社团组织信息共享模块建设方案（征求意见稿），同时起草了《关于建设和维护安全生产社团组织信息共享与应用互动平台的意见》。目前，共享平台在制作阶段。四是制定了协会网站改版方案，加强各类信息的上传工作。五是根据协会分支机构信息管理需要，修改了《中国安全生产协会网站建设管理办法（试行）》。六是印发了《中国安全生产协会关于表彰2009—2010年度优秀信息联络员及信息联络工作先进集体的通报》，8月，在协会会员单位联系人座谈会上，对协会2009—2010年度8名优秀信息联络员和5个信息联络工作先进集体进行了颁奖。

(2) 加强与会刊《现代职业安全》的沟通协调，充分发挥平面媒体宣教作用。根据工作需要，自2011年1月起，中国安全生产协会会刊由《中国安全生产》变更为《现代职业安全》，协调做好协会会刊《现代职业安全》的征订、组稿、编委会组建等工作。目前已完成11期稿件的策划、组稿等工作，刊发协会及会员单位稿件170余篇，向会员单位免费发放会刊6600多册。另外，今年还编辑出版《会员通讯》特刊1期。利用这些平面媒体，开展全方位、多层次的安全生产宣教工作，服务企业安全生产工作。

（三）联合承办了化工行业危险与可操作性分析技术推广研讨会

2011年11月，总局监管三司主办，中国安全生产协会、中国化学品安全协会联合承办了化工行业危险与可操作性分析技术推广交流研讨会。国家安全监管总局副局长孙华山出席会议并讲话，天津、山西、上海、江苏、山东、湖北、甘肃7个省、市安全监管局的主管负责人，总局监管三司、应急救援指挥中心，中国安全生产科学研究院，化学品登记中心，中国安全生产协会、中国化学品安全协会有关负责人，以及来自全国16个化工生产重点省（区、市）安全监管局相关业务处室的负责人，有关中央企业（总部）及参加HAZOP试点

的企业，各地大、中型化工企业，化工行业工程设计、研究单位，安全评价、咨询机构的负责人和工程技术人员以及高等院校有关专业人员总计400余人参加了会议。这次会议是有关危险与可操作性分析（HAZOP）推广应用的第一次全国性大型会议，对推广普及HAZOP应用，提升应用水平，增强企业风险辨识能力，促进全国石油和化工行业安全发展发挥了重要作用。

（四）充分发挥协会分支机构的作用，加强与会员单位的沟通与交流

冶金专业委员会：一是依托挂靠单位中钢集团武汉安全环保研究院分别在厦门、江阴、武汉等多地举办了《冶金安全监督管理规定》（总局26号令）与冶金安全标准化的培训，协助广东省安监局开展26号令和冶金安全标准化的培训，还为武钢、宝钢、兴澄特钢等企业单独举办了安全生产标准化评定、标准培训班，取得了积极的效果，受到企业的好评。二是根据会员单位上报的事故统计数据，编辑了冶金安全专业委员会事故统计分析报告，从事故发生原因、类别等方面对2010年事故情况进行了全面的分析，并统计分析报告邮寄给各会员单位，深受好评。三是召开了冶金安全专业委员会2011年年会，对冶金专业委员会2010年度工作进行了总结。四是组织会员单位参加冶金行业安全生产标准化评定培训。8月2—4日在武汉举办冶金行业安全生产标准化一级企业评审人员培训班。五是编制《冶金企业安全标准化建设文件汇编》。对冶金企业安全标准化建设过程中所涉及的实施意见、考评办法、管理办法、基本规范等相关文件、标准进行整理、汇编。六是组织会员单位参加第十九届海峡两岸职业健康学术研讨会。"第19界海峡两岸及香港、澳门地区职业安全健康学术研讨会"于11月14—16日在香港举办。冶金安全专业委员积极组织会员单位参加本次学术研讨会。七是举办了冶金企业安全生产标准化工作研讨与培训班。2011年9月9—11日召开了"冶金企业安全生产标准化工作研讨与培训会"。来自首钢、唐钢、武钢等30余家会员单位及媒体代表的60余位代表参加了本次会议。

劳动防护专业委员会：一是建立了各专业组专家库，目前已聘任专家14人。专家库的建立，将为开展劳动防护行业调查研究、教育培训及咨询服务工作提供技术支撑作用。二是筹备建设劳动防护产品展示中心，目前相关负责人已开始在上海进行展示中心设计等工作。三是对劳动防护专业委员会网站进行了改版，改版后的网站增加了学术论坛、网上劳动防护用品交易等功能。目前新版网站主体内容已完成，个别栏目还在进一步完善。四是完成了劳动防护用品知识培训教材终稿，预计今年年底或明年年初正式出版。

危险化学品专业委员会：一是完成了化学品安全协会网站的改版工作。2011年1月，完成了协会新网站的改版工作。1月25日，协会新版网站正式开通。改版后的新网站，首页页面更加活泼，醒目；栏目设置更为合理；栏目内容的可读性，实用性和指导性均有大的改进。二是开展石油和化工企业安全生产工作系列报道活动。2011年重点开展"石油和化工企业贯彻国务院通知精神，加强企业安全生产工作系列报道"。各企业选送的稿件共有260篇，在系列报道栏目发布了154篇。目前，正筹备出版一本"石油和化工企业安全生产工作交流文集"，免费赠送全体会员单位。三是组织开展全国大化肥行业安全检查工作。10月10—28日，协会组织部分大化肥行业会员单位采用南北互检方式开展了安全互检工作。四是组织召开了中盐镇江盐化有限公司安全距离有关问题座谈会。6月28日，协会应会员单位中盐镇江盐化有限公司的申请，组织召开了该公司周边区域安全距离有关问题座谈会，邀请相关专家帮助会员单位有针对性地解决实际存在的问题。

教育培训工作委员会：一是根据近几年机构复审中发现的培训过程管理不完善、不规范、不统一等问题，教培委继2009—2010年"改进单一的培训方法"之后，拟"用2年时间规范培训机构培训工作流程"，组织开展了培训机构培训工作流程和表格标准的研究。研究工作依托河南省电力公司培训中心进行，上半年完成了培训四大过程管理的流程和表格的设计及修改完善，8—10月在5家不同行业、类型的会员单位中试用，征询意见。完善后明年拟在全部会员单位推广应用。二是召开了协会教培委一届三次委员会议及会员单位负责人研讨会。交流了培训"四化"的做法及效果，讨论了《安全生产培训管理办法》（原国家安全监管局令第20号）修改稿，对进一步发挥教培委作用，促

进会员单位做好培训工作，更好地为全国安全生产工作服务等进行了深入的探讨和交流。三是发展会员单位，及时沟通并提供信息和咨询服务。审定并向中国安全生产协会推荐了6家安全培训机构为协会会员单位。

安全评价工作委员会：一是组织召开了安全评价委员会一届三次委员会议和2次专家技术委员会议。二是按照会员的要求，举办了3次有77家会员单位参加的安全生产标准化评审人员专业技术培训班。

（五）加强国际交流与合作

加强与总局外事司、国际交流合作中心的联系，11月上旬组团赴智利参加第九届国际职业风险预防大会，并在会上作了重点交流发言。

（六）组织召开了会员单位联系人座谈会

会议通报了中国安全生产协会2011年上半年主要工作情况及近期工作安排，表彰了2009—2010年优秀信息联络员和先进集体，报告了企业安全生产标准化推进情况。3家会员单位作了安全生产标准化典型经验介绍。与会代表围绕创新发展主题，结合协会上半年工作和下一阶段工作安排，积极发言，各抒已见，畅谈工作体会以及对安全生产工作和协会工作的建议。

（七）组织召开了全国安全生产社团组织2011年度联席会议

会议讨论了《安全评价师从业管理登记规则（征求意见稿）》，修改补充了《安全生产社团组织联席会议制度暂行办法》，讨论了中国安全生产协会提出的《关于建设和维护安全生产社团组织信息共享与应用互动平台的意见》。会议新增补4家单位为安全生产社团组织联席会议成员单位。

此外，派员参加了辽宁省安全生产协会落实企业主体责任经验交流会和湖北省安全生产技术协会成立大会，加强了与省级协会的直接联系、交流。

**三、进一步加强协会自身建设，促进协会健康协调发展**

协会秘书处根据民政部关于社团组织的要求和自身的实际，建立健全协会的规章制度和工作制度，使工作走向制度化、规范化的轨道。充分发挥分支机构的作用，把协会逐步建设成为独立公正、行为规范、运作有序、代表性强、公信力高的“学习型”协会。

（一）按章程规定召开协会一届四次理事会

4月1日，协会一届四次理事会在江西省景德镇市召开。会长孙华山到会作了重要讲话，对协会2011年的工作提出了明确要求。会议还举行了安全生产标准化一级企业牌匾颁发仪式。

（二）发挥党支部的战斗堡垒作用，积极开展系列纪念活动庆祝建党90周年

为纪念建党90周年，“七一”前后，协会党支部组织党员干部职工游红色圣地、唱红色歌曲、看红色影片，开展了丰富多彩的主题党日活动。6月27日，参加了总局直属机关庆祝建党90周年红歌演唱会，演唱的红色歌曲——《团结就是力量》，受到总局领导和与会人员的高度评价。

按照总局机关党委的要求，申请成立了协会工会组织，目前，工会已发展会员40余名，工会成立后，立即组织全体职工爬山和保龄球比赛，进一步丰富了协会人员的文化生活。

（三）建立、完善协会秘书处管理制度

一是建章立制，完善制度，不断加强内部管理。通过建立、完善《协会秘书处工资管理制度》、《协会秘书处财务管理制度》、《协会秘书处党风廉政建设制度》等一系列行之有效的规章制度，使各部门职能明晰、责任明确，使协会全体员工统一思想，心往一处想、劲往一处使、事往一处干。二是加强理论学习。协会始终把学习作为提高工作人员思想素质、业务素质的第一要务。定期组织员工进行理论学习和业务学习，及时传达党中央、国务院以及国家安全监管总局关于安全生产的指示精神和重点工作。今年以来，协会秘书处全体人员参加了12次由总局举办的安全生产管理专题讲座。三是加强人才队伍建设，着力培养一支爱岗位、讲奉献、善服务的队伍。本着精简、高效的原则，今年以来，协会通过公开招聘，4名热爱协会事业、懂业务的大学生、研究生吸纳到协会中来，进一步增强了协会的凝聚力、向心力，使协会逐渐成为一个思想敏锐、务实创新、业务精通、勇于探索、年富力强、勤奋敬业的战斗集体。

（四）加强分支机构建设

3月初，召开了各分支机构秘书长工作会议。矿山安全专业委员会和安全生产检测检验专业委员会已经民政部批准并颁发了登记证书。矿山安全专业委员会已向各有关单位发出了《关于筹备组建

中国安全生产协会矿山安全专业委员会的通知》，现正在征集会员。注册安全工程师工作委员会与信息化工作委员会已通过民政部的初审。

（五）进一步壮大协会会员队伍

2011 年，协会对提交入会申请的 40 余家单位进行了审查。经过筛选，批准符合条件的 38 家单位为协会会员。

2011 年，中国安全生产协会做了大量的工作，取得了显著成绩，但离国家安全监管总局党组的要求和广大会员单位的期望，还有一定的差距，主要表现在：一是为会员单位服务，反映企业诉求方面仍需进一步加强；二是协会的人才资源优势和专家作用发挥得不够，需进一步采取措施；三是协会的凝聚力和向心力需进一步加强，激励机制有待进一步加强，如何进一步增强协会的经济实力，保证协会长期稳定发展，有待加强研究和采取措施。这些问题和不足，将在 2012 年的工作中认真加以研究和改进。

# 中国职业安全健康协会安全生产工作综述

2011 年协会秘书处工作的指导思想是：以党的十七大和十七届四中、五中、六中全会精神为指导，全面落实科学发展观，深入开展“创先争优”活动，全面落实 2011 年国务院安委会安全生产电视电话会议、安全生产工作会议精神，深入开展“安全生产年”活动，继续开展“三项行动”、“三项建设”，认真落实“三深化”、“三推进”。坚持以人为本，促进和谐社会建设，以服务总局党组中心工作、企事业单位和广大会员为目标，以履行协会章程为着力点，强化会员发展、服务、管理以及分支机构活动，继续加强思想、队伍和制度建设，为我国安全生产和职业健康事业的持续推进做出贡献。

**一、职业安全健康工作**

（一）修订教材并开展职业健康监管业务培训

根据中央编办〔2010〕104 号文件精神，对《职业健康监督管理培训教材》进行了修订，并于 12 月 16 日出版。根据国家安全监管总局培训计划分别于 6 月 13—19 日和 8 月 29 日—9 月 4 日在大连和庐山完成了两期监管业务培训班。培训人员 230 余人。

（二）承担国家安全监管总局职业健康百千万培训工程培训项目

协会承担了“百千万培训工程”方案的起草任务，并承担 100 家石棉和 1000 家石英砂企业负责人及职业健康管理人员培训，同时承担省级参与百千万培训工程，培训机构师资培训。12 月 19—30 日在广西南宁举办两期师资培训班。人数超过 240 人，起草了《职业健康培训大纲》。

（三）为国家安全监管总局开展职业健康技术服务监管提供技术支持

协会起草了《职业健康中介机构管理办法》(已通过)、《家具行业，石英砂行业职业健康先进企业评选方案》、《建材行业职业健康现状调研方案》等。完成重大项目职业安全健康“三同时”4 项。

（四）防尘防毒分标委会秘书处工作

2011 年，分委会召开标准评审会 2 次。完成 2010 年标准 11 项，国家安全监管总局已下文。上报并获批 2011 年标准 4 项。

（五）开展了职业安全健康调研工作

一是全国经济技术开发区之调研。二是煤矿职业危害防治调研。启动了煤矿作业场所粉尘管理标准的调研工作，完成了调研方案。

（六）召开了煤矿职业安全健康经验交流会暨煤矿尘肺病防治现场会

继 2010 年 11 月在山东枣矿集团召开首届会议之后，2011 年 11 月 30 日—12 月 1 日在广西右江矿务局召开了第二届全国煤矿职业危害经验交流后暨煤矿尘肺病防治现场会。

（七）对《职业病防治法修正案》提出修改意见

协会组织专家召开研讨会，座谈会。受科学技术协会委托向全国人大教科文卫委员会转达《职业病防治法修正案》修改意见。

二、安全社区工作

（一）启动安全社区创建单位

截至12月20日，全年备案启动安全社区309个，是计划120个的2.58倍，总计达到1370个，涉及北京、上海等19个省级行政区，占省级行政区的59.37%。企业主导型安全社区包括煤矿、石油和石化三个行业。

（二）评定工作

2011年通过评定已被命名“全国安全社区”85个，是计划80个的1.06倍，累计达到289个，涉及到10个省级行政区和石油、石化、煤炭行业。指导国防安全社区19个，13个通过评审而命名。

（三）培训与咨询工作

其举办培训班9期，其中协会主办两期，与支持中心合办两期，与企业和地方合办5期，共培训1700余人。另外，组织专家对陕西、天津、宁夏10个地区和长庆油田、燕山石化等5个主导型社区进行了咨询和指导。

（四）组织召开了5个会议，组织参加了2个会议

（1）组织召开了全国安全社区专家会议。

（2）协助亚洲安全社区网络中心在上海召开了亚洲安全社区网络会议第三次全员大会暨国际安全社区命名仪式。

（3）组织召开了安全社区工作委员会会议及部分专家研讨会。

（4）组织召开了全国安全社区工作会议，400余人参会，会上表彰了19个先进单位，40名先进个人，命名了62个全国安全社区。

（5）组织召开了安全社区工作委员会会议，调整了部分委员。

（6）组团参加了台湾安全社区研讨会。

（7）组织人员参加了在瑞典法伦召开的国际安全社区会议。

（五）专家库与网站建设

（1）组建了由50人组成的专家库，由安监、科研、社区、社团组织等人员组成，为安全社区建设提供了人才保障。

（2）网站开通。由协会主办，全国安全社区北京支持中心及北京城市系统工程研中心承办的《中国安全社区网》于5月正式开通（www. safe-community. org. cn）。

（六）成立两个地方支持中心

成立了沈阳、潞安两个地方支持中心。

（七）编制、起草修改相关文件

（1）编制完成《全国安全社区评定质量控制规范》、《全国安全社区评定人员职责》等8个文件。

（2）协助国家安全监管总局起草修改了国务院安委会办公室《关于进一步推进安全社区建设的通知》（安委办〔2011〕38号）。

三、科技交流工作

（一）科学技术评奖工作

（1）国家安全监管总局第五届安全科技成果奖相关工作。协会承担大安全（非煤）部分项目的申报、形式审查、专业组评审会、初评一等奖项目答辩、终评会议等相关工作。

（2）协会科学技术奖相关工作。

（二）协会学术年会工作

经过各方努力，中国职业安全健康协会2011年学术年会于2011年10月18—20日在广西柳州召开，并获圆满成功。来自全国各行业的协会副理事长、常务理事、理事，会员、代表，广西14个市地安监局的负责同志，柳州12个区县安监局的负责通知，和媒体的朋友们等260余人参加了会议。会议分主会场和4个分会场，40余位专家学者分别在主会场和分会场进行了论文交流。此次会议的特点是，人数多，学术论文多，论文层次高。会议出版论文集两部。

（三）新技术项目开发和推广应用工作

（1）煤矿救生舱试点工作。为美国两家公司代理，目前有10台救生舱在7个煤矿井下试用。

（2）科技立项。与协会理事单位一道，在国家安全监管总局科技规划司为《煤矿井下瓦斯事故个体逃生装置》研究项目立项。

（3）《中国安全科学学报》进入中国科学引文数据库［CSCD（2011—2012）］核心版。全年共收稿1325篇，1—11期发表论文283篇。

四、教育培训工作

（一）教育方面

（1）圆满完成安全科学与工程一级学科申报工作（纳入一级学科目录）。

经过几代人近20年的努力，安全科学与工程

终于纳入一级学科目录。2011 年 2 月 12 日国务院学位委员会第 28 次会议讨论通过。名称：安全科学与工程；代码：0837。意义在于国家高等教育层面确立了安全人才培养的独立序列，摆上了安全科学的位置，为加快安全学科建设、培训安全科学与工程学士、硕士、博士注入了新的活力，乃至为评选安全界院士增加了积极因素，对我国安全人才培养长效机制建设,促进安全发展必将发挥巨大作用。

（2）组织召开了一级学科建设研讨会，研讨一级学科建设思路。

（3）完成教育部安排的两所大学的安全工程专业认证工作，即中国计量学院和南京理工大学。

（二）培训方面

（1）完成国家安全监管总局规划内的两期职业安全健康监督管理业务培训班，6 月 13—19 日大连和 8 月 29 日—9 月 4 日庐山培训。两期班有 230 多人参加培训。

（2）国家安全监管总局百千万培训工程师资培训班。2011 年 12 月 19—30 日在广西南宁举办两期培训班，参培人员 240 余人。

（3）安全社区培训班。全年举办培训班 9 期，培训 1700 余人。

**五、会员服务工作**

（一）分支机构工作

通过会员部努力工作，2011 年有安全社区工作委员会、防火防爆专业委员会、工业防尘专业委员会、职业卫生专业委员会、水射流专业委员会、地质勘探安全分会和高空服务业分会等 7 个分支机构积极开展活动。准备或即将启动工作的有科技咨询工作委员会（拟更名为科学技术委员会）、宣传教育工作委员会、管理科学委员会和个体防护专业委员会、机电安全专业委员会以及航空工业分会、石油天然气分会、户外教育安全分会等。正在申报的有安全检测与监控专业委员会。另有有限空间作业分会、户外教育安全分会和安全行为与安全管理工作委员会明年启动申报工作。

（二）承办各类会议工作

（1）第五届常务理事会第二次会议于 2011 年 5 月 23—24 日在浙江省绍兴市召开。到会常务理事 90 人，超过半数，会议有效。

（2）理事单位座谈会于 2011 年 8 月 3—5 日在黑龙江牡丹江市召开。张宝明理事长、纪明波等 5 位副理事长及代表 60 余人参加会议。

（3）分支机构、代表机构工作会议。

（4）2011 年度全国安全健康相关团体联席会议于 2011 年 9 月 21 日在四川省绵阳市召开。

（5）组团参加第十九届两岸四地学术研讨会。协会组织全国近 30 位专家学者参加了于 2011 年 11 月 12—18 日在香港召开的两岸四地职业健康学术研讨会。

（三）会员管理工作及其他工作

（1）发展会员。2011 年度发展副理事长单位 1 个，常务理事单位 4 个，理事单位 6 个，单位会员 9 个；理事 1 人，个人会员 11 人。

（2）收缴会费。

（3）探索为会员服务方式。

（4）较好地完成了科学技术协会八大代表及委员的申报工作。

（5）网站的运行和维护工作。

**六、咨询与评价工作**

（1）完成资质变更与审查工作，并在业务范围的大项中增加了“火电、风电和尾矿库”。

（2）完成煤矿建设项目安全核准 6 项。均受到煤监局领导和申报企业的好评，且为以后的评价、咨询工作打下了良好的基础。

（3）全年签订咨询、评价合同 170 个，其中咨询项目 6 个，评价项目合同 164 个。评价项目合同中以非煤项目为主。

（4）职业安全健康方面工作。调研、起草文件、标准等。

**七、对外交流与合作工作**

（一）组团出国（境）参加有关会议

（1）1 月 24—27 日赴日本参加危险化学品伤害及职业安全健康风险评价研讨会。

（2）5 月 14—25 日，以徐少斗为团长，一行 6 人出席美国工业卫生协会年会及展览会，顺访墨西哥。

（3）出席在瑞典和芬兰召开的国际安全社区大会。

（4）10 月 21—24 日，出席在印度召开的“安全、健康与环境可持续增长：挑战与应对”国际会议。

（5）11 月 12—16 日，出席在香港召开的第 19 届两岸四地职业安全健康研讨会。

（6）11月20—29日，出席在澳大利亚召开的第26届APOSHO年会。

（二）外事接待活动

（1）先后接待了来自英国、德国和荷兰国际咨询公司的负责人，就欧盟与中方一揽子合作计划涉及职业健康方面的事宜进行了深入探讨。

（2）先后两次接待南非诺萨全球五星安全设备公司副总裁盖瑞一行。

（3）11月16日，张宝明理事长会见了美国贝迪公司总裁蒂姆一行4人，双方就合作和开发适合中国国情的工业救援系统进行了探讨，并达成良好共识。

# 中煤劳保学会安全生产工作综述

2011年，中煤劳保学会在国家安监总局和国家煤监局的领导下，在有关司局的大力支持下，以邓小平理论和“三个代表”重要思想为指导，深入落实科学发展观，围绕总局和煤监局的中心工作，坚持为政府服务、为煤矿企业服务、为煤矿科技工作者服务的宗旨，按照学会2011年的工作安排，经学会全体工作人员认真工作取得了一些成绩，现总结如下。

**一、主要工作**

（1）圆满完成煤矿建设项目安全核准审查工作。受国家煤矿安全监察局委托，学会组织有关专家，先后完成了内蒙古伊泰煤炭股份有限公司塔拉壕煤矿、内蒙古上海庙矿业有限责任公司新上海一号煤矿、四川芙蓉集团实业有限责任公司筠连矿区武乐煤矿、国投晋城能源有限公司里必煤矿和沽源金牛能源有限责任公司榆树沟煤矿等5个建设项目的安全核准的审查工作。

（2）认真做好专业委员会的联系指导工作。先后派人参加了通风专委会主办的第十五届矿井通风学术大会和职业医学专业委员会主办的第九届学术交流年会，并在会上作了发言，对专委会的工作提出指导性的参考意见。

（3）围绕国家安监总局的中心任务和煤矿企业安全生产的需求，举办了煤矿企业职业安全健康监管与职业危害防治技术、煤矿风险预控管理体系规范、煤矿工会劳动保护监督检查业务、矿井安全监控系统管理与维护人员等十五期培训班，收到良好的效果。

（4）为中国保利集团山西铁新煤业有限公司铁新煤矿制定了井下紧急避险系统方案。受中国保利集团公司委托，按照《国务院关于进一步加强企业安全生产工作的通知》（国发〔2010〕23号）以及《关于建设完善煤矿井下安全避险“六大系统”的通知》（安监总煤装〔2010〕146号）的要求，根据煤矿井下安全避险系统的相关技术要求，制定了《铁新煤矿井下紧急避险系统设计方案》，该方案经有关专家评审后认为，既符合国家的有关规定和煤矿的实际情况，满足该矿井的紧急避险要求，又为煤矿企业节约大量资金。

利用学会与有关单位共同开发的“液态$CO_2$防灭火技术”，成功地为山西潞安煤业集团屯留、王庄矿进行了井下灭火。

（5）举办第六届“中国（北京）国际矿业技术装备及安全防护用品展览会”。该展会每年举办一次，已连续举办6年，均获得圆满成功，有力地促进了煤矿新技术新产品的交流，对扩大学会的影响力起到了积极效果。

（6）积极做好学会换届的筹备工作。中煤劳保学会第五届理事会于2003年12月经会员代表大会选举产生，在去年的汇报会上，把换届作为学会2011年的中心工作。为了把换届工作搞好，先后多次召开理事长会议和各专业委员会负责人会议，同有关部门领导沟通协商，提出了换届申请，研究拟定了有关方案。根据换届工作需要进行了分工，积极做好换届所需资料的准备工作。目前已完成了会员的重新登记、学会章程修改、有关材料准备、下届理事会方案等工作。

**二、工作差距和问题**

在总局、煤监局和有关领导的领导下，在有关司局的大力帮助下，学会在2011年做了一些实实在在的工作，取得了一些成绩。但离国家安监总局党组和国家煤监局的要求还有不少问题和差距，认为学会工作还存在以下4个问题。一是学习实践科学发展观还不够深入，没有认真联系学会的工作实际，按照科学发展观的要求查找学会工作、学会发展中存在的问题，进一步明确学会发展的方向。二是为企业和会员服务少。三是没有认真组织领导专业委员会工作，更加有效发挥专业委员会的作用。四是学会没有职能难以开展工作，国家煤炭工业局管理时赋予学会10项工作职能，现在已不再具备。五是把换届作为主要工作，忽视了其他工作。

# 第十四部分

# 重特大事故案例

## 矿山事故

### 贵州省六盘水市盘县新成煤业公司“3·12”重大瓦斯爆炸事故

2011年3月12日1时许，贵州盘县新成煤业复采有限责任公司（以下简称新成公司）第四复采单元内已公告关闭的原金银煤矿发生一起重大瓦斯爆炸事故。经查，这是一起责任事故，共造成19人死亡、15人受伤，直接经济损失1675.3万元。

**一、事故经过**

3月12日1时许，金银煤矿四点班部分作业人员还未到达地面，零点班提前入井的人员已到达作业地点并开始作业。当时井下共有31人。装煤工徐××和打柱工姚××等人入井后，就在9号层刮板输送机巷与9号层回风上山交岔口处等待9号层采煤作业点爆破。爆破后，装煤工徐××和打柱工姚××等看见一团火从作业点沿着9号层刮板输送机巷冲出来，就马上向9号层回风上山跑去。同时，地面人员也听到一声巨响，伴有沙子、碎石从主平硐及9号层风井口飞出，并冒出浓烟。

**二、事故原因及分析**

直接原因：新成公司第四复采单元长期在已公告关闭的金银煤矿组织非法生产；井下通风设施不符合规定，造成通风系统不稳定；9号层采煤作业点采用独头巷道回采，使用国家禁止井工煤矿使用的局部通风机供风，风量不足，造成瓦斯积聚；爆破时母线短路产生火花，导致事故发生。

间接原因：一是第四复采单元业主无视国法，不顾他人生命安全，长期组织在金银煤矿非法开采；二是新成公司未履行职责；三是松河公司安全监管不到位；四是淤泥安监站未认真履行职责；五是松河乡煤管站履行职责不到位；六是松河乡未认真组织开展打击煤矿非法开采工作，对辖区内非法开采行为采取默许态度；七是县国土资源管理部门未认真履行打击非法采矿的监管责任；八是县煤炭管理部门未认真履行职责；九是县安全生产监督管理局工作不到位；十是县公安部门对煤矿火工品使用情况监督检查力度不够，导致煤矿将火工品用于非法生产；十一是盘县未处理好安全与发展的关系，对煤矿安全生产重视不够。

**三、事故处理结果**

对金银煤矿承包人、新成公司总经理等9人，移送司法机关依法追究刑事责任；对淤泥安监站副站长、盘县人民政府副县长、盘县煤炭局副局长等7人，由检察机关立案查处；给予新成公司董事长开除党籍处分，责成新成公司依法罢免其董事长职务，并依据《安全生产法》第八十一条的规定，给予19万元的罚款；给予盘江精煤股份有限公司总工程师记过处分，给予副总经理降级、党内严重警告处分；给予松河乡煤管站站长和松河国土资源所副所长（主持工作）行政撤职、党内严重警告处分；给予松河乡派出所所长行政记大过处分，松河乡党委副书记撤销党内职务处分；给予松河乡党委书记、乡人大主席撤销党内职务处分，并依法罢免乡人大主席职务；给予盘县安监局党组副书记、局长，县煤炭局党组副书记、局长行政撤职、撤销党内职务处分；给予盘县常务副县长、六盘水市财政局党组书记、局长行政降级、党内严重警告处分；责令盘县县委副书记、县长引咎辞职，并给予其行政记大过处分，责令盘县党委书记写出深刻书面检查，责成六盘水市人民政府向贵州省人民政府作出深刻检查。

由相关部门依据有关法律法规对四单元处 190 万元的罚款，没收四单元违法所得 10302.3 万元，并处一倍罚款 10302.3 万元；对新成公司处 190 万元的罚款，对松河公司处 150 万元的罚款。同时，由盘县人民政府按照“五条标准”对金银煤矿实施关闭。

# 吉林省白山市浑江区通沟煤矿“3·24”重大瓦斯爆炸事故

一、事故简要概述

2011 年 3 月 24 日 8 时 36 分，吉林省白山市浑江区通沟煤矿（以下简称通沟煤矿）发生一起重大瓦斯爆炸事故，造成 13 人死亡，6 人受伤，直接经济损失 892.5 万元。

二、事故经过

3 月 24 日白班约 7 时 30 分，当班带班矿长根据该矿生产矿长的布置，安排 17 人在主井侧第一、第三掘进面后方进行巷道翻修作业。副井侧 8 人先在地面修理副井轨道之后再下井到第二掘进面正常掘进。由于零点班主井一侧第一掘进面后部的调度绞车开关和潜水泵出现故障，还安排机电矿长和机修工入井进行维修。8 时左右，入井人员分别从主、副井入井。

8 时 31 分，浑江区安全监控中心值班员发现通沟煤矿第二工作面瓦斯超限报警（甲烷值为 1.12%），当即给通沟矿调度室打电话，但无人接听。此时，通沟街道安监站长来到监控室，并给该矿的负责人打电话通知瓦斯超限，要求撤出人员。8 时 33 分，瓦斯浓度升至 1.82%，值班员又给该矿打电话，叫其马上撤出人员。矿负责人接到电话后，赶到绞车房向井下打电话，因无人接听，便往主井口赶去。还没等到达主井口，便看见从主井口冒出一股黑烟，事故已经发生。

三、事故原因及分析

（一）事故直接原因

第一、第三掘进工作面无风造成瓦斯积聚，违反规定排放瓦斯，导致 +428.5 米水平回风巷与第一小川交汇处瓦斯浓度达到爆炸界限，电工带电维修调度绞车开关产生电火花，引爆瓦斯。

（二）事故间接原因

（1）矿井“一通三防”管理混乱。未明确矿井“一通三防”管理责任和技术责任；不配备专职瓦斯检查员，兼职瓦斯检查员未经培训又不使用光学瓦斯检定器检查瓦斯，不在井下交接班；局部通风机未明确专人管理，维修作业人员随意断开、埋压风筒；违反甲烷传感器设置规定，不在工作面安设甲烷传感器；矿井安全监控系统中心站无专人值班，致使瓦斯超限报警时不能及时通知撤出受威胁区域的作业人员。

（2）矿井安全技术管理混乱。矿井未设安全矿长，名义上的安全矿长实际为跟班矿长；矿井带班领导不在井下交接班；生产矿长、矿井实际技术负责人未取得安全管理人员资格证书；安排大量未经培训的职工上岗作业；翻修巷道不制定安全技术措施；工人入井不带自救器，不为矿工发放劳动保护用品，大量工人穿化纤衣物入井。

（3）矿井拒不执行政府监管指令。不按要求整改监管部门提出来的安全生产问题，长期带重大隐患组织生产；春节放假后未经验收擅自复产，“两会”期间照常生产，“两会”结束未经验收继续违规生产。

（4）有关部门安全监管责任落实不到位。通沟街道办事处及安监站对该矿“一通三防”管理混乱、安全管理混乱等长期带重大安全隐患生产行为监管不力，对该矿春节放假后未经验收擅自复产，“两会”期间照常生产，“两会”结束未经验收继续违规生产行为监管不到位，未按监管计划对该矿井进行安全检查，事故发生后相关人员为逃避责任又伪造执法文书；浑江区政府及安全生产监管部门对该矿“一通三防”管理混乱、安全管理混乱、拒不执行政府监管指令等违法违规生产行为失察；白山市安全生产监察执法支队执法人员对该矿违规生产行为失察。

**四、事故处理结果**

将在这起事故中负有主要责任的法人代表、矿长吕××等5名企业安全生产管理人员移交司法机关处理；对这起事故的发生负有主要责任的浑江区通沟街道办事处副主任马××、驻通沟街道安监站站长关××等4名人员由检察机关立案侦查；对这起事故的发生负有重要领导责任的浑江区副区长李××等9名责任人员建议给予党政纪处分；根据《吉林省行政问责暂行办法》规定，由地方纪检监察机关对白山市浑江区人民政府区长费××实施行政问责。责成白山市浑江区人民政府向白山市人民政府作出书面检查。对通沟煤矿处以99万元罚款，并由白山市浑江区政府对该煤矿予以关闭。

# 新疆焦煤（集团）有限责任公司2130煤矿“4·2”重大岩石与瓦斯突出事故

2011年4月2日13时05分（北京时间，下同），新疆焦煤（集团）有限责任公司艾维尔沟焦煤公司2130煤矿（简称2130煤矿）水平延深工程主斜井掘进工作面发生一起重大岩石与瓦斯突出事故，造成10人死亡，直接经济损失968万元。

**一、事故煤矿基本情况**

2130煤矿是新疆焦煤（集团）有限责任公司（2004年整体并入新疆八一钢铁有限公司，2007年上海宝钢集团公司持有新疆八一钢铁有限公司75.55%股份）骨干矿井之一，始建于1986年，设计能力9万吨/年。2000年进行30万吨/年改扩建，2005年建成投产。矿井采用斜井开拓方式，划分两个水平开采，现开采+1950米水平。2009年经煤炭科学研究总院重庆研究院鉴定，该煤矿为突出矿井。同年，新疆煤炭设计研究院编制了该煤矿水平延深方案设计，延深方式采用主副斜井直接延深。主副斜井延深工程于2010年10月开工，由中煤建设集团第七十一工程处中标承建，由该工程处2130煤矿项目部施工，工程监理单位为新疆天阳监理公司。事故发生时，主斜井已掘进417.2米。

**二、事故经过及抢险**

4月2日8时30分，2130煤矿项目部当班带班队长张××主持召开班前会。9时，主副斜井掘进作业人员27人陆续入井，其中11人在主斜井延深段390～394米范围作业。11时矿方组织技术人员到掘进面勘查情况，11时40分离开。13时左右，安全员李××离开主斜井掘进面，向上走到200米处时，突然感到身后有较强的气流冲击。13时05分，监控屏显示主斜井掘进面瓦斯超限报警，调度员张新疆立即向上级报告。主斜井延深联络巷车场作业人员（3人）、李××、副斜井掘进人员（13人）陆续撤至主副斜井联络巷，之后佩戴自救器安全升井，主斜井掘进面作业10人被困工作面。

18时40分，自治区副主席等领导赶到事故煤矿，主持召开紧急会议，成立了现场抢险救灾指挥部，任命新疆煤监局、自治区煤管局局长为抢险救灾总指挥，指挥部随即制定了抢险救灾方案。19时开始救援工作，新架设一台风机通风，同时采取洒水降尘；组织6个突击队、1个辅助队，轮流下井清理煤岩堆积物。4月4日12时05分，在主斜井387米处发现第1名遇难人员，至4月4日20时25分，找到第10名遇难人员并运至地面。

**三、事故原因及性质**

直接原因：主斜井延深掘井工作面存在较高的地应力，岩石破碎，且该处岩层中富含高浓度的二氧化碳及甲烷气体，掘进工作面冒顶后岩体流便引发延期突出事故。

事故性质：通过技术分析和调查认定，2130煤矿“4·2”重大岩石与瓦斯突出事故是一起责任事故。

**四、对事故有关责任人和责任单位的处理意见**

事故当班带班队长张××，鉴于在事故中死亡，不再追究其责任。中煤矿山建设集团第七十一工程处艾维尔沟项目部经理贾××，技术副经理白××，安全、机电副经理汪××，对事故发生负有主要责任。分别给予行政撤职处分，并分别处以9000元、8000元、7000元的罚款，吊销贾××安全资格证。中煤矿山建设集团第七十一工程处艾维尔沟项目部生产副经理付××、安监站站长李××、技术主管陈××，对事故发生负有主要责任。分别处以6000元、4000元、3000元罚款，并给予付××行政记大过处分。

中煤矿山建设集团第七十一工程处处长吴××、副处长方××，对事故发生负有重要责任。分别处以30000元、9000元罚款。

2130煤矿副矿长陈××、矿长夏××，对事故发生负有主要责任。分别给予行政降级、撤职处分，并分别处以9000元、30000元罚款。2130煤矿总工程师李××、安全生产副矿长宋××，对事故发生负有主要责任。分别给予行政记过处分，并分别处以8000元、5000元罚款。

艾维尔沟焦煤公司总工程师甘××、经理李××、书记兼第一副经理尤××、安全生产副经理李××，对事故发生负有重要责任。分别给予行政记过处分，并分别处以8000元、30000元、20000元、7000元罚款。

新疆焦煤(集团)有限责任公司总工程师周××、副总经理廖××和总经理、法定代表人黄××，对事故发生负有重要责任。分别给予行政警告处分，并分别处以9000元、9000元和20000元罚款。

新疆八一钢铁有限公司安全监督部部长安××、副部长张××，对事故发生负有重要责任。分别给予行政警告处分，并分别处以5000元罚款。

新疆天阳监理公司艾维尔沟煤矿项目部负责人袁××，对事故发生负有重要责任。给予罚款9000元的处罚。

依据有关法律法规，对2130煤矿、中煤矿山建设集团第七十一工程处、新疆天阳监理公司分别处以50万元、60万元、2万元罚款。

责成新疆八一钢铁集团公司向新疆维吾尔自治区人民政府作出深刻检查。

# 云南省曲靖市宣威市海岱镇杨梅山煤矿“4·15”重大瓦斯爆炸事故

2011年4月15日11时50分左右，云南省曲靖市宣威市海岱镇杨梅山煤矿（以下简称杨梅山煤矿）发生一起重大瓦斯爆炸事故，造成12人死亡，3人受伤，直接经济损失1353万元。

事故发生后，杨梅山煤矿立即向海岱镇煤管所进行了报告。在自救过程中，海岱镇煤管所与杨梅山煤矿共同组织瞒报，对4名遇难者尸体进行了转移，在14时30分才向上级有关部门报告事故情况。接到事故报告后，宣威市人民政府及时启动煤矿生产安全事故应急救援预案，迅速开展事故抢险救援和善后处置工作。国家煤矿安全监察局、云南省人民政府、曲靖市人民政府、云南煤矿安全监察局、云南省安全生产监督管理局、云南省工业和信息化委员会等高度重视，有关领导均作出了重要批示。国家煤矿安全监察局事故调查司和国家应急救援指挥中心领导到现场指导抢险救援，并代表国家煤监局领导到医院看望了受伤人员。接到事故报告后，云南煤矿安全监察局副局长杨学辉率领云南矿山救援指挥中心、曲靖监察分局局长杨华带领监察员连夜赶赴事故现场，指导事故抢险救援和善后处理工作。省工信委、省安监局有关人员也赶赴事故现场。

事故抢险救援结束后，4 月 16 日 15 时，依照法律法规的规定，由曲靖监察分局牵头，会同曲靖市公安局、监察局、安监局、总工会、煤炭局等部门人员成立了事故联合调查组，并邀请曲靖市人民检察院派员参加。

4 月 17 日，宣威市公安局对矿主提供的当班入井记录进行仔细核对，发现入井人员名单与事故死亡人员名单不相符，随即宣威市公安局成立专案组，全面开展核查、侦查工作。4 月 18 日 13 时，杨梅山煤矿法人代表吕××、矿长吕××交代了此次事故转移 4 名遇难者及隐瞒情况。4 月 18 日 14 时，宣威市矿山救护队再次对杨梅山煤矿井下进行了全面搜救，没有再发现遇难者。根据宣威市人民政府提交的人员核实报告，本次事故中，共造成 12 人死亡（其中，1 人在送往医院途中死亡，1 人在医院救治过程中死亡），3 人受伤。

此起事故升级为重大事故，在省政府召开的紧急会议上，副省长和××对此起事故作出“事实清晰，立即上报；迅速成立重大事故调查组；依法依规，严肃查处”的重要批示。按照和副省长的重要指示，4 月 18 日 17 时，依照《煤矿安全监察条例》（国务院令第 296 号）、《生产安全事故报告和处理条例》（国务院令第 493 号）、《云南省人民政府关于印发〈云南省煤矿职工伤亡事故报告和调查处理决定〉》（云政发〔2003〕129 号）、《云南省人民政府办公厅关于印发〈云南省生产安全事故调查暂行规定〉的通知》（云政办发〔2005〕225 号）、《关于明确煤矿生产安全事故调查处理有关问题的通知》（云安监管〔2007〕158 号）等规定，成立了以云南煤监局邹立生为组长，省公安厅朱训波、省监察厅杜俊军、省安监局汤忠明、省总工会刘水源、省工信委王祥、云南煤监局杨学辉、云南煤监局曲靖监察分局杨华、曲靖市人民政府岳跃生为副组长的“云南省曲靖市宣威市海岱镇杨梅山煤矿‘4·15’重大瓦斯爆炸事故联合调查组”，并邀请省人民检察院派员参加，对此起事故进行调查。

经调查认定，杨梅山煤矿“4·15”重大瓦斯爆炸事故是一起责任事故。事故直接原因是：矿井多立眼掘进开采，通风设施不完善，各开采水平未形成独立的通风系统，通风系统不稳定、不可靠；矿井停电停风，使 +1610 米水平、+1731 米水平及采空区瓦斯涌入 K7 运输巷，导致 K7 运输巷瓦斯积聚并达到瓦斯爆炸浓度界限；恢复供电时，综保供电电缆破损短路产生火花，引起瓦斯爆炸。事故间接原因是：①杨梅山煤矿安全主体责任不落实，存在重大安全生产隐患，未通过节后复产验收仍然以“检修”为名违规组织生产，存在越界开采行为，安全管理制度不落实，组织瞒报遇难人数；②在煤矿安全监管工作中，海岱镇煤管所、宣威市煤炭工业局、宣威市煤矿安全监督管理局、宣威市国土资源局、曲靖市煤炭工业局（曲靖市煤矿安全监督管理局）等部门监管工作不到位；③在煤矿安全监管工作中，岱镇人民政府、宣威市人民政府、曲靖市人民政府落实“属地管理”责任存在差距。

根据国家煤矿安监局 2011 年 9 月 19 日对事故调查报告的批复，对事故责任认定及处理建议如下：

（1）对 26 名事故责任人追究相关责任。其中，1 人因已在事故中遇难，不再追究责任；对 7 人建议移送司法机关追究刑事责任，对 2 人建议由司法机关立案侦查（以上人员属中共党员或行政监察对象的，待司法机关作出处理后，由当地纪检监察机关或负有管辖权的单位及时给予相应的党纪、行政处分）；对 13 人分别给予行政撤职、行政降级、行政记过、行政警告、党内警告等处分；责令 3 人分别向宣威市政府、曲靖市政府写出书面检查。

（2）责令海岱镇政府向宣威市政府写出书面检查；宣威市煤炭工业局、宣威市煤矿安全监督管理局、宣威市国土资源局向宣威市政府写出书面检查；宣威市政府向曲靖市政府、曲靖市煤炭工业局向曲靖市政府写出书面检查；曲靖市政府向云南省政府写出书面检查。

（3）对杨梅山煤矿实施行政处罚罚款 630 万元；由宣威市政府依法予以关闭宣威市海岱镇杨梅山煤矿（包括被杨梅山煤矿整合的原海东煤矿），并由国土、工商、煤炭、煤矿安全监察机构等相关部门吊销有关证照。

# 贵州省贵阳市金阳新区富宏煤矿"5·29"重大透水事故

2011年5月29日9时10分，贵阳市金阳新区富宏煤矿发生一起重大透水事故，透水量约33000米$^3$。经查，这是一起责任事故，共造成12人死亡、1人失踪，直接经济损失1002万元。

## 一、事故经过

28日夜班，煤矿K7上山掘进工作面因淋水增大，当班工人于29日6时许提前下班。

29日7时30分，专职负责四采区带班的副矿长王××组织召开班前会，安排K7上山掘进21人、K8回风巷掘进27人、K8下山小采面采煤10人，共58人入井作业。8时10分，四采区作业人员各自到达工作点开始工作。9时10分，带班的副矿长王××在K8石门与K8运输平巷交岔口处，看见风筒抖动，随即有水从K8石门涌来，便立即沿K8运输平巷向K8回风巷撤退。在+870米运输大巷绞车处与其他脱险人员汇合后，带班的副矿长王××立即向地面汇报了井下情况并组织抢险。透水共造成13人被困，其中：K7上山11人，K8下山小采面2人。

## 二、事故原因及分析

直接原因：煤矿违法组织生产，在出现透水预兆后仍违章指挥、冒险蛮干，揭穿采空区积水，导致事故发生。

间接原因：一是富宏煤矿重生产、轻安全，违法生产；二是大长贵公司管理不到位；三是驻矿安全监管员不认真履职；四是万全公司违规超范围经营；五是朱昌镇安监所对煤矿安全监管工作不到位，执法不严；六是朱昌镇对煤矿安全生产重视不够，工作不力；七是金阳公安分局对民用爆破物品管理不到位；八是金阳新区安监局未认真履行煤矿安全监管职责；九是金阳新区对煤矿安全生产重要性认识不足，安全监管主体责任落实不到位；十是贵阳市工业和信息委员会对金阳新区煤炭行业管理指导不力。

## 三、事故处理结果

对事故当班带班矿长、贵州大长贵贸易有限公司副总经理、贵州万全公司经理、朱昌镇安监所所长等9人，移送司法机关追究刑事责任；给予富宏煤矿法定代表人开除党籍处分，依法罢免其翁贡村村委会主任、乌当区人大代表职务，并依据《安全生产法》第八十一条的规定，处19万元罚款；给予朱昌镇党委委员、武装部部长行政撤职、党内严重警告处分，朱昌镇党委副书记、镇长行政降级、党内严重警告处分，朱昌镇党委书记党内警告处分；给予金阳新区安全生产监督管理局副局长、金阳公安分局治安大队副大队长行政撤职处分，并鉴于贵阳市检察院已于2011年8月2日决定对其依法逮捕，待司法机关作出处理决定后，由当地纪检监察机关及时给予相应的党纪处分；给予金阳新区安全生产监督管理局局长行政记大过处分，金阳公安分局副局长行政警告处分，金阳新区管委会副调研员兼综合执法大队大队长行政撤职、党内严重警告处分；责成金阳新区管委会副主任和主任向贵阳市人民政府作出深刻检查，责成贵阳市工业和信息委员会向贵阳市人民政府作出深刻书面检查。

由相关部门依据有关法律法规没收富宏煤矿违法所得76万元，并处3倍罚款229万元；对富宏煤矿处罚款99万元；对万全公司处49万元的罚款，并吊销其《贵州省工程爆破设计施工资格证书》（编号：黔公爆资字〔2009〕17号）。同时，由贵阳市人民政府对富宏煤矿实施关闭。

# 贵州省六盘水市盘县红果镇过河口煤矿“8·14”重大瓦斯爆炸事故

2011年8月14日21时28分，盘县红果镇过河口煤矿发生一起重大瓦斯爆炸事故。经查，这是一起责任事故，共造成10人死亡，1人受伤，直接经济损失727万元。

## 一、事故经过

8月14日15时30分，中班班长李××（兼爆破员、无证）按机电副矿长李××的工作安排领取了炸药和雷管后，与安全员陈××（无证）、副班长兼瓦检员王××（无证）带领8名工人到12124掘进工作面作业。

21时28分，正在清理水仓的抽水工余××忽然听到“嗡”的一声响，同时被冲击波冲击了一下。抽水工余××意识到发生了事故，随即从副斜井跑出地面，将井下发生的异常情况告诉零点班瓦检员晏××。瓦检员晏××马上跑去主斜井报告，途中遇到红果煤矿管理人员余××，便向其告知了情况。余某立即用手机分别向矿长晏某、红果镇煤管站长刘某报告，并开车与瓦检员晏××返回副井系统组织救援。

## 二、事故原因及分析

直接原因：12124运输巷掘进工作面爆破作业引起断层带顶板冒落，并涌出大量瓦斯，违章强行起动被冒落煤矸埋压的刮板输送机，导致链条与链轮摩擦产生火花，引起瓦斯爆炸。

间接原因：一是煤矿2009年5月以来，擅自改变生产系统，长期在不具备安全生产条件的情况下违法生产；二是红果镇煤矿安全生产监管工作落实不到位；三是盘县煤炭管理局未认真履行职责；四是盘县安监局煤矿安全综合监督管理工作不到位；五是盘县未认真吸取事故教训，对煤矿安全生产重视不够。

## 三、事故处理结果

对过河口煤矿技术负责人、机电副矿长和法定代表人的委托执行人、矿长等3人，移送司法机关追究刑事责任；对红果镇煤管站分管过河口煤矿片区负责人、盘县煤炭局局长、中共盘县原县委书记等4人，由检察机关立案查处；给予红果镇煤管站负责人行政撤职、党内严重警告处分，给予红果镇副镇长撤销党内外职务处分；给予红果镇党委副书记、镇长行政降级、党内严重警告处分，红果镇党委书记党内严重警告处分；给予盘县煤炭局副局长和县安监局副局长行政记大过处分；给予盘县安监局局长、县人民政府副县长兼县党办主任、县人民政府常务副县长等3人，行政警告处分。

由相关部门依据有关法律法规吊销过河口煤矿采矿许可证、工商营业执照、煤炭生产许可证、安全生产许可证，并处99万元的罚款；没收违法生产所得1136万元，并处5倍罚款5680万元。同时，由盘县人民政府按有关规定实施关闭。

# 贵州省黔南州荔波县立化镇安平煤矿“10·4”重大煤与瓦斯突出事故

2011年10月4日7时53分，黔南州荔波县立化镇安平煤矿（以下简称安平煤矿）发生一起重大煤与瓦斯突出事故，突出煤量600吨，突出瓦斯量14万立方米。经查，这是一起责任事故，共造成17人死亡，11人受伤，直接经济损失3810万元。

**一、事故经过**

10月3日夜班，负责生产的工头陈××安排当班工作，共32人入井，其中，由负责带班的工头代××带班，瓦检员唐××、安全员（兼爆破员）蒙××、电工谭××跟班，其余28名作业人员安排情况为：380米下山掘进工作面6人，380米回风石门掘进工作面7人，350米南巷掘进工作面7人，350米水仓掘进工作面6人，380米车场挂钩工2人。

10月4日6时30分，350米南巷作业的工人在进行支护时，工字钢突然垮落，将一名工人头部砸伤，在此作业的另6人护送受伤工人升井。7时15分，早班的一名抽水工、两名维修工入井进行交接班，至此，井下人数为28人。7时53分，350米水仓掘进工作面爆破诱发了煤与瓦斯突出，突出破坏350米车场两道木制板门，波及井下所有巷道，瓦斯和煤尘从主井口、副井口、风井口喷出至地面。

**二、事故原因及分析**

直接原因：350米水仓掘进工作面揭露1号突出煤层，未按照《防治煤与瓦斯突出规定》采取综合防突措施，爆破诱发煤与瓦斯突出，导致事故发生。

间接原因：一是安平煤矿违规申请联合试运转；二是瓦斯治理工作不到位，未按照《防治煤与瓦斯突出规定》落实防突工作；三是矿井通风系统不健全、不可靠；四是矿井劳动组织管理混乱，井下工程非法发包给无资质的个人组织施工，承包人非法承包后再次将井下各作业点非法转包给无资质人员组织施工；五是立化镇人民政府安全工作落实不到位；六是县级煤矿日常监管职责不到位；七是县级煤炭行业管理职责不到位；八是荔波县人民政府安全监管主体责任落实不到位；九是黔南州工信委违规批准安平煤矿联合试运转。

**三、事故处理结果**

对安平煤矿带班负责人、安平煤矿主要投资人、贵州联德煤业投资有限公司法定代表人等7人，移送司法机关依法追究其刑事责任。对荔波县安监局副局长和荔波县工信局副局长，因涉嫌玩忽职守罪于2011年11月19日被黔南州人民检察院批准依法逮捕，待司法机关作出处理后，由当地纪检监察机关及时给予相应的党纪、行政处分；给予立化镇安监站站长行政撤职处分，立化镇人民政府镇长助理行政记过处分；给予立化镇人民政府镇长、镇党委书记、荔波县工信局局长等3人，撤销党内、外职务处分；给予荔波县安监局党组书记和中共荔波县委常委、县人大主任党内严重警告处分；给予荔波县人民政府副县长、黔南州工信委煤炭产业发展科科长、黔南州工信委副主任等3人，行政降级、党内警告处分；给予黔南州林业局局长诫勉谈话处理，给予黔南州工信委主任行政记大过处分；责成荔波县人民政府代县长向黔南州人民政府作出深刻检查，责成中共荔波县委书记向中共黔南州委作出深刻检查；责成黔南州人民政府向省人民政府作出深刻检查，责成中共荔波县委、荔波县人民政府分别向中共黔南州委、州人民政府作出深刻检查。

由相关部门依据有关法律法规吊销安平煤矿采矿许可证、工商营业执照、矿长资格证和矿长安全资格证等证照，并处190万元罚款。同时，由黔南州人民政府按有关规定实施关闭。

# 四川省达州市大竹县曾家沟煤矿“8·29”重大水害事故

2011年8月29日9时许，达州市大竹县曾家沟煤矿+210米水平北四夹连煤层2号采煤工作面发生一起重大水害事故，死亡12人，直接经济损失904.48万元。

## 一、事故发生经过

8月29日早班，全矿入井53人，其中+210米水平北四夹连2号采煤工作面32人。7时30分左右，+210米水平北四夹连2号采煤工作面班长尹××和安全员杨××组织全班作业人员共32人召开前会后入井作业，约8时30分到达各自工作地点后开始作业，安全员杨××途经+270米水平主石门时，留下帮助运输工处理掉道矿车；当班井下带班领导矿长刘××于8时30分入井到+540米水平检查技改掘进工作面。

采煤工卢××8时30分到达作业地点（位于距+270米水平四夹连煤层回风巷49米处，标高+255米）挖了10多分钟左右的煤后，该处靠煤层底板的位置出现一孔洞，一股手指大的水向外流出来，并有臭味传出（据生还矿工宋××介绍，该处煤炭从8月27日开始变得松软好挖，8月28日煤壁开始渗水，有2~3米左右煤壁均是湿的），卢××继续挖了2~3分钟左右，便停下来坐到采煤点外约1米位置，此时水已流向其下方约3米处同小组作业的工友黄××的采煤作业点，黄××便上到卢××的位置继续挖煤，约6、7分钟（约9时），在一声巨响后，一股1.5米左右粗的水透出涌入工作面。刚走到采煤工作面上安全出口的安全员杨××和透水点上部作业的10名作业人员从采煤工作面回风巷陆续出井，透水点下部的21名作业人员，除在+210米水平运输巷推车的陈××等7人成功脱险外，尹××等14人被困。在井下其余工作地点作业的人员安全出井。

事故发生后，安全员杨××立即赶至+270米水平车场用电话向地面绞车房报告情况，绞车工吴××接到电话后，于10时左右向刘××报告，刘××立即向刘××电话进行了报告，刚离开煤矿不久的刘××立即开车返回，在核实情况后于10时20分左右向大竹县朝阳煤管站站长刘××报告，刘××接报后赶到煤矿核实情况，于13时左右向大竹县安全监管局分管副局长朱××进行了汇报。朱××在接报后逐级向有关部门汇报了事故相关情况。

接到事故报告后，省、市、县三级政府立即启动事故抢险应急救援预案，成立了由省、市、县组成的抢险救灾指挥部，开展抢险救灾工作，并相继调集5支矿山救护队123名指战员及相邻煤矿360名矿工参与救援，并调动成都消防“飞豹救援队”搜救犬分队参与搜救被困人员工作。

13时47分，救护队员入井开展搜救，14时55分，救援人员发现由+270米水平回风巷逃生的饶××和黄××，并于15时1分将2人护送出井。经过195小时10分的艰苦奋战，至9月6日16时57分，遇难12名矿工的遗体全部找到并运送出井，抢险救援工作宣告结束。

## 二、事故原因及分析

### （一）直接原因

曾家沟煤矿为资源整合矿井，在技改整合期间违法越界开采团坝煤矿的隔离煤柱，且在发生透水征兆后未及时采取撤出井下作业人员等措施，采煤作业导致采空区积水透出，造成透水点以下12人死亡。

### （二）间接原因

（1）曾家沟煤矿无视煤矿安全法律法规，弄虚作假，在建设期间违法越界开采，违法组织生产；安全生产管理混乱。

（2）四川省煤田地质局137队地质矿产研究院编制的该矿《储量核实报告》失实。

（3）达州市煤矿“打非治违”工作还存在不

足，大竹县政府及有关部门履行监管职责不到位。

（三）事故性质

经调查认定，达州市大竹县曾家沟煤矿“8·29”重大水害事故是一起煤矿在建设期间违法越界开采团坝煤矿的隔离煤柱，且在发生透水征兆后未及时采取撤出井下作业人员等措施，采煤作业导致采空区积水溃入采煤工作面导致的重大责任事故。

**三、责任划分及处理情况**

（1）黄××，曾家沟煤矿采煤工，对事故发生负直接责任。鉴于其已在事故中死亡，不再追究其责任。

（2）杨××，曾家沟煤矿安全员。因涉嫌重大责任事故罪，已于2011年9月28日被逮捕。

（3）刘××，曾家沟煤矿主要投资人刘先廷之子，实际控制人。因涉嫌非法开采、重大责任事故罪，已于2011年9月28日被逮捕。

（4）陈××，曾家沟煤矿投资人，实际控制人。因涉嫌非法开采、重大责任事故罪，已于2011年9月28日被逮捕。

（5）刘××，代表业主负责曾家沟煤矿的日常事务管理工作。因涉嫌非法开采、重大责任事故罪，已于2011年9月28日被逮捕。

（6）刘××，曾家沟煤矿矿长。因涉嫌重大责任事故罪，已于2011年9月28日被逮捕。吊销其矿长资格证和矿长安全资格证，终身不得担任煤矿企业矿长（董事长、总经理）职务。

（7）于××，曾家沟煤矿技术副矿长。因涉嫌重大责任事故罪，已于2011年9月28日被逮捕。吊销其矿长资格证和矿长安全资格证。

（8）王××，曾家沟煤矿生产副矿长。因涉嫌重大责任事故罪，已于2011年9月28日被逮捕。吊销其矿长资格证和矿长安全资格证。

（9）谭××，曾家沟煤矿安全副矿长。因涉嫌重大责任事故罪，已于2011年9月28日被逮捕。

（10）陈××，中共党员，大竹县安全监管局朝阳煤管站驻曾家沟煤矿安全监督员，因涉嫌玩忽职守罪，已于2011年9月14日被逮捕。

（11）刘××，中共党员，大竹县安全监管局朝阳煤管站站长，因涉嫌玩忽职守罪，已于2011年9月14日被逮捕。

（12）李××，中共党员，大竹县团坝镇国土资源管理所负责人，因涉嫌玩忽职守罪，已于2011年9月21日被逮捕。

（13）唐××，中共党员，大竹县国土资源局矿管股股长，因涉嫌玩忽职守罪，已于2011年10月21日被批准逮捕。

以上陈××、刘××、李××、唐××4人，待司法机关作出处理后，由有关单位按干部人事管理权限及时给予相应的党纪、政纪处分。

（14）徐××，曾家沟煤矿机电副矿长，对事故发生负有重要领导责任。吊销其矿长资格证和矿长安全资格证，并处以5万元罚款。

（15）陈××，曾家沟煤矿安全员，对事故发生负有重要责任。处以8000元罚款。

（16）洪××，中共党员，大竹县国土资源局执法监察大队副大队长兼四中队负责人，对事故发生负有主要领导责任。给予行政撤职、党内严重警告处分。

（17）王××，中共党员，大竹县国土资源局党委委员、纪委书记。对事故发生负有主要领导责任。给予党内警告处分。

（18）杨××，中共党员，大竹县国土资源局局长。对事故发生负有重要领导责任。给予行政警告处分。

（19）李××，中共党员，大竹县安全监管局煤矿安全监管股负责人。对事故发生负有主要领导责任。给予行政降级、党内严重警告处分。

（20）朱××，大竹县安全监管局副局长。对事故发生负有主要领导责任。给予行政记大过处分。

（21）黄××，大竹县安全监管局局长。对事故发生负有重要领导责任。给予行政记过处分。

（22）郝××，大竹县经信局煤炭股股长。对事故发生负有主要领导责任。给予行政记大过处分。

（23）曹××，大竹县经信局副局长。对事故发生负有主要领导责任。给予行政记过处分。

（24）刘××，大竹县经信局局长。对事故发生负有重要领导责任。给予行政警告处分。

（25）张××，大竹县团坝镇人民政府镇长。对事故发生负有重要领导责任。给予行政警告处分。

（26）李××，达县县委常委、县总工会主席，2008年7月—2011年9月任大竹县人民政府副县长。对事故发生负有重要领导责任。给予党内警告处分，并责令其向达州市委写出书面检查。

（27）黄××，中共党员，四川省煤田地质局137队地质矿产研究院院长。对曾家沟煤矿《储量核实报告》失实问题负有主要领导责任。给予行政撤职、党内严重警告处分。

（28）张××，四川省煤田地质局137队金穗矿业有限公司经理。对曾家沟煤矿《储量核实报告》失实问题负有主要领导责任、给予行政记大过处分。

（29）陈××，四川省煤田地质局137队副队长兼总工程师。对曾家沟煤矿《储量核实报告》失实问题负有重要领导责任。给予行政记过处分。

（30）向××，四川省煤田地质局137队队长。对曾家沟煤矿《储量核实报告》失实问题负有重要领导责任，给予行政警告处分。

责成大竹县人民政府向达州市人民政府写出书面检查。责成达州市人民政府向四川省人民政府写出书面检查。责成137地质队向四川省煤田地质局写出书面检查。责成省煤田地质局向四川省人民政府写出书面检查。

曾家沟煤矿非法违法组织生产，长期存在重大隐患，且发生重大事故。依据《国务院关于预防煤矿生产安全事故的特别规定》（国务院令第446号）等有关规定，责成达州市人民政府对曾家沟煤矿依法予以关闭。并依法没收其非法违法生产销售煤炭所得898万元，并处以违法所得3倍计2694万元的罚款，共计3592万元。依据《〈生产安全事故报告和调查处理条例〉罚款处罚暂行规定》第十六条，由四川煤矿安全监察局对其处以100万元罚款。

四川省煤田地质局137队地质矿产研究院编制的曾家沟煤矿《储量核实报告》失实，虚增煤炭储量。依据《安全生产法》第79条规定，由四川煤矿安全监察局依法没收137队违法所得10万元，并处违法所得5倍计50万元罚款，合计60万元。责令相关主管部门督促四川省煤田地质局137队限期整改，且半年内不准从事煤炭行业的相关业务。

# 中煤集团山西朔州山阴金海洋元宝湾煤业有限公司“9·16”重大透水事故

2011年9月16日14时37分，中煤集团山西朔州山阴金海洋元宝湾煤业有限公司6103回风巷掘进工作面发生一起重大透水事故，造成11人死亡，直接经济损失960万元。

**一、事故单位概况**

中煤集团山西金海洋能源有限公司地处朔州市山阴县境内，前身是2001年8月创建的民营企业山西金海洋能源集团，2009年8月28日通过增资扩股的方式重组，形成由中煤集团能源有限公司控股，山西金海洋能源集团和山西煤炭进出口集团参股经营的大型国有控股企业。其中，中煤集团持有60%的股份，山西金海洋能源集团和山西煤炭进出口集团分别持有38.68%和1.32%的股份。公司注册资本20亿元，总资产84亿元。

公司拥有下属企业18个，包括9座煤矿和10个地面企业，涉及煤炭、电力、资源综合利用、冶金及房地产等产业，是一家集煤炭生产、物流、发电、建材、冶金、服务业为一体的多元化新型能源企业。

山西朔州山阴金海洋元宝湾煤业有限公司位于山西省朔州市山阴县境内，是中煤集团山西金海洋能源有限公司所属全资企业，独立法人，距山阴县城35千米，距大运公路20千米，交通方便。

该矿是经山西省煤矿企业兼并重组整合工作领导小组办公室以《关于朔州市山阴县煤矿企业兼并重组整合方案（部分）的批复》（晋煤重组办发〔2009〕35号）批准，由原山西山阴元宝湾煤业有限公司和原山阴县上漫沟煤矿整合而成，整合后井田面积为5.1609平方千米，批准开采3～11号煤层，批准设计生产能力90万吨/年。

原山西山阴元宝湾煤业有限公司有关情况：该矿为2006年批准的资源整合矿井，由原山阴县元宝湾煤矿一号坑口（1985年1月投产）和二号坑口（1988年1月投产）整合而成，整合后矿井生产能力为30万吨/年，2008年5月由山西金海洋能源集团正式接管。

原山阴县上漫沟煤矿有关情况：上漫沟煤矿始建于1980年7月，1989年10月投产，矿井核定能力25万吨/年，开拓方式为斜井开拓，有主、副斜井两个井口，属低瓦斯矿井。2005年11月由山西金海洋能源集团正式接管。

**二、事故经过**

2011年9月16日7时，元宝湾煤业有限公司综掘四队（属兖州华东矿建工程有限公司元宝湾项目部）队长韦××召集当班工人召开班前会，安排当班任务是在6103回风巷距工作面2米右帮处施工10号钻场（探水钻窝）等，7时20分班前会结束，当班21名工人陆续入井。

8时左右，工人到达6103回风巷掘进面开始作业，14时30分许，正在工作面进行支护作业的韩××发现10号钻场底部有约10厘米粗、30厘米高的浑浊水柱突然涌出，立即大声呼喊："透水了，赶快撤人"，当班人员随即撤退。班长贾××立即电话报告了矿调度室，矿调度即通知井下所有作业人员紧急撤离。

全矿当班下井84人，有73人安全升井。6103回风巷掘进面当班作业人员共21人，其中10人安全撤出，11人被困。

**三、事故原因及性质**

（一）直接原因

经调查分析及钻探验证，认定这起事故的直接原因是：在未详细查明井田采（古）空区情况下，没有针对9号煤层的探放水措施，6103回风巷掘进至9号煤层采空区高压水突破巷道与钻场交汇处底板，冲淹巷道，造成人员伤亡。

（二）间接原因

（1）对整合矿井复杂的水文地质条件调查不全面、不深入；水害防范意识淡薄，在水文地质条件不清的情况下盲目施工建设，作业区域出现顶板淋水加大等异常现象后，未及时采取有效措施；《煤矿防治水规定》落实不到位。

（2）建设单位、施工单位、探放水单位之间职责划分不清，相互推诿扯皮，安全责任制不落实；项目管理机构不健全，管理存在漏洞；安全培训不到位，职工安全防范意识差；监理人员配备不齐，监理工作不到位。

（3）中煤金海洋公司管理制度不健全，安全责任制不落实，对属下煤矿安全生产监督检查不够，管理不严不细，对煤矿防治水工作监管不到位。

（4）山阴县政府贯彻党和国家的安全生产方针、政策不力，对煤矿安全工作重视不够；煤炭管理部门没有严格履行监管职责，对煤矿安全监管不到位，执法不严格。

（三）事故性质

经调查认定，该起事故是一起责任事故，相关单位责任初步认定如下。

1. 施工单位存在的主要问题

（1）水患防范意识淡薄，在事发前出现掘进巷道工作面淋水大、积水严重等透水征兆后未正确辨识和高度重视，未采取停止作业，撤出人员等果断措施，违规作业。

（2）项目经理无建造师证，属无证上岗。

（3）施工项目部管理机构不健全、不规范，未设立安全、工程技术、质量等专业管理部门，未配备专职安全技术人员。

（4）未严格执行《煤矿防治水规定》，短探钻孔少，布置不合理；未执行矿方提出的在"掘至距老巷（老空）30米（预报6103回风巷在751米、786米处将过6煤老巷）"时必须停止掘进的要求，存在抢进度、少报进尺等违规行为。

（5）劳动用工管理混乱，施工人员均由项目经理临时招聘，存在个别网上在逃人员进入施工队伍，部分工人未签订劳动合同。

2. 建设单位存在的主要问题

（1）对矿区范围采空区积水情况调查不深入，对9号煤存在采空区积水情况调查不细；存在9号煤为实体煤的误区。

（2）防治水措施落实不严格、不到位，在矿井水文地质类型划分报告、三维高精度勘探报告结果尚未作出，物探漏探、钻探未针对6号煤底板钻探，水文地质条件不清的情况下，仍安排工程施工。

（3）无视政府行政指令，不执行县煤管局于9月13日对其下达“停止井下一切建设活动”的执法文书，在未经验收同意的情况下，擅自进行井下作业。

（4）施工现场管理混乱、职责不清，对施工队伍审查把关不严，与施工、探放水单位安全职责划分不清，存在相互扯皮。

（5）跟班管理制度不落实，隐患排查不严不细。

（6）培训制度不落实，安全防范意识差，应急措施不力。

3. 监理单位存在的主要问题

（1）监理人员配备不齐，没有认真履行安全监理职责，现场跟班监理制度不落实，日常监理不到位，无安全施工情况记录。

（2）对防治水措施执行情况审查把关不严，验收不到位，未对存在的安全隐患提出针对性的监理意见。

4. 探放水单位存在的主要问题

（1）未认真落实《煤矿防治水规定》和与建设方签订的《工程施工合同》，对事发地段的物探存在漏探。

（2）未设计钻探6号煤底板的方案，钻探钻孔少，布置不合理，未对6号煤底板进行钻探。

5. 地质勘查单位存在的主要问题

（1）对矿区范围过去小煤窑越层越界开采形成的9号煤层采空区积水情况调查不深入，在2010年2月编制的《山西朔州山阴金海洋元宝湾煤业有限公司兼并重组整合矿井地质报告》中，作出“下部的9号、11号煤完整、未开采”的结论，对矿井建设防治水工作产生误导。

（2）勘探数据存在误差，地质报告显示：9号煤层上距6号煤层6.35～12.63米，但事发后，根据透水点附近YZK2003钻孔资料，6号与9号煤层间距5.3米，比地质报告最小间距6.35米少了1.05米。

6. 当地政府及职能部门存在的主要问题

山阴县政府及县煤管局（安监局）虽对该矿实行了领导包保安全监管责任制和五人小组盯守责任制，并自今年3月下旬至事发前先后14次对该矿下达执法检查文书，但对该矿存在的防治水措施落实不到位、6103回风平巷掘进巷道工作面出现淋水大等安全隐患未认真进行排查，没有及时排除隐患；在9月13日对该矿因“施工单位与招标单位不符，责令停止井下一切建设活动并撤出井下作业人员”，并对矿井贴封条后，矿方并未停止井下作业活动。

**四、事故处理结果**

（1）贾××，兖州市华东矿建工程有限公司元宝湾煤矿施工项目部掘进班班长，鉴于其已在事故中死亡，不再追究其责任。

（2）韦××，兖州市华东矿建工程有限公司元宝湾煤矿施工项目部队长。已于2011年9月22日被刑事拘留。

（3）孙××，兖州市华东矿建工程有限公司元宝湾煤矿施工项目部技术负责人。已于2011年10月20日被刑事拘留。

（4）李××，兖州市华东矿建工程有限公司元宝湾煤矿施工项目部副经理。已于2011年10月20日被刑事拘留。

（5）田××，徐州市中矿勘探技术有限公司元宝湾煤矿项目部负责人。已于2011年10月21日被刑事拘留。

（6）余××，元宝湾煤矿地质测量科科长（聘用人员）。已于2011年10月20日被刑事拘留。

（7）王××，元宝湾煤矿总工程师（聘用人员）。已于2011年10月20日被刑事拘留。

（8）辛××，兖州市华东矿建工程有限公司元宝湾煤矿施工项目部经理。对事故的发生负有主要责任。给予解聘处理。

（9）肖××，兖州市华东矿建工程有限公司副总经理。对事故的发生负有主要领导责任。给予解聘处理。

（10）李××，兖州市华东矿建工程有限公司总经理、法定代表人。对事故的发生负有重要领导责任。给予罚款10万元处罚。

（11）刘××，元宝湾煤矿地质测量科副科长（聘用人员），对事故的发生负有主要责任。给予解聘处理。

（12）王××，元宝湾煤矿生产办主任。对事故的发生负有主要责任。给予行政撤职处分，并给予留党察看两年处分。

（13）刁××，元宝湾煤矿安监站站长（聘用人员），对事故的发生负有主要责任。给予解聘处理，并给予留党察看两年处分。

（14）徐××，元宝湾煤矿安全副矿长。对事故的发生负有主要领导责任。给予行政撤职处分，并吊销其安全资格证。

（15）于××，元宝湾煤矿生产副矿长（聘用人员），对事故的发生负有主要领导责任。给予解聘处理，并给予留党察看一年处分，吊销其安全资格证。

（16）吴××，元宝湾煤矿矿长。对事故的发生负有主要领导责任。给予行政撤职处分，并给予留党察看两年处分，吊销其矿长资格证、安全资格证，终身不得再担任煤炭行业的矿长（董事长、总经理）职务。

（17）徐××，中煤集团山西金海洋能源有限公司生产技术部副经理（聘用人员），对事故的发生负有主要领导责任。给予解聘处理，并给予党内严重警告处分。

（18）翁××，中煤集团山西金海洋能源有限公司总经理助理兼生产部经理。对事故的发生负有重要领导责任。给予行政降级处分，并给予党内严重警告处分。

（19）韦××，中煤集团山西金海洋能源有限公司安监局局长。对事故的发生负有重要领导责任。给予行政降级处分，并给予党内严重警告处分。

（20）杨××，中煤集团山西金海洋能源有限公司副总经理兼总工程师。对事故的发生负有重要领导责任。给予行政撤职处分，并给予党内严重警告处分。

（21）刘××，中煤集团山西金海洋能源有限公司副总经理。对事故的发生负有重要领导责任。给予行政记大过处分。

（22）李××，中煤集团山西金海洋能源有限公司董事长兼总经理。对事故的发生负有重要领导责任。给予行政记大过处分、免去其行政职务。

（23）白××，山西省煤炭建设监理有限公司元宝湾煤矿监理项目总监。对事故的发生负有主要领导责任。给予解聘处理，吊销其监理工程师资格证书。

（24）周××，山西省煤炭建设监理有限公司元宝湾煤矿监理部矿建工程监理工程师。对事故的发生负有主要领导责任。给予解聘处理，吊销其监理工程师资格证书，并给予留党察看1年处分。

（25）王××，山西省煤炭建设监理有限公司元宝湾煤矿监理部矿建工程监理工程师。对事故的发生负有主要领导责任。给予解聘处理，吊销其监理工程师资格证书。

（26）刘××，山西省煤炭建设监理有限公司总经理助理、朔州项目处处长。对事故的发生负有主要领导责任。给予行政撤职处分，并取消其预备党员资格。

（27）苏××，山西省煤炭建设监理有限公司总经理、法定代表人。对事故的发生负有重要领导责任。给予行政记大过处分。

（28）闫××，徐州中矿勘探技术有限公司元宝湾煤矿项目部技术负责人。对事故的发生负有主要责任。给予留党察看一年处分，解除其项目部技术负责人职务。

（29）张××，徐州中矿勘探技术有限公司有限公司法定代表人。对事故的发生负有主要责任。给予罚款10万元处罚。

（30）白××，山西地宝能源公司聘用人员。对事故的发生负有重要责任。给予解聘处理。

（31）渠××，山西地宝能源有限公司地测队技术负责人。对事故的发生负有重要责任。给予行政记大过处分。

（32）郭××，山西地宝能源有限公司总工程师。对事故的发生负有重要责任。给予行政记大过处分，并给予党内严重警告处分。

（33）张××，山阴县煤管局（安监局）安监员。对事故的发生负有重要责任。给予行政降级处分。

（34）张××，山阴县煤管局（安监局）安监员。对事故的发生负有重要责任。给予行政降级处分。

（35）罗××，山阴县煤管局（安监局）安监二所所长。对事故的发生负有主要领导责任。给予行政撤职处分。

（36）贺××，2009年12月至今任山阴县煤管局（安监局）局长助理。对事故的发生负有重要领导责任。给予行政撤职处分，并给予党内严重警告处分。

（37）苑××，山阴县煤管局（安监局）副局长，对事故的发生负有重要领导责任。给予行政降级处分，并给予党内严重警告处分。

（38）刘××，山阴县煤管局（安监局）总工程师。对事故的发生负有重要领导责任。给予行政撤职处分，并给予党内严重警告处分。

（39）张××，山阴县煤管局（安监局）局长。对事故的发生负有重要领导责任。给予行政降级处分，并给予党内严重警告处分。

（40）陈××，山阴县人民政府县长助理。对事故的发生负有重要领导责任。给予行政记大过处分，免去其行政职务。

（41）李××，山阴县人民政府副县长。对事故的发生负有重要领导责任。给予行政记大过处分，免去其行政职务。

责成山阴县人民政府向朔州市人民政府作出深刻书面检查；朔州市人民政府向山西省人民政府作出深刻书面检查。

依据《生产安全事故报告和调查处理条例》第三十七条规定，对元宝湾煤矿处以100万元罚款；依据国务院《关于预防煤矿生产安全事故的特别规定》第八条、第十条等规定，责令元宝湾煤矿停止施工建设并处以200万元罚款。以上合计对元宝湾煤矿处以300万元罚款，由山西煤矿安全监察局负责落实。

将徐州中矿勘探技术有限公司列入山西省安全生产违法违规企业黑名单，今后不得进入煤矿勘探市场。吊销兖州市华东矿建工程有限公司资质。

# 黑龙江省鸡西市鸡东县金地煤矿“10·11”重大水害事故

2011年10月11日17时04分，黑龙江省鸡西市鸡东县金地煤矿发生一起重大水害事故，死亡13人，直接经济损失2432.8万元。

事故发生后，矿主隐瞒不报。接到群众举报后，国家安监总局局长骆琳，国家安监总局副局长、国家煤监局局长赵铁锤分别作出指示，并派国家煤监局副局长彭建勋率工作组赶到事故现场，指导抢险救灾工作。黑龙江省委书记吉炳轩、省长王宪魁也分别作出指示，省政府副省长徐广国率有关部门负责同志相继赶到事故现场，对抢险救灾、善后处理和事故调查工作作出安排和部署。事故调查组通过现场勘查、查阅有关资料、询问当事人、分析论证,查清了事故发生的时间、地点、经过、类别、直接经济损失和原因,认定了事故的性质和责任。

## 一、事故经过及抢险救灾过程

2011年10月11日下午4点班，金地煤矿井下当班出勤24人，其中三段36B号右零路平巷掘进工作面8人、三段绞车道下山掘进工作面5人、三段回风道下山掘进工作面8人，还有值班井长及2名瓦检员。班前会后值班井长带领人员入井，分别到井下3个作业地点作业。三段36B号右零路平巷掘进工作面，16时左右开始打眼作业，工作面打完爆破孔后，工人先放了2个掏槽眼炮，又放了4个辅助眼炮，待炮烟散尽后，工人进入工作面准备出货（煤矸），走在前面的掘进工发现工作面有水流出，大喊：“前面出水了”，听到喊声后，大家陆续往井上跑，先后有11人安全升井，有13人被困井下。

接到事故报告后，10月12日22时37分，龙煤集团鸡西分公司救护大队到达现场入井侦查，发现事故发生时积水水位标高为－11.77米，其下所有巷道及设备均被淹没。在抢险救援指挥部的积极组织下，有关单位通力合作、共同努力，先后在地面安装了2台500千伏安变压器和更换了1台400千伏安变压器；在一段井底水泵房安设5台排水泵排水，在二段主副井内安设10台排水泵排水，总排水能力达到480立方米/时。10月22日7时05分，龙煤集团鸡西分公司救护大队六中队三小队入井侦查，在三段36B号右零路平巷先后发现12名遇难矿工遗体并升井。当日15时55分，在二段回风道找到最后一名遇难矿工遗体并升井。截至10月22日17时20分，整个抢险救灾工作全部结束，累计排水 54057 立方米。

二、事故原因

（一） 直接原因

三段 36B 号右零路平巷掘进工作面违章爆破，打通了原立井遗留的一条巷道，原立井巷道及采空区积水溃入，导致水害事故。

（二） 间接原因

（1） 该矿安全管理主体责任不落实，片面追求进度和产量，忽视防治水工作。一是矿井防治水工作职责不清，责任分工不明确，没有落实岗位责任制。二是矿井现场安全管理混乱，领导没有带班入井。现场安全生产管理人员违章指挥，工人违章作业，没有严格落实监管部门的监管指令，“逢掘必探”措施未落到实处。三是矿井现场安全检查不到位，没有明确的探放水工作安全检查机构和质量验收标准。

（2） 该矿技术管理不到位。一是原立井采后技术资料不全，没有认真开展收集调查工作，空区积水和立井采后情况没有绘制到井上下对照图上。二是该矿技术管理不力。探放水措施流于形式，探放水措施贯彻不到位。

（3） 该矿从业人员安全教育培训不到位。一是探放水作业人员配备不足，持证人员不能满足实际生产工作需要。二是矿井从业人员安全素质和意识低，缺乏避灾知识，发生险情后，未能有效地实施自救与互救。

（4） 鸡东县煤矿技术服务站水文地质调查工作不实。在没有按规定对该矿水文地质情况进行实地深入调查的情况下，作出了该矿采空区内没有积水的错误结论。

（5） 鸡东县煤矿安全管理部门对该矿探放水工作监管措施不严。一是驻矿安全监管员没有认真履行工作职责，没有严格执行探放水相关规定，对该矿探放水工作质量、标准及落实监管指令情况，未能有效监督。二是安全监管人员发现该矿未执行“逢掘必探”问题后，制止不力。三是对该矿技术管理和水文地质调查工作及实施相应的探放水规章制度情况检查指导不力。

（6） 鸡西市煤矿安全管理部门工作人员未按要求严格执法。市煤矿安全监管人员发现该矿三段 36B 号右零路平巷掘进工作面存在未打中间探放水钻孔问题后，仅在口头上要求矿井立即补打，未在执法文书上予以体现，现场执法处置不当，未能及时有效地根除隐患。

三、事故处理结果

此次事故有 10 人移交司法机关处理，其中包括：

（1） 金地煤矿法定代表人、实际投资人，负责该矿重大事项决策工作。片面追求进度和产量，忽视防治水工作，疏于安全管理酿成事故，事故后组织隐瞒，对事故负有主要责任。

（2） 金地煤矿矿长，负责煤矿行政全面工作，是该矿安全生产工作第一责任者，安全管理主体责任不落实，没有带班入井，参与瞒报事故，没有严格执行安全监管指令，违章指挥造成事故，对事故负主要责任。

（3） 金地煤矿安全矿长，负责该矿安全生产管理工作。没有严格落实监管部门的监管指令，对“逢掘必探”措施落实工作检查督促不力，对该矿违章指挥、违章作业造成事故负有主要责任。

（4） 金地煤矿技术矿长，负责该矿技术管理工作。技术管理不力，对该矿防治水工作职责不清、探放水措施贯彻不到位等问题未尽职责，对事故负有主要责任。

（5） 鸡东县煤炭生产安全管理局哈达一分局驻矿安全监管员，没有按照探放水相关规定对该矿探放水工作质量、标准进行有效监督；没有督促煤矿落实监管指令；事故发生后，知情不报，对事故负有主要责任。

（6） 鸡东县煤炭生产安全管理局哈达一分局监察一科监察员，该矿包保人，对该矿“逢掘必探”措施监督管理不到位，没有严格落实包保责任，没有采取有力措施制止该矿违规生产行为，对事故负有主要责任。

（7） 鸡东县煤炭生产安全管理局哈达一分局副局长。在对该矿进行安全检查时，发现该矿三段 36B 号右零路平巷掘进工作面存在未打中间探放水钻孔问题后，未按要求严格执法，处置不当，对事故负有主要领导责任。

（8） 鸡西市煤炭生产安全管理局监管五组科员，该矿包井人，负责该矿日常安全监管执法的督办工作，在对该矿进行安全检查时，发现该矿三段 36B 号右零路平巷掘进工作面存在未打中间探放水钻孔问题后，未按要求严格执法，处置不当，对事故负有主要责任。

（9）鸡西市煤炭生产安全管理局监管五组科员，在对该矿进行安全检查时，发现该矿三段36B号右零路平巷掘进工作面存在未打中间探放水钻孔问题后，未按要求严格执法，处置不当，对事故负有主要责任。

（10）鸡西市煤炭生产安全管理局监管五组组长，负责监管五组的全面工作，在对该矿进行安全检查时，发现该矿三段36B号右零路平巷掘进工作面存在未打中间探放水钻孔问题后，未按要求严格执法，处置不当，对事故负有主要领导责任。

同时，还有9人分别根据责任认定，受到党纪、政纪及相关处分，其中包括：

金地煤矿三段36B号右零路平巷掘进班班长；金地煤矿值班井长；鸡东县煤矿技术服务站站长、总工程师；鸡东县煤炭生产安全管理局哈达一分局局长；鸡东县煤炭生产安全管理局局长助理；鸡东县煤炭生产安全管理局副局长兼总工程师；鸡东县煤炭生产安全管理局局长；鸡东县主管煤矿安全生产工作副县长；鸡西市煤炭生产安全管理局纪检组组长。

此外，依据《生产经营单位瞒报谎报事故行为查处办法》第十二条（二）款规定，对金地煤矿罚款人民币300万元。

# 云南省曲靖市师宗县私庄煤矿“11·10”特别重大煤与瓦斯突出事故

2011年11月10日6时19分，云南省曲靖市师宗县私庄煤矿发生特别重大煤与瓦斯突出事故，造成43人死亡，直接经济损失3970万元。

## 一、事故发生经过

2011年11月10日6时19分，私庄煤矿1747掘进工作面作业人员违规使用风镐作业时诱发了煤与瓦斯突出，突出煤量约1813吨、瓦斯量约25.8万立方米，大量煤粉自1747掘进工作面迅速向其他巷道扩散，一直到二号副井并冲至地面，同时突出的大量瓦斯气体还进入+1824米标高石门及车场和南翼采区的进风巷道、1850水平采区回风巷和南翼回风井、北翼回风井。事发时该矿井下共有作业人员43人，其中事故发生地点1747掘进工作面有8人，+1827米、+1845米标高巷道等作业地点有35人。

## 二、事故原因和性质

### （一）直接原因

私庄煤矿非法违法组织生产，未执行“两个四位一体”综合防突措施，在未消除突出危险性的情况下，1747掘进工作面违规使用风镐掘进作业，诱发了煤与瓦斯突出，突出的大量煤粉和瓦斯逆流进入其他巷道，致使井下人员全部因窒息、掩埋死亡。

### （二）间接原因

1. 私庄煤矿非法违法组织生产，防突措施不落实，安全管理混乱

非法违法组织生产。云南省、曲靖市及师宗县政府于2011年4月要求所有地方煤矿全面停产整顿；私庄煤矿自2010年11月以来，安全生产许可证、采矿许可证、煤炭生产许可证先后被暂扣或过期，被有关部门责令停产，但该矿拒不执行省、市、县政府及相关部门的指令，擅自违法组织生产，2010年11月29日至2011年11月9日期间，共生产原煤6万多吨。该矿还存在越界开采行为，越界巷道走向长约171米，总长约409米。

防突措施不落实。私庄煤矿为煤与瓦斯突出矿井，没有设立防突机构，未配备专门的防突人员，未落实《防治煤与瓦斯突出规定》（国家安全监管总局令第19号）和《防治煤与瓦斯突出专项设计》，没有进行煤与瓦斯突出危险性预测，未实施“两个四位一体”综合防突措施，违规只采用局部防突措施且未落实到位。在未消除煤层突出危险、施工钻孔时出现严重喷孔等明显突出预兆的情况下，冒险组织作业。

安全管理混乱，违规作业行为严重。私庄煤矿安全基础薄弱，相关图纸、技术资料与实际不符；未进行全员防突培训，部分新工人未按规定培训即下井作业，1747掘进工作面瓦检员未经培训上岗；劳动组织管理混乱，井下两班交叉作业；将井下工程违法承包给不具备施工资质的队伍，以包代管，冒险蛮干；作业人员未随身携带自救器，未执行矿领导带班下井制度，事故当班矿领导戚谷明在事故发生后弄虚作假、伪装下井带班。

2. 地方政府有关职能部门不正确履行职责，一些工作人员失职渎职，对私庄煤矿存在的非法违法行为打击不力

（1）师宗县煤炭工业局、县煤矿安全监督管理局未落实煤矿安全生产法律法规和云南省、曲靖市关于煤矿停产整顿的部署安排；未认真督促私庄煤矿加强安全管理、落实《防治煤与瓦斯突出规定》；县煤炭工业局局长、副局长、执法人员、煤管所负责人、驻矿监管员等收受私庄煤矿钱物，放任私庄煤矿非法违法生产。

曲靖市煤炭工业局贯彻落实安全生产法律法规和云南省、曲靖市关于煤矿停产整顿的部署安排不到位，对师宗县政府及县煤炭工业局有关煤矿安全生产工作指导协调、监督检查不力；对全市开展煤矿停产整顿、隐患排查治理等工作组织、督促不力；对私庄煤矿存在的非法违法生产行为失察。

（2）师宗县国土资源局开展煤炭资源开发利用和保护工作不力，未将私庄煤矿采矿许可证过期信息及执法文书向相关部门通报，对该矿在采矿许可证过期后的非法违法生产行为打击不力；对私庄煤矿存在的越界开采行为失察。

曲靖市国土资源局对师宗县国土资源局履行职责情况监督、检查和指导不力；对“打非治违”工作组织不力，对私庄煤矿在采矿许可证过期后的违法生产及其越界开采行为失察。

（3）师宗县公安局对煤矿安全生产法律法规和有关民用爆炸物品管理规定落实不到位，向私庄煤矿批供民用爆炸物品审核把关不严；对私庄煤矿炸药库管理人员未经培训、无证上岗问题失察。

（4）师宗县安全生产监督管理局贯彻落实煤矿安全生产法律法规和云南省、曲靖市关于煤矿停产整顿的部署安排不到位，对师宗县有关职能部门安全生产工作指导督促不到位；组织开展煤矿“打非治违”、隐患排查治理等工作不力，对私庄煤矿存在的非法违法生产行为及重大安全隐患失察。

3. 有关地方政府监管不力

（1）师宗县委、县政府不重视安全生产工作，在全县煤矿停产整顿、大部分未验收复产的情况下，下达超出生产能力的煤炭生产考核指标；未认真贯彻落实党和国家安全生产方针政策和法律法规，对上级关于煤矿停产整顿的部署安排落实不到位，组织打击煤矿非法违法生产行为不力。师宗县委书记、县政府分管煤炭工作的常务副县长收受私庄煤矿矿主梁永辉贿赂，放任其非法违法生产。师宗县委书记、县长、常务副县长还多次违规收受县煤炭工业局等部门以“奖金”名义送给的现金，没有严格督促这些部门依法履行职责。

（2）曲靖市政府督促贯彻落实党和国家安全生产方针政策和法律法规不到位；督促落实煤矿停产整顿、隐患排查治理等工作不力；对有关职能部门履行职责情况监督不到位。

4. 云南煤矿安全监察局曲靖监察分局工作存在失职

云南煤矿安全监察局曲靖监察分局督促落实煤矿停产整顿、隐患排查治理等工作不到位；对私庄煤矿存在的非法违法生产行为失察。

（三）事故性质

经调查认定，云南省曲靖市师宗县私庄煤矿“11·10”特别重大煤与瓦斯突出事故是一起责任事故。

**三、对事故有关责任人员和责任单位的处理结果**

（一）移送司法机关并已被采取强制措施的人员

（1）梁××，私庄煤矿出资人、法定代表人，师宗县、曲靖市政协委员。涉嫌重大责任事故罪，2011年11月15日被曲靖市公安局刑事拘留，12月21日被依法逮捕，2012年2月2日被移送检察机关审查起诉。

（2）唐××，受梁永辉委派管理私庄煤矿，为煤矿实际管理人。涉嫌重大责任事故罪，2011年11月30日被取保候审，2012年2月2日被移送检察机关审查起诉。

（3）张××，私庄煤矿矿长。涉嫌重大责任

事故罪，2011 年 11 月 15 日被曲靖市公安局刑事拘留，12 月 21 日被依法逮捕，2012 年 2 月 2 日被移送检察机关审查起诉。依法吊销其矿长资格证和矿长安全资格证，终身不得再担任煤炭行业的矿长（董事长、总经理）职务。

（4）戚××，私庄煤矿安全副矿长。涉嫌重大责任事故罪，2011 年 11 月 15 日被曲靖市公安局刑事拘留，12 月 21 日被依法逮捕，2012 年 2 月 2 日被移送检察机关审查起诉。

（5）孙××，私庄煤矿技术副矿长。涉嫌重大责任事故罪，2011 年 11 月 15 日被曲靖市公安局刑事拘留，12 月 21 日被依法逮捕，2012 年 2 月 2 日被移送检察机关审查起诉。

（6）严××，私庄煤矿机电副矿长。涉嫌重大责任事故罪，2011 年 11 月 30 日被取保候审，2012 年 2 月 2 日被移送检察机关审查起诉。

（7）岳××，私庄煤矿班长。涉嫌重大责任事故罪，2011 年 11 月 30 日被取保候审，2012 年 2 月 2 日被移送检察机关审查起诉。

（8）常××，师宗县煤炭工业局驻私庄煤矿安全监督员。涉嫌玩忽职守罪，2011 年 11 月 14 日被立案侦查，11 月 28 日被依法逮捕。2012 年 3 月 17 日检察机关以玩忽职守罪向法院提起了公诉，4 月 18—19 日法院开庭审理。

（9）王××，师宗县煤炭工业局驻私庄煤矿安全监督员。涉嫌玩忽职守罪，2011 年 11 月 14 日被立案侦查，11 月 28 日被依法逮捕。2012 年 3 月 17 日检察机关以玩忽职守罪向法院提起了公诉，4 月 18—19 日法院开庭审理。

（10）刘××，师宗县煤炭工业局大舍煤管所副所长。涉嫌玩忽职守罪，2011 年 11 月 29 日被立案侦查，12 月 13 日被依法逮捕。2012 年 3 月 17 日检察机关以玩忽职守罪、受贿罪向法院提起了公诉，4 月 18—19 日法院开庭审理。

（11）代××，师宗县煤炭工业局大舍煤管所副所长。涉嫌玩忽职守罪，2011 年 11 月 29 日被立案侦查，11 月 30 日被取保候审。2012 年 3 月 17 日检察机关以玩忽职守罪、受贿罪向法院提起了公诉，4 月 18—19 日法院开庭审理。

（12）曹××，师宗县煤炭工业局大舍煤管所所长。涉嫌玩忽职守罪，2011 年 11 月 14 日被立案侦查，11 月 16 日被取保候审。2012 年 3 月 17 日检察机关以玩忽职守罪、滥用职权罪、受贿罪向法院提起了公诉，4 月 18—19 日法院开庭审理。

（13）王××，师宗县煤炭工业局煤矿安全监管执法大队第三执法中队中队长。涉嫌玩忽职守罪，2011 年 11 月 29 日被立案侦查，12 月 13 日被依法逮捕。2012 年 3 月 17 日检察机关以玩忽职守罪、受贿罪向法院提起了公诉，4 月 18—19 日法院开庭审理。

（14）杨××，师宗县煤炭工业局副局长，私庄煤矿的“挂片”领导。涉嫌玩忽职守罪，2011 年 11 月 29 日被立案侦查。2012 年 3 月 17 日检察机关以玩忽职守罪向法院提起了公诉，4 月 18—19 日法院开庭审理。

（15）吴××，师宗县煤炭工业局副局长、县煤矿安全监督管理局局长、县煤矿安全执法大队大队长。涉嫌玩忽职守罪，2011 年 11 月 29 日被立案侦查，12 月 13 日被依法逮捕。2012 年 3 月 17 日检察机关以玩忽职守罪、滥用职权罪向法院提起了公诉，4 月 18—19 日法院开庭审理。

（16）孙××，师宗县煤炭工业局副局长、总工程师。涉嫌玩忽职守罪，2011 年 11 月 14 日被立案侦查，11 月 29 日被依法逮捕。2012 年 3 月 17 日检察机关以玩忽职守罪、受贿罪向法院提起了公诉，4 月 18—19 日法院开庭审理。

（17）周××，师宗县煤炭工业局局长、党委副书记。放任私庄煤矿违法生产，涉嫌失职渎职，且还涉嫌重大经济问题，事故调查组建议曲靖市纪委监察局对其立案调查。2012 年 1 月 6 日被依法逮捕。3 月 17 日检察机关以玩忽职守罪、受贿罪向法院提起了公诉，4 月 18—19 日法院开庭审理。

（18）申××，师宗县政府常务副县长、党组副书记，分管煤炭等工作。放任私庄煤矿违法生产，涉嫌失职渎职，且涉嫌重大经济问题，事故调查组建议曲靖市纪委监察局对其立案调查。2012 年 1 月 9 日被依法逮捕。4 月 13 日检察机关以玩忽职守罪、受贿罪向法院提起了公诉。

（19）王××，师宗县委书记。不重视安全生产，工作失职，在全县煤矿停产整顿、大部分未验收复产的情况下，研究下达超出生产能力的煤炭生产考核指标；未认真贯彻落实党和国家安全生产方针政策和法律法规，督促打击煤矿违法生产行为不力；对县政府有关领导同志及有关职能部门干部教育监督管理不力。收受私庄煤矿出资人、法定代表人梁永辉贿赂（已初步核实50万元），放任其违法生产，另外还涉嫌存在其他严重违纪违法问题。给予开除、开除党籍处分，并移送司法机关处理。2012年4月1日被检察机关批准逮捕。

（二）给予党纪、政纪处分的人员

（1）李××，曲靖市煤炭工业局副局长、党委委员，分管煤矿安全监督管理、安全执法、安全许可管理、瓦斯联网监控等工作。对事故发生负有主要领导责任，建议给予撤职、撤销党内职务处分。

（2）张××，曲靖市煤炭工业局局长、党委书记。对事故的发生负有主要领导责任，给予撤职、撤销党内职务处分。

（3）李××，师宗县国土资源局矿管股股长，负责采矿权登记发证等工作。对事故发生负有主要领导责任，建议给予撤职、党内严重警告处分。

（4）姚××，师宗县国土资源局副局长、党组成员，分管矿管股等，联系雄壁镇国土分局工作。对事故发生负有主要领导责任，给予撤职、撤销党内职务处分。

（5）傅××，师宗县国土资源局局长、党组副书记。对事故发生负有主要领导责任，建议给予降级、党内严重警告处分。

（6）李××，曲靖市国土资源局矿管科科长，负责对矿产资源开发管理监督检查、采矿权登记发证等工作。对事故发生负有主要领导责任，给予降级、党内严重警告处分。

（7）杨××，师宗县公安局雄壁派出所副所长、党支部书记，主持雄壁派出所全面工作。对事故发生负有重要领导责任，给予记大过处分。

（8）李××，师宗县公安局治安大队教导员，2011年1月起主持师宗县公安局治安大队工作。对事故发生负有重要领导责任，给予记过处分。

（9）满××，师宗县安全生产监督管理局局长、县政府安委会办公室主任。对事故发生负有重要领导责任，给予记大过处分。

（10）安××，师宗县政府副县长，分管商务局、烟草公司等部门，2011年4月22日由县委、县政府统一安排牵头检查私庄煤矿停产整顿、隐患排查工作。对私庄煤矿在停产整顿期间非法违法生产行为失察。对事故发生负有重要领导责任，给予降级处分。

（11）徐××，师宗县政府县长、县委副书记。对事故发生负有主要领导责任，建议给予撤职、撤销党内职务处分。

（12）张××，曲靖市政府副市长、党组成员，分管煤炭、安全生产、国土资源等工作。对事故发生负有重要领导责任，建议给予记大过处分。

（13）张××，2011年8月任云南煤矿安全监察局曲靖监察分局副局长、支部委员，负责师宗县煤矿安全执法监察工作。对事故发生负有重要领导责任，给予记大过处分。

责成云南省人民政府向国务院作出深刻的书面检查，责成曲靖市人民政府、市长岳跃生分别向云南省人民政府作出深刻的书面检查。

（三）行政处罚

私庄煤矿非法违法生产引发特别重大事故，且未执行煤矿领导带班下井制度，事故当班副矿长戚谷明在事故发生后弄虚作假、伪装带班下井。依据《生产安全事故报告和调查处理条例》（国务院令第493号）第三十七条和《煤矿领导带班下井及安全监督检查规定》（国家安全监管总局令第33号）第二十条，由云南煤矿安全监察局对私庄煤矿处以罚款500万元。依据《煤矿领导带班下井及安全监督检查规定》第二十一条，对私庄煤矿矿长张四兴处上一年年收入80%的罚款。

私庄煤矿在有关证照过期、暂扣期间，非法违法生产原煤6万多吨，且存在越界生产行为，2011年1—10月该矿销售原煤5.48万吨，销售收入1732万元。依据《国务院关于预防煤矿生产安全事故的特别规定》（国务院令第446号）第五条、第十一条，责成曲靖市人民政府没收其非法违法所得，并处以非法违法所得5倍的罚款。

责成云南省人民政府相关部门及云南煤矿安全监察局依法吊销私庄煤矿有关证照，由曲靖市人民政府依法对私庄煤矿实施关闭。

# 交通运输事故

## 河南省许平南高速襄城段“1·11”重大道路交通事故

**一、事故基本情况**

2011年1月11日18时28分，许平南高速公路（许昌至南阳方向襄城县境内）163公里加200米处发生一起因超速、超载和遇到障碍而处置不当引发的重大交通安全事故，造成16人死亡、25人受伤，直接经济损失795万元。经调查认定，许平南高速襄城段“1·11”重大交通事故是一起责任事故。

**二、事故原因分析**

（一）直接原因

豫D34401大客车驾驶人陶金平在天色已黑，能见度较低和车辆超员（车辆核载35人，但实载41人）情况下，夜间超速行驶（该车GPS监控资料显示，事故发生前车速为105.56公里/时，超过100公里/时的规定时速），遇紧急情况应急处理能力不足，加之所驾驶车辆制动性能不良，是造成事故的直接原因。

豫NQ0517轿车驾驶人安××在高速公路上无证驾驶，且所驾轿车肇事后滞留超车道，设置警示标志不符合有关规定、未按规定报警，也是造成事故发生的直接原因。

（二）间接原因

（1）车辆承包人陈××交通安全意识淡薄，私自雇用两次被公司辞退的陶××驾驶营运车辆，擅自变更《道路客运班线经营许可证明》中核准的车辆营运线路，是事故发生的主要原因。

（2）平顶山市平运汽车运输公司郑州线路分公司对豫D34401大客车承包给陈××安全教育不到位，未能发现陈××私自雇用驾驶员，长期纵容陈××违规运营问题，对豫D34401大客车GPS系统流于形式，在超速、超员的情况下，客运企业未及时进行提示和处理，没有起到科技监管作用，日常安全管理和车辆维护检查流于形式，是事故发生的主要原因。

（3）平顶山市平运汽车运输公司交通安全主体责任不落实，车辆营运组织管理混乱，安全检查和车辆GPS系统管理流于形式，对承包人的安全教育不够，是事故发生的重要原因。

（4）平顶山市公路运输管理处作为平顶山市道路运输管理部门，对辖区内客运车辆不按核准线路运营行为审核把关不严，查处纠正不力，对客运公司安全管理监督检查不力，对工作人员业务培训不扎实，是事故发生的重要原因。

（5）平顶山市交通运输局作为平运汽车运输有限公司和平顶山公路运输管理处的行政主管部门，虽然对所属道路运输安全管理工作进行了安排部署，也进行了检查，但管理不到位，工作落实不够，是事故发生的原因之一。

（6）郑州市公安局交警支队三大队和西南绕城大队、许昌市交警支队高速公路第二执勤大队，对豫D34401大客车在其所管辖区域内违法超员载客和超速行驶问题未及时发现，路面巡逻、管控措施不力，也是事故发生的原因之一。

**三、责任认定和处理建议**

建议追究豫NQ0517轿车驾驶人安××的刑事责任，建议将客车承包人陈××、平顶山平运公司郑州线路分公司安全员程××、经理助理李××、经理陈××移交司法机关；建议追究平顶山平运公司、平顶山公路运输管理处、平顶山交通运输局相关责任人的党政纪责任。责成郑州市交通警察支队、许昌市交通警察支队，分别就其所管辖区域内违法超员载客上路、超速行驶失察，路面巡逻、管控存在不到位等问题，向省公安厅作出深刻检查。另外，对平运汽车运输有限公司给予经济处罚。对平运汽车运输有限公司姜××处以上一年年收入60%的罚款。由平顶山市交通运输局依法暂扣平运汽车运输有限公司平顶山至郑州班线经营许可证，并责令其停业整顿。

**四、防范和整改措施**

（1）平顶山市平运汽车运输有限公司要认真汲取事故教训，切实加强对车辆经营承包人员和司乘人员的教育、管理和监督，制定有效的针对性措施，严格安全教育和培训。

（2）平顶山市平运汽车运输有限公司要认真汲取事故教训，切实加强对客运管理人员，特别是安全检查员的业务培训、考核，做到职责明确，措施具体，管理规范；认真落实国家有关客运车辆安全维护、检查制度，加强对进、出站营运车辆的安全检查，保障营运车辆良好的安全技术形态；规范客运车辆GPS定位系统的安装、管理和使用，强化对客运车辆的动态监控，对通过GPS定位系统发现的违规违章行为要及时纠正，严肃处理。

（3）平顶山市交通运输管理处要加强对客运线路的审核、检查和管理，对全市客运线路进行集中清理和排查，及时纠正擅自变更线路、擅自增加运输频次等违规行为；加强对客运公司从业人员的教育、培训和管理，监督检查客运公司建立健全和落实安全管理制度、措施情况，督促客运公司认真落实各项安全管理制度和措施。

（4）平顶山市交通运输局要加强对道路交通安全措施落实情况的监督检查，督促和指导交通运输管理处认真开展对客运线路、客运经营管理定期开展专项检查，并要对检查落实情况进行监督。

（5）平顶山市交通运输局要加强长途客运安全的管理，对长途客运车辆实施“户籍化”管理，逐车建立档案，掌握客运车辆的安全技术状况、营运线路、行驶里程、班次以及驾驶人等情况。

（6）许昌市公安局交警支队、郑州市公安局交警支队要充实警力，加强对管辖路面的巡逻检查，加大对辖区客车超员、超速行为的查处力度，有效预防和减少因机动车超员、超速而加重事故损害的后果。同时要加强许平南高速路面电子监控技术建设，实行对车辆行驶速度的全程监控。

（7）加大治理车辆超限超载工作力度。

（8）建议对客车乘客座椅安装安全带。

# 福建省邵武市“2·4”重大道路交通事故

**一、事故简要概述**

2011年2月4日17时27分，驾驶员郭××（男，驾驶证号：352102196106170831，准驾记录：A1、A2，驾龄16年，系邵武市人）驾驶一辆邵武市汽车运输公司所有的闽HY1151号中巴车（核载19人，实载21人，其中儿童和3个月婴儿各1名），从永安市开往邵武市，途经316国道296千米+550米（在邵武市拿口镇境内），因避让一辆闽H1G321号摩托车（驾驶人周杰，男，身份证号：350781199206161617，无机动车驾驶证，系邵武市人），导致车辆翻入富屯溪千岭电站水库中，造成12人死亡（其中：儿童和3个月婴儿各1名）、9人受伤的重大道路交通事故。

**二、事故救援经过**

事故发生后，南平市委、市政府立即启动重大道路交通事故应急预案，书记、市长带领有关部门人员立即赶赴事故现场。邵武市成立了事故应急处置领导小组，下设现场抢救、医疗救治和善后处置3个小组，并组织公安、消防、交警、安监、卫生、交通、应急救援队以及当地群众等近200人，开展事故救援、做好伤员救治及善后处置工作。

省委、省政府接到事故报告后，书记、省长分别作出重要批示，要求组织力量千方百计救援，全力做好伤亡人员的善后和救治工作。省政府分管领导于2月4日晚带领省直有关部门主要领导赶赴事故现场，组织指挥事故救援，看望受伤人员，并连夜召开会议，听取南平市、邵武市事故救援情况汇报，核实死亡、失踪人员，部署事故救援、善后处置等相关工作，并立即成立由相关部门组成的事故调查组开展事故调查。

**三、事故原因及分析**

经过调查，认定导致事故发生的直接原因主要有：一是摩托车驾驶人无证驾驶逾期未年检的摩托车，不遵守道路交通规则，其行为严重影响客车的安全行驶；二是客车驾驶人未能谨慎驾驶，突遇不按道行驶的两轮摩托车，临危避让措施不当。间接原因主要有：一是邵武市运输公司落实客运驾驶人交通违法行为查处、安全教育、GPS监控等管理制度不到位，整治站外上下客、超载等严重交通违法行为不力；二是邵武公路分局未能严格落实新修订的公路养护技术规范，公路日常养护工作不到位；三是邵武交通运管所落实行业安全监管工作不到位；四是邵武公安局交警大队安全监管工作不到位。

**四、事故处理结果**

9月底，省政府对该起事故调查报告作出批复，并责成相关部门对相关责任人和责任单位实施处理：一是对肇事客车驾驶员郭××和摩托车驾驶人周××给予追究刑事责任；二是对邵武市运输公司经理官××给予撤销其党内职务和邵武市运输公司经理职务，并由南平市安监局依照国务院令第493号给予处罚；对副经理张××给予其留党察看一年的处分，并撤销其邵武市运输公司副经理职务；对公司安保科科长李××给予撤职处分；对邵武市运管所所长骆××给予行政警告处分；对邵武市运管所副所长张××给予行政记过处分；对邵武市公安局交警大队副教导员徐××给予行政警告处分；对拿口中队长周××责令其作出深刻的书面检查；三是对事故发生单位邵武市运输公司给予取消该班次线路经营权，并由南平市安监局给予处罚；对邵武公路分局由省公路管理局给予通报批评；四是责成南平市人民政府、邵武市人民政府分别向省政府、南平市政府作出深刻的书面检查。

# 浙江省台州市路桥区“2·28”浙路渔2403船沉没重大事故

**一、事故简要概述**

2011年2月28日凌晨1时左右，浙江省台州市路桥区“浙路渔2403”船载11名船员在完成生产作业返航途经台州东矶岛海域附近时触礁沉没。事故共造成8人死亡，3人失踪，直接经济损失150余万元。

**二、事故经过**

2011年2月21日“浙路渔2403”船从台州椒江海门港出海，赴舟山海域从事流刺网生产作业。28日零时21分，“浙路渔2403”船航行至东矶岛与猪头屿之间的门头附近水域时，遇海底暗礁造成搁礁，该船在海浪的影响下脱礁，当时舵机已损坏，船舶失去操纵舵效，方向失灵。28日零时40分左右，失去舵效的“浙路渔2403”船在“猪头屿”山嘴附近再次触礁。两次触礁造成渔船船体严重破损，下层机舱大量进水，继而主机熄火。28日1时3分，“浙路渔2403”船在东经121°56′17″、北纬28°43′45″附近海域倾覆沉没，船上11名船员有的穿救生衣，有的腰系网具上的泡沫浮子落水。28日1时30分左右，“浙临渔5167”船在出事海域附近使用探照灯在海面搜寻，没有发现落水船员。3月19日，“浙路渔2403”船在台州临海东矶岛猪头屿附近水域被打捞出水，通过勘查，船上未发现失踪船员尸体和固定的救生筏，渔船右下侧有约宽1米的大洞，从大洞一直到船尾的船壳外板全部都变形，船体底部破损严重，未见舵叶。

**三、事故原因及分析**

事故调查组通过对相关人员调查取证，查阅、分析大量有关“浙路渔2403”船的技术资料和管理台账，并邀请有关专家对事故现场和失事渔船进行了勘察和技术分析，基本查明了事故的原因及性质。

（一）直接原因

（1）船长应急处置不当。“浙路渔2403”船自触礁至沉没期间，船长宋××没有及时组织船员打开救生筏逃生，也没有及时报警和将正确船位向附近船舶报告，丧失了第一时间被救援的机会，造成了事故的扩大。

（2）海上浓雾的影响。根据台州市气象台东矶海域国家基本气象观测站天气监测报告，2月27日21时40分至2月28日4时35分，事发海域最低能见度降低到30米。另据“浙临渔5167”船船长李××问讯笔录描述，“当时洋面有雾，能见度约15米。”船只航行完全凭借卫星导航设备助航，由于渔用海图上未标示此片海域有暗礁，加之当时正处于低潮位，东矶岛与猪头屿之间的门头水域流急涌大，造成船只搁礁后又脱礁，船体破损，舵机损坏，无法操控方向，继而导致该船在猪头屿山嘴附近再次触礁，船舱进水，主机熄火，最终倾覆沉没。

（二）间接原因

1. 船长和船东安全生产主体责任未落实

船长宋××对雾航中存在的安全风险估计不足，完全依靠卫星导航，疏于控制船速和瞭望警戒，由于麻痹大意造成渔船第一次触碰暗礁；未履行船长应承担的安全职责，租赁该渔船后，没有参加当地政府部门组织的安全教育培训，且对船上的救生设备疏于管理、不懂操作，在船只倾覆沉没时，无法有效使用救生筏进行逃生；同时，违反相关安全生产法律法规规定，未经渔业主管部门许可，擅自变更该船作业方式，并将原来核定的8名船员增至11人，造成人员伤亡扩大。

船东邵××违反国家相关规定，未履行渔船所有人安全管理职责和义务，以租代管，放任承租方非法变更作业方式、增加船员的做法，也未按规定督促船长参加安全教育培训。

2. 有关政府和部门对渔船安全管理不到位

金清镇政府对所管辖的渔船，在隐患排查整治、船员安全教育培训等方面存在疏漏，尤其是对出租、挂靠渔船存在的安全问题监督不力。

路桥区海洋与渔业部门对渔船监管执法不严，没有及时发现和整治该船安全培训教育未落实、救生设备日常管理混乱、出海生产时职务船员不齐等方面安全隐患，安全监管工作未落实到位。

路桥区人民政府对租赁渔船管理不到位，特别是对租赁渔船的执法检查、安全教育、隐患排查整改等重要安全基础工作没有明确的要求。

**四、事故处理结果**

（1）宋××（目前失踪）作为船长，通过租赁方式取得经营权后，没有按规定参加当地政府组织的安全教育培训，渔船日常安全管理混乱，在改变作业方式后，未经审批擅自增加船员数量；在返航途中遭遇大雾时没有采取安全航行措施，触礁后报警和自救处置措施不当，对“浙路渔2403”船沉没负有直接领导和管理责任，由司法部门立案侦查，追究相应法律责任。

（2）邵××作为“浙路渔2403”船实际拥有人，没有认真履行船东义务，传达政府部门对渔业安全生产的相关要求，并督促船长落实相关安全措施，对事故的发生负有重要责任，渔业主管部门依法吊销其捕捞许可证，并由司法部门立案侦查，追究相应法律责任。

（3）金清镇政府对“浙路渔2403”船疏于管理，该船出租后，对其船员的相应教育培训、日常安全检查等工作均未落实到位，对事故发生负有管理责任，按照干部管理权限，给予金清镇政府分管渔业工作人大副主席李友荣、金清镇渔业办主任罗建文行政处分。

（4）路桥区水利与海洋渔业局对辖区渔船的安全监督管理存在疏漏，日常监管力量不足、手段落后，对“浙路渔2403”船船长长期不参加安全教育培训等问题监管失职，对事故发生负有管理责任，按照干部管理权限，给予分管副局长张桥、路桥区渔业总站渔业行政执法大队大队长符建良（负责海洋渔业执法工作）行政处分。

（5）路桥区人民政府对渔船安全管理不到位，特别是对租赁渔船的管理工作存在滞后，对事故的发生负有领导责任，路桥区人民政府向台州市人民政府作出书面检查，并给予时任分管副区长陈××（已于2月23日调任台州市残联理事长）行政处分。

（6）台州市安全生产工作还存在一些漏洞和薄弱环节，基层安全生产各项工作措施落实仍有差距，按照《中共浙江省委、浙江省人民政府关于进一步加强安全生产工作的意见》（浙委〔2009〕88号）有关安全生产行政问责的规定，台州市人民政府应向浙江省人民政府作出书面检查。

# 新疆维吾尔自治区喀什地区叶城县“3·11”重大道路交通事故

2011年3月11日8时20分许，西藏自治区阿里地区藏羚羊旅运有限公司（以下简称藏羚羊公司）藏F－A2130号宇通牌卧铺客车，自新疆维吾尔自治区喀什地区叶城县出发前往西藏自治区阿里地区狮泉河镇，当行至国道219线226公里＋215米处驶下路基，坠入126米深的山谷中，致15人当场死亡，1人在送往医院途中死亡，27人受伤。

经调查认定，叶城“3·11”重大道路交通事故是一起责任事故。对有关责任人员和单位的处理情况如下：

**一、移交司法机关处理人员**

（1）姚××，藏F－A2130号宇通牌卧铺客车副驾驶员，在明知所持驾照不能驾驶大型客运车辆的情况下仍驾驶藏F－A2130号宇通牌卧铺客车，且在转弯下坡时超速行驶，导致车辆坠入山谷，致16人死亡，对事故发生负有直接责任，已涉嫌犯罪。

（2）狄××，藏F－A2130号宇通牌卧铺客车主驾驶员，将藏F－A2130号宇通牌卧铺客车交由所持驾照不具备驾驶大型客车的姚××驾驶，在此次事故中负有直接责任，已涉嫌犯罪。

（3）王××，藏F－A2130号宇通牌卧铺客车车主，在明知姚××所持驾照不能驾驶大型客车的情况下，仍聘用其驾驶藏F－A2130号宇通牌卧铺客车，在此次事故中负有直接责任，已涉嫌犯罪。

（4）肖××，藏羚羊公司法人代表，作为公司安全生产工作第一责任人，对所属公司的安全生产工作混乱、安全管理措施不落实负有责任，未按联合经营协议书的规定对肇事车辆进行管理，对下属工作人员的安全工作监督不力，长期怂恿所属企业挂靠车辆违规揽客、非法营运，对事故的发生负有主要责任，已涉嫌犯罪。

**二、对相关责任单位和人员的行政处罚情况**

藏羚羊公司，安全责任制落实不到位，安全管理机构形同虚设，对所属车辆及驾驶员缺乏行之有效的管理，对事故的发生负有主要责任，给予经济处罚200万元，并承担相应的民事责任。

对相关责任人员的行政处分情况：

（1）赖××，新疆喀什地区叶城县运管站负责人，对肇事客车长期在叶城县境内违规揽客、非法营运行为没有依法进行查处，对事故的发生负有主要监管责任，给予行政警告处分。

（2）新疆喀什地区叶城县公安局交警大队克柯亚中队长，执勤中未认真执行客运车辆“六必查”，对这次事故的发生负有监管责任，给予行政警告处分。

（3）周××，西藏阿里地区交通运输局局长，对本地区道路交通运输安全管理混乱现象监管不力，对事故的发生负有监管责任，给予行政警告处分。

（4）边××，西藏阿里地区运管处稽查科负责人，未认真督促藏羚羊公司和西藏阿里地区客运站落实安全检查制度，对事故的发生负有监管责任，给予行政警告处分。

（5）李××，西藏阿里地区客运站站长，未认真落实进出客运站车辆的安全检查制度，对事故的发生负有主要责任。拒不配合事故调查工作，且不提供藏羚羊公司往返新疆喀什地区叶城县和西藏阿里地区客运班车的进出站安检单据，给予撤职处分。

**三、作出检查的人员**

（1）西藏阿里地区交警支队支队长，对阿里地区交通安全监督管理工作存在的问题失察，对事故的发生负有领导责任，作出深刻书面检查。

（2）新疆喀什地区叶城县县长，作为新疆喀什地区叶城县安全生产工作第一责任人，对事故的发生负有领导责任，作出深刻书面检查。

# 广东省惠州市"6·4"重大道路交通事故

2011年6月4日14时40分，惠河高速公路3580千米处发生一起4车相撞事故，造成11人死亡，21人受伤，直接经济损失约948万元。

经调查，该起事故是一起责任事故，事故的直接原因是：朱××驾驶粤MK1259小轿车、马××驾驶机件不符合技术标准的宁C25268重型半挂牵引车和陈锦贤驾驶粤AG1932大客车在雨天超速行驶，粤MK1259小轿车爆胎失控后，尾随的宁C25268重型半挂牵引车刹车不及失控越过公路中间护栏，与对向而来的粤AG1932大客车发生碰撞。

事故反映出广东省梅县政府办公室对安全管理制度不健全，对下属司机安全教育不到位；宁夏盐池县兴业运输有限公司内部安全管理不到位；广东省高速公路有限公司河源分公司对事故路段的交通标志管理不够完善，巡查工作不到位；惠州市公安局交通警察支队高速公路三大队对事故路段的交通安全隐患排查不到位和广州市第二公共汽车公司客运分公司安全教育存在薄弱环节等问题。

肇事司机朱××和马××被移送司法机关追究刑事责任，给予梅县政府办公室2名管理人员党政纪处分；对1名广东省高速公路有限公司河源分公司管理人员和3名惠州市公安局交通警察支队高速公路三大队人员进行诫勉谈话；责令广州市第二公共汽车公司客运分公司和广东省高速公路有限公司河源分公司分别对其内部责任人员按照公司规定进行处理；责令梅县政府办公室、惠州市公安局交通警察支队高速公路三大队、广东省高速公路有限公司河源分公司和广州市第二公共汽车公司客运分公司分别向其上级部门作出检讨。

建议宁夏自治区有关部门依照权限依法对宁夏盐池县兴业运输有限公司及4名相关人员进行处理，并依法对盐池县交通运输管理部门的安全监管工作情况进行调查处理。

# 京珠高速河南信阳"7·22"特别重大卧铺客车燃烧事故

2011年7月22日3时43分，京珠高速公路河南省信阳市境内发生一起特别重大卧铺客车燃烧事故，造成41人死亡、6人受伤，直接经济损失2342.06万元。

## 一、事故发生经过

2011年7月21日10时7分，事故客车从威海交运集团客运二分公司停车场出发前往湖南省长沙市，班线全长共计1773公里，至事故发生时已行驶1254公里，用时17小时40分钟。

车辆发车前报班时，车上只有驾驶员孙××、邹××和实际管理者李××等3人，且驾驶员邹××提供的《客运班车驾驶员即时驾驶证明》显示不是本车驾驶员，不符合单程800公里以上线路配备3名驾驶员的公司规定。因此，汽车站报班员要求车辆完备相关手续后再报班。但是，该车此后并未按照公司规定采取相关措施，也未再报班就直接出发了。

7月21日10时17分，驾驶员孙××将车开到位于威海火车站北100米处的威海市长峰基础公司院内，装载10箱偶氮二异庚腈和其他乘车人员。11时12分，该车行至威海汽车站安检补票签章处附近停车上客，后经烟威高速离开威海，并沿烟威高速、204 国道、潍莱高速、青银高速、济广高速、日南高速、京珠高速路线方向行驶。下午 17 时 40 分，该车行驶至青银高速和临淄至齐都公路立交桥时，装载另外 5 箱偶氮二异庚腈。车辆行驶过程中，在沿途多地上下旅客、装卸货物，在山东省邹平县境内开始超员，最后一次上客是在山东省菏泽市。

7 月 21 日 23 时 27 分，事故客车从日南高速公路豫鲁收费站进入河南省境内。7 月 22 日 3 时 10 分，事故客车在京珠高速公路确山服务区停车，车辆换由邹 × × 驾驶。3 时 43 分，当事故客车（实载 47 人）行驶至京珠高速公路河南省信阳市境内 938 公里 115 米处时，突然发生爆燃，客车继续前行 145 米至京珠高速公路 938 公里 260 米处，与道路中央隔离护栏剐蹭碰撞后停车，共造成 41 人死亡、6 人受伤，客车严重烧毁，直接经济损失 2342.06 万元。

**二、事故原因和性质**

（一）直接原因

鲁 K08596 号大型卧铺客车违规运输 15 箱共 300 公斤危险化学品偶氮二异庚腈并堆放在客车舱后部，偶氮二异庚腈在挤压、摩擦、发动机放热等综合因素作用下受热分解并发生爆燃。

（二）间接原因

1. 威海交运集团及其客运二分公司、威海汽车站客运安全管理混乱

（1）威海交运集团客运二分公司安全生产工作以包代管，与事故车辆承包人签订的《营运客车承包经营合同》中含有“途中上客由乙方（承包人）自售自收”的条款，默许事故车辆长期违规站外经营；未研究解决公司行车路单发放制度和车辆请假管理制度不健全等问题；未排查治理事故车辆长期不进站报班发车、不按规定班次线路行驶以及违规站外上客、人员超载、违规载货等安全隐患。

（2）威海汽车站安全管理责任不落实，未认真核实事故车辆长期请假脱班的情况；发现事故车辆报班手续不全时，未按规定扣留该车进站证；发现事故车辆未按时到达发车位时，未按规定核实原因。

（3）威海交运集团未认真开展客运管理和安全隐患排查治理纠正工作；未纠正《营运客车承包经营合同》中的违规条款；未发现和治理解决事故车辆长期不进站报班发车、不按规定班次线路行驶、违规站外上客、人员超载、违规载货等安全隐患和问题。

2. 威海市交通运输管理部门组织开展客运市场管理和监督检查工作不到位

（1）威海市道路运输管理处指导和监督客运行业管理工作不到位，对威海交运集团长期存在客运班车不进站报班发车、不按规定班次线路行驶、违规站外上客载货等安全隐患监管不到位。

（2）威海市交通运输局组织开展道路运输安全管理工作不到位，对威海市道路运输管理处履行职责的情况监督检查不到位。

3. 佳泽公司和汇昌公司危险化学品安全管理混乱

佳泽公司和汇昌公司未认真执行危险化学品安全生产管理制度，多次违规运输危险化学品；销售的偶氮二异庚腈没有化学品安全技术说明书，产品外包装也未按规定加贴或者拴挂化学品安全标签，不符合危险化学品包装标识的要求。

4. 淄博市安全监管部门组织开展危险化学品安全生产监督检查工作不到位

（1）临淄区安全监管局指导和监督危险化学品安全生产工作不力，未发现和解决佳泽公司生产、汇昌公司销售的偶氮二异庚腈存在不具备化学品安全技术说明书和安全标签等安全隐患问题。

（2）淄博市安全监管局指导和监督危险化学品安全生产工作不到位，对临淄区安全监管局履行职责的情况监督检查不到位。

5. 淄博市质量技术监督管理部门组织开展危险化学品产品质量监督检查工作不到位

（1）淄博市质量技术监督局临淄分局组织开展危险化学品产品质量监督检查工作不到位，未发现和解决佳泽公司生产、汇昌公司销售的偶氮二异庚腈存在产品包装不符合相关标准规范的隐患问题。

（2）淄博市质量技术监督局组织开展危险化学品产品质量监督检查工作不得力，对临淄分局履行职责的情况监督检查不到位。

6. 山东省公安厅交警总队高速公路交警支队青州大队、河南省开封市公安局交警支队高速公路交警支队组织开展高速公路交通安全执法工作不

到位

（1）山东省公安厅交警总队高速公路交警支队青州大队组织开展高速公路交通安全执法工作不到位，未发现和解决事故车辆在青银高速公路青州段违法停车装载偶氮二异庚腈的问题。

（2）河南省开封市公安局交警支队高速公路交警支队组织开展高速公路交通安全执法工作不到位，在豫鲁收费站交通安全服务站开展客运车辆检查时存在漏检事故车辆的问题。

7. 淄博市临淄区人民政府及辛店街道办事处的失职

淄博市临淄区人民政府及辛店街道办事处贯彻落实国家有关危险化学品安全管理的法律法规不到位，对有关监管部门履行职责的情况督促检查不到位。

（三）事故性质

经调查认定，京珠高速河南信阳“7·22”特别重大卧铺客车燃烧事故是一起责任事故。

**三、对事故有关责任人员及责任单位的处理结果**

（一）司法机关已采取措施人员

（1）杨××，汇昌公司和佳泽公司控股股东（实际控制人）。2011年7月26日，因涉嫌危险物品肇事罪被刑事拘留；2011年8月30日，因涉嫌以危险方法危害公共安全罪被批准逮捕。

（2）杨××，汇昌公司驾驶人。2011年7月26日，因涉嫌危险物品肇事罪被刑事拘留；2011年8月30日，因涉嫌以危险方法危害公共安全罪被批准逮捕。

（3）王××，佳泽公司法定代表人、汇昌公司业务员。2011年7月26日，因涉嫌危险物品肇事罪被刑事拘留；2011年8月30日，因涉嫌以危险方法危害公共安全罪被批准逮捕。

（4）苗××，拓展公司配料室主任。2011年7月30日，因涉嫌危险物品肇事罪被刑事拘留；2011年8月30日，因涉嫌以危险方法危害公共安全罪被批准逮捕。

（5）吕××，拓展公司配料室副主任。2011年7月30日，因涉嫌危险物品肇事罪被刑事拘留；2011年8月30日，因涉嫌以危险方法危害公共安全罪被批准逮捕。

（6）王××，威海交运集团客运二分公司鲁K08596号卧铺客车承包人。2011年7月30日，因涉嫌重大责任事故罪被刑事拘留；2011年8月30日，因涉嫌重大责任事故罪被批准逮捕。

（7）邹××，威海交运集团鲁K08596号卧铺客车驾驶人。2011年8月21日，因涉嫌重大责任事故罪被刑事拘留；2011年8月30日，因涉嫌重大责任事故罪被批准逮捕。

（8）李××，威海交运集团客运二分公司安全科长。2011年8月30日，因涉嫌重大责任事故罪被批准逮捕。

（9）赵××，威海交运集团客运二分公司副经理。2011年8月30日，因涉嫌重大责任事故罪被批准逮捕。

（10）刘××，威海交运集团客运二分公司经理。2011年8月31日，因涉嫌重大责任事故罪被刑事拘留；2011年9月5日，因涉嫌重大责任事故罪被批准逮捕。

（二）给予党纪、政纪处分人员

（1）丛××，威海交运集团客运二分公司运务科科长。对事故发生负有主要领导责任。给予撤职处分。

（2）姜××，威海交运集团客运二分公司副经理，分管运务工作。对事故发生负有主要领导责任。给予撤职、党内严重警告处分。

（3）刘××，威海交运集团威海汽车站客运办主任。对事故发生负有主要领导责任。给予撤职处分。

（4）周××，威海交运集团威海汽车站副站长，分管客运工作。对事故发生负有主要领导责任。给予降级、党内严重警告处分。

（5）谷××，威海交运集团威海汽车站站长。对事故发生负有主要领导责任。给予降级、党内严重警告处分。

（6）谷××，威海交运集团运务处处长。对事故发生负有主要领导责任。给予撤职、党内严重警告处分。

（7）周××，威海交运集团安全总监兼安全机务处处长。对事故发生负有主要领导责任。给予降级、党内严重警告处分。

（8）于××，威海交运集团副总经理，分管运务工作。对事故发生负有主要领导责任。给予撤职、党内严重警告处分。

（9）梁××，威海交运集团副总经理，分管安全工作。对事故发生负有主要领导责任。给予降级、党内严重警告处分。

（10）于××，威海交运集团总经理、党委委员。对事故发生负有主要领导责任。给予撤职、撤销党内职务处分。

（11）刘××，威海交运集团法定代表人、董事长。对事故发生负有主要领导责任。给予降级、党内严重警告处分。

（12）孙××，威海市道路运输管理处驻威海汽车站客运管理办公室主任。对事故发生负有主要领导责任。给予撤职、党内严重警告处分。

（13）王××，威海市道路运输管理处客运管理科副科长（主持工作）。对事故发生负有主要领导责任。给予撤职、党内严重警告处分。

（14）刘××，威海市道路运输管理处副处长、党委副书记，分管客运管理科。对事故发生负有主要领导责任。给予降级、党内严重警告处分。

（15）祝××，威海市交通运输局副局长、党委委员（2006年7月至2011年5月期间任威海市道路运输管理处处长）。对事故发生负有重要领导责任。给予记大过处分。

（16）连××，威海市交通运输局局长、党委书记。对事故发生负有重要领导责任。给予记过处分。

（17）潘××，淄博市临淄区辛店街道办事处安监站二中队队长。对事故发生负有主要领导责任。给予撤职、党内严重警告处分。

（18）于××，淄博市临淄区辛店街道办事处安监站站长。对事故发生负有主要领导责任。给予撤职、党内严重警告处分。

（19）梁××，淄博市临淄区安全监管局副局长、党组成员兼安全生产监察大队大队长。对事故发生负有主要领导责任。给予降级、党内严重警告处分。

（20）郑××，淄博市临淄区安全监管局局长、党组书记。对事故发生负有主要领导责任。给予降级、党内严重警告处分。

（21）高××，淄博市安全监管局安全生产监察支队支队长、党支部副书记。对事故发生负有主要领导责任。给予降级、党内严重警告处分。

（22）王××，淄博市安全监管局副局长、党组成员，分管安全生产监察支队。对事故发生负有重要领导责任。给予记大过处分。

（23）刁××，淄博市质量技术监督局临淄分局稽查队队长。对事故发生负有主要领导责任。给予撤职、党内严重警告处分。

（24）王××，淄博市质量技术监督局临淄分局副局长、党组成员，分管稽查工作。对事故发生负有主要领导责任。给予降级、党内严重警告处分。

（25）曾××，淄博市质量技术监督局临淄分局局长、党组书记。对事故发生负有重要领导责任。给予记大过、党内严重警告处分。

（26）刘××，淄博市质量技术监督局稽查局副局长（主持工作）。对事故发生负有重要领导责任。给予记大过处分。

（27）徐××，淄博市临淄区辛店街道党工委副书记、办事处主任。对事故发生负有重要领导责任。给予降级、党内严重警告处分。

（28）许××，淄博市临淄区委常委、副区长，分管安全生产工作。对事故发生负有重要领导责任。给予记大过处分。

（29）张××，山东省公安厅交警总队高速公路交警支队青州大队三中队主任科员。对事故发生负有重要领导责任。给予记大过处分。

（30）高××，山东省公安厅交警总队高速公路交警支队青州大队大队长、党支部书记。对事故发生负有重要领导责任。给予记过处分。

（31）商××，河南省开封市公安局交警支队高速公路交警支队二大队大队长。对事故发生负有主要领导责任。给予降级、党内严重警告处分。

（32）陈××，河南省开封市公安局交警支队高速公路交警支队支队长、党支部书记。对事故发生负有重要领导责任。给予记大过处分。

（三）对相关单位和人员的行政处罚

建议山东省有关部门依据《安全生产法》、《生产安全事故报告和调查处理条例》等有关法律法规的规定，对相关单位及其主要责任人给予行政处罚。

# 甬温线“7·23”特别重大铁路交通事故

**一、事故概况**

2011年7月23日20时30分05秒，甬温线浙江省温州市境内，由北京南站开往福州站的D301次列车与杭州站开往福州南站的D3115次列车发生动车组列车追尾事故，造成40人死亡、172人受伤，中断行车32小时35分，直接经济损失19371.65万元。构成铁路交通特别重大事故。

**二、事故性质**

经调查认定，“7·23”甬温线特别重大铁路交通事故是一起因列控中心设备存在严重设计缺陷、上道使用审查把关不严、雷击导致设备故障后应急处置不力等因素造成的责任事故。

**三、事故原因**

经调查认定，导致事故发生的原因是：中国铁路通信信号集团公司（以下简称通号集团）所属北京全路通信信号研究设计院有限公司（以下简称通号设计院）在LKD2－T1型列控中心设备研发中管理混乱，通号集团作为甬温线通信信号集成总承包商履行职责不力，致使为甬温线温州南站提供的LKD2－T1型列控中心设备存在严重设计缺陷和重大安全隐患。铁道部在LKD2－T1型列控中心设备招投标、技术审查、上道使用等方面违规操作、把关不严，致使其在温州南站上道使用。当温州南站列控中心采集驱动单元采集电路电源回路中保险管F2遭雷击熔断后，采集数据不再更新，错误地控制轨道电路发码及信号显示，使行车处于不安全状态。雷击也造成5829AG轨道电路发送器与列控中心通信故障。使从永嘉站出发驶向温州南站的D3115次列车超速防护系统自动制动，在5829AG区段内停车。由于轨道电路发码异常，导致其3次转目视行车模式起车受阻，7分40秒后才转为目视行车模式以低于20千米/时的速度向温州南站缓慢行驶，未能及时驶出5829闭塞分区。因温州南站列控中心未能采集到前行D3115次列车在5829AG区段的占用状态信息，使温州南站列控中心管辖的5829闭塞分区及后续两个闭塞分区防护信号错误地显示绿灯，向D301次列车发送无车占用码，导致D301次列车驶向D3115次列车并发生追尾。上海铁路局有关作业人员安全意识不强，在设备故障发生后，未认真正确地履行职责，故障处置工作不得力，未能起到可能避免事故发生或减小事故损失的作用。

**四、事故防范和整改措施建议**

*（一）深入贯彻落实科学发展观，牢固树立以人为本、安全发展的理念*

铁道部、通号集团和上海铁路局要牢固树立并落实科学发展观、安全发展理念和正确的政（业）绩观，坚持“安全第一、预防为主、综合治理”的方针，从全局和战略的高度，充分认识加强高铁安全生产工作的极端重要性，正确处理安全与发展、安全与速度、安全与效率、安全与效益的关系，在充分认识发展高铁对国民经济和社会发展的重要意义，巩固高铁发展取得的重大进展的同时，始终坚持把安全放在第一的位置、始终把握安全这一发展前提、始终注重安全条件和保障，在运输效率与安全生产发生矛盾时坚决把安全放在首位，绝不能追求不切实际的过高发展目标，绝不能重速度而轻质量、轻安全，绝不能以牺牲安全为代价谋求高铁发展。要强化关键技术设备的全过程安全质量管理，严把设计质量、技术审查、安全评审、检测试验、试用试营、行政许可等关口，确保技术设备安全可靠；要实时监控高铁技术设备和信息系统的运行状态，建立安全运行保障系统；要按客观规律办事，科学规划并严格落实高铁建设投资规模和建设工期，坚决从源头上防止高铁建设项目赶进度、抢工期的倾向；要合理确定高铁等级、速度目标值等，完善安全标准，严禁超设计随意提速；要全面加强高铁建设、运营等全过程的安全管理与监督，层层建立健全并落实安全生产责任制，强化基层基础特别是现场的安全管理、作业管理，强化规章、制度、标准的执行，在不断提高安全技术水平、安全生产条件、安全保障能力的前提下，全面提高安全管理水平；要制定完善高铁技术和产业政策，强化支撑、约束与保障，充分发挥高铁产业链长、效益驱动力强的优势，有序推动高铁科学发展、安全发展和可持续发展。

（二）切实加强高铁技术设备制造企业研发工作的管理

通号集团等研发单位要高度重视高铁技术设备研发工作，严格遵循“故障导向安全”的原则开展研发工作。要对列车控制系统危及安全问题进行深入研究，力求取得突破性进展，为铁路运输安全提供技术保障；要严格按照有关规定进行项目立项、策划、分析、研究和变更风险、机会管理以及项目结题评审、成果转化等各项工作；要始终坚持“安全第一”的理念，对铁路信号产品的研发要严格按照《铁路技术管理规程》涉及行车安全的铁路信号系统设计必须满足“故障导向安全”的要求，建立健全技术设计规范，完善规范系统设计流程，周密考虑系统逻辑关系；要严格按照设计技术规范和程序办法，认真精细地组织设计，尤其是顶层设计，严禁违规和违反程序操作，并切实加强单位内部设计审查把关工作，加大系统安全风险分析，全面进行故障模拟试验；要严格测试把关工作，搞好单元测试、专业测试、集成测试、第三方测试，在整个功能测试中不仅要测试其技术功能，更要测试安全保障功能，尤其要测试故障后是否能够导向安全，达不到这一根本要求的，一律不能通过，经整改完善提升后要再进行测试，直至过关；要构建产品研发工作体系，健全研发组织机构，明确研发部门、人员岗位职责，提高研发人员的素质，尤其要特别严肃认真地进行研发工作，实行全方位、全过程、全员化的安全质量管理，切实做到产品设计、研发、生产、测试、检验、调试等过程严谨，审查和测试调试精心严密，缺陷和安全隐患解决及时到位，产品技术性能安全可靠；要规范和严格产品研发文档管理，做到资料全、数据实、管理严、查阅便；要严格执行国家及有关部门关于软件产品登记管理制度的相关规定，切实加强对产品研发的组织领导，建立健全院长（总经理）领导下的总工程师负责制，层层严格落实安全质量责任制。

（三）切实健全完善高铁安全运行的规章制度和标准

铁道部和上海铁路局乃至全系统从上到下要下大气力堵塞漏洞，切实加强高铁规章、制度、标准建设。要全面总结技术引进、消化吸收再创新工作，依托高铁运营实践，系统梳理、尽快建立健全完善的高铁技术标准体系、装备标准体系、管理标准体系和各项规章、制度体系，尤其要认真研究制定提出新技术、新产品、新设备、新系统的技术标准和各项规章、制度；要认真把握高铁建设和运营中的客观规律，吸取事故教训，总结成功做法和经验，并将其提炼上升固化为规章、制度、标准并严格遵循，确保在设备安全性能得到充分检验验证前，适当提高安全冗余度；要通过努力，尽快建立起一套适合现场实际需要、针对性和可操作性强、简明适用的各级各岗位作业规范，实现全面覆盖、不留缺项、不留死角，并要针对新情况、新变化、新条件、新要求，不断加以改进、完善、创新和提升，使之更加全面、严谨、严格，堵塞各种漏洞；要进一步梳理、修订《铁路技术管理规程》、《铁路运输调度规则》、《铁路客运专线技术管理办法（试行）》、《高速铁路调度暂行规则》等基础性规章及一系列涉及行车组织的电报、纪要、文件，统筹解决高铁和既有线路规章、制度交叉混用和相关技术标准规范不一致等问题，特别是要制定更加有针对性的防范事故的制度和措施，提出更加严格的要求，提醒并强制要求相关管理者和岗位操作人员保持高度的警觉，全面准确地分析研判故障及其后果，采取更加及时有效的处置措施；要针对各个作业和监督管理环节尤其是薄弱环节，加快规章、制度、标准建设步伐，真正做到用其管人、管事、约为。

（四）切实强化高铁技术设备研发管理

铁道部要不断适应信息化条件下高新技术、装备在高铁应用的系统性、复杂性、特殊性的要求，会同有关部门，在建立完善、科学、持续、开放的高铁技术自主创新系统，集结和整合相关资源，集中力量大力开展高铁安全基础理论研究、重大安全科研项目攻关、推广先进适用技术的基础上，大力加强对高铁技术设备研发的监督管理。要建立健全并严格执行高铁技术设备研发、生产、检验、测试、调试、试用、许可等方面的规章、制度、标准，对每个环节和程序的把关工作都作出明确、严格、具体的规定，确保做到每个环节、每道程序都有章可循、有制可依、有标可对，并确保照章办事、依标进行、依制操作；要严格技术审查环节的管理，技术审查中不仅要审查产品设备本身的质量、性能是否满足要求，研发程序是否符合规定，还要审查研发单位设计研发力量和条件、专业生产设备，更要严格审查其安全性能是否可靠，以及是否有完善的产品质量责任体系、安全责任体系、相关保证体系和与高铁技术设备研发工作相适应的整体管理水平；要切实落实监管责任，采取有效措施，加强对高铁技术设备研发工作的指导、管理与监督；要规范评优行为，严格评优条件和程序，不经试用检验证明无缺陷、无安全隐患的技术设备，一律不许参加评优活动，更不许评为优秀产品。

（五）切实严把高铁技术设备安全准入关

铁道部要会同有关部门进一步严格规范高铁技术设备的安全准入条件和程序，切实加强高铁技术设备许可准入管理。要在建立健全各项规章、制度、标准的基础上，大力加强高铁技术设备上道使用前的全过程监管，确保高铁技术设备在上道使用前严格按规定和程序认真把关；要严格执行高铁技术设备生产的安全许可制度，全面提高高铁技术设备质量，凡涉及高铁列车运行安全的技术设备特别是新技术、新设备、新产品、新系统均应通过充分的检验测试和试运行考验再正式推广使用；要积极开展高铁技术设备专业测试和第三方认证、评估工作，依法建立第三方认证和评估机构并规范管理，尽快形成高铁安全专业检测、第三方检测检验与评估机制、设计质量问责纠错机制和问题产品召回机制；要建立完善专家组工作制度和机制，加强和改进专家技术评审、测试、检验等工作，切实发挥专家对高铁技术设备的技术专家把关作用；要进一步研究高铁建设项目系统性安全评价方法，完善评价体系，对已经批准的高铁项目，在工程可行性研究报告完成后，应进行全面系统的安全预评价，并在建设项目初步设计阶段，保证按照安全预评价提出的要求做好安全设施的设计，并在安全设施设计通过审查后再开工建设；要严格高铁技术设备和建设项目安全评价和验收工作，按照有关规定组织好安全预评价、静态验收、动态验收、综合验收；要加强招投标管理，规范并大力加强铁路建设市场管理，健全完善符合市场规律的铁路产品准入机制、设备物资采购机制、平等竞争机制，严格合同管理。

（六）切实强化高铁运输安全管理和职工教育培训

铁道部和上海铁路局乃至全系统要认真贯彻落实党的安全生产方针政策、国家安全生产法律法规和《国务院关于进一步加强企业安全生产工作的通知》（国发〔2010〕23 号）、《国务院关于坚持科学发展安全发展促进安全生产形势持续稳定好转的意见》（国发〔2011〕40 号）以及国务院第 167 次常务会议精神，从铁路尤其是高铁运输安全这个复杂的系统工程实际出发，运用好国务院组织的高铁安全大检查成果，在高度重视高铁技术保障体系建设的同时，切实强化高铁运营中的安全管理。要科学规范地设置内部机构和界定职能，解决内部机构不规范、职能交叉错乱、权责不一、协调不力等问题；要坚持依法行政，采取有力措施，有效防止行政不作为、行政乱作为，做到不越位、不缺位、不错位，确保政府部门法定监管职能落实、工作到位；要健全完善高铁建设、运营和管理的安全生产责任体系，根据机构设置职责规定，全面明确决策层、管理层、作业层每个岗位的安全职责，完善责任追究和考核奖惩制度，形成完善的“谁主管、谁负责”的安全生产责任体系，全面落实安全生产责任制；要在健全完善运输管理规章、制度，切实增强针对性、约束性、有效性和可操作性的同时，强化规章、制度执行力，保证规章、制度的执行效果；要加强对职工的安全教育与培训，增强目的性、针对性、实效性，尤其要针对高铁技术设备特别是新技术、新设备、新产品、新系统和信息化特点，强化各级安全教育培训工作，扎实提高各级管理者和岗位操作人员的安全意识，牢固树立“安全第一”的思想，保持高度的安全警觉，并不断提高安全技能、水平，尤其是应急处置能力；要强化对关键岗位人员履职方面的管理和监督检查，重点加强对车站值班人员、电务人员、调度人员、工务人员等规章遵守、程序履行、标准执行情况的监督检查，将岗位责任制落实到作业现场、落实到每一个环节、落实到每一个岗位，使每一个岗位人员都能严格执行作业规章标准程序，及时、准确地处理临时发生的各种问题；要高度重视列车运行中出现的非正常情况，严格做到不查清原因不放行、故障不消除不放行、安全无保障不放行，确保高铁运输安全万无一失；要强化日常安全检查和隐患排查治理，对发现的问题和隐患要系统梳理、深入分析，有针对性地采取措施，及时加以整改；要在高铁快速发展的过程中，强化精细管理，细化工作措施，制定非正常情况下行车组织方案，不断强化行车安全管控，夯实安全生产基层基础工作，强化人机管理的结合；高度重视铁路自动化、信息化过程中积累起来的各种自动控制系统、信息系统的集成和一体化，不断提高一体化水严，不断提高安全标准，不断改善安全条件，提升安全保障能力；要加强高铁通信设施、设备建设和使用管理，强化通信技术措施，保障高铁通信特别是在恶劣天气条件下通信畅通；要高度重视铁路职工队伍建设，大力加强思想政治工作和精神文明建设，大力加强技术业务建设，大力加强作风（纪律）建设，尽快培养一支具有高度政治责任感和熟练掌握专业技能的职工队伍，尤其是培养一大批高层次管理人员和高技能操作人员，适应铁路事业发展的需要。同时，要调动职工的积极性，稳定好职工队伍。

（七）切实加强铁路安全生产应急管理

铁道部和上海铁路局乃至全系统要认真贯彻执行《突发事件应对法》、《安全生产法》和有关安全生产应急预案，全面加强铁路安全生产应急管理。要进一步修订并建立健全各级各类事故应急预案，充实涉及高铁事故应急救援方面的内容，强化以人为本理念，进一步明确设备故障的等级、严重程度、响应程序、责任分工等，完善并严格执行非正常情况下的应急措施、行车组织办法和工作流程，尤其要处理好事故抢险救援与停车时间的关系，切实把减少人员伤亡放在首要位置，不能过多强调缩短停车时间；要坚持经常组织各类有针对性的单项、多项和综合性应急演练，真正起到教育职工、告知公众、锻炼队伍、整合机制、完善预案、提高能力的作用；要针对高铁高速运行的特点，继续深入研究、进一步改进现有高速铁路信号系统的技术标准与体系结构，加强设备故障情况下的安全防护及冗余措施，充分利用现代科学技术，研究设计高铁设备故障自动监测分析系统，提升对设备故障条件下的应急处置能力，正确、及时、果断地处置列车运行过程中出现的非正常情况；要大力加强铁路系统生产安全事故应急救援体系建设，尤其要针对高铁运行速度快、科技化程度高、运行线路高架桥梁多和隧道多的特点，进行系统研究，依托大型铁路企业建立应急救援队伍，建设技术专、功能全、能力强的应急救援基地；要进一步建立健全事故预报预警和应急响应及伤员救治机制，特别要加强同地方政府的应急联动机制建设，加强铁路、地方和其他应急救援队伍间的协调配合，形成应急合力；要加大应急投入，针对不同地段、不同条件、不同状况，配备适合救援需要、有利于提高救援效率和效果的大型特殊救援装备，并搞好衔接配套，提高整体救援装备水平；要充分利用相关雷电监测系统，认真统计分析高铁沿线历史雷击数据，立项并全面研究高铁系统包括站点的强电、弱电设备及接触网系统的防雷保护，有针对性地开展防雷风险评估，进一步修订和完善提升高铁对雷电的设防标准，切实提高高铁的雷电防护能力，并要做好防震、防泥石流、防山体滑坡、防洪等工作；要认真研究制定铁路事故发生后受损设备、设施及零部件存放管理办法，规范、有序、合理、稳妥地处置受损设备、设施和各种零部件；要充分认识信息技术应用对铁路行业建设、运营和管理带来的巨大变革和信息化条件下关键设备在铁路行业应用的新情况、新挑战、新要求，重点把握实时控制信息系统与传统铁路设备的区别，切实加强新条件下的铁路安全生产应急管理工作。

（八）切实加强高铁规划布局和统筹发展工作

铁道部和国家有关部门要结合编制“十二五”铁路发展规划，合理确定发展布局、合理确定区域时段、合理确定高铁等级、合理确定速度目标值等核心指标，尤其要特别注重新技术、新装备、新产品、新系统开发应用的安全性、稳定性、可靠性，在巩固现有路线、实现安全运营的基础上，认真总结经验，稳步协调发展；要进一步加大高铁安全投入，确保安全功能、设施、装置与技术设备和工程建设同时设计、同时施工、同时投入生产和使用；要在严格建设项目立项、审核、监管和竣工验收工作的同时，不断建立健全和完善落实运营风险评估机制，全面开展评估工作，确保高铁科学发展、安全发展；要会同国家有关部门和地方政府，加强高铁运行环境整治，继续深入开展打击高铁沿线危害铁路运输安全非法违法行为专项行动，通过联合执法，形成强大合力，消除高铁沿线危害铁路运输安全的各种隐患。

**五、对事故有关责任人员和责任单位的处理结果**

（一）免于追究责任人员

马××，通号集团总经理、党委副书记，通号股份董事长、党委副书记，2011年8月因病去世。对事故发生负有主要领导责任，鉴于其因病去世，建议免于责任追究。

（二）给予党纪、政纪处分人员

（1）刘××，铁道部原部长、党组书记。工作严重失职。对事故发生负有主要领导责任，鉴于其涉嫌严重经济问题，另案一并处理。

（2）张××，铁道部原副总工程师、运输局局长、运输局党总支书记，2006年6月起兼任铁道部客运专线系统集成办公室副主任、技术系统集成项目组组长，2006年6月—2007年8月兼任客运专线技术部主任，具体负责技术系统集成工作。工作严重失职。对事故发生负有主要领导责任，鉴于其涉嫌严重经济问题，另案一并处理。

（3）陆××，铁道部副部长、党组成员，2006年8月—2011年2月，分管科学技术司等部门。对事故发生负有重要领导责任，给予记过处分。

（4）季××，铁道部科学技术司司长、党总支书记，2007年8月—2008年5月任铁道部运输局副局长兼客运专线技术部主任。对事故发生负有主要领导责任，给予撤职、撤销党内职务处分。

（5）徐××，广州铁路（集团）公司董事长、党委书记，2005年7月—2008年5月任铁道部运输局副局长兼基础部主任（正厅级），2006年6月任铁路客运专线技术系统集成项目组信号组组长。对事故发生负有主要领导责任，给予撤职、撤销党内职务处分。

（6）何××，铁道部总工程师，2006年6月起兼任铁道部客运专线系统集成办公室主任。对事故发生负有重要领导责任，给予记过处分。

（7）耿××，铁道部安全总监兼副总工程师，2003年5月—2008年5月任铁道部科学技术司司长，2007年8月—2008年4月分管运输电务处。对事故发生负有主要领导责任，给予降级、党内严重警告处分。

（8）张××，京福铁路（安徽）公司董事、总经理、党工委书记兼上海铁路局副局长（正厅级），2006年10月—2008年12月任铁道部运输局客运专线技术部副主任，分管基础技术处。对事故发生负有主要领导责任，给予降级、党内严重警告处分。

（9）刘××，铁道部运输局基础部副主任（副厅级），负责基础部电务方面工作。对事故发生负有主要领导责任，给予降级、党内严重警告处分。

（10）覃××，铁道部运输局基础部副主任（副厅级），分管基础部信号处工作，2007年7月—2010年10月任基础部信号处处长。对事故发生负有重要领导责任，给予记大过处分。

（11）唐××，铁道部运输局客运专线技术部基础技术处处长、党支部宣传委员。未正确履行职责。对事故发生负有主要领导责任，给予撤职、撤销党内职务处分。

（12）穆××，铁道部科学技术司综合处处长。2003年9月—2009年3月任铁道部科学技术司运电处副处长，分管电务技术方面科技管理工作。对事故发生负有主要领导责任，给予撤职、党内严重警告处分。

（13）袁××，铁道部运输局基础部信号处副处长，分管地面列控设备工作。对事故发生负有主要领导责任，给予撤职、党内严重警告处分。

（14）张××，铁道部运输局客运专线技术部基础技术处副处长。未正确履行职责。对事故发生负有主要领导责任，给予降级、党内严重警告处分。

（15）马××，京福铁路（安徽）公司副总经理，合武铁路（安徽）有限公司原总经理，给予记过处分。

（16）缪××，通号集团副总经理、党委常委，2010年12月起兼任通号股份执行董事、总裁、党委常委，负责科技和工业经营生产管理及产品系统集成工程工作，分管生产经营（质量）管理部，兼任通号集团经营中心主任，负责合武线的招投标和合同执行工作。对事故发生负有主要领导责任，给予撤职、撤销党内职务处分。

（17）荣××，通号集团天津工程分公司副总经理，通号集团合武线项目部经理，负责合武线通信、信号系统设备集成和工程施工全部工作。对事故发生负有主要领导责任，给予降级、党内严重警告处分。

（18）陈××，通号集团质量管理部部长，2007年6月—2008年11月任生产经营（质量）管理部副部长（主持工作），负责对通号集团及所属单位质量管理体系建立及执行情况的监督检查。对事故发生负有重要领导责任，给予记大过处分。

（19）张××，通号设计院董事长、党委副书记。未认真履行职责。对事故发生负有主要领导责任，给予撤职、撤销党内职务处分。

（20）宋××，通号设计院副总经理、党委委员，分管列控所，通号集团经营中心副主任。工作失职。对事故发生负有主要领导责任，给予撤职、撤销党内职务处分。

（21）张××，通号集团副总工程师，通号设计院董事、总工程师，负责全院科研和标准工作。工作失职。对事故发生负有主要领导责任，给予撤职处分。

（22）马××，通号设计院副总工程师兼总工程师室主任。未认真履行职责。对事故发生负有主要领导责任，给予降级、党内严重警告处分。

（23）吴××，通号设计院市场经营处副处长，通号设计院合武线项目部经理。对事故发生负有重要领导责任，给予记大过处分。

（24）李××，通号设计院总工程师室副主任，2004年12月—2009年6月任高级工程师，主管科研管理工作。未认真履行职责。对事故发生负有重要领导责任，给予记大过处分。

（25）陈××，通号设计院副总工程师，列控所所长、党支部书记兼纪检委员。工作失职。对事故发生负有主要领导责任，给予撤职、撤销党内职务处分。

（26）罗××，通号设计院副总工程师，2005年1月—2007年11月任通号设计院列控所总工程师。对事故发生负有主要领导责任，给予降级处分。

（27）叶××，通号设计院列控所高级工程师，LKD2－T1型列控中心设备研发项目实际负责人。工作失职。对事故发生负有责任，给予降级处分。

（28）龙××，上海铁路局原局长、党委副书记，事故发生后被免职。履行职责不力。对事故发生负有主要领导责任，给予撤职、撤销党内职务处分。

（29）李××，上海铁路局原党委书记，事故发生后被免职。履行职责不力。对事故发生负有主要领导责任，给予撤销党内职务处分。

（30）王××，上海铁路局常务副局长、党委常委，事故发生后负责指挥桥下救援工作。在事故抢险救援中，处置不当，为平整、清理场地，在救援现场组织挖坑，并将D301次列车车头及零散部件放入坑中，准备就地掩埋，后被有关领导同志制止未予实施。上述行为在社会上造成不良影响，对此负有责任，给予记过处分。

（31）赵××，上海铁路局副局长、党委常委，负责运输、公安等工作，分管运输处、调度所、客运处等。未认真履行职责。对事故发生负有主要领导责任，给予降级、党内严重警告处分。

（32）何××，上海铁路局原副局长，分管工务、电务工作，事故发生后被免职。履行职责不力。对事故发生负有主要领导责任，给予撤职、党内严重警告处分。

（33）何××，上海铁路局总调度长，协助路局分管运输的副局长负责全局运输日常组织协调工作。未正确履行职责。对事故发生负有重要领导责任，给予记大过处分。

（34）褚××，上海铁路局运输处处长、党支部书记，负责车务系统生产等专业安全管理工作。未正确履行职责。对事故发生负有重要领导责任，给予记大过处分。

（35）徐××，上海铁路局运输处副处长、调度所主任、党委副书记。未认真履行职责。对事故发生负有主要领导责任，给予降级、党内严重警告处分。

（36）承××，上海铁路局调度所党委书记兼纪委书记、副主任。未认真履行职责。对事故发生负有主要领导责任，给予党内严重警告处分。

（37）周××，上海铁路局调度所主任助理、党委委员，负责日常运输生产，分管行车调度室。履行职责不到位。对事故发生负有重要领导责任，给予记大过处分。

（38）王××，上海铁路局调度所第三班值班主任，负责本班组的管理工作。未认真履行职责。对事故发生负有主要领导责任，给予降级、党内严重警告处分。

（39）邓××，上海铁路局调度所第三班值班副主任。作为事发时当班的值班副主任，履行职责不力。对事故发生负有主要领导责任，给予撤职、党内严重警告处分。

（40）张××，上海铁路局调度所行车调度室列车调度员。履行职责不力。对事故发生负有责任，给予开除留用察看一年处分。

（41）杨××，上海铁路局调度所行车调度室列车调度员。履行职责不力。对事故发生负有责任，给予开除留用察看一年处分。

（42）赵××，上海铁路局宁波车务段段长、党委副书记。履行职责不到位。对事故发生负有重要领导责任，给予记大过处分。

（43）楼××，上海铁路局宁波车务段党委书记、副段长。未正确履行职责。对事故发生负有重要领导责任，给予党内警告处分。

（44）吕××，温州南站站长、党支部副书记，分管车站客运工作。履行职责不到位。对事故发生负有主要领导责任，给予降级、党内严重警告处分。

（45）章××，温州南站党支部书记、副站长，分管车站行车工作。履行职责不力。对事故发生负有主要领导责任，给予撤职、撤销党内职务处分。

（46）臧××，温州南站车站值班员。履行职责不力。对事故发生负有责任，给予开除留用察看一年、党内严重警告处分。

（47）陈××，上海铁路局电务处处长、党支部书记。未认真履行职责。对事故发生负有主要领导责任，给予降级、党内严重警告处分。

（48）王××，上海铁路局杭州电务段段长、党委副书记。未认真履行职责。对事故发生负有重要领导责任，给予记大过处分。

（49）陈××，上海铁路局杭州电务段党委书记、副段长。未认真履行职责。对事故发生负有重要领导责任，给予党内警告处分。

（50）徐××，杭州电务段温州车间主任。未认真履行职责。对事故发生负有主要领导责任，给予降级处分、取消预备党员资格。

（51）王××，杭州电务段温州车间党支部书记、车间值班干部。未认真履行职责。对事故发生负有主要领导责任，给予党内严重警告处分。

（52）陈××，杭州电务段温州车间助理工程师、车间值班人员。履行职责不力。对事故发生负有责任，给予撤职处分。

（53）丁××，杭州电务段瓯海信号工区副工长、工区值班人员。履行职责不力。对事故发生负有主要领导责任，给予撤职处分。

（54）滕××，杭州电务段瓯海信号工区信号工、温州南站电务应急值守人员。履行职责不力。对事故发生负有责任，给予开除留用察看一年处分。

（三）责成相关单位和主要负责人作出深刻检查

责成铁道部和铁道部部长盛光祖同志分别向国务院作出深刻检查；责成通号集团向国务院国资委作出深刻检查。

（四）对LKD2－T1型列控中心设备研发单位依法进行整顿

由国务院国有资产管理委员会组织对通号集团、通号股份及其下属通号设计院依法进行整顿，重新组建通号设计院列控所，切实加强科研生产和产品质量管理，确保提供的产品安全可靠。

（五）对相关单位和人员进行行政处罚

由有关地方、部门依据相关法律法规的规定，对相关单位及其主要责任人给予规定上限的行政处罚。

# 湖南省邵阳县“9·9”重大水上交通事故

2011年9月9日14时50分许，邵阳县塘田市镇夫夷河向荣村水域发生了一起客船侧翻致12人死亡、20人受伤、直接经济损失290.1万元的重大水上交通事故。

**一、事故发生经过及应急救援情况**

9月9日（星期五）上午，驾驶员银××将客船停泊在镇中学临近的客运码头待客。11时左右，开始有3名成人和2名小学生登船。13时30分左右，塘田市镇中学放学，学生在副校长乐××和教师吕××的护送下陆续登船，共有70名中学生登上了客船，另有4名成人和2名小学生也先后登船。14时25分左右，银××驾船开航向下游行驶，刚行5米左右，码头上又有6名中学生要登船，银××将船靠回码头，接6名中学生上船。此时客船一共载有89人（其中：中学生76人、小学生4人、成年人7人、司乘人员2人），船员与乘客均未穿救生衣。开航不久，船上1名中学生发现自己坐错了船，要求下船，客船在距客运码头100米的下街码头停靠，该学生上岸后客船驶离码头靠航道左侧继续航行。当船舶航行约2千米至向荣村和谢塘村交界水域时，银××将船舶转至航道中央，继续按原航向、航速行驶。14时50分左右，当客船下行到距挖砂船约80米时，位于船头的售票员蒋××发现前方10米左右的水面下有钢丝绳（系挖砂船的锚泊钢丝绳，钢丝绳一头系在河岸的树上，一头系在挖砂船上，与水流成40度夹角横跨航道），便转身对驾驶员银××招手呼喊，银××看到招手后立即将发动机减至怠速，并走到驾驶甲板右舷查看，发现水下有钢丝绳，便呼喊挖砂船船员赶快放松钢丝绳，因挖砂船正在进行维修作业，开着柴油发电机组，噪声较大，船上4名挖砂作业人员唐××、张××、戴××、孟××均没有作出反应。客船继续顺水怠速前行，随后该船螺旋桨、舵杆触碰到了水下的钢丝绳，船体失去平衡倾斜进水，乘客争相逃往舱外，客船迅速沉没，船上人员全部落水。船舶沉没后，落水人员开始自救，陆续有人爬上沉船左侧的砂堆。挖砂船上船员张耀红首先发现相距约30米的沉船顶棚上站着遇险人员，河面有很多落水人员，就大呼其他3人救人。挖砂船主甲板上的戴××、孟××以及发电机组边上的唐××等立即跳入水中和银××一道全力救人，张××则开着停在挖砂船边上的工作船在水面施救，附近其他村民闻讯参与救援，在大家的协助下救上了30多名乘客。事故发生后，当地群众和村镇干部分别向县公安、海事、县政府办报警，塘田市镇政府、三江口地方海事处、塘田市镇中学、塘田市镇卫生院等第一时间组织人员赶到现场，并组织谢塘、向荣、花石、水西村群众和周边渔船渔民迅速实施救援，又救上了46名人员。此次事故有76人获救，其中20人受伤；事发当天现场打捞死者遗体11具，经排查另有1人失踪。10日中午，该失踪者遗体在距事故现场下游4千米处的河道内被打捞出水。事故共造成12人死亡（其中：学生9人，成年人3人），20人受伤（其中：中学生12人，小学生3人，成年人6人）。受伤者分别被送邵阳县人民医院和塘田市镇医院全力救治，邵阳市卫生局也组织了专家到医院指导治疗。12名遇难者分别被送往邵阳市殡仪馆和邵阳县殡仪馆安存。

救援过程中，国家安监总局、教育部、国家海事局等有关领导、湖南省委副书记梅克保、省人民政府秘书长盛茂林等领导亲临现场指挥抢救和部署事故处理工作。省政府办公厅、省安监局、省公安厅、省交通运输厅、省水利厅、省教育厅、省国土资源厅等省直单位得到报告后，有关领导带领工作人员迅速赶赴事故现场，指导事故处理、搜救和善后工作。省市县三级交通海事机构先后组织5艘船舶、13名潜水员赶到现场，对事发水域进行航行管制，从事故发生点至下游东方红水轮泵站大坝处，开展了拉网式搜救，全力打捞和救援落水人员。邵阳市、县主要领导率公安、安监、水利、教育等有关职能部门人员以最快的速度赶赴现场，组织了200多名消防、武警和公安干警现场救援并维护秩序，组织了500多名县、乡、村三级干部参与了救援。同时，开展群众工作，稳定遇难者家属情绪。

事故发生后，邵阳县委县政府高度重视事故善后处理工作，安排专门班子，一对一地安抚，12名遇难者家属于9月12日均与当地镇政府签订了赔偿协议，邵阳县财政拨专款垫付全部赔偿到位。20名受伤人员都得到了相应的治疗和慰问，于9月14日全部康复出院。事故善后处理工作平稳有序。

**二、事故原因及性质**

（一）直接原因

（1）挖砂船作业人员违法设障。挖砂船未办理相关资质手续，在事发河段非法采砂。施工作业过程中，违法将锚泊钢丝绳置于水面以下横穿主航道，未设置标志和显示信号，造成通航障碍，致使通航条件恶化。

（2）客船严重超载航行。客船核载14人，事发时实载88人，致使船舶航行稳定性不合格，操纵性能降低。加重了事故损害后果。

（3）客船驾驶员应急处置不当。客船驾驶员银××对触碰危险估计不足，临危处置不当。

（二）间接原因

1. 邵阳市交通、海事等有关部门存在的主要问题

（1）邵阳市地方海事局和其下设的三江口地方海事处未认真履行好工作职责。工作中，没有及时发现和制止客船严重超载行为；没有及时发现和排除钢丝绳横跨航道形成的重大安全隐患；未采取有力措施打击挖砂船等三无船只，存在安监职责失职的行为。

（2）邵阳市交通运输局主管全市水上交通工作。工作中，督促海事部门对挖砂船等三无船只打击不力、对客船超载等安全隐患查处不力。

2. 邵阳县水利、国土、交通等有关部门和学校、单位存在的主要问题

（1）邵阳县水利局和其下设的水政监察执法大队没有认真履行好工作职责。工作中，对河道采砂监管不到位。放松了对事故发生的河段夫夷河的监督管理，留下了安全隐患。对事故河段的河道尾砂处理不到位。该事故河道内航槽遭到严重破坏，河床里尾砂堆众多，沉船处断面被砂堆分割成不规则的多股水流，存在重大安全隐患。

（2）县国土资源局没有履行好职责。对全县范围内的所有采砂船主无《采矿许可证》非法采砂的行为没有进行查处，致使全县非法采砂情况严重，为航道安全通航留下安全隐患。同时，在联合执法中配合的主动性不强，对本部门发现并掌握的非法采砂情况没有向相关的职能部门进行信息互通。

（3）邵阳县交通运输局主管全县公路和水上交通工作。工作中，督促、组织、协调三江口海事处、塘田市镇政府监督管理水上交通安全工作、治理船舶超载、航道疏通和水上交通执法工作力度不大。对节假日交通高峰期可能出现的运力不足、人员超载情况，估计不足，工作不到位。

（4）邵阳县塘田市镇中心校负责对塘田市镇中小学校的管理。没有认真落实《邵阳县中小学安全工作条例》和签订的责任状。对学生交通安全管理、隐患排查、教育不到位。对塘田市镇中学租船接送学生的情况不知情，今年下学期开学时，没有将水上交通安全纳入检查范围，忽视了对塘田市镇中学租船接送学生的情况进行检查。

（5）邵阳县塘田市镇中学安全意识不强，安全培训教育不到位，缺乏水上交通安全知识。在租船过程中，没有向船主银希祥了解船只的载客量、安全状况、航道等安全问题。在不能确保安全的情况下与船主达成接送学生的口头协议。同时，在事发前由老师护送了36名中学生登船；塘田市镇中学共有70名学生登上了核载14人的客船。

3. 邵阳县塘田市镇人民政府、邵阳县人民政府和邵阳市人民政府存在的主要问题

（1）塘田市镇人民政府没有认真履行属地监管责任，对镇内夫夷河航道及船舶的安全隐患排查不彻底，对肇事采砂船将钢丝绳拉到河岸的重大安全隐患未及时消除，对航道内非法采砂的行为治理不力，对航道内客船超载运营的违规行为整治不到位，对水上安全员配备不当，工作疏忽，未能及时制止肇事客船超载行为。

（2）邵阳县人民政府没有认真履行安全生产工作职责，未督促交通、海事、教育等部门及时发

现和制止客船严重超载，未督促水利、国土资源等部门及时取缔非法采砂等行为，未督促相关部门及时发现和排除钢丝绳横跨航道形成的重大安全隐患。

(3) 邵阳市人民政府是邵阳市交通运输局和邵阳县人民政府的共同管理机关，存在对下属机构和下级政府监管不到位的现象。

(三) 事故性质

这是一起重大水上交通安全责任事故。

**三、事故责任分析以及对事故责任人的处理建议**

(一) 由司法机关立案追究刑事责任的人员

(1) 银××，肇事客船船主、客船驾驶员，对事故负有直接责任。

(2) 蒋××，肇事客船售票员，对事故负有直接责任。

(3) 唐××，挖砂船投资人，对事故负有直接责任。

(4) 唐××，挖砂船投资人，对事故负有直接责任。

(5) 周××，挖砂船投资人，对事故负有直接责任。

(6) 孟××，挖砂船作业人员，对事故负有直接责任，且事发后逃逸，不配合事故调查。

(7) 张××，挖砂船作业人员，对事故负有直接责任。

(8) 唐××，对事故负有直接责任。

(9) 戴××，对事故负有直接责任。

以上9人已经由公安机关立案侦查，以上人员中是中共党员的，待司法机关作出结论后，再给予相应党纪处分。

(10) 李××，邵阳市地方海事局三江口海事处安全股股长。对此次事故负有直接监管责任。

(11) 邓××，邵阳市地方海事局三江口海事处副处长。对此次事故负有直接监管责任。

(12) 刘××，邵阳县塘田市镇企业站站长、镇安监站安全员，兼职水上安全员（2010年6月30日已办理退休手续，塘田市镇返聘人员），对事故的发生负有直接监管责任。

(13) 吕××，邵阳县水利局水政监察大队队长。对事故的发生负有直接监管责任。

(14) 何××，邵阳市地方海事局三江口海事处处长。对本次事故负有主要领导责任。

(15) 吴××，塘田市镇党委副书记、镇安监站站长。对事故的发生负有主要领导责任。

(16) 何××，邵阳县水利局党委委员、副局长。对事故的发生负有主要领导责任。

以上7人待检察机关作出结论后，再给予相应党纪政纪处分。

(二) 建议给予党纪、政纪处分的人员

(1) 张××，邵阳市地方海事局副局长，分管安监工作。

(2) 王××，邵阳市地方海事局局长、党委副书记。

(3) 唐××，塘田市镇人民政府镇长。

(4) 吕××，塘田市镇党委书记。

(5) 肖××，邵阳县水利局党委书记、局长。

(6) 唐××，邵阳县国土资源局执法监察大队大队长。

(7) 乐××，邵阳县塘田市镇中学副校长。

(8) 廖××，邵阳县塘田市镇中学校长。

(9) 林××，邵阳县塘田市镇中心学校任政工副校长。

(10) 易××，邵阳县塘田市镇中心学校党总支书记、校长。

(11) 覃××，邵阳县交通运输局安全股长。

(12) 邓××，邵阳市交通运输局党委委员、副局长。

(13) 吴××，2007年12月当选为邵阳县人民政府副县长。

(三) 其他

(1) 责成邵阳市人民政府向省人民政府写出深刻的检查。

(2) 责成邵阳县人民政府向邵阳市人民政府写出深刻的检查并上报境内河道治理方案，彻底解决好境内河道的安全问题。

# 滨保高速天津"10·7"特别重大道路交通事故

2011 年 10 月 7 日 15 时 45 分许，滨保高速公路天津市境内发生一起特别重大道路交通事故，造成 35 人死亡、19 人受伤，直接经济损失 3447.15 万元。

**一、事故发生经过**

2011 年 10 月 7 日 9 时 15 分，云××驾驶冀 B99998 号大客车由唐山市瓦官庄出发前往保定市，车上共有乘客 52 名。13 时，车辆到达保定市，中途无人上下车。13 时 32 分，该车在保定市搭载另外 54 名乘客，起程返回唐山市，中途无人上下车。当日 12 时左右，崔××驾驶鲁 AA356W 号小轿车，与妻子袁××、儿子崔××一起由山东省济南市出发前往天津市宝坻区，期间崔××、袁××轮换驾驶车辆。

14 时 49 分开始，小轿车由袁××驾驶，当车辆行驶至滨保高速公路 60.7 公里附近时，遇云××驾驶的冀 B99998 号大客车在右前方行驶。袁××继续驾驶小轿车以不低于 120 公里/小时的速度超越大客车。当小轿车与大客车并行时，袁××采取减速措施，并在小轿车越过大客车车头后两次左右调整方向盘。15 时 45 分许，小轿车以 113.2 公里/小时的速度在第一车道靠右侧行驶，大客车以 115.6 公里/小时的速度在第二车道靠左侧行驶，大客车左侧车轮位于一、二车道分道线处，由于两车横向距离较近，大客车车身左侧前部与小轿车右侧后部发生擦蹭撞击。

发生撞击后，云××在未采取紧急制动措施的情况下向右转向，大客车偏离车道并冲向道路右侧波形钢护栏。当大客车接近右侧护栏时云××又急向左转向，造成大客车向右倾覆，靠压在护栏上滑行 62 米（其中，大客车斜靠在护栏上滑行 26 米，大客车压倒、压弯护栏约 36 米）。在此期间，护栏波形板和护栏立柱持续冲击大客车车身右侧，大客车右前风挡玻璃立柱和车门后立柱受冲击变形，上部结构开裂。此后，护栏未被压弯部分在大客车惯性力的作用下，插入大客车右前上角并贯穿车窗插入车内，继续冲击右侧车窗立柱，造成车窗立柱与车身骨架在焊接部位断裂，大客车车顶右侧与车身骨架开裂。大客车在右上部被护栏贯穿的情况下继续滑行约 80 米，护栏在车内对大客车乘车人形成切割和撞击，造成 35 人死亡、19 人受伤，两车不同程度损坏，部分公路设施损毁，直接经济损失 3447.15 万元。

至事故发生时，大客车驾驶人云××连续驾驶 6 小时 31 分，行驶里程 600 余公里，期间大客车单次停车时间均不足 20 分钟，累计超速 31 次，超速行驶时间共 2 小时 51 分；小轿车行驶时间未超过 4 小时，行程里程不足 400 公里。

**二、事故原因及性质**

（一）直接原因

在大客车驾驶人云××超速行驶、措施不当、疲劳驾驶 3 项交通违法行为的共同作用下，大客车与小轿车发生擦撞并侧翻，是发生事故的主要原因；小轿车驾驶人袁××在超越大客车时车速控制不当，两次左右调整方向，未按照操作规范安全驾驶，也是发生事故的原因；大客车超员载人，加重了事故后果。

（二）间接原因

1. 唐山交通运输集团有限公司及其下属公司安全生产责任制不落实，安全管理制度不健全

（1）唐山交通运输集团有限公司未认真开展包车客运的日常管理和安全隐患排查治理工作；违规同意通达客运分公司与事故大客车的挂靠经营行为；未发现和解决省际包车证的发放、使用和缴销管理混乱等问题。

（2）通达客运分公司违规与事故大客车实际所有人张××签订《车辆靠挂合同书》；未发现和整改纠正事故大客车长期存在私自改装增加座位的安全隐患；未发现和纠正事故大客车违规雇用公司驾驶员台账以外的人员驾驶车辆；未认真执行省际

包车证管理制度，致使事故大客车长期私自承揽包车客运业务。

2. 唐山市交通运输管理部门开展道路运输安全管理和监督检查工作不到位

（1）唐山市交通运输管理处未认真开展包车客运管理和监督检查工作，未按规定认真核发省际包车证，对唐山交通运输集团有限公司及其通达客运分公司未认真开展交通安全宣传教育、违规允许私人车辆挂靠经营等问题监管不到位。

（2）唐山市交通运输局开展道路运输行业的安全管理工作不到位，对唐山市交通运输管理处未认真履行职责的问题督促检查不到位。

3. 河北省、保定市、唐山市和天津市公安交通管理部门开展道路交通安全管理和监督检查工作不到位

（1）唐山市公安局交警支队车辆管理所开展车辆安全技术检验工作不到位，未发现和督促整改事故大客车通过拆卸座椅来掩盖改装增加座位的安全隐患。

（2）保定市公安局交警支队开展路面巡查工作不到位，未发现和督促整改事故大客车在保定市区内超员行驶的安全隐患。

（3）河北省公安厅高速公路交警总队保定支队开展高速公路巡查工作不到位，未发现和督促整改事故大客车在保定高速公路超速、超员行驶的安全隐患。

（4）天津市公安交通管理局高速公路支队贯彻落实《公安部关于规范高速公路客运车辆检查登记工作的通知》要求不到位，未协调解决好在滨保高速冀津收费站进入天津方向设置交通安全服务站的问题；路面巡查工作中未发现和解决事故大客车在滨保高速公路超速、超员行驶的安全隐患。

（三）事故性质

经调查认定，滨保高速天津“10·7”特别重大道路交通事故是一起责任事故。

**三、对事故有关责任人员及责任单位的处理结果**

（一）依法追究刑事责任人员

（1）云××，事故大客车驾驶人。因涉嫌交通肇事罪，2011年10月8日被天津市公安机关刑事拘留；2011年10月15日被天津市检察机关依法逮捕。

（2）张××，事故大客车车主。因涉嫌重大责任事故罪，2011年10月21日被天津市公安机关刑事拘留；2011年11月3日，强制措施由刑事拘留改为监视居住。

（3）幺××，事故大客车包车组织者。因涉嫌非法经营罪，2011年10月21日被唐山市公安机关刑事拘留。

（二）给予党纪、政纪处分人员

（1）闫××，唐山交通运输集团有限公司通达客运分公司大客公司经理。对事故发生负有主要领导责任，给予撤职、党内严重警告处分。

（2）王××，唐山交通运输集团有限公司通达客运分公司安全保卫科科长。对事故发生负有主要领导责任，给予降级、党内严重警告处分。

（3）鲁××，唐山交通运输集团有限公司通达客运分公司副经理，分管安全保卫科。对事故发生负有主要领导责任，给予降级、党内严重警告处分。

（4）宋××，唐山交通运输集团有限公司通达客运分公司副经理，分管大客公司。对事故发生负有主要领导责任，给予撤职、党内严重警告处分。

（5）王××，唐山交通运输集团有限公司通达客运分公司党委书记、工会主席，协助经理负责公司日常工作。对事故发生负有主要领导责任，给予党内严重警告处分。

（6）齐××，唐山交通运输集团有限公司通达客运公司经理，兼任唐山汽车东站站长。对事故发生负有主要领导责任，给予撤职、党内严重警告处分。

（7）武××，唐山交通运输集团有限公司交通安全处处长。对事故发生负有主要领导责任，给予降级、党内严重警告处分。

（8）汪××，唐山交通运输集团有限公司行政处副处长，分管包车客运工作。对事故发生负有主要领导责任，给予撤职、党内严重警告处分。

（9）孙××，唐山交通运输集团有限公司行政处处长。对事故发生负有主要领导责任，给予撤职、党内严重警告处分。

（10）莫××，唐山交通运输集团有限公司副总经理，分管交通安全处。对事故发生负有主要领导责任，给予降级、党内严重警告处分。

（11）王××，唐山交通运输集团有限公司副总经理，分管行政处。对事故发生负有主要领导责任，给予撤职、党内严重警告处分。

（12）李××，唐山交通运输集团有限公司总经理。对事故发生负有主要领导责任，给予撤职、撤销党内职务处分。

（13）王××，唐山交通运输集团有限公司董事长、党委书记。对事故发生负有主要领导责任，给予降级、党内严重警告处分。

（14）牛××，唐山汇达资产经营公司董事长、党委书记（1999年1月—2010年1月任原通达运业集团有限公司董事长、党委书记）。对事故发生负有主要领导责任，给予撤职、撤销党内职务处分。

（15）刘××，唐山市交通运输管理处客运管理科副科长，分管包车客运管理工作。对事故发生负有主要领导责任,给予撤职、党内严重警告处分。

（16）李××，唐山市交通运输管理处客运管理科科长。对事故发生负有主要领导责任，给予撤职、党内严重警告处分。

（17）张××，唐山市交通运输管理处副处长，分管客运管理科。对事故发生负有主要领导责任，给予撤职、党内严重警告处分。

（18）孙××，唐山市交通运输管理处处长、党总支书记。对事故发生负有主要领导责任，给予降级、党内严重警告处分。

（19）郑××，唐山市交通运输局副局长、党委委员，分管交通运输管理处。对事故发生负有重要领导责任，给予记大过处分。

（20）杨××，唐山市交通运输局局长、党委副书记。对事故发生负有重要领导责任，给予记过处分。

（21）王××，唐山市公安局交警支队车辆管理所车辆检测科副科长兼查验员。对事故发生负有主要领导责任，给予降级、党内严重警告处分。

（22）荣××，唐山市公安局交警支队车辆管理所车辆检测科科长。对事故发生负有重要领导责任，给予记大过处分。

（23）彭××，唐山市公安局交警支队车辆管理所副所长，分管车辆检测科。对事故发生负有重要领导责任，给予记大过处分。

（24）温××，唐山市公安局交警支队车辆管理所所长。对事故发生负有重要领导责任，给予记过处分。

（25）南××，保定市公安局交警支队二大队副大队长，负责保定市区五四东路与长城大街集中治理和巡逻管理。对事故发生负有主要领导责任，给予降级、党内严重警告处分。

（26）王××，保定市公安局交警支队二大队大队长。对事故发生负有重要领导责任，给予记大过处分。

（27）张××，河北省公安厅高速公路交警总队保定支队保定大队科员。对事故发生负有主要领导责任，给予降级、党内严重警告处分。

（28）杨××，河北省公安厅高速公路交警总队保定支队保定大队副大队长。对事故发生负有重要领导责任，给予记大过处分。

（29）霍××，河北省公安厅高速公路交警总队保定支队支队长。对事故发生负有重要领导责任，给予记过处分。

（30）袁××，天津市公安交通管理局高速公路支队唐津大队主任科员。对事故发生负有主要领导责任，给予降级、党内严重警告处分。

（31）李××，天津市公安交通管理局高速公路支队滨保高速负责人。对事故发生负有主要领导责任，给予降级、党内严重警告处分。

（32）姚××，天津市公安交通管理局高速公路支队秩序管理科科长。对事故发生负有主要领导责任，给予降级、党内严重警告处分。

（33）康××，天津市公安交通管理局高速公路支队支队长。对事故发生负有重要领导责任，给予记大过处分。

（三）对相关人员和单位的行政处罚

（1）袁××，鲁AA356W号丰田牌小轿车驾驶人，在高速公路上超速行驶，违反了《中华人民共和国道路交通安全法》第四十二条第一款“机动车上道路行驶，不得超过限速标志标明的最高时速”，以及第二十二条第一款“机动车驾驶人应当遵守道路交通安全法律、法规的规定，按照操作规范安全驾驶、文明驾驶”的规定，建议天津市公安交通管理局依据《中华人民共和国道路交通安全法》对袁倩予以罚款。相关部门要监督袁倩履行相应的事故赔偿责任。

（2）依据《安全生产法》、《生产安全事故报告和调查处理条例》（国务院令第493号）和有关法律法规的规定，建议河北省相关部门对唐山交通运输集团有限公司、通达客运分公司及其主要责任人给予相应行政处罚。

# 新疆维吾尔自治区和田地区“10·23”重大道路交通事故

2011年10月23日21时32分许，和田地区策勒县运输有限责任公司的新R－04882号大型普通客车，行驶至G315线2522千米＋326米处，与前方同方向行驶的一辆无牌照三轮摩托车追尾相撞，造成三轮摩托车上11人当场死亡，1人经抢救无效死亡，2人受伤。

经调查认定，和田“10·23”重大道路交通事故是一起责任事故。对有关责任人员和单位的处理情况如下：

**一、移送司法机关人员**

（1）新R－04882号大型普通客车驾驶员，超速行驶，当视线受到限制，影响驾驶安全时，处置不当，对事故发生负有直接责任，其行为已涉嫌犯罪，移交司法机关处理。

（2）新R－B1216号雅阁轿车驾驶员，超速行驶，没有对前方道路进行全面的观察，扩大了事故伤亡后果。已涉嫌犯罪，移交司法机关处理。

（3）三轮摩托车驾驶员，无摩托车驾驶证，驾驶无牌照三轮摩托车非法载运13名乘客，已涉嫌犯罪，移交司法机关处理。鉴于在事故中已死亡，免于追究责任。

**二、对相关责任单位和人员的行政处罚情况**

（1）策勒县运输有限责任公司，在运输车辆的安全运行监控和管理上存在漏洞，对事故的发生负有责任，按照《生产安全事故报告和调查处理条例》第三十七条第三款规定，给予经济处罚50万元。

（2）策勒县运输有限责任公司总经理，作为策勒县运输有限责任公司安全生产第一责任人，对公司运输车辆的安全运行监控和管理不到位，负有领导责任，按照《生产安全事故报告和调查处理条例》第三十八条第三款规定，给予经济处罚23102.35元。

**三、对相关责任人员的处理情况**

（1）墨玉县县长，本县安全生产第一责任人，对本次事故负有领导责任，本人作出深刻检查。

（2）墨玉县人大副主任，2003年12月—2011年8月期间任职墨玉县交通局局长，在职期间未认真履行职责，对本县客运市场调研不充分，针对农牧民出行困难以及三轮摩托车非法载人的交通违章现象，未能向政府提出有效解决方法或交通行业发展规划，对事故的发生负有领导责任，给予行政警告处分。

（3）墨玉县公安交警大队大队长，对墨玉县无牌无照、非法驾驶三轮摩托车载人行驶等交通违章现象，监管不到位，负有领导责任，给予行政警告处分。

（4）墨玉县托胡拉乡乡长，本乡安全生产第一责任人，对本乡三轮摩托车无牌无照、非法载客等违章现象，安全管理、宣传教育工作不到位，负有领导责任，给予行政警告处分。

# 火灾爆炸事故

## 湖南省长沙市岳麓区西娜湾宾馆“1·13”重大火灾事故

1月13日0时49分，湖南省长沙市岳麓区枫林一路303号西娜湾宾馆发生火灾，造成10人死亡、4人受伤，过火面积150平方米，直接财产损失60.4万元。

**一、起火经过**

1月12日晚，西娜湾宾馆管理人李××和员工黄××、袁××在一楼大堂值班，另有3名服务员在一层夹层员工宿舍内睡觉。13日0时49分，黄××接到五层5028房间客人的电话，称房间内有烟味，便乘电梯上到五层进行查看，误以为是客人吸烟引起的，没有仔细查看，于0时52分乘电梯回到一层大堂。0时55分，李××、袁××突然发现通往二层的楼梯间有火往下掉落，袁××立即用前台固定电话拨打“119”报警。

1月13日0时55分，长沙市公安消防支队指挥中心接到报警后，迅速调集麓山门、石岭塘、五星、特勤二中队4个消防中队的10辆消防车、72名官兵前往扑救。1时40分，将火势基本控制。2时10分，将火灾完全扑灭。消防官兵从火场营救被困人员16人、疏散群众25人，保护了39间客房及毗邻建筑。

**二、起火原因及主要教训**

经调查询问、现场勘验、尸体检验和现场实验，并提取物证送公安部天津消防科研所火灾物证鉴定中心进行检测，认定起火原因系西娜湾宾馆一层夹层地面中部自行改装的电烤火炉引燃覆盖在炉上用于保暖的棉质被套起火。主要教训如下：

（1）宾馆员工的消防安全意识淡薄，疏散逃生常识缺乏，从初起火灾到猛烈燃烧大约有6分钟的时间，宾馆员工未能及时发现并扑救初起火灾，也未能及时组织疏散旅客。

（2）单位消防安全责任不落实，消防设施形同虚设，该宾馆消防安全管理制度缺乏，消防安全责任没有明确，消防工作无人管理，宾馆虽设有火灾自动报警系统、自动喷水灭火系统、应急照明和疏散指示标志，每层设有1个室内消火栓并配有灭火器，消防设施和器材比较完备，但由于日常巡查检查和维护管理不到位，导致起火时报警、喷淋系统处于关闭状态，失去了应有的报警和灭火功能。

**三、火灾责任及处理情况**

西娜湾宾馆的5名投资、经营者被依法追究刑事责任；岳麓区政府及相关职能部门共有13名公职人员受到党纪政纪处分。截至目前，该案仍在审理中。

# 湖北省武汉市宏康实业公司侨康副食批发市场“1·17”重大火灾事故

1月17日23时15分，湖北省武汉市宏康实业公司侨康副食批发市场发生火灾，造成14人死亡，过火面积约2500平方米，83户商户、27户居民受灾，直接财产损失591.1万元。

**一、起火经过**

1月17日23时19分，武汉市公安消防支队指挥中心接到报警后，迅速调集汉正街消防中队及邻近的汉阳、硚口、江汉等4个消防中队的23辆消防车、110余名消防官兵赶赴火灾现场。根据起火建筑结构及火灾特点，随后又调集8个消防中队以及战勤保障大队42辆消防车、210余名官兵增援，并调集公安、特警、医疗等联动单位到场协助救援工作。1月18日0时18分许，火势基本得到控制；1时58分，明火被基本扑灭。

**二、起火原因及主要教训**

经现场勘验、调查走访和技术鉴定，排除人为放火、遗留火种和烟花爆竹等起火原因，无法排除电气故障引发火灾的可能性。主要教训如下：

（1）起火建筑一层市场东西两侧外立面为铁丝网，无实体墙分隔，导致火灾发生后迅速形成立体燃烧。

（2）起火建筑一层市场与相邻建筑之间的过道上设置摊位，且加盖铁质雨棚，火灾发生后高温烟气迅速蔓延至相邻建筑，导致人员被困无法逃生。

（3）起火建筑二层珊珊服装厂宿舍外楼梯出口被锁，通向一层的室内楼梯被封堵，外窗设置固定金属栅栏，导致被困人员无法及时逃生。

（4）起火建筑内未设置室内消火栓，二层宿舍与三层生产车间上下楼梯连通，未设置自动喷水灭火系统。

（5）单位值班人员年龄较大且行动不便，导致发现火灾后，无法对初起火灾进行扑救。

**三、火灾责任及处理情况**

武汉市硚口区检察院以涉嫌消防责任事故罪，对负有主要责任的武汉市宏康实业公司法定代表人潘某及消防安全责任人杨××提起公诉；武汉市硚口区政府及相关职能部门的14人被湖北省人民政府追究行政责任。

# 河南省漯河市郾城区豫田花炮厂“1·19”重大烟花爆竹爆炸事故

**一、事故基本情况**

2011年1月19日16时50分，漯河市郾城区豫田花炮厂因违规装配药，导致静电聚集，产生静电火花而引发爆炸事故，造成10人死亡、21人受伤（其中重伤6人），直接经济损失334.6万元。经调查认定，漯河市郾城区豫田花炮厂“1·19”重大烟花爆竹爆炸事故是一起因违规装配药，导致静电聚集，产生静电火花而引发的生产安全责任事故。

**二、事故原因分析**

（一）直接原因

配装药工田××在装药过程中，违规装配药导致静电积聚过高，产生静电火花引发爆炸事故。

（二）间接原因

1. 企业管理方面

该厂企业主体责任不落实，生产组织管理混乱，存在超定员、超范围、改变工房和现场管理混乱等违规行为。

2. 安全监管方面

（1）郾城区安全监管局作为烟花爆竹行业管理部门，对烟花爆竹行业安全生产重视不够，对烟花爆竹生产企业监管不力，未能有效利用科技监控手段，驻厂安全监管等流于形式，未能发现豫田花炮厂存在的“三超一改”等违规行为。

（2）郾城区李集镇党委、政府对辖区内烟花爆竹企业安全生产重视不够，安排部署不到位，对烟花爆竹企业日常监督检查流于形式，未能及时纠正豫田花炮厂违规生产行为。

（3）郾城区政府对烟花爆竹企业安全生产监督管理工作安排部署不具体，对有关监管部门和镇政府以及工作人员未正常履行职责督促检查不力。

**三、责任认定和处理建议**

建议追究郾城区豫田花炮厂股东田××（中共党员）、田××、周××、张××（中共党员）、直接责任人员田××以及驻厂人员、相关监管人员的刑事责任，建议追究郾城区安全监管人员及郾城区政府相关人员的党政纪责任。责令郾城区委、区政府向漯河市委、市政府写出深刻检查。责成漯河市政府向省委、省政府作出深刻检查。另外，由省安全监管局依法吊销豫田花炮厂的安全生产许可证；由漯河市安全监管局依法吊销田宝山的企业主要负责人安全资格证；由郾城区政府对豫田花炮厂依法予以关闭。

**四、防范和整改措施**

（1）烟花爆竹生产企业要加强对从业人员的安全培训，做好岗前、班前的安全知识教育；加强对危险工序作业人员安全知识培训，特别是从事药物混合、造粒、筛选、装药、筑药、压药、切引、搬运等危险工序作业人员的重点培训，确保特种作业人员持证上岗；要加强劳动防护服装、机械设备与工具、从业人员交通工具停放等的管理。同时要加强对作业现场的安全监管，促使从业人员严格执行操作规程，履行岗位责任，遵守劳动纪律。

（2）烟花爆竹生产企业要进一步增强企业的安全主体责任意识，建立健全企业安全管理制度并认真组织贯彻落实。要严格遵守安全生产各项规定，依法依规组织生产，要严格按照设计定员规定，严禁在各工序、各岗位增加从业人员数量；配、装药工房和其他涉药工房滞留药量要严格执行国家限定标准，严禁超过核定的药量；要按核定的生产品种、范围从事正常生产，严禁超品种、范围进行各种违法生产活动；要严格按照核定的工房用途，严禁私自改、扩建工房或改变工房用途。要加强内部作业现场和生产过程的安全监管，坚决杜绝“三超一改”（超员、超量、超范围、改变工房用途）现象。

（3）郾城区及李集镇党委、政府要进一步提高对安全生产工作重要性的认识，建立安全生产责任制，完善各项管理制度，加强监督检查，确保各项工作落到实处。

（4）郾城区安全监管局要认真汲取教训，正确履行监管职责，从对企业的安全教育、依法依规生产、隐患排查治理、生产场所和生产工序管理、监测监控技术设备运用5个方面，加强对烟花爆竹企业监督检查和日常管理。要加强对烟花爆竹企业的日常安全监督检查，加大对违法违规企业的处罚力度。

（5）漯河市及郾城区政府及其有关部门要结合该起事故，对辖区内所有烟花爆竹生产经营企业进行一次全面排查，分析监管和检查中存在的问题，研究制定具体措施。

# 北京市大兴区旧宫镇南小街出租房“4·25”重大火灾事故

4月25日1时13分，北京市大兴区旧宫镇南小街振兴北路一出租房发生火灾，造成18人死亡、24人受伤，过火面积300平方米，直接财产损失286.2万元。

**一、起火原因**

经现场勘查、调查询问，并通过对现场各种燃烧痕迹进行检验，认定该起火灾系电动三轮车蓄电池电源线短路并引燃周围可燃物所致。

**二、救火经过**

1时13分，北京市公安消防总队119指挥中心接到报警后，第一时间调集高米店中队、大红门中队、西红门中队及总队、大兴支队全勤指挥部，随后又调集亦庄中队、右安门中队、古城中队和安定中队到场增援，共计29辆消防车、206名消防官兵赶赴现场。扑救力量陆续到场后，迅速展开灭火战斗，并迅速安排力量搜救人员。2时2分，火灾被彻底扑灭。

**三、火灾责任及处理情况**

根据国务院安全生产委员会办公室和北京市人民政府对《大兴区旧宫镇南街三村“4·25”重大火灾事故调查报告》批复的意见，依照有关规定，对23名事故责任人给予处理，其中7名责任人被移送司法机关追究刑事责任，1名责任人被实施了治安处罚，15名责任受到党纪、政纪处分。同时，责成大兴区委、区政府及其主要负责人分别向北京市委、市政府作出深刻检查。

# 湖北省武汉市恒瑞橡塑制品有限公司“7·12”重大火灾事故

7月12日9时25分，湖北省武汉市经济技术开发区东荆河路恒瑞橡塑制品有限公司生产车间发生火灾，造成15人死亡，过火面积3450平方米，直接财产损失1179.4万元。

**一、起火经过**

7月12日9时许，恒瑞橡塑制品有限公司员工张××发现车间泡沫堆起火，立即大喊“着火了”，正在车间门口的员工周××拿起1个灭火器进行灭火，闻讯赶到的公司负责人季××组织人员灭火并报警。武汉市公安消防支队指挥中心接到报警后，立即调派沌口消防中队5辆消防车、19名官兵赶赴现场，并调集了墨水湖、七里庙、宗关、汉阳、特一、古田、南湖、硚口等9个消防中队的42辆消防车、170名消防官兵赶赴现场增援。11时许，火灾得到控制；11时30分，明火被全部扑灭。公安消防官兵共从建筑内成功疏散27人、救出5人。

**二、起火原因及主要教训**

经现场勘验、调查走访和技术鉴定，认定该起火灾为起火点货垛上方的照明灯具电源导线短路，引燃下方聚苯乙烯泡沫片材及货垛纸箱等可燃物所致。主要教训如下：

（1）单位擅自变更建筑使用功能，该建筑原设计为戊类二级单层钢结构厂房，产权单位东神轿车有限公司擅自分隔厂房用于出租，致使疏散通道过长、安全出口数量不足；承租单位恒瑞橡塑制品有限公司、合傲商贸有限公司擅自将厂房用作丙类物品生产、储存车间。

（2）违章设置生产、储存、住宿“三合一”场所，恒瑞橡塑制品有限公司在厂房西侧辅助房一层设置员工食堂、二层设置员工宿舍，并同时进行生产和储存，导致火灾发生时宿舍员工无法逃生。

（3）堵塞疏散通道，该建筑辅助房设有2部疏散楼梯，其中二层的通道被木柜封堵，导致火灾发生后人员无法疏散，致使大量人员在此遇难。

（4）起火物质毒性大、燃烧迅速，恒瑞橡塑制品有限公司主要生产空调塑料构件，主要原材料为ABS、PS、PP等塑料聚合物，加之厂房空间大、跨度大、通风条件好，起火后燃烧异常迅速，温度高、发热量大，产生大量有毒有害气体。

（5）人员逃生意识差，恒瑞橡塑制品有限公司员工未经过消防培训，消防安全意识差，不懂得基本的逃生自救知识，火灾发生后被困员工不能正确选择逃生路线，从辅助房一层跑到通道被堵的二层，导致人员伤亡。

（6）企业消防安全管理混乱，未建立消防安全制度，未落实消防安全责任制，未制定灭火和应急疏散预案，电气线路检查维护保养不落实，厂房顶棚多处漏雨未及时维修；生产期间小孩在车间厂房内玩耍等因素，导致引发火灾概率增大。

**三、火灾责任及处理情况**

火灾发生后，司法部门以涉嫌重大责任事故罪对事故负有主要责任的王××、尚××及王××等3名经营者予以刑事拘留。湖北省人民政府对武汉市经济技术开发区管委会及相关职能部门14名人员追究行政责任。

# 广东省佛山市盛丰陶瓷有限公司三水分公司办公综合楼“8·23”重大火灾事故

8月23日6时12分，广东省佛山市三水区西南街河口左田民营开发区盛丰陶瓷有限公司三水分公司办公综合楼发生火灾，造成15人死亡、1人受伤，过火面积3250平方米，烧毁、烧损室内装修及物品一批，直接财产损失51万元。

**一、起火经过**

8月23日6时12分，佛山市盛丰陶瓷有限公司三水分公司当班保安陈××在大门门岗处发现办公综合楼二层起火；住在办公综合楼二层的老板霍××和其朋友韩××被外部响声吵醒后，发现二层办公室门口有火冒进来，于是从二层西侧窗户逃生，霍××随后于6时12分向110报警，此时火势已迅速蔓延扩大。

8月23日6时18分，佛山市三水区公安消防中队接到三水区公安分局110指挥中心调度命令后，迅速出动6辆消防车、25名消防官兵于6时25分到达现场处置，公安消防部门先后调动18辆消防车、103名消防人员赶赴现场增援，并调集医疗、供水、供电、公安交警及治安等联动单位协助火灾扑救。9时10分许，火灾被扑灭。

**二、起火原因及主要教训**

根据现场勘验、证人证言、录像资料和物证鉴定结论，认定该起火灾是办公综合楼二层中部楼梯北侧吊顶内的铁质电线槽内电线短路，产生的高温熔珠引燃可燃物所致。主要教训如下：

（1）起火建筑系违法建筑，该单位在未取得相关政府部门行政审批手续，未向公安消防机构申报审核、验收的情况下，擅自建设办公综合楼并投入使用，留下了先天性火灾隐患。

（2）起火建筑违反《建筑设计防火规范》的要求，在墙面、吊顶和楼梯装修大量采用木龙骨、胶合板等易燃可燃材料，火灾荷载大，导致发生火灾后燃烧猛烈、蔓延迅速。

（3）起火建筑室内消防给水设施不足，仅在三、四层南面楼梯间各设有1个室内消火栓，未达到《建筑设计防火规范》每层设置消火栓的要求，导致火灾发生后无法组织有效扑救。

（4）单位消防安全管理不落实，该公司负责人消防安全意识淡薄，未明确消防安全责任人和管理人，未制定相应消防安全管理制度和应急疏散预案，也未对员工组织消防安全培训和灭火疏散演练，导致火灾发生后不能有效组织初起火灾扑救和人员疏散，造成重大伤亡。

**三、火灾责任及处理情况**

经调查认定，该起火灾是一起事故单位违法违规建设，消防责任制不落实而导致的重大责任事故。佛山市盛丰陶瓷有限公司法人代表，行政科科长、副科长、电工车间负责人等4名责任人被移交司法机关处理，佛山市三水区相关职能部门的11名人员被分别给予党纪、政纪处分。

# 陕西省西安市“11·14”液化石油气泄漏爆炸重大安全事故

**一、事故简要情况**

2011年11月14日7时37分许，位于西安市高新区太白路与科创路十字西南角嘉天国际大厦1号楼一层的樊家腊汁肉夹馍个体餐饮商铺员工，在营业准备阶段打开店铺电灯及厨房操作间加热电炉开关后遇到门外公共通道及库房门口钢瓶液化气发生泄漏的混合石油液化气体，导致泄漏液化气遇电器火源引发爆炸，造成该店员工、过往行人及在附近公交车站候车人员11人死亡、31人受伤、12间商铺（约1500平方米）及53台车辆不同程度受损。

**二、事故相关责任单位情况**

（1）樊家腊汁肉夹馍科创路店。该店位于太白路与科创路十字西南角嘉天国际大厦1号楼一层10101室，为西安樊家腊汁肉夹馍餐饮管理有限公司品牌加盟店，属个体工商户。

（2）非法液化气经营、配送点（北方液化气公司）。位于西安市新城区八府庄北路西安顺达胶鞋厂租赁房屋内，2011年10月，搬至该路段原西安水泥制管厂内，先后盗用西安陇海液化气站、西安华山液化气储灌站及北方液化气公司名义，非法从事钢瓶液化气的储存、经营活动。“11·14”爆炸事故中，发生泄漏的液化气钢瓶正是由该站点于2011年11月13日向樊家肉夹馍科创路店提供的。

（3）西安嘉天物业管理有限公司。该公司具备物业服务企业资质，与嘉天国际大厦建设单位嘉天实业有限公司签订《物业服务合同》，按约定对该大厦1号、2号、3号楼进行物业管理（樊家肉夹馍科创路店物业由该公司负责管理）。

（4）西安樊家腊汁肉夹馍餐饮管理有限公司。成立于1997年5月，公司类型为有限责任公司，经营范围为餐饮、食品等。是樊家腊汁肉夹馍科创路店的加盟经营总店。

**三、事故原因**

（一）事故直接原因

樊家肉夹馍科创路店违法使用的3号钢瓶液相阀未完全关闭，致使钢瓶内液化气发生泄漏，且泄漏地点处于楼道封闭状态，泄漏液化气与空气混合后，遇电灯、加热电炉等电器火源引发爆炸，是导致事故发生的直接原因。

（二）事故间接原因

樊家腊汁肉夹馍科创路店安全意识淡薄，安全责任不落实，自2010年3月开始营业后，即在高层建筑及人员密集场所内违法使用钢瓶液化气，在液化气使用过程中未建立液化气安全使用制度，未指定专人进行管理，没有对员工进行必要的操作及安全常识培训，导致液化气泄漏及应急处置不当，是造成事故发生的主要原因。

液化气经营、配送点郑××及相关聘用人员，不具备燃气从业资格，盗用其他经营单位名称，使用超过检验期限及报废的液化气钢瓶，擅自从事液化气非法经营活动，违法向禁止使用钢瓶液化气的樊家肉夹馍科创路店配送安装检验标识不清、存在重大安全隐患的液化气钢瓶，致使发生泄漏引发爆炸，是造成事故发生的主要原因。

西安嘉天物业管理有限公司没有认真履行协助有关部门进行安全管理的职责，在 2011 年 10 月 20 日公安雁塔分局电子城派出所民警高鹏向樊家肉夹馍科创路店下达《责令改正通知书》后，没有及时采取有效措施督促该店进行整改，致使安全隐患未能及时消除，是造成事故发生的重要原因。

西安樊家腊汁肉夹馍餐饮管理有限公司没有认真履行合同条款，对加盟店安全管理不到位，未及时制止樊家肉夹馍科创路店违法使用钢瓶液化气的不安全行为，是造成事故发生的原因之一。

**四、事故性质**

经调查认定，西安“11·14”液化石油气泄漏爆炸事故是一起因有关经营单位及个人安全责任不落实、安全意识淡薄，非法经营和违法使用钢瓶液化气，有关部门及工作人员安全监管缺失、职责履行不到位而导致的重大安全责任事故。

**五、事故责任认定及处理**

（一）事故责任人及处理

1. 移送司法机关依法追究其法律责任人员

樊家肉夹馍科创路店经营者孙××、管理人员（店长）刘××、非法液化气经营配送点负责人郑××、非法液化气经营配送点从业人员王××、嘉天物业公司副总经理段××、西安市燃气管理中心工作人员张××、陈××、西安市公安局雁塔分局电子城派出所民警高××等 9 人，对事故的发生分别负有直接和主要、重要责任，移送司法机关依法追究其法律责任。

2. 给予行政处罚及行政处分人员

樊家餐饮有限公司法人代表张××，西安市公安局雁塔分局电子城派出所分管消防监管工作副所长高××、所长薛××，西安市燃气监督管理中心主任周××，西安市市政公用局燃气热力管理处副处长白××、处长杨××，西安市高新技术产业开发区雁塔科技产业管理办公室社会事业部部长李××、科技产业管理办公室主任杨××，西安市高新技术产业开发区管委会社会管理局副局长杨××，西安市高新技术产业开发区管委会主任助理杨××，西安市市政公用局主管副局长龚××等 11 人对事故发生负有主要领导、分管领导及管理责任，分别给予其行政撤职、行政降级、行政记大过、行政记过、行政警告等处分。

（二）事故责任单位及处理

（1）樊家腊汁肉夹馍科创路店。是造成事故发生的直接责任单位。由工商行政管理部门依法吊销该店《个体工商户营业执照》。

（2）非法液化气经营配送点。是造成事故发生的主要责任单位。对该非法经营点进行取缔，没收违法所得，并给予相应的经济处罚。

（3）西安嘉天物业管理有限公司。是造成事故发生的重要责任单位。吊销嘉天物业公司的《工商营业执照》及相关从业资质。

（4）西安樊家腊汁肉夹馍餐饮管理有限公司。是造成事故发生的责任单位之一。对樊家餐饮有限公司作出相应行政和经济处罚。

责成西安市市政公用局向西安市政府作出书面检查。

责成西安市高新技术产业开发区管委会向西安市政府作出书面检查。

# 建筑施工事故

## 兰新铁路第二双线甘青段小平羌隧道“4·20”重大坍塌事故

**一、事故概述**

2011年4月20日4时05分，兰新铁路第二双线甘青段小平羌隧道出口DK349+055～DK349+035工作面在进行初级支护施工时，发生拱部局部坍塌事故，造成12人死亡，直接经济损失约908万元。

**二、事故经过**

2011年4月19日23时30分，钢筋班组安装完成DK349+035处最后一环工22a型钢拱架，经领工员检查无异常后，喷浆班组13人操作3台喷浆机喷浆。4月20日4时05分，隧道喷浆作业面上方围岩发生了坍塌，导致初期支护的工22型钢拱架及喷浆作业台架被砸跨，12名作业人员遇难。

**三、事故原因及分析**

小平羌隧道位于祁连山区域地质构造带石炭系灰岩夹页岩、泥灰岩、泥盆系砂岩等软硬相间的地层中，由于多期构造运动挤压作用强烈，洞身发育多个向斜、背斜相间组成的复式褶皱。地表覆盖风化残积土层较厚，基岩露头较少。开挖揭示洞段总体位于背斜构造北翼，岩层倾角较陡，节理发育，岩体破碎；岩层的层间结合力较差，加之小平羌隧道洞顶地表冻土冬春后开始融化，冰雪融水下渗软化软弱结构面，致使围岩抗剪强度降低，是该起事故发生的潜在客观因素。

施工单位安全技术管理混乱，施工人员安全培训不到位，技术资料管理混乱，检验批报检资料滞后，技术交底制度不落实，塌方处理施工进度缓慢，拱顶空腔围岩临空暴露过久，引起围岩松动、风化，导致上部围岩抗剪强度进一步降低，引起岩体失稳，是造成事故的直接原因；监理单位监理基础工作薄弱，履行职责不力，监理制度落实不到位，管理手段弱化；设计单位制定的塌方处理方案不完善等，是该起事故发生的间接原因。

**四、事故处理结果**

（1）对责任人的处理。对20名责任人分别给予行政开除、解除劳动合同、撤职、留用察看、记大过、记过、吊销资格、警告、通报批评处分。

（2）对责任单位的处理。对施工单位、监理单位、设计单位分别作出深刻检查和罚款处理。

## 陕西省西安市“9·10”重大建筑施工坍塌事故

**一、事故简要情况**

2011年9月10日上午8时20分许，在西安市未央路凯玄大厦建筑施工现场，位于大厦东立面19层高处的附着式升降脚手架东侧偏南共4个机位、长度约22米、高度14米的架体发生局部整体坍塌，致使正在该脚手架上进行降架和外墙面装饰清洁的12名作业人员，随架体坠落至室外地面，造成10人死亡（现场死亡7人，经医院全力抢救无效死亡3人）。

## 二、事故原因

（一）事故直接原因

经调查分析认定，此次事故发生的直接原因是：脚手架升降操作人员在未悬挂好电动葫芦吊钩和撤出架体上施工人员的情况下违规拆除定位承力构件、违规进行脚手架降架作业所致。

（二）事故间接原因

陕西新中建建筑劳务有限责任公司无资质违规承揽承包凯玄大厦建设工程并组织施工，对施工现场缺乏严密组织和有效管理，是事故发生的主要原因。

陕西建设监理有限公司，对凯玄大厦外墙装饰和脚手架升降作业等危险性较大工程和工艺，未按规定进行旁站等强制性监理，是事故发生的主要原因。

陕西建工集团第十一建筑工程有限公司，未依法履行施工总承包单位安全职责，将工程分包给无专业资质的单位，对施工现场统一监督、检查、验收、协调不到位，是事故发生的重要原因。

西安凯玄实业有限公司（西安市莲湖区北关村一组）在凯玄大厦项目建设过程中，未完全取得建设工程相关手续违规进行项目建设，是事故发生的次要原因。

西安曲江大明宫遗址区保护改造办公室及西安市城改、规划和城市综合执法等部门，依法履行监管职责不到位，是事故发生的原因之一。

事故发生前包括西安市在内的陕西关中地区连续10余天降雨，事发当天西安市天气仍然是中到大雨，脚手架因受长时间雨淋而超重超载，也是事故发生的客观原因。

## 三、事故性质

经调查认定，西安“9·10”重大建筑施工坍塌事故为生产安全责任事故。

## 四、事故责任认定及处理

（一）事故责任人及处理

1. 移送司法机关依法追究其法律责任人员

陕西新中建建筑劳务有限责任公司聘用的凯玄大厦施工项目部架子工领班梁××、架子工严××、外架作业负责人吴××、外墙装饰作业负责人李××、项目部安全负责人郭××、项目部生产技术负责人杜××、项目部总负责人范××，陕西建设监理有限公司凯玄大厦监理项目部总监代表田××，凯玄大厦项目附着式升降脚手架实际出租人何××，西安市莲湖区北关村一组副组长、凯玄大厦建设单位现场负责人王××等9人对事故发生负有主要、重要责任。移送司法机关依法追究其法律责任。

陕西新中建建筑劳务有限责任公司聘用的凯玄大厦施工项目部架子工严××对事故发生负有直接责任。鉴于其已在事故中死亡，免予追究其法律责任。

2. 给予行政处罚及行政处分人员

西安市莲湖区北关村一组组长、凯玄大厦实业有限公司董事长杨××，陕西新中建建筑劳务有限责任公司凯玄大厦施工项目部经理任××，陕西建工集团第十一建筑工程有限公司第四分公司经理、凯玄大厦项目施工管理单位负责人罗××，陕西建工集团第十一建筑工程有限公司市场一部部长、凯玄大厦施工项目部经理徐××，陕西建工集团第十一建筑工程有限公司安全管理部副部长（主持工作）景××、主管安全生产副总经理黄××、总经理黄××、董事长兼党委书记徐××，陕西建设监理有限公司凯玄大厦监理项目部总监郭××，西安曲江新区管理委员会大明宫遗址区保护改造办公室建设局局长但××、大明宫遗址区保护改造办公室主管城建工作副主任张××，西安曲江新区管理委员会副主任、党工委副书记杨××等12人对事故发生分别负有主要领导、分管领导及管理责任，分别给予其行政警告、行政记过、行政记大过、行政降级、撤职和吊销个人相关资质、经济处罚等处理。

（二）事故责任单位及处理

（1）陕西新中建建筑劳务有限责任公司。违规承揽承包凯玄大厦建设工程并组织施工，对施工现场缺乏严密组织和有效管理，是事故直接和主要责任单位。由省工商行政管理部门依法吊销其营业执照。

（2）陕西建工集团第十一建筑工程有限公司。未依法履行施工总承包单位安全职责，对现场统一监督、检查、验收、协调不到位，对事故的发生负有一定责任。暂扣其安全生产许可证6个月，给予80万元的经济处罚，责成其向陕西建工集团作出深刻书面检查。

（3）陕西建设监理有限公司。对施工现场安全监理不严，对凯玄大厦外墙装饰和脚手架升降作业等危险性较大工程和工艺，监理人员未按规定进行旁站，对事故的发生负有监理不到位责任。将其监理资质由甲级降为乙级，给予其30万元经济处罚。

（4）西安凯玄实业有限公司（西安市莲湖区北关村一组）。在凯玄大厦项目建设过程中，没有严格执行工程建设招投标等项目管理基本程序，在未完全取得建设工程相关手续情况下，违规进行项目建设，对事故的发生负有一定责任。对其予以经济处罚。

（5）深圳市特辰科技有限公司。对派驻西安管理部的工作人员管理不严，使不法人员盗用公司名义制作假公章、伪造假合同、出租假设备（脚手架）的违法行为得以实现，对事故的发生负有一定的关联责任。责成其向省建设行政主管部门作出书面检查，由省建设行政主管部门对其法人代表进行约谈。

（6）西安曲江新区管理委员会。受西安市建委委托对大明宫遗址区保护改造区划内建筑施工安全监督管理不到位，对事故的发生负有监管不到位责任。责成其向西安市人民政府作出书面检查。

（7）西安市规划局、西安市城市管理综合行政执法局、西安市城中村改造办公室依法履行监管职责不到位。由西安市人民政府依法依规对上述单位进行处理。

责成陕西建工集团向省国有资产监督管理委员会作出书面检查。责成西安市人民政府向省人民政府作出书面检查。

# 第十五部分

# 国务院办公厅、国务院安委会文件，有关部门规章、文件和地方性法规、规章及文件

## 国务院办公厅和国务院安委会文件（目录）

# 国家安全生产监督管理总局、国家煤矿安全监察局规章及文件（目录）

## 1. 部门规章

国家安全监管总局关于修改《煤矿安全规程》第二编第六章防治水部分条款的决定（国家安全监管总局令第37号）

尾矿库安全监督管理规定（国家安全监管总局令第38号）

小型露天采石场安全管理与监督检查规定（国家安全监管总局令第39号）

危险化学品重大危险源监督管理暂行规定（国家安全监管总局令第40号）

危险化学品生产企业安全生产许可证实施办法（国家安全监管总局令第41号）

国家安全监管总局关于修改《〈生产安全事故报告和调查处理条例〉罚款处罚暂行规定》部分条款的决定（国家安全监管总局令第42号）

## 2. 综合监管

### （1）综合协调

关于进一步深化“十二五”时期安全监管监察干部教育培训改革的意见（安监总党〔2011〕11号）

关于进一步深化创先争优活动的意见（安监总党〔2011〕14号）

关于开展向王茂俊刘春权同志学习活动的通知（安监总党〔2011〕28号）

国家安全监管总局关于印发2011年工作要点的通知（安监总政法〔2011〕19号）

国家安全监管总局关于印发国家安全生产监督管理总局领导同志工作分工的通知（安监总办〔2011〕68号）

国家安全监管总局　国务院国资委关于进一步加强中央企业安全生产分级属地监管的指导意见（安监总办〔2011〕75号）

国家安全监管总局关于印发中央企业安全生产保障能力建设发展规划（2011—2015年）的通知（安监总管一〔2011〕146号）

国家安全监管总局关于赵惠令同志工作分工的通知（安监总办〔2011〕169号）

国务院安委会办公室关于认真学习和贯彻落实《国务院办公厅关于继续深化“安全生产年”活动的通知》的通知（安委办〔2011〕6号）

国务院安委会办公室关于认真贯彻落实中央领导同志重要指示精神高度重视并切实做好当前安全生产工作的通知（安委办〔2011〕7号）

国务院安委会办公室关于认真贯彻落实张德江副总理考察调研安全生产工作时的重要讲话精神切实做好当前安全生产工作的通知（安委办〔2011〕21号）

国务院安委会办公室关于认真学习贯彻《国务院关于坚持科学发展安全发展促进安全生产形势持续稳定好转的意见》的通知（安委办〔2011〕48号）

国务院安委会办公室关于认真贯彻落实国务院第五次全体会议和全国安全生产电视电话会议精神切实加强当前安全生产工作的紧急通知（安委办明电〔2011〕4号）

国务院安委会办公室关于认真贯彻落实中央领导同志重要指示和国务院安委会全体会议精神　有效防范和坚决遏制重特大事故的通知（安委办明电〔2011〕36号）

国务院安委会办公室关于认真贯彻落实中央领导同志重要指示和国务院第173次常务会议精神切实做好当前安全生产工作的通知（安委办明电〔2011〕40号）

国务院安委会办公室关于切实做好2012年元旦春节期间安全生产工作的通知（安委办明电〔2011〕52号）

**（2）政策研究与执法监督**

国家安全监管总局关于印发2011年立法计划的通知（安监总政法〔2011〕27号）

国家安全监管总局关于学习宣传贯彻《危险化学品安全管理条例》的通知（安监总政法〔2011〕78号）

国家安全监管总局关于印发安全生产工作创新奖励管理暂行办法的通知（安监总政法〔2011〕81号）

国家安全监管总局关于印发生产经营单位瞒报谎报事故行为查处办法的通知（安监总政法〔2011〕91号）

国家安全监管总局关于印发安全生产非法违法行为查处办法的通知（安监总政法〔2011〕158号）

国家安全监管总局关于印发安全生产立法“十二五”规划的通知（安监总政法〔2011〕190号）

国家安全监管总局关于表彰安全生产工作创新成果的决定（安监总政法〔2011〕196号）

国家安全监管总局关于贯彻实施《中华人民共和国行政强制法》的通知（安监总政法〔2011〕208号）

国务院安委会办公室关于印发非法违法较大生产安全事故查处跟踪督办暂行办法的通知（安委办〔2011〕12号）

国家安全监管总局办公厅关于印发2011年安全生产政策研究重点工作安排的通知（安监总厅政法〔2011〕56号）

国家安全监管总局办公厅关于印发2011年安全生产普法依法治理重点工作安排的通知（安监总厅政法〔2011〕63号）

**（3）规划科技**

国家安全监管总局关于印发安全生产检测检验机构资质审批程序和资质评审专家管理规则的通知（安监总规划〔2011〕21号）

国家安全监管总局关于进一步加强矿用产品安全标志管理工作的通知（安监总规划〔2011〕30号）

国家安全监管总局关于印发安全生产“十一五”规划实施评估报告的通知（安监总规划〔2011〕32号）

国家安全监管总局　科技部关于进一步加强安全生产科技支撑工作的通知（安监总科技〔2011〕65号）

国家安全监管总局关于开展安全评价机构监管和从业行为专项治理工作的实施意见（安监总规划〔2011〕88号）

国家安全监管总局关于印发安全生产科技成果推广工作六条纪律的通知（安监总科技〔2011〕92号）

国家安全监管总局关于印发安全生产科技“十二五”规划的通知（安监总科技〔2011〕170号）

国家安全监管总局关于表彰第五届安全生产科技成果奖的决定（安监总科技〔2011〕178号）

国家安全监管总局关于印发安全生产信息化“十二五”规划的通知（安监总规划〔2011〕189号）

**（4）应急管理与调度统计**

国家安全监管总局关于印发中国矿山救援标识使用管理办法的通知（安监总应急〔2011〕140号）

国家安全监管总局关于印发安全生产应急管理“十二五”规划的通知（安监总应急〔2011〕186号）

国务院安委会办公室关于2010年全国安全生产隐患排查治理情况的通报（安委办〔2011〕4号）

国务院安委会办公室关于印发国家矿山应急救援队建设总体方案的通知（安委办函〔2011〕17号）

国家安全监管总局办公厅关于印发2011年安全生产应急管理重点工作安排的通知（安监总厅应急〔2011〕19号）

## 3. 安全生产监管

**（1）工作部署**

国家安全监管总局关于印发危险化学品安全生产监管部际联席会议第三次会议纪要的通知（安监总管三〔2011〕23号）

国家安全监管总局关于进一步加强危险化学品企业安全生产标准化工作的通知（安监总管三〔2011〕24号）

关于集中开展道路客运隐患整治专项行动的通知（安监总管二〔2011〕36号）

国家安全监管总局关于做好建设项目职业卫生“三同时”监督管理工作的通知（安监总安健〔2011〕41号）

国家安全监管总局关于做好2011年工程建设领域安全生产突出问题专项治理工作的通知（安监

总管二〔2011〕54号）

国家安全监管总局关于进一步加强冶金等工商贸企业粉尘爆炸事故防范工作的通知（安监总管四〔2011〕61号）

关于印发全国尾矿库专项整治行动2010年工作总结和2011年重点工作安排的通知（安监总管一〔2011〕62号）

国家安全监管总局关于开展烟花爆竹生产经营企业转包分包等违法违规行为专项治理的通知（安监总管三〔2011〕69号）

国家安全监管总局关于做好职业卫生检测评价技术服务机构资质认定和监督管理工作的通知（安监总安健〔2011〕79号）

关于深入开展企业安全生产标准化岗位达标工作的指导意见（安监总管四〔2011〕82号）

国家安全监管总局关于印发冶金等工贸企业安全生产标准化建设评审工作管理办法的通知（安监总管四〔2011〕87号）

国家安全监管总局关于印发危险化学品从业单位安全生产标准化评审标准的通知（安监总管三〔2011〕93号）

国家安全监管总局关于公布首批重点监管的危险化学品名录的通知（安监总管三〔2011〕95号）

关于进一步深化和拓展道路客运隐患整治专项行动的通知（安监总管二〔2011〕97号）

国家安全监管总局关于进一步加强非煤矿山安全生产标准化建设工作的通知（安监总管一〔2011〕104号）

国家安全监管总局关于切实加强金属非金属地下矿山安全避险“六大系统”建设的通知（安监总管一〔2011〕108号）

国家安全监管总局关于印发烟花爆竹安全监管部际联席会议第一次全体会议纪要的通知（安监总管三〔2011〕121号）

国家安全监管总局关于加强职业健康工作的指导意见（安监总安健〔2011〕132号）

国家安全监管总局关于加强金矿开采企业粉尘危害治理工作的通知（安监总安健〔2011〕142号）

国家安全监管总局关于印发危险化学品从业单位安全生产标准化评审工作管理办法的通知（安监总管三〔2011〕145号）

国家安全监管总局关于全面开展烟花爆竹企业安全生产标准化工作的通知（安监总管三〔2011〕151号）

国家安全监管总局关于加强职业健康技术支撑体系建设的指导意见（安监总安健〔2011〕167号）

国家安全监管总局关于切实加强金属非金属地下矿山通风安全管理的通知（安监总管一〔2011〕176号）

国家安全监管总局关于印发非煤矿山安全生产“十二五”规划的通知（安监总管一〔2011〕179号）

国家安全监管总局关于印发危险化学品安全生产“十二五”规划的通知（安监总管三〔2011〕191号）

国家安全监管总局关于进一步加强建设项目职业卫生“三同时”工作的通知（安监总安健〔2011〕192号）

国家安全监管总局关于进一步深入开展海洋石油勘探开发安全生产大检查工作的通知（安监总明电〔2011〕28号）

关于加强道路运输车辆动态监管工作的通知（交运发〔2011〕80号）

关于切实加强道路运输安全生产工作的紧急通知（交安监发〔2011〕108号）

国务院安委会办公室关于加强汛期安全生产工作的通知（安委办〔2011〕10号）

国务院安委会办公室关于深入开展全国冶金等工贸企业安全生产标准化建设的实施意见（安委办〔2011〕18号）

国务院安委会办公室关于开展严厉打击京沪高铁沿线危害铁路运输安全非法违法行为专项行动的通知（安委办〔2011〕19号）

国务院安委会办公室关于全面排查整治危险化学品和烟花爆竹企业安全隐患的通知（安委办〔2011〕26号）

国务院安委会办公室关于开展烟花爆竹旺季安全专项督查工作的通知（安委办〔2011〕45号）

国务院安委会办公室关于印发道路交通安全“十二五”规划的通知（安委办〔2011〕50号）

国务院安委会办公室关于开展安全生产综合检查督查的通知（安委办明电〔2011〕26号）

国务院安委会办公室关于开展京沪高铁沿线“打非”专项行动督查的通知（安委办明电〔2011〕32号）

国务院安委会办公室关于开展全国安全生产督查的

通知（安委办明电〔2011〕41号）

国务院安委会办公室关于组织开展安全生产专题调研的通知（安委办明电〔2011〕47号）

国务院安委会办公室关于印发《工程建设领域建筑施工预防坍塌事故专项整治工作方案》的通知（安委办函〔2011〕19号）

国家安全监管总局办公厅关于开展陆上石油天然气防井喷失控防硫化氢中毒专项检查工作的通知（安监总明电〔2011〕29号）

国家安全监管总局办公厅关于总局2011年重点工作责任分工的通知（安监总厅〔2011〕13号）

国家安全监管总局办公厅关于印发2011年非煤矿山安全监管重点工作安排的通知（安监总厅管一〔2011〕14号）

国家安全监管总局办公厅关于印发2011年冶金有色建材机械轻工纺织烟草商贸等行业安全监管重点工作安排的通知（安监总厅管四〔2011〕15号）

国家安全监管总局办公厅关于印发2011年危险化学品和烟花爆竹安全监管重点工作安排的通知（安监总厅管三〔2011〕16号）

国家安全监管总局办公厅关于印发2011年非药品类易制毒化学品监管重点工作安排的通知（安监总厅管三〔2011〕17号）

国家安全监管总局办公厅关于印发2011年职业健康监管重点工作安排的通知（安监总厅安健〔2011〕29号）

国家安全监管总局办公厅关于印发2011年规划科技重点工作安排的通知（安监总厅规划〔2011〕31号）

国家安全监管总局办公厅关于职业卫生监管职责分工的通知（安监总厅〔2011〕33号）

国家安全监管总局办公厅关于印发2011年有关重点行业（领域）安全生产综合监管重点工作安排的通知（安监总厅管二〔2011〕34号）

国家安全监管总局办公厅关于印发2011年干部人事和教育培训重点工作安排的通知（安监总厅人事〔2011〕37号）

国家安全监管总局办公厅关于印发非法违法较大生产安全事故查处跟踪督办工作程序的通知（安监总厅〔2011〕104号）

关于进一步做好夏季防暑降温工作的通知（安监总厅安健〔2011〕141号）

国家安全监管总局办公厅关于印发瞒报谎报较大生产安全事故查处跟踪督办工作程序的通知（安监总厅〔2011〕191号）

**（2）事故通报**

国家安全监管总局关于山西安泰集团股份有限公司“3·29”重大中毒死亡事故情况的通报（安监总管二〔2011〕47号）

国家安全监管总局关于山东省潍坊市昌邑正东矿业有限公司盘马埠铁矿“7·10”重大透水事故的通报（安监总管一〔2011〕116号）

国家安全监管总局关于广西壮族自治区贵港钢铁集团有限公司“7·28”煤气中毒事故的通报（安监总管四〔2011〕137号）

国家安全监管总局关于南京钢铁股份有限公司“10·5”铁水外流重大事故的通报（安监总管四〔2011〕154号）

国家安全监管总局关于山东新泰联合化工股份有限公司“11·19”重大爆燃事故情况的通报（安监总管三〔2011〕181号）

关于辽宁省大连市旅顺口区蓝湾三期工程“10·8”施工坍塌重大生产安全事故的通报（建质〔2011〕168号）

国务院安委会办公室关于辽宁省阜新市“5·23”特别重大道路交通事故调查处理结果的通报（安委办〔2011〕3号）

国务院安委会办公室关于上海市静安区胶州路公寓大楼“11·15”特别重大火灾事故调查处理结果的通报（安委办〔2011〕22号）

国务院安委会办公室关于黑龙江省伊春市华利实业有限公司“8·16”特别重大烟花爆竹爆炸事故调查处理结果的通报（安委办〔2011〕25号）

国务院安委会办公室关于江西省上饶市“8·6”重大道路交通事故情况的通报（安委办〔2011〕27号）

国务院安委会办公室关于广东省佛山市三水区盛丰陶瓷有限公司“8·23”重大火灾事故情况的通报（安委办〔2011〕30号）

国务院安委会办公室关于河北省张家口市尚义县“8·28”重大道路交通事故情况的通报（安委办〔2011〕31号）

国务院安委会办公室关于湖北省荆州市松滋市“8·17”非法生产烟花爆竹爆炸事故的通报

（安委办〔2011〕32号）

国务院安委会办公室关于湖南邵阳“9·9”重大水上交通事故情况的通报（安委办〔2011〕34号）

国务院安委会办公室关于陕西省西安市玄武路凯玄大厦工地“9·10”重大附着式脚手架坠落事故情况的通报（安委办〔2011〕35号）

国务院安委会办公室关于上海市浦东新区“9·14”重大道路交通事故情况的通报（安委办〔2011〕36号）

国务院安委会办公室关于甘肃省定西市兰渝铁路黑山隧道工地“10·29”重大车辆伤害事故的通报（安委办〔2011〕41号）

国务院安委会办公室关于陕西省西安市樊记腊汁肉夹馍店“11·14”液化石油气泄漏爆炸事故的通报（安委办〔2011〕42号）

国务院安委会办公室关于甘肃省庆阳市“11·16”重大道路交通事故情况的通报（安委办〔2011〕43号）

国务院安委会办公室关于中国石油天然气集团公司在大连所属企业“7·16”输油管道爆炸火灾等4起事故调查处理结果的通报（安委办〔2011〕44号）

国务院安委会办公室关于广西壮族自治区北海市合浦县“11·23”非法生产烟花爆竹爆炸事故情况的通报（安委办〔2011〕46号）

国务院安委会办公室关于近期两起重大道路交通事故情况的通报（安委办〔2011〕47号）

国务院安委会办公室关于江苏省徐州市“12·12”重大道路交通事故情况的通报（安委办〔2011〕49号）

国务院安委会办公室关于河南许昌“1·11”重大道路交通事故情况的通报（安委办明电〔2011〕3号）

国务院安委会办公室关于近期火灾事故情况的通报（安委办明电〔2011〕5号）

国务院安委会办公室关于宁夏固原“1·29”重大道路交通事故情况的通报（安委办明电〔2011〕7号）

国务院安委会办公室关于春节期间两起重大道路交通事故情况的通报（安委办明电〔2011〕10号）

国务院安委会办公室关于近期四起重大道路交通事故情况的通报（安委办明电〔2011〕14号）

国务院安委会办公室关于北京大兴“4·25”重大火灾事故情况的通报（安委办明电〔2011〕19号）

国务院安委会办公室关于近期两起重大事故情况的通报（安委办明电〔2011〕28号）

国务院安委会办公室关于近期6起较大以上道路客运事故情况的通报（安委办明电〔2011〕29号）

国务院安委会办公室关于湖北省武汉市“7·12”重大火灾事故情况的通报（安委办明电〔2011〕33号）

国务院安委会办公室关于近期三起重特大道路交通事故情况的通报（安委办明电〔2011〕44号）

国务院安委会办公室关于湖南省永顺县“10·16”重大道路交通事故情况的通报（安委办明电〔2011〕45号）

国务院安委会办公室关于新疆和田地区墨玉县“10·23”重大道路交通事故情况的通报（安委办明电〔2011〕46号）

### （3）事故处理

国家安全监管总局关于辽宁省阜新市“5·23”特别重大道路交通事故结案的通知（安监总管二〔2011〕10号）

国家安全监管总局关于上海市静安区胶州路公寓大楼“11·15”特别重大火灾事故结案的通知（安监总管二〔2011〕83号）

国家安全监管总局关于黑龙江省伊春市华利实业有限公司“8·16”特别重大烟花爆竹爆炸事故结案的通知（安监总管三〔2011〕122号）

国家安全监管总局关于中国石油天然气集团公司在大连所属企业“7·16”输油管道爆炸火灾等4起事故结案的通知（安监总管三〔2011〕180号）

## 4. 煤矿安全监察

### （1）工作部署

国家安全监管总局　国家煤矿安监局关于认真学习和贯彻落实张德江副总理在全国煤矿班组安全建设推进会上重要讲话的通知（安监总煤行〔2011〕3号）

国家安全监管总局　国家煤矿安监局关于印发煤矿井下紧急避险系统建设管理暂行规定的通知

（安监总煤装〔2011〕15号）

国家安全监管总局　国家煤矿安监局关于切实做好煤矿春节期间安全生产及节后复产验收工作的通知（安监总煤行〔2011〕18号）

国家安全监管总局　国家煤矿安监局关于学习贯彻《国家安全监管总局关于修改〈煤矿安全规程〉第二编第六章防治水部分条款的决定》的通知（安监总煤调〔2011〕26号）

国家安全监管总局　国家煤矿安监局关于印发《煤矿井下安全避险“六大系统”建设完善基本规范（试行）》的通知（安监总煤装〔2011〕33号）

国家安全监管总局　国家煤矿安监局关于实施“万名煤矿总工程师安全培训工程”的通知（安监总煤行〔2011〕40号）

国家安全监管总局　国家煤矿安监局关于印发“十二五”煤矿瓦斯综合治理工作体系建设实施方案的通知（安监总煤装〔2011〕42号）

国家安全监管总局　国家煤矿安监局关于进一步加强煤矿企业安全技术管理工作的指导意见（安监总煤装〔2011〕51号）

国家安全监管总局　国家煤矿安监局关于印发煤矿生产安全事故通报约谈分析和督导制度实施办法的通知（安监总煤调〔2011〕76号）

国家安全监管总局　国家煤矿安监局关于进一步加强煤矿安全生产工作的紧急通知（安监总煤调〔2011〕120号）

国家安全监管总局关于印发煤矿整顿关闭工作部际联席会议第六次会议纪要的通知（安监总煤监〔2011〕135号）

关于印发《煤矿瓦斯等级鉴定暂行办法》的通知（安监总煤装〔2011〕162号）

关于印发《煤矿瓦斯抽采达标暂行规定》的通知（安监总煤装〔2011〕163号）

国家安全监管总局　国家煤矿安监局关于认真贯彻全国煤矿瓦斯防治现场会精神切实做好煤矿瓦斯防治和当前煤矿安全生产工作的通知（安监总煤装〔2011〕174号）

国家安全监管总局　国家煤矿安监局关于印发煤矿瓦斯防治工作“十条禁令”的通知（安监总煤装〔2011〕182号）

国家安全监管总局　国家煤矿安监局关于印发加强煤矿安全监管监察工作“十项要求”的通知（安监总煤装〔2011〕183号）

国家安全监管总局　国家煤矿安监局关于印发《煤矿安全生产“十二五”规划》的通知（安监总煤装〔2011〕187号）

国家安全监管总局　国家煤矿安监局关于认真贯彻国务院常务会议和国务院安委会全体会议精神　切实落实安全生产责任制　坚决防范遏制煤矿重特大事故的通知（安监总明电〔2011〕31号）

国家安全监管总局　国家煤矿安监局关于印发河南煤业化工集团公司强化安全生产管理及其与贵州省毕节地区互派干部挂职经验材料的通知（安监总煤行函〔2011〕25号）

国家安全监管总局　国家煤矿安监局关于印发安徽省淮南矿业集团瓦斯综合治理经验材料的通知（安监总煤装函〔2011〕86号）

国家安全监管总局　国家煤矿安监局关于印发广西壮族自治区百色市推进小煤矿机械化信息化标准化建设经验材料的通知（安监总煤行函〔2011〕117号）

**（2）事故通报**

国家安全监管总局　国家煤矿安监局关于近期七起煤矿事故的通报（安监总煤调〔2011〕90号）

国家安全监管总局　国家煤矿安监局关于近期四起较大以上煤矿水害事故的通报（安监总煤调〔2011〕103号）

国家安全监管总局　国家煤矿安监局关于贵州、广西两起重大煤矿水害事故的通报（安监总煤调〔2011〕106号）

国家安全监管总局　国家煤矿安监局关于山东省枣庄市薛城区防备煤矿“7·6”重大火灾事故的通报（安监总煤调〔2011〕118号）

国家安全监管总局　国家煤矿安监局关于贵州省六盘水市盘县过河口煤矿“8·14”重大瓦斯爆炸事故的通报（安监总煤调〔2011〕139号）

国家安全监管总局　国家煤矿安监局关于近期两起煤矿水害事故的通报（安监总煤调〔2011〕143号）

国家安全监管总局　国家煤矿安监局关于贵州省黔南州荔波县安平煤矿“10·4”重大煤与瓦斯突出事故的通报（安监总煤调〔2011〕153号）

国家安全监管总局　国家煤矿安监局关于黑龙江省

鸡西市鸡东县金地煤矿“10·11”重大透水事故的通报（安监总煤调〔2011〕161号）

国家安全监管总局　国家煤矿安监局关于近期两起重大瓦斯事故的通报（安监总煤调〔2011〕166号）

国家安全监管总局　国家煤矿安监局关于河南省义马煤业集团千秋煤矿“11·3”重大冲击地压事故的通报（安监总煤调〔2011〕171号）

国务院安委会办公室关于两起煤矿特别重大生产安全事故调查处理结果的通报（安委办〔2011〕2号）

国务院安委会办公室关于贵州省六盘水市盘县松河乡金银煤矿“3·12”重大瓦斯爆炸事故的通报（安委办〔2011〕8号）

国务院安委会办公室关于吉林、贵州两起瓦斯事故情况的通报（安委办〔2011〕9号）

国务院安委会办公室关于两起中央企业煤矿事故的通报（安委办〔2011〕11号）

国务院安委会办公室关于云南省曲靖市宣威市海岱镇杨梅山煤矿“4·15”重大瓦斯爆炸事故的通报（安委办〔2011〕13号）

国务院安委会办公室关于河南省洛阳市伊川县国民煤业公司“3·31”特别重大煤与瓦斯突出事故调查处理结果的通报（安委办〔2011〕15号）

国务院安委会办公室关于黑龙江省鸡西市滴道区桂发煤矿“4·26”等六起瞒报迟报谎报事故的通报（安委办〔2011〕16号）

国务院安委会办公室关于河南省中平能化集团平禹煤电公司四矿“10·16”特别重大煤与瓦斯突出事故调查处理结果的通报（安委办〔2011〕23号）

**（3）事故处理**

国家安全监管总局关于神华集团乌海能源公司骆驼山煤矿“3·1”特别重大透水事故结案的通知（安监总煤调〔2011〕7号）

国家安全监管总局关于华晋焦煤公司王家岭矿“3·28”特别重大透水事故结案的通知（安监总煤调〔2011〕8号）

国家安全监管总局关于河南省洛阳市伊川县国民煤业公司“3·31”特别重大煤与瓦斯突出事故结案的通知（安监总煤调〔2011〕52号）

国家安全监管总局关于河南省中平能化集团平禹煤电公司四矿“10·16”特别重大煤与瓦斯突出事故结案的通知（安监总煤调〔2011〕102号）

2011年煤矿一次死亡10～29人重大事故批复目录

## 5. 安全培训和宣传教育

国家安全监管总局关于印发2011年安全生产宣传工作要点的通知（安监总政法〔2011〕29号）

国家安全监管总局关于印发安全生产人才中长期发展规划（2011—2020年）的通知（安监总培训〔2011〕53号）

关于开展2011年全国“安全生产月”活动的通知（安监总政法〔2011〕57号）

国家安全监管总局关于印发法制宣传教育第六个五年规划的通知（安监总政法〔2011〕107号）

国家安全监管总局关于加强注册安全工程师工作的指导意见（安监总培训〔2011〕147号）

国家安全监管总局关于印发安全文化建设“十二五”规划的通知（安监总政法〔2011〕172号）

国家安全监管总局关于印发安全生产教育培训“十二五”规划的通知（安监总培训〔2011〕175号）

国务院安委会办公室关于进一步深入推进安全社区建设的通知（安委办〔2011〕38号）

## 6. 机构编制管理

关于调整国家安全生产监督管理总局反腐倡廉工作领导小组暨成立惩治和预防腐败体系建设工作领导小组的通知（安监总党〔2011〕10号）

国家安全监管总局办公厅关于调整节能减排工作领导小组的通知（安监总厅〔2011〕43号）

国家安全监管总局办公厅关于调整办公厅（国际合作司、财务司）机关行政编制的通知（安监总厅〔2011〕98号）

国家安全监管总局办公厅关于组建总局总值班室的通知（安监总厅〔2011〕99号）

国家安全监管总局办公厅关于调整政务公开领导小组组成人员的通知（安监总厅〔2011〕144号）

国家安全监管总局办公厅关于调整离退休干部工作领导小组组成人员的通知（安监总厅〔2011〕

145 号）

国家安全监管总局办公厅关于调整扶贫工作领导小组组成人员的通知（安监总厅〔2011〕147 号）

国家安全监管总局办公厅关于成立国家安全生产监督管理总局事业单位改革工作领导小组的通知（安监总厅〔2011〕151 号）

国家安全监管总局办公厅关于调整国家安全监管总局机关机构编制的通知（安监总厅〔2011〕168 号）

国家安全监管总局办公厅关于调整国家煤矿安监局有关司室行政编制的通知（安监总厅〔2011〕169 号）

国家安全监管总局办公厅关于调整节能减排工作领导小组组成人员的通知（安监总厅〔2011〕184 号）

国家安全监管总局办公厅关于调整安全生产应急救援体系重点建设项目领导小组组成人员的通知（安监总厅〔2011〕212 号）

国家安全监管总局办公厅关于调整总局部分非常设机构组成人员的通知（安监总厅〔2011〕227 号）

国家安全监管总局办公厅关于调整机关住房制度改革工作领导小组组成人员的通知（安监总厅〔2011〕229 号）

国家安全监管总局办公厅关于调整总局公费医疗工作领导小组组成人员的通知（安监总厅〔2011〕250 号）

# 国务院有关部门规章及文件（目录）

**工业和信息化部**

2011 年加强工业和通信业安全生产管理工作要点（工信厅安〔2011〕33 号）

关于进一步加强通信建设工程安全生产工作的通知（工信厅通〔2011〕77 号）

关于加强民爆行业安全生产工作的通知（工信安函〔2011〕1 号）

加快提升工业雷管生产线安全生产基础条件建设的指导意见（工信部安〔2011〕431 号，2011 年 12 月 23 日起实施）

**国防科工局**

国防科工局关于印发国防科技工业安全生产“十二五”工作规划的通知（科工安密〔2011〕6 号）

关于地方国防科技工业管理部门开展日常安全生产检查工作的通知（局综安密〔2011〕88 号）

关于军工系统 2011 年“安全生产月”活动有关要求的通知（科工安密〔2011〕375 号）

国防科工局关于有效防范和坚决遏制重特大生产安全事故发生的紧急通知（科工安密〔2011〕729 号）

国防科工局关于印发国防科技工业安全生产“十二五”工作规划落实方案的通知（科工安密〔2011〕1266 号）

**交通运输部**

中华人民共和国水上水下活动通航安全管理规定（中华人民共和国交通运输部令 2011 年第 5 号，2011 年 3 月 1 日起实施）

中华人民共和国海上船舶污染事故调查处理规定（中华人民共和国交通运输部令 2011 年第 10 号，2012 年 2 月 1 日起实施）

交通运输安全生产事故统计管理规定（交安监发〔2011〕681 号，2011 年 11 月 22 日起实施）

交通运输部安全生产约谈办法（试行）（交安监发〔2011〕777 号，2011 年 12 月 23 日起实施）

水路运输易流态化固体散装货物安全管理规定（交水发〔2011〕638 号，2011 年 11 月 9 日起实施）

**中国民航局**

航空发动机适航规定（中国民用航空局第 207 号令，2011 年 3 月 15 日发布）

民用运输机场突发事件应急救援管理规则（中国民用航空局第 208 号令，2011 年 8 月 9 日发布）

运输类飞机适航标准（中国民用航空局第 209 号令，2011 年 11 月 7 日发布）

运输类飞机的持续适航和安全改进规定（中国民用

航空局第 210 号令，2011 年 11 月 7 日发布）

民用航空器事故征候标准（MH/T 2001—2011，2011 年 11 月 29 日发布）

### 住房和城乡建设部

2011 年建筑安全专项整治工作方案（2011 年 4 月 8 日发布）

关于开展严厉打击非法违法建筑施工行为专项行动的通知（建安办函〔2011〕11 号，2011 年 4 月 19 日发布）

关于继续深入开展建筑安全生产标准化工作的通知（建安办函〔2011〕14 号，2011 年 5 月 30 日发布）

### 农业部

农业机械事故处理办法（中华人民共和国农业部令〔2011〕2 号，2011 年 1 月 12 日发布，2011 年 3 月 1 日起实施）

农业机械实地安全检验办法（中华人民共和国农业部公告第 1689 号，2011 年 12 月 15 日发布，2012 年 2 月 1 日起实施）

### 水利部

水利水电工程施工企业主要负责人、项目负责人和专职安全生产管理人员安全生产考核管理办法（水安监〔2011〕374 号，2011 年发布）

水利工程建设安全生产监督检查导则（水安监〔2011〕475 号，2011 年发布）

### 国家林业局

关于开展严厉打击非法违法生产经营建设行为专项行动的通知（规安函〔2011〕74 号，2011 年发布）

关于组织开展安全生产大检查的通知（办规字〔2011〕163 号，2011 年发布）

关于进一步加强林业安全生产工作的通知（林规发〔2011〕205 号，2011 年发布）

### 国家质检总局特种设备局

关于加强特种设备使用环节安全监察工作的意见（质检特函〔2011〕第 35 号）

大型起重机械安装安全监控管理系统实施方案（国质检特联〔2011〕第 137 号）

关于电梯安全监察工作若干问题的指导意见（国质检特函〔2011〕第 370 号）

### 电监会

关于深入开展电力安全生产标准化工作的指导意见（电监安全〔2011〕21 号，2011 年 8 月 3 日发布）

发电企业安全生产标准化规范及达标评级标准（电监安全〔2011〕23 号，2011 年 8 月发布）

# 行业主管单位文件（目录）

### 中国石油天然气集团公司

中国石油天然气集团公司生产安全事件管理办法（2011 年发布）

中国石油天然气集团公司工程建设承包商管理办法（2011 年发布）

中国石油天然气集团公司关于进一步加强工程建设承包商分包管理的通知（2011 年发布）

### 中国航空工业集团公司

关于调整生产安全事故行政责任追究处理方式的通知（质字〔2011〕30 号）

6S 管理督导员管理办法（试行）（质字〔2011〕41 号）

班组安全建设管理办法（试行）（质字〔2011〕52 号）

职业卫生管理暂行规定（航空规〔2011〕97 号）

### 中国船舶工业集团公司

中国船舶工业集团公司职业安全健康管理暂行规定（船工经〔2011〕219 号，2011 年 3 月 23 日发布）

中国船舶工业集团公司关于进一步加强安全生产工作的意见（船工经〔2011〕187 号，2011 年 8 月 7 日发布）

中国船舶工业集团公司安全管理网更新维护保密工

作的规定（船经〔2011〕26号，2011年9月23日发布）

中国船舶工业集团公司安全管理网信息员管理办法（船经〔2011〕26号，2011年9月23日发布）

**中国兵器装备集团公司**

关于印发《中国兵器装备集团公司安全生产专家管理办法》的通知（兵改〔2011〕62号，2011年9月30日发布并实施）

**中国兵器工业集团公司**

中国兵器工业集团公司质量、安全、环保工作责任追究办法（试行）（兵器绩效字〔2011〕729号，2011年发布）

# 省、自治区、直辖市及部分计划单列市有关安全生产的地方性法规、规章及文件（目录）

**北京市**

北京市安全生产条例（市人大常委公告号第16号，2011年5月27日发布，2011年9月1日起实施）

城轨电动列车司机安全操作规范（DB 11/826—2011，2011年11月10日发布，2012年6月1日起实施）

烟花爆竹零售网点设置管理安全要求（DB 11/834—2011,2011年12月23日发布,2012年1月1日起实施）

危险化学品地上储罐区安全要求（DB 11/833—2011，2011年12月23日发布，2012年4月1日起实施）

**天津市**

天津市危险化学品生产企业安全生产许可证实施细则（津安监管三〔2011〕79号，2011年11月23日发布，2011年12月1日起实施）

天津市危险化学品从业单位安全生产标准化评审办法（津安监管三〔2011〕80号，2011年11月28日发布）

天津市安全生产约谈制度（试行）（津安生〔2011〕10号，2011年12月15日发布并实施）

**河北省**

河北省安全生产检测检验管理规定（河北省人民政府令〔2011〕第2号，2011年2月9日发布）

河北省冶金企业安全生产监督管理规定（河北省人民政府令〔2011〕第18号，2011年12月31日发布）

旅游景区（点）安全质量规范（DB 13/T 1364—2011，2011年1月28日发布）

金属非金属矿山在用设备安全检测检验综合判定规则（DB 13/T 1394—2011，2011年5月10日发布）

作业场所职业危害检测规范　第1部分:一般要求（DB 13/T 1416.1—2011，2011年6月15日发布）

作业场所职业危害检测规范第2部分：淀粉、葡萄糖行业（DB 13/T 1416.2—2011，2011年6月15日发布）

**山西省**

山西省建筑工程质量和建筑安全生产管理条例（2011年3月30日山西省第十一届人民代表大会常务委员会第二十二次会议审议通过，2011年7月1日起正式实施）

山西省水路交通管理条例（2011年7月28日山西省第十一届人民代表大会常务委员会第二十四次会议通过，2011年10月1日起正式实施）

**内蒙古自治区**

内蒙古自治区安全评价机构管理规定实施细则（试行）（内安监科技规划字〔2011〕16号，2011年1月20日发布）

内蒙古自治区安全生产检测检验机构监督管理规定实施办法（内安监科技规划字〔2011〕18号，2011年1月20日发布）

内蒙古自治区劳动防护用品监督管理实施办法（试行）的通知（内安监职安字〔2011〕47号，2011年2月23日发布并实施）

关于印发对职业健康技术服务机构实行登记备案管理的通知（内安监职安字〔2011〕138号，2011年

5 月 20 日发布并实施）

安全生产培训教考分离实施办法（试行）的通知（内安监综合字〔2011〕172 号，2011 年 6 月 29 日发布并实施）

内蒙古自治区冶金、机械等行业建设项目安全设施“三同时”审验备案暂行办法（内安监监管二字〔2011〕194 号，2011 年 7 月 18 日发布并实施）

## 辽宁省

辽宁省企业安全生产主体责任规定（辽宁省人民政府令第 264 号，2011 年 12 月 8 日发布，2012 年 2 月 1 日起实施）

## 吉林省

2011 年吉林省安全生产应急管理工作指导意见（吉安监管应急〔2011〕6 号）

较大事故查处挂牌督办办法（吉安委〔2011〕2 号）

吉林省危险化学品企业安全标准化考核机构管理办法（试行）（吉安监管危化〔2011〕39 号）

吉林省安全生产行政执法工作规定（吉安监管法规〔2011〕130 号）

吉林省用事故教训推动安全生产工作暂行规定（吉安监管法规〔2011〕110 号）

2011 年省政府对市（州）政府安全生产工作目标责任制考核实施细则（吉安委〔2011〕8 号）

吉林省烟花爆竹零售经营者安全管理暂行规定（吉安监管危化〔2011〕176 号）

关于在危险化学品企业建立危险有害因素辨识和风险评估制度的通知（吉安监管危化〔2011〕175 号）

吉林省危险化学品从业单位安全生产标准化评审机构管理办法(试行)(吉安监管危化〔2011〕189 号)

吉林省人民政府办公厅关于进一步加强全省安全生产工作的通知（吉政办明电〔2011〕80 号）

吉林省生产安全事故应急预案管理规定（吉安监管应急〔2011〕235 号）

吉林省非煤矿山安全生产标准化评审和咨询工作管理办法（吉安监管非煤〔2011〕259 号）

吉林省危险化学品从业单位安全生产标准化评审工作管理办法（吉安监管危化〔2011〕266 号）

## 黑龙江省

危险化学品罐区、库区和生产场所固定重大危险源监测预警系统建设规范（DB 23/T 1449—2011，2011 年 4 月 12 日发布，2011 年 5 月 12 日起实施）

金属非金属地下矿山和尾矿库重大危险源监测预警系统建设规范（DB 23/T 1450—2011，2011 年 4 月 12 日发布，2011 年 5 月 12 日起实施）

黑龙江省重大危险源辨识分级标准第 1 部分：危险化学品（DB 23/T 1451. 1—2011，2011 年 4 月 12 日发布，2011 年 5 月 12 日起实施）

重大危险源评估导则第 1 部分：危险化学品（DB 23/T 1452. 1—2011，2011 年 4 月 12 日发布，2011 年 5 月 12 日起实施）

## 上海市

上海市安全生产条例（2011 年 9 月 22 日上海市第十三届人大第二十九次会议审议通过，2012 年 1 月 1 日起实施）

关于对外省（市）甲级安全评价机构在我市开展安全评介活动实施备案的通知（沪安监管规科〔2011〕118 号，2011 年 7 月 5 日发布并实施）

上海市危险化学品从业单位安全生产标准化评审工作实施办法（沪安监管危化〔2011〕222 号，2011 年 12 月 15 日发布，2012 年 1 月 1 日起实施）

## 江苏省

江苏省金属与非金属矿产资源地质勘探安全生产监督管理实施办法（暂行）（苏安监规〔2011〕3 号，2011 年 4 月 26 日发布）

江苏省安全生产重大事故隐患排查治理监督管理实施办法（苏安办〔2011〕25 号，2011 年 5 月 30 日发布）

江苏省企业安全生产标准化评审工作管理办法（试行）（苏安办〔2011〕38 号，2011 年 7 月 13 日发布）

江苏省生产安全事故应急预案管理办法（试行）（苏安监〔2011〕190 号，2011 年 10 月 8 日发布并实施）

## 浙江省

浙江省人民政府关于进一步加快淘汰落后产能的意见（浙政发〔2011〕75 号）

浙江省人民政府办公厅转发省安监局等部门关于进一步加强烟花爆竹安全监督管理工作实施意见的通知（浙政办发〔2011〕6 号）

浙江省特种设备事故报告和调查处理工作暂行办法（浙政办发〔2011〕77号）

浙江省人民政府办公厅转发省交通运输厅等四部门关于加强道路运输车辆动态监管工作实施方案的通知（浙政办发〔2011〕89号）

## 安徽省

关于全面开展安全生产标准化工作的指导意见（皖安办〔2011〕6号，2011年3月18日发布）

关于切实做好非法违法生产安全事故查处跟踪督办工作的通知（皖安〔2011〕6号，2011年8月19日发布）

## 福建省

福建省人民政府关于下达2011年安全生产目标责任的通知（闽政文〔2011〕114号，2011年4月16日发布并实施）

福建省人民政府安委会关于印发福建省开展严厉打击非法违法生产经营建设行为专项行动实施方案的通知（闽安委〔2011〕8号，2011年4月25日发布并实施）

福建省人民政府办公厅关于继续深化“安全和生产年”和“责任落实年”活动的通知（闽政办〔2011〕101号，2011年4月26日发布并实施）

福建省人民政府关于印发福建省“十二五”安全生产专项规划的通知（闽政〔2011〕41号，2011年5月20日发布并实施）

福建省人民政府办公厅关于印发进一步加强道路交通安全综合整治工作方案的通知（闽政办〔2011〕133号，2011年5月20日发布并实施）

福建省人民政府安全生产委员会关于公布2002—2010年省政府安委会规范性文件清理结果的通知（闽安委〔2011〕12号，2011年6月9日发布并实施）

福建省人民政府安全生产专家组管理办法（闽安委〔2011〕18号，2011年6月27日发布并实施）

福建省人民政府办公厅关于补充下达2011年安全生产相对控制指标的通知（闽政办〔2011〕155号，2011年7月1日发布并实施）

福建省人民政府安全生产委员会关于印发福建省深入开展企业安全生产标准化建设的实施意见的通知（闽安委〔2011〕19号，2011年7月1日发布并实施）

福建省人民政府安全生产委员会关于开展安全生产隐患排查治理工作的通知（闽安委〔2011〕23号，2011年8月5日发布并实施）

福建省人民政府安全生产委员会关于认真贯彻落实国务院第165次常务会议精神进一步加强安全生产工作的意见（闽安委明电〔2011〕10号，2011年8月22日发布并实施）

福建省人民政府办公厅印发福建省人民政府安委会关于认真贯彻落实国务院第165次常务会议精神进一步加强安全生产工作意见重点工作分工方案的通知（闽政办〔2011〕207号，2011年9月26日发布并实施）

福建省人民政府安全生产委员会关于认真贯彻落实苏树林省长在省政府安全生产专题会议讲话精神的意见（闽安委〔2011〕32号，2011年10月19日发布并实施）

福建省人民政府安全生产委员会关于印发福建省2011年安全生产目标责任考评办法的通知（闽安委〔2011〕33号，2011年11月8日发布并实施）

## 江西省

江西省特种设备安全监察条例（江西省第十一届人民代表大会常务委员会第二十四次会议通过，2011年7月1日起实施）

江西省非煤矿矿山安全生产许可证实施办法（修订案）（省政府令第189号，2011年1月31日发布，2011年3月1日起实施）

## 山东省

山东省生产安全事故报告和调查处理办法（山东省人民政府令第236号，2011年6月22日发布，2011年8月1日起实施）

山东省消防条例（2011年1月14日山东省政府第十一届人民代表大会常务委员会第十一次会议修订，2011年3月1日起实施）

山东省海上搜寻救助办法（山东省人民政府令第234号，2011年3月21日发布，2011年5月1日起实施）

山东省高温天气劳动保护办法（山东省人民政府令第239号，2011年7月28日发布并实施）

山东省危险化学品集中交易市场安全管理暂行规定（鲁政办发〔2011〕38号，2011年8月12日发布并实施）

山东煤矿在用安全监控系统安全检测检验规范（DB 37/T 1696—2011，2011 年 1 月 4 日发布，2011 年 2 月 1 日起实施）

地质钻探安全标准（DB 37/T 1811—2011，2011 年 1 月 25 日发布，2011 年 3 月 1 日起实施）

山东省化工装置安全试车工作规范（DB 37/T 1854—2011,2011 年 5 月 19 日发布,2011 年 6 月 1 日起实施）

安全评价过程控制标准（DB 37/T 1855—2011，2011 年 5 月 19 日发布，2011 年 6 月 1 日起实施）

金属非金属地下矿山特种作业人员配置（DB 37/T 1913—2011，2011 年 7 月 25 日发布，2011 年 8 月 1 日起实施）

液氨存储与装卸作业安全技术规范（DB 37/T 1914—2011，2011 年 7 月 25 日发布，2011 年 8 月 1 日起实施）

安全生产培训质量控制标准化规范（DB 37/T 1915—2011,2011 年 7 月 25 日发布,2011 年 3 月 1 日起实施）

山东省劳动防护用品配备标准（DB 37/T 1922—2011，2011 年 9 月 20 日发布，2011 年 10 月 1 日起实施）

工贸企业有限空间作业安全规范（DB 37/T 1993—2011，2011 年 11 月 22 日发布，2011 年 12 月 1 日起实施）

## 河南省

关于进一步加强安全生产应急管理工作的意见（豫安监管应急〔2011〕27 号，2011 年 2 月 10 日发布）

关于加强尾矿库清理整顿及分类监管的通知（豫安监管一〔2011〕39 号，2011 年 2 月 18 日发布）

关于进一步严格安全准入条件加强安全许可管理工作的通知（豫安监管〔2011〕11 号，2011 年 3 月 8 日发布）

河南省危险化学品企业落实安全生产主体责任实施方案（豫安监管〔2011〕33 号，2010 年 4 月 18 日发布）

河南省人民政府关于加强煤矿安全生产工作的补充意见（豫政〔2011〕40 号，2010 年 4 月 25 日发布）

河南省酒类生产企业标准化评定办法和标准（豫安监管办〔2011〕122 号，2011 年 6 月 2 日发布）

河南省安全生产培训考核管理机构建设标准（试行）（豫安监管办〔2011〕159 号，2011 年 8 月 23 日发布）

## 湖北省

湖北省企业安全生产违法行为警示办法（鄂安规〔2011〕1 号，2011 年 2 月 24 日发布并实施）

湖北省安全生产培训管理办法（试行）（鄂安监规〔2011〕3 号，2011 年 2 月 17 日发布并实施）

## 湖南省

关于切实加强安监部门安全生产依法引改工作的指导意见（湘安监政法〔2011〕49 号）

湖南省人民政府办公厅转发省安全生产委员会《关于深入开展企业安全生产标准化建设的意见》的通知（湘政办发〔2011〕63 号）

湖南省生产安全事故应急预案管理实施细则（湘安监应急〔2011〕66 号）

湖南省安全生产监督管理局行政执法依据（湘安监政法〔2011〕65 号）

湖南省非煤矿山、烟花爆竹、危险化学品、有色、冶金、等行业（领域）企业安全生产标准化评审实施细则（试行）（湘安监办〔2011〕69 号）

湖南省人民政府办公厅关于转发省安监局　湖南保监局《关于在全省重点行业推行安全生产责任保险的意见》的通知（湘政办发〔2011〕79 号）

## 广东省

广州市安全生产管理规定（试行）（广东省政府第 57 号令，2011 年 7 月 11 日发布，2011 年 10 月 1 日起实施）

## 广西壮族自治区

广西壮族自治区人民政府关于进一步加强企业安全生产工作的实施意见（桂政发〔2011〕12 号，2011 年 2 月 11 日发布并实施）

广西壮族自治区人民政府关于进一步加强当前安全生产工作的决定（桂政发〔2011〕40 号，2011 年 8 月 6 日发布并实施）

广西安全生产“十二五”规划（桂政办发〔2012〕4 号，2012 年 1 月 12 日发布并实施）

## 海南省

海南省烟花爆竹生产经营（批发）企业安全生产标准化考评办法（琼安监管三〔2011〕57 号，2011 年 4 月 20 日发布）

海南省生产经营单位安全主任和安全督导员管理办法（琼府办〔2011〕105 号，2011 年 6 月 9 日发布）

海南省安全生产监督管理局关于加快推进三大行业

安全生产标准化工作的通知（琼安局办〔2011〕100号，2011年6月24日发布）

海南省危险化学品企业安全生产标准化基本要求实施指南和海南省烟花爆竹企业安全生产标准化基本要求实施指南（琼安监管三〔2011〕117号，2011年7月11日发布）

液化天然气（LNG）汽车加气站设计与施工规范（DBJ 17—2011，2011年8月15日发布）

海南省非煤矿山安全标准化建设方案（琼安监管二〔2011〕140号，2011年8月22日发布）

海南省人民政府关于在特定区域禁止燃放孔明灯的通告（琼府〔2011〕67号，2011年9月8日发布）

海南省安全生产专家组管理办法（琼安法〔2011〕167号，2011年9月19日发布）

**重庆市**

重庆市落实安全生产主体责任评估细则（行业要求）（渝安办〔2011〕78号，2011年8月3日发布）

重庆市煤矿特种作业人员安全技术培训考核管理实施办法（渝煤监办〔2011〕105号，2011年3月8日发布）

**四川省**

四川省安全评价机构管理办法（试行）（川安全监管〔2011〕146号，2011年5月3日发布并实施）

四川省建设项目职业卫生“三同时”监督管理办法（试行）（川安全监管〔2011〕314号，2011年8月30日发布并实施）

四川省安全生产应急预案管理办法（试行）（川安全监管〔2011〕368号，2011年10月21日发布并实施）

**贵州省**

贵州省煤矿生产安全责任事故责任追究暂行办法（黔委厅字〔2011〕50号，2011年7月3日发布并实施）

贵州省2011年安全生产工作要点（黔府办发〔2011〕23号，2011年2月9日发布并实施）

贵州省行政机关领导干部及时赶赴现场处置生产安全事故规定（黔府办发〔2011〕82号，2011年7月9日发布并实施）

贵州省举报煤矿重大安全隐患非法违法生产和官煤勾结行为奖励办法（黔府办发〔2011〕83号，2011年7月9日发布并实施）

贵州省严厉打击非法违法生产经营建设行为规定（黔府办发〔2011〕93号，2011年8月2日发布并实施）

省人民政府关于建立贵州省煤矿证照及相关事宜联合审批联席会议制度通知（黔府办函〔2011〕55号，2011年6月11日发布并实施）

贵州省煤矿安全生产包产责任制（试行）（黔安办〔2011〕4号，2011年5月25日发布并实施）

贵州省煤矿“十二五”瓦斯综合治理工作体系建设规划（黔安办〔2011〕52号，2011年8月23日发布并实施）

贵州省生产安全事故查处挂牌督办办法（黔安办〔2011〕59号，2011年9月6日发布并实施）

贵州省煤矿瓦斯防治监管监察工作要点五十条（黔安监办〔2011〕60号，2011年5月5日发布并实施）

贵州省煤矿防治水监管监察工作要点（黔安监办〔2011〕61号，2011年5月5日发布并实施）

贵州省建设项目职业卫生“三同时”监督管理暂行规定（黔安监职安健〔2011〕95号，2011年6月20日发布，2011年7月1日起实施）

关于煤矿井下采掘工作面作业人数的规定（黔安监煤矿〔2011〕96号，2011年6月20日发布并实施）

贵州省冶金等工贸企业安全生产标准化建设工作管理办法（黔安监管四〔2011〕174号，2011年9月5日发布并实施）

贵州省生产安全事故应急预案管理办法实施细则（黔安监应急〔2011〕216号，2011年10月31日发布并实施）

贵州省冶金等工贸企业建设项目安全设施“三同时”监督管理实施办法（黔安监管四〔2011〕255号，2011年12月19日发布，2012年1月1日起实施）

贵州省道路交通运输车辆卫星定位系统使用管理暂行办法（黔交安〔2011〕33号，2011年8月20日发布并实施）

**宁夏回族自治区**

宁夏回族自治区建设项目安全设施监督管理办法（自治区政府令第35号，2011年10月13日发布，2011年12月1日实施）

宁夏回族自治区生产安全事故应急预案管理办法（试行）（宁政办发〔2011〕117号，2011年7月1日发布并实施）

危险场所电气防爆安全检测技术规范（DB 64/698—

2011，2011 年 8 月 11 日发布并实施）

**新疆维吾尔自治区**

关于转发自治区非煤矿山、危险化学品、烟花爆竹及冶金行业领域安全生产重大隐患标准的通知（新政办发〔2011〕215 号，2011 年 12 月 31 日发布）

**大连市**

大连市安全生产专家管理办法（大安监法规〔2011〕62 号，2011 年 3 月 4 日发布并实施）

大连市工业企业安全生产标准化考评办法（试行）（大安监协调〔2011〕197 号，2011 年 6 月 13 日发布）

大连市危险化学品企业安全生产标准化工作实施方案（大安监管三〔2011〕334 号，2011 年 11 月 2 日发布，2011 年 3 月 4 日起实施）

**宁波市**

宁波市安全生产举报管理暂行办法（甬政办发〔2011〕15 号）

宁波市生产安全事故报告和调查处理若干规定（甬政办发〔2011〕11 号）

宁波市安全生产行政执法文书样本（甬安监管法〔2011〕5 号）

宁波市安全生产行政处罚裁量权适用规则（甬安监管法〔2011〕18 号）

宁波市安全生产行政处罚裁量权标准（甬安监管法〔2011〕18 号）

宁波市安全生产事故隐患排查治理管理办法（甬安委办〔2011〕89 号）

**厦门市**

厦门市人民政府关于进一步加强企业安全生产工作的意见（厦府〔2011〕20 号，2011 年 1 月 10 日发布）

厦门市人民政府关于进一步加强城市消防安全工作的实施意见（厦府〔2011〕52 号，2011 年 2 月 1 日发布）

厦门经济特区道路交通安全若干规定（2011 年 5 月 19 日厦门市第十三届人大常委会第二十九次会议通过）

厦门市大型桥梁隧道管理办法（2011 年 12 月 12 日发布）

**青岛市**

青岛市安全生产应急专家组工作规则（青安监〔2011〕53 号，2011 年 3 月 22 日发布并实施）

青岛市“十二五”安全生产发展规划（2011—2015）（青安〔2011〕24 号，2011 年 6 月 16 日发布）

青岛市安全生产“黑名单”管理制度（试行）（青安〔2011〕35 号，2011 年 10 月 20 日发布）

**深圳市**

关于进一步加强安全生产工作的意见（深发〔2011〕23 号，2011 年发布）

关于进一步加强企业安全生产工作的意见（深府〔2011〕54 号，2011 年发布）

关于进一步加强和规范生产安全事故调查处理和责任追究工作的通知（深安办〔2011〕118 号，2011 年发布）

深圳市一般生产安全事故调查处理挂牌督办办法（深安办〔2011〕129 号，2011 年发布）

深圳市安全生产专项经费管理办法（深财行规〔2011〕6 号，2011 年发布）

# 第十六部分

# 安全生产大事记

## 2011年安全生产大事记

### 1 月

1月6日　国家安全监管总局副局长、国家煤矿安监局局长赵铁锤出席河北省召开的冀中能源销售收入超千亿、利税超百亿庆祝会议并讲话。河北省委副书记、省长陈全国，省人大常委会副主任王增力、省政协副主席赵文鹤出席会议。

1月11日　国内第一只新能源产业基金——河南省新能源产业基金在河南省郑州市揭牌。河南省新能源产业基金是由河南煤层气开发利用公司和中信集团等机构合作，旨在打造河南省投资煤层气开发利用、煤炭资源整合等的金融平台，是全国范围内第一只正式成立的投资于煤与煤层气项目的专项基金。

1月12日　国务院在北京召开全国安全生产电视电话会议。中共中央政治局委员、国务院副总理、国务院安委会主任张德江出席会议并讲话，安委会副主任、国家安全监管总局局长骆琳对2010年全国安全生产情况和2011年重点工作进行了通报。会议由国务院副秘书长肖亚庆主持。

1月13—14日　全国安全生产工作会议在北京召开。国家安全监管总局局长骆琳作了题为《加强安全监管，推动责任落实，努力实现“十二五”安全生产的良好局面》的讲话，国家安全监管总局副局长、国家煤矿安监局局长赵铁锤作煤矿安全生产专题报告，国家安全监管总局副局长杨元元作总结讲话，国家安全监管总局和国家煤矿安监局领导班子成员出席会议。

1月15日　国家安全监管总局在京召开深化创先争优活动暨煤矿安全监察分局队伍建设座谈会。国家安全监管总局党组书记、局长骆琳到会并讲话。国家安全监管总局党组成员、中央纪委驻国家安全监管总局纪检组组长周福启在会上作总结讲话。国家安全监管总局、国家煤矿安监局领导赵铁锤、王德学、孙华山、梁嘉琨、黄毅、付建华、王树鹤、彭建勋、黄玉治等出席会议，各省级煤矿安全监察机构党政主要负责人，国家安全监管总局、国家煤矿安监局机关各司局主要负责人，直属事业单位党政主要负责人等参加会议。

1月17日　23时19分，湖北武汉市硚口区武胜路，康宏实业公司服装厂发生火灾，造成14人死亡，4人受伤。

1月20日　国家安全监管总局公布了国务院对2010年发生的3起特别重大生产安全事故的调查处理报告作出的批复，认定这3起事故均为责任事故。决定对97名事故责任人作出严肃处理，其中给予84人党纪处分，13人被移送司法机关依法追究刑事责任。3起特别重大生产安全事故分别是:骆驼山煤矿“3·1”透水事故,王家岭矿“3·28”透水事故，阜新市“5·23”交通事故。

1月21日　国务院安委办副主任、国家安全监管总局副局长、国家煤矿安监局局长赵铁锤率督查慰问组一行来到天津市，对该市安全生产工作开展调研，并在天津市副市长王治平陪同下对全市安全生产监管系统干部职工进行节日慰问。

同日　国务院安委会办公室对2010年3月1日神华集团乌海能源有限责任公司骆驼山煤矿特别重大透水事故和2010年3月28日华晋焦煤有限责任公司王家岭矿特别重大透水事故调查处理结果进行通报。

1月24日　国家煤矿安监局办公室下发《关于〈煤矿井下安全避险“六大系统”建设完善基本要求及检查验收暂行办法（征求意见稿）〉征求修改意见的通知》。

1月25日　国家安全监管总局、国家煤矿安监局发布《煤矿井下紧急避险系统建设管理暂行规定》，规范煤矿井下紧急避险系统建设管理工作。国家安全监管总局、国家煤矿安监局要求，2012年6月底前，所有煤（岩）与瓦斯（二氧化碳）突出矿井，中央企业所属煤矿和国有重点煤矿中的高瓦斯、开采容易自燃煤层的矿井，完成紧急避险系统的建设完善工作。2013年6月底前，其他所有煤矿完成紧急避险系统的建设完善工作。

1月31日　国家煤矿安监局印发《2011年煤矿安全工作要点》的通知。

## 2　月

2月9日　国家安全监管总局党组召开党组中心组（扩大）学习会，认真学习领会胡锦涛总书记在中央纪委六次全会上的重要讲话精神，学习贯彻张德江副总理在国务院安委会全体会议和全国安全生产电视电话会议上的重要讲话精神。国家安全监管总局党组书记、局长骆琳主持会议并讲话。国家安全监管总局党组各位成员、国家煤矿安监局领导班子成员分别作了学习交流发言。

2月11—15日　国家安全监管总局局长骆琳在广东，深入到广州、东莞、深圳等地基层现场，对石油化工、物流仓储、机械制造、电子信息、应急救援、交通运输等行业领域生产经营单位和安全社区建设情况进行了调研。骆琳强调，要认真贯彻落实全国安全生产电视电话会议和工作会议精神，继续发扬勇于探索、开拓进取的精神，坚持科学发展、安全发展，切实抓好“三深化”、“三推进”，加快安全生产体系和能力建设，进一步降低事故总量，有效防范和坚决遏制重特大事故发生，为经济发展和社会和谐稳定提供安全可靠保障。

2月24—26日　国务院安委会办公室副主任、国家安全监管总局副局长、国家煤矿安监局局长赵铁锤率国务院安委办第2调研督导组在云南省调研督导安全生产工作。

2月28日　国家安全监管总局召开党组（扩大）会议，认真传达学习胡锦涛总书记等中央领导同志在省部级主要领导干部社会管理及其创新专题研讨班上的重要讲话。国家安全监管总局党组书记、局长骆琳主持传达学习会并谈了初步学习体会。

## 3　月

3月2日　国务院发布《危险化学品安全管理条例》，自2011年12月1日起实施。

3月11日　新疆喀什地区境内，一辆大客车（藏FA2130，实载42人）由叶城驶往西藏阿里途中，在国道219线距叶城220千米处坠入山下，造成16人死亡、7人重伤、19人轻伤。

3月12日　1时0分，贵州六盘水市盘县特区松河乡新成煤业复采单位四采区，发生一起瓦斯爆炸事故。当时井下34人，15人生还，19人死亡。

同日　10时10分，吉林白山市万良镇附近，一辆大客车（吉B90477）与一辆加长货车（吉F42372）相撞，大客车坠入万良河，造成21人死亡。

3月14日　7时50分，西藏昌都地区八宿县境内G318线64道班处，林芝地区天长客运公司一辆藏GA3109客运车发生翻车事故，造成16人死亡。

3月16日　国家安全监管总局办公厅、国家煤矿安监局办公室联合下发《关于组织观看煤矿班组安全建设电影〈金牌班长〉的通知》。

3月17日　国家煤矿安监局办公室下发《关于征集煤矿瓦斯防治工作经验的通知》。

同日　国家安全监管总局副局长、国家煤矿安监局局长赵铁锤主持召开专题会议，研究建设京西复杂地质条件示范煤矿有关工作。国家煤矿安监局副局长彭建勋及有关司室负责人出席会议。北京市安全监管局、北京煤矿安监分局和京煤集团、昊华能源有限公司主要负责人分别汇报了示范煤矿建设工作方案和具体工作打算，与会人员就示范煤矿建设工作进行了研讨。

3月21日　国务院安委会办公室召开专题视频会，传达贯彻中央领导同志近期关于安全生产工作的重要指示精神，进一步深入贯彻落实全国安全生产电视电话会议和《国务院关于加强企业安全生产工作的通知》、《国务院办公厅关于继续深化“安全生产年”活动的通知》精神，针对近期重大事故反弹抬头的严峻形势，部署加强安全防范的各项工作。

3月22日　中国煤矿尘肺病治疗基金会召开一届理事会第十一次会议。国家安全监管总局副局长、国家煤矿安监局局长、中国煤矿尘肺病治疗基金会名誉理事长赵铁锤出席会议并讲话。中国煤炭工业协会会长王显政当选为基金会理事长。截至2010年底，该基金会的尘肺病康复工程已在27个省（自治区、直辖市）实施，累计投入8110万元，已有86家煤炭企业的3.3万多名尘肺病矿工接受了治疗；先后建立了陕煤安康基金、开滦矿工阳光基金等11只专项基金；组织多支青年志愿者队伍，为尘肺病矿工提供无偿帮助。

3月22—23日　中国共产党国家安全监管总局直属机关第一次代表大会在京召开。中央国家机关工委常务副书记杨衍银出席会议并讲话，国家安全监管总局党组书记、局长骆琳发表讲话，国家安全监管总局党组成员、副局长、直属机关党委书记王德学代表国家安全监管总局直属机关党委作了题为《以求真务实精神全面推进直属机关党的建设，为推动安全生产事业的创新发展提供坚强保证》的工作报告。会议选举出了直属机关新一届党委会，选举王德学为直属机关党委书记，黄玉治为第一副书记，张广华为常务副书记，金磊夫为党委副书记、直属机关纪委书记，赵九方为直属机关纪委副书记。

3月27日　国家发改委发布《产业结构调整指导目录（2011年本）》，目录分别列出了鼓励类、限制类、淘汰类项目。其中，煤炭产业鼓励类项目有20个，限制类项目有5个，淘汰类项目有11个。

3月29日　国家安全监管总局在河北唐山召开全国安全生产应急管理工作会议。会议在总结2010年和“十一五”时期工作的基础上，安排部署了2011年和“十二五”时期的工作任务，动员各地区、各有关部门和单位按照《国务院关于进一步加强企业安全生产工作的通知》和《国务院安委会办公室关于贯彻落实国务院〈通知〉精神，进一步加强安全生产应急救援体系建设的实施意见》的要求，加快推进以国家矿山应急救援队为重点的安全生产应急救援体系建设，全面提高安全生产应急能力，更好地保障矿工乃至人民群众的生命财产安全。国家安全监管总局局长骆琳出席会议并发表讲话。国家安全监管总局副局长、国家安全生产应急救援指挥中心主任王德学作工作报告。会议由国家煤矿安监局副局长兼总工程师王树鹤主持。国务院办公厅、国家发改委有关同志和河北省副省长张杰辉等河北省及唐山市有关负责同志出席了会议。

## 4　月

4月12日　国家安全监管总局、国家煤矿安监局在江苏省徐州市召开“万名煤矿总工程师安全培训工程”启动暨第一期煤矿总工程师安全培训班开班会。国家安全监管总局副局长、国家煤矿安监局局长赵铁锤和江苏省副省长史和平出席会议并讲话。会议由国家煤矿安监局副局长彭建勋主持。

4月12—13日　第九届中国国际煤炭大会在北京举行。来自全球25个国家的650多名官员、企业家和专家学者参加会议。国家煤矿安监局副局长黄玉治出席了会议。

4月17日　第七次煤炭工业科学技术大会在北京人民大会堂召开。国家安全监管总局局长骆琳宣读了国务院副总理张德江为大会发来的贺信。全国人大常委会副委员长华建敏、全国政协副主任张梅颖出席会议并讲话。国家安全监管总局副局长、国家煤矿安监局局长赵铁锤出席会议，国家能源局副局长吴吟到会讲话。中国煤炭工业协会会长王显政作了主题报告。

4月22日　国家主席胡锦涛签署中华人民共和国主席令第四十五号，公布《全国人民代表大会常务委员会关于修改〈中华人民共和国煤炭法〉的决定》已由中华人民共和国第十一届全国人民代表大会常务委员会第二十次会议于2011年4月22日通过，并自2011年7月1日起施行。

4月26日　由国家安全监管总局、中华全国总工会和国家煤矿安监局共同组织的全国煤矿班组安全建设先进事迹首场报告会在北京京煤集团举行，这标志着全国煤矿班组安全建设先进事迹巡回报告活动正式启动。

4月26—27日　国家煤矿安监局在内蒙古鄂尔多斯市召开了全国煤矿建设项目安全监察工作座谈会。参加会议的有各省级煤矿安全监察机构相关业务处室负责人、重点产煤地区监察分局负责人，国家煤矿安监局副局长付建华出席会议并作了重要讲话。

4月26—30日　国家安全监管总局党组书记、局长骆琳在湖北省调研考察安全生产工作时强调，要深入贯彻落实中央决策部署，把安全生产纳入经济发展和社会管理及其创新的重要内容，切实加强和创新安全管理，严格落实安全生产企业主体责任、部门监管责任和属地管理责任，突出“打非治违”和安全生产标准化建设等重点工作，把事故预防作为主攻方向，把企业安全达标建设作为重要基础，把安全科技作为有力支撑，全面抓好各项工作落实，大力提高安全生产水平，为经济社会又好又快发展提供可靠的安全保障。

## 5　月

5月3日　国家安全监管总局、国家煤矿安监局下发安徽省淮南矿业集团瓦斯综合治理经验材料的通知，要求各有关单位认真组织学习、借鉴，推动煤矿瓦斯防治工作再上新台阶，有效防范和坚决遏制重特大瓦斯事故的发生。

同日　为深入贯彻落实《烟花爆竹安全管理条例》，加强对烟花爆竹安全监管工作的组织领导，强化部门协作配合，提高安全监管工作效率，经国务院同意，建立烟花爆竹安全监管部际联席会议制度。

同日　为了加强全国尾矿库安全监管，国家安全监管总局、国家发改委、国土资源部、环境保护部联合发出通知，在全国开展尾矿库专项整治行动。通知明确了2011年尾矿库安全监管6项工作：要求强力推动企业安全生产主体责任落实；强化尾矿库隐患排查治理工作；加强依法监管，切实深化“打非治违”和整顿关闭工作；全面推进尾矿库安全标准化建设，有效提升尾矿库安全环境保障水平；强化责任落实，进一步加强尾矿库安全和环保监管工作；大力推进尾矿库安全生产的先进适用技术推广应用及研发。通知要求，2011年底前要完成1000座危、险、病库的治理任务，基本消除危、险库。

5月5日　国务院安委会办公室牵头组织，公安部、国土资源部、住房和城乡建设部、交通运输部、国家工商总局和国家安全监管总局、国家煤矿安监局等七部门联合召开全国深入开展打击非法违法生产经营建设行为专项行动视频会议。会议传达贯彻中央领导同志近期关于加强安全生产工作的重要指示精神，对深入开展“打非”专项行动作出进一步动员和部署。国务院安委会副主任、国家安全监管总局局长骆琳主持会议并讲话。国家安全监管总局副局长、国家煤矿安监局局长赵铁锤，公安部副部长黄明，住房和城乡建设部副部长郭允冲，交通运输部副部长高宏峰，国家工商总局副局长钟攸平，国土资源部总工程师张洪涛等，出席会议并分别讲话。国家安全监管总局党组成员兼总局总工程师黄毅出席会议。

同日　国务院安全生产委员会办公室对黑龙江省鸡西市滴道区桂发煤矿“4·26”瓦斯爆炸事故等6起瞒报迟报谎报事故进行通报。

5月10日　国家安全监管总局召开落实惩防体系《工作规划》牵头任务协调小组联席会议，深入贯彻落实中央纪委六次全会和国务院第四次廉政工作会议精神，研究部署2011年工作任务，明确职责和分工，形成工作合力，加强和创新安全生产工作，促进惩防体系建设深入发展。协调小组召集人、国家安全监管总局党组书记、局长骆琳和监察部副部长郝明金分别作重要讲话。国家安全监管总局党组成员、中央纪委驻国家安全监管总局纪检组组长周福启同志通报了协调小组工作情况，并就2011年工作任务和职责分工情况作了说明。司法部党组成员、中央纪委驻部纪检组组长韩亨林，最高人民法院、最高人民检察院、公安部、国家煤矿安监局、国务院法制办、中华全国总工会等部门的有关负责同志在会上作了发言。中央纪委惩防腐败体系建设领导小组办公室派员参加了会议。

5月11日　《国家煤炭应急储备管理暂行办法》经国家发改委、财政部会同交通运输、铁道、能源等有关部门研究制定并发布实施。

5月14日　2011国际煤矿瓦斯治理及安全工程科技论坛在安徽省合肥市隆重开幕，国家安全监管总局副局长、国家煤矿安监局局长赵铁锤出席开幕式并致辞。本次论坛由中国工程院、安徽省人民政府、国家能源局、国家煤矿安监局和中国煤炭工业协会共同主办，大会的主题是“发展工程科学，推动煤炭科技进步”。中国工程院院长周济、安徽省人民政府省长王三运、国家能源局副局长吴吟、中国煤炭工业协会会长王显政等有关方面负责同志出席会议。相关国际组织（机构）和美国、澳大利亚、南非等主要产煤国家代表以及国内外的瓦斯治理方面专家学者、企事业单位代表300余名参加交流研讨。

5月15日　2011年煤矿安全生产科技活动周（山西）在太原启动。国家煤矿安监局副局长、总工程师王树鹤参加了启动仪式。国家安全监管总局、国家煤矿安监局有关人员，山西省安监局、山西煤监局、山西省科技厅、山西省煤炭工业厅、山西省煤炭企业、煤矿安全技术支撑单位的代表500多人参加了启动仪式。

5月17日　国家安全监管总局、国务院国资委印发了《关于进一步加强中央企业安全生产分级属地监管的指导意见》（简称《指导意见》），明确中央企业安全生产分级属地监管职责。《指导意见》指出，国家安全监管总局承担国家安全生产综合监督管理责任，依法行使综合监督管理职权，指导协调、监督检查国务院有关部门和各省（区、市）人民政府对中央企业总部（集团公司、总公司等，下同）及其所属各级企业的安全生产监督管理工作，监督事故查处和责任追究落实情况。国务院有关部门主要负责相关行业或领域中央企业总部安全生产监督管理工作。国家安全监管总局主要负责工矿商贸以及没有主管部门的行业和领域的中央企业总部安全生产监督管理工作。省（区、市）、市（地）安全生产监督管理部门分别负责本行政区域内工矿商贸中央企业的分公司、子公司及其所属单位的安全生产监督管理工作；对其他中央企业的分公司、子公司及其所属单位的安全生产进行综合监督管理。其他中央企业在各省（区、市）、市（地）、县（市）的分公司，子公司及其所属单位安全生产监督管理工作，分别由省（区、市）、市（地）的有关机构负责。《指导意见》还对商务部、外交部、国家发改委、公安部、国务院国资委、国家安全监管总局及国家煤矿安监局、全国工商联等有关部门安全生产职责、国家安全监管总局海洋石油作业安全办公室职责分别作了进一步明确。

5月19日　国家安全监管总局、国家煤矿安监局发布《煤矿生产安全事故通报约谈分析和督导制度实施办法》，进一步完善了煤矿生产安全事故通报、约谈、分析和督导4项制度。

5月25日　全国煤矿职业安全健康工作座谈会在陕西省西安市召开，国家安全监管总局副局长、国家煤矿安监局局长赵铁锤到会讲话，山西省副省长吴登昌致辞。

5月30日　国务院安委会办公室召开推进安全生产标准化工作（专题）视频会议，强调大力推进煤矿等领域安全标准化建设。国家安全监管总局党组成员、副局长杨元元主持会议。国家安全监管总局党组成员、副局长孙华山，中华全国总工会副主席、书记处书记张鸣起，共青团中央书记处书记贺军科出席会议并分别讲话。国家安全监管总局党组成员兼总工程师黄毅、国家煤矿安监局副局长彭建勋出席会议。

本月　经中央批准，付建华同志任国家安全监管总局党组成员、副局长，免去其国家煤矿安监局副局长职务。

## 6　月

6月1日　第七届中国国际煤炭装备及矿山技术设备展览会在北京开幕，30多家企业集体亮相的几十个救生舱成为本届展览会最大的亮点。

6月2日　由中宣部、国家安全监管总局、公安部、国家广电总局、全国总工会、共青团中央、全国妇联和北京市政府共同主办的2011年全国安全生产月宣传咨询日活动在北京经济技术开发区举行。2011年宣传咨询日活动的主题是“安全责任、重在落实”，以安全发展理念、安全生产法律法规、职业安全健康和应急科普知识的宣传为重点，用直接面向广大市民交流互动的方式，宣传党中央、国务院关于安全生产的方针政策和工作部署，普及安全生产法律法规和安全知识，向职工群众提供与生产生活密切相关的安全咨询服务。

6月8—11日　中共中央政治局委员、国务院副总理张德江近日在山西、湖南调研安全生产工作情况时强调，要坚持预防为主，狠抓责任落实，促进安全生产形势进一步持续稳定好转。国家安全监管总局局长骆琳、铁道部部长盛光祖、国资委主任王勇等有关部门负责人分别参加了调研。

6月10日　由国家安全监管总局副局长杨元元主持的职业病防治工作部际联席会议在国家安全监管总局召开。会议听取了有关部门关于中央领导同志重要指示精神的贯彻落实情况，以及粉尘与高毒物品危害治理专项行动和职业健康状况调查进展情况的汇报，研究确定了2011年联席会议工作计划及责任分工。

同日　国家安全监管总局、国家煤矿安监局对近期发生的5月29日贵州省贵阳市金阳新区朱昌镇富宏煤矿透水事故、5月30日湖南省郴州市嘉禾县行廊镇定里煤矿顶板事故、5月31日贵州省黔南州独山县黄后乡一非法采煤窝点透水事故、6月1日云南省昭通市昭阳区小龙洞乡小水井煤矿顶板事故、6月3日湖南省娄底市双峰县双桥煤矿煤与瓦斯突出事故、6月4日四川省广安市华蓥山市鑫福煤业有限公司天池煤矿瓦斯爆炸事故、6月5日吉林省舒兰市平安煤业有限责任公司宝源煤矿瓦斯爆炸事故进行通报。

6月12日　全国安全生产月宣传咨询日活动在北京举行。全国人大常委会副委员长司马义·铁力瓦尔地宣布宣传日活动开始，国家安全监管总局局长骆琳致辞。此为第十个全国安全生产月，活动的主题是“安全生产，重在落实”。

6月14—15日　由国家安全监管总局主办的国际矿山安全技术与装备会议在北京召开，主题为“科技领先、安全发展”。会议围绕矿山安全监督执法、矿山安全与管理创新与实践、先进适用安全技术装备的应用、危险源监控与风险预警等内容，交流与探讨了国内外矿山安全先进成果和经验，以推动我国矿山企业、尤其是中小型矿山企业的技术装备进步。国家安全监管总局副局长杨元元、科技部副部长王伟中、国际劳工组织北京局局长霍百安、美国商务部高级商务专员龚珍出席开幕式并致辞。来自中国、美国、澳大利亚、欧洲等国家和地区的大型矿山集团、矿用设备制造企业负责人和专家、负责安全监管监察的政府有关领导等300多人参加了会议。

6月16日　国家安全监管总局与河南省人民政府签署共建河南理工大学协议，国家安全监管总局局长骆琳、河南省省长郭庚茂分别代表国家安全监管总局、河南省政府签署了共建协议，联手打造安全人才和科技创新基地。

同日　2011年安全生产万里行组委会主任、国家安全监管总局局长骆琳在出发仪式上致辞，并宣布2011年安全生产万里行正式出发。河南省省长郭庚茂出席出发仪式并致辞。国家安全监管总局副局长孙华山、总工程师黄毅出席，河南省副省长陈雪枫主持出发仪式。

6月16—17日　国家安全监管总局局长骆琳在河南调研安全生产工作时强调，要认真学习贯彻张德江副总理日前到山西、湖南考察调研安全生产工作时作出的重要指示精神，创新科技，提升安全保障能力。

6月17日　煤矿整顿关闭工作部际联席会议联络员会议在北京召开。国家煤矿安监局副局长、煤矿整顿关闭工作部际联席会议办公室主任黄玉治主持会议。与会的各成员单位联络员就《煤矿整顿关闭工作情况总结和下一步工作建议》（讨论稿）进行了讨论，并提出了修改意见。

6月27日　十一届全国人大常委会第二十一次会议首次审议了《职业病防治法》修正案（草案）并公开向社会征集修改意见。

同日　国家安全监管总局、国家煤矿安监局下发《关于命名表彰2010年度国家级安全质量标准化煤矿的通知》，对符合国家级安全质量标准化条件的319处煤矿予以命名表彰。

6月28日　国家安全监管总局、国家煤矿安监局、国家能源局联合召开煤矿瓦斯防治工作专题视频会，贯彻落实《国务院办公厅转发发展改革委安全监管总局关于进一步加强煤矿瓦斯防治工作的若干意见》精神。国家安全监管总局副局长、国家煤矿安监局局长、煤矿瓦斯防治部际协调领导小组副组长赵铁锤主持会议并作总结讲话。国家能源局副局长吴吟、国家煤矿安监局副局长兼总工程师王树鹤出席会议并讲话，国家煤矿安监局副局长黄玉治出席会议。

6月30日　国家安全监管总局直属机关庆祝中国共产党成立90周年暨“两优一先”表彰大会在北京召开。国家安全监管总局党组书记、局长骆琳出席会议并讲话。国家安全监管总局党组成员杨元元、赵铁锤、王德学、孙华山、周福启、付建华，国家煤矿安监局领导班子成员王树鹤、彭建勋、黄玉治出席表彰大会。大会由国家安全监管总局党组成员、副局长、直属机关党委书记王德学主持。

## 7　月

7月4日　15时50分，湖北仙桃市境内，一辆货车在随岳高速公路珠玑站附近，与一辆从广州到天门的客车发生追尾事故，导致两车翻至护栏外并起火，造成包括货车司机在内的23人死亡，29人受伤。

7月7日　国务院发布《电力安全事故应急处置和调查处理条例》，自2011年9月1日起实施。

7月12日　国家安全监管总局、中华全国总工会、国家煤矿安监局在北京联合召开全国煤矿班组安全建设先进事迹巡回演讲总结会。会前，国家安全监管总局局长骆琳，国家安全监管总局副局长、国家煤矿安监局局长赵铁锤，中华全国总工会书记处书记、纪检组组长王瑞生，国家安全监管总局党组成员兼总工程师黄毅，国家煤矿安监局副局长彭建勋、黄玉治等接见了演讲团全体成员。

同日　国务院安委会全体会议在京召开。中共中央政治局委员、国务院副总理、国务院安委会主任张德江出席会议并讲话，强调各地区、各部门、各单位要深入贯彻落实科学发展观，全面贯彻党中央、国务院关于安全生产工作的重要决策部署，按照年初国务院安委会制定的工作目标、任务要求，坚持以人为本，警钟长鸣，从零开始，常抓不懈，继续深入开展“安全生产年”活动，加强责任落实，加强安全监管，切实把企业安全生产主体责任落到实处，进一步强化综合预防措施，进一步减少事故总量，进一步有效遏制重特大事故发生，切实保障人民群众生命财产安全。

7月22日　4时左右，京珠高速河南省信阳市境内，一辆由山东威海开往湖南长沙的严重超载（核载35人，实载47人）双层大客车在京珠高速由北向南938千米又700米处突发大火燃烧，造成41人死亡，6人受伤，其中1人重伤。

7月23日　20时34分左右，甬温线浙江省温州市鹿城区双屿路段，D301次列车与D3115次列车发生追尾事故，造成40人死亡，191人受伤。

7月25日　由中宣部、公安部、教育部、民政部、文化部、卫生部、广电部、国家安全监管总局8个部门联合制定的《全民消防安全宣传教育纲要(2011—2015)》颁布。这是我国第一份由多个职能部门参与制定的全民消防安全教育纲要文件。

7月27日　国务院总理温家宝主持召开国务院常务会议，对“7·23”甬温线特别重大铁路交通事故遇难者表示深切哀悼，对受伤人员和伤亡人员家属表示亲切慰问。会议强调，安全生产事关人民群众生命财产安全，事关改革发展稳定大局，事关党和政府形象和声誉。搞建设、谋发展都必须牢固树立科学、安全、可持续的理念，把安全放在第一位。要坚持走科学发展的道路，坚持以人为本，处理好速度、质量、效益的关系，把生命高于一切的理念落实到生产、经营、管理的全过程，坚决守住安全生产这条红线。会议决定采取坚决措施，以交通、煤矿、建筑施工、危险化学品等行业领域为重点，全面加强安全生产。

7月29日　煤矿整顿关闭工作部际联席会议第六次会议在京召开。受部际联席会议召集人、国家安全监管总局局长骆琳同志委托，国家安全监管总局副局长、国家煤矿安监局局长赵铁锤主持会议并作总结讲话，国家煤矿安监局副局长黄玉治向会议通报了2005年以来煤矿整顿关闭工作情况。人力资源和社会保障部副部长杨志明、国家电力监管委员会副主席史玉波、国家能源局副局长吴吟出席会议。会议审议并原则通过了《关于煤矿整顿关闭工作情况的通报》。

本月　中国科学院“煤拔头”技术工业化示范项目座谈会在河北冀州召开。这标志着我国首个“煤拔头”技术项目落户河北。

## 8　月

8月5日　国家安全监管总局发布《危险化学品重大危险源监督管理暂行规定》，自2011年12

月1日起实施。

同日　国家安全监管总局发布《危险化学品生产企业安全生产许可证实施办法》，自2011年12月1日起实施。原国家安全监管局（国家煤矿安监局）2004年5月17日发布的《危险化学品生产企业安全生产许可证实施办法》同时废止。

8月6日　4时30分，江西上饶市境内，一辆半挂货车（豫PE8977，豫P5171挂）行至沪昆高速浙江方向503千米处时，与一辆半挂货车（豫PC5389，豫PN728挂）发生追尾碰撞，致使后车（豫PE8977货车）冲向对向车道并与一辆大货车（豫PE6765）相撞；随后对向车道被撞的豫PE6765大货车侧翻压在同向行驶的一辆小型客车上，该事故共造成17人死亡，2人受伤。

8月10日　国务院总理温家宝主持召开国务院常务会议，针对"7·23"甬温线D301次列车与D3115次列车追尾事故，决定开展高速铁路及其在建项目安全大检查，适当降低新建高速铁路运营初期的速度，对拟建铁路项目重新组织安全评估。

8月14日　贵州省六盘水市盘县过河口煤矿发生重大瓦斯爆炸事故，造成10人死亡。

8月16日　国家安全监管总局办公厅、国家煤矿安监局办公室联合发布《煤矿安全监控系统及井下移动式空气压缩机专项检查情况的通报》，撤销了2家企业5个矿用产品、暂停了6家企业34个矿用产品、注销了4家企业的12个产品的安全标志。

8月15—16日　国务院高速铁路及其在建项目安全大检查动员部署会议在北京召开。中共中央政治局委员、国务院副总理张德江作动员讲话。张德江强调，检查组要深入贯彻落实科学发展观，以对党、国家和人民高度负责的精神，以严肃认真、科学严谨、实事求是的态度，认真贯彻落实国务院常务会议关于开展高速铁路及其在建项目安全大检查的决策部署和国务院办公厅通知精神，全面系统排查和彻底整治高速铁路安全隐患，有效防范和坚决遏制重特大铁路交通事故发生，为人民群众安全出行，为促进铁路事业和经济社会发展创造良好条件。

8月17日　国家煤矿安监局在内蒙古自治区召开中央企业煤矿安全隐患排查治理分析会。受国家安全监管总局副局长、国家煤矿安监局局长赵铁锤指派，国家煤矿安监局副局长彭建勋出席会议并讲话。

8月19日　国家安全监管总局局长骆琳在京会见法国劳动、就业与卫生部部长格扎维埃·贝特朗一行，并共同签署了《中国国家安全生产监督管理总局与法国劳动、就业与卫生部关于在安全生产与职业健康领域开展交流与合作的协定》。

8月23日　黑龙江省七台河市勃利县恒太四井发生透水事故，当班下井45人，事故发生后19人安全升井，成功救出22名被困人员，1人死亡，3人下落不明。

同日　6时，广东省佛山市三水区西南街道基塘村，盛丰陶瓷有限公司办公楼发生火灾事故，造成15人死亡，1人受伤。

8月25日　国家矿山应急救援队项目建设落实推进会在上海召开。会议听取了国家安全生产应急救援指挥中心关于国家矿山应急救援队建设项目前期工作情况和下一步工作安排的汇报，审议了国家矿山应急救援队建设项目装备采购有关事项，研究部署了加快推进国家矿山应急救援队项目建设及管理的有关工作。

8月25—26日　国家安全监管总局、国家煤矿安监局在中煤集团平朔公司召开全国煤矿井下安全避险"六大系统"建设推进会议。国家安全监管总局副局长、国家煤矿安监局局长赵铁锤出席会议并讲话，国家煤矿安监局副局长兼总工程师王树鹤主持会议。

8月28日　5时10分左右，河北省张家口市尚义县境内，一辆载有34人的白色依维柯中巴车与路边停靠的一辆车牌号为冀G71046（冀GN281）的重型半拖挂车追尾，造成18人死亡、16人受伤（其中2人重伤）。

8月29日　四川省达州市大竹县曾家沟煤矿发生透水事故，造成10人死亡，2人下落不明。

## 9　月

9月1日　国家安全监管总局发布《国家安全监管总局关于修改〈〈生产安全事故报告和调查处理条例〉罚款处罚暂行规定〉部分条款的决定》，自2011年11月1日起实施。

9月5日　国家安全监管总局、国家煤矿安监局对8月23日黑龙江省七台河市勃利县恒太四井、8月29日四川省达州市大竹县曾家沟煤矿两起煤矿水害事故进行通报。

9月10日　为落实国务院171次常务会议精神，深刻吸取蓬莱19－3油田溢油事故教训，全面加强海洋环境监视监测和监督管理，国家安全监管总局发出《关于进一步深入开展海洋石油勘探开发安全生产大检查工作的通知》，决定从9月10日起至12月10日，在海洋石油勘探开发企业全面深入开展安全生产检查工作。

9月20日　以“安全发展忠诚卫士”、河南煤矿安监局豫东分局原局长丁安同志为原型的电影《生命监管》在北京电影学院首映。国家安全监管总局副局长、国家煤矿安监局局长赵铁锤应邀出席首映式并看望、慰问了丁安同志亲属。

9月21日　国务院总理温家宝主持召开国务院常务会议，讨论通过《安全生产“十二五”规划》。会议充分肯定了“十一五”时期安全生产工作取得的积极进展和明显成效，重点分析了“十二五”时期面临的严峻形势和挑战。会议明确了“十二五”时期安全生产的6项主要任务：（一）完善企业安全保障体系。将煤矿和非煤矿山、交通、危险化学品、建筑施工、职业健康等作为安全生产的重点行业领域，全面排查和消除安全隐患，落实和完善安全生产制度，严格安全生产标准，提高企业安全水平和事故防范能力。（二）完善政府安全监管和社会监督体系。加强监管监察队伍和信息化等能力建设，创新监管监察方式，加强社会舆论监督。（三）完善安全科技支撑体系。加强安全生产科学技术研究，培养专业人才，推广应用先进适用技术与装备，提高安全保障能力。（四）完善法律法规和政策标准体系。加快修订安全生产法，完善技术标准，推进企业安全生产标准化建设。（五）完善应急救援体系。健全应急预警和联合处置机制，加强应急救援队伍建设，强化应急实训演练，提高事故救援和应急处置能力。（六）完善宣传教育培训体系。强化高危行业和中小企业一线操作人员安全培训，提高从业人员安全素质和社会公众自救互救能力，提升全民安全防范意识，构建安全发展社会环境。会议要求各地区、各有关部门加强组织领导，强化考核评估，加大政策支持和投入，落实重点工程项目，确保规划顺利实施。

## 10　月

10月1日　国务院发布《国务院办公厅关于印发安全生产“十二五”规划的通知》。

10月4日　7时53分，贵州省黔南州荔波县安平煤矿发生一起煤与瓦斯突出事故。事故发生时，井下共有28人，经全力抢险救援，其中11人安全升井，17人死亡。

10月7日　16时左右，唐山市交通运输集团公司所属一辆大客车从河北省保定市驶往唐山市途中，在天津市境内滨保高速60千米＋500米处与一辆小轿车发生追尾相撞后，侧翻到路边的防护栏上并滑行100余米，造成35人死亡，19人受伤。

10月8日　中共中央政治局委员、国务院副总理、国务院安委会主任张德江主持召开国务院安委会全体会议，专题讨论“关于坚持科学发展、安全发展，促进安全生产形势持续稳定好转的若干意见”，并部署第四季度安全生产工作。

10月24日　由国家安全监管总局主办的第五届国际矿山救援大会暨第三届中国国际安全生产应急管理论坛及应急救援技术与装备展览会在北京开幕。国家安全监管总局局长骆琳出席开幕式并致辞。这次论坛的主题是“以人为本、携手努力”。来自国内外的52名从事应急管理的官员及专家、学者发表演讲。来自23个国家和地区以及3个国际组织的代表与国内代表，共500余人参加大会和展览会。

10月25日　国家安全监管总局、国家煤矿安监局对近期两起重大瓦斯事故进行通报。本月16日，陕西省铜川市耀州区田玉煤业有限公司发生重大瓦斯爆炸事故，造成11人死亡；17日，重庆市奉节县一非法采煤窝点发生重大瓦斯爆炸事故，造成13人死亡、3人受伤。

10月25—26日　全国安全隐患排查治理现场会在北京市顺义区召开，向全国推广顺义区开展企业分类分级监管和企业隐患自查自报的经验。国家安全监管总局局长骆琳出席会议并致辞，顺义区区长王刚介绍了经验。

10月27—28日　“首届矿山安全科学与工程国际学术会议”在北京举行。国家安全监管总局副局长孙华山、中国工程院院士周世宁，加拿大麦吉尔大学教授 Hani Mitri 以及来自加拿大、澳大利亚、法国、印度、南非、捷克和中国的专家、学者参加了学术交流活动。

10 月 29 日　18 时 10 分，湖南衡阳市霞流冲煤矿发生瓦斯爆炸事故，造成 29 人死亡，6 人受伤。国家安全监管总局局长骆琳立即率工作组连夜赶赴事故现场，在随后召开的会议上，他指出这是一起重大责任事故，根源在于违法违规生产经营。

## 11　月

11 月 3 日　19 时 45 分，河南省义马煤业集团股份有限公司千秋煤矿发生一起重大冲击地压事故，造成 10 人死亡。事故发生后，国家安全监管总局局长骆琳，国家安全监管总局副局长、国家煤矿安监局局长赵铁锤等领导率工作组连夜赶赴现场协助、指导抢险救援工作。

11 月 7 日　全国班组安全建设与管理优秀成果发布会在北京举行，共有 10 个班组获得特等奖，22 个班组获得一等奖，61 个班组获得二等奖。煤炭行业有 8 个单位获奖。全国人大常委会副委员长华建敏出席发布会，并为获奖班组代表颁奖。国家安全监管总局局长骆琳，中华全国总工会副主席、书记处第一书记王玉普，中华全国总工会副主席、书记处书记张鸣起，国家安全监管总局副局长、国家煤矿安监局局长赵铁锤，中华全国总工会经费审查委员会主任李世明，国家煤矿安监局副局长李万疆出席此次活动，分别为获奖班组代表颁奖。

11 月 10 日　6 时 19 分，云南省曲靖市师宗县私庄煤矿发生特别重大煤与瓦斯突出事故，造成 43 人死亡，直接经济损失达 3970 万元。

11 月 11—12 日　国家发改委、科技部、国家安全监管总局、国家能源局、国家煤矿安监局联合在安徽合肥召开全国煤矿瓦斯防治现场会，中共中央政治局委员、国务院副总理、国务院安委会主任张德江出席会议并讲话，强调进一步加大瓦斯防治工作力度，有效防范和坚决遏制煤矿重特大事故。

11 月 12 日　国家安全监管总局局长骆琳从全国煤矿瓦斯防治会议现场赶至云南曲靖私庄煤矿“11·10”煤与瓦斯突出事故现场，查看事故现场，看望抢险救护队员，听取抢险救援指挥部的汇报，指导事故抢险救援工作。

11 月 14 日　7 时 30 分左右，陕西省西安市嘉天国际公寓底商樊记腊汁肉夹馍店发生液化石油气泄漏爆炸重大事故，造成 10 人死亡、36 人受伤。死亡人员中，1 人为该店员工、9 人为过往行人或等候公交车人员（其中小学生 2 人、中学生 1 人），受伤人员均为过往行人或等候公交车人员，社会影响较大。

11 月 16 日　9 时 15 分左右，甘肃省庆阳市正宁县榆林镇小博士幼儿园一辆车牌号为甘 MA4975 校车，由西向东行至正宁县榆林子沟砖厂门口处时，与对向行驶的翻斗车发生相撞，造成 21 人死亡，另有 43 人受伤。

11 月 25 日　国家安全监管总局、国家煤矿安监局下发《关于印发煤矿瓦斯防治工作“十条禁令”的通知》。

11 月 29—30 日　国家安全监管总局党组召开全国安全监管监察系统纪检组长座谈会。会议认真贯彻党的十七届六中全会和中央纪委近期召开的有关会议精神，部署在煤矿安全监管监察领域开展深化执政为民教育、规范安全执法行为、整治突出问题活动，安排了当前反腐倡廉重点工作。会议要求以完善惩防体系为主线，进一步加强党风廉政建设，促进安全生产形势的持续稳定好转，保证“十二五”时期全国安全生产工作各项目标任务的顺利实现。国家安全监管总局党组书记、局长骆琳出席会议并讲话。

## 12　月

12 月 3 日　国务院云南省曲靖市师宗县私庄煤矿“11·10”特别重大煤与瓦斯突出事故调查组在云南省曲靖市召开全体会议。调查组组长、国家安全监管总局局长骆琳，调查组副组长、云南省委副书记、代省长李纪恒等出席会议并讲话。

12 月 5 日　国家安全监管总局、国家煤矿安监局下发《关于印发煤矿安全生产“十二五”规划的通知》。《煤矿安全生产“十二五”规划》已经国家安全监管总局局长办公会议审议通过。

12 月 12 日　17 时 45 分左右，江苏省徐州市丰县首羡镇中心小学租用的一辆客车，运送学生行至该镇张后屯村路段时发生翻车，造成 15 人死亡。

12月28日　国务院总理温家宝主持召开国务院常务会议，听取“7·23”甬温线特别重大铁路交通事故调查情况汇报。会议指出，“7·23”甬温线特别重大铁路交通事故发生后，国务院随即成立了事故调查组，此后又根据工作需要对事故调查组进行了充实加强，调整了人员结构，完善了调查制度。国务院对事故调查工作提出明确要求：不仅要查清直接原因，还要追根溯源，查清设计、制造、管理等方面的源头性问题，给人民群众一个真诚、负责任的交代。

经调查认定，“7·23”甬温线特别重大铁路交通事故是一起因列控中心设备存在严重设计缺陷、上道使用审查把关不严、雷击导致设备故障后应急处置不力等因素造成的责任事故。

会议决定，责成铁道部和铁道部部长盛光祖分别向国务院作出深刻检查。

会议决定，责成国务院国资委对通信信号集团公司、通信信号股份有限公司及下属通信信号研究设计院依法进行整顿，重新组建通信信号研究设计院列控所。

会议要求，铁道部、相关铁路运输企业和设备研发生产企业要深刻吸取事故教训，按照调查组针对事故暴露问题提出的整改意见，结合前一段铁路安全大检查的情况，进一步做好整改工作，切实加强安全质量管理，全面提高铁路特别是高速铁路建设、运营安全管理水平。

# 第十七部分

# 全国事故与职业病统计资料

## 2011 年全国生产安全事故情况

2011 年全国安全生产继续保持了总体稳定、持续好转的发展态势，总体上实现了“十二五”时期安全生产工作的良好开局。

**一、事故总量和死亡人数持续下降**

据国家安全监管总局调度统计，2011 年全国发生各类事故 347728 起，死亡 75572 人，同比减少 15655 起、3980 人，分别下降 4.3% 和 5%。工矿商贸领域事故死亡人数首次降到 1 万人以下，其中煤矿事故死亡人数首次降到 2000 人以下。

**二、防范遏制重特大事故取得明显成效**

全国一次死亡 3 ~ 9 人的较大事故同比减少 98 起、403 人，分别下降 5.7% 和 5.9%。一次死亡 10 人以上的重特大事故同比减少 13 起、325 人，分别下降 15.3% 和 22.6%；其中一次死亡 30 人以上的特别重大事故同比减少 7 起、251 人，分别下降 63.6% 和 61.2%。通过有效防范和全力救援，全国没有发生一次死亡 50 人以上的事故。

**三、反映安全发展水平的各项指标进一步趋好**

反映安全生产整体水平的四项相对指标同比降幅均在 10% 以上，其中亿元 GDP 生产安全事故死亡率由 0.201 降到 0.173，降幅 13.9%；工矿商贸十万就业人员生产安全事故死亡率由 2.13 降到 1.88，降幅 11.7%；道路交通万车死亡率由 3.2 降到 2.8，降幅 12.5%；煤矿百万吨死亡率由 0.749 降到 0.564，降幅 24.7%。

**四、重点行业领域安全生产状况普遍改善**

工矿商贸事故起数和死亡人数同比分别下降 7.3% 和 8.6%，其中煤矿分别下降 14.4% 和 18.9%，金属与非金属矿山分别下降 13.7% 和 16.6%，危险化学品事故死亡人数下降 5.2%，烟花爆竹分别下降 12.9% 和 22.6%，建筑施工分别下降 4.5% 和 4.9%，冶金机械建材等工商贸其他分别下降 4.8% 和 1.3%。道路交通分别下降 4% 和 4.4%，水上交通分别下降 10% 和 11.6%，铁路交通分别下降 5.7% 和 4.2%，消防火灾分别下降 5.4% 和 8.2%。农业机械事故死亡人数下降 20.1%，渔业船舶事故死亡人数下降 10.7%。民航没有发生运输飞行事故。

**五、大部分地区安全生产形势比较稳定**

全国 32 个省级统计单位中，有 24 个单位事故起数和死亡人数双下降，21 个单位重特大事故起数下降或持平，其中内蒙古、安徽、青海、新疆生产建设兵团 4 个单位没有发生重特大事故，北京、天津、河北、上海、浙江、福建、江西、湖北、广东、海南、西藏、宁夏 12 个单位的工矿商贸领域没有发生重特大事故。

**六、安全生产控制指标实施情况良好**

年度指标实施进度低于控制目标 4 个百分点。工矿商贸领域的煤矿、金属与非金属矿山、危险化学品、烟花爆竹、建筑施工，以及生产经营性道路交通和水上交通、消防火灾、铁路交通、农业机械、渔业船舶等行业领域事故死亡人数，均在控制目标以内。全国 32 个省级统计单位事故死亡人数均在控制考核指标之内。

（资料来源：国家安全监管总局网站）

| | 各类事故死亡人数（各地区为工矿商贸、道路交通、火灾、铁路交通、农业机械五项合计） | | 工矿商贸死亡人数 | | 煤矿死亡人数 | | 生产经营性道路交通死亡人数 | | 其他道路交通死亡人数 | | 火灾死亡人数 | |
|---|---|---|---|---|---|---|---|---|---|---|---|---|
| | 全年实际 | 占全年控制指标/% | 全年实际 | 占全年控制指标/% | 全年实际 | 占全年控制指标/% | 全年实际 | 占全年控制指标/% | 全年实际 | 占全年控制指标/% | 全年实际 | 占全年控制指标/% |
| 全　国 | 75572 | 96.0 | 9704 | 93.8 | 1973 | 83.2 | 23582 | 90.3 | 38805 | 100.7 | 1106 | 99.8 |
| 北　京 | 1090 | 85.8 | 103 | 64.4 | | | 216 | 61.7 | 708 | 101.3 | 30 | 111.1 |
| 天　津 | 1033 | 93.9 | 90 | 90.0 | | | 399 | 103.9 | 509 | 88.7 | 17 | 73.9 |
| 河　北 | 2987 | 97.9 | 304 | 99.7 | 53 | 88.3 | 1012 | 92.2 | 1590 | 102.4 | 16 | 64.0 |
| 山　西 | 2521 | 90.1 | 173 | 55.1 | 74 | 43.0 | 1110 | 95.6 | 1198 | 93.8 | 13 | 52.0 |
| 内蒙古 | 1675 | 94.9 | 303 | 107.4 | 50 | 119.0 | 422 | 77.7 | 848 | 101.9 | 50 | 102.0 |
| 辽　宁 | 2671 | 98.2 | 464 | 97.5 | 63 | 90.0 | 801 | 89.0 | 1289 | 107.1 | 36 | 85.7 |
| 吉　林 | 1679 | 96.1 | 156 | 73.9 | 38 | 54.3 | 463 | 87.9 | 961 | 105.0 | 31 | 77.5 |
| 黑龙江 | 1628 | 93.8 | 245 | 94.6 | 94 | 89.5 | 462 | 80.6 | 840 | 104.0 | 16 | 84.2 |
| 上　海 | 1251 | 91.6 | 262 | 83.2 | | | 270 | 80.8 | 674 | 101.2 | 43 | 100.0 |
| 江　苏 | 5421 | 98.8 | 412 | 97.9 | 4 | 40.0 | 1676 | 95.1 | 3223 | 101.4 | 75 | 90.4 |
| 浙　江 | 6043 | 99.9 | 669 | 98.0 | | | 1726 | 89.3 | 3509 | 104.7 | 87 | 119.2 |
| 安　徽 | 3259 | 97.4 | 384 | 95.8 | 40 | 80.0 | 1272 | 88.3 | 1486 | 105.5 | 35 | 102.9 |
| 福　建 | 2993 | 95.8 | 219 | 89.4 | 8 | 44.4 | 939 | 89.0 | 1741 | 100.0 | 44 | 93.6 |
| 江　西 | 1827 | 94.4 | 247 | 95.0 | 36 | 52.2 | 700 | 87.1 | 807 | 102.0 | 29 | 193.3 |
| 山　东 | 4419 | 94.9 | 342 | 112.9 | 46 | 230.0 | 1430 | 90.6 | 2544 | 95.8 | 19 | 61.3 |
| 河　南 | 2033 | 86.5 | 212 | 57.3 | 36 | 25.4 | 692 | 82.7 | 978 | 100.0 | 20 | 142.9 |
| 湖　北 | 2489 | 99.9 | 443 | 94.9 | 74 | 98.7 | 858 | 85.4 | 1051 | 115.9 | 46 | 209.1 |
| 湖　南 | 2776 | 94.0 | 480 | 88.1 | 251 | 100.0 | 801 | 84.3 | 1238 | 103.0 | 45 | 136.4 |
| 广　东 | 6568 | 95.9 | 535 | 99.1 | | | 1982 | 87.2 | 3891 | 99.6 | 131 | 121.3 |
| 广　西 | 2797 | 98.6 | 384 | 96.0 | 33 | 117.9 | 841 | 87.0 | 1446 | 106.8 | 45 | 140.6 |
| 海　南 | 555 | 96.5 | 73 | 91.3 | | | 146 | 95.4 | 327 | 100.0 | 6 | 200.0 |
| 四　川 | 3634 | 94.4 | 675 | 86.4 | 240 | 90.6 | 961 | 99.7 | 1844 | 94.4 | 42 | 113.5 |
| 贵　州 | 1671 | 87.5 | 546 | 84.4 | 279 | 75.4 | 400 | 81.1 | 620 | 98.6 | 54 | 84.4 |
| 云　南 | 2387 | 99.9 | 502 | 110.6 | 183 | 152.5 | 657 | 94.8 | 1149 | 99.5 | 53 | 88.3 |
| 西　藏 | 360 | 73.5 | 32 | 66.7 | | | 269 | 389.9 | 48 | 13.4 | 10 | 142.9 |
| 重　庆 | 1573 | 98.4 | 502 | 99.4 | 153 | 83.2 | 405 | 98.5 | 580 | 97.5 | 46 | 100.0 |
| 陕　西 | 2219 | 97.9 | 249 | 98.4 | 73 | 97.3 | 826 | 88.7 | 1067 | 106.4 | 22 | 100.0 |
| 甘　肃 | 1731 | 99.5 | 198 | 93.4 | 43 | 95.6 | 660 | 92.3 | 845 | 110.5 | 5 | 33.3 |
| 青　海 | 669 | 98.5 | 85 | 100.0 | 8 | 80.0 | 250 | 98.8 | 309 | 99.7 | 6 | 50.0 |
| 宁　夏 | 519 | 95.2 | 83 | 92.2 | 7 | 35.0 | 184 | 99.5 | 244 | 95.7 | 1 | 20.0 |
| 新　疆 | 2397 | 98.0 | 317 | 99.7 | 84 | 98.8 | 752 | 90.2 | 241 | 105.3 | 33 | 55.9 |
| 新疆兵团 | 15 | 55.6 | 15 | 55.6 | 3 | 20.0 | | | | | | |

说明：各省（区、市）各类事故死亡人数中不含水上交通、民航飞行、渔业船舶和其他事故死亡人数，全年为682人；较大事故起数中不
事故死亡2634人，占全年控制指标97.5%（其中房屋建筑及市政工程事故死亡703人，占全年控制指标93.0%）；危险化学品事故
88.4%；渔业船舶事故死亡285人，占全年控制指标65.5%。

## 安全生产控制指标实施情况表

| 生产经营性火灾死亡人数 | | 铁路交通死亡人数 | | 农业机械死亡人数 | | 较大事故起数（各地区为工矿商贸、道路交通、火灾、铁路交通、农业机械五项合计） | | 煤矿较大事故起数 | | 重大事故起数 | | 煤矿重大事故起数 | |
|---|---|---|---|---|---|---|---|---|---|---|---|---|---|
| 全年实际 | 占全年控制指标/% | 全年实际 | 占全年控制指标/% | 全年实际 | 占全年控制指标/% | 全年实际 | 占全年控制指标/% | 全年实际 | 占全年控制指标/% | 全年实际 | 占全年控制指标/% | 全年实际 | 占全年控制指标/% |
| 355 | 113.1 | 1522 | 96.9 | 171 | 80.7 | 1634 | 97.4 | 85 | 80.2 | 68 | 94.4 | 20 | 117.6 |
| 24 | 1200.0 | 32 | 100.0 | 1 | 50.0 | 19 | 79.2 | | | 1 | | | |
| 5 | 125.0 | 17 | 106.3 | 1 | 33.3 | 20 | 80.0 | | | | | | |
| 4 | 44.4 | 61 | 92.4 | 4 | 100.0 | 32 | 80.0 | 3 | 100.0 | 1 | 25.0 | | |
| 3 | 27.3 | 26 | 136.8 | 1 | 100.0 | 52 | 80.0 | 2 | 28.6 | 3 | 150.0 | 1 | 100.0 |
| 13 | 100.0 | 46 | 95.8 | 6 | 54.5 | 70 | 95.9 | 4 | 400.0 | | | | |
| 5 | 19.2 | 61 | 80.3 | 20 | 90.9 | 55 | 122.2 | 4 | 80.0 | 3 | 100.0 | | |
| 4 | 18.2 | 68 | 125.9 | | | 30 | 93.8 | 3 | 100.0 | 2 | 50.0 | 1 | 100.0 |
| 10 | 100.0 | 63 | 88.7 | 2 | 40.0 | 64 | 112.3 | 7 | 140.0 | 1 | 33.3 | 1 | 100.0 |
| 17 | 340.0 | 1 | 16.7 | 1 | 100.0 | 11 | 68.8 | | | 1 | | | |
| 24 | 85.7 | 5 | 45.5 | 30 | 96.8 | 40 | 76.9 | | | 3 | 100.0 | | |
| 23 | 82.1 | 46 | 766.7 | 6 | 100.0 | 55 | 105.8 | | | 2 | | | |
| 7 | 53.8 | 79 | 138.6 | 3 | 60.0 | 66 | 103.1 | 3 | 150.0 | | | | |
| 7 | 46.7 | 37 | 100.0 | 13 | 100.0 | 59 | 98.3 | | | 1 | 25.0 | | |
| 12 | 400.0 | 44 | 73.3 | | | 71 | 97.3 | 2 | 66.7 | 1 | 25.0 | | |
| 12 | 80.0 | 83 | 97.6 | 1 | 50.0 | 57 | 114.0 | 1 | 100.0 | 3 | 100.0 | 1 | |
| 10 | 500.0 | 128 | 87.7 | 3 | 60.0 | 45 | 107.1 | | | 5 | 125.0 | 2 | 66.7 |
| 29 | 966.7 | 77 | 100.0 | 14 | 100.0 | 55 | 78.6 | 4 | 133.3 | 5 | 250.0 | | |
| 21 | 525.0 | 209 | 95.4 | 3 | 100.0 | 64 | 78.0 | 10 | 83.3 | 6 | 200.0 | 3 | 300.0 |
| 56 | 280.0 | 27 | 112.5 | 2 | 100.0 | 95 | 89.6 | | | 3 | 100.0 | | |
| 11 | 84.6 | 80 | 100.0 | 1 | 25.0 | 82 | 103.8 | | | 1 | 50.0 | 1 | |
| 4 | 200.0 | 2 | 20.0 | 1 | 50.0 | 12 | 80.0 | | | 1 | | | |
| 8 | 100.0 | 110 | 100.0 | 2 | 100.0 | 91 | 115.2 | 4 | 50.0 | 2 | 50.0 | 1 | |
| 12 | 133.3 | 50 | 66.7 | 1 | 50.0 | 94 | 95.9 | 8 | 42.1 | 6 | 150.0 | 5 | 166.7 |
| 8 | 200.0 | 22 | 95.7 | 4 | 100.0 | 96 | 106.7 | 11 | 122.2 | 1 | 33.3 | 1 | |
| 2 | 40.0 | 1 | 14.3 | | | 18 | 100.0 | | | 2 | 66.7 | | |
| 8 | 100.0 | 40 | 97.6 | | | 39 | 108.3 | 6 | 85.7 | 1 | | 1 | |
| 5 | 45.5 | 55 | 98.2 | | | 38 | 131.0 | 3 | 100.0 | 3 | 300.0 | 1 | 100.0 |
| 3 | 37.5 | 22 | 88.0 | 1 | 12.5 | 53 | 91.4 | 5 | 500.0 | 3 | 150.0 | | |
| 4 | 57.1 | 8 | 100.0 | 11 | 100.0 | 22 | 115.8 | 1 | 100.0 | | | | |
| | | 7 | 77.8 | | | 21 | 116.7 | | | 1 | 100.0 | | |
| 4 | 40.0 | 15 | 93.8 | 39 | 100.0 | 71 | 114.5 | 4 | 100.0 | 3 | 75.0 | 1 | 100.0 |
| | | | | | | 1 | 50.0 | | | | | | |

含水上交通、民航飞行、渔业船舶和其他事故起数，全年为53起。金属与非金属矿事故死亡1060人，占全年控制指标85.5%；建筑施工死亡128人，占全年控制指标97.7%；烟花爆竹事故死亡164人，占全年控制指标79.6%；水上交通事故死亡291人，占全年控制指标

（资料来源：国家安全监管总局网站）

# 2011 年全国火灾事故情况

2011 年，全国共接报火灾 125402 起，死亡 1106 人，受伤 572 人，直接财产损失 18.8 亿元，与 2010 年相比，火灾起数下降 5.4%，死亡人数下降 8.2%，受伤人数下降 8.3%，损失下降 4.1%，未发生一次死亡 30 人以上、直接财产损失 1 亿元以上的特大恶性火灾事故。其中，节日期间燃放烟花引发的火灾增多，施工工地、农副业生产及出租屋、“三合一”、小作坊、小商店等小场所火灾较多，用电用火引发的火灾仍占较大比重。

2011 年，全国各地深入推进构筑社会消防安全“防火墙”工程，深化消防安全“大排查、大整治、大宣传、大培训、大练兵”活动，集中开展“清剿火患”战役，紧紧依靠各级人民政府，发动各部门、各行业、各警种排查整治火灾隐患，社会火灾防控能力明显提升，火灾总量明显下降，有效遏制了群死群伤火灾的发生。

统计数据显示，全国较大火灾稳中有降，共接报 76 起，死亡 281 人，受伤 54 人，直接财产损失 8468.2 万元，与 2010 年相比，除死亡人数增加 3.3% 外，其他 3 项数字分别下降 1.3%、5.3% 和 28.1%。主要场所火灾减少。全国住宅共发生火灾 48548 起，与 2010 年相比，下降 7.8%；人员密集场所发生火灾 12471 起，同比下降 9.6%；交通工具发生火灾 13049 起，同比下降 7.6%；易燃易爆场所发生火灾 407 起，同比下降 11.1%；厂房发生火灾 6779 起，同比下降 5.6%；仓储场所发生火灾 5463 起，同比下降 13.9%。城乡火灾总量下降。全国城市共发生火灾 43171 起，死亡 331 人，受伤 196 人，直接财产损失 55330 万元，与 2010 年相比，分别下降 13%、23.6%、22.5% 和 6.8%；农村共发生火灾 38469 起，死亡 349 人，受伤 154 人，直接财产损失 39301.3 万元，同比分别下降 0.6%、13.6%、11% 和 4.2%。

2011 年是公安消防部队近年出警任务最多的一年，共出动扑救火灾和处置灾害事故 65.6 万起，营救遇险被困人员 12.9 万人，抢救和保护财产价值 656 亿元，为服务经济社会发展、保障人民群众安居乐业作出了积极贡献。尽管 2011 年全国火灾形势总体平稳，但随着我国经济社会的快速发展，各类致灾因素明显增多，火灾发生几率和防控难度相应增大，总体上仍处于火灾易发、多发期。

目前，全国大部分地区天气寒冷、风干物燥，加之春节、元宵节临近，人流、物流剧增，群众性活动频繁，用火、用电、用气增多，稍有不慎，很容易发生火灾事故。各地区、各有关部门和社会单位要进一步增强消防安全意识，落实消防安全责任，严格执行消防法律法规和规章制度，强化检查巡查，及时消除火灾隐患，切实做好灭火和应急处置准备。各地应广泛开展社会消防宣传教育，提示群众注意用火用电用气安全，离家时注意检查并关闭电源、燃气开关；在指定销售网点购买合格烟花爆竹，并在规定时间、指定地点燃放；出入各类公众聚集场所注意观察安全出口、疏散通道，一旦发生险情迅速安全逃生；不在公共场所吸烟、不卧床吸烟，不乱扔烟头；发现火灾立即拨打“119”火警电话，有效防范火灾特别是重特大火灾事故发生，确保节日消防安全。

（资料来源：中国政府网）

# 2011 年全国道路交通事故情况

2011 年，全国共接报涉及人员伤亡道路交通事故 21.1 万起，造成 62387 人死亡。同比分别下降 4%、4.4%。发生一次死亡 10 人以上事故 27 起，同比减少 7 起。道路交通事故万车死亡率为 2.8，同比减少 0.4。分析全年道路交通事故主要有以下特点：

（1）生产经营性道路交通事故下降，货运、旅游客运车辆事故突出。生产经营性道路交通事故起数、死亡人数同比分别下降 12.9% 和 11.8%，降幅均高于其他事故。货运车辆肇事导致事故死亡人数最多，占生产经营性事故的 71.8%，货运车辆导致的一次死亡 3 人、5 人以上事故均为最高，分别占生产经营性事故的 29.8% 和 31%，且 5 人事故同比增加 3 起。旅游客运车辆事故死亡人数同比上升 4%，一次死亡 10 人以上事故同比增加 2 起。

（2）重特大道路交通事故稳中有降，但一次死亡 5 人以上事故持续上升。一次死亡 3 人以上、10 人以上道路交通事故均同比减少。但发生 2 起一次死亡 30 人以上道路交通事故，为 2006 年以来最高。一次死亡 5 人以上道路交通事故自 2009 年以来连续 3 年同比上升。

（3）超速行驶、酒后驾驶、疲劳驾驶等肇事同比下降，但超速行驶仍是导致事故死亡人数最多的违法行为。与 2010 年相比，超速行驶、酒后驾驶、疲劳驾驶等严重交通违法行为导致的事故死亡人数分别下降 5.2%、3.4% 和 13.9%。超速行驶导致的事故死亡人数占总数的 14.2%，仍是致人死亡最多的交通违法行为。

（4）高速公路事故呈上升趋势，一般事故、重特大事故普遍增加。高速公路交通事故起数、死亡人数分别占总数的 4.5% 和 10.3%，死亡人数所占比例首次突破 10%，同比分别上升 1.6% 和 5.8%。3 人事故、5 人事故同比分别增加 9 起和 14 起。除超速行驶外，疲劳驾驶、行人违法是高速公路上肇事致死人数最多的违法行为，分别占总数的 9% 和 7.8%，与其他道路相比，所占比例分别高出 6.5 和 7 个百分点。

（资料来源：公安部　交管局）

# 2011 年全国特种设备事故情况

## 一、事故总体情况

2011 年全国共发生各类特种设备事故 275 起，死亡 300 人，受伤 332 人。与 2010 年同期相比，事故总起数减少 21 起，下降 7.09%；死亡人数减少 10 人，下降 3.23%。全年 275 起特种设备事故中，锅炉 41 起，压力容器 21 起，气瓶 27 起，压力管道 6 起，起重机械 74 起，电梯 64 起，场内专用机动车辆 34 起，大型游乐设施 7 起，客运索道 1 起。2011 年万台设备死亡率为 0.595，万台死亡人数控制在国务院安委会下达的特种设备安全生产控制指标之内，事故状况保持平稳态势。

## 二、事故特点

全年发生的 275 起事故中，承压类和机电类特种设备事故分别呈现了不同的显著特点。锅炉、压力容器、压力管道等承压类的事故特征主要是爆炸或泄漏着火。起重机械、电梯等机电类事故的特征主要为倒塌、坠落、撞击和剪切等。

在各类事故中起重机械事故总数最多，主要发生在建设工地、仓储物流和冶金、机械制造行业，分别各占 1/3。建设工地的起重机械事故特征主要是倒塌，仓储物流和冶金、机械制造行业事故多为撞击、挤压和坠落；电梯事故多发生在安装、维修保养等作业过程，主要原因是使用管理不当和作业人员违章操作；场内机动车辆主要发生在仓储物流和冶金、机械制造行业的使用环节，多数为叉车。

**三、事故原因**

从事故发生环节来看，全年统计范围事故中，发生在使用环节的事故占79.62%，充装、储运环节的事故占6.64%，安装环节的事故占6.16%，维修改造环节的事故占7.11%，检验环节的事故占0.5%。

从技术层面来看，锅炉事故主要发生在小型服务业，其原因主要是企业管理不善，操作人员操作不当；压力容器事故突出体现为快开门压力容器和造纸烘缸事故，其原因主要为快开门压力容器联锁保护装置失效或功能不全，造纸烘缸缺少系统压力控制；气瓶事故主要发生气体充装环节，设备种类体现为氧气瓶和车载气瓶，其原因主要是企业管理不到位，充装前缺少检查；压力管道事故则主要在化肥合成氨企业的工艺管道，其原因主要是超负荷生产，检修维修不到位；电梯事故的主要原因是电梯使用单位管理缺失，电梯故障以及急救处置不当；起重机械事故原因主要是作业现场管理不到位；大型游乐设施事故主要原因是设备缺少维修维护，现场管理不到位。

（资料来源：国家质检总局特种设备安全监察局）

# 四川省煤炭产业集团达竹煤电公司小河嘴煤矿

党委书记 张光宇

矿长 陈小灵

小河嘴煤矿隶属四川省煤炭产业集团达竹煤电公司，位于有着“中国气都”美誉的四川省达州市南郊，矿区占地面积560亩，达渝高速公路、达万铁路、210国道均从矿区穿过。矿区周边区域已划入达州市城市规划区，被誉为“城市里的煤矿”。

小河嘴煤矿系四川省“八五”重点项目之一，始建于1989年，由四川省和国家煤炭工业管理部门共同投资建设，1994年由于国家产业政策的调整，被列为停缓建矿井，1996年形成简易生产条件，到1998年才正式投产。矿井煤炭资源储量2231.8万吨，所属煤种为1/3配焦煤，是西南地区少有的优质工业用煤。矿井年核定生产能力为45万吨。全矿现有3个采煤工作面，5个掘进工作面，有采、掘、机、运、通8个基层区队，16个职能科室，在册职工890人。其中，各类专门技术人员107人，特种作业人员580人。

该矿技术人员正在调试国内早批电液控支架综合采煤机组

小河嘴煤矿致力于“建城市煤矿，铸达竹精品”，新建了矿区休闲广场，矿区环境优美，绿树成荫，鸟语花香，绿化率达51.2%，让职工家属心随情怡，徜徉忘返。矿井生产系统完善，安全装备齐全，是达竹煤电公司较早极薄煤层100%采煤机械化矿井，2010年3月装备了大倾角极薄煤层电液控支架综采机组，2011年11月建成了川东北地区早批矿井综合自动化信息化系统。

建矿以来，小河嘴煤矿在川煤集团和达竹公司的坚强领导下、在各级领导的关心支持下，紧紧围绕改革、发展、稳定的大局，坚持以安全、生产、经营为中心，克服了基础设施先天不足、煤炭赋存条件差等困难，取得了较好的效果。矿井安全生产势头良好，到7月8日已实现安全生产1875天。全煤系统人力资源管理先进单位，国家安全质量标准化矿井、全国文明煤矿等称号。2012年，该矿被国家安全生产监督管理部门授予全国安全文化建设示范企业荣誉。

小河嘴煤矿具有现代化水平的矿井综合自动化信息化控制中心

山西焦煤
SHANXI COKING COAL

# 霍州煤电集团有限责任公司
# HUOZHOU COAL ELECTRICITY GROUP CO.,LTD.

霍州煤电集团有限责任公司前身霍县矿务局始建于1958年，2000年改制为霍州煤电集团有限责任公司，2001年加入山西焦煤集团公司并成为其子公司。公司位于晋中煤炭基地内，现有霍州（生产矿区）、离柳（生产基建矿区）、岚县（基建矿区）、霍东（准备矿区）和乡宁（后备矿区）等5个矿区，分布在临汾、吕梁、忻州、长治和运城5市所辖11个县（市、区），目前拥有矿权总面积达988.9平方公里，地质储量达84.86亿吨，主要赋存有肥煤、1/3焦煤、焦煤和贫瘦煤等煤种，主导产品为冶炼精煤、电煤、焦炭共20多个品种级别，市场覆盖国内20个省（市），并出口日本、韩国、印度等国家。

霍州煤电集团公司是一个以煤为主、多业并举、煤—电—材和煤—焦—化两条主产业链综合发展的大型企业，下辖分公司、控股子公司18个，参股公司7个，资产总额达190亿元，员工3.8万人。2004年煤炭产量突破1000万吨；2008年，煤炭产量突破2000万吨。

煤炭产业现有7对生产矿井（曹村、辛置、白龙、李雅庄、团柏、三交河、店坪）、3对基建矿井（干河、木瓜、庞庞塔）、1对改扩建矿井（回坡底），煤炭产能达2240万吨/年；6座洗煤厂，入洗能力达1680万吨/年。兼并重组整合矿井25个板块，产能达1806万吨/年。

非煤产业由电力、焦化、机制、建筑建材、多种经营5个板块组成。现有3座坑口电厂，装机容量为170兆瓦。控股1座焦化厂，设计年产焦炭60万吨；控股1座柠檬酸厂，年产能为4万吨；参股建设1座化肥厂，设计年产合成氨18万吨、尿素30万吨、甲醇2万吨。机械修造产值为2亿元/年；建筑产值为4亿元/年；水泥产能为30万吨/年；粉煤灰制品年可生产6000万块标砖和15万立方米混凝土砌块。多经综合销售收入达10亿元/年。

基于对企业内外部环境、形势分析和优、劣势匹配的考虑，确定霍州煤电集团公司的战略是：突出煤电主业，安全、高效、发展，到“十二五”末建成5000万吨级现代化煤电联合企业。

战略的核心是：安全、高效、发展。

职能层战略是：把握三个关键。

执行层战略是：抓住五个工作着力点。

### 把握三个关键

一是弘扬优良企业文化。将集50年之大成的“忠诚、自尊、进取”优良企业文化与“安全、高效、发展”战略有机统一起来，与“居者有其屋，劳者有其工，才者有其用，人人有梦想”的“梦工程”有机结合起来，凝聚全员共同的价值观和行为规范，形成企业发展的源头活水，形成强大的向心力和推动力。

二是依法规范管理。按照“统一领导，集体决策，分工负责，分级管理”总体思路，改革体制、机制和制度。组织架构朝着减少层级、集约高效和扁平化方向发展。决策程序符合现代企业制度规范要求，用正确的程序保证正确的结果。确保责任制健全，并坚决做到责权利相结合。准确界定集团公司、子分公司、矿（厂）权责范围，实行分级管理，在全面强化集团公司、各独立安全生产经营单元“二元”管理和推行“矿井自主管理，机关管理转型”上迈开新的实质性步伐。

三是建好班子、管好干部、带好队伍。下大功夫、花大力气整顿集团各级“一把手”队伍、“六长”队伍（矿长、生产矿长、机电矿长、安全处长、总工程师、“一通三防”区队长兼矿长助理）、后备干部队伍，班子、干部队伍的考核日常化、动态化、公开化、绩效化，畅通干部合理流动渠道，坚持“竞争”、“赛马”原则，在实践中选拔使用干部，真正把干部队伍建设成一支政治可靠、品行端正、情操高尚、作风正派、办事公道、忠诚于霍州煤电事业、忠诚于全体员工的特别能战斗的生力军。

### 抓住五个工作着力点

——从抓“基础”切入抓安全，重走长征路。以“整章建制、完善标准、落实责任，从严规范安全管理行为、业务保安行为、员工操作行为”为手段，突出“瓦斯治理和重大灾害防范、安全示范矿井建设、干部员工队伍建设”三大内涵，确保完成阶段性工作，实现阶段性目标，三年建成本质安全型矿井、安全高效矿井。

——从规范流程和市场化切入抓运营管理。全面推行内部市场化、精细化管理，逐步开放内部市场，与外部市场对接，着力培育新的经济增长点，只做加法，不做减法，充分实现集团经济和社会效益。

——从“资源”和“项目”入手抓发展。高标准推进庞庞塔、中峪、谭坪等项目建设，“十二五”期间占领资源逾百亿，开创5000万吨级霍州煤电的百年发展基业。

——从“源头”和“培训”切入突破人才瓶颈。广开方便之门，实现真正意义上的变招工为招生，加大在职员工培训力度，调整员工队伍结构，提高员工队伍整体素质，切实贯彻以人为本的治企方略。

——以“诚信”和“共赢”为纲领，坚决打胜兼并重组整合地方煤矿这场硬仗。把兼并重组整合地方煤矿作为实现集团公司产能翻番、跨越式发展的战略机遇，作为中国煤炭工业发展和振兴地方经济的历史责任，当仁不让，勇挑重担，尽心尽责，不辱使命。

# 山东省思威化学品安全评价中心

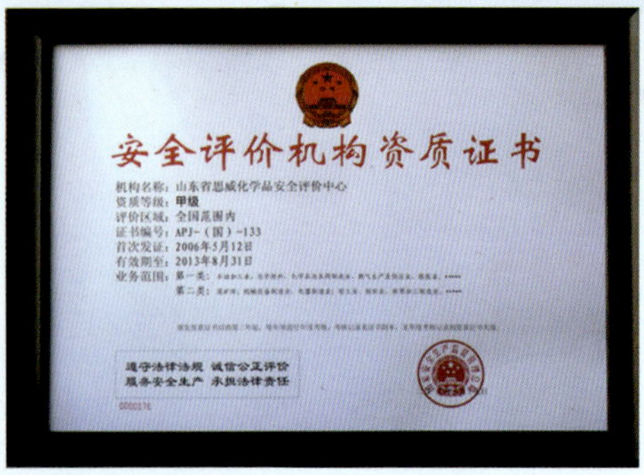


山东省思威化学品安全评价中心（以下简称中心）成立于2002年11月，是由山东省化工研究院出资组建的国有企业，注册资金6899539元。国家安全生产监管部门2006年5月12日授予甲级安全评价资质；2010年8月，顺利完成延期换证，证书编号：APJ-（国）-133，有效期至2013年8月31日。被山东省安全生产监管部门2012年1月31日授予危险化学品二级企业安全生产标准化评审单位；证书编号：ABPS-鲁-2-024。

中心设主任1名，技术负责人、过程控制负责人各1名。下设综合办公室、市场部、质控部、评价一室、评价二室、评价三室等部门。各部门、各岗位分工协作，职责明确。

中心现有员工48人，其中专职安全评价人员38人，兼职安全评价师2人，目前中心有30人取得注册安全工程师资格。现有专职安全评价人员中有研究员7名，高级工程师16名，工程师15名，所学专业涉及化工、工艺、高分子材料加工、环境工程、化工设备与机械、自动化及仪表、工业与民用建筑、起重运输与工程机械、安全工程等。

中心有4人被山东省安全监管部门聘为省安全生产专家组成员。

中心配备了南京安元科技有限公司开发的《安全评价与风险分析系统软件》（网络版v4.1），建立了资料室，购买了大量化工工艺、标准、规范等图书资料，为安全评价工作的开展奠定了基础。

# 山西西山晋兴能源有限责任公司

安全为天比天大

安全第一大于一

董事长　于长龙

副董事长、党委书记　薛建刚

副董事长、总经理　雷引民

## 一、企业概况

山西西山晋兴能源有限责任公司（简称西山晋兴能源公司）成立于2003年8月8日，注册资本45.28亿元。其中，山西西山煤电股份有限公司出资80%、华能国际电力股份有限公司出资10%、山西国际电力资产管理有限公司出资10%。截止到2012年6月底，公司总资产达到124.73亿元，净资产63.71亿元。公司主要任务是开发建设兴县资源环保型循环经济综合开发示范基地项目。

西山晋兴能源公司除必要的职能部门外，有斜沟煤矿项目核准组、兴县煤矿项目组、固贤煤矿项目组、白家沟煤矿项目组、电厂项目组、铁路扩能改造项目组，公司下属单位有斜沟煤矿、斜沟煤矿选煤厂，直属单位有岢岚—瓦塘铁路建设项目部和销售公司，独资子公司有山西晋兴奥隆建材有限责任公司，控股子公司有山西晋兴中通能源有限责任公司，参股单位有山西西山煤电贸易有限责任公司，山西兴光输电有限公司。

西山晋兴能源公司有三个省级重点工程：1500万吨/年的斜沟煤矿及选煤厂项目，岢瓦铁路项目和山西晋兴奥隆建材有限责任公司水泥项目。1500万吨/年的斜沟煤矿是国家煤炭工业“十一五”规划开工建设项目和国家“十一五”规划重点建设的10个千万吨级矿井之一，从2007年至2010年被列为山西省重点工程，岢瓦铁路项目被列为2008年、2009年山西省重点工程，山西晋兴奥隆建材有限责任公司水泥项目被列为2011年、2012年山西省重点工程。

在国家“十二五”、“十三五”期间，公司将投资千亿元，构建集“煤、电、铝、化、材、路”于一体的现代型循环经济示范基地。

经过九年的发展，西山晋兴能源公司培育出了“艰苦创业、埋头苦干、拼搏奉献、敢为人先”的“晋兴精神”。在晋兴精神的激励下，在建设“优良的素质、先进的管理、良好的效率、优美的环境”和“安全可靠性高、生产经营目标高、职工收入水平高、职业道德水准高”的战略目标引领下，一个“煤、电、铝、化、材、路”千亿循环经济示范基地正在崛起，将为山西焦煤和西山煤电集团公司实施赶超战略，转型跨越做出新的更大的贡献。

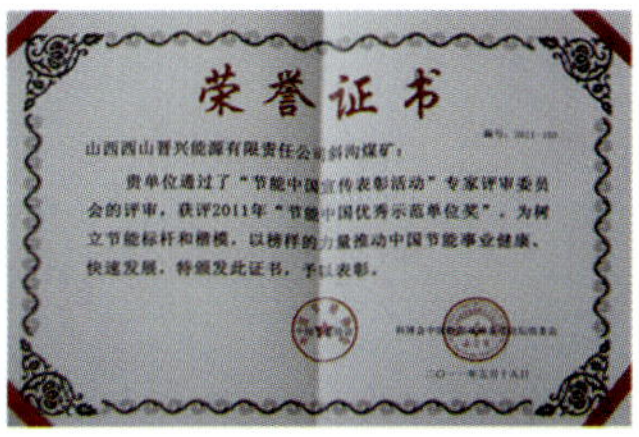

## 二、安全管理

西山晋兴能源公司在2011年杜绝了瓦斯、煤尘、火灾、水害、顶板、运输等重大事故，消灭3人及以上人身事故和二级以上非伤亡事故，煤炭生产百万吨死亡率为零，持续保持安全生产长周期。安全质量标准化示范矿井、安全整治示范矿井、安全行为示范矿井建设均达到规划目标。

“安全为天比天大，安全第一大于一”，安全工作是做好一切工作的前提，是转型发展全过程必须首先抓好的工作。西山晋兴能源公司提出的打造“四高”企业奋斗目标中，重点是“安全可靠性高”，西山晋兴能源公司将继续坚持“管理、装备、培训”并重的原则，按照“坚持一个方针，突出一个重点，围绕两个目标，开展三项建设加大五个力度，树立六种理念，推进六个转变”的安全工作思路，狠抓安全基础设施建设和制度落实，坚决杜绝重大事故，有效控制零星事故，向本质安全型、安全可靠性高的目标迈进。

# 山东能源龙口矿业集团有限公司

龙口矿业集团有限公司，始建于1968年10月，1987年5月成立龙口矿务局，2003年3月改制为“龙口矿业集团有限公司”，现为山东能源集团权属企业之一。

龙矿集团具有十分鲜明的个性特色。

公司是一个现代化海滨煤炭企业，也是一个能够实施海下采煤的煤炭企业，现有6对生产矿井，原煤生产能力达到1200万吨；拥有自主知识产权的三软岩层支护技术、海下采煤技术。

公司是一家由政府主导、企业化运营的省级煤炭储备配送基地，目前已形成应急储备80万吨、年运营量1000万吨的规模，是山东省四家省级煤炭储备基地之一。

公司是一家油页岩综合利用企业，所辖两家油页岩综合利用企业达到了年处理油页岩180万吨、产油18万吨的能力，并在中小颗粒油页岩炼油技术方面居国内领先地位。

龙矿集团具有十分优越的区域优势。公司位于山东半岛渤海湾南岸的龙口市境内，东接青岛烟台，西连潍坊济南，北与大连、天津隔海相望；威乌高速、大莱龙铁路从公司所在地经过，已有600多年历史、年吞吐量突破7000万吨的龙口港与集团公司相邻，两小时车程内分布着烟台莱山机场、潮水机场和青岛流亭机场，陆海空交通十分发达。

龙矿集团下辖26个权属企业，从业人员近2万人，是以煤炭生产为基础，集热电联产、油页岩综合利用、煤炭储备配送、机械加工、建工建材、物流服务为一体的大型企业集团，构建了较为完善的“煤—电—油—运”循环经济产业链。2011年，公司各项主要指标达到较好水平：原煤产量完成1222万吨，同比增长30.8%；销售收入突破160亿元，同比增长31.9%；利润总额达到6.1亿元，同比增长40.8%；资产总额95.7亿元，较年初增长40.7%；人均收入突破6.05万元，同比增幅22%；全年杜绝重大人身和非人身事故，实现安全生产年。企业综合实力跃居全国煤炭企业100强第36位，进入全国煤炭产量50强之列。

“十二五”期间，龙矿集团规划目标为：煤炭产量达到3000万吨/年，销售收入达到300亿元/年，资产总量达到300亿元，实现利税30亿元；占有资源量100亿吨，页岩油产量达到100万吨/年，电厂装机容量达到100万千瓦，配煤利税达到10亿元，企业经济增加值逐年提高10%；十二五”末员工整体人均收入确保达到8万元以上。

# 冀中能源峰峰集团梧桐庄矿

矿长　李树荣

矿党委书记　黄保群

冀中能源峰峰集团梧桐庄矿，以先进文化引领安全管理，以系统控制理论指导安全实践，创建“12345”安全管控体系，促进了矿井安全健康可持续发展。

## 一、“12345”安全管理体系实施背景

随着矿井不断壮大，梧桐庄矿职工总数也由建矿初期的1200余名，发展到今天的2300多名，呈现用工性质多元化、构成合理化的态势。安全发展的压力也越来越大，主要表现为管理人员安全知识匮乏，安全管理中失误较多，从业人员自身素质较低，自我防护意识较差，“三违”现象严重。尤其突出表现在：一是煤矿推陈出新力度大，但员工掌握运用效果差；二是安全管理的系统性差，不便于实际应用；三是对三违考核力度大，但管理人员考核评定缺乏依据；四是零打碎敲事故不断，容易产生“蝴蝶效应”，等等。这些问题迫切需要构筑全员、全过程的安全管控体系，形成科学的安全管理体系，不断提升安全管理水平。

## 二、“12345”安全管理体系的建立与应用

针对现实背景，在借鉴、消化吸收系统控制理论和管理经验基础上，梧桐庄矿创建并实施了“12345”安全管理模式。“1”：即一个核心——班组建设；“2”即：两个掌控——安全生产现场掌控和员工安全思想掌控；“3”，即：实施干部三条线考核——日常安全履职考核、安全绩效考核、安全政绩考核；“4”，即：完善四个体系——全面风险管理体系；全过程安全确认体系；全面安全质量标准化管理体系；全员系统学习体系；“5”，即先进的文化管理——五精管理。

## 三、“12345”安全管理体系运行效果

一是以人为本的安全基础进一步稳固。通过“12345”模式的有效运作，班组的安全管理程序更加规范科学、管理机制更加高效流畅、管理水平明显提升，同时，实现了班组员工安全理论水准、操作技能得到了双提升。

二是矿井安全周期得到了持续。全时空双掌控消除了安全管理“盲区”。随着24小时双掌控机制的严密运行以及对管技人员“三条线”的严格考核，实现了分析问题超前、发现隐患超前、采取措施超前、处理问题超前的管理目的，真正实现了防微杜渐。

三是通过调研发现，体系虽然得到有效运行，但是员工对体系认知程度上不够，运行存在表面化；体系运行比较复杂，员工存在逆反心理，需要加强宣教力度；体系还需要进一步丰富和完善，比如在安全确认工作上，如何提高其针对性等等。

# 阜新矿业集团有限公司

阜新煤田开发于1897年。阜矿集团成立于1949年1月，是新中国早批建立起来的重要能源生产基地之一。全公司现有18个子公司、23个分公司和其他单位以及1个集体企业性质的多种经营总公司。全民在职职工5.5万人。

从成立至今，阜矿集团从小到大，已发展成为一个以煤为主、多种经营的综合性大型经济实体，现累计生产煤炭7亿余吨，上缴税费82亿元，为国家经济建设做出了重要贡献。特别是近年来，阜矿集团以科学发展观为统领，以安全生产为中心，盯住产品生产、煤炭销售、成本管理、项目开发与建设四个重点，狠抓各项工作的落实，使整体工作不断取得新的进展。2011年，企业在安全生产的前提下，实现总收入210亿元，比2010年增收73.6亿元。上缴税费18亿元，比2010年增加5亿元。

未来几年，阜矿集团将继续以科学可持续发展为主题，以安全生产为中心，以推动产业结构调整和加快域外资源开发为主线，以建设大公司、大集团为目标，积极应对市场变化，不断强化内部管理，提高科技含量与管理创新能力，提升企业的经济总量、综合实力、经济运行质量和职工收入水平，努力构建平安、富裕、持续、和谐的新型矿区。到“十二五”末期，全公司煤炭总产能要达到5000万吨，实现企业总收入300亿元以上。

☆以安全生产为中心

☆以推动产业结构调整加快域外资源开发为主线

☆以建设大公司、大集团为目标，积极应对市场变化

FUXINKUANGYE

恒大煤业公司

五龙煤矿

清河门煤矿

海州露天煤矿

艾友煤矿

建设中的内蒙古白音华煤矿

机械制造公司为彩屯矿安装煤柱仓

井下机组

金山电厂

# 辽宁铁法能源有限责任公司

党委书记张德辉（左二）
深入基层参加班前会

董事长、总经理韩有波（左一）
深入井下工作调研

辽宁铁法能源有限责任公司位于辽宁省北部调兵山市境内，是一个以煤炭生产为主，集煤层气开发利用、建筑安装、机械制造加工、商贸物流、建材、电力、化工等为一体，多元发展的大型能源企业。是全国煤炭企业500强、全国煤炭工业100强、辽宁省100强企业之一；是全国煤炭行业企业文化示范基地。

铁法能源公司成立于2009年1月，其控股子公司铁煤集团成立于1999年10月，2002年实施了债转股。公司前身铁法矿务局始建于1958年，至今已经有50余年开发建设历史。矿区本部由铁法、康平、康北三个煤田组成，累计探明工业储量为22.97亿吨，截至2011年末，保有工业储量为16.2亿吨。域外在内蒙古和山西控制煤炭资源地质储量为60多亿吨。公司的煤炭资源总量达到80亿吨，为做强做久煤炭主业奠定了坚实基础。

多年来，铁法能源公司认真贯彻落实科学发展观，坚持科技兴企、人才强企战略，以发展为主题、安全为中心、效益为重点，全面加强企业管理，坚持走依托煤、延伸煤、超越煤的发展之路，加快建设平安铁能、富裕铁能、和谐铁能、绿色铁能和长久铁能步伐。目前，其子公司铁煤集团共有38个下属单位。其中生产矿井10个，本部8个矿核定生产能力为2175万吨，域外内蒙古鄂尔多斯市东辰公司和东新公司年生产能力为800万吨以上。非煤产业方兴未艾，形成了建筑施工、矿建工程、机械制造、交通运输等一批拳头产业，高压胶管、胶带等化工制品畅销全国。2011年，公司原煤产量完成2568万吨，其中矿区本部完成2040万吨，内蒙古东辰公司完成393万吨，东新公司完成135万吨；企业销售收入达到190.2亿元；实现利润17.1亿元；上缴税金22.9亿元；企业总资产达到217.3亿元。截至2011年末，共有全员劳动合同制员工4.6万人，另有集体职工1.6万人。

公司先后获得国家多个奖项及行业殊荣，采掘机械化装备水平位于全国同行业先进行列，薄煤层全自动化开采等技术达到了国内乃至世界领先水平。

▲ 团结奋进的矿领导班子

# 铁煤集团晓南煤矿

铁煤集团晓南矿于1980年建成投产，目前核定年生产能力为210万吨，现有员工4070人。2006年以来，晓南矿坚持以人为本管理为核心，以建设品牌引领科学化、全员培训系统化、行为养成规范化、现场管理精细化、工程质量精品化、安全质量标准化、设施装备现代化、信息管控智能化、管理考核制度化的“九化”为目标依靠文化力提升执行力，增强了矿井核心竞争力，促进了矿井健康、和谐、安全发展。截至2012年4月30日，实现矿井连续安全生产5064天，受到国家安监部门和国家煤矿安监部门的通报表扬。

▲ 矿长书记现场检查

## 一、“双五”安全模式助推矿井安全工作

几年来，晓南矿从调动员工内在安全生产积极性出发，不断创建具有晓南特色的“双五”安全文化建设新模式，即“五个杜绝”和“五个不动摇”，有利的提高了全矿干部员工的安全思想意识，形成了“平安、和谐、文明、富裕”的企业愿景。“我的生命我负责，我的班组我建设”的自主安全观，营造出了安全生产浓厚氛围。

▲ 井下综采工作面

## 二、品牌文化提升现场管理运作效率

近年来，晓南矿不断实施品牌战略，发挥品牌效应，结合矿井实际，强力打造工程质量零缺陷、作业质量零失误、产品质量零投诉、安全质量零缝隙、服务质量零距离、现场管理零盲区、时空覆盖零死角、精确管理零偏差、环境面貌零污染的“九零”作业现场，实现了安全生产由粗放管理向精细管理的转变。

▲ 把罐工岗位描述

## 三、安全行为文化提升员工队伍执行力

近年来，晓南矿从塑造本质安全人入手，积极探索实现效果明显、可行性强的安全行为文化，采取“双五”安全新模式、“九九”品牌为掌控措施，使干部员工在安全行为控制系统的规范和指导下，提升全员安全意识和能力，开创了安全工作新局面。

▲ 打造和谐班组

# 辽宁北煤矿业集团

董事长、总经理、党委书记 王力

北票煤业有限责任公司是2001年由原北票矿务局破产重组改制而成的股份制企业。10年来，企业已由煤炭资源枯竭的北票老矿区发展成为北票老矿区、九道岭新区、油页岩新产业区三个生产经营基地，产品结构已由单一煤炭产品发展成为煤炭、页岩油、铁矿粉三种主导产品。销售收入已发展为企业成立之初的9倍，上缴税金已达到企业成立之初的30倍。保证了8600多名国有企业破产下岗矿工的稳定就业和稳定收入，维护了社会稳定。

随着企业规模的扩大和跨地区、跨行业经营局面的形成，为适应新形势管理的需要，以北票煤业有限责任公司为母公司组建了辽宁北煤矿业集团，于2011年11月8日在北票市工商局注册登记，领取了《企业集团登记证》。集团注册资本总和42369.3万元。集团所属企业现有职工8660人，资产为13.6亿元。

团结奋进的领导班子

北煤集团的性质是以资本为主要联结纽带、以母子公司为主体、以集团章程为共同行为规范的母公司、子公司组成的具有一定规模的企业法人联合体。不具有法人资格。

北煤集团母公司为北票煤业有限责任公司。六个控股子公司分别为辽宁九道岭煤业有限公司、内蒙古敖汉千山矿业有限公司、北票天宝耐火材料有限公司、北票北塔油页岩综合开发利用有限公司、北票北煤工程监理有限公司、北票矿山安全检测检验有限公司。集团所属企业经营范围为：原煤开采、洗选；油页岩采炼；铁矿采选；矿山设备加工制造；技术咨询服务等。

北煤公司千米竖井外景

组建后的北煤集团坚持“诚信立业、务实创新”的宗旨，实行集中决策、分散经营。集团成员之间在资金、技术、人才等方面进行合作，实现优化组合，优势互补。不仅解决了跨地区生产经营遇到的限制，也避免了重复建设、资金分散、设备闲置、专业化水平低等弊端，从而优化了资源配置，提高了资源的综合利用效率，带动了产业结构和产品结构的调整，增强了企业竞争力。北煤集团的成立必将带动北煤进入一个新的发展时期。

辽宁北煤矿业集团

油页岩有限公司远景

九道岭煤业有限公司远景

千山矿业公司办公楼

天宝耐火材料有限公司

# 西藏华钰矿业开发有限公司

TIBET HUAYU MINING CO. LTD.

华钰矿业 HUAYU MINING

公司董事长 刘建军

西藏华钰矿业开发有限公司，成立于2002年，注册资金2亿元，法人代表刘建军。公司主营铅、锌、铜等有色金属的开采、加工、销售及固体矿产勘察业务，公司具备固体矿产勘查乙级资质。现有采矿权3宗、探矿权2宗，其中已探明储量具有中型以上规模的矿山两座。2011年，公司实现销售收入4.8亿元,上缴税金1.27亿元。

2007年，公司两个生产型矿山同时在西藏自治区率先获得六个矿山开采项目的审查准入。2009年，公司顺利获得西藏自治区国土资源部门颁发的固体矿产勘查乙级资质。目前，公司资产总额已达10亿余元，已查明资源的占有量、采选矿能力及公司的盈利能力均居区内矿业企业前列。公司现已形成集资源开发、地质勘查、矿山采矿与选矿一条龙的完整的矿业开发体系，自身经营已走上良性循环、滚动发展的道路。

## 注重安全环保 打造绿色企业

公司在快速发展的同时，做到资源开发、安全生产与环境保护同步进行，打造绿色矿区，实现企业与社会的协调发展。建立健全安全环保长效机制，不断推动企业安全发展。公司牢固树立“科技支撑、管理创新、系统提升”的安全理念，在生产过程中，始终把安全生产放在头等位置来抓，重视安全长效机制建设，工作中注重完善矿区、选厂、班组三级安全网络，积极开展安全文化建设，为强化员工安全意识，把每年的6月份定为公司的“安全生产月”，开展各类安全教育活动，营造了浓厚的安全文化氛围。公司自成立以来未发生过重大安全事故，连续获得自治区“安全生产企业”称号。

## 支持公益事业建设 注重民族团结

从在西藏创业初期开始，公司就在生产经营中秉持“两个保护、三个有利于”的原则，即：保护好与当地农牧民的团结、和谐的关系；保护好矿区的生态环境；有利于企业的效益增长；有利于促进地方的经济发展；有利于增加当地农牧民的经济收入。在两个分公司的建设中，公司非常注重保护当地农牧民的权益，与当地农牧民签订了草场赔偿协议，每年按时给予农牧民一定比例的补偿款。同时，公司还加大对公司汉族员工的教育宣传力度，让员工们加强环境保护和民族团结意识，尊重当地农牧民的生活习俗。

## 关心员工利益 提高公司凝聚力

为实现又好又快发展，公司提出了“企业无弃人，重在尽其用”的人本管理理念，致力于构建“能者上、平者让、庸者下”的用人机制，“不唯书、不唯上、只唯实”，坚持德才兼备和公开、公平、公正、竞争、择优的用人原则，大胆选拔使用工作有思路、管理有创新、群众信得过的优秀人才，实现了“专家型人才扛大梁、实干者攻坚破难”，从而形成了一个团结、务实、创新、奉献的团队。

几年来，在董事长刘建军的主导下，公司先后引进高级管理人才12名，技术骨干44名，先后利用相关技工学校和内地一些矿山企业培训技术人员40余名，输送到公司的各个工作岗位。先后组织企业工程技术人员到云南、广州、格尔木、西宁等地考察学习。2012年2月份，又组织公司中高层管理人员及优秀员工到清华大学进行培训。

## 公司未来发展规划

在未来的发展建设中，公司将继续以科学发展观为统揽，进一步将企业做大、做强，现已规划出企业中期发展的蓝图。在2011-2015中期规划期内，公司将立足青藏高原，以资源拓展和资源开发为核心，以推进上市为突破口，走资本运作推动实业发展的道路，做专业型的矿山开发企业。到规划期末，公司通过地质勘查、并购和合作等方式使具备优质矿种、中型以上资源储量的采矿权5个以上；公司形成集采、选矿为一体的中型规模以上的生产型矿山3～4个；形成采选矿综合生产能力达到10000吨/日。届时，华钰公司年产值按不变价计算将达25亿元，预期实现税金5亿元，公司跨入区内大型矿业企业的行列，为积极推进西藏非公经济健康发展，为建设小康西藏、平安西藏、和谐西藏、生态西藏做出更大的贡献。

# 中国煤矿机械装备有限责任公司
# 平朔维修租赁中心

中国煤矿机械装备有限责任公司平朔维修租赁中心（以下简称中心）隶属于中国煤矿机械装备有限责任公司，成立于2005年11月，位于朔州经济开发区，资产总额达4.5亿元, 拥有大型维修设备66台（套），专业技术人员95人，能够承接煤矿井工设备普采、综采工作面，包括液压支架、刮板输送机、采煤机、转载机、破碎机、矿用电机等配套设备的维修服务和技术改造。

中心成立以来，始终坚持“服务、保障、配合”的工作方针和准确定位，按照中煤集团公司“四化”、“五高”要求，着力走服务和质量为主的内涵式发展道路，不断创新内部管理机制和运行程序，全面提高专业化服务水平，积极服从服务于中煤集团在晋投资矿井和朔州市地方煤矿生产，成为井工设备的贴身管家和用户可信赖的合作伙伴。

中心于2008年9月投资12966万元进行扩能技改，2010年10月12日完成竣工验收，项目整体规划为“一轴三区”，分别为厂房区、景观区和办公区，建筑总面积为23788.02平方米，其中主车间面积为20763.96平方米，厂房跨度均为24米，总长度为180.3米，新增各类设备共计34台（套），其中进口设备8台（套），技改后将实现年13台（套）综采设备及相关采煤机械的维修能力。项目建成后，极大地拓宽了维修服务领域，提高了维修保障能力，是晋北地区规模大、现代化程度高的专业化煤机设备维修基地。

中心2007年通过ISO9001：2000质量体系认证，是2010年山西省服务业100强企业，在朔州市率先成为机械行业安全生产标准化二级达标单位，是朔州经济开发区综改转型试验煤机产业园区的主要骨干企业。中心以中煤集团科学发展新思路为指针，解放思想，真抓实干，把具体行动落实到“1458”工作思路和“22255”发展目标上，站在装备公司“百亿煤机”的新起点上，加快打造“世界先进”煤机维修企业，为实现集团公司的五年发展规划，为实现朔州开发区转型、跨越发展做出新的更大的贡献！

# 大同煤矿集团四台矿

矿长 剧通达

矿党委书记李福仁、矿长剧通达在一起研究工作

职业技术学校电脑知识考试

员工军事化训练

四台矿员工候车大厅

至今已有20年开采历史的四台矿是国家“七五”期间重点建设项目，投产于1991年12月，是当时全国设计生产能力较大的井工型开采矿井。矿井设计和核定生产能力为500万吨/年。因地质构造复杂历来被业界人士称作是“大同煤田的地质博物馆”。全矿现有员工6579人，共有5个综采队、10个机掘队、7个普掘队。现采煤层平均厚度为1.5～2.2米，煤层综合生产能力为1.417吨/平方米。2005年，四台矿达到设计生产能力，率先成为同煤集团年产达500万吨的高产高效矿井，至今已连续六年完成煤炭产量500万吨。

近年来在同煤集团“转型跨越十二五，再造一个新同煤”宏伟目标的指引下，四台矿牢牢把握企业发展的主动权，坚持高境界定位，创优异业绩，瞄准建设新型现代化、标准化、本质安全型矿井目标不动摇，靠科学的管理手段提升矿井生产效能，靠质量标准化建设夯实安全生产根基，靠改革创新增强企业发展活力，靠企业文化和精神文明建设凝聚人心力量，以崭新的精神风貌和工作业绩在新同煤建设中披荆斩棘，再立新功。

# 山西煤炭运销集团有限公司
## SHANXI COAL TRANSPORTATION AND SALES GROUP CO.,LTD.

**一、企业概况**

山西煤炭运销集团有限公司(简称山西煤销集团)是2007年7月经山西省有关部门批准，由省国资部门和11个市国资部门出资，在原山西省煤炭运销总公司的基础上改制重组，组建以煤炭生产、煤炭物流为主业，辅之以煤炭加工转化、煤化工、房地产、旅游酒店等多元产业为一体的现代大型煤炭产业集团。

集团现下设11个市级子公司、98个县级子公司、25个全资控股企业、165座煤矿、140多个铁路发运站、300多个储配煤场及一批煤炭超市，1家上市公司（太工天成，控股20%）。截至2011年底，集团资产总额达1103.2亿元，现有员工10万多人。

2011年，山西煤销集团紧紧围绕山西省“实施转型跨越，再造一个新山西”的重大战略部署，按照“12345”发展思路和“三步走”战略步骤，以发展三大支柱产业为主线，以推进重点项目建设为抓手，以强化内部管理为重点，奋力负重赶超，奋发转型跨越，主要经济指标再创新高：营业收入为1580亿元；煤炭产量为4100万吨；煤炭总运量为3.5亿吨；焦炭总运量为6400万吨。煤炭总经销量为2.5亿吨；焦炭总经销量890万吨;非煤产业实现营业收入为230亿元，利税为144.8亿元。

“十二五”期间，山西煤销集团将继续秉承“12345”的发展思路和发展目标，以科学发展观和转变增长方式为引领，以“三大支柱”产业发展为主线，以重点项目推进为抓手，以强化内部管理为重点，以煤为基、以煤兴产、以煤兴业、多元发展。集团将力推煤矿整合改造，建设安全高效矿井，强化集约管理，夯实集团发展基础；加强物流基础建设，拓展物流服务业态，构建大物流体系；整合多元产业，培育装备制造、IT科技、煤化工等高端技术产品，促进非煤产业发展，实现煤炭产业资源利用的循环化、煤炭物流的专业化、多元产业的高端化。着力建立“区域化公司+专业化管理”的管理体制，实现企业有效制衡、高效运转、协调发展；不断强化以产业、板块为主线的专业化管理和服务。进一步坚定“办大矿、办现代化矿井、办安全高效矿井”的理念，狠抓煤矿安全生产管理，做强现代化煤炭生产业；充分发挥集团公司独特的网络体系和经销优势，以全省主要运煤通道为基础，以信息化为支撑，以物联网为载体，做大专业化煤炭物流产业；抓高端、抓特色、抓新型化，服务核心业务，做优以煤化工为主的新型化多元产业。

到“十二五”末，山西煤销集团将建成以煤炭生产为基础，以煤炭物流营销为支撑，以焦炭化工、电力、装备制造、房地产、文化旅游、后勤服务、金融投资、贵金属等多

三元煤业监控大厅

焦化厂外景

井下现场作业

# 诚信　品牌　效益　和谐
# 统一融合蓄强势　励志图新铸辉煌

晋神煤矿外景

元板块为延伸，三大产业协调发展的现代大型煤炭生产、物流集团。

## 二、安全工作健康发展

山西煤销集团从资源整合工作开始之初，就时时处处讲安全的重要性，坚定贯彻落实“抓经济发展是政绩，抓好安全生产也是政绩”的科学政绩观，时刻把实现安全生产、保障职工群众生命财产安全作为主要任务来抓，做到了思想上警钟长鸣、工作上常抓不懈、制度上严密有效、检查上严格细致、隐患排查上负责彻底，做到了六个到位（安全第一理念贯彻到位、长效机制建设到位、隐患整治落实到位、监督管控措施到位、安全素质提升到位、安全文化建设到位），2011年山西煤销集团百万吨死亡率控制在0.22。

作为山西煤炭生产企业的“新兵团”，集团整合矿井开采条件差、地质情况复杂、安全隐患突出；矿井生产现场管理、质量标准化管理、安全管理水平良莠不齐；安全管理人才严重短缺，文化千差万别；基本管理制度不健全，安全管理基础比较薄弱，矿井生产建设压力和确保安全的矛盾十分尖锐。面对这些复杂情况，集团公司进一步完善“十二五”规划，确立了煤炭产业“稳健推进、保护性开采”的主题。通过一年的努力，统一了办矿理念，明确了办矿标准，优化了矿井设计，坚持一井一面，采用一次采全高等先进技术，提高矿井瓦斯和水害防治标准，推行矿井安全准入，建设示范矿井，组织有条件的矿井向“数字矿山、集约管理”迈进。集团公司的发展前景十分看好。

## 三、煤矿生产建设成效显著

生产建设是集团转型发展的基础。集团公司切实加快矿井建设，努力抓好煤矿生产，在确保安全的前提下，按照“重点突破，全面推进”的原则，确立了“办大矿、办安全高效矿、办现代化本质安全型矿”的理念，明确了矿井生产建设的“六大阶段性目标”：一井一面，装备技术现代化，专项治理措施落实，质量标准化动态达标，控制入井人数、提高人员素质，组织正规循环作业、严禁超能力生产。按照厚煤层一次采全高和煤层生产能力以及“六大阶段性目标”的要求，组织对矿井设计进行优化，确保矿井系统合理，并留够充足的安全系数。制定矿井生产建设的准入条件，提高安全门槛。组织对矿井的六大灾害源（雨季三防、一通三防及瓦斯煤尘治理、防治水、小煤窑危害、安全供电、大斜坡运输）进行集中整治。组织实施对标管理，建设示范矿井，推行全员“岗位描述、手指口述、危险源辨识”。全面系统完成资源整合后期各项工作。三元、中能、王庄、沙坪、磁窑沟、泰山隆安等一批矿井，基本达到“六大阶段性目标”的要求，现代化矿井建设初具雏形。严格按照基本建设程序，6座矿井达到生产和联合试运转条件，28座重点建设矿井正在有条不紊地进行建设。

铁路物流

# 中国石化集团公司

燕山石化公司隶属于中国石化集团公司，始建于1967年，成立于1970年，是我国建厂早、规模大的石油化工联合企业。目前有员工16000人，生产装置63套，公用工程装置68套，原油加工能力为1000万吨/年，乙烯生产能力为80万吨/年，可生产94个品种、431个牌号的石油化工产品，是我国大型的合成橡胶、苯酚丙酮、高品质成品油生产基地和我国大型的合成树脂生产基地之一，是北京清洁油品的主要供应商。公司成立40余年来，累计加工原油2.7亿吨，生产乙烯1616.6万吨，实现销售收入8236.6亿元、利税985.4亿元，为国民经济和社会发展做出了较大贡献。

作为一家大型石油化工联合企业，燕山石化深知安全工作的重要性。长期以来，在中国石化集团公司的领导以及政府有关部门的监督指导下，燕山石化坚持以安全生产为基础，认真贯彻、落实国家有关法律法规和中国石化安全生产管理制度，不断完善岗位安全责任体系，建立Q-HSE管理体系，加强安全文化建设，强化员工安全教育培训与应急演练，积极排查治理安全隐患，强化内部监管，保证了安全稳定生产。为确保城市清洁油品供应和维护区域稳定、发展贡献了力量。

2011年，面对不利的外部市场环境，燕山石化开拓思路，锐意进取，坚持“精心工作，止于至善”的理念，自强不息、艰苦奋斗。一方面加强内部管理，利用专业化管理优势，进一步提高管理效率，降低管理成本。另一方面加快技术改造步伐，淘汰落后装置，消除影响安全生产工作的瓶颈和隐患，整合炼化资源，调整产品结构，生产更多的高

生产装置现场

污水净化基地

管控一体化操作室

# 北京燕山石化公司

消防演习

附加值产品，充分实现炼化一体的经济及社会效益。进一步加强信息化建设，打造数字燕山，建设智能工厂，为强化安全生产管理提供强大的技术支持，使燕山石化安全生产管理水平迈上了一个新的台阶。公司深入践行“我要安全，安全保我平安；我要环保，环保佑我健康”的HSE管理理念，力争创造国际先进的QHSE绩效，为燕山石化建设具有国际竞争力的石油化工企业的目标奠定坚实基础。

“员工与企业共同成长，企业与社会和谐发展”是燕山石化的核心价值观，“安全体面的工作，健康舒适的生活”是燕山石化和员工的共同追求！燕山石化公司将继续以良好的QHSE业绩和更高质量的产品回报社会！为城市建设、地区和谐稳定，为国家的经济发展做出更新、更大的贡献！

# 徐州矿务集团有限公司

徐州矿务集团有限公司是具有130年开采历史、中国井工开采历史悠久的特大型煤炭生产企业之一，主要经营煤炭、电力、煤化工、机械制造、物流、房地产、工程施工等。现有18个分公司、37个子公司、12个非公司制企业和5个事业法人单位，在岗职工5.8万人，年煤炭产能为3200万吨，电力装机容量为228万千瓦。在山西、陕西和孟加拉国等地共有矿井整体托管等项目60个，非列统劳务产量为4800万吨。2011年全集团营业总收入为236亿元，年末总资产为369亿元。先后荣获“全国五一劳动奖状”等称号。

徐矿集团按照“主业转移、业态转型、资源再生、生态再造”的思路，大力实施走出去和引进来发展战略，做强做大煤炭、电力、煤化工三大主体产业，调优调高矿业工程、煤矿装备、地产置业三大关联产业。目前，新疆、贵州、陕甘和徐矿本部四个能源基地基本建成。新疆基地已建在建项目10个，涵盖煤炭、电力、煤化工、铁路及资源勘探等多个方面，规划到“十二五”末，实现煤炭产量2035万吨、电厂装机容量3040兆瓦、煤制天然气40亿立方米。陕甘基地已建在建项目7个，涉及煤炭、电力、煤化工、光伏、铁路、资源勘探等多个领域。贵州基地加强优质煤矿整合，大力发展电力，积极开展瓦斯综合利用，在建及收购项目8个，将形成以煤层所综合利用为特色的煤、电、气一体化区域性能源基地。徐州基地通过建设循环利用、现代物流、生态旅游、煤矿装备制造、绿色化工等产业分园，充分实现煤炭资源的可利用性，力争成为全国衰老矿区转型的示范区。

近年来，徐矿集团认真贯彻党和国家安全生产方针政策，以安全发展为主题，以深入开展“安全生产年”活动为载体，坚持生命至上的工作原则，围绕创建本质安全型矿井主线，严格落实企业安全生产主体责任，积极创新安全高效生产模式，盯牢重大自然灾害防治，扎实推进安全生产标准化建设，初步构建了以安全为中心的生产技术管理体系，安全状况持续稳定好转。

### 牢固确立“零伤亡”目标追求，以全新理念引领企业安全发展

徐矿集团确立了“零伤亡”的目标追求，坚定“零死亡、零重伤、零职业危害”的信心和决心，按照“安全惟一”的原则处理安全与产量、进尺、效率、效益、投入之间的关系，以核定产能的90%下达指导性计划，优先配强安全生产管理力量，安全收入占到总收入的三分之一以上，对不能保证安全的工作任务和考核指标坚决说不，对徐州开采条件差、安全管控难度大的矿井主动闭坑、转移发展，从决策源头营造宽松从容的生产环境。持续深化对各类事故灾害发生机理的认识，用科学严谨的态度安排生产组织、设计采掘布局、配置装备人员、防治灾害事故、

董事长皇新海在张双楼矿9307综采工作面检查指导工作

总经理吴志刚在新疆考察调研工作纪实

矿业工程

综采支架

# 徐州矿务集团有限公司

改善作业环境，做到职工规范操作、装备可靠运行、环境有效控制。

**大力推进“科技+素质”管理模式，不懈探索老矿井安全高效新路**

坚决摈弃老矿低效低可靠的思想，瞄准安全高效目标定位，大力实施“科技+素质”管理模式，凡老矿井对照国内先进标准，按照“一矿两面”要求进行系统优化和生产布局，集中投入11亿元实施安全装备升级；对新建矿井按照本安、生态、智能化的中国第四代矿井要求，进行系统设计和装备配套，装备保安减人提效作用明显。大力实施科技人才兴安战略，成立了国家能源深井开采与灾害治理实验中心，率先建成全国“感知矿山”物联网示范工程；推行准军事化管理，实行强教强训强考，打造了一大批专业工种“大拿”、技术业务尖子和岗位技能大师，传统煤矿产业队伍技术素质得到了新的提升。

**高标准深化安全生产标准建设，努力提高作业环境的安全可靠性**

把安全生产标准化建设作为安全的治本工程，不断创新“三项达标”建设，把采区设计、工作面布置、巷道支护、设备配置、系统配套、机械化自动化水平、现场作业环境和员工操作行为等纳入创建范畴，检查专业标准由原来的7个增加到13个。建立超前预控体系，实施全面变化管理，对采掘头面、生产系统、主要场所的环境、灾害状况、设备配置、运输系统、生产能力进行超前诊断，做到超前预测变化、科学减少变化、有效控制变化，力求作业环境安全可控。严格执行“不达标不生产”的安全否决机制，对安全没有把握的，坚决停头、停面、停岗、停矿，倒逼达标创建工作向更高层次迈进。

**强化重大自然灾害防控，着力构建立体式的安全保障体系**

建立健全通风防突、防冲击地压、防治水等专门机构，解决安全生产过程中遇到的困难和问题。提足用好安全生产费用，按照吨煤45元计提，优先保重大隐患整治。从严落实“十六字”工作体系，把抽采作为瓦斯防治的关键措施，杜绝了瓦斯、煤尘事故。建立更加透明的地质保障平台，完善矿区水患长效防范机制，健全井下动态监测、预警系统，形成了水文分析、超前防范等制度。完善矿井应急救援体系，推进省级应急救援基地建设。建立完善“六大系统”，加快紧急避险系统建设，建成了一个紧急避险系统示范矿井和8个示范采区，其他矿井按节点计划加快组织施工。

徐州棚改项目——徐矿城

在循环经济园区建成的环保坑口热电厂——徐矿综合利用电厂

徐矿集团新疆塔城40亿立方米煤制天然气生产基地
和陕西长青工业园150万吨甲醇项目

# 黄山风景区

上级进行安全检查

安全检查

黄山风景区管委会坚持“安全第一，预防为主，综合治理”的安全生产方针，认真贯彻《中华人民共和国安全生产法》，提出“保护当头，发展至上，安全是天，和谐立山”的十六字方针，始终把安全生产工作放在突出位置，贯穿于景区保护与发展的全过程，全面部署、全面关注、全力以赴地抓好景区安全生产工作。

黄山风景区作为旅游景区，其安全生产与其他地区相比具有很多明显的特点。

一是涉及安全事项多。黄山属于典型的山岳型景区，安全生产主要体现在旅游安全上。但由于黄山风景区面积大、范围广，安全生产涉及吃、住、行、游、购、娱各个方面，重点包括：索道运行、道路车辆、森林防火、建筑消防、游览步道、供电供水、卫生防疫、特种设备、建筑施工、食品安全、自然灾害等10多个方面。

二是对外影响程度高。黄山是世界闻名的景区，具有很高的知名度和美誉度，不但各级领导、广大游客非常关注，社会各界包括联合国旅游和资源保护等组织都非常关注。因此，做好黄山的安全生产工作，是景区各项工作的重中之重。

三是加强景区安全管理工作力度。近年来，到黄山旅游的游客逐年增加，截至2011年底日接待量创新高达3.99万人次，年接待量已创新高达274.4万人次，安全等方面的管理难度越来越大。面对这些新的挑战，景区每年都会组织安全管理人员的培训，定期召开安全会议，及时更新各种安全保护设备，以保证广大游客安全。

黄山旅游所体现出的这些特点，决定了我们必须在日常工作中要始终坚持安全发展的理念，把“以人为本”摆在更加突出的位置，坚持旅游发展必须以安全为基础、前提和保障，不能以牺牲人的生命和健康为代价。

安全管理人员培训

国家旅游应急救援黄山队评审

安全会议

Bayer MaterialScience

## 拜耳材料科技（中国）有限公司简介

拜耳集团是一家全球性企业，拜耳材料科技是拜耳集团旗下三大子集团之一，是全球较大的聚合物生产商之一，业务范围主要涉及高科技聚合物材料的制造以及日常生活诸多领域的创新解决方案的开发。其生产的高性能材料广泛服务于汽车业、电子和电器行业、建筑业及体育和休闲行业等等。

拜耳材料科技在中国广泛开展业务，建立了遍布全国的销售网络，为本地市场和客户提供高新材料产品及创新解决方案。在生产领域，投资建设拜耳上海一体化基地，在未来几年总投资将超过30亿欧元，这是拜耳境外的较大一笔投资。拜耳上海一体化基地是拜耳材料科技在亚太地区大型的生产基地。目前，已建成世界先进的聚碳酸酯、聚氨酯及涂料原材料的生产设施，并应用先进的、高可靠性的和环保的工艺流程及制造技术，以降低能耗及减少二氧化碳排放。一方面保证了装置的高安全度的运行，另一方面也体现了该基地的可持续发展。

在研发领域，拜耳材料科技位于上海金桥的聚合物科研开发中心，有聚碳酸酯、聚氨酯和涂料、黏合剂及特殊化学品业务部的全方位的研发设施，开展新应用、新产品的研发活动，以及为客户提供技术支持和培训等服务。通过积极探索新材料的开发，为行业树立服务新标杆，并且将这些材料应用于创新领域，以满足中国乃至亚太市场的需要。

## 拜耳材料科技集团健康、安全、环境、能源及质量方针

在拜耳材料科技集团，我们坚信：安全、环保和能源绩效、产品和过程质量及商业效率对于达成公司的目标是同等重要的因素。因此，我们尊重和支持“责任关怀”和“可持续发展”目标，并以此为公司管理层的承诺和每个员工共有的责任。

**我们的原则：**

我们员工、客户和相关方的健康和安全以及我们产品和过程的质量是公司业务决策中极为重要的考虑因素。我们将持续改进环境及能源的绩效视为对当代和后代的责任。

- 我们的产品旨在提高生活质量。我们产品的生产、操作、运输和使用必须是安全和高效的，我们的产品在正确使用后应可被安全的循环利用或处置。
- 工厂的安全、可靠运作对于我们的员工、邻居的健康和福祉非常重要，因此对我们的成功也至关重要。
- 拜耳材料科技集团的每位员工都应该持续改进其工作场所的健康和安全绩效、产品和过程的质量以及环境及能源绩效。这也包括防止或减少污染物排放以及废弃物产生。
- 出于经济和生态方面的考虑，我们应尽责尽职地持续节约资源、材料和能源。这包括购买合适的高能效产品以及服务。

我们不懈努力持续改进我们的运营、产品及服务的质量，以满足客户及我们自身和相关者的利益。为此，公司为健康、安全、环境、能源和质量目标制定了具体并可测量的指标，并给予其相应的资源及信息和与经济目标同等的支持以促使其实现。

我们也无条件地尊重所有法律法规以及内部规章。我们寻求与我们的利益相关者就我们的方针、原则、目标和指标进行公开的对话。通过积极推动这一对话，树立拜耳材料科技集团遵循道德规范、具有社会责任感的组织形象。

## 拜耳材料科技（中国）有限公司的安全管理

拜耳材料科技(中国)有限公司在公司健康、安全、环境、能源及质量方针的指引下，始终致力于公司安全管理体系的建立和落实，并在2011年11月顺利通过了危险化学品从业单位安全标准化二级考核。拜耳材料科技(中国)有限公司逐步建立并完善了以专业管理为主的工艺安全、工作安全、物流安全、产品安全管理体系。有效的安全管理体系可以降低系统性的安全风险。同时，任何有效的管理系统都需要人来执行和完成，因此在拜耳材料科技(中国)有限公司我们将有效的安全领导力以及执行力放在和有效的安全管理体系同等重要的位置。在安全管理中，我们将人的因素作为核心管理要素。为此，我们强调拜耳材料科技的核心价值观、以安全绩效为导向的全员参与、个人及团队的安全责任、领导者榜样的力量、知识与经验对安全的影响。拜耳材料科技(中国)有限公司将不遗余力地把安全作为“责任关怀”和“可持续发展”的要素，并以此作为公司管理层和每个员工共有的责任以及不懈努力的目标。

我们的一切行为都不能以受到伤害为代价。这意味着，在拜耳材料科技，职业健康安全是极其重要的。在公司的业务领域，我们已经改善了许多安全方面的表现，但我们想要做得更好。惟有真正实现零事故率这一目标，我们才会满意。

我们希望做得更多更好，因此我们每年举办拜耳安全日活动，在全世界的各个工厂，办公室内同时进行。2012年9月18日，“第三届拜耳安全日”在拜耳上海一体化基地成功举办，提升了全体员工的安全意识。“安全”始终是基地的头等大事。在全球所有拜耳材料科技生产基地中，拜耳上海一体化基地是可记录工伤率低纪录的保持者，但我们不会满足于如今所保持的安全纪录，而是需要继续努力实现安全这一共同目标。拜耳材料科技全球和拜耳上海一体化基地的安全宣传视频在活动当天面向员工播放并开展了极好的安全互动活动。活动当天还列举了拜耳上海一体化基地的安全成就并颁发了相关奖项。

电话：+86-21-37493000转基地HSEQ部门　　地址：上海市化学工业区目华路82号拜耳上海一体化基地　　邮编：201507

# 河北保定交通运输集团有限公司

董事长、党委书记　张 生

总经理、党委副书记　王陵江

河北保定交通运输集团是具有国家一级客运资质、二级货运资质的大型道路运输企业。企业资产总额达10个亿元,现有员工近万名,拥有各类客、货汽车4200余部，长途客运线路600余条，日发班次4000多个，营运范围通达18个省、市、自治区。城市公交线路56条,线网密度为5.6公里/平方公里,出行分担率为15.1%,长途及城市公交日输送旅客达39万多人次,位居全国道路运输企业综合实力20强。集团是交通运输部重点联系单位之一。

近年来，集团公司自觉落实科学发展观，在部、省、市各级领导和各级行管部门具体指导帮助下，始终坚持“安全第一、预防为主、综合治理”的方针，强化安全措施，狠抓责任落实，多年保持道路运输安全良好状况，无重大责任事故发生。

## 一、认真落实安全生产主体责任，健全完善安全生产规章制度

按照河北省关于企业安全生产主体责任的要求和省交通管理部门的有关规定，集团公司对原有的安全管理制度进行了不断的修订补充和完善，形成了“三项制度”（安全管理制度、岗位责任制、安全操作规程）健全，管理责任分明的安全管理模式。集团公司与各基层单位的“一把手”每年签订 “安全生产责任书”，保证了“三项制度”层层落实到位。

## 二、健全安全生产管理机构，实现了分级包保层层抓落实

集团公司和基层各单位都建立健全了安委会组织和领导分级包保安全工作责任制。各基层分公司设有专职安全科，各汽车站有专职安全员。全集团公司配备专职安全生产管理人员143 人，使安全管理步入一级抓一级，层层抓落实的健康轨道。

## 三、强化企业安全文化教育，提高驾驶员预控能力

集团公司以"违章就是事故,责任重于泰山”为安全理念,大力推进企业安全文化建设。在强化安全教育上，建立了驾驶员培训档案，组织驾驶员从安全法律、法规、各项安管规章制度以及驾驶员安全行车规范等方面进行系统的培训。充分利用橱窗、广播、板报、专栏、观看安全教育光盘等多种形式进行安全宣传、教育，增强了全体驾驶员的安全责任意识。各基层单位按照安全行车里程对驾驶员进行分类管理和使用，对达到一定行车里程安全无事故的驾驶员进行评优奖励。集团公司在各基层运输单位之间常年开展连续安全行车无事故活动，以每20天为考核标准，实行累进奖励。有的单位连续安全运行无事故达200天以上，安全奖励机制激发了驾驶员安全行车的自觉性。按包教制度，各单位将营运车辆分解到各科室管理人员，包教人按照安管部门提供的包教内容与驾驶员每月谈话不少于三次。各基层单位常年严格坚持每周安全例会制度，对所有驾驶员实行安全例会全覆盖，进行法律法规宣传、案例分析和驾驶员技术培训。各单位安全科利用摄像、电脑、投影等设备，将典型案例及内部事故制成课件，图文并茂地讲解分析，使驾驶员清楚地认识到了事故

# 保一路平安　运八方真情

## 推进企业安全文化建设 保障道路旅客运输安全

发生的原因以及应采取的应对措施，从而提高了驾驶员安全驾驶的预控能力。

### 四、全力做好安全生产隐患排查，遏制重大责任事故发生

按照要求，集团公司认真组织开展客运安全隐患大检查大整治，严格落实事故隐患排查制度。集团公司安全机务技术部每月组织一次由各公司安全科长参加的联合安全检查。从安全基础管理工作的落实情况、场站安全隐患的排查整改情况到上路现场查处违章等方法进行大检查大整治，强化了安全管理力度。各单位安全科常年坚持“早送晚迎”制度,为驾驶员安全行车“提醒”，并按制度要求，每月上路检查不少于20天。为增强安全管理的针对性、有效性，安全科对每条营运线路还实地察看分析，特别是繁华街道、交叉路口、桥梁、事故多发区，提出具体的安全驾驶操作要求，编制了安全行车作业指导书，发放到驾驶员手中。安管部门通过GPS监控和现场检查，监督作业指导书执行情况。集团公司每季度对各单位安全工作按标准进行检查考评通报，对问题单位要求限期整改并与班子成员年薪考核挂钩。通过全力做好安全生产隐患排查，有效地遏制了重大责任事故的发生。

### 五、发挥GPS、短信群发作用，降违章保安全

目前，集团公司运营车辆GPS安装率达到100%，夜间运行车辆、卧铺车和城际公交车全部安装了视频监控系统。各单位均设立了监控室，配备专用电脑和大型显示器，完善了监控管理流程和管理处罚办法。集团公司设专人对集团车辆进行监控，将GPS违章率不超过车辆总数的5%列入各单位每月考核。对发现的违章车辆通过现场检查的形式查验车属单位是否处理。对于严重违章的车辆，即时通报车属单位严肃处理。各单位专职监控员通过GPS监控平台对车辆进行24小时监控并记录，及时了解掌握车辆安全运行动态，特别是在落实卧铺客车凌晨2点至5点休息制度的监控上，实施了有效督查，保障了夜间行车安全。各单位安全科，针对不同季节和恶劣天气变化，利用短信群发向广大驾驶员发布安全行车信息，及时将防范要领通过短信平台提示给广大驾驶员，从而降低了违章，保障了行车安全。

### 六、强化车机务管理，为安全生产提供车辆技术保证

按照“预防为主，强制维护，定期检测，视情修理”的原则，集团公司强化车机务管理，严格执行车辆一、二级维护制度，提高维修质量，严把检验关，坚决杜绝“病车”上路运行。制定完善了《车辆管理制度》、《设备管理制度》、《维修管理制度》、《爱车例保管理制度》、《回场检验管理制度》等十几项车机务管理制度并严格落实。所有车辆回场上站受检率达100%，无一漏保失修，保证了车辆完好运行。

### 七、加大危险源安管力度，为旅客提供安全的乘车环境

为确保旅客乘车环境安全，集团公司实施了重大危险源等级评定制度、应急预案和应急演练制度、安全知识培训和隐患排查制度。客运站严格执行“三不进站、五不出站”制度，各汽车站安检机配置率达100%，严查“三品”上车。同时，强化消防安全管理，对车辆消防设施、器材严格按标准配置，尽可能为旅客提供安全的乘车环境。

### 八、坚持领导带班、值班，强化安全责任意识

集团公司坚持领导带班、安全值班制度，随时了解安全生产情况，及时发现问题，解决问题。各基层单位设立了信息员，随时汇报安全信息，确保信息畅通。建立了责任追究制度，对事件信息迟报、谎报、瞒报、漏报或缓报，在事件过程中玩忽职守，渎职或拒不执行指令的，追究责任人和主管领导的责任，进一步强化了各级管理者“一岗双责”的安全责任意识。

集团公司坚决响应全国道路客运安全年活动号召，按照国家三部局的安排部署，认真贯彻执行道路旅客运输企业安全管理规范，继续强化安全生产主体责任,积极推行安全生产标准化管理，把生命高于一切的理念贯穿于交通运输服务的全过程，将企业安全文化与道路客运安全年活动有机结合,坚决遏制重大责任事故发生，“保一路平安，运八方真情”，以优异的成绩迎接党的十八大的胜利召开！

# 北京京煤集团有限责任公司

北京京煤集团有限责任公司（以下简称京煤集团）是国有独资大型企业集团，是全国500家大型企业之一，拥有权属二三级单位60余家，资产314亿元，员工2.79万人。集团发挥规模优势和区位优势，依托行业、技术、资源和人才优势，形成“以能源、房地产和城市服务三大产业为主导，其他相关产业多元发展”的战略格局。集团在北京和内蒙古建有大型现代化煤矿，是中国无烟煤重要产业基地，所产洁净环保无烟煤除供应国内工厂和民用外，年出口煤炭200万吨。集团房地产业立足首都，面向全国，在北京开发有众多地标性建筑，在天津、辽宁、内蒙古、海南等地开发多项大型基建项目。集团利用拥有丰富土地资源和经营网点的条件，发展现代物流、旅游饭店、燃料经营、物业租赁、汽车贸易等城市服务业，并在民爆化工、机械加工制造、建筑建材等相关领域全面发展。集团努力打造理念先进型、质量效益型、本质安全型、技术创新型、和谐发展型的“五型”企业，通过ISO9001国际质量体系、GBT28001职业健康安全管理体系和ISO14001国际环境管理体系认证。

党委书记、董事长付合年
为大倾角急倾斜综采工作面运行剪彩

总经理阚兴在井下了解安全生产情况

2011年，京煤集团全力推进战略转移和产业转型，加快实施资源整合和结构调整。全年实现营业收入178.77亿元，实现利润13.90亿元，各项经济指标均超额完成。全年产煤877万吨。全年机械化采煤产量为630万吨，占全部矿井产量的72%，为煤矿机械化采煤率较高年份。煤矿采煤方式方法实现多项突破，北京早批薄煤层综合机械化开采工作面开机。第二个薄煤层综合机械化工作面投入生产，为较早在不稳定薄煤层工作面实施综合机械化采煤。在煤层倾角62度的急倾斜工作面实施综合机械化采煤，较早在国内实现急倾斜综合机械化采煤。研制的薄煤层综采支架成功应用于北京煤田复杂地质条件下的机械化采煤工作面，研制的高端悬移支架销售到众多煤炭企业。民爆化工业和机械电力业加快科技创新，产业升级产品更新。在内蒙古自治区鄂尔多斯建设的煤机制造维修基地正在施工，在北京门头沟地区建设的京煤机械装备产业园开工建设，拥有多项专利技术的立体车库产品继续向高端发展。京煤集团不断加大安全生产管理力度和投资，在煤矿建立完善安全避险六大系统，取得生产百万吨煤炭工亡率为零的好成绩，达到历史较好水平。

高家梁煤矿机械化采煤工作面

“安全生产月”活动矿工集体宣誓

矿工安全教育展

# 沪东中华造船(集团)有限公司

有关领导来我公司指导工作

沪东中华造船（集团）有限公司于2001年4月由原沪东造船集团和原中华造船厂联合重组成立，是中国船舶工业集团公司旗下的既造民用船舶、军用船舶，又造海洋工程防大型钢结构的特大型企业集团。公司总部位于上海浦东新区，主要生产区域分布在黄浦江两岸，占地面积约170万平方米，码头岸线长2800米；拥有系泊码头11座，VLCC级干船坞1座，5万吨级至17.5万吨级浮船坞3座，12万吨级和8万吨级船台各1座，2万吨级以下船台2座，700吨龙门式起重机2台。目前，公司拥有职工约6000名，总资产达128亿人民币。

公司具有雄厚的船舶开发、设计和建造实力，具有80多年的丰富的造船经验，先后为国内外船东建造过各类大中型集装箱船、液化天然气（LNG）船、化学品船、滚装船、浮式储油船、成品油船、原油船、散货船、军舰和军辅船等民用、军用船舶共计3000多艘。产品除满足国内用户需要外，还远销亚洲、欧洲、非洲、大洋洲、南美洲和北美洲等40多个国家和地区，广受国内外船东和各界的好评。国内LNG船的建造，填补了国家空白，提高了我国造船工业的水平和国际地位，标志着公司的生产技术和能力达到国际先进水平。

公司拥有先进的国家标准企业技术中心、博士后工作站，科研开发力量强大。信息化管理手段先进；公司以“关爱生命，安全发展，环境优先，持续改进”的安全环保理念，全面推进HSE（职业健康安全环境）管理，通过了英国劳氏质量认证公司的ISO 14001环境管理体系、OHSAS 18001职业健康安全管理体系的审核认证。

公司坚持以人为本思想，在“团结拼搏、争创先进”的企业精神基础上，创建“和谐、向上”的企业文化，注重企业全面、持续的发展。公司新建崇明基地和长兴造船基地，并相继投入生产，进一步扩大了生产能力，为公司未来的发展奠定了基础。

# 山西兰花汉斯瓦斯抑爆设备有限公司

Shanxi Lanhua HS Suppression System Co.,Ltd

**企业简介：** 山西兰花汉斯瓦斯抑爆设备有限公司位于山西省晋城市经济开发区，是一家成立于2006年8月的中外合资企业，公司注册资金为1.5亿元人民币。

公司引进南非HS公司拥有的具有世界领先水平的主动抑爆专利技术，该技术原为军用技术，后引入民用矿业领域，是针对煤矿可能发生的瓦斯煤尘爆炸事故而专门设计开发的超高速主动抑爆设备，具有主动监测、高速启动、自动抑爆等突出特点，能有效弥补被动隔爆方式的不足，消除或减少瓦斯爆炸事故造成的人员伤亡和财产损失。

公司立足于对南非HS主动抑爆技术的引进、消化、吸收，致力于为中国煤矿提供全方位的抑爆解决方案。公司业务包括：煤矿主动抑爆设备的生产与销售，煤矿抑爆整体解决方案的设计与实施，主动抑爆设备的检测与维护等方面。

**工作原理：** 当设备前端发生爆炸时，传感器通过光学原理捕捉爆炸信号并传递到中央处理器，中央处理器判定并解析信号，在爆炸接近防护区间的瞬间发出信号给高压储能器，在千分之二秒内打开阀门，通过喷射释放模块释放高能抑爆介质形成抑爆屏障，抑制爆炸、阻断爆炸的扩散，有效地保护抑爆屏障后的人员生命和财产的安全。

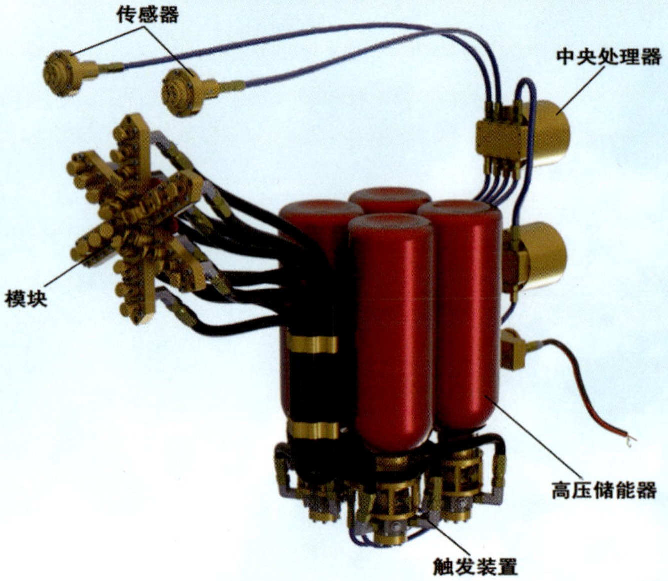


## 设备主要特点：

1. 智能化识别　　2. 超高速启动
3. 全自动抑爆　　4. 程式化自检
5. 模块化设计　　6. 单元化产品

**产品类型：** 根据煤矿不同环境和防护的需求，针对不同开采方式，HS主动抑爆系统具有多种防护机型，其煤矿产品系列主要有4大类，分别是巷道屏障系列、液压支架系列、机载配套系列及瓦斯抽放管道系列。其防护范围可有效覆盖掘进头、掘进巷道、回采工作面、上隅角和下隅角、工作面进风和回风巷道、瓦斯抽放管道及地面抽放泵站、排空管、瓦斯发电系统、输气站等位置。

巷道屏障系列

液压支架系列

机载配套系列

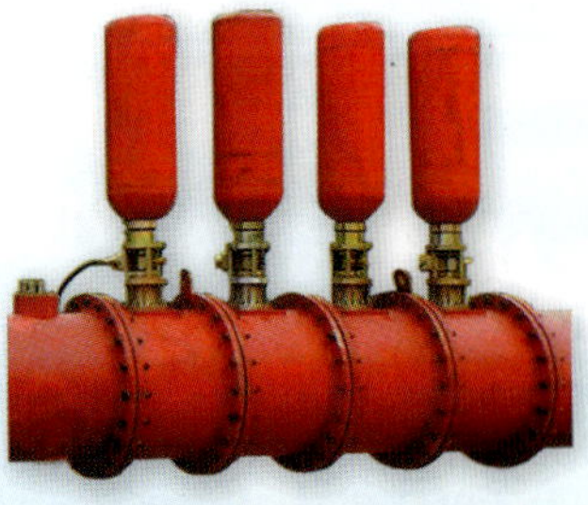
瓦斯抽放管道系列

营销运营部：0356-2623342　传真：0356-2623342　销售业务部：0356-2623094　传真：0356-2623094

地址：山西省晋城市经济开发区吕匠路1199号　邮编：048000　网址：www.sxlhhs.com.cn

# 湖南黑金时代股份有限公司

集团公司董事长、总裁覃道雄
在总部基地建设工地视察工程

总经理吴正水
新年在洪山殿公司成沙坝煤矿调研

施工现场

工作会场景

培训现场

分组讨论

# 重庆科技学院安全工程学院

重庆科技学院安全工程学院2006年经重庆市教育部门批准，由重庆市安全生产监管部门和重庆科技学院共同组建，是集人才培养教育、科学研究、科技服务一体的安全工程人才培养基地、安全技术研究开发中心、安全生产技术服务中心。2008年，重庆市安全生产科学研究院（中国安科院重庆分院）在学院挂牌成立。

学院现设有安全工程、消防工程两个本科专业，其中，安全技术及工程学科为重庆市高等学校“十二五”市级重点学科。2011年，学院成功获得“服务国家特殊需求人才培养项目”安全工程硕士专业学位授予权。学院现有全日制在校学生600余人，学生一次性就业率在95%以上。目前有教职工53人，其中教授6人，硕士生导师7人，副教授12人，博士10人。国家安全检测检验专家2人，重庆市安全评价专家2名，注册安全评价师8名，安全评价人员16名。

学院拥有国家职业危害实验基地1个，“重庆市非矿山安全与重大危险源监控实验室”、“重庆市职业危害检测与鉴定实验室” 2个国家安全生产科技支撑体系省级实验室，中国科学院批准的重庆安全工程及地质灾害监测预警技术研发中心1个，安全工程专业实验室5个，学院教学科研仪器设备总值达到1000万元。学院还拥有经国家安全生产监督管理部门认定的国家安全评价甲级资质和安全技术培训二级资质。

近年来，学院与中石油、中石化、中海油、重庆市安监部门、重庆建工集团、重庆燃气集团、重庆消防部门、重庆高新区消防部门等17家单位签署了合作协议，共建稳定的实习实训基地。与中石油合作共建“石油工程综合实践教学平台”，与重庆市安监部门合作共建“安全工程综合实践教学平台”等实践平台。充分利用拥有的国家甲级资质安全评价所，不仅为政府安全监管、企业安全生产提供技术服务，同时为教师实践能力提升和学生实习实训、毕业设计等提供良好的实践条件。学院组织申报了市级科研项目10余项，横向科研项目100余项，项目经费突破1500万元；出版著作5部，发表论文120余篇，其中核心80篇；省部级科研成果奖2项。

学院将以科学发展观为统领，以“培养人才、发展科学、服务社会”的办学宗旨和“特色立校、文化兴校、人才强校”的发展战略为指导，紧紧围绕我国安全工程专业发展的特点和安全工程应用型人才培养的要求，坚定不移地走特色发展之路，努力建设“政产学研用”一体化平台，为实施“科技兴安”和“人才兴安”战略，为国家和重庆市安全生产提供强大的智力支撑。

团结奋进的领导班子

相关领导到学院检查实验室建设情况

我院与中加项目办举办职业危害与健康论坛

联合办学签字仪式

奖助学金颁奖大会

安全技术装备展

毕业生合影

地址：重庆市沙坪坝区重庆科技学院安全工程学院　　电话：023-65023099 65023098（传真）

以人为本 夯实基础

# 冀中能源峰峰

峰峰集团董事长、党委书记 陈亚杰

峰峰集团副董事长、总经理 赵兵文

冀中能源峰峰集团是冀中能源集团有限责任公司产量高、规模大、实力强的子公司。峰峰集团有着绵长的历史根脉，是我国早批开发利用的矿区之一，至今已有130多年开采历史，峰峰矿区地质构造复杂，水、火、瓦斯、煤尘、顶板等自然灾害因素较多，安全管理难度大。面对严峻形势，峰峰集团坚持"安全第一、预防为主、综合治理"的方针，严格落实国家、省、市一系列有关安全的法律、法规和规章制度，按照"措施要完善，落实要到位，责任要追究"的工作原则和"三全一提升"的管理思路，夯实安全基础，创新管理方式方法，强化领导带班"六定"管理，积极构建以安全质量标准化为主线，以制度保障、技术装备、素质工程为支撑，以安全掌控、风险预控、业务保安、安全文化、职业健康、班组管理、安全监督、安全激励、应急救援为体系的"139"安全管理模式，探索出了一条符合峰峰集团实际的特色之路，有力促进了安全生产。在产量连年攀升的情况下，安全生产形势持续好转，2011年，企业生产原煤3000万吨，生产精煤1136万吨，实现营业收入800亿元，上缴税金26.5亿元，连续三年位居邯郸市前列，巩固了安全稳定的良好形势，荣获全国煤矿职业安全健康先进单位。

## 一、坚持科学发展观，构建以安全意识为先行官的思想防控体系

煤炭行业属高危行业，各种事故的发生很大程度上是因为员工麻痹大意、对安全工作不重视造成的。峰峰集团认真贯彻落实科学发展观，秉承"以人为本，安全发展"的理念，本着对国家、对社会、对员工高度负责的态度，坚持"安全第一，生产第二，不安全不生产"，提升安全发展理念，摒除煤矿事故难免论，牢固树立"煤矿事故可防可控"的安全生产理念，从思想源头入手，强化员工安全意识。正确处理安全与生产、安全与质量、安全与效益之间的关系，向安全要质量，向安全要效益，使员工对"安全是企业最大的效益、安全是员工最大的幸福"有了进一步深刻认识。规范员工行为，增强员工安全意识，切实做到上标准岗，干标准活，严格执行手指口述、准军事化、集体升入井等一系列行之有效的管理制度，积极构建安全生产长效机制。

## 二、坚持严格责任落实，构建全员、全方位、全过程的安全责任体系

安全责任，重于泰山。严格落实"一岗双责、党政同责"，按照"谁主管、谁负责、谁审批、谁负责"的原则，构建横向到边、纵向到底的责

峰峰集团办公大楼

# 构建现代化安全生产管理新模式

# 集团有限公司

任体系，形成一级抓一级，一级对一级负责，层层抓落实的生动局面。建立健全安全生产责任机制，严格落实领导负责制，形成“一把手”负总责、分管领导具体负责的工作格局；实行部门分管负责制，加强专业指导、技术管理和技术监督，业务保安部门切实做到对各矿情况清、底数明，抓典型、抓关键、抓重点、抓现场，有针对性地做好重点矿井、重点地区的安全工作；实行岗位专业负责制，把安全责任落实到生产过程的每一个岗位和环节；严格责任追究，对各类事故，坚持“四不放过”原则，把安全责任追究制度落到实处。

## 三、坚持科学管理，构建特色管理方式的安全支撑体系

在把基层一些好经验、好做法固化为制度的基础上，创新安全管理方式方法，变检查为督查，由事后分析转变为事前预控；推行隐患排查闭环管理，规范基层周一安全大检查、安全办公会，实行基层“三互”检查，以查促学互相提高；推广实施精细化与亲情化相结合的“1+1”管理模式；全面推行安全“双述”确认制、管理人员走动式管理等制度；聘请专家安全“会诊”，有的放矢破解技术难题。安全管理方式方法的创新，推动了安全管理水平再上新台阶，为安全生产提供了有力支撑。

## 四、坚持科技兴安，构建以技术创新为动力的安全保障体系

不断加大安全投入力度，全年共投入安全资金6亿元，推动矿井装备升级换代，综采工艺和装备达到国内先进水平。建立完善井下六大系统，各矿井的人员定位、压风自救、供水施救、通信联络、监测监控系统都已完成，大淑村矿率先完成集团公司应急避险系统永久避难硐室建设，其他矿井按照时限有序推进。推广应用极薄煤层综采、充填开采、沿空留巷、锚网索支护等新技术、新工艺，减少作业人员，提高工作效率。充分发挥院士专家企业工作站和联合实研基地作用，着力解决制约企业发展的技术难题，打造大淑村矿“全国瓦斯治理示范矿井”，创建全国防治水示范基地，提高安全保障能力。改善职工作业环境，降低粉尘等职业危害，从确保安全生产向保护职工职业健康转变。

## 五、坚持安全发展，构建以质量标准化为核心的安全基础体系

坚持把安全质量标准化工作作为安全基础工作来抓，不断完善达标标准和检查考核办法，加强样板矿建设，以点带面，通过召开现场观摩会，实现由静态达标向动态达标、由点线达标向全面达标的转变，推进安全质量标准化建设向纵深发展，7对矿井荣获国家级安全质量标准化矿井。深化现场安全管理，完善“三位一体”安全管控体系，严格落实规程措施，强化领导带班“六定管理”，实行月检查、月总结、月通报，形成峰峰独具特色的领导入井带班管理制度。加强职工安全教育培训，创新安全培训手段，实施岗位风险预控培训，现场应急培训，多渠道灌输安全生产应知必会知识，提高职工安全操作技能。以安全文化建设为切入点，形成了以“责任、预防、培训、奖惩、督查、创新”六大机制为经，以“铸魂、塑形、基础、素养、亲情、环境”六大工程为纬的“66”安全文化架构，通过安全文化长廊、“安康杯”竞赛、安全生产月大签名、事故案例警示教育，营造“关注安全、关爱生命”的浓厚氛围，实现从“要我安全”向“我要安全”的转变。深入学习推广“郭兰印班组工作法”、新三矿“24小时安全双掌控法”，大力开展“五型”班组建设，夯实安全基础，有力推动了安全生产。

陈亚杰到梧桐庄矿生产一线指导工作

化工集群　多元发展

职工运动会　千里之行 始于足下

# 潞安集团常村煤矿

潞安集团常村煤矿1985年开工建设，1995年建成投产，现有员工8000余人。作为潞安的主力矿、骨干矿，经过多年的建设发展，常村煤矿现已成为包括1座主体矿井、5座整合煤矿、1个多经三产公司、1个后勤服务中心在内的现代化大型煤矿企业。“十二五”时期，常村煤矿全体干部职工将紧紧围绕集团公司、矿党政的战略部署，以着力打造国际化新潞安品牌矿井为目标，立说立行争朝夕、同心同德谋跨越，全面推动矿井由规模大矿向效益大矿转型跨越。2011年，全矿加之整合矿井安全生产原煤955万吨，销售收入达65亿元，实现利润11.4亿元。矿井本安建设、集约高效、管理创新、绿色矿区、党建工作、企业战略发展等都走在了全煤乃至全国的前列。

作为山西省重点监控的高瓦斯矿井，常村煤矿牢固树立“安全发展、科学发展”的理念，认真践行“安全第一、预防为主、综合治理”的方针，从“人员行为规范、规章制度完善、装备技术水平提升”三方入手，大力推进本质安全型矿井建设。多年来，有效地杜绝了重特大事故的发生，控制了零打碎敲事故，安全生产保持了平稳发展态势。与此同时，还在安全管理模式上不断探索创新，创建了源头预防、过程控制、安全防护、应急救援的“PCPR”新型煤矿安全管理体系。2010年5月，全国井下应急救援示范采区率先落户常村；2011年5月，全国井下永久避险硐室72小时载人验证试验率先在该矿取得圆满成功，为全国煤炭行业积极构建井下“六大避险系统”提供了有益探索。

常村煤矿将认真落实山西省相关部门加快转型跨越发展的整体战略，紧紧围绕潞安集团建设具有国际竞争力的能源品牌企业的战略目标，以科学发展观为指导，以建设“本质安全型、集约高效型、自主创新型、质量效益型、绿色环保型、和谐幸福型”的“六型常村”为目标，高起点起步，高绩效执行，全面推进“品牌化新常村”建设。

常村煤矿大门

办公大楼外景

矿区全貌

井下移动救生舱

永久避险硐室